（第二版）

火电厂节能减排手册

节能管理与诊断评价

李　青　李晓辉　公维平　编著

中国电力出版社
CHINA ELECTRIC POWER PRESS

内 容 提 要

本分册是《火电厂节能减排手册　节能管理与诊断评价》，此分册是《火电厂节能减排手册　节能管理部分》的第二版，全书以节能和指标管理为主线，主要介绍了火力发电厂的检修管理、运行管理、基建管理、计量管理和深度调峰管理；经济指标和参数的定义、计算方法、考核方法和指标控制措施；燃料计量方法、质量管理方法和煤场管理方法；火力发电厂的水务管理、城市再生水在火电厂的应用和用水指标计算方法；火电厂热力设备和附属设施的性能测试项目、测试方法、数据处理方法和评价考核方法，以及机组负荷经济调度方法；与第一版相比，最后新增了节能诊断程序与方法、节能评价指标体系和考核评分，并以实例作为说明。

本书涉及面广，内容丰富，通俗易懂，紧密结合实际，是大型火力发电厂运行管理、节能管理、指标管理、节能诊断和节能评价方面综合性较强的著作。可供电厂运行人员、节能管理人员、企业计划统计人员、能源管理师及工程技术人员参考，也可作为大中专院校的选修教材。

图书在版编目（CIP）数据

火电厂节能减排手册．节能管理与诊断评价/李青，李晓辉，公维平编著．—2 版．—北京：中国电力出版社，2021.1

ISBN 978-7-5123-1566-2

Ⅰ．①火…　Ⅱ．①李…　②李…　③公…　Ⅲ．①火电厂-节能-技术手册　Ⅳ．①TM621-62

中国版本图书馆 CIP 数据核字(2020)第 053689 号

出版发行：中国电力出版社
地　　址：北京市东城区北京站西街 19 号（邮政编码 100005）
网　　址：http：//www. cepp. sgcc. com. cn
责任编辑：宋红梅
责任校对：黄　蓓　朱丽芳　常燕昆
装帧设计：郝晓燕
责任印制：吴　迪

印　　刷：三河市百盛印装有限公司
版　　次：2014 年 5 月第一版　2021 年 1 月第二版
印　　次：2021 年 1 月北京第二次印刷
开　　本：787 毫米×1092 毫米　16 开本
印　　张：39.75
字　　数：1085 千字
印　　数：0001—1000 册
定　　价：158.00 元

前言

《中华人民共和国节约能源法》规定：“重点用能单位应设立能源管理岗位”。国务院《节能减排综合性工作方案》（国发〔2007〕15号）规定：“重点耗能企业要建立能源管理师制度”。近年来，国内一些地方（如山东、天津、江苏等）和行业（如石油化工、钢铁等）陆续开展了能源管理师培训工作。但是针对电力系统的培训教材几乎没有，因此作为一名多年从事节能的工作者，笔者备感压力。能源管理师培训教材一般包括节能机制、节能管理和节能技术三方面的内容。对于节能技术，笔者已经出版了《火电厂节能减排手册　节能技术与综合升级改造部分》一书，内容详尽介绍了目前有关电厂成熟的、应用效果明显的所有节能技术，因此它可以作为节能技术的培训教材。而节能管理，笔者已经出版了《火力发电厂节能和指标管理技术》一书，内容涵盖了目前电厂节能管理基础知识和主要指标控制技术，因此可以作为节能管理的培训教材。

笔者在讲课过程中，发现许多读者对能源管理和节能管理混为一谈，因此，本分册还介绍了能源管理的内容。

应读者要求，本分册讲述了大量计算方法和例题，特别是根据试验数据，如何计算指标并分析结果，笔者花了大量篇幅讲述这些难点和重点。例如高压缸效率和中压缸效率计算，凝汽器传热系数、清洁系数的计算与修正，汽轮机加热器热平衡的计算等，目的是让读者不但会做热力试验，而且会计算分析，会审核电力研究院出具的试验报告。

2016年12月，国家发展改革委员会、国家能源局联合发布了《能源发展十三五规划》（发改能源〔2016〕2744号），明确要求2020年“单位国内生产总值能耗比2015年下降15％，煤电平均供电煤耗率下降到310g/kWh以下，电网线损率控制在6.5％以内”；2016年12月国家发展改革委、国家能源局发布的《电力发展“十三五”规划（2016—2020年）》将“新建燃煤发电机组平均供电煤耗率低于300g/kWh，现役燃煤发电机组经改造平均供电煤耗率低于310g/kWh。”列为约束性目标。为了完成上述规划目标，各发电企业已开始通过节能评价、节能诊断等手段，核查分析企业节能方面的薄弱环节，以完善节能管理措施，实施有效地节能技术改造，提高企业市场竞争力。

节能评价是一种科学的管理手段，是提高资源利用效率、提升管理水平和增加企业经济效益的有效途径。通过对火力发电厂的能耗状况、节能管理水平进行科学合理的评价，了解企业的节能状况，发现节能潜力，促进企业节能工作的有效开展。节能诊断则是专家通过现场设备系统运行状况的考察，主要运行经济指标现状的分析，发现设备运行中经济性方面存在的问题，提出影响机组运行经济性的主要因素，并有针对性地提出机组节能降耗的技术途径与实施方案，指导企业进行节能技术改造，提供优化调整方法，推动电厂深入持续的开展节能降耗活动。但是企业对于节能评价、节能诊断这两项现场分析手段不熟练，导致节能评价、节能诊断效果不理想，分析深度不够，节能潜力不会预测，提出的节能措施缺乏针对性，因此本分册结合华能集团公司节能评价和节能诊断工作，向读者介绍一套全新的评价燃煤电厂生产过程能耗状况和节能管理的基本方法和要求，并论述了节能诊断分析方法。再版后的《火电厂节能减排手册　节能管理部分》更名为《火电厂节能减排手册　节能管理与诊断评价》更为确切。

总之，本分册内容丰富、具体，读者一看就懂，一学就会用。本分册不但可作为运行、管理、检修人员的培训教材，也可作为能源管理师的培训教材。

本分册第一章至第九章由李青编写，第十章至第十三章由公维平编写，第十四章至第十九章由李晓辉编写。本分册编写过程中得到华能山东发电有限公司、山东大学能源与动力学院、华能山东石岛湾核电有限公司的大力协助，在此表示衷心感谢。

编　者

2020 年 8 月 10 日

目　录

第三篇 燃 料 管 理

第四篇 节 水 管 理

第五篇　性 能 测 试

第六篇　经 济 调 度

第七篇　节能诊断与节能评价

第一篇

节能管理

发电企业的根本任务是把一次能源（如水力、煤炭、石油、天然气、核等）转换成二次能源（电能），然后通过电网将合格的电能输送并分配给电力用户，火力发电厂生产流程见下图。发电企业既是能源转换工业，又是消耗能源的大户。我国火力发电厂年用煤占全国年煤炭产量的50%左右，生产电能的自用电（厂用电量）为发电量的7.5%，电能在输配电过程中的损失率（线损）约占供电量的8%。一台容量为300MW的火电机组，每天耗用原煤3500t左右，折合标准煤约2500t（供电煤耗率按350g/kWh、原煤发热量按20 908kJ/kg计算），一年耗用原煤将达100万t，每年发电量约20亿kWh，其中有1亿kWh的电量被发电企业内部生产装置使用。

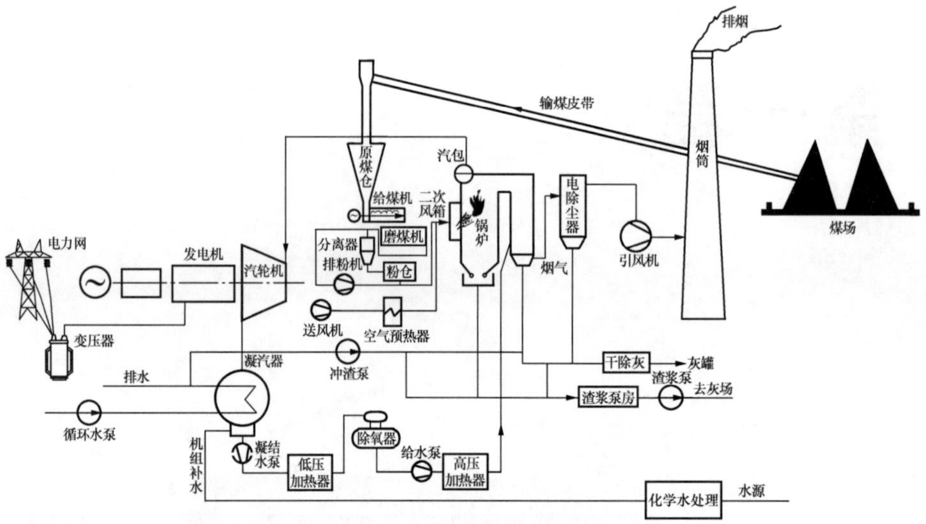

火力发电厂生产过程

火力发电厂是设备复杂、技术密集、高度自动化的装置性企业，这个特点，决定了电厂节能管理工作范围十分广泛，它包括能源定额、能源计量、热力试验、燃料管理、负荷经济调度、设备经济运行、节能技术改造、余能回收利用、节能新技术推广等。既要有专人负责，又要充分调动运行、检修、统计等各方面干部职工的积极性，实行全过程、全方位节能。

本篇首先对我国能源概况及其利用作一些必要的介绍，然后针对火力发电厂节能管理体系、运行管理、检修管理、计量管理、一流管理等进行详细的阐述，使读者知道为什么这样做，如何这样做。

第一章 能源基础知识

第一节 能源的分类

能源是生活和生产最重要的先决条件之一。从史前开始，人类就已逐渐懂得利用可以获得的能源为人类社会服务。当人类开始学会用火取暖时，可以说这是人类迈出了能源利用的第一步。

能源的取得是人类社会得以生存和继续发展的重要因素。如果没有能源，我们的整个文明——工业生产、商业活动、农业生产、科学技术、文化生活等都会停滞不前。只有在获取一定数量的能源的前提下，社会文明和物质文明才能得到一定程度的发展。

当人类只能利用柴草等低热量能源时，人类只能在原始的手工作业中生活。随着矿物燃料的开发，人类才开始了现代化生活。人类近代史上的三次技术革命，都是和能源本身三次变革同时发生的：第一次是薪柴到煤炭，开始了以蒸汽机为代表的18世纪工业革命；第二次是由煤炭到石油，开始了19世纪末的内燃机时代；第三次则是第二次世界大战后的电子技术时代，随着对电能的需求量急剧增长，能源的使用开始由矿物燃料、电力逐渐转移到核能和其他再生能源。

一、能源分类

自然界中存在并可能被人类利用来获取能量的自然资源称为能量资源，简称能源，它的范围随着科学技术的发展而扩大。《中华人民共和国节约能源法》对能源的解释是：能源是指能够直接取得或者通过加工、转换而取得有用能的各种资源，包括煤炭、原油、天然气、煤层气、水能、核能、风能、太阳能、地热能、生物质能等一次能源和电力、热力、成品油等二次能源，以及其他新能源和可再生能源。《大英百科全书》对能源的解释是："能源是一个包括所有燃料、流水、阳光和风的术语，人类采用适当的转换手段，给人类自己提供所需要的能量"。简言之，能源是存在于自然界中并能够转换为热能、机械能、光能、水能、电能等各种能量的资源，是人类社会赖以生存的物质基础。

能源分类有多种多样，按其来源大致可以分为四类：第一类是来自地球以外的太阳能，除了直接的太阳辐射能以外，化石资源、生物质能、水能、风能、海洋能等资源都间接来自太阳能；第二类是以热能形式储藏于地球内部的地热能，如地下热水、地下蒸汽、干热岩体等；第三类是地球上的铀、钚等核裂变资源和氘、氚、锂等核聚变资源；第四类是月球和太阳等星体对地球的引力所产生的能量，如潮汐能等。

按能源的利用程度可分为常规能源和新能源；按能源资源能否直接利用可分为一次能源、二次能源；按能源资源的恢复性可分为再生能源和非再生能源；按能源资源的可燃性可分为燃料能源和非燃料能源；按对环境的污染程度分为清洁能源和非清洁能源；按燃烧产物对温室气体的影响程度分为低碳能源和高碳能源；按资源形态分为载体能源和过程能源；按能源的商品性划分为商品能源和非商品能源。

在自然界中现成存在的，可直接取得又不改变其基本形态，即没有经过加工或转换的能源，称为一次能源，如太阳能、水能、煤炭、石油、天然气、地热能、生物质能、风能、海洋能、核能等。通常所说的能源生产量或消费量，主要是针对一次能源而言的；在人类社会生产和生活中，因工艺或环境保护的需要，或为方便运输、使用和提高劳动生产率等原因，将一次能源经过加工、转换后形成能源产品，如蒸汽、焦炭、煤气、电力、氢能、热水、乙醇、甲醇、沼气、各种石油制品（如重油、柴油、汽油等）等，称为二次能源，又称人工能源。在生产过程中排出来的余能、余热，如高温烟气、可燃废气、废蒸汽、排放的有压流体等也属于二次能源。

在自然界中，有些能源如太阳能、水能、风能、地热、潮汐能、生物质能等，是可以循环再生的，不会因开发利用的延续而枯竭，这类能源称为再生能源；还有些能源如煤炭、石油、天然气、原子核反应原料等，是不可再生的，或者经过亿万年形成、短时间内无法恢复的能源称为非再生能源，非再生能源随着大规模地开采，其储量越来越少，总有枯竭之时。人们往往把在目前科学技术条件下已经广泛应用的能源如煤炭、石油、天然气、水能、生物质能、核裂变能薪柴燃料等称为常规能源；把太阳能、地热能、氢能、生物质能、风能、海洋能（如波浪能、潮汐能、温差能等）、核聚变能等正在研究其开发利用技术但尚未普遍使用的能源称为新能源。古老的、若采用先进的方法加以利用的能源也叫新能源，或叫非常规能源。将生物质能、地热能、太阳能、风能、海洋能和氢所产生的能量称为新可再生能源。用于直接燃烧而发出能量的物质叫做燃料能源，具体包括矿物燃料、生物燃料（如柴草、农作物秸秆、沼气等）和化工燃料（如丙烷、酒精、乙炔等）。不能直接燃烧的能源，叫做非燃料能源，如水能、电力、蒸汽、太阳能、风能、潮汐能、地热能和海洋能等。能源的概念和分类可以用树图表示，见图 1-1。

- 能源
  - 一次能源
    - 常规能源
      - 再生能源：水力
      - 非再生能源：煤、石油、天然气、核裂变燃料
    - 新能源
      - 再生能源：太阳能、风能、生物质能、海洋能、地热能
      - 非再生能源：核聚变燃料
  - 二次能源：电力、焦炭、煤气、汽油、煤油、柴油、重油、油制品、沼气、蒸汽、热水
  - 载能工质：水蒸气、水、压缩空气、氧气、氮气、电石、乙炔

图 1-1　能源的概念和分类

载能工质是指由于本身参数的变化而能够吸收或放出能量的介质，即介质是能量的载体。如水蒸气、水、压缩空气、氧气、氮气、电石、乙炔等，水蒸气是最重要的载能工质。

在开发使用过程中，对环境无污染或污染程度很小的能源如太阳能、风能、水能、海洋能、核聚变能以及气体燃料等，称为清洁能源。用太阳能直接分解水制氢利用的研究如果成功，则太阳的能量和地球上的水都可以成为人类取之不尽、用之不竭的清洁能源；在开发使用过程中，对环境污染程度较大的能源如煤、石油燃料等，称为非清洁能源。低碳能源是指二氧化碳等温室气体排放量低或者零排放的能源产品，主要包括核能和可再生能源等。高碳能源是指二氧化碳等温室气体排放量高的能源产品，主要是煤炭、石油等化石能源。商品能源是指作为商品经流通领域，在国内或国际市场上正规买卖的能源，如煤炭、石油、焦炭、核燃料、电等；非商品能源是指未经商品流通领域，未进入市场进行正规的买卖活动，一般是农民自产自用的能源，如柴草、农作物秸秆、人畜粪便等。非商品能源在发展中国家农村广泛使用。

常规能源和新能源的概念是相对的，首先会因为各地区、各国家的能源利用历史和科学技术水平高低而异。例如，核能在工业发达国家已列入常规能源，而在大多数发展中国家则仍被视作新能源。其次，随着技术的进步和生产利用的扩大，新能源会演变成为常规能源，仍以核裂变为例，20 世纪 50 年代初开始用来生产电力时，被认为是一种新能源，随着核电的迅速发展，现在不少国家已把它列入常规能源的范围。我们常说的核燃料是指通过变革原子核（核裂变或核聚变）而得到能量的燃料。核裂变燃料有铀、钚等，核聚变燃料有氘、氚等。

载体能源是指提供能量的含能物质，如各种燃料、蒸气等可以直接储存和运输的物质，煤、石油、天然气和电是目前使用最广泛的载体能源，随着科学技术的发展，氢和微波会成为重要的载体能源；过程能源是指提供能量的物质运动，如水流、风力、潮汐、波浪等。过程能源存在于物质的运动过程中，一般很难储存和运输。载体能源和载能工质是有区别的，载体能源是指提供能量的含能物质，而载能工质一般是指由于本身状态参数的变化而能够吸收或放出能量的介质，即介质是能量的载体，水和水蒸气是重要的载能工质，而水是否载能又是以其温度决定的。

国际上根据能源的形态和特性进行分类，分为化石燃料、水能、核能、电能、太阳能、生物质能、风能、海洋能、地热能等。

我们常说的矿物燃料是指亿万年前因地壳变动，植物遗体演化或其他原因形成的燃料，矿物燃料也叫化石燃料，包括固体燃料、液体燃料、气体燃料等。固体燃料主要指可以或已经从天然矿物中开采出来的可作为能源使用的各种固体原材料，包括泥炭、褐煤、无烟煤、烟煤、天然焦、煤矸石、炭沥青、油页岩等；液体燃料是储存在地下储集层中，通过地面分离设施后在常温常压下仍保持液态的各种烃类混合物，包括石油、油层凝析液，以及焦油砂、天然沥青和油页岩生成的液态烃；气体燃料是指没有固定体积和形状，能够产生热量和动力，能充满任何容器的能源物质，一般指含有低分子量的碳氢化合物 、氢和一氧化碳等可燃气体，主要有天然气、焦炉煤气、液化石油气、炼厂干气等。天然气是指地下岩石储集层中自然储存的以碳氢化合物为主体的气体混合物。

二、各种能的转换形式

1. 能量的度量单位

能量的国际单位是焦耳。焦耳的定义是：1N 的力作用于质点，使它沿力的方向移动 1m 距离所做的功。焦耳也可以由电学单位来定义：即 1A 电流在 1Ω 电阻上，1s 内所消耗的电能，称为 1J。

$$1kWh=3600kJ=860kcal$$

卡的定义是：在标准大气压力下，1g 纯水从 19.5℃升高到 20.5℃所需要的热量，用符号 cal_{20} 表示。$1cal_{20}=4.1816J$。国际上通常采用国际蒸汽表卡，它是在 1956 年伦敦第 5 届国际蒸汽大会上规定的热量单位，用符号 cal 表示，1cal=4.186 8J。在热量计算中，经常会遇到英制热单位（英热单位）换算问题，英制热单位就是 1lb（磅）纯水在标准大气压力下，从 0℃加热到 100℃时所吸收的热量的 1/180，用符号 Btu 表示。1Btu=1055.06J=252cal。

中国采用吨标准煤为能源的度量单位，每千克标准煤的发热量为 29.308MJ（7000kcal），原煤、石油、天然气等一次能源的热值随品种的不同而不同。原煤的热值平均按5000kcal/kg计算，换算成标准煤的比率为 0.714kg 标准煤/kg；原油热值按10 000kcal/kg计算，换算成标准煤的比率为 1.429kg 标准煤/kg；天然气的热值平均按9310kcal/m^3计算，换算成标准煤的比率为 1.33kg 标准煤/m^3。

电能有两种计算方法：一种以火力发电当年平均每千瓦时的实际发电标准煤耗率计算；另一种以电的热功当量计算，每千瓦时的电能为 860kcal，等于0.122 9kg标准煤的热值。

其他能量单位转换关系是：

1 桶当量油（bbl）=158.988L=42US gal（美国加仑）

1t 油当量=1.428 6t 标准煤

1t 油=7.33 桶油（bbl）

1t 氘（聚变时）=1200万 t 标准煤

1t 铀（裂变时）=280 万 t 标准煤

2. 能的转换形式

“能”这个词出现之前，是用“力”这个词来表示的。最早使用“能”这个词的是德国科学家罗伯特·迈尔，他在1842年发现能量守恒定律时阐明：能可以动能、位能、电能、磁能、热能、化学能、核能、声能、光能、质量能等形式表现出来，它们之间可以相互转换，而能的总量保持不变。例如当太阳在不断地进行从氢到氦的热核反应时，核能得到释放，这些能量首先表现为动能，然后其中部分能量以光子和电磁能束的形式逸出太阳进入地球。光子的能量通过光合作用储存于植物中，通过植物或食用吃植物的动物，人类或动物获得了这种化学能，再转变成另一种化学能储存于肌肉中，或变成热能来维持生命。

能是物质的属性，是做功的能力。能有多种形式，所有形式的能都归结为各种原子或核子的势能或功能。质量也是一种能的形式，它直到20世纪初才被认识到。静止不动的物质颗粒所集中的能量和它的质量成正比。当物质颗粒移动时，它还具有动能。无质量的颗粒，例如光子，则只有动能而无质量能。

颗粒的质量 m 和能量 E 的关系就是著名的爱因斯坦方程，即

$$E=mc^2$$

式中 c——光速，$c=3\times10^8$ m/s；
m——颗粒质量，kg；
E——质量能，J。

热能是能的最普通的形式，它是一个系统中分子热运动的功能。机械能是动能与势能的和，它表示物体运动状态与高度的物理量。势能是物体或系统由于位置或状态而具有的能量。化学能简单来说就是组成物质分子的原子之间的化学键的键能，只有在发生化学变化的时候才释放出来，变成热能或者其他形式的能量。电能是指电以各种形式做功的能力，日常生活中使用的电能主要来自其他形式能量的转换，包括由各种矿物燃料、水能、太阳能、风能、地热能等经过一定的机械装置转化而得到的能量。一些能量形式的转换见表1-1。

表1-1　能量形式的转换途径

转换目的 / 转换源	机械能	电能	热能	化学能	核能
机械能	齿轮装置、活塞	发电机	摩擦		
电能	喇叭、电动机	变压器、变流器	电热器	电解、蓄电池	粒子加速器
热能	汽轮机	热电偶、地热发电	热交换器		
化学能	火箭、内燃机	蓄电池、燃料电池	火、锅炉	化学过程	
核能	核反应堆	发电机	核反应堆		
太阳能	太阳热发动机	太阳能电池	热收集器	光合作用	

第二节　能源资源概况

中国拥有丰富的能源资源，远景一次能源总量估计在40 470亿t标准煤，中国常规一次能源储量见表1-2。2017年中国一次能源生产35.9亿t标煤，增长3.6%；其中，原煤35.2亿t标煤，增长3.3%；天然气1480亿m^3，增长8.2%。当年能源消费44.9亿t标煤，增长2.9%；煤炭占比60.4%，降6.6个百分点；清洁能源占比20.8%，增加1.3个百分点。

表 1-2　　2017 年中国常规一次能源储量情况

能源		能源总量	原煤	原油	天然气	水能
能源资源总储量	中国总储量	40 470 (亿 t 标煤)	50 592.2 (亿 t)	1021 (亿 t)	470 400 (亿 m^3)	69 400 (亿 kWh)
	结构 (%)	100	89.3	3.5	1.3	5.9
	世界总储量	1 048 810 (亿 t 标煤)	1 195 748.4 (亿 t)	51 193 (亿 t)	79 330 830 (亿 m^3)	482 240 (亿 kWh)
	中国占世界 (%)	3.9	4.2	2.0	0.6	14.2
探明技术可开发储量	中国总储量	6167.1 (亿 t 标煤)	7241.2 (亿 t)	160 (亿 t)	22 500 (亿 m^3)	24 700 (亿 kWh)
	结构 (%)	100	83.8	3.2	0.5	12.5
	世界总储量	329 700 (亿 t 标煤)	352 750 (亿 t)	25 675 (亿 t)	26 630 080 (亿 m^3)	193 900 (亿 kWh)
	中国占世界 (%)	1.9	2.1	0.6	0.1	16.4
剩余经济可开发储量	中国总储量	1116.7 (亿 t 标煤)	1388.2 (亿 t)	35 (亿 t)	55 000 (亿 m^3)	17 500 (亿 kWh)
	结构 (%)	100	91.9	3.4	4.1	0.64
	世界总储量	13 327.5 (亿 t 标煤)	10 350.1 (亿 t)	2393 (亿 t)	1 935 000 (亿 m^3)	143 790 (亿 kWh)
	中国占世界 (%)	8.38	13.41	1.46	2.84	12.2

注　1. 能源资源是指已经探明的自然能源资源，这些资源在经济上有开采价值，或者在可预见时期内含有经济价值，它属于自然资源统计范畴；探明技术可开发储量简称技术探明储量，它是指经过地质勘探的能源资源储量，一般指已做过不同程度的勘探工作，已探明地层范围及蕴藏确切数量，并已提出地质勘探阶段报告而计算的储量。剩余经济可开发储量简称经济探明储量，是指经开采后到报告期末止，地下尚剩余的可采储量，它是可采储量与累计采出量之差。

2. 储量/产量比率是指假设将来的产量继续保持在某年度的水平，那么，用该年年底的储量除以该年度的产量所得出的计算结果，就是剩余储量的可开采年限。简称储产比。

3. 1kg（原油）=1.428 6kg 标煤，1m^3（天然气）=1.30kg 标煤，1kg（原煤）=0.714kg 标煤，1kWh（电能）=0.323 2kg 标煤。

一、煤炭

煤炭从某种意义上说是地壳运动的产物。远在几亿年前的古生代、中生代和几千万年前的新生代时期，大量在前海或沼泽湖泊中的植物的遗体，经过长年累月的生物化学和物理化学作用，低等植物形成腐泥，高等植物形成泥炭。泥炭和腐泥经过地壳运行下沉，长期受地球高温、地球岩层压力逐渐变成了褐煤，地球上连续多次的海侵又堆积了一层层的物质，形成褐煤的深埋层。这些深埋层的褐煤由于高温使其水分被部分排除，从而形成烟煤。在某些地区，煤层受到更大的压力，则变成硬煤和无烟煤。根据我国煤炭部门统计资料显示，几个主要聚煤时期的煤量占已探明储量分别是：石炭纪占 27.5%，二叠纪占 30.4%，侏罗纪占 38.8%，第三纪占 2.8%，其他占 0.5%。根据英国 BP 石油公司发布的《BP 世界能源统计 2018》数据显示：截至 2017 年末，世界煤炭探明可采储量 10 350.12 亿 t，探明可采储量最多的国家是美国，它的储量是 2509.2 亿 t；其次是俄罗斯，探明可采储量 1603.64 亿 t；中国以 1388.19 亿 t 储量排名第三。

世界上最大的矿井是南非博斯普鲁特煤矿，1983 年投产，每年生产原煤约2700万 t。最大的煤田是美国的波德河煤田，已探明储量1224亿 t，其中可露天开采的储量为 524 亿 t。

中国是世界上发现和应用煤炭最早的国家。中国人早在两千多年前就把煤当作燃料，除了用于日常生活外，更多的是用来烧窑、炼铁、冶铸等。元朝时意大利人马可·波罗（1257—1324）的东方游记中对中国人使用煤炭已有详细叙述。

我国煤炭资源储量丰富，分布面广，品种齐全。2017 年中国剩余经济可开发煤炭资源储藏总量为1388.19亿 t，占世界储藏总量的 13.41%，位于美国和俄罗斯之后，排世界第 3 位。中国煤炭资源的种类较多，在现有探明储量中，烟煤占 75%、无烟煤占 12%、褐煤占 13%。中国煤炭质量，总的来看较好，以华北地区即山西、河北两省为最佳。我国在已探明的煤炭储量中，硫分小于 1%的低硫煤占 65%～70%；硫分为 1%～2%的中硫煤占 15%～20%。高硫煤主要集中在华南地区，西南煤炭以含磷高著称。

2017 年世界煤炭产量增加 3.2%，达到 110.109 亿 t（合 53.837 亿 t 标准煤）。世界第一的产煤国是中国，产量为 51.05 亿 t；其次为美国，产量为 10.84 亿 t。2017 年，全球煤炭消费增长 1.0%，达到 37.315 亿 t 油当量（合 53.31 亿 t 标准煤）。

目前我国煤炭生产同国外先进水平差距很大。第一是煤矿生产未达到经济规模。平均每个矿井生产能力仅为 30 万 t/年，8 万多处乡镇煤矿每处平均年产量只有5000t，生产手段落后，资源回收率（原煤产量与消耗储量之比）仅为 32%。发达国家的煤矿均以大型矿为主，美国、德国的规模多为1000万 t 以上的大型露天矿和 400 万～600 万 t 的大型矿井，资源回收率高达 58%。第二是煤矿安全事故多。美国生产 10 亿 t 商品煤只需要 15 万人，而中国生产 12 亿 t 原煤却用了 700 万人。2002～2006 年，中国煤矿每年死亡人数分别为6995人、6434人、6027人、5938人和4746人。与 2002 年相比，2004 年全国煤炭产量达到 19.92 亿 t，死亡6027人，下降 13.8%，煤矿百万吨死亡人数下降到 3.03 人；而 2002～2004 年间，美国煤矿安全事故的每年死亡人数都低于 30 人，分别为 27 人、30 人、27 人，每百万吨煤死亡人数在 0.03 以下。2004 年，美国产煤近 10 亿 t，煤矿安全事故中总共只死亡 27 人，煤矿百万吨死亡人数下降到 0.027 人。中国的百万吨死亡率仍相当于美国的 100 倍，印度的 13 倍，南非的 10 倍，居世界第一位。

二、石油

1. 石油资源量与产量

1859 年美国人德莱克在宾夕法尼亚州挖出世界上第一口石油油井。1948 年沙特阿拉伯发现世界最大油田——盖瓦尔油田，可采储量 157 亿 t，年产量27 000万 t。2017 年世界石油探明可采储量 2393 亿 t。中东地区为 1093 亿 t，欧洲及欧亚大陆地区为 190 亿 t，非洲地区为 167 亿 t。石油探明可采储量最多的国家是委内瑞拉，储量为 473 亿 t；第二是沙特阿拉伯，储量为 366 亿 t。我国属于石油资源贫乏的国家，仅为 35 亿 t。根据 2000 年底中国油气资源评价结果，中国陆上和沿海大陆架沉积盆地总面积约 550km^2，石油总资源量1021亿 t，其中陆上 775 亿 t，沿海海域 246 亿 t，中国最终技术可开采储量 160 亿 t。2017 年世界石油产量增加了 0.5%，达到 43.871 亿 t。产油最多的是美国、沙特阿拉伯、俄罗斯，分别为 5.71 亿 t、5.62 亿 t 和 5.54 亿 t。2017 年我国石油产量为 1.915 亿 t，减少 3.8%。当年世界石油消费 46.219 亿 t，增长 1.7%，消耗石油最多的是美国和中国，分别为 9.132 亿 t 和 6.084 亿 t。目前我国两大油田是大庆油田和胜利油田，年产量分别为5000万 t 和2700万 t 左右。

2. 欧佩克组织

石油是 20 世纪最廉价的能源，1900 年油价每桶 1.2 美元，第二次世界大战后还是每桶 1.2 美元。油价在 1960 年以前，一直停留在 1.5 美元水平上，但此时的美元实际上只相当于 1900 年时的 35%，也就是说，油价实际在降低。廉价的石油使西方工业出现了五六十年代的经济繁荣，创造了西方所谓的“西方文明”。而且西方国家石油垄断资本一直控制着石油输出国家的生产、运输和销售。50 年代末，国家石油垄断资本再次降低油价。1960 年 9 月 9 日伊拉克政府邀请沙特阿拉伯、伊朗、科威特和委内瑞拉四国的代表为对付西方石油公司企业再次降低石油标价在巴格达举行会议，决定成立石油输出国组织（Organization of Petroleum Exporting Countries—OPEC)，简称“欧佩克”。其宗旨是协调成员国的石油政策，采取集体行动同外国石油公司进行谈判，维护本国的石油权益。其后，卡塔尔（1960 年）、印度尼西亚（1962 年）、利比亚（1962 年）、阿尔及利亚（1969 年）、尼日利亚（1971 年）、厄瓜多尔（1973 年）、加蓬（1973 年）、阿拉伯联合酋长国（1974 年）等陆续参加，迄今该组织共有十三个成员国。2017 年该组织成员石油总储量为1710亿 t，约占世界石油储量的 71.8%，其中排在前三位的成员分别是沙特阿拉伯（366 亿 t)、伊朗（216 亿 t）和伊拉克（202 亿 t)。2017 年该组织成员原油产量为 18.603 亿 t，约占世界原油产量的 42.4%，其中排在前三位的成员分别是沙特阿拉伯（5.62 亿 t)、伊朗（2.342 亿 t）和科威特（1.460 亿 t)。

3. 油电历史使命的终结

由于 50 年代起至 70 年代末，廉价的石油在世界上逐渐成为主要的能源，在火力发电的能源结构中，燃油的比重逐年增加，燃煤的比重逐年下降。由于燃油的电厂锅炉比燃煤的简单，无需磨煤设备，所以以油代煤作为发电能源其造价比燃煤电厂低 20%左右，再加上建造工期短，占地面积可减少 30%左右，对环境的污染也小，当时油电在各国得到迅速发展。

为使石油生产者与消费者的利益都得到保证，欧佩克实行石油生产配额制。为防止石油价格飙升或下滑，欧佩克依据市场形势增加或减少其石油产量。1973 年 10 月，中东爆发了第四次阿以战争，阿拉伯国家纷纷要求对支持以色列的西方国家实行石油禁运，欧佩克决定基准油价从每桶的 3.011 美元提高到 10.651 美元，以后油价不断飞涨，1980 年以后油价上涨并维持在每桶 34 美元，爆发了第二次石油危机，致使西方的经济受到严重打击。由于油价急剧上升，油电成本猛增，各国努力开发和寻找替代石油的发电能源，并积极减少油电的发电比例。

中国石油资源并不丰富，由于 60 年代初期，发现和开发了大庆油田，使 1963 年的原油产量达到 648 万 t，结束了中国人使用“洋油”的历史。由于盲目乐观和技术限制，中国的石油消费在 80 年代以前，有 1/3 的原油被直接燃烧掉了。以 1981 年为例，当年生产的 1.06 亿 t 原油中，用于锅炉、工业窑炉作燃料直接燃烧的原油为 718 万 t、重油2800万 t、柴油 34 万 t，合计达3552万 t（其中发电用1640万 t)，占全部产量的 33.5%。由于对本国能源资源缺乏正确的认识，盲目学习外国经验，我国在 60 年代到 70 年代末，发展了一大批燃油电厂，甚至把一些原来燃煤的电厂也改建为燃油电厂，油电在总发电量中比例从 1960 年的 0.3%发展到 1980 年的 17%，1980 年全国共有燃油机组12 000MW，共燃油 1945 万 t，占当年全国石油产量的 15.5%。70 年代末以及以后很长时间内，中国石油年产量一直徘徊在 1 亿 t 左右。随着世界油价的上涨，中国石油的出口量逐年增加，国内石油消费量也日趋增多，因而出现了石油供应紧张的局面。为了保证其他部门的石油需求量，中国对电力工业提出了“以煤代油”的方针。进入 21 世纪，我国基本上没有燃油机组了。

自从伊拉克战争以来，国际油价迅速飙升，在 2004 年末，国际油价已突破每桶 50 美元大关，2013 年在世界经济低迷期原油价格也一直在 95～100 美元/桶之间波动。2006 年国际油价一度在 70 美元/桶左右徘徊，到了 2007 年 4 月每桶油价已突破 120 美元大关。这对我国的经济发展影响很大，特别是我国对外石油依赖程度逐渐增加，威胁到我国经济的发展和战略安全。

三、天然气

2017 年，世界天然气探明可采储量 193.5 万亿 m^3，主要分布在中东地区、欧洲及欧亚大陆地区，这两个地区的探明可采储量为 79.1 万亿 m^3 和 59.2 万亿 m^3，占世界总量的 71.5%。俄罗斯以 35 万亿 m^3 的天然气探明可采储量成为世界上储量最大的国家，伊朗以 33.2 万亿 m^3 的储量列世界第二位。

中国沉积岩分布面积广，陆相盆地多，形成优越的多种天然气储藏的地质条件。根据 2000 年全国天然气远景资源量的第三次评价，中国常规天然气总资源量达47 040Gm^3，其中陆上天然气38 900Gm^3，主要分布在中部和西部地区；海上8140Gm^3。中国气田以中小型为主，大多数气田的地质构造比较复杂，勘探开发难度大。截止到 2012 年底，中国天然气已累计探明储量3400Gm^3，探明技术可采天然气储量2250Gm^3。中国已初步建成川渝、长庆、南海西部三大天然气生产基地。

2017 年中国天然气产量为 1492 亿 m^3，占世界总产量 4.1%；消耗量为 2404 亿 m^3，占世界总消耗量 6.6%。2017 年，世界天然气产量为 36 804 亿 m^3，比上一年增加 4.0%；世界天然气消耗量为 36 704 亿 m^3，比上一年增加 3.0%。

四、水能

1. 水能资源

水能也称水力，是天然水流能量的总称，通常专指陆地上江河湖泊中的水流能量。除了人力、畜力和直接利用太阳能以外，人类最早广泛利用的能源是从流水中取得的。中国是世界上最早应用水能的国家，3000 多年前，黄河沿岸就出现了竹木水车。1873 年瑞士在罗伊斯河畔首先建立了世界上第一座水电站—珀伦造纸厂水力发电站，4 台 155kW 水轮机组装机容量 620kW，标志着水电开发时代的开始。我国第一个水电站是 1910 年在云南滇池修建的石龙坝水电站，装机容量 472kW。1994 年 12 月开工的长江三峡工程装机容量设计为18 200MW，年发电量 846.8 亿 kWh，堪称世界之最。到 2005 年底，世界水电装机总容量 850GW，中国水电装机总容量 117.4GW（不包括台湾省 451.3GW），超过美国，跃居世界第一位。中国水电年发电量约为 3970 亿 kWh，占全国总发电量的 16%。

根据 2003 年第四次全国水利资源复查结果，中国河流水能资源理论蕴藏量 694.4GW，年发电量为 60 829 亿 kWh，约占世界总量的 1/3，其中技术可开发的水电总装机容量为 541.6GW，多年平均发电量为 24 740 亿 kWh，相当于每年提供 9.7 亿 t 标准煤的能源；经济可开发资源为装机容量 401.8GW，多年平均年发电量 17 534 亿 kWh。水能资源不论蕴藏量还是可开发资源量均居世界第一位。我国的水能资源主要分布在西部地区，约 70%在西南地区。长江、金沙江、雅砻江、大渡河、乌江、红水河、澜沧江、黄河和怒江等大江大河的干流水能资源丰富，总装机容量约占全国经济可开发量的 60%，全国各省市水资源复查成果见表 1-3。

表 1-3　　全国各省市水资源复查成果

序号	省区市	理论蕴藏量		技术可开发量			经济可开发量			开发程度（%）
		年电量（亿 kWh）	平均功率（MW）	电站数（座）	装机容量（MW）	年发电量（亿 kWh）	电站数（座）	装机容量（MW）	年发电量（亿 kWh）	
1	京津冀	199.26	2274.6	179	1751.3	37.12	104	1252.5	25.27	39.2
2	山西	493.61	5634.8	169	4020.4	120.55	149	3973.8	118.96	23.5
3	内蒙古	509.14	5812.2	103	2624.5	73.45	82	2567.3	71.91	28.1
4	辽宁	177.92	2031.0	200	1767.3	60.39	171	1728.9	59.14	77
5	吉林	301.30	3439.6	188	5115.5	117.93	157	5042.3	115.47	75.9
6	黑龙江	664.20	7582.2	166	8161.9	238.31	111	7226.9	211.79	11.9
7	上海、江苏	152.20	1738.1	22	57.9	1.73	14	22.4	0.67	38.7

续表

序号	省区市	理论蕴藏量		技术可开发量			经济可开发量			开发程度（%）
		年电量（亿 kWh）	平均功率（MW）	电站数（座）	装机容量（MW）	年发电量（亿 kWh）	电站数（座）	装机容量（MW）	年发电量（亿 kWh）	
8	浙江	537.59	6136.8	1070	6643.8	161.46	1067	6613.2	160.72	66.6
9	安徽	273.50	3122.0	157	1074.0	30.00	144	996.0	27.30	57.1
10	福建	941.01	10 742.0	1031	9979.7	353.02	1027	9697.7	344.97	58.2
11	江西	425.57	4858.1	533	5162.9	170.96	448	4161.9	137.74	39.5
12	山东	102.48	1170.1	50	64.2	1.59	37	50.8	1.32	54.4
13	河南	412.32	4706.6	214	2880.6	96.95	137	2726.4	91.40	80.9
14	湖北	1507.12	17 204.5	704	35 540.5	1386.31	649	35 355.9	1380.45	88.6
15	湖南	1162.51	13 270.4	967	12 020.9	486.19	769	11 349.8	457.58	57.0
16	广东	531.60	6068.5	1051	5401.4	198.14	970	4878.8	177.79	63.6
17	海南	73.78	842.2	85	760.5	21.03	82	710.5	19.94	59.6
18	广西	1545.37	17 641.2	821	18 913.8	808.84	759	18 575.0	794.98	65.2
19	四川	12 571.89	143 514.7	1992	120 040.0	6121.59	1836	103 270.7	5232.89	13.6
20	重庆	2011.67	22 964.3	421	9808.4	445.78	323	8195.9	378.04	15.9
21	贵州	1584.37	18 086.4	574	19 487.9	777.99	448	18 980.7	752.42	52.3
22	云南	9144.21	104 386.0	769	101 939.1	4918.81	729	97 950.4	4712.83	11.0
23	西藏	17 638.98	201 358.2	333	110 004.4	5759.69	191	8350.4	376.25	0.4
24	陕西	1118.56	12 768.9	343	6623.8	222.16	312	6501.6	217.22	28.7
25	甘肃	1304.16	14 887.3	310	10 625.4	444.34	195	9009.0	370.43	34.8
26	青海	1916.14	21 873.8	229	23 140.4	913.44	170	15 479.1	554.62	22.0
27	宁夏	184.19	2102.6	10	1458.4	58.94	10	1458.4	58.94	29.4
28	新疆	3344.46	38 178.7	518	16 564.9	712.59	495	15 670.5	682.81	10.3
全国合计		60 829.00	694 400.0	13 286	541 640.0	24 740.00	11 653	401 795.0	17 534.00	24.2

注 本表中数值包括理论蕴藏量 10MW 及以上河流和这些河流上单站装机容量 0.5MW 及以上的水电站，不含港澳台地区。

水力发电是在河流中拦河筑坝，利用具有落差的水冲动水轮机旋转，将水能转变成机械能，水轮机带动发电机旋转，将机械能变成电能，然后经升压变压器和输电线路，将电能送至用户。构成水能的基本条件是水的流量和落差。流量是河流中指定地点每秒钟流过的水量，落差是河段中水流降落的高度，也叫水位差。具有一定流量和落差的水能出力为

$$E_0 = \rho QH$$

$$\rho = 1000\text{kg/m}^3$$

式中 E_0——水能的理论出力，kg·m/s；

ρ——水的密度，kg/m^3；

Q——水的流量，m^3/s；

H——水的落差，m。

由于 1kW=102kg·m/s，所以 $E_0 = 1000QH$（kg·m/s）$=9.81QH$ kW

水流中的能量必须通过水轮机转化为机械能，再通过发电机转变成电能，因此水流可以利用的出力应为

$$E = 9.81QH\eta$$

式中 η——发电机、水轮机综合效率，现代水轮机和发电机的效率均可以达到96%，其综合效率为92%左右，%；

E——水能的实际出力，kW。

由于水在压力水管的进、出口和管道本身都存在着摩擦，所以考虑到水轮机、发电机和水管的效率之后，总的发电效率 η 可能只有85%左右。

全世界水力资源的蕴藏十分丰富，理论蕴藏量为48.224万亿kWh，其中具有技术上可开发的水力资源为19.39万亿kWh，经济上可开发的为9.7万亿kWh。截至2017年底，全球水电装机总容量已达12.67亿kW，其中中国水电装机容量34 119万kW，美国水电装机容量8010万kW。2017年中国水电发电量是2005年的3倍。2017年中国水电发电量约11 945亿kWh，占全国总发电量的18.61%。2017年全球水力发电量达到40 599亿kWh，比2010年增加了6034亿kWh。水电的快速发展为保障能源供应、调整能源结构、应对气候变化，以及促进可持续发展做出了重要贡献。表1-4为一些国家可开发的水电装机容量和2017年水电量。

表1-4 一些国家可开发的水电装机容量和2017年水电量

国家和地区	可开发水电		2017年实际水电量（亿kWh）	国家和地区	可开发水电		2017年实际水电量（亿kWh）
	可装机容量（万kW）	年可发水电量（亿kWh）			可装机容量（万kW）	年可发水电量（亿kWh）	
中国	37 800	24 700	11 945	西班牙	2932	675	185
俄罗斯	26 900	10 950	1833	法国	2100	650	490
巴西	21 300	12 000	3695	墨西哥	2030	994	317
美国	16 800	6700	2965	瑞典	2010	1003	645
加拿大	15 290	5352	3969	意大利	1920	506	363
印度	7000	2800	1356	奥地利	1852	492	366
哥伦比亚	5000	3000	445	瑞士	1100	400	320
日本	4960	1300	792	罗马尼亚	803	241	163
阿根廷	4810	1910	416	英国	246	42	59
印尼	3000	1500	184	德国	441	218	197
挪威	2960	1500	1375	世界总计	222 000	193 900	40 599

2. 水力发电的优缺点

水力发电具有下列优点：

（1）水能是技术经济条件最优越的可再生能源。江河水流川流不息，源源不断汇流入海，海面和地面上的水分受太阳辐射蒸发为水汽形成雨雪，降落大地，又汇入江河，周而复始。和其他发电能源相比，其成本最为低廉，是可再生的廉价发电能源。

（2）水力发电不污染环境，是干净的能源。水力发电对空气和水体都不会发生污染，不存在高温、飞灰飘尘、硫氧化物和氮氧化物等严重环境污染问题和污染治理问题。

（3）水轮发电机组启停调峰灵活。水轮发电机组从静止状态启动到满负荷运行，正常情况下只要四五分钟，而火电机组从锅炉点火燃烧开始到满负荷，启动时间一般长达数小时。所以水轮

发电机组能适应负荷的急剧变化，宜于承担系统的调峰、调频和事故备用电源。

(4) 水力发电综合成本低。一般而言，同容量的水电厂投资较火电厂大一些，因为水电属于一次能源和二次能源同时开发，而火电厂只属于二次能源开发，通过购买燃料而取得其他能源，如果火电计及燃料开发、运送燃料的各项投资，单位容量的投资反而比水电高一些。水电由于要拦河筑坝，工期一般较火电为长，要考虑到建设期资金的贷款利息；另一方面，火电建设又不考虑燃料开采及运输的投资，所以水电往往处于不利地位。但在投产后，水电无需支出燃料费用，运行维护人员少，所以发电成本比火电低。

(5) 可以综合利用和梯级开发。开发水电，可使发电、防洪、航运、灌溉、给水、渔业、旅游，以及减轻环境污染等方面获得利益，社会经济效益十分显著。

(6) 可以利用水能储藏电能。电能不能大量储存，而水电站则可以利用修建的水库储蓄水能，以代替电能。还可以利用电力系统低谷时多余的电能抽水蓄能。在各种发电能源中，只有水力发电具有可逆性。

水力发电的缺点：

(1) 修建水电站，特别是大型水电站，上游要淹没一些城镇、农村和耕地，还会造成下游水量减少，造成一定的损失。

(2) 水电站的出力受自然条件影响较大。天然河流的流量是不断随季节变化的，一年内可分为汛期、平水期、枯水期三个季节。因此除了有特大水库的水电站外，水电站的发电量往往受水量的限制。

(3) 水电站也会带来局部问题，水坝建成后也会影响航运，鱼类回游通道受阻，某些生物可能会消失。

3. 抽水蓄能电站

电能的特点是不能大量储存，然而当需要用电时它又必须得到满足。在负荷低谷时，虽然可以通过调节输入锅炉的燃料量来控制火电厂的发电量，但是低负荷运行又会大大影响其经济性。利用抽水蓄能电站可以解决“某些时候电能的生产显得供过于求，在某些时候又显得供不应求”问题。

抽水蓄能电站一般由下库、上库、高压输水管、地下电站厂房等组成。抽水蓄能电站机组不是常规的水轮发电机组，而是可逆的水泵—水轮机和电动发电机组，它的上、下游两个水库均能储存一定数量的水。当电网的电能超过了电力用户的需求时，电站机组即可做电动水泵使用。利用此时过剩的电力把水从下游水库抽入上游水库，使电能变成具有一定位能的水。而当电能的需求达到尖峰时，上游水库即放水发电，电站机组作为水轮发电机投入运行，以满足电力系统峰荷时的用户需要。

抽水蓄能然后再放水发电的过程自然要损失一部分能量，约损失 1/4 的电能，但是它是将现有的电站非峰荷时“多余”的电能，用于需要的时间，所以此过程还是合理有利的。特别是对于峰荷和低谷电价不同的电力系统，其经济效益更为显著。1882 年瑞士建成了世界第一座抽水蓄电站——奈特拉电站，发电功率 515kW。之后，美国建造了大批大容量抽水蓄能电站，例如 1978 年投产的 Raccoon Mt 抽水蓄能电站，装机容量为 3×390MW。现在世界上已建起 200 多座抽水蓄能电站，装机容量达 40GW。截止到 2005 年底，中国已建成 15 座抽水蓄能电站，装机容量7000MW，其中世界上最大的抽水蓄能电站于 2000 年 3 月在广州建成，装机容量2400MW。

五、核能

1. 核裂变原理

核能是利用原子裂变或聚变产生的能量，它以热的形式被人类用来发电或用做其他用途，也称原子能。核能包括重核的裂变能和轻核的聚变能。目前核电站是利用可裂变物质铀（^{235}U）发生连锁裂变反应释放的能量把水变成蒸汽来发电的。

原子由带正电的原子核和围绕原子核运动的若干带负电的电子组成。原子核又由若干带正电的质子和若干不带电的中子组成。质子和中子统称为核子。核子的数目以该元素符号左上角的注脚表示，如^{235}U。铀元素是目前用作核裂变的主要元素，它有其他几种不同数目核子的铀同位素，如^{233}U、^{235}U和^{238}U。

根据爱因斯坦质能方程，核能和质量之间的关系为

$$E=mc^2$$

以^{235}U为例来说明裂变过程，^{235}U的原子核受到一个中子的轰击后分裂为两个裂变碎块，并释放出两个或三个多余的中子，其裂变方程式为

$$^{235}U+n\rightarrow{}^{92}Kr+{}^{141}Ba+3n$$

或

$$^{235}U+n\rightarrow{}^{94}Sr+{}^{140}Xc+2n$$

经过分裂后的^{235}U失去的质量为0.215amn（amn是原子质量单位，1amn=1.66×10^{-27}kg），于是一个原子裂变释放的能量为

$$E=0.215\times1.66\times10^{-27}\times(3\times10^{8})^{2}=3.21\times10^{-11}\quad(J)$$

每千克^{235}U有2.5×10^{24}个原子，如果它们能在很短时间内全部释放出其裂变能量，则总能量为

$$E_{总}=3.21\times10^{-11}\times2.5\times10^{24}=8.03\times10^{13}\quad(J)$$

1t标准煤含有能量29 308$\times10^6$J，因此1kg铀^{235}U理论上可以产生2740t标准煤，1kg铀^{235}U原子核完全裂变可释放出相当于1900t原油的发热量。建一台百万千瓦级的核电站，每年可替代约300万t的原煤。

为了获得裂变，自由中子必须冲击其他原子核，以促使原子核分裂，此过程称为连锁反应。天然铀在多数型式的反应堆中不能维持连锁反应，因为天然铀中^{235}U只占0.714%，而^{238}U占99.28%。中子冲击^{238}U的原子核后通常不产生裂变，却很容易被它俘获，造成中子损失。因此天然铀作为核燃料时，必须经过加工以增加^{235}U的比例。世界陆地铀资源总量约10×10^6t，海洋含铀高达45亿t。我国铀资源总量潜在远景在170万t以上。

轻核的聚变能是指两个轻原子（如氘和氚）核聚合成一个较重原子核所释放出来的能量。常用的核聚变燃料是氘和氚。1kg氘聚变时释放出的能量达到13 700t标准煤，是铀裂变能量的5倍。

2. 核反应堆

一个核电厂由一个铀燃料芯、一个热交换回路、一台汽轮发电机组和一个冷凝器组成。核电站的核心是反应堆，它是一个能维持和控制核裂变反应的装置。反应堆包括下列部件：堆芯、冷却介质（冷却剂）、控制棒、减速剂（慢化剂）。堆芯由含有氧化铀粉末的燃料棒束组成。当一定数量的燃料棒束被集中到一起，达到临界质量时连锁反应就开始了，单个燃料棒并不具有足够的临界质量（裂变物质必须有足够的质量才能进行连锁反应，这个最小质量叫做临界质量）。反应堆通常被封闭在一个压力壳内，并在外面设置一个安全壳，安全壳罩着反应堆的各个部分，以防止放射性物质泄漏到环境中。核蒸汽供应系统称为核岛，蒸汽驱动汽轮机组系统，称为常规岛。

冷却剂可以是气体或液体，流过燃料芯，裂变释放出的热能由冷却剂带出，用以产生蒸汽。冷却剂和燃料棒不直接接触，因为放射性物质被密封在燃料棒内。堆内载出热量的冷却剂目前主要有水、重水或氦等。控制棒由能够快速吸收中子的材料组成，这些棒通常放置在燃料束中。如果控制棒从燃料束中抽出，则有更多的中子冲击燃料造成裂变，使得反应速度增加。如果把控制

棒插入燃料束，它犹如海绵吸水一样吸收中子，减少进入燃料的中子数目，使得反应减慢或完全停止。

核反应堆的种类有多种，按引起裂变的中子能量分为热中子反应堆和快中子反应堆。热中子容易引起^{235}U的裂变，而且容易控制和实现，因此目前大量运行的是热中子反应堆。热中子反应堆需要慢化剂，通过它的原子核与快中子弹性碰撞，将快中子慢化成热中子。慢化剂目前用的是水、重水或石墨。因此根据慢化剂、冷却剂和燃料不同，反应堆有多种类型。

(1) 轻水堆（LWR）：即用轻水 H_2O 做慢化剂和冷却剂，稍加浓铀做燃料，它包括压水堆（PWR）和沸水堆（BWR）。

将天然铀加工成浓缩铀 U_3O_8，浓缩铀 U_3O_8 转换成六氟化铀气体，在同位素富集工厂将^{235}U的浓度由天然铀中的0.7%提高到轻水堆燃料所需要的3%。富集过程是将六氟化铀转换成最终的核燃料形式，即二氧化铀，而后封装入燃料套管，将一定数量的这种套管组装成燃料元件，最后将燃料元件装入反应堆。

图1-2是沸水堆的水—蒸汽示意图。在沸水反应堆中，作为冷却介质和减速剂的水被引入反应堆中受热沸腾，然后作为压力蒸汽被抽出驱动汽轮机，沸水反应堆的典型运行参数是6.9MPa、300℃，它的效率约为34%。沸水反应堆的优点是简单，缺点是水蒸气带有微量的放射性，虽然在正常情况下不致因辐射而影响汽轮机的性能，但其主蒸汽管道、控制阀、汽轮机、冷凝器、蒸汽分离器等元件都需要混凝土屏障来隔离可能出现的辐射。

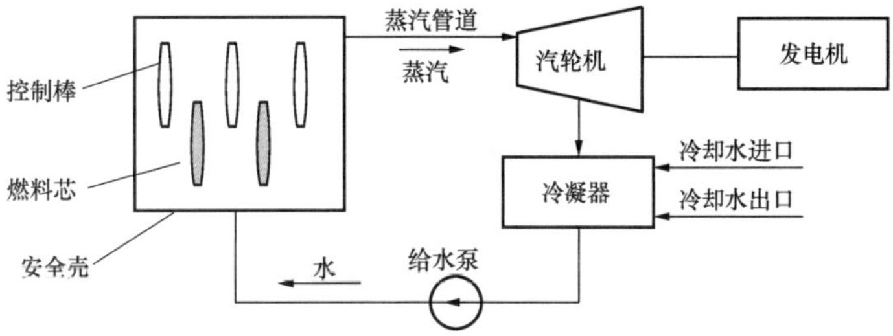

图1-2 沸水堆的水—蒸汽示意

(2) 重水堆（HWR）：用重水（D_2O）做慢化剂和冷却剂，天然铀做燃料，无需特地浓缩铀。天然铀燃料只用一次，用后储存起来。

(3) 石墨堆（HTGR）：即用石墨做慢化剂，纯 CO_2 或氦气做冷却剂，稍加浓铀做燃料，所以叫做石墨气冷堆（或称高温气冷堆）。石墨气冷堆的主要特点是：安全性好，陶瓷型燃料元件可以耐1600℃的高温，具有固有安全特性，即使在反应堆失去冷却的情况下，反应堆也不会发生像美国三哩岛与苏联切尔诺贝利核电站那样的严重事故；发电效率高，石墨气冷堆的工作蒸汽温度为700～950℃，它的效率为40%～45%，与火电厂相当。美国的第一座石墨气冷堆建于宾夕法尼亚州的桃花谷（Peach Bottom)，1962年开始建造，1967年并网，电功率容量为40MW，氦气出口温度728℃，氦气入口温度344℃，主蒸汽温度538℃，主蒸汽流量140t/h。目前大多数反应堆的容量都在1000MW左右。

(4) 快堆：快中子增殖堆FBR，简称快堆，是另一种形式的反应堆。轻水堆和重水堆都是热中子反应堆，因为它们都是借助于速度大为减慢了的、处于热运动状态下的中子来维持链式裂变反应。热堆以^{235}U作燃料，在一般热堆核燃料中，只有3%的^{235}U，余下的90%多是^{238}U，^{238}U在热堆中是不能“燃烧”的，^{238}U有时吸收中子脱变成钚^{239}Pu。热堆里每烧掉10个^{235}U原子，只能得到6～7个新的^{239}Pu（如果把从核废料分离出来的铀和钚重新用于反应堆作燃料，可以代替

20%轻水堆燃料所需的新鲜铀），所以核燃料越烧越少，由此可见热堆发电只能利用1%～2%的潜能，余下的98%～99%的^{238}U作为“废料”积存下来，成为沉重的包袱。

快中子增殖堆与热堆的根本区别在于它直接依靠核裂变产生快速飞行的中子，来维持链式裂变反应的进行。快中子的能量比热中子大10^7倍。快堆不设减速剂，只有冷却剂。快中子增殖堆芯内核裂变所产生的热量不是用水、气等冷却剂传递出来，而是用液态的金属钠，这是快中子反应堆的重要特点。快堆的主要优点是：以^{238}U转换成的^{239}Pu作为燃料，每消耗掉一个^{239}Pu原子，可从^{238}U中新产生约1.4个^{239}Pu原子，所以快堆的核燃料越烧越多，这就是核燃料的“增殖”作用；快堆具有较好的安全性，由于快堆使用钠作为冷却剂，钠的沸点很高，可使快堆在常压下运行，钠的传热性能好，热容量大，即使事故状态也可以将余热导出；快堆堆芯具有较大的负反馈系数，事故状态能够做到功率自稳，因此快堆具有较好的固有安全性；快堆可以烧掉长寿命的反射性废物。长寿命的锕系核素残存在压水堆核电站卸料后的废料中，半衰期达数百万年，是发展压水堆的后顾之忧，将锕系核素焚烧掉，可解除发展核电对环境带来的污染问题。

1954年6月苏联在奥布宁斯克建成世界第一座核电站（石墨水冷堆，机组容量5MW）以来，核技术日趋成熟。1957年，美国在宾夕法尼亚州费城附近的希宾波恩特建造了第一个压水反应堆电站（90MW），1965年后，电功率提高到141MW，这是世界上第一座压水堆核电站，也是当时世界上最大的核电站。法国在快堆技术方面处于世界领先地位，1973年法国建造了世界第一台快堆，其容量为250MW，并以“凤凰”命名，1974年并入电网运行。1983年开始动工的秦山核电站是中国第一座依靠自己的力量设计、建造和运营管理的300MW压水堆核电站，1991年12月15日首次并网发电，1995年7月正式交付生产运行，它的建成投产结束了我国大陆无核电的历史。2002年12月我国首座商用重水堆核电站秦山三期核电站2×728MW中的首台机组投入商业运行。

根据世界核新闻（WNN）网站提供的资料，截至2018年1月1日，全球有30个国家共运行着446台核电机组，总净装机容量为390.8GW（3.908亿kW）；2017年世界核电机组发电量26 356亿kWh，占世界发电总量的10.31%，是仅次于煤电（45%）的第二大发电方式。世界核电装机情况见表1-5。

表1-5　世界主要核电国家历年核电发电量　（亿kWh）

国家	2005	2007	2008	2009	2010	2011	2012	2017年运行反应堆		2017年核电量比重		2017年
								数量（座）	总装机容量（MW）	2017年核电发电量	占总发电量比例（%）	铀需求量（tU）
美国	8231	8489	8486	8409	8494	7904	8098	99	99 952	8473	19.8	20 637
法国	4526	4406	4403	4101	4283	4235	4254	58	63 133	3820	71.6	8310
日本	2930	2790	2517	2874	2924	1562	180	42	39 752	291	2.9	7490
俄罗斯	1476	1601	1631	1636	1703	1620	1782	35	26 142	2031	18.6	6255
韩国	1469	1429	1510	1478	1478	1478	1503	25	23 070	1484	26.0	3917
印度	178	178	152	168	231	289	331	22	6255	374	2.5	1058
德国	1630	1405	1488	1349	1405	1023	995	8	10 799	759	11.6	1475
加拿大	914	928	933	895	897	883	958	19	13 554	967	13.9	1710
英国	816	630	525	691	621	627	704	15	8918	703	20.9	2093

续表

国家		2005	2007	2008	2009	2010	2011	2012	2017年运行反应堆		2017年核电量比重		2017年
									数量（座）	总装机容量（MW）	2017年核电发电量	占总发电量比例（%）	铀需求量（tU）
乌克兰		888	925	898	829	892	902	901	15	13 107	856	54.5	2230
中国		531	621	684	701	739	874	974	38	34 514	2483	3.8	16 600
西班牙		575	551	590	528	620	577	614	7	7121	581	21.1	1282
瑞典		724	670	643	527	586	611	646	9	9102	630	39.6	1359
世界总计	亿kWh	27 701	27 492	27 365	27 672	26 487	26 533	24 766	446	390 800	26 356	10.31	72 355
	万toe	62 680	62 210	61 920	61 400	62 620	6004	5604	—	—	6003	10.31	—

注 1万kWh=2.262 4toe（吨油当量），67 990tU=80 181tU$_3$O$_8$。

3. 核电的优缺点

核电在减少二氧化碳排放量方面起到了其他能源不可替代的作用，它不排放飞灰及有害气体，也不需要堆放燃料和排灰渣场地，被称为是“最新式、最干净、最方便”的电力资源。核电站与燃煤电厂对环境的影响见表1-6。

一旦发生核电站事故，一般具有毁坏性。在核电半个世纪的发展过程中，共发生了两次大的核安全事故：1979年3月28日美国宾夕法尼亚州的三哩岛发生了一次核电站事故，起因是由于把水送入热交换器供产生蒸汽用的泵出现故障，水没有被送进去，于是开动辅助泵，而由于人为的误操作，却关闭了辅助泵输水管的阀门，由于没有供给热交换器产生蒸汽的水，所以从核反应堆出来的一回路中的冷却水，其热量没有被带走，反应堆堆芯三分之二熔化，压水堆的容器压力猛升，由于压力过高，释压阀自动打开喷出高压蒸汽，使压力下降。可是由于阀门出了故障，尽管压力已经下降，而阀门仍然开启着，因此带着大量放射性的一回路中的冷却水逸出了核反应堆，使环境受到部分污染，但强放射性物质被防御措施限制在反应堆安全壳内，既没造成人员伤亡，也没影响周围居民安全。另一次是1986年4月26日，发生在苏联切尔诺贝利核电站，第4号反应堆发生严重的核堆熔化事故并造成严重后果，死亡30人，事故释放出的强放射性物质有8t之多，对环境造成了严重危害，其主要原因是切尔诺贝利核电站的建造没有采用反应堆安全壳，这种设计现已被彻底否定。

表1-6　　核电站与燃煤电厂对环境的影响对比（容量1000MW）

类型 \ 影响	居民受到的辐射（mrem/a）	死亡人数（GW·a）	一年燃料消耗量	渣排放量（t/a）	灰排放量（t/a）	氧化氮排放量（t/a）	二氧化硫排放量（t/a）	二氧化碳排放量（t/a）
燃煤电厂	4.75	0.340	燃煤300万t	80 000	730 000	26 250～30 000	46 000～128 000	6 000 000
压水堆核电站	1.8	0.001	25t核燃料	0	0	0	0	0

注 rem称为雷姆，是辐射剂量当量单位，此剂量对人的相同生物效应等效于1R（伦琴）的γ辐射。在500rem的水平，人经受超过半小时的照射就会死亡，经常在小剂量的辐射下会产生积累性的影响，达到一定程度会导致人体长期性的损害。美国在核反应堆场地对整个公众的辐射标准为0.005rem/a。

此外，核燃料“废料”的处理问题并未解决，迄今为止除了扔入深海沟或深埋于岩穴以外，并没有其他更完善的办法，这是核电的致命弱点。核燃料废料中的铯-137的半衰期是30年，锶-

90的半衰期是28年，为使它们的辐射强度衰减至原来的1/1000，大约需要300年；但钚的半衰期是24 400年，它需要25万年才能使其辐射强度衰减至原来的1/1000。因此核燃料废料必须至少被隔离25万年，才能保证安全。

由于核电建设投资费用较高（约1万元/kW），再加上有关危险性问题（包括核电的安全性、核废物处理和核扩散等问题）的质疑一直贯穿于核电发展的历程，所以西欧多数国家，近期将不会兴建新的核电站，但普遍采用延长核电寿命的措施，力求将其使用寿命从40年延长到60年。国际大环境似已降温，但是由于2004年“电荒”“煤缺”暴露出中国煤炭工业过度开采、能源严重不足、运力难以承受等一系列问题，因此我国开始将发展核电作为解决能源紧张问题的主要措施之一。预计2020年前，中国将新建27个百万千瓦级核电机组，核电总规模将达到36 000MW，核电在中国能源供应量中的比例将由现在的1.6%提升到4%，这相当于从2004年起，中国每年至少要批准两个百万千瓦级核电机组。

六、风能

风能是由于太阳辐射造成地球各部分受热不均匀，引起大气层中的压力不平衡而使空气运行形成风所携带的能量，它是太阳能的一种转化形式。

1. 风能资源

全球风能储量约10^{14}MW，但只有10^{7}MW是可以利用的风能。风能的主要利用形式是风电。

中国是季风盛行的国家，风能资源量大面广，陆地10m高度处风能总储量3226GW，这个储量是理论可开发量。实际可开发量要考虑风机间的湍流影响，一般取风力机间距10倍叶轮直径，因此按上述总量的1/10估计，并考虑风力机叶片的实际扫掠面积系数0.785（对于1m直径叶轮的面积为$0.5^2\pi=0.785m^2$），即为实际可开发量，从而得到中国风能实际可开发量为253.6GW，见表1-7。如果年利用小时按2000～2500h计，风电的年发电量可达5060～6325亿kWh。中国近海辽阔的大陆架上蕴藏的风能超过大陆上的两倍，使全国风能可开发资源总量增至800GW。

表1-7　　全国及各省风能资源量

省份	理论可开发量（$\times10^{10}$W）	实际可开发量（$\times10^{10}$W）	平均单位面积资源量（kW/km^2）	省份	理论可开发量（$\times10^{10}$W）	实际可开发量（$\times10^{10}$W）	平均单位面积资源量（kW/km^2）
内蒙古	78.694	6.177 5	695.48	新疆	43.732 9	3.433	273.33
辽宁	7.716 6	0.605 8	514.44	安徽	3.191 4	0.250 5	245.49
黑龙江	21.946 7	1.722 8	477.10	海南	0.815 4	0.064	239.82
吉林	8.121 5	0.637 5	451.19	江西	3.731 3	0.292 9	233.21
青海	30.845 5	2.421 4	428.41	浙江	2.082 8	0.163 5	208.28
西藏	52.032 2	4.084 5	423.88	陕西	2.984 0	0.234 2	157.05
甘肃	14.560 7	1.143 0	373.35	湖南	3.140 3	0.246 5	149.54
台湾	1.335	0.104 8	370.83	福建	1.747 4	0.137 2	145.62
河北	7.794 3	0.611 9	357.87	广东	2.484 5	0.195	138.23
山东	5.013 9	0.393 6	334.26	湖北	2.455	0.192 7	136.39
山西	4.930 8	0.387 1	328.72	云南	4.670 5	0.366 6	122.91
河南	4.682 1	0.367 5	292.63	四川	5.551 4	0.435 8	99.13
宁夏	1.890 2	0.148 4	286.39	广西	2.141 5	0.168 1	93.11
江苏	3.026 4	0.237 6	286.05	贵州	1.281 4	0.100 6	75.38
全国合计	322.600 1	25.300 0					

注　江苏含上海，河北含北京、天津，四川含重庆。

东南沿海及东海、南海诸岛因受台风影响，最大年平均风速在5m/s以上，有效风能密度200～300W/m^{2}以上，有效风能出现时间百分率可达80%～90%；风速在3m/s以上的风全年出现累计小时数为7000～8000h，风速在6m/s以上的风全年出现累计小时数在4000h左右。

内蒙古和甘肃北部地区，高空终年在西北风带的控制下，年平均风速在4m/s以上，有效风能密度为200～300W/m^2，风速在3m/s以上的风全年出现累计小时数在5000h以上，风速在6m/s以上的风全年出现累计小时数在2000h以上。

云贵川地区风能较小，年平均风速为2.0m/s以下，有效风能密度在50W/m^{2}以下，有效风力出现时间仅20%左右，风速在3m/s以上的风全年出现累计小时数在2000h以下。

青藏高原海拔在4000m以上，这里的风速比较大，但空气密度小，约为地面密度的67%，也就是说，同样是8m/s的风速，在平原上风能功率密度为313.6W/m^2，而在海拔4000m只有209.9W/m^2，所以青藏高原在风能利用方面仍属于一般地区。青藏高原风能密度在150W/m^{2}以上，3～20m/s的风速出现时间一般在5000h以上。

中国沿海风能比内陆大，由沿海向内陆风速急剧减小，动能很快消耗，山东荣成成山头海拔在46.1m，年平均风速7.8m/s，有效风能密度为240W/m^2。

2. 风力发电的特点

（1）风能的大小经常变动。

在风电机组输出达到额定功率之前，其功率与风速的立方成正比，即风速增加1倍，输出功率增加8倍，可见风能的大小与当地的风速关系极大。由于风速和风向经常变动，风速对风力发电的工况影响很大，风力发电机的启动风速为3m/s，停机风速为20m/s，也就是说3～20m/s是有效风力区。在有效风力区，为了得到较稳定的出力，风力发电机组必须加装调速、调向和刹车等调节和控制装置。1台55kW的风力发电机组，当风速为9.5m/s时，机组的输出功率为55kW；当风速为8.0m/s时，机组的输出功率为38kW；当风速为5.0m/s时，机组的输出功率仅为9.5kW。

（2）风能密度小，风轮尺寸大。

空气密度为水的1/816，所以在同样的流速下，风能密度仅为水能密度的1/816。为了得到相同的发电容量，风力发电机的风轮尺寸比相应的水轮机大几十倍。如3000kW的风力发电机组的风轮直径已达100m。所以对现代电力来说，风力发电机组只能是小机组。

（3）风能不能储存。

对于单机独立运行的风力发电机组，为了保证不间断地供电，必须配备相应的储能装置。即采用小型风力发电机组为蓄电池充电，再通过逆变器转换成交流电向终端电器供电，单机容量一般为100～10 000W；或者采用中型风力发电机组与柴油发电机组构成混合供电系统，系统容量为10～200kW；另一类是作为常规电网的电源，与电网并联运行，联网风力发电是大规模利用风能的最经济方式。机组单机容量范围为200～2500kW，既可单独并网，又可由多台组成风力发电场，简称风电场。

（4）风车的效率低。

风力发电是利用风能来发电的，而风力发电机组是将风能转化为电能的机械。风轮是风电机组最主要的部件，由桨叶（叶片）和轮毂组成。桨叶具有良好的空气动力外形，在气流作用下能产生空气动力使风轮旋转，将风能转换成机械能，再通过齿轮箱增速驱动发电机，将机械能转变为电能。在理论上，最好的风轮只能将接近60%的风能转换成为机械能。

风车的理论效率计算时，将桨叶看作是一个包含无数叶片的圆盘，当风通过该圆盘时将产生均匀的速度变化。设进入桨叶的自由空气速度为v_0，作用于桨叶上的空气速度为v_r，则

$$v_r=\frac{1}{2}v_0(1+\varepsilon)$$

$$F=\frac{1}{2}\pi r^2\rho v_0^2(1-\varepsilon^2)$$

式中 F——作用于圆盘上的力；

ε——轴向干扰系数。

风轮从风中吸收的功率为

$$P_{输出}=W=Fv_r=\frac{1}{4}\pi r^2\rho v_0^3(1-\varepsilon^2)(1+\varepsilon)$$

式中 ρ——空气密度；

r——桨叶扫过面积的半径。

为求其最大功率，将上式对 ε 求极值，得到 $\varepsilon=\frac{1}{3}$时，功率输出最大，将之代入上式得

$$P_{out, max}=\left(\frac{8}{27}\right)\pi r^2\rho v_0^3$$

而单位时间内，通过桨叶的动能为

$$P_{th}=\frac{dE}{dt}=\frac{d}{dt}\left(\frac{1}{2}mv_0^2\right)=\left(\frac{v_0^2}{2}\right)\frac{dm}{dt}$$

$$=\left(\frac{v_0^2}{2}\right)\frac{d}{dt}(\pi r^2\rho x)=\frac{1}{2}\pi r^2\rho v_0^3$$

式中 x——圆柱体桨叶空气的长度。

因此风电机组理论最大效率应为

$$\eta_{max}=\frac{P_{out,max}}{P_{th}}=\frac{16}{27}=0.593$$

这就是著名的贝兹极限，它表示风轮可达的最大效率为 59.3%。实际上风车桨叶只能获得最大功率的 70%，轴承、齿轮、发电机等又都有摩擦，因此现代风电机组风轮的效率为 40%左右。

1931 年苏联首先采用螺旋桨式叶片建成世界上最大的一台风力发电机（功率为 30kW）。20世纪 40 年代，美国制造的当时最大风电机组容量1250kW，风轮直径为 53m，安装在佛蒙特州，1941 年 10 月作为常规电站并入电网，后因一个叶片在 1945 年 3 月脱落而停止运行。法国、丹麦也都研制过百千瓦级的机组，其中丹麦 Gedser 200kW 风电机组，从 1957 年运行到 1966 年，平均年发电量 45 万 kWh，设计者采用异步发电机、定桨距风轮和叶片端部有制动翼片，这种结构后来成为丹麦风电机组的主力机型。根据 Gedser 200kW 风电机组设计理念，丹麦不断对产品进行完善，单机容量逐步从小到大，经历过 100、400、600、750kW 直到1000kW 以上的兆瓦级机组，在国际市场上建立了产品性能好、可靠性高的信誉。

1986 年 4 月，中国第一个风电场在山东荣成并网发电，三台 55kW 机组是由原航空部和山东省从丹麦引进的（Vestns 机型）。

2017 年全球风电装机新增 52 492 万 kW，达到 53 912.3 万 kW，同比增长 11.0%。风力发电量增加 18.45%，达到 5213 亿 kWh。2017 年中国（不包括台湾省）新增风电机组 9320 台，装机

容量 19 660MW，累计安装风电装机容量 188 390MW，同比增长 11.65%，自 2010 年装机超过美国之后一直居全球之首。

目前风力发电单位造价是燃煤电厂的 2.5 倍左右，每千瓦装机容量投资成本9000元/kW 左右，发电成本 0.6～0.7 元/kWh，使得风力发电难以与常规电力（煤电、水电）相竞争，发展缓慢。但是评价风电场经济效益必须考虑环境效益，装机容量 100MW 机组，年发电量 2.3 亿 kWh，按每 kWh 消耗 380g 标准煤计算，每年可节约标准煤 8.74 万 t，减排烟尘 700t，减排灰渣 2.76 万 t，二氧化硫减排1450t，氮氧化物减排 600t，二氧化碳减排 18 万 t。

七、海洋能

中国海岸线总长超过32 000km（大陆海岸线长18 000km，岛屿岸线长14 000km），拥有广阔的管辖海域和6500多个岛屿，蕴藏着丰富的海洋能源，包括潮汐能、波浪能、温差能和海流能等。根据水电部 1982 年提供的资料，潮汐能蕴藏总量达 190GW（占全世界总蕴藏量的 1/15），其中可开发利用的装机容量资源量为 21.8GW，多年平均发电量 619 亿kWh；波浪能理论资源量为 12.9GW，温差能理论资源量为 14.0GW。海洋能源不仅储量巨大，而且可以再生，不污染环境，也不占用大量陆地空间，还可以进行海水养殖等综合利用，不需要像建设火电厂那样要求矿山建设和运输能力配套，也不存在像建设水电站那样存在淹没土地、动迁和安置人口等问题。我国海洋能源靠近沿海能耗大户工业区和经济发达地区，而沿海地区又是能源短缺严重的区域，因此大力开发利用近海洋能源，不仅可以大大缓解我国东部沿海地区的煤、电紧张局面，还将有力地促进这一地区的经济发展。但是海洋能源由于能流密度低，转换装置庞大，还要解决泥沙淤积、海水腐蚀和生物附着等问题，所以一次性投资大，单位装机容量造价高，在经济上还不能与常规能源发电相比。但是随着现代科学技术的发展和常规能源燃料费用上涨，海洋能源作为可再生无污染的新能源具有一定的竞争力。1942 年德国建成了世界上第一座潮汐电站——布苏姆电站，1964 年日本制造了世界第一台波浪发电机组，发电能力只有 60W，只够一盏航标灯使用。我国于 1958 年在广东顺德投运了鸡州潮汐电站（40kW），于 1959 年在江苏太仓投运了浏河潮汐电站（50kW），后于 1978 年在山东乳山投运了白沙口潮汐电站（640kW），福建连江建设了大官坡潮汐电站等几处潮汐电站，装机容量 5.64MW，是世界上建造潮汐电站数量最多的国家之一。目前全世界潮汐电站装机容量约 520MW。

海洋能是指蕴藏在海洋中的可再生能源，包括潮汐能、波浪能、潮流能、海洋温差能和海水盐度差能等。海洋温差能是热能，海水盐度差能是渗透压能。潮汐能和潮流能来源于月球的引力，其他海洋能都是直接或间接来源于太阳的辐射能。

八、地热

地热能是贮存于地球内部（地核的温度估计约5000℃）的岩石和流体中的热量释放到地表的能量，它是驱动地球内部一切热过程的动力源。地球基岩的热能通过热传导进入大气和海洋；火山或活动地热团的热能则通过对流进入周围环境。地热能包括天然蒸汽、热水、热卤水等。

中国地热资源的储存条件好，距地表 2000m 内储藏的地热能为 2500 亿 t 标准煤，探明地热全年天然释放热资源量为 1.04×10^{17}kJ，折合 35.6 亿 t 标准煤，占世界储量的 7.9%，其中西藏高温地热资源为1930MW，占有量居我国首位。1904 年在意大利的拉德瑞罗地区，直接用地热蒸汽驱动一台蒸汽发电成功后（功率只够点 5 盏灯），引起世界瞩目并不断探索改进。美国在地热利用方面走在世界前列，美国地热电站的装机容量在 1980 年底就达到了 923MW，到 2005 年末达到了2544MW。截止到 2017 年，中国地热发电装机容量为 27.28MW，排名世界第 18 位，仅西藏羊八井地热电站（距拉萨以北 90km）装机容量就高达 25.18MW（1977 年 10 月一期

1MW 地热电站建成投产，热水温度 150～170℃），年发电量约 1 亿 kWh，成为拉萨市的供电主力电站。中国地热利用以每年 10%的速率增长，且以供热为主。到 2018 年，全球至少 24 个国家拥有在运地热发电站，全球地热电站装机容量达到 13 280MW。但 5 个国家占据了大部分地热发电装机容量：美国（349.1 万 kW）、菲律宾（194.4 万 kW）、印度尼西亚（194.6 万 kW）、土耳其（128.3 万 kW）、新西兰（96.6 万 kW）。冰岛装机容量 60 万 kW，人均地热发电装机容量全球领先，地热发电量提供约 26%的该国电力，约 3 亿 kWh。

九、生物质能

生物质能资源包括各种农作物废弃物、林木废弃物和薪柴、粪便、工业废水、城市垃圾等，是洁净的可再生能源。占全国人口 80%的农村居民每年要消耗 4 亿多吨标准煤，根据 1998 年全国统计资料计算，中国农作物废弃物和林木废弃物可获得资源量为 3.5 亿 t 标准煤/年，这些资源可以通过直接燃烧或气化发电加以利用；全国粪便资源可获得4867万 t 标准煤/年，一般将其就近厌氧发酵，可以转化成优质的肥料，同时产生大量的沼气，4867万 t 标准煤的粪便资源可转化为沼气 258.9 亿 m^3。因此广大的农村地区的能源消耗完全可以利用现代技术实现自给自足。中国城市每年垃圾排放量近 1.5 亿 t，且每年以 8%的速度增长，生活垃圾约占 2/3，如果 50%的生活垃圾用于发电，每年发电量可达到 200 亿 kWh。

垃圾发电发展最快的国家是美国和日本，1985 年美国在纽约建造了当时最大的垃圾发电厂，日处理垃圾能力2250t，到 1990 年美国已投产了 402 座垃圾发电厂。日本 2000 年垃圾发电装机容量达2000MW。我国 1988 年 11 月才在深圳投产了 0.5MW 垃圾发电厂（2×150t/d）三菱重工焚烧炉。2006 年 12 月，我国第一个国家级生物质发电示范项目——国家电网公司国能单县生物发电有限公司投入运行，该公司每年消耗农林废弃物 15 万～20 万 t，发电量约 1.6 亿 kWh。

截至 2017 年底，全球生物质能发电装机容量约 10 921 万 kW。2017 年，美国生物质能新增发电装机容量 17 万 kW，累计生物质能发电装机容量为 1307 万 kW（不包括城市有机废物），生物质能发电量约 600 亿 kWh。到 2017 年底，中国各类生物质能发电装机容量总计约1651 万 kW，发电量 795 亿 kWh。其中中国垃圾焚烧厂总数已达到 339 多座，每天垃圾焚烧处理量突破 32 万 t，垃圾焚烧发电总装机容量达 725.3 万 kW；农村沼气发电 50 万 kW；秸秆直燃发电项目 200 多个，装机容量达到 701 万 kW。

十、太阳能

太阳通过植物的光合作用把水和大气中的二氧化碳结合起来，使植物生长，成为人类的食物，因此太阳能是维持生命的基本能源，并且是风、潮汐、化石燃料形成的基础。太阳能是指太阳内部高温核聚变所释放的辐射能，它是最原始、干净、可再生、丰富的能源。

太阳向宇宙空间发射的辐射能中，只有 22 亿分之一到达地球大气高层，被地球表面截获的太阳能约有 1.73×10^{14}kW。太阳能的主要利用方式有两类，一类是光热利用，如太阳能热水器；一类是太阳能发电。太阳能发电又有两种形式，一种是太阳热能发电，一种是光伏发电。太阳热能发电是将太阳辐射能通过集热器转换为热能，加热水或其他工质，使之产生蒸汽，从而将热能转换为电能。光伏发电是利用带 P-N 结的半导体制成光伏电池，将太阳辐射能直接转换成电能。半导体可由单晶硅（Si）、砷化镓（GaAs）、硫化铬（CdS）、硫化铜（Cu_2S）制成。

太阳能实际上是来自大约6000K 温度的黑体辐射的高质能量。在地球大气层的上部，与太阳入射角垂直的表面上的太阳辐射，其辐射强度平均值为 1.37kW/m^2，并随季节有±3.5%的变化。由于大气层的影响原因，太阳在地球水平面上的辐射强度很少超过1kW/m^2。地球表面在中午时分接收到的太阳辐射光线大约为 630W/m^2，当天空无云时，此数值可能会高一些，多云时此数值可能低一些。阳光辐射到地球表面时，根据不同的纬度、早晚，一年中有不同的夹角。我们把垂直于阳光辐射的平面和地球表面的交角称为θ，则地面上每单位面积所得到的辐射功率为

$$P=630\cos\theta\ (\mathrm{W/m^2})$$

当$\theta=45°$时，$P=445\mathrm{W/m^2}$；当$\theta=90°$时，$P=630\mathrm{W/m^2}$。所以最好把集热器（太阳能收集器）的角度摆成与太阳光线垂直的方向。因此太阳热能发电站的集热器通常由计算机控制，时刻跟踪太阳。

太阳热能发电站是利用集热器将太阳热能集中起来，产生高温的蒸汽，用来驱动汽轮发电机组。法国奥德约太阳电站是世界上第一个实现太阳能发电的太阳能电站，虽然当时发电功率只有64kW，但它为后来的太阳能电站的研究和开发奠定了基础。1983 年 6 月，法国在比利牛斯山建造的一座容量为 2.5MW 的太阳能发电站投入运行，它由 201 面巨型集光镜组成，镜面总面积为 17 500$\mathrm{m^2}$，用以捕捉阳光。它将聚集的阳光送入高 100m 的锅炉，使温度增至 450℃，经液解的盐水混合物徐徐流入 100 多根金属管子，热量由盐水传送给一个水汽化装置，然后再依靠水蒸气推动涡轮机旋转，带动发电机发电，综合效率为 20%。

太阳能电池是空间卫星的主要能源，它主要是由半导体材料（如单晶硅、砷化镓、硫化镉和硫化铜等）制成，利用半导体将太阳辐射能直接轻换成电能。商用太阳能电池的效率从 9%（硫化镉、硫化铜电池）到 15%（单晶硅电池）。

假定太阳能电池平均每天工作 5h，则每年可得到的太阳能为

$$E=630\mathrm{W/m^2}\times 5\mathrm{h}\times 365\eta A$$

式中 η——光电池效率（一般计算可取 10%），%；

A——太阳能电池面积，$\mathrm{m^2}$。

如果要发出1000MW 的功率，则需用太阳能电池面积为

$$A=\frac{100\times 10^7}{630\times 0.1}=1.59\times 10^7(\mathrm{m^2})=15.9\mathrm{km^2}$$

可见太阳能电池板的面积需要约 4$\mathrm{km^2}$，由于太阳能电池的成本过于昂贵，目前国内建成的太阳能电池电站（简称光伏电站）的电价成本至少 2～3 元/kWh。但太阳能电池发电具有许多其他发电方式无法相比的优点：不消耗燃料、不受地域限制、规模灵活、无污染、无噪声、无机械转动部件、维护简单等。对于岛屿、电信、边远地区是一种理想的能源。

1954 年美国贝尔实验室第一次做出光电转换效率为 6%的实用单晶硅太阳能电池，开创了太阳能电池研究利用的新纪元。1982 年 11 月法国在南部阿雷斯附近的布盖山上建成了一座由 51 000块光电池组成、容量为 50kW 的太阳光能发电站，为法国电视和广播发射中心供电。1988 年苏联在乌兹别克的卡拉库姆建造了当时世界最大的太阳能发电站（300MW）。中国自 1958 年就开始了太阳能电池的研究，1971 年首次将太阳能电池应用于中国的第二颗人造卫星。新疆阜康县 5kW 太阳能电池实验电站，于 1985 年 10 月建成，它是当时中国功率最大的太阳能电池电站。2015 年底我国光伏发电装机容量新增 1513 万 kW，累计装机容量 4138 万 kW，首次超越了德国成为全球光伏装机容量最大的国家。根据数据显示，2017 年全球新增装机 9800 万 kW，累计装机容量 40 250 万 kW，其中中国太阳能光伏发电装机容量 13 100 万 kW，比 2016 年 7807 万 kW 增加了 5293 万 kW，光伏发电量达到 1182 亿 kWh，同比增加 78.6%；美国当年太阳能光伏发电装机容量为 51 000MW，和 2016 年同期相比增加了 1180 万 kW。

截止到 2018 年底，全球光热电站新增容量 936MW，总装机容量达到 6069MW，增幅

18.23%。其中，中国光热电站新增容量 215MW，占全球新增装机容量的 23.0%，累计总容量达到 244.3MW。西班牙光热电站新增容量 0MW，但其累计总容量达到 2362MW，稳居全球第一位。

第三节 中国能源特点

中国能源资源丰富，仅煤炭年产量就占世界总产煤量的 30%，中国能源具有许多独特的特点。

1. 分布不合理

中国能源在地区分布上极不平衡，经济发达的沿海地区能源储量仅占全国的 8.74%。大别山—秦岭—昆仑山一线以北地区煤炭资源量约占全国总资源量的 93.6%；以南的西南、华东、中南广大地区仅占 6.4%。其中新疆、内蒙古、山西和陕西等四省区就占全国煤炭资源的 81.3%。山西煤炭储量和年产煤量居全国第一，山西煤炭储量相等于全国煤炭储量的 30%，煤炭产量达33 800万 t/年，约占全国总产量的 24.5%；河南年产煤量10 500万 t，约占全国总产量的 7.5%，而沿海地区煤炭产量仅占全国的 20.9%。动力煤主要分布在华北地区，炼焦煤主要分布在山西、黑龙江东部、河北、河南、江苏等地，无烟煤主要分布在山西和贵州两省，褐煤主要分布在内蒙古及云南、江西等地。

中国石油资源以陆相油藏为主，石油资源主要集中在东北、西北和渤海湾地区；海上含油气区，主要集中在东南沿海大陆架及南海海域。东部地区原油产量占全国的 73%。中国天然气探明储量集中在川渝盆地（总资源量为7185.1Gm^3）、陕甘宁盆地（总资源量为4179.7Gm^3）、塔里木盆地（总资源量为8389.6Gm^3）和鄂尔多斯盆地（总资源量为10 702.5Gm^3）。仅这四大气区探明资源量就占了全国天然气总资源量的 65%。

我国风能资源主要分布在东南沿海及其附近岛屿，以及内蒙古、甘肃北部、新疆北部和黑龙江、吉林东部一带。我国 67.9%水能资源在西南地区，15.4%的水能资源在中南地区，经济发达的华东及东部沿海地区的水能资源较少，仅占 3.6%。

2. 供需平衡困难

中国能源总量供应不足，虽然我国能源资源丰富多样，但人均占有量很低，我国人均可开采煤炭储量（88t/人）是世界人均数量（165t/人）的 54%；我国人均可开发石油储量（2.5t/人）是世界平均值（25t/人）的 10%左右；人均天然气资源量（1060m^3/人）是世界平均值（25 800 m^3/人）的 4%；人均发电装机容量为美国的 1/30，法国的1/20。随着人口的剧增，使原本就已贫乏的能源显得更为苍白。1945 年中国刚取得抗日战争胜利时，全世界人口只有 23 亿，中国人口仅 4 亿；1982 年世界人口翻了一番，达到 46 亿，中国人口达到了 10.1 亿，翻了一番半；到了 2000 年世界人口达到 60.27 亿，中国人口达到了 12.67 亿。人口的迅速膨胀，致使人均能源占有量逐年减少，与世界平均水平差距越来越大。

据国家统计局统计，2009 年中国在历史上实现了第一次煤炭净进口。当年我国煤炭生产累计完成 29.6 亿 t，同比增加 3.3 亿 t，增长 12.7%。而世界同期煤炭生产累计完成 69.5 亿 t，中国贡献率为 42.6%。2009 年全年累计煤炭进口高达 12 583 万 t，比去年同期增加 8549 万 t，比上年增长超过 210%；出口煤 2240 万 t，下降的幅度超过 50%，全年累计实现净进口高达 10 343 万 t。而在此前，中国一直是煤炭净出口国家。中国能源生产与能源消费情况见表 1-8。

表 1-8 中国能源生产与能源消费平衡差

年份	一次能源生产总量（万 t 标准煤）	能源消费总量（万 t 标准煤）	煤炭占消费总量百分比（%）	石油占消费总量百分比（%）	天然气占消费总量百分比（%）	能源生产与消费平衡差（万 t 标准煤）
1949	2374	3000				−626
1980	63 735	60 275	72.2	20.8	3.1	3460
1985	85 546	76 682	75.8	17.1	2.2	8864
1990	103 922	98 703	76.2	16.6	2.1	5219
1995	129 034	131 176	74.6	17.5	1.8	−2142
2000	138 570	146 964	68.5	22.0	2.2	−8394
2001	147 425	155 547	68.0	21.2	2.4	−8122
2002	156 277	169 577	68.5	21.0	2.3	−13 300
2003	178 299	197 083	70.2	20.1	2.3	−18 784
2004	206 108	230 281	70.2	19.9	2.3	−24 173
2005	229 037	261 369	72.4	17.8	2.4	−32 332
2006	244 763	286 467	72.4	17.5	2.7	−41 704
2007	264 173	311 442	72.5	17.0	3.0	−47 269
2008	277 419	320 611	71.5	16.7	3.4	−43 192
2009	286 092	336 126	71.6	16.4	3.5	−50 034
2010	312 125	360 648	69.2	17.4	4.0	−48 523
2011	340 178	387 043	70.2	16.8	4.6	−46 865
2012	351 041	402 138	68.5	17.0	4.8	−51 097
2013	358 784	416 913	67.4	17.1	5.3	−58 129
2014	361 866	425 806	65.6	17.4	5.7	−63 940
2015	361 476	429 905	63.7	18.3	5.9	−68 429
2016	346 037	435 819	62.0	18.5	6.2	−89 782
2017	359 000	449 000	60.4	18.8	7.0	−90 000
2018	377 000	46 400	59.0	18.9	8.0	87 000

注 能源生产量和消费量采用发电煤耗计算法。数据主要来源于《中国能源统计年鉴》(2018 年)。2018 年数据来源于 2018 年中国统计公报。

3. 能源利用效率较低

中国产品能耗和耗能设备的能效与国际先进水平相比差距较大，能源浪费严重，加剧了能源供需矛盾，尤其是优质能源（石油、天然气）供应不足的矛盾日趋突出，我国每年能源缺口达（3.6～4.0）亿 t 标准煤。2000 年我国能源利用效率（从加工、贮运到终端利用效率）仅为 33.4%（从开采到利用的总效率仅为 11.2%，比国际平均值低 10%），比西方发达国家低 13%～25%以上（如日本能源利用效率为 60%，美国能源利用效率约 55%）。主要耗能设备能源效率低，2000 年燃煤工业锅炉平均运行效率为 65%左右，比国际先进水平低 15%～20%；电站锅炉平均运行效率为 89%～92%，比国际先进水平低 2%左右；工业窑炉平均热效率 20%～30%，比国际先进水平低 15%～20%；我国电站的平均发电效率为 33.8%，比国际先进水平低 7%；中小型电动机平均设计效率为 87%，风机、水泵平均设计效率为 75%，均比国际先进水平低 5%，系统运行效率低近 20%。

虽然，我国近几年单位产品能耗逐年下降，但是与国际先进水平比较仍然很高，大约高出25%，见表1-9。

表1-9　中国主要耗能工业产品单位能耗变化

指　标	2000年	2005年	2010年	2011年	2012年	2013年	2013年国际先进值
火电发电煤耗（g/kWh）	363	343	312	308	305	302	291（日本）
火电供电煤耗（g/kWh）	392	370	333	329	325	321	302（日本）
吨钢可比能耗（kg/t）	784	732	681	675	674	662	608（日本）
乙烯综合能耗（kg/t）	1125	1073	950	895	893	879	629
合成氨综合能耗（kg/t）	1699	1650	1587	1568	1552	1532	990（美国）
水泥综合能耗（kg/t）	172	149	143	142	140	139	126（日本）
纸盒纸版综合能耗（kg/t）	1540	1380	1200	1170	1128	1087	530（日本）

中国的石油利用率明显偏低，据统计现在每千美元国内生产总值的石油消耗，中国为0.26t，是日本的3.3倍，美国的2倍，印度的1.2倍。中国如果不把过高的石油消耗降下来，国民经济的发展必然受制于石油，因此节约石油和开发石油资源同等重要。

4. 煤炭消耗比例高

中国是世界上极少数几个能源以煤为主的国家之一，中国煤炭消费量占世界每年消费量的28%左右，中国常规能源的生产总量中煤炭生产量占70%。火力发电厂用煤逐年增加，发电用煤量增长速度高于煤炭消费量，发电用煤量在煤炭消费量中所占的比例一直呈上升趋势，从1980年的18.29%上升到2017年的39.0%，发电用煤占全国煤炭消费量的比重见表1-10。随着经济的发展，能源需求不断增长，大幅度地增加煤炭产量，将使煤炭开采、运输和利用的难度增加，大量燃煤还会造成严重的环境污染。

表1-10　火电厂发电用煤量与占全国煤炭消费量的比重

年份	1980	1990	1995	2000	2001	2002	2003	2004	2005
全国煤炭年消费量（万t标煤）	60 275	98 703	131 176	146 964	155 547	169 577	197 083	230 381	261 369
发电及供热用煤量（万t标煤）	11 150.3	27 137.4	43 800	56 675	67 512.0	73 284.0	84 950.3	96 000	105 016
电煤占煤炭消费量的比重（%）	18.5	27.5	33.4	38.6	43.4	43.2	43.1	41.7	40.2
年份	2009	2010	2011	2012	2013	2014	2015	2016	2017
全国煤炭年消费量（万t标煤）	336 126	360 648	387 043	402 138	416 913	425 806	429 905	435 819	449 000
发电及供热用煤量（万t标煤）	143 904	149 726	170 949	181 090	189 848	176 098	165 382	169 441	175 000
电煤占煤炭消费量的比重（%）	42.8	41.5	46.4	45.0	45.5	41.4	38.5	38.9	39.0

注　数据主要来源于《中国能源统计年鉴》（2017年）。电煤包括发电用煤和供热用煤。

5. 电源结构不合理

2017年世界煤电发电量平均比重为38.05%，美国为30.69%，而中国高达70.92%，中国目前的电源结构严重不合理。

截至2017年底，在役300MW及以上燃煤机组1734台，装机容量81 425万kW，占火电总装机容量的79.4%；小于300MW燃煤机组装机容量21 077万kW，占火电总装机容量的20.6%。100MW及以下小火电仍有5365台，装机容量9663万kW，占火电总装机的9.42%，其中大部分为单机50MW及以下的小火电机组。2017年我国电源结构情况见表1-11。

表 1-11　　2017 年我国电源结构变化情况

容量等级（MW）	2010 年		2017 年	
	台数	装机容量（MW）	台数	装机容量（MW）
单机容量≥1000	31	31 000	103	104 570
600≤单机容量<1000	363	224 470	559	353 740
300≤单机容量<600	775	248 570	1072	355 940
200≤单机容量<300	250	52 010	243	52 600
100≤单机容量<200	463	60 720	454	61 540
单机容量<100	4491	76 720	5365	96 630
合计	6373	693 490	7796	1 025 010

6. 石油供应短缺

自 20 世纪 90 年代以来，中国工农业高速发展，石油消费量以 6.42％的年均增长率和 1063 万 t 的年均增加量的速度发展，而原油生产量的年均增长率和年均增加量仅为 1.58％和 239 万 t。1993 年起我国由石油净出口国转变为净进口国，进入 21 世纪中国石油年消费量约 24 000 万 t，原油生产量仅为 16 500 万 t，为了解决石油供需缺口，中国石油净进口量继续维持在 7000 万 t 以上，约占石油消费量的 30％，2012 年石油生产量仅仅 20 748 万 t，而石油消耗量 48 370 万 t，石油净进口量达到 26 865 万 t，对外依存度接近 56.4％，见表 1-12。预测到 2020 年中国石油消费量大致在 60 000 万 t，而中国原油生产量将维持在 21 000 万 t 左右，石油缺口高达 39 000 万 t，有 60％的石油需要依靠进口，由此引起的石油稳定供应和安全供应问题必须给予高度重视，从节约和替代两个方面采取切实有效的战略措施加以解决。

表 1-12　　中国历年石油进口量

年份	石油生产量（万 t）	石油消费量（万 t）	石油表观消费量（万 t）	石油生产与消费量的差额（万 t）	石油净进口量（万 t）	对外依存度（％）
1990	13 830.6	11 485.6	11 475.8	2345	−2354.8	—
1991	14 099	12 384	12 644	1715	−1455	—
1992	14 210	13 354	13 645	856	−565	—
1993	14 524	14 721	15 512	−197	988	6.37
1994	14 608	14 956	14 898	−348	290	1.95
1995	15 005.0	16 064.9	16 223.7	−1059.9	1218.7	7.51
1996	15 733	17 436	17 128	−1703	1395	8.14
1997	16 074	19 692	19 458	−3618	3384	17.39
1998	16 100	19 818	19 013	−3718	2913	15.32
1999	16 000	21 073	20 381	−5073	4381	21.50
2000	16 300.0	22 495.9	23 876.4	−6195.9	7576.4	31.73
2001	16 396	22 838	23 468	−6442	7072	30.13
2002	16 700	24 787	24 830	−8087	8130	32.74
2003	16 960	27 126	27 609	−10 166	10 649	38.57

续表

年份	石油生产量（万 t）	石油消费量（万 t）	石油表观消费量（万 t）	石油生产与消费量的差额（万 t）	石油净进口量（万 t）	对外依存度（%）
2004	17 587	31 700	32 638	−14 113	15 051	46.11
2005	18 135.3	32 537.7	32 410.4	−14 402.4	14 275.1	44.04
2006	18 371.8	34 875.9	35 198.6	−16 504.1	16 826.8	47.81
2007	18 546.3	36 570.1	36 894.3	−18 023.8	18 348	49.73
2008	18 972.8	37 302.9	38 852.8	−18 330.1	19 880	51.17
2009	18 949	38 128.6	39 314.3	−19 179.6	20 365.3	51.80
2010	20 301.4	42 874.6	44 069.6	−22 573.2	23 768.2	53.93
2011	20 287.6	43 965.8	45 665.5	−23 678.2	25 377.9	55.57
2012	20 747.8	46 678.9	47 850.5	−25 931.1	27 102.7	56.64
2013	20 991.9	48 652.2	49 166.1	−27 660.3	28 174.2	57.30
2014	21 142.9	51 547.0	51 980.3	−30 404.1	30 837.4	59.33
2015	21 455.6	54 088.3	55 003.9	−32 632.7	33 548.3	60.99
2016	19 969	55 160	58 089	−35 940	38 120	65.62
2017	19 150	57 350	61 035	−38 200	41 885	68.62
2018	18 928	61 000	65 118	−42 072	46 190	70.93

注 石油净进口量列中负号表示净出口；表观消费量＝生产量＋净进口量；对外依存度＝净进口量/表观消费量。

第四节 节能管理基础

一、节能的概念

《中华人民共和国节约能源法》指出：节能是指加强用能管理，采取技术上可行、经济上合理以及环境和社会可以承受的措施，从能源生产到消费的各个环节，降低消耗减少损失和污染物排放，制止浪费，更加有效、合理地利用能源。节能是国家发展经济的一项长远战略方针。《电力工业节能技术监督规定》则明文指出："节能技术监督，即对影响发电、输变电设备经济运行的重要参数、性能和指标进行监督、检查、调整及评价"；"通过对电力企业耗能设备及系统在设计、安装、调试、运行、检修、技术改造等阶段的节能技术监督，使其电、煤、油、汽、水等消耗达到最佳水平"。显而易见，火力发电厂节能工作的主要内容是节煤、节油、节汽、节水、节电。简言之，节能是通过合理利用、科学管理、技术进步和经济结构合理布局等途径，以最少的能耗取得最大的经济效益。

二、节能的指导思想

节约能源并不是意味着降低生产活力和生活水平，它的根本出发点是：加强科学管理，合理利用能源；采用技术上可行、经济上合理，以及环境和社会可以承受的措施，提高能源利用率，以较少的能源消耗获得较大的经济效益、社会效益和环保效益，从而达到合理利用能源，保护资源和环境，保障国民经济可持续发展和满足人民生活日益提高的目的。日本经济腾飞的实践已经证明：用低能源消耗增长率可以保证高的生产增长率。

为了缓解能源瓶颈制约，建设节能社会，促进经济社会可持续发展，实现全面建设小康社会的宏伟目标，国家发展和改革委员会 2004 年 11 月制定了《节能中长期专项规划》。规划提出节能的指导思想是："以科学发展观为指导，坚持节能优先的方针，以大幅度提高能源利用效率为核心，以转变增长方式、调整经济结构、加快技术改进为根本，以法制为保障，以提高终端用能效率为重点，健全法规，完善政策，深化改革，创新机制，强化宣传，加强管理，逐步改变生产方式和消费方式，形成企业和社会自觉节能的机制，加快建设节能型社会，以能源的有效利用促进经济社会的可持续发展。”

中国经济要持续快速发展，能源必须实施能源发展战略方针、能源开发方针、能源节约方针、能源贸易方针和能源环保方针。战略方针是坚持开发与节约并举，把节约放在首位；开发方针是调整和优化能源结构，大力开发利用新能源和可再生能源；节约方针是以广义节能为基础，以工业节能和石油节约为重点，依靠技术进步提高能源经济效率；贸易方针是以市场为导向，以经济效益为中心，出口煤炭，进口石油；环保方针是实现煤炭的清洁和优质利用，促进能源、经济和环境协调发展。我国能源发展的总方针是“坚持资源开发与节约并举，把节约放在首位，依法保护和合理使用资源，提高资源利用效率，实现持续利用”。

三、节能目标

（1）宏观节能量指标：到2020年每万元GDP（1990年不变价，下同）能耗由2002年的2.68t标准煤下降到1.54t标准煤，2003～2020年年均节能率为3%，形成的节能能力为14亿t标准煤，相当于同期规划新增能源生产总量12.6亿t标准煤的111%，相当于减少二氧化硫排放2100万t。

（2）能源效率指标：2020年达到或接近国际先进水平，火电供电煤耗率2020年达到310g标准煤/kWh。

（3）能源总量目标：一次能源生产量40亿t标准煤，电力装机总量20亿kW，能源消费总量50亿t标准煤，煤炭消费总量41亿t原煤。

（4）能源结构目标：到2020年，非化石能源装机比例由2015年的35%增加到39%，非化石能源发电量比例由2015年的27%增加到31%，非化石能源消费比例由2015年的27%增加到15%。

四、节能的意义

1. 有利于环境保护

目前，我国环境污染严重，生态破坏加剧的趋势尚未得到有效控制，年排放二氧化硫近2000万t，燃煤造成的二氧化硫和烟尘排放量约占排放总量的70%～80%。我国煤炭产量的25%是含硫量超过2%的中高硫煤，我国煤炭产量的近一半用于发电供热，因此火电厂的二氧化硫排放量巨大。2006年全国大气污染物排放量达到历史最高峰，全国二氧化硫排放总量2588.8万t，其中火电企业二氧化硫排放总量1350万t；全国烟尘排放总量1088.8万t，其中火电企业烟尘排放总量370万t；全国氮氧化物排放总量1900万t，其中火电企业氮氧化物排放总量786.7万t。

根据统计资料，一座容量为1000MW的燃煤电厂，当其平均负荷系数为0.7时，每年大约需要燃烧263万t煤，它每年产生的排放物分别为：一氧化碳600t/年，二氧化碳650万t/年，二氧化硫10万t/年（未加处理），二氧化氮2万t/年（未加处理），飞灰12万t/年（未加处理），逸出颗粒3万t/年（未加处理）。燃煤产生的各种气态和粒状物质在浓度很高时，能使呼吸系统疾病的发病率增高，使哮喘病加剧，引起头痛和胸部不适，使肺功能衰减。

二氧化硫排放形成的酸雨面积已占国土面积的30%以上，空气质量达标城市仅占1/3。节能成为减排温室气体、减缓全球气候变暖的最经济、最有效的措施。节约燃煤，就减少了二氧化硫排放量。据测算，我国能源利用率若能达到世界先进水平，每年可减少3亿t标准煤的消耗，这将使大气环境质量得到极大改善；我国固体废弃物综合利用率若提高1%（目前我国工业废渣综合利用率约55%，粉煤灰综合利用率约60%），每年就可减少约1000万t废弃物的排放，能源节约与资源综合利用是解决环境污染的重要途径之一。

2. 是提高经济效率和降低生产成本的重要措施

煤炭在工业产品的成本中，占有的比重相当大，平均在9%左右，化工行业为30%，电力行业煤炭占发电成本的70%，所以降低煤耗，就可以大大降低生产成本。虽然我国政府很重视节能工作，每年都举办节能宣传周活动，各发电企业也在节能方面下了很多工夫，但是，能耗水平与世界的差距仍然很大，例如2003年我国供电煤耗381g/kWh，比工业发达国家平均高出60g/kWh多。如果供电煤耗降低到工业发达国家水平，我国因发电企业而减少的标煤消耗量约为1亿t。历年我国发电技术经济指标情况见表1-13。

表1-13　　中国历年电力基本情况

年份	装机容量（万kW）				年发电量（亿kWh）				厂用电率（%）			火电煤耗率（g/kWh）	
	总计	水电	火电	核电	总计	水电	火电	核电	合计	水电	火电	供电	发电
1949	184.86	16.3	168.5	0	43.1	7.1	36.0	0	—	—	—	—	—
1980	6586.9	2032	4555	0	3006	582	2424	0	6.44	0.19	7.65	448	413
1982	7236	2296	4940	0	3297	744	2533	0	6.32	0.20	7.7	438	404
1990	13 789.0	3605	10 184	0	6213	1263	4950	0	6.90	0.30	8.22	427	392
1991	15 147	3788	11 359	0	6775	1248	5527	0	6.94		8.1	424	390
1992	16 653	4068	12 585	0	7542	1315	6227	0	7.00		8.1	420	386
1993	18 291	4489	13 802	0	8364	1516	6868	0	6.96		8.0	417	384
1994	19 989	4906	14 874	210	9279	1668	7470	141	6.90		8.0	414	381
1995	21 722.4	5218	16 294	210	10 080	1868	8074	138	6.78	0.37	7.95	412	379
1996	23 654	5558	17 886	210	10 793	1869	8781	143	6.88		8.0	410	377
1997	25 424	5973	19 241	210	11 342	1946	9252	144	6.80		8.0	408	375
1998	27 729	6507	20 988	210	11 577	2043	9388	141	6.66		7.7	404	373
1999	29 877	7297	22 343	210	12 331	2129	10 047	148	6.50		7.5	399	369
2000	31 932.1	7935	23 754	210	13 685	2431	11 079	167	6.28	0.49	7.31	392	363
2001	33 849	8301	25 314	210	14 839	2611	12 045	165	6.24		7.3	385	357
2002	35 657	8607	26 555	447	16 542	2746	13 522	265	6.15		7.0	383	356
2003	39 140	9217	28 564	619	19 080	2830	15 800	437	6.10		6.6	380	355
2004	44 070	10 826	32 490	684	21 870	3280	18 073	501	6.0		7.1	376	349
2005	51 718.5	11 738.8	39 137.6	684.6	24 915.3	3964	20 437.3	530.9	5.95	0.44	6.8	370	343
2006	62 429.1	12 857	48 405	685	28 344	4167	23 573	543	5.87	0.44	6.77	367	341
2007	71 821.7	14 823	55 607	885	32 644	4713.5	27 206.6	626	5.83	0.42	6.62	356	332
2008	79 273.1	17 260	60 286	885	34 510	5655	28 030	692	5.90	0.36	6.79	345	322
2009	87 409.7	19 679	65 205	908	36 639	5747	29 922	700	5.76	0.40	6.62	340	320
2010	96 641.3	21 605.7	70 967.2	1082.4	42 277.7	6867.4	34 166.3	741.4	5.53	0.36	6.42	333	312
2011	106 253	23 298	76 534	1257	47 306	6681	39 003	872	5.39	0.36	6.23	329	308
2012	114 491	24 890	81 917	1257	49 774	8641	39 108	982	5.10	0.33	6.08	326	306
2013	125 165	27 975	86 491	1461	53 530	8906	42 027	1115	5.05	0.33	6.01	321	302
2014	136 019	30 183	91 569	1988	55 725	10 601	41 955	1332	4.85	0.50	5.85	319	300
2015	150 673	31 937	99 021	2717	56 045	11 143	40 972	1695	5.09	0.32	6.04	315	297
2016	165 209	33 207	106 094	3364	60 248	11 748	43 273	2132	5.37	0.47	6.01	312	294
2017	177 703	34 119	110 604	3582	64 179	11 945	45 513	2483	4.80	0.27	6.04	309	290.7
2018	189 967	35 226	114 367	4466	69 940	12 329	49 231	2944	4.70	0.26	5.81	307.6	289.7

注 1. 总计不等于水电、核电和火电之和，因为总计中还包括风力、潮汐等其他新能源；总计中不包括香港、澳门特别行政区和台湾省数据。

2. 1982年火电厂发电煤耗率下降到404g/kWh，这也是为何电折算成煤的折标系数是0.404kg/kWh的来源。

3. 节约能源建设投资，缓解能源运输压力

新增1t煤产量的投资是节约1t煤的投资的3倍，如果通过节煤填补5000万t标准煤能源缺口，可节省投资400亿元。

每年从“三西”煤炭基地的煤炭外运量(3.67～4.0)亿t，全国铁路煤炭运量占铁路运输量的45%左右。大量煤炭的开发和长距离运输，严重制约国民经济的发展。

4. 是实现经济可持续发展的重要保证

根据测算，如果不进行节能，中国到2020年的常规能源消耗量的缺口将达到73 900万t标准煤，特别是2030年缺口将达84 600万t标准煤，未来的能源供应仍然有较大的缺口，还必须从国外进口一定数量的石油、天然气等优质能源。

5. 有利于改善人民的生活质量，是“能源翻一番，经济翻两番”的基础

通过节能使工业走上高效率、高效益、低成本、低污染循环经济之路；通过节能使人民享受到绿色环境、绿色住宅、绿色照明、绿色产品的小康生活。

五、节能的途径

（一）节能方式的分类

1. 直接节能和间接节能

节能可分为直接节能和间接节能。直接节能主要是通过加强管理、减少浪费，实行经济调度，对产品和生产设备进行革新和改造等。间接节能是指通过提高产品质量和寿命，减少废次品率，调整经济结构（包括产业结构和产品结构），淘汰耗能企业等，以提高能源的经济效益。

2. 管理节能和改造节能

按照节能途径不同，节能又可分为管理节能、改造节能和结构调整节能。

管理节能主要是通过加强管理，利用各种管理手段减少能源和原材料的消耗，提高产品质量，以达到节能的目的。

改造节能主要是指对生产设备进行革新和改造，改进生产工艺，使其节约能源。

结构节能主要是指通过调整产业结构、工业结构、工艺结构、产品结构及优化能源结构，严格控制能耗准入标准等方式来实现的节能活动，它是国家实施宏观经济调控的重要手段。

（二）节能的途径

1. 管理节能采用的途径

（1）加强节能宣传活动。人们对能源节约与资源综合利用的长期性、重要性和迫切性还缺乏足够的认识，因此加强节能宣传活动是广泛开展节能活动的基础。1979年10月，经国务院批准，从当年开始建立全国性节能宣传活动制度，每年11月组织全国“节能月”活动。从2004年开始又将“全国节能宣传周”提前到6月进行。这项活动的长期开展旨在不断增强全国人民的“资源意识”“节能意识”和“环境意识”。

（2）通过活动提高节能意识。这是实现节能目标最简易的办法，但这个层次的节能工作，从严格意义上讲并非真正意义上的节能，它是节能宣传教育工作方法，只是引起人们的节能意识。如开展无车日、地球一小时等活动。

“地球一小时（Earth Hour）”活动。是世界自然基金会（WWF）应对全球气候变化所提出的一项倡议，希望个人、社区、企业和政府在每年3月最后一个星期六20：30—21：30熄灯一小时，来表明他们对应对气候变化行动的支持。“地球一小时”旨在让全球社会民众了解到气候变化所带来的威胁，并让他们意识到个人及企业的一个小小动作将会给他们所居住的环境带来怎样深刻的影响——小小改变就可能成就巨大影响。2007年3月31日，悉尼率先响应世界自然基金会（WWF）举行“地球一小时”活动的倡议，成为世界上第一个进行“地球一小时”活动的大城市。

当地时间晚上8点，悉尼歌剧院熄灭了照着巨大贝壳状建筑的灯火，随后海港大桥也关闭了灯光。整座城市虽然没有完全陷入黑暗，但只能看见零星的灯光。

“世界无车日”活动。1998年9月22日，法国一些年轻人最先提出“In Town，Without My Car!（在城市里没有我的车）”的口号，希望平日被汽车充斥的城市能获得片刻的清净。这个主张也得到都市居民的热烈支持，成为全国性的运动。法国绿党领导人、时任法国国土整治和环境部长的多米尼克·瓦内夫人倡议开展一项“今天我在城里不开车”活动，得到首都巴黎和其他34个外省城市的响应。当年9月22日，法国35个城市的市民自愿弃用私家车，使这一天成为“市内无汽车日”。2001年，中国也“引进”了无车日活动。现在世界各国也开始推广这项活动，成为“世界无车日”。

（3）深入开展对标管理。对标管理是指企业持续不断地将自己的产品、服务及管理实践活动与最强的竞争对手或那些被公认为行业领袖的企业的产品、服务及管理实践活动进行对比分析，使企业自身得到不断改进，创造优秀业绩的良性循环的过程。要通过对标管理活动，不断发现和解决问题，完成了一个阶段的目标，再制定新的更高的目标。

（4）推行节能发电调度、合同能源管理等节能机制。

（5）加强固定资产投资工程项目的节能评估和审查。节能评估是指对固定资产投资项目用能的科学性、合理性进行分析和评估，提出提高能源效率、降低能源消耗的对策和措施，为项目决策提供科学依据。节能审查是指对固定资产投资项目节能评估文件进行审查。

（6）严格执行能源利用状况报告制度。重点用能单位通过填报能源利用状况报告，能够全面了解自身的用能状况，发现问题并及时纠正，不断提高能源管理水平。

（7）加强节能标准体系的建设，特别是能耗限值标准的制定、执行。

（8）加强公共机构用能管理。

2. 技术改造节能采用的途径

技术改造节能主要包括改革生产工艺、改造低效设备、采用高效节能设备、改革产品设计、改进操作技术、回收余热和废物等，包括如下具体措施：

（1）采用电子变流变频调速技术提高效率。

（2）开发高效率的风机、泵和空气压缩机。

（3）推广等离子无油点火、少油粉煤点火技术。

（4）推广绿色照明。

（5）采用高效电动机、高效变压器。

（6）发展远距离高电压直流输电系统。

（7）采用无功补偿技术，提高功率因数。

（8）余热利用。

3. 结构节能采用的途径

（1）完善促进产业结构调整的政策措施，定期修订发布《产业结构调整指导目录》《外商投资产业指导目录》等。

（2）节能评估和审查，从源头上控制“两高一低”项目。

（3）实行项目“区域限批”制度，建立落后产能退出机制。

（4）加强水电、核电、风电、太阳能发电和生物质能发电的开发力度。

国家通过调整经济结构，调整工业产业布局，调整一次能源结构，发展清洁能源，可以节约大量能源。企业本身可以通过调整车间布局与设备布置，调整工艺流程，调整生产操作时间，或者进行供热改造，扩大供热面积等，也可以节约大量能源。

第五节 能源管理基础

一、能源管理概述

加强能源管理，提高能源利用效率，是提高我国经济运行质量、改善环境和增强用能单位市场竞争力的重要举措，也是缓解当前经济社会发展面临的能源约束矛盾，建设节约型社会，实现经济社会可持续发展的根本保障。能源开发利用的基本方针是贯彻节约资源的基本国策，坚持节约与开发并举，节约优先。

（一）能源管理分类

能源管理分为宏观能源管理和微观能源管理。宏观能源管理是国民经济发展的重要组成部分，指政府及有关部门对能源的开发、生产和消费全过程进行计划、组织、调控和监督。微观能源管理是用能单位按照合理用能的原则，通过加强能源规划、开采、加工、输送、转换、分配和使用等方面的管理，降低能源消耗，提高能源利用效率。

（二）能源管理内容

1. 能源管理领域

能源管理不仅存在于整个能源的使用领域，而且存在于一切生产领域。从能源生产和消费的全流程来看，能源管理领域包括能源的规划、勘探、开采、加工、输送、转换、分配、储备、使用和外销等各个环节。从各行业生产的全过程来看，能源管理领域包括每道生产工序、每台耗能设备、每个生产岗位的管理。因而，只有把上述全流程和全过程全面管理起来，综合安排，优化平衡，才能合理使用能源。

2. 能源管理对象

包括一次能源、二次能源和各种耗能工质等，也包括“影响能源消耗、能源利用效率的因素”，即通过能源管理，将能源消耗控制在规定的目标范围之内。由于各种能源之间有着错综复杂的相互替代、转换关系，存在着不可分割的联系，需要建立相互协调的、全面的能源管理体系，来对能源进行综合管理。

3. 能源管理职能

包括能源计划、生产、技术、设备、供应、资金、人员、计量、定额、统计、检测、审计、对标、评估、淘汰落后、核算和奖惩等各方面的管理工作。

4. 能源管理主体

由于社会的方方面面都离不开能源，因此能源管理需要全员参与。

（三）与节能管理的区别

能源管理与节能管理密不可分，能源管理是大概念，偏重于管理；节能管理是能源管理的一个方面，偏重于技术。能源管理包括能源规划、开采、加工、输送、转换、分配和使用等方面的管理。节能管理包括能源输入、加工转换、分配输送、最终使用4个环节中存在问题的分析，并提出技术措施。

二、能源管理的主要环节

《工业企业能源管理导则》（GB/T 15587—2008）和即将颁布的《中华人民共和国能源法》是用能单位实施能源管理的主要依据，主要包括以下环节。

（一）能源规划及设计

用能单位在建设前期就应科学地规划各种能源种类和总量，建立和完善能源管理体系，制定能源方针、目标和指标，编制体系文件，科学地规划能源并在使用中有效地管理能源。在生产过程中应及时根据国家的能源方针和政策适时调整能源结构，适时对能源管理体系进行评审。对于扩建和改进项目，用能单位应在延续能源规划的前提下，依据现行国家能源方针和政策，确定合适的能源种类。需要分期建设的用能单位，应协调好总体工艺、能源和环保等规划，协调好分期建设的产品方案、物料平衡和能量平衡，实现综合利用，避免高品位余热的排放及中间产品或最终产品的放空和焚烧。

用能单位生产所需要的一切耗能设备从设计到生产和使用，都要符合节能规范及标准的要求。设计的各个环节，均应重视合理利用能源。在可行性研究和基础设计文件中，必须有合理利用能源的专门篇（章）论述。另外，用能单位还应建立能源规划管理档案，档案应包括：用能单位使用能源和节能的中长期规划及计划、适时调整使用能源的可行性报告等。

用能单位如果进行生产能源调整，局部调整可在本单位设计、能源管理等相关部门的参与下进行；重大调整应由专业单位（人员）在充分调查、研究及论证的前提下进行。

（二）能源开发管理

能源开发与加工转换应当遵循合理布局、优化结构、节约高效和保护环境的原则。

企业申请开发水能、海洋能资源开发项目，应当符合可再生能源资源开发项目准入条件，由国务院能源主管部门或者其授权的省级人民政府能源主管部门授予能源开发权。开发风能、太阳能和生物质能资源达到一定规模的项目，由省级人民政府能源主管部门批准，报国务院能源主管部门备案。开发水能、海洋能的企业转让能源开发权或者变更实际控制人，须经原项目审批部门批准。

鼓励能源综合高效开发利用，支持以煤炭为原料的燃料、电力、化工产品多联产，鼓励热电冷联产、热电煤气多联供等综合梯级利用，因地制宜发展分布式能源。鼓励在保护生态环境的基础上发展水电、核能、天然气、煤层气、风电、生物质能、太阳能、地热能、海洋能等清洁、低碳能源，提高清洁能源在能源结构中的比例。鼓励以新能源替代传统能源，以可再生能源替代化石能源，以低碳能源替代高碳能源。

（三）能源输入管理

用能单位应对能源输入进行严格管理，制定和实施管理文件并开展以下活动。

1. 选择能源供方

在选择能源供方时，除考虑能源价格、运输等因素外，还应符合国家相关能源政策并对所供能源的质量进行评价，确认供方的供应能力。

2. 签订采购合同

选定符合要求的能源供方，在与能源供方签订的采购合同中，需要明确规定以下内容：能源供应期限；能源数量及计量方法；能源质量要求及检查方法；能源数量及质量发生异议时的处理规则等。

3. 能源计量及质量检测

用能单位接收能源时，应按合同规定的方法对输入能源进行计量及质量检测，准确掌握输入能源的数量和质量，为合理使用能源和核算总的消耗量提供依据，并根据相应人员的职责和权限、计量和计算方法、记录，及时发现能源计量及质量中存在的问题。对于能源的质量检测，应根据能源使用要求和费用，合理确定输入能源质量检测的项目和频次，采用国家或行业标准规定的通用方法检验输入能源的质量。

4. 贮存

应制定和执行能源贮存管理文件，并规定贮存损耗限额，在确保安全的同时，减少贮存损耗。

（四）能源转换管理

用能单位所用能源需转换为二次能源时，需要进行能源转换管理。在能源转换过程中，应对能源转换设备的运行调度、维护监测、定期检修等方面实施管理，以提高能源转换效率。用能单位能源管理部门应根据生产要求、设备状况和运行状况，制定转换设备调度规程，确定最佳运行方案，各部门（人员）相互配合，使转换设备接近和保持最佳工况。同时，为使转换设备安全经济运行，操作人员应经培训后执证上岗。

用能单位在制定设备运行操作规程时，要对转换设备的操作方法、事故处理、日常维护、原始记录等作出明确规定，并严格执行。为提高能源利用率，还应定期测定转换设备的效率，以其运行效率是否处于经济运行范围作为安排检修的依据之一。为保证检修质量，掌握设备状况，应制定并执行检修规程和检修验收技术条件，用以指导检修人员正确、科学地实施检修。

（五）能源分配和传输管理

能源分配和传输管理的目的是保障用能单位能源安全连续供给，降低损耗，提高能源利用效率，应遵照用能单位使用能源的设计规划进行。为做好能源分配和传输管理，用能单位应根据实际情况制定和执行能源分配和传输文件，对内部输配电线路、供水、供气、供汽、供热、供油管道实施管理，在条件允许的情况下应有量化指标和参数。

为确保能源分配和输送管理的科学性，应明确界定内部能源分配传输系统的范围，规定有关单位和人员的管理职责和权限，以及有关管理工作的原则和方法，在合理布局设置内部能源分配传输系统的前提下，合理调度，优化分配，适时调整，减少传输损耗；对输配电线路，供水、供气、供汽、供热、供冷、供油管道要定期巡查，测定其损耗，并根据运行状况，制订计划，合理安排检修。用能单位还应根据需要建立能源分配和传输使用制度，制订用能计划，对各部门的单位用能准确地进行计量，并建立记录档案台账，定期进行归纳和统计，为提高能源分配和传输效率提供科学依据。

（六）能源使用管理

能源使用管理是用能单位能源管理的主要环节，用能单位要通过优化生产工艺、淘汰落后高耗能设备、实施定额管理和加强能源计量统计管理等有效措施，合理有效地使用能源。

1. 工艺、设备管理

用能单位在使用能源过程中，特别在对产品生产工艺进行设计和调整时，应把能源消耗作为重要考虑因素之一，利用能源系统优化的原则，合理安排工艺过程，充分利用、回收原本放散的可燃气体、余热、余压等，使整个加工过程耗能量最小；对各工序，特别是主要耗能工序，优选工艺参数，加强监测调控，改进产品加工方法，降低能源消耗；选择耗能生产设备时，应以有利节能、环保和提高综合经济效益为原则，选用高效节能型设备；在设备运行过程中，要严格贯彻执行操作规程，不断改进操作方法，加强日常维护和定期检修，使耗能设备正常高效运行。

2. 能耗定额管理

用能单位在能源使用过程中，应制定能源消耗定额，作为判断能耗状况是否正常的重要依据，并定期考核完成情况。用能单位能源主管部门应按照《单位产品能源消耗限额编制通则》（GB/T 12723—2008）、《综合能耗计算通则》（GB/T 2589—2008）和行业有关规定，分别制定各车间、主要耗能设备和工序的能源消耗定额。同时，应制定能耗定额管理文件，其内容包括：能源消耗定额的制定；定额的下达和责任；实际用能量的计量和核算；考核。能源消耗定额应按规定的程序逐级下达，并明确规定完成各项定额的责任部门、单位和责任人。

在对能源消耗定额进行考核时，用能单位应根据自身特点和具体实际情况，选定适当的方法按照定额完成情况对考核对象进行奖惩。定额考核计算要按规定的方法，对各车间、主要耗能设备和工序的实际用能量进行计量、统计和核算，并在规定时间内报告。当实际用能量超出定额时，应查明原因并采取纠正措施。用能单位还应根据生产条件变化和完成情况，及时修订能源消耗定额。

“十一五”期间，随着我国对节能工作的深入，相继出台了 22 项高耗能产品能耗限额标准。从新建项目的准入值、现有项目的限定值提出了强制性要求。

3. 能源计量管理

能源计量是用能单位加强能源管理、提高能源管理水平的重要基础，是用能单位优化能源结构，提高能源利用效率，提升市场竞争力的重要保证，是国家依法实施节能监督管理，评价用能单位能源利用状况的重要依据。只有以准确、完整、及时的能源计量数据为基础，才能准确、及时地掌握用能单位能源消费情况及工序、产品能耗指标，从而进行能源状况分析，制定并实施加强节能管理、推进技术进步的措施。为确保能源计量科学、准确，用能单位应明确能源计量管理机构和管理人员，建立计量管理人员岗位责任制度；按照《用能单位能源计量器具配备和管理通则》（GB 17167—2006）规定，配备满足管理需要的能源计量器具，建立健全能源计量器具使用、维护、管理及检定制度；健全能源计量数据的采集、处理、使用、保管和监督制度，确保能源计量原始数据真实、准确、完整。

4. 能源统计管理

能源统计是国民经济核算的重要组成部分，是国家制定能源战略和能源政策、编制能源规划、实施能源管理、分析和预测能源供需状况的主要依据，它既能反映能源的总量平衡，又能反映能源的生产结构、消费结构和消费方向。用能单位通过完善能源统计指标体系，建立能源统计监测制度、能源消费总量的核算制度和评估制度，改进和规范能源统计方法，并全面了解能源生产、加工、转换和库存等情况，为研究能源供需平衡、分析能源利用水平、预测能源需求，制定能源发展规划、研究节能潜力和措施提供科学依据。用能单位应根据需要建立能源计量数据采集、统计管理体系，保存能源统计原始记录、报表和台账，以利于数据的分析利用，将采集到的水、电、气、蒸汽和煤、油、焦炭等能源的供应（生产）、消耗情况随时统计、储存、分析、处理后，供生产调度、节能监督管理等各部门应用。另外，能源计量和统计要大力推广应用计算机网络控制技术，逐步实现对能源输入到消耗全过程的连续监测、集中控制、统一调度。

（七）能耗分析与评价

1. 能耗分析

落实能源利用状况报告制度，通过对能源消耗状况进行分析，掌握各种影响能耗的因素及其变化规律，挖掘节能潜力，采取节能措施，不断提高能源利用效率。能源主管部门根据行业特点确定本部门的能耗与节能指标体系，定期对用能单位能源消耗状况及其费用进行分析，各用能单位应对本单位使用的主要耗能设备、工序的能源消耗状况进行分析，不断提高能源利用水平。

能耗分析方法应根据用能单位的实际情况和需要灵活选择，目前常用的分析方法有以下三种：

（1）统计分析方法。根据用能单位特点，运用数理统计方法对能耗有关数据进行处理，设计和绘制各种图表，用以对能耗状况进行经常性分析。

（2）能源审计方法。以用能单位为体系，按照《企业能源审计技术通则》（GB/T 17166—1997）及有关规定，采用投入产出的分析方法，宏观分析用能单位能源利用状况。

（3）能量平衡方法。根据需要进行以用能单位为整体的能量平衡，能量平衡方法按《企业能量平衡通则》（GB/T 3484—2009）及有关标准规定进行。对内部用能单位和主要耗能设备、工序，当耗能异常原因不明时，或产品、生产工艺和设备发生变化时，应进行能量平衡测试。

2. 能耗评价

能耗分析评价完成后应提出分析报告，报告一般包括以下内容：

(1) 所采用的能耗分析方法；

(2) 能源管理目标和能源消耗定额完成情况；

(3) 能耗及其费用上升或下降的原因及其影响因素分析；

(4) 用能单位或部门用能水平评价；

(5) 改进措施和节能潜力分析。

(八) 节能技术进步

1. 节能技术管理

节约能源要依靠节能技术的进步，用能单位通过加强对节能技术措施管理，积极推进用能设备节能技术进步，提高用能单位经济效益，保护生态环境。节能技术实施后应测试用能设备能耗状况，并与该技术实施前进行比较，评价节能效果和经济效益。当生产运转正常后，应适时修订有关技术文件和能源消耗定额，保持节能效果。

用能单位要紧密跟踪本行业节能技术发展，积极采用新技术、新工艺、新材料、新设备、新能源及可再生能源，开发节能新技术，鼓励技术创新，推广节能示范工程，严格执行国家有关用能标准，用能设备的效率和能耗应达到有关的国家标准规定指标。

2. 节能项目管理

组织实施重大节能科研项目、示范项目，是促进节能技术进步，推动节能成果转化，实现能源节约的重要措施之一。为加强对节能项目管理，达到预期节能效果，用能单位应制定管理文件，对节能项目的启动、实施、验收等各个环节进行系统管理，规范协调节能项目推进过程中的各项工作。管理文件内容包括：可行性研究；方案和实施；寿命周期效益评价。另外，对于拟实施的节能项目，用能单位应组织有关部门和人员对节能项目措施进行研究，并作出实施决定，对重大节能项目应进行可行性研究，并从以下几个方面进行节能评估：

(1) 节能效果和经济效益；

(2) 投资额及回收期；

(3) 实施过程中对生产的影响；

(4) 环境影响。

每一项节能项目的实施，都应明确主要负责单位和责任人，以及配合单位和责任人。投资额大的重大节能技术改造项目及对生产影响较大的节能项目，应单独制订实施计划，安排专人负责，确保其顺利实施。

(九) 能源应急储备

国家建立能源应急制度，应对能源供应严重短缺、供应中断、价格剧烈波动以及其他能源应急事件，维护基本能源供应和消费秩序，保障经济平稳运行。能源企业和重点用能单位应当编制相应的能源应急预案。能源应急事件的处置实行统一领导、分级负责、分类实施、协同配合的原则。

国家建立能源储备制度，规范能源储备建设和管理，提高能源应急处置能力，保障能源供应安全。能源储备包括能源产品储备和能源资源储备。能源产品储备包括石油、天然气、天然铀产品等。

三、能源管理体系

《能源管理体系要求》(GB/T 23331—2012) 于 2012 年实施。能源管理体系与质量、环境、职业健康安全等管理体系一样，都是企业管理体系的一部分。企业按本标准建立实施能源管理体系应融合于本单位管理体系。

能源管理体系运用先进的 PDCA 管理模式，针对能源利用的过程，提供一种系统化、制度化、规范化、标准化的管理机制。能源管理体系中 PDCA 的含义如下：P——策划，建立所需的目标和管理过程，以实现企业的能源方针所期望的结果；D——实施，对过程予以实施；C——检查，根据法律法规、能源方针、目标和指标的要求，对过程进行监视和测量，并报告其结果；A——改进，对总结检查的结果进行处理，成功的经验加以肯定并适当推广；对失败的教训加以总结，未解决的问题放到下一个 PDCA 循环里，以保证能够持续改进能源管理绩效。

能源管理体系建立和运行一般应包括如下步骤：

（1）统一思想，领导决策；

（2）组建领导小组和工作小组；

（3）宣传培训；

（4）制订工作计划；

（5）初始能源评审；

（6）识别评价能源因素；

（7）建立能源方针、目标和指标；

（8）职责分配与资源管理；

（9）编制能源管理体系文件；

（10）能源管理体系的运行、监视和测量；

（11）内部审核；

（12）管理评审。

管理评审应形成管理评审报告，报告中通常应包括能源方针、能源目标的实现情况；需要进行有效性改进的方面，包括管理职责、资源管理、过程控制、监视测量的分析和改进等；企业建立的能源管理体系的符合性、适应性和有效性的改进；资源需求，例如人力资源、设施设备等的需求等内容。

四、能源管理机制

1. 能源管理师制度

能源管理师（CEM）是指从事企业能源管理工作的领导和专业管理人员，由企业负责能源管理的厂级领导和管理部门、生产单元（分厂或车间）负责节能工作和能源管理的技术负责人或专职工程师担（兼）任，是企业科技管理人才的重要组成部分。能源管理师应具有良好的职业素养，具备相应行业的知识，掌握现代企业管理方法，精通企业能源管理工作。

能源管理师的职责包括：制定节能管理制度，编制节能规划，并组织实施；对能源消耗量进行计量、统计；对能源利用状况进行调查、分析和评估，编制能源利用状况报告；提出合理用能方案并组织实施，对其节能效果进行监督检查；定期评价节能工作成效，提出改进节能管理、进行节能技术改造的措施，并组织实施；组织推广应用节能新技术、新工艺、新产品；对耗能岗位操作人员进行节能培训。

能源管理师的社会需求很大。能源管理师的主要从业领域是用能单位。《中华人民共和国节约能源法》（以下简称《节能法》）规定，年耗能 5000t 标准煤以上的单位是重点用能单位。笔者做过一个调查，年耗能 100 万 t 标准煤以上的企业目前一般有节能管理人员 50 人左右，年耗能 1 万 t 标准煤以上的企业一般有节能管理人员 10 人左右，年耗能 5000t 标准煤以上的企业一般有节能管理人员 5 人左右。由此推算，全国重点用能企业目前在岗的节能管理人员约有 40 万人以上。

2. 合同能源管理

根据 2010 年 8 月发布的 GB/T 24915—2010《合同能源管理技术通则》，合同能源管理（Energy Performance Contracting，简称 EPC，在国外也说成 Energy Management Contract，简称 EMC）是指节能服务公司与用能单位以契约形式约定节能项目的节能目标，节能服务公司为实现节能目标向用能单位提供必要的服务，用能单位以节能效益支付节能服务公司的投入及其合理利润的节能服务机制。从事节能服务的单位通过与用户签订合同，为用户的节能项目进行投资或者融资，向用户提供能源效率分析、项目设计、采购、施工等服务，并分享项目节能效益。能源管理合同在实施节能项目的用户与节能服务公司之间签订，可以降低用能单位节能改造的资金和技术风险，它有助于推动节能项目的实施。

由此可看出，合同能源管理有以下三个特征：一是合同能源管理是市场化的节能机制，以契约为基础，交易条件是双方谈判的结果；二是合同能源管理是节能服务企业向用能单位提供实现节能目标的一揽子节能服务，不同于仅仅提供设备的设备买卖或仅仅提供技术支持的技术服务；三是合同能源管理项目的用能单位以节能效益支付节能服务企业的投入及其合理利润，这区别于其他形式能源管理服务或节能服务。这意味着一方面节能服务企业需要为项目投资；另一方面节能服务企业必须保证节能目标实现；否则节能服务企业无法收回其投入，无法实现利润。

3. 节能自愿协议

根据《节能自愿协议技术通则》（GB/T 26757—2011），节能自愿协议（Voluntary Agreement of energy conservation，简称 VA）是指为达到节能减排目标、提高能源利用效率，政府与用能单位或行业组织签订协议的一种节能管理活动。即行业协会或者企业通过与政府自愿签订协议，做出节能减排目标的承诺，履行承诺后政府予以相应政策支持的一种节能机制。实施自愿协议的目的是促进企业节能降耗，实现政府未来节能目标，其最终结果是提高企业的经济效益，改善社会环境。协议的内容在不同国家甚至同一国家的不同情况下也是不同的。但一般都包括两个方面：

（1）用能单位承诺在一定时期内要达到某一节能减排目标；

（2）政府承诺给予实现节能自愿协议目标的用能单位以某种政策激励。

节能自愿协议的主要思路：在政府引导下，充分发挥用能单位的积极性来促进节能。它是政府和用能单位在其各自利益的驱动下自愿签订的，也可以看作是在法律规定之外，用能单位“自愿”承担的节能减排义务。需要强调的一点是，节能自愿协议中的“自愿”并不是绝对的“自愿”，“自愿”是有条件的。

节能自愿协议具有导向性（包括工艺导向和产品导向）、基础性（包括目标基础与执行基础）、约束性（自愿协议可以包括一定程度上的法律约束）、责任性和公开性的特点。

目前，许多欧洲国家将减排温室气体自愿协议结合到节能自愿协议中。经测算，发达国家通过自愿协议实现每吨碳减排的成本约 50 美元。通过自愿协议，政府与企业实现了双赢，它们之间的合作关系不断加深，相互信任不断增强，在公众和市场中树立了良好的信誉和形象。从而为今后实现更大的发展目标奠定了基础。

4. 能源效率标识

能源效率标识，即通常说的能效标识，就和现在老百姓普遍认识的“绿色标识”一样，是附在用能产品上的信息标签，主要用来表示产品的能源性能（通常以能耗量、能源效率等形式给出），向消费者（包括各级政府、企业和个人）提供必要的信息，使消费者十分容易得到并清楚获知产品的能源消耗和能效水平。

我国的“能源效率标识标志”（见图 1-3）为蓝白背景的彩色标识，一般粘贴在产品的正面面

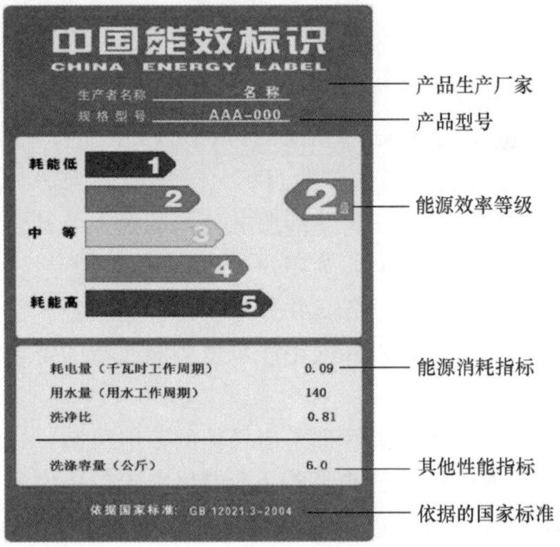

图 1-3　中国能源效率标识标志

板。能源效率标识为背部有黏性的，顶部标有“中国能效标识”（CHINA ENERGY LABEL）字样的彩色标签，下面是产品的生产者名称和规格型号。中间为能效等级和其他性能指标，能效等级为 1、2、3、4、5，共 5 个等级，等级 1 表示产品达到国际先进水平，最节电，即耗能最低；等级 2 表示比较节电；等级 3 表示产品的能源效率为我国市场的平均水平；等级 4 表示产品能源效率低于市场平均水平；等级 5 是市场准入指标，低于该等级要求的产品不允许生产和销售。有些产品能效等级分为 1、2、3，共 3 个等级，等级 1 表示产品达到国际先进水平；等级 2 表示产品的能源效率为我国市场的平均水平；等级 3 是市场准入指标。最下面为产品执行的标准代号。例如：电冰箱能效标识分 5 个等级，其信息内容包括产品的生产者、型号、能源效率等级、24h 耗电量、各间室容积、依据的国家标准号；房间空气调节器能效标识的信息包括：产品的生产者、型号、能源效率等级、能效比、输入功率、制冷量、依据的国家标准号。

5. 电力需求侧管理

电力需求侧管理（Demand Side Management，简称 DSM），是指通过提高终端用电效率和用电方式，在完成同样用电功能的同时减少电量消耗和电力需求，达到节约能源和保护环境，实现低成本电力服务所进行的用电管理活动。根据国家发展与改革委员会等六部委 2010 年 11 月颁布的《电力需求侧管理办法》（发改运行〔2010〕2643 号）文件，电力需求侧管理是指为提高电力资源利用效率，改进用电方式，实现科学用电、节约用电、有序用电所开展的相关活动。

电力需求侧管理是目前国际上推行的综合资源规划（IRP）方法的一项主要内容。它源于 20 世纪 70 年代后期的美国。综合资源规划是将供应方和需求方各种形式的资源作为一个整体进行的资源规划。这种方法与过去的资源规划方法的明显区别在于：过去讲的资源规划单单就供应方考虑，在开发上做文章；而综合资源规划则把供应方与需求方看作一个整体，把开发与节约综合起来，统筹规划。它的思路就是把需求方可能的节能（如电力需求方减少的电量和降低的电力负荷）作为一种资源，与供应方可能开发的资源同时参与能源规划，对供能方案和节能方案进行成本效益分析，优化选择形成对社会、能源部门和用户各方受益，成本最低，同时能满足同样能源服务的能源规划方案。它的目的就是要更有效、合理地利用能源资源，控制环境质量，减少能源建设投资，为用户提供价廉质优的服务。它是以市场经济运行机制为基础，以成本效益为准则，改变能源部门注重开发忽视终端用能的传统格局，真正置开源与节流于同等地位，改变用户能源浪费性需求的粗放型模式。

电力需求侧管理与过去“三电管理”（计划用电、节约用电、安全用电）存在本质区别：三电管理是计划经济条件下电力紧缺时期的产物，节电的目的是减少用电量指标以缓解供需矛盾，根本谈不上保护环境和提高电能利用率。DSM 则从过去单纯强调节省、少用发展到鼓励多用电，引导用户更科学、更合理地用好电，同时还要突出环境保护和资源节约的社会效益。

第二章 火电厂的节能管理

第一节 火电厂的节能管理体系

火电厂必须建立健全岗位责任制，依靠生产管理机构，充分发挥三级节能管理网络（见图2-1；厂级节能领导小组、部门节能小组、班组节能员）的作用，开展全面的、全员的、全过程的节能管理，广泛运用现代、科学的管理技术，实现本企业合理使用能源，不断提高能源利用效率，使各种能耗指标达到最佳水平。各级节能监督机构要建立相应的职责，并认真履行各自的职责，共同做好节能技术监督和节能工作。

一、厂级节能领导小组（厂级网）

为了加强对节能工作的领导，各火力发电厂应当建立节能领导小组，由主管生产的副厂长主持，日常工作由节能办公室或由有关科室（如生技科）设专职人员归口管理。1997年7月原电力部颁发了《电力工业节能技术监督规定》，其中规定节能领导小组的职责共八项：

（1）负责检查监督国家和能源部（上级主管部门）的节能方针、政策、法规、标准及有关节能指示的贯彻施行并监督检查基层生产单位（部门）的贯彻执行情况；

（2）将能耗指标分解，逐级下达给有关部门、班组，并监督其执行情况；

（3）每月召开节能分析例会（可与运行分析会、经济活动分析会合二为一），总结交流监督经验，分析节能效果及存在的问题，提出改进措施，有针对性地指导节能降耗工作；

（4）对本单位的节能技术改造项目进行监督，包括节能改造项目的效果测算评定和效益评估；

（5）对燃料、电、水、汽等计量装置进行计量监督；

（6）当能耗异常波动时，分析原因并提出整改措施；

（7）及时上报节能技术监督报表，分析和总结材料；

（8）监督节能奖罚办法的执行情况，表彰和奖励对节能工作做出贡献的部门及个人。

另外，节能领导小组的职责还应包括如下两条：

（1）制订本厂节能规划、节能技术改造和技术攻关计划；组织制定节能管理实施细则和措施。

（2）根据一流火力发电厂节能管理标准，结合质量管理标准和技术监督规定，每月对各项主要经济指标和目标进行检查总结，循序渐进，持续改进，通过持续开展创一流和贯标工作使电厂始终保持较好的管理水平和经济水平。

二、专职节能工程师

装机容量在50MW及以上的电厂应设置专职节能工程师（简称节能专工）。专职节能工程师从属于厂级节能领导小组。1991年原能源部颁发了《火力发电厂节约能源规定》，其中明确指出节能工程师的六项岗位职责是：

（1）在生产副厂长或总工程师领导下工作，负责厂节能领导小组的日常工作，如定期召集节能分析例会人员、准备会议资料和整理会议纪要、定期总结节能监督工作、收集和保存电厂设备的相关档案资料、收集和保存节能法规和标准等。

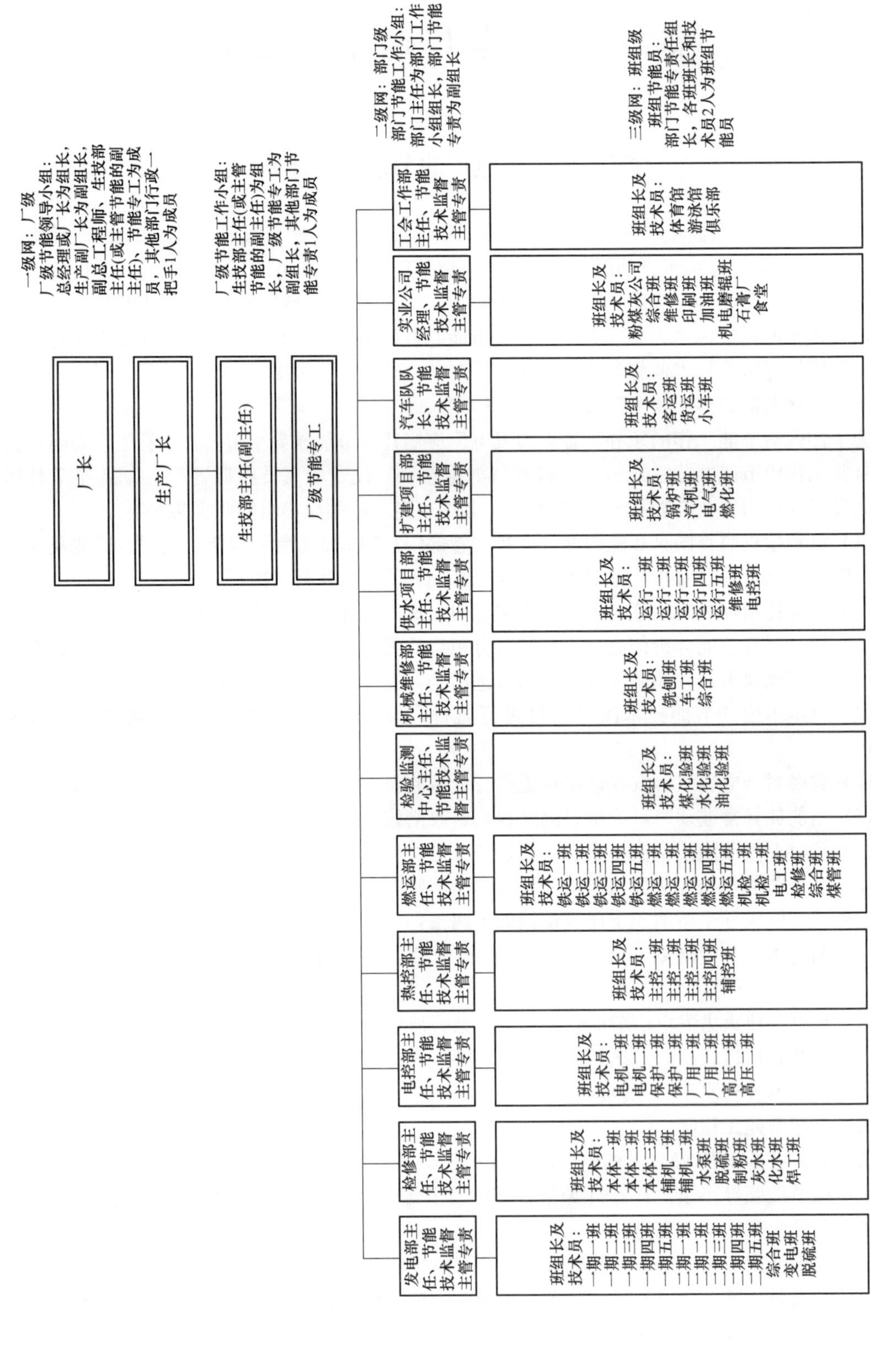
一级网：厂级
厂级节能领导小组：总经理或厂长为组长，生产副厂长为副组长，副总工程师、生技部主任(或主管节能的副主任)、节能专工为成员，其他部门行政一把手1人为成员
厂长
生产厂长
生技部主任(副主任)
厂级节能专工
厂级节能工作小组：生技部主任(或主管节能的副主任)为组长，厂级节能专工为副组长，其他部门节能专责1人为成员
二级网：部门级
部门节能工作小组：部门主任为部门工作小组组长，部门节能专责为副组长
三级网：班组级
班组节能员：部门节能专责任组长，各班班长和技术员2人为班组节能员
发电部主任、节能技术监督主管专责
班组长及技术员：一期一班 一期二班 一期三班 一期四班 一期五班 二期一班 二期二班 二期三班 二期四班 二期五班 综合班 变电班 脱硫班
检修部主任、节能技术监督主管专责
班组长及技术员：本体一班 本体二班 本体三班 辅机一班 辅机二班 水泵班 脱硫班 制粉班 灰水班 化水班 焊工班
电控部主任、节能技术监督主管专责
班组长及技术员：电机一班 电机二班 保护一班 保护二班 厂用一班 厂用二班 高压一班 高压二班
热控部主任、节能技术监督主管专责
班组长及技术员：主控一班 主控二班 主控三班 主控四班 辅控班
燃运部主任、节能技术监督主管专责
班组长及技术员：铁运一班 铁运二班 铁运三班 铁运四班 铁运五班 燃运一班 燃运二班 燃运三班 燃运四班 燃运五班 机检一班 机检二班 电工班 检修班 综合班 煤管班
检验监测中心主任、节能技术监督主管专责
班组长及技术员：煤化验班 水化验班 油化验班
机械维修部主任、节能技术监督主管专责
班组长及技术员：铣刨班 车工班 综合班
供水项目部主任、节能技术监督主管专责
班组长及技术员：运行一班 运行二班 运行三班 运行四班 运行五班 维修班 电控班
扩建项目部主任、节能技术监督主管专责
班组长及技术员：锅炉班 汽机班 电气班 燃化班
汽车队队长、节能技术监督主管专责
班组长及技术员：客运班 货运班 小车班
实业公司经理、节能技术监督主管专责
班组长及技术员：粉煤灰公司 综合班 维修班 印刷班 加油班 机电磨辊班 石膏厂 食堂
工会工作部主任、节能技术监督主管专责
班组长及技术员：体育馆 游泳馆 俱乐部

图 2-1 三级节能管理

（2）协助厂领导组织编制（起草）全厂节能规划和年度节能实施计划。

（3）定期检查节能规划和计划的执行情况并向节能领导小组提出报告。

（4）对厂内技术经济指标进行分析和检查，总结经验。针对能源消耗存在的问题，向厂领导提出节能改进意见和措施。

（5）协助厂领导开展节能宣传教育，提高广大职工节能意识。组织节能培训，对节能员工作进行指导。

（6）协助厂领导制定、审定全厂节能奖金的分配办法和方案。

另外，节能专工的职责还应包括如下两条：

（1）认真分析全国机组经济性指标数据，与国内先进的同类型机组进行横向比较，寻找本厂工作中的差距与不足，拓展思路，找准方向，树立目标，真抓实干，尽快赶超国内或国际先进水平，进一步提高本厂发电设备运行的经济性；

（2）每年至少进行一次节能总结，及时总结经验和分析存在的问题，提出整改措施。

三、部门节能小组（二级网：部门级）

部门（车间）都要设置以行政一把手为领导的节能小组，节能小组的主要职责是：

（1）负责本部门节能工作的原始记录，管理能源和单项经济指标的统计，定期向节能办公室报送能源和经济指标数据；

（2）监督检查本部门能源使用情况，对出现的异常现象要及时汇报，对违反能源管理制度的现象及时进行制止；

（3）根据节能领导小组下达的指标定额，结合本部门生产过程和管理业务的实际情况，制定合理的节能措施；

（4）对本部门主、辅设备加强管理，按经济运行方式操作，提高设备效率，保证设备在经济状况下运行；

（5）根据厂节能计划，制定节能项目措施，对竣工的节能项目进行总结和分析，及时报送节能办公室。

四、班组节能员（三级网）

班组一般由技术员担任节能员，节能员的职责是：

（1）组织各岗位正确使用能源，完成各项经济指标定额，实施节能措施；

（2）组织维护好主、辅设备、器具和能源计量仪表，填好各项能源消耗的原始记录；

（3）组织实施节能项目，总结节能经验，对节能工作中出现的问题及时汇报；

（4）协助车间进行节能教育，结合合理化建议活动开展节能工作。

第二节 火电厂的检修管理

一、设备的全过程管理

1.“纵向到顶”的管理模式

设计性能较差、制造质量较低、选用材料不当、运行调整不合适、后期管理不善，都会降低设备的运行可靠性和经济性。所以重视设备的初期和后期管理是十分必要的。例如在全国大机组竞赛中，许多同一地区、同一类型机组间的煤耗水平相差很大，这既有机组投产时留下的因素，也有后期管理的问题。

在新建或扩建新机组时，对设备的设计、选型、制造、配套、安装、测试、试生产、投运要层层把关，特别是工业废水或污水处理工程必须实现三同时，保障其正常稳定运行。

机组试生产期间，威胁机组正常运行最常见的是锅炉爆管、制粉系统出力不足、煤粉细度不合要求、高压加热器不能正常投入、热工保护投不上等，由于这些问题迫使设备只能带低负荷运行，且经常停机，造成煤耗高、耗油量大。因此各厂要在试生产期间认真检查、严格把关，发现问题及时会同制造厂、设计院、试验所一起解决，决不能留下隐患。

机组投产后，生产发电过程的节能是一项长期性工作。生产过程包括了从燃料进厂到发电输出，其节能管理水平的高低对煤耗影响很大，必须进行“纵向到顶”的节能管理。

2.“横向到边”的管理模式

节能监督涉及各个部门，主要包括管理部门、燃料部门、运行部门、检修部门等。管理部门涉及政策、制度、计划、目标定额等，其管理水平高低直接影响到职工的积极性和节能效果。燃料部门涉及燃料计量、煤质化验、配煤掺烧等。检修部门涉及节能成果的推广、节能项目的实施、技术改造效果等。运行部门涉及机组运行方式改进、燃烧工况调整、指标控制等。所以节能管理必须从管理部门到其他各个部门全方位的横向管理、全员参与。

二、加强人员培训和制度建设

（1）检修人员必须做到三熟三能。熟悉设备结构系统和性能，熟悉设备的装配工艺、工序和质量标准，熟悉本岗位的规程制度；能熟练地进行本工种所管辖设备的检修工作和排除故障，能看懂图纸和绘制简单的零部件加工图，能掌握一般的钳工工艺和常用材料性能。

（2）坚持“修必修好”的原则，提高检修质量，认真执行工序卡、质检手册及检修全过程管理等各项行之有效的规章制度，保证机组检修后的健康水平。

三、设备的检修和保养

严格执行检修计划、制定合理的技术措施、提高设备的检修质量，是提高机组整体经济性的重要因素。

（1）坚持“应修必修，修必修好”的原则，科学、适时安排机组检修，避免机组欠修、失修，通过检修机会开展节能项目，恢复机组性能。

（2）建立健全设备维护、检修管理制度，从计划、方案、措施、备品备件、工艺、质量、过程检查、验收、评价、考核、总结等各个方面进行规范，建立完整、有效的检修质量监督体系，使相应工作实现标准化，确保维护、检修工作能够顺利、按时完成，并且工艺水平高、质量好，为设备的安全、经济运行打好基础。设备技术档案和检修台账应根据检修情况进行动态维护。

（3）利用现代科学技术，以先进的电子仪器、红外测试技术、计算机技术和其他科学的检测手段，对设备进行在线监测诊断，将过去以时间为基准的预防性检修方式改为以设备状态为基准的预知性检修，建立设备状态检修制度，使重要设备都有运行状态检测手段，并根据不同的设备编制不同的软件，显示设备是否需要检修。

（4）加强对冷却塔的维护，清理水池淤泥和杂物，疏通喷嘴，更换损坏的喷嘴和溅水碟，修复损坏的淋水填料。并采用高效淋水填料和新型喷溅装置，使淋水密度均匀，提高冷却效率。

（5）利用大小修、调停、临修等机会，认真清理检查各类换热设备，提高其热交换效率，如锅炉受热面清理、预热器传热元件清理、凝汽器清理、冷油器清理、高压变频器滤网清理、板式换热器清理等。

(6) 通过检修和维护及时消除七漏［或称八漏，即漏汽、漏水、漏油、漏煤（漏粉）、漏风、漏烟、漏灰］，建立查漏、堵漏制度。加强锅炉各部查漏和堵漏工作，使锅炉、空气预热器、除尘器、制粉系统的漏风系数不超过规定值。

要特别注意消除锅炉漏风。长时间服役的锅炉，会出现较多的漏点，使锅炉热效率降低，机组辅机电耗增加。因此利用锅炉大修机会，对锅炉炉膛四角、顶棚密封重新检查焊补密封；对尾部烟风道的主要部位如伸缩节处、一次风风道、预热器等处进行查漏密封；减少炉底漏风，保持水封槽溢水正常。400t/h 及以上锅炉漏风率至少每月测试一次，锅炉本体（包括过热器、省煤器）的漏风率不超过 5%（以理论需要空气量的百分数表示）。

应建立定期检查阀门是否泄漏的制度，特别是加强对主蒸汽、再热蒸汽、高低压旁路、抽汽管道上的疏水阀门、汽轮机本体疏水门、高压加热器危急疏水阀门、加热器旁路门、高压加热器大旁路门、给水泵再循环阀门、除氧器事故放水和溢流门、锅炉定排门等的严密性状况的检查，发现问题要做好记录，并根据情况及时消除。

(7) 及时消除吹灰器缺陷，提高锅炉吹灰器的完好率和投入率，进一步降低锅炉排烟温度。

(8) 加强锅炉防磨防爆检查工作，减少“四管”泄漏次数。

(9) 保持热力设备、管道及阀门的保温完好，应用新工艺、新材料，努力降低散热损失。要求每年检测一次保温质量，当周围环境温度为 25℃时，保温层表面温度不得超过 50℃。

(10) 加强凝汽器维护工作，应利用停机机会或半边停运进行堵管。建立凝汽器运行中半边清洗的制度，提高凝汽器的清洁系数。

(11) 做好制粉系统的维护工作，消除绞笼缺陷，减少制粉系统启停次数和投运套数，消除制粉系统漏风，包括磨煤机本体漏风以及系统中的锁气器、吸潮管、人孔门、系统中的风门等处的漏风。对中速磨和风扇磨的易磨部件，应推广使用特殊耐磨合金钢铸造；煤粉管道可进行防磨处理。磨煤机系统漏风率不应超过表 2-1 所列数值。

表 2-1　磨煤机系统漏风率最高限值

<table>
<tr><th>制粉系统形式</th><th>干燥介质</th><th>磨煤机出力（t/h）</th><th>漏风率（以干燥剂数量为基数）（%）</th></tr>
<tr><td rowspan="6">中间贮仓式钢球磨煤机系统</td><td>空气</td><td>10～20</td><td>35</td></tr>
<tr><td>烟气与空气混合</td><td>10～20</td><td>40</td></tr>
<tr><td>空气</td><td>20～50</td><td>25</td></tr>
<tr><td>烟气与空气混合</td><td>20～50</td><td>30</td></tr>
<tr><td>空气</td><td>51～70</td><td>20</td></tr>
<tr><td>烟气与空气混合</td><td>51～70</td><td>25</td></tr>
<tr><td>负压直吹式钢球磨煤机系统</td><td colspan="3">为中间贮仓式钢球磨煤机系统数值的 70%</td></tr>
<tr><td rowspan="3">负压下工作的其他磨煤机系统</td><td colspan="2">锤击磨</td><td>10</td></tr>
<tr><td colspan="2">中速磨</td><td>20</td></tr>
<tr><td colspan="2">风扇磨</td><td>20</td></tr>
</table>

(12) 保障氧量表的准确性。炉膛出口氧量表指示不准的问题比较普遍。一是疏于校验；二是氧量表的测点不具有代表性（一般每侧选取 1～2 点）；三是氧量表附近有漏风点。

如果炉膛出口氧量表指示不准，运行人员就无法进行适当的燃烧调整，降低了锅炉效率。因此应定期对氧量表进行校验，减少氧量测点处的漏风，提高氧量显示的准确性。运行人员可根据氧量调整燃烧风量，使氧量维持在最佳值。

（13）根据煤质变化情况，及时进行试验，确定钢球磨煤机的最佳钢球装载量、补加钢球的周期和每次补加钢球的数量。对中速磨煤机和风扇磨煤机的耐磨部件应及时修复或更换，以确保其能够安全、经济运行。

四、设备进行节能改造

（1）采用先进方法、工艺、设备进行系统优化和设备更新改造，是提高机组设备经济性的重要途径。对实践证明节能效果明显的系统优化、设备更新项目应优先安排所需资金。对重大节能改造项目要进行经济技术可行性研究，认真制定改造方案，落实施工措施，有计划地结合设备检修进行施工，对改造的效果做出后评估，上级主管部门要及时相应调整能耗指标计划。

（2）应定期分析评价全厂生产系统、设备的运行状况，根据设备状况、现场条件、改造费用、预期效果、投入产出比等确定节能技改项目，编制中长期节能技术改造项目规划和年度节能项目计划，按年度计划实施节能技术改造项目。

（3）通过采用新型螺旋鳍片管省煤器，增加部分过热器或再热器受热面，适当增加吹灰器数量，可有效地降低排烟温度，提高锅炉的主蒸汽温度、再热蒸汽温度。

（4）对耗能较高的设备进行改造，如采用先进技术和工艺对油枪进行必要的改造，降低设备的能量消耗水平。有些电厂将原来的大流量油枪改为小流量油枪，实践证明，油枪改造后可节约1/3的燃油。

（5）对循环水泵的改造：通过对循环水泵本体改造或整体更换，提高循环水泵的效率，提高机组真空，进而提高机组的经济性。有些电厂改造后效率可提高20%，提高真空为0.12～0.3kPa。

（6）在目前电网峰谷差大，调峰幅度大的运行方式下主要辅机存在大马拉小车的现象，不但运行非常不经济，而且大功率电机的频繁启动对设备的寿命影响也较大。因此，应加大送风机、引风机等动力设备的变速改造。

（7）对锅炉回转式空气预热器进行改造，增加径向、环向、轴向密封，将空气预热器漏风率控制在15%以下。虽然管式空气预热器漏风率可以控制在5%以下，但是由于其清灰困难，大型火电机组不宜采用。

（8）对汽轮机通流部分（汽轮机本体中做功汽流的通道称为汽轮机的通流部分，它包括主汽门、调节汽门、导管、进汽室、各级喷嘴、动叶和汽轮机的进汽管等）进行改造。过去由于设计计算精度差，设计技术和加工工艺落后，设备陈旧，我国早期投产的发电机组普遍存在效率低、热耗高的问题，因此采用先进的设计技术和加工工艺、采用先进的附属设备和部件，通过通流部分改造，可以提高机组容量和缸效率，从而大幅度地降低发电煤耗。

（9）更换或修复已损坏的输煤系统除铁器；进行除铁器调整试验，进一步提高除铁效率；加强除铁设备的检修维护；将电磁除铁器改为永磁除铁器，相应去掉电磁线圈和风机，永磁除铁器吸力强，磁场永久，可省去整流、励磁、冷却装置，结构简单、节省电能，易于维护检修。

（10）改造照明设施，原厂房照明一般安装钠灯或汞灯照明，采用新型的高效节能灯具，可大大地节约用电量。

（11）对于最低不投油稳燃负荷较高的锅炉，应根据燃煤品种、炉型结构，选用成熟技术进行燃烧器改造，以提高锅炉低负荷时的燃烧稳定性，增加调峰能力，减少助燃和点火用油。积极实施锅炉燃烧器改造，提高锅炉稳燃能力，进行小油枪改造，降低发电耗油量。

（12）对效率低的抽气器或真空泵，应采取更换新型高效抽气器或真空泵、增加或改造冷却装置等措施，进行有针对性的技术改造，以提高其运行效率。

（13）要积极采用先进的汽封技术，调整好发电机组动静部分间隙；简化汽轮机疏放水系统，安装疏放水阀门温度测点，消除热力系统内、外部泄漏。

（14）通过干式除灰改造、提高循环水浓缩倍率等手段，降低发电水耗。

第三节 火电厂的运行管理

一、加强培训工作

（1）加强运行人员节能意识教育，要树立“节约一滴油、节约一克煤、节约一碗水”的精神。

（2）运行人员必须做到三熟三能：熟悉设备、系统和基本原理，熟悉操作和事故处理，熟悉本岗位的规程和制度；能准确地进行操作和分析运行状况，能及时发现故障和排除故障，能掌握一般的维修技能。

（3）结合各专业实际，开展专业培训，加强运行人员的全能值班培训，增强运行人员的业务素质，进一步提高职工节能业务素质和技术水平。

二、加强燃料运行管理

（1）合理调度，减少卸船设备空载运行时间，减少厂用电的消耗。

（2）认真抓好煤质监督工作，按规程对煤样进行工业分析，化验人员应及时将化验结果提供给运行和管理部门，以便于运行人员掌握煤炭质量，从而指导各机组的经济燃烧。有条件的电厂要安装煤质在线分析设备，进行煤质实时分析，并根据煤质上煤，保证上到煤仓的煤是已知分析结果的煤，使运行人员能够及时进行燃烧调整，提高燃烧的安全性和经济性。

（3）凡燃烧非单一煤种的电厂，要实行配煤责任制，每天根据不同煤种和锅炉设备特性，研究确定掺烧方式和掺烧配比，并通知有关岗位执行。

（4）由于煤炭市场逐步放开，许多电厂的煤源、煤种不稳定，诸多煤炭指标严重偏离设计煤种，给锅炉安全经济运行带来了较大的影响，因此应通过完善燃料采购、配煤掺烧的管理，努力克服当前煤炭市场的不利因素，尽量提高入炉煤的质量，确保锅炉燃烧最大限度地接近设计工况。

（5）要采取各种措施，防止煤中四块（大块、石块、铁块、木块）进入原煤斗。卸煤斗上的箅子、碎煤机、磁铁分离器等装置能正常投入使用。

（6）加强燃料运行交接班制度，坚持做到原煤仓满仓或按煤位交接班及定煤粉仓粉位交接班，以减少实施单台机组计算煤耗的系统误差。

（7）加强煤场管理，搞好喷淋，每月对煤场盘点。

三、加强吹灰器的运行维护管理

吹灰器的投入率与吹灰效果，直接影响锅炉的经济及安全运行。例如邹县电厂300MW机组锅炉进行全面吹灰一次，排烟温度实际降低13℃左右，各部烟温均有不同程度的降低。600MW机组锅炉全面吹灰之后，空气预热器入口烟温可以降低40～50℃，排烟温度可降低6～10℃。尤其是吹完尾部烟道受热面（如低温再热器、低温过热器、省煤器）之后，空气预热器入口烟温和排烟温度大大降低，提高了锅炉运行的经济性。吹灰器使用高温高压蒸汽，需要对其做最佳吹灰周期试验，加强吹灰器的运行维护管理，保障吹灰器正常投入。

四、加强运行综合管理

（1）值班时应全神贯注，精心操作，做到“四勤”（勤检查，勤分析，勤联系，勤调整）和“四稳”（汽温稳定，汽压稳定，水位稳定，负荷调整稳定），保持电厂的热力系统在最佳工况下运行。运行人员要树立整体节能意识，不断总结操作经验，针对不同的运行方式，精心操作，合理调整；加强机组参数控制，使各项运行参数达到额定值（压红线运行），例如某厂各项能耗指标保证范围见表 2-2。

表 2-2　某火电厂各机组各项能耗指标

指　　标	单　　位	定额值	实际完成值	备　　注
锅炉效率	%	≥90.7	大于 90	125MW 机
主蒸汽压力	MPa	13.7	12.74～13.82	125MW 机
主蒸汽温度	℃	540	530～545	125MW 机
再热蒸汽温度	℃	540	530～545	125MW 机
排烟温度	℃	≤149	小于 149	125MW 机
制粉单耗	kWh/t	≤32	小于 32	125MW 机
空气预热器漏风率	%	<10	小于 8.5	125MW 机
热耗率	kJ/kWh	≤8499	8800 试验值	125MW 机
给水温度	℃	242	大于 222	125MW 机
补充水率	%	一流值	小于 2.0	125MW 机
厂用电率	%	<8.5	小于 7.8	125MW 机
供电煤耗率	g/kWh	<375	小于 370	125MW 机
锅炉效率	%	≥92.2	大于 91	300MW 机
主蒸汽压力	MPa	17.25	17.0～17.5	300MW 机
主蒸汽温度	℃	541	531～546	300MW 机
再热蒸汽温度	℃	541	531～546	300MW 机
排烟温度	℃	≤134.4	小于 134.4	300MW 机
制粉单耗	kWh/t	≤35	小于 35	300MW 机
空气预热器漏风率	%	<8	小于 7	300MW 机
热耗率	kJ/kWh	≤7921	8400 试验值	300MW 机
给水温度	℃	273.6	大于 253.6	300MW 机
发电机日漏氢量	m^3/d	≤12	小于 12	300MW 机
补充水率	%	2	小于 1.5	300MW 机
厂用电率	%	<5.86	小于 5.5	300MW 机
供电煤耗率	g/kWh	<344	小于 345	300MW 机

续表

指标	单位	定额值	实际完成值	备注
热控自动投入率	%	100	100	各机组
氧量	%	5最佳值	4～6	各机组
自用水率	%	<6	小于6	各机组
汽水品质合格率	%	≥98	大于98	各机组
检斤率、检质率	%	一流值	100	各机组
入炉煤粉细度合格率	%	≥95	大于95	各机组
热值差	J/g	一流值	小于418	各机组
真空度	%	95	大于95	各机组
凝结水过冷度	℃	≤1	0.5	各机组
凝汽器端差	℃	<7	小于7	各机组
高压加热器投入率	%	>95	大于95	各机组
凝汽器胶球冲洗收球率	%	>95	大于95	各机组
阀门泄漏率	‰	一流值	≤0.28	各机组
热控仪表准确率	%	98	大于98	各机组
继电保护装置投入率	%	100	100	各机组
计量抄表率	%	98	大于98	各机组
飞灰可燃物	%	<2	小于1.5	各机组
锅炉排污率	%	1	小于1	各机组
真空严密性	Pa/min	≤270	小于400	各机组

（2）严格执行两票三制：操作票、工作票及交接班制度、巡回检查制度、定期试验和轮换制度。运行人员应加强巡检，发现缺陷应按规定填写缺陷单或做好记录，及时联系检修处理，确保机组安全、经济运行。

（3）制定耗油定额，加强节油管理和考核，降低点火用油量；改善操作技术，努力节约点火用油和助燃用油；燃油锅炉要注意保持燃油加热温度和雾化良好。

（4）积极采用、开发计算机应用程序，进行有关参数、指标的统计、计算或指导运行方式的优化，不断保持或提高机组的运行水平。应充分发挥计算机在线监测及其性能计算的作用，应密切监视与机组经济性有关的运行参数和指标，重点对主蒸汽压力、主蒸汽温度、再热蒸汽温度、减温水流量、排烟温度、氧量、飞灰可燃物、灰渣可燃物、煤粉细度、锅炉漏风、汽轮机热耗率、凝汽器真空度、端差、给水温度、高压加热器投入率、加热器端差、凝结水过冷度等参数和指标进行监督。

（5）开展经济调度，有针对性的指导各机组的经济运行工作。依据最近试验制定各机组的等微增调度曲线，按电网调度要求和等微增原则，确定本厂和机组运行方式，进行电、热负荷的合理分配，使机组在相应负荷的高效区运行；通过试验编制主要辅机运行特性曲线，确定主要辅机经济运行方式。风机、给水泵、循环水泵等在低负荷时，其运行方式对厂用电量影响很大，因此在运行中特别是低负荷运行时，应合理调度辅机运行；合理调度辅机在机组启停过程中的启停时间和方式，减少无效运行时间。

（6）注意点滴节约，要杜绝长明灯、长流水、长跑汽等浪费现象，要严格控制非生产用能。非生产用能要单独计量，健全非生产用汽、煤、电的台账。

（7）积极开展技术交流和竞赛活动，学先进，赶先进，超先进。要正确理解小指标竞赛，制定科学完善的小指标竞赛考核办法。有些运行人员为了小指标竞赛，夏天少开循环水泵和真空泵，表面上看节省了厂用电，但机组实际热耗却上升，造成了发电煤耗上升。

（8）每日坚持实际耗煤量与表 2-3 中耗煤量的对比，如果相差太大，并超过±0.5％时，应查明原因。重要参数对供电煤耗率、厂用电率等主要综合经济技术指标的影响，应每月进行定量的经济性分析比较，从而发现问题，并提出解决措施。分析时，既要与上月、上年同期比，也要与设计值、历史最好，以及国内外同类型机组最好水平进行比较，以找出差距，明确努力方向。

（9）牢固树立“安全就是效益、安全就是信誉、安全就是竞争力”的意识，搞好安全工作。企业应实行安全事故责任追究制度，企业对生产安全事故必须执行“四不放过”的原则（即事故原因没查清不放过、责任人员没处理不放过、整改措施没落实不放过、有关人员没有受到教育不放过），防止同类事故连续发生，保障机组安全稳定运行。

表 2-3　　各类型火电机组燃煤消耗量（$Q_{net,ar}$=20 908kJ/kg）

容量(MW)	发电煤耗率(g/kWh)	实际燃煤量			折算标准耗煤量			标煤量误差±1％影响煤耗值
		t/h	t/d	万 t/年	t/h	t/d	万 t/年	g/kWh
100	360	50.4	1209.6	30.24	36	864	21.6	3.6
125	330	57.7	1384.8	34.62	41.25	990	24.75	3.3
200	332	92.9	2229.6	55.74	66.4	1593.6	39.84	3.32
300	325	136.2	3268.8	81.72	97.5	2340	58.5	3.25
600	322	270	6480	162	193.2	4636.8	115.92	3.22

注　年利用小时按6000h 计。

（10）应建立健全能耗小指标记录、统计制度，完善统计台账，为能耗指标分析提供可靠依据。

五、加强汽轮机运行管理

（1）保持汽轮机处于最有利真空下运行。每月至少进行一次真空严密性试验，利用氦质谱检漏仪、真空系统注水检漏等设备和方法，及时发现和消除真空系统泄漏点，提高真空泵和射水抽气器抽吸能力，提高真空系统严密性。在凝汽器清洁状态和凝汽器真空严密性良好的状态下，绘制不同循环水量下、不同循环水温度下出力与端差的关系曲线，作为运行监视的依据。

（2）加强凝汽器的清洗，通常采用胶球在运行中连续清洗凝汽器、运行中停用半组凝汽器，轮换清洗或停机后用高压射流冲洗机逐根管子清洗等方法。

加强对凝汽器胶球清洗的管理，根据循环水质情况确定每天通球清洗次数和时间，设专人负责及时投球，并随时消除缺陷，要求胶球清洗装置投入率达到98%，胶球回收率应在95%以上。

(3) 进行系统内外漏的检查处理，减少能量和工质损失。对高压疏水管道、高压给水管道等有关放水门、炉侧放水放汽门定期进行检查，必要时更换。对除氧器放汽门、定排门、连排门调整到位。

(4) 保持高压加热器的投入率在95%以上，要规定和控制高压加热器启停中的温度变化率，防止温度急剧变化。维持正常运行水位，保持高压加热器旁路阀门的严密性，使给水温度达到相应值。要注意各级加热器的端差和相应抽汽的充分利用，使回热系统处于最经济的运行方式。

(5) 加热器水位应按照加热器下端差设计值进行调整。监视各加热器的上、下端差变化，经常进行比较分析，发现异常要查明原因并及时解决。

(6) 重视热力及疏放水系统阀门严密性对机组安全性和经济性的影响。应选购质量优良的阀门，并对其进行正确开关操作，阀门泄漏时应及时联系检修人员进行检修或更换。

六、加强锅炉运行管理

(1) 合理控制入炉风量。入炉风量的合理控制是锅炉优化燃烧的关键，过大和过小都将对锅炉运行带来了许多不利的影响，大氧量运行可造成预热器漏风的增加和排烟温度的升高，低负荷时更严重；低氧量运行可造成飞灰可燃物的增加和受热面的玷污积灰，影响机组的经济性。因此在保证氧量表准确的情况下，应加强对炉膛出口氧量的考核，不要一味地追求风机电耗的降低，而采用低氧量运行，这是得不偿失的。

(2) 合理控制煤粉细度，降低飞灰和炉渣可燃物，提高锅炉热效率。

(3) 降低制粉单耗。运行中，降低制粉系统单耗应重点从两个方面着手：一是需对制粉系统的运行方式进行全面的优化调整，如排粉机的运行方式、通过试验确定最佳钢球装载量并制订定期补充钢球的数量、通过试验确定最佳制粉风量等；二是加强制粉系统的运行管理与维护，例如吸潮阀、绞笼下粉插板、锁气器、木块分离器等的管理与维护均应形成制度，定期补加和筛选钢球。

(4) 适时进行锅炉燃烧调整。由于锅炉设备的不断改造，煤质的经常变化，负荷率的变化等因素，使锅炉燃烧的状态也不断发生变化，因此，在实际运行中，锅炉燃烧调整的随意性很大。而燃烧调整水平又受到人员水平限制，所以大部分锅炉的燃烧状况远没有达到优化运行状态。因此应适时对锅炉进行燃烧优化调整试验（根据煤质或燃烧设备变动情况），以提高锅炉燃烧水平；对运行技术人员和运行操作人员进行锅炉燃烧技术与运行调整技术培训。

(5) 锅炉司炉要掌握入炉煤的变化，根据煤种煤质分析报告及炉膛燃烧工况，及时调整燃烧，经常检查各项参数与额定值是否符合。凡影响燃烧调整的各项缺陷，要通知检修及时消除。要按照规程规定及时做好锅炉的清焦和吹灰工作，以使锅炉处于经济工况下运行。

(6) 制定科学的暖风器运行规定，做好锅炉炉膛、烟道和空气预热器的吹灰工作，加强对锅炉受热面积灰、腐蚀情况的监督。

七、加强化学运行管理

(1) 加强化学监督，搞好水处理工作，严格执行锅炉定期排污制度，防止锅炉和凝汽器、加热器等受热面以及汽轮机通流部分发生腐蚀、结垢和积盐，减少各种汽水损失，合理降低排污率。

(2) 加强节水管理，做好机、炉等热力设备的疏水、排污及启停时的排汽和放水的回收工作，逐步降低单位发电量取水量。

(3) 应对每台锅炉的飞灰可燃物每班进行取样和化验，并将化验结果及时通知运行人员，加强燃烧调整，降低飞灰含碳量，提高锅炉运行效率。

八、重视热力试验工作

（1）充分发挥热力试验在节能降耗中的作用，除了开展好大修前后等常规性试验项目外，还要有针对性地开展一些优化调整方面的专题试验，用于指导经济运行。

（2）如果机组大修前、后或机组运行中热力性能发现异常，应立即做热效率试验，定量分析机组经济状况（例如汽水系统严密性，机组热效率，给水温度，高中压缸效率，凝汽器真空，冷却水进出水温度、端差等）。

（3）主要系统和设备在试生产以及进行重大技术改造前后，均应进行性能测试，为节能技术监督提供依据。

（4）监督设备保温情况，定期开展水泵、风机效率普查，定期对锅炉漏风率、空气预热器漏风率进行测试。

（5）按照定期工作制度，每月进行真空严密性试验和锅炉效率试验，并提出试验报告。

第四节　火电厂基本建设和大型技改的管理

机组煤耗的高低不仅取决于投产后的运行和检修管理水平，而且涉及基建时的规划、设计和选型合理与否，以及安装、调试水平高低。在电力行业中，因规划、选型配套不当或安装、调试质量不良，造成机组投产后的一两年乃至更长时间，机组跳闸频繁，检修人员忙于消除缺陷，电厂根本无力顾及节能，有的电厂虽然做了大量工作，但煤耗仍然远远高于设计值。因此要搞好节能工作，节能监督的第一关就是基建。

（1）基本建设规划必须贯彻执行国家的节约能源政策，合理、优化用能。优先选用高效大容量机组和高新技术；提出节能的经济技术方案比较；发展热电联产；完善能源计量表计，严格禁止高能耗或落后设备进入电力企业。

（2）新建、扩建和技改工程项目应贯彻降损节能的原则，执行国家《关于基本建设和技术改造工程项目可行性研究报告增列（节能篇）的暂行规定》；优化设计，确定先进合理的煤耗、电耗、装机取水量等设计指标。

（3）正在进行新建、扩建以及设备技改的电厂，应高度重视设备初设与选型。设计阶段或规划中的机组，其汽轮机、锅炉及其主要辅机的性能指标和参数应以同类型同容量正在设计和已投产机组的最优值为标杆，优化工程设计。

（4）汽轮机设计时应优先考虑选用结构型式先进、密封效果较好的汽封。汽轮机安装应执行DL 5011，在保证汽轮机通流部分动静不发生碰磨、振动优良的情况下，汽封间隙应尽量取下限值，减少汽轮机级间漏汽。

（5）火力发电厂或机组安装，首要的是安装质量，保证机组投产后能在较短的时间内达到稳发满发，这是新建电厂或机组节能降耗的首要条件。锅炉安装时，应重视对空气预热器密封间隙的调整和控制，对炉膛本体、烟风管道、制粉系统、除尘器、脱硫装置等部位的漏风点，特别是对各种烟风门、人孔门、膨胀节进行检查，发现缺陷及时整改，以减少锅炉漏风。

（6）认真总结分析国内现有机组在投产后所暴露出来的设计遗留问题，在新机组设计过程中予以充分考虑，吸取新机组建设中的经验教训，将可能威胁机组安全经济运行的技术隐患消除在设计阶段，避免重复发生问题，减少投产后的大量改造完善工作。

（7）生产准备工作涉及生产、基建、技术、人力资源等多项管理领域的协调，生产人员要尽早进入现场，参与安装、调试，特别是参与到质检和分步试运工作中去，及早了解设备，熟悉现场，使各项生产管理在基建阶段就逐步到位，保障机组能高效率、高质量地完成调试任务，使机组投入运行后就能稳定正常运行。

(8) 火电厂机组在设计及安装时，应设必要的热力试验测点（见表2-4），以保证机组热力性能试验数据的完整性和可靠性。

(9) 严格按照有关规程和标准要求进行系统和设备的安装调试。新投产火电机组需按DL/T 5437—2009《火力发电厂建设工程启动试运行及验收规程》规定的性能试验项目（见表2-5）、技术经济指标考核项目进行热力试验和技术经济指标考核。对国产机组完成必要的性能达标试验，对进口机组完成性能考核试验。通过测试，全面考核机组投产后的参数和性能指标，为电厂今后长期运行提供准确的原始数据。

表2-4　200MW及以上机组热力试验必要测点

设　备	测　点	备　注
汽轮机	主凝结水流量、压力和凝结水泵出口温度	在最后一级低压加热器出口装设长颈或标准喷嘴测流量
	主给水流量、压力、温度	1号高压加热器出口管道测温度
	给水泵汽轮机进汽流量、压力、温度	进汽管道测量
	过热器、再热器减温水流量、压力、温度	给水泵出口及泵抽头
	主蒸汽和再热蒸汽压力、温度	主汽门前
	高压调节级后压力、温度，中压缸和低压缸进汽压力、温度	进汽导管
	高压缸、主汽轮机、给水泵汽轮机排汽压力、温度	排汽管
	加热器进汽压力、温度	排汽口
	加热器进、出水温度	加热器水侧
	加热器疏水温度	疏水管调节阀前
	除氧器进汽压力、温度，水箱压力	
	轴封供汽压力、温度	
锅炉	空气预热器进出口烟温及静压	
	排烟温度	
	汽包压力	
	过热器出口压力	
	原煤取样	
	沉降灰取样	
	飞灰取样	
	炉渣取样	

续表

设 备	测 点	备 注
锅炉	给煤量	
	煤粉取样	
	磨煤机风量，进出口压力	
	密封风量	
	除尘器进出口粉尘取样，静压	
	送引风机和一次风机流量，进出口静压及温度	
其他	各机组还应根据实际系统、试验目的，进一步确定其他测点及位置	

表 2-5　　火电厂热力性能和技术经济指标

项 目	试 验 项 目	单 位	实际值	保证值（设计值）
热力性能试验项目	锅炉效率	%		
	锅炉最大连续出力	t/h		
	锅炉额定出力	t/h		
	锅炉断油最低出力	t/h		
	制粉系统出力	t/h		
	磨煤机单耗	kWh/t		
	空气预热器漏风率	%		
	汽轮机缸效率	%		
	管道效率	%		
	机组热耗	kJ/kWh		
	汽耗率	kg/kWh		
	汽轮机最大连续出力	MW		
	汽轮机额定出力	MW		
	RB 试验			
	真空严密性	kPa/min		
	厂用电率	%		
	发电煤耗	g/kWh		
	污染物排放	mg/m^3		
	机组轴系振动测试			
	除尘器效率	%		
	热定工况供电煤耗	g/kWh		
	最低出力工况供电煤耗	g/kWh		
技术经济指标	供电煤耗	g/kWh		
	热控自动投入率	%		
	监测仪表投入率	%		
	保护投入率	%		
	厂用电率	%		

续表

项目	试验项目	单位	实际值	保证值（设计值）
技术经济指标	除尘器除尘效率	%		
	不投油（气）最低稳燃负荷	%		
	机组瓦（轴）振	mm		
	汽水品质	mg/m^3		
	发电机漏氢量	m^3/d		
	主蒸汽压力	MPa		
	主蒸汽温度	℃		
	再热蒸汽压力	MPa		
	再热蒸汽温度	℃		
	排汽温度	℃		
	凝汽器真空度	%		
	凝汽器端差	℃		
	胶球清洗装置投入率	%		
	高压加热器投入率	%		
	真空严密性	kPa/min		
	投高压加热器时最低给水温度	℃		
	循环水入口温度	℃		
	补给水率	%		
	汽水损失率	%		
	排烟温度	℃		
	排烟含氧量	%		
	飞灰可燃物	%		
	给水泵单耗	kWh/t（汽）		
	循环水泵单耗	kWh/t（汽）		
	磨煤机单耗	kWh/t（煤）		
	排粉机单耗	kWh/t（煤）		
	引风机单耗	kWh/t（汽）		
	送风机单耗	kWh/t（汽）		

（10）在设计、基建、运行中认真贯彻《防止电力生产重大事故的二十五项重点要求》，减少人身伤亡和财产损失。

1992年原能源部颁发了《防止电力生产重大事故的二十项重点要求》（简称二十项反措），要求结合电厂实际，依据各项重点要求和已下发的反事故技术措施，完善制定各项具体的反事故措施，进一步提高电力安全生产水平，其内容包括：

1）防止火灾事故；

2）防止电气误操作事故；

3）防止大容量锅炉承压部件爆漏事故；

4）防止压力容器爆漏事故；

5）防止锅炉炉膛爆炸事故；

6）防止制粉系统爆炸和煤尘爆炸事故；

7）防止汽轮机超速和轴系断裂事故；

8）防止汽轮机大轴弯曲、轴瓦烧损事故；
9）防止发电机损坏事故；
10）防止继电保护事故；
11）防止系统稳定破坏事故；
12）防止大型变压器损坏和互感器爆炸事故；
13）防止开关设备事故；
14）防止接地网事故；
15）防止污闪事故；
16）防止倒杆塔和断线事故；
17）防止垮坝、水淹厂房及厂房坍塌事故；
18）防止人身伤亡事故；
19）防止全厂停电事故；
20）防止交通事故。

2000 年 9 月原国家电力公司以国电发〔2000〕589 号文下发了关于印发《防止电力生产重大事故的二十五项重点要求》的通知，在原能源部《防止电力生产重大事故的二十项重点要求》的基础上，增加了防止枢纽变电所全停事故、防止重大环境污染事故、防止分散控制系统失灵热工保护拒动事故、防止锅炉尾部再次燃烧事故、防止锅炉汽包满水和缺水事故等五项重点要求。

第五节　节约型火力发电厂节能考核指标

一、主要资源消耗性指标

（一）主要能耗指标基准值

节约型机组累计供电煤耗率、发电厂用电率的基准值见表 2-6。

表 2-6　　节约型火力发电厂主要能耗指标基准值

序号	机组类型	分类	能耗指标基准值（含常规脱硫、脱硝）			汽轮机热耗率控制值（kJ/kWh）	锅炉效率控制值（%）
			发电煤耗率（g/kWh）	厂用电率（%）	供电煤耗率（g/kWh）		
1	1000MW 级超超临界机组	二次再热，湿冷	263.0	4	274	7070	94.7
		一次再热上海汽轮机，湿冷	272.6	4	284	7320	94.5
		一次再热东方汽轮机，湿冷	274.6	4	286	7360	94.5
		一次再热哈尔滨汽轮机，湿冷	275.5	4	287	7390	94.5
		上海、哈尔滨、东方汽轮机，间接空冷	283.6	4.2	296	7650	94.4
2	600MW 级超超临界机组	二次再热，湿冷	271.1	4.2	283	7260	94.5
		一次再热上海汽轮机，湿冷	274.0	4.2	286	7350	94.4
		一次再热哈尔滨、东方汽轮机，湿冷	277.8	4.2	290	7450	94.4
		高效一次再热、湿冷	273.0	4.2	285	7320	94.4
		早期一次再热，湿冷	281.7	4.2	294	7550	94.4
		上海、哈尔滨、东方汽轮机，间接空冷	284.9	4.4	298	7700	94.3

续表

序号	机组类型	分类	能耗指标基准值（含常规脱硫、脱硝）			汽轮机热耗率控制值（kJ/kWh）	锅炉效率控制值（%）
			发电煤耗率（g/kWh）	厂用电率（%）	供电煤耗率（g/kWh）		
3	600MW级超临界机组	湿冷	286.5	4.5	300	7600	94
		北重-阿尔斯通直接空冷汽轮机配汽动泵	297.6	4.6	312	7930	93.8
		上海、哈尔滨、东方直接空冷汽轮机配汽动泵	300.8	4.8	316	8050	93.7
		上海、哈尔滨、东方间接空冷汽轮机配汽动泵	298.3	4.7	313	7980	93.7
4	600MW级亚临界机组	湿冷机组（汽轮机通流改造后）	297.7	5.2	313	7790	93.8
		湿冷机组（汽轮机未通流改造）	304.3	5.2	320	7950	93.8
		直接空冷汽轮机配电动泵	307.4	7.7	333	8150	93.7
		直接空冷汽轮机配汽动泵	313.1	5.4	331	8320	93.7
5	俄制500MW机组	湿冷机组	298.3	5	314	7770	92.5
6	350MW级超临界机组	湿冷机组	293.8	4.6	308	7750	93.6
		直接空冷汽轮机配汽动泵	305.3	5.2	322	8150	93.5
		间接空冷汽轮机配汽动泵	300.5	5.2	317	8050	93.5
7	350MW级亚临界机组	进口，湿冷	305.0	4.4	319	性能保证值+100kJ/(kWh)	93.6
		国产，湿冷	307.8	5	324		92.5
8	国产330MW北重亚临界机组	配电动泵	295.0	7.8	320	7750	93.5
		配汽动泵	301.1	5.3	318	7900	93.5
9	俄制300MW级机组	湿冷机组	303.1	5	319	8000	93.5
10	国产300MW亚临界机组	湿冷配汽动泵	305.9	5.3	323	8050	93.5
		2012年以后实施通流改造	300.5	5.2	317	7900	93.5
		空冷配电动泵	312.8	8	340	8200	93.4
		循环流化床空冷配电动泵	325.1	10.2	362	8200	90
		循环流化床空冷配汽动泵	331.1	7	356	8350	90.5

注 1. 对装有低（低）温省煤器的机组，该热耗率为扣除低（低）温省煤器影响的控制值。

2. 含低（低）温省煤器对锅炉烟气余热回收的有效利用部分折算成的锅炉效率提升值；锅炉效率均指燃用烟煤，燃用贫煤、褐煤锅炉效率控制值降低0.7个百分点，燃用无烟煤锅炉效率控制值降低1个百分点。

3. 对除尘、脱硫系统特许经营机组需要对厂用电率进行修正，在厂用电率基准值基础上扣减除尘和脱硫系统耗电率，600MW及以上机组分别扣减0.2和0.7个百分点，600MW以下机组分别扣减0.25和0.8个百分点，如单设增压风机且列入特许经营范围，厂用电率再扣减0.4个百分点。脱硝特许经营的机组能耗指标不进行修正。供电煤耗基准值根据厂用电率修正后的结果相应进行调整。

4. 对实现超低排放机组的厂用电率进行修正，未设置湿式除尘器的机组在厂用电率基准值基础上增加0.2个百分点，设置湿式除尘器的机组在厂用电率基准值基础上增加0.3个百分点。供电煤耗基准值根据厂用电率修正后的结果相应进行调整。

5. 对采用汽动引风机机组厂用电率进行修正，对于采用“引增合一”的机组，在厂用电率基准值基础上扣减0.85个百分点；对于非“引增合一”的机组，在厂用电率基准值基础上扣减0.6个百分点，供电煤耗基准值不变，发电煤耗基准值相应调整。

6. 设置GGH或MGGH的机组在供电煤耗率基准值基础上增加1g/kWh，厂用电率不变，发电煤耗率相应调整。

（二）主要能耗指标考核值

全厂机组累计供电煤耗率、发电厂用电率不能超过考核值。供电煤耗率、发电厂用电率的考核值是按照表 2-6 给出的基准值和修正办法计算而得。

当机组燃用烟煤，安装常规脱硫、脱硝装置实行达标排放，燃煤收到基含硫量≤1%，年出力系数≥0.75 时机组应完成的发电厂用电率和供电煤耗率值称为基准值。当不满足以上某一条件时，应进行相应的修正。

1. 供热煤耗率修正方法

本修正只适合供热机组，不适合纯凝机组。

（1）供热煤耗率修正的说明。

供热机组供热煤耗率计算通过选定合理的热网换热器效率和管道效率，统计计算实际的锅炉效率，并根据统计出的供热量计算供热标煤消耗量，再计算供热比。也可以根据统计结果先计算供热煤耗率，再计算供热标煤消耗量。供热煤耗作为供热机组的考核依据，原则上供热机组供热煤耗率不超过以下限值，否则，应予以说明。供热煤耗率不进行利用小时或出力系数修正。

1）设计和燃用烟煤供热机组，燃煤热值在 20MJ/kg 以上，供热煤耗率不大于 40kg/GJ；

2）燃用无烟煤机组或褐煤供热机组，或 300MW 及以上循环流化床供热机组，或燃煤热值在 20MJ/kg 及以下的供热机组，供热煤耗率不大于 41kg/GJ；

3）机组燃用煤质过差，或供热量计量在用户端，供热煤耗率不大于 41.8kg/GJ。

（2）供热机组修正计算。

1）发电煤耗率修正量计算。计算公式为

$$b=\frac{b_j}{1+\alpha(cb_j-1)}-b_j$$

式中 b_j——各类同容量纯凝汽机组发电煤耗率基准值，见表 2-6；

α——供热比，%；

c——抽汽压力系数，

c 取值如下：设计为中、低压联通管抽汽或双抽典型供热机组，抽汽压力为 0.2～0.6MPa，取 0.004 6；其余由纯凝改供热的机组，取 0.004 2。

高背压（光抽）供热机组发电煤耗修正计算。计算公式为

高背压（光轴）供热机组发电煤耗=(同类型纯凝机组发电煤耗基准值+5g/kWh）×纯凝工况运行发电量/全年发电量+140×供热工况运行发电量/全年发电量

供热期间切低压缸进汽机组发电煤耗修正计算。计算公式为

供热期间切低压缸进汽机组发电煤耗=（非切除进汽工况发电煤耗基准值+5g/kWh）×非切除进汽工况运行发电量/全年发电量+160×切除进汽工况运行发电量/全年发电量

2）发电厂用电率修正量计算。计算公式为

$$f=-d\alpha f_j$$

式中 f_j——各类同容量纯凝汽机组厂用电率基准值，见表 2-6；

d——供热对发电厂用电率的修正系数，典型供热方式取 0.35，特殊供热方式经集团公司生产部核定后给出。

（3）参考统计计算方法。

1）选定合理的热网换热器效率和管道效率，统计实际运行锅炉效率，计算供热标煤消耗量。

计算公式为

$$B_{供热标煤量}=\frac{Q_{供热量}}{29.308\eta_{rw}\eta_{gd}\eta_{gl}}$$

也可以先计算供热煤耗，再计算供热标煤消耗量。即

$$b_{供热煤耗}=\frac{1000}{29.308\eta_{rw}\eta_{gd}\eta_{gl}}$$

$$B_{供热标煤量}=Q_{供热量}b_{供热煤耗}\times 10^{-3}$$

2）供热比，计算公式为

$$\alpha=\frac{B_{供热标煤量}}{B_{总标煤量}}$$

3）供热煤耗率，计算公式为

$$b_{供热煤耗}=\frac{\alpha B_{总标煤量}}{Q_{供热量}}\times 10^{3}$$

4）发电煤耗率，计算公式为

$$b_{发电煤耗}=\frac{(1-\alpha)B_{总标煤量}}{W_{发电量}}\times 10^{6}$$

式中 $Q_{供热量}$——供热量，GJ；

$B_{供热标煤量}$——供热标煤消耗量，t；

$B_{总标煤量}$——标煤消耗总量，t；

$b_{供热煤耗}$——供热煤耗率，kg/GJ；

α——供热比，%；

$W_{发电量}$——机组发电量，kWh；

$b_{发电煤耗}$——发电煤耗率，g/kWh。

2. 发电煤耗率和发电厂用电率基准值修正方法

本修正不仅适合于纯凝机组，也适合供热机组。

（1）发电煤耗率和发电厂用电率修正的说明。

1）对于设计和燃用无烟煤的机组，在同容量燃煤机组发电煤耗率基准值基础上增加 3.0g/kWh，发电厂用电率基准值增加 0.5 个百分点。

2）对于设计和燃用贫煤的机组，或设计和燃用无烟煤和贫煤混煤的机组，在同容量燃煤机组发电煤耗率基准值基础上增加 2.0g/kWh，发电厂用电率基准值增加 0.3 个百分点。

3）对于设计和燃用褐煤的机组，在同容量燃煤机组发电煤耗率基准值基础上增加 2.0g/kWh，发电厂用电率基准值增加 0.4 个百分点。

4）燃煤煤种对发电厂用电率的修正已考虑到磨煤机配置因素，无特殊情况不进行重复修正；对设计和燃用烟煤的机组，如磨煤机配置不是标准的中速磨直吹系统，可按照制粉系统耗电率的差异，对发电厂用电率进行修正，发电厂用电率基准值增加 0.35 个百分点。

5）对于设计燃煤热值在 20MJ/kg 及以上的机组，当实际燃煤热值高于 20MJ/kg，不进行修正。燃煤热值较 20MJ/kg 每低于 0.4MJ/kg，发电煤耗率基准值增加 0.25g/kWh，发电厂用电率基准值增加 0.06 个百分点。

6）对于设计燃煤热值在 20MJ/kg 以下的机组，当实际燃煤热值每低于设计燃煤热值 0.4MJ/kg，发电煤耗率基准值增加 0.25g/kWh，发电厂用电率基准值增加 0.06 个百分点。

7）根据发电煤耗率考核值和发电厂用电率考核值计算机组（或全厂）供电煤耗考核值。

（2）出力系数的修正。

根据不同类型机组部分负荷设计性能和机组部分负荷性能试验结果，经统计分析计算提出了出力系数对发电煤耗率基准值的修正计算公式。发电厂用电率是根据机组部分负荷厂用电率试验结果，经多台机组统计分析计算，提出了发电厂用电率基准值修正计算公式。当出力系数≥0.75时，出力系数对发电煤耗率基准值变化量和发电厂用电率基准值变化量不进行修正；当出力系数<0.75时，出力系数对发电煤耗率基准值变化量和发电厂用电率基准值变化量修正计算见下式，其中：X 为出力系数；Y 为发电煤耗率基准值变化量修正系数；Z 为发电厂用电率基准值变化量修正系数。

1）发电煤耗率基准值变化量修正系数。

600～1000MW 级超超临界湿冷机组：

$$Y=0.145\,714X^2-0.322\,143X+0.159\,643$$

320～600MW 级超临界湿冷机组：

$$Y=0.206\,897X^2-0.424\,138X+0.201\,724$$

300～600MW 级亚临界汽动泵湿冷机组：

$$Y=0.194\,872X^2-0.394\,872X+0.186\,539$$

300MW 级亚临界电动泵湿冷机组：

$$Y=0.157\,895X^2-0.335\,526X+0.162\,829$$

600MW 级超临界汽动泵空冷机组：

$$Y=0.181\,818X^2-0.383\,117X+0.185\,065$$

600MW 级亚临界汽动泵空冷机组：

$$Y=0.139\,683X^2-0.314\,286X+0.157\,143$$

300～600MW 级亚临界电动泵空冷机组：

$$Y=0.149\,533X^2-0.323\,988X+0.158\,879$$

2）发电厂用电率基准值变化量修正系数。

600～1000MW 级超超临界湿冷机组：

$$Z=1.043\,478X^2-2.217\,391X+1.076\,087$$

320～600MW 级超临界湿冷机组：

$$Z=1.166\,667X^2-2.416\,667X+1.156\,25$$

300～600MW 级亚临界汽动泵湿冷机组：

$$Z=1.037\,037X^2-2.185\,185X+1.055\,556$$

300MW 级电动泵湿冷机组：

$$Z=0.951\,899X^2-2.111\,392X+1.048\,101$$

600MW 级超临界汽动泵空冷机组：

$$Z=1.076\,923X^2-2.230\,769X+1.067\,308$$

600MW 级亚临界汽动泵空冷机组：

$$Z=1.037\,037X^2-2.185\,185X+1.055\,556$$

300～600MW 级亚临界电动泵空冷机组：

$$Z=0.878\,049X^2-1.926\,829X+0.951\,22$$

3）发电煤耗率考核值和发电厂用电率考核值。

$$发电煤耗率考核值=(1+Y)\times发电煤耗率基准值$$

$$发电厂用电率考核值=(1+Z)\times发电厂用电率基准值$$

4）供热机组按同容量同类型机组的基准值进行出力系数修正。当机组为供热机组需要进行供热比修正；机组需要进行燃煤煤种、热值及磨煤机配置修正；机组需要进行出力系数修正时，应分别将供热比对发电煤耗率基准值和发电厂用电率基准值的修正量、燃煤煤种、热值及磨煤机配置对发电煤耗率和发电厂用电率基准值的修正量、出力系数对发电煤耗率和发电厂用电率的修正量相加，形成发电煤耗率考核值和发电厂用电率考核值。

（三）水资源消耗指标基准值

1. 单位发电量取水量基准值

全厂单位发电量取水量基准值见表 2-7，或见《节水型企业 火力发电行业》（GB/T 26925—11）中的节水型企业技术考核指标及要求。

表 2-7　　全厂单位发电量取水量基准值　　(kg/kWh)

单机容量	直流供水系统	循环供水系统	空冷系统
300MW 等级	0.25	2.20	0.40
350～600MW 以下	0.21	2.10	0.35
600MW 级及以上	0.18	2.05	0.32

2. 单位发电量取水量考核值

单位发电量取水量考核值按照表 2-7 给出的基准值和如下修正办法计算而得。

（1）采用直流供水、空冷系统的机组安装脱硫（脱硝）设施时，按脱硫（脱硝）系统设计取水量（原则上不超过 0.2kg/kWh）增加机组取水量考核值；循环供水系统的机组原则上采用循环水排污水作为脱硫（脱硝）系统用水。机组消耗的中水以及海水淡化水在取水量统计范围内。采用中水作为循环水补充水、且中水用量占全厂用水总量 50%以上的电厂，取水量在基准值基础上增加 0.15kg/kWh。

（2）循环水补充水及排污水没有安装弱酸或反渗透等水处理设施的机组，机组取水量在基准值基础上增加 0.25kg/kWh。

（3）实施废水零排放的机组，应通过节水措施，降低全厂发电取水量，其中直流供水和空冷机组降低 10%，循环供水机组降低 20%。

二、主要能耗指标的考核

节约型火力发电厂的燃煤发电机组能耗指标按表 2-8 基准值进行控制。按照百分制扣分原则进行小指标达标率评价，最终得分即为能耗小指标达标率。机组能耗小指标及辅机耗电率达标率不低于 90%。

【例 2-1】 某电厂 2018 年 4 号 320MW 亚临界机组发电量 155 738.4 万 kW，运行小时 6883.80h，出力系数 70.70%，发电厂用电率完成 5.11%，发电煤耗率完成 298.10g/kWh，生产供电煤耗率完成 314.16g/kWh，燃煤热值 21 000kJ/kg，供热标煤耗量 34 849.9t，总入炉标准煤量 503 949.2t。给水泵为汽动给水泵，引风机为电动，制粉系统为低速钢球磨煤机。试评价结果 4 号机组生产供电煤耗率和发电厂用电率是否满足节约型火力发电厂能耗考核值要求。

解

（1）煤耗率修正。

1）供热比修正煤耗率：查表 2-6 得知 4 号机组发电厂用电率基准值为 5.2%，发电煤耗率基准值为 300.50g/kWh，生产供电煤耗率基准值为 317g/kWh，则供热比 α 为

$$\alpha=\frac{B_{供热标煤量}}{B_{总标煤量}}=\frac{34\ 849.9}{503\ 949.2}=6.92\%$$

发电煤耗率修正量 b 为

$$b=\frac{b_j}{1+\alpha(cb_j-1)}-b_j$$

$$=\frac{300.50}{1+0.0692\times(0.0046\times300.5-1)}-300.50=-7.745(g/kWh)$$

2）出力系数修正煤耗率。

300～600MW 级亚临界汽动泵湿冷机组修正系数为

$$Y=0.194872X^2-0.394872X+0.186539$$

$$=0.194872\times0.707^2-0.394872\times0.707+0.186539=0.00477$$

发电煤耗率出力系数修正量＝Y×发电煤耗率基准值＝0.004 77×300.5＝1.433（g/kWh）

3）其他修正煤耗率。

煤质热值修正量为 0。

4）发电煤耗率基准值总修正量。

将上述三项修正量累计相加，发电煤耗率基准值总修正量＝－7.745＋1.433＋0＝－6.312（g/kWh）

（2）厂用电率修正。

1）供热比修正厂用电率为

$$f=-d\alpha f_j=-0.35\times0.0692\times5.2\%=-0.126\%$$

2）出力系数修正厂用电率。

300～600MW 级亚临界汽动泵湿冷机组修正系数为

$$Z=1.037037X^2-2.185185X+1.055556$$

$$=1.037037\times0.707^2-2.185185\times0.707+1.055556=0.0290$$

厂用电率出力系数修正量＝Z×发电厂用电率基准值＝0.029 0×5.2%＝0.151%

3）超低排放修正厂用电率。

进行了超低排放改造，且设立了湿式除尘器，厂用电率基准值增加 0.3 个百分点。

4）汽动引风机修正厂用电率。

电动引风机，修正量扣减 0 个百分点。

5）其他修正煤耗率。

煤质热值修正量为 0，制粉系统低速钢球磨煤机修正量为 0.35%。

6）厂用电率基准值总修正量。

将上述五四项修正量累计相加：

厂用电率基准值总修正量＝－0.126＋0.151＋0.3－0＋0.35＋0＝0.675（%）

（3）考核值计算。

经过各种修正后 4 号机组：

发电煤耗率考核值＝发电煤耗率基准值＋发电煤耗率基准值总修正量

＝300.5＋（－6.312）＝294.19（g/kWh）

经过各种修正后 4 号机组：

厂用电率考核值＝厂用电率基准值＋厂用电率基准值总修正量＝5.2%＋0.675%＝5.88%

生产供电煤耗率考核值＝发电煤耗率考核值/(1－厂用电率考核值)

＝294.19/(1－5.88%)＝316.82(g/kWh)

（4）评价结果。

电厂 4 号机组生产供电煤耗率完成 314.16g/kWh，比考核值低 2.66g/kWh，生产供电煤耗率满足节约型火力发电厂要求。

表 2-8 节约型火力发电厂的燃煤发电机组能耗指标基准值

参数名称	100%负荷	75%负荷	扣分方法
汽轮机热耗率	见表 2-6		每超过控制值 50kJ/kWh 扣 1 分，总分 5 分，扣完为止；明显优于控制值的，加 1～2 分
锅炉效率	见表 2-6		每低于控制值 0.3 个百分点扣 1 分，总分 5 分，扣完为止；明显优于控制值的，加 1～2 分
主蒸汽温度	≥100%负荷设计值	≥75%负荷设计值	每低于额定值 1℃扣 0.5 分，总分 4 分，扣完为止；明显优于控制值的，加 0.5～1 分
再热蒸汽温度	≥100%负荷设计值	≥75%负荷设计值	每低于额定值 1℃扣 0.5 分，总分 4 分，扣完为止；明显优于控制值的，加 0.5～1 分
凝汽器真空度（不含高背压供热机组）	直接空冷机组≥85%	直接空冷机组≥86%	每低于控制值 1 个百分点扣 1.5 分，总分 5 分，扣完为止；明显优于控制值的，加 1～2 分
	间接空冷机组≥88%	间接空冷机组≥89%	
	湿冷机组≥94%	湿冷机组≥95%	
凝汽器端差	循环水入口温度≤14℃，端差≤7℃；循环水入口温度>14℃并<20℃，端差≤4℃；循环水入口温度≥20℃，端差≤3.5℃	循环水入口温度≤14℃，端差≤7℃；循环水入口温度>14℃并<20℃，端差≤4℃；循环水入口温度≥20℃，端差≤3.5℃	每超过控制值 1℃扣 0.5 分，总分 3 分，扣完为止
冷却塔幅高	≤8℃	≤7℃	每超过控制值 1℃扣 0.5 分，总分 3 分，扣完为止；明显优于控制值的，加 0.5～1 分
加热器端差	≤设计值	≤设计值	存在加热器上端差或下端差明显超标的，扣 1～2 分
凝结水过冷度	湿冷机组≤0.5℃，空冷机组≤1℃	湿冷机组≤0.5℃，空冷机组≤1℃	每超过控制值 0.1℃扣 0.2 分，总分 1 分，扣完为止
给水温度	≥100%负荷设计值	≥75%负荷设计值	每低于控制值 1℃扣 0.5 分，总分 4 分，扣完为止；明显优于控制值的，加 0.5～1 分
真空系统严密性	≤200Pa/min（湿冷和间接空冷）	≤200Pa/min（湿冷和间接空冷）	超过标准 50Pa/min 以内扣 1 分，超过标准 50Pa/min 以上扣 2 分
	≤100Pa/min（直接空冷）	≤100Pa/min（直接空冷）	
再热器减温水量	≤再热蒸汽设计流量的 0.5%	≤再热蒸汽设计流量的 0.5%	每超过再热蒸汽设计流量的 0.5%扣 3 分，总分 5 分，扣完为止

续表

参数名称	100%负荷	75%负荷	扣分方法
排烟温度（空气预热器出口）和低温省煤器出口烟温	≤100%负荷设计值+5℃	≤75%负荷设计值+5℃	每超过控制值1℃扣0.5分，总分5分，扣完为止；具备条件不实施烟气余热回收利用，扣1～2分；采用先进广义回热系统或进行排烟余热超深度回收，加0.5～1分
空气预热器漏风率	≤7%	≤7.5%	每超过控制值1个百分点，扣1分，总分4分，扣完为止；每低于控制值1个百分点，加0.5分
空气预热器烟气侧阻力	≤1.6kPa	≤1.4kPa	每超过控制值1kPa扣3分，总分4分，扣完为止
锅炉CO浓度	50～200mg/m^3	50～200mg/m^3	每超过控制值20mg/m^3，扣1分，总分2分，扣完为止。未安装CO浓度连续在线监测装置的扣2分
飞灰含碳量	燃用烟煤、褐煤锅炉≤1%	燃用烟煤、褐煤锅炉≤1%	每超过控制值1个百分点扣2分，总分4分，扣完为止
	燃用贫煤锅炉≤4%	燃用贫煤锅炉≤4%	
	燃用无烟煤锅炉、循环流化床锅炉≤6%	燃用无烟煤锅炉、循环流化床锅炉≤6%	
	混煤比例超过30%按照比例折算	混煤比例超过30%按照比例折算	
机组补水率	超（超）临界机组≤0.6%	超（超）临界机组≤0.6%	每超过控制值0.1个百分点扣2分，总分3分，扣完为止
	亚临界机组≤0.9%	亚临界机组≤0.9%	
凝结水泵耗电率	超超临界机组配置2×100%凝结水泵≤0.16%	超超临界机组配置2×100%凝结水泵≤0.16%	每超过控制值0.1个百分点，扣0.5分，总分3分，扣完为止
	超临界机组配置2×100%凝结水泵≤0.15%	超临界机组配置2×100%凝结水泵≤0.15%	
	亚临界机组配置2×100%凝结水泵≤0.14%	亚临界机组配置2×100%凝结水泵≤0.14%	
	配置3×50%凝结水泵机组控制值在同类型机组的耗电率基础上增加0.02个百分点	配置3×50%凝结水泵机组控制值在同类型机组的耗电率基础上增加0.02个百分点	
	空冷机组在同类型机组的耗电率基础上增加0.01个百分点	空冷机组在同类型机组的耗电率基础上增加0.01个百分点	

续表

参数名称	100%负荷	75%负荷	扣分方法
给水泵前置泵耗电率	亚临界机组≤0.16%	亚临界机组≤0.16%	每超过控制值0.1个百分点，扣0.5分，总分3分，扣完为止；采用先进调速方式，明显优于控制值，加0.5～1分
	超临界机组≤0.19%	超临界机组≤0.19%	
	超超临界机组≤0.20%	超超临界机组≤0.20%	
	空冷机组在同类型机组的耗电率基础上增加0.01个百分点	空冷机组在同类型机组的耗电率基础上增加0.01个百分点	
电动给水泵耗电率（含前置泵）	湿冷机组≤2.3%	湿冷机组≤2.3%	每超过控制值0.1个百分点，扣0.5分，总分3分，扣完为止；采用先进调速方式，明显优于控制值，加0.5～1分
	空冷机组≤2.4%	空冷机组≤2.4%	
循环水泵耗电率	≤0.75%	≤0.75%	超过控制值15%以上扣1.5分，10%以上扣1分，5%以上扣0.5分，5%以内不扣分
空冷岛耗电率	≤0.8%	≤0.8%	超过控制值15%以上扣1.5分，10%以上扣1分，5%以上扣0.5分，5%以内不扣分
一次风机、送风机、引风机、增压风机耗电率（含引增合一、脱硝装置）	600MW级以上超（超）临界机组≤1.7%	600MW级以上超（超）临界机组≤1.7%	每超过控制值0.1个百分点，扣1分，总分4分，扣完为止；采用先进调速方式，明显优于控制值，加0.5～1分
	600MW级以上亚临界机组≤1.8%	600MW级以上亚临界机组≤1.8%	
	300～350MW级机组≤2.0%	300～350MW级机组≤2.0%	
循环流化床机组一次风机、二次风机、流化风机、冷渣风机、引风机、增压风机耗电率（含引增合一、脱硝装置）	≤4.5%	≤4.5%	每超过控制值0.15个百分点，扣1分，总分4分，扣完为止；采用先进调速方式，明显优于控制值，加0.5～1分
磨煤机耗电率	1000MW超超临界烟煤机组≤0.35%	1000MW超超临界烟煤机组≤0.35%	每超过控制值0.1个百分点，扣1分，总分3分，扣完为止
	600MW超（超）临界湿冷烟煤机组≤0.38%	600MW超（超）临界湿冷烟煤机组≤0.38%	
	其他烟煤机组配中速磨煤机≤0.4%	其他烟煤机组配中速磨煤机≤0.4%	
	直吹式钢球磨煤机≤0.85%	直吹式钢球磨煤机≤0.85%	

续表

参数名称	100%负荷	75%负荷	扣分方法
磨煤机耗电率	中储式钢球磨机（含排粉风机）≤1.3%	中储式钢球磨机（含排粉风机）≤1.3%	每超过控制值 0.1 个百分点，扣 1 分，总分 3 分，扣完为止
	风扇磨煤机≤1.05%	风扇磨煤机≤1.05%	
	循环流化床锅炉≤0.2%（破碎和筛分系统）	循环流化床锅炉≤0.2%（破碎和筛分系统）	
电除尘器耗电率	600MW 及以上超（超）临界机组≤0.16%，超低排放未设置湿式除尘器的增加 0.1 个百分点，设置湿式除尘器的增加 0.2 个百分点	600MW 及以上超（超）临界机组≤0.16%，超低排放未设置湿式除尘器的增加 0.1 个百分点，设置湿式除尘器的增加 0.2 个百分点	每超过控制值 0.1 个百分点，扣 1 分，总分 3 分，扣完为止
	其他机组≤0.2%，超低排放未设置湿式除尘器的增加 0.1 个百分点，设置湿式除尘器的增加 0.2 个百分点	其他机组≤0.2%，超低排放未设置湿式除尘器的增加 0.1 个百分点，设置湿式除尘器的增加 0.2 个百分点	
脱硫系统耗电率（湿法脱硫，燃煤收到基硫分≤1%，不含增压风机）	600～1000MW 超（超）临界机组≤0.6%，其他机组≤0.7%，超低排放增加 0.1 个百分点	600～1000MW 超（超）临界机组≤0.6%，其他机组≤0.7%，超低排放增加 0.1 个百分点	每超过控制值 0.1 个百分点，扣 1 分，总分 3 分，扣完为止
真空泵、冷却水泵、输煤皮带、化学制水等其他辅助系统耗电率（计算方法是综合厂用电率减去上述已明确的各种辅机耗电率）	≤0.5%	≤0.5%	每超过控制值 0.05 个百分点，扣 1 分，总分 3 分，扣完为止
入厂入炉热值差	≤418kJ/kg	≤418kJ/kg	每超过控制值 42kJ/kg，扣 2 分，总分 10 分，扣完为止

电厂4号机组发电厂用电率完成5.11%，比考核值低0.77个百分点，发电厂用电率满足节约型火力发电厂要求。

第六节　机组深度调峰管理

一、机组深度调峰的安全性

某电厂锅炉为DG-1025/18.2-Ⅱ4型亚临界一次中间再热、自然循环、单炉膛、固态定期排渣燃煤锅炉。采用中间储仓式制粉系统，乏气送粉，燃烧方式为四角切圆燃烧，燃用蒙西烟煤。每台机组配2台50%容量汽动给水泵，1台50%容量电动给水泵，正常是2台汽动给水泵运行、电动给水泵备用。

由于近几年电力负荷增长过快，峰谷相差很大，为了适应调峰负荷的需要，电厂锅炉的最低不投油稳燃负荷由最初的180MW逐渐降为现在的135MW。为了适应电网峰谷差，适应煤种的频繁变化，保证深度调峰期间锅炉安全经济稳定燃烧，电厂针对机组夜间频繁短时停机的情况，研究制定机组深度调峰方案，利用300MW机组调峰能力，减少机组的启停次数，机组短时启停的运行方式调整为300MW机组参与电网调峰，使锅炉在低负荷时既能安全稳定燃烧，又能使机组达到更高的经济性。

深调峰中可能出现问题：

(1) 增大燃油消耗。如果深调峰前优质燃煤准备不足，没有储备足够的优质煤粉来应对长时间的深调峰，会导致调峰后期燃烧波动大，对于非常规负荷下的锅炉稳燃极为不利，同时增大了燃油消耗，影响经济性。

(2) 调节机构卡涩。由于机组长时间低负荷运行，很多调节机构都处于下限运行。由于长期不动作，易出现卡涩。因此，在升负荷过程中务必要对风机动叶、除氧器上水调门、带保护的闭冷水系统等重要调节装置进行检查。

(3) 锅炉灭火事故。调峰开始前，未能联系热工退出锅炉低风量保护，在调峰减负荷过程中或调峰至较低负荷时，锅炉风量可能瞬时满足低风量保护定值，导致锅炉灭火事故的发生。

(4) 给水泵汽化、抢水。调峰过程中，当机组负荷低于50%时，一台汽动给水泵退至备用，出口压力仍然接近9MPa，若主蒸汽压力控制不当，会造成备用汽动给水泵反复抢水，导致锅炉汽包水位不稳，若调整不及时，严重的可能导致锅炉灭火或汽轮机跳闸事故的发生。因此汽动给水泵再循环要及时投入，并做好自动调节参数调整。同时，要对四抽到小汽轮机的抽气量进行核算，必要时可以切换小汽轮机汽源到辅助蒸汽，保证给水的出力。另外，还要监视小汽轮机密封水压力、轴封压力和温度等参数。

(5) 风机失速。由风机特性曲线可知，当机组负荷较低时，风机流量和压头较低，风机动叶开度也较低，风机容易陷入失速区。同时，较低的风量情况下，一旦风机发生RB，则容易导致锅炉总风量低MFT（主燃料跳闸）。为了避免这种情况的出现，也为了满足风箱差压及投入机组协调的需要，要对动叶的开度设定下限（按照经验而言，动叶下限设定为34%～40%是一个比较理想的区域），同时对氧量自动进行闭锁限制。

虽然深度调峰的机组效率会比高负荷时有所降低，并存在一定的安全隐患；但是综合全厂煤耗、机组使用寿命、机组启停费用等一系列指标，相对于停机备用来讲，深度调峰是最好的选择，能使全厂的经济性有很大的提高。

二、影响深度调峰下稳定燃烧的因素

影响深度调峰下稳定燃烧的具体因素见图2-2。其中，排粉机运行方式直接影响燃烧的稳定

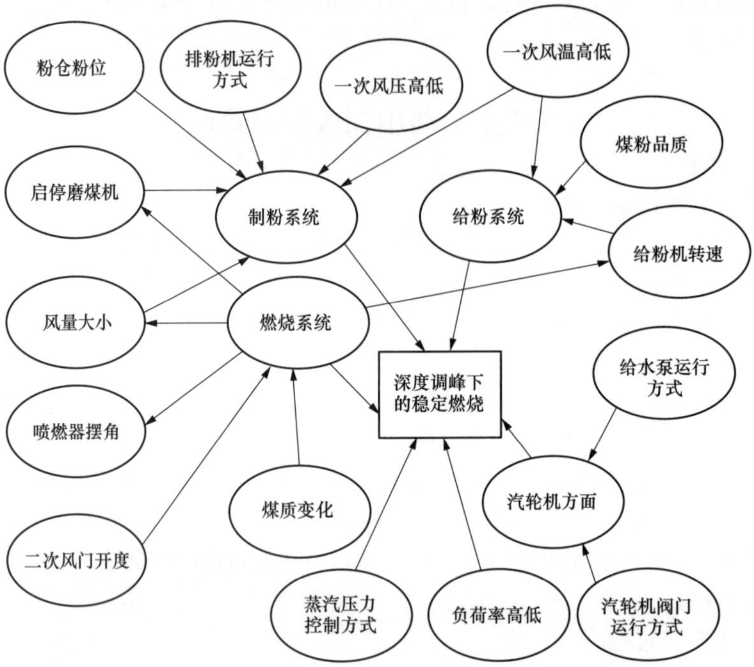

图 2-2　深度调峰下稳定燃烧的具体影响因素关联分析图

程度，汽轮机阀门运行方式中的顺序阀切单阀增加了给粉机转速，喷燃器的摆角水平方向最有利于燃烧，风量大小影响炉膛温度和燃尽度，排粉机出口风压高低影响着火距离，给粉机的转速影响着火的稳定性，一次风温高低影响煤粉着火前的准备阶段和着火程度，磨煤机启停过程中的打粉对炉内燃烧产生的扰动，主蒸汽压力高低影响给粉机的转速，二次风门的开关大小影响风粉混合物的集中燃烧，锅炉蒸汽参数是否压红线运行直接影响燃烧调整，粉仓粉位过低会出现自流现象。

根据相关研究，煤粉品质和煤质不但对锅炉经济运行有影响，而且对锅炉的安全运行也有重要影响。

（1）煤质对着火的影响。煤的着火主要是挥发分析出引燃固定碳，所以在同样煤炭粒径的情况下，挥发分越高的煤越容易着火。

（2）煤粉细度对着火的影响。随着煤粉粒径的减小，煤的平均表面活化能随着颗粒平均粒径的减小而增大，着火更加容易。

（3）煤粉浓度对着火的影响。根据燃烧机理，当煤粉浓度较低时，颗粒升温速度很慢，煤粉可用于析出挥发分的时间较长，但是热解产生的挥发分少，不足以引起整个煤粉气流均相着火，所以着火指数降低；当煤粉浓度很高时，整个气流中挥发分浓度增加较快，浓度的增加使得升温速度明显减慢，挥发分的浓度效应不足以抵消升温速度的降低，导致着火指数降低。因此，存在着一个对应最小着火温度的最佳煤粉浓度，当煤粉浓度大于或者小于该浓度时，着火指数均降低，也就使得着火变得困难。

三、深度调峰的对策和注意事项

深度调峰前必须做好如下准备工作：

（1）做好深度调峰的准备工作，包括煤质保证、粉位保证。

（2）深度调峰前，要求燃料提前选用好煤上仓，特别是下两层给粉机对应的制粉系统要上干煤，同时控制热值适中，挥发分稍高。同时机组应加强制粉，维持粉仓高粉位3.0～3.5m，试转输粉绞龙5min，确保输粉绞龙可靠备用，保证深度调峰时制粉系统运行的经济性。

(3) 1、2号机辅汽联络电动门应暖管互为备用，开启冷再至高辅调门暖管备用，保证足够的辅汽汽源。

(4) 深度调峰前要对锅炉进行结焦检查，如有焦块应投油打落。

针对上述影响因素，电厂制定并实施了防范对策，具体措施见表2-9。

表2-9　300MW机组深度调峰的稳燃措施

序号	要因	对策	措　施
1	排粉机运行方式	集中燃烧	(1) 改变制粉系统运行方式，正常低负荷情况时维持低层A、B排粉机运行。 (2) 稳燃层给粉机转速不低于550r/min
2	汽轮机阀门运行方式	不同的负荷对应不同的阀门运行方式	(1) 负荷低于160MW时及时切至单阀运行。 (2) 深度调峰、低负荷期间切阀时，手动调节给粉机转速，预测切阀的压力变化趋势，手动微调转速后稳定给粉机转速。 (3) 机组运行方式改滑压运行
3	喷燃器的摆角	低负荷时摆角接近水平	(1) 低负荷摆角开度反馈为30%～60%。 (2) 深度调峰开度反馈为35%～60%。 (3) 四角开度要基本一致。如燃烧不稳或煤质变差，应调整摆角，使摆角接近水平，越接近水平越有利于燃烧
4	煤质变化	根据煤质变化调整燃烧方式	(1) 根据挥发分的大小调整一次风压。 (2) 根据煤粉发热量调整周界风和一次风温。 (3) 煤质变化时，高负荷及时吹灰。 (4) 保持煤质稳定，保证锅炉的入炉煤种与设计煤种相匹配
5	风量的大小	减少进入炉膛多余的冷风	(1) 根据负荷大小及时调整风量。风量过低会导致燃烧不充分，而且会导致风机失速；风量过大会降低炉膛温度使得燃烧不稳定。 (2) 关闭多余的一次风门。 (3) 负荷低时及时关闭周界风。 (4) 冬天及时投入暖风器运行
6	一次风压高低	保证不堵一次风管的情况下尽量降低排出口风压	(1) 240MW负荷以上保持4.0～4.2kPa。 (2) 200～240MW风压保持3.8～4.0kPa。 (3) 170～200MW风压保持3.4～3.6kPa。 (4) 170MW以下风压保持3.2～3.4kPa，避免风压过低造成一次风管积粉堵管。 (5) 深度调峰期间，煤质不好燃烧不稳，可降低风压
7	给粉机的转速	保证稳燃层的给粉机转速	(1) A层作为稳燃层，稳燃层给粉机转速在550r/min以上。 (2) B层不低于500r/min。 (3) C层给粉机转速低于400r/min时应对角停运，以增加A、B层给粉机转速
8	粉仓粉位	保持高粉位	(1) 保持粉位不宜太低，以免给粉自流。 (2) 最低粉位不低于2m，如此粉位以上出现自流，要先保证给粉机不自流；交班粉位AB仓不低于3m
9	一次风温高低	低负荷时提高一次风温	(1) 磨煤机运行时在挥发分允许下尽量提高出口温度至70℃。 (2) 磨煤机停止后排粉机控制在120～140℃

续表

序号	要因	对策	措施
10	启停磨煤机	尽量减少启停次数	（1）在深度调峰前保持高粉位情况下停下多余的磨煤机。 （2）磨煤机启停要缓慢小心，避免打粉对炉内燃烧产生的扰动。正常情况下优先启停B磨煤机，保持A磨煤机的长期运行。 （3）在深度调峰时启停磨煤机时尽量缓慢，避免打粉。 （4）深度调峰期间，停磨前需投入一只油枪稳燃，时间控制在15min，投油时就地有人监视；低负荷煤质差，停磨前也可投入一只油枪。如燃烧不稳，增投油枪。 （5）为防止打粉造成给粉机转速瞬间下降，低负荷停磨前手动稳定给粉机转速。停磨后提高排粉机出口温度。停磨要缓慢小心，保持停磨前后的排粉机出口风压基本稳定，保持制粉系统负压缓慢降低
11	一次风率和一次风速	减少一次风率和一次风速	（1）采用较低的一次风率和一次风速，可以使煤粉气流的着火热减少有利于着火。 （2）减少煤粉空气流中局部的一次风率，可以采用浓淡分离的高浓度煤粉燃烧器，从燃烧器出口喷射出来的煤粉气流，有一部分的煤粉浓度较高，所需要的着火热大为减少，从而加快局部着火，有助于整个煤粉气流的稳定着火
12	煤粉细度	减小煤粉粒径	加强制粉系统的运行和维护，使旋转分离器或粗粉分离器挡板能够顺利调整细度
13	给水泵运行方式	关注小汽轮机调门开度和手动调节最小流量阀	（1）深调峰至130MW以上保持两台汽动给水泵运行，130MW以下时可以用一台汽动给水泵上水，另一台汽动给水泵及电动给水泵保持备用。 （2）确保辅汽至小汽轮机汽源热备用，深度调峰期间如一台小汽轮机异常跳闸，应立即点动开启辅汽至小汽轮机电动门掺供辅汽，避免运行的小汽轮机调门出现超调失速的情况，并及时调整给水流量正常。 （3）低负荷时给水流量波动大最小流量阀动作时应及时变动负荷或调整参数，维持给水流量稳定，防止最小流量阀动作。监盘期间，各班组必须做好给水泵异常情况下的事故预想。 （4）深度调峰期间，当前置泵出口流量低于130t/h时，给水泵最小流量阀将自动参与调节，关注给水泵最小流量阀动作情况；为防止小汽轮机控制方式由“远方自动”切至MEH，解除最小流量阀自动，采用手动调节的方式，维持最小流量阀一定开度
14	主蒸汽压力控制方式	手动调节	（1）低负荷期间，如自动层给粉机转速波动大，则解除主蒸汽压力自动，手动调节主蒸汽压力，以免外界有扰动造成给粉机转速瞬间降低，引起燃烧不稳。 （2）负荷180MW以下，禁止投入给粉机自动，应手动调整主蒸汽压力，以免投入自动的给粉机转速波动，影响燃烧稳定
15	负荷率高低	采取助燃措施	（1）低负荷时采用等离子或者微油枪助燃。 （2）低负荷阶段若A磨煤机因异常致使无法投运，原则上不进行深度调峰，若需深度调峰则应投入AB层2只及以上油枪稳燃。 （3）ABC三台磨煤机组运行时，若一台磨煤机故障跳闸，应立即投入AB层4只油枪，并根据负荷情况增投CD层油枪，迅速启动备用磨煤机，避免进入湿态运行

（1）磨煤机投运方式（排粉机运行方式）。磨煤机投运方式对锅炉低负荷稳燃能力的影响十分明显，集中火嘴燃烧稳定性更强，因此低负荷下应投运相邻的燃烧器（如 A、B 磨煤机运行）。此外，适当减少磨煤机或给粉机的投运台数，粉管煤粉浓度会相应提高，热负荷满、会更加集中，锅炉低负荷稳燃能力也会增强。

对于中储式制粉系统，深度调峰时保持 AB 排粉机运行，降负荷过程，要缓慢稳定，操作要细心，应尽量减少多余的一次风门。稳燃的给粉机转速不要低于 550r/min。

（2）汽轮机阀门切换。深度调峰、低负荷期间切阀时，手动调节给粉机转速，预测切阀的压力变化趋势，手动微调转速后稳定给粉机转速。深度调峰期间，解除主蒸汽压力自动，手动调节主蒸汽压力稳定。

（3）喷燃器摆角。低负荷喷燃器摆角开度反馈为 30%～70%，深度调峰期间开度反馈为 35%～60%，四角开度要基本一致。如燃烧不稳或煤质变差，应调整摆角，使摆角接近水平，应越接近水平越有利于燃烧。

（4）煤质变化。煤质变化时应根据挥发分的大小调整一次风压，根据煤粉发热量调整周界风和一次风温，煤质变化时，高负荷要及时进行吹灰，防止结焦、掉焦灭火：白班、前夜负荷一般较高，机组存在结焦的可能，所以必须严格执行吹灰制度，后夜班接班者要详细了解炉膛吹灰情况，严格执行《关于防止锅炉结焦、掉焦灭火的措施》，防止掉焦灭火。

（5）风量大小。合适的运行氧量有利于提高锅炉低负荷稳燃能力。风量应随负荷增减而增减，大风量会降低炉膛温度。运行氧量过大，总风量增加，会导致炉内平均温度降低，影响燃烧稳定性；反之，运行氧量过小，一、二次风混合变差，炉内煤粉颗粒燃烧不完全，也会威胁锅炉的燃烧稳定性。考虑到锅炉低负荷运行过程中，大多存在运行氧量偏大的情况，因此在确保炉内气体和固体可燃物充分燃尽的同时，适当降低运行氧量。送风量应保持不低于 400t/h。深调峰前联系热工专业检查锅炉 25%低风量保护已退出，调峰期间为确保安全防止风量不足，应维持风量不得低于 30%，保持足够的裕度，以免风量小于 30%保护动作。

（6）排粉机的出口风压。排粉机出口风压高将导致一次风速高，着火延迟。但风压过低，一次风管易产生气粉分层和气粉分布不均。适当降低一次风压（风速），防止煤粉浓度低时出现脱火现象。240MW 负荷以上风压保持 4.0～4.2kPa，200～240MW 风压保持 3.8～4.0kPa，170～200MW 风压保持 3.4～3.6kPa，170MW 以下风压保持 3.2～3.4kPa。

低负荷、深度调峰期间，如煤质不好或燃烧不稳，可降低风压运行，允许低于上述规定值，但不允许高于规定值，注意防止堵管。

（7）给粉机的转速。深度调峰期间 A 层作为稳燃层，给粉机转速要保持在 550r/min 以上，B 层也不应低于 500r/min，C 层给粉机转速低于 400r/min 时应及时停运对角给粉机，以增加 A、B 层给粉机转速。

（8）一次风温。一次风温的高低直接影响煤粉的着火程度，磨煤机运行时在挥发分允许的情况下，尽量提高磨煤机出口温度至 65℃。当磨煤机停止后排粉机出口温度应控制在 120～140℃，近路冷风应有一定的开度。

（9）启停磨煤机。在深度调峰前保持高粉位的情况下及时停下多余的磨煤机，正常情况下优先启停 B 磨煤机，保持 A 磨煤机的长期运行，在深度调峰时启停磨煤机时尽量缓慢小心，避免打粉，煤质不好时停磨煤机要投入一只油枪稳燃。

（10）保证粉仓高粉位。深调峰开始前，机组提前制粉，保证粉仓高粉位，深调峰至 100MW 以下可以考虑无制粉系统运行，减少三次风带粉。另外在制粉时尽量提高煤粉初温，保证煤粉易燃和充分燃烧。

深度调峰操作要点和注意事项如下：

（1）防止炉膛灭火或爆燃。因深调峰时锅炉热负荷低，炉内燃烧薄弱，煤粉燃烧不充分，极易出现灭火或爆燃的现象。

（2）注意燃烧情况。主蒸汽压力过高时防止汽动给水泵不打水，紧急时可启动电动给水泵上水；主蒸汽压力低时要防止备用汽动给水泵抢水，一般控制主蒸汽压力不低于9MPa。

（3）小汽轮机汽源的控制。正常情况下汽动给水泵的汽源由四抽供给，但机组负荷较低（小于130MW）时四抽汽源压力无法满足小汽轮机运行要求，这时需要开启小汽轮机的辅助汽源（高辅联箱来），待充分疏水暖管后投入。注意小汽轮机调门的开度，一般小汽轮机调门开度应小于70%，保证足够的余量。高辅联箱汽源的保证可以从本机冷段再热蒸汽来，邻机汽源做备用。

（4）出现负压波动、汽包压力突降、火焰电视变暗或火检闪烁及时投入油枪稳燃，油枪投入后不着火及时退出，以免爆燃。

（5）注意低负荷滑压运行时应保持压力稳定，防止汽温波动过大，杜绝汽温及金属壁温超限，调节汽温时应用一级减温水为主调、二级细调，以防止后屏过热器超温为主，必要时可增大一级减温水降低主汽温，一般主蒸汽温度在525℃（额定主蒸汽温度538℃）运行。

（6）深度调峰过程中加强对汽轮机轴振、瓦振的监视，振动出现异常，及时停止减负荷，或增带负荷。

（7）由于机组持续低负荷，锅炉总风量较低，尾部烟道存在烟气走廊，会造成部分受热面积灰严重，甚至塌灰造成锅炉全火焰丧失，MFT动作。因此，要利用机组加负荷的机会，增加吹灰的频次和压力，如果负荷长时间低于50%出力，应该向调度申请加负荷对受热面全面吹灰。

（8）机组低负荷时，锅炉排烟温度较低，不能满足SCR化学反应温度。因此，为了满足环保排放的要求，同时减少低烟气温度下生成的硫酸氢铵堵塞催化剂孔隙的情况，要采取如下措施提高锅炉排烟温度，实现脱硝装置在30%上热负荷投入的技术要求。

1）可以通过调整吹灰方式、改变制粉系统组合方式、增加尾部烟气氧量，提高主再热蒸气温度等方式。

2）进行脱硝烟气旁路改造，从抽取部分高温烟气，通过增设的烟气旁路来混合加热尾部低温烟气。当锅炉低负荷运行时，通过调节脱硝烟气旁路挡板，来提高脱硝入口烟气的温度，从而保证氮氧化物排放达标。

3）采用零号高压加热器，提高给水温度，从而提高排烟温度。

（9）低负荷防止氧化皮生成。机组深度调峰期间，机组长时间极低负荷运行，不仅影响锅炉燃烧的安全性，还对汽水系统的正常运行带来影响，在低负荷运行期间，管内工质分配不均，并联的管件内工质流量会出现非周期性的波动，一定程度上会致使金属疲劳破坏，如果调整不当，锅炉汽水管道中的氧化皮的生成及剥离将会加剧。

1）深度调峰期间，坚决避免主再热蒸汽温度、金属壁温超温。

2）升降负荷过程中，严格按照技术要求控制主再热蒸汽温度、蒸汽压力变化速率，防止出现大幅波动现象。

3）操作减温水幅度不宜过大，操作过程要求平稳，切勿大开大关，防止因错误操作减温水导致主再热蒸汽温度、金属壁温大幅波动引起氧化皮脱落。

（10）低负荷凝水系统运行方式调整。深度调峰期间，为保证凝结水系统稳定运行，在进行深度调峰前，退出多变量协调系统，减少负荷变动时对于凝结水压力的扰动。关闭除氧器上水旁路调阀，保证除氧器上水主路调阀有充分的裕度，凝结水泵变频自动方式，凝结水压力偏执

0.2MPa。深度调峰期间，若凝结水压力下降，可解除凝结水泵变频自动，手动提升凝结水压力。

（11）煤粉细度调整。随着煤粉细度的降低，煤粉颗粒的比表面积增加，煤的表观活化能大大降低，有利于挥发分的析出和颗粒的非均相着火。研究发现随着煤粉粒径的降低，煤粉着火温度明显降低，以晋城无烟煤为例，煤粉平均粒径从 90μm 降低至 60μm 后，其着火温度从 640℃左右降低至 570℃左右。在机组深度调峰期间，可通过调整磨煤机分离器挡板或转速，在保证磨煤机运行安全的前提下降低煤粉细度。

（12）配风方式调整。配风方式对锅炉低负荷稳燃能力的影响与燃烧器的结构形式有关。针对四角切圆锅炉，低负荷下应适当关小周界风（或关闭周界风），降低煤粉着火热，同时投运燃烧器之间的辅助风开度应合适，过大或过小都不利于低负荷稳燃；针对前后墙对冲旋流燃烧器，低负荷下内二次风风量应适当关小，过大会增加煤粉的着火热。

（13）燃烧器旋流强度调整。对前后墙对冲燃烧锅炉，可通过调整燃烧器旋流强度改变燃烧器喷口一、二次风和高温烟气的流场分布，调节煤粉的着火距离。在一定范围内，旋流强度越大，高温烟气回流量越大，煤粉着火越容易，着火距离越近，燃烧越稳定，但旋流强度过大会导致气流“飞边”现象，引起风粉分离，反而不利于低负荷稳燃。因此，低负荷下燃烧器应维持相对较强的旋流强度，同时确保二次风对煤粉有较好的“包裹”作用。

（14）影响电除尘装置的运行方式。锅炉投油稳燃后，要将各电场输灰切换到粗灰库运行，同时停运电除尘三、四电场；油枪投运时间较长时，还要考虑停运电除尘一电场，阴阳极振打改为连续振打方式运行，密切注意电除尘器进出口烟温的变化情况，防止炉后及电除尘器内部二次燃烧的发生。

（15）配煤掺烧。常见的掺烧方式有两种：一种为分磨掺烧，即不同的煤质进入不同的磨煤机进行磨制，比如计划深度调峰时投运底层 2 台磨煤机，日常运行就将挥发分高的煤上到底层 2 台磨煤机中；另一种为预混掺烧，即将高挥发分煤质和常用的低挥发分煤质在进入磨煤机前就按比例掺混好。整体来讲，无论是分磨掺烧还是预混掺烧，由于锅炉带正常负荷时也要消耗很大一部分高挥发分煤质，因此对高挥发分煤质的总量需求较大。

另一种思路是储备高挥发分调峰煤。通过增加一套制粉和燃烧系统，当需要锅炉深度调峰时，快速将高挥发分调峰煤送入炉膛燃烧，增强锅炉低负荷稳燃能力，目前国外已有相关的工程应用；也可通过改变给煤系统的连接方式，如在直吹式制粉系统中新增存储有高挥发分煤质的原煤斗，当需要锅炉深度调峰时，切换给煤方式，迅速将高挥发分煤质送入磨煤机中磨制并进入炉膛燃烧。类似思路可在配置直吹式“双进双出”钢球磨煤机的锅炉上实现：单台磨煤机对应的 2 个原煤斗分别上常规煤质和挥发分较高的调峰煤质，正常负荷时减少调峰煤的给煤量，在深度调峰时增大调峰煤的给煤量，确保低负荷稳定运行，该项措施在河南某超临界 600MW 机组上得到了实施。

机组深度调峰是一项操作量较大的工作，锅炉燃烧方式薄弱，很多辅机工作在非正常状态，一个参数监视不到位就有可能出现灭火或停机事故。因此，我们必须抓住要点，细化步骤，精心调整，确保深调峰操作到位，使机组在超低负荷区间安全稳定运行。根据统计数据，300MW 机组参加了深度调峰，机组减少了启停的次数，而机组每减少一次启停，将要节约费用（燃油、燃煤、浪费的水汽、辅机电耗）等约为 20 万元。

第二篇

指标管理

火力发电厂运行管理主要是控制各热力设备系统主要指标（或参数），控制好这些指标，机组就能安全经济运行，本篇着重介绍主要的经济技术指标定义和计算方法。

火力发电厂指标很多，一般将经济技术指标分为大指标和小指标。小指标是根据影响大指标的因素或参数，对大指标进行分解得到的，因此叫做小指标。小指标包括锅炉指标、汽轮机指标、燃料指标、化学指标等。

1. 大指标

火力发电厂的主要技术经济指标为发电量、供电量和供热量、供电成本、供热成本、标准煤耗、水电厂的供电取水量、厂用电率、等效可用系数、主要设备的最大出力和最小出力，这些指标叫大指标或主要指标。除此外，各厂还应根据具体情况，制定、统计、分析和考核各项小指标。

2. 锅炉指标

锅炉效率、过热蒸汽温度、过热蒸汽压力、再热蒸汽温度、排污率、炉烟含氧量、排烟温度、空气预热器漏风率、除尘器漏风系数、飞灰和炉渣可燃物、煤粉细度合格率、制粉（磨煤机、排粉机）单耗、风机（引风机、送风机）单耗、点火和助燃油（或天然气）量。

3. 汽轮机指标

汽轮机热耗、汽耗率、主蒸汽温度、主蒸汽压力、再热蒸汽温度、真空度、凝汽器端差、加热器端差、凝结水过冷却度、给水温度、给水泵单耗、循环水泵耗电率、高压加热器投入率、胶球装置投入率和收球率、真空系统严密性、水塔冷却效果、阀门泄漏状态。

4. 热网指标

供热回水率等。

5. 燃料指标

燃料到货率、检斤率、检质率、亏吨率、索赔率、配煤合格率、煤场结存量、入炉燃料量及低位发热量、入厂入炉煤热值差、煤粉细度合格率等。

6. 化学指标

自用水率、补水率、汽水损失率、循环水排污回收率、机炉工业水回收率、汽水品质合格率等。

7. 热工指标

热工仪表、热工保护及热工自动的投入率和准确率。

第三章 火电厂的指标管理

第一节 汽轮机和化学指标的管理

汽轮机又称“蒸汽透平（steam turbine)”，是将蒸汽的热能转换成机械功的一种旋转式原动机。具有一定压力、温度的蒸汽，进入汽轮机，流过固定不动的喷嘴并在喷嘴内膨胀，蒸汽的压力和温度不断地降低，获得很高的速度，使蒸汽的热能转化为动能。高速流动的蒸汽流以一定的方向进入装在叶轮上的动叶通道中，由于汽流速度的大小和方向改变，汽流给动叶一定的作用力（冲动力或反动力），动叶带动汽轮机转子，按一定的速度均匀转动，这就是汽轮机的工作原理。用来表示汽轮机基本特性的符号称为汽轮机的型号，目前国产汽轮机的型号分为四部分，例如N300-16.7/538/538表示凝汽式、额定功率300MW、主蒸汽压力16.7MPa、主蒸汽温度538℃、再热蒸汽温度538℃的中间再热式汽轮机。

汽轮机根据新蒸汽压力可以分为低压汽轮机（新蒸汽压力为1.18～1.47MPa)、中压汽轮机（新蒸汽压力为1.96～3.92MPa)、高压汽轮机（新蒸汽压力为5.88～9.81MPa)、超高压汽轮机（新蒸汽压力为11.77～13.75MPa)、亚临界压力汽轮机（新蒸汽压力为15.69～17.65MPa)、超临界压力汽轮机（水的饱和温度随着压力的升高而提高。当压力升高到22.129MPa，相应的饱和温度374.15℃，饱和水的比体积和饱和汽的比体积是一样的，均为0.003 147m^3/kg，汽化潜热为0，此时的压力即为临界压力，此点为临界点。新蒸汽压力大于22.129MPa时叫超临界压力）、超超临界压力汽轮机。目前世界上运行的最大双轴汽轮机组为瑞士ABB公司制造的1300MW机组，最大单轴汽轮机组为前苏联列宁格勒金属工厂制造的1200MW机组，最大的核电汽轮机是法国制造的1500MW核电汽轮机。我国主力机组为300MW汽轮机组，国产亚临界600MW汽轮机组和引进超临界600MW汽轮机组已广泛应用，见表3-1。通常我们所说的功率为200MW及以上的汽轮机，叫做大功率汽轮机，功率为50MW及以下的汽轮机叫做小功率汽轮机。

表3-1　国产600MW级汽轮机产品对照表

厂商＼情况	参数	技术来源	技术特征	备注
上海汽轮机厂	16.67MPa/538℃/538℃	西门子—西屋技术	反动式、三缸或四缸四排汽	亚临界
	24.2MPa/566℃/566℃			超临界
	25MPa/600℃/600℃			超超临界
东方汽轮机厂	16.67MPa/538℃/538℃	日立公司技术	冲动式、三缸四排汽	亚临界
	24.2MPa/566℃/566℃			超临界
	25MPa/600℃/600℃			超超临界
哈尔滨汽轮机厂	16.67MPa/538℃/538℃	东芝技术	冲动式、全三维技术	亚临界
	24.2MPa/566℃/566℃	高压缸为三菱技术		超临界
	25MPa/600℃/600℃	三菱技术	冲动式、两缸两排汽	超超临界

根据热力特性汽轮机可以分为凝汽式汽轮机、抽汽式汽轮机、背压式汽轮机和中间再热式汽轮机。

排汽口直接与凝汽器相连的汽轮机，工作蒸汽进入汽轮机膨胀后，全部排入凝汽器并凝结成水，这样的汽轮机称为纯凝汽式汽轮机，其排汽压力低于大气压力。为提高效率，近代汽轮机均采用回热抽汽，这种除回热抽汽（自用蒸汽）外，其余蒸汽全部进入凝汽器的汽轮机称为回热式汽轮机。

进入汽轮机的蒸汽膨胀到一定程度，将已做过功的一部分蒸汽（在一种压力或两种压力下）抽出对外供热（供工业或采暖用），这种凝汽式汽轮机叫抽汽式汽轮机，如果该压力在一定范围内是可以调节的，则称为调节抽汽式汽轮机。具有调节抽汽的背压式汽轮机叫做抽汽背压式汽轮机。

汽轮机中做过功的蒸汽在高于大气压力下，全部向外排出供工业或采暖用，这种没有凝汽设备的汽轮机叫背压式汽轮机。若是为了采暖，其排汽压力通常为 0.12～0.25MPa（排汽压力高于大气压力），如是为了工业热用户使用，其排汽压力则为 0.4～0.8MPa，甚至高达 1.3～1.5MPa。当排汽作为其他中低压汽轮机的工作蒸汽时，称为前置式汽轮机。

将在汽轮机中已经做过功的蒸汽全部引至锅炉，在一定压力下再次加热至一定温度，然后再引回汽轮机中继续膨胀做功，这种汽轮机叫中间再热式汽轮机。

抽汽式汽轮机和背压式汽轮机统称为供热式汽轮机。抽汽式汽轮机的优点是生产灵活，可以同时满足热负荷与电负荷的要求，当热负荷为零时还可以作为凝汽式机组运行；缺点是设备比较复杂，投资较大，效率较低。背压式汽轮机的优点是省掉了凝汽器、冷却水系统和凝结水系统，设备简单，投资少；缺点是机组生产不灵活，热负荷与电负荷相互限制，不能同时满足生产要求，当热负荷比较大且稳定时，背压式汽轮机效率较抽汽式汽轮机高。

1. 给水温度

利用汽轮机抽汽加热给水，使每千克蒸汽在锅炉中的吸热量降低，从而提高了发电厂的热经济性。给水温度是指汽轮机最后一个高压加热器的出口水温。

考虑到高压加热器出口温度表计装置的地点不同及给水旁路门的严密性，一般以装在炉侧给水母管上的给水温度表计为准。从汽轮机的某些中间级抽出做过功的部分蒸汽，用以加热给水，称为给水回热。见图 3-1。

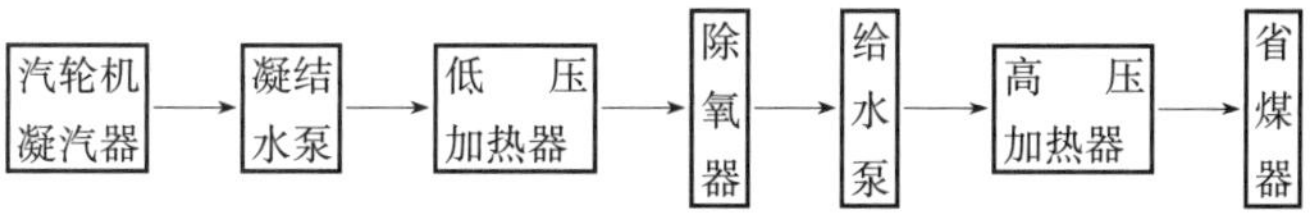

图 3-1　给水回热系统

采用给水回热后，提高了进入锅炉的给水温度，减少了排入凝汽器的蒸汽量及其潜热损失，提高了循环热效率。回热循环的效率将随着加热级数和相应抽汽段数的适当增加而提高，循环效率与加热级数、给水加热最终温度的关系见图 3-2。

当给水加热至同一最后温度时，回热加热器级数越多，则回热循环效率的提高越多，当给水加热至 200℃、回热加热器级数 $Z=1$ 时，回热循环效率约 6.4%；当给水加热至 200℃、回热加热器级数 $Z=5$ 时，回热循环效率约 12.5%。回热加热器级数越多，最有利的给水温度 t_{fw} 和回热循环效率也越高。当回热加热器级数 $Z=1$ 时，最有利的给水温度约 160℃，循环效率约 6.6%；当回热加热器级数 $Z=5$ 时，最有利的给水温度约 250℃，循环效率约 13.5%。通常给水温度为蒸汽初压力下饱和温度的 65%～75%，国产机组给水温度和回热加热器级数见表 3-2。

表 3-2　　国产机组给水温度和回热加热器级数

蒸汽参数		给水温度（℃）	回热加热器级数 Z	相对效益（%）
压力（MPa）	温度（℃）			
9.0	535	215～230	5～7	11～13
13.5	535～550	220～250	6～8	14～15
16.5	550	245～275	7～8	15～16
23.5	565	270～300	8～9	17～18

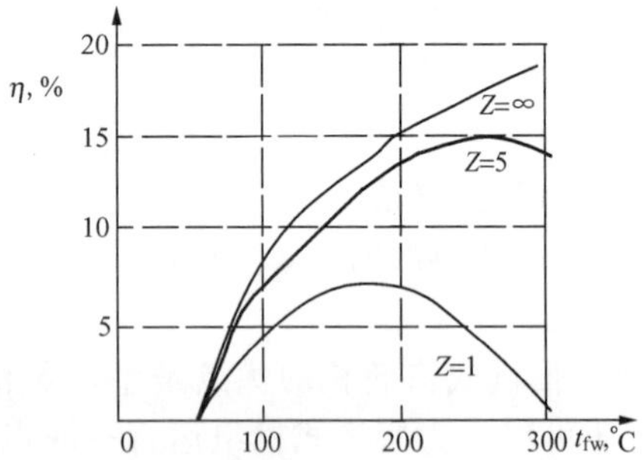

图 3-2　不同回热加热级数与给水加热温度的关系

η—回热循环效率，%；t_{fw}—给水加热温度，℃；Z—回热加热器级数

给水温度每升高 1℃，热耗降低 0.035%～0.05%。运行中应充分利用回热加热设备，尽量提高给水温度。根据现场运行数据或检查能耗报表，考核期内的平均给水温度应不低于其对应平均负荷的设计给水温度。设计给水温度主要受高压加热器的进汽压力和高压加热器的运行可靠性的影响。为了使高压加热器能全部投入运行，最大限度地提高给水温度，应采取以下措施：

(1) 检修时应清扫加热器管子，保持加热器清洁，以降低加热器的端差。

(2) 对加热器管子进行清洗，降低加热器端差。

(3) 消除高压加热器水室隔板的泄漏现象，防止给水短路，尽可能地保证高压加热器正常投入。

(4) 消除低压加热器不严密现象，防止空气的漏入。

(5) 保证加热器疏水器正确动作，维持加热器疏水在最低水位，防止疏水积存淹没冷却水管。

(6) 高压加热器要进行随机启停，并控制各加热器启停温升（降）率在合格范围内。

(7) 改进高加旁路门和旁路系统，严禁泄漏。

2. 高压加热器投入率

高压加热器位于除氧器之后，给水泵与锅炉之间，在给水泵出口压力下工作。它的作用是利用汽轮机中间级的抽汽来加热锅炉给水，提高进入锅炉的给水温度。高压加热器投入率是指高压加热器投入运行小时数与其相应的汽轮发电机组运行小时数之比的百分数。高压加热器投入率与高压加热器启动方式、运行操作水平、运行中给水压力的稳定程度和高压加热器健康水平有关。其计算公式为

$$\text{高压加热器投入率}=\frac{\text{每只高压加热器投入运行小时数之和（h）}}{\text{高加总数量}\times\text{汽轮机运行时间（h）}}\times 100\%$$

监督检查时，应检查能耗报表，对于随机启停机组高压加热器投入率≥98%，对于定负荷启停机组高压加热器投入率≥95%，不考核开停调峰机组。

高压加热器由于处于高压下工作，容易损坏，损坏后高压加热器不能投入运行，给水温度将下降，表 3-3 给出了高压加热器不能投入运行后，给水温度降低的数值。表 3-4 给出了因加热器不能投入运行所增加的煤耗。

表 3-3　　高压加热器不投入运行时给水温度降低的数值

机组类别	高压加热器出口水温（℃）	给水泵出口水温（℃）	高压加热器停运时给水温度降低值（℃）
中压机组	164	104	60
高压机组	222～239	160	62～79
超高压机组	240	160	80
亚临界压力机组	258～263	160	98～103

表 3-4　　N300-165/535/535 机组因加热器未运行所增加的煤耗

机　组	单 机 煤 耗	省煤量(kg/h)
300MW 机组	停 1 号低压加热器，影响煤耗 1.843g/kWh	−552.9
	停 2 号低压加热器，影响煤耗 3.070g/kWh	−921.0
	停 3 号低压加热器，影响煤耗 1.663g/kWh	−498.9
	停 4 号低压加热器，影响煤耗 0.358g/kWh	−107.4
	6、7、8 号高压加热器全投，影响煤耗 5.437g/kWh	1631.1
	停 6 号高压加热器，影响煤耗 2.261g/kWh	−678.3
	停 7 号高压加热器，影响煤耗 2.022g/kWh	−606.6
	停 8 号高压加热器，影响煤耗 1.154g/kWh	−346.2

提高高压加热器投入率的措施是：

(1) 要规定和控制高压加热器启停中的温度变化率，防止温度急剧变化。冷态启动或工况变化时，温度变化率一般应限制在 38℃/h，当温度突变 50℃/h，管板上的最大集中应力约为 300MPa，已接近管板材料的屈服极限。在加热器启动时，温度尚未达到给水温度之前，可打开给水出口旁路阀，按选定的温升速率监视加热器的温升；当达到给水温度并且稳定后，再打开给水出口阀以免发生水击。

(2) 维持正常运行水位，保持高压加热器旁路阀门的严密性，使给水温度达到相应值。

(3) 要注意各级加热器的端差和相应抽汽的充分利用，使回热系统处于最经济的运行方式。

(4) 在加热器启动时，应保持加热器排气畅通。将加热器内非凝结气体排出，是保证加热器正常工作的重要条件。加热器内如有非凝结气体聚集，不但会降低加热器效率，而且还会加快部件的腐蚀。监视加热器的端差，可以判断排气是否畅通。但是当加热器超负荷、管束泄漏或结垢时也会引起终端差增大，应具体分析对待。

(5) 避免加热器超负荷运行。加热器在超负荷工况运行时，蒸汽和给水都会加大加热器的工作应力，缩短加热器的使用寿命。如两台并联的加热器一台停运时，另一台将会严重的超负荷，这种工况应当避免。

(6) 当加热器长时间停运时，应在完全干燥后在汽侧充入干燥的氮气，以防止停运后的腐蚀，延长加热器的使用寿命。

3. 真空度

凝汽器（又称冷凝器或凝结器）内真空的产生，是依靠汽轮机排汽在凝汽器内迅速凝结成水，体积急剧缩小而造成的，为了使汽轮机的排汽能够迅速凝结成水，需要向凝汽器通入大量的冷却水。由于机组安装所处地理位置不同，单独用汽轮机真空的绝对数进行比较难以确定机组真空的好与差，所以用真空度来反映汽轮机凝汽器真空的状况。真空是大气压力与工质的绝对压力之差值，用符号 p_v 表示，真空度是指凝汽器的真空值与当地大气压力比值的百分数，即

$$真空度=\frac{凝汽器的真空值（绝对值）(kPa)}{当地大气压力（kPa）}\times 100\%$$

完全真空时真空度为100%，若大气压力与工质的绝对压力相等时，真空度为零。计算时，当日大气压力取24h平均值，真空值取当日24h现场抄表所得的平均数。

气候变化等因素引起凝汽器真空降低及真空系统泄漏均会引起热耗上升。通常凝汽器真空也可以用凝汽器排汽压力衡量，凝汽器排汽压力等于当地大气压力减去真空值。真空每降低1kPa，或者近似地说真空度每下降一个百分点，热耗约增加1.05%，例如某机组真空对热耗的影响幅度见表3-5。

表3-5　　　　真空对热耗的影响

出力系数（%）	40	60	80	100
真空提高1%热耗减少（%）	2.35	1.65	1.15	1.05

凝汽器真空度与循环水入口温度、循环水量、凝汽器清洁度、凝汽器严密性及负荷等指标有关。凝汽器真空是影响机组供电煤耗的主要因素。汽轮机若要经济运行，应使汽轮机保持在最有利的真空下工作。监督检查时，一般要求考核期闭式循环机组真空度平均值应不低于92%，开式循环机组真空度平均值应不低于94%，背压机组不考核，循环水供热机组仅考核非供热期。提高真空的主要措施是：

（1）降低冷却水（对于闭式循环冷却系统机组的冷却水，又称循环水）入口温度。冷却水入口温度是指进入汽轮机凝汽器前的冷却水温度，是关系汽轮机运行经济性的一个重要小指标。

如果冷却塔长期护理不当，会造成冷却塔效率过低，使水温过高，引起真空过低影响热耗。当冷却水入口温度在规定范围内时，冷却水入口温度每降低1℃，真空可提高0.3%～0.5%，煤耗降低0.3%～0.5%。因此应加强对冷却塔维护，清理水池和水塔的淤泥和杂物，疏通喷嘴，更换损坏的喷嘴和溅水碟，修复损坏的淋水填料。

（2）增加冷却水量。当负荷不变时，冷却水温升增大，表明冷却水量不足。温升增大将引起排汽温度升高，真空降低，此时应增加冷却水量，从而降低真空。但是增加冷却水量，端差有时可能稍有增加。

（3）加强凝汽器的清洗。通常采用胶球在运行中连续清洗凝汽器法、或运行中停用半组凝汽器轮换清洗法、或停机后用高压射流冲洗机逐根管子清洗等方法，保持凝汽器钛（铜）管清洁，提高冷却效果。

（4）保持凝汽器的胶球清洗装置经常处于良好状态，根据循环水水质情况确定运行方式（如每天通球清洗的次数和时间），胶球回收率在95%以上。

（5）维持真空系统严密。

4. 循环水温升

循环水温升是指循环水出口温度与循环水入口温度之差，表明循环水在凝汽器内的受热程度，即循环水在凝汽器内温度升高的数值。它与循环水泵出力、循环水系统阻力、凝汽器铜管结垢、堵杂物造成循环水量变化有直接关系。在同一负荷下，循环水温升的大小，说明循环水量的大小。循环水温升变化1℃，影响热耗变化0.3%～0.5%。

5. 凝汽器端差

凝汽器端差是指汽轮机排汽温度与凝汽器冷却水出口温度之差。凝汽器端差可以反映凝汽器管子清洁程度和凝汽器真空系统严密性。计算公式为

凝汽器端差＝汽轮机排汽温度－冷却水出口温度

式中汽轮机排汽温度与凝汽器冷却水出口温度均按现场抄表所得的24h平均值计算。端差是反映凝汽器中蒸汽与循环水之间热交换的一个重要指标。凝汽器端差一般控制在4～8℃，因此

考核期内的凝汽器端差平均值应不低于8℃，背压机组不考核，循环水供热机组仅考核非供热期，对于海水冷却的凝汽器端差一般控制在12℃以下。

端差的大小与凝汽器单位冷却面积的蒸汽负荷、凝汽器钛（铜）管清洁程度及真空系统严密性有关。凝汽器管壁被玷污、结水垢、沉积有机物或泥渣，会使传热系数下降，真空恶化，端差增加，因此端差必须控制在设计值以内。端差每增加1℃，热耗增加0.4%。降低端差的措施为：

（1）安装并投运胶球连续清洗装置，胶球投入不及时，将造成凝汽器结垢，真空下降。在同一负荷下，如果真空系统严密，抽汽器（或真空泵）工作正常时，端差增大表明凝汽器污脏。因此应加强对凝汽器胶球清洗系统的管理，设立专人负责及时投球，并随时消除缺陷，要求投入率达到100%。

（2）防止凝汽器汽侧漏入空气，降低真空泄漏率。每次大小修时，必须彻底清扫凝汽器内水垢及汽侧污垢。

（3）利用低负荷机会，进行低负荷凝汽器半面清洗，在冬季冷却水温较低时，也可以进行满负荷半面清洗。

（4）定期采用冷却水反冲洗等方法，清洗凝汽器管内浮泥。

（5）根据冷却水水质情况，进行冷却水处理，如加药排污等，减轻凝汽器污染。

6. 排汽温度

排汽温度是指蒸汽在汽轮机内做完功排入凝汽器时的蒸汽温度，为饱和温度，是汽轮机运行中常被忽视而又很重要的一个间接指标。如果排汽温度高，则需要增加冷却水量，一方面会使汽轮机的汽耗量增加，另一方面又会使厂用电率增加。排汽温度与排汽压力有一一对应关系，排汽温度变化1℃，影响煤耗变化1.1g/kWh左右。排汽温度计算公式为

排汽温度＝冷却水进水温度＋冷却水温升＋凝汽器端差

排汽温度拟合曲线公式为

$$t_s = 57.66 \times \sqrt[7.46]{\frac{p_k}{0.009\,806\,5}} - 100$$

或者

$$p_k = (0.008\,548 t_s + 0.941\,6)^8$$

$$t_s = (\sqrt[8]{p_k} - 0.941\,6)/0.008\,548$$

式中 t_s——排汽温度，℃；

p_k——汽轮机排汽压力，kPa。

7. 真空严密性

保持凝汽器具有较好的严密性，才能维持凝汽器内的高度真空。运行中的汽轮机除了由于凝汽器的结垢而使真空恶化外，真空系统严密性降低，也是使真空恶化的一个主要原因。当漏入的空气量增加后，不仅造成凝汽器的真空下降及凝结水过冷度增加，使经济性下降，而且也使安全性降低。例如过低的真空会引起汽轮机的轴向推力增大，低压缸变形，机组振动和凝汽器管端连接胀口松动等。真空系统严密性降低后，凝结水中的含氧量增加，造成锅炉腐蚀，因此发电厂对真空系统的严密性要求较高，需要定期试验。真空严密性试验至少每月进行一次，机组大、小修后也要进行真空严密性试验。真空严密性合格率计算公式为

$$\text{真空严密性合格率} = \frac{\text{计算期内真空严密性合格次数（次）}}{\text{计算期内真空严密性试验次数（次）}} \times 100\%$$

进入凝汽器的空气，主要是由真空系统不严而漏入的。空气漏入凝汽器将使汽轮机的排汽压力和排汽温度升高，从而增加煤耗并威胁汽轮机和凝汽器的安全；另一方面空气是不良导体，空

气漏入凝汽器将使蒸汽与冷却用循环水的传热系数降低，导致端差增大，真空下降。因此发电厂对真空系统的严密性要求很高，需要定期做真空系统严密性试验。汽轮机检修后，现场实测或检查真空系统严密性试验记录，对于100MW及以上容量的机组真空下降速度每分钟不超过270Pa，对于100MW以下容量的机组真空下降速度每分钟不超过400Pa。真空下降速度是指凝汽器真空系统在抽汽器停止抽汽状态下空气漏入凝汽器后，凝汽器内压力增长的速度，单位为Pa/min。

$$凝汽器真空下降速度=\frac{试验期凝汽器内压力增加值}{试验时间}\quad (Pa/min)$$

8. 汽水损失率

火力发电厂中由于阀门泄漏、管道泄漏、疏水等损失（不包括正常排污以及供热与燃油用汽的不回收部分），存在蒸汽、水工质的损失。电厂热力循环系统中的汽水损失量占锅炉蒸发量的百分数，叫汽水损失率。如果蒸汽损失1%，将使煤耗增加1%。

发电汽水损失量=发电锅炉补给水量－发电自用蒸汽消耗量－对外供热（水）量－吹灰用汽量－锅炉排污量＋对外供热冷凝水返回量

$$汽水损失率=\frac{计算期内发电汽水损失量（t）}{计算期内锅炉过热蒸汽流量（t）}\times 100\%$$

但是根据国家电力公司有关电力指标解释：

发电汽水损失量=发电锅炉补给水量－发电自用蒸汽消耗量－对外供热（水）量＋吹灰用汽量＋锅炉排污量＋对外供热冷凝水返回量

由于锅炉排污量一般占锅炉蒸发量的1%左右，因此按此方法理解，发电厂的汽水损失率控制水平为：200MW以上机组低于锅炉额定蒸发量的1.5%，100～200MW机组低于锅炉额定蒸发量的2.0%，100MW以下机组低于锅炉额定蒸发量的3.0%。

9. 补水率

化学补水进入热力系统的方式有两种：一种是将化学补水直接补入除氧器，另一种是从凝汽器补入。当从凝汽器补入时，化学补水可以在凝汽器中实现初步除氧。当补水温度低于凝汽器排汽温度（一般除盐水温度在20℃左右），且以喷雾状态进入凝汽器喉部，则可利用冷的补水回收利用一部分排汽废热，改善凝汽器的真空。同时，由于补水流经低压加热器，利用低能位抽汽逐级进行加热，减少了高能位的抽汽（与补入除氧器相比），因而提高了装置的热经济性，所以现代大型凝汽式机组采用化学除盐水做补充水时，其补水多数从凝汽器补入。计算表明，对于国产100MW机组补水方式从除氧器补进改为由凝汽器补入，补水率在2%时，机组热效率可提高0.13%，降低发电标准煤耗0.449g/kWh；对于国产200MW机组补水方式从除氧器补进改为由凝汽器补入，补水率在2%时，机组热效率可提高0.12%，降低发电标准煤耗0.38g/kWh。

计算汽水损失量时，由于表计不全或误差，汽水损失率很难准确计算，因此一般只考核锅炉补给水率（补水率）。由于存在自用蒸汽消耗、汽水运行消耗、汽水泄漏、排汽排污、启动汽水消耗等，为了保证热力设备连续平稳运行，必须不断地补充品质合格的水（经过化学处理的合格除盐水），即补给水（或称补充水）。主机和辅机自用蒸汽消耗包括锅炉受热面的吹灰、重油加热用汽、重油喷燃器的雾化用汽、汽轮机启动抽气器、汽动油泵用汽等。汽水运行消耗包括锅炉连续排污、定期排污、开口水箱的蒸发、除氧器的排汽、锅炉安全门动作以及化学监督所需的汽水取样等。汽水泄漏包括轴封泄漏、热力设备、管道及其附件连接处的不严造成的汽水泄漏等。启动汽水消耗包括热力设备在检修和停运时的放水放汽、锅炉启动时的排汽、主蒸汽管道和汽轮机启动时的暖管、暖机排放等。

补水率是指计算期内发电补给水量与锅炉蒸发量的比率。补水率是反映电厂汽水损失率大小的一

项指标，补水率越多，说明汽水损失越大。汽水损失率小于补水率。补水率计算公式为

$$补水率=\frac{计算期锅炉补给水量（t）}{计算期锅炉过热蒸汽实际流量（t）}\times 100\%$$

计算补水率时应注意：

（1）也有人采用下列公式，即

$$补水率=\frac{计算期锅炉补给水量（t）}{锅炉额定蒸发量（t）}\times 100\%$$

（2）发电机组的凝汽器注水查漏，锅炉打压、查漏等非正常运行时的用水量应从补水总量中剔除。

（3）发电厂供给生产及用非生产场所的暖汽、炊饮用汽、浴池加热用汽以及对外供热等非发电直接用水、汽，应按有无凝结水回水方式的用水、汽量从补水总量中剔除。

一般情况下，凝汽式火电厂补水率小于5%。国家一流火力发电厂要求单机容量300MW及以上机组补水率小于1.5%，单机容量小于300MW的机组补水率小于2.0%。

补水率每增加1%，从回热系统来看，影响热耗0.17%。降低补给水率的主要措施是：

（1）加强水质监督，提高补充水的品质。锅炉给水品质高，在锅炉设计的炉水浓缩倍率下，排污率将减少。

（2）提高汽水分离装置的安装和检修质量，提高汽水分离效果，在较高的炉水浓度下获得较好的蒸汽品质，从而减少排污率。

（3）加强运行管理，运行中保持锅炉负荷、水位、汽压等参数稳定，维持凝汽器、除氧器、各加热器水位在合理位置，使锅炉汽水分离装置在正常情况下运行；采取防止水箱溢水的措施。

（4）治理系统管道、阀门泄漏，提高汽水系统严密性，减少内漏外漏，消除漏汽漏水。

（5）减少非生产用汽、发电自用汽和蒸汽损失。过热蒸汽损失1%，电厂热效率要降低1%～1.5%。

（6）根据汽水品质情况进行排污，尽量减少排污次数、缩短排污时间；降低排污量，尽量回收各项疏水和排污水。

（7）减少主机和辅机的启动次数，以减少启停中的汽水损失；采用滑参数启停时，应尽量回收凝结水。及时回收启停过程中各种加热器的疏水。

（8）加强堵漏，管道、热力设备的连接尽量采用焊接，以减少泄漏。

（9）连排扩容器要保持正常水位运行，对二次汽和疏水要回收；采用完善的疏放水系统，将除氧器等其他热力设备疏放水（汽）收入专用水箱中，然后送入锅炉的给水系统中。

10. 过热度

水由液态变为汽态的过程称为汽化，水从汽态变为液态的过程称为液化。在汽化过程中，如果水到达一定的温度，在液面上某些动能较大的分子就会克服临近分子的引力，脱离液面逸入液外空气中而形成蒸汽。水的温度越高，汽化速度越快；另一方面分子在杂乱运动中，也会撞回液面而液化为液体，液面上的蒸汽压力越大，液面上空单位容积内分子数越多，撞回液面的分子数就越多，蒸汽压力越大，液化速度越快。所以液化速度取决于蒸汽压力，汽化速度取决于液体的温度，当液化速度等于汽化速度时，如不对之加热或吸热以改变其温度，汽、液两相将保持一定的相对数量而处于动态平衡，两相处于动态平衡的状态称为饱和状态。饱和状态时的压力称为饱和压力，此时的温度称为饱和温度（即水在一定压力下，沸腾时的温度。如果继续对其加热使其温度升高，则会在新的温度下重新达到动态平衡。因此对应某一定的饱和温度 t_s（℃），必有一定的饱和压力 p_s（MPa），二者之间的关系可用如下公式表示，即

$$t_s = 178.7 \times \sqrt[4]{p_s} - 0.6p_s$$

也可查表 3-6。

表 3-6　　饱和温度和饱和压力的对应关系

饱和压力（MPa）	饱和温度（℃）	饱和压力（MPa）	饱和温度（℃）	饱和压力（MPa）	饱和温度（℃）
0.1	99.63	2.1	214.85	5.0	263.92
0.2	120.23	2.5	223.94	9.0	303.31
0.5	151.85	2.6	226.03	10.0	310.96
0.6	158.84	3.0	233.84	10.9	317.33
1.0	179.88	3.1	235.66	11.0	318.04
1.1	184.06	3.5	242.54	13.0	330.81
1.5	198.28	3.6	244.16	17.0	352.26
2.0	212.37	4.0	250.33	20.0	365.71

一定压力下的过热蒸汽温度高出该压力下的饱和温度的数值称为过热度。计算公式为

过热度＝过热蒸汽实际温度－对应压力下的饱和温度

例如某高压锅炉的蒸汽压力为 10.9MPa，过热蒸汽温度为 540℃，其饱和温度为 317.33℃，则其过热度为 540－317.33＝222.67（℃）。

在一定压力下，饱和水吸收热量，用来克服水分子间的引力而汽化为蒸汽，温度是不会升高的，饱和水全部变为饱和水蒸气（饱和水蒸气是指在一定压力下，水沸腾时产生的蒸汽）之后，继续对其进行加热，温度将会升高。当工质的温度超过该压力下的饱和温度时，这种高于对应压力下饱和温度的蒸汽，就称为过热蒸汽。其过程见图 3-3。

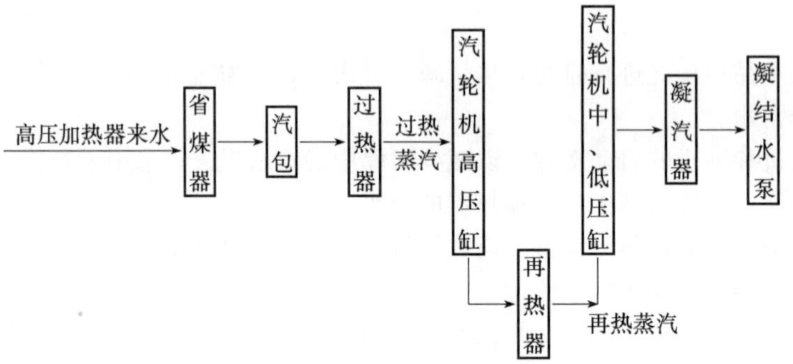

图 3-3　主、再热蒸汽系统

11. 循环水泵耗电率

循环水泵的作用是不间断地向凝汽器供给冷却水。循环水泵耗电率是指发电过程中循环水泵耗用的电量与发电量的比率。循环水泵耗电率与循环水泵效率、系统阻力、循环水泵运行方式、循环水系统严密性等有关，其计算公式为

$$循环水泵耗电率 = \frac{计算期内本机组循环水泵耗电量（万\ kWh）}{计算期内本机组发电量（万\ kWh）} \times 100\%$$

循环水泵一般只考核其耗电率即用电率，而不考核其单耗。对工业水采用闭式循环的系统，其闭式循环泵的耗电量不能计入循环水泵耗用电量之中。对循环水泵进行监督时，必须查看是否

有循环水泵厂用电率记录；查阅设计说明书，要求循环水泵设计效率应不小于80%，否则应对效率低的循环水泵进行改造。

减少循环水量可以降低耗电量，但是这会使汽轮机的真空恶化，增加热量损失；在蒸汽参数和流量不变的情况下，提高真空会使蒸汽在汽轮机中的可用焓增大，相应地增加发电机的输出功率。但是在提高真空的同时，需要向凝汽器多供冷却水，从而增加循环水泵的耗电量。因此应确定一个最有利的冷却水量（或称最有利真空）。

最有利真空就是指由于凝汽器真空的提高，使汽轮机功率增加与循环水泵多耗的电量之差为最大值时的真空。最有利真空要通过试验的方法来确定。如图3-4所示，曲线1表示当进入凝汽器的凝汽量和冷却水进水温度不变时，由于冷却水量的增大而引起汽轮发电机所多发的电量，曲线2表示在同样条件下，由于冷却水量的增大而引起循环水泵所多耗用的电量，曲线3是曲线1和曲线2之差，它表示了在凝汽量和冷却水进水温度不变时，由于冷却水量的增大，所获得的净收益 ΔN。当净收益 ΔN 为最大时，所对应的真空（对应的 M 点的真空）就是最有利真空。

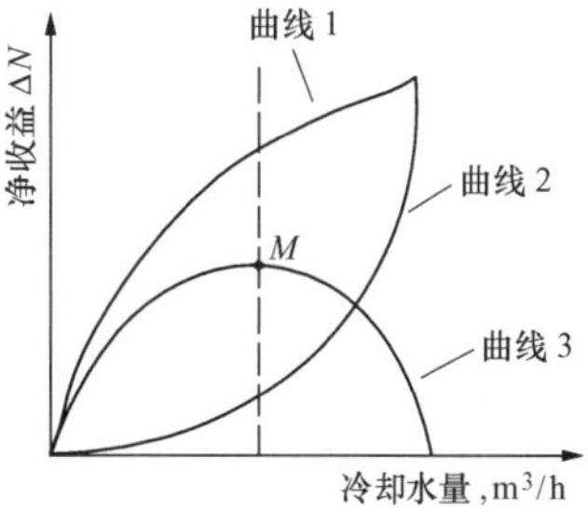

图3-4 最有利真空的确定

实际运行中，根据凝汽量和冷却水进口温度来选用最有利真空下的冷却水量，换句话说，就是合理调度循环水泵台数和容量。影响凝汽器最有利真空的主要因素是：进入凝汽器的蒸汽流量、汽轮机排汽压力、冷却水的进口温度、冷却水水量、汽轮机的出力变化和循环水泵耗电量等。降低循环水泵耗电量的措施为：

（1）提高循环水泵效率，经试验证明，循环水泵内部铸造表面研磨打光后，水泵的效率将能提高6%～7%。

（2）循环水泵供水量大对提高真空降低煤耗有利，但是供水量过多会造成凝结水过冷却度增加，同时多开泵会多用电，因此应根据最有利真空试验，合理安排循环水泵的调度方案。

（3）充分利用凝汽器冷却水出口的虹吸作用，维持稳定的循环水管虹吸作用。

（4）去掉循环水系统中多余的阀门，改善管道形状，尽可能减少管道阻力损失。

（5）机组间的循环水管连通。

（6）加强循环水入口滤网清理，清除循环水管淤泥附着物，减少系统阻力。

12. 给水泵耗电率与单耗

给水泵的作用是不间断地供给锅炉软化水或除盐水。通常汽轮机功率低于200MW的机组采用电动给水泵，汽轮机功率高于200MW的机组采用辅助汽轮机拖动给水泵。中温中压电厂给水泵耗电率约占全部厂用电量的16%，高温高压电厂给水泵耗电率占全部厂用电量的30%～40%。

给水泵耗电率是指发电过程中给水泵耗用的电量与相应发电量的比率。与给水系统阻力、系统严密性、给水泵效率、泄漏程度等有关，其计算公式为

$$给水泵耗电率=\frac{计算期内本炉给水泵耗电量（万\ kWh）}{计算期内本机组发电量（万\ kWh）}\times 100\%$$

通常给水泵耗电情况采用给水泵单耗来考核。给水泵单耗是指计算期内锅炉每产生单位蒸汽量时，给水泵所耗用的电量。计算公式为

$$给水泵单耗（kWh/t）=\frac{计算期内本炉给水泵耗电量（kWh）}{计算期内本炉蒸发量（t）}$$

降低给水泵单耗的措施为：

(1) 尽量减少给水泵与锅炉之间给水管道中的弯头、阀门和异型部件的数量，减少给水流动阻力损失。

(2) 给水泵出口压力应符合将给水打入汽包所需的压力，不应使富裕压力过大。

(3) 检修时应调整好给水泵的内部间隙，以提高给水泵的效率。通常给水泵的内部间隙若增大0.4～0.6mm，给水泵的效率将降低3%～4%。

(4) 使用变速调节流量方法代替节流调节流量的方法。

(5) 加强阀门检修管理，减少给水泵再循环阀泄漏。

13. 冷却塔耗电率

冷却塔耗电率是指计算期内单元机组冷却塔为冷却凝汽器的冷却水而消耗的电量占相应发电量的比例。冷却塔耗电率与冷却塔风机效率、水塔清洁程度、堵杂物程度、积淤泥程度有关。其计算公式为

$$冷却塔耗电率=\frac{计算期内冷却塔耗电量（万\ kWh）}{计算期内本机组发电量（万\ kWh）}\times100\%$$

14. 主蒸汽压力

主蒸汽压力是指汽轮机主汽门前的蒸汽压力，如果有两路主蒸汽管，取算术平均值，单位通常以MPa表示，是决定汽轮机运行经济性的最主要参数之一。现代大机组通常采用定压—滑压—定压运行方式以提高电厂的运行经济性，即额定负荷或高负荷运行时主蒸汽压力应在设计额定参数下运行，并要求压红线运行，此时汽轮机效率最高；负荷降低到一定值时，锅炉采用滑压运行方式；负荷较低时，又采用定压运行方式。定压—滑压—定压与负荷的关系曲线可由厂家提供，也可通过优化试验求得。

如果主蒸汽压力降低，将使蒸汽做功能力下降，引起汽耗量增大，煤耗增加，同时汽轮机的轴向推力增加，容易发生推力瓦烧坏事故。汽压降低过多，使汽轮机不能保持额定出力，汽轮机的最大出力受到限制。

主蒸汽压力增加，可使热耗和煤耗减少，对运行的经济性显然有利。压力每升高1MPa，热耗降低0.55%～0.7%，煤耗减少1.5～2.2g/kWh。但是主蒸汽压力升高超过允许范围，将引起调节级叶片过负荷；造成汽轮机主蒸汽管道、蒸汽室、主汽门、汽缸法兰及螺栓等部件的应力增加，对管道和汽阀的安全不利；使湿汽损失增加，并影响叶片寿命，主蒸汽压力不能无限升高。因此必须控制主蒸汽压力在一定范围内，对中压锅炉为±0.5MPa，对高压、超高压和亚临界锅炉为±0.2MPa。不统一考核滑压机组的主蒸汽压力。

机组在运行过程中引起主蒸汽压力偏低的主要原因是给水压力低、主蒸汽流量大及燃烧调整不当，运行人员可采取措施提高给水流量和增大燃料量。

15. 主蒸汽温度

主蒸汽温度是指汽轮机主汽门前的蒸汽温度，如果有两路主蒸汽管道，取算术平均值，单位通常以℃表示，是决定汽轮机运行经济性的最主要参数之一。任何负荷下都应尽可能在设计的主蒸汽温度下运行，以使汽轮机效率最高。

在实际运行中，主蒸汽温度变化的可能性较大，对汽温的监控要特别注意。如果主蒸汽温度升高超过允许范围，将引起调节级叶片过负荷；会使工作在高温区域的金属材料强度下降，缩短过热器和汽轮机的使用寿命；当主蒸汽温度过高时，用喷水减温的方法虽可使汽温减低，但这将会增加热耗。国产100MW汽轮机的计算表明，过热器喷水由0增加到1%（给水份额，且减温

水来自给水泵处；如果减温水来自末级高压加热器出口则不影响热耗）时，使热耗增加0.118%。当发生严重超温时，有可能引起过热器的爆管事故，因此汽温不能无限升高。

如果主蒸汽温度降低，不但引起煤耗增加，而且使汽轮机的湿汽损失增加，对叶片的冲蚀作用加剧，效率降低。如果汽温降低过快，会使汽轮机部件冷却不均匀，造成汽轮机磨损、振动。主蒸汽温度每降低1℃，影响热耗0.03%，煤耗率增加0.1g/kWh。因此必须控制主蒸汽温度在一定范围内。主蒸汽温度的波动范围为±5℃，主蒸汽温度考核期内不应超过“设计值±3℃”，各进汽管道主蒸汽温度偏差不超过“两管平均值±3℃”。

运行中可能造成主蒸汽温度偏低的原因有：燃料量不足、过热器喷水量大、过热器积垢、水冷壁积垢、过量空气系数较高、燃烧器倾角调整不到位、烟气流量不合适、旁路挡板位置不当、温度控制给定值漂移、过热器管泄漏、过热器受热面面积不合理等。

运行人员通常可采取吹灰、调整燃烧器摆角、调整旁路挡板设置、调整减温烟气流量挡板、控制过量空气系数、手动控制过热器喷水流量等措施来调整主蒸汽温度。可以进行的维护有：重新设置温度控制给定值、修理过热器喷水控制阀、清洗锅炉水冷壁、清洗过热器管屏、消除过热器管道泄漏、增加或减少过热器受热面等。

16. 再热蒸汽压力（机侧）

所谓再热就是将通过汽轮机高压缸已经部分做了功的蒸汽，引入锅炉再热器中重新加热成一定温度的再热蒸汽，然后再送到汽轮机中压缸及低压缸继续做功。

再热蒸汽压力是指锅炉再热器出口的蒸汽，再次进入汽轮机前的蒸汽压力，单位通常以MPa表示。它是随汽轮机运行负荷变化而变化的一个参数。对应一定的蒸汽初参数，汽轮机有一个最佳的再热蒸汽压力，此时中间再热循环的热效率最高。当再热温度等于蒸汽初温时，最佳的再热蒸汽压力为蒸汽初压力的18%～26%。

在正常运行中，再热蒸汽压力是随着蒸汽流量的变化而变化的。蒸汽从高压缸排出后，经过再热器管道进入中压缸，压力将会有不同程度地降低，这个压力损失，称为再热器压损。再热器压损对整个汽轮机的经济效果有显著的影响，压损的大小以蒸汽在再热系统中的压力降（高压缸的排汽压力－再热蒸汽压力）与高压缸的排汽压力之比值表示。在正常运行中，再热蒸汽压力是跟随主蒸汽压力调节而变化的。再热蒸汽压力不能太高，否则将会对再热管道和汽阀产生危害。再热器压损每增加1%（再热器压损额定值一般小于10%），热耗增加0.1%～0.17%。

17. 再热蒸汽温度（机侧）

再热蒸汽温度是指锅炉再热器出口的蒸汽，再次进入汽轮机前的蒸汽温度，即再热主汽门前的蒸汽温度，单位通常以℃表示。再热蒸汽温度通常随着主蒸汽温度的改变而改变，任何负荷下都应尽量在设计的额定再热蒸汽温度下运行。同主蒸汽温度一样，再热蒸汽温度的变化，也直接影响着设备的安全性和经济性。

再热蒸汽温度升高，机组的热耗和煤耗减少，温度每升高1℃，热耗降低0.02%～0.03%，煤耗减少0.07g/kWh左右。但再热蒸汽温度升高超过一定值时，将引起再热器和中压缸前几级强度降低，限于金属材料的强度，会造成再热器和中压缸的损坏和寿命缩短。当再热汽温过高时，用喷水降温的方法虽可使汽温降低，但这将直接增加中、低缸的蒸汽量，引起中、低缸各级前压力升高，同时喷水降温还会增加热耗。国产200MW汽轮机的计算表明，再热蒸汽的喷水每增加1%将使热耗增加0.2%。如果再热蒸汽温度低于允许值，不仅使末几级动叶应力增加，还使末几级湿度增加，叶片受到冲蚀。因此必须控制再热蒸汽温度在一定范围内，再热蒸汽温度考核期内不应超过“设计值±3℃”，各进汽管道再热蒸汽温度偏差不超过“两管平均值±3℃”。

提高主再热蒸汽参数的措施为：

（1）开展形式多样的小指标竞赛，要求主蒸汽参数压红线运行。

（2）通过燃烧调整试验，确定锅炉最佳运行方式。

（3）对因设备问题使再热蒸汽参数不能达到设计值的，可以改进设备，如增加再热器受热面等。

（4）汽温汽压投自动，进行 DCS 改造。

（5）采用能耗在线分析软件，对影响能耗指标的主要因素进行自动调整和控制。

（6）尽量不使用再热器减温水，可通过调节烟气挡板等燃烧调整手段来控制再热汽温。由锅炉给水泵出口提供过热器减温水或从给水泵中间抽头处引出再热器减温水时，由于这些给水未经下游加热器的进一步加热而直接去锅炉内吸热，将影响机组的运行热经济性，在向再热机组的再热器和过热器提供相同的减温水流量时，前者影响煤耗的结果是后者的 10～20 倍。

18. 给水溶解氧合格率

给水溶解氧合格次数与全部取样分析次数之比的百分数，称为给水溶解氧合格率。给水溶解氧合格率力求 100%，其计算公式为

$$\text{给水溶解氧合格率}=\frac{\text{统计期内给水溶解氧合格次数}}{\text{统计期内全部取样分析次数}}\times 100\%$$

锅炉给水是由凝结水、补充水和各种疏水组成的。如果锅炉的给水中含有氧气，则氧气在高温下将直接和金属发生化学反应，使热力设备受到腐蚀，使用寿命缩短，可靠性降低。因此必须把送入锅炉的给水中的含氧量控制在允许的范围内，特别是高参数大容量锅炉对给水品质要求更高。给水溶解氧和其他参数标准见表 3-7。

表 3-7　锅炉给水质量标准

炉　型	锅炉压力（MPa）	给水溶氧（μg/L）	硬度（μmol/L）	钠（μg/L）	二氧化硅（μg/L）	电导率（μS/cm，25℃）
汽包炉	3.8～5.8	≤15	≤2.0	—	应保证符合锅炉设计标准	—
	5.9～12.6	≤7	≤2.0	—		≤0.30
	12.74～15.6	≤7	≤1.0	—		≤0.30
	15.7～18.3	≤7	≈0	—	≤20	≤0.30
直流炉	5.9～18.3	≤7	≈0	≤5	≤15	≤0.30
	18.4～25	≤7	≈0	≤3	≤10	≤0.20

保障给水溶氧合格的措施有：

（1）除氧器超负荷运行、加热不足会引起凝结水含氧量增加，因此除氧器加热温度、压力要达到额定值。

（2）及时更换除氧器已损坏的喷嘴、淋水盘。

（3）保证除氧器排气门开度，及时排出从水中分离逸出的气体。

（4）如果喷雾式除氧器喷头堵塞或雾化不良，应联系检修处理。

（5）如果取样器内部泄漏，导致化验不准，应改进取样方式或更换。

19. 凝汽器胶球装置投入率

凝汽器胶球装置投入率是指凝汽器胶球投入运行时间占汽轮机运行时间内应投胶球时间的比率。其计算公式为

$$\text{凝汽器胶球装置投入率}=\frac{\text{胶球实际投入运行时间（h）}}{\text{应投入胶球运行时间（h）}}\times 100\%$$

要求凝汽器胶球装置每天运行 1～2 次，每次不少于 2h；检查胶球装置投运记录，考核期内

胶球装置投入率应不低于98%。

20. 凝汽器胶球装置收球率

凝汽器胶球装置收球率是指凝汽器胶球清洗装置运行后，收回的球量占投入球量的比率，它与收球网的完整性、严密性、凝汽器结垢、堵杂物程度、胶球清洗系统连续投运时间、胶球清洗系统畅通程度有关，其计算公式为

$$凝汽器胶球装置收球率=\frac{计算期内收球数量}{计算期内投球数量}\times100\%$$

实测或检查胶球装置收球记录，考核期内胶球装置收球率应不小于95%。

21. 化学自用水率

化学自用水率指化学制水车间水处理设备本身所消耗的水量占化学取水量的百分比，其计算公式为

$$化学自用水率=\frac{化学取水量-化学制水量}{化学取水量}\times100\%$$

水处理设备本身所消耗的水量包括沉淀器、配药设备、钠阳离子交换器、氢阳离子交换器、阴离子交换器等设备所消耗的水量，但不包括化学制水车间生活杂用水量。

监督检查时，应检查化学制水车间记录，要求化学自用水率不大于10%。

化学总自用水率是指进入化学预处理的原水量与供给机组及系统的水量之差与原水量的百分比。供给机组及系统的水量包括除盐水（或软化水）和供给公用系统（如消防水系统、工业水系统、除尘水系统等）的清水量。化学总自用水量包括化学预处理自用水量和化学水处理自用水量。

22. 循环水塔温降

循环水塔温降是指循环水进入冷却水塔的进口温度与出冷却水塔的出口温度的差值，与冷却水塔的清洁程度、堵杂物程度、冷却水塔通风程度、冷却水塔淋水密度、冷却水塔水流分布密度、冷却水塔效率等有关。其计算公式为

循环水塔温降=循环水进入冷却水塔的进口温度－出冷却水塔的出口循环水温度

冷却塔冷却效果监督时应进行三方面的检查：

（1）外观检查，主要包括：溅水碟完整，不脱落，无堵塞；淋水填料外观整齐，无缺损，无变形，无杂物；配水系统保持清洁，无漏水，无溢水；除水器安放平稳，无缺损，无变形；淋水密度均匀，冷却水较干净。

（2）性能测试，主要包括：大气干、湿球温度，大气压力、大气风速和风向；进塔空气干、湿球温度；进塔水温，出塔水温；冷却水量。

（3）性能计算，计算方法参见《工业冷却塔测试技术规定》和本书性能测试章节。

监督检查时，必须提供冷却塔热力特性设计曲线和试验曲线，对于冷却塔的冷却效果的检查最好在夏季测试：循环水塔冷却效率应不小于95%。

23. 供热管道热损失

供热管道热损失量是指供热过程中管道损失的热量，它是供热量与售（用）热量的差额，不包括泄漏量。

供热管道热损失量=供热量－售(用)热量

供热管道热损失率是指供热过程中管道损失的热量占供热量的比率，计算公式为

$$供热管道热损失率=\frac{供热管道热损失量}{供热量}\times100\%$$

$$=\frac{\text{电厂出口焓值}-\text{用户侧焓值}}{\text{电厂出口焓值}}\times 100\%$$

供热管道热损失与热网长度、导管结构、绝热保温情况、传热温差、流速等因素有关。减少热量损失，可以降低抽汽汽压，增加供热量和发电量，提高电厂热效率。

24. 水蒸气品质合格率

水蒸气品质合格率是指水蒸气品质合格次数与全部取样测定次数之比（百分数），即

$$\text{水蒸气品质合格率}=\frac{\text{水蒸气品质合格次数}}{\text{全部取样测定次数}}\times 100\%$$

为了防止锅炉及其热力系统的结垢、腐蚀和积盐等故障，水、汽质量应达到一定的标准，水、汽质量监督的主要指标是水蒸气品质合格率。所谓的水蒸气品质就是指水、汽中含盐量和含硅量的多少。蒸汽中的盐类主要是钠盐，钠盐会沉积在过热器内，或者被带出锅炉进入汽轮机内沉积；蒸汽中的硅酸会沉积在汽轮机内，形成难溶于水的二氧化硅附着物。过热器管内有盐类沉积时，管子的流通截面减少，蒸汽的流动阻力增加，使流经该管子的蒸汽量减少，金属管壁不能充分冷却；与此同时，积存在管壁上的盐垢热阻大，不能很快地将管子的吸热量传给管内的蒸汽，因此过热器中的盐垢容易引起管壁过热，以致破裂爆管。当盐类在汽轮机通流部分沉积时，会使喷嘴和叶片的型线改变，汽轮机的效率降低；同时，由于蒸汽流通面积减少，流动阻力增大，使汽轮机出力降低，轴向推力和叶片应力增加，甚至破坏转子的动平衡，从而引起事故。因此水汽品质对汽轮机运行的安全性和经济性影响较大，必须对钠盐含量和硅盐含量这两个指标进行监督。GB/T 12145—1999《火力发电机组及蒸汽动力设备水汽质量》有明确的规定，见表 3-7 和表 3-8。

表 3-8　　火力发电机组蒸汽质量标准

项目 \ 炉型		汽包炉标准值		直流炉标准值	
		3.8～5.8MPa	5.9～18.3MPa	5.9～18.3MPa	18.4～25MPa
钠（μg/kg）	磷酸盐处理	≤15	≤5	≤10	<3
	挥发性处理	≤15	≤5	≤10	<3
电导率（μS/cm）	磷酸盐处理	≤0.30	≤0.30	—	—
	挥发性处理	≤0.30	≤0.30	≤0.30	<0.30
	中性水处理及联合水处理	≤0.30	≤0.15	≤0.15	<0.15
二氧化硅（μg/kg）		≤20	≤20	≤20	≤10

提高水蒸气品质合格率的途径有：

（1）在汽包内进行汽水分离，减少蒸汽对水分的机械携带。如果汽水分离效率不高或各分离元件的结合处不严密，就会造成含钠量和含硅量不合格。

（2）对蒸汽进行清洗，高参数蒸汽具有直接溶解盐分的能力，因此对高压以上的锅炉只采用汽水分离的方法是不能满足对蒸汽品质的要求的，为此可以将汽水分离出来的蒸汽与省煤器出口的给水接触，用给水清除溶解在蒸汽中的盐分。如果洗汽装置有短路现象，就会造成含钠量和含硅量不合格。

（3）进行锅炉排污，将部分含盐浓度大的炉水排走。如果锅炉定期排污次数太少，就会造成含钠量和含硅量不合格。

（4）严格控制锅炉运行方式，防止水位太高、蒸汽压力变化过快。

（5）保障减温水水质符合规定，表面式减温器泄漏也会引起蒸汽的含钠量和含硅量不合格。

提高给水品质合格率的途径有：

（1）严格执行排污制度，保持适当的排污次数，消除排污装置的缺陷。

（2）合理控制磷酸盐的加药量，消除加药设备缺陷，当锅炉水磷酸根过高时，应注意加大排污，直至炉水磷酸根合格。

（3）消除除氧器内部装置缺陷，保障除氧器正常运行。当溶解氧不合格时，应将再沸腾管投入运行。

（4）加强锅炉水和蒸汽品质的监督，防止生水渗入给水系统，引起硬度不合格。

25. 凝结水过冷却度

凝汽器压力 p_k 相应的饱和温度 t_s 与凝汽器热井内凝结水温度之差称为凝结水过冷却度（或凝汽器过冷度，简称过冷度），即

$$\Delta t_{sc}=t_s-t_{c0}$$

式中 t_s——排汽压力对应的蒸汽饱和温度，℃；

Δt_{sc}——同压力下凝结水过冷却度，℃；

t_{c0}——凝汽器热井内凝结水温度，℃。

计算时，排汽温度、凝结水温度均按现场抄表所得的当日 24h 的平均值。凝结水过冷产生不可逆的汽源损失，是一项影响经济性的小指标。正常运行时，凝汽器过冷度一般为0.5～2℃。凝汽器过冷却度每升高 1℃，热耗增加 0.014%。从理想情况看，凝结水温度应和凝汽器的排汽压力下的饱和温度相等，但实际上由于各种因素的影响使凝结水温度稍微低于排汽压力下的饱和温度，这就是凝结水过冷却。

结水过冷却将造成以下危害：

（1）凝结水过冷却，由于液体中溶解的气体与液面上该气体的分压力成正比，导致凝结水的含氧量增加，加重了除氧器的负担，加快设备管道的锈蚀，降低设备寿命和可靠性。

（2）凝结水过冷却使凝结水温度低，导致循环水带走过多的热量，在除氧器、加热器加热时就会多消耗抽汽量。

因此凝汽器对凝结水应具有良好的回热作用，以使凝结水出口温度 t_{c0} 尽可能地接近于凝汽器的排汽压力 p_k 所对应的饱和温度 t_s，以减少汽轮机回热抽汽，降低热耗。

凝结水过冷却产生的原因：

（1）凝汽器内管束排列问题。

冷却水管在凝汽器管板上的基本排列方法过去主要有外围带状式（或辐向排列法）、卵状式（或三角形排列法）。这种排管方式不合理，里面的管束布置密度很大，而且排列位置也有问题，这样造成蒸汽空气混合物在通往凝汽器的管束中心和下部时遇到很大的流动阻力，即存在很大的汽阻，导致内部绝对压力从凝汽器入口到抽汽口逐渐降低，使得凝汽器大部分区域的蒸汽实际凝结温度低于凝汽器入口处的饱和温度，形成凝结水过冷却。同时蒸汽大部分集中在上部排管处，蒸汽凝结的水通过密集的管束，在冷却水管外侧形成一层水膜，又起到冷却凝结水的作用，加之排汽不能回热热水井中的凝结水，进一步加剧了凝结水的过冷却。

（2）凝汽器水位过高。

当热井水位过高，导致凝汽器下部冷却水管浸入到凝结水中，这样冷却水又带走一部分凝结水的热量；换句话说水位太高，将冷却水管浸没，将使整个凝汽器冷却面积减少。严重时淹没空气管，使抽气器抽水，凝汽器真空严重下降。

（3）漏入空气。

在机组运行过程中，处于真空条件下的凝汽器、汽轮机的排汽缸以及低压给水加热系统等，如果有不严密处，则造成空气的漏入。空气的漏入降低了传热效果，增加传热端差。

（4）抽气器运行不良。

抽气器工作不正常，不能把凝汽器内积存的空气抽走，使凝汽器中不凝结气体增加，导致冷却水管的表面构成空气膜，这个空气膜降低了传热效果，增加传热端差；同时由于抽气器运行不良，使凝汽器内的蒸汽混合物中的空气分压力增大，蒸汽分压力降低，凝结水温度就低于冷凝器内总压力对应的饱和温度，而引起凝结水的过冷却。

（5）凝汽器损坏。

凝汽器冷却水管破裂，低温冷却水漏入凝结水中，引起凝结水水质严重恶化（如硬度超标等）和过冷却。

（6）冷却水入口温度和流量的影响。

在一定的蒸汽负荷下，当冷却水进口温度降低或流量增大时，由于大部分蒸汽在大量凝结区的上部就凝结完毕，使空气冷却区的范围扩大了，导致进入热井的凝结水的冷却度增大。

减少凝汽器冷却度的措施有：

（1）运行中严格监视凝汽器水位，还可以利用凝结水泵的运行特性，使凝汽器尽可能保持低水位运行，避免淹没凝汽器冷却水管。

（2）注意真空系统严密性变化，定期进行真空系统严密性试验（特别在每次停机时），发现漏点及时消除，防止空气漏入。这不仅可以提高真空，还可以防止凝结水过冷却。

（3）由于抽气器的作用是不断将不能凝结成水的气体抽出，以维持凝汽器的真空，因此必须保证抽气器或真空泵处于正常工作状态，定期清扫抽气器喷嘴。

（4）运行中加强对凝结水泵的监视，防止空气自凝结水泵轴封漏入。

（5）运行中加强对真空系统密封水的监视，防止密封水中断而漏入空气。

（6）运行中加强对低压汽封的监视与调整，防止空气漏入。

（7）对于旧凝汽器，可拆除部分冷却水管，让排汽能深入到冷却面中部，并有足够的宽度，使蒸汽能沿着冷却面做均匀分配，保障凝结水加热到接近排汽温度。

（8）采用管束设计合理的回热式的凝汽器。

（9）在冬季冷却水温度较低时，可改变运行的水泵台数或者关小压力管道上的阀门来调节冷却水流量，或者通过调速调节冷却水流量。

第二节　锅炉和燃料指标的管理

锅炉本体是由“锅”和“炉”两大部分组成。“锅”包括由省煤器、汽包、下降管和水冷壁等组成的蒸发设备，以及由过热器、再热器等组成的汽水系统。它的任务是使水吸热蒸发，最后变成具有一定参数的蒸汽。“炉”包括由炉膛、烟道、燃烧器以及空气预热器等组成的燃烧系统。它的任务是使燃料燃烧放热，产生高温的火焰和烟气。

从炉膛排出的灰渣已冷却为固态时，称为固态排渣锅炉。固态排渣锅炉当燃用某些不易着火而灰熔点又较低的煤（如灰熔点在1200℃以下的无烟煤）时，往往燃烧不稳定而又容易结焦；如果为了防止结焦而降低炉膛温度，则燃烧更不稳定，容易灭火，燃烧的效率也很差；如果为了稳定燃烧而提高炉膛温度，则结焦更为严重。解决这个矛盾的办法是采用液态排渣煤粉炉。从炉膛排出的灰渣以液体状态流出时，称为液态排渣锅炉。为了在液态排渣锅炉炉膛下部保持足够高的温度，可将炉膛下部四周的水冷壁用耐火材料覆盖住，以减少这部分水冷壁吸热，使燃烧区域能形成很高的温度，这样既有利于无烟煤煤粉的着火和完全燃烧，而且也有利于灰渣熔化成液态从炉底排出。

液态排渣锅炉的缺点是：当锅炉负荷降低时，炉内温度也随之下降。负荷降低到一定程度，渣池中的灰渣停止流动，这个负荷称为临界负荷。一般临界负荷为额定负荷的70%左右，这就限制了锅炉负荷的调节范围。

现代大容量锅炉都采用较高的蒸汽参数，表3-9列出了我国电站锅炉的容量和参数系列。就锅炉过热蒸汽压力而言，2.45MPa以下属于低压，2.45～6.37MPa为中压，7.8～10.8MPa为高压，11.8～14.7MPa为超高压，22.129MPa为临界压力，对应的温度为临界温度。临界温度是饱和水和蒸汽可能存在的最高温度，超过这一温度则只有过热蒸汽存在。也就是说在临界点上，工质的汽化过程消失了，工质在达到饱和温度后再继续加热，将从液态水直接成为过热蒸汽。

表3-9　　　　我国电站锅炉的容量和参数

压力分类	锅炉参数			容量（t/h）	功率（MW）	锅炉型式
	蒸汽压力（MPa）	蒸汽温度（℃）	给水温度（℃）			
中压：蒸汽压力 2.45～6.37MPa	2.5	400	105	20	3	小型
	3.9	450	145～155	35，65，130	6，12，25	
	3.9	450	165～175			
高压：蒸汽压力 7.8～10.8MPa	9.8（100）	540	205～225	220，410	50，100	中型
超高压：蒸汽压力 11.8～14.7MPa	13.8（140）	540/540	220～250	420	125	
	13.8	555/555	220～250	670	200	大型
亚临界：蒸汽压力 15.7～19.6MPa	16.7～18.6	540/540	250～295	1025～2008	300，600	
	16.7（170）	550/550	260、265	1000	300	
	17.4	540/540	292	1050	320	
	18.5	545/545	262	947	300	
超临界：蒸汽压力大于22.13MPa	25.4	541/566	267～300	1650～2650	600，500，800	
	24.2	566/566				
超超临界：蒸汽压力大于28MPa或温度大于600℃	31/566/566 25.4/600/610		≥280	1900～3300	600，900，800，1000	

注　蒸汽压力的兆帕均为约数，括号内的数值为表压力（kg/cm^2），是准确值；以分数表示的蒸汽温度，分子为过热主蒸汽温度，分母为再热蒸汽温度。

机组参数越高，循环效率越高；但蒸汽参数越高，机组需要采用的金属材料强度和抗氧化性就越高，所用钢材的合金元素含量也就越高，价格升高，焊接性变差，因此需要根据技术经济比较，选择合理的蒸汽参数。

1. 过量空气系数

（1）过量空气系数定义。煤的燃烧是煤中可燃元素与氧气在高温条件下进行的高速放热化学反应过程。为使煤中的可燃元素燃烧，除需要一定的温度条件外，还必须供给一定量的氧气，氧气来源于空气。为了使煤在炉膛中能尽量的燃烧完全，减少不完全燃烧热损失，实际送入炉膛的空气量都大于理论空气量，以使燃烧反应在有多余氧的情况下充分进行。实际供给的空气量与理论空气量的比值称为过量空气系数或称过剩空气系数或空气过剩系数，计算公式为

$$\alpha=\frac{实际空气量}{理论空气量}$$

对于在负压下工作的锅炉，外界冷空气会通过锅炉不严密处漏入炉膛及其烟道中，致使烟气中过量空气增加，造成排烟热损失和引风机电耗增大，降低锅炉运行的经济性，因而锅炉运行中应采取有效措施来减少漏风。

过量空气系数直接影响炉内燃烧的好坏和排烟热损失的大小。运行中准确、迅速地测定它，是监督锅炉经济运行的主要手段。如果燃料一定，根据燃烧调整试验可以确定对应于最佳过量空气系数下的三原子气体含量 RO_2（包括 CO_2 和 SO_2）的数值，运行中保持这样的 RO_2 数值就可以使锅炉处在经济工况下。

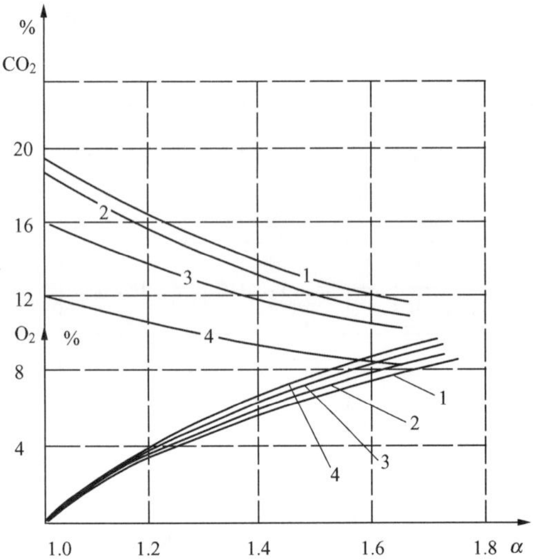

图 3-5　烟气中 CO_2 和 O_2 的含量与过量空气系数 α 的关系

1—无烟煤；2—褐煤；3—重油；4—天然气

如果空气供应不足，氧量表读数小，二氧化碳表读数大，燃烧不完全，产生一氧化碳，将会造成不完全燃烧损失；如果空气供应过多，氧量表读数大，二氧化碳表读数小，不仅使炉温降低引起燃烧不完全，还将使排烟带走的热损失增大（排烟量增加），同时送、引风机的耗电量也增大，所以过量空气系数有一最佳值。

电厂中燃用的煤种是经常变动的，当燃料成分改变时，特征值 $RO_{2,max}$ 也发生变化，因此尽管运行中继续维持原来的 RO_2 值，而实际上过量空气系数已经改变。这说明用 RO_2（或 CO_2）数值来监测过量空气系数受燃料种类的牵制很大，相同的 RO_2 值，对于不同的燃料却表征不同的过量空气系数值，如图 3-5 所示。然而燃料种类的变化对于 α 的影响很小，因此目前电厂采用磁性氧量计或氧化锆氧量计来测量烟气中的含氧量 O_2，用于监督运行中的过量空气系数。通常燃煤锅炉炉膛出口（运行中氧量测点一般安装在竖井烟道省煤器上部）最佳过量空气系数 α 为 1.20～1.25，燃油锅炉炉膛出口最佳过量空气系数 α 为 1.10～1.20。过去锅炉控制盘上一般安装 CO_2 表，根据烟气中的 CO_2 值来调节风量。烟气中的 CO_2 值与 O_2 值是互成反比例关系，二者之间的关系式为

$$CO_2\ 表读数=\frac{21-炉膛出口氧量表读数\ O_2}{1.1}$$

（2）过量空气系数的影响。

炉膛出口氧量每变化 1%（偏离最佳氧量），对引进型 300MW 锅炉，其锅炉效率要降低 0.33%。因此应针对不同的负荷、煤种合理配风。对挥发分多的煤粉一次风率可大些，而对挥发分小的无烟煤和贫煤，一次风率应小一些，只有这样才能保证最佳的燃烧。

某海滨电厂对 4 号机组（引进型 300MW 机组）进行了氧量调整试验，结果见表 3-10（90% 负荷，假设排烟温度与送风温度不变）。试验结果表明，炉膛出口最佳氧量为 5.2%，低于最佳氧量时，飞灰可燃物增大幅度较小，由飞灰可燃物引起的机械不完全燃烧热损失增加幅度不大，由过量氧量引起的排烟热损失增加幅度也不大（不考虑排烟温度的变化）；但是高于最佳氧量时，飞灰可燃物急剧增大，由飞灰可燃物引起的机械不完全燃烧热损失迅速增加，由过量氧量引起的

排烟热损失增加（不考虑排烟温度的变化）。对于该电厂4号机组氧量增加1%，锅炉效率降低0.38%。

表 3-10 某海滨电厂4号机组氧量与飞灰可燃物的关系

炉膛出口氧量（%）	6.5	5.8	5.2	4.5	实测值
飞灰可燃物（%）	1.11	2.67	0.86	0.96	实测值
空气预热器出口氧量（%）	8.05	7.9	7.05	7.5	实测值
送风温度（℃）	9.5	9.5	9.5	9.5	实测及约定
排烟温度（℃）	140.2	140.2	140.2	140.2	实测及约定
排烟过量空气系数	1.621 6	1.603 1	1.505 4	1.555 6	计算值
q_2 排烟热损失（%）	8.077	7.992	7.540	7.773	计算值
q_4 机械不完全燃烧热损失（%）	0.212 7	0.498 3	0.204 4	0.298 2	计算值
q_2+q_4（%）	8.290	8.490	7.744	8.071	计算值

试验表明，炉膛氧量与排烟温度有一一对应关系，炉膛氧量越高，排烟温度越高，例如某厂炉膛氧量对排烟温度的影响见图3-6。

2. 最佳过量空气系数

当炉膛出口过量空气系数 α 增大时，燃烧生成的烟气量增多，烟气在对流烟道中的温降减小，使排烟温度升高。排烟量和排烟温度升高，使排烟热损失 q_2 变大。但在一定范围内炉膛出口过量空气系数 α 增大，由于供氧充分，炉内气流混合扰动好，有利于燃烧，使燃烧损失（q_3+q_4）减小。因此，存在一个最佳的过量空气系数 α_{zj}，可使损失之和（$q_2+q_3+q_4$）最低，锅炉效率最高。最佳的 α_{zj} 可通过燃烧调整试验来确定，运行中应按最佳的 α_{zj}（O_2 量）来控制炉内送风量。过量空气系数 α 过小或者过大都会使锅炉效率降低。

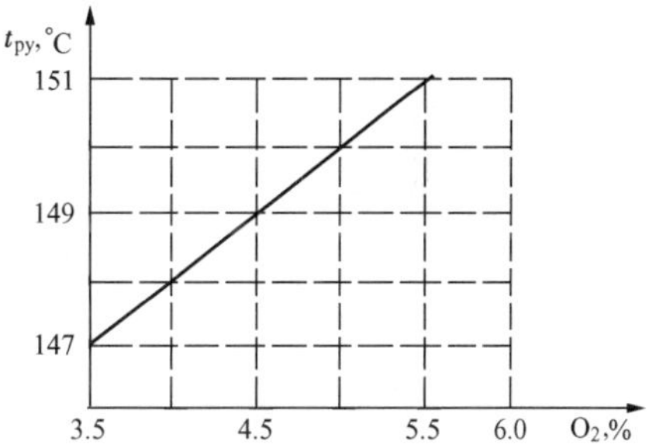

图 3-6 炉膛氧量对排烟温度的影响

O_2—炉膛氧量；t_{py}—排烟温度

在一台确定的锅炉中，过量空气系数 α 的大小与锅炉负荷、燃料性质、配风方式等有关。锅炉负荷越高，所需 α 值越小；当负荷很低时，由于形成炉内旋转切圆有最低风量的要求，导致最佳过量空气系数 α_{zj} 增大；煤质差（如燃用低挥发分煤）时，着火、燃尽困难，需要较大的过量空气系数 α 值；若燃烧器不能做到均匀分配风、粉，则锅炉效率降低，而且最佳过量空气系数 α_{zj} 值要大一些。通过燃烧调整试验可以确定锅炉在不同负荷、燃用不同煤质时的最佳过量空气系数。对于不同的锅炉，额定负荷下的 α_{zj} 值见表3-11。若锅炉没有其他缺陷的限制，应按最佳过量空气系数 α_{zj} 所对应的氧量值控制锅炉的送风量。

表 3-11 炉膛出口最佳过量空气系数 α_{zj}

燃烧方式	燃料	最佳过量空气系数 α_{zj}
固态排渣煤粉炉	无烟煤、贫煤	1.25
	烟煤、褐煤	1.20
液态排渣煤粉炉	无烟煤、贫煤	1.15～1.20
	烟煤、褐煤	1.10～1.15
燃油炉、燃气炉	重油、天然气、石油气	1.15
链条炉	无烟煤、贫煤	1.50
	烟煤、褐煤	1.30
抛煤机炉	无烟煤、贫煤	1.60
	烟煤、褐煤	1.40

过量空气系数 α 与氧量近似地存在如下关系，即

$$\alpha=\frac{21}{21-O_2}$$

可见对于一般固态排渣煤粉炉，其炉膛最佳氧量（最佳过量空气系数所对应的氧量）应在3.5～4.2范围内。

表3-12中列出了一些300MW级及以上的锅炉运行氧量值的范围。由表3-12可见，运行氧量值较高，这是因为锅炉运行氧量值一般测量的是烟道氧量，而不是炉膛氧量。同时表3-12中数值表示，所有锅炉在低负荷下运行，过量空气系数都维持较高。这是因为首先最佳过量空气系数 α_{zj} 随负荷降低而升高；第二低负荷时炉温低、扰动差，需增大风量以维持不致太差的炉内空气动力场、稳定燃烧等。

表3-12　　某些300MW级及以上锅炉运行氧量值的控制范围

锅炉等级 \ 负荷（MCR）	100%	80%	60%	50%
660MW	3.5	3.5	4.2	5.4
600MW	3.6	4.0	5.0	6.8
500MW	4.6	5.4	7.0	7.5
300MW	4.3	5.8	6.4	6.9

从锅炉运行的可靠性来看，若炉内 α 值过小，煤粉在缺氧状态下燃烧会产生还原性气氛，烟气中的一氧化碳CO气体浓度和硫化氢 H_2S 气体浓度升高，这将导致煤灰的熔点降低，容易引起水冷壁结焦和四管高温腐蚀。锅炉低负荷投油稳燃阶段，如果风量不足，会使油雾难以燃尽，随烟气流动至尾部烟道和受热面上发生沉积，可能导致二次燃烧事故。

由以上分析可知，过量空气系数的大小可以根据烟气中的氧含量来衡量。所以任何大型锅炉都装有氧量表，并根据其指示值来控制送入炉内空气量的多少。在控制氧量时必须明确氧量表在锅炉烟道的安装地点，因为在炉内相同送风量的情况下，氧量值沿烟气流动方向是变化的。通常认为煤粉的燃烧过程在炉膛出口就已经结束。因此，真正需要控制的氧量值应该是相应于炉膛出口的，但由于那里的烟温太高，氧化锆氧量计无法正常工作，所以大型锅炉的氧量测点一般安装于低温过热器出口或省煤器出口的烟道内。由于烟道漏风，这里的氧量与炉膛出口的氧量有一个偏差。以安装于省煤器出口的情况为例，应按以下公式进行修正：

$$\alpha=\alpha_{sm}-\Sigma\Delta\alpha$$

式中　α——炉膛出口过量空气系数；

α_{sm}——省煤器出口过量空气系数；

$\Sigma\Delta\alpha$——炉膛出口至省煤器出口烟道各漏风系数之和。

例如：某300MW锅炉炉膛出口的最佳过量空气系数 $\alpha_{zj}=1.2$，过热器、再热器、省煤器的漏风系数分别为0.02，则由上式得，在氧量测点处应控制的氧量为

$$O_{2,sm}=\frac{21\ (1.2+0.02\times3-1)}{1.2+0.02\times3}=4.3\ (\%)$$

而在炉膛出口处应控制的氧量为

$$O_{2,1}=\frac{21\ (1.2-1)}{1.2}=3.5\ (\%)$$

所以在正常漏风情况下，氧量表的数值应控制为4.3%而不是3.5%。此例说明，氧量表的控制值与炉膛出口至氧量表测点的烟道漏风状况有关。运行监督氧量值时，必须保证锅炉的漏风

工况正常。否则，当烟道漏风增加时，控制的氧量值也应增大。

3. 过热汽压

过热汽压是锅炉末级过热器出口的过热蒸汽压力，如果锅炉末级过热器出口有多路主蒸汽管，应取算术平均值，单位通常以 MPa 表示，是决定电厂运行经济性的最主要的参数之一。机组运行中，在高负荷下，锅炉应以汽轮机主汽门前的蒸汽压力达到设计的额定值（压红线运行）为准；在低负荷情况下，可根据汽轮机滑压运行需要而定。

4. 过热汽温

过热汽温是锅炉末级过热器出口的过热蒸汽温度，如果锅炉末级过热器出口有多路主蒸汽管，应取算术平均值，单位通常以℃表示，是决定电厂运行经济性的最主要的参数之一。机组运行中，在任何负荷下，锅炉应以汽轮机主汽门前的蒸汽温度达到设计的额定值（压红线运行）为准。

5. 再热蒸汽压力（炉侧）

锅炉再热蒸汽压力是锅炉末级再热器出口的再热蒸汽压力，如果锅炉末级再热器出口有多路再热蒸汽管，应取算术平均值，单位通常以 MPa 表示，是随汽轮机负荷变化而变化的一个参数。

6. 再热蒸汽温度（炉侧）

锅炉再热蒸汽温度是锅炉末级再热器出口的再热蒸汽温度，单位通常以℃表示，是决定电厂运行经济性的最主要的参数之一。机组运行中，在任何负荷下，锅炉应以汽轮机中联门前的再热蒸汽温度达到设计的额定值为准。

7. 排烟温度

燃料燃烧后会产生大量烟气，从锅炉尾部受热面（一般指空气预热器）后排出的烟气温度叫排烟温度。排烟温度应取各烟道烟气温度的算术平均值，一般用摄氏温度（℃）来表示。日排烟温度必须根据现场每小时所抄得的锅炉两侧排烟温度数值相加除以 2，计算出每小时锅炉的平均排烟温度，然后用每小时两侧平均排烟温度累加之和除以 24h，得出锅炉日平均排烟温度实际值。排烟温度越低，排烟损失越小，但是在设计中要降低排烟温度必须增加锅炉尾部受热面，这就需要增加投资和金属消耗量。如果排烟温度过低，达到烟气露点温度，则烟气中的二氧化硫会凝结在空气预热器的壁面上，形成低温腐蚀。燃用含硫量多的燃料时，这种低温腐蚀更加剧烈。排烟温度的高低应通过技术经济比较来确定，对于大容量的锅炉，一般空气预热器管壁应保持的最低温度见表 3-13。

表 3-13 空气预热器管壁最低温度

煤种		管式空气预热器（℃）	回转式空气预热器（℃）
烟煤	固态排渣	110	110
	液态排渣	80	70
褐煤		130	120

排烟温度与锅炉负荷、送风温度、送风量、尾部受热面积灰、烟道严密性等有关。在锅炉运行中，如果通风量不合理，炉膛温度偏低（炉膛吸热与温度成四次方减少），则排烟温度升高，降低锅炉运行的经济性。如果受热面结渣、积灰会使传热减弱，导致排烟温度升高，因此应及时吹灰打渣，保持受热面清洁。

排烟温度升高会使排烟焓增加，排烟损失增大。排烟温度每升高 1℃，使锅炉效率降低 0.05%～0.06%。因此应及时对空气预热器及受热面吹灰，保持较高的锅炉吹灰器完好率和投入率，防止受热面结渣和积灰。但是排烟温度也不能很低，一般为 110～160℃，考核排烟温度应以现场检查或测试报告为准，考核期内最大负荷时排烟温度平均值≤设计值×（1+5%）。

炉膛及烟道中的烟气压力低于大气压力，在运行中，外界空气将会从不严密处漏入炉膛及烟道中。漏入烟道的冷空气增大了烟气容积，其结果造成锅炉排烟热损失和引风机电耗增大，锅炉效率降低。因此各机组巡检应对锅炉本体各孔、门加强监视，注意堵塞漏风。

8. 飞灰可燃物

飞灰可燃物是指飞灰中碳的质量占飞灰质量的百分比（测点为空气预热器出口处），炉渣可燃物是指炉渣中碳的质量占炉渣质量的百分比。飞灰可燃物（炉渣可燃物）除与燃料性质有关外，很大程度上决定于运行人员的操作水平，与过量空气系数、炉膛温度、燃料与空气的混合情况有关。监督检查时以测试报告或现场检查为准，煤粉炉的飞灰可燃物一般控制在3%以下；流化床锅炉的飞灰可燃物一般控制在7%以下。

飞灰可燃物的测量有的厂已采用连续采样分析装置，这时飞灰可燃物为在线测量装置分析结果的算术平均值；但大多数厂仍由化学试验人员定期采样化验分析，所以计算飞灰可燃物时，应根据化学每日定期分析报表数据，求得统计日期内每班飞灰可燃物算术平均值。

飞灰可燃物和炉渣可燃物决定了机械不完全燃烧热损失，但是由于炉渣的数量很小，不足总灰量的10%，所以炉渣可燃物的影响很小。燃煤的挥发分越高，灰分越少，煤粉越细，排烟携带的飞灰和锅炉排除的炉渣含量就越少，由它所造成的机械未完全燃烧热损失就越少，锅炉效率就越高。安装高质量的飞灰可燃物在线监测装置和煤质在线监测装置，可以使运行人员根据煤质和飞灰可燃物大小及时调整一、二次风的大小和比例，调整最合理的煤粉细度，进一步降低飞灰可燃物。飞灰可燃物每降低1%，锅炉效率约提高0.3%。

9. 炉渣可燃物含量

燃料经过炉膛燃烧后，形成的炉渣中未燃尽碳的质量百分比。炉渣可燃物含量以每班现场取样的化验数据作为上报依据。

炉渣可燃物含量一般要高于飞灰可燃物含量，某电厂化验数据见表3-14。

表3-14　　某300MW燃煤锅炉飞灰与炉渣化验结果

工况	01A	01B	02A	02B
灰	3.14%	2.44%	2.85%	2.57%
渣	7.11%		5.96%	
工况	03 A	03 B	04A	04B
灰	3.44%	3.43%	1.23%	3.14%
渣	9.13%		7.02%	

影响炉渣可燃物含量高低的因素主要是煤质特性、煤粉细度和运行配风工况。

燃煤挥发分降低、灰分增加和发热量下降，都会使炉渣可燃物含量增加。煤粉细度增加和均匀性指数下降将直接引起炉渣可燃物含量增加。运行中的配风工况对炉渣可燃物含量的影响也很显著，炉膛出口过量空气系数下降或炉膛内局部缺风都会使炉渣可燃物含量增加。

10. 锅炉正平衡效率

锅炉热效率即通常所说的锅炉效率，其定义为锅炉总有效利用热量 Q_b 占单位时间内所消耗燃料的输入热量的百分比。如果1kg煤输入锅炉的热量为 Q_r（kJ/kg）（即1kg燃料发出的热量以及随燃煤一起进入锅炉的热量），锅炉每小时的燃料消耗量为 B（kg/h），则锅炉每小时输入的热量为 BQ_r。正平衡法计算锅炉热效率 η_{bl} 计算公式为

$$\eta_{bl}=\frac{Q_b}{BQ_r}\times 100\%$$

1kg煤输入锅炉的热量为 Q_r，通常等于燃料的低位发热量 $Q_{net,ar}$，即 $Q_r=Q_{net,ar}$。所以锅炉效

率正平衡计算公式为

$$\eta_{bl}=\frac{Q_b}{BQ_{net,ar}}\times100\%$$

锅炉效率与锅炉蒸汽参数有关，一般高压锅炉效率90%以上，超高压锅炉效率91%以上，超临界锅炉效率92%以上。

11. 锅炉反平衡效率

通常用反平衡法计算锅炉效率，即由各项热损失求得锅炉效率。有关反平衡效率 η_{gl} 计算方法将专节介绍。

对于引进型300MW机组，锅炉效率每提高1%，热耗率减少1.24%，提高锅炉效率应着重抓好以下几个方面：

(1) 加强吹灰管理。锅炉受热面积灰，影响传热。灰垢的导热系数约为钢板导热系数的1/450～1/750，可见积灰的热阻是很大的。锅炉受热面上的积灰厚1mm时，锅炉热效率就要降低4%～5%。因此必须采取蒸汽吹灰、空气吹灰，或使用清灰剂化学除灰，提高锅炉效率。

(2) 合理控制煤粉细度，降低飞灰可燃物。

(3) 减少炉膛、烟道漏风。炉膛及烟道漏风会使锅炉效率降低。炉膛漏风还会使炉膛温度降低，对燃烧不利。对于煤粉炉，炉膛漏风系数每增加0.1，锅炉效率降低0.4%。

(4) 合理控制氧量。过剩空气系数越大，则排烟量越大，排烟损失越大；如果过剩空气系数越小，氧气供应不足，会造成化学不完全燃烧热损失。检查监督排烟氧量时，可以查看运行报表或测试报告，实际排烟氧量应在（最佳氧量±0.5%）范围内。

(5) 加强保温是减少散热损失的有效措施。锅炉炉墙和热力管网的温度总是比环境温度高，所以部分热量就要通过辐射和对流的方式散发到周围空气中去，造成锅炉的散热损失。因此凡是表面温度超过50℃的传热体均应进行保温，特别是应注意对阀门法兰等处的保温工作，有脱落和松动的保温层应及时修补。

(6) 保障省煤器的正常运行，一般地讲，省煤器出口水温增高1%，则烟气温度降低2～3℃。锅炉如果省煤器停运，将多消耗燃料量5%～15%。

(7) 进行锅炉燃烧调整试验。

(8) 实现自动协调控制（煤、风、负荷等），根据负荷变化及时进行必要的工况调整，改善燃烧条件，提供热效率。

(9) 控制入炉煤湿度，煤的含水量过大，不但要降低炉膛温度，减少有效热的利用，而且还会造成排烟热损失的增加。燃料含水量每增加1%，热效率便要降低0.1%。

(10) 严格控制汽水品质。如果锅炉汽水品质较差，会使锅炉受热面的金属内壁造成腐蚀和结垢现象，结垢使热阻增大，影响传热，降低锅炉热效率，增加煤耗。水垢的导热系数约为钢板导热系数的1/30～1/50，如果受热面上结1mm厚水垢，锅炉燃料消耗量要增加2%～3%。

(11) 防止漏水冒汽。热力管道及法兰、阀门填料处，容易产生漏水、冒汽现象，使有效利用热量减少。锅炉补给水量增加，也会降低锅炉热效率。

(12) 提高入炉空气温度。设置空气预热器或保障空气预热器正常运行，可以提高入炉空气温度，有利于缩短煤的干燥时间，促进挥发分尽快挥发燃烧，并可提高炉膛温度，加强辐射传热。一般入炉空气温度增加50℃，可使理论燃烧温度增高15～20℃，节约燃料2%～3%。

12. 入厂煤与入炉煤热值差

入厂煤的平均发热量（即入厂煤收到基低位发热量的加权平均值）与入炉煤的收到基低位发热量加权平均值之差叫入厂煤入炉煤热值差。国家一流火电厂标准规定：入厂煤与入炉煤热值差应小于 502kJ/kg，达标考核规定入厂煤与入炉煤热值差应小于 627kJ/kg。

入厂煤平均发热量的计算：每列或每船入厂煤取样化验一次，作为此列或此船的平均热值，入厂煤平均发热量计算公式为

$$入厂煤平均发热量=\frac{\Sigma 每列或每船来煤量（t）\times 每列或每船来煤平均热值（kJ/kg）}{计算期内入厂煤总量（t）}$$

入炉煤平均发热量的计算：由化学人员按规定每日取样化验。

$$入炉煤平均发热量=\frac{\Sigma 计算期内每日入炉煤量（t）\times 每日入炉煤平均热值（kJ/kg）}{计算期内入炉煤总量（t）}$$

入厂煤和煤场管理问题是发电厂控制煤耗量最关键的一步。加强入厂煤和煤场管理首先是杜绝不合格的煤、劣质煤入厂，以降低发电成本。具体措施如下：

（1）日常验、采、制、化工作要严格按部颁标准进行，实现检斤率、检斤合格率、检测率、检测合格率均 100%。尽量减少亏吨亏卡带来的损失。

（2）通过化验分析，如果发现某项煤质指标不符合锅炉设计要求，要及时向煤炭采购部门反馈信息，以期纠正。

（3）预防煤堆自燃，降低热值差。部颁标准规定入厂与入炉热值差不大于 3%。

（4）控制库存储煤量，避免长期堆放和积压资金。

13. 检斤率与亏吨

检斤率是指入厂煤经过检斤的煤量占入厂煤总量的比例。火力发电厂购进燃煤和燃油时，必须经过重量验收，入厂总煤量是指矿发煤量（即铁路或煤船运输单据上的质量），经过检斤的入厂煤量是指按有关规定进行计量的实际装载煤量与亏吨量及运损之和。入厂煤检斤的结果是与对方（如矿方）结算、付款的依据，直接关系到电厂经济效率与供电煤耗率的准确性，其计算公式为

$$检斤率=\frac{计算期内经过检斤的入厂煤量（t）}{计算期内入厂总煤量（t）}\times 100\%$$

亏吨是指煤矿（或供油单位）发运的煤炭（或燃油）扣除规定的运损后的数量与实际到货数量之差。亏吨原因可能是煤矿（或供油单位）发货数量不足，也可能是在运输过程中发生了不应有的损失。发现亏吨，应向矿方索赔。亏吨量计算公式为

$$煤炭(或燃油)亏吨量=煤矿(或供油单位)发运量\times(1-规定运损率)-煤炭(或燃油)实际到货量$$

14. 检质率与亏卡

除了验收燃料重量外，还应验收燃料的质量，每批入厂煤应做 2～3 次工业分析，包括发热量、水分、挥发分、灰分、含硫量、固定碳等。每种燃油每月做 1～2 次水分、硫分、闪点、凝固点、黏度、密度和发热量分析。检质率是指经过检质的煤量占入厂煤总量的比例，其计算公式为

$$检质率=\frac{计算期内经过检质的入厂煤量(t)}{计算期内入厂总煤量(t)}\times 100\%$$

亏卡是指煤矿(或供油单位)发运的煤炭(或燃油)的发热量低于合同规定发热量的差额，过去由于使用的热能计量单位为“卡”，故称这种因供货质量下降造成的热能损失为亏卡，计算公式为

$$某种煤(油)亏卡值(kJ/kg)=合同规定该种煤(油)发热量(kJ/kg)-该种煤(油)实供发热量（kJ/kg）$$

检斤率和检质率均反映了燃料验收管理工作的质量，检斤率和检质率的目标均是100%。

15. 送风温度

送风温度是指锅炉空气系统风机入口处的空气温度（℃）。对于有两台送风机的系统，送风温度为两台送风机入口温度的算术平均值；对于采用热风再循环的系统，送风温度为冷风与热风再循环混合之前的冷风温度。随季节和厂房内温度高低而变化。在排烟温度不变的情况下，送风温度高，排烟热损失降低；送风温度低，排烟热损失增加。

16. 排污率

排污率是指锅炉连续排污流量与实际蒸发量的百分率，计算公式为

$$排污率=\frac{计算期内连续排污流量(t)}{计算期内锅炉实际蒸发量(t)}\times 100\%$$

排污量可按锅水盐分平衡关系算出，即给水带入锅炉的杂质量，应等于蒸汽带出的杂质量与随同排污水排走的杂质量之和。设蒸发量为100，排污量为M，给水量为（$100+p$），则其盐分平衡方程式为

$$(100+M)S_{fw}=100S_q+MS_{bl}$$

式中 S_{fw}——给水含盐量，μg/kg；

S_q——饱和蒸汽含盐量，μg/kg；

S_{bl}——排污水含盐量，μg/kg。

一般饱和蒸汽含盐量S_q很小，可以忽略不计，则根据上式得：

$$M=\frac{S_{fw}}{S_{bl}-S_{fw}}\times 100$$

即排污率为

$$p=\frac{M}{100}=\frac{S_{fw}}{S_{bl}-S_{fw}}\times 100\%$$

锅炉运行中，将带有较多盐分和水渣的锅水排放到锅炉外称为锅炉排污。排污的目的是排掉含盐浓度较高的锅水，以及锅水中的腐蚀物及沉淀物，使锅水含盐量维持在规定的范围之内，以减少锅水的膨胀及出现泡沫层，保证良好的蒸汽品质，同时，排污还可以消除或减轻蒸发受热面管内结垢程度。锅炉排污分定期排污和连续排污，连续排污管的入口装在汽包水面以下，沿汽包全长布置，连续不间断地放掉一部分锅水。定期排污入口是在沉淀水渣较多的锅炉最低部位，大多从水冷壁下联箱排放，每间隔一定时间排放一次，主要是放掉锅水沉淀下来的水渣。其中定期排污间隔时间长，排放水量少，一般只占锅炉蒸发量的0.1%～0.5%。

每增加1%的排污量，约使热耗率升高0.35%～0.4%。排污率控制水平为：以化学除盐水为补给水的凝汽式发电厂不大于1.0%，以化学软化水为补给水的凝汽式发电厂不大于2.0%，以化学除盐水或蒸馏水为补给水的热电厂不大于2.0%，以化学软化水为补给水的热电厂不大于5.0%，并均不应小于0.3%。

17. 煤粉细度合格率

煤粉细度合格率是指煤粉细度合格次数占全部取样次数的百分数。煤粉细度是指经过专用筛子筛分后，余留在筛子上的煤粉质量占筛分前煤粉总质量的百分数，以R_x表示。其中下标x表示筛子的筛孔宽度为xμm。煤粉细度的表示方法为

$$R_x=\frac{a}{a+b}\times 100\%$$

式中 a——筛子上面剩余煤粉质量；

b——通过筛子的煤粉质量。

对于一定筛孔尺寸，筛上剩余的煤粉量越少，则说明煤粉磨得越细，也就是 R_x 越小。因此我们应该注意，煤粉细度越大，并不是煤粉越细，反而更粗。

煤粉细度可以通过改变通风量或粗粉分离器来调节。减少通风量，可以使煤粉变细，反之煤粉变粗。当增大通风量时，应适当关小粗粉分离器折向挡板，以防止煤粉过粗。开大粗粉分离器折向挡板，或提高粗粉分离器出口套筒高度，可使煤粉变粗，反之变细。

定期测试煤粉细度，要求实际煤粉细度在经济煤粉细度±5%范围内。

18. 入炉煤质合格率

入炉煤质必须接近或符合锅炉设计煤种或煤质，否则就会降低燃烧效率，或烧毁设备。由于煤炭市场的变化影响，入炉煤质偏离设计值的现象时有发生。

$$入炉煤质合格率=\frac{入炉煤质化验合格次数}{入炉煤质化验次数}\times 100\%$$

监督检查煤质时，必须提供入炉煤化验报告和入炉煤质量标准要求，其合格率要达到100%。

入炉煤质量标准要求可以是通过试验确定的配煤最佳比例煤质，或者是锅炉改造后新的煤质要求，或者是锅炉原设计煤质。应当根据实际情况确定入炉煤质量标准要求。对于不符合当前锅炉设计煤质要求的燃煤，必须通过配煤掺烧来解决。

19. 空气预热器漏风率

空气预热器漏风率是指漏入空气预热器烟气侧的空气质量与进入该烟道的烟气质量之比。一般情况下，火电厂的空气预热器漏风率都是按经验公式计算的，经验公式为

$$A_L=\frac{RO'_2-RO''_2}{RO''_2}\times 90\%$$

式中 RO'_2——空气预热器进口烟道中三原子气体（RO_2）体积含量百分率，%；

RO''_2——空气预热器出口烟道中三原子气体（RO_2）体积含量百分率，%。

规定空气预热器和除尘器的漏风应不超过表3-15中的数据规定。

表3-15　空气预热器和除尘器的漏风率最高值

空气预热器和除尘器类型		漏风率最高值（%）
管式空气预热器		5
板式空气预热器		7
回转式空气预热器	蒸发量为670t/h及以下	15
	蒸发量为670t/h以上	10
电气除尘器		5
旋风式或湿式除尘器		5

空气预热器漏风的主要危害是：

(1) 空气预热器漏风将使空气直接进入烟道被引风机抽走排向大气，由于排烟量增大，使引风机的电耗都增大。当漏风过大超过了风机的负荷能力时，会造成燃烧风量不足，以致被迫降低锅炉负荷，直接影响锅炉的安全经济运行。

(2) 传统理论认为，由于烟气压力低于大气压力，在运行中，外界空气将会从不严密处漏入烟道及空气预热器中。漏入烟道的冷空气使漏点处的烟气温度降低，使烟气与受热面间的传热温差减小，热交换变差，排烟温度升高。实际上通过定量热平衡分析，空气预热器漏风，反而使排烟温度降低，但是由于漏风增大了烟气容积，其综合结果是锅炉排烟热损失稍微降低。

解决空气预热器漏风的措施主要有：

(1) 采用特殊管材的管式空气预热器或热管式空气预热器（如卧式搪瓷管式空气预热器），虽然漏风率很低，但是由于使用寿命短，不宜安装，且器内积灰清除困难，因此在大容量电站锅炉上受到限制。

(2) 我国电站大量使用寿命长的回转式空气预热器，但是由于回转式空气预热器的传动部分与静止部分之间有间隙，同时空气预热器的空气侧与烟气侧之间有相当大的压差，因此正压的空气就会通过空气预热器动、静部分之间的间隙漏入负压的烟气中。为了减少漏风量，回转式空气预热器装设了各种密封装置。当前我国降低空气预热器漏风方法主要有两种，一是采用英国豪顿技术，增加径向、轴向密封；二是自动跟踪调整系统。

20. 吹灰器投入率

吹灰器投入率为吹灰器投入天数与机组运行天数之比，其计算公式为

$$吹灰器投入率=\frac{单炉所有吹灰器投入天数}{机组运行天数\times单炉所有吹灰器只数}\times100\%$$

要求吹灰器好用，每天定期投入运行，并做好记录。由于每台锅炉容量不等，吹灰器数量差别很大，有的锅炉甚至有上百台吹灰器，有的十几台吹灰器，因此只要当天某吹灰器能正常投入运行一次，就可以统计进吹灰器投入天数。主要吹灰器投入率应不小于98%。

21. 灰水比

灰水比是指水力除灰时，灰渣产生量与其被带走的水量之比。灰浆的浓度应采用高浓度（灰水比不超过3～4）或中浓度（灰水比不超过5～6），尽量不采用低浓度水力除灰。

灰水比的计算公式为

$$灰水比=\frac{水力输送的灰、渣质量（t）}{水力输送灰、渣时的用水量（t）}$$

监督检查时，应现场实测或查看以前的测试记录，高浓度水力除灰灰水比要求不大于4，低浓度水力除灰灰水比要求不大于15。

22. 灰渣总产生量

灰渣总产生量是指除尘器、省煤器、空气预热器收集的粉煤灰与锅炉冷灰斗排出的炉渣量之和，但不包括从烟囱排出的粉煤灰。

单炉每小时灰渣产生量 N_{hz} 计算公式为

$$N_{hz}=B\left(\frac{A_{ar}}{100}+\frac{q_4}{100}\frac{Q_{net,ar}}{33\ 913}\right)(\eta_c a_{fh}+a_{lz})$$

式中 a_{fh}——粉煤灰中的纯灰占燃料灰分的份额，%；

a_{lz}——炉渣中的纯灰占燃料灰分的份额，%；

B——单炉在平均负荷下每小时燃烧的原煤量，t/h；

q_4——机械未完全燃烧热损失（推荐值见表3-16），%；

η_c——除尘器的除尘效率，按实测值计算，%；

33 913——固定碳的发热量，kJ/kg；

$Q_{net,ar}$——原煤收到基低位发热量，kJ/kg；

N_{hz}——单炉小时灰渣量，t/h。

单炉灰渣年总产生量计算公式为

$$单炉灰渣年总产生量=N_{hz}\times该炉运行小时$$

粉煤灰产生量为

$$N_h=B\left(\frac{A_{ar}}{100}+\frac{q_4}{100}\frac{Q_{net,ar}}{33\ 913}\right)\eta_c a_{fh}$$

式中　N_h——单炉粉煤灰每小时产生量，t/h。

废渣产生量为

$$N_z=B\left(\frac{A_{ar}}{100}+\frac{q_4}{100}\frac{Q_{net,ar}}{33\ 913}\right)a_{lz}$$

式中　N_z——单炉废渣每小时产生量，t/h。

23. 点火用油量

锅炉点火多用轻柴油或重柴油，采用专门的雾化器将燃油雾化后喷入炉内，再用电弧点燃形成燃烧火炬，作为引燃煤粉气流的火源，近几年也有采用等离子点火的。点火期间（自锅炉点火开始直到汽轮发电设备系统并列带额定负荷或规定负荷为止）所消耗的油量，叫做点火用油量。点火期间锅炉稳定燃烧之前的助燃用油，也统计在点火用油量之内。

表 3-16　　q_4 的推荐值

锅炉形式	煤　种	q_4（%）
固态排渣煤粉炉	无烟煤	4～6
	贫煤	2
	烟煤	1～1.5
	褐煤	0.5～1
液态排渣煤粉炉	无烟煤	3～4
	贫煤	1～1.5
	烟煤	0.5
	褐煤	0.5
卧式旋风炉	烟煤	1
	褐煤	0.2
抛煤炉	烟煤、贫煤	8～12
	无烟煤	10～15

减少点火用油量的措施有：

（1）合理缩短启动时间。

（2）进行油枪改造，使油枪雾化良好；小油枪改造或等离子点火改造可以节约大量点火用油量。

（3）提高汽水品质，及时并炉，以求尽早停用点火用油。

（4）锅炉点火前，将运行机组的蒸汽接至锅炉水循环系统内，以缩短用油点火加热、升压的初期阶段。

（5）稳定着火后应提早停止助燃用油。

（6）采用新技术，装设新型燃烧器。

24. 助燃用油量

在锅炉运行过程中，常常由于煤质、减负荷或其他原因造成燃烧不稳定，若处理不及时或处理不当就会进一步发展成锅炉灭火事件。燃烧不稳和灭火对锅炉经济性和安全性影响很大，有时还会造成人身伤亡或设备的严重损坏。因此当发现燃烧不稳时，应立即投入助燃油枪助燃，稳定燃烧并防止灭火。一般来说，对于1000MW容量的机组，每年的点火用油和助燃用油量可以控制在1500t以内。减少助燃用油量的主要措施是：

（1）加强运行监督和现场看火，及时根据仪表指示的变化情况进行燃烧调整，以保证燃烧工况良好；

（2）防止断煤粉、断风的现象发生，一旦发现应及时处理，防止扩大；

（3）注意煤种变化，做到随变随调，如果煤质明显变化要及时通知司炉和值长，并及时调整掺配煤的比例和煤种；

（4）吹灰、除焦一定要取得司炉的密切配合，并按运行规程进行操作；

（5）尽量减少锅炉结焦、避免落焦等外部内部干扰，以免造成锅炉灭火；

（6）保证风煤配合适当，以及一、二次风的风速风比适当；

（7）改进锅炉低负荷的稳燃技术，使锅炉稳燃在40%左右。

25. 煤炭运输损耗

煤炭在运输过程中会掉一些，装货卸货时会耗一些，因此煤炭运输时应考虑损耗，简称煤损。根据《煤炭送货办法实施细则》规定：铁路运输损耗不超过1.2%，公路运输损耗不超过1%，水路运输损耗不超过1.5%，每换装一次的损耗标准不超过1%。水陆联运的煤炭如经过二次铁路或二次水路运输损耗仍按一次计算，换装损耗按换装次数累加。

入厂煤炭重量验收时，在卸煤的当时、当地过秤，不得在转运或倒堆以后再过秤。称出得到站重量比原发重量（收煤款的重量）短少的数量，超过原发重量的1.2%的，才算亏吨。对于亏吨的煤车，用煤单位可以将有本企业公章的过秤纪录寄交煤矿或供应商，煤矿或供应商应当补发煤炭并负担运费。

对于水洗煤和水采煤，用煤单位在卸煤之前，必须按规定采取煤样，化验全水分。称出重量以后，按下列公式折算成含规定水分的到站重量（入厂重量）：含规定水分的到站重量＝衡量出的重量×[(100%－实际全水分%)/(100%－规定全水分上限%)]

衡量出到站重量（水洗煤和水采煤为算出"含规定水分的到站重量"）以后，即与原发重量（收煤款的重量）相比，到站重量多于原发重量的部分，即为涨吨量。到站重量比原发重量短少的数量，超过原发重量的1.2%的部分，即为亏吨量。

第三节　全厂综合性指标的管理

发电企业分为六种企业规模：特大型发电企业是指装机容量1200MW及以上；大一型发电企业是指装机容量600MW及以上；大二型发电企业是指装机容量300～600MW（含300MW）；中一型发电企业是指装机容量150～300MW（含150MW）；中二型发电企业是指装机容量50～150MW（含50MW）；小型发电企业是指装机容量50MW以下的企业。

1. 平均负荷

在一定时间内的发电量与计算期内的日历小时之比，即

$$\text{计算期内平均负荷}=\frac{\text{计算期发电量(万 kWh)}}{\text{计算期日历小时(h)}}$$

对于发电厂，由于机组受调峰停机等因素的影响，按此公式计算的平均负荷，以及利用平均负荷计算的负荷率，均不能准确反映发电机运行带负荷状况，所以在计算平均负荷时可以采用下列公式

$$\text{计算期内平均负荷}=\frac{\text{计算期发电量(万 kWh)}}{\text{计算期运行小时(h)}}$$

该公式计算的平均负荷称为运行平均负荷。

2. 负荷率与出力系数

负荷率是平均负荷与最高负荷之比，用以说明负荷的均衡程度，单位为%。数值大表明带负荷均衡，发电设备能力利用高。

$$\text{负荷率}=\frac{\text{计算期平均负荷}}{\text{计算期最高负荷}}\times 100\%$$

最高负荷是指机组在统计期内，每小时正点记录的负荷数值最大的一个值。

对于发电厂更多关心的是机组在运行时接带负荷的状况，故发电厂利用出力系数来反映发电厂的出力情况，出力系数（即负荷系数）是指平均负荷与发电机额定容量之比，因此严格地讲，出力系数与负荷率不同，其计算公式为

$$出力系数=\frac{计算期发电量}{计算期运行小时\times机组额定容量}\times100\%$$

$$=\frac{计算期利用小时}{计算期运行小时}\times100\%$$

出力系数影响供电煤耗幅度大，负荷越高，供电煤耗率越低；负荷越低，供电煤耗率越高。要想大幅度地降低煤耗率，第一要鼓励社会多用电，增加负荷率；第二依据最近试验制定各机组的等微增率调度曲线，在机组间合理分配负荷，真正实现厂内经济调度，降低煤耗率；第三提高设备检修质量，减少因设备故障引起的非计划停运和降低出力事件。

机组负荷率低引起热耗上升。据统计大型火电机组负荷率每降低1%，机组热耗率增加0.05%～0.4%。1997年原电力部［安生技（1997）12号文］下达了在上海外高桥电厂3号机组（引进型300MW，1996年12月21日投产）进行全面煤耗分析试验的通知，由西安热工所和华东、东北两所电力院等单位共同完成。结论如下：引进型300MW机组随着负荷降低，其供电煤耗逐步增加，负荷率在80%～100%范围内，负荷率每减少1%，供电煤耗率增加0.14g/kWh；负荷率在50%～80%范围内，供电煤耗率随负荷率的变化急剧变化，负荷率每减少1%，供电煤耗率增加1.14g/kWh；到125MW出力时，供电煤耗率达到382.2g/kWh，高于国产125MW机组煤耗水平，见表3-17。

表3-17 上海外高桥电厂3号机组正平衡测试供电煤耗率与负荷率的关系

机组出力（MW）	负荷率（%）	厂用电率（%）	发电煤耗率（g/kWh）	供电煤耗率（g/kWh）
299	99.7	4.84	317.26	333.4
240	80.0	5.47	317.81	336.2
182	60.7	6.41	330.56	353.2
154	51.3	7.84	340.07	369.0
126	42.0	8.39	349.77	381.8

注 供电煤耗率已经考虑了厂用电率的影响。

3. 标准煤

各种不同的煤种具有不同的发热量，并且差别很大，因此必须折算到一定基准下，才能进行经济性比较。我国综合能耗计算通则（GB 2589）明确规定：标准煤是指收到基低位发热量为29 307.6kJ/kg（即7000kcal）的煤（过去我们经常将低位发热量等于29.27MJ的固体燃料，称为1kg标准煤）。不同发热量情况下的耗煤量均可折算为标准煤耗量，公式为

$$标准煤耗量(t)=原煤耗量(t)\times\frac{原煤实测平均低位发热量(kJ/kg)}{29\ 308(kJ/kg)}$$

在计算煤耗率中的标准煤应包括锅炉点火和助燃用油量，并将计算期内所耗用的燃油量折算为标准煤，一同计入发电耗用标准煤中进行煤耗率的计算，燃油折算为标准煤的公式为

$$燃油折标准煤(t)=原油耗量(t)\times\frac{原油平均发热量(kJ/kg)}{29\ 308(kJ/kg)}$$

在实际计算中，由于燃油耗用量较小且油质变化不大，在化验条件不满足逐日化验时，可用下面公式计算，即

$$燃油折标准煤(t)=原油耗量\times\frac{41\ 868}{29\ 308}=1.429\times原油耗量$$

实际上 41 868kJ/kg(10 000kcal/kg)就是 1kg 标准油的发热量。

标准煤又称煤当量，1t 标准煤用符号表示为 1tce；标准油又称油当量，1t 标准油用符号表示为 1toe。1tce=29 308MJ，1toe=41 868MJ。

4. 低位发热量

高位发热量是指燃料完全燃烧后所放出的全部热量，它包括了燃料中水分燃烧生成的水蒸气凝结成水所放出的汽化热；低位发热量是指从高位发热量中扣除了水蒸气的汽化热后的发热量。因为，燃料在锅炉中燃烧后，其排烟温度一般在 110～160℃之间，烟气中水蒸气的分压力很低，仍处于蒸汽状态，不可能凝结成水而放出汽化热，所以我国规定锅炉技术经济指标计算时燃料的热值统一按低位发热量计算。

由于水蒸气的凝结热等于汽化热，所以低位发热量 $Q_{net,ad}$ 与高位发热量 $Q_{gr,ad}$ 存在如下关系，即

$$Q_{gr,ad}=Q_{net,ad}+206H_{ad}+23M_{ad}\ \text{(kJ/kg)}$$

5. 发电厂热效率

发电厂热效率（又称全厂毛效率、全厂热效率、发电厂总效率）η_{cp} 是指火电厂所产生电能的热功当量与发电燃料输入热量之比的百分数，计算公式为

$$\text{凝汽电厂全厂热效率}\ \eta_{cp}=\frac{\text{计算期内发电量(kWh)}\times 3600}{\text{计算期内发电用标煤量(kg)}\times 29\ 308}\times 100\%$$

$$\text{供热电厂全厂热效率}\ \eta_{cp}=\frac{\text{计算期内发电量(kWh)}\times 3600\text{(kJ/kWh)}+\text{供热量(kJ)}}{\text{计算期内发电和工业用标煤量(kg)}\times 29\ 308\text{(kJ/kg)}}\times 100\%$$

1956 年在伦敦的第五届国际标准大会上规定了国际蒸汽卡，用符号 cal_{IT} 表示，与焦耳的换算关系是：1 国际蒸汽卡=4.186 8 焦耳（$1cal_{IT}=4.186\ 8J$），也就是说在将蒸汽换算成标准煤时，必须采用 7000×4.186 8=29 307.6（kJ/kg）的换算关系，而不是 29 271kJ/kg。

6. 发电煤耗率

发电煤耗率 b_f 是指火力发电厂产生 1kWh 电能所消耗的燃煤量，即

$$b_f\text{(g/kWh)}=1000\times\frac{B\text{(kg/h)}}{P_e\text{(kW)}}=1000\times\frac{Q_b}{P_eQ_{net,ar}\eta_{bl}}$$

$$=1000\times\frac{Q_0}{P_eQ_{net,ar}\eta_{bl}\eta_{gd}}=1000\times\frac{q}{Q_{net,ar}\eta_{bl}\eta_{gd}}$$

$$Q_0=Q_b\cdot\eta_{gd}$$

式中 Q_0——机组热耗量，kJ/h；

Q_b——锅炉每小时的总有效利用热量，kJ/h；

η_{gd}——管道效率；

B——锅炉每小时的燃料消耗量，kg/h。

锅炉每小时输入的热量为 $BQ_{net,ar}$。

通常我们所称的发电煤耗率是指发电标准煤耗率(g/kWh)，即

$$b_f=1000\times\frac{B\text{(kg/h)}Q_{net,ar}\text{(kJ/kg)}}{P_e\text{(kW)}\times 29\ 308\text{(kJ/kg)}}=\frac{q}{\eta_{bl}\eta_{gd}\times 29.308}$$

$$=\frac{3600}{\eta_{bl}\eta_{gd}\eta_m\eta_t\eta_i\eta_g\times 29.308}=\frac{122.83}{\eta_{cp}}$$

7. 供电煤耗率

供电煤耗率是指火电厂向厂外每供出 1kWh 电能所消耗的标准煤量(g/kWh)，口语中常简称

供电煤耗。供电煤耗率的表达式为

$$b_g(\text{g/kWh})=\frac{\text{计算期内发电耗用标准煤量(kg)}\times 1000}{\text{计算期内供电量(kWh)}}$$
$$=\frac{\text{计算期内发电标准煤耗量(kg)}\times 1000}{\text{计算期内发电量(kWh)}-\text{计算期内厂用电量(kWh)}}$$
$$=\frac{\text{计算期内发电标准煤耗率(g/kWh)}}{1-\text{计算期内厂用电率(\%)}}$$
$$=\frac{b_f(\text{g/kWh})}{1-e(\%)}$$

式中 e——厂用电率，%。

根据锅炉效率和锅炉所生产的蒸汽含热量反算出的供电煤耗率，称之为反平衡供电煤耗率。根据入炉煤、油计量装置实测得的发电所消耗的原煤量、燃油量，并按其平均热值计算出耗用的标准煤量，来计算的供电煤耗率，称之为正平衡供电煤耗率。一般火电厂的供电煤耗率为325～390g/kWh。

为了正确反映发电厂的经济运行水平，统一全国煤耗率和厂用电率的计算，特规定下列燃料消耗量和厂用电量，不计入煤耗率和厂用电率。

(1) 新设备或计划检修（或状态检修）后设备的烘炉、煮炉、暖机、空载试运行的燃料和电力消耗。

(2) 新设备在未移交生产前的带负荷试运行期间，由于运行不正常，使全厂煤耗、厂用电率显著升高而多消耗的燃料和电力。这期间的煤耗率和厂用电率可按前五天的平均实际数值计算。

(3) 设备计划检修、更改工程、扩建新机组、基建等施工耗用的燃料和电力。

(4) 做热效率或其他试验的机组，在试验期间，由于经常变化调整操作而多消耗的燃料和电力。这期间的煤耗率和厂用电率可按前五天的平均热效率和耗电率实际数值计算。

(5) 自备机车、船舶等耗用的燃料和电力。

(6) 修配厂、副业、综合利用等非发电用的燃料和电力。

(7) 输配电用的升、降压变压器（不包括厂用电变压器）、变频机、调相机等消耗的电力。

(8) 发电机做调相运行时耗用的燃料和电力。

8. 厂用电率

发电厂用电率是指发电厂为发电耗用的厂用电量与发电量的比率，计算公式为

$$\text{发电厂用电率}=\frac{\text{计算期内发电厂用电量(万 kWh)}}{\text{计算期内发电量(万 kWh)}}\times 100\%$$

$$\text{供热厂用电率(kWh/GJ)}=\frac{\text{计算期内供热厂用电量(kWh)}}{\text{计算期内供热总量(GJ)}}$$

厂用电率计算时，他励励磁机的用电量、设备输电厂并由电厂负责运行管理的厂外输油管系、循环水管系及除灰管系的用电量、购入电量中用做电厂厂用电的电量等都应计入厂用电率，一般火电厂用电率为3.5%～8.5%。

火电厂产生的电能，绝大部分（供电量）经升压变压器（主变压器）升压后，少部分（厂用电）由高压厂用变压器降压后，经厂配用电装置向厂内各种辅机供电，见图3-7。厂用电量是指发电厂的辅机设备为主机发电提供服务而消耗的自用电量，单位为kWh。

负荷越低，厂用电率越高。统计资料表明，大型机组负荷率每变化1%，厂用电量变化

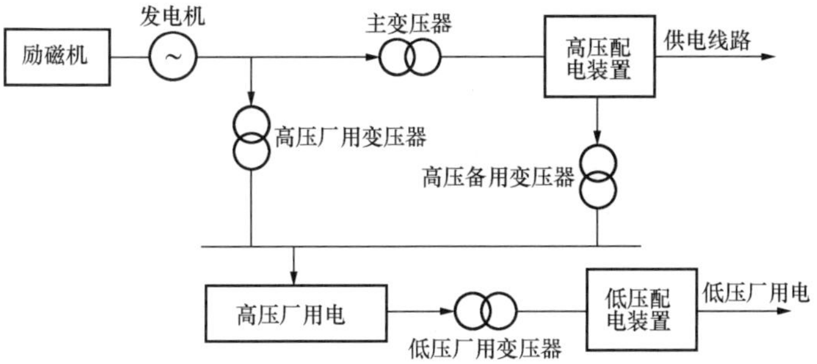

图 3-7 火电厂电气系统图

0.028 1%。对于引进型 300MW 机组，在 70%以上负荷时，负荷率每增加 1%，厂用电率减少 0.03%；在 60%～70%负荷范围内，负荷率每减少 1%，厂用电率增加 0.05%。

厂用电率虽然不影响发电煤耗，但直接关系火力发电厂供电煤耗的高低，厂用电率越小，供电煤耗越小。厂用电率每降低 1%，供电煤耗便降低 3.5～4.0g/kWh。机组在运行中都要消耗一部分电能，用于驱动磨煤机和排粉机、给水泵和循环水泵、送风机和吸风机等辅助转动设备和厂房照明。

降低厂用电率的主要措施是：

(1) 改造低效泵，合理调度水泵运行方式，降低给水泵的电耗、循环水泵的电耗。

(2) 适当调整磨煤机的通风量和钢球装载量，降低制粉单耗。

(3) 减少空气预热器漏风率和炉膛漏风，降低送风机单耗、引风机单耗。

(4) 鉴于当前国内某些地区的发电能力暂时供大于求，山东、东北地区的发电厂大多不能满负荷运行，负荷经常变化，所以应积极推广高压变频调速改造或其他方式的变速改造，降低风机、水泵在变负荷下的电耗。实践证明高压变频调速可节电 35%～50%。

9. 供热量

供热量是热电厂或凝汽式电厂对外供出的蒸汽或热水的热量，单位是“kJ”或“GW”。供热量包括汽轮机和锅炉供出厂外的蒸汽或热水的热量之和，减去返回冷凝水和补给软化水的含热量后计算求得。

当无返回冷凝水时，供热量计算公式为

供热量(GJ)=对外用户供汽热量+对外用户供水热量－补充水的热量

当有返回冷凝水时,供热量计算公式为

供热量(GJ)=对外用户供汽热量+对外用户供水热量－补充水的热量－返回冷凝水的热量

上式中，供热量是根据电厂供热管道出口的流量表计算的，对外供出的蒸汽流量应按流量孔板的设计参数修正。热网在采暖期开始前要求对热网的供热管道充水应计算在内。供热量包括背压机组或抽汽机组及锅炉直接对外用户供应的热量，也包括对本厂生活区的供热量，但不包括生产用汽。新装锅炉在未正式投入生产前，以及原来锅炉大修或改进后试运转期间对外供出的热量，应计入供热量中。供热的流量表超出允许误差范围时，应进行调整或更换表计。

【例 3-1】 某热电厂当日抽汽量 5000t，抽汽压力 1MPa，抽汽温度 230℃，抽汽焓 2898kJ/kg,抽汽用于生产用汽和热网加热器；锅炉经减温减压器的直接供汽量为 300t，供汽焓 2500kJ/kg，返回冷凝水 150t，返回冷凝水温度 60℃；热网供热水量 26 000t，供热水温度 95℃，回水温度 65℃；热网补充软化水量 70t，软化水温度 100℃；补充水天然温度 20℃。求对外供热量。

解 抽汽用于生产用汽量不计入对外供热量。

当日供热量＝抽汽对外供汽量×（供汽焓－天然水焓）×10^{-3}
＋减温减压器供汽量×（供汽焓－天然水焓）×10^{-3}
－返回冷凝水量×（冷凝水焓－天然水焓）×10^{-3}
＋供热水量×（供热水焓－回水焓）×10^{-3}
＋热网补充软化水量×（软化水焓－天然水焓）×10^{-3}
＝[300(597－20)－150(60－20)＋26 000(95－65)＋70(100－20)]
×4.187×10^{-3}
＝3988.95(GJ)

10. 供热标准煤耗率

供热标准煤耗率是热电厂每供出1GJ热量所耗用的标准煤量，单位为kg/GJ，其计算公式为

$$供热标准煤耗率(kg/GJ)=\frac{供热用标准煤量(t)\times 10^3}{供热量(10^6 kJ)}$$

$$供热用标准耗煤量(t)=发电、供热标准煤耗量(t)\times a_r$$

$$a_r=\frac{供热量(GJ)}{发电、供热总耗热量(GJ)}$$

式中 a_r——供热比。

发电、供热总耗热量(GJ)＝汽轮机进汽热量－锅炉给水热量＋自锅炉经减温减压器及锅炉直接对用户的供热量。

【例3-2】 某热电厂当日锅炉总耗用标煤1050t，供热量3988.95GJ，发电量258.5万kWh；汽轮机进汽量10 000t，进汽焓3500kJ/kg，给水温度220℃。则

发电、供热总耗热量(GJ)＝汽轮机进汽热量－锅炉给水热量
＋自锅炉经减温减压器及锅炉直接对用户的供热量
＝汽轮机进汽量(t)×（机进汽焓－给水焓）×10^{-3}
＋减温减压器供汽量(t)×（供汽焓－天然水焓）×10^{-3}
＝[10 000×(3500－220×4.187)＋300×(597－20)×4.187]×10^{-3}
＝26 513.37 (GJ)

$$供热比=\frac{供热量\ (GJ)}{发电、供热总耗热量\ (GJ)}=\frac{3988.95\ (GJ)}{26\ 513.37\ (GJ)}=0.150\ 45$$

供热标煤耗量 (t) ＝标煤总耗量×供热比＝1050×0.150 45
＝157.97 (t)

$$供热标准煤耗率\ (kg/GJ)\ =\frac{供热标煤耗量\ (t)\ \times 10^3}{对外供热量\ (GJ)}=\frac{157.97\ (t)\ \times 10^3}{3988.95\ (GJ)}=39.60\ (kg/GJ)$$

发电标煤耗量 (t) ＝标煤总耗量 (t) －供热标煤耗量 (t)
＝1050－157.97＝892.03 (t)

$$发电标准煤耗率\ (g/kWh)\ =\frac{发电标煤耗量\ (t)\ \times 10^6}{发电量\ (万\ kWh)\ \times 10^4}=\frac{892.03\ (t)\ \times 10^6}{258.5\ (万\ kWh)\ \times 10^4}=345.08(g/kWh)$$

11. 供热厂用电率

供热厂用电率是热电厂或凝汽式电厂为对外供热耗用的厂用电量与供热量的比率，单位为kWh/GJ。其计算公式为

$$供热厂用电率(kWh/GJ)=\frac{供热用的厂用电量(kWh)}{供热量(GJ)}$$

其中供热厂用电量=供热比×(全部厂用电量－纯发电用电量－纯供热用电量)

+纯供热用电量

纯发电用电量是指循环水泵、凝结水泵、他励磁用电量等;纯供热用电量是指热网水泵、热网疏水泵、供热蒸发站等用电量。

12. 供热热效率

供热热效率是指热电厂供热量与生产这些热量所耗用的热量的比率,计算公式为

$$供热热效率=\frac{计算期内供热量(kJ)}{计算期内供热用标煤耗量(kg)\times 29\ 308}\times 100\%$$

例如（接上例）：某热电厂当日锅炉总耗用标煤 1050t，供热量 3988.95GJ，供热比 0.150 45，则

$$供热热效率=\frac{3988.95\ (GJ)\ \times 10^{6}}{157.97\ (t)\ \times 10^{3}\times 29\ 308\ (kJ/kg)}\times 100\%=86.16\%$$

降低供热标准煤耗率，提高供热热效率的措施为：

（1）提高供热机组的设计供热能力的利用率。

（2）工业供热与采暖供热分开供应。如果住宅采暖供热与生产用汽使用同一高压抽汽，这将对能源造成很大的损失，因为低压抽汽和高压抽汽热耗量二者相差一倍。

（3）在保证生产需要的前提下，合理地调整抽汽压力，一般高压抽汽压力为 0.8～1.3MPa，化工、制药、纺织等工业用汽为 0.4～0.6MPa。

（4）采用 125～300MW 高参数大容量供热机组。

（5）开展供热机组经济调度。例如几台抽汽式供热机组并列运行，其抽汽量的分配应按汽机等微增的高低相反的顺序分配。

13. 综合渗漏率

（1）全厂综合渗漏率。全厂综合渗漏率计算公式为

$$全厂综合渗漏率=\frac{全厂渗漏点总数}{全厂密封点总数}\times 100\%$$

原国家电力公司制定的“一流火力发电厂考核标准”要求消除设备泄漏，规定发电设备、公用系统和辅助系统不允许出现严重漏点，渗点和一般漏点数量不能超过表 3-18 中规定值。

表 3-18　　渗点和一般漏点数量限值

机组铭牌	100MW 及以上单元制	100MW 母管制	200MW 及以上国产机组	200MW 及以上进口机组
渗点数量	4	机 3 炉 2	5	3
一般漏点	2	机 2 炉 2	3	1

密封点对应的基础、地面和设备上有新的渗漏痕迹即为渗漏点。密封点有介质渗出的为渗点，有介质滴落的为漏点。

严重漏点是指所辖设备油每 5min 滴落一滴，水每 5s 滴落一滴即为严重漏点。凡所辖设备油、水滴落速度低于严重漏点滴落速度的漏点称为一般漏点。

（2）漏氢。氢冷机组漏氢符合部颁标准，在额定氢压下，漏氢率≤5%。300MW及以上机组漏氢量按制造厂家标准考核，国产200MW机组漏氢量不大于14.6m^3/d（昼夜），进口200MW机组漏氢量按制造厂家标准考核，100MW及以下机组漏氢量不大于7.5m^3/d（昼夜）。

漏氢率计算公式为

$$\text{漏氢率}=\frac{\text{一昼夜机内氢压下降值}}{\text{运行氢压值折合成绝对压力值}}\times 100\%$$

漏氢量计算公式为

$$\begin{aligned}\text{漏氢量}&=\text{漏氢率}\times\text{机组充氢容积}\times\text{运行氢压值折合成绝对压力值}\\&=\text{一昼夜机内氢压下降值}\times\text{机组充氢容积}\end{aligned}$$

14. 发电量

发电量是指电厂发电机组经过对一次能源的加工转换而产生的有功电能数量，即发电机实际发出有功功率与发电机实际运行时间的乘积，或有功负荷平均值与运行时间的乘积。单位为kWh或万kWh，我们过去常说的“度”就是指“kWh”。发电量在统计时，一般按能源的类型分为水力、火力（煤、油、气）、核能、地热、太阳能、潮汐和风能等发电量。

发电量根据发电机端电能表的读数计算，电能表应规定在每日24点准时抄表，由当日24点与上日24点电能表读数之差乘以电能表的倍率（即电能表常数），即得到发电机组的日发电量。一个发电厂内各台发电机组日发电量的总和，就是该厂的日发电量。

$$\begin{aligned}\text{全厂报告月发电量}=\sum(&\text{某发电机组报告月最后一天24点电能表的读数}\\&-\text{该发电机组上月最后一天24点电能表的读数})\\&\times\text{电能表的倍率}\end{aligned}$$

计算发电量时应注意以下几点：

（1）发电厂的发电量应包括供应本厂厂用电的发电机组的发电量，但不包括励磁机的发电量。

（2）新装发电机组在未正式投入生产前，以及发电机组大修或改进后试运转期间所发的电量，凡已被本厂或用户利用的，均应计入该厂的发电量中。

（3）发电机组临时做调相运行时，应注意电能表的装置情况，如仅用一只可以逆转的电能表时，必须将每次发电运行起止时的电能表读数做好记录，以正确计算该发电机组的发电量。

（4）发电机组电能表应按规定时间定期检验，使表计经常在允许误差范围内运行；凡超过允许误差时，应进行调整。

（5）发电机组电能表发生故障时，应每小时记录其功率表，以此估算其日发电量，并尽快修复或调换电能表。

（6）电能表若安装在变压器输出端，则必须通过试验计算出变压器的损失。在计算发电量时，应由变压器端电量加上变压器损失，换算到发电机端发电量。

（7）发电机在基建试运行期间的发电量，应统计计入发电量中。

15. 节能量

节能量是反映企业生产同样数量的产品少消耗能源数量。企业节能量是企业统计报告期内能源实际消耗量与按比较基准值计算的总量之差。

$$\text{节能量}=(\text{报告期单位产品综合能耗}-\text{基准期单位产品综合能耗})\times\text{报告期产品数量}$$

上式计算的结果如为负数，即为节能量；如为正数，即为多费能。电力工业节能量的具体计算公式如下：

（1）发电节约标准煤量(kg)＝[报告期供电标准煤耗率(g/kWh)－基准期供电标准煤耗率(g/kWh)]×报告期厂供电量(kWh)×10^{-3}

（2）供热节约标准煤量(kg)＝[报告期供热标准煤耗率(kg/GJ)－基准期供热标准煤耗率(kg/GJ)]×报告期供热量(GJ)

（3）供电生产节电量(kWh)＝[报告期线损率(%)－基准期线损率(%)]×报告期供电量(kWh)

16. 节能项目完成率

节能项目是指以节能降耗为目的而制定的设备改造、运行方式改进以及管理方面采取的措施项目，节能项目计划一般以红头文的形式下达。

节能项目完成率是指统计期间（一般以年为统计期）节能项目实际完成数占上级主管部门下达（或确认）的节能计划项目总数的比率，计算公式为

$$节能项目完成率=\frac{实际完成节能项目数}{节能计划项目总数}\times 100\%$$

一流电厂要求年度节能技措项目完成率达到90%以上。

第四章　电站机组的热损失和供电煤耗

第一节　锅炉的热损失和热效率

一、锅炉热平衡

根据热平衡原理，锅炉机组的输入热量应等于锅炉机组输出热量。输出热量包括用于生产蒸汽或热水的有效利用热量和生产过程中的各项热量损失。在锅炉机组稳定的热力状态下，1kg燃料带入炉内的热量、锅炉有效利用热量和热损失间的关系为

$$Q_r = Q_1 + Q_2 + Q_3 + Q_4 + Q_5 + Q_6$$

式中　Q_r——燃料带入锅炉的热量即锅炉输入热量，kJ/kg（kJ/m^3）；

Q_1——锅炉有效利用热量，kJ/kg（kJ/m^3）；

Q_2——排烟热损失，kJ/kg（kJ/m^3）；

Q_3——化学未完全燃烧热损失，kJ/kg（kJ/m^3）；

Q_4——机械未完全燃烧热损失，kJ/kg（kJ/m^3）；

Q_5——锅炉散热损失，kJ/kg（kJ/m^3）；

Q_6——灰渣物理热损失，kJ/kg（kJ/m^3）。

将上式两边都除以输入热量 Q_r，则锅炉热平衡方程可用输入热量的百分比来表示，即

$$1 = q_1 + q_2 + q_3 + q_4 + q_5 + q_6$$

式中　q_i——有效利用热量或各项热损失占输入热量的百分比，$q_i = \dfrac{Q_i}{Q_r}$（$i=1, 2, \cdots, 6$）。

锅炉热效率简称锅炉效率，是指锅炉有效利用热量与输入热量的百分率，即

$$\eta_{bl} = q_1 = \frac{Q_1}{Q_r} = 100\% - (q_2 + q_3 + q_4 + q_5 + q_6)$$

二、锅炉输入热量 Q_r

对于燃煤或燃油锅炉，1kg燃料带入锅炉的热量为

$$Q_r = Q_{net,ar} + Q_{xr} + Q_{wl} + Q_{wh}$$

式中　Q_{xr}——入炉燃料的物理显热，kJ/kg（kJ/m^3）；

Q_{wl}——当用其他外来热源加热暖风器空气，而带入锅炉系统内的热量，kJ/kg（kJ/m^3）；

Q_{wh}——燃油雾化蒸汽带入锅炉的热量，kJ/kg（kJ/m^3）；

$Q_{net,ar}$——燃料收到基低位发热量，kJ/kg（kJ/m^3）。

由于锅炉排烟的温度一般不低于110～120℃，烟气中的水蒸气不可能凝结，因而锅炉中所能利用的热量只是燃料的低位发热量 $Q_{net,ar}$。对于燃煤锅炉，如果燃料和空气都没有利用外界热量进行预热时，$Q_r = Q_{net,ar}$。

1. 燃料的物理显热

$$Q_{xr} = c_r(t_r - t_0)$$

$$c_r = c_{rad}\frac{100 - M_{ar}}{100} + 4.1868\frac{M_{ar}}{100}$$

式中 t_0——基准温度，℃；

t_r——燃料温度，℃；

c_r——燃料的比热容，kJ/(kg·K)、[kJ/(m³·K)]；

c_{rad}——燃煤的干燥基比热容，kJ/(kg·K)。

对于无烟煤、贫煤 c_{rad}=0.921kJ/(kg·K)；对于烟煤 c_{rad}=1.089kJ/(kg·K)；对于褐煤 c_{rad}=1.130kJ/(kg·K)；对于油页岩 c_{rad}=0.879kJ/(kg·K)。

燃油的比热容按下式计算，即

$$c_r = 1.738 + 0.003\left(\frac{t_r + t_0}{2}\right)$$

气体燃料比热容按下式计算，即

$$c_r = \frac{1}{100}[1.298(CO + H_2 + O_2 + N_2) + 1.591(CH_4 + CO_2 + H_2S + H_2O) + 2.094\Sigma C_mH_n]$$

上式中各元素符号分别代表各成分的体积百分数。

2. 外来热源加热空气的热量

如果空气进入锅炉之前，采用外界热量进行预热时，例如在前置预热器（暖风器）中利用汽轮机抽汽加热空气，此时空气带入热可按下式计算，即

$$Q_{wl} = \frac{V_{SF}}{B}(c_{pgk}t_k - c_{pk}t_0)$$

式中 B——锅炉燃料消耗量，kg/h；

V_{SF}——进入暖风器的风量，m³/h；

c_{pgk}——空气预热器进口温度下的空气比定压热容，查表 4-1，kJ/(m³·K)；

t_k——空气预热器进口空气温度，℃；

c_{pk}——基准温度 t_0 下的空气比定压热容，查表 4-1，kJ/(m³·K)。

表 4-1　空气比定压热容　[kJ/(m³·K)]

温度(℃)	0	100	200	300	400	500	600	700	800	900	1000
c_{pk}	1.3188	1.3243	1.3318	1.3423	1.3544	1.3683	1.3829	1.3976	1.4114	1.4248	1.4373
c_{pgk}	1.2971	1.3004	1.3071	1.3172	1.3289	1.3427	1.3565	1.3708	1.3842	1.3976	1.4097

3. 燃油雾化蒸汽带入的热量

如果用蒸汽雾化燃料油时，应计入蒸汽带入的热量 Q_{wh}，按下式计算，即

$$Q_{wh} = \frac{D_{wh}}{B_y}(h_{wh} - 2545)$$

式中 D_{wh}——雾化燃油所用的蒸汽量，kg/h；

2545——基准温度下的饱和汽的焓，25℃时取2545kJ/kg，kJ/kg；

B_y——被雾化的燃油消耗量，kg/h；

h_{wh}——雾化在入口参数下的焓，kJ/kg。

三、排烟热损失

排烟热损失 q_2 是由于锅炉排烟带走了一部分热量造成的排烟热损失。具有相当高温度的烟

气离开锅炉，排入大气而这部分热量不能得到利用，造成排烟热损失。但排烟的热量并非全部来源于输入热量，其中还包括冷空气带入炉内的那部分热量，因此在计算排烟热损失时应扣除这部分热量。

1. 排烟过量空气系数

$$\alpha_{py}=\frac{21}{21-(O_{2py}-2CH_4-0.5CO-0.5H_2)}\approx\frac{21}{21-(O_{2py}-0.5CO)}$$

在简化计算中，过量空气系数可以按 $\alpha_{py}=\dfrac{21}{21-O_{2py}}$ 计算

式中 α_{py}——排烟过量空气系数；

O_{2py}、CH_4、CO、H_2——排烟的干烟气中氧、甲烷、一氧化碳和氢的容积含量百分率，%。

有时烟气中的氧含量无法得知，只知道炉膛出口的氧含量 O_2，此时可以根据锅炉各处的漏风系数 $\Delta\alpha$ 推算出排烟的干烟气中氧含量 O_{2py}，$O_{2py}=O_2+\Sigma\Delta\alpha$，$\Delta\alpha$ 可查表 4-2 取值。

表 4-2　额定负荷下锅炉各处的漏风系数

烟道名称	$\Delta\alpha$ 值	烟道名称	$\Delta\alpha$ 值
带有金属护板的固态排渣炉膛	0.05	再热器	0.03
不带金属护板的固态排渣炉膛	0.10	省煤器每一级（D>50t/h）	0.02
液态排渣炉膛	0.05	管式空气预热器每一级（D>50t/h）	0.03
带有金属护板的燃油、燃气炉膛	0.05	回转式空气预热器每一级（D>50t/h）	0.20
不带金属护板的燃油、燃气炉膛	0.08	板式空气预热器每一级	0.10
负压旋风炉	0.03	电除尘器（D>50t/h）	0.10
凝渣管	0	旋风式、多管式除尘器	0.05
屏式过热器	0	钢制的炉后烟道每 10m 长	0.01
对流过热器	0.03	砖制的炉后烟道每 10m 长	0.05

2. 灰渣中平均含碳量与燃煤灰量之比率

$$\beta_C=\left(\frac{a_{lz}C_{lz}}{100-C_{lz}}+\frac{a_{fh}C_{fh}}{100-C_{fh}}+\frac{a_{cjh}C_{cjh}}{100-C_{cjh}}+\frac{a_{lm}C_{lm}}{100-C_{lm}}\right)\times100\%$$

式中 β_C——灰渣中平均含碳量与燃煤灰量之比率，%；

a_{lz}、a_{fh}、a_{cjh}、a_{lm}——炉渣、飞灰、沉降灰、漏煤中灰量占燃煤总灰量的质量含量百分率，如果没有设计资料或试验数据时，可查表 4-3 选取，%；

C_{lz}、C_{fh}、C_{cjh}、C_{lm}——炉渣、飞灰、沉降灰、漏煤中含碳（可燃物）量，%。

3. 燃料收到基实际烧掉的碳质量含量百分率

$$C_{r,ar}=C_{ar}-\frac{A_{ar}\beta_C}{100}\quad(\%)$$

表 4-3　锅炉炉渣、飞灰含量推荐值

燃烧方式与炉膛型式	a_{lz}炉渣份额（%）	a_{fh}飞灰份额（%）
层燃链条炉	85～70	15～30
抛煤炉	75～60	25～40
沸腾炉	60～40	40～60

续表

燃烧方式与炉膛型式			a_{lz}炉渣份额（%）	a_{fh}飞灰份额（%）
固态排渣火室炉	钢球磨或中速磨煤机		10	90
	竖井磨煤机		15	85
液态排渣炉	开式炉膛	烟煤、无烟煤	20	80
		褐　煤	20～35	80～65
	半开式炉膛	烟煤、无烟煤	30	70
		褐　煤	45	55
卧式旋风炉	煤粉：烟煤、褐煤		80	20
	煤屑：烟煤		80～85	20～15
立式前置旋风炉	无烟煤		50～60	50～40
	其他煤种		60～80	40～20
立式下置旋风炉	褐　煤		80～85	20～15

4. 氮、二氧化碳、氧、一氧化碳的平均比定压热容

N_2、CO_2、O_2、CO的平均比定压热容分别用c_{pN_2}、c_{pCO_2}、c_{pO_2}、c_{pCO}表示，可以从表4-4中按排烟温度查取，其中$N_2+CO_2+O_2+CO=100\%$。在0～500℃时也可按下式计算

$$c_{pN_2}=1.29465+7.31852\times10^{-6}t_{py}+1.79523\times10^{-7}t_{py}^2-6.38890\times10^{-10}t_{py}^3$$

$$c_{pO_2}=1.30586+8.22434\times10^{-5}t_{py}+4.00158\times10^{-7}t_{py}^2-3.92592\times10^{-10}t_{py}^3$$

$$c_{pCO}=1.29929-8.66407\times10^{-7}t_{py}+2.27936\times10^{-7}t_{py}^2-1.04629\times10^{-10}t_{py}^3$$

$$c_{pCO_2}=1.59981+1.07732\times10^{-3}t_{py}-7.70675\times10^{-7}t_{py}^2+3.43519\times10^{-10}t_{py}^3$$

式中　c_{pN_2}、c_{pCO_2}、c_{pO_2}、c_{pCO}——N_2、CO_2、O_2、CO的平均比定压热容，kJ/(m^3·K)；

t_{py}——排烟温度，℃。

表4-4　各种气体的比定压热容[kJ/(m^3·K)]和灰渣比定压热容[kJ/(kg·K)]

排烟温度（℃）	c_{pCO_2}	c_{pO_2}	c_{pN_2}	c_{pH_2O}	c_{pCO}	c_{fh}、c_{lz}、c_{cjh}
0	1.599 8	1.305 9	1.294 6	1.494 3	1.299 2	0
100	1.700 3	1.317 6	1.295 8	1.505 2	1.301 7	0.795 5
200	1.787 3	1.335 2	1.299 6	1.522 3	1.307 1	0.837 4
300	1.862 7	1.356 1	1.306 7	1.542 4	1.316 7	0.866 7
400	1.929 7	1.377 5	1.316 3	1.565 4	1.328 9	0.891 8
500	1.988 7	1.398 0	1.327 6	1.589 7	1.342 7	0.921 1
600	2.041 1	1.416 8	1.340 2	1.614 8	1.357 4	0.924 0
700	2.088 4	1.434 4	1.353 6	1.641 2	1.372 0	0.950 4
800	2.131 1	1.449 9	1.367 0	1.668 0	1.386 2	0.963 0
900	2.169 2	1.464 5	1.379 5	1.695 6	1.399 6	0.979 7
1000	2.203 5	1.477 5	1.391 7	1.722 9	1.412 6	1.004 8
1100	2.234 9	1.489 3	1.403 4	1.750 1		1.025 8
1200	2.263 8	1.500 5	1.414 3	1.776 9	1.436 1	1.050 9
1300	2.289 8	1.510 6	1.425 2	1.802 8		1.096 9

5. 干烟气的比定压热容

$$c_{py}=c_{pCO_2}\frac{RO_2}{100}+c_{pO_2}\frac{O_{2py}}{100}+c_{pN_2}\frac{N_2}{100}+c_{pCO}\frac{CO}{100}\approx C_{pCO_2}\frac{RO_2}{100}+c_{pN_2}\frac{100-RO_2}{100}$$

式中 N_2、RO_2、O_{2py}、CO——表示排烟中 N_2、RO_2、O_{2py}、CO 的体积含量百分率，$N_2+RO_2+O_{2py}+CO=100\%$，%；

c_{py}——干烟气从 t_0 至 t_{py} 温度时的比定压热容，kJ/(m^3·K)。

由于计算干烟气比定压热容 c_{py} 比较复杂，在一般计算中 c_{py} 可以取 1.38kJ/(m^3·K)。

6. 干烟气带走的热量

$$Q_{gy}=V_{gy}c_{py}(t_{py}-t_0)$$

$$V_{gy}=V_{gy}^0+(\alpha_{py}-1)V_{gk}^0$$

$$\alpha_{py}=\frac{21}{21-(O_{2py}-2CH_4-0.5CO-0.5H_2)}$$

$$V_{gy}^0=1.866\times\frac{C_{r,ar}+0.375S_{ar}}{100}+0.79V_{gk}^0+0.8\frac{N_{ar}}{100}$$

$$V_{gk}^0=0.089(C_{r,ar}+0.375S_{ar})+0.265H_{ar}-0.0333O_{ar}$$

式中 Q_{gy}——干烟气带走的热量，kJ/kg；

V_{gy}——实际干烟气容积（每千克或标准立方米燃料燃烧生成的干烟气体积），m^3/kg、m^3/m^3；

t_0——送风温度,℃；

V_{gy}^0——按收到基燃料成分计算的理论燃烧干烟气量，m^3/kg、m^3/m^3；

V_{gk}^0——按收到基燃料成分计算的理论燃烧干空气量，m^3/kg、m^3/m^3；

α_{py}——实测排烟过量空气系数。

对于气体燃料有

$$V_{gy}^0=\frac{CO_{2,ar}+CO_{ar}+H_2S_{ar}+\Sigma C_mH_{nar}}{100}+0.79V_{gk}^0+\frac{N_{2ar}}{100}$$

$$V_{gk}^0=\frac{1}{21}\left[0.5CO_{ar}+0.5H_{2ar}+1.5H_2S_{ar}+\Sigma\left(m+\frac{n}{4}\right)C_mH_{nar}-O_{2ar}\right]$$

式中 m、n——饱和碳、氢化合物的原子数；

$CO_{2,ar}$、CO_{ar}——燃气收到基二氧化碳含量和一氧化碳含量,%；

H_2S_{ar}——燃气收到基硫化氢含量,%；

V_{gy}^0——按收到基成分计算的理论燃烧干烟气量，m^3/m^3；

V_{gk}^0——按收到基成分计算的理论燃烧干空气量，m^3/m^3。

7. 烟气中水蒸气带走的热量

$$Q_{H_2O}=V_{H_2O}c_{pH_2O}(t_{py}-t_0)$$

$$V_{H_2O}=1.244\left(\frac{9H_{ar}+M_{ar}}{100}+1.293\alpha_{py}V_{gk}^0d_k\right)$$

$$d_k=0.622\times\frac{\frac{\Phi}{100}\times p_{t0}}{p_{am}-\frac{\Phi}{100}\times p_{t0}}$$

式中 V_{H_2O}——烟气中实际水蒸气容积，m^3/kg；

Q_{H_2O}——烟气中水蒸气所含的热量，kJ/kg、kJ/m^3；

c_{pH_2O}——烟气中水蒸气在 T_{py} 温度时的平均比定压热容，查表 4-4 选取，一般计算可以取常数 $c_{pH_2O}=1.51kJ/(m^3 \cdot K)$，kJ/($m^3$ · K)；

1.244——标准状态下水蒸气的比容，m^3/kg；

d_k——空气的绝对湿度，一般情况下 $d_k \approx 0.01$，kg/kg（干空气）；

Φ——按干、湿球温度查得的空气相对湿度,%：

p_{am}——当地大气压力，Pa；

p_{t0}——在基准温度 t_0 下的水蒸气的饱和压力，可查水蒸气性质表求得，Pa；在 0～50℃范围内，p_{t0} 可按下式计算，即 $p_{t0}=611.7927+42.7809t_0+1.6883t_0^2+0.01208t_0^3+6.1637\times10^{-4}t_0^4$。

8. 排烟带走的热量

$$Q_2=Q_{gy}+Q_{H_2O}$$

式中 Q_2——排烟带走的热量，kJ/kg。

9. 排烟热损失

$$q_2=\frac{Q_2}{Q_r}\times100\%$$

式中 q_2——排烟热损失,%。

一般情况下，q_2 在各种热损失中最大，可以达到 4%～8%。当燃煤 $Q_r=Q_{net,ar}$时，排烟热损失 q_2 可用下式计算

$$q_2=(k_1\alpha_{py}+k_2)\frac{t_{py}-t_0}{100}(\%)$$

式中 k_1、k_2——简化函数，查表 4-5 选取；

α_{py}——排烟过量空气系数，即锅炉排烟处的过量空气系数；

t_{py}——排烟温度,℃；

t_0——基准温度,℃。

表 4-5　简化函数 k_1、k_2 选定值

煤种	k_1	k_2	煤种	k_1	k_2
无烟煤及贫煤	3.55	0.44	泥煤	3.95	1.6
烟煤	3.54	0.44	重油	3.5	0.5
褐煤	3.62	0.90			

四、化学不完全燃烧热损失

化学不完全燃烧热损失 q_3 是由于烟气中含有可燃气体 CO 造成的热损失，所以也叫可燃气体未完全燃烧热损失。由于大型煤粉锅炉基本上是完全燃烧，所以 q_3 很小，一般不超过 0.5%；对于燃油或燃气锅炉，化学不完全燃烧热损失比较大，一般为 1%～3%。该项热损失由排烟中的未完全燃烧产物（CO、H_2、CH_4、C_mH_n）的含量决定。由于 1m^3 一氧化碳的发热量为 12 636kJ/m^3、氢的发热量为10 798kJ/m^3、甲烷为35 818kJ/m^3、C_mH_n 为59 079kJ/m^3。所以这些可燃气体成分未能放出燃烧热而造成的热量损失占输入热量的百分率，按下式计算

$$q_3=\frac{V_{gy}}{Q_r}(126.36CO+358.18CH_4+107.98H_2+590.79C_mH_n)\times100\%$$

式中 V_{gy}——燃料燃烧生成的实际干烟气体积，m^3/kg；

q_3——化学不完全燃烧热损失，%；

126.36、358.18、107.98、590.79——$1m^3$ 的一氧化碳、甲烷、氢气、重碳氢化合物的发热量的1/100，kJ/m^3。

在实际计算中，由于烟气中 C_mH_n 含量极少，可只考虑甲烷 CH_4 的影响，其他 C_mH_n 含量可忽略不计。当考虑机械未完全燃烧热损失对化学不完全燃烧热损失的影响时，其修正公式为

$$q_3=\frac{V_{gy}}{Q_r}(126.36CO+358.18CH_4+107.98H_2+358.18CH_4)\times(1-q_4)$$

在计算式中乘以（$1-q_4$），是因为机械未完全燃烧热损失存在时，每千克燃料中只有（$1-q_4$）千克燃料参与燃烧并生成烟气，因此应对生成的干烟气容积用（$1-q_4$）进行修正。

由于 H_2、CH_4、C_mH_n 含量较少，平常反平衡计算效率时一般只考虑一氧化碳 CO，所以 $q_3=\frac{V_{gy}}{Q_{net,ar}}$（$126.36\times CO$）×（$1-q_4$）。

根据二氧化碳、二氧化硫、一氧化碳成分容积含量百分率的定义，存在如下关系，即

$$CO_2+SO_2+CO=\frac{V_{CO_2}}{V_{gy}}\times100+\frac{V_{SO_2}}{V_{gy}}\times100+\frac{V_{CO}}{V_{gy}}\times100$$

即

$$RO_2+CO=\frac{V_{CO_2}+V_{SO_2}+V_{CO}}{V_{gy}}\times100$$

所以

$$V_{gy}=\frac{V_{CO_2}+V_{SO_2}+V_{CO}}{RO_2+CO}\times100$$

式中 V_{SO_2}、V_{CO_2}、V_{CO}——烟气中二氧化硫、二氧化碳、一氧化碳成分容积，m^3/kg；

RO_2——炉膛出口烟气中二氧化碳和二氧化硫的总容积占干烟气容积的百分率，%。

由于1kg碳不管生成 CO_2 还是CO，其生成的烟气容积都是 $1.866m^3$，因而1kg燃料中的碳燃烧生成的烟气容积可写为

$$V_{CO_2}+V_{CO}=1.866\frac{C_{ar}}{100}$$

同时由于

$$V_{SO_2}=0.7\frac{S_{ar}}{100}$$

因此

$$V_{gy}=\frac{V_{CO_2}+V_{SO_2}+V_{CO}}{RO_2+CO}\times100=\frac{1.866C_{ar}+0.7S_{ar}}{RO_2+CO}$$

$$q_3=\frac{V_{gy}}{Q_{net,ar}}(126.36\times CO)(1-q_4)$$

$$=\frac{126.36CO}{Q_{net,ar}}\frac{1.866C_{ar}+0.7S_{ar}}{RO_2+CO}(1-q_4)$$

式中 C_{ar}、S_{ar}——燃料的收到基碳和硫含量百分率，%。

如果手头没有上述一些燃料和烟气的分析数据，可以采用下列经验公式计算，即

$$q_3=0.032\alpha_{py}CO\times100\%$$

影响化学不完全燃烧热损失的主要因素是燃料性质、过量空气系数。一般在燃用挥发性高的燃料时，燃料由于很快挥发出大量可燃气体，这时如果混合条件不好，可燃气体不能及时得到氧气，就容易出现不完全燃烧，这就是挥发性高的燃料本来是好烧的，但化学未完全燃烧热损失有时却比较大的原因。运行中过量空气系数过小，可燃气体得不到充足的氧气而无法燃尽；但过量空气系数过大，又会使炉内温度降低，不利于燃烧反应进行，结果也会使 q_3 增大。

五、固体未完全燃烧热损失

固体未完全燃烧热损失 q_4，也称机械未完全燃烧热损失，主要是由锅炉烟气带走的飞灰和炉底放出的炉渣中含有未参加燃烧的碳所造成的，以及中速磨煤机排出石子煤的热量损失。

固体未完全燃烧热损失由三部分组成：炉渣热损失 $\frac{337.27A_{ar}a_{lz}C_{lz}\times100\%}{Q_{net,ar}\ (100-C_{lz})}$、飞灰热损失 $\frac{337.27A_{ar}a_{fh}C_{fh}\times100\%}{Q_{net,ar}\ (100-C_{fh})}$ 和漏煤热损失 $\frac{337.27A_{ar}a_{lm}C_{lm}\times100\%}{Q_{net,ar}\ (100-C_{lm})}$。炉渣热损失指未燃尽的燃料与渣在一起，一同排入灰斗所造成的损失；飞灰热损失指未燃尽的燃料与灰在一起，随烟气排出（经电除尘时，大部分落下，小部分随烟气从烟囱排出），所造成的损失；漏煤热损失指链条炉中未能完全燃烧的煤，漏入灰斗造成的能量损失，煤粉炉中没有该项损失。

$$q_4=\frac{337.27A_{ar}}{Q_{net,ar}}\left(\frac{a_{fh}C_{fh}}{100-C_{fh}}+\frac{a_{lz}C_{lz}}{100-C_{lz}}\right)\times100\%+\frac{B_{sz}Q_{ar,sz}}{BQ_r}\times100\%$$

式中 337.27——碳的发热量 33 727kJ/kg 的 1/100；

A_{ar}——入炉煤的收到基灰分含量百分率，%；

C_{fh}、C_{lm}、C_{lz}——分别为飞灰中碳（飞灰可燃物）的含量、漏煤中可燃物含量和炉渣可燃物含量百分率，%；

a_{fh}、a_{lm}、a_{lz}——飞灰、漏煤、灰渣占燃料总灰分的份额，查表 4-3 选取，$a_{fh}+a_{lm}+a_{lz}=1$，%；

B——锅炉燃料消耗量，kg/h；

B_{sz}——中速磨煤机废弃的石子煤量，kg/h；

$Q_{ar,sz}$——石子煤的实测低位发热量，kJ/kg。

影响机械不完全燃烧热损失的主要因素是燃料性质和运行人员的操作水平。煤中含灰分、水分越少，q_4 越小；挥发分越多，煤粉越细，则机械不完全燃烧热损失越小；适当增大过量空气系数，可减少 q_4；一、二次风适时混合，保持火焰不偏斜，维持适当炉温，可减少 q_4。机械不完全燃烧热损失是仅次于排烟热损失的锅炉热损失，固态排渣煤粉炉 q_4 为 0.5%～5%。

对于燃油锅炉，一般灰分很少，可以忽略不计；如果必须计算时，其固体未完全燃烧热损失为

$$q_4=\frac{337.27\mu V_{gy}}{Q_r}\times100\%$$

式中 μ——锅炉排烟中碳的浓度，g/m^3。

六、散热损失

散热损失 q_5，是由于运行中锅炉内部各处的温度均高于外部温度，使一部分热量散失到空气中造成的散热损失，即锅炉炉墙、金属结构及锅炉范围内管道（烟风管道、汽水管道、联箱等）向四周环境中散失的热量占总输入热量的百分率。

散热损失 q_5 计算公式为

$$q_5=q_5^e\frac{D_e}{D}$$

式中 D_e——锅炉的额定蒸发量，t/h；

D——锅炉效率试验时的实际蒸发量，t/h；

q_5——锅炉散热损失，%；

q_5^e——额定蒸发量下的散热损失（根据锅炉额定蒸发量按图 4-1 查取），%。

额定负荷下的锅炉散热损失也可按下式计算，即

$$q_5^e = 5.82\ (D_e)^{-0.38}$$

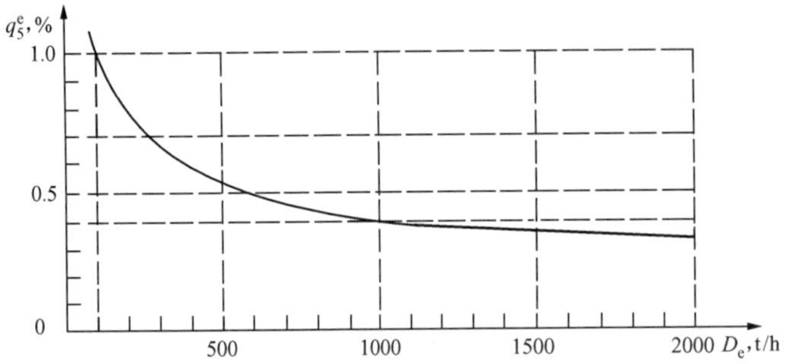

图 4-1 额定负荷下的锅炉散热损失曲线

影响散热损失的主要因素是锅炉容量、负荷、相对表面积和环境温度。锅炉容量小、负荷小、相对表面积大、周围空气温度低，则散热损失就大。对于大型锅炉，q_5 一般小于 0.5%。

七、灰渣物理热损失

灰渣物理热损失即炉渣、飞灰与沉降灰排出锅炉设备时，所带走的显热占输入热量的百分率，其计算公式为

$$q_6 = \frac{A_{ar}}{Q_r}\left[\frac{a_{lz}(t_{lz} - t_0)c_{lz}}{100 - C_{lz}} + \frac{a_{fh}(t_{py} - t_0)c_{fh}}{100 - C_{fh}} + \frac{a_{cjh}(t_{cjh} - t_0)c_{cjh}}{100 - C_{cjh}}\right] \times 100\%$$

式中 q_6——灰渣物理热损失，%；

t_{lz}——由炉膛排出的炉渣温度（当不能直接测量时，固态排渣煤粉炉取 800℃；火床炉取 600℃；液态排渣火室炉取煤灰的熔化温度+100℃），℃；

t_{cjh}——由烟道排出的沉降灰温度，可取为沉降灰斗上部空间的烟气温度，℃；

c_{fh}、c_{lz}、c_{cjh}——飞灰、炉渣和沉降灰的比热容，按表 4-4 查取，kJ/(kg・K)。

飞灰、炉渣和沉降灰的比热容也可按下式计算

$$c = 0.71 + 0.000\ 502t$$

式中 c——飞灰（或沉降灰或炉渣）的比热容，kJ/(kg・K)；

t——排烟温度（或沉降灰温度或炉渣温度），℃。

对于燃油和燃气锅炉 $q_6 = 0$

影响灰渣物理热损失主要因素是燃料灰分、排渣量的大小和温度高低。

八、锅炉的毛效率与净效率

按公式 $\eta_{bl} = \frac{Q_1}{Q_r} \times 100\%$求得的效率就是锅炉的毛效率，而锅炉的净效率是考虑了锅炉本身需用的热量消耗及其主要辅机电耗后的效率，用 η_{bj} 表示，其计算公式为

$$\eta_{bj} = \frac{\eta_{bl} Q_r}{Q_r + \Sigma Q_{fy} + \frac{b}{B}\ 29\ 308 \Sigma P_{fj}} \times 100\%$$

式中 ΣP_{fj}——锅炉设备的制粉系统、送风机、引风机、烟气再循环风机、强制循环泵、除渣及除灰系统、电除尘等辅助机械电动机的实际功率，kW；

ΣQ_{fy}——驱动锅炉辅助设备和吹灰等锅炉自用蒸汽热耗，kJ/kg；

Q_r——锅炉输入热量，kJ/kg、kJ/m^3；

B——锅炉的实际燃料消耗量，kg/h、m^3/h；

b——发电标准煤耗率，kg/kWh。

【例 4-1】 某火电厂锅炉额定蒸发量为 907.0t/h，发电机额定功率 300MW，烟煤收到基灰分 A_{ar}=17.5%、含碳量 C_{ar}=63.0%、含硫量 S_{ar}=1.0%、含氮量 N_{ar}=1.1%、含氧量 O_{ar}=8.0%、含氢量 H_{ar}=3.0%、水分 M_{ar}=5.5%、燃煤低位发热量 $Q_{net,ar}$=23 470.0kJ/kg，锅炉实际蒸发量为 700.0t/h，飞灰可燃物 C_{fh}=3.0%，炉渣中碳的含量 C_{lz}=2.5%，炉膛出口氧量 O_2 为 5.0%，送风温度为 17.0℃、排烟温度为 127.0℃时，烟道漏风系数 $\Delta\alpha$ 为 0.2，排烟中的一氧化碳含量为 0.051%，配钢球磨煤机，固态排渣，当地大气压力 p_{am}=95 000Pa，空气相对湿度 Φ=77.3%。求锅炉实际效率。

解 （1）查表 4-3，a_{fh}取 0.90，a_{lz}取 0.10，因此

$$q_4=\frac{337.27A_{ar}}{Q_{net,ar}}\left(\frac{a_{fh}C_{fh}}{100-C_{fh}}+\frac{a_{lz}C_{lz}}{100-C_{lz}}\right)\times100\%$$

$$=\frac{337.27\times17.5}{23\ 470}\left(\frac{0.9\times3}{100-3}+\frac{0.1\times2.5}{100-2.5}\right)\times100\%=0.764\%$$

（2）
$$\beta_C=\left(\frac{a_{lz}C_{lz}}{100-C_{lz}}+\frac{a_{fh}C_{fh}}{100-C_{fh}}\right)\times100\%$$

$$=\left(\frac{0.1\times2.5}{100-2.5}+\frac{0.9\times3}{100-3}\right)\times100\%=3.04\%$$

$$C_{r,ar}=C_{ar}-\frac{A_{ar}\beta_C}{100}=63-\frac{17.5\times3.04}{100}=62.468\ (\%)$$

根据排烟温度 t_{py}=127℃，查表 4-4 得

$$c_{pN_2}=1.296\ 8\text{kJ/(m}^3\cdot\text{K)},c_{pCO_2}=1.723\ 8\text{kJ/(m}^3\cdot\text{K)}$$

理论干空气量为

$$V_{gk}^0=0.089(C_{r,ar}+0.375S_{ar})+0.265H_{ar}-0.033\ 3O_{ar}$$

$$=0.089(62.468+0.375\times1)+0.265\times3-0.033\ 3\times8$$

$$=6.654\ 4(\text{m}^3/\text{kg})$$

又因为燃料特性系数为

$$\beta=2.35\times\frac{H_{ar}-0.126O_{ar}+0.038N_{ar}}{C_{ar}+0.375S_{ar}}=2.35\times\frac{3-0.126\times8+0.038\times1.1}{63+0.375\times1}=0.075\ 4$$

$$RO_2=\frac{21-O_2}{1+\beta}=\frac{21-5}{1+0.075\ 4}=14.878\ (\%)$$

$$\alpha_{py}=\frac{21}{21-O_2}+\Delta\alpha=\frac{21}{21-5}+0.2=1.513$$

所以干烟气的比定压热容为

$$c_{py}=c_{pCO_2}\frac{RO_2}{100}+c_{pN_2}\frac{100-RO_2}{100}$$

$$=1.723\ 8\times\frac{14.878}{100}+1.296\ 8\times\frac{100-14.878}{100}=1.360\quad[\text{kJ/(m}^3\cdot\text{K)}]$$

理论干烟气量为

$$V_{gy}^0=1.866\frac{C_{r,ar}+0.375S_{ar}}{100}+0.79V_{gk}^0+0.8\frac{N_{ar}}{100}$$

$$=1.866\frac{62.468+0.375\times 1}{100}+0.79\times 6.6544+0.8\times\frac{1.1}{100}$$

$$=6.438\ (m^3/kg)$$

实际干烟气量为

$$V_{gy}=V_{gy}^0+(\alpha_{py}-1)V_{gk}^0$$

$$=6.438+0.513\times 6.654=9.852\quad (m^3/kg)$$

干烟气带走的热量为

$$Q_{gy}=V_{gy}c_{py}(t_{py}-t_0)=9.852\times 1.36\times 110=1473.56\quad (kJ/kg)$$

查水蒸气性质表，在17℃时的饱和水蒸气压力 $p_{t0}=1\ 936.2$Pa，或按公式计算：

$$p_{t0}=611.7927+42.7809\times 17+1.6883\times 17^2+0.012079\times 17^3+6.1637\times 10^{-4}\times 17^4$$

$$=1937.8\ (Pa)$$

两种计算结果相差不大。

$$d_k=0.622\times\frac{\frac{77.3}{100}\times 1936.2}{95000-\frac{77.3}{100}\times 1936.2}=0.01$$

烟气中实际水蒸气容积为

$$V_{H_2O}=1.244\left(\frac{9H_{ar}+M_{ar}}{100}+1.293\alpha_{py}V_{gk}^0d_k\right)$$

$$=1.244\left(\frac{9\times 3+5.5}{100}+1.293\times 1.513\times 6.6544\times 0.01\right)$$

$$=0.5662(m^3/kg)$$

查表4-4烟气中水蒸气在127℃时的平均比定压热容为

$$c_{pH_2O}=1.5098kJ/(m^3\cdot K)$$

烟气中水蒸气的显热为

$$Q_{H_2O}=V_{H_2O}c_{pH_2O}(t_{py}-t_0)=0.5662\times 1.5098\times 110=94.033(kJ/kg)$$

排烟热损失为

$$q_2=\frac{Q_{H_2O}+Q_{gy}}{Q_r}\times 100\%=\frac{94.033+1473.56}{23470}\times 100\%=6.679\%$$

或者查表4-5得 $k_1=3.54$，$k_2=0.44$，则

$$q_2=\left[(k_1\alpha_{py}+k_2)(t_{py}-t_0)\frac{1}{100}\right]\%$$

$$=\left[(3.54\times 1.513+0.44)\times(127.0-17)\times\frac{1}{100}\right]\%=6.376\%$$

与第一种方法计算结果基本一致。

(3) $$q_3=\frac{126.36CO}{Q_{net,ar}}\frac{1.866C_{ar}+0.7S_{ar}}{RO_2+CO}\ (1-0.764\%)$$

$$=\frac{126.36\times 0.051}{23470}\frac{1.866\times 63+0.7\times 1}{14.878+0.051}\times 0.9924=0.216\%$$

(4) $$q_5^e=5.82\ (D_e)^{-0.38}=5.82\times 907^{-0.38}=0.4376\ (\%)$$

$$q_5=q_5^e\frac{D_e}{D}=0.4376\%\times\frac{907}{700}=0.567\%$$

（5） $c_{lz}=0.71+5.02\times10^{-4}\times800=1.1116[kJ/(kg\cdot K)]$

$$q_6=\frac{A_{ar}}{Q_r}\times\frac{a_{lz}\ (t_{lz}-t_0)\ c_{lz}}{100-c_{lz}}\times100\%$$

$$=\frac{17.5}{23\,470}\times\frac{0.1\ (800-17)\ 1.116}{100-2.5}\times100\%=0.067\%$$

（6）锅炉效率

$$\eta_{bl}=100\%-0.764\%-6.679\%-0.216\%-0.567\%-0.067\%=91.71\%$$

这就是反平衡计算锅炉效率的方法。

九、锅炉的毛效率和燃料效率

以锅炉自然边界为研究对象，所有进入锅炉系统的热量（包括燃料燃烧主动释放的输入量和输入锅炉系统边界的外来热量）都算作输入热量，称为毛效率。

$$\eta_{bl}=\frac{Q_1}{Q_r+Q_{xr}+Q_{wh}+Q_{wl}\cdots}\times100\%$$

以锅炉自然边界为研究对象，所有人们主动输入锅炉系统的热量算作输入热量（如燃料燃烧主动释放的输入量）基础上的效率，称为燃料效率。

$$\eta_{fu}=\frac{Q_1}{Q_r\cdots}\times100\%$$

$$Q_r=Q_{net,ar}$$

式中 Q_1——锅炉输出的热量，kJ/kg；

Q_r——入炉燃料燃烧释放的热量，kJ/kg。

燃料效率表达了能源转化的效率，因此如果没有特殊说明，我们说的锅炉热效率一般是指燃料效率，计算煤耗时必须用燃料效率。

入炉燃料的热值对锅炉效率的影响比较显著。例如，某 HG-2001/26.15-YM3 锅炉制造厂给出了收到基低位热值对热效率的影响曲线，见图 4-2。这条曲线是一条随热值变化的直线，燃料低位热值对锅炉热效率的修正曲线可以写成模拟方程为

$$\Delta\eta_Q=-0.00025\Delta Q(\%)$$

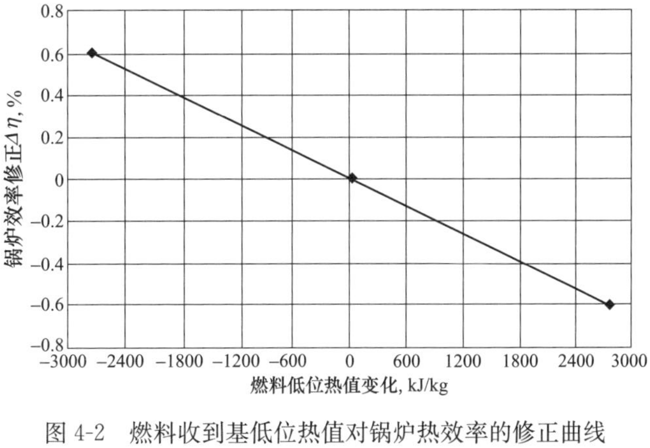

图 4-2 燃料收到基低位热值对锅炉热效率的修正曲线

当锅炉设计煤种低位热值为 23 570kJ/kg，实际入炉煤低位热值为 16 970kJ/kg 时，入炉煤低位热值偏离设计值－6600kJ/kg，则热值偏离设计值引起的锅炉效率变化量为

$$\Delta\eta_Q=-0.00025\Delta Q(\%)=-0.00025\times6600(\%)=-1.65\%$$

当入炉煤低位热值每低于设计值500kJ/kg时，则热值偏离设计值引起的锅炉效率变化量为

$$\Delta\eta_Q = -0.000\,25\Delta Q(\%) = -0.000\,25\times 500(\%) = -0.125\%$$

另外，ASME PTC4.1《锅炉机组性能试验规程》要求考核计算高位发热量锅炉效率，我们常说的锅炉效率没有特殊说明，就是指低位发热量锅炉燃料效率。如果要求考核高位发热量锅炉效率，必须注明。高位发热量锅炉效率与低位发热量锅炉效率之间存在如下关系：

$$\eta_{gr} = \eta_{net}\frac{Q_{net,ar}}{Q_{gr,ar}\cdots}$$

$$Q_{gr,ar} = Q_{net,ar} + 2300\left(\frac{8.937H_{ar}}{100} + \frac{M_{ar}}{100}\right) = Q_{net,ar} + 206H_{ar} + 23M_{ar}$$

式中 H_{ar}——收到基氢质量含量，%；

M_{ar}——收到基全水分，%；

η_{gr}——高位发热量锅炉效率，%；

η_{net}——低位发热量锅炉效率，%；

$Q_{net,ar}$——收到基低位发热量，kJ/kg；

$Q_{gr,ar}$——收到基高位发热量，kJ/kg。

【例4-2】 锅炉按ASME PTC4.1标准进行热效率试验，测得低位热值锅炉热效率为91.71%，入炉煤收到基氢质量含量 $H_{ar}=3.0\%$，收到基全水分 $M_{ar}=5.5\%$，收到基低位 $Q_{net,ar}=23\,470$kJ/kg。求高位热值锅炉热效率。

解 收到基高位发热量为

$$Q_{gr,ar} = Q_{net,ar} + 2300\left(\frac{8.937H_{ar}}{100} + \frac{M_{ar}}{100}\right)$$

$$= Q_{net,ar} + 206H_{ar} + 23M_{ar} = 23\,470 + 206\times 3.0 + 23\times 5.5 = 24\,214.5(\text{kJ/kg})$$

高位热值锅炉热效率为

$$\eta_{gr} = \eta_{net}\frac{Q_{net,ar}}{Q_{gr,ar}\cdots} = 91.71\%\times\frac{23\,470}{24\,214.5\cdots} = 88.89\%$$

第二节 汽轮发电机组的效率与热耗

在火力发电厂中，热能转化为电能的过程中存在各种损失，通常使用各种效率来衡量整个能量转换过程中不同阶段的能量利用程度。一个装置的效率是输出能量（或功率）与输入能量（或功率）之比。若将汽轮机装置放在热力循环中考虑，这时的输入能量为每千克蒸汽在锅炉中的吸热量，再分别考虑汽轮发电机组的不同损失后提出的不同能量作为输出能量，这样得到的一组效率叫做绝对效率；若单独考虑汽轮发电机组，以汽轮机的理想焓降作为输入能量所得到的一组效率叫做相对效率。

一、汽轮发电机组的效率

1. 相对内效率

在汽轮机通流部分内蒸汽热能转化为功的过程中，由于进汽节流、汽流通过喷嘴和叶片产生的摩擦，叶片顶部间隙漏汽以及余速损失等原因，实际上蒸汽的可用焓降只有其中的一部分转变为汽轮机的内功。蒸汽实际用于做功的焓降与蒸汽理想焓降之比称为汽轮机相对内效率。如果汽轮机的输入理想功率为 P_t，输出的内功率为 P_i，蒸汽量为 G，对于无回热抽汽的汽轮机则

$$P_t = G\Delta h_t\frac{1}{3600}$$

$$P_i = Gh\frac{1}{3600}$$

则汽轮机的相对内效率为

$$\eta_i = \frac{P_i}{P_t} = \frac{h}{\Delta h_t}$$

式中 η_i——汽轮机相对内效率,%;

P_t——不考虑任何损失，蒸汽的焓降全部转变为机械功，此时汽轮机所发的功率称为理想功率，kW;

P_i——当考虑到汽轮机的各种内部损失后，汽轮机所发出的功率称为内功率，kW;

Δh_t——蒸汽的理想焓降，kJ/kg;

h——汽轮机级的有效焓降，kJ/kg;

G——汽轮机的蒸汽流量，kg/h。

相对内效率越高，说明汽轮机的内部损失越小，因此它是衡量汽轮机热力过程完善程度的指标，目前汽轮机的相对内效率一般为78%~90%。

所谓理想蒸汽是指满足三个条件的蒸汽：①一元流动，即喷嘴中的蒸汽参数只沿流动方向改变，而垂直截面上不变；②稳定流动，即流道中任一点的参数不随时间变化；③绝热流动，即蒸汽快速通过喷嘴时，与外界不产生热交换。蒸汽的理想焓降是指汽轮机内理想蒸汽的热能转换为机械能的最大能量。

汽轮机的内部损失包括喷嘴损失、动叶损失、余速损失、漏汽损失、摩擦损失、鼓风损失、斥汽损失、湿汽损失、节流损失、排汽管损失。其中前八项内部损失是通流部分中与流动、能量转换有直接联系的损失，称为汽轮机的级内损失。

蒸汽流经喷嘴或叶栅时，部分蒸汽产生扰动，蒸汽和喷嘴表面有摩擦和涡流，引起做功能力的损失，叫喷嘴损失；蒸汽流经动叶时，由于气流与动叶表面发生摩擦和涡流，引起做功能力的损失，叫动叶损失。降低喷嘴和动叶损失的主要方法是选择合理的叶型。

蒸汽离开动叶时，绝对速度具有一定的动能，这部分动能未被利用，引起做功能力的损失，叫余速损失。减少余速损失的办法是：适当减少喷嘴出汽角，使轴向分速减小；将汽轮机的排汽管做成扩压式的，以便回收部分余速能量。

汽轮机通流部分中，隔板与转轴之间，动叶顶部与汽缸之间，在转鼓结构的反动级静叶与转鼓之间都存在间隙，且间隙前后存在压力差，这样进入级的蒸汽就有一部分不通过动叶通道，而经过间隙绕过隔板和动叶流走，造成的损失叫做漏汽损失。不同的级漏汽情况不同，冲动级有隔板漏汽和动叶顶部漏汽，反动级有静叶根部和动叶顶部漏汽。减少漏汽损失的主要方法是：在隔板与主轴之间采用梳齿式汽封，在喷嘴和动叶根部设置轴向汽封，在围带上安装径向汽封和轴向汽封，对于无围带的长叶片，把动叶顶部削薄以达到叶顶汽封的作用。

叶轮转动时，叶轮两侧及外缘充满了具有黏滞性的蒸汽，紧贴在叶轮表面的那层蒸汽以相同的速度随其旋转，而紧贴隔板和汽缸壁的蒸汽速度为零，因此在叶轮两侧及外缘的间隙中，蒸汽沿轴向形成层与层之间的速度差，产生摩擦消耗掉叶轮一部分有用功；另外叶轮表面的那层蒸汽要产生大的离心力，因而向外径向流动，而紧贴隔板和汽缸壁的蒸汽产生离心力小，自然向叶轮流动，这样叶轮四周的蒸汽产生涡流，也消耗掉叶轮一部分有用功，上述两种损失叫做摩擦损失。降低摩擦损失的主要方法是减小叶轮与隔板间的轴向间隙，降低叶轮表面粗糙度。

在部分进汽级中，动叶片在不装喷嘴的弧段内运转时，就像送风机的叶片一样，把停滞的蒸汽从动叶片一侧送到另一侧所产生的附加损失，叫做鼓风损失；在部分进汽级中，当动叶栅进入工作弧段时，喷嘴中射出来的蒸汽必须首先把充满在动叶汽道中停滞的蒸汽吹走，这就使汽流速度降低，消耗了工作蒸汽的一部分动能，叫做斥汽损失。降低鼓风损失的主要方法是合理选择部分进汽度；采用护罩装置，在不装喷嘴的弧段内把动叶栅罩住，以减少鼓动蒸汽量。降低斥汽损失的主要方法是减少喷嘴组数，以便减少动叶栅经过每组喷嘴弧段次数。

湿蒸汽中水珠的流速要比蒸汽小，蒸汽分子要消耗一部分能量加速水滴引起的能量损失；同时由于水珠的流速低，进入动叶时正好冲击在动叶片进口处的背部，对叶轮产生制动作用，要消耗叶轮上的一部分有用功，这两部分的损失叫做湿汽损失。减少湿汽损失的主要方法是采用去湿装置。

蒸汽经过自动主汽阀和调节阀后，由于这两个阀门的节流作用和管道的流动阻力，使蒸汽压力要降低，汽轮机的理想焓降减小了，因而形成损失，这种损失叫做进汽机构的节流损失。为了减少进汽机构的节流损失，一般限制流经主汽阀和调节阀的蒸汽速度不超过 60m/s；选用流动性能良好的阀门结构（如带扩压管的单座阀），以改进汽阀的蒸汽流动特性。

汽轮机的排汽从末级动叶流出后通过排汽管进入凝汽器。蒸汽在排汽管中流动时，由于存在摩擦、涡流等产生的阻力，使凝汽器压力低于末级动叶出口的蒸汽压力，造成蒸汽的压力损失，这部分蒸汽压降并没有做功，形成的损失叫做排汽管损失。通常在设计排汽缸时，利用乏汽自身的动能补偿排汽管中的压降，即把排汽缸设计成扩压形状，同时采用安装导流板的方法，以减小排汽管的流动阻力。

2. 相对有效效率

（1）机械效率。

汽轮机的机械损失包括用来带动主油泵、调节系统和克服轴承摩擦而消耗的功率，假定机械损失为 ΔP_m，则汽轮机输出的功率为 $P_e=P_i-\Delta P_m$，称为汽轮机的有效功率或轴端功率，即汽轮机内功率减去机械损失之后的功率叫做轴端功率，汽轮机轴端功率与内功率之比，叫做汽轮机的机械损失，故机械效率为

$$\eta_m=\frac{P_e}{P_i}$$

式中 P_i——汽轮机内功率，kW；

P_e——汽轮机的轴端功率，kW。

机械效率一般较高，为 96%～99%。

（2）汽轮机的相对有效效率。

如果把汽轮机和汽轮机轴承看成一个整体，其效率就叫做汽轮机的相对有效效率，此时输入功率为理想功率 P_t，输出功率为有效功率 P_e，则相对有效效率为

$$\eta_e=\frac{P_e}{P_t}=\frac{P_i}{P_t}\frac{P_e}{P_i}=\eta_i\eta_m$$

3. 汽轮发电机组相对电效率

（1）发电机效率。如果单独看发电机，其输入功率为轴端功率 P_e，由于发电机内有铜损、铁损和机械损耗，则输出功率比轴端功率 P_e 要小一些。设发电机输出功率为 P_N，称为发电机电功率，发电机电功率等于汽轮机轴端功率与发电机各种机械损失和电损失之差。发电机电功率与汽轮机轴端功率之比叫做发电机效率，则发电机效率为

$$\eta_g=\frac{P_N}{P_e}$$

$$P_N=P_i\eta_m\eta_g$$

式中 P_N——发电机出线端的电功率，kW；

P_e——汽轮机的轴端功率，kW。

小功率发电机效率一般在93%～95%范围内，而大功率发电机效率在98%～99.5%范围内。

(2) 汽轮发电机组相对电效率。如果将汽轮机、轴承、发电机看成一个整体，整个机组的输入功率为理想功率 P_t，输出功率为电功率 P_N，则整个机组的效率称为相对电效率 η_{el}，即汽轮发电机组的电功率与汽轮机理想功率之比，叫做汽轮发电机组的相对电效率，计算公式为

$$\eta_{el}=\frac{P_N}{P_t}=\frac{P_i}{P_t}\frac{P_e}{P_i}\frac{P_N}{P_e}=\eta_i\eta_m\eta_g$$

上式说明汽轮发电机组的相对电效率等于汽轮机的相对内效率、机械效率和发电机效率的乘积。

4. 循环热效率

水在锅炉中吸热变成高温高压气体进入汽轮机做功，做功后的乏汽在凝汽器中冷凝成水，重新吸热变成蒸汽做功。工质每完成一个循环，就包括对外做功的放出热量和从热源吸收的热量。每千克蒸汽在汽轮机中的理想焓降 Δh_t，与其在锅炉中的吸收热量之比，称为汽轮机装置的循环热效率，用 η_t 表示，一般为36%～54%，其计算公式为

$$\eta_t=\frac{\Delta h_t}{Q_0}$$

对于纯凝汽式机组 $\eta_t=\dfrac{h_{ms}-h_{cot}}{h_{ms}-h_{co}}$

式中 Δh_t——汽轮机中的理想焓降，kJ/kg；

Q_0——汽轮机从锅炉中吸收的热量，kJ/kg；

h_{ms}——进入汽轮机的新蒸汽焓，kJ/kg；

h_{cot}——汽轮机的排汽焓，kJ/kg；

h_{co}——凝结水的焓值，kJ/kg。

循环热效率主要取决于排汽压力、蒸汽初压和初温，当初压力 $p_0=2.8$MPa 时，循环热效率 η_t 随着初温度 t_0 的提高而增加，而且是均匀上升，见表4-6，这是由于循环的吸热温度得以提高。当初温度 t_0 和排汽压力 p_n 均保持不变时，随着初压力 p_0 的提高，蒸汽初焓值降低，但循环的吸热温度得以提高，循环热效率 η_t 也随之增加；但随着初压力的提高，对循环热效率的提高作用逐渐减少，当蒸汽初压力提高到某一数值时，循环热效率反而降低，见表4-7，因此最大的循环热效率对应着最佳的理论初压值。

表4-6　　循环热效率与初温度的关系（$p_0=2.8$MPa）

初温度 t_0（℃）	400	440	480	550
循环热效率 η_t（%）	36.7	37.3	37.9	38.9
每增加10℃时 η_t 的增加（%）	—	0.15	0.15	0.15

表4-7　　循环热效率与初压力的关系（$t_0=400$℃，$p_n=3.9$kPa）

初压力 p_0（MPa）	3.92	7.85	11.77	15.7	19.6
蒸汽初焓（kJ/kg）	3211	3138	3056	2956	2839
焓降（kJ/kg）	1172	1220	1225	1197	1156
循环热效率 η_t（%）	0.38	0.405	0.417	0.422	0.426
每增加1MPa时 η_t 的增加（%）	—	0.636	0.306	0.127	0.103

当循环初参数不变，降低循环终参数——汽轮机排汽压力，由于排汽对应的饱和温度降低，使循环的放热温度降低，从而提高了循环的热效率。计算表明，理想的朗肯循环热效率与排汽温度的关系基本上是呈直线变化，排汽温度每降低10℃时，循环热效率约增加3.5%。

有时我们还会遇到装置效率、发电效率的概念。装置效率等于循环热效率与汽轮机机械效率的乘积，即

$$\eta_{装置}=\eta_t\eta_m$$

发电效率等于装置效率与发电机效率的乘积，即

$$\eta_{发电}=\eta_t\eta_m\eta_g$$

5. 绝对效率

绝对效率包括循环热效率、绝对内效率、绝对电效率等。按串联设备的结论，任一绝对效率等于同一相对效率与循环热效率的乘积。

绝对电效率为

$$\eta_{ael}(\eta)=\eta_{el}\eta_t=\eta_i\eta_m\eta_g\eta_t$$

绝对内效率为

$$\eta_{ai}=\eta_i\eta_t$$

绝对有效效率为

$$\eta_{ae}=\eta_e\eta_t=\eta_i\eta_m\eta_t$$

6. 机组热效率

机组热效率就是前面所提到的绝对电效率 η，是指汽轮发电机组每小时输出的电能对应的热量与汽轮发电机组热耗量之百分比，随着蒸汽参数的不同，汽轮发电机组热效率相差很大，高压高温机组为30%～40%，超高压参数以上机组大于41%。

$$\eta=\frac{3600\times P_N}{Q_0}=\eta_t\eta_i\eta_m\eta_g=\frac{3600}{q}$$

式中　Q_0——汽轮机热耗量，kJ/h。

二、汽耗率

汽轮机消耗的新蒸汽量称为汽耗量 G_{ms}，单位为kg/h。汽轮发电机组每生产1kWh电能所消耗的蒸汽量称为汽耗率 d，单位为kg/kWh。汽轮机组汽耗率是一个比较容易观察的指标，直接影响汽轮机效率。在同样条件下，汽耗率增大，汽轮机效率降低。一般情况下汽耗率在3～5kg/kWh范围内，其计算公式为

$$d=\frac{计算期内总的汽耗量（kg）}{计算期内发电量（kWh）}=\frac{G_{ms}}{P_N}$$

式中　G_{ms}——单位时间内汽轮机消耗的新蒸汽量，即主蒸汽流量，kg/h；

P_N——计算期内机组平均负荷，kW；

d——汽耗率，kg/kWh。

由上式可知，如果汽轮发电机组的各种效率很高，汽耗率就较低，反之汽耗率就较高。对于初、终参数不同的汽轮机，即使功率相同，但它们消耗的蒸汽量不同，因此汽耗率不同，不便于用汽耗率进行经济性比较，对于供热机组更是如此。所以汽耗率不适用于比较不同类型机组的经济性，而只能用来比较同参数同类型的机组。对于不同参数的汽轮机组，可用热耗率评价其经济性。

三、热耗量

机组热耗量 Q_0 即锅炉管道送给汽轮机的有效热量，机组热耗量等于锅炉每小时的总有效利

用热量 Q_b 与管道效率的乘积，即

$$Q_0=Q_b\eta_{gd}$$

式中 Q_0——汽轮机在汽耗量 G_0 时的热耗量，kJ/h；

Q_b——锅炉有效利用热量，kJ/h；

η_{gd}——管道效率，一般为 99%～99.5%。

汽轮机热耗量为

$$Q_0=G_0h_{ms}+G_{rh}q_{rh}+G_fh''_f+G_{ma}h_{ma}-G_{fw}h_{fw}-G_{ss}h_{ss}-G_{rs}h_{rs}$$

因为 $G_{ma}=(G_{bl}-G_f)+G_{sl}$

$$G_{fw}=G_b+G_{bl}-G_{ss}-G_{rs}=G_0+G_{sl}+G_{bl}-G_{ss}-G_{rs}=G_0+G_f+G_{ma}-G_{ss}-G_{rs}$$

所以

$$Q_0=G_0(h_{ms}-h_{fw})+G_{rh}(h_{rhr}-h_{rhl})+G_f(h''_f-h_{fw})-G_{ma}(h_{fw}-h_{ma})+G_{ss}(h_{fw}-h_{ss})+G_{rs}(h_{rhr}-h_{rs})$$

式中 G_0——汽轮机的总汽耗量，包括汽轮机做功所需要的主蒸汽量 G_{ms} 和没有参加做功的汽轮机主汽门门杆漏汽 G_{mg} 和轴封漏汽量 G_{zf} 等，kg/h；

G_{fw}——锅炉给水流量，kg/h；

G_{bl}——锅炉连续排污量，kg/h；

G_f——扩容蒸汽量，kg/h；

G_{ma}——补充水量，kg/h；

G_{rs}——再热器减温水量，kg/h；

G_{ss}——过热器减温水量，kg/h；

G_{sl}——全厂汽水损失量，kg/h；

h_{rs}——再热器减温水焓，kJ/kg；

h_{ss}——过热器减温水焓，kJ/kg；

h_{ma}——补充水焓，kJ/kg；

h''_f——连续排污扩容器蒸汽焓，kJ/kg；

h_{ms}、h_{fw}——汽轮机新汽焓、给水焓，kJ/kg；

q_{rh}——再热蒸汽带给汽轮机的热量（$q_{rh}=h_{rhr}-h_{rhl}$），kJ/kg。

锅炉有效利用热量 Q_b 由过热蒸汽 G_b、再热蒸汽 G_{rh} 和排污水 G_{bl} 在锅炉内获得的热量所组成，即

$$Q_b=G_bh_b+G_{rh}q_{rh(b)}+G_{bl}h_{bl}-G_{fw}h_{fw}-G_{ss}h_{ss}-G_{rs}h_{rs}+G_{fy}\ (h_{fy}-h_{fw})$$

式中 G_b、G_{bl}——锅炉产汽量和排污量，kg/h；

h_b、h_{bl}——锅炉过热器出口蒸汽和汽包排污水的焓（$h_b\approx h_{ms}$），kJ/kg；

G_{rs}、G_{ss}——再热器、过热器减温水量，kg/h；

h_{rs}、h_{ss}——再热器、过热器减温水焓，kJ/kg；

G_{fy}——自用蒸汽流量，kg/h；

h_{fy}——自用蒸汽压力和温度对应的焓，kJ/kg；

$q_{rh(b)}$——再热蒸汽在锅炉中的吸热量（若不计冷、热再热器管道的散热损失时，$q_{rh(b)}=q_{rh}$），kJ/kg。

四、管道热损失

汽轮机热耗量与锅炉有效利用热量的比值，就是管道效率。即

$$\eta_{gd}=\frac{Q_0}{Q_b}$$

从 Q_0、Q_b 的计算表达式可以看出，管道效率不仅包括新蒸汽和再热蒸汽管道上的散热损失，还包括工质在排放（如排污 G_{bl}）和泄漏（$G_l=G_b-G_{ms}$）中的热量损失。

五、汽轮发电机组热耗率

汽轮机组热耗率（q）是指汽轮发电机组每产生 1kWh 电能所消耗的热量，称为汽轮发电机组的热耗率 q，简称热耗，单位为 kJ/kWh。计算公式为

$$q=\frac{\text{计算期内热耗量（kJ/h）}}{\text{计算期内发电功率（kW）}}=\frac{\eta_{gd}Q_b}{P_N}=\frac{Q_0}{P_N}$$

$$q=\frac{3600}{\eta_t\eta_i\eta_m\eta_g}$$

式中 P_N——发电功率，即全厂发出的电量与发电时间（即运行时间）之比，kW。

对于纯凝汽式机组有

$$q=d\ (h_{ms}-h_{co})$$

对于采用回热循环的汽轮发电机组有

$$q=d\ (h_{ms}-h_{fw})$$

对于中间再热的汽轮发电机组有

$$q=[G_{ms}(h_{ms}-h_{fw})+G_{rh}(h_{rhr}-h_{rhl})]/P_N=d[(h_{ms}-h_{fw})+\frac{G_{rh}}{G_{ms}}(h_{rhr}-h_{rhl})]$$

式中 h_{rhr}、h_{rhl}——再热器出口和入口蒸汽的焓，kJ/kg；

h_{ms}、h_{fw}——新蒸汽的焓和锅炉给水焓，kJ/kg；

h_{co}——凝结水焓值，其数值近似等于它的温度值×4.187，kJ/kg；

G_{ms}、G_{rh}——主蒸汽流量和再热蒸汽流量，kg/h；

d——汽耗率，kg/kWh；

q——热耗率，kJ/kWh。

由于

$$q=\frac{Q_0}{P_N}$$

所以

$$\eta_{ael}\ (\eta)\ =\frac{3600\times P_N}{Q_0}=\frac{3600}{q}$$

式中 η_{ael}——机组绝对电效率，$\eta_{ael}=\eta_t\eta_i\eta_m\eta_g$，%。

热耗率有两种计算方式：不把小汽轮机（给水泵的驱动汽轮机）的功率算做汽轮机输出功率的热耗率叫做净热耗率，用 q 表示；把小汽轮机的功率算做汽轮机输出功率的一部分的热耗率叫做毛热耗率 q_M。通常，对于给水泵用小汽轮机驱动的机组，如 300MW 机组，其热耗率是净热耗率；对于给水泵用电动机驱动的，其热耗率则为毛热耗率，同一台机组的毛热耗率总是小于净热耗率。

$$q_M=\frac{Q_0}{P_N+P_b}$$

$$P_b=\frac{D_{fw}(p_{b2}-p_{b1})c_p\times 10^3}{\eta_b\eta_{qm}}$$

式中 D_{fw}——通过给水泵的水量，kg/s；

η_b——给水泵效率，%；

η_{qm}——驱动汽轮机的机械效率（一般取 98%），%；

c_p——给水在泵内的平均比容，m^3/kg；

p_{b2}——给水泵出口压力，MPa；

p_{b1}——给水泵进口压力，MPa；

P_b——驱动小汽轮机的功率，kW。

六、电厂绝对效率

发电厂中发电机发出的电功率的当量热量占燃料供给锅炉的热量的百分数，叫做电厂热效率，又叫做电厂的毛热效率或电厂绝对效率，用 η_{cp}表示，即

$$\eta_{cp}=\frac{3600P_N}{BQ_{net,ar}}=\eta_{gd}\eta_{bl}\eta_m\eta_t\eta_i\eta_g=\eta_{gd}\eta_{bl}\eta$$

式中 η_g——发电机效率，%；

η_{bl}、η_{gd}——锅炉效率和管道效率，%；

B——单位时间内锅炉输入的燃煤量，kg/h；

$Q_{net,ar}$——燃煤的低位发热量，kJ/kg。

七、电厂热耗率和煤耗率

电厂热耗率为

$$q_{cp}=\frac{BQ_{net,ar}}{P_N}=\frac{3600}{\eta_{cp}}=\frac{3600}{\eta_{gd}\eta_{bl}\eta}$$

电厂发电煤耗率为

$$b=\frac{3600}{29\ 308\eta_{cp}}=\frac{0.122\ 83}{\eta_{cp}}\text{kg/kWh}=\frac{122.83}{\eta_{cp}}\text{g/kWh}$$

式中 q_{cp}——电厂热耗率，kJ/kWh；

b——电厂发电煤耗率，g/kWh。

表 4-8 为国产汽轮发电机组的热经济性指标。

表 4-8　　国产汽轮发电机组的热经济性指标

额定功率(MW)	η_i	η_m	η_g	η_t	η_{bl}	d(kg/kWh)	q(kJ/kWh)
12～25	0.82～0.85	0.986～0.99	0.965～0.975	0.37～0.39	0.89	4.7～4.1	12 414～11 250
50～100	0.85～0.87	0.99	0.98～0.985	0.43～0.47	0.89～0.91	3.9～3.5	10 000～9231
125～200	0.86～0.89	0.99	0.99	0.49～0.50	0.90～0.92	3.1～2.9	8612～8238
300～600	0.88～0.90	0.99	0.99	0.51～0.54	0.92～0.94	3.2～2.8	8219～7579

【例 4-3】 某 600MW 汽轮发电机组，额定负荷时汽轮机的汽耗量 G_{ms}=1805t/h，新蒸汽压力 16.67MPa，新蒸汽温度 537℃（查水蒸气热力性质表得汽轮机新蒸汽焓为 h_{ms}=3394.4kJ/kg）；再热蒸汽流量 G_{rh}=1470t/h，高压缸排汽压力 3.71MPa，高压缸排汽温度 316.2℃（再热蒸汽冷端焓为 h_{rhl}=3014.70kJ/kg），中压缸进汽压力 3.34MPa，中压缸进汽温度 537℃（再热蒸汽热端焓为 h_{rhr}=3536.03kJ/kg），低压缸排汽压力 0.005MPa，给水温度 t_{fw}=275℃（给水焓 h_{fw}=1210.86kJ/kg），锅炉连续排污量 G_{bl}=0.01G_b（锅炉汽包压力 20.40MPa，饱和水焓为 h_{bl}=1848.1kJ/kg，连续扩容器压力 0.9MPa，连续排污扩容蒸汽焓为 h''_f=2772.1kJ/kg），其中没有回收的排污水量为 G'_{bl}=0.004 5G_b，汽水损失 G_{sl}=0.01G_b，给水泵小汽轮机耗汽量 G=72.05t/h，补充水入口水温 t_{ma}=15℃［对应补充水焓 h_{ma}=15×4.187=62.8（kJ/kg）］，锅炉过

热器减温水量 $G_{ss}=33.6t/h$，减温水焓 $h_{ss}=745.0kJ/kg$，锅炉热效率 $\eta_{bl}=92.5\%$，求热耗率、电厂热效率和发电煤耗率。

解 （1）流量。当忽略门杆漏汽量（G_{mg}）、轴封漏汽量（G_{zf}）时，汽轮机的总热汽量（G_0）等于做功的新汽量（G_{ms}），即

$$G_0=G_{ms}+G_{mg}+G_{zf}=G_{ms}=1805t/h$$

锅炉蒸发量为

$$G_b=G_0+G_{sl}=G_{ms}+0.01G_b$$

即

$$G_b=1.0101G_0=1823.23t/h$$

锅炉连续排污量为

$$G_{bl}=0.01G_b=18.23t/h$$

锅炉给水量为

$$G_{fw}=G_b+G_{bl}+G_{sl}-G_{ss}=G_b+0.02G_b-33.6=1.02G_b-33.6=1826.06t/h$$

扩容蒸汽量为

$$G_f=G_{bl}-G'_{bl}=0.01G_b-0.0045G_b=0.0055G_b=10.03t/h$$

补充水量为

$$\begin{aligned}G_{ma}&=G_{sl}+G'_{bl}=G_{sl}+(G_{bl}-G_f)=0.01G_b+0.0045G_b\\&=0.0145G_b=0.0146G_0=26.35t/h\end{aligned}$$

（2）热耗。汽耗率为

$$d=\frac{G_{ms}}{P_N}=\frac{1805\times10^3}{600\ 000}=3.008\ (kg/kWh)$$

1kg 再热蒸汽带给汽轮机的热量为

$$q_{rh}=h_{rhr}-h_{rhl}=3536.03-3014.70=521.33\ (kJ/kg)$$

汽轮机热耗量为

$$\begin{aligned}Q_0&=G_0h_{ms}+G_{rh}q_{rh}+G_fh''_f+G_{ma}h_{ma}-G_{fw}h_{fw}-G_{ss}h_{ss}\\&=[1805\times3394.4+1470\times521.33+10.03\times2772.1+26.35\times62.8\\&\quad-1826.06\times1210.86-33.6\times745]\times10^3=4686.57\times10^6\ (kJ/h)\end{aligned}$$

汽轮机热耗率为

$$q=\frac{Q_0}{P_N}=\frac{4686.57\times10^6}{600\ 000}=7810.95\ (kJ/kWh)$$

（3）锅炉热负荷为

$$\begin{aligned}Q_b&=G_bh_b+G_{rh}q_{rh(b)}+G_{bl}h_{bl}-G_{fw}h_{fw}-G_{ss}h_{ss}\\&=[1823.23\times3394.4+1470\times521.33+18.23\times1848.1-1826.06\times1210.86\\&\quad-33.6\times745]\times10^3=4752.68\times10^6\ (kJ/h)\end{aligned}$$

（4）管道效率为

$$\eta_{gd}=\frac{Q_0}{Q_b}=\frac{4686.57\times10^6}{4752.68\times10^6}=98.61\%$$

机组热效率为

$$\eta=\frac{3600}{q}=\frac{3600}{7810.95}=46.09\%$$

电厂热效率为

$$\eta_{cp}=\eta_{gd}\eta_{bl}\eta=0.9861\times0.925\times0.4609=42.04\%$$

（5）发电煤耗率为

$$b=\frac{122.8}{\eta_{cp}}=\frac{122.8}{0.4204}=292.10\ (g/kWh)$$

第三节 应用反平衡方法计算供电煤耗率

1. 锅炉总有效利用热量

锅炉每小时的总有效利用热量 Q_b，包括锅炉过热蒸汽带走的热量 $G_b h_b$、锅炉再热蒸汽带走的热量 $G_{rh}\ q_{rh(b)}$、锅炉排污水带走的热量 $G_{bl}h_{bl}$ 以及自用蒸汽消耗的热量等，即

$$Q_b=G_b h_b+G_{rh}(h_{rhr}-h_{rhl})+G_{bl}h_{bl}-G_{fw}h_{fw}-G_{ss}h_{ss}-G_{rs}h_{rs}+G_{fy}(h_{fy}-h_{fw})$$

式中 G_b、G_{bl}——锅炉产汽量和排污量，kg/h；

h_b、h_{bl}——锅炉过热器出口蒸汽和汽包排污水的焓，kJ/kg；

G_{rs}、G_{ss}——再热器、过热器减温水量，kg/h；

h_{rs}、h_{ss}——再热器、过热器减温水焓，kJ/kg；

G_{fw}——给水流量，kg/h；

h_{fw}——给水焓，kJ/kg；

G_{fy}——自用蒸汽流量，kg/h；

h_{fy}——自用蒸汽压力和温度对应的焓，kJ/kg；

h_{rhr}、h_{rhl}——再热蒸汽热端焓和再热蒸汽冷端焓，kJ/kg。

由于

$$G_{fw}=G_b+G_{bl}-G_{ss}-G_{rs}$$

所以

$$Q_b=G_b(h_{ms}-h_{fw})+G_{rh}(h_{rhr}-h_{rhl})+G_{bl}(h_{bl}-h_{fw})+G_{ss}(h_{fw}-h_{ss})$$
$$+G_{rs}(h_{fw}-h_{rs})+G_{fy}(h_{fy}-h_{fw})$$

式中 G_b——锅炉过热蒸汽流量，kg/h；

G_{rh}——再热蒸汽流量，kg/h；

G_{bl}——连续排污水流量，kg/h；

h_{ms}——主蒸汽焓，$h_{ms}\approx h_b$，kJ/kg；

h_{rhr}——再热蒸汽热端焓，kJ/kg；

h_{rhl}——再热蒸汽冷端焓，kJ/kg；

h_{bl}——排污水焓，kJ/kg。

2. 焓值计算

（1）给水焓。

给水焓 h_{fw} 由给水压力和给水温度决定，可以查未饱和水热力性质表，其数学模型如下。

当给水压力 $p_{fw}<16$MPa 时，有

$$h_{fw}=1.292107484p_{fw}+4.550678975t-0.002722257t^2$$
$$+0.000008666t^3-0.004608878tp_{fw}-18.45891457\ (kJ/kg)$$

当给水压力 $p_{fw}\geqslant16$MPa 时，有

$$h_{fw}=1.292107484p_{fw}+4.550678975t-0.002722257t^2$$

$+0.000\ 008\ 666t^3-0.004\ 608\ 878tp_{fw}-19.16$ （kJ/kg）

当给水压力 p_{fw} 在 12～19MPa、温度 t 在 210～270℃范围内时，有

$$h_{fw}=4.814t+2.35p_{fw}-0.009\ 3tp_{fw}-114.15\ \text{(kJ/kg)}$$

也可采用简化公式

$$h_{fw}=4.186\ 8t$$

（2）过热蒸汽焓。

1）用数学模型计算。

过热蒸汽焓 h_b 就是过热蒸汽出口焓，由过热蒸汽出口压力 p_b 和温度 T 决定，可以查过热蒸汽热力性质表，其数学模型为

$$h_b=2022.7+1.667\ 5T+0.000\ 295\ 93T^2-\frac{1.269\ 0\times10^9p_b}{T^{2.798\ 2}}-\frac{1.01\times10^{23}p_b^2}{T^{8.307\ 7}}\ \text{(kJ/kg)}$$

式中 T——过热蒸汽温度，$T=273.15+t$，K；

p_b——过热蒸汽出口压力，MPa。

上述公式适用范围为压力 p_b 在 0～65MPa、温度 t 在 0～800℃范围内；当过热蒸汽出口压力 p_b 在 12～17MPa、温度 t 在 510～550℃范围内，过热蒸汽焓的简化公式为

$$h_b=2516.7+1.981t-39.1p_b+0.052tp_b$$

2）用查表法计算。

有时我们还经常根据水蒸气热力性质表（见表 4-9）查取准确焓值，例如某过饱和蒸汽 13.8MPa、527℃，求其焓值。

表 4-9　　过热蒸汽热力参数节选　　（kJ/kg）

压力（MPa） 温度（℃）	12	13	14	15	16	17
510	3376.09	3363.88	2251.49	3338.90	3326.12	3313.15
520	3402.28	3390.61	3378.77	3366.77	3354.60	3342.27
530	3428.23	3417.05	3405.73	3394.27	3382.66	3370.90
540	3453.97	3443.25	3432.41	3421.44	3410.34	3399.12
550	3479.55	3469.25	3458.85	3448.33	3437.71	3426.97
560	3504.99	3495.08	3485.08	3474.98	3464.79	3454.50
570	3530.30	3520.76	3511.13	3501.43	3491.64	3481.76
580	3555.51	3546.30	3537.03	3527.69	3518.27	3508.78
590	3580.63	3571.75	3562.80	3553.80	3544.73	3535.60
600	3605.68	3597.10	3588.46	3579.78	3571.04	3562.24

首先求过饱和蒸汽在 13MPa、527℃时的焓值，查表 13MPa、520℃时的焓值为3390.61kJ/kg，13MPa、530℃时的焓值为3417.05kJ/kg，设在 13MPa、527℃时的焓值为 h_1，则过饱和蒸汽在 13MPa、527℃时的焓值关系式为

$$\frac{3417.05-3390.61}{530-520}=\frac{3417.05-h_1}{530-527}$$

求得

$$h_1=3409.118\text{kJ/kg}$$

再求过饱和蒸汽在 14MPa、527℃时的焓值，查表 14MPa、520℃时的焓值为3378.77kJ/kg，14MPa、530℃时的焓值为3405.73kJ/kg，设过饱和蒸汽在 14MPa、527℃时的焓值为 h_2，则 14MPa、527℃时的焓值关系式为

$$\frac{3405.73-3378.77}{530-520}=\frac{3405.73-h_2}{530-527}$$

求得

$$h_2=3397.642\text{kJ/kg}$$

知道了13MPa、527℃时的焓值(3409.118kJ/kg)和14MPa、527℃时的焓值(3397.642kJ/kg)，然后求得13.8MPa、527℃时的焓值h，其关系式为

$$\frac{3397.642-3409.118}{14-13}=\frac{3397.642-h}{14-13.8}$$

所以

$$h=3399.94\text{kJ/kg}$$

这种计算虽然复杂，但是理论清晰，许多场合下都要使用到。

(3) 再热蒸汽焓。

再热蒸汽焓包括再热蒸汽热端焓h_{rhr}和再热蒸汽冷端焓h_{rhl}，均可查过热蒸汽热力性质表，其数学模型与过热蒸汽焓一样。

再热蒸汽热端焓由再热器出口的蒸汽（即中缸进汽）压力和温度决定，当再热器出口蒸汽出口压力p_{rhr}在1.5～4MPa、温度t在515～550℃范围内，有

$$h_{rhr}=2414.2+2.15t-27.25p_{rhr}+0.0325tp_{rhr}$$

再热蒸汽冷端焓由再热器进口蒸汽（即高缸排汽）压力和温度决定。当高压缸排汽压力p_{rhl}在1.5～4MPa、温度t在280～350℃范围内，有

$$h_{rhl}=2545.25+1.805t-108.725p_{rhl}+0.2575tp_{rhl}$$

(4) 排污水焓和减温水焓。

连续排污水焓h_{bl}，即汽包压力下饱和水焓，与汽包饱和水压力p_{bl}成正比（直线关系），当汽包饱和水压力在12～21MPa时，有

$$h_{bl}=1003+40.8p_{bl}$$

过热器减温水焓h_{ss}，由过热器减温水压力和温度决定。当过热器减温水压力p_{ss}在8～11MPa、温度t在150～180℃范围内，有

$$h_{ss}=4.339t+1.0875p_{ss}-0.003tp_{ss}-18.7$$

对于其他范围内的排污水焓可以查饱和水热力性质表；对于减温水焓可以查未饱和水热力性质表，也可以按给水焓数学模型计算。

3. 管道效率的取值

机组热耗量Q_0简称热耗。

$$Q_0=\text{锅炉总有效利用热量}\times\text{管道效率}=Q_b\eta_{gd}$$

式中 η_{gd}——管道效率，%。

管道部分散热损失相对稳定，无再热系统的管道效率的计算公式为

$$\eta_{gd}=\frac{\text{汽轮机入口主蒸汽焓}-\text{汽轮机排汽焓}}{\text{锅炉出口主蒸汽焓}-\text{汽轮机排汽焓}}\times\frac{\text{炉侧给水焓}-\text{凝结水焓}}{\text{机侧给水焓}-\text{凝结水焓}}\times 100\%$$

在电力设计院设计计算中的管道效率过去普遍采用0.99～0.995，从引进型300MW机组开始，已将管道效率改为厂内损失效率，而且厂内损失效率从0.99改为0.97。改动的原因是：

(1) 管道效率仅考虑机、炉之间主汽、再热、给水管路的压降与温降是远远不够的。

(2) 汽轮机额定工况下热耗的保证值是在补水率为零的情况下求得的，但任何电厂不可能没有汽水损失。

(3) 电厂投产初期，设备质量及运行不稳定，启停次数较多；稳定后由于参与调峰，启停次数比过去严重缺电时期要多得多，启停引起的汽水质量与热量损失也需要考虑进去。

基于上述改动，设计院今后的供电煤耗设计值可能比过去的设计值增加 6～7g/kWh，比较接近实际。

4. 供电煤耗率的计算

（1）汽轮机组热耗率为

$$q=\frac{Q_0}{P_N}=\frac{\eta_{gd}Q_b}{P_N}\ \text{(kJ/kWh)}$$

（2）反平衡发电煤耗率为

$$b_f=\frac{q}{\eta_{bl}\eta_{gd}\times 29.308}$$

（3）反平衡供电煤耗率为

$$b_g=\frac{b_f}{1-e}$$

式中 e——厂用电率，%。

（4）根据 DL/T 255—2012《燃煤电厂能耗状况评价技术规范》第 4.1 条规定，反平衡计算的供电煤耗率如果与正平衡计算的供电煤耗率偏差超过±1%，应进行分析。

第四节　正平衡供电煤耗率的计算

实施按入炉煤量正平衡计算发供电煤耗率是电厂节能的一项重要工作。火力发电厂应该按照机组和全厂实际入炉煤量和入炉煤机械取样分析的低位发热量正平衡计算发、供电煤耗率。

一、纯凝汽式机组

1. 计算期标煤耗用量

$$B_b=B_j-B_k$$

$$B_j=\frac{B_mQ_m+B_yQ_y+B_qQ_q}{29\,308}$$

式中 B_b——计算期内的标煤耗用量，t；

B_j——计算期内入炉标准燃煤量（包括燃煤、燃油和其他燃料之和），t；

B_k——计算期内应当扣除的非生产用燃料量，并折算到标准煤量，即在计量点后取用的非生产燃料折合标煤量，t；

B_m——计算期内入炉煤计量的燃煤耗用量，t；

B_y——计算期内入炉燃油耗用量，t；

B_q——计算期内入炉其他燃料耗用量，t；

Q_m、Q_y、Q_q——燃煤、燃油和其他燃料在计算期内的收到基低位发热量，kJ/kg。

2. 计算期发电煤耗率

$$b_f=\frac{B_b}{W_f}\times 10^6$$

$$W_f=W_{zf}-W_k$$

式中 W_f——计算期内机组发电量，kWh；

W_{zf}——计算期内计量的发电量，kWh；

W_k——计算期内应按规定扣除的并在厂用电计量点后取用的非生产用电量，kWh；

b_f——计算期内的发电煤耗率，g/kWh。

3. 计算期供电煤耗率

$$b_g=\frac{B_b}{W_g}\times10^6$$

$$W_g=W_f-W_{cy}=W_f(1-e)$$

式中 W_{cy}——计算期内厂用电量，kWh；

W_g——计算期内的供电量，kWh；

e——厂用电率，%；

b_g——计算期内的供电煤耗率，g/kWh。

二、燃煤计量方式与燃煤量的计算

1. 燃煤计量方式

对于125MW及以上的纯凝汽式或供热式大型火电机组，按其配置的制粉系统及燃煤计量方式分类见表4-10。

表4-10　　燃煤计量方式分类

制粉系统型式	分类	燃煤计量方式	
		单台的给煤机装有燃煤计量装置	由总的燃煤计量装置分别给各机组计量
直吹式	ZC	ZC_1	ZC_2
储仓式	CC	CC_1	CC_2
燃煤计量点位置		原煤仓后	原煤仓前

2. 入炉标准煤量的计算

对于不同的燃煤计量方式，计算期内入炉标准煤量的计算公式见表4-11。

表4-11　　计算期内入炉标准煤量的计算公式

计量方式	入炉标准煤量的计算公式	计量方式	入炉标准煤量的计算公式
ZC_1	$B_b=B_j-B_k$	CC_1	$B_b=B_j\pm\Sigma B_f-B_k$
ZC_2	$B_b=B_j\pm\Sigma B_x-B_k$	CC_2	$B_b=B_j\pm\Sigma B_x\pm\Sigma B_f-B_k$

表4-11中

$$\Sigma B_f=\Sigma B_{yf}\times\frac{100-M_{ft}}{100-M_{mt}}\times\frac{Q_{f,ar}}{Q_{m,ar}}$$

式中 ΣB_x——锅炉各原煤仓因计算期初日到计算期末日的煤位高度变化所修正的标准燃煤量总和，t；

ΣB_f——锅炉各煤粉仓因计算期初日到计算期末日的粉位高度变化所修正的标准燃煤量总和，且考虑到计算期初日到计算期末日的平均水分及发热量的修正，t；

ΣB_{yf}——锅炉各煤粉仓计算期初日到计算期末日的粉位高度变化所修正的标准燃煤量总和（没考虑水分修正），t；

M_{ft}——计算期初日到计算期末日平均的煤粉收到基全水分，%；

M_{mt}——计算期初日到计算期末日平均的入炉煤收到基全水分，%；

$Q_{f,ar}$——计算期初日到计算期末日煤粉的平均收到基低位发热量，kJ/kg；

$Q_{m,ar}$——计算期初日到计算期末日入炉煤的平均收到基低位发热量，kJ/kg。

当锅炉各原煤仓在计算期初日到计算期末日能够做到满仓或煤仓定煤位交接班时，则公式中可不计入$\pm\Sigma B_x$；当锅炉各煤粉仓在计算期初日到计算期末日做到定粉位交接班时，则公式中可不计入$\pm\sum B_f$。

对于燃油机组，无需对入炉燃料进行修正，可直接按计算期内计量燃油量折算成标准煤量后进行发、供电煤耗的有关计算。

对于锅炉各原煤仓与煤粉仓因料位的变化所做的修正计算，建议采用原煤仓与煤粉仓的容积计算法。首先根据原煤仓和煤粉仓的安装施工图计算原煤仓和煤粉仓的容积；再确定原煤与煤粉的堆积密度（可取经验值或通过公式计算或直接测量），然后计算原煤仓的容积燃煤量和煤粉仓的容积燃煤量；最后分别计算不同料位下，原煤仓和煤粉仓的容积燃煤量，列出表格或绘制成曲线图，以备修正时查阅燃煤量。

原煤仓的容积燃煤量为

$$B_{ym}=V_{ym}\rho_{ym}K_m$$

煤粉仓的容积燃煤量为

$$B_{mf}=V_{mf}\rho_{mf}K_m$$

式中 V_{ym}、V_{mf}——原煤仓和煤粉仓的容积；

ρ_{ym}、ρ_{mf}——原煤和煤粉的堆积密度；

K_m——原煤仓和煤粉仓的充满系数，一般均可取0.7～0.8。

3. 原煤和煤粉的堆积密度

原煤和煤粉的堆积密度可通过直接测量的方法获取。将原煤（或煤粉）从1m高空自由落入一容器中（直径约0.4m，高约0.5m），勿敲打容器与捣实，然后称其重量，再计算出单位体积下原煤（或煤粉）的重量，即求得其堆积密度。

对于煤粉的堆积密度（煤粉仓中）计算公式为

$$\rho_{mf}=0.5\frac{100-M_{ar}}{100-M_{mf}}\rho_{ard}+0.004R_{90}$$

其中

$$\rho_{ard}=\frac{100\rho_{trd}}{100+(\rho_{trd}-1)M_{max}}\times\frac{100-M_{max}}{100-M_{ars}}$$

$$\rho_{trd}=\frac{100\rho_0}{100-A_d\left(1-\frac{\rho_0}{2.9}\right)}$$

式中 A_d——煤的干燥基灰分，%；

M_{max}——燃煤饱和时的极限水分，即煤的最大收到基水分，%；

M_{ars}——燃煤设计的收到基水分，%；

ρ_{trd}——燃煤紧密时（即假定没有孔隙时）的真密度，t/m^3；

ρ_{ard}——原煤的视密度，t/m^3；

M_{ar}——燃煤的收到基水分，%；

M_{mf}——煤粉的收到基水分，%；

ρ_{mf}——煤粉的堆积密度，t/m^3；

R_{90}——煤粉细度，即残留在筛孔为90μm筛子上的百分率，%；

ρ_0——除去矿物质（干燥无矿物质基）的“纯煤”的真密度，t/m^3。

对于贫煤和无烟煤有

$$\rho_0=\frac{100}{0.53C_{daf}+5H_{daf}}$$

对于贫煤和无烟煤以外的其他煤种有

$$\rho_0=\frac{100}{0.334C_{daf}+2.25H_{daf}+23}\approx 1.44t/m^3$$

式中 C_{daf}、H_{daf}——煤的干燥无灰基碳、氢含量，%。

原煤的堆积密度 ρ_{ym} 可用下式计算

$$\rho_{ym}=0.63\rho_{ard}$$

对于原煤的堆积密度一般可取 0.9t/m³，而煤粉由于细度大小与结聚疏松程度不一，必须经过计算公式或直接测量求得煤粉的堆积密度。

三、供热式机组

1. 发电用热量与供热用热量的份额

$$a_d=\frac{Q_d}{Q_b}$$

$$a_r=\frac{Q_r}{Q_b}$$

式中 Q_b——发电、供热总的耗热量，GJ；

Q_r——供热用的耗热量，GJ；

Q_d——发电用的耗热量，GJ；

a_r——供热用热量占总耗热量的份额，习惯上称为供热比；

a_d——发电用热量占总耗热量的份额，$a_d+a_r=1$。

2. 发电、供热总的耗热量计算

$$Q_b=[(\Sigma D_{ms}h_{ms}-\Sigma D_{fw}h_{fw})+\Sigma D_{rh}(h_{rhr}-h_{rhl})+\Sigma W_{ss}(h_{rhr}-h_{ss})$$
$$+\Sigma W_{rs}(h_{rhr}-h_{rs})]\times 10^{-3}+\Sigma Q_{zh}$$

式中 Q_b——机组发电、供热总的耗热量，GJ；

D_{ms}——汽轮机主蒸汽流量，t；

h_{ms}——汽轮机主蒸汽焓，kJ/kg；

D_{fw}——锅炉给水总流量，t；

h_{fw}——锅炉给水焓，kJ/kg；

D_{rh}——进入锅炉再热器的蒸汽流量，t；

h_{rhr}——经锅炉再热器后送入汽轮机中压缸的蒸汽焓，kJ/kg；

h_{rhl}——蒸汽从汽轮机高压缸排出的蒸汽焓，kJ/kg；

W_{ss}、W_{rs}——锅炉过热器、再热器喷水用的减温水量，t；

h_{ss}、h_{rs}——进入锅炉过热器、再热器的减温水焓，kJ/kg；

ΣQ_{zh}——自减温减压器及锅炉直接供出的热量，GJ。

3. 供热用的热量计算

$$Q_r=[\Sigma D_r h_r+\Sigma W_{rs}h_{rs}+\Sigma Q_{zh}-\Sigma W_h h_h-4.187(\Sigma D_r+\Sigma W_{rs}-\Sigma W_h)t_b]\times 10^{-3}$$

式中 Q_r——供热用的热量，GJ；

D_r——供热蒸汽量，t；

h_r——供热蒸汽焓，kJ/kg；

W_{rs}——供热水量，t；

h_{rs}——供热水焓，kJ/kg；

W_h——供热的回水量，t；

h_h——供热的回水焓，kJ/kg；

t_b——补充水的平均天然温度,℃。

4. 发电用的热量计算

$$Q_d = Q_b - Q_r$$

5. 计算期供热标准煤耗量

$$B_r = (B_j - B_k)a_r$$

式中 B_j——计算期内入炉标准燃煤量（包括发电、供热耗煤量），t。

6. 计算期供热煤耗率

$$b_r = \frac{B_r}{Q_r} \times 10^3$$

式中 Q_r——计算期机组供热用热量，GJ；

B_r——计算期供热标准煤耗量，t；

b_r——计算期供热煤耗率，kg/GJ。

7. 计算期发电标准煤耗量

$$B_d = (B_j - B_k)(1 - a_r)$$

8. 计算期发电煤耗率

$$b_f = \frac{B_d}{W_f} \times 10^6$$

$$W_f = W_{zf} - W_k$$

式中 W_f——计算期内机组发电量，kWh；

W_{zf}——计算期内计量的发电量，kWh；

W_k——计算期内应扣除的发电量，kWh；

b_f——计算期内的发电煤耗率，g/kWh。

9. 计算期供电煤耗率

$$b_g = \frac{B_d}{W_g} \times 10^6$$

$$W_g = W_f - W_{cy}$$

式中 W_{cy}——计算期内厂用电量，kWh；

W_g——计算期内的供电量，kWh；

b_g——计算期内的供电煤耗率，g/kWh。

四、计算过程中应注意的问题

(1) 根据规定，要严格分开发电（供热）用能与非生产用能。

(2) 大修后设备的烘炉、暖机、空载运行的电力和燃料的消耗量等八项情况的电力和燃料消耗量不计入电量和煤耗。

(3) 凡按单台、按全厂计算入炉煤标准煤量或者是按日、按月计算入炉煤标准煤量时，若单台或者全厂日计算入炉煤标准煤量与按月计算的日平均入炉煤标准煤量的结果误差在±0.5%以内可不再修正其误差；若超过±0.5%，则应查明原因。

(4) 按本计算方法得到的单台或全厂日与月的发供电煤耗均反映机组的日常运行状态，其中包括了机组因启停、调峰时所多耗用的燃煤量与厂用电量。

(5) 对于配置中间贮仓式制粉系统的机组来说，如果在运行中出现邻炉之间通过公用的螺旋输粉机（即输粉绞龙）输送煤粉时，计算单台机组的煤耗则应考虑修正。凡接受邻炉供粉的机组应将其煤粉量加入本身煤粉仓的容积煤粉量中，其煤粉量多少为螺旋输粉机出力乘以所供粉的时间；凡向其他炉供粉的机组应扣除供粉量与相应的耗电量。

（6）对于火电厂若干机组的厂用电中消耗公用系统的厂用电量计算，由于各火电厂在机组的设计与安装中对诸如运煤、冲灰、燃油、化学水处理等公用系统的厂用电，其接线方法不一或运行方式相异，故造成各单台机组的厂用电量有时偏差较大，对此按以下原则计算：

1）在正常情况下，对于输煤系统、冲灰排渣系统、化学水处理系统的厂用电量可根据各机组发电量的大小按比例进行分配计算。

2）对于燃油系统的厂用电量，在一般正常运行情况下按运行机组平均分配；遇到不正常工况，例如燃烧不稳、锅炉长时间助燃用油等，可根据各机组烧油量大小按比例进行分配计算。

3）对于供热机组或热电厂的厂用电量，还应考虑由于供热而造成发电的锅炉补给水量增大，因而使化学水处理系统的厂用电量增大的情况。对该项增大的厂用电量应根据各机组供热量大小按比例加至各自的厂用电量上。

（7）日原煤量是通过计量装置来计算的，而计算月耗用原煤量则是通过月终盘点和购、用之间的平衡关系计算全月耗用的原煤量，以求反映企业管理方面的因素，如供方造成的亏吨、亏卡损失，保管不善的超额损耗和计量误差等。其计算方法为

月发电耗用原煤量＝月初库存＋本月购入－月末库存－规定损失－非发电用煤量

计算库存煤量时，煤斗和煤仓的存煤量差额要计算进去，本月购入是指已进入电厂煤场的煤炭数量，规定损失是按主管部门对原煤运输和存储规定的损失率计算的损失量。

由于月终盘点时，煤堆形状、丈量、计算体积、测定密度等程序人为因素太多，误差大，所以用月终人工盘点煤量来计算月发电耗用原煤量误差太大，以该法求得的月发电耗用原煤量作为计算发、供电煤耗率是不理想的。

（8）对于125MW以下的机组，如果不具备用正平衡计算日、月耗用原煤量及其他燃料数量的情况下，经主管部门批准，可暂时用反平衡法计算日、月耗用燃料量。它是根据锅炉供出的蒸汽总热量和锅炉热效率，先推算出耗用标准煤数量，再推算出原煤量数量，计算公式为

$$\text{发电耗用标准煤数量(kg)} = \sum_{i=1}^{n} \frac{\text{第 } i \text{ 台锅炉供出的全部热量(kJ)}}{\text{第 } i \text{ 台锅炉热效率} \times 29\ 308\text{(kJ/kg)}}$$

$$\text{发电耗用原煤数量(kg)} = \frac{\text{发电耗用标准煤量(kg)} \times 29\ 308\text{(kJ/kg)}}{\text{原煤低位发热量(kJ/kg)}}$$

由于反平衡法计算煤耗误差较大，所以应尽快加装燃煤计量装置和校验装置。

五、按正平衡计算煤耗的技术要求

（1）实施单台机组正平衡计算煤耗，各大中型火电厂应选用技术成熟、水平先进的燃煤计量、采样、校验等装置。入炉煤计量有两种方式，一是通过总皮带上的电子皮带秤及其监测系统，分别计算各机组的燃煤量；二是利用给煤机自身附有的计量装置直接计量。

（2）新建的125MW及以上火电机组，必须配备按入炉煤正平衡计算煤耗所需的全部装置，包括燃煤计量装置、机械制样装置、煤位计和实物校验装置等。

（3）各火电厂在配置燃煤计量装置时要充分考虑以下因素：

1）称重范围和数量要满足燃料管理的需要。

2）在运行的称重范围内，其称重的使用精度应不超过±0.5%。

3）应装备实物校验装置或计量标准规定的校验器具。

（4）电子皮带秤的安装地点在总皮带时，经犁煤器与分炉计量微机监测系统将燃煤分别送入

各炉的原煤仓中，要注意防止由于犁煤器犁不净煤而把剩余燃煤带入其他炉的原煤仓。

（5）为准确计量燃煤量，计量装置必须定期进行实煤校验。用实煤校验时校验的煤量不小于输煤皮带运行时最长小时累计量的 2%，实煤校验所用标准称量器具的最大允许误差应不超过 ±0.1%，校验后的弃煤处理应方便。

（6）要使用计量部门认可的并发有检验合格证的燃煤计量装置，燃煤计量装置每月用实煤校验装置校验 2～4 次。实煤校验装置使用前应经标准砝码校验，实煤校验装置的标准砝码每两年应送往计量部门校验一次。

（7）机械采制样装置是目前唯一能够采到具有代表性样品的手段。入炉煤机械采制样装置的安装位置最好选在输煤皮带端部的下落煤流处；若条件限制也可在输煤皮带中部安装。

（8）要使用符合标准要求的机械采制样装置，125MW 及以上机组要实施单台机组的入炉煤量计算煤耗时所需要的采样、制样和化验。机械采制样装置应符合下列要求：

1）机械采制样装置应具备采样头、破碎机、缩分器和余煤返回系统，采样的精度按灰分（A_d）计要求在±1%以内。

2）依据燃煤不均匀性所确定的采样周期或一定煤量截取整个煤流截面。

3）适应湿煤能力强，当燃煤外在水分 M_f 小于 12%时能正常连续地运行。

（9）机械采制样装置的安装地点应尽量与燃煤计量装置相近，以确保煤量与煤质相一致；机械采制样装置与输煤皮带系统应设有电气连锁装置，其检修周期要与输煤皮带系统大致相同。

（10）入炉煤要按国标方法每班至少分析全水分一次，每天至少做一次由三班混制而成的混合样品的工业分析和发热量；对燃油按国标和部标的分析方法每品种每月做一次水分、硫分、闪点、凝固点、黏度、密度和发热量的分析。

（11）正平衡计算煤耗时一律以当日的三班综合入炉原煤样的实测发热量和三班平均的全水分所换算的收到基低位发热量作为计算依据，不得以制粉系统中的煤粉测得的发热量代替。

（12）加强运行交接班制度，坚持做到原煤仓满仓或按煤位交接班及煤粉仓定粉位交接班，以减少实施单台机组计算煤耗的系统误差。

（13）加强对生产用能和非生产用能的管理，并建立各自的台账。要建立各机组的煤质资料档案，其中包括工业分析、硫分、发热量以及元素分析等，同时也要建立燃油与其他燃料的品质档案。

第三篇

燃料管理

火力发电是将燃料的化学能转换成蒸汽的热能，推动汽轮发电机组产生电能，电厂的燃料费用占发电成本的60%～70%，因此燃料的利用和节约直接关系电力企业的经济效益。由于火电厂燃料化学成分的复杂性、品种的多样性，无论从计量、成分分析、运输储存都有很多困难，为了管好、用好火电厂燃料，本篇将分别对煤、油等不同性质的燃料，从计量、质检、审核、分析方法、计算方法等方面进行介绍。燃料管理应包括：在采购供应过程中，比质、比价、择优选购符合锅炉设计要求的煤种；在接卸验收过程中，把住检斤、检质关，减少因亏吨、亏卡所造成的损失；在燃料管理过程中，应进行妥善储存、保管，科学的混配、掺烧等工作。

第五章 锅炉燃煤的化学分析

第一节 燃煤的质量与分类

煤炭是指原煤及煤炭加工品的统称，不包括焦炭、下脚煤和石煤。原煤按其碳化程度可分为无烟煤、贫煤、烟煤、褐煤和泥煤等。煤炭的质量相差很大，不同种类的煤炭有不同的用途，为了合理综合利用煤炭资源，使其发挥最大的效益，就需要对煤炭进行分类。

1. 中国煤的分类

煤是指植物遗体在覆盖地层下压实，经复杂的生物化学和物理化学作用，转化而成的固体有机可燃沉积岩。煤矿生产出来的未经任何加工处理的煤叫做毛煤。原煤是指煤矿生产出来的未经洗选、筛选加工而只经人工拣矸和杂物的产品，包括天然焦及劣质煤，不包括低热值煤（如石煤、泥炭、油页岩等）。粒度小于 50mm 的煤叫混煤。我国煤炭依据干燥无灰基挥发分 V_{daf}（%）、胶质层最大厚度 Y（mm）、黏结指数 $G_{R.1}$ 及煤样的透光率 P_M（%）等指标进行分类，分为无烟煤、烟煤、褐煤三大类，共 14 个类别，29 个单元，简单分类见表 5-1。

Y 为烟煤的胶质层最大厚度，是指在烟煤胶质层指数测定中利用探针测出的胶质体上下层面差的最大值；$G_{R.1}$ 为烟煤的黏结指数，是指在规定条件下以烟煤加热后黏结未用无烟煤的能力；$Q_{gr,maf}$ 为煤的恒湿无灰基（以 30℃、相对湿度为 96%时所含的水分和假想的无灰状态的煤为基准的表示方法，符号为 maf）高位发热量；P_M 为透光率，专指褐煤、长焰煤在规定条件下用硝酸与磷酸的混合液处理后所得溶液的透光百分率。

表 5-1 煤炭简单分类

类别		符号	分类指标				
			V_{daf}（%）	Y（mm）	P_M（%）	$G_{R.1}$	$Q_{gr,maf}$（MJ/kg）
无烟煤		WY	≤10.0	—	—	—	—
烟煤	贫煤	PM	>10～20	—	—	≤5	—
	贫瘦煤	PS	>10～20	—	—	>5～20	—
	瘦煤	SM	>10～20	>8～12	—	>20～65	—
	焦煤	JM	>10～28	>12～25	—	>50～65	—
	肥煤	FM	>10～37	>25	—	>85	—
	1/3 焦煤	1/3JM	>28～37	≤25	—	>65	—
	气肥煤	QF	>37	>25	—	>85	—
	气煤	QM	>28	≤25	—	>35	—
	黏煤		>20～37	—	—	≤50	—
	长焰煤	CY	>37	—	>50	≤35	—

续表

类别		符号	分类指标				
			V_{daf}（%）	Y（mm）	P_M（%）	$G_{R.I}$	$Q_{gr,maf}$（MJ/kg）
褐煤	褐煤	HM	>37	—	≤50*	—	—
	一号	HM1	>37	—	0～30	—	—
	二号	HM2	>37	—	>30～50	—	≤24**

* 凡 $V_{daf}>37.0\%$，$P_M>50\%$者，为烟煤；

** 凡 $V_{daf}>37.0\%$，$P_M>30\%\sim50\%$者，如 $Q_{gr,maf}>24$MJ/kg 则为长焰烟煤。

无烟煤是煤化程度最高的煤，含碳量最高，挥发分最低 $V_{daf}<10\%$，密度大［$(1.4\sim1.9)\times10^3$kg/m^3］，着火点高，无黏结性，燃烧时多不冒烟的煤，叫无烟煤。含碳量（C_{daf}）高达 90%～98%；含氢量（H_{daf}）较少，一般为 0.5%～4%；氧（O_{daf}）含量为 0.4%～3.3%；灰分少，为 6%～25%，少量大于 30%；氮（N_{daf}）含量 0.3%～1.8%；一般含水分不高。外观呈黑色至钢灰色（俗称白煤），光泽强，硬度高，不易磨碎。发热量较高，达 25 000～32 500kJ/kg。不易点火，火焰短，无焦结性，储存时不易自燃。无烟煤由于挥发分低，不易着火，着火后也难于燃尽，所以不单独作为电力用煤。我国京西、阳泉、焦作、金竹山等矿产无烟煤。

贫煤是煤化程度最高、挥发分最低的烟煤，V_{daf}一般为 10%～20%，不结焦，含水量较少。贫煤的挥发分仅高于无烟煤，因为它受热时几乎不产生胶质体，所以叫贫煤，其胶质层厚度 Y 值为 0，不结焦。含碳量（C_{daf}）高达 90%～92%，含氢量（H_{daf}）一般为 4%～4.5%，氧（O_{daf}）含量为 1.0%～3.3%，氮（N_{daf}）含量为 1.1%～1.8%。这种煤燃点高（燃点高达 370～400℃），燃烧时火焰短，但发热量很高，一般为 30 570～33 500kJ/kg，燃烧持续时间长。我国西山、淄博、铜川等矿产贫煤。

烟煤是煤化程度高于褐煤而低于无烟煤的煤，其特点是挥发分产率宽（$V_{daf}=20\%\sim40\%$），单独炼焦时从不结焦到强结焦均有，燃烧时多冒烟。烟煤含碳量（C_{daf}）60%～92%，含氢量（H_{daf}）为 4.4%～6.5%，氧（O_{daf}）含量为 2.0%～17.5%，氮（N_{daf}）含量为 0.6%～2.5%，烟煤含水分较高，一般在 10%左右。发热量适中，达 20 000～30 000kJ/kg。烟煤有光泽，质较松，易点火和燃尽，火焰长，多数有较强的焦结性，适宜炼焦。我国开滦、大同、平湖、淮南、抚顺、阜新、义马等矿产烟煤。

褐煤是形成年代最短、煤化程度最低的煤，挥发分和内在水分都很高（$V_{daf}>37\%$），碳含量小于 77%，氢含量（H_{daf}）变化较大，一般为 4.5%～7%，水分含量高，全水分高达 20%～60%，氧（O_{daf}）含量为 15.6%～27.7%，氮（N_{daf}）含量为 0.7%～2.3%。发热量低，为 10 000～21 000kJ/kg。灰分含量高，为 6%～50%。易点火，不耐烧，一般呈褐色或黑褐色，光泽暗淡，质地较软，含有不同数量的腐殖酸。在空气中易风化成粉，随之热量明显降低。我国元宝山、舒兰、扎兰诺尔、杨公海等矿产褐煤。

我国的煤炭资源中褐煤已探明的保有储量达 1311.42 亿 t，约占煤炭储量保有量的 13%，褐煤资源主要分布在华北地区，占全国褐煤资源量的 3/4 以上，其中又以内蒙古东部地区储存最多，占全国储煤量的 77%。褐煤的突出特点：水分很高，为 30%～40%，最高接近 45%；硫分偏高；灰分不高且硬度低。

褐煤多作发电燃料，也可作气化原料和锅炉燃料，有的可用来制造磺化煤或活性炭，有的可作提取褐煤蜡的原料。对于褐煤，$V_{daf}>37\%$且 $Q_{net,ar}<18\ 000$kJ/kg。

有些燃料，比劣质煤还差，而且并不能算作煤，称为低热值燃料。低热值燃料也称劣质燃料，是指不计入原煤产量，而可用做燃料的煤炭。它具有固定碳少，发热量低（发热量在12 544.8kJ/kg或3000kcal/kg以下），高灰分（灰分大于40%）或高水分等特点。低热值燃料包括：

（1）石煤。是指生长在古代地层中腐泥质无烟煤，各地对石煤有多种称呼，如称作石炭、银炭、砂炭、石板煤、麻煤等。石煤变质程度较高，与普通无烟煤比较，一般具有高灰、高硫、低碳、低发热量的特点。灰分一般在60%～80%，发热量在4187～6280kJ/kg，高的在8370kJ/kg以上。水分较低，为0.5%～3%，硫分多在2%～4%甚至以上。

石煤可用于发电。它除了作燃料，还可以开展综合利用和制作肥料，如烧制水泥、石灰和内燃砖瓦，以及制造钙镁磷肥、磷钾、磷钙等无机复合化肥。

（2）油母页岩。油母页岩简称油页岩，是一种泥质、泥灰质或灰质的岩石，很容易用火柴点燃，燃烧时火焰中带黑烟并有沥青气味，油母页岩含灰分较高，为40%～70%，干燥基发热量一般为8350～12 500kJ/kg，干馏可获取人造原油，灰渣可用于制造水泥、砖、人造石料及肥料等。也可以作为流化床锅炉燃料。

（3）风化煤。风化煤是褐煤、烟煤、无烟煤的露头煤，腐殖酸含量较高，热量低，不易燃烧，其工业价值和综合利用与泥炭有些相似。

（4）煤矸石。煤矸石是成煤过程中与煤层伴生，在煤矿生产原煤过程中剔除出来的一种高灰分、低含碳量、低发热量，比煤坚硬的黑色泥质岩石，灰分在40%～50%或以上，含碳量在20%～30%，发热量在3350～6280kJ/kg，有时高达6280～12 500kJ/kg。

煤矸石中含有硅、铅、钙、镁及某些稀有元素，它的综合利用范围很广，主要有以下几方面：做流化床锅炉的燃料，用于发电；生产建筑材料，制混凝土制品和煤矸石砖；提取化工产品或制作肥料。

（5）泥煤。亦称泥炭或草炭，是草木本植物变成褐煤的过渡性产物，是一种有可燃性的有用矿产，有明显的胶体结构，外观多呈棕褐色，密度小，水分大（新采出的泥煤水分可达60%～80%），干燥基灰分一般在10%左右或更高，低位发热量4180～8370kJ/kg。

由于泥煤资源距地表只有几米或十几米，因此，当地开发后作燃料使用，有的制成腐殖酸肥料用于大田作业。在工业上，泥炭也可制成纤维板等建筑材料和保温材料。从泥炭中提取的腐殖酸及其盐类，可用于制造染料、涂料等。

由于低热值燃料发热量低，灰分大，所以在利用上一要技术上可行，二要经济上合理，三要环境保护所允许，坚持就地就近利用的原则，综合利用是最理想的途径。各种煤元素含量见表5-2。

表5-2　不同种煤的元素平均含量（干燥无灰基）　（%）

煤　种	碳	氢	氧	氮
褐煤	61～76.5	4.5～6.9	14～28	0.6～3.5
贫煤	87～93	3.7～4.8	0.8～4.0	0.5～1.8
烟煤	77～92	4.3～6.9	3～15	0.7～2.2
无烟煤	87～98	0.5～4.2	0.1～5.0	0.2～2.0
泥煤	55～62	5.3～6.5	27～34	1～3.5

通常我们把高灰分（大于40%）、低热值（低位发热量低于16.7MJ/kg）的烟煤，或者高水

分（大于30%）、高灰分（大于40%）和低热值的褐煤，或者挥发分很低（干燥无灰基挥发分小于10%）的无烟煤均叫做劣质煤。

2. 发电用煤的质量标准

（1）发电用煤的分类。

GB 5751《中国煤炭分类》以炼焦用煤为主的工业分类法，如胶质层最大厚度这个指标是反映煤加热时析出的胶质体数量及其稳定性，它决定着焦炭的质量，但是与火电厂锅炉的燃烧几乎没有关系，而与炉内燃烧关系甚大的收到基低位发热量 $Q_{net,ar}$ 在中国煤分类中没有考虑，其他对锅炉热力工作影响较大的指标如收到基灰分 A_{ar}、收到基水分 M_{ar}、干燥基全硫分 S_{td} 等也没有区分。又如贫煤和瘦煤，对炉内燃烧来说几乎没有什么差别，可视为同一类，但是这两种煤的胶质层厚度不同，以炼焦为主的分类必须予以区分，如瘦煤可炼焦，贫煤则属于非炼焦用煤等，因此为了满足锅炉通用设计、电厂安全经济运行的需要，我国火电厂用煤必须另行分类。火电厂用煤一般分为四大煤种，如无烟煤、贫煤、烟煤和褐煤。干燥无灰基挥发分 6.5%<V_{daf}<10%，属于无烟煤；10%<V_{daf}<20%，属于贫煤；20%<V_{daf}<28%，属于中挥发分烟煤；28%<V_{daf}<37%，属于中高挥发分烟煤；V_{daf}>37%，属于褐煤。我国燃煤电厂发电用煤的构成大体是：烟煤（包括贫煤）占90%，无烟煤占5%，褐煤占4%，其他煤占1%。

（2）发电用煤技术标准。

火电厂用煤质量应与锅炉设备相适应，对于不符合设计标准的煤，则应采用适宜煤种进行掺混。某锅炉只适用上述五大类中的一个类别，不能跨类级供应。在某些特殊情况下，无法按设计煤种的类别供应，可选供挥发分高一级的煤种，而不能采用挥发分低一级的煤种。例如某锅炉设计煤种（选用等级为 V_3、Q_4 的煤）参数为 20.0%<V_{daf}<28.0%，$Q_{net,ar}$>16 300kJ/kg，如果无同类级的煤可供，应选供 28.0%<V_{daf}<37.0%，$Q_{net,ar}$>15 500kJ/kg 煤种（选用等级为 V_4、Q_4 的煤）。发电用煤质量标准见表5-3和表5-4。

表5-3　发电用煤技术条件

分类指标	符号	煤种名称	技术要求			备注
			V_{daf}（%）	$Q_{net,ar}$（MJ/kg）	M_t（%）	
挥发分	V_1	无烟煤	>6.50～10.0	>21.0	—	不宜单独燃用
	V_2	低挥发分贫煤	>10.01～20.00	>18.5	—	GB/T 212—2001 GB/T 213—2003
	V_3	中挥发分烟煤	>20.01～28.00	>16.0	—	
	V_4	中高挥发分烟煤	37≥V_4>28.00	>15.5	—	
	V_5	高挥发分褐煤	V_5>37.00	>12.0	—	适用于褐煤
发热量	Q_1	高热值煤	—	>24.00	—	GB/T 213—2003
	Q_2	中高热值煤	—	21.01～24.00	—	
	Q_3	中热值煤	—	17.01～21.00	—	
	Q_4	中低热值煤	—	15.51～17.00	—	
	Q_5	低热值煤	—	>12.0	—	适用于褐煤
全水分	M_1	低水分煤	≤37.00	—	≤8.0	GB/T 211—1996 GB/T 212—2001
	M_2	常水分煤	≤37.00	—	8.1～12.0	
	M_3	常水分煤	>37.00	—	12.1～20.0	
	M_4	高水分煤	—	—	>20.0	适用于褐煤

表 5-4 发电用煤技术条件

分类指标	符号	煤种名称	技术要求				备注
			A_d（%）	$S_{t,d}$（%）	ST（℃）	HGI	
灰分	A_1	低灰分煤	≤20.00				GB/T 212—2001
	A_2	中灰分煤	21.01～30.00				
	A_3	高灰分煤	30.01～40.00				
硫分	S_1	特低硫煤		S_1≤0.50			GB/T 217—1996 GB/T 215—2003
	S_2	低硫煤		0.51～1.00			
	S_3	中硫煤		1.01～3.00			
	S_4	高硫煤		>3.00			
煤灰熔融软化温度	ST_1	易结焦煤			1150～1250		GB/T 219—1996 测定
	ST_2	中易结焦煤			1260～1350		
	ST_3	较难结焦煤			1360～1450		
	ST_4	难结焦煤			>1450		
煤哈氏可磨性	HGI_1	难磨煤				40～60	GB/T 2565—1998 测定
	HGI_2	中等可磨煤				60～80	
	HGI_3	易磨煤				>80	

（3）锅炉煤质允许变化范围。

燃煤煤质变化既要有适当的波动范围，以保障锅炉的经济性和安全性，又要使煤质在锅炉设计允许范围之内，现行规定煤质允许偏离范围见表 5-5。

表 5-5 锅炉煤质允许偏离范围

煤种	干燥无灰基挥发分 V_{daf}（%）	收到基灰分 A_{ar}（%）	收到基水分 M_{ar}（%）	收到基低位发热量 Q_{net}（%）	灰的变形温度 DT（℃）
无烟煤	±1	±4	±3	±10	−50
贫煤	±2	±5	±3	±10	−50
低挥发分烟煤	±5	±5	±4	±10	−50
高挥发分烟煤	±5	+5，−10	±4	±10	−50
褐煤	—	±5	±5	±7	−50

第二节 煤质的工业分析及其对火电厂生产的影响

火电厂煤质分析分为工业分析和元素分析两种方法。工业分析是以水分、灰分、挥发分、固定碳和发热量五项内容为主的分析，主要是了解煤的性质和特点，在火电厂中，煤的工业分析是每天对入厂煤及入炉煤必测的常规检验项目。煤的元素分析是测定碳、氢、氮、氧、硫含量等五项元素组分。煤的不同元素组分，不仅反映出煤的碳化程度，而且也直接表征出煤的性质。

一、水分

1. 水分的定义

水分是火电厂用煤的一项重要特性指标。煤中水分的存在形式分为游离态和化合态两种。游离水是煤表面附着的水和内部毛细管吸附的水；化合游离水是以化合方式同煤中矿物质结合的水，又称结晶水。

根据水分在煤中的不同存在形态，游离水又分为外在水分和内在水分。外在水分是指在开采、运输、储存以及洗煤的过程中，在煤的表面附着的水分，以及在煤表面的大毛细管以机械方式所吸附的水。将煤置于空气中干燥时，煤中的外在水分极易蒸发。在规定条件下煤样与周围空气湿度达到平衡时所失去的水分就是外在水分；内在水分是指以物理、化学方式吸附或凝聚在煤颗粒内部毛细孔中的水，在实际测定中，是指煤样达到空气干燥状态时保留下来的那部分水。煤的外在水分与内在水分之和称为全水分，煤的全水分与外在水分、内在水分的关系式为

$$M_t = M_f + \frac{100 - M_f}{100} M_{inh}$$

式中 M_t——煤样的全水分，%；

M_f——煤样的外在水分，%；

M_{inh}——煤样的内在水分，%。

把试样（粒度小于6mm，煤样量不少于500g）放在干燥氮气流中，维持105～110℃直到质量恒定，试样失去的质量的百分数，即为煤的全水分；准确称重全部粒度小于13mm的煤样，平摊在浅盘中，在温度不高于50℃的环境中，干燥到质量恒定（即连续干燥1h质量变化不大于0.1%），失去的水分就是外在水分；将已经测定外在水分的煤样破碎到粒度小于6mm，在105～110℃干燥箱内的空气流中，在鼓风条件下烟煤干燥2h，无烟煤干燥3h，试样失去质量的百分数，即为煤的内在水分。

【例5-1】 某燃煤电厂采用两步法测定煤的全水分，当破碎到粒度小于13mm时，在接近50℃温度下干燥至恒重，测定其外在水分 M_f 为9.5%；当破碎到粒度小于6mm时，测定其内在水分 M_{inh} 为1.5%，求该煤样的全水分 M_t。

解 该煤样的全水分为

$$M_t = 9.5 + \frac{100 - 9.5}{100} \times 1.5 = 10.86\ (\%)$$

煤的水分含量变化范围很大，它与煤的碳化程度存在一定关系，随着碳化程度的加深，则水分含量减少，煤的水分含量与煤种的关系见表5-6。

表5-6 **煤的水分含量与煤种的关系** （%）

煤　种	泥　煤	褐　煤	烟　煤	无烟煤
M_t	40～80	20～60	4～15	2～4
M_{ad}	20～50	10～40	1～8	1～2

注 M_t 表示煤的全水分，M_{ad} 表示煤的空气干燥基水分。

2. 水分对锅炉的影响

水分是煤中不可燃成分，煤中水分含量大，势必增加运输压力；同时也增加电厂卸煤、储煤、输煤等一系列困难，加重电厂的经济负担，一般说来，煤中全水分宜控制在10%以下。

在燃烧过程中，水分被蒸发汽化，需要消耗更多的热能（一般状态下蒸发1kg水分，大约需要吸收2510kJ的热量），用于发电的有效热量及低位发热量减少，致使炉内温度下降（因为炉膛受热面的吸热量与炉膛温度成四次方的关系，所以炉膛吸热量大幅度减少），煤粉着火困难，导致机械热损失和化学热损失增加，锅炉热效率下降。

水分含量越大，燃烧过程中产生的烟气体积越大，由烟气带走的热量也就增加，排烟热损失和引风机电能消耗也相应加大，锅炉运行的经济性受到很大影响。

水分含量高，烟气中的水蒸气分压高，促使烟气中三氧化硫形成硫酸蒸气和硫酸凝露，加剧

锅炉尾部受热面的低温腐蚀与堵灰，还会使磨煤发生困难，增加厂用电率。

水分含量高，煤中可燃成分相对减少，煤的发热值低。水分含量高，煤粉制备困难或增加能耗。

当然煤中含有适量的水分，对燃烧能起催化作用；同时也不至于造成煤粉的飞扬而污染环境，故在煤场、输煤车间内有时要适量喷水，以改善环境条件。

二、灰分

1. 灰分的定义

煤中灰分主要来自煤中的矿物质，煤中矿物质是指存在煤中的无机物质。在一定温度下，煤中可燃物完全燃尽，同时煤中矿物质发生一系列分解、化合等复杂反应后遗留下来的残留物，这些残留物称为灰分产率，简称灰分，用 A 表示。在生产过程中，混入煤中的矿物质所形成的灰分，叫外在灰分；成煤原始植物中的矿物质和在成煤过程中进入煤内部的矿物质所形成的灰分，叫内在灰分。

将盛有一定质量的空气干燥煤样，放入温度不超过100℃的马弗炉中，以一定的速度（不少于30min的时间）加热到500℃后保温30min，再升至（815±10）℃燃烧1h，冷却后再燃烧20min，直到质量恒定。以残留物的质量占煤样质量的百分数作为灰分产率，以 A_{ad} 表示。

【例5-2】 称取分析煤样质量为1.005 0g，放入灰皿中在815℃马弗炉中灼烧后至恒重，称重为16.505 0g，灰皿质量为16.351 0g，测得该煤样空气干燥基水分为1.50%，试求煤样的空气干燥基灰分和干燥基灰分。

解 空气干燥基灰分为

$$A_{ad}=\frac{16.505\,0-16.351\,0}{1.005\,0}\times100\%=15.32\%$$

干燥基灰分为

$$A_{d}=15.32\%\times\frac{100}{100-1.50}=15.55\%$$

灰分与水分一样，都是煤中的不可燃成分，煤的灰分越高，则产生的热量越少（灰分和发热量有明显的相关性），当灰分高达一定程度后，就将失去作为电力用煤的价值。灰分主要成分是矿物质，其中含有硅、铝、铁、镁、钙、钠、钾、硫、磷等元素，这些元素在灰中主要以氧化物的形态存在，只有极少数为硫酸盐形态存在。煤中矿物质与灰分有一定的相关性，可借助经验公式计算得出，即

$$M_{KW}=1.10A_{ad}+0.5S_{P}$$

式中 M_{KW}——煤中矿物质含量,%；

A_{ad}——煤中灰分产率,%；

S_P——硫化铁硫含量,%。

2. 灰分对锅炉的影响

煤中灰分越高，煤中可燃成分越少，意味着有大量不可燃的灰分运进了电厂，增加运输负担。

煤的灰分含量越高，其可燃成分相对减少，导致煤的热值低，而且用于加热灰分的热量消耗随之增加，故使燃烧温度下降，燃烧稳定性较差。例如灰分从30%增大到50%，每增加1%的灰分，理论上燃烧温度平均降低5℃，因而使煤粉着火发生困难，引起燃烧不良，乃至熄火。另外灰分含量增高，灰渣带走的物理热损失增大。

煤的灰分含量越高，燃烧后灰分将在锅炉受热面上积灰。锅炉受热面的积灰常常引起结渣及

过热器超温而威胁锅炉安全运行。锅炉尾部受热面的积灰，又会导致排烟温度的升高而进一步降低锅炉运行的经济性。

煤中灰分高，灰分包裹碳粒，使煤着火、燃烧与燃尽困难。煤中灰分高，煤粉制备困难或增加能耗。

煤的灰分含量越高，随烟气流动的飞灰量增加，受热面磨损越严重，锅炉受热面使用寿命降低。随烟气排入大气的飞灰，还会对环境造成污染。

【例 5-3】 某厂 300MW 锅炉燃煤量 B 为 150t/h，燃料收到基灰分 A_{ar}为 30%，收到基低位发热量 $Q_{net,ar}$为 19 000kJ/kg，当燃煤收到基灰分 A_{ar}增加到 40%时，求其烟尘排放量增加。

解 烟尘排放量通用计算公式为

$$M_A=\left(1-\frac{\eta_c}{100}\right)m_a$$

$$m_a=B\left(\frac{A_{ar}}{100}+\frac{q_4}{100}\frac{Q_{net,\ ar}}{8100\times4.1868}\right)a_{fh}$$

式中 η_c——除尘器运行效率，电除尘器一般可取 98.7%，%；

M_A——烟囱排入大气中的烟尘量，t/h；

m_a——除尘器进口烟尘量，t/h；

$\eta_c m_a$——粉煤灰产生量，t/h；

A_{ar}——燃料收到基灰分，%；

q_4——锅炉机械未完全燃烧热损失（按锅炉设计资料选取；没有设计数据时，按表5-7选取，固态排渣炉一般可取 1.2%），%；

33 913——固定碳的发热量，33 913=8 100×4.186 8，kJ/kg；

B——接入该烟囱的所有运行锅炉在额定蒸发量时的总耗煤量，t/h；

a_{fh}——锅炉排烟带出的烟尘份额，在煤质一定的情况下，取决于锅炉的燃烧方式，无设计资料时，可按表 5-7 选取，%。

当灰分为 30%时，有

$$M_A=\left(1-\frac{98.7}{100}\right)\times150\times\left(0.30+0.012\times\frac{19\ 000}{8100\times4.187}\right)\times\frac{90}{100}=0.538(t/h)$$

当灰分为 40%时，有

$$M_A=\left(1-\frac{98.7}{100}\right)\times150\times\left(0.40+0.012\times\frac{19\ 000}{8100\times4.187}\right)\times\frac{90}{100}=0.714(t/h)$$

假设锅炉年运行 7000h，则每年因灰分增加而多排入大气的烟尘量约为 1232t。

煤的灰分含量增加，使除尘除灰设备复杂化，加重除尘除灰设备负担，并使贮灰场使用年限缩短，而且会带来输灰管道结垢和磨损问题。

表 5-7 **烟 尘 份 额**

炉 型	烟 种	a_{fh} (%)	q_4 (%)
抛煤炉	贫煤、烟煤	30	8～12
固态排渣煤粉炉	无烟煤	30	10～15
	贫煤	95	2.0
	烟煤	90	1.0～1.5
	褐煤	85	0.5～1.0

续表

炉型	烟种	a_{fh}（%）	q_4（%）
液态排渣煤粉炉	贫煤	80	1.0～1.5
	烟煤	80	0.5
	褐煤	70	0.5
卧式旋风炉	烟煤	20	1.0
	褐煤	15	0.2

三、挥发分

1. 挥发分的定义

用预先在900℃下灼烧至质量恒定的带盖瓷坩埚，称取粒度为0.2mm以下的空气干燥煤样(1±0.01)g，然后振动坩埚，使煤样摊平，盖上盖，将坩埚煤样迅速放入预先加热至920℃左右的马弗炉内，在(900±10)℃温度下，隔绝空气加热7min，待其中的有机物和部分矿物质受热分解成为气体逸出，以失去的重量占煤样重量的百分比，减去煤样的水分后即为挥发物产率。逸出的气体（主要是H_2、C_mH_n、CO、CO_2等可燃气体）产物质量占煤样质量的百分数称为煤的挥发分产率，简称挥发分，用V_{ad}表示。可见挥发分简单地说就是煤在规定的条件下，隔绝空气加热所逸出的除分析水分以外的挥发物质量占试样质量的百分比。挥发分是煤在特定条件下受热分解的产物，不同的温度有不同的挥发分产率，其化学成分也有差异，它不是煤中的一个组成部分，因此挥发分测定结果不宜称挥发分含量，而称挥发分产率较为准确。

不同的煤种的挥发分含量不同，在电力用煤中，烟煤挥发分的成分见表5-8。

表5-8　烟煤挥发分的成分

挥发分成分	CH_4	H_2	CO	CO_2	C_2H_4	H_2S	$C_2H_6O_2$
各成分含量（%）	28～32	42～51	7～10	2～4.5	2～3	0.75	少量

2. 挥发分对锅炉的影响

挥发分越高，煤在储存中越易发生氧化和自燃。煤在自然环境下，将发生缓慢的氧化作用，致使煤堆内部温度升高，对于高挥发分煤，则更易造成自燃，不仅给电厂造成经济损失，而且危及煤场安全。

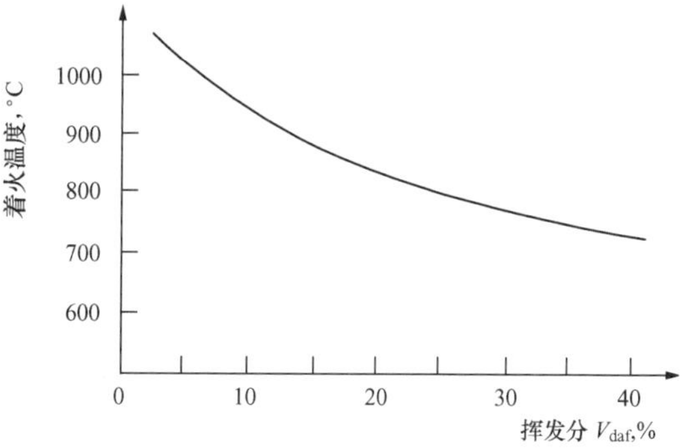

图5-1　空气煤粉混合物的着火温度与挥发分的关系

煤进入炉膛后加热，首先是挥发分析出、着火燃烧，释放的热量加热煤粉气流，最后达到焦炭的着火温度，使煤粉燃烧。挥发分含量高，燃煤着火温度低，可以迅速燃烧；而挥发分少的煤，着火温度高，不能迅速燃烧。不同煤种，着火温度不同，见图5-1。

挥发分越高，越易引起制粉系统的自燃和爆炸。堆积煤粉开始阴燃明显产生热量的温度随煤的挥发分增高而降低，V_{daf}为15%～30%的煤，阴燃温度为270～300℃，而V_{daf}>40%的高挥发分烟煤，其阴燃温度约为210℃，因此当制粉系统局部存在积粉时，会使温度升高，甚至自燃。在电厂中，着火点较低的烟煤、褐煤在储存中或由于煤粉管道积粉而出现阴燃温升，有可能达到自燃并发生爆炸，威胁锅炉的安全经济运行。煤的着火点越低，自燃爆炸的可能性越大，因而在电厂储煤仓及制粉系统设计与运行中，提高煤的着火温度将是十分有利的。经验表明：挥发分小于10%时，煤粉实际上不会爆炸，燃用贫煤、无烟煤在运行中没有危险；而挥发分大于25%时最危险，燃用高挥发分的烟煤、褐煤往往容易发生制粉系统爆炸事故。煤粉的爆炸性主要与挥发分有关，煤的挥发分与煤的爆炸性的关系见表5-9。

表5-9 煤的挥发分与煤的爆炸性的关系

干燥无灰基挥发分 V_{daf}（%）	爆炸等级	爆炸性	干燥无灰基挥发分 V_{daf}（%）	爆炸等级	爆炸性
<6.5	0	极难爆炸	>25～35	Ⅲ	易爆性
>6.5～10	Ⅰ	难爆炸	>35	Ⅳ	极易爆性
>10～25	Ⅱ	中等爆炸性			

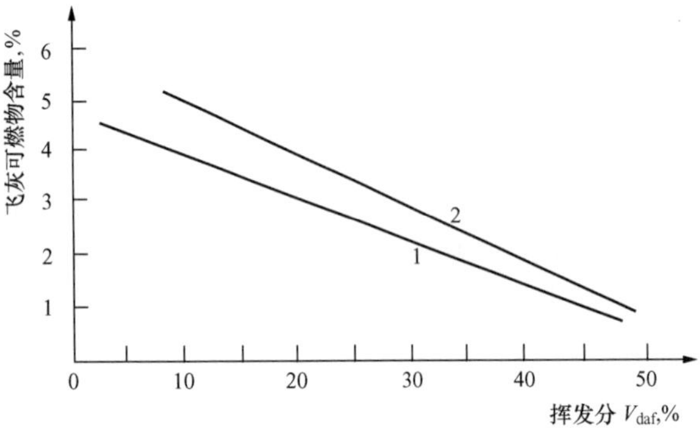

图5-2 锅炉飞灰可燃物与燃煤挥发分的关系
1、2—不同容量和形式的锅炉

挥发分越高，着火速度越快，煤易燃尽，燃烧热损失较小，燃烧稳定。这是因为挥发分析出后，煤表面呈多孔性，与助燃空气接触机会增多，因此挥发分多的煤容易燃尽，飞灰可燃物降低，见图5-2。相反，挥发分少的煤着火温度高，煤粉进入炉膛后，加热到着火温度所需要的热量比较多，时间比较长，着火速度慢，也不容易燃烧完全，飞灰可燃物增加。挥发分过低，又会造成燃烧不稳定，甚至导致锅炉灭火。

锅炉燃烧器的结构形式和一、二次风的选择，炉膛形状及大小、燃烧带的铺设，制粉系统的选型和防爆措施的设计等都与挥发分有密切关系，所以在供应燃煤时，应尽可能根据原设计煤种的挥发分供给，否则就会造成许多麻烦。例如原来设计烧低挥发分的炉子改烧高挥发分后，炉腔火焰中心逼近燃烧器出口处，可能烧坏燃烧器造成停炉事故；或使火焰中心偏斜，造成炉膛前后烟温偏差大，水冷壁受热不均匀，引起管子局部过热、胀粗或爆管等。山东某中部地区发电厂的200MW单元发电机组的锅炉为DG670/13.7-8A型超高压中间再热自然循环炉，四角切圆燃烧，中贮式制粉系统，设计燃用晋中贫煤，燃料成分 $V_{daf}=15.72\%$、$Q_{net,ar}=23\ 873$kJ/kg。实际上该厂燃用的煤种经常远离设计值，挥发分有时高达26%～30%，比设计值高10%～15%，多次发生燃烧器和粉管烧坏事故。在燃用高挥发分煤种时，最快捷的办法是立即停止上层给粉机运行，减少锅炉风粉量，降低锅炉热负荷，也就是降低炉膛中心温度和锅炉空气预热器出口风温，降低一次风粉温度，使燃煤挥发分析出的时间延长。

四、固定碳

固定碳是从测定煤样的挥发分后的残渣减去灰分后的残留物含量（即非挥发性可燃物的含量）。固定碳（FC）与元素分析中的碳（C）不是同一概念，更不是同一指标。固定碳所含的主要元素是碳，固定碳中碳含量为95%左右，另外还包含少量的硫和极少量未分解彻底的碳氢物质，其中氢为1%～5%，氮为0.75%～1.5%，硫加氧为2.02%～2.95%。一般是由计算求得。

$$FC_{ad}=100-M_{ad}-A_{ad}-V_{ad}$$

$$FC_{d}=100-A_{d}-V_{d}$$

$$FC_{daf}=100-V_{daf}$$

式中 FC_{ad}——空气干燥煤样的固定碳含量，%；

M_{ad}——空气干燥煤样的水分含量，%；

A_{ad}——空气干燥煤样的灰分产率，%；

V_{ad}——空气干燥煤样的挥发分产率，%。

由于固定碳是在测定水分、灰分、挥发分后，用减法求得的，它集中了水分、灰分和挥发分的测量误差，因此它是一个近似值。

煤中的含碳量、固定碳和焦炭的区别是：煤中的含碳量是碳在煤中的质量百分数，包括煤中的全部碳量；煤在加热后，水分首先析出，随着温度的升高，挥发分逐渐析出，煤中的一部分碳也要挥发成气体，没有挥发的碳和少量的硫氢物质称之为固定碳；在工业分析中，水分、挥发分析出后剩余的部分出称之为焦炭，焦炭是由固定碳和灰分所组成的。

【例 5-4】 煤样测得空气干燥基水分 M_{ad}为 1.85%，空气干燥基挥发分 V_{ad}为 16.55%，空气干燥基灰分 A_{ad}为 26.50%，求干燥基固定碳 FC_d 和干燥无灰基固定碳 FC_{daf}的百分含量?

解 空气干燥基固定碳为

$$FC_{ad}=100-1.85-26.50-16.55=55.10\%$$

干燥基灰分为

$$A_d=26.50\times\frac{100}{100-1.85}=27.00\%$$

干燥基挥发分为

$$V_d=16.55\times\frac{100}{100-1.85}=16.86\%$$

则干燥基固定碳为

$$FC_d=100-27.00-16.86=56.14\%$$

干燥无灰基挥发分为

$$V_{daf}=16.55\times\frac{100}{100-1.85-26.5}=23.10\%$$

所以干燥无灰基固定碳为

$$FC_{daf}=100-23.10=76.90\%$$

五、发热量

1. 发热量的定义

单位质量的煤样完全燃烧时所放出的热量，称为煤的发热量（俗称热值）。单位质量的煤样在充有过量氧气的氧弹内燃烧，其燃烧产物成为氧气、氮气、二氧化碳、硝酸和硫酸（硫生成三氧化硫溶于水形成硫酸，氮生成五氧化二氮溶于水形成硝酸）、液态水以及固态灰时放出的热量，称为弹筒发热量。

精确称取粒度小于 0.2mm 煤样 0.9～1.1g，放入充有 2.8～3.0MPa 的氧弹内燃烧 8～10min，待燃烧完全后冷却至室温，期间所释放的热量即是该煤样的发热量。由于氧弹中有过剩的氧存在，煤中的硫和氮被氧化成三氧化硫和五氧化二氮，并溶解于事先置于氧弹内的水中形成硫酸和硝酸，因此总热量中包含了形成硫酸和硝酸时所放出的热量，这样测出的发热量称为氧弹发热量（或称弹筒发热量），用 Q_b（bomb calorific value）表示。

2. 发热量的计算

实际燃烧时，煤中的硫仅生成二氧化硫，氮则变为游离氮，而没有生成硫酸和硝酸，这些反应都是放热反应，因此氧弹发热量高于煤在燃烧时放出的热量。由氧弹发热量减去硫酸生成热和硝酸生成热之后，就得到了高位发热量，用 Q_{gr}（gross calorific value）表示。GB/T 213《煤的发热量测定方法》规定，煤的发热量计算公式为

$$Q_{gr,ad}=Q_{b,ad}-(94.1S_{b,ad}+aQ_{b,ad})$$

式中 $Q_{gr,ad}$——分析煤样的高位发热量，J/g；

$Q_{b,ad}$——分析煤样的弹筒发热量，J/g；

$S_{b,ad}$——由弹筒洗液测得的煤的含硫量（当全硫含量低于4%时，或发热量大于14.60MJ/kg时，可用全硫或可燃硫代替 $S_{b,ad}$），%；

94.1——煤中每1%的硫的校正值（实际上应为94.41），J；

a——硝酸校正系数，当 $Q_{b,ad}\leqslant16.70$MJ/kg时，$a=0.001$；当16.70MJ/kg$<Q_{b,ad}\leqslant$25.10MJ/kg时，$a=0.0012$；当 $Q_{b,ad}>25.10$MJ/kg时，$a=0.0016$。

由于煤在锅炉中燃烧，煤中原有水分及氢燃烧后生成的水呈蒸汽状态随烟气排出，而在氧弹中，水蒸气则凝结成水，故将高位发热量减去水（煤中原有的水和氢燃烧生成的水）的汽化潜热后，就得到低位发热量，用 Q_{net}（net calorific value）表示。

煤的发热量低于锅炉设计指标，则炉内温度水平下降，不利于煤的着火与燃尽，结果导致机械不完全燃烧及排烟热损失增加，锅炉效率下降；有时会出现燃烧不稳、灭火等现象，需要投助燃油，增加燃料成本。如果发热量高于锅炉设计指标，则会导致锅炉金属蠕变或爆管等现象，同时增加燃料成本，因此并不是发热量越高越好。

气体燃料的低位发热量计算式为

$$Q_{gas,net,ar}=233.83H_2S+107.98H_2+126.36CO+\sum(Q_{C_mH_n,net,ar}C_mH_n)_i$$

式中 $Q_{gas,net,ar}$——气体燃料的低位发热量，kJ/m³；

H_2、H_2S、CO、C_mH_n——气体燃料中相应各可燃气体成分的体积含量百分率，%；

$Q_{C_mH_n,net,ar}$——碳氢化合物的收到基低位发热量（见表5-10），kJ/m³。

表5-10 碳氢化合物的低位发热量

气体名称	符号	密度 ρ (kJ/m³)	低位发热量 $Q_{C_mH_n,net,ar}$ (kJ/m³)	气体名称	符号	密度 ρ (kJ/m³)	低位发热量 $Q_{C_mH_n,net,ar}$ (kJ/m³)
甲烷	CH_4	0.716	35 818	乙烯	C_2H_4	1.251	59 063
乙烷	C_2H_6	1.342	63 748	丙烯	C_3H_6	1.877	86 001
丙烷	C_3H_8	1.967	91 251	丁烯	C_4H_8	2.503	113 508
丁烷	C_4H_{10}	2.593	118 646	苯	C_6H_6	3.485	140 375
戊烷	C_5H_{12}	3.218	146 077				

3. 高位发热量

电厂是利用煤燃烧产生的热量来生产电能的工厂，煤的发热量是表征电力用煤质量最为重要的指标。

灰分是煤中的不可燃成分，灰分含量越高，意味着煤中可燃成分比重越小，发热量越低。对同一煤样来说，灰分与发热量之间基本呈负相关性，故应用发热量或灰分同样可以表征煤质的优劣。由于灰分测定方法比较简单，一般煤质试验室均可测定，因而以往有不少单位采用按灰分计价。在现时签订的商务合同中，如以发热量作为验收项目，就可不用灰分；反之，如以灰分作为验收项目，则可不用发热量，也就是在发热量与灰分之间，取其中之一作为验收项目即可。

但即使是相同的灰分含量，不同煤样的发热量还是有所差异的，所以煤炭按发热量计价较按灰分计价更具科学性。以往在签订的供煤合同中，发热量多采用收到基低位发热量来表示，而GB/T 18666《商品煤质量抽查和验收方法》中则规定采用干燥基高位发热量作为验收参数，其主要理由是：

（1）干燥基高位发热量可真正反映煤的热值特性，它不受其他特性指标值的影响；而收到基低位发热量则受多种因素的影响，特别是水分不定的影响，故以干燥基高位发热量作为煤质验收的项目更为合理。

（2）采用干燥基高位发热量作为煤质验收项目，可使煤量与煤质验收成为相互独立的两部分，这样电厂对进厂煤的验收易于实施，同时也减少供需双方因收到基低位发热量结果之间存在差异的机会（很可能就是因煤中全水分及氢的测值差异所致），而引发经济纠纷。

（3）采用干燥基高位发热量作为煤质验收指标，无须提供煤中氢含量。煤中氢的测定比较麻烦，需要配备专门的仪器设备，并不是每一个电厂均具备测氢条件，采用干燥基高位发热量作为煤质验收项目可使电厂进厂煤质的验收与检验更为简便。

【例 5-5】 已知煤中的硫在充有氧气的压力氧弹内燃烧发生下列反应：

$$S_{煤}+O_2 \longrightarrow SO_2+292\ 712J/mol$$

生成的 SO_2 又进一步氧化：

$$SO_2+0.5O_2+H_2O \longrightarrow H_2SO_4+227\ 479J/mol$$

$$H_2SO_4+nH_2O \longrightarrow H_2SO_4 \cdot nH_2O+74\ 642J/mol$$

求证煤中每 1%的硫的校正值为 94.41J。

证明： 在工业锅炉内燃烧，除硫酸盐外，其余形态的硫主要按第一反应式进行反应，并生成二氧化硫，而后随着烟气排入大气。

在压力氧弹内燃烧的反应热要比工业锅炉内多，所多出的部分恰好等于第二、第三反应式的反应热之和，即

$$SO_2+0.5O_2+(n+1)H_2O \longrightarrow H_2SO_4 \cdot nH_2O+30\ 2121J/mol$$

可见每摩尔二氧化硫氧化形成三氧化硫，并进一步溶于水产生硫酸的总热量为30 2121J。1g硫所产生的热量为 30 2121J/32g＝9441J/g；对于含硫分为 1%的 1g 煤试样应为 9441×1%＝94.41，但在 GB/T 213—2003 中高位发热量计算公式中硫的系数为 94.1，两者相差甚少，对计算结果影响不大。

第三节 煤元素分析及其对火电厂生产的影响

一、硫

硫是煤中的有害成分，用 S 表示，是火电厂排放二氧化硫造成环境污染的主要因素。煤中各种形态硫的总和叫做全硫（用 S_t 表示），也就是说全硫是硫酸盐硫（煤中以硫酸盐形态存在的硫）、硫铁矿硫（煤中以黄铁矿和白铁矿形态存在的硫）和硫化物硫（煤中以各种金属硫化物形态存在的硫）的总和。硫铁矿硫和硫化物硫是可以燃烧的，通常称为可燃硫（可燃硫是指煤在燃烧过程中生成硫化物而逸出的硫，一般说来，煤中可燃硫占全硫的比例约为 90%）；煤在规定的条件下完全燃烧后残留在灰中的硫叫不可燃硫。通常指原生硫酸盐和二次生成的硫酸盐两者之和，只转化为灰的一部分。

煤燃烧时，煤中可燃硫主要生成二氧化硫，少量生成三氧化硫（占 1%～2%），从烟囱排到

大气中去，增加了对大气的污染；而不可燃硫则进入烟尘及炉渣。火电厂通常含硫量为0.5%～2%，烟气中二氧化硫含量为700～2870mg/m^3。煤中硫每增加1%，则燃用1t煤就多排放约20kg的SO_2气体。对于燃用高硫煤火电厂，为了使烟气达标排放，火电厂需要增加巨额投资加装烟气脱硫装置，而且烟气脱硫装置运行费用很高，因此国内只有在少数电厂中采用。

假设某电厂固态排渣锅炉日用天然烟煤10 000t，煤中全硫含量为1.0%，可燃硫占全硫的比重为80%，则该厂每天排放（产生）的二氧化硫可通过下列方法估算出来。

$$S + O_2 = SO_2$$

$$32 : 64$$

$$10\,000\times1.0\%\times80\% : x$$

$$x=10\,000\times1.0\%\times80\%\times\frac{64}{32}=160\ (\text{t})$$

该发电厂每天排放二氧化硫160t。

发电厂烟囱排出的二氧化硫的设计计算公式为

$$M_{SO_2}=2B\times\left(1-\frac{q_4}{100}\right)\times\frac{S_{ar}}{100}\times\frac{K}{100}\left(1-\frac{\eta_{SO_2}}{100}\right)$$

式中 M_{SO_2}——烟囱排入大气的二氧化硫的排放量，t/h；

q_4——锅炉机械未完全燃烧热损失，按锅炉设计资料或表5-7选取，%；

B——接入该烟囱的所有运行锅炉在额定蒸发量时的总耗煤量，t/h；

S_{ar}——燃料收到基全硫分，%；

K——燃料中的硫含量在炉内转变为二氧化硫的份额（根据炉型和燃煤特性取值，煤粉炉80%～85%，燃油炉95%，燃气炉99%），%；

η_{SO_2}——除硫效率，%。

表5-11　除尘器的除硫效率

除尘器形式	η_{SO_2}（%）
干式除尘器（如电除尘器）	0
水膜除尘器	5
文丘里式除尘器	10
泡沫除尘器	15

在无专门的脱硫装置的情况下，除硫效率与选用除尘器的形式有关，可按表5-11选取；有脱硫装置时，应按具体资料选取。

当煤中含硫量增加时，露点温度升高，烟气中含酸量也就增大，因此火电厂燃用高硫煤，易引起锅炉高、低温受热面的腐蚀、堵灰，特别是高、低温段空气预热器的使用寿命大大缩短；另一方面，含硫量增高，促使灰熔融温度降低，导致锅炉结渣或加重结渣。

促进煤的氧化自燃，对变质程度较浅的煤，在煤场组堆或煤粉贮存时，如含有较多的黄铁矿，则会由于黄铁矿受氧化放热而加剧煤的氧化自燃。

硫的燃烧易产生酸雨，污染环境。

燃料中的硫化铁加剧磨煤部件的磨损。

二、碳

称取粒度小于0.2mm的空气干燥煤样0.2g。将煤样置于120mL/min的氧气流中，于(800±10)℃温度下，使其完全充分燃烧20min以上，燃烧后生成的二氧化碳被U型管中吸收剂（U型管装粒状碱石棉或碱石灰）吸收，吸收剂增加的质量与煤样质量之比，就是碳的含量，其计算公式为

$$C_{ad}=\frac{0.272\,9m_1}{m}\times100\%$$

式中 C_{ad}——空气干燥煤样的碳含量，%；

m——煤样的质量，g；

m_1——吸收二氧化碳的U型管的增重，g；

0.272 9——将CO_2折算成碳的系数，0.272 9=12.01/44.01。

碳是组成煤的最重要的元素，用C表示，在充足的空气下，碳完全燃烧生成二氧化碳，每克碳可释放出33 913J的热量；当空气不足时，则燃烧生成一氧化碳，其释放的热量大为降低，仅为10 333J的热量。一氧化碳本身也是一种可燃气体，当空气充足时，还可燃烧生成二氧化碳，同时释放出23 580J的热量。

碳含量高，热值高，但不易着火、燃烧。

三、氢

氢是仅次于碳的主要热源之一。氢在煤中的含量一般随着煤的碳化程度加深而减少，无烟煤中氢含量最低，烟煤次之，褐煤最高。煤中的氢有两种形态，一种是化合态，指构成矿物质结晶水的氢，它不能参与燃烧；另外一种是游离态，指与碳元素构成有机成分（即挥发分）的氢，在燃烧时，释放出很高的热量，每克氢放出121kJ（1g氢折合$\frac{22.4\times1}{2}\times10^{-3}$标准立方米氢，即氢低位热值为10 800kJ/$m^3$）的热量，约是碳放出热量的4倍，例如无烟煤含碳量虽比烟煤高，但含氢量比烟煤低，因此无烟煤的发热量有时低于烟煤。

称取粒度小于0.2mm的空气干燥煤样0.2g。将煤样置于120mL/min的氧气流中，于(800±10)℃温度下，使其完全充分燃烧20min以上，燃烧后生成的水被U型管中水分吸收剂（U型管装有无水过氯酸镁或无水氯化钙）吸收，吸收剂增加的质量与煤样质量之比，就是氢的含量，其计算公式为

$$H_{ad}=\frac{0.1119\ (m_2-m_3)}{m}\times100\%-0.1119M_{ad}$$

式中 H_{ad}——空气干燥煤样的氢含量，%；

m——煤样的质量，g；

m_2——吸收水分的U型管的增重，g；

m_3——水分的空白值，g；

0.111 9——将水折算成氢的系数，0.111 9=2.016/18.015 4；

M_{ad}——空气干燥煤样的水分含量，%；

0.111 9M_{ad}——煤样中自身水分蒸发被水分吸收剂吸收部分。

四、氮

氮在煤中为有机氮，锅炉燃烧时，大部分氮呈游离状态随烟气逸出，所以从燃烧角度来看，氮是煤中的无用成分，其中有20%～40%在燃烧中变成NO_x，随着烟气排出，增加了环境污染。

称取粒度小于0.2mm的空气干燥煤样0.2g，加入混合催化剂（分析纯无水硫酸钠、分析纯无水硫酸汞、分析纯硒粉研细混均）和硫酸，加热350℃，保持此温度，直到溶液清澈透明，漂浮的黑色颗粒完全消失为止。氮转化为硫酸氢铵。加入过量的氢氧化钠溶液，把铵蒸出并吸收在硼酸溶液中，用硫酸标准溶液滴定，根据用去的硫酸量计算煤中的氮含量。计算公式为

$$N_{ad}=\frac{c\ (V_1-V_2)\ 0.014}{m}\times100\%$$

式中 N_{ad}——空气干燥煤样的氮含量，%；

m——煤样的质量，g；

V_1——硫酸标准溶液的用量，mL；

V_2——空白试验时硫酸标准溶液的用量，mL；

0.014——氮$\left(\frac{1}{2}N_2\right)$的毫摩尔质量，g/mmol；

c——硫酸标准溶液的浓度，mol/L。

由于氮在煤中为有机氮，而煤中有机氮包含在挥发分中，所以煤中氮与挥发分含量之间存在一定的相关性，大量分析数据表明烟煤和无烟煤的氮可通过经验公式求出，即

$$N_{daf}=0.016V_{daf}+0.90$$

【例 5-6】 某电厂煤样 $V_{daf}=29.82\%$，$M_{ar}=7.5\%$，$A_{ar}=25.8\%$，求 N_{ar}。

解 $N_{daf}=0.016V_{daf}+0.90=0.016\times29.82+0.90=1.377\%$

$$N_{ar}=1.377\%\times\frac{100-M_{ar}-A_{ar}}{100}=1.377\%\times\frac{100-7.5-25.8}{100}=0.92\%$$

而实际通过元素分析得到 $N_{ar}=0.93\%$，可见二者差别不大。

五、氧

氧在煤中呈化合态存在。不同煤种其含量差别很大，它的含量随煤化程度的加深而减少，褐煤含氧量较高，可达 40%，所以能生成较多的挥发物。而有的无烟煤氧含量只有1%～2%。氧本身不燃烧，加热时，易使有机组分分解成挥发性物质。煤中含氧量增高，碳、氢含量相对减少，因而发热量降低，不利于燃烧。

氧含量的计算公式为

$$O_{ad}=100-C_{ad}-H_{ad}-N_{ad}-S_{t,ad}-M_{ad}-A_{ad}$$

式中 O_{ad}——空气干燥煤样的氧含量，%；

H_{ad}——空气干燥煤样的氢含量，%；

N_{ad}——空气干燥煤样的氮含量，%；

$S_{t,ad}$——空气干燥煤样的全硫含量，%；

M_{ad}——空气干燥煤样的水分含量，%；

A_{ad}——空气干燥煤样的灰分产率，%。

第四节 燃煤的分析基准及其应用

由于煤中的水分和灰分易受外界影响而变化，所以在讲到煤的成分时，应该说明煤样分析时煤样所处的状态（即煤的分析基准）。只有这样，煤的成分才具有实际意义。所谓基准就是指煤所处的状态或者按需要而规定的成分组合。

一、煤质分析基准

作为电力用煤，最常用的是收到基、空气干燥基、干燥基和干燥无灰基四个基准。

1. 收到基

收到基是以收到状态的煤为基准来表示煤中各组成的百分比，以 ar（as received basis）表示，是分析电厂所收到自然状态的原煤组成，这种煤未经过干燥等处理，旧时称应用基，表达式为

$$C_{ar}+H_{ar}+O_{ar}+N_{ar}+S_{t,ar}+A_{ar}+M_t=100\%$$

或

$$M_{ar}+A_{ar}+V_{ar}+FC_{ar}=100\%$$

2. 空气干燥基

空气干燥基是以与空气湿度达到平衡状态的煤为基准来表示煤中各组成的百分比，以 ad (air dry basis) 表示，是分析在实验室内经过自然干燥去掉外部水分的煤组成，旧时称分析基，其表达式为

$$\mathrm{C_{ad}}+\mathrm{H_{ad}}+\mathrm{O_{ad}}+\mathrm{N_{ad}}+\mathrm{S_{t,ad}}+A_{\mathrm{ad}}+M_{\mathrm{ad}}=100\%$$

或

$$M_{\mathrm{ad}}+A_{\mathrm{ad}}+V_{\mathrm{ad}}+\mathrm{FC_{ad}}=100\%$$

与收到基的区别是除去了煤的外在水分。

3. 干燥基

干燥基是以无水状态为基准（即在 105℃温度下干燥后的假想燃煤）来表示煤中各组成的百分比，是分析去掉了外部水分和内部水分的煤组成，以 d (dry basis) 表示，其表达式为

$$\mathrm{C_{d}}+\mathrm{H_{d}}+\mathrm{O_{d}}+\mathrm{N_{d}}+\mathrm{S_{t,d}}+A_{\mathrm{d}}=100\%$$

或

$$A_{\mathrm{d}}+V_{\mathrm{d}}+\mathrm{FC_{d}}=100\%$$

与收到基的区别是除去了煤的全部水分。

4. 干燥无灰基

干燥无灰基是以假想的无水无灰状态为基准（即扣除水分并扣除 815℃下燃烧后的灰分质量的假想燃煤）来表示煤中各组成成分的百分比，以 daf (dry and ash free basis) 表示，是分析去掉不可燃成分的煤的组成，旧时称可燃基，其表达式为

$$\mathrm{C_{daf}}+\mathrm{H_{daf}}+\mathrm{O_{daf}}+\mathrm{N_{daf}}+\mathrm{S_{t,daf}}=100\%$$

或

$$V_{\mathrm{daf}}+\mathrm{FC_{daf}}=100\%$$

干燥无灰基与收到基的区别是除去了煤的全部水分和灰分。

二、煤成分基准间的换算

煤成分的各基准间是可以换算的，其换算系数见表 5-12。

表 5-12　煤成分在不同基准间的换算系数

已知基＼换算后基	收到基	空气干燥基	干燥基	干燥无灰基
收到基	1	$\frac{100-M_{\mathrm{ad}}}{100-M_{\mathrm{ar}}}$	$\frac{100}{100-M_{\mathrm{ar}}}$	$\frac{100}{100-M_{\mathrm{ar}}-A_{\mathrm{ar}}}$
空气干燥基	$\frac{100-M_{\mathrm{ar}}}{100-M_{\mathrm{ad}}}$	1	$\frac{100}{100-M_{\mathrm{ad}}}$	$\frac{100}{100-M_{\mathrm{ad}}-A_{\mathrm{ad}}}$
干燥基	$\frac{100-M_{\mathrm{ar}}}{100}$	$\frac{100-M_{\mathrm{ad}}}{100}$	1	$\frac{100}{100-A_{\mathrm{d}}}$
干燥无灰基	$\frac{100-M_{\mathrm{ar}}-A_{\mathrm{ar}}}{100}$	$\frac{100-M_{\mathrm{ad}}-A_{\mathrm{ad}}}{100}$	$\frac{100-A_{\mathrm{d}}}{100}$	1

注　本表中的 M 和 A 的数值不是含量，而应代入百分比，即比实际值扩大 100 倍，通常收到基水分可近似看作全水分。

通常所说的低位发热量是指收到基发热量，全水分也是以收到基来表示的；通常所说的高位发热量是指干燥基发热量；在煤的分类和锅炉设计、燃烧调整中通常考虑干燥无灰基挥发分；其他指标一般是以空气干燥基表示的。不同基的燃煤分析结果相差很大；对于燃油，因含水分和灰分很少，故各基表示同一组分时的结果相差很小，因此在非精确计算时可以忽略。

【例 5-7】 已知收到基灰分 $A_{\mathrm{ar}}=35\%$，煤的全水分为 $M_{\mathrm{t}}=10\%$，求干燥基灰分。

解　$\text{收到基灰分}=\dfrac{\text{灰分}}{\text{干煤}+\text{全水分}}=35\%$

而干燥基灰分就是灰分在干煤（$100-M_{\mathrm{t}}$）中所占的百分比，因此干燥基灰分较收到基灰分

数值要大。干燥基灰分的表达式为

$$A_{d}=\frac{100}{100-M_{t}}\times A_{ar}=\frac{100}{100-10}\times 35\%=38.89\%$$

【例 5-8】 已知干燥无灰基挥发分 $V_{daf}=35\%$，空气干燥基水分 $M_{ad}=2.0\%$，空气干燥基灰分 $A_{ad}=20\%$，求空气干燥基挥发分 V_{ad}。

解 空气干燥基挥发分 V_{ad} 就是包括内在水分和灰分的煤中挥发分所占的百分比，显然比干燥无灰基增加了上述水分和灰分，其百分比降低了。

$$V_{ad}=\frac{100-M_{ad}-A_{ad}}{100}\times V_{daf}=\frac{100-2-20}{100}\times 35\%=27.3\%$$

【例 5-9】 推导公式 $X_{ad}=\frac{100-M_{ad}}{100}\times X_{d}$。

证：假设 100g 空气干燥基煤样中含碳量为 X_{ad}（g），水分为 M_{ad}（g），从这 100g 空气干燥基煤样中转换为干燥基煤样为（$100-M_{ad}$）（g）；当干燥基煤样 100g 时，设其中含碳量为 $X_{d(g)}$，因此（$100-M_{ad}$）（g）干燥基煤样中碳的绝对量为

$$\frac{X_{d}}{100}(100-M_{ad})\ (g)$$

根据物质守恒定律，转换前后碳的绝对量应相等，则

$$X_{ad}=\frac{100-M_{ad}}{100}\times X_{d}$$

三、发热量的基准与换算

一般常见发热量有五种形式，即空气干燥基弹筒发热量 $Q_{b,ad}$、空气干燥基高位发热量 $Q_{gr,ad}$、干燥基高位发热量 $Q_{gr,d}$、收到基低位发热量 $Q_{net,ar}$、干燥无灰基高位发热量 $Q_{gr,daf}$。

在使用发热量时必须搞清楚它们的类别和基准，否则会造成差错。不同基准或同基准的高位发热量与低位发热量换算公式为

$$Q_{net,M}=(Q_{gr,ad}-206H_{ad})\times\frac{100-M}{100-M_{ad}}-23M$$

式中 $Q_{net,M}$——水分为 M 的煤的低位发热量，kJ/kg；

23——水的汽化潜热 2300kJ/kg 的 1/100；

H_{ad}——空气干燥基氢含量百分比；

206——表示 1kg 煤中氢燃烧生成的水的质量为 $\frac{206}{2300}$kg，kg/kg；

M——煤样的水分，%。

干燥基时，$M=0$；空气干燥基时，$M=M_{ad}$；收到基时，$M=M_{ar}$。例如

$$Q_{net,ar}=(Q_{gr,ad}-206H_{ad})\frac{100-M_{ar}}{100-M_{ad}}-23M_{ar}$$

煤的各种不同基间发热量的换算公式为

$$Q_{gr,ar}=Q_{gr,ad}\frac{100-M_{t}}{100-M_{ad}}$$

$$Q_{gr,d}=(Q_{gr,ad}+23M_{ad})\frac{100}{100-M_{ad}}$$

$$Q_{gr,daf}=Q_{gr,ad}\frac{100}{100-M_{ad}-A_{ad}}$$

$$Q_{net,d}=(Q_{net,ar}+23M_{ar})\frac{100}{100-M_{ar}}$$

$$Q_{net,d}=(Q_{net,ad}+23M_{ad})\frac{100}{100-M_{ad}}=Q_{net,daf}\frac{100-A_d}{100}$$

$$Q_{net,daf}=(Q_{net,ar}+23M_{ar})\frac{100}{100-M_{ar}-A_{ar}}$$

$$Q_{net,daf}=(Q_{net,ad}+23M_{ad})\frac{100}{100-M_{ad}-A_{ad}}=Q_{net,d}\frac{100}{100-A_d}$$

$$Q_{net,ar}=(Q_{net,ad}+23M_{ad})\frac{100-M_{ar}}{100-M_{ad}}-23M_{ar}$$

$$Q_{net,ar}=Q_{net,daf}\frac{100-M_{ar}-A_{ar}}{100}-23M_{ar}$$

$$Q_{net,ar}=Q_{net,d}\frac{100-M_{ar}}{100}-23M_{ar}$$

$$Q_{net,ad}=(Q_{net,ar}+23M_{ar})\frac{100-M_{ad}}{100-M_{ar}}-23M_{ad}$$

$$Q_{net,ad}=Q_{net,daf}\frac{100-M_{ad}-A_{ad}}{100}-23M_{ad}$$

【例 5-10】 某煤种测试结果：空气干燥基（分析基）低位发热量 $Q_{net,ad}$ 为 22 000kJ/kg，空气干燥基 M_{ad} 水分为 3%，全水分（近似为收到基水分）M_t 为 6%，空气干燥基 $H_{ad}=4\%$，求收到基低位发热量 $Q_{net,ar}$。

解 根据 $Q_{net,M}=(Q_{gr,ad}-206H_{ad})\frac{100-M}{100-M_{ad}}-23M$ 可导出

$$Q_{gr,ad}=Q_{net,M}+206H_{ad}+23M_{ad}=22\ 000+206\times4+23\times3=22\ 893\ (kJ/kg)$$

则 $Q_{net,ar}=(Q_{gr,ad}-206H_{ad})\frac{100-M_t}{100-M_{ad}}-23M_t$

$$=(22\ 893-206\times4)\frac{100-6}{100-3}-23\times6=21\ 248.41\ (kJ/kg)$$

【例 5-11】 空气干燥基高位发热量 $Q_{gr,ad}$ 为 22kJ/g，H_{ad} 为 3%，M_{ad} 为 2%，M_{ar} 为 7%，A_{ad} 为 25%，求空气干燥基低位发热量、干燥无灰基高位发热量和收到基低位发热量。

解 空气干燥基低位发热量为

$$Q_{net,ad}=Q_{gr,ad}-206H_{ad}-23M_{ad}=22\ 000-206\times3-23\times2=21\ 336\ (kJ/kg)$$

干燥无灰基高位发热量为

$$Q_{gr,daf}=Q_{gr,ad}\frac{100}{100-M_{ad}-A_{ad}}=22\ 000\times\frac{100}{100-2-25}=30\ 137.0\ (kJ/kg)$$

$$Q_{net,ar}=(21\ 336+23\times2)\times\frac{100-7}{100-2}-23\times7=20\ 130.1\ (kJ/kg)$$

【例 5-12】 已知恒压状态下水的汽化热为 $q_p=0.01L_a\left(\frac{H}{2.016\ 0}+\frac{M}{18.015\ 4}\right)$ (J/g)，恒压状态下水蒸发膨胀对大气所做的功的热当量为 $W=0.01RT\left(\frac{H}{2.016\ 0}+\frac{M}{18.015\ 4}\right)$J/mol。25℃下恒压状态水的汽化热为 $L_a=44$kJ/mol，气体常数为 $R=8.314$J/(mol·K)，25℃的热力学温度 $T=298.13$K，H 为煤中氢含量（%），M 为某一基准下煤的水分（%）。求证 $Q_{net,V,ar}=(Q_{gr,V,ad}-206H_{ad})\times\frac{100-M_{ar}}{100-M_{ad}}-23M_{ar}$。

证明： GB/T 213—2003《煤的发热量测定方法》中给出的上述发热量计算公式，是根据煤

在恒容状态下燃烧释放出的热量等于恒容状态下高位发热量减去水（包括分析水分、表面水分、氢燃烧生成的水）在25℃下的蒸发热，故可用公式表达为

$$Q_{net,V}=Q_{gr,V}-q_V$$

式中 $Q_{net,V}$——恒容状态下低位发热量，J/g；

$Q_{gr,V}$——恒容状态下高位发热量，J/g；

q_V——恒容状态下水的汽化热，J/g。

恒容状态下的蒸发热比恒压状态下的蒸发热小，其差值等于恒压状态下蒸发膨胀对大气所做的功的热当量，故可得到的计算式为

$$q_V=q_p-W$$

因此 $Q_{net,V}=Q_{gr,V}-q_V=Q_{gr,V}-q_p+W$

将 $q_p=0.01L_a\left(\frac{H}{2.0160}+\frac{M}{18.0154}\right)$ (J/g)、$W=0.01RT\left(\frac{H}{2.0160}+\frac{M}{18.0154}\right)$(J/mol)代入上式得

$$Q_{net,V}=Q_{gr,V}-0.01\ (L_a-RT)\ \left(\frac{H}{2.0160}+\frac{M}{18.0154}\right)$$

$$=Q_{gr,V}-205.96H-23.04M\approx Q_{gr,V}-206H-23M$$

分别以干燥基、空气干燥基和收到基表示，则上式可分别改写为

$$Q_{net,V,d}=Q_{gr,V,d}-206H_d$$

$$Q_{net,V,ad}=Q_{gr,V,ad}-206H_{ad}-23M_{ad}$$

$$Q_{net,V,ar}=Q_{gr,V,ar}-206H_{ar}-23M_{ar}$$

或者 $Q_{net,V,ar}=Q_{gr,V,ad}\times\frac{100-M_{ar}}{100-M_{ad}}-206H_{ad}\times\frac{100-M_{ar}}{100-M_{ad}}-23M_{ar}$

$$=\ (Q_{gr,V,ad}-206H_{ad})\ \times\frac{100-M_{ar}}{100-M_{ad}}-23M_{ar}$$

【例 5-13】 空气干燥基弹筒发热量 $Q_{b,ad}=22\ 000$J/g，$S_{b,ad}=1.514\%$，$H_{ad}=3.0\%$，$M_{ad}=2\%$，$M_{ar}=6\%$，$A_{ad}=45\%$，试求空气干燥基高位发热量 $Q_{gr,ad}$、低位发热量 $Q_{net,ad}$ 和收到基低位发热量 $Q_{net,ar}$。

解 $Q_{gr,ad}=Q_{b,ad}-94.1S_{b,ad}-k_bQ_{b,ad}$

$$=22\ 000-94.1\times1.514-0.001\ 2\times22\ 000=21\ 831.1\ \text{(J/g)}$$

$$Q_{net,ad}=Q_{gr,ad}-206H_{ad}-23M_{ad}=21\ 831.1-206\times3-23\times2=21\ 167.1\ \text{(J/g)}$$

$$Q_{net,ar}=\ (Q_{net,ad}+23M_{ad})\ \frac{100-M_{ar}}{100-M_{ad}}-23M_{ar}$$

$$=\ (21\ 167.1+23\times2)\ \frac{100-6}{100-2}-23\times6=20\ 209.3\ \text{(J/g)}$$

或者 $Q_{net,ar}=\ (Q_{gr,ad}-206H_{ad})\ \frac{100-M_{ar}}{100-M_{ad}}-23M_{ar}$

$$=\ (21\ 831.1-206\times3)\ \frac{100-6}{100-2}-23\times6=20\ 209.3\ \text{(J/g)}$$

四、混煤的发热量计算

由于电力市场改革，大多数电厂并不是仅烧单一煤种，混煤的发热量计算方法如下：

假定某电厂燃用多煤种混煤，它们的质量百分比分别为 A、B、C、D、E，其各自对应的发热量分别为 Q_G、Q_K、Q_L、Q_M、Q_N，则混煤的发热量为

$$Q=Q_GA+Q_KB+Q_LC+Q_MD+Q_NE$$

式中 Q——混煤的发热量，kJ/kg。

【例 5-14】 某电厂燃用混煤的各种煤的质量比为 5∶2.5∶1.5∶1，它们的低位发热量分别为25 000、24 000、23 000、22 000J/g，求其混煤低位发热量。

解 $Q = 25\,000 \times 0.5 + 24\,000 \times 0.25 + 23\,000 \times 0.15 + 22\,000 \times 0.10$

$= 24\,150$ (J/g)

五、由元素计算发热量

电力设计部门经常采用门捷列夫公式计算或校核发热量，其公式为

$$Q_{gr,d} = 338.71C_d + 1254.48H_d + 108.72(S_d - O_d) \text{ (kJ/kg)}$$

$$Q_{net,d} = Q_{gr,d} - 206H_d - 23M_d = 338.71C_d + 1048.48H_d + 108.72(S_d - O_d) - 23M_d \text{ (kJ/kg)}$$

上式是求干燥基发热量的公式，如果已知基元素组分，求收到基发热量，只需将上述公式下标改为收到基，并考虑水分引起的热量，则

$$Q_{gr,ar} = 338.71C_{ar} + 1254.48H_{ar} + 108.72(S_{ar} - O_{ar}) - 23M_t \text{ (kJ/kg)}$$

$$Q_{net,ar} = 338.71C_{ar} + 1048.48H_{ar} + 108.72(S_{ar} - O_{ar}) - 46M_t \text{ (kJ/kg)}$$

【例 5-15】 锅炉燃用烟煤，其分析数据如下：收到基碳 $C_{ar} = 55.21\%$，收到基氢 $H_{ar} = 3.34\%$，收到基硫 $S_{ar} = 0.88\%$，收到基氧 $O_{ar} = 6.34\%$，收到基灰 $A_{ar} = 25.8\%$，收到基水 $M_{ar} = 0.86\%$，可燃基挥发分 $V_{daf} = 29.82\%$，求其收到基低位发热量和干燥基高位发热量。

解 收到基高位发热量为

$$Q_{gr,ar} = 338.7C_{ar} + 1254.5H_{ar} + 108.7(S_{ar} - O_{ar}) - 23M_t$$
$$= 338.7 \times 55.21 + 1254.5 \times 3.34 + 108.7 \times (0.88 - 6.34) - 23 \times 0.86$$
$$= 22\,276.4 \text{ (kJ/kg)}$$

收到基低位发热量为

$$Q_{net,ar} = 338.7C_{ar} + 1048.5H_{ar} + 108.7(S_{ar} - O_{ar}) - 46M_t$$
$$= 338.7 \times 55.21 + 1048.5 \times 3.34 + 108.7 \times (0.88 - 6.34) - 46 \times 0.86$$
$$= 21\,568.6 \text{ (kJ/kg)}$$

干燥基高位发热量为

$$Q_{gr,d} = (Q_{gr,ar} + 23M_t)\frac{100}{100 - M_t} = (22\,276.4 + 23 \times 0.86) \times \frac{100}{100 - 0.86} = 22\,489.6 \text{(kJ/kg)}$$

当然也可以使用元素基准转换成干燥基元素组分，再利用门捷列夫公式计算干燥基高位发热量。

$$C_d = 55.21\% \times \frac{100}{100 - 0.86} = 55.689\%$$

$$H_d = 3.34 \times \frac{100}{100 - 0.86} = 3.369\%$$

$$S_d = 0.88 \times \frac{100}{100 - 0.86} = 0.888\%$$

$$O_d = 6.34 \times \frac{100}{100 - 0.86} = 6.395\%$$

$$M_d = 0.86 \times \frac{100}{100 - 0.86} = 0.867\%$$

$$Q_{gr,d} = 338.71C_d + 1254.48H_d + 108.72(S_d - O_d)$$
$$= 338.7 \times 55.689 + 1254.5 \times 3.369 + 108.7 \times (0.888 - 6.395)$$

$=22\ 489.7$ (kJ/kg)

两种求解干燥基高位发热量的结果是一样的。

六、煤的成分折算

煤中所含灰分、水分和硫分等杂质，对锅炉工作有直接的负面影响。由于煤的发热量不同，仅从它们的百分含量上很难看出它们对锅炉的危害程度。为了比较不同煤种中的各种杂质的危害程度，人们引入了折算灰分、折算水分和折算硫分的概念。折算成分即在低位发热量中每4186.8kJ 热量所对应煤的成分。分别以 A_{zs}、M_{zs}、S_{zs} 代表收到基折算灰分、折算水分和折算硫分，即

$$A_{zs}=\frac{A_{ar}}{\dfrac{Q_{net,ar}}{4186.8}}\ (\%)=4186.8\frac{A_{ar}}{Q_{net,ar}}\ (\%)$$

$$M_{zs}=\frac{M_{ar}}{\dfrac{Q_{net,ar}}{4186.8}}\ (\%)=4186.8\frac{M_{ar}}{Q_{net,ar}}\ (\%)$$

$$S_{zs}=\frac{S_{ar}}{\dfrac{Q_{net,ar}}{4186.8}}\ (\%)=4186.8\frac{S_{ar}}{Q_{net,ar}}\ (\%)$$

式中 A_{zs}、M_{zs}、S_{zs}——收到基折算灰分、折算水分和折算硫分，%；

A_{ar}、M_{ar}、S_{ar}——收到基灰分、水分和硫分，%；

$Q_{net,ar}$——煤的收到基低位发热量，kJ/kg。

当煤中的 $M_{zs}>8\%$ 时称为高水分煤；当煤中的 $A_{zs}>4\%$ 时称为高灰分煤；当煤中的 $S_{zs}>0.2\%$ 时称为高硫分煤。

【例 5-16】 某台 1000t/h 的锅炉，设计用煤的收到基低位发热量 $Q_{net,ar}=17\ 230$kJ/kg，燃煤量 $B=175.3$t/h，灰分 $A_{ar}=20\%$；实际燃煤 $Q_{net,ar}=24\ 100$kJ/kg，燃煤量 $B=124.5$t/h，灰分 $A_{ar}=21\%$，试比较它们燃烧后所产生的灰量，以及灰分对锅炉的危害程度。

解 设计煤种折算灰分为

$$A_{zs}=4186.8\frac{A_{ar}}{Q_{net,ar}}\%=4186.8\times\frac{20}{17\ 230}\%=4.86\%$$

设计煤种产生的灰量为

$$G_h=BA_{ar}=175.3\times20\%=35.06\ (\text{t/h})$$

实际煤种折算灰分为

$$A_{zs}=4186.8\frac{A_{ar}}{Q_{net,ar}}\%=4186.8\times\frac{21}{24\ 100}\%=3.65\%$$

设计煤种产生的灰量为

$$G_h=BA_{ar}=124.5\times21\%=26.15\text{t/h}$$

由计算可知，实际煤种的灰分虽然比设计煤种的灰分含量大，但由于其发热量高，折算灰分小，燃烧后产生的灰量也少，因此对锅炉危害程度低。

第六章　火电厂燃煤的计量管理

第一节　锅炉燃煤的采购

一、燃料需用量

1. 火力发电厂需用的燃料量

首先要知道计划期内的计划发电量，以及往年同期的发电标准煤耗，然后根据下列公式计算计划期内的计划发电用煤量。

$$B_f=\frac{E_f b_f \times 29\ 308}{Q_{net,ar}}\times 10^{-6}$$

式中　B_f——计划期内发电需用的原煤量，万 t；

E_f——计划期内计划发电量，万 kWh；

b_f——往年同期的发电标准煤耗，g/kWh；

$Q_{net,ar}$——设计煤种的低位发热量，kJ/kg。

2. 供热需用燃料量

计算计划期内的计划供热用煤量，即

$$B_r=\frac{Q_r b_r \times 29\ 308}{Q_{net,ar}}\times 10^{-7}$$

式中　B_r——计划期内供热需用的原煤量，万 t；

Q_r——计划期内计划供热量，GJ；

b_r——往年同期的供热标准煤耗，kg/GJ；

$Q_{net,ar}$——设计煤种的低位发热量，kJ/kg。

【例 6-1】 某热电厂计划明年供热量 1.32×10^6GJ、供热标准煤耗 37.80kg/GJ；计划明年发电量 35×10^8kWh，发电煤耗率 325g/kWh，如果按往年继续供应低位发热量为 22MJ/kg 的燃煤，问该厂明年需要采购原煤总量是多少？

解　计划发电用煤量为

$$B_f=\frac{350\ 000\times 325\times 29\ 308}{22\ 000}\times 10^{-6}=151.54\text{（万 t）}$$

计划供热用煤量为

$$B_r=\frac{1.32\times 10^6\times 37.8\times 29\ 308}{22\ 000}\times 10^{-7}=6.65\text{（万 t）}$$

因此该厂明年至少采购原煤量 $B=B_f+B_r=151.54+6.65=158.2$（万 t）

二、比质比价分析

电力企业改革，不但打破了燃料计划分配的格局，而且使各发电企业不再局限于单一煤种。电力企业要降低燃料采购成本，发电企业燃料采购部门应首先从分配型向经营型转变，在采购燃料时进行比质比价分析，从中选择最优方案，作为计划期内燃料订购订货的目标。

【例 6-2】 假定某厂设计收到基低位发热量 $Q_{net,ar}=22\ 500\sim 24\ 500$kJ/kg，挥发分 V_{daf} 为 22.0%～25.0%，计划采购燃煤产地分别为 R、S、T、U 四个地方，甲方案是 R 煤占 40%、S

煤占40%、T煤占20%；乙方案是R煤占30%、S煤占40%、U煤占30%；丙方案是R煤占50%、S煤占30%、U煤占20%；丁方案是R煤占30%、S煤占50%、T煤占20%；戊方案是R煤占30%、S煤占30%、U煤占40%（见表6-1），试用比质比价分析法进行比较，选择最佳方案。

解 由于配煤条件的限制，一般电厂最多用三种煤进行掺烧。

(1) 混合后平均收到基低位发热量 $\sum Q$（kJ/kg）为

$$\sum Q=Q_R x_R+Q_S x_S+Q_T x_T+Q_U x_U$$

式中 Q_R、Q_S、Q_T、Q_U——各煤种的平均低位发热量，kJ/kg；

x_R、x_S、x_T、x_U——各煤种的混合比例，%。

(2) 混合后平均干燥无灰基挥发分 $\sum V$（%）为

$$\sum V=V_R x_R+V_S x_S+V_T x_T+V_U x_U$$

式中 V_R、V_S、V_T、V_U——各煤种的平均干燥无灰基挥发分，%。

(3) 混合后原煤平均单价 $\sum Y$（元/t）为

$$\sum Y=Y_R x_R+Y_S x_S+Y_T x_T+Y_U x_U$$

式中 Y_R、Y_S、Y_T、Y_U——各煤种的平均单价，元/t。

(4) 混合后标准煤单价 $\sum Y_B$（元/t）为

$$\sum Y_B=\frac{29\ 308\times\sum Y}{\sum Q}$$

经过计算后，如果 $\sum Q$、$\sum V$ 均满足锅炉设计要求，则 $\sum Y_B$ 最小者，为最优方案。

将上述甲、乙、丙、丁和戊方案进行比质比价，列表6-1并进行分析。

表6-1　燃料品种比质比价分析表

方案	煤种		煤质		平均单价	混配比例	混配后煤质		配后标煤价
	产地	品种	$Q_{net,ar}$（kJ/kg）	V_{daf}（%）	（元/t）	（%）	$Q_{net,ar}$（kJ/kg）	V_{daf}（%）	（元/t）
甲	R	混煤	25 900	27	100	40	24 660	24.8	114.09
	S	混煤	22 500	23	80	40			
	T	混煤	26 500	24	120	20			
乙	R	混煤	25 900	27	100	30	22 920	22.7	102.30
	S	混煤	22 500	23	80	40			
	U	混煤	20 500	18	60	30			
丙	R	混煤	25 900	27	100	50	23 800	24.0	105.90
	S	混煤	22 500	23	80	30			
	U	混煤	20 500	18	60	20			
丁	R	混煤	25 900	27	100	30	24 320	24.4	113.28
	S	混煤	22 500	23	80	50			
	T	混煤	26 500	24	120	20			
戊	R	混煤	25 900	27	100	30	22 720	22.2	100.62
	S	混煤	22 500	23	80	30			
	U	混煤	20 500	18	60	40			

戊方案R煤占30%、S煤占30%、U煤占40%，混合后低位发热量为

$$\sum Q=25\ 900\times0.3+22\ 500\times0.3+20\ 500\times0.4=22\ 720\ (\text{kJ/kg})$$

干燥无灰基挥发分为

$$\sum V=27\times0.3+23\times0.3+18\times0.4=22.2\%$$

原煤平均单价为

$$\sum Y=100\times0.3+80\times0.3+60\times0.4=78\ (\text{元/t})$$

标准煤单价为

$$\sum Y_B=\frac{29\ 308\times78}{22\ 720}=100.62\ (\text{元/t})$$

很明显戊方案符合锅炉设计要求，而且标煤单价最低，在上述五种方案中戊方案为最佳方案。当然在上述煤种的各种混合方案中，一定会有比戊方案更好的方案，只是人工计算烦琐，而且容易出差错，实际中不可能进行任意次人工比较分析来取得最佳的匹配方案。在计算机已经普及的今天，完全可以使用计算机进行任意次的比质比价分析。根据数据性质，可以设计成两个数据库：燃煤分析固定参数数据库和混配比例参数数据库。固定参数数据库用于存放产地、品种、热值、挥发分、平均单价，混配比例参数数据库用于存放混配比例。

比质比价分析是一种最常用最简单的分析方法，它只考虑到煤质与标煤单价。在一些发达国家通常采用煤质工程分析法进行比较选购。例如煤的挥发分影响排烟温度，煤的灰分影响飞灰可燃物，煤的热值影响炉膛氧量，根据热损失法计算出锅炉效率。然后根据煤的灰分、水分和可磨性系数来计算磨煤机的负荷以及对厂用电的影响。从而计算出不同煤质对应的供电煤耗值，供电煤耗最小值对应的煤质为最优。

当然也可进一步考虑煤的灰分对电除尘的影响、对冲灰系统的运行和维护费用；煤的硫含量对环境的影响或对脱硫设施运行和维护费用等，求出每千瓦时的经济成本，经济成本最低者对应的煤质为最优。

入厂煤单价是指燃料到厂总费用（煤价、运费和各种运杂费的总和）与对应的标准煤量的比值。入厂标煤单价包括含税入厂标煤单价和不含税入厂标煤单价，计算时分别以含税或不含税的费用进行计算，计算结果应标明含税、不含税。

第二节　火电厂入厂煤的陆地计量

燃煤的数量验收称为煤的计量，又叫煤的检斤，根据运输工具的不同，入厂煤检斤可以分为汽车检斤、火车检斤和船舶检斤三种。车辆检斤是利用轨道衡（或地中衡或电子皮带秤）对进厂煤进行称量，以核验其数量的过程，检斤必须车车计量。

电子皮带秤是一种动态称量装置，由秤架、测重传感器、测速传感器和二次仪表等组成。其原理是通过应变式测重传感器和磁电式测速传感器分别检测单位长度上物料质量和皮带速度，皮带运输机单位时间内的输送量，等于皮带单位长度上物料质量与皮带速度的乘积。电子皮带秤的准确度一般为0.5%。

轨道衡由线路（连接台面两侧的秤桥的铁路线叫线路）、引轨、台面、秤桥、限位器、测重传感器、二次仪表等几部分组成。其原理是受动力牵引的连挂车辆，以5～10km/h的速度进入轨道衡台面一侧的线路，经引轨进入台面，车辆的质量通过轮轴或转向架加到秤桥，压到测重传感器上，由桥接的传感器将质量信号转换为电压信号，经放大、滤波后送入A/D转换装置，将模拟信号转换成数字信号，通过计算机接口，送入计算机，按事先程序软件进行数据处理，然后将称重的结果在屏幕上显示或在打印机上打印出来。轨道衡的准确度为0.5%，只适用于国内贸易；国际贸易要求秤的准确度为0.1%，因此电子轨道衡不能用于国际贸易。

火车运煤计量验收目前有两种方法，一种是用轨道衡计量，一种是用检尺计量。

1. 轨道衡计量

煤车过轨道衡后，根据总质量减去自身质量就是到站煤实际质量。车皮自身质量以标记自身质量为准。《燃料工作条例》规定：对于各种煤炭（包括水洗煤或水采煤），煤车过轨道衡后，还必须从煤车上采取煤样化验全水分，然后再根据轨道衡衡量出的到站煤实际质量，按公式折成含

规定水分的到站煤质量，即

$$G_{dz}=G_{sj}\frac{100-M_{sj}}{100-M_{jl}}$$

式中 G_{dz}——含规定水分的到站煤质量，t；

G_{sj}——衡量出的到站煤实际质量，t；

M_{sj}——到站煤化验出的实际全水分，%；

M_{jl}——合同中规定全水分上限值，%。

轨道衡有动态的和静态的，车辆动态过衡和静态过衡时衡量出的质量是有误差的。动态过衡时车辆通过的速度越快，误差越大，相对而言，静态过衡误差小。因此对于动态轨道衡都有限速规定（一般要求车辆通过速度小于 15km/h），在实际操作时必须严格控制车速，并每半年检衡一次。

2. 检尺计量

检尺计量首先测定煤炭容积密度，然后测量容器体积。

(1) 煤炭容积密度的测定。

测定容积密度的总质量，必须符合下列规定：原煤、洗中煤、筛分等级煤，不得少于 200t（相当于四车厢煤），其余煤种不得少于 150t。煤炭容积密度以车厢为容器，装满煤后称出煤的质量，再换算成单位体积的质量（t/m^3），称为车厢煤炭容积密度，测定方法如下。

第一步平车划线：选载重标记为 50t 的车况完好煤车厢四个，先将煤车顶面整平，填满煤车的边角，按图 6-1 规定的 A、B、C、D、E、F 六个部位，用白粉笔在车帮上沿着煤炭实际高度划六条平直的白线，作为装车实际煤高的标记。

$$GC=JD=EH=FI=\frac{1}{4}\text{车厢长度},\ GA=AJ=HB=BI=\frac{1}{2}\text{车厢宽度}$$

第二步测量车重：平车后，在车厢内煤炭顶面上测量 AB 实际长度，再测量 CD 和 EF 宽度。然后将煤车拉至轨道衡设置地点，用轨道衡称出煤车的总质量，卸空后再用轨道衡称出空车皮的质量。求出煤的质量 $G_{sj}(t)$。

第三步测量空车：煤车卸空后，用钢尺沿着车厢的底部（对应 A、B 位置）测量 A'、B'实际长度，再测量 C'、D'、E'、F'宽度。同时用钢尺按 A、B、C、D、E、F 六个部位，在车厢内部自车底向上量至车帮上所划的白线下缘各点的实际装煤高度的标记。

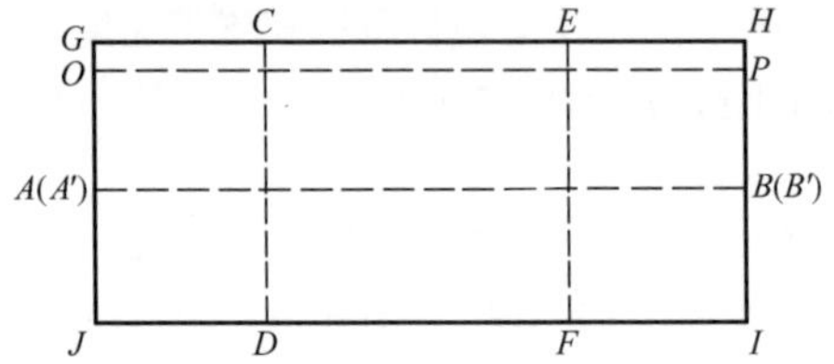

图 6-1 测定煤炭容积密度时的车的测量部位

第四步采样化验：测定煤炭容积密度的煤车，经过轨道衡量出质量以后，必须立即采取煤样（最迟不得超过 30min）。采样方法按国家规定商品煤火车采样方法进行，同一品种的煤车为一个采样化验单位，每次所采小样份数不得少于 15 份，取得的煤样立即送到化验室化验灰分和全水分。

第五步面积计算：载重时在车厢顶部煤面上测量的长度为 AB，宽度为 CD 和 EF；在空车时，在车厢底部量得的长度为 $A'B'$，宽度为$C'D'$和 $E'F'$；该车厢的平均长度$=\frac{1}{2}(AB+A'B')$，该车厢的平均宽度$=\frac{1}{4}(CD+EF+C'D'+E'F')$，该车厢的平均面积=平均长度×平均宽度。根据六个部位的实际装煤高度的平均值，求出这四个车厢煤的总体积 $V_{mt}(m^3)$。

第六步煤炭容积密度的计算：

1）除水洗煤和水采煤外的其他品种的煤炭，均按下面公式计算容积密度，即

$$\rho_{rj}=\frac{G_{sj}}{V_{mt}}$$

式中 ρ_{rj}——煤炭容积密度，t/m^3；

G_{sj}——煤的实际质量，t；

V_{mt}——煤的总体积，m^3。

2）除洗精煤以外的各种水洗煤和水采煤，在测定容积密度时，如果煤炭的实际全水分没有超过合同规定的全水分上限，则仍按上式计算容积密度；如果水分超出规定，则按下列公式计算容积密度，即

$$\rho_{rj}=\frac{G_{sj}}{V_{mt}}\times\frac{100-M_{sj}}{100-M_{j1}}$$

3）洗精煤按下列公式计算容积密度，即

$$\rho_{rj}=\frac{G_{sj}}{V_{mt}}\times\frac{100-M_{sj}}{100-M_{j1}}$$

煤炭容积密度是随灰分、水分等指标的变化而变化的，因此采用检尺验收的单位，应经常测定煤炭容积密度，每季度至少要测定一次。当煤质发生变化或煤炭产地发生变化，应及时测定煤炭容积密度。

（2）容器体积的测定。

第一步测量长度、宽度、高度：

煤车进厂后，应先平车，使煤车顶面平整，车厢边角填满，然后检尺员用特制的钢尺插入煤中，测量装煤实际高度，其测量部位按图 6-1 规定的 *C*、*D*、*E*、*F* 四点进行，并取平均值；同时测量车厢内长度、宽度，长度按图 6-1 顺着车厢的一个侧板，在煤炭的顶面一次测量 *OP* 长度，宽度则按 *CD*、*EF* 各测一次取平均值。

第二步计算煤的体积：

根据实际测量的车厢长度、平均宽度、装煤平均高度，计算出煤的体积。计算公式为

$$煤炭体积=车厢长度\times车厢平均宽度\times装煤平均高度\ (m^3)$$

（3）计算煤炭实际质量。

煤炭体积与煤炭容积密度的乘积就是该车煤炭的实际质量。其计算公式为

$$煤炭实际质量=煤炭体积\times煤炭容积密度\ (t)$$

3. 亏吨

根据到站测量计算的实际质量与原发煤质量（付煤款的质量）相比，到站质量多于原发煤质量部分称为涨吨；到站质量比原发煤质量短少的数量（减去规定途耗数量）称为亏吨。凡是发生了涨吨或亏吨，应根据《煤炭送货办法》规定（煤炭的质量，以煤矿的化验和测定结果为准，但是用煤单位认为必要的时候，可以在进厂时进行抽查，质量不合格的，煤矿应当负责赔偿，抽查的各种费用由用煤单位支付；灰分或发热量低于合同规定的，征得用煤单位同意后，可以增收价款。全水分、含矸率低于规定标准的，不增收价款；短少的质量，由煤矿补发煤炭，或退还价款和运费）执行。亏吨由煤矿补发煤炭并承担运费和抽查费；涨吨由用煤单位向煤矿补交煤炭的价款，并向车站补交运费。

应该注意：运输损耗不能算作亏吨。铁道部、交通运输部对货运规定：铁道运输损耗不超过1.2%，水路运输损耗不超过1.5%，每换装一次的损耗不超过1%。水陆联运的煤炭，如果经过两次铁路或两次水路运输，运输损耗仍按一次计算，但换装损耗按实际换装次数累加。

第三节　火电厂的船舶运煤计量

船舶运输煤量的验收有两种方法：电子皮带秤计量法和水尺计量法。

一、电子皮带秤计量法

此法是将轮船或驳船上的煤通过机械装置（如抓斗卸船机）转移到码头专用的皮带上，然后用精密度为±0.5%的电子皮带秤直接称出煤量。因定期用实物校验装置进行校正，所以电子皮带秤一般计量准确可靠，也比较简单。

对于电子皮带秤应特别注意以下几个方面：

运行前检查各簧片、吊带等是否有变形、松动或裂纹。

检查秤架与各皮带机之间是否有大煤块或其他杂物等卡住，拖辊上、秤架上是否有积煤。

检查测速传感器的辊轮与皮带之间的接触不应有打滑现象，同时测速传感器的辊轮不允许积灰。

每天白班第一次上煤前，由检修人员对电子秤二次仪表进行调零后，通知运行班长方可上煤。

皮带在运行中跑偏时应立即调整，运行中应保持煤层均匀，流量适当，不能出现断流不均现象。

皮带应在35%～90%的负载工况下运行，严禁皮带超载运行，以免损坏测重传感器。

运行中如发现二次仪表或秤架出现故障，应停止使用，及时通知检修处理，并倒换到另一台秤运行。

皮带机停后不得随意搬动秤架上的活动和固定部件，不得随意撞击和敲打电子秤秤架。

皮带机停后，称量段的皮带不得有煤和其他异物，清扫现场时，特别要做好称量段的清扫和拖辊积煤的铲除工作，并注意不要损坏测重、测速元件等。用水冲洗时，不得将水冲刷到传感器上。

每班上煤前抄一次表，每班上煤结束后（交班前）抄一次表，电子皮带秤进行校验（实物或挂码）前后各抄一次表，电子皮带秤失灵时，在缺陷没处理前抄一次表。

每十天应对电子皮带秤进行一次校验，并要做出详细记录。

电子皮带秤每年进行一次大修，检修前应了解运行情况，对存在的问题做到心中有数，并将缺陷、更换零件名称、校验结果等内容详细填写在检修报告中。

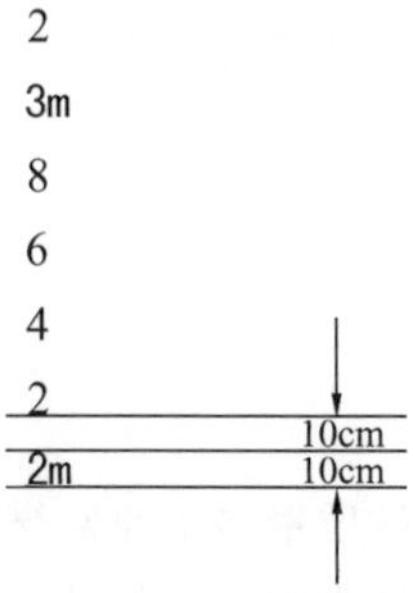

图 6-2 水尺刻度

二、水尺计量法

1. 水尺

表示吃水的标记叫做水尺。水尺计量法就是通过查看水尺来换算载重量的方法。船舶的装货数量可以从吃水水尺多少来计量。水尺数标刻在船头、船尾及船中左右侧船壳上，一般水尺分度值为20cm，即相邻两刻度间的最小读数是20cm，水尺刻度见图 6-2。

水尺中每位数值的高度均为10cm，而且相邻刻度第一个数值上端与第二个数值下端间的高度也为10cm。读取吃水时，看水面与数字相切的位置。例如：水面刚在4字体的下边缘时，则吃水是0.4m；当水面淹没4字体的一半时，则吃水是0.45m；当水面刚淹没4字体的上边缘时，则吃水是0.5m。

按水尺计算载重量，必须查看船舶的首左、首右、中左、中右、尾左、尾右共六面的水尺，取其平均数，其计算公式为

$$d=\frac{F_1+F_2+A_3+A_4+M_5+M_6}{6}$$

式中 d ——平均水尺，m；

F_1、F_2、M_5、M_6、A_3、A_4——首、中、尾六面的水尺，船上习惯以 F 表示前吃水(fore draft)，A 表示尾吃水(aft draft)，M 表示船中吃水(midship draft)。

2. 排水量

船舶排水量（Displacement）是指船舶自由浮于静水中，保持静态平衡时所排开水的质量。其计算公式为

$$D = V\rho$$

式中 D——船舶排水量，t；

V——船舶入水部分的体积，m^3；

ρ——舷外水的密度，t/m^3。

船舶排水量可分为：

（1）空船排水量。即空船质量，是指船舶装备齐全但无载重时的质量，它包括固定压载、备件以及锅炉、冷凝器中水的质量。每一条船舶的空船排水量是一固定值。

（2）满载排水量。空船排水量加上全部可变载重称为满载排水量。可变载重包括货物和全航程所需的燃料、淡水、船员、行李、粮食、供应品等的质量。

（3）实际排水量：船舶在某一吃水状态下的总质量称为在该装载状态下的实际排水量，实际排水量的值一般等于或小于满载排水量。

3. 排水量曲线

排水量曲线是表示排水量随吃水而变化的曲线，这条曲线是由船舶设计部门计算绘制的，供使用部门应用。电厂对到厂煤船进行计量验收时，可要求船方提供该船的静水力曲线图，以便根据该船的平均吃水从排水量曲线中直接查出排水量。

船舶资料中最重要的是船方提供的该船静水力曲线图，图中有多条曲线，例如厘米吨数 TPC（tons per cm immersion）、厘米纵倾力矩、吃水排水量曲线等，排水量曲线见图 6-3。

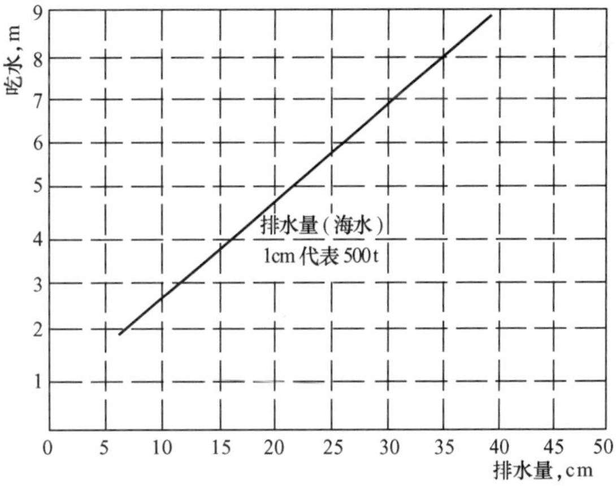

图 6-3 某船静水力曲线图

例如欲求某船平均吃水为 8m 时的排水量，可从图 6-3 中的纵坐标 8m 处画一条水平线，与海水排水量曲线交于一点，该点的横坐标为 35cm，从排水量曲线上的标注知道 1cm 代表 500t，因此排水量 $D = 500 \times 35 = 17\,500$(t)。依次类推，可以求得不同吃水时的排水量，将不同吃水时对应的排水量画成一条曲线，即为排水量曲线。

4. 船舶载重量

排水量是表示全船质量的，在海军军舰方面常用到它，在船舶配载计算稳性、吃水差时也常用到它，但在运输生产的业务中更为常用的是船舶的载重能力，即船舶载重量，船舶载重量可分为：

（1）总载重量（dead weight）。即船舶所允许载装的可变载荷的最大值，其计算公式为

$$D_W = D - D_0 = Q + \sum G + C$$

式中 D_W——总载重量，t；

D——满载或实际排水量，t；

D_0——空船排水量，t；

Q——船舶所允许装载货物的质量，t；

$\sum G$——燃料、淡水和供应品等的质量，t；

C——船舶常数，t。

一般总载重量是指夏季总载重量，由于夏季满载排水量 D 和空船排水量 D_0 均为定值，因此总载重量也是一个定值。习惯上称万吨巨轮是指夏季总载重量为 1 万 t 的货船。

总载重量包括船舶所允许装载的货物、燃料、淡水和供应品等的总质量，还包括船舶常数。船舶经过一定时间的营运后，船上常常积存一些残损的器材和废旧物资，污水沟及压载舱内也往往残留一些未彻底清除的污水、油脚、压载水（压载水是用来调整船舶稳性的）、碎物，船底也有附着物，这些无法细算的废物质量我们称为船舶常数，船舶常数在一个时期是固定的。

（2）净载重量（net dead weight）：由总载重量减去航次营运所需的燃料、淡水、供应品的质量和船舶常数，即得所允许装载货物的航次净载重量，其计算公式为

$$N_{DW}=D_W-\sum G-C$$

这是设计值，如果是实际值就叫做载货质量。

5. 载重标尺

载重标尺是由制造厂绘制成的一种供海航驾驶员使用的标尺。简单的载重标尺是由平均吃水查船舶在海水（海水密度为 1.025t/m³）和淡水（淡水密度为 1.000t/m³）中的载重量，见表 6-2。

表 6-2　　简单的载重标尺

<table>
<tr><th>吃水（m）</th><th>排水量（淡）（t）</th><th>排水量（海）（t）</th><th>总载重量（淡）（t）</th><th>总载重量（海）（t）</th><th>厘米吃水吨数（淡）（t）</th><th>厘米吃水吨数（海）（t）</th></tr>
<tr><td>9.9</td><td>21 000</td><td></td><td></td><td></td><td rowspan="4">25.5</td><td rowspan="2">26.5</td></tr>
<tr><td>9.75</td><td></td><td>21 000</td><td>15 000</td><td></td></tr>
<tr><td>9.6</td><td></td><td></td><td></td><td>15 000</td><td rowspan="3">26.0</td></tr>
<tr><td>9.5</td><td></td><td></td><td></td><td></td></tr>
<tr><td>9.15</td><td>19 000</td><td></td><td></td><td></td><td rowspan="2">25.0</td></tr>
<tr><td>9.0</td><td></td><td>19 000</td><td>13 000</td><td></td><td rowspan="3">25.5</td></tr>
<tr><td>8.9</td><td></td><td></td><td></td><td>13 000</td><td rowspan="3">24.5</td></tr>
<tr><td>8.7</td><td>18 000</td><td></td><td></td><td></td></tr>
<tr><td>8.6</td><td></td><td>18 000</td><td>12 000</td><td></td><td rowspan="4">25.0</td></tr>
<tr><td>8.5</td><td></td><td></td><td></td><td>12 000</td><td rowspan="4">24.0</td></tr>
<tr><td>8.3</td><td>17 000</td><td></td><td></td><td></td></tr>
<tr><td>8.2</td><td></td><td>17 000</td><td>11 000</td><td></td></tr>
<tr><td>8.1</td><td></td><td></td><td></td><td>11 000</td><td rowspan="4">24.5</td></tr>
<tr><td>7.9</td><td>16 000</td><td></td><td></td><td></td><td rowspan="5">23.5</td></tr>
<tr><td>7.8</td><td></td><td>16 000</td><td></td><td></td></tr>
<tr><td>7.75</td><td></td><td></td><td>10 000</td><td></td></tr>
<tr><td>7.7</td><td></td><td></td><td></td><td>10 000</td><td rowspan="6">24.0</td></tr>
<tr><td>7.6</td><td></td><td></td><td></td><td></td></tr>
<tr><td>7.5</td><td>15 000</td><td></td><td></td><td></td><td rowspan="6">23.0</td></tr>
<tr><td>7.4</td><td></td><td>15 000</td><td></td><td></td></tr>
<tr><td>7.35</td><td></td><td></td><td>9000</td><td></td></tr>
<tr><td>7.2</td><td></td><td></td><td></td><td>9000</td></tr>
<tr><td>7.05</td><td>14 000</td><td></td><td></td><td></td><td rowspan="5">23.5</td></tr>
<tr><td>7.0</td><td></td><td>14 000</td><td></td><td></td></tr>
<tr><td>6.9</td><td></td><td></td><td>8000</td><td></td><td rowspan="7">22.5</td></tr>
<tr><td>6.8</td><td></td><td></td><td></td><td>8000</td></tr>
<tr><td>6.7</td><td></td><td></td><td></td><td></td></tr>
<tr><td>6.65</td><td>13 000</td><td></td><td></td><td></td><td rowspan="5">23.0</td></tr>
<tr><td>6.53</td><td></td><td>13 000</td><td></td><td></td></tr>
<tr><td>6.5</td><td></td><td></td><td>7000</td><td></td></tr>
<tr><td>6.4</td><td></td><td></td><td></td><td>7000</td></tr>
<tr><td>6.2</td><td>12 000</td><td></td><td></td><td></td><td rowspan="6">22.0</td></tr>
<tr><td>6.1</td><td></td><td>12 000</td><td></td><td></td><td rowspan="6">22.5</td></tr>
<tr><td>6.0</td><td></td><td></td><td>6000</td><td></td></tr>
<tr><td>5.9</td><td></td><td></td><td></td><td>6000</td></tr>
<tr><td>5.75</td><td>11 000</td><td></td><td></td><td></td></tr>
<tr><td>5.7</td><td></td><td>11 000</td><td></td><td></td></tr>
<tr><td>5.6</td><td></td><td></td><td>5000</td><td></td><td>21.5</td></tr>
</table>

续表

<table>
<tr><th>吃水（m）</th><th>排水量（淡）（t）</th><th>排水量（海）（t）</th><th>总载重量（淡）（t）</th><th>总载重量（海）（t）</th><th>厘米吃水吨数（淡）（t）</th><th>厘米吃水吨数（海）（t）</th></tr>
<tr><td>5.5</td><td></td><td></td><td></td><td>5000</td><td rowspan="3">21.5</td><td rowspan="2">22.5</td></tr>
<tr><td>5.3</td><td>10 000</td><td></td><td></td><td></td></tr>
<tr><td>5.2</td><td></td><td>10 000</td><td></td><td></td><td rowspan="5">22.0</td></tr>
<tr><td>5.1</td><td></td><td></td><td>4000</td><td></td><td rowspan="8">21.0</td></tr>
<tr><td>5.05</td><td></td><td></td><td></td><td>4000</td></tr>
<tr><td>4.85</td><td>9000</td><td></td><td></td><td></td></tr>
<tr><td>4.75</td><td></td><td>9000</td><td></td><td></td></tr>
<tr><td>4.65</td><td></td><td></td><td>3000</td><td></td><td rowspan="6">21.5</td></tr>
<tr><td>4.55</td><td></td><td></td><td></td><td>3000</td></tr>
<tr><td>4.35</td><td>8000</td><td></td><td></td><td></td></tr>
<tr><td>4.3</td><td></td><td>8000</td><td></td><td></td></tr>
<tr><td>4.2</td><td></td><td></td><td>2000</td><td></td><td rowspan="7">20.5</td></tr>
<tr><td>4.1</td><td></td><td></td><td></td><td>2000</td></tr>
<tr><td>4.0</td><td></td><td></td><td></td><td></td><td rowspan="7">21.0</td></tr>
<tr><td>3.9</td><td>7000</td><td></td><td></td><td></td></tr>
<tr><td>3.8</td><td></td><td>7000</td><td></td><td></td></tr>
<tr><td>3.7</td><td></td><td></td><td>1000</td><td></td></tr>
<tr><td>3.6</td><td></td><td></td><td></td><td>1000</td></tr>
<tr><td>3.4</td><td>6000</td><td></td><td></td><td></td><td rowspan="3">20.0</td></tr>
<tr><td>3.3</td><td></td><td>6000</td><td></td><td></td></tr>
<tr><td>3.1</td><td></td><td></td><td></td><td></td><td>20.5</td></tr>
<tr><td>3.12</td><td colspan="6">空船 5560t</td></tr>
</table>

在载重标尺中常见到厘米吃水吨数的概念，它是指吃水每变化 1cm 时，船舶增加或减少的载重量。它的数值随平均吃水不同而不同，在海水与淡水中也有差别，在详细的载重标尺中注明了多种密度下的载重量。现举例说明载重标尺的用处。

【例 6-3】 某船在某港装货（某港海水密度为 $1.025t/m^3$），在 8：00 时观测前吃水为 5.4m，尾吃水为 5.6m；中午 12：00 时观测前吃水为 7.4m，尾吃水为 7.5m，求上午工班内共装货多少吨（燃料和淡水的变化忽略不计）？

解 计算平均吃水：

8：00 时 $d=\frac{5.4+5.6}{2}=5.5\ (m)$

12：00 时 $d=\frac{7.4+7.5}{2}=7.45\ (m)$

查找两个平均吃水时的载重量：

$$d_M=5.5m,\ D_W=5000t$$

$$d_M=7.45m,\ D_W=9000+24\times100\ (7.45-7.2)\ =9600\ (t)$$

因此上午共装货吨数为

$$P=9600-5000=4600\ (\text{t})$$

6. 船舶常数的测定

利用吃水计量，必须知道船舶常数，否则电厂将会多付100多吨煤的货款（一般船舶常数在100～300t范围内）。因此应从船主处获得船舶常数。必要时可利用载重标尺进行测量。现举例说明其步骤：例如某“前进”号船在修后出坞前，需测定其常数。

（1）观测船舶两舷前、中、后共六面的吃水值。

左舷：$F2.5$m，$M4.10$m，$A5.5$m。

右舷：$F2.5$m，$M4.15$m，$A5.5$m。

因此平均吃水为

$$d=\frac{2.5+2.5+4.10+4.15+5.5+5.5}{6}=4.04\ (\text{m})$$

（2）测定海水密度：$\rho=1.005\text{t/m}^3$。

（3）查找“前进”号船载重标尺：在$d=4.04$m，$\rho=1.005\text{t/m}^3$时，$D_W=1\ 280$t。

（4）核对“前进”号船油、水的实际质量：重柴油373.5t，轻柴油101.2t，淡水21.5t，压舱水485.0t，总计981.2t。

（5）计算船舶常数。

$$C=1280-981.2=298.8\ (\text{t})$$

因为船舶常数一般取概略整数，因此船舶常数C取300t。

7. 吃水差

船舶首吃水d_F和尾吃水d_A的差值称为吃水差（trim）。其计算公式为

$$t=d_F-d_A$$

式中 d_F——首吃水，m；

d_A——尾吃水，m；

t——吃水差，m。

当$t=0$时，称为平吃水。

查看六面水尺，取平均值来查对载重量，其结果一般是比较正确的。但是当船只发生纵倾，首尾吃水差较大时，因为船首与船尾形状不对称，用首尾平均吃水查得的排水量，与实际排水量就有些误差了。在这种情况下，可向船方借用该船的静水力曲线图，以厘米纵倾力矩CTM来修正，厘米纵倾力矩CTM计算公式为

$$\text{CTM}=\frac{GM_L}{100L}\times D$$

式中 CTM——每厘米纵倾力矩，t·m/cm；

D——排水量，t；

GM_L——纵稳性高度，m；

L——船舶型长，m。

8. 水尺检量

（1）水尺检量的计算方法。

水尺检量是计算大宗散货质量的一种简便方法，计算所得的质量可作为货物交接和计算运费的基础。水尺检量的计算方法是：首先分别计算卸货前和卸货后的排水量D_F和D_A，然后测量卸货前、后燃油、淡水、压载水的总存量G_F和G_A。

因为

$$D_F-G_F=D_0+Q+C$$

$$D_A - G_A = D_0 + C$$

所以 $$Q = (D_F - G_F) - (D_A - G_A) = (D_F - D_A) - (G_F - G_A)$$

式中 D_0——空船排水量，t；

Q——货物质量即载货质量，t；

C——船舶常数，t。

(2) 水尺检量的步骤。

1) 卸货前、后，船方会同鉴定人和收货人，共同查看船舶六面吃水值。在国外，鉴定人是专门的鉴定机构，我国是商品检验局承担这项业务。在有风浪的情况下，至少观测 2～3 次，取其平均值。

2) 掌握当地港口公布的标准水密度数值，或实地实测。

3) 测定卸货前、后压载舱水深，测定卸货前、后淡水舱水深。

4) 卸货前、后燃料油存量的计算。

燃料油现存量＝原存油量＋补油量－停泊消耗量

5) 计算船舶平均吃水。

首先根据首、尾吃水读数计算首、尾吃水平均值，计算公式为

$$F = \frac{F_1 + F_2}{2} + \Delta F = \frac{F_1 + F_2}{2} + \frac{tL_F}{L_{BP} - L_F - L_A}$$

$$A = \frac{A_1 + A_2}{2} + \Delta A = \frac{A_1 + A_2}{2} + \frac{-tL_A}{L_{BP} - L_F - L_A}$$

式中 F、A——船首、船尾平均吃水，m；

L_{BP}——船型长度，即首垂线与尾垂线间的水平距离，见图 6-4，m；

L_F——船舶首吃水点至首垂线间的水平距离，m；

L_A——船舶尾吃水点至尾垂线间的水平距离，m；

ΔF、ΔA——船首、船尾的垂线修正量，m。

首、尾吃水本应以水线与船首、尾垂线的交点为准，但因船型关系，船首、尾垂线水尺标志不一定在船首、尾垂线上，所以当船舶有纵倾时，吃水值就会发生误差而应予以修正。当吃水差的数值小于 0.3m 时，可免除此项修正。

然后计算船首、尾第一次平均吃水，即

$$d_1 = \frac{A + F}{2}$$

接着计算第二次船中吃水，即

$$d_2 = \frac{M_1 + M_2}{2}$$

再计算第三次船中吃水，即

$$d_3 = \frac{d_1 + d_2}{2}$$

最后计算第四次船中吃水，即修正后的平均总吃水，即

$$d = \frac{d_3 + d_2}{2}$$

6) 计算平均吃水 d 时的船舶排水量。

首先根据平均吃水 d 从载重标尺表中查得与 d 邻近的吃水整数值对应的吨数，并以此作为基数，再将差额吃水乘以相应的每厘米吨数 TPC，得出差额吨数，以基数加减差额吨数，即得

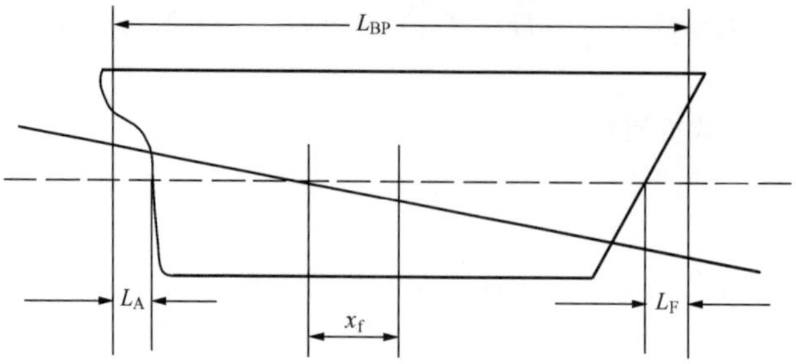

图 6-4　水尺计量排水量修正

出当前吃水为 d 时的排水量 D_1。

7）求排水量纵倾修正值 ΔD_1。

排水量纵倾修正值 ΔD_1 的计算公式如下，即

$$\Delta D_1=\frac{tx_f\times 100\text{TPC}}{L_{BP}-L_F-L_A}$$

式中　ΔD_1——排水量纵倾修正值，当纵倾值小于 0.3m 时，可不予修正，t；

t——首、尾垂线修正前的吃水差，m；

x_f——漂心距船中的距离，m。

因此经纵倾修正后的排水量为 $D_1+\Delta D_1$。

8）求港水密度修正值。

当实测的港水密度 ρ_1 与载重标尺表中所用的标准海水密度 ρ 不同时，应用下列公式计算港水密度修正值 ΔD_2，即

$$\Delta D_2=\frac{(D_1+\Delta D_1)(\rho_1-\rho)}{\rho}$$

式中　ΔD_2——港水密度修正值，t。

港水密度修正后的排水量为

$$D=D_1+\Delta D_1+\Delta D_2$$

也可以直接用下列公式计算出港水密度修正后的排水量 D：

$$D=\frac{(D_1+\Delta D_1)\rho_1}{\rho}$$

9. 水尺计量中应注意的事项

（1）电厂应向航运部门索取每种船只的载重标尺（水尺表），并按照船只水尺表上水尺的高低所核定的装载质量进行验收。

（2）船到厂后，在没查看水尺或查看没有结束之前，不要先卸煤，以免影响计量的准确性。

（3）对于海轮，由于装运的煤炭吨位较大，为计量验收准确，要求每船编制水尺计量鉴定表，见表 6-3，以便准确计量。

（4）一定要按规定查看六面水尺，不能单看船内档一面的水尺。吃水读数必须精确到小数点后第二位。在计算过程中小数点后保留三位数值。

（5）看水尺时的视线应与吃水水尺保持一定的水平。

（6）先看水浪最高点的水尺读数，再看水浪最低点水尺的读数，取其平均值，最好看 3 次，这样得出的平均数比较正确。

（7）水的密度变化，船的平均吃水就要发生变化。船舶的吃水与水的密度成反比，查看到厂

船的水尺时，必须了解起运港水的密度和电厂码头水的密度，然后进行换算。计算最后货物吨数时，一般保留小数点后一位数值。

（8）如果船舶交接单所列的水尺与到厂时实测的水尺不符，这时应考虑先复查自检的水尺是否有误，然后再会同船方共检水尺。相差较大时（超过1%）应编制货运记录，会同船方签证、索赔。

表 6-3　　“前进”号船整船装运散货物（煤）水尺计量鉴定表

××年月日鉴定	水密度（t/m³）	水尺（m）					总载重量（t）	船存					载货质量（t）	鉴定签证	
		舷	首	中	尾	平均		燃料	燃料质量（t）	水	水的质量（t）	常数		港方	船方
×月×日装前	1.020	左	3.76	3.75	3.74	3.75	1315	油	565	淡水	550	80	0		
		右	3.74	3.75	3.76			煤	—	压仓	120				
×月×日装后	1.020	左	7.86	7.95	8.40	8.09	10 975.5	油	560	淡水	550	80	9665.5		
		右	7.88	7.95	8.50			煤	—	压仓	120				
×月×日卸前	1.015	左	7.42	7.87	8.46	7.93	10 583.5	油	287.7	淡水	448.4	80	9648.5		
		右	7.44	7.91	8.46			煤	—	压仓	118.9				
×月×日卸后	1.015	左	3.23	4.24	4.00	3.71	1222	油	562	淡水	550	80	0		
		右	3.23	3.48	4.08			煤	—	压仓	110				

10. 水尺检量举例

【例 6-4】 某“前进”号船长156m，卸货前、后观测吃水见表6-3，实测卸货港水密度 $\rho_1 = 1.020\text{t/m}^3$；并测得卸货前 $L_F=0.5\text{m}$，$L_A=5\text{m}$；卸货后 $L_F=3\text{m}$，$L_A=6\text{m}$；卸货前根据轮机部提供数据：燃油存量287.7t，压载水118.9t，淡水448.4t；卸货后测得淡水550t，压载水存量110t，燃油存量562t，船舶常数80t。载重标尺见表6-2，试计算装货量。

解　（1）计算卸货前总平均吃水。

吃水差为

$$t=\frac{F_1+F_2}{2}-\frac{A_1+A_2}{2}=7.43-8.46=-1.03\ (\text{m})$$

$$F=\frac{F_1+F_2}{2}+\frac{t.L_F}{L_{BP}-L_F-L_A}=7.43+\frac{(-1.03)\times 0.5}{156-0.5-5}=7.427\ (\text{m})$$

$$A=\frac{A_1+A_2}{2}+\frac{-t.L_A}{L_{BP}-L_F-L_A}=8.46+\frac{-(-1.03)\times 5}{156-0.5-5}=8.494\ (\text{m})$$

$$d_1=\frac{A+F}{2}=\frac{8.494+7.427}{2}=7.961\ (\text{m})$$

$$d_2=\frac{M_1+M_2}{2}=\frac{7.87+7.91}{2}=7.89\ (\text{m})$$

$$d_3=\frac{d_1+d_2}{2}=\frac{7.961+7.89}{2}=7.926\ (\text{m})$$

修正后的平均总吃水为

$$d_F=\frac{d_3+d_2}{2}=\frac{7.926+7.89}{2}=7.908\ (\text{m})$$

(2) 计算卸货前 d_F 对应的 D_1。

由 $d_F=7.8$m，查载重标尺表的排水量为 16 000t，TPC＝ 24.5t/cm，则当 $d=7.908$m 时，有

$$D_1=16\,000+24.5\ (790.8-780)\ =16\,264.6\ \text{(t)}$$

由 $d=7.908$m，查得漂心距船中的距离 $x_f=-1.34$m，则

$$\Delta D_1=\frac{t.\,x_f.\,100\text{TPC}}{L_{BP}-L_F-L_A}=\frac{(-1.03)\ (-1.34)\ \times100\times24.5}{156-0.5-5}=22.47\ \text{(t)}$$

(3) 计算卸货前经港口密度修正后的排水量 D_F。

根据 $\rho_1=1.020\text{t/m}^3$，则

$$D_F=\frac{(D_1+\Delta D_1)\ \rho_1}{\rho}=\frac{(16\,264.6+22.47)\ \times1.020}{1.025}=16\,207.6\ \text{(t)}$$

(4) 计算卸货后的平均总吃水。

$$t=\frac{F_1+F_2}{2}-\frac{A_1+A_2}{2}=3.23-\frac{4.57+4.55}{2}=-1.33\ \text{(m)}$$

$$F=\frac{F_1+F_2}{2}+\frac{tL_F}{L_{BP}-L_F-L_A}=3.23+\frac{(-1.33)\ \times3}{156-3-6}=3.203\ \text{(m)}$$

$$A=\frac{A_1+A_2}{2}+\frac{-tL_A}{L_{BP}-L_F-L_A}=4.56+\frac{-\ (-1.33)\ \times4}{156-3-6}=4.596\ \text{(m)}$$

$$d_1=\frac{A+F}{2}=\frac{4.596+3.203}{2}=3.90\ \text{(m)}$$

$$d_2=\frac{M_1+M_2}{2}=\frac{4.24+3.48}{2}=3.86\ \text{(m)}$$

$$d_3=\frac{d_1+d_2}{2}=\frac{3.90+3.86}{2}=3.880\ \text{(m)}$$

修正后的平均总吃水为

$$d_A=\frac{d_3+d_2}{2}=\frac{3.880+3.86}{2}=3.870\ \text{(m)}$$

(5) 计算卸货后 d_A 对应的 D_1。

由 $d_A=3.8$m，查载重标尺表的排水量为 7000t，TPC＝21.0t/cm，则

当 $d=3.870$m 时　$D_1=7000+21.0\ (387-380)\ =7147\ \text{(t)}$

由 $d=3.870$m，查得漂心距船中的距离 $x_f=1.17$m，则

$$\Delta D_1=\frac{tx_f\times100\text{TPC}}{L_{BP}-L_F-L_A}=\frac{(-1.33)\ (1.17)\ \times100\times21.0}{156-3-6}=-22.23\ \text{(t)}$$

(6) 计算卸货后经港口密度修正后的排水量 D_A。

根据 $\rho_1=1.020\text{t/m}^3$，则

$$D_A=\frac{(D_1+\Delta D_1)\ \rho_1}{\rho}=\frac{(7147-22.23)\ \times1.020}{1.025}=7090.0\ \text{(t)}$$

(7) 计算卸货前后淡水、压载水及燃油存量 G_F 和 G_A。

根据表 6-3 可知

$$G_F=448.4+118.9+287.7=855\ \text{(t)}$$

$$G_A=562+550+110=1222\ \text{(t)}$$

(8) 计算货物质量即载货质量 Q。

$$Q = (D_F - G_F) - (D_A - G_A)$$
$$= (16\,207.6 - 855) - (7090 - 1222) = 9484.6 \text{ (t)}$$

第四节 火电厂入炉煤的检斤管理

一、入炉煤检斤要求

火力发电厂应按入炉煤量正平衡方法计算发、供电煤耗，因此要求入炉煤检斤（入炉煤计量）应具备的条件是：火力发电厂发供电煤耗统一以入炉煤计量煤量和入炉煤机械取样分析的低位发热量计算。

所谓反平衡就是根据热平衡测试求得的锅炉效率和机组热耗率，求出煤耗率，然后换算出耗用煤量；而正平衡是根据入炉煤计量装置计量的耗用煤量，然后根据电量求出煤耗率。为了实现正平衡计算发供电煤耗的要求，火力发电厂必须具备：

(1) 应配备按入炉煤正平衡计算煤耗的全部装置，包括燃煤计量装置、机械采样装置、煤位计、实物校验装置或计量标准规定的检验器具等。要使用电力计量部门认可的并发有检验合格的燃煤计量装置。

(2) 125MW 及以上凝汽式与供热式大型火电机组应逐步实现单台机组入炉煤计量装置，以方便单台机组计算发供电煤耗。使用电子皮带秤时，要注意防止由于犁煤器犁不净煤而把剩余燃煤带入其他炉的原煤仓内。

(3) 为准确计量燃煤量，计量装置需定期经实煤校验，以保证在运行的称重范围内，其计量装置的称重精度为−0.5%～+0.5%。

(4) 入炉煤经过标准计量后的入炉煤量不允许使用反平衡方法修正入炉煤量，反平衡方法仅供煤耗偏差分析用。

(5) 实煤校验装置使用前经标准砝码校验，实煤校验装置的标准砝码每两年应送往计量部门校验一次。

(6) 实煤校验每月进行 2～4 次，校验所用的标准称量器具的最大允许使用误差应不超过±0.1%。用实煤校验时校验的煤量不小于输煤皮带运行时每小时最大计量出力（一般可按输煤皮带的设计出力计算）的 2%。

二、入炉煤计量调整

有些情况下必须对实际称重进行必要的调整（如水分差调整、粉位等），以正确考核燃料耗用情况，为准确计算煤耗率提供真实数据。

1. 水分差调整

煤在运输、贮存、耗用过程中，水分在不断的变化，由于煤中水分的变化，引起煤的质量变化。为了消除煤中水分的变化而影响耗煤计量的准确性，每月耗用天然煤量按下式调整水分差。

$$B_{tz} = B_{tq} \frac{100 - M_{rl,ar}}{100 - M_{jc,ar}}$$

式中 $M_{rl,ar}$——当月（年）入炉煤平均收到基水分，%；

$M_{jc,ar}$——当月（年）进厂煤平均收到基水分，%；

B_{tz}——当月（年）耗用天然煤量调整水分差后的质量值，t；

B_{tq}——当月（年）天然煤量入炉计量值，t。

【例 6-5】 某厂某月，进厂煤 20 万 t，平均收到基水分 11%，入炉煤计量为 16.5 万 t，入炉煤平均收到基水分 8.5%，收到基低位发热量为 21 000kJ/kg，求调整水分后耗用天然煤量。

解 调整后耗用天然煤量

$$B_{tz}=B_{tq}\frac{100-M_{rl,ar}}{100-M_{jc,ar}}=16.5\times\frac{100-8.5}{100-11}=16.96\ (\text{万 t})$$

如果不调整水分，入炉煤计量 16.5 万 t，直接进账，这样账面上支出 16.5 万 t，比实际少支出 0.46 万 t，造成库存煤量虚增，当月末盘煤时，会出现亏吨。

2. 入炉煤计量误差

电子皮带秤的允许误差为 0.5%，在运行状态下，往往误差偏大。一个年耗 200 万 t 的电厂，按皮带秤的允许误差 0.5%计算，年终盈亏±1 万 t，这是在允许范围内的年误差，但是 10 000t 煤会引起煤账收支存不平衡。为防止年终出现大盈大亏现象，应每月调整一次由于皮带秤允许误差造成的月误差量。其调整方法如下，即

$$B_{wc}=B_{tz}\left(1-\frac{\delta_1+\delta_2}{2}\right)$$

式中 δ_1——入炉煤计量装置校验前的误差值，%；

δ_2——入炉煤计量装置校验后的误差值，%；

B_{wc}——入炉煤计量误差调整后的天然煤耗用量，t；

B_{tz}——入炉煤计量的调整水分后的天然煤耗用量，t。

【例 6-6】 某厂某月，进厂煤 20 万 t，平均收到基水分 11%，入炉煤计量为 16.5 万 t，入炉煤平均收到基水分 8.5%，收到基低位发热量为 21 000kJ/kg，入炉煤计量装置校验前的误差值为 1%，校验后的误差值－0.4%，求调整水分和计量误差后耗用天然煤量。

解 调整后耗用天然煤量为

$$B_{wc}=B_{tq}\frac{100-M_{rl,ar}}{100-M_{jc,ar}}\left(1-\frac{\delta_1+\delta_2}{2}\right)$$

$$=16.5\times\frac{100-8.5}{100-11}\times\left(1-\frac{1\%-0.4\%}{2}\right)=16.84\ (\text{万 t})$$

3. 原煤仓和煤粉仓料位修正

(1) 容积燃煤量。原煤仓和煤粉仓一般位于电子皮带秤之后，因此仓内料位变化导致的耗用煤量变化应予修正。

首先要正确测定煤位、煤粉指示装置的安装高度及指示尺寸，以分别计算不同料位指示下的仓内容量，再按下式计算原煤仓和煤粉仓的容积燃煤量，即

$$B_m=V_m\cdot\rho_m\cdot k_m$$

式中 B_m——原煤仓（煤粉仓）指示的燃煤量，m^3；

V_m——原煤仓（煤粉仓）的容积，m^3；

ρ_m——原煤（煤粉）的堆积密度，t/m^3；

k_m——原煤仓（煤粉仓）的充满系数，一般取 0.7～0.8。

对于能坚持满仓、或定料位交接班的情况，则不予修正。

(2) 堆积密度测量方法。

原煤和煤粉的堆积密度测量方法：将原煤（或煤粉）从 1m 高空自由落入一容器内（直径约 0.4m，高约 0.5m），勿敲打容器，无捣实，然后称其质量，再计算出单位体积下原煤（或煤粉）的重量，即可求得其堆积密度。对于无烟煤和烟煤等原煤，其堆积密度可取经验数值 $0.9t/m^3$（无烟煤为 $0.9\sim1.0t/m^3$、烟煤为 $0.85\sim0.95t/m^3$、褐煤为 $0.65\sim0.85t/m^3$）；而煤粉由于本身细度和疏松程度不一样，必须实测求得。

第七章 火电厂燃煤的检质管理

第一节 火电厂煤质监督

发电用煤的质量直接对电厂的安全经济运行产生重大影响，做好入厂煤和入炉煤的煤质监督是电厂燃料全过程管理中的重要环节。煤质监督也叫煤炭质量验收或检质，它是通过对来煤进行采样、制样和化验，以核验其煤质的过程，煤炭质量验收必须对来煤进行批批检质。入厂煤是指火力发电厂采购的已到货的商品煤；入炉煤是指进入火力发电厂锅炉上煤系统的煤炭。

一、入厂煤质监督

1. 入厂煤质监督的任务

(1) 根据供煤合同，通过对入厂煤的采制样及化验，监督入厂煤的质量是否符合供煤合同要求，防止不合格的煤炭进入电厂，同时也为以质计价提供依据，以维护电厂自身的经济权益。

(2) 及时掌握入厂煤的质量变化，为司炉人员提供煤质信息，为电厂配煤提供数据，以确保机组的经济运行。同时也为电厂计算锅炉效率提供依据。

(3) 检验贮煤场煤质，为准确计算入厂煤和入炉煤的热值差，督促煤管人员加强对燃煤的管理，并为最终确定发电成本提供依据。

2. 入厂煤质监督的基本要求

入厂煤质监督的首要工作是采制样。对入厂煤必须按照国家标准要求采样。入厂煤质监督的基本要求是：

(1) 对每天每批入厂煤，均应进行全水分、空气干燥基水分、灰分、挥发分、发热量的测定。

(2) 对新煤源来说，则应预先搞清楚煤炭的上述特性值，然后加测全硫分、可磨性、灰熔融性等项目，以确定该煤源是否符合本厂锅炉设计要求。

(3) 每半年及年终必须按煤源，对入厂煤混合样进行一次煤、灰全分析，以充分掌握各矿的煤质特性及其变化趋势，为今后选择煤源提供依据。

(4) 当某一入厂煤质发生频繁波动，就要缩短对其进行全分析的周期，以便及时发现问题，或采取有效措施，确保入厂煤质量。

3. 入厂煤质监督的管理条例

(1) 建立各类人员的岗位责任制。

(2) 检测工作必须符合国家标准或部颁标准的试验规程。

(3) 入厂煤在进厂后，立即采样并制样，24h内提出化验报告。

(4) 检验结果应有严格的审核制度，检验人员互审，班组长审核和技术专责人审核。

(5) 各类仪器设备由专人统一分类、编号、立账、建卡，并每年核对一次账、物、卡。

(6) 每台仪器指定使用人员保管和维护。各台仪器设备附近均挂有仪器使用注意事项和操作程序，并分别在仪器设备上挂有标示牌。

(7) 基本计量仪器（热电偶、贝克曼温度计、毫伏计、天平等）及氧弹，按计量部门规定定期检定。未经检定和检定不合格的仪器设备不得使用。

（8）要建立健全试验室管理制度、检验样品接受保管及处理制度、检验事故处理制度、安全工作制度等。

二、入炉煤质监督

入炉煤质监督的根本任务是根据锅炉设计，提供符合生产要求的入炉煤。入炉煤质监督是通过入炉煤采样机采制入炉煤样，然后进一步制成空气干燥煤样，送实验室分析测定。

按照国家标准规定凡是输煤皮带运行速度超过1.5m/s，煤层厚度超过0.3mm，流量超过200t/h，就不宜进行人工采样。而且不允许以采集煤粉样代替原煤样来作为入炉煤质监督的样品。我国大中型电厂输煤皮带宽度一般为800～1500mm，运行速度为2.5～3.0m/s，流量为500～1500t/h，故均应采用机械采样。如果进行人工采样，皮带高速运行，危险性很大，所采样品也不具有代表性。

对入炉煤质特性检测来说，其基本要求是：

（1）每天至少一次对全天入炉煤（即由三班）混合样进行工业分析，对空气干燥基水分、灰分、挥发分、含硫量和发热量进行测定。

（2）每半年及年终要对入炉煤半年及年终的按月的混样进行煤、灰全分析，其项目同入厂煤要求。各厂还应对按日的月混样进行上述常规项目的检测，以积累入炉煤质资料。

（3）入厂煤质变化时，要增加入炉煤质的检测频率，例如可对每班煤样进行一次常规项目的检测。

（4）如果入炉煤质影响生产正常运行，如发生磨煤机出力不足、煤粉太粗、锅炉结渣等情况时，则应增测煤粉细度、可磨性、灰熔融性等项目。

（5）入厂煤、入炉煤均应按国家标准及DL/T 567—1995《火电厂燃料试验方法》中有关规定进行采制样。分析煤样按GB 474—1996《煤样的制备方法》制备。

（6）按GB/T 211—1996《煤中全水分测定方法》规定进行煤的全水分测定。每班至少分析全水分一次。

（7）要使用符合标准要求的机械采样装置，125MW及以上火电机组最好按单台机组分别采样、制样和化验。

三、计量器具的检定

根据国家计量法的规定，各种计量器具都应定期送国家计量检定或授权检定部门进行计量检定。只有检定合格者，并在检定证书规定的有效期内方可使用。

（1）氧弹热量计：检定周期为三年，与之配套的氧弹、氧气压力表、温度计等检定周期为一年。

（2）各类天平：检定周期为一年。

（3）热电偶及温控仪：用于高温炉、元素分析炉、灰熔融性测定仪上的热电偶及配套的温度指示仪均需定期检定，检定周期为一年。

（4）标准试验筛：它是否合格，对制样、可磨性、煤粉细度等测试结果影响很大，检定周期为一年。

四、检测周期及项目

检测周期及项目见表7-1。

表7-1　检测周期及项目

检测项目	采制样	全水分	固有水分	灰分	挥发分	热值	硫	碳	氢	氮	灰熔点	样品贮存	审核及数据处理
检测周期	车车采样、批批制样	批批化验					每种煤每月1次				据需要随时测定	每样品保留3个月	每次检测结束进行

煤炭质级不符率是指到厂煤检质质级不符部分的煤量与燃料检质量的百分比。煤质合格率是指到厂煤检质煤质合格部分的煤量与燃料检质量的百分比。燃料检质率是指对收到的燃料（燃油、燃煤、燃气）进行质量检验的数量与收入量的百分比。

第二节　火电厂入厂煤的采样方法

对于电厂入厂煤采样，原则上以 1000t 为一采样单元，超过或不足 1000t 时，以实际运量为一采样单元。入厂煤采样一般采用人工采样，极少数采用机械采样。

所谓采样单元即从一批煤中采取一个总样所代表的煤量。一批煤可以是一个或多个采样单元。采煤单元一般按煤种不同分为几个采煤单元。当交货为同一煤种时，可以实际运量为一采样单元。例如当一列火车运来 2000t 煤，其中包括三个煤矿的供煤，则这一批煤应按煤矿分别采样，即应采集三个采样单元；当这 2000t 煤由一个煤矿供煤，则应采集两个采样单元。

原煤、筛选煤、精煤和其他洗煤等产品的采样精密度规定见表 7-2。

表 7-2　采样精密度（包括采样、制样和化验的总精密度）

原煤、筛选煤		精煤	其他洗煤
干基灰分不大于 20%	干基灰分大于 20%		
±1/10×灰分，但不小于±1%（绝对值）	±2%（绝对值）	±1%（绝对值）	±1.5%（绝对值）

应该说明的是测试结果偏差一般由采样、制样和化验分析三方面偏差所构成。其中以采样偏差为最大，约占总偏差的 80%，制样偏差次之，约占总偏差的 16%，分析偏差为最小，约占总偏差的 4%。也就是说采样精密度直接决定了煤质特性检验结果的可靠性。

一、最少的子样数的确定

所谓子样就是从一个采样部位按规定采集的一份样品，即采样器具操作一次或截取一次煤流全断面所采集的一份样品。由若干子样构成，代表整个采样单元的一部分的煤样叫分样。从一采样单元取出的全部子样合并成的煤样叫总样。

（1）对于到厂煤量等于 1000t 原煤、筛选煤、精煤及其他洗煤和粒度大于 100mm 的块煤，应采集最少子样数量见表 7-3。

表 7-3　1000t 煤应采集最少子样数量　（个）

煤种 \ 采样地点		煤流	火车	汽车	驳船	海轮	煤堆
原煤 筛选煤	干基灰分大于 20%	60	60	60	80	110	60
	干基灰分不大于 20%	30	60	60	40	50	60
精煤		15	20	20	30	30	20
其他洗煤和粒度大于 100mm 的块煤		20	20	20	30	30	20

（2）对于到厂煤量超过 1000t 时，子样则按下式计算，即

$$N=n\sqrt{\frac{m}{1000}}$$

式中　N——实际应采集子样数目，个；

m——实际被采集的来煤量，t；

n——按表 7-3 规定的子样数目，个。

当火车运煤量大于1000t时，并不按上式计算值确定采集的子样数，而是对任何一节车皮，原煤、筛选煤采集3个子样；对于洗煤、精煤采集1个子样。

（3）煤量少于1000t时，子样则按表7-3规定的数目按比例递减，但最少不能少于表7-4规定的数目。其计算公式为

$$N=n\frac{m}{1000}$$

式中 N——实际应采集子样数目，个；

m——实际被采集的来煤量，t；

n——按表7-3规定的子样数目，个。

表7-4　　煤量少于1000t应采集的最少子样数目　　（个）

煤种＼采样地点		煤流	火车	汽车	驳船	海轮	煤堆
原煤 筛选煤	干基灰分大于20%	20	18	18	40	55	30
	干基灰分不大于20%	10	18	18	20	25	30
精煤		5	6	6	10	10	10
其他洗煤和粒度大于100mm的块煤		7	6	6	10	10	10

例如当火车运原煤量小于600t，应采集子样数等于$60\times\frac{600}{1000}=36$（个）子样，运原煤量小于300t，应采集子样数不低于18个。

二、每个子样的最小质量

煤的子样最小质量是指能保持采取的每个子样的粒度组成与它周围煤的粒度组成相接近的最小质量。如果子样质量偏小，就可能漏采或少采某种粒度的煤，造成煤样的代表性降低。因此采样时，要使每个子样的质量均不少于其要求的最小质量。每个子样的最小质量按商品煤的最大粒度决定，见表7-5。

表7-5　　煤的标称最大粒度与子样最小质量

最大粒度（mm）	＜25	＜50	＜100	＞100
子样最小质量（kg）	1	2	4	5

子样的最小质量规定来源于ISO 1988—1975标准，标准规定：

$$m=0.06D$$

式中 m——子样的最小质量（不得小于0.5kg），kg；

D——标称最大粒度，mm；

0.06——比例系数，kg/mm。

我国GB 475中提出的最大粒度和子样最小质量的关系中，规定选用的比例系数为0.04，因此国家标准的子样最小质量要比ISO标准小些。

对于同一批煤，如果煤种不一样，或矿源不同，则采样数应根据煤种或矿源决定，每个煤种或矿源对应着一个采样单元。

【例7-1】 某电厂运来一列50节车皮的火车煤，每节车皮装煤50t，其中40节车皮为原煤，其煤的最大粒度小于100mm；10节车皮为洗中煤，其煤的最大粒度小于50mm，问原煤和洗中煤各应采集的样品量最少为多少千克？

解 （1）40节车皮原煤，实际原煤量为

$$40\times50=2000\text{t}$$

由于煤的最大粒度小于100mm，则每个子样量至少为4kg；应采集的最少子样数为

$$N=60\times\sqrt{\frac{40\times50}{1000}}=85\ （个）$$

依据“火车顶部采样，原煤和筛选煤每车至少采取3个子样”的原则计算：

$$N=3\times40=120\ （个）$$

以子样数多者为准，故需采取120个子样。

应采原煤量为

$$120\times4=480\ (\text{kg})$$

（2）10节车皮洗煤，实际原煤量为

$$10\times50=500\text{t}$$

由于煤的最大粒度小于50mm，则每个子样量至少为2kg；应采集的最少子样数为

$$N=20\times\frac{500}{1000}=10\ （个）$$

依据“火车顶部采样，洗中煤每车至少采取1个子样”的原则计算，即

$$N=1\times10=10\ （个）$$

依据表7-4，火车应至少采集6个子样。以子样数多者为准，故需采取10个子样。

应采洗中煤总的样品量为

$$10\times2=20\ (\text{kg})$$

三、煤的最大粒度

煤的最大粒度不能理解为煤中的最大的一块煤块的尺寸，它是标称最大粒度，是通过筛分试验加以测定的。煤的标称最大粒度是指在粒度分析中与筛上物累积质量百分率最接近（但不大于）5%的筛子相应的筛孔尺寸。测定方法如下：

（1）不论车皮容量大小，按图7-1所示，沿对角线方向，按5点循环在每个车皮上采集一个不少于30kg的子样；始末两点离车角的距离为1m。

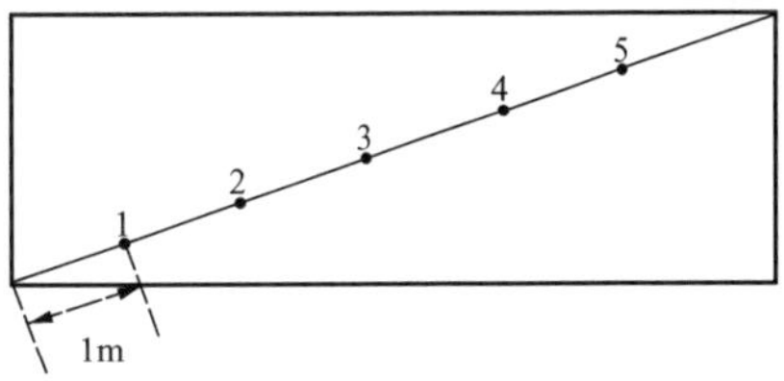

图7-1 斜线五点采样布置图

（2）合并各子样，称重（精确到0.5kg），缩分并称出质量约600kg；然后利用孔径为150、100、50mm的圆孔筛和25mm的方孔筛进行筛分试验，分别称出筛子上方的余煤量。

（3）计算各筛上方余煤量的百分数。取筛子上方余煤量最接近5%的那个筛子，将小于该筛子的孔径作为煤的最大粒度。

（4）如需要精密测量标称最大粒度，可将筛分的试验结果绘制成筛上物累积百分率和筛孔径的关系曲线，而后查出与5%的筛上物累积百分率相应筛孔径尺寸，即为所测量的煤的标称最大粒度。

【例7-2】 某1000t原煤，采集了600kg煤样，用不同孔径的筛子分别筛分，其结果见表7-6前三行，求煤的最大粒度。

解 由筛分试验可知，该煤的最大粒度应小于50mm。因为600kg煤样，通过50mm孔径筛子，其筛子上方的余煤量最接近600kg的5%。

其计算结果见表7-6最后一行。

其中孔径为 50mm 时，筛上余煤百分率为 $\frac{35}{565+35}\times100\%=5.83\%$

表 7-6　　筛分试验结果

筛子孔径（mm）	150	100	50	25
筛上煤量（kg）	3	15	35	75
筛下煤量（kg）	597	585	565	525
筛上余煤百分率（%）	0.50	2.50	5.83	12.50

由于电厂煤源多，有时也发生变化，每个煤源的最大粒度存在差别，因此应定期对入厂煤源进行筛分试验以确定最大粒度，至少每半年试验一次，试验结果代表半年内煤的标称最大粒度。每个子样质量由煤的最大粒度确定，煤的最大粒度又通过筛分试验确定。然而不少电厂很少或者根本没有进行这种筛分试验，采样人员只是凭目测和经验来判断，这是不允许的。

四、煤流采样

在移动煤流中可按时间间隔 T 采样，时间间隔 T 计算公式为

$$T\leqslant\frac{60Q}{Gn}$$

式中 T——子样时间间隔，min；

Q——采样单元，t；

G——煤流量，t/h；

n——子样数目，个。

在移动煤流上人工铲取煤样时，皮带的移动速度不能超过 1.5m/s，以确保人身安全。

电厂通过皮带上煤，每班一般上两次煤，每次 1～2h。如果按要求采样点应均匀分布于全煤流中，采样人员必须在上煤的全过程中，每隔一段时间（2～5min）人工采集一个子样，这样所采集样品合并起来，可作为该班的入炉煤样。而实际上有些采样人员只是随意在皮带上采集几个子样而已，根本无法代表当班入炉煤的平均质量。

五、火车顶部采样

在火车顶部采样，无论煤的品种如何，采样点均应分布于车厢对角线上，各车厢对角线方向一致，斜线的始末两点均应距车角 1m，其余各点均应均匀地布置于对角线上，采样深度应在 0.4m 以下。对于洗煤、精煤来说，子样点采取对角线五点循环方式（见图 7-1），在每节车厢内至少采集一个子样。中间 3 个子样等距离分布在 1、5 两子样之间。

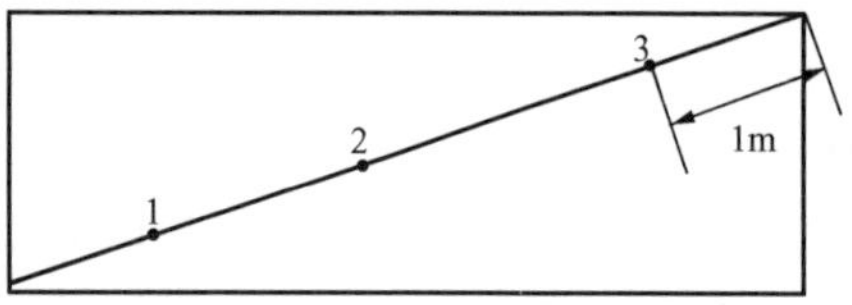

图 7-2　对角线三点采样布置图

对于原煤和筛选煤，无论车皮容量大小如何，每车至少采取 3 个子样，子样点采取对角线三点布置，第 2 个子样位于对角线中央，见图 7-2。

六、汽车顶部采样

汽车运煤采样所用的尖铲，对最大粒度不超过 150mm 的煤，应使用 300mm×250mm 的尖铲，铲把的长度不小于 900mm。

不带拖斗的汽车，不论载运量多少均视为一个车；带拖斗的汽车，不论载运量多少均视为两个车，即主车和副车。对于同一煤种，一天发运量超过 30t 时，则按三点循环法每车采取一个子样；对一天发运量不足 30t 时，不论煤种如何，则一天均不少于 6 个子样。

在汽车顶部采样时，要沿着车厢对角线方向上布置三个采样点，斜线始末两点应各距车角

0.5m（指车角与采样点的水平距离），第三点布置在斜线的中央，同一批次的斜线方向要求一致，采样时在车顶部挖坑到0.4m以下，清除滚落在坑内的煤块或矸石后再采取。

对原煤、筛选煤，当每车装载量不足30t时（每车按5t计），其采样点布置应本着中间采样点和车角采样点比例基本保持相等的原则，每车采的最少子样数目为2；当每车装载量不低于50t时，每车采的最少子样数目为4；当每车装载量介于30～50t时，每车的最少子样数目为3。

七、船舶采样

GB 475《商品煤样采取方法》和DL/T 569—2007《汽车、船舶运输煤样的人工采取方法》规定：船上不直接采取仲裁煤样和进出口煤样，一般也不直接采取其他商品煤样，而应在装卸过程中于皮带输送机煤流中和其他装卸工具（如汽车）上采样。

对载运量不足1000t的驳船，可按实际载运量为一采样单元；对于载运量超过1000t的驳船，可根据载运量的多少采取一个或多个采样单元。对于运载单一煤种的海轮，可按实际的载运量为一个采样单元，也可按仓的多少分成若干个采样单元。对于载运两种及以上煤种的海轮，可分煤种以实际的载运量为一采样单元或若干个采样单元。

船舶载运煤量超过1000t时，应按下式计算应采集的子样数，即

$$N=n\sqrt{\frac{m}{1000}}$$

式中 N——实际应采集子样数，个；

m——实际被采集的煤量，t；

n——按表7-3规定的子样数，个。

应该指出：国家标准中规定的子样数为最少采样数，如计算结果出现小数时，均应进位到整数。例如某一采样单元的原煤量为1700t，则应采的子样数为

$$N=60\sqrt{\frac{1700}{1000}}=78.23\approx79\text{（个）}$$

对于人工采样，如果是驳船，可按载运量大小及均匀布置采样点的原则，把采样点布置在舱的中央及舱的两侧，采样时要挖坑至0.4m以下。如果是海轮，可按各舱实际载运量分配采样点，并在卸煤过程中采取煤样，应采的子样数要均匀分布在煤的有效流过时间内或采样单元的煤量中。在皮带运输机下落煤流中采样时，可根据煤的流量大小一次或分2～3次横截煤流的断面采取一个子样。

国标规定从煤流和静止煤中人工采样，使用采样铲时，铲的长和宽度应不小于被采样煤最大粒度的2.5～3倍。对最大粒度大于150mm商品煤时，使用宽度约250mm，长度约300mm的尖铲。但有的电厂没有配备这样的采样工具，而是使用一般的小铁铲，它就不能采到较大块的煤样，而且往往也容纳不下所规定的子样量，所以这些电厂要尽快整改，按要求配备采样工具。

对于机械采样，不论驳船或是海轮，凡是码头设有专用皮带运输机系统的，应尽可能选择在皮带运输机煤流中，按时间间隔或质量间隔采取煤样，可在皮带机端部或皮带中部进行采样。子样数要均匀分布在煤的有效流过时间内。如果人工采样就不符合规定，例如皮带上煤时，如果电厂皮带流量为800t/h，所上原煤灰分大于20%，每班上两次煤，一次上煤时间为1.5h，总上煤量为

$$800\times1.5\times2=2400\text{（t）}$$

按公式 $60\sqrt{\frac{2400}{1000}}=93$（个）

因此每采集1个子样的时间间隔为

$$\frac{1.5\times2\times60}{93}=1.9\ (\text{min})$$

所以人工根本无法在这么短时间内频繁的取样，必须采用机械采样。

第三节 火电厂入炉煤的采样方法

为了确保电厂锅炉经济运行和计算煤耗的需要，必须对入炉煤进行采样分析。为了达到采样精密度，入炉原煤样的采取应使用机械化采样装置。入炉煤的采样首先会遇到两个概念：不均匀度和采样精密度。

一、不均匀度

煤是一种不均匀的固体燃料，可以使用多种煤质特性指标来表征煤的不均匀度，但通常多采用灰分含量来表示，一般采用样品灰分的标准差来表征。煤的不均匀度越大，要采集到有代表性的样品的困难就越大。煤的不均匀度一般采用标准差 S 来表示，标准差 S 越大，表示煤质越不均匀。

标准差（或称煤的不均匀度）S 的计算公式为

$$S=\sqrt{\frac{\sum\ (\overline{A}_{\mathrm{d}}-A_{\mathrm{d}})^2}{m-1}}$$

式中 m——灰分测定次数；

A_{d}——一天（24h）的入厂煤或入炉煤干燥基平均灰分，%；

$\overline{A}_{\mathrm{d}}$——$m$ 个 A_{d} 的平均值，%。

【例 7-3】 某电厂 2 个采样单元各采 6 个子样，分别制样和分析，从而获得两组干燥基灰分见表7-7，求其干燥基灰分平均值 $\overline{A}_{\mathrm{d}}$ 和不均匀度 S。

表 7-7　　2 个采样单元各采 6 个子样灰分的分析结果

子样 组别	1	2	3	4	5	6	平均值
第一组（%）	29	27	29	30	28	31	29
第二组（%）	25	29	31	29	28	32	29

第一组 A_{d} 的范围是 27%～31%，平均值 $\overline{A}_{\mathrm{d}}$ 为 29%；第二组 A_{d} 的范围是 25%～32%，平均值 $\overline{A}_{\mathrm{d}}$ 为 29%。第一组各子样灰分变化幅度小，第二组各子样灰分变化幅度大，虽然两组灰分的平均值相等，但它们的不均匀度有明显差异。直观上，灰分变化幅度小的第一组，其不均匀度小。应用不均匀度计算公式，即

第一组　$S=\sqrt{\dfrac{0+4+0+1+1+4}{6-1}}=1.414\ (\%)$

第二组　$S=\sqrt{\dfrac{16+0+4+0+1+9}{6-1}}=2.449\ (\%)$

所以第二组不均匀度大于第一组。

不均匀度的量值单位与测定值的单位相同，例如上例不均匀度的单位是%。

二、采样精密度与不均匀度的关系

在精密度以 95%的概率为前提下，采样精密度 P 与煤的不均匀度（单个子样的标准差）σ、

采集子样数 n 三者之间的关系可用下式表示，即

$$P=\pm 1.96\times\frac{\sigma}{\sqrt{n}}$$

例如单个子样的标准差 σ 为 7.9%时，当采样精密度 P 为±2%时，采集子样数 n 应为 60；当采样精密度 P 为±1%时，采集子样数 n 应为 240。不难看出在 σ 值一定时，采样精密度 P 与采集子样数 n 的平方根成反比。当采样精密度 P 从±2%提高到±1%时，采集子样数 n 将增加到原来的 4 倍。

三、入炉煤的人工采样

入炉煤的人工采样由人工用专门工具在输煤皮带上定期采样，每班 2～4 次，每个子样质量不等，且不能采集到整个煤流断面，煤样的代表性极差，不符合规定要求。但是由于目前许多电厂的机械采样装置不能稳定运行，不得已一些电厂仍采用人工采样的方法，因此下面对人工采样做简单介绍。

1. 煤流与煤堆采样子样数量

(1) GB 475—1996《商品煤样采取方法》规定，商品原煤（煤流或煤堆）的采样精密度 P 为±2%，对1000t一个采样单元来说，其采样子数见表 7-8。

(2) 在煤流、煤堆上采样，煤量超过1000t时，子样则按下式计算，即

$$N=n\sqrt{\frac{m}{1000}}$$

式中 N——实际应采集子样数目，个；

m——实际被采集的煤量，t；

n——按表 7-3 规定的子样数目，个。

(3) 煤量少于1000t时，子样则按表 7-3 规定的数目按比例递减，但最少不能少于表7-9规定的数目。

表 7-8 1000t 煤应采集最少子样数量（个）

煤种 \ 采样地点		煤流	煤堆
原煤 筛选煤	干基灰分大于 20%	60	60
	干基灰分不大于 20%	30	60
精煤		15	20
其他洗煤和粒度大于 100mm 的块煤		20	20

表 7-9 煤量少于 1000t 应采集的最少子样数目

煤种 \ 采样地点		煤流	煤堆
原煤 筛选煤	干基灰分大于 20%	20	30
	干基灰分不大于 20%	10	30
精煤		5	10
其他洗煤和粒度大于 100mm 的块煤		7	10

2. 煤流与煤堆采样子样最小质量

人工采样的每个子样的最小质量按商品煤的最大粒度决定，见表 7-10。

表 7-10 煤的最大粒度与子样的最小质量

最大粒度（mm）	＜25	＜50	＜100	＞100
子样的最小质量（kg）	1	2	4	5

应该指出的是：GB 475—1996《商品煤样采取方法》的有关规定，主要是针对人工采样而言。

3. 人工采样点的布置

(1) 煤流采样点的布置。

采样点的布置总的要求是各采样点均布于煤的有效流过时间内。具体做法可分为两种办法：

一是等时间间隔地从输煤皮带上或落煤处采集 1 个子样；另一种方法是等质量间隔采集 1 个子样。

在输煤皮带上采样，要使所采样品具有代表性，可根据煤流的大小，以 1 次或分 2～3 次横截煤流的断面采集 1 个子样。当分次采样时，可按左、中、右的顺序依次进行，采样部位不得有交错重复。

煤流采样点最好在给煤机处采样。考虑到采样能真正代表测验期间锅炉的实际煤种，采样的起始时间应比测验的起始时间适当提前。提前时间应等于煤流由采样点输送到炉内燃烧中心区域所必经的时间。

（2）煤堆采样点的布置。

煤堆上采样点的布置，应根据煤堆的不同堆形和子样数目，均匀分布在煤堆的顶、腰、底的部位上，底应距地面 0.5m，在采样点上，先除去 0.2m 的表层煤，然后采样。

4. 人工采样工具

人工采样工具包括铲子和取样桶。采样铲子应根据煤的粒度确定，其宽度应为最大粒度的 3～4倍。铲子容量应按每份样品量考虑，当装满时最好是每份样品容积的 1.25 倍左右，在实际取样时不应让它装满。

取样桶应由金属或塑料做成，带有严密的盖子。每个桶的容积以能盛下 15～20kg 试样为宜；桶上最好装有提手，便于搬运。试样需用的取样桶数量按原始试样量而定。

在采样和保存过程中，取样桶必须盖好盖子，保持密封状态，以免水分蒸发。

值得注意的是：由于煤堆的煤量大小、煤堆形状差异很大，所采样品的代表性难以得到充分保证，因此在采样精度要求较高的情况下，不宜在煤堆上采样。

四、机械化采样子样数目

电力部行业标准 DL/T 567.2《入炉煤和入炉煤粉样品的采取方法》要求，商品原煤的采样精密度 P 为±1%，则应采集的子样数为 GB 475 规定的 4 倍。具体计算公式为

$$n=\frac{5\sigma^2}{iP^2}$$

式中 n——每班应采子样数目；

i——假定电厂为一日 i 班制，且每班上煤量平均分配；

P——采样精密度，如取±1%，则以 $P=1$ 代入上式；

σ——入炉原煤的不均匀度，即以一天（24h）的入厂煤或入炉煤干燥基平均灰分 A_d 为基础，计算上年度共 m 个平均灰分的标准偏差值，$\sigma=S$。

若每班上煤量不是平均分配，而是按不同的比例 r_j 上煤，则第 j 班应采取子样数目 n_j 按下式计算，即

$$n_j=\frac{5\sigma^2}{P^2}r_j$$

式中 n_j——第 j 班应采取子样数目；

r_j——第 j 班的上煤比例，即 r_j 为第 j 班的上煤量占当日总上煤量的比例，且 $\sum r_j=r_1+r_2+\cdots+r_j+\cdots+r_i=1$。

DL/T 567.2《入炉煤和入炉煤粉样品的采取方法》的有关规定主要是针对机械采样而言。

五、机械化采样子样量的确定

子样量由上煤皮带宽度、上煤量和煤流的最大粒度决定，以实际采取整个煤流横截面且不留底煤为适宜。机械采样量决不能按表 7-10 所规定的仅 1～5kg，而往往达数十乃至百余千克。

六、入炉煤机械化采样周期与采样点

对于一班内连续均匀上煤时，应根据计算的子样数目 n 来均匀分配采样周期；对于一班内间歇上煤时，采样周期应根据上煤量加以调整，流量大时应缩短采样周期，相反应延长采样周期。为保证在正常流量中采样，采样时应注意避开煤流的头部部分。

【例 7-4】 某电厂输煤皮带流量为 700t/h，上煤时间为 2h，原煤的灰分为 25%，问按国家标准规定人工采样，应每隔多少时间就要采集一个子样？如按电力部行业标准，应每隔多少时间就要采集一个子样？

解 总上煤量为

$$700 \times 2 = 1400\ (\text{t})$$

按国家标准采样公式采集子样数目为

$$60\sqrt{\frac{1400}{1000}} = 71\ (\text{个})$$

则两个子样的采样时间间隔为

$$\frac{120}{71} = 1.69\ (\text{min})$$

如按电力部行业标准采样公式采集子样数目为

$$240\sqrt{\frac{1400}{1000}} = 284\ (\text{个})$$

则两个子样的采样间隔时间为 0.43min，即每隔 25.8s 就要采集一个子样。可见，即使执行国家标准，人工采样困难也很大，如果执行电力行业标准，没有机械化采样是完全不可能的。

七、采样后处理

对于机械采样，每班定时取回样品，按 GB/T 474《煤样的制备方法》进行制样（包括制出全水分样品），并立即进行全水分检验；全部（i 个）班的样品收齐后，按等比例混合成当日样品。

第四节 机械采样装置及其应用

一、机械采样装置结构

机械采样装置实际上包括采样与制样两种功能，它由采样头、给煤机、碎煤机、缩分器、余煤处理装置等部件组成，因此又叫做机械采制样装置。入炉煤采样机的安装位置最好选在输煤皮带端部的下落煤流处。国内研制生产的采样机，大多采用二级碎煤方式。一般所采用的流程是：采样头→给煤机→一级碎煤机→一级缩分器→二级碎煤机→二级缩分器→收集样品，余煤自排到下层皮带或提升到原皮带带走。另一种流程是从采样头所采集的样品先通过提升装置送至上部，然后自上而下通过给煤机→碎煤机→缩分器，余煤返回原皮带带走。

1. 采样器

采样器俗称采样头，对它来说，关键是能采集到皮带全断面的煤样，同时由于频繁动作，因此它必须具备良好的运行可靠性。根据采样头安装位置不同，通常又分为皮带中部和皮带端部两种类型。

采样头在皮带端部有可能实现全断面、全厚度采集一个完整的子样。而皮带中部采样，其采样头一般结构简单，采集的子样没有良好的代表性。为了提高采样精密度，还可以将采样头设计成与输煤皮带联动方式，即按等质量间隔采集一个子样，这在国内外均有成功的经验。

2. 碎煤机

通常根据碎煤机的出料粒度选择其类型和转速，根据处理的样品量选择其出力。碎煤机有粗碎和细碎之分。国内生产的采煤样机不少采用二级碎煤方式，即一级用于粗碎，二级用于细碎。粗碎一般采用低转速碎煤机，细碎一般采用转速等于或高于 900r/min 的中速碎煤机。

我国国家标准对煤中全水分测定样品的粒度要求为小于 13mm 或小于 6mm，因此前者可用低速碎煤机，后者可用中速碎煤机。

3. 缩分器

缩分器是制样系统中容易受堵的设备，故选型应大一些，进料口径不能太小。在选用缩分器时，要特别注意最终样品的粒度与其保留量之间的关系，使之符合国家标准规定。

如采用一级缩分，其缩分比不能太大，否则较大的煤粒不易进入缩分器口，从而导致所缩分出的样品粒度偏小，易出现灰分值偏低的倾向。同时由于缩分器口开度小，容易造成堵塞。因此一般采用多级缩分的形式来增大缩分比，如两级 1∶12 的缩分器串联，其缩分比就可达到 1∶144。

4. 给煤机

在制样系统中配用给煤机，对防止碎煤机及缩分器的堵塞有着重要的作用。国内早期的采煤样机一般没有给煤设备，系统堵塞是一个普遍的现象。实践证明：在采煤样机的制样系统中加装给煤均匀、运行可靠的给煤机，是解决采制样装置堵塞的重要措施。

5. 余煤处理装置

余煤可直接自排到下层皮带而无需任何处理装置，也可通过提升机提升到原输煤皮带上或其他合适的地方。

二、机械采样装置性能要求

发电用煤机械采制样装置应符合下列要求：

（1）采样器应无系统偏差。所有原始子样采样器和第二、三级采样器，应能采到完整子样（应截取整个煤流截面）。

（2）带式输送机中部采样器的运动速度应不低于带式输送机速度。

（3）采制样装置的采样精密度要求其绝对数值应在±1.60%以内（采样的精密度按灰分 A_d 计）。

（4）整机水分损失率不大于 0.7%；在全水分不大于 10%时，系统应无卡堵现象，整机能正常连续运行。

（5）入炉煤采制样装置应安装在输煤系统中破碎机、除三块装置、除铁器和煤流整形器之后。

（6）采制样装置各部件之间的出力应匹配。要求采样流程每一部件的出力要大于上一部件的出力。

（7）装置启动和停运应与输煤皮带联动，实现与输煤系统同步运行，同步采制样。

三、国内电厂应用采制样机情况

1. CYJ 型采制样机

国产采制样机 50%的选用 CYJ 型采制样机，主要由重庆电力配件厂生产，该机结构紧凑，装在皮带中部，较适合在已投产的电厂安装，对原煤水分的适应性约为 7%。全国安装了 300 多台。该机采样头由液压推动器及连杆组成，采用活动腭板与轧辊相结合的二级复合式慢速碎煤机，下接二级缩分器，缩分比为 1∶120。该型机流程设计不太合理，一级碎煤机（粗碎机）后紧接着是二级碎煤机（细碎机），当煤中水分含量较大时，如超过了 8%，二级碎煤机负荷过重，二级碎煤机的轧辊上就会严重粘煤，从而使其上方出现堵煤，造成该处的积煤从异物排放管排出，缩分器空转而取不到煤样。若采用一级碎煤机→一级缩分器→二级碎煤机→二级缩分器流程，同时加装给煤设备，有助于解决此问题。

石洞口一厂、望亭二电厂、闵行电厂均安装了CYJ-Ⅱ型采制样机，经常发生故障，普遍问题是：一级碎煤机磨损严重，导致二级对辊磨进口处堵煤；采样头推力杆断裂；缩分器连杆太细而断裂；液压推动器经常发生故障，被迫改为电动操纵采样头；采样头刮板顶部偏离皮带，有时采样头刮板顶部距离皮带高达3～4mm，引起严重留底煤现象等。但是整机设计紧凑，体积小，便于现场布置安装。

2. RZB型采制样机

RZB型采制样机在全国仅有十几台。主要由西安电力机械厂生产，该装置的工作流程是直线电机推动刮板式采样头，一级破碎、二级缩分。第一级缩分出全水分煤样，第二级缩分出最终煤样，该装置装在皮带中部。整机工作流程设计不太合理，由于该机配用的碎煤机转速高，出料粒度小，发热的煤粉进入低速运转的入口口径很小的缩分器后，在无给煤设备的情况下，容易在缩分器入口造成堵塞。另一方面，当煤水分增多时，所采煤样经碎煤机破碎后，因过热导致水分蒸发，随后进入缩分器，经扩容冷却，水分在缩分器内部特别是在分配煤的锥面上凝结下来，甚至形成浆状物，缩分器堵煤将不可避免。如石横电厂RZB型采制样机安装在皮带中部，曾发生过采样头和碎煤机的直线电机烧毁，圆锥形磨因堵煤改为环锤立式碎煤机，余煤能力设计偏小，一级缩分器堵塞等现象。优点是设计较紧凑，装置体积小。

3. ZJQY型采制样机

ZJQY型采制样机在全国有十几台，如辽宁电厂。主要由东北电力设计院生产，该采制样机的工作流程是重力推动刮板式采样头，振动给料机，一级破碎、二级缩分。由于缩分器前加设振动给料机，对缩分器防堵煤有利。但在碎煤机出口处设有箅子，易发生堵煤问题，出料粒度小于5mm，且留样量偏小。该装置安装在皮带中部。

4. 拉姆齐RZC或RTC型采制样机

由美国赛摩拉姆齐技术公司生产或合资公司——江苏赛摩拉姆齐技术公司生产，如吴泾电厂、福州电厂、元宝山电厂、石洞口二厂安装了拉姆齐RZC型中部或RTC头部采制样机。RZC型采制样机由紧贴皮带的刮板式采样头将所采煤样直接通过溜槽落入皮带给料机，将物料送入锤式碎煤机，破碎后的物料进入二级给料机，然后通过缩分器收集样品供化验分析用，余煤通过提升装置（如斗式提升机）返回原皮带。该装置流程视皮带出力而有所不同，对于1m及以下宽度的输煤皮带采用重力推动采样头，一级给料、一级破碎、一级缩分。对于1m以上宽度的输煤皮带采用重力推动采样头，二级给料、一级破碎、二级缩分。此装置设计流程合理，符合一般采样基本要求。在采样头及容易发生堵煤之处采取了一些防止留底煤和刮伤皮带以及增加煤的流动性的措施。但整机体积庞大，高度竟达20m以上，在已投产的电厂安装拉姆齐型采制样机可能找不到这样宽阔的场地。

RTC型皮带头部采制样机是将采样头安装在带式输送机头部，当输送的物料下落时采样头穿越和采集整个料流横断面，得到样品，采样头的开口尺寸不小于料流最大粒度的2.5～3倍，其容积大小大于一次采样量。其他系统与RZC型皮带中部采制样系统基本相同。

一次给料机为封闭式结构，可减少水分损失和煤粉损失，可用手轮进行无级调速；破碎机为环锤式结构，锤头可摆动，三角皮带驱动，筛条式料筛，易于调整物料粒度；余料返回系统根据用户现场情况设计，可采用斗式提升机、带式输送机、螺旋输送机或三通溜槽等形式。拉姆齐自动采样设备由可编程序控制器PLC进行程序控制，参数可通过触摸屏方便地调整，根据要求也可配置上位机。采样系统中的设备均连锁安装并监控采样过程的各级设备，以防止溜槽堵塞和设备故障，一旦出现故障，可自动报警。

5. 勺式采制样机

如华能大连电厂进口的日本三菱公司生产的勺式采制样机，二级给料、一级破碎、二级缩分，余煤自排到下层皮带带走，该装置装在皮带端部，整机流程设计合理。该机的勺式采样头从煤流中切取一小段煤作为样品，经过皮带给煤机送入皮带式缩分器。对于原煤中混入的非金属异物，探测装置可以报警，然后停带人工拣除。该机采集的样品代表性不高，所采集的样品不多。最后一级缩分采用缝隙式皮带，对防堵非常有利。当全水分为 9%时也未发生堵煤现象，该装置运行至今几乎没有发生问题，运行可靠。

6. 旋转船式采制样机

意大利萨拉厂制造的旋转船式采制样机在华能南通电厂安装运行，该装置装在皮带端部，整机复杂体积庞大，但采样符合基本要求。旋转船式采制样机包括三级给料、一级破碎、二级缩分。其工作流程是：船式采样头从皮带端部落煤处采样，由绞笼输送机送入碎煤机，再由一级振动给煤机送入一级缩分器。一部分煤落入余煤螺旋给煤机，一部分则由二级振动给煤机送入二级缩分器分离。其中部分作为最终样品从取样口排出；另一部分再送入螺旋给煤机，将落入其中的煤送往提升机，通过管道将煤返回到皮带上带走。该装置采样头设计过大，旋转半径 0.6m，占有空间大。另外采用绞笼输送机作为一级给料，易发生湿煤堵塞现象。

四、现行采制样机存在的问题

1. 样品代表性差

对大型皮带来说，现行的刮板式采样头（如 CYJ-A 型采制样机）是很难满足采集到具有代表性样品的要求。刮板式采样头在动作时既不损伤皮带，又能不留“底煤”刮出全部子样是不可能的。实际上刮板式采样头所采集的子样往往是刮取皮带表层煤，且较大的块煤更易漏采。

2. 采样头动力不足

国产的采制样机普遍存在一个问题是：采样头与其动力匹配不当，由于采样头阻力太大，当煤层较厚、水分较大、或有块煤时，易造成电动机烧毁；另外将原先用于窄输煤皮带上的采样头的匹配动力，改用在宽输煤皮带上，也会造成动力严重不足。

3. 堵塞

采制样机堵塞是常见问题，常发生在制样部分，特别是在碎煤机和缩分器的进口处。主要原因除系统流程设计不合理、主要部件选型配套不当外，落煤管选择与安装不当也是造成系统堵塞的原因。如管道太细、内部管壁粗糙、弯管部位形成死角等，均可造成煤样在落煤通道中堵塞，从而使采煤样机无法正常运行。

例如碎煤机前如果不设给煤机，势必造成“脉动式”进料，容易引起阻塞。又如将采到煤样全部破碎到 3mm 粒度后缩分，这不仅增加碎煤机的磨损，也增加了堵煤的可能性。因为在相同的水分含量下，粒度小的煤较粒度大的容易发生堵塞。

4. 磨损与断裂

磨损主要发生在碎煤机的工作面上，这一点在 CYJ 型采制样机上尤为明显。其原因是设计人员对我国电力用煤普遍含矿物质较多且其粒度范围波动大这一特点不了解，致使不恰当地选用经淬火的 45 号钢做碎煤机研磨面的材质。

传动机构故障也是常见问题之一，主要发生在采样头推杆与缩分器的连杆，原因是设计选材不当，强度不够造成的。

5. 留样量不足

这里所讲的“留样量不足”是指未能按 GB 474—1996《煤样的制备方法》中规定根据粒度保留最小的样品量。如粒度小于 3mm 时，保留的样品量至少 3.75kg，但实际只有 2kg，有的不足 1kg，况且留样量中还夹杂着大于 3mm 的煤粒，这将大大降低样品的代表性。

第五节　入炉煤粉样品的采取方法

入炉煤粉的检测结果只用于监督制粉系统运行工况，不能代表入炉原煤质量，并且不能用于计算煤耗，其主要理由是：

(1) 煤在磨煤机磨制的制粉过程中，会不同程度地氧化而变质，故煤粉样不能代表入炉煤的真实情况。

(2) 煤粉中密度最小的部分煤粉（占总煤粉量的 10%左右）被三次风带进炉膛，故采集到的煤粉样中的粗粉粒子较多，易导致煤粉样较原煤样所测的灰分含量偏高，热量偏低。

(3) 目前世界各国普遍采用炉前煤的分析结果代表电厂入炉煤质。

(4) 入炉煤机械采样机在技术上日趋成熟，入炉煤机械采样已普遍推广。

虽然入炉煤粉不能代表入炉原煤质量，但是入炉煤粉细度的测定，仍需采集煤粉样。

一、中贮式制粉系统

中贮制粉系统可在旋风分离器下粉管或给粉机下粉管中采样。

(1) 在细粉分离器下粉管（位于两个锁气器之间，此管段内只有煤粉向下流动，而无气体通过）中采样时，可采用煤粉活动采样管，其结构如图7-3所示。用带槽的可转动的取样管定时插入取样孔手动采样。取样管上槽形开口的长度应与下粉管的直径相接近。

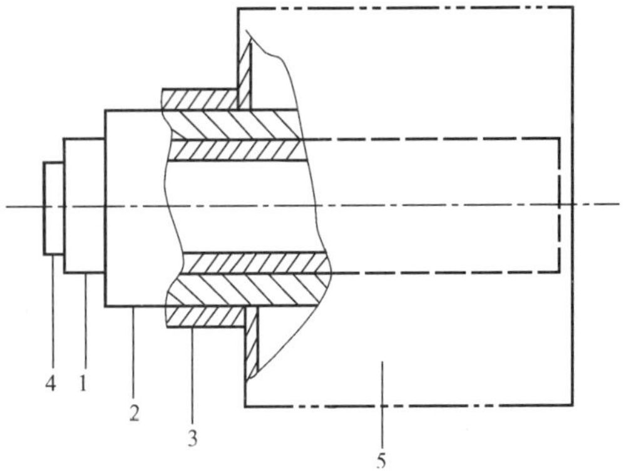

图 7-3　煤粉活动采样管

1—内管；2—外管；3—管座；4—堵头；5—下粉管

1) 采样时，取样管在插入下粉管之前，使内外管槽形开口相互遮盖，并使内管的槽口处于垂直向上的位置。

2) 拧开锁气器堵头，迅速将采样管插入并保持密封。

3) 转动外管槽口，使之垂直朝上以接受煤粉。

4) 采样管装满煤粉后，恢复内外管的槽口处于遮盖位置。

5) 取出采样管，立即拧上堵头，把煤粉样倒入密封的容器中；如采样量较大时，可用二分器缩分出 500g。

为了避免抽出取样管时粉样被系统内的负压吸走，应待上下锁气器动作完毕，稍积粉后再抽出取样管。不采样时在取样孔装上封头。

(2) 给粉机下粉管中采样时，可采用自由沉降管采样器。

1) 采样管（采样管内径一般为 32mm）应安装在给粉机出口的垂直下粉管上，所采粉样应能代表仓内不同部位的煤粉。

2) 下粉管外采样管露出部分应用石棉或其他绝热材料围缠保温，以防煤粉结露堵塞。

3) 采样管孔对准下粉管中心线，孔径一般为 1.5～2.5mm。

4) 由于煤粉在下粉管内是呈分散状态自由沉降运动的，因此原则上只要取样管系统保持密闭不漏，就能准确地连续取样，因此每次装入采样器后，都要检查系统的气密性。

5) 取样管与铅直线的夹角不应超过 3°，以保证粉样顺利滑落。当下粉管非垂直布置时，取样管应由它的下侧插入，此时取样管管孔在下粉管内的位置应由试验确定，原则上应保证在采样量最多的位置。

6）每台主给粉机出口都应装有取样器。但当主给粉机数量较多时，也可减少安装数量，此时需首先考虑经常投入的给粉机，且能代表粉仓不同部位的煤粉流。辅助燃烧器的给粉机可以不装取样器。

（3）在保证连续、均匀采样的条件下，对测验中的采样量可以不做规定。各取样器采集的试样可按其所代表的给粉机的给粉量多少加权混合，以制取实验室试样。

二、直吹式制粉系统

对于直吹式制粉系统，由于取样条件所限，可在一次风煤粉管道（如排粉机出口或粗粉分离器出口管道）中安装图 7-4 所示的等速采样器采样。

1. 采样步骤

（1）采样管要安装在风粉流向下的垂直管道中，管口对准管道中心。如果取样管嘴未对准气流方向，即使是等速取样，也可能有粗粉受惯性力作用从管嘴边缘滑过而造成取样误差。

（2）采样系统要保持良好的气密性，并防止堵塞。

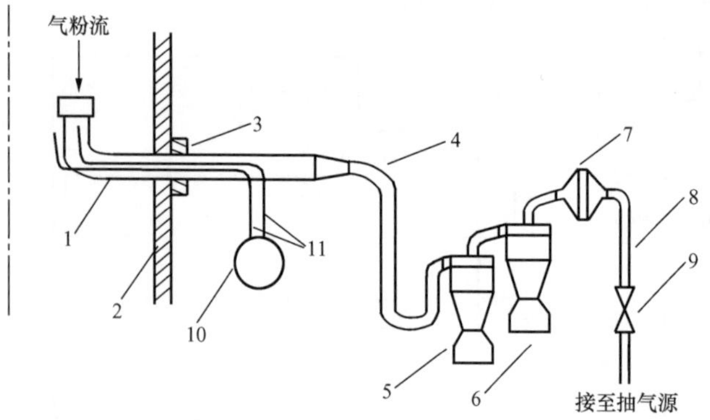

图 7-4 活动等速采样系统

1—采样管；2—输粉管壁；3—管座；4—软橡胶管；5、6— 一、二级旋风子；7—过滤器；8—帆布胶管；9—调节阀；10—微压计；11—静压传递管

（3）采样时，应用微差压计控制内外气流速度，使之相等（即吸入取样管口的气流速度与其周围环境气流速度相等）。如果吸入速度高于环境速度，取样管嘴入口会造成气流的收缩现象，此时收缩气流中的一些粗粉会因惯性力而脱离入口气流，导致粉样中细粒组分增加；同理，如果吸入速度低于环境速度，取样管嘴入口处会出现气流向四周扩张的现象，此时扩张气流中的一些粗粉会因惯性力而冲入管嘴内，导致粉样中粗粒组分增加。

为了保持等速取样，简单的做法是监视管嘴内外的静压差值，为此需从管嘴内、外壁引出两根静压管，根据伯努利流体方程可以求得：

$$\frac{v_x}{v_0}=\sqrt{\frac{1}{1+\xi_x}\left(1+\Delta p\,\frac{2g}{\rho_0 v_0^2}\right)}$$

式中 v_0——环境气流速度，m/s；

v_x——取样管嘴吸入速度，m/s；

ρ_0——气体密度，kg/m^3；

ξ_x——管口的局部阻力系数；

Δp——管壁外、内的静压差值，$\Delta p=p_0-p_x$，kgf/m^2；

g——重力加速度，$9.81m/s^2$。

由上式可见，为使$\frac{v_x}{v_0}=1$，即达到等速取样工况，必须保持管嘴外、内的静压差值为

$$\Delta p=\xi_x\frac{\rho_0 v_0^2}{2g}$$

一般来讲，对于管口采用锐角边缘，而且是内外表面精密加工的取样管嘴，可以近似的认为 ξ_x 趋近于零，此时只要保持 $\Delta p=0$ 即可。如果准确度要求较高，则需要在使用的风速范围内进行标定，以求得更准确的 Δp 值。

2. 注意事项

(1) 取样管：煤粉取样管通常采用可移动式等速取样管，由于气流速度场的影响，管道截面上煤粉浓度和细度是很不均匀的，为了尽量采取靠近取样管壁的气流样品，以增加采样的代表性，取样管嘴的外径要求尽量小些，一般不大于 0.035D（D 为管道当量直径）。取样管内流速应保持 15～20m/s 以上，以免粉样沉积。

(2) 旋风子：为了从抽取的气粉流中将煤粉完全分离出来，采用了两级串联的旋风捕集器，每级分离效率可以达到 99%以上。在其后再串联一只过滤器，内装泡沫塑料或玻璃棉。过滤器的作用主要是在异常的情况下（旋风子在捕集效率变差时），防止煤粉被带入抽气源。旋风子在正常工作时，过滤器内的煤粉量极微，一般可以忽略不计。

(3) 连接方式：取样系统的连接方式，可以采用取样管与旋风子直接连接；也可以在它们中间用橡皮管连接，此时连接用的橡皮管应尽可能地短，以免在其中发生结露、沉积和堵塞。

(4) 抽气源：气粉管道内不论是负压还是正压，一般均需设置专门的抽气源，例如可采用蒸汽、压缩空气或水做动力的各式抽气器、真空泵或吸尘器等，其中以吸尘器较为方便。

(5) 采样点布置：取样管最好装在工质向下流动的垂直管道上。采样点前后的直管段长度不宜小于 3～5 倍的管道内径，以保证较稳定的煤粉浓度场和细度分布。然而在系统上很难找到这种管段，当采样点前后直管段长度不能满足要求时，需要增加测量截面上等面积圆环数与测点数量。截面上测点数量的选定方法与用皮托管测量风速时的原则相同。但必须注意，采样截面不宜布置在水平管道上，因为这些管道中气粉流的运动很不稳定，且管道底部常出现积粉区，会显著增加采样的误差。

(6) 在使用煤粉取样器前，需先用压缩空气吹扫取样管内部和静压测孔，使其畅通无阻，并检查系统的严密性和微压计传压橡皮管的严密性。在整个系统中不允许有泄漏现象，否则将造成抽气流的不稳定，破坏旋风子的捕集效率，引起采样误差。

(7) 取样管在插入测孔时，必须将管嘴背向气流。在抽取粉样之前，迅速将其旋转 180°正对气流，立即开始抽样，以防止或减少管路堵塞的可能性。管嘴轴线与管道中心线应完全平行，其偏差不应超过 5°。

(8) 抽样时，为了保持等速，必须由专人负责时刻监视微压计读数，并据此调节抽气源，维持管嘴外、内静压差 Δp 在规定数值，并力求做到减少静压差的波动幅度。

(9) 在抽样过程中，逐次移动取样管改变测点时，动作应力求迅速、准确，这段时间也应计入整个采样时间内。

(10) 抽样结束后，需先停止抽气源，再拆下取样瓶，以免样品被漏入气流带走。然后抽出取样管，并立即用压缩空气将所有取样管路系统吹扫干净，以防吸潮堵塞。

第六节　火电厂煤样的制备技术

对所采集的具有代表性的原始煤样，经过破碎，混合和缩分等程序，减少煤样粒度和煤样数量，使之符合实验室分析的要求，并能代表原煤样的分析用煤样的过程叫煤样制备，简称制样。

一、煤样的制备

(1) 收到煤样后，按来样标签逐项核对，并将煤种、品种、粒度、采样地点、包装情况、煤样质量、收样和制备时间等项详细登记在煤样记录本上，并进行编号。如是商品煤样，还应登记车号和发运吨数。

（2）煤样按图 7-5 所示的制备程序及时制备成空气干燥煤样，或先制成适当粒级的实验室煤样。如果水分过大，影响进一步破碎、缩分时，应事先在低于 50℃温度下适当地进行干燥。

（3）除使用联合破碎缩分机外，煤样应破碎至全部通过相应的筛子，再进行缩分。粒度大于 25mm 的煤样未经破碎不允许缩分。

（4）煤样的制备既可一次完成，也可分几部分处理。若分几部分，则每部分都应按同一比例缩分出煤样，再将各部分煤样合起来作为一个煤样。

（5）每次破碎、缩分前后，机械和用具都要清扫干净。制样人员在制备煤样的过程中，应穿专用鞋，以免污染煤样。

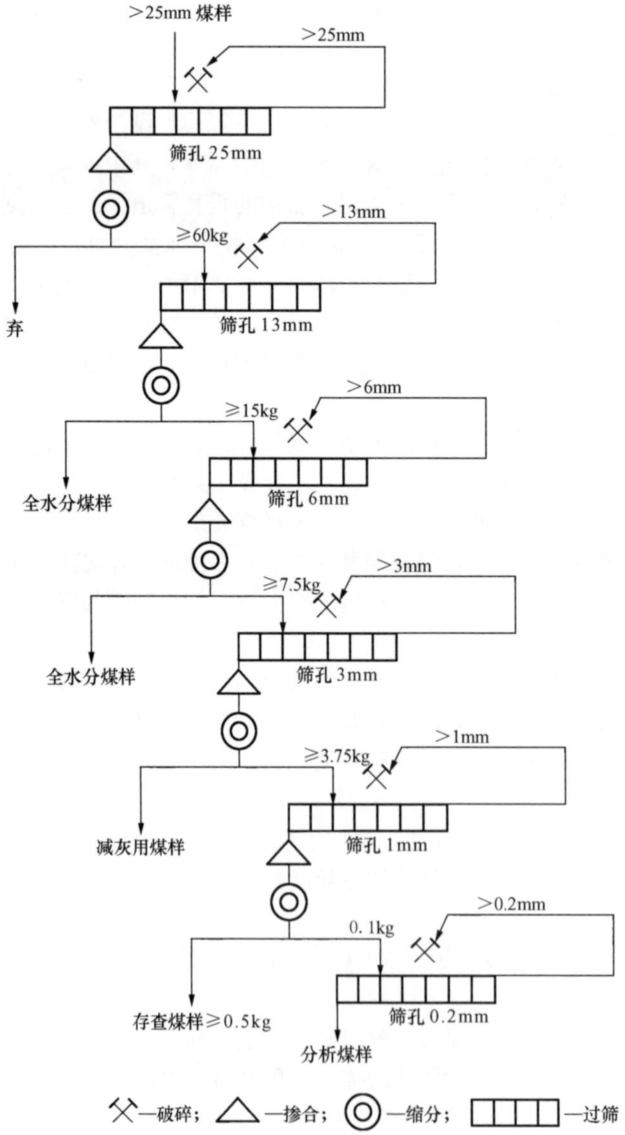

图 7-5　煤样的制备程序

（6）煤样的缩分，除水分大、无法使用机械缩分者外，应尽可能使用二分器和缩分机械，以减少缩分误差。

（7）缩分后留样质量与粒度的对应关系见图 7-5。

（8）缩分机必须经过检验方可使用。检验缩分机的煤样包括留样和弃样的进一步缩分，必须使用二分器。使用二分器缩分煤样，缩分前不需要混合。

（9）堆堆四分法缩分煤样，是把已破碎、过筛的煤样用平板铁锹铲起，堆成圆锥体，再交互地从煤样堆两边对角贴底逐锹铲起堆成另一圆锥。每锹铲起的煤样，不应过多，并分两三次散落在新锥顶端，使之均匀地落在新锥的四周。如此往复堆掺三次，再由煤样堆顶端，从中心向四周均匀地将煤样摊平（煤样较多时）或压平（煤样较少时）成厚度适当的扁平体。将十字分样板放在扁平体的正中，向下压至底部，煤样被分成四个相等的扇形体。将相对的两个扇形体弃去，留下的两个扇形体按图 7-5 程序规定的粒度和质量限度，制备成一般分析煤样或适当粒度的其他煤样。

（10）煤样经过逐步破碎和缩分，粒度和质量逐渐减少，混合煤样用的铁锹，应相应的改小或相应地减少每次铲起的煤样数量。

（11）在粉碎成 0.2mm 的煤样之前，应用磁铁将煤样中的铁屑吸去，再粉碎到全部通过孔径为 0.2mm 的筛子，并使之达到空气干燥状态，然后装入煤样瓶中（装入煤样的量应不超过煤样瓶容积的 3/4，以便使用时混合），送交化验室化验。

（12）全水分煤样制备。

1）测定全水分的煤样即可由水分专用煤样制备，也可在制备一般分析煤样过程中分取。

2）按 GB/T 211—1996《煤中全水分的测定方法》规定：测定全水分的煤样粒度应小于 6mm 或小于 13mm，煤样量应分别为不少于 500g 和 2kg。

3）除使用一次能缩分出足够数量的全水分煤样缩分机外，煤样破碎到规定粒度后，稍加混合，摊平后立即用九点法（见图 7-6）缩取，装入煤样瓶中，称出质量，贴好标签，速送化验室测定全水分。

（13）存查煤样，除必须在容器上贴标签外，还应在容器内放入煤样标签并封好。标签格式可参考表 7-11。

表 7-11　　标　签　格　式

分析煤样编号	
来样编号	
煤矿名称	
煤样种类	
原煤运输工具详细名称	
原煤运输单位	
送样单位	
送样时间	
制样时间	
分析试验项目	
备注	

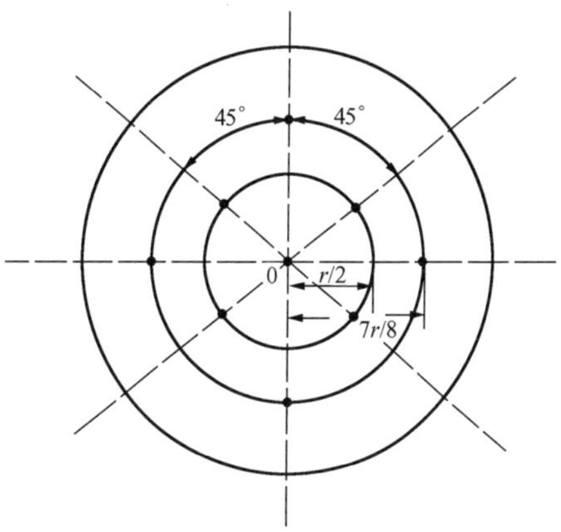

图 7-6　九点法取全水分煤样布点
0 —煤样堆的中心；r —煤样堆的半径

（14）一般存查煤样的缩分见图 7-5。如有特殊要求，可根据需要决定存查煤样的粒度和质量。

（15）商品煤存查煤样，从报出测试结果之日起一般保存 2 个月，以便被复查。存查煤样粒度应小于 1mm，数量不少于 0.5kg。

二、制样注意的问题

（1）留样质量。在煤样缩制过程中，务必遵循煤样粒度与保留样品的最小质量的关系，见表 7-12。对于制样的精密度要求越高，留样的最小质量也越大。在制样时既要满足精密度要求，又要保留尽量少的样品。

表 7-12　煤样粒度与保留样品的最小质量的关系

煤样直径（mm）	＜25	＜13	＜6	＜3	＜1	＜0.2
最小保留量（kg）	60	15	7.5	3.75	0.1	0.1

（2）在制样过程中要防止外来物质混入，不得在水泥地面上破碎煤样。在使用破碎设备时，要清除设备中积存的煤粉，并用待破碎的煤样对设备予以“冲洗”。

（3）在筛分时，对难于破碎的筛上物决不允许舍弃，必须破碎至全部通过该筛子为止。筛上的部分通常为硬度较大的矸石及黄铁矿等，如将其舍弃，样品中的灰分含量就会偏低，从而导致系统误差的产生。

（4）煤样的制备过程按煤样粒度分为 25、13、6、3、1mm 五个阶段，最后制成粒度小于 0.2mm 的分析试样。在每一个阶段，都必须进行筛分、破碎、掺合、缩分等相似的操作，只是各阶段所保留样品的数量不同。在缩分前，务必将煤样混均，一般应掺合三遍。通常采用堆堆四分法缩分。

（5）空气干燥方法：将煤样放入盘中，摊成均匀的薄层，在不超过 50℃［（45±5）℃］的温度下干燥。如连续干燥 1h 后，煤样的质量变化不超过 0.1%，即达到空气干燥状态。空气干燥可在煤样破碎到 0.2mm 之前或之后进行。但是需要注意：

1）干燥温度且不可过高，以防止内在水分的损失；

2）在装瓶前，务必使煤样达到空气干燥状态，制成小于 0.2mm 粉样后，需置于空气中一段时间。

三、制样精密度的检验

1. 制样精密度的检验方法

分析煤样与原始煤样的平均质量之间越接近，则制样精密度越高。在制样过程中，由于外部物质的混入或损失掉一部分煤样，以及在缩分中保留样品与舍弃部分的煤质有所差异，或者操作问题，制样偏差总是存在的。但这种偏差要符合制样精密度的要求，制样精密度的检验方法如下。

首先将煤样混合均匀后分为两部分（或缩分出两部分），然后再分别把每一部分当作一个煤样单独处理，以得到两个分析煤样。化验分析这两个煤样的水分 M_{ad} 和灰分 A_{ad}，计算出干基灰分 A_d，求出两者干基灰分 A_d 的差值 h。

制备 20 个同种煤的煤样，连续 10 个差值 h 的绝对值为一组（不能选择分组），求出每组的平均值 $\overline{h}$。

如连续两组的平均值 $\overline{h}$ 均小于 $0.37P$，则认为煤样制备符合精密度要求；如果一组的平均值 $\overline{h}$ 大于 $0.37P$，则需要查明原因，采取改进措施，提高制样精密度，使之符合精密度要求，精密度标准见表 7-13。P 实际上为采样、制样和分析的总精密度，其中煤样制备和分析总方差应为 $0.05P^2$。

2. 制样精密度的检验举例

【例 7-5】 把煤样混合均匀后缩分出两部分，将它们各自制样 20 份，分析出 M_{ad}、A_{ad}，然后计算出两组样品灰分 A_d 的值并列于表 7-14。

表 7-13　　采样、制样和分析总精密度

原煤、筛选煤		精　煤	其他洗煤（包括中煤）
干基灰分不大于 20%	干基灰分大于 20%		
±1/10×灰分，但不小于±1%（绝对值）	±2%（绝对值）	±1%（绝对值）	±1.5%（绝对值）

表 7-14　　制样精密度的检验

序号	样品 A_d（%）	余煤 A_d（%）	灰分差 h（%）	序号	样品 A_d（%）	余煤 A_d（%）	灰分差 h（%）
1	27.65	28.29	−0.64	11	27.20	27.31	−0.11
2	24.61	25.76	−1.15	12	27.46	26.56	0.90
3	26.17	26.87	−0.70	13	23.47	24.39	−0.92
4	26.54	26.07	0.47	14	22.53	22.55	−0.02
5	26.13	26.50	−0.37	15	24.28	23.05	1.23
6	29.93	29.16	0.77	16	24.26	24.98	−0.72
7	22.95	24.57	−1.62	17	24.74	24.89	−0.15
8	30.95	30.43	0.52	18	27.17	24.80	2.37
9	23.97	25.33	−1.36	19	24.23	24.84	−0.61
10	21.67	22.68	−1.01	20	28.15	28.38	−0.23

连续 10 个灰分差的绝对值为一组（不能选择分组），求出每组灰分差的绝对值的平均值$\overline{h}$，$\overline{h}=\frac{\sum|h|}{10}$。当制样精密度 P 为±2%时，分析制样精密度是否符合要求。

解　第一组（序号为 1～10）　$\sum|h|=8.61\%$，$\overline{h}_1=0.861\%$

第二组（序号为 11～20）　$\sum|h|=7.26\%$，$\overline{h}_2=0.726\%$

设精密度为±2%，则 $P=2\%$，$0.37P=0.74\%$，可见第一组$\overline{h}_1$ 大于 0.74%，所以制样精密度不合要求。

第七节　应用回归分析方法建立关系式

一、回归分析方法在试验中的应用

1. 回归分析方法

回归分析方法是拟合试验曲线和分析化验结果的重要方法。它是在假设状态下，研究某种或某些原因（自变量）的变动对某一结果（因变量）的影响程度。在对变量之间进行定量分析时，一方面要分析通过给定自变量来估计因变量的可能性，另一方面又要测定变量之间关系的密切程度，后者主要是通过计算相关系数来判定的，所以回归分析法有时又叫相关分析。

2. 相关系数

相关系数是测定在直线相关条件下，自变量和因变量之间相关关系的密切程度的分析指标，用符号 r 表示。计算公式为

$$r=\frac{\sum[(x-\overline{x})(y-\overline{y})]}{\sqrt{\sum(x-\overline{x})^2}\sqrt{\sum(y-\overline{y})^2}}=\frac{n\sum(xy)-\sum x\sum y}{\sqrt{n\sum x^2-(\sum x)^2}\sqrt{n\sum y^2-(\sum y)^2}}$$

式中 x——变量数列；

y——因变量数列；

$\overline{x}$——x 变量数列的平均数；

$\overline{y}$——y 变量数列的平均数；

n——x、y 对应数列的项数。

相关系数正值表示正相关，负值表示负相关。相关系数的取值范围是 $|r|\leqslant 1$，$|r|$ 越接近 1，表示 x、y 的线性关系越密切；$|r|=0$ 表示两个变量（自变量和因变量）无线性相关关系；$|r|=1$ 表示两个变量完全线性相关；一般认为 $|r|\geqslant 0.8$ 为高度相关，$|r|<0.3$ 表示关系微弱，可视为不相关。

3. 简单线性回归分析

只处理两个变量之间线性相互关系的分析称为简单线性回归分析或一元线性回归分析，确定一元回归直线模型为

$$y'=a+bx$$

此式称为 y 对 x 的直线回归方程，y' 是 y 的理论值。a 是直线在 y 轴上的截距，为常数项（注意这里的 a 不是显著性水平），b 是回归方程系数，是直线斜率。确定 a、b 的最常用的方法是最小平方法或称为最小二乘法，使理论值 y' 与实际值 y 的误差最小。

设 $S=\sum(y-y')^2=\sum[y-(a+bx)]^2=$ 最小值

对 S 分别求 a、b 的偏导数，并令 $\frac{\partial S}{\partial a}=0$，$\frac{\partial S}{\partial b}=0$，则

$$\frac{\partial S}{\partial a}=-2\sum[y-(a+bx)]\times(-1)=0$$

即

$$\sum y-na-b\sum x=0$$

$$\frac{\partial S}{\partial b}=-2\sum[y-(a+bx)]\times(-x)=0$$

即

$$\sum(xy)-a\sum x-b\sum x^2=0$$

联立上述方程得

$$\begin{cases}b=\dfrac{n\sum(xy)-\sum x\sum y}{n\sum x^2-(\sum x)^2}\\[2ex] a=\dfrac{\sum y-b\sum x}{n}=\overline{y}-b\overline{x}\end{cases}$$

4. 多元线性回归分析

在复杂的生产实践中，有关的自变量往往是多个的。在直线相关条件下，研究两个或两个以上自变量对一个因变量的数量变动关系，称为多元线性回归分析，表现这种关系的数量公式称为多元线性回归方程。多元线性回归的基本分析原理与一元线性回归分析类似，只是计算上要复杂得多。

多元线性回归方程的一般表达式为

$$y'=a+b_1x_1+b_2x_2+\cdots+b_kx_k$$

式中　　k——自变量个数；

a——常数项参数；

b_1、b_2、…、b_k——y 对 x_1、x_2、…、x_k 的回归系数。

建立多元线性回归方程，关键是求出参数 a、b_1、b_2、…、b_k。在分析问题时应抓住主要影响因素，控制自变量个数最好不大于 3 个。如研究三个自变量 x_1、x_2、x_3 与因变量 y 的回归时，则回归方程为

$$y'=a+b_1x_1+b_2x_2+b_3x_3$$

用最小二乘法确定 b_1、b_2、b_3 的数值，可使因变量的观察值 y 与理论值 y' 的标准误差平方和为最小，即

$$S=\sum(y-y')^2=\sum[y-(a+b_1x_1+b_2x_2+b_3x_3)]^2=\text{最小值}$$

根据微分学求极值的办法，分别对 b_1、b_2、b_3 求偏导数，并令函数的一阶导数等于零，得如下方程组，即

$$\begin{cases}\sum y=na+b_1\sum x_1+b_2\sum x_2+b_3\sum x_3\\ \sum(x_1y)=a\sum x_1+b_1\sum x_1^2+b_2\sum(x_1x_2)+b_3\sum(x_1x_3)\\ \sum(x_2y)=a\sum x_2+b_1\sum(x_1x_2)+b_2\sum x_2^2+b_3\sum(x_2x_3)\\ \sum(x_3y)=a\sum x_3+b_1\sum(x_1x_3)+b_2\sum(x_2x_3)+b_3\sum(x_2x_3^2)\end{cases}$$

解联立方程组即可求得 a、b_1、b_2、b_3 的值，并建立三元线性回归方程。

相关系数为

$$r=\sqrt{1-\frac{S_y^2}{\sigma_y^2}}$$

式中　S_y——y 对 x 的多元回归标准误差，$S_y=\sqrt{\dfrac{\sum\ (y-y')^2}{n}}$；

σ_y——y 数列（因变量数列）标准差，$\sigma_y=\sqrt{\dfrac{\sum\ (y-\overline{y})^2}{n}}$；

y——实际观察值；

y'——理论值，在一般计算中可用平均值 $\overline{y}$ 代替；

n——观察值项数。

相关系数越高，则因变量与自变量之间的相关度越高，估计值越接近理论值。

5. 二次抛物线拟合法

有些设备，输出函数与自变量的关系是二次抛物线函数，例如水泵的扬程与流量（或者热耗与负荷等）的特性曲线就是二次抛物线函数，下面介绍如何根据大量试验数据拟合出扬程与流量的特性方程。

设在额定转速下，水泵扬程为 y，流量为 x，有 m 组试验数据，其中第 i 组扬程为 y_i，流量为 x_i。假定水泵扬程与流量的特性方程可以写成

$$y'=a+bx+cx^2$$

按照最小二乘法原理，为了确定 a、b、c 常数，可转化为求解下式的最小值问题。

$$S=\sum_{i=1}^{m}(y_i-y')^2=\sum_{i=1}^{m}(y_i-a-bx_i-cx_i^2)^2=\text{最小值}$$

为了能求得一组能使 S 具有最小值时的 a、b、c，利用多元函数的极值原理，令其导数为零，然后求解即可，即

$$\begin{cases}\dfrac{\partial S}{\partial a}=\sum\limits_{i=1}^{m}(y_i-a-bx_i-cx_i^2)=0\\ \dfrac{\partial S}{\partial b}=\sum\limits_{i=1}^{m}(y_ix_i-ax_i-bx_i^2-cx_i^3)=0\\ \dfrac{\partial S}{\partial c}=\sum\limits_{i=1}^{m}(y_ix_i^2-ax_i^2-bx_i^3-cx_i^4)=0\end{cases}$$

即

$$\begin{cases}\sum y_i-ma-b\sum x_i-c\sum x_i^2=0\\ \sum(y_ix_i)-a\sum x_i-b\sum x_i^2-c\sum x_i^3=0\\ \sum(y_ix_i^2)-a\sum x_i^2-b\sum x_i^3-c\sum x_i^4=0\end{cases}$$

式中　$\Sigma=\sum\limits_{i=1}^{m}$。

然后使用简单线性回归分析法，将每组试验数据代入上述方程组中，即可求得常数 a、b、c 的解。例如某制造厂没有提供 40CHTA/6 给水泵扬程—流量特性方程，电厂通过现场运行的实测数据，采用二次抛物线拟合法，进行拟合确定给水泵扬程—流量特性方程为

$$H=2377.893+0.05326q_v-0.002695q_v^2$$

6. 指数函数拟合法

有些设备，输出函数与自变量的关系是指数函数关系，例如水泵的功率与流量等的特性曲线就是指数函数，下面介绍如何根据大量试验数据拟合出功率与流量的特性方程。

设在额定转速下，水泵功率为 y，流量为 x，有 m 组试验数据，其中第 i 组功率为 y_i，流量为 x_i。假定水泵功率与流量的特性方程为

$$y'=a+bx^f$$

按照最小二乘法原理，为了确定 a、b 常数，可转化为求解下式的最小值问题，即

$$S=\sum_{i=1}^{m}(y_i-y')^2=\sum_{i=1}^{m}(y_i-a-bx^f)^2=\text{最小值}$$

为了能求得一组能使 S 具有最小值时的 a、b，利用多元函数的极值原理，令其导数为零，然后求解即可，即

$$\begin{cases}\dfrac{\partial S}{\partial a}=\sum\limits_{i=1}^{m}(y_i-a-bx_i^f)=0\\ \dfrac{\partial S}{\partial b}=\sum\limits_{i=1}^{m}(y_ix_i^f-ax_i^f-bx_i^{2f})=0\end{cases}$$

即

$$\begin{cases}\sum y_i-ma-b\sum x_i^f=0\\ \sum(y_ix_i^f)-a\sum x_i^f-b\sum x_i^{2f}=0\end{cases}$$

所以

$$\begin{cases}a=\dfrac{\sum(y_ix_i^f)\sum x_i^f-\sum y_i\sum x_i^{2f}}{(\sum x_i^f)^2-m\sum x_i^{2f}}\\ b=\dfrac{\sum y_i-ma}{\sum x_i^f}\end{cases}$$

对于上式，在确定 a、b 之前必须首先确定 f，可以通过搜索逼近法，使用公式“$\sum\limits_{i=1}^{m}(y_i-a-bx^f)^2=$最小值”求出。即先假定一个 f，求出相应的 a、b，代入 $\sum\limits_{i=1}^{m}(y_i-a-bx^f)^2$，使其尽可能地小，直到满足给定的精度 S。如果不满足 S，则再假定一个新的 f，重复上述过程，直至

求出满意的 f、a、b。

例如给水泵 DG400-180B 功率（最大误差 0.96%）与流量的指数函数为

$$P=909.8186+16.7516q_v^{0.785}$$

给水泵 40CHTA/6 功率（最大误差 1.0%）与流量的指数函数为

$$P=1538.782+1.4807q_v^{1.111}$$

7. 非线性回归模型的线性化

在实际工作中有时两个随机变量之间不具有线性相关关系，这就要用非线性回归分析方法来解决，但直接用非线性回归分析方法求解相当困难。因此解决非线性回归问题，通常采用变量变换的方法，根据散点分布的形状和数学上已知函数的图形进行比较，选择相应的函数，然后对自变量或因变量进行适当的变量变换，把非线性回归问题化为线性回归问题，再利用求解线性回归问题的方法，求得线形回归模型，最后经过反变量变换，求得非线性回归模型。

（1）指数函数。

指数函数 $y=de^{bx}$ 的图形见图 7-7。

取对数　$\ln y=\ln d+bx$

令　$y'=\ln y$，$a=\ln d$

则　$y'=a+bx$

（2）幂函数。

幂函数 $y=dx^b$ 的图形见图 7-8。

取对数　$\lg y=\lg d+b\lg x$

令　$y'=\lg y$，$a=\lg d$，$x'=\lg x$

则　$y'=a+bx'$

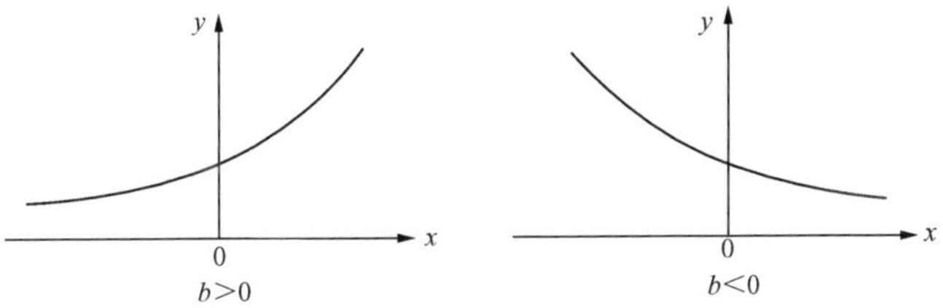

图 7-7　指数函数曲线图形

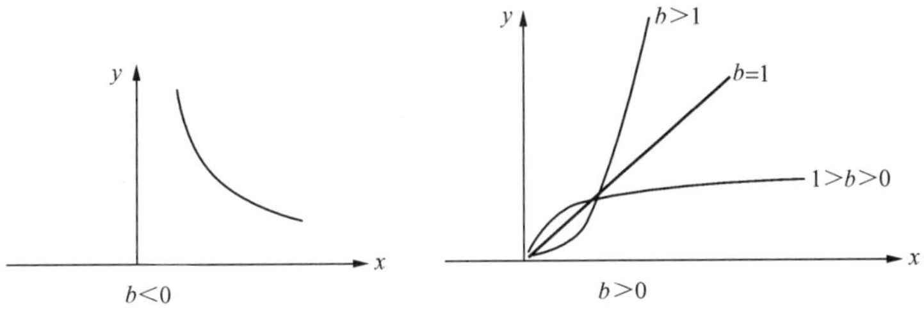

图 7-8　幂函数曲线的图形

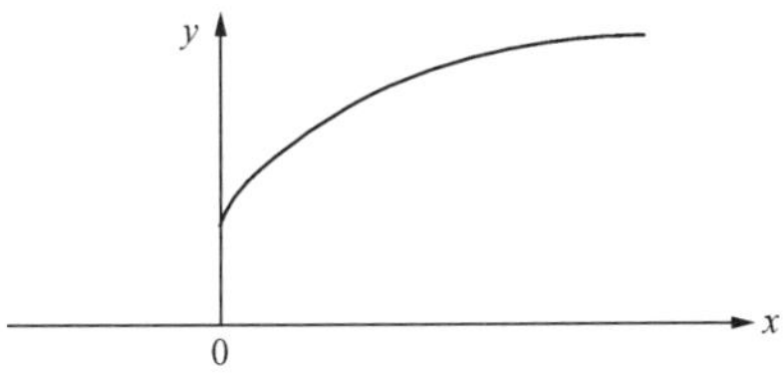

图 7-9　对数函数曲线的图形

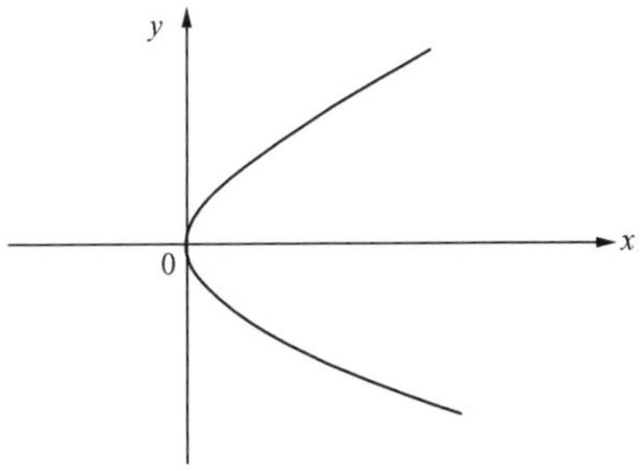

图 7-10　抛物线的图形

（3）对数函数。

对数函数 $y=a+b\lg x$ 的图形见图 7-9。

令　$x'=\lg x$

则　$y=a+bx'$

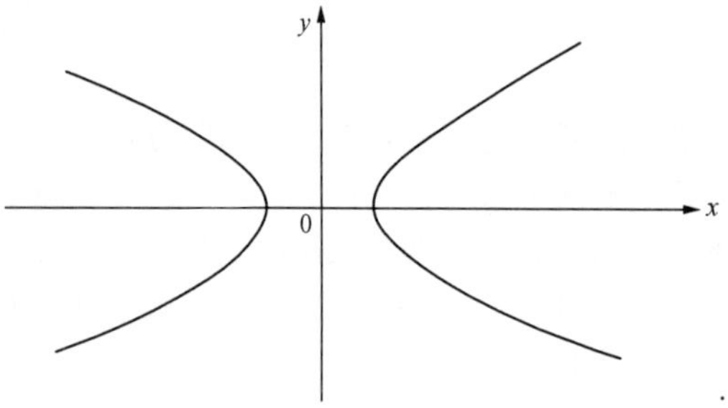

图 7-11　双曲线函数的图形

（4）抛物线函数。

抛物线函数 $y^2=ax$（$a>0$，$x>0$）的图形见图 7-10。

令　$y'=y^2$

则　$y'=ax$

（5）双曲线函数。

双曲线函数$\frac{1}{y}=a+b\ \frac{1}{x}$的图形见图7-11。

【例 7-6】 某系统电力负荷与时间的统计数据如表 7-15，试求其回归模型。

解　根据表 7-15，以时间为横坐标，负荷为纵坐标，将统计数据描述在平面坐标上，绘制散点分布图见图 7-12。

表 7-15　非线性回归计算表

序号	电力负荷 y（$\times10^4$kW）	时间 x 年	$y'=\frac{1}{y}$	$x'=\frac{1}{x}$	x'^2	$x'y'$
1	1.0	1	1.0	1.0	1.0	1.0
2	1.9	2	0.53	0.2	0.25	0.265
3	3.0	3	0.33	0.33	0.11	0.11
4	3.8	4	0.26	0.25	0.06	0.065
5	4.5	5	0.22	0.20	0.04	0.044
6	4.9	6	0.20	0.17	0.03	0.034
7	5.3	7	0.19	0.14	0.02	0.027
8	5.5	8	0.18	0.13	0.017	0.023
9	5.7	9	0.175	0.11	0.012	0.019
10	5.9	10	0.17	0.10	0.01	0.017
11	6.0	11	0.167	0.09	0.008	0.015
12	6.1	12	0.16	0.08	0.006	0.013
合计			3.582	3.1	1.563	1.632

根据散点分布的形状，选择相应的曲线函数—双曲线函数$\frac{1}{y}=a+b\ \frac{1}{x}$。

将非线性回归问题变换为线性回归问题，令

$$y'=\frac{1}{y}$$

$$x'=\frac{1}{x}$$

代入双曲线函数，得

$$y'=a+bx'$$

用前面的线性回归方法，求上述线性方程的系数

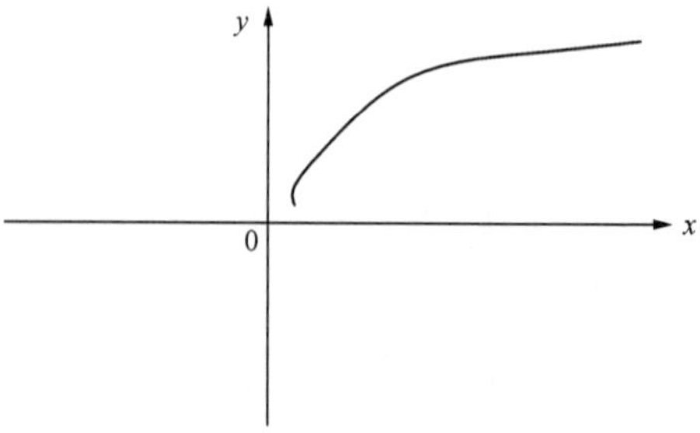

图 7-12　散点分布图

a、b。计算过程见表7-15。

$$b=\frac{n\sum(x'y')-\sum x'\sum y'}{n\sum x'^2-(\sum x')^2}=\frac{12\times1.632-3.1\times3.582}{1\times1.563-3.1^2}=0.93$$

$$a=\frac{\sum y'-b\sum x'}{n}=\frac{1}{12}(3.582-0.93\times3.1)=0.06$$

所以 $y'=0.06+0.93x'$

进行反变量变换求得非线性回归模型，将 $y'=\frac{1}{y}$，$x'=\frac{1}{x}$代入上述线性回归模型，得非线性回归模型为

$$\frac{1}{y}-0.93\frac{1}{x}=0.06$$

二、回归分析方法在煤质管理中的应用

灰分和水分与发热量有一定的关系，对同一矿区和矿井的煤来说，往往其发热量的高低与灰分、水分均成反比关系，煤质监督人员应该通过日常试验数据，建立其发热量的回归公式，以方便今后检查核算，一旦发现计算发热量与试验数据不符，应查看化验过程是否有误、数据是否抄写正确、煤源是否发生变化。另一方面在测出入炉煤灰分、水分后，可以利用回归公式迅速推测发热量，以便尽早指导锅炉调整燃烧。

另外挥发分与煤耗之间、挥发分与灰分等元素或组分之间也存在一定的关联性，只要善于积累和分析试验数据，就会发现它们之间的关系。

1. 灰分与发热量的关系

对同一矿井，其发热量是随着灰分的增高而降低，两者相关性很好，因此其发热量可用灰分来进行推算。

由收到基 A_{ar}灰分建立收到基低位发热量 $Q_{net,ar}$的一元一次回归计算公式为

$$Q_{net,ar}=a+bA_{ar}$$

$$a=\frac{\sum Q\cdot\sum A^2-\sum A\cdot\sum(Q\cdot A)}{n\sum A^2-(\sum A)^2}$$

$$b=\frac{n\sum(Q\cdot A)-\sum Q\cdot\sum A}{n\sum A^2-(\sum A)^2}$$

式中 $Q_{net,ar}$——收到基低位发热量，MJ/kg；

A_{ar}——收到基灰分，%；

a——常数；

b——灰分系数；

n——代表数据的组数。

【例7-7】 某矿实测发热量和灰分、水分数据见表7-16。求热量的一元一次模拟计算公式。

表7-16 某矿发热量数据（一元一次）

序号	发热量Q（MJ/kg）	灰分A（%）	A^2	$Q\cdot A$	计算热值（MJ/kg）	误差（%）
1	20.13	30.22	913.25	608.33	20.64	2.53
2	15.42	42.89	1839.55	661.36	15.71	1.88
3	16.77	39.25	1540.56	658.22	17.12	2.09
4	18.60	35.52	1261.67	660.67	18.57	0.16

续表

序号	发热量 Q（MJ/kg）	灰分 A（%）	A^2	$Q\cdot A$	计算热值（MJ/kg）	误差（%）
5	18.06	37.19	1383.10	671.65	17.93	0.72
6	19.04	35.55	1263.80	676.87	18.56	2.52
7	19.95	35.93	1290.96	716.80	18.42	7.67
8	17.08	37.46	1403.25	639.82	17.82	4.33
9	19.74	31.67	1002.99	625.17	20.07	1.67
Σ	164.79	325.68	11 899.13	5918.89	164.84	0.03

解 $$a=\frac{\Sigma Q\cdot\Sigma A^2-\Sigma A\cdot\Sigma(Q\cdot A)}{n\Sigma A^2-(\Sigma A)^2}=\frac{164.79\times 11\,899.13-325.68\times 5918.89}{9\times 11\,899.13-(325.68)^2}=32.393$$

$$b=\frac{n\Sigma(Q\cdot A)-\Sigma Q\cdot\Sigma A}{n\Sigma A^2-(\Sigma A)^2}=\frac{9\times 5918.89-164.79\times 325.68}{9\times 11\,899.13-(325.68)^2}=-0.389$$

因此该矿发热量一元一次计算公式为

$$Q_{net,ar}=32.393-0.389A_{ar}$$

该公式由于采集数据较少，误差有的高达 7.67%。如果使用计算机，采集更可能多的数据，得到的二元一次发热量公式将是比较准确的。

2. 水分与发热量的关系

煤中全水分 M_t 的高低与煤的煤化程度有关，一般越年轻的煤，其水分 M_t 也越高，如年轻的褐煤水分 M_t 高达 35%以上，年老的褐煤则在 15%以上，水分 M_t 越高的煤，发热量越低；热量高的焦煤、肥煤，水分 M_t 也低；到了无烟煤阶段，随着水分 M_t 的增高，发热量也明显降低。

由全水分和收到基灰分建立收到基低位发热量 $Q_{net,ar}$ 的二元一次回归计算公式为

$$Q_{net,ar}=a+b_1M_t+b_2A_{ar}$$

式中 M_t——全水分，%；

b_2——灰分系数；

b_1——全水分系数。

根据电厂大量原始试验数据，选择 20 组以上数据（全水分、收到基灰分、收到基低位发热量），每组有三套数据，将每组数据代入 $Q_{net,ar}=a+b_1M_t+b_2A_{ar}$，列出三个方程，求出一组 a、b_1、b_2 的解，由 20 组数据即求出 20 组 a、b_1、b_2 的解。再求出 20 组 a、b_1、b_2 的平均值，就可建立起某矿发热量数学模型。

【例 7-8】 仍以某矿（见表 7-16）为例，由于手工计算烦琐，这里仅选择三组数据，见表 7-17。求热量的二元一次计算公式

表 7-17　某矿发热量数据

组别	发热量（MJ/kg）	常数 a	实测灰分（%）	系数 b_2	实测水分（%）	系数 b_1	计算热量（MJ/kg）
第 1 组	20.13	31.265	30.22	−0.371	5.92	−0.013	20.556
	15.42		42.89		5.19		15.118
	16.77		39.25		5.17		16.795
第 2 组	18.60	43.515	35.52	−0.627	5.59	−0.473	18.293
	18.06		37.19		4.47		18.087
	19.04		35.55		4.62		18.764

续表

组别	发热量（MJ/kg）	常数 a	实测灰分（%）	系数 b_2	实测水分（%）	系数 b_1	计算热量（MJ/kg）
第3组	19.95	37.273	35.93	−0.377	3.74	−1.010	19.029
	17.08		37.46		6.01		17.195
	19.74		31.67		5.54		20.082
平均值	18.310	37.351		−0.458		−0.499	18.213

解 以第一组数据为例列出方程如下，即

$$\begin{cases}20.13=a+5.92b_1+30.22b_2\\15.42=a+5.19b_1+42.89b_2\\16.77=a+5.17b_1+39.25b_2\end{cases}$$

联立解上述三元一次方程组得：

$$a=31.265、b_1=-0.013、b_2=-0.371$$

其他组求解过程同上，然后求出三组 a、b_1、b_2 的平均值为

$$a=37.159、b_1=-0.458、b_2=-0.499$$

所以发热量 $Q_{net,ar}$ 的二元一次回归计算公式为

$$Q_{net,ar}=37.351-0.499M_t-0.458A_{ar}$$

可见这种采用平均值的方法虽然简单，但误差大，最好采用最小二乘法原理求解三元一次方程，就会得到一个较为准确的二元一次发热量回归计算公式。

3. 由挥发分建立煤耗公式

要研究两种因素的相互关系时，应先收集大量的运行资料（数据越多，得出的结论越正确），根据资料数据先绘制在一张图上，观察一下是否存在关联性。

例如某厂挥发分及发电煤耗率的原始数据资料见表7-18前三列。

很明显，发电煤耗率与挥发分存在线性关系，设挥发分为 x，发电煤耗率为 y，a、b 为待定参数，则存在如下关系，即

$$y=ax+b$$

用最小二乘法可以得到如下方程组，即

$$\begin{cases}a\sum x+nb=\sum y\\a\sum x^2+b\sum x=\sum (xy)\end{cases}$$

其中 n 为序号总数，为了方便求解上述方程组，列出表7-18后三列。

表7-18　　发电煤耗率与挥发分的原始数据与计算（$n=14$）

序号	x	y	xy	x^2	计算煤耗
1	8	330	2640	64	329.98
2	8	329.8	2638.4	64	329.98
3	9	329.5	2965.5	81	329.13
4	9	328.9	2960.1	81	329.13
5	9	328.8	2959.2	81	329.13
6	10	328.8	3288	100	328.28
7	10	328.5	3285	100	328.28

续表

序号	x	y	xy	x^2	计算煤耗
8	10	328.3	3283	100	328.28
9	11	327.5	3602.5	121	327.43
10	11	327.2	3599.2	121	327.43
11	11	327.2	3599.2	121	327.43
12	12	326.7	3920.4	144	326.58
13	12	326.5	3918	144	326.58
14	12	326.5	3918	144	326.58
Σ	142	4594.2	46 576.5	1466	4594.22

注 x 表示挥发分 V_{daf}，单位为%，y 表示发电煤耗率，单位为 kg/kWh。

将表中数据代入上述方程组得

$$\begin{cases} a\times 142+14\times b=4594.2 \\ a\times 1466+b\times 142=46\ 576.5 \end{cases}$$

求方程组得：

$$a=-0.850 \quad b=336.778$$

因此发电煤耗率与挥发分存在如下关系，即

$$y=-0.850x+336.778$$

有了这些关系式，我们就可以根据已知条件，推测结果。例如当燃烧干燥无灰基挥发分为14%，推测发电煤耗率为

$$y=-0.85\times 14+336.778=324.88\text{kg/kWh}$$

挥发分从12%提高到14%，发电煤耗率从326.58kg/kWh降到324.88kg/kWh。

4. 其他指标的关联性

实际上不但煤耗与挥发分之间存在一定的关系，煤耗与发热量之间、飞灰可燃物与挥发分之间、挥发分与灰分之间、飞灰可燃物与煤粉细度之间都存在一定的关系，关键是要善于总结发现。

（1）煤中挥发分与灰分的关系。

对同一矿井的煤样来说，挥发分 V_{daf} 是随着其灰分 A_d 的增高而有一定的增加。这是由于在测定挥发分过程中矿物质也要解析出一部分 CO_2、S、结晶水等无机挥发物质，从而导致挥发分产率的增高。对同一矿井，煤的挥发分 V_d 也可用灰分来计算，其回归方程式为

$$V_d=a+bA_d$$

（2）煤中挥发分与氢之间的关系。

煤中干燥无灰基氢含量 H_{daf} 与挥发分 V_{daf} 的关系较有规律性，即氢含量随着挥发分的增高而增加。挥发分小于12%时，其氢含量增加明显；挥发分为12%～45%时，氢含量增加缓慢；但随着挥发分大于45%时，氢含量又有所增加。根据两者变化规律，氢含量可从挥发分与氢的关系式中推算出来。

对于 $V_{daf}\leqslant 24\%$ 的所有烟煤和无烟煤有

$$H_{daf}=\frac{V_{daf}}{0.1462V_{daf}+1.1124}$$

对于 $V_{daf}>24\%$，焦渣特征为3～8号的烟煤有

$$H_{daf}=\frac{V_{daf}}{0.114V_{daf}+2.24}$$

对于 $V_{daf}>24\%$，焦渣特征为1～2号的烟煤有

$$H_{daf}=0.074V_{daf}+2.16$$

对于 $V_{daf}>37\%$的各种褐煤有

$$H_{daf}=0.0835V_{daf}+1.205$$

第八节　煤质化验结果的校核和煤质验收标准

一、化验数据的剔除

对煤质化验结果校核的前提是化验数据可靠无疑，如果某个数据误差太大就会影响到其平均值，从而对化验结果的校核带来负面影响，因此在对化验结果进行校核前，首先对化验数据中的异常值剔除出去，保留正常值。在一组测定值（最少应有三个及以上的数值）中常有一、二个偏离平均值较远的可疑数值。当测定数目很少时，保留或舍弃这些数值对计算平均值会产生较大的影响。为判断这些可疑数值是否应当保留或舍弃，应按照Grubbs检验法或Dixon检验法进行检验以决定对其保留或舍弃。

1. Grubbs检验法

Grubbs检验法可根据下述三种不同情况进行处理。

（1）只有一个可疑数值时，将测定值按从小到大顺序排列：$x_1<x_2<x_3<\cdots<x_n$。按下式求出统计量 G_1 和 G_n。

$$G_1=\frac{\overline{x}-x_1}{S}$$

$$G_n=\frac{x_n-\overline{x}}{S}$$

$$\overline{x}=\frac{x_1+x_2+\cdots+x_n}{n}$$

$$S=\sqrt{\frac{\sum_{i=1}^{n}(x_i-\overline{x})^2}{n-1}}$$

式中　$\overline{x}$——n 个测定值的平均值；

　　S——n 个测定值的标准差。

由表7-19查出对应测量次数 n 和显著性水平 a 的临界值 $G_{a,n}$。用 $G_{a,n}$ 检验 G_1 和 G_n，如 $G_n>G_{a,n}$，则舍弃 x_n，否则应保留；如果 $G_1>G_{a,n}$，则舍弃 x_1，否则应保留。

显著性水平 a 与回归分析方法中的常数 a 应区别开来。显著性水平 a 与置信概率有直线关系，当显著性水平 $a=0.05$ 时，表明置信概率是95%；当显著性水平 $a=0.01$ 时，表明置信概率是99%。

（2）有两个或两个以上相邻的可疑数据时，首先检验内侧的一个数据，例如 x_1 和 x_2 都同属可疑数据时，则通过计算 G_2 检验 x_2 是否应当舍弃，若 x_2 应当舍弃，则 x_1 也应舍弃。

（3）有两个或两个以上位于平均值两侧的可疑数据时，应分别检验这两个数值。

表 7-19 Grubbs 检验法 $G_{a,n}$ 临界值

a \ n	3	4	5	6	7	8	9	10	11	12	13	14	15
0.01	1.15	1.49	1.75	1.94	2.10	2.22	2.32	2.41	2.48	2.55	2.61	2.61	2.66
0.025	1.15	1.48	1.71	1.89	2.02	2.13	2.21	2.29	2.36	2.41	2.46	2.51	2.55
0.05	1.15	1.46	1.67	1.82	1.94	2.03	2.11	2.18	2.24	2.29	2.33	2.37	2.41
a \ n	16	17	18	19	20	30	40	50	60	70	80	90	100
0.01	2.75	2.79	2.82	2.85	2.88	3.10	3.24						
0.025	2.59	2.62	2.65	2.68	2.71	2.91	3.04	3.13	3.20	3.26	3.31	3.35	3.38
0.05	2.44	2.47	2.50	2.53	2.56	2.75	2.87	2.96	3.03	3.09	3.14	3.18	3.21

【例 7-9】 检验一组含硫量测定值，它们分别为 1.00%、0.90%、0.95%、1.05%、1.20%，舍弃异常值。当它们分别为 1.00%、0.90%、0.95%、1.05%、1.35%，舍弃异常值。

解 将测定值由小到大排列为 0.90%、0.95%、1.00%、1.05%、1.20%。

$$\bar{x}=\frac{0.9\%+0.95\%+1.0\%+1.05\%+1.20\%}{5}=1.02\%$$

$$S=\sqrt{\frac{0.0144+0.0049+0.0004+0.0009+0.0324}{4}}=0.115\ (\%)$$

$$G_n=\frac{1.20\%-1.02\%}{0.115\%}=1.565$$

$$G_1=\frac{1.02\%-0.90\%}{0.115\%}=1.043$$

给定 $a=0.05$，查表 7-19 得临界值 $G_{0.05,5}=1.67>1.565$，同时也大于 1.043，故最大值和最小值均不应舍弃。

当它们分别为 1.00%、0.90%、0.95%、1.05%、1.35%时，$\bar{x}=1.05\%$，$S=0.177\%$，$G_n=1.695>G_{0.05,5}$，所以应舍弃 1.35%。

2. Dixon 检验法

将测定值按从小到大顺序排列：$x_1<x_2<x_3<\cdots<x_n$。假设 x_1 或 x_n 为可疑数值，将可疑数值与最邻近数值的差值，除以全部数值的极差得出 Q 值，即

$$Q_1=\frac{x_2-x_1}{x_n-x_1};\quad Q_n=\frac{x_n-x_{n-1}}{x_n-x_1}$$

若计算出的 Q_1 或 Q_n 值大于由表 7-20 查出的临界值 $Q_{0.05}$时，则此值为异常值应舍弃；若 Q_1 或 $Q_n\leqslant Q_{0.05}$，则此值为正常值，应保留。当测定值在 8 个以上时，Q 值计算公式列于表中。

表 7-20 临界值 Q_a

测定次数 n	3	4	5	6	7	8	9	10
$a=0.05$	0.941	0.765	0.642	0.560	0.507	0.554	0.512	0.477
$a=0.01$	0.988	0.889	0.780	0.698	0.637	0.683	0.635	0.597
检验 x_1 时	$Q_1=\frac{x_2-x_1}{x_n-x_1}$					$Q_1=\frac{x_2-x_1}{x_{n-1}-x_1}$		
检验 x_n 时	$Q_n=\frac{x_n-x_{n-1}}{x_n-x_1}$					$Q_n=\frac{x_n-x_{n-1}}{x_n-x_2}$		

续表

测定次数 n	11	12	13	14	15	16	17	18	20
$a=0.05$	0.576	0.646	0.521	0.546	0.525	0.507	0.490	0.475	0.45
$a=0.01$	0.679	0.642	0.615	0.641	0.616	0.595	0.577	0.561	0.54
检验 x_1 时	$Q_1=\frac{x_3-x_1}{x_{n-1}-x_1}$			$Q_1=\frac{x_3-x_1}{x_{n-2}-x_1}$					
检验 x_n 时	$Q_n=\frac{x_n-x_{n-2}}{x_n-x_2}$			$Q_n=\frac{x_n-x_{n-2}}{x_n-x_3}$					

【例 7-10】 检验一组含硫量测定值，它们分别为 1.00%、0.90%、0.95%、1.05%、1.20%，舍弃异常值。当它们分别为 1.00%、0.90%、0.95%、1.05%、1.35%，舍弃异常值。

解 将测定值由小到大排列为 0.90%、0.95%、1.00%、1.05%、1.20%。

$$Q_1=\frac{x_2-x_1}{x_n-x_1}=\frac{0.95\%-0.90\%}{1.20\%-0.90\%}=0.167$$

$$Q_n=\frac{x_n-x_{n-1}}{x_n-x_1}=\frac{1.20\%-1.05\%}{1.20\%-0.90\%}=0.50$$

给定 $a=0.05$，查表 7-20 得 $Q_{0.05}=0.642$，$Q_1<Q_{0.05}$ 或 $Q_n<Q_{0.05}$，所以不能舍弃。

当它们分别为 1.00%、0.90%、0.95%、1.05%、1.35%时，有

$$Q_n=\frac{1.35\%-1.05\%}{1.35\%-0.90\%}=0.667>Q_{0.05}$$

所以应舍弃数值 1.35%。可见应用 Grubbs 检验法和 Dixon 检验法的结果是一样的。

二、化验结果的审核

化验结果有误，不但影响到价格，而且会影响到燃烧。因此化验结果必须正确。但是节能工作者一般不是化验员，又该如何确定化验结果是否正确呢，这就要使用回归式进行校核。

1. 发热量审核

根据元素分析结果校核发热量。

（1）采用门捷列夫公式计算校核发热量，其公式为

$$Q_{gr,d}=338.71C_d+1254.48H_d+108.72(S_d-O_d)(kJ/kg)$$

（2）对于干燥灰分不超过 30%的高变质褐煤、烟煤和无烟煤，发热量计算公式为

$$Q_{gr,d}=453.7C_d+1470H_d+240.9S_{t,d}+96.6A_d-11\,587\ (kJ/kg)$$

（3）对于干燥基灰分不超过 25%的各种煤，发热量计算公式为

$$Q_{gr,d}=359.2C_d+1\,135.7H_d+112.1S_{t,d}+58.5N_d-84.5O_d-962(kJ/kg)$$

如果实测 $Q_{gr,d}$ 值与计算值之差超过 1500kJ/kg，应予复查。当然也可以根据工业分析结果（采用发热量的经验公式）校核发热量。

适用于无烟煤的经验公式为

$$Q_{net,ad}=34\,814-563V_{ad}-382.2A_{ad}-24.7M_{ad}(kJ/kg)$$

适用于烟煤的经验公式为

$$Q_{net,ad}=35\,860-73.7V_{ad}-395.7A_{ad}-702M_{ad}(kJ/kg)$$

适用于褐煤的经验公式为

$$Q_{net,ad}=31\,733-388.4V_{ad}-321.6A_{ad}-70.5M_{ad}(kJ/kg)$$

2. 碳的审核

审核碳的回归式：适用于褐煤、烟煤、除 01 号外的无烟煤。

$$C_d=35.411-0.341A_d-0.199V_d-0.412S_{t,d}+1.632Q_{gr,d}$$

如果实测 C_d 值与计算值之差超过 1.90%时，则认为出现较大偏差，应予复查。

3. 氢的审核

审核氢的回归式：适用于褐煤、烟煤、年轻无烟煤。

$$H_{daf}=0.00117A_d+0.57\sqrt{V_{daf}}+0.1362Q_{gr,daf}-2.806$$

如果实测 H_{daf} 值与计算值之差超过 0.65%时，则认为出现较大偏差，应予复查。

4. 氮的审核

审核氮的褐煤回归式为

$$N_{daf}=0.0128V_{daf}+1.34$$

审核氮的烟煤回归式为

$$N_{daf}=0.016V_{daf}+0.90$$

如果实测 N_{daf} 值与计算值之差超过 0.51%时，则认为出现较大偏差，应予复查。

5. 根据工业分析和元素分析结果全面审核

(1) 首先根据工业分析结果检查 $M_{ad}+A_{ad}+V_{ad}+(FC)_{ad}$ 是否等于 100，或 $A_d+V_d+(FC)_d$ 是否等于 100，或 $V_{daf}+(FC)_{daf}$ 是否等于 100。

(2) 再根据元素分析结果检查 $C_{ad}+H_{ad}+N_{ad}+S_{ad}+A_{ad}+M_{ad}$ 是否等于 100。

(3) 然后根据我国不同类别的主要煤质指标变化范围，检查是否在表 7-21 范围内。

首先根据实测结果 V_{daf} 和焦渣特征号数，再结合灰分高低，判断发热量 $Q_{gr,daf}$ 和水分 M_{ad} 是否正确以及该煤样属于哪一类煤。

不同类别煤的干燥无灰基高位发热量 $Q_{gr,daf}$ 有一定范围，尤其是上限一般不会超过一定的数值（见表 7-21）；下限会随灰分含量的增加而降低。

表 7-21　　我国不同类别的主要煤质指标变化范围

煤类别	工业分析				元素分析			
	M_{ad}(%)	V_{daf}(%)	CRC	$Q_{gr,daf}$(MJ/kg)	C_{daf}(%)	H_{daf}(%)	N_{daf}(%)	O_{daf}(%)
褐煤	3～26	38～62	1	20～30.5	61.5～76	4.5～6.9	0.6～3.5	14～28
长焰煤	1～20	37～53	1～4	29～33.5	72～81	4.5～6.8	0.6～2.8	8～19
不黏煤	1～14	20～37	1～4	28～35.5	74～86	3.5～5.2	0.6～1.6	7～16
弱黏煤	0.6～5	20～37	3～6	32.5～36.2	81～89	4.5～5.5	0.6～1.65	6～11
气煤	0.5～6	28～49	4～8	32.5～36.6	77～87	4.7～6.7	0.7～2.4	7～13
1/3 焦煤	0.4～4	28～37	4～8	33.5～36.7	81～89.5	4.7～6.0	0.8～2.0	3～10
气肥煤	0.3～3	27～59.5	5～8	33.9～36.6	77～87	5.4～7.2	0.7～1.9	2.5～7.5
肥煤	0.2～2	20～37	6～8	34.5～37.2	83～90	4.7～6.3	0.7～1.9	3～6.5
焦煤	0.1～2	15～28	5～8	34.5～37.2	85～91.5	4.5～5.5	0.5～2.0	2～5
瘦煤	0.3～2	13～20	3～7	34.5～36.6	86～92.5	4.2～4.9	0.6～1.85	1～4.2
贫瘦煤	0.3～2	11.5～20	3～6	34～36.5	86～92.5	4.0～4.8	0.5～1.85	0.9～4
贫煤	0.4～2.5	10～20	1～3	33.5～36.5	87～92.5	3.7～4.8	0.5～1.8	0.8～4
无烟煤	0.5～9.5	1.5～10	1～2	31.5～36.5	87～98	0.5～4.2	0.2～1.8	0.1～5
年轻无烟煤	0.5～2.5	6～10	1～2	34.7～36.38	87～93	3.2～4	0.8～1.8	2～5
典型无烟煤	1～3	3～6	1	34.27～35.53	93～95	2～3.2	0.6～1	2～3
年老无烟煤	2～9.5	1.5～3	1	31.5～34.29	95～98	0.5～2	0.2～1	1～2

三、发电用煤验收质量标准

如果化验结果和审核结果一致，则应根据各种参数是否在允许差范围内，以确定煤质是否符合标准或合同要求，商品煤的各种参数的允许差分别见表 7-22、表 7-23。

表 7-22　　灰分和发热量允许差

<table>
<tr><th rowspan="2">煤的品种</th><th rowspan="2">灰分 A_d（%）
（以检验值计）</th><th rowspan="2">GB/T475—1996
采样精密度（%）</th><th colspan="2">允许差（报告值－检验值）</th></tr>
<tr><th>ΔA_d（%）</th><th>$\Delta Q_{gr,d}$（kJ/kg）</th></tr>
<tr><td rowspan="3">原煤和筛选煤</td><td>>20.00～40.00</td><td>±2.0</td><td>−2.82</td><td>+1120</td></tr>
<tr><td>10.00～20.00</td><td>$\pm0.1A_d$</td><td>$-0.141A_d$</td><td>$+56A_d$</td></tr>
<tr><td><10.00</td><td>±1.0</td><td>−1.41</td><td>+560</td></tr>
<tr><td>非冶炼用精煤</td><td>—</td><td>±1.0</td><td>−1.13</td><td rowspan="2">按原煤和筛选煤计</td></tr>
<tr><td>其他洗煤</td><td>—</td><td>±1.5</td><td>−2.12</td></tr>
</table>

表 7-23　　全水分 M_t 和全硫分 $S_{t,d}$ 允许差

<table>
<tr><th rowspan="2">煤的品种</th><th rowspan="2">全硫（以检验值计）$S_{t,d}$（%）</th><th colspan="2">允许差（报告值－检验值）（%）</th></tr>
<tr><th>$S_{t,d}$</th><th>M_t</th></tr>
<tr><td rowspan="2">冶炼用精煤</td><td><1.00</td><td>−0.16</td><td rowspan="2">−1.1</td></tr>
<tr><td>≥1.00</td><td>$-0.16S_{t,d}$</td></tr>
<tr><td rowspan="3">其他煤</td><td><1.00</td><td>−0.17</td><td rowspan="3">—</td></tr>
<tr><td>1.00～2.00</td><td>$-0.17S_{t,d}$</td></tr>
<tr><td>>2.00～3.00</td><td>−0.34</td></tr>
</table>

被抽查单位的报告值（即标称值）和抽查单位的检验值的差值，满足下述条件时，该项质量指标评为合格，否则评为不合格。

灰分 A_d（报告值－检验值）不小于表 7-22 规定值；

发热量 $Q_{gr,d}$（报告值－检验值）不大于表 7-22 规定值；

全水分 M_t（报告值－检验值）不小于表 7-23 规定值；

全硫分 $S_{t,d}$（报告值－检验值）不小于表 7-23 规定值。

上述表达式是单向性的，左边的被减数和减数不能颠倒，右边允许差应包括数值和它前面的正负号。

所谓报告值是指合同约定值或产品标准规定值，它是一数值范围，对于全水分、灰分和硫分取上限值，对于发热量取下限值作为被抽查单位或出卖方的报告值。

第八章　火电厂煤场的综合管理

第一节　燃煤自燃与贮存

煤在贮存过程中易受氧化作用而降低其发热量，严重时发生自燃；煤堆上的煤易被风吹走或被雨水冲走而受损失；由于煤堆上落有大量尘土又易影响煤质，所以煤场的综合管理非常重要。

一、煤的氧化与自燃

煤是一种在常温下会发生缓慢氧化的固体燃料，它与空气接触氧化的同时产生热量，并在煤堆内聚集，随着时间的延长，煤堆内蓄热就会增多，温度也会越来越高；温度升高又会加速煤的氧化作用，当温度达到60℃后，煤堆温度会急剧上升，若不及时处理便会着火。这种煤在无外火源时，因自身氧化作用蓄热而引起的着火称为自燃。影响自燃的主要因素是煤的挥发分和外部环境。挥发分越高，自燃倾向越大。无烟煤、贫瘦煤即便是长期存放、无需特殊组堆也不会发生自燃现象。而年轻的烟煤特别是褐煤，一般只存放数日，就会自燃。

有的煤在夏季高温时容易自燃，这是因为煤的氧化速度与煤堆内温度成正比。试验证明：煤的氧化温度在30～100℃时，温度每增高1℃，氧化速度就提高到2.2倍；当煤堆温度超过100℃时，煤的氧化速度迅速增加，1～2天内即可达到煤的自燃着火温度而自燃。

也有的煤在春秋季节容易自燃，这是因为春秋季节大气密度比煤堆内空气密度大得多，渗入煤堆的空气量增大，加快了煤的氧化与自燃。

煤在露天长期存放，因不断受到风、雨、霜、露、温度、光等外界的作用，会使煤质发生变化，例如：

（1）对煤化程度高的煤，挥发分有所增加。

（2）产灰率增加。煤受氧化后有机物质减少，导致灰分相对增加。

（3）元素组成发生变化。长期贮存的煤的碳、氢和硫含量降低，而氧含量增加。烟煤贮存若干月后元素变化见表8-1。

表8-1　烟煤贮存若干月后元素变化情况

贮存时间（月）	元素组成（%）			
	C_{daf}	H_{daf}	$O_{daf}+N_{daf}$	S_{daf}
1	87.42	5.32	6.03	1.222
4	87.12	5.30	6.38	1.192
7	87.00	5.04	6.96	0.996
9	86.93	5.00	7.07	0.897
12	86.80	4.70	7.78	0.717
变化	−0.62	−0.62	+1.75	−0.505

（4）最显著的是发热量降低。不同的煤种贮存日子久了，经氧化后，发热量损失也就不同，见表8-2。

表 8-2 不同的煤种贮存 6 个月后发热量损失

煤　种	挥发分 V_{daf}（%）	发热量损失（J）			平均降幅（%）
		最大	最小	平均	
贫煤	<17	1166	301	710	2
瘦煤	12～18	890	200	594	1.6
焦煤	18～26	1279	259	619	1.7
肥煤	26～35	3540	251	878	2.5
气煤和长焰煤	>35	3908	527	1588	4.9

二、预防自燃的措施

1. 加强观察并建立定期测温制度

如果从烟煤落地开始，则煤堆中的煤以每昼夜 0.27℃的速度持续升温，74 昼夜后，煤堆温度即可达到 60℃，以后以 1.2℃的速度逐步达到自燃温度。因此对贮量大、存期长的煤堆应建立定期测温制度。其测温次数，视煤的品种和氧化程度而定。对于高挥发分的煤，每天测温一次，对于中低挥发分的煤每三天测温一次。

发现煤堆温度达到或超过 60℃，应测定其高温区域范围，将煤堆中高温区域范围的煤取出，敞开高温区域，散发热量。不允许往煤堆上灌水，因为灌水水量不足或灌水不均，水分蒸发产生的大量热量蔓延，会使更多的部位引发自燃。

2. 增设必要的测温装置

测温装置主要由指示仪、热电阻和铁尖头等组成。根据热电阻或半导体的电阻随温度的改变而变化的基本特性，采用 WZP-010 或 WZB-035 热电阻元件，热电阻元件包在镀锌保护管内，镀锌保护管底部带尖接头，以便热电阻能打入煤堆要求深度内，见图 8-1。

为了保证这种测温装置不进雨水和免受阳光的直射，在管口用环氧树脂密封，并外加一用镀锌铁皮制作的防雨罩，保护管露出煤堆表面 200～300mm 为宜。通过热电阻元件 SXCZ-120 型动圈式温度指示仪可以精确地显示出来煤堆温度。

对于煤堆边坡，可用 $\phi14\times2$mm 或 $\phi12\times2$mm 的无缝钢管或铜管作保护管，每根长度为 1m 左右，为了使测量比较准确，管内底部放适当铝粉，用普通长的水银温度计插入铝粉中测量温度。由于煤堆边坡推土机无法压紧，因此温度计插入铝粉中测量时间不得少于半小时。

3. 分层压实

堆放储煤应将不同品种的煤分类组堆存放。对于易受氧化的煤如褐煤、长焰煤等要分层压实，使其密度达到 1～1.1t/m^3，以减少空气占有的空隙。一般堆成正截角锥体，煤堆顶部略呈凸状，且成对称使水流走，这样做可使煤堆表面形成硬壳，不仅减少雨水和空气渗入，而且可使煤堆中煤块间隙缩小。

煤堆边角角度应以 40°～45°为宜，60°煤堆易发生最大偏析现象，而且容易坍塌。30°的煤堆不仅不能充分利用贮存场地，而且使氧化面积增大。

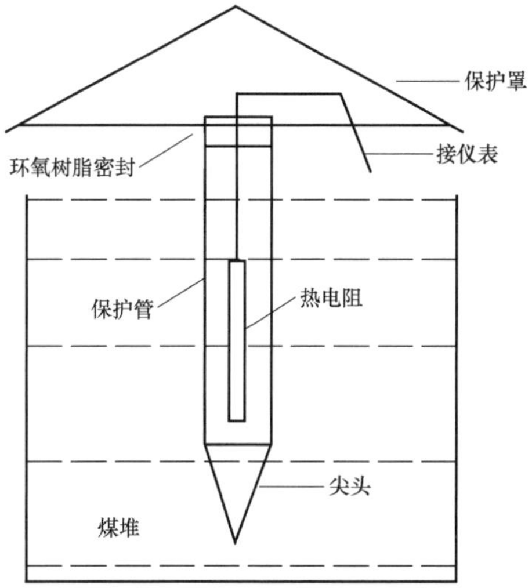

图 8-1 煤堆测温装置

4. 烧旧存新

烧旧煤存新煤，缩短贮存时间，是防止煤变质自燃的有效措施。因为煤存放时间越长，其发热量损失越大。发热量损失不是随着时间长短的一次方成比例增加的，而是成指数增加。例如烟煤存储半年，发热量损失2%左右，而存储一年，其发热量损失高达9%。根据经验，贮备煤量为机组正常日消耗量的7～10倍为宜（《燃料工作条例》规定电厂应有足够的安全储备煤炭，坑口电厂一般储备不低于七天用煤，非坑口电厂一般储备十到十五天用煤）。煤的贮存过多，会影响电厂资金周转，且会导致煤质下降，严重时自燃；过少则难以应付运输事故或煤矿因故不能发煤的意外情况。

5. 覆盖难燃物质

对需要长期贮存且易受氧化的煤，最好采用煤堆压实且其表面覆盖一层适宜的覆盖物质的方法，如一层无烟煤粉、炉灰、黏土浆等，或者喷洒阻燃剂溶液。因为空气和水是露天贮存煤堆引起氧化和自燃的主要原因，因此覆盖难燃物质是防止自燃的有效方法，既可减缓煤的自燃倾向，又可减少因煤被风吹走而造成的损失。

6. 防止水分增多

煤堆最好选在水泥地面上，且周围设有良好的水沟。因为煤堆中的水分增多，会促进煤的氧化和自燃。为避免风吹雨淋，有条件者可将易燃煤堆放入干煤棚，配备消防和加水设备，以及防汛和排水设施。

三、降低贮存损耗

煤在卸车、贮存、混配等作业过程中存在一些损耗，应制定措施，降低这方面的损耗。

(1) 防风损：有条件的地方可以考虑煤场四周植树造成风障，对防风有一定作用。在卸车、组堆、上煤等作业时，在保证安全的前提下，应尽量缩短抓斗的下落高度，这也是减少风损的主要措施。

(2) 防雨损：为防雨水冲刷，贮煤场地要高于地平面；贮煤地面要有一定坡度，四周设有排水沟和沉煤池。

(3) 防扬尘：贮煤场煤堆被狂风吹起的煤尘，或煤炭在运转或卸车过程中被扬起的含煤尘埃，应考虑在被扬起之前，喷水控制，或用化学溶液与水配成混合物作为雾化喷洒剂。

(4) 防自燃：前三种为机械损耗，自燃为化学损耗。烧旧存新，分类堆放是防止自燃的有效措施。

衡量煤场管理好坏有两个指标：煤场存损率和入厂煤与入炉煤热量差。煤场存损率是指煤贮存损失的数量与实际库存燃煤量的百分比。一般情况下库存按不大于每月的日平均存煤量的0.5%计算，或者实际测定煤场存损率，报上级主管单位批准后作为存损计算依据。入厂煤与入炉煤热量差是指入厂煤收到基低位发热量（加权平均值）与入炉煤收到基低位发热量（加权平均值）之差，计算入厂煤与入炉煤热量差应考虑燃料收到基外水分变的影响，并修正到同一外水的状态下进行计算。

第二节 库存燃煤的盘点

库存燃料的盘点每月末必须进行一次。采取人工盘点方式，工作量大，人为因素高，不够准确。随着技术的发展，应用激光自动盘点已逐步在电厂中展开。燃料盘点库存量是指对燃料库存进行实际测量盘点的量。燃料盘点盈亏量是指燃料实际盘点库存量与账面库存量之差。当燃料实际盘点库存量大于账面燃料库存量时即为盈，当燃料实际盘点库存量小于账面燃料库存量时为亏。

一、堆积密度测定方法

人工盘点主要是测定堆积密度。堆积密度测定方法是：

(1) 制作一个0.5m×0.5m×0.5m的金属容器（金属容器壁厚5～10mm），装满煤后，分煤种做试验。

(2) 先将容器过磅计量，然后在容器内装满煤后刮平（不加压不振动），再过磅计量，减去容器质量求得不加压堆积密度，以 ρ_1 表示。

(3) 在煤堆上挖1m深的坑，然后将容器放入坑内（放平），装满后再加上1m厚的煤层，用推土机压一次，最后将容器取出刮平称重，求得稍加压后的堆积密度，以 ρ_2 表示。

(4) 其方法同稍加压堆积密度试验。只是用推土机压三次，求得重加压后的堆积密度，以 ρ_3 表示。

(5) 其方法同稍加压堆积密度试验。只是用推土机压五次以上，求得压实后的堆积密度，以 ρ_4 表示。

以上四种堆积密度试验完毕后，分别采样化验灰分和全水分，并将全水分修正到入厂煤同一值，修正公式为

$$\rho=\rho_i\frac{100-M_{sj}}{100-M_{jc}}$$

式中 ρ_i——实测堆积密度，t/m^3；

ρ——修正后堆积密度，t/m^3；

M_{jc}——入厂煤全水分，%；

M_{sj}——煤堆实测全水分，%。

然后根据化验结果和试验堆积密度，绘制煤炭堆积密度与灰分关系曲线，见图8-2（图中 ρ_1～ρ_4 均经过水分修正）。在使用过程中，根据煤堆实际压实情况及部位，选取适当的堆积密度值。

二、库存煤量测定方法

目前盘点的主要做法是：将存煤堆成规定形状，丈量尺寸，计算体积，测量密度，计算出存煤量；煤斗及煤仓的存煤量差额也要计算，不能遗漏。为了减少盘煤误差，在盘点前，用推土机将不规则的煤堆组成正截角锥体，如图8-3所示，正截角锥体堆积角为40°～45°。然后丈量体积，计算存煤量。

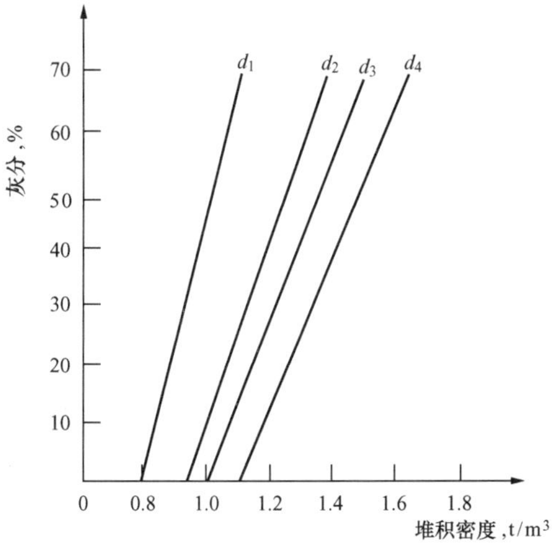

图8-2 堆积密度与灰分的关系曲线

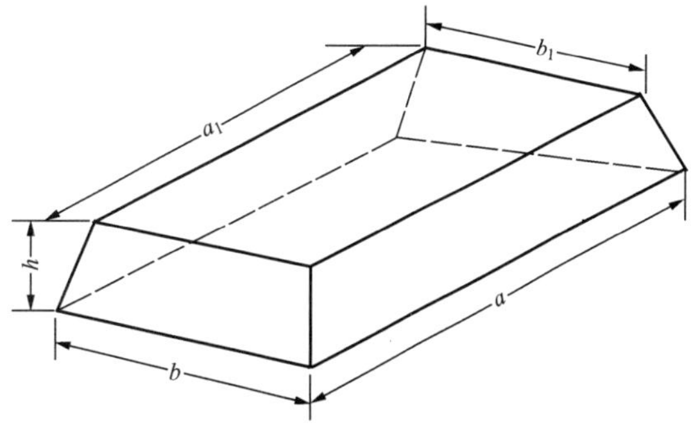

图8-3 正截角锥体的煤堆

正截角锥体的煤堆的体积计算公式为

$$V=\frac{1}{6}h[(2a+a_1)b+(2a_1+a)b_1]$$

式中 V——煤堆的体积，m^3；

h——煤堆的高度，m；

a——煤堆底基长度，m；

b——煤堆底基宽度，m；

a_1——煤堆上顶长度，m；

b_1——煤堆上顶宽度，m。

实际库存煤量计算公式为

$$G_{kc}=V\rho+B_{ym}+B_{mf}$$

式中 ρ——堆积密度，t/m^3；

B_{ym}——原煤仓存煤量，t；

B_{mf}——煤粉仓存煤量，t。

【例 8-1】 某厂正截角锥体的煤堆的底基长度 $a=60$m，上顶长度 $a_1=50$m，底基宽度 $b=16$m，上顶宽度 $b_1=5$m，平均高度 $h=6$m，已知原煤仓存煤 200t，粉仓存煤 150t，入厂煤收到基全水分 12%，煤堆实测水分 8%，实测堆积密度 $\rho_i=1.15t/m^3$，求其库存。

解 煤堆体积为

$$V=\frac{1}{6}h[(2a+a_1)b+(2a_1+a)b_1]$$
$$=\frac{1}{6}\times6[(2\times60+50)\times16+(2\times50+60)\times5]=3520(m^3)$$

修正后堆积密度为

$$d=d_i\times\frac{100-M_{sj}}{100-M_{jc}}=1.15\times\frac{100-8}{100-12}=1.202\ (t/m^3)$$

库存为

$$G_{kc}=V\cdot d+B_{ym}+B_{mf}=3520\times1.202+200+150=4581.04\ (t)$$

三、盘点盈亏量的调整

煤场盘点的盈亏量不应计入发电、供热耗用量之中。如果盘点的盈亏量超过平均库存量的±0.5%，应查明原因。当确定是计量误差引起的，应报上级主管部门同意后再将盈亏量充入耗用量，并以此调整发电、供热煤耗率；如果不是计量原因，不能调整耗用量，应上报上级主管部门同意后作盈亏处理。但不管是什么原因，财务处理要及时，以免以后积累造成账实严重不符。

根据国家统计方面的规定，月用天然煤（油）量都必须根据月末盘点（煤场和油库盘存）的结果得出的实存量，再反推算出全月实际耗用量，作为国家统计报表数据。财务账上的数字也是月末盘点数量，财务账的月末实际耗用量计算方法为

$$B_{yh}=\sum B_{tq}\pm B_{yt}$$

式中 B_{tq}——当月每天计量装置测得的天然煤（油）量耗用量之和，t；

B_{yt}——根据月末燃料盘存结果应调入或减去耗用量中的煤（油）数量，t；

B_{yh}——当月发电耗用燃料量，t。

按上式计算出的数字，是当月财务计算燃料耗用量和成本核算的依据，也是月度煤耗计算的

直接依据。

第三节 火电厂煤种的配煤掺烧

配煤，就是燃料生产流通部门根据用户对煤质的要求，将若干种不同种类、不同性质的煤按照一定比例掺配加工而成的混合煤，它虽然具有掺配单煤的某些特征，但其综合性能已有所改变，实际上是人为加工而成的一个新的“煤种”。动力配煤的基本原理就是利用各种煤在性质上的差异，相互“取长补短”，发挥各掺配煤种的优点，最终使配出的混合煤在综合性能上达到“最佳性能状态”以满足用户的要求。火电厂煤种的混配就是在燃煤电厂输煤系统中，利用某些手段，使混配出的混煤性能能够满足锅炉设计要求。

掺烧，就是电站锅炉按一定比例燃用两种或两种以上的燃料。

一、配煤的意义

动力配煤技术作为较成熟易行的煤炭燃前加工技术之一，以其投资低、效果显著而成为能够尽快投入使用的洁净煤技术之一。它能够在煤炭入炉之前，提高煤炭的品质。其意义在于：

(1) 人们可以对煤炭的燃烧行为加以预测及控制，使原来低品位的劣质燃煤变成优质燃煤，使原来高污染、高硫排放的煤不经过任何添加剂，仅仅通过混配就可以变成低污染、低硫排放的煤。在动力配煤的配制过程中，也可以通过添加适当的高温固硫添加剂，从而大大减少燃用配煤所产生的二氧化硫排放量；同时，由于燃烧效率的提高，排放烟气中的未燃尽粉尘及其他有害成分也能够相应减少，减轻了环境污染，并可使企业免支或少支二氧化硫排放费。

(2) 使原来易结渣的煤变成不易结渣的煤，降低锅炉事故率；同时提高锅炉效率，节约大量煤炭。我国燃煤锅炉热效率之所以低，最主要的原因是实际燃用的煤炭与锅炉设计使用的煤炭不一致，各煤种之间燃烧性能相差甚远，煤质与炉型严重脱节。特别是近十几年以来，随着国家煤炭政策的逐步放开，这种现象越来越严重。过去一直采用的是以“炉改”去适应煤质，很多新锅炉刚安装完毕就得改造，国家每年需要投入大量资金对易结渣、超温、磨损等问题锅炉进行改造。当然改炉可以使炉型适应煤质，效果也相当明显，但“削足适履”，锅炉仍然不能适应煤种新的变化。生产和使用动力配煤，以煤适炉，将多品种煤混合配置成接近原锅炉设计煤质，然后送入锅炉中燃烧，既可节约大量改炉费用，又可提高锅炉效率，节约大量煤炭。

(3) 提高劣质煤的利用率，充分利用当地煤炭资源。长期以来，国家有关政策一直鼓励企业燃用当地煤。但由于很多地方煤炭资源的质量较差，属于劣质煤，企业使用的积极性不高。动力配煤的推广使用可以有效地改变这种情况，它能够使用户经过配煤得到质量稳定的煤炭，改善着火稳定性，提高燃烧效率。同时又减少流通运输费用，使煤炭得到合理利用，提高流通效益。

(4) 随着供用电矛盾的缓解，电网调峰任务日趋繁重，大量机组较长时间在低负荷下运行。为了保证锅炉低负荷下燃烧稳定，也需要进行煤种的混配。

(5) 燃料费用占火电厂成本的比重高达70%左右，随着市场经济的深化改革，煤炭市场的开放，电厂在保证安全、经济运行的基础上，可以同时选用几个品种煤掺配燃烧，以降低燃料费用。

二、配煤的约束条件

为了保证锅炉安全性、经济性的需要，对混配煤的煤质提出一定的约束要求。假定有 n 种煤，各煤的配比分别为 x_1、x_2、x_3、…、x_n，则首先应满足下列两个约束条件。

$$\begin{cases} x_1+x_2+x_3+\cdots+x_n=1 \\ x_1\geqslant 0,\ x_2\geqslant 0,\ x_3\geqslant 0,\ \cdots,\ x_n\geqslant 0 \end{cases}$$

其他约束条件根据需要从以下几项煤质指标中选择。

1. 挥发分

挥发分含量越高的煤，着火性能越好，燃烧稳定，飞灰可燃物越少；对于挥发分很少的无烟煤，焦炭很难燃尽，飞灰可燃物含量高，机械不完全燃烧热损失大。挥发分是评价配煤的首要条件，是衡量燃煤着火难易程度的重要指标；挥发分对着火温度、着火速度都有明显的影响。入炉煤挥发分变化太大时，空气过剩系数、热风温度、煤粉细度都要发生相应变化，给燃烧调整带来很大不便。对于一台煤粉炉，其挥发分的适应范围很窄，挥发分不能小于某个下限值 $V_{\mathrm{daf,min}}$，以维持低负荷燃烧的稳定性和经济性；挥发分也不能高于某个上限值 $V_{\mathrm{daf,max}}$，以防止燃烧器喷口烧坏或引起其他事故。

因此混配煤时，挥发分有两个约束条件，即

$$\begin{cases}x_1V_1+x_2V_2+x_3V_3+\cdots+x_nV_n\geqslant V_{\mathrm{daf,min}}\\x_1V_1+x_2V_2+x_3V_3+\cdots+x_nV_n\leqslant V_{\mathrm{daf,max}}\end{cases}$$

2. 发热量

发热量，是表征煤质的综合性指标，是燃煤的最重要的性能指标。发热量低，锅炉燃烧不稳，机械不完全燃烧和排烟热损失增大，磨煤机电耗增大，因此发热量有个最低限值 $Q_{\mathrm{net,armin}}$。

$$x_1Q_{\mathrm{net,ar1}}+x_2Q_{\mathrm{net,ar2}}+x_3Q_{\mathrm{net,ar3}}+\cdots+x_nQ_{\mathrm{net,ar}n}\geqslant Q_{\mathrm{net,armin}}$$

3. 灰分

煤中灰分含量增加，火焰传播速度减缓，着火推迟，燃烧稳定性差；灰分含量增加，也会使焦炭燃尽程度变差，灰渣物理热损失增加；灰分含量增加，还会引起受热面污染和磨损增加，因此灰分有个最高限值 A_{armax}。

$$x_1A_{\mathrm{ar1}}+x_2A_{\mathrm{ar2}}+x_3A_{\mathrm{ar3}}+\cdots+x_nA_{\mathrm{ar}n}\leqslant A_{\mathrm{armax}}$$

4. 水分

水分增加，煤的热量有一部分将消耗在水分的蒸发和过热上，使炉膛燃烧温度水平降低，导致燃烧稳定性变差，减少煤粉的燃尽程度；水分增加还会引起输煤设备堵塞，因此水分有个最高限值 M_{armax}。

$$x_1M_{\mathrm{ar1}}+x_2M_{\mathrm{ar2}}+x_3M_{\mathrm{ar3}}+\cdots+x_nM_{\mathrm{ar}n}\leqslant M_{\mathrm{armax}}$$

5. 硫分

煤中硫分虽然是可燃物，但是含硫量过高，会引起空气预热器腐蚀和堵灰同时还会引起环境污染恶化，因此硫分有个最高限值 $\mathrm{S_{armax}}$。

$$x_1\mathrm{S_{ar1}}+x_2\mathrm{S_{ar2}}+x_3\mathrm{S_{ar3}}+\cdots+x_n\mathrm{S}_{\mathrm{ar}n}\leqslant \mathrm{S_{armax}}$$

6. 灰熔点

灰熔点是煤灰是否容易结渣的指标，对锅炉的安全经济运行有重大的影响；特别要注意的是，混煤灰熔点不是单煤指标的简单线性函数关系，混煤的结果有可能使灰熔点降低很多，这一点在配煤时必须充分考虑。

三、配煤比例

对于多煤种混合，首先查看含硫量、水分、挥发分、灰分和热量，这几种指标哪几项偏离设计值太大，哪项指标是我们混配后需要满足要求的，例如我们主要关心挥发分、灰分，此时应采用下列步骤计算。

列出混配后指标方程组，即

$$\begin{cases}x_1V_1+x_2V_2+x_3V_3+\cdots+x_nV_n=V_{设计值}\\x_1A_1+x_2A_2+x_3A_3+\cdots+x_nA_n=A_{设计值}\\x_1M_1+x_2M_2+x_3M_3+\cdots+x_nM_n=M_{设计值}\\x_1S_1+x_2S_2+x_3S_3+\cdots+x_nS_n=S_{设计值}\\x_1+x_2+x_3+\cdots+x_n=1\end{cases}$$

式中　V_1、V_2、V_3、…、V_n——各煤种的平均干燥无灰基挥发分，%；

A_1、A_2、A_3、…、A_n——各煤种的平均空气干燥基灰分，%；

M_1、M_2、M_3、…、M_n——各煤种的平均空气干燥基水分，%；

S_1、S_2、S_3、…、S_n——各煤种的平均空气干燥基硫分，%；

x_1、x_2、x_3、…、x_n——各煤种的混合比例，%。

如果是两种煤混配，就要从中选取两个方程式分别与 $x_1+x_2=1$ 组成方程组，解这个方程组，得到两组解。如果是三种煤混配，就要选三个方程式分别与 $x_1+x_2+x_3=1$ 组成方程组，解这个方程组，得到三组解。

这些解都是有效解，但是究竟以哪组解为最优呢？判断方法是首先将所得到的全部有效解分别代入下列公式。

（1）混配后平均收到基低位发热量ΣQ（kJ/kg）

$$\Sigma Q=Q_1x_1+Q_2x_2+Q_3x_3+\cdots+Q_nx_n$$

式中　Q_1、Q_2、Q_3、…、Q_n——各煤种的平均低位发热量，kJ/kg。

从中选择使ΣQ在（1－0.05）$Q_{设计值}\leqslant\Sigma Q\leqslant$（1＋0.05）$Q_{设计值}$范围内的解。

（2）混配后原煤平均单价ΣY（元/t）：

$$\Sigma Y=Y_1x_1+Y_2x_2+Y_3x_3+\cdots+Y_nx_n$$

式中　Y_1、Y_2、Y_3、…、Y_n——各煤种的平均单价，元/t。

（3）混合后标准煤单价ΣY_B（元/t）：

$$\Sigma Y_B=\frac{29\ 308\Sigma Y}{\Sigma Q}$$

经过计算后，ΣY_B 最小者，为最优配比。实际上（2）、（3）步就是比质比价方法的应用。

【例 8-2】 某厂 1 号煤干燥无灰基挥发分 $V_1=28\%$，空气干燥基灰分 $A_1=15\%$，水分 $M_1=6\%$，低位发热量 27 000kJ/kg，天然煤单价 180 元/t；2 号煤干燥无灰基挥发分 $V_2=18\%$，空气干燥基灰分 $A_2=27\%$，水分 $M_2=8\%$，低位发热量 16 000kJ/kg，天然煤单价 120 元/t。燃煤设计参数为：干燥无灰基挥发分 $V_3=24\%$，空气干燥基灰分 $A_3=20\%$，水分 $M_3=8\%$，低位发热量22 000kJ/kg，求其混配比。

解　首先解方程组：

$$\begin{cases}x_1 28\%+x_2 18\%=24\%\\x_1+x_2=1\end{cases}$$

得　$x_1=0.6$、$x_2=0.4$

分别代入$\Sigma Q=Q_1x_1+Q_2x_2=0.6\times27\ 000+0.4\times16\ 000=22\ 600$（kJ/kg）

$$\Sigma Y=Y_1x_1+Y_2x_2=0.6\times180+0.4\times120=156\text{（元/t）}$$

$$\Sigma Y_B=\frac{29\ 308\times\Sigma Y}{\Sigma Q}=\frac{29\ 308\times156}{22\ 600}=202.30\text{（元/t）}$$

再求解方程组：

$$\begin{cases}x_1 15\%+x_2 27\%=20\% \\ x_1+x_2=1\end{cases}$$

得　$x_1=0.58$、$x_2=0.42$

分别代入$\Sigma Q=Q_1x_1+Q_2x_2=0.58\times 27\ 000+0.42\times 16\ 000=22\ 380$（kJ/kg）

$$\Sigma Y=Y_1x_1+Y_2x_2=0.58\times 180+0.42\times 120=154.8\text{（元/t）}$$

$$\Sigma Y_B=\frac{29\ 308\times \Sigma Y}{\Sigma Q}=\frac{29\ 308\times 154.8}{22\ 380}=202.72\text{（元/t）}$$

由于 202.72 元/t>202.30 元/t，显然 $x_1=0.6$、$x_2=0.4$ 是最优配比。

四、配煤方法

1. 国外配煤方法

在配煤技术方面，国外配煤一般采用仓混式、带混式或采用炉内直接混合等形式，并且已经发展到依靠配煤理论、运用计算机指导煤场和电厂的动力配煤。计算机优化配煤运行是一种应付当今火电厂燃煤频繁变更，控制入炉煤煤质的重要手段，可以有效地控制入炉煤质，保证锅炉的稳定运行，减轻锅炉受热面结渣、积灰、腐蚀和磨损。

例如美国 Praxic 公司于 20 世纪 90 年代中期开发的电厂优化配煤专家系统（CBAS），已经用于美国和加拿大的部分电厂，根据 Praxic 公司的最新统计分析显示：美国 Pennsylvania 电厂在使用了 CBAS 系统后，一改往日只使用固定煤种的情况，采用多煤种的配煤燃烧，仅此一项每年可节约达 200 万美元。肯塔基州电厂在使用了 CBAS 系统后，通过配煤燃烧，增加了廉价煤的使用量，降低了发电成本，同时降低了 SO_2 和 NO_x 的排放，全年总计节约 100 万美元。

2. 国内配煤途径

我国按锅炉台数或容量统计，实际燃煤与设计煤种不符的占 60%以上，许多燃煤锅炉主动或被动地燃用混煤。由此引起许多锅炉燃烧方面的问题，诸如结渣、腐蚀、磨损、燃烧效率低等，甚至出现由于混煤不当而造成的燃烧不稳定、结渣停炉等事故，严重地影响了电厂的安全和经济性。按我国的国情，要从根本上解决煤质变差的问题，使锅炉燃用设计煤种存在很大困难。而采用不同煤种掺配燃烧是解决锅炉煤质适应性的一个行之有效的办法。

燃煤火电厂的配煤途径包括两种途径。一种是煤炭生产销售企业生产混煤，如市场上广泛存在的大同混煤；另一种途径是在发电厂内部混煤。由于发电企业众多，锅炉设计煤种差异很大，很难由少数煤炭生产销售企业提供各种品质的发电混煤，因此发电厂针对自身锅炉特点进行配煤更为切合实际，这种需求在煤炭市场短缺时更为突出。国内有很多电厂都因为燃用煤种与设计煤种不符的矛盾突出而采用了混煤方案。浙江大学、东南大学、华中理工大学、南京大陆公司等单位针对电厂混煤技术进行了专门的研究和开发，北仑电厂、南京华能、谏壁电厂、江苏利港电厂等一些大型电厂在混煤技术方面积累了一定的经验。

发电厂内部混煤掺烧方式基本上可分为两种方法，一种是炉外预混燃料法：炉外预混法是将入厂煤采用专用的混煤设备（如煤场堆混、皮带混等）进行预先掺混，掺混后的原煤输送至原煤仓、经制粉系统磨制成合格煤粉后进入炉膛燃烧。另一种是炉内燃料混烧法：炉内混烧法是将入厂原煤按煤种分别存放在不同的煤场，并分别输送到选定的煤仓及其对应的制粉系统，磨制成对应煤质下的合格煤粉，分别送入炉膛后再进行混烧。各厂应结合本厂设备特性和具体情况选择不同的掺烧方法。

炉内燃料混烧法一般采用分磨燃烧方式，即不同煤种进入不同的磨煤机及相应的燃烧器，又称磨煤机配煤方式，两种方式可结合使用。在一般情况下，当主煤种与掺配煤种的燃烧特性差别较小时，采用炉前预混是比较适用的方式。当主煤种与掺配煤种的燃烧特性差别较大或者掺烧比例较大时，宜采用分磨燃烧方式。其优点是这种方式简单，运行人员控制操作容易，可根据单一煤种特性对相应的制粉系统及燃烧器进行针对性调整，有利于提高运行安全性及经济性。

分磨燃烧也叫分磨掺烧或分磨配煤，主要用于直吹式制粉系统，一般固定某一台或几台研磨待混劣质煤种，其他多数磨煤机仍研磨常规煤。对于四角切圆燃烧式锅炉，两煤种分层混合，各角相互引燃，各层相互补充，因此这种配煤方式对直吹式锅炉效果好。对于墙式对冲燃烧方式每个燃烧器为一个独立燃烧单元，各燃烧器之间缺乏相互支撑，混合效果较差，掺烧效果有限。分磨配煤容易合理地控制混煤比例，对提高锅炉经济性和安全性有利。直吹式制粉系统常用的配煤方式就是分磨配煤，这种方式简单，运行人员控制操作容易，并且避免了因为掺烧后，所有磨煤机出口温度降低的问题，提高了锅炉燃烧的经济性。但该方法不适用于旋转燃烧器，而且掺烧劣质煤比重不宜太高。例如炉膛尺寸较大的北仑电厂 3、4 号炉采用分磨配煤单烧方式，可安全地掺烧适应的神华煤（易结渣煤种）比例仅为 20%；同样炉膛尺寸较大的绥中电厂 1、2 号炉采用炉前预混方式，适应的神华煤比例高达 80%。

例如某三井巴布科克能源公司生产的 MB-1944-24.7-571/569 型超临界直流锅炉，燃烧方式为前、后墙对冲燃烧，前、后墙各布置 3 层低 NO_x 轴向旋流燃烧器，每层对应 1 台 MPS 中速磨煤机，共有 6 台磨煤机。锅炉设计煤种为贫煤（设计全水分 6.61%，干燥无灰基挥发分 15.32%，收到基低位热值 22.62MJ/kg），为降低燃料成本，计划掺烧一部分烟煤（全水分 12.46%，干燥无灰基挥发分 35.77%，收到基低位热值 20.35MJ/kg）。为了安全经济，进行了炉前预混方式和分磨燃烧方式对比试验：炉前预混方式采用斗轮机与叶轮给煤机配合调节来控制烟煤及贫煤流量，进入锅炉原煤仓的是已按要求掺配好的原煤。试验开始时掺配烟煤比例为 20%，逐渐增加掺配比例至 40%。试验期间保持锅炉负荷大于 90%锅炉连续最大蒸发量（BMCR）。

炉前预混方式主要试验结果如下：

（1）采用炉前预混方式掺烧 20%～30%烟煤，基本可以保证锅炉正常、稳定运行，以及燃烧器和制粉系统的安全性；同时，不需要对锅炉各项运行参数进行大幅度调整，保持原贫煤运行方式即可。

（2）采用炉前预混方式掺烧 40%烟煤，需要对锅炉进行更大幅度的调整，这时调整的主要目的是保证锅炉及附属设备的安全性（特别是燃烧器的安全性，计划掺烧烟煤更容易着火和稳燃，具有更高的燃烧速度及燃烧强度，容易出现制粉系统爆燃及燃烧器烧损等问题）。试验结果表明，为防止燃烧器烧损，必须大幅度调整煤粉细度，使煤粉颗粒变粗，同时要减弱燃烧器二次风旋流强度使其接近直流气流。在这种工况下，基本可以保证燃烧器的安全，但锅炉效率明显降低，飞灰可燃物从掺烧前的 3%升至 7%，锅炉效率明显下降。因此，对该锅炉来讲，采用炉前预混方式掺烧烟煤比例的上限在 40%左右，最好控制在 30%以下。

炉前预混掺烧试验结束后，开始进行分磨单烧烟煤试验。在试验期间，保持锅炉负荷大于 90%BMCR。考虑到炉膛下部温度较低，为便于控制燃烧器出口着火距离，从前墙下层燃烧器开始进行烟煤单烧试验（折合全炉掺烧量约 20%），然后逐步过渡到前、后墙中层燃烧器（折合全炉掺烧量约 40%），最后到前、后墙中层燃烧器和前墙下层燃烧器（折合全炉掺烧量接近 60%）。

在试验过程中，对单烧烟煤的制粉系统及燃烧器进行了大幅度的调整，包括降低二次风旋流强度、调整一次/二次风配比、调整总风量、调整煤粉细度及浓度、降低制粉系统出口温度、增加燃烧器冷却风等。通过调整，基本保证了燃烧器及制粉系统的安全，同时也保证了锅炉运行的经济性。在中、下层 3 台磨煤机单烧烟煤的工况下，实测锅炉效率为 93.03%，接近锅炉设计效率 93.65%。飞灰中碳的质量分数为 2%，比全烧贫煤时低 1 个百分点。

试验结果表明，分磨单烧方式与炉前预混方式相比，可明显提高掺烧比例，考虑到增加掺烧比例也能提高全厂运行经济性，因此，该锅炉机组采用分磨单烧方式掺烧烟煤是比较合适的。

电厂配煤掺烧的效益十分明显，掺烧的煤种通常比原有煤种价格低 30～50 元，2 台 300MW 机组一年可以增加千万元以上的效益。

3. 配煤的机械实现方式

配煤机械化的管理要求：

（1）加强和主要煤源公司的沟通，如实掌握每天来煤的煤量及热值，坚持每天做好市场、煤源调查分析，及时掌握周边电厂进煤价格及煤窑生产、销售情况，对煤炭供需情况做到心中有数，对不同煤质主要参数做到胸有成竹。

（2）分析市场情况，配合购进一些价格便宜、热值较低的地方煤，按照量化对标的要求，及时算账，合理控制标煤单价。

（3）根据本厂机组锅炉燃烧和发电负荷情况，科学做好国矿、地方煤的购进比例，做好高热值和低热值的购进比例。

（4）根据热值的高低合理安排来煤储存地点，把不同煤种、不同热值的原煤分类存放，做好详细记录；配煤专工对煤场储煤的煤种、煤量、热值应了如指掌，做到指挥得当。

（5）坚持跟踪分析，对前一天的配煤效果进行研究，不断总结经验，及时改进。

（6）配煤管理人员积极加强与煤控运行的沟通，根据电量、负荷情况适时调整配煤比例，确保配煤成本最低。

电厂配煤不同于动力配煤场，不必要添置大量的专门设备建设全新的配煤生产线。同时电厂配煤的指标要求也与动力配煤场有很大差别，火电厂配煤煤种相对较少，配比控制范围相对宽松，混煤的均匀度要求也相对低一些，这都与电厂用煤的特点、现场条件和投入等多方面因素有关。电厂配煤的方式如下：

1）堆混。堆混需要足够的场地、大型堆料机械，特别是堆混的方法操作比较复杂，对操作工的技术要求很高，消耗动力大，堆混时间长。但堆混也可以遵循简单的操作，这就是利用铲车等大型机械进行简单的堆混，这种情况比较常见，这是国内电厂目前最常应用的方法，但主要是针对临时性的混配需要，特别是混配数量有限时经常采用，不太可能对大量燃煤进行长期性的混配，因为这样的工作量太大。

2）抓斗混。此法只适用于设有门式抓煤设施的电厂，各煤种的抓斗数量依据预定的混配比确定。如甲、乙两种煤混合，确定其配比为 1∶2，则应抓一斗甲煤，抓两斗乙煤，混合均匀后，再用抓斗转移到专用煤场中备用。

3）皮带混。在上煤过程中，用两套输煤设备，按所需要的比例，分别取两种煤，在下一级输煤皮带上汇合，进入原煤斗之前将煤混配好。这是最实际可行、经济灵活的方法。混合常利用进入煤斗前的各个自然流通环节实现混煤，也可专门改造，设置混合装置。

4）挡板混。通过调整煤斗挡板开度，来调节输煤皮带的出力，从而达到该煤种单位时间内的预定送煤量，如甲、乙两煤种需按 1∶3 混配，则预先分别调节好甲、乙两煤斗挡板开度，使其皮带输煤量为 1∶3，以达到预定的配煤比，也是目前常见的方法之一。

5）自动配煤。国外已推广一种自动配煤系统（如 CBAS 系统），国内许多单位也开发了此类系统。自动配煤系统主要由计量料斗、煤质在线检测装置、电气控制和若干输煤皮带组成。在配煤过程中，可依据煤质在线检测装置测量的煤质参数调节料斗给煤速度，以达到预先选定的煤质要求，该系统配煤均匀性好，配煤质量高。

6）单个磨煤机配煤。磨煤机配煤就是多数磨煤机仍磨常规煤，其中 1 台或 2 台磨劣质煤。目前常用的配煤方式就是磨煤机配煤，这种方式简单，运行人员控制操作容易，并且避免了因为掺配后，所有磨煤机出口温度降低的问题，提高了锅炉燃烧的经济性。

五、煤种掺混后煤质参数变化计算原理

对动力煤而言，比较重要的煤质指标有发热量、挥发分、灰分、硫分、水分、煤灰熔融性和结焦性。掺混后煤质变化参数计算原则如下：

（1）一般而论，煤的灰分、硫分和水分均具有较好的直线可加性，在进行配煤方案计算时，按各单煤的配比对其进行加权平均计算不会产生过大的误差。因此这三种指标可以直接按其质量进行加权平均计算。

（2）煤的发热量和挥发分也具有相对较好的直线可加性，但实践表明：配煤的实测发热量一般高于其计算值，配煤的实测挥发分低于计算值。

（3）试验表明，配煤后煤灰熔融性温度与单煤并不呈线性关系。因为不同品种煤所含矿物质各不相同，在高温下发生复杂的物化反应，形成各种复杂的氧化物，导致灰熔融温度成非线性变化。对煤灰熔融性温度 ST 采用了目前比较成熟的、应用较多的回归公式进行计算。煤灰熔融性温度计算公式分别如下：

1）当 $SiO_2 \leqslant 60\%$，且 $Al_2O_3 > 30\%$时：

$$ST = 69.94SiO_2 + 71.01Al_2O_3 + 65.23Fe_2O_3 + 12.16CaO + 68.31MgO + 67.19a - 5485.7$$

2）当 $SiO_2 \leqslant 60\%$，且 $Al_2O_3 \leqslant 30\%$，$Fe_2O_3 < 15\%$时：

$$ST = 92.55SiO_2 + 97.83Al_2O_3 + 84.52Fe_2O_3 + 83.67CaO + 81.04MgO + 91.92a - 7891$$

3）当 $SiO_2 \leqslant 60\%$，且 $Al_2O_3 \leqslant 30\%$，$Fe_2O_3 \geqslant 15\%$时：

$$ST = 1531 - 3.01SiO_2 + 5.08Al_2O_3 - 8.02Fe_2O_3 - 9.69CaO - 5.86MgO - 91.92a$$

4）当 $SiO_2 > 60\%$时：

$$ST = 10.75SiO_2 + 13.03Al_2O_3 - 5.82Fe_2O_3 - 5.88CaO - 10.28MgO + 3.75a + 453$$

以上各式中，$a = 100 - (SiO_2 + Al_2O_3 + Fe_2O_3 + CaO + MgO)$

（4）结焦性可以根据煤灰熔融性温度 ST 和碱酸比 J 两个指标共同判断，煤质结焦性判断标准见表 8-3。其中碱酸比 J 的计算公式为

$$J = (Fe_2O_3 + CaO + MgO + K_2O + Na_2O)/(SiO_2 + Al_2O_3 + TiO_2)$$

表 8-3　各因素结焦性倾向判断标准

结焦性	煤灰熔融性温度 ST（℃）	碱酸比 J
严重	<1260	>0.40
中等	1260～1390	0.40～0.206
轻微	>1390	<0.206

例如，煤种 1 和煤种 2 的煤质特性（干燥基）分析见表 8-4。根据煤质变化参数计算原则，对于掺混后煤质特性：发热量、挥发分、灰分、硫分、水分，可以通过两种煤的相应参数的加权平均数得到；而对于炉内结焦情况影响最大的煤灰熔融温度，则需要通过多元回归方法进行计算。计算结果见表 8-5。

表 8-4　煤种 1 和煤种 2 的煤质特性（干燥基）分析情况

煤种	V_{ad}（%）	$Q_{gr,ad}$（MJ/kg）	ST（℃）	SiO_2（%）	Al_2O_3（%）	Fe_2O_3（%）	CaO（%）	MgO（%）	TiO_2（%）	K_2O+Na_2O（%）	J
煤种 1	25.6	26.6	1250	64.03	20.5	5.97	5.75	0.35	0.9	0.63	0.15
煤种 2	25.3	23.3	1390	55.3	18.9	14.6	2.34	0.90	0.79	1.60	0.26

表 8-5　煤种 1 和煤种 2 掺混后的煤质特性（干燥基）计算值

掺混比例	V_{ad} (%)	$Q_{gr,ad}$ (MJ/kg)	ST (℃)	SiO_2 (%)	Al_2O_3 (%)	Fe_2O_3 (%)	CaO (%)	MgO (%)	TiO_2 (%)	K_2O+Na_2O (%)	J
8∶2	25.54	25.94	1344	62.28	20.18	7.70	5.07	0.46	0.88	0.82	0.17
7∶3	25.51	25.61	1354	61.411	20.02	8.56	4.73	0.52	0.87	0.92	0.18

从表 8-4 和表 8-5 可以看出，掺混后对于结焦有一定的预防作用。

六、配煤特性实例

1. 试验数据

浙江大学曾对华东地区常用的 10 个煤种按 3 煤种组分以不同比例配置后的混煤，进行了挥发分、发热量、着火特性、燃烧特性、结渣特性及污染物排放特性进行了系统试验研究。试验所用煤种和混煤样的有关煤质特性试验数据见表 8-6。

表 8-6　试验煤种和混煤的试验数据

煤样名称及比例	M_{ad} (%)	A_{ad} (%)	V_{ad} (%)	FC_{ad} (%)	Q_{netad} (kJ/kg)	FC/V_{ad}	着火温度 (℃)
兖州烟煤	1.06	20.46	31.53	46.94	23 918	1.489	499
乐陵烟煤	1.88	19.21	35.88	43.01	24 253	1.199	481
潞安贫煤	2.87	18.12	16.62	62.39	27 251	3.754	550
淮南烟煤	1.94	30.36	29.44	38.36	20 314	1.299	506
长广烟煤	1.58	37.95	29.16	31.30	19 022	1.073	523
萍乡贫煤	1.69	39.68	15.07	43.56	18 575	2.890	559
大屯烟煤	1.82	40.92	23.37	33.89	18 290	1.450	506
新汶烟煤	1.97	22.35	31.11	44.56	22 873	1.432	509
枣庄烟煤	1.34	38.33	27.97	32.35	18 947	1.157	530
义马烟煤	3.84	23.42	31.47	41.21	20 498	1.309	466
萍 28 义 20 兖 52	2.73	24.71	26.20	46.36	22 438	1.769	499
萍 20 义 40 兖 40	3.59	23.71	27.71	44.99	22 204	1.624	491
萍 20 新 35 兖 45	1.37	23.78	28.55	46.30	23 613	1.622	491
义 30 兖 30 潞 40	3.26	19.87	24.38	52.49	24 855	2.153	508
枣 30 乐 30 潞 40	1.96	24.43	23.19	50.42	24 667	2.174	506
枣 20 乐 30 潞 50	1.38	22.69	22.89	53.34	25 621	1.989	520
萍 35 义 40 兖 25	2.45	27.86	24.13	45.56	22 167	1.694	494
萍 50 义 30 兖 20	2.45	28.19	23.37	45.90	21 786	2.890	496
萍 20 义 50 兖 30	3.86	25.01	26.44	44.69	21 749	1.636	472
萍 40 淮 40 新 20	1.24	30.66	24.45	43.65	21 937	1.915	493
萍 33 枣 33 义 33	1.25	33.90	20.97	43.88	21 297	1.861	512
萍 60 兖 20 乐 20	1.24	31.11	22.63	45.02	21 406	1.964	509
大 20 萍 35 乐 45	1.61	30.02	25.46	42.91	21 100	1.690	506
萍 35 长 25 兖 40	1.29	30.94	25.16	42.61	21 907	2.093	507
大 35 淮 20 潞 45	1.37	28.27	26.69	43.67	23 070	1.514	513

2. 试验结论

分别对试验煤种及三组分混煤进行工业分析和发热量测定（见表8-6），然后用单煤种挥发分、发热量分析数据按混煤的掺混比例计算出其加权平均挥发分 V'_{ad} 和发热量 $Q'_{net,ad}$，做出实测值与计算值的关系曲线，发现实测值与计算值虽有一定差异，但具有良好的线性关系，经回归计算，其线性关系式为

$$V_{ad}=1.0899V'_{ad}-3.10$$

$$Q_{net,ad}=0.9460Q'_{net,ad}+2166$$

式中 V_{ad}——混煤实测的空气干燥基挥发分，%；

$Q_{net,ad}$——混煤实测的空气干燥基低位发热量，kJ/kg；

V'_{ad}——混煤计算的空气干燥基挥发分，%；

$Q'_{net,ad}$——混煤计算的空气干燥基低位发热量，kJ/kg。

（1）挥发分。试验表明混煤的实际挥发分小于按单煤种加权平均计算的挥发分。挥发分低的煤种比例越大，混煤的实际挥发分减少越多，也就是说，配煤不当会使混煤实际的挥发分部分地减少，造成着火困难，燃烧不稳定。

（2）发热量。不同煤质按各种比例混合后，实测空气干燥基低位发热量要比按加权平均计算的发热量大一些，其增加的值随发热量的降低而增大。在相同燃烧条件下，可以提高燃尽度，所以配煤具有节能的效果。

（3）着火特性。煤的固定碳与挥发分的比值（FC/V_{ad}）称为燃料比，它是判断煤的燃烧性能的指标，燃料比越小，说明煤的固定碳含量越低，煤的着火越容易，燃烧性能越好。一般认为燃料比（FC/V_{ad}）<4.0 时，煤的着火性能越好，易燃；（FC/V_{ad}）>9.0 时难燃；$4\leqslant$（FC/V_{ad}）$\leqslant 9.0$ 时煤的着火和燃尽度属于中等。

着火特性与燃料比有直接的关系，混煤的着火温度 t_i 与燃料比的回归关系式为

$$t_i=33.24\times(FC/V_{ad})+439.7℃$$

组分煤种的燃料比小且比例接近时，则混煤的着火较为容易；组分煤种的燃料比大的煤种掺量过多，则混煤对着火不利。

（4）混煤 SO_2 排放特性。试验证明混煤中实测硫含量与掺配单煤硫分加权平均计算的硫含量具有很好的相关性，通过在高硫煤中掺配低硫煤，能降低二氧化硫的排放量。

七、燃煤机组掺烧非设计煤分析

为适应煤炭市场变化，尽量缩减燃煤采购费用，很多燃煤发电企业掺烧非设计煤种，这在降低了燃煤采购单价的同时，也给机组运行的安全性、可靠性和经济性指标带来一定的影响。相对于设计煤种而言，经济煤种标煤单价低，可以降低燃料成本；但相比原设计煤种，经济煤种往往表现为热值低、水分和硫分高、灰分高或难研磨等情况，导致原煤耗量上升，锅炉效率下降，厂用电率上升，设备检修维护、脱硫成本和排污费用增加等。正确评价不同区域机组锅炉掺烧非设计煤后所带来的影响，对于指导电厂的燃煤采购和确定入炉煤控制方案十分重要。其掺烧原则是：

（1）设计燃用无烟煤的锅炉宜采用贫煤作为掺烧煤，也可掺烧部分烟煤，不宜以褐煤作为掺烧煤。

（2）设计燃用贫煤的锅炉宜采用无烟煤、烟煤作为掺烧煤，不宜以褐煤作为掺烧煤。

（3）设计燃用烟煤的锅炉宜采用贫煤、褐煤作为掺烧煤，不宜以无烟煤作为掺烧煤。

（4）设计燃用褐煤的锅炉宜采用烟煤作为掺烧煤，不宜以无烟煤、贫煤作为掺烧煤。

（5）应根据煤质、设计参数、锅炉和煤场掺混条件确定混煤煤种和不同煤的掺烧比例，应通

过现场试烧确定最佳掺烧方案。

（6）配煤煤质使燃煤锅炉达到最佳燃烧工况（效率最佳）。

（7）选用煤种适应煤炭市场变化（价格适中）。

（8）控制燃煤灰熔融性及黏污性（安全可靠）。

（9）控制污染物排放浓度（环保达标）。

（一）燃煤火电机组掺烧非设计煤种分类及主要影响

掺烧非设计煤种的情形大致分类如下：

1. 烟煤锅炉掺烧中等水分褐煤或印尼煤

浙江、江苏、福建、广东沿海地区的电厂以相对较低的价格采购到褐煤，对于按烟煤配置的燃烧和制粉系统，其不加改动就能适应部分褐煤掺烧的要求。为不过分降低入炉煤热值和制粉系统干燥出力，保证机组带负荷的要求，多掺烧中等水分的褐煤；此外印尼煤水分较高，灰分较低，热值较高，价格相对便宜，因此也成为重点掺烧对象。一般情况下所掺褐煤和印尼煤硫含量和灰分都比较小，基本上不会过量增加脱硫系统的负荷，对锅炉燃烧稳定性、对流受热面的磨损影响都比较小。

此类掺烧目前主要存疑的问题是：褐煤标煤单价虽然较低，但存在锅炉燃烧后烟气量较大，排烟温度上升，导致锅炉效率有所下降；同时制粉系统耗电率增大，影响机组供电煤耗和最终的经济指标，使得褐煤单价降低带来的好处打了折扣，也就相当于变相提高了燃煤采购单价。因此，对于烟煤机组掺烧褐煤这种非设计煤存在一个临界标煤价差，如果采购褐煤的标煤单价小于烟煤单价与临界标煤价差的差值，就表明掺烧能获利，否则为亏损。

为了减少掺烧中等水分褐煤和印尼煤导致锅炉效率降低的倾向，锅炉运行中应注意以下几点：

（1）高挥发分褐煤和印尼煤极易燃烧，飞灰含碳量很低，同时其灰分一般较低，机械未完全燃烧损失极低；因此，在保证燃烧完全的前提下可控制较低的过量空气系数，减少燃烧后的实际烟气量，降低因增加理论空气量对排烟损失的影响。必要时在锅炉省煤器出口装设CO测点，作为监控燃烧实际空气量的依据，以降低排烟损失和引、送风机电耗。

（2）对于制粉系统干燥出力裕量较大的机组，适当掺烧高水分的褐煤会减少制粉系统冷风的掺入量，降低空气预热器出口排烟温度，降低排烟损失。根据不同煤种挥发分含量，适当提高磨煤机出口温度，也可达到同样的目的。

2. 烟煤锅炉掺烧高水分褐煤、高灰分洗中煤或极低热值泥煤

东北、内蒙古一带富含褐煤资源，有大量高水分低热值褐煤，或煤炭加工后剩下的高灰分低热值洗中煤和热值很低的泥煤资源。这些地区经济欠发达，上网电价低，加上装机容量过剩，机组年利用小时数偏低。由于平时机组带高负荷时间少，因此这一地区电厂多掺烧价格便宜的高水分、低热值褐煤，有条件的掺烧热值更低的洗中煤和泥煤，总体入炉煤热值偏低（约14 600kJ/kg）。

锅炉掺烧高水分、低热值的褐煤、洗中煤和泥煤后，排烟温度和烟气量上升较多，导致锅炉效率严重下降。此外洗中煤和泥煤灰分含量高，带来制粉系统和受热面磨损严重等问题，检修成本明显提高。如果掺烧的泥煤脱水不充分，制粉系统内燃料黏性大，容易出现蓬煤、断煤的情况，加上燃料热值低，导致机组负荷临时急剧下降、锅炉燃烧不稳和投油助燃情况发生，造成机组不能正常发电与供热，最终机组可靠性、经济性指标都变差。此外，由于入炉煤热值低，影响机组带高负荷能力。这些情况表明，机组锅炉掺烧高水分褐煤、洗中煤和泥煤，最终的利弊评价不能单视采购标煤单价的高低，而应结合机组的安全性、可靠性和经济性指标统一考虑。

3. 贫煤锅炉掺烧性质各异的烟煤

长江中下游沿江附近地区电厂锅炉原设计燃烧山西一带贫煤，贫锅炉在炉膛、燃烧系统和制粉系统选型和设计方面都根据贫煤煤质特点，因此在燃烧烟煤和褐煤时带来了一系列的问题。主要表现在：一是制粉系统防爆性能大大下降，发生自燃、爆炸的情形大大增加；二是为增加制粉系统的防爆能力，大量掺入冷风以降低磨煤机出口温度，为防止燃烧器喷口烧损，一次风系统掺入冷风，这些措施导致了锅炉排烟温度上升幅度较大；三是贫煤和烟煤的混烧降低了炉膛的燃烧温度，使得锅炉飞灰可燃物增加；四是由于掺烧烟煤和褐煤后，炉膛结渣、燃烧器烧损的情况趋于严重。上述情况使得机组的安全性、可靠性和经济性指标都受到较大的影响。

4. 烟煤和贫煤锅炉掺烧难燃无烟煤或高灰分小窑煤

这主要指一些原设计燃用优质烟煤或贫煤的锅炉掺烧了难以燃尽的、挥发分很低的无烟煤，或掺烧灰分很大的燃烧性质较差的当地小窑煤。这两种煤往往还存在可磨性较差，运行煤粉细度被迫提高的情况。锅炉掺烧后，飞灰可燃物急剧上升，从原设计的2～4个百分点，陡然增加5～8个百分点，使得锅炉不完全燃烧损失明显增加，以致锅炉效率下降2～3个百分点。由于此类煤的燃尽性能差，飞灰含碳量增大，影响了粉煤灰的销售，同时飞灰颗粒较粗，硬度变大，锅炉尾部受热面的磨损情况变得严重。此类煤的着火情况不好，大量掺烧后锅炉燃烧稳定性变差，锅炉低负荷灭火情况时有发生，助燃油消耗巨大。锅炉掺烧非设计的无烟煤和高灰分小窑煤，燃烧安全性成为首要考量的因素，且对锅炉燃烧的经济性影响也不容忽视，因此应尽量禁止这种掺烧方式。

5. 原设计燃烧低硫煤锅炉掺烧高硫煤

锅炉燃烧高硫煤后，导致锅炉水冷壁高温腐蚀趋于严重，每年水冷壁减薄趋势加快，锅炉水冷壁爆管的可能性增加，锅炉检修换管的概率大大提高，增加了检修费用和检修时间。此类煤的燃用，使得脱硫费用大幅度提高，甚至现有脱硫系统难以满足指标要求。多数情况下，电厂需要根据煤场存煤情况合理地掺烧，以最终满足机组出力和脱硫考核的需要。在这种情况下，高硫煤的存在影响了其他煤种的采购，由于不同煤种的经济性影响不能单视煤价而论，高硫煤对最终燃煤综合经济性的影响是多方面的。

由于燃煤硫分高，部分机组脱硫效率不能满足环保监管要求，浆液管道磨损腐蚀严重，二氧化硫排放浓度超标，脱硫系统耗电率升高。部分机组脱硫系统还需要进行增容改造，给电厂经营带来压力。

6. 无烟煤锅炉掺烧难燃煤泥

我国在20世纪90年代初引进了2台W型火焰锅炉，安装在华能上安电厂。随后，W型火焰锅炉在我国得到了广泛的应用。W型火焰锅炉由于采用了煤粉浓缩、长火焰、分级送风燃烧、敷设卫燃带等技术措施，有利于燃料的着火、火焰的稳定及燃料的燃尽，从而使该类型锅炉在煤种适应性、低负荷稳燃能力、飞灰燃尽率等方面的优势大大提高，成为目前我国燃烧无烟煤的主要选择。然而，由于受煤炭市场等多方面的影响，目前国内多数W型火焰锅炉所烧的煤种严重偏离设计煤质，加上锅炉自身设计上的不足，导致W型火焰锅炉在运行过程中存在着各种各样的问题。如阳城电厂2×600MW机组锅炉采用东方锅炉厂引进美国F.W公司的技术设计生产的DG2060/17.6-Ⅱ3W型火焰锅炉，设计煤质的干燥无灰基挥发分为7.14%，收到基灰分为19.09%，收到基低位发热量为24 210kJ/kg。掺烧煤泥的挥发分和设计煤种接近（10.01%），但热值较低（14 921kJ/kg），灰分较大（41.79%）。经过锅炉掺烧试验，出现以下问题：锅炉出力下降，机组达不到额定负荷，经常投油枪接带负荷；锅炉效率降低2个百分点，主要原因为排烟温度升高，减温水量增大，飞灰及底渣含碳量增加；制粉系统电耗增加；炉内燃烧不稳，经常需要投油助燃，试验2个月，锅炉助燃用油量达166t，占全年用油量的75%；炉膛结渣情况严重，受热面严重超温，且多次出现垮焦现象。由于掺烧煤泥后，锅炉燃烧的安全性和经济性同时大大降低，不得不放弃此掺烧方式。

7. 无烟煤锅炉掺烧烟煤

仍以阳城电厂2×600MW机组W型火焰锅炉为例，掺配烟煤后，锅炉燃烧的稳定性大大增强，炉膛压力波动频率和幅度减缓，锅炉助燃用油量大幅下降。但是掺配烟煤比例越大，锅炉结焦越严重。在烟煤比例维持在30%时，高负荷时锅炉掉焦明显增多，原因是：负荷越高，炉膛温度越高，锅炉结焦越严重。低负荷时，炉膛温度较低，锅炉结焦减缓；掺烧烟煤后，混煤的灰熔点趋向烟煤，灰熔点大幅降低，而炉膛温度趋向无烟煤，炉膛温度较高，熔融的灰粒撞击到水冷壁，形成结焦；尤其是炉膛四角C1、C4、D1、D4燃烧器距离锅炉翼墙较近，极易造成火焰贴墙结焦。因此对于无烟煤锅炉掺烧烟煤，建议如下：

（1）关闭锅炉四角火嘴C1、C4、D1、D4，避免火焰冲刷翼墙而造成结焦。

（2）通过技术改造，除去部分炉膛卫燃带，降低炉膛温度，特别是水冷壁附近温度，使熔融的灰粒得到冷却，减少结焦的几率。

（二）燃煤煤质差对机组能耗指标的影响量

某300MW机组锅炉为东方锅炉厂生产的DG1065/18.2-Ⅱ6型亚临界、自然循环、一次中间再热汽包锅炉。锅炉设计煤种为烟煤，采用5套中速直吹式制粉系统，每套制粉系统实际最大出力约为40t/h。锅炉燃烧器为四角布置、切向燃烧、百叶窗式水平浓淡直流燃烧器。机组设计燃煤热值为18.85MJ/kg，实际运行燃煤热值约为15.42MJ/kg。为了解实际运行燃煤对机组运行经济性的影响，分别燃烧燃煤热值为19.25MJ/kg（接近设计燃煤热值）和燃煤热值为15.42MJ/kg的煤种，进行了对比试验，试验结果见表8-7。偏离设计煤种时，发电厂用电率平均增加了0.58个百分点，供电煤耗平均增加了4.5g/kWh。长期以来由于实际燃烧煤种偏离设计值，煤质较差，导致机组煤耗较高外，还使设备磨损加重，增加了检修成本及检修工作量；除灰、除渣系统及电除尘器出力明显不足；脱硫系统GGH经常堵塞，脱硫系统不能正常运行等。

表8-7　两种不同热值燃煤的试验结果

机组负荷（MW）	煤质（燃煤热值19.25MJ/kg）			煤质（燃煤热值15.42MJ/kg）			能耗指标差值		
	厂用电率（%）	发电煤耗率（g/kWh）	供电煤耗率（g/kWh）	厂用电率（%）	发电煤耗率（g/kWh）	供电煤耗率（g/kWh）	厂用电率（%）	发电煤耗率（g/kWh）	供电煤耗率（g/kWh）
150	9.62	354.3	392.1	10.17	357.4	397.9	0.55	3.1	5.8
225	8.46	332.6	363.3	9.10	334.2	367.7	0.64	1.6	3.1

第九章 火电厂燃油的综合管理

第一节 火电厂燃油和燃气特性

燃料是一种可燃烧的物质，通过化学或物理反应（或核反应）释放出能量，燃烧时产生热量和动力。现代燃料主要是煤炭、石油、天然气、铀、钍、氘、氚等。燃料的用途除用于运输、动力、取暖及生活外，已逐渐由单纯作燃料进入到重要工业领域，广泛应用于石油、化工、纺织等行业。燃料是工业的粮食，是各种动力的源泉。燃料按来源可分为天然燃料和人工燃料。锅炉燃料可分为固体燃料、液体燃料和气体燃料。固体燃料主要以煤为主，液体燃料以原油、重油和柴油为主，气体燃料以煤气和天然气为主，燃料具体分类见图 9-1。

- 锅炉燃料
  - 固态燃料
    - 煤：无烟煤、贫煤、烟煤、褐煤
    - 油母页岩
    - 木柴
  - 液体燃料
    - 石油：天然石油、人造石油
    - 石油制品：汽油、煤油、柴油、燃料油
  - 气体燃料
    - 天然气：气田气、油田气、煤田气
    - 人工气体：液化石油气、焦炉煤气、高炉煤气、沼气

图 9-1 燃料的分类

一、气体燃料

气体燃料是由多种可燃与不可燃气体成分组成的混合气体，按照燃气的获得方式分为天然气体燃料和人工气体燃料两大类。气体燃料是一种重要的、污染小的能源，也是一种重要的化工原料。

1. 天然气体燃料

天然气体燃料简称天然气。天然气体是存在于地下岩石储集层中以烃为主体的混合气体的统称，包括油田气、气田气、煤层气、泥火山气和生物生成气等，主要成分为甲烷（CH_4）以及少量的烷烃（C_nH_{2n+2}）、烯烃（C_nH_{2n}）、硫化氢、CO_2、氧气和氮气等，其中甲烷占 80%～90%。

气田气是储集在地下岩石孔隙和裂缝中，直接从天然气井开采出来的气体，气田天然气的主要成分是甲烷，体积分数 90%左右，还含有少量的乙烷、丙烷、丁烷和非烃气体。由于甲烷含量高，影响了火焰的传播，所以燃烧速度较低。我们通常所说的天然气实际上就是指气田气，它比油田气埋藏得更深。气田气具有较高的热值，标准状态下低位热值为35 000～39 000kJ/m^3。

油田气是与原油共存的或是石油开采过程中压力降低析出的气体，因此又称为油田伴生气。主要成分是甲烷，体积分数 80%左右，还含有少量的烃类。标准状态下油田气低位热值为 39 000～44 000kJ/m^3，其低位发热量一般高于气田气，标态下油田气低位热值为39 000～44 000kJ/m^3，燃烧速度与气田气差不多。

煤田气是在煤矿井的采煤过程中，从煤层或岩层内释放出的可燃气体，通常称为煤层气或矿井气（俗称瓦斯）。这种气体不仅有爆炸的危险，而且对人类有窒息作用，因此开采困难。煤田气可燃成分甲烷的体积分数约为 50%，其余为氢气、氧气和二氧化碳。煤田气热值低，标态下低位热值为 13 000～19 000kJ/m^3。

2. 人工气体燃料

世界天然气产量中，主要是气田气和油田气。对煤层气的开采，现已日益受到重视。由于天然气是重要的化工原料，只有少数电厂用其作点火燃料。除天然气体外，高炉煤气、炼焦煤气、

液化石油气等均为人工气体燃料。人工气体燃料是以煤、石油产品或各种有机物为原料，经过加工而得到的气体燃料。

我们常说的煤气是指由煤、焦炭、半焦等固体燃料与燃料油等液体燃料经过干馏或汽化等过程所得到的可燃气体，包括焦炉煤气、高炉煤气和其他煤气。

高炉煤气是高炉炼铁过程中从高炉炉顶逸出来的副产品。高炉每消耗1t焦炭产生3800～4000m^3高炉煤气。其主要的可燃物成分一氧化碳的体积分数约为30%，还含有极少量的氢气和甲烷。由于含有大量的氮气和二氧化碳，高炉煤气的热值非常低，标态下低位热值约为3500kJ/m^3。由于一氧化碳含量较高，使高炉煤气具有毒性，使用时必须注意防止煤气中毒。

炼焦煤气又叫焦炉煤气，是煤在炼焦炉的炭化室内进行高温干馏时分解出来的燃气。1t煤在炼焦过程中可产生300～340m^3焦炉煤气。煤气的组成随着炉内的干馏温度和炭化时间不断变化，因此其出炉煤气的成分很复杂，包括主体部分、焦油露、水蒸气和各种杂质。作为工业和民用燃料的焦炉煤气，必须经过清除焦油露、氨、苯类、萘以及硫化物等杂质的净化处理。它的可燃成分有氢，体积分数约60%，甲烷体积分数约25%。标准状态下其低位热值为15 000～25 000kJ/m^3。炼焦煤气含氢量高，具有易燃性，燃烧速度较高，使用时应注意防止爆炸。

液化石油气是在气田、油田的开采中，或是从石油炼制过程中获得的部分气态碳氢化合物。液化石油气主要可燃成分是丙烷（C_3H_8）、丁烷（C_4H_{10}）、丙烯（C_3H_6）和丁烯（C_4H_8），在常温下以气态形式存在。在常温下对碳氢化合物加压超过0.8MPa，碳氢化合物中的有效气体（C_3、C_4组分）转化为液态，从而获得液化石油气。液化石油气热值很高，标准状态下气态液化石油气低位热值为90 000～120 000kJ/m^3，液态液化石油气低位热值为45 000～46 000kJ/m^3。

气体燃料发热量之所以差别很大，主要原因是各种气体燃料的可燃成分所占的比例差别很大，发热量最高的液化石油气，可燃成分为100%，而高炉煤气的可燃成分为30%左右；第二个原因是各种气体燃料中的可燃成分的发热量差别很大，液化石油气中的C_2H_6和C_3H_8发热量高达69 220kJ/m^3和93 630kJ/m^3，而高炉煤气中的CO的发热量仅为12 636kJ/m^3。我国部分气体燃料特性见表9-1。

表9-1　　我国部分气体燃料特性

气体种类	气体平均成分（%）								标态密度（kg/m^3）	低位热量（kJ/m^3）
	CH_4	C_3H_8	C_4H_{10}	H_2	CO	CO_2	H_2S	N_2		
气田气	97.42	0.16	0.03	0.08	0.50	0.52	0.03	0.76	0.744	35 600
油田气	83.18	3.25	2.19			0.83		3.84	0.750	38 270
煤田气	52.4					4.6		36.0	1.017	18 768
液化石油气	—	50	50						2.350	104 670
高炉煤气	0.3		0.2	2.3	27	11		58	1.355	3678
水煤气	1.0			52.5	30.5	10.5		5.5	1.048	10 957
炼焦煤气	23.4			59.2	8.6	2.0		3.6	0.468 6	17 589

天然气中主要的有害杂质是CO_2、H_2O、H_2S和其他含硫化合物。因此天然气在使用前也需要净化，即脱硫、脱水、脱二氧化碳、脱杂质等。从天然气中脱除CO_2和H_2S一般采用醇胺类溶剂，脱水一般采用二甘醇、三甘醇和四甘醇等，也可采用多孔性的吸附剂，如活性氧化铝、硅胶等。为了充分发挥运输工具的运输能力，必须液化天然气和液化石油气，以便减少运输体积。液化天然气（Liquefied Natural Gas）简称LNG，一般在大气压力下将天然气降温到－162℃变为液态装运。液化后的天然气可以大大减少体积，约为气态体积的1/600。液化天然气无色，密度

小为0.47～0.53t/m³，热值高，天然气与空气混合后的气体容易爆炸，其爆炸极限为5.3%～14%。而液化石油气（Liquefied Petroleum Gas）简称LPG，密度较大，无味无毒，石油气液化后的体积为气态体积的1/200～1/300。

二、石油的组成

原油是用量仅次于煤的化石燃料，原油是古生物长期埋藏地下随着地壳的变迁，在一定压力和温度下形成的，它是几千种碳氢化合物的混合物。石油是指从地下岩层中开采出的原油及经过加工提炼的石油制品的统称，它是一种可燃液体，包括天然原油、人造原油和原油加工品。它的基元组成为烃，由碳、氢、氧、氮、硫五种元素以及灰分和水分所组成。用质量百分数来表示为

$$C+H+S+O+N+A+M=100\%$$

碳和氢是燃油的主要可燃元素，其中碳含量为83%～87%，氢含量为11%～14%，氧含量为0.1%～2.0%，硫含量可高达5.3%，氮含量一般不超过2.2%。由于石油中含碳、氢量很高，因此石油的发热量也高，其收到基低位发热量为37.36～43.90MJ/kg。燃油的发热量差别很小，主要原因是燃油中的可燃元素碳和氢之和高达97%以上，而且各种燃油的碳和氢元素含量差别也很小。某些燃油成分和指标见表9-2。

表9-2 某些燃油成分和油质

元素 / 油源	C_{ar}（%）	H_{ar}（%）	N_{ar}（%）	S_{ar}（%）	A_{ar}（%）	M_{ar}（%）	凝点（℃）	ρ_{20}（kg/m³）	$Q_{net,ar}$（kJ/kg）
大庆原油	86.5	12.56	0.37	0.17	0.01	1.02	23	930.0	42 291
胜利原油	86.82	11.16	0.7	1.32	0.03	1.40	48.5	989.5	41 081
大港原油	86.69	12.7	0.12	0.29			41	949.6	42 504
大庆重油	87.57	12.26	0	0.17	0.01	0.20	38	916.2	42 341
胜利重油	85.78	11.72	0.34	1.32	0.04	1.30		965.6	41 303
大港重油	87.91	11.91	0	0.18			38	920.2	42 144
页岩渣油 NO1				0.122	0.013 8		40		
页岩渣油 NO2				0.34	0.001 2		44.6	978.6	44 744
200号重油	83.98	12.23	0.2	1.0	0.026	2.0	36	0.92～1.01	41 860
100号重油	82.5	12.5	0.49	1.5	0.05	1.05	25		40 600
0号轻柴油	85.55	13.49	0.04	0.25	0.01	0.00	0		42 900

石油由许多组分组成，每一组分都各有其沸点。通过炼制加工，可以把石油分成几种不同沸点范围的组分。一般将沸点范围40～205℃的组分作为汽油；沸点范围180～300℃的组分作为煤油；250～350℃的组分作为柴油；350～520℃的组分作为润滑油或重柴油。

石油的炼制通常采用分馏法。其工艺是先将原油脱盐，以免分馏设备腐蚀。然后把脱盐原油加热到385℃左右，送至高30多米的常压分馏塔底。塔内设有许多层油盘。石油蒸汽上升时，逐层地通过这些油盘，并逐步冷却。不同沸点的成分便冷凝在不同高度的油盘上，并可按所需的成分用管子引出。塔底是不能蒸发的油渣、重油，中层是柴油等馏分，上层是汽油、石脑油等。常压塔底剩余的油再送到减压塔快速蒸发，使重油汽化，与沥青分离。

我国火电厂的燃料油分为助燃油和点火油。通常原油、重油和重柴油作为燃油，而轻柴油作为点火油。轻柴油是原油（从油井开采出来，没有经过加工炼制的石油称为原油）在一定温度下的常压直流馏分与深加工的柴油组分按一定比例调制而成，颜色呈淡黄，主要由C_{12}～C_{24}的烃类组成，馏程宽度260～360℃。重柴油是原油的常减压重质直流馏分或深加工中重质柴油组分，或与

轻质柴油组分调制而成，主要由C_{18}～C_{40}的烃类组成，馏程宽度350～450℃。重油是石油经炼制提炼出汽油、煤油、柴油、润滑油等产品后的残余物。而汽油、煤油、柴油通称为轻质燃料油。

三、石油的物理特性

1. 凝点

凝点是表征液体燃料逐渐冷却到液面不移动时的最高温度（有时我们还能看到石油倾点这个物理特性，倾点是表征液体燃料逐渐冷却到液面能够流动的最低温度）。凝点高低与油品中含石蜡的多少有关，一般含石蜡量高的比石蜡量低的凝点高。燃油的保管贮存、装卸运输都与凝点密切相关，凝点对我国寒冷地区特别具有实用意义。例如10号轻柴油凝点为10℃，在使用中应有预热设备；0号轻柴油凝点为0℃，适用于最低气温在4℃以上的地区使用；－10号轻柴油凝点为－10℃，适用于最低气温在－5℃以上的地区使用；－20号轻柴油凝点为－20℃，适用于最低气温在－5～－14℃的地区使用；－35号轻柴油凝点为－35℃，适用于最低气温在－14～－29℃的地区使用；－50号轻柴油凝点为－50℃，适用于最低气温在－29～－44℃的地区使用。

凝点的测定方法是：将试样装入试管中，并放在室温下静置，直到试样温度达到（35±1）℃为止，然后浸入装好冷却剂的容器中，冷却剂的温度要比试样的预期凝点低7～8℃，试管浸入冷却剂的深度不少于70mm。当试样温度冷却到预期凝点时，将试管倾斜成45°，观察液面不移动时的温度，重复多次，直到确定试验温度能使试样的液面停留不动而提高2℃又能使液面移动时，就取使液面不动的温度作为试样的凝点。再进行第二次测定，两次测定结果的算术平均值，为最终试样的凝点。

2. 闪点

闪点表征液体燃料加热析出的可燃气体同空气组成的混合气体与明火接触瞬间闪火时的最低温度。闪点可作为液体燃料的危险等级分类的指标。闪点的高低与油品中所含的低馏分可燃气体相关，低馏分气体含量越高，其闪点越低。闪点对燃油的安全贮存、运输有着实际意义。

试验闪点时，试样的水分超过0.05%时必须脱水。在加热搅拌过程中，进行点火试验，如果在试样液面上方最初出现蓝色火焰时，立即从温度计读出温度作为观察到的闪点数值t（℃）。由于大气压力对闪点有影响，必须对闪点数值进行修正，修正值计算公式为

$$\Delta t=0.25\ (101.3-p_{am})$$

式中 p_{am}——实际大气压力，kPa；

Δt——闭口杯法测定闪点时大气压力对闪点的修正值，℃。

观察到的闪点数值t（℃）加上闪点修正值Δt（℃）就是测定出的闪点。

3. 燃点

燃油温度达到闪点时，遇到明火可闪燃，但要使油样连续燃烧下去，油样温度必须更高一些。油面上的油气与空气的混合物与明火能着火连续燃烧（持续时间不少于5s）的最低温度，称为该油的燃点。显然燃点要高于闪点，一般高15～60℃。例如原油的闪点为39℃，其燃点为54℃；重油的闪点为222℃，其燃点为282℃。

燃点测定的方法是：测得闪点之后，继续加热，使试样的升温速度为每分钟升高（4±1）℃。然后用点火器的火焰进行点火试验。试样接触火焰后立即着火并能继续燃烧不少于5s时间，此时立即从温度计读出温度作为燃点数值t（℃）。大气压力对燃点的修正值计算公式为

$$\Delta t=\ (0.001\,125t+0.21)\ \times\ (101.3-p_{am})$$

式中 p_{am}——实际大气压力，kPa；

Δt——开口杯法测定闪点时大气压力对燃点的修正值，℃。

观察到的燃点数值 t（℃）加上燃点修正值 Δt（℃）就是测定出的燃点。

4. 密度

密度是单位体积内所含物质在真空中的质量，单位为 kg/m³。单位体积内燃油的质量称为燃油密度。用 ρ 表示：

$$\rho=\frac{m}{V}\ (\mathrm{kg/m^3})$$

式中 m——燃油的质量，kg；

V——燃油的体积，m³。

燃油密度与油品种类、温度和大气压力有关，温度升高，则密度减小；大气压力增加，则密度增大。燃油的密度一般为 0.8～0.98t/m³，但也有例外，有的高达 1.06t/m³，有的低到 0.707t/m³。

石油和液体石油产品在 20℃的密度被规定为标准密度，以 ρ_{20} 表示，用来计算散装石油及石油产品在标准温度下（20℃）的数量。已知石油在 20℃的标准密度，也可计算在其他温度下石油及石油产品的密度与体积。

我们经常用到燃油的相对密度，是指燃油在温度 t℃时的质量，与 4℃时同体积纯水的质量之比，称为燃油在 t℃时的相对密度，用 ρ_4^t 表示。燃油在温度 20℃时的相对密度，叫做油的标准相对密度，用 ρ_4^{20} 表示。由于 4℃时纯水的密度为 1.000t/m³，所以标准相对密度与标准密度的大小相同，只是单位不同，前者为 1，后者为 t/m³。

石油及其产品的密度随着温度的变化而变化，在进行贸易时，必须根据 GB 1885 来进行精确的计算，粗略计算可采用下列公式：

$$\rho_{20}=\rho_t+k_t(t-20)$$

式中 ρ_{20}——石油在 20℃时的标准密度，kg/m³；

ρ_t——石油在 t ℃时的密度，kg/m³；

k_t——温度修正系数，1/℃，可查表 9-3。

表 9-3　燃料油的温度修正系数 k_t

油标准密度 ρ_{20} (kg/m³)	温度修正系数 (1/℃)	油标准密度 ρ_{20} (kg/m³)	温度修正系数 (1/℃)
820～849.9	0.73	950～959.9	0.567
850～859.9	0.699	960～969.9	0.554
860～869.9	0.686	970～979.9	0.541
870～879.9	0.673	980～989.9	0.528
880～889.9	0.660	990～999.9	0.515
890～899.9	0.647	1000～1009.9	0.502
900～909.9	0.633	1010～1019.9	0.489
910～919.9	0.620	1020～1029.9	0.476
920～929.9	0.607	1030～1039.9	0.463
930～939.9	0.594	1040～1049.9	0.450
940～949.9	0.581	1050～1059.9	0.437

5. 黏度

流体在剪切力的作用下，将产生连续不断的变形以抵抗外力，这就是流体的黏性。黏度是流体黏性大小的度量，用以衡量流体质点之间的摩擦力。黏度的大小影响燃油的输送和雾化，所以对燃料油的黏度应当有一定的要求并保持稳定。常用黏度指标有动力黏度、运动黏度和恩氏黏度。

动力黏度也叫绝对黏度，它表示相邻两层运动流体之间，垂直于运动方向的单位速度梯度的流体切应力，单位为Pa・s。

运动黏度是在某一恒定温度下，一定体积的流体在重力作用下流过标定好的玻璃毛细管黏度计的时间与毛细管常数的乘积，国际单位为m^2/s，常用单位为mm^2/s或cm^2/s。

恩氏黏度是一种条件黏度，是指200mL、t℃的燃油通过恩格勒黏度计底部标准容器流出的时间，与同体积20℃的纯水（即蒸馏水）由同一标准容器流出时间的比值，用符号E_t表示，单位为条件度，也用E_t表示。

恩氏黏度与运动黏度的换算公式为

$$运动黏度=7.31\times恩氏黏度-\frac{6.31}{恩氏黏度}$$

式中运动黏度单位为mm^2/s，恩氏黏度单位为E_t。例如牌号为100的重油，在50℃油温下的恩氏黏度为$100E_t$，其运动黏度$=7.31\times100-\frac{6.31}{100}=730.9$（$mm^2/s$）。

6. 发热量

单位质量的燃油完全燃烧释放出的热量，叫作油的发热量，单位为kJ/kg。油的发热量近似计算公式为

$$Q_{net,ar}=339C_{ar}+1030H_{ar}+109(S_{ar}-O_{ar})-25.1M_{ar}\quad (kJ/kg)$$

第二节　燃油计量与贮存

一、燃油计量

对石油和液体石油产品的计量采用体积质量法，即对石油和液体石油产品的体积、温度、密度进行测定，进而计算其质量。

石油计量所使用的ST-Ⅰ型石油密度计读数是在20℃下标定的，当密度计在非20℃温度下使用时，因与标定温度不同，使密度计膨胀收缩引起微小差异，这时测得的密度不是油的真实密度，因而称为视密度（在试验非20℃温度下，玻璃密度计在液体试样中的读数，叫作视密度），用ρ_t表示。

为石油计量而测定的视密度，不能直接用于计量，而应换算成20℃下标准密度ρ_{20}。将20℃下的标准密度ρ_{20}乘以20℃下的体积V_{20}所得油量就是石油的质量（真空中的质量）。为了得到石油在空气中的质量就必须校正石油称重时空气对所称石油和砝码的浮力影响。这时可将石油20℃时的密度减去空气浮力修正值$1.1g/m^3$，再乘以20℃温度下的体积V_{20}，得出石油在空气中的质量。石油质量计算公式为

$$m=(\rho_{20}-1.1)V_{20}$$

式中　m——石油在空气中的质量，kg；

ρ_{20}——石油在20℃时的标准密度，kg/m^3；

1.1——对石油密度的空气浮力修正值，kg/m^3；

V_{20}——石油在20℃时的体积，m^3。

1. 石油标准密度

已知某种油品在某一试验温度下的视密度，换算标准温度的步骤：

首先根据油品种类（是原油还是石油产品），选择相应油品的标准密度表（见表9-4和表9-5）；

再确定实际温度下的视密度在标准密度表中的密度区间（密度区间位于表9-4和表9-5中的上方）；

然后在标准密度表中的视密度栏中，查找已知的视密度值，在温度栏中找到已知的试验温度，该视密度值与试验温度值的交叉数即为该油品的标准密度ρ_{20}。

如果已知视密度值正好介于视密度栏中两个相邻视密度值之间，则可采用内插法确定标准密度，但温度值不内插，用较接近的温度值查表即可。

表9-4　　原油标准密度

温度（℃）	视密度（kg/m³）										
	790.0	792.0	794.0	796.0	798.0	800.0	802.0	804.0	806.0	808.0	810.0
	20℃密度（kg/m³）										
38.25	803.6	805.6	807.6	809.5	811.5	813.5	815.4	817.4	819.4	821.3	823.3
38.50	803.8	805.8	807.8	809.7	811.7	813.7	815.6	817.6	819.5	821.5	823.5
38.75	804.0	806.0	807.9	809.9	811.9	813.8	815.8	817.8	819.7	821.7	823.7
39.00	804.2	806.2	808.1	810.1	812.1	814.0	816.0	817.9	819.9	821.9	823.8
39.25	804.4	806.3	808.3	810.3	812.2	814.2	816.2	818.1	820.1	822.1	824.0
39.50	804.6	806.5	808.5	810.5	812.4	814.4	816.3	818.3	820.3	822.2	824.2
39.75	804.8	806.7	808.7	810.6	812.6	814.6	816.5	818.5	820.5	822.4	824.4
40.00	804.9	806.9	808.9	810.8	812.8	814.7	816.7	818.7	820.6	822.6	824.6
40.25	805.1	807.1	809.0	811.0	813.0	814.9	816.9	818.9	820.8	822.8	824.7
40.50	805.3	807.3	809.2	811.2	813.1	815.1	817.1	819.0	821.0	823.0	824.9
40.75	805.5	807.4	809.4	811.4	813.3	815.3	817.3	819.2	821.2	823.1	825.1
41.00	805.7	807.6	809.6	811.6	813.5	815.5	817.4	819.4	821.4	823.3	825.3
41.25	805.9	807.8	809.8	811.7	813.7	815.7	817.6	819.6	821.5	823.5	825.5
41.50	806.0	808.0	810.0	811.9	813.9	815.8	817.8	819.8	821.7	823.7	825.6
41.75	806.2	808.2	810.1	812.1	814.1	816.0	818.0	819.9	821.9	823.9	825.8
42.00	806.4	808.4	810.3	812.3	814.2	816.2	818.2	820.1	822.1	824.0	826.0
42.25	806.6	808.5	810.5	812.5	814.4	816.4	818.3	820.3	822.3	824.2	826.2
42.50	806.8	808.7	810.7	812.6	814.6	816.6	818.5	820.5	822.4	824.4	826.4
42.75	807.0	808.9	810.9	812.8	814.8	816.7	818.7	820.7	822.6	824.6	826.5
43.00	807.1	809.1	811.1	813.0	815.0	816.9	818.9	820.8	822.8	824.8	826.7
43.25	807.3	809.3	811.2	813.2	815.1	817.1	819.1	821.0	823.0	824.9	826.9
43.50	807.5	809.5	811.4	813.4	815.3	817.3	819.2	821.2	823.2	825.1	827.1
43.75	807.7	809.6	811.6	813.6	815.5	817.5	819.4	821.4	823.3	825.3	827.2
44.00	807.9	809.8	811.8	813.7	815.7	817.6	819.6	821.6	823.5	823.5	827.4
44.25	808.1	810.0	812.0	813.9	815.9	817.8	819.8	821.7	823.7	823.6	827.6

表 9-5　　石油产品标准密度

温度（℃）	视密度（kg/m³）										
	733.0	735.0	737.0	739.0	741.0	743.0	745.0	747.0	749.0	751.0	753.0
	20℃密度（kg/m³）										
38.25	749.2	751.2	753.2	755.2	757.1	759.1	761.1	763.1	765.1	766.9	768.7
38.50	749.5	751.4	753.4	755.4	757.4	759.3	761.3	763.3	765.3	767.1	768.8
38.75	749.7	751.7	753.6	755.6	757.6	759.6	761.5	763.5	765.5	767.3	769.0
39.00	749.9	751.9	753.9	755.8	757.8	759.8	761.8	763.7	765.7	767.5	769.2
39.25	750.1	752.1	754.1	756.0	758.0	760.0	762.0	764.0	765.9	767.7	769.4
39.50	750.3	752.3	754.3	756.3	758.2	760.2	762.2	764.2	766.1	767.9	769.6
39.75	750.6	752.5	754.5	756.5	758.5	760.4	762.4	764.4	766.3	768.0	769.8
40.00	750.8	752.8	754.7	756.7	758.7	760.7	762.6	764.6	766.5	768.2	770.0
40.25	751.0	753.0	755.0	756.9	758.9	760.9	762.9	764.8	766.7	768.4	770.2
40.50	751.2	753.2	755.2	757.1	759.1	761.1	763.1	765.0	766.9	768.6	770.3
40.75	751.4	753.4	755.4	757.4	759.3	761.3	763.3	765.3	767.1	768.8	770.5
41.00	751.7	753.6	755.6	757.6	759.6	761.5	763.5	765.5	767.3	769.0	770.7
41.25	751.9	753.9	755.8	757.8	759.8	761.8	763.7	765.7	767.4	769.2	770.9
41.50	752.1	754.1	756.1	758.0	760.0	762.0	763.9	765.9	767.6	769.3	771.1
41.75	752.3	754.3	756.3	758.2	760.2	762.2	764.2	766.1	767.8	769.5	771.2
42.00	752.6	754.5	756.5	758.5	760.4	762.4	764.4	766.3	768.0	769.7	771.4
42.25	752.8	754.7	756.7	758.7	760.7	762.6	764.6	766.5	768.2	769.9	771.6
42.50	753.0	755.0	756.9	758.9	760.9	762.9	764.8	766.7	768.4	770.1	771.8
42.75	753.2	755.2	757.2	759.1	761.1	763.1	765.0	766.9	768.6	770.3	772.0
43.00	753.4	755.4	757.4	759.3	761.3	763.3	765.3	767.0	768.7	770.4	772.1
43.25	753.7	755.6	757.6	759.6	761.5	763.5	765.5	767.2	768.9	770.6	772.3
43.50	753.9	755.8	757.8	759.8	761.8	763.7	765.7	767.4	769.1	770.8	772.5
43.75	754.1	756.1	758.0	760.0	762.0	763.9	765.9	767.6	769.3	771.0	772.7
44.00	754.3	756.3	758.3	760.2	762.2	764.2	766.1	767.8	769.5	771.2	772.8
44.25	754.5	756.5	758.5	760.4	762.4	764.4	766.3	768.0	769.7	771.3	773.0

【例 9-1】 某原油在 40℃下用玻璃石油温度计测得的视密度为 805.7kg/m³，求该原油的标准密度。

解 查原油表 9-4，视密度 805.7kg/m³ 所在的密度区间为 804.0～806.0 kg/m³；查得 40℃下，视密度 804.0kg/m³ 所对应的标准密度为 818.7kg/m³；40℃下，视密度 806.0kg/m³ 所对应的标准密度为 820.6kg/m³，采用内插法，得出该原油的标准密度为

$$\rho_{20}=818.7+\frac{820.6-818.7}{806.0-804.0}\times(805.7-804.0)=820.3\ (\mathrm{kg/m^3})$$

2. 石油体积

石油在20℃时的体积计算公式为

$$V_{20}=k\ V_{t} \quad (m^3)$$

式中 k——石油体积修正系数，是石油在20℃时的体积与在t℃时的体积的比值，查表9-6和表9-7。

表9-6　原油体积修正系数 k

温度（℃）	20℃标准密度（kg/m³）									
	810.0	812.0	814.0	816.0	818.0	820.0	822.0	824.0	826.0	828.0
	20℃体积修正系数									
38.00	0.983 1	0.983 2	0.983 3	0.983 4	0.983 4	0.983 5	0.983 6	0.983 7	0.983 8	0.983 8
38.25	0.982 9	0.983 0	0.983 0	0.983 1	0.983 2	0.983 3	0.983 4	0.983 5	0.983 6	0.983 6
38.50	0.982 6	0.982 7	0.982 8	0.982 9	0.983 0	0.983 1	0.983 1	0.983 3	0.983 4	0.983 4
38.75	0.982 4	0.982 5	0.982 6	0.982 7	0.982 7	0.982 8	0.982 9	0.983 1	0.983 2	0.983 2
39.00	0.982 2	0.982 3	0.982 3	0.982 4	0.982 5	0.982 6	0.982 7	0.982 9	0.982 9	0.982 9
39.25	0.981 9	0.982 1	0.982 1	0.982 2	0.982 3	0.982 4	0.982 5	0.982 6	0.982 7	0.982 7
39.50	0.981 7	0.981 9	0.981 9	0.982 0	0.982 1	0.982 1	0.982 2	0.982 4	0.982 5	0.982 5
39.75	0.981 5	0.981 6	0.981 6	0.981 7	0.981 8	0.981 9	0.982 0	0.982 2	0.982 3	0.982 3
40.00	0.981 2	0.981 4	0.981 4	0.981 5	0.981 6	0.981 7	0.981 8	0.981 9	0.982 0	0.982 0
40.25	0.981 0	0.981 2	0.981 2	0.981 3	0.981 4	0.981 4	0.981 5	0.981 7	0.981 8	0.981 8
40.50	0.980 8	0.980 8	0.980 9	0.981 0	0.981 1	0.981 2	0.981 3	0.981 4	0.981 5	0.981 6
40.75	0.980 5	0.980 6	0.980 7	0.980 8	0.980 9	0.981 0	0.981 1	0.981 2	0.981 3	0.981 4
41.00	0.980 3	0.980 4	0.980 5	0.980 6	0.980 7	0.980 8	0.980 9	0.980 9	0.981 0	0.981 1
41.25	0.980 0	0.980 1	0.980 2	0.980 3	0.980 4	0.980 5	0.980 6	0.980 7	0.980 8	0.980 9
41.50	0.979 8	0.979 9	0.980 0	0.980 1	0.980 2	0.980 3	0.980 4	0.980 5	0.980 6	0.980 7
41.75	0.979 6	0.979 7	0.979 8	0.979 9	0.980 0	0.980 1	0.980 2	0.980 3	0.980 4	0.980 5
42.00	0.979 3	0.979 4	0.979 5	0.979 6	0.979 7	0.979 8	0.979 9	0.980 0	0.980 1	0.980 2
42.25	0.979 1	0.979 2	0.979 3	0.979 4	0.979 5	0.979 6	0.979 7	0.979 8	0.979 9	0.980 0
42.50	0.978 9	0.979 0	0.979 1	0.979 2	0.979 3	0.979 4	0.979 5	0.979 6	0.979 7	0.979 8
42.75	0.978 6	0.978 7	0.978 8	0.978 9	0.979 0	0.979 1	0.979 2	0.979 3	0.979 4	0.979 5
43.00	0.978 4	0.978 5	0.978 6	0.978 7	0.978 8	0.978 9	0.979 0	0.979 1	0.979 2	0.979 3
43.25	0.978 2	0.978 3	0.978 4	0.978 5	0.978 6	0.978 7	0.978 8	0.978 9	0.979 0	0.979 1
43.50	0.977 9	0.978 0	0.978 1	0.978 2	0.978 3	0.978 5	0.978 6	0.978 7	0.978 8	0.978 9
43.75	0.977 7	0.977 8	0.977 9	0.978 0	0.978 1	0.978 2	0.978 3	0.978 4	0.978 5	0.978 6
44.00	0.977 4	0.977 6	0.977 7	0.977 8	0.977 9	0.978 0	0.978 1	0.978 2	0.978 3	0.978 4
44.25	0.977 2	0.977 3	0.977 4	0.977 5	0.977 7	0.977 8	0.977 9	0.978 0	0.978 1	0.978 2

表 9-7　　石油产品体积修正系数 *k*

温度（℃）	20℃标准密度（kg/m³）									
	750.0	752.0	754.0	756.0	758.0	760.0	762.0	764.0	766.0	768.0
	20℃体积修正系数									
38.00	0.978 2	0.978 3	0.978 4	0.978 5	0.978 6	0.978 7	0.978 8	0.978 8	0.978 9	0.979 4
38.25	0.977 9	0.978 0	0.978 1	0.978 2	0.978 3	0.978 4	0.978 5	0.978 6	0.978 7	0.979 1
38.50	0.977 6	0.977 7	0.977 8	0.977 9	0.978 0	0.978 1	0.978 2	0.978 3	0.978 4	0.978 8
38.75	0.977 3	0.977 4	0.977 5	0.977 6	0.977 7	0.977 8	0.977 9	0.978 0	0.978 1	0.978 5
39.00	0.977 0	0.977 1	0.977 2	0.977 3	0.977 4	0.977 5	0.977 6	0.977 7	0.977 8	0.978 2
39.25	0.976 7	0.976 8	0.976 9	0.977 0	0.977 1	0.977 2	0.977 3	0.977 4	0.977 5	0.977 9
39.50	0.976 4	0.976 5	0.976 6	0.976 7	0.976 8	0.976 9	0.977 0	0.977 1	0.977 2	0.977 6
39.75	0.976 1	0.976 2	0.976 3	0.976 4	0.976 5	0.976 6	0.976 7	0.976 8	0.976 9	0.977 3
40.00	0.975 8	0.975 9	0.976 0	0.976 1	0.976 2	0.976 3	0.976 4	0.976 5	0.976 6	0.977 1
40.25	0.975 5	0.975 6	0.975 7	0.975 8	0.975 9	0.976 0	0.976 1	0.976 2	0.976 3	0.976 8
40.50	0.975 2	0.975 3	0.975 4	0.975 5	0.975 6	0.975 7	0.975 8	0.975 9	0.976 0	0.976 5
40.75	0.974 9	0.975 0	0.975 1	0.975 2	0.975 3	0.975 4	0.975 5	0.975 6	0.975 7	0.976 2
41.00	0.974 6	0.974 7	0.974 8	0.974 9	0.975 0	0.975 1	0.975 2	0.975 3	0.975 4	0.975 9
41.25	0.974 3	0.974 4	0.974 5	0.974 6	0.974 7	0.974 8	0.974 9	0.975 0	0.975 1	0.975 6
41.50	0.974 0	0.974 1	0.974 2	0.974 3	0.974 4	0.974 5	0.974 6	0.974 7	0.974 8	0.975 3
41.75	0.973 7	0.973 8	0.973 9	0.974 0	0.974 1	0.974 2	0.974 3	0.974 4	0.974 5	0.975 0
42.00	0.973 4	0.973 5	0.973 6	0.973 7	0.973 8	0.973 9	0.974 0	0.974 1	0.974 2	0.974 7
42.25	0.973 1	0.973 2	0.973 3	0.973 4	0.973 5	0.973 6	0.973 7	0.973 8	0.973 9	0.974 5
42.50	0.972 8	0.972 9	0.973 0	0.973 1	0.973 2	0.973 3	0.973 4	0.973 5	0.973 6	0.974 2
42.75	0.972 5	0.972 6	0.972 7	0.972 8	0.972 9	0.973 0	0.973 1	0.973 2	0.973 4	0.973 9
43.00	0.972 2	0.972 3	0.972 4	0.972 5	0.972 6	0.972 7	0.972 8	0.972 9	0.973 1	0.973 6
43.25	0.971 9	0.972 0	0.972 1	0.972 2	0.972 3	0.972 4	0.972 5	0.972 6	0.972 8	0.973 3
43.50	0.971 6	0.971 7	0.971 8	0.971 9	0.972 0	0.972 1	0.972 2	0.972 3	0.972 5	0.973 0
43.75	0.971 2	0.971 4	0.971 5	0.971 6	0.971 7	0.971 8	0.971 9	0.972 0	0.972 2	0.972 7
44.00	0.970 9	0.971 1	0.971 2	0.971 3	0.971 4	0.971 5	0.971 6	0.971 7	0.971 9	0.972 4
44.25	0.970 6	0.970 8	0.970 9	0.971 0	0.971 1	0.971 2	0.971 3	0.971 5	0.971 6	0.972 1

已知某油品的标准密度，换算出该油品从计量温度下体积，修正到标准温度的体积修正系数的步骤为：

首先根据标准密度选择相应油品的体积修正系数表（见表 9-6 和表 9-7）；

再确定标准密度在体积修正系数表中的密度区间；

然后在标准密度栏中查找已知的标准密度值，在温度栏中找到油品的计量温度值，二者的交叉数即为该油品由计量温度修正到标准温度下的体积修正系数。

如果已知的标准密度介于体积修正系数表中的两个相邻的标准密度值之间，则不必采用内插法，仅以较为接近的标准密度值所对应的体积修正系数为准；温度也不用内插法，也以较为接近的温度值查表。

【例 9-2】 某原油的标准密度为 820.3kg/m³，40.1℃温度下原油体积为 51.287m³，求标准温度下的标准体积。

解 查表 9-6，标准密度 820.3kg/m³ 在体积修正系数表中的 820.0～822.0kg/m³ 密度区间，而且接近 820.0kg/m³，查得该密度与 40℃温度的交叉数为 0.981 7，该值即为原油从 40.1℃体积修正到标准温度时的体积修正系数。

因此标准温度时的体积为

$$V_{20}=kV_{t}=0.9817\times 51.287=50.348\ (m^3)$$

石油在 t℃时的体积，可根据油罐车实际油面高度，从罐车容积表上查出相应的体积。对于船舶运油，可根据油仓实际装油高度，从油仓容积表上查出相应的油品体积。

【例 9-3】 某油罐车装运原油到厂后，实测油面高度为 2493mm，油温为 40℃；采样后，用密度计测得的油温在 40℃的视密度为 805.7kg/m³，计算该罐车油的质量。

解 根据油面高度 2493mm，查“铁路罐车容积表”得容积 51.287m³；

根据原油 40℃的视密度为 805.7kg/m³ 时，查表 9-4 得原油标准密度 $\rho_{20}=820.3$kg/m³；

查表 9-6 得 $\rho_{20}=820.3$kg/m³ 的石油在 40℃时的体积修正系数 $k=0.9817$。

计算标准温度下体积为

$$V_{20}=kV_{t}=0.9817\times 51.287=50.348\ (m^3)$$

油质量为

$$m=(\rho_{20}-1.1)\ V_{20}=(820.3-1.1)\times 50.348=41245.1\ (kg)$$

二、燃油贮存

火电厂燃油属于易燃物质，其中有些油品还会挥发出低硫分的碳氢化合物。因此油品的保管应以安全为主，在接卸、输转、贮存等过程中要认真做好放火、防爆、防漏工作，为此应注意以下几点：

(1) 油罐进油不要装得太满，不能超过油罐容积的 4/5，要留有适当空间。

(2) 油罐顶部应装有透气孔和阻火口，金属油罐还要装设淋水装置。

(3) 油罐应设在指定的油区内，油区四周设有高度不低于 2m 的围墙，并挂有明显的“严禁烟火”标志。

(4) 在油区内禁止使用铁制工具，同时严禁携带火种，禁止穿钉有铁掌的鞋子。

(5) 做好进厂燃油的详细记录，包括油品种、数量、产地等；不同油品应分开贮存，不得掺混。

第三节 燃油取样与分析

一、取样原则与安全事项

(1) 目前油品采样一般为手工取样，手工取样有两种基本方法：即油罐取样和管线取样。当接收和发运一批油品时，不是采用油罐取样就是采用管线取样，或者是两者都采样。如果使用两种方法时，所取得的两组样品不应混合。

(2) 当油罐内油品静止时，才能进行油罐取样，对于原油和重质油等，应先放出底部游离水。

(3) 为了从管线中输送的一批非均匀物料中取得代表性样品，应使用自动取样装置取样。

(4) 在有飞溅危险的地方，应戴上眼罩或面罩。如从容器旁的采样口采样时，打开采样阀后要特别小心，以防止原凝结的油品熔化后突然流出来，造成飞溅烫伤。

（5）用在可燃性气氛中的便携式金属取样器具应用不打火花的材料制造，严禁用铁制采样器采取油样，避免金属互相碰击引起火花，造成着火爆炸事故。取样者应有运载取样器具的托架，以便至少有一只手是自由状态。

（6）为了避免静电危险，在罐内可燃烃类的贮存温度高于其闪点时，或者在罐内已产生烃蒸气的易燃气氛或油雾时，为防止打火花，在整个取样过程中应保持取样导线牢固地接地；当采取在接近或高于其闪点温度下充装的新精制的挥发性产品（包括煤油和粗柴油）的样品时，必须在完全转移或装罐 30min 后才能向油罐中引入导电的取样器具。

（7）采样人员应穿防静电的衣服，不得穿人造纤维制品的衣服。在取样期间应注意避免吸入石油蒸气，戴上不溶于烃类的防护手套。

（8）在大气电干扰或冰雹暴风雨期间不得进行采样。

（9）所采油样应贴有标签，注明油样名称、采样地点、时间和采样人员。油样瓶装油样时，不应超过容器的 3/4 处。

二、燃油的试验分析

对燃油按国标或部标的分析方法，每月对每品种燃油（对常用油种）作一次水分、硫分、闪点、黏度和密度，每月至少测定燃油发热量两次。每年进行一次综合油样的元素分析，对新油种除要化验上述油质指标外，还要化验机械杂质、凝固点（凝点），并进行元素分析。轻柴油、重油的主要特性指标及控制项目见表 9-8 和表 9-9。

表 9-8　轻柴油的主要特性指标及控制项目

项　目	单位	10 号	5 号	0 号	−10 号	−20 号	−35 号	−50 号	试验方法
色度不大于	号	3.5							GB/T 6540—1986
含硫量不大于	%	0.2							GB/T 380—1977
灰分不大于	%	0.01							GB/T 508—1985
水分不大于	%	痕迹							GB/T 260—1977
机械杂质	%	无							GB/T 511—1988
运动黏度，20℃	mm^2/s	3.0～8.0				2.5～8.0	1.8～7.0		GB/T 265—1988
凝点不高于	℃	10	5	0	−10	−20	−35	−50	GB/T 510—1983
闪点闭口不低于	℃	55					45		
密度，20℃	kg/m^3	实　　测							GB/T 1884—2000 GB/T 1885—1998

表 9-9　锅炉燃用重油的质量特性

质量标准	单位	20 号	60 号	100 号	200 号
恩氏黏度不大于	E_{80}	5.0	11.0	15.5	—
恩氏黏度不大于	E_{100}	—	—	—	5.5～9.5
开口闪点不低于	℃	80	100	120	130
凝点不高于	℃	15	20	25	36
灰分不大于	%	0.3	0.3	0.3	0.3
水分不大于	%	1.0	1.5	2.0	2.0
含硫不大于	%	1.0	1.5	2.0	3.0
机械杂质不大于	%	1.5	2.0	2.5	2.5

1. 水分

(1) 水分的定义。

燃油中的水分来源于形成、运输和贮存过程中，是一种有害杂质。水分在燃油中存在的状态主要以悬浮状（水分以细小水滴形式悬浮于油中，称为悬浮水）、游离状（与油分开存在并位于油层下面的一层水，称为游离水）、溶解状（在常温下与油形成溶液而存在于油中的水，称为溶解水）。油品中的悬浮水、游离水和溶解水的总和叫作总水。

燃油中的水分要蒸发吸热，降低发热量；燃油中的水分会使燃烧过程恶化，并能将溶解的盐带入炉膛，引起高温受热面上结渣腐蚀和低温受热面积灰，增大不安全因素和排烟温度；在低温下，燃油会结冰，以至于堵塞燃油管道；燃油中有水时，会加速油的氧化和胶化，使燃油喷嘴工作状态恶化。

(2) 水分的测定。

称燃油试样 100g，装入圆底烧瓶，用量筒取 100mg 无水溶剂（工业溶剂或直馏汽油在 80℃ 以上的馏分）也注入圆底烧瓶，仔细摇匀后，在圆底烧瓶接一接收器，然后用电炉或酒精灯加热圆底烧瓶，当接收器收集的水体积不再增加时，而且溶剂的上层完全透明，停止加热。那么试样水分质量含量 X 按下式计算，即

$$X=\frac{V}{G}\times 100\%$$

式中 X——试样水分质量含量,%；

V——在接收器中收集水的体积，由于水在室温的密度可以视为 1，因此用水的毫升数作为水的克数，mL；

G——试样的质量，g。

(3) 测定水分时的注意事项。

油样测定前要混合均匀；溶剂必须脱水，仪器必须干燥；对于含水量高的油，蒸馏时不能加热太快，否则可能产生强烈的沸腾现象，造成喷油，引起火灾。

2. 灰分

(1) 灰分的定义。

燃油在规定的温度下完全燃烧后遗留下来的残余物质称为灰分。灰分是由燃油中的矿物质在高温作用下形成的。燃油灰分是由硅、钙、镁、钠、铁、锰、钒等氧化物组成，通常燃油中的矿物质很少，因而形成的灰分也是极少的，燃油中灰分含量一般为 0.01%～0.15%。

由于燃油的灰分含量极少，锅炉用作燃料时，通常没有炉内结渣和磨损等影响燃油锅炉正常运行的问题；但是对于重油而言，由于重油的黏性大，少量的灰分在锅炉受热面沉积后，会形成黏结性积灰，难于清除，从而导致锅炉出力和效率降低。

(2) 灰分的测定。

称取 25g 燃油试样放入坩埚里，用无灰滤纸做引火芯，点燃。试样燃烧后，将盛有残渣的坩埚移入加热到 (775±25)℃的高温炉中，在此温度下加热，直到残渣完全成为灰烬。残渣成灰后，将坩埚放在空气中冷却 3min，然后在干燥器内冷却至室温后进行称重。试样的灰分按下式计算，即

$$X=\frac{G_1}{G}\times 100\%$$

式中 G_1——灰分质量，g；

G——试样的质量，g。

（3）测定灰分时的注意事项。

应充分摇动油样，均匀后再称取油样；必须掌握燃烧速度，维持火焰高度在10cm左右，以防止油飞溅以及火焰过高带走灰分微粒；无灰滤纸折成圆锥体，放入坩埚中并紧贴坩埚内壁，让油浸透滤纸，以防试样油没有烧完而滤纸早已燃尽，起不到“灯芯”的作用。

3. 硫

（1）硫的定义。

硫在石油中大部分以有机物的形态存在（如硫醇、硫醚等，还有少量的硫化氢和单质硫等），虽然硫是可燃物，但是1kg硫燃烧后仅能放出9040kJ的热量，热值很低，而且燃烧产物除对锅炉设备有腐蚀作用外，还对环境和人的身体有害。含硫量低于0.5%的燃油叫低硫石油，含硫量为0.5%～2.0%的燃油叫低硫石油，含硫量大于2.0%的燃油叫高硫石油。重质燃油一般比轻质燃油含硫量多，因为在炼制过程中硫选择性地被遗留在残渣油中。我国大部分油田的原油含油量都很小，一般不超过1%。

燃油的硫含量虽然不多，但危害很大，残存在积灰中的硫化物对金属受热面有很强的腐蚀作用，一般燃油锅炉的积灰和腐蚀要比煤粉炉严重得多。

（2）硫的测定。

燃料油一般采用氧弹法测量硫含量，称取试样0.6～0.8g装入预先称量过的小杯中，然后放入氧弹中燃烧，用蒸馏水洗涤氧弹内全部器件和小杯，并将全部洗涤水收集于烧杯中，向洗涤水滴入热氯化钡溶液10mL，使之生成硫酸钡沉淀，称重硫酸钡沉淀质量。试样中硫含量的计算公式为

$$X=\frac{32.06\times G_1}{233.42\times G}\times 100\%$$

式中 32.06——硫的原子量；

G_1——硫酸钡沉淀质量，g；

233.42——硫酸钡的分子量；

G——试样的质量，g。

4. 油的高位发热量

（1）根据油的元素成分计算油的高位发热量公式为

$$Q_{gr,ad}=338.71C_{ad}+1254.48H_{ad}+108.72(S_{ad}-O_{ad})\ (kJ/kg)$$

根据油的元素成分计算油的低位发热量公式为

$$Q_{net,ar}=338.71C_{ar}+1254.48H_{ar}+108.72(S_{ar}-O_{ar})-25.1M_{ar}\ (kJ/kg)$$

式中 C、H、S、O——油中碳、氢、硫、氧的质量百分比。

在缺少实测条件或元素分析资料时，油品的热值也可根据其密度按下式进行估算，即

$$Q_{net,ar}=46\,415.6+3167.7\rho_{15}-8790\rho_{15}^2\ (kJ/kg)$$

式中 ρ_{15}——油品在15℃时的密度，kg/L。

【例9-4】 某电厂点火用油 $C_{ad}=85\%$、$H_{ad}=12\%$、$S_{ad}=0.8\%$、$O_{ad}=1\%$，求其发热量。

解 $Q_{gr,ad}=338.71C_{ad}+1254.48H_{ad}+108.72(S_{ad}-O_{ad})\ (kJ/kg)$

$=338.71\times 85+1254.48\times 12+108.72\times(0.8-1)=43\,822.4\ (kJ/kg)$

又如东北某重油标准密度 $\rho_{20}=916.2kg/m^3$，试估算其低位发热量。

解 温度越高，密度越小，密度与温度的关系式可简单写为

$$\rho_t=\rho_{20}-\zeta(t-20)\ (kg/L)$$

式中 ζ——燃料油的温度修正系数，其数值见表9-10，1/℃。

表 9-10 燃料油的温度修正系数

密度 ρ_{20} (kg/L)	0.85～0.859 9	0.86～0.869 9	0.87～0.879 9	0.88～0.889 9	0.89～0.899 9	0.90～0.909 9
系数 ζ (kg/L)	0.000 699	0.000 686	0.000 673	0.000 660	0.000 647	0.000 633
密度 ρ_{20} (kg/L)	0.91～0.919 9	0.92～0.929 9	0.93～0.939 9	0.94～0.949 9	0.95～0.959 9	0.96～0.969 9
系数 ζ (kg/L)	0.000 620	0.000 607	0.000 594	0.000 581	0.000 567	0.000 554
密度 ρ_{20} (kg/L)	0.97～0.979 9	0.98～0.989 9	0.99～0.999 9	1.00～1.009 9	1.01～1.019 9	1.02～1.029 9
系数 ζ (kg/L)	0.000 541	0.000 528	0.000 515	0.000 502	0.000 489	0.000 476
密度 ρ_{20} (kg/L)	1.03～1.039 9	1.04～1.049 9	1.05～1.059 9	1.06～1.069 9		
系数 ζ (kg/L)	0.000 463	0.000 450	0.000 437	0.000 424		

因此 $\rho_{15}=\rho_{20}-\zeta(t-20)=0.916\,2-0.000\,62\times(15-20)=0.919\,3$ (kg/L)

$Q_{net,ar}=46\,415.6+3167.7\times0.919\,3-8790\times0.919\,3^2=41\,899.1$ (kJ/kg)

(2) 弹筒法高位热值的计算方法。

弹筒法高位热值的计算公式为

$$Q_{gr,ad}=Q_{b,ad}-(95S_{b,ad}+N)$$

式中 $Q_{gr,ad}$——空气干燥基高位发热量，kJ/kg；

$Q_{b,ad}$——空气干燥基弹筒发热量，kJ/kg；

95——油中每1%（0.01kg）硫酸的生成热，理论上应为94.41，kJ；

$S_{b,ad}$——空气干燥基弹筒硫含量（可用全硫代替 $S_{t,ad}$），%；

N——硝酸形成溶解于水的热量，kJ/kg。

取经验数值：重质油 $N=42$kJ/kg；轻质油 $N=50$kJ/kg。

(3) 低位发热量。

$$Q_{net,ar}=Q_{gr,ar}-2510\left(\frac{9H_{ar}}{100}+\frac{M_{ar}}{100}\right)=Q_{gr,ar}-225.9H_{ar}-25.1M_{ar}\ (kJ/kg)$$

$$Q_{net,ad}=Q_{gr,ad}-2510\left(\frac{9H_{ad}}{100}+\frac{M_{ad}}{100}\right)=Q_{gr,ad}-225.9H_{ad}-25.1M_{ad}\ (kJ/kg)$$

$$Q_{net,d}=Q_{gr,d}-22\,590\frac{H_{ad}}{100}=Q_{gr,d}-225.9H_d\ (kJ/kg)$$

$$Q_{net,daf}=Q_{gr,daf}-225.9H_{daf}\ (kJ/kg)$$

对轻油 $$Q_{net,ad}=Q_{gr,ad}-225.9H_{ad}$$

对重油 $$Q_{net,ad}=Q_{gr,ad}-225.9H_{ad}-25.1M_{ad}$$

对于氢值 H_{ad} 采用经验公式，即

重质油 $$H_{ad}=0.001\,124Q_{b,d}-37.6\ (\%)$$

轻质油 $$H_{ad}=0.001\,196Q_{b,d}-41.4\ (\%)$$

式中 H_{ad}——空气干燥基油中氢的含量，%；

$Q_{b,d}$——干燥基油的弹筒发热量，kJ/kg；

2510——0℃时1kg饱和水蒸气冷却至饱和水时放出的汽化潜热近似值，kJ/kg；

22 590——0℃时1kg氢气燃烧后形成的饱和水蒸气冷却至饱和水时放出的汽化潜热近似值，kJ/kg。

(4) 基间换算。

燃油发热量的计算，一般用来分析的重质油试样是不脱水的，因此收到基和空气干燥基是相

同的；而轻质油，含水量甚微，故可忽略不计，因此轻质油的空气干燥基、收到基、干燥基三者是相同的。

$$Q_{net,ar}=(Q_{net,ad}+25.1M_{ad})\frac{100-M_{ar}}{100-M_{ad}}-25.1M_{ar}\ (kJ/kg)$$

$$Q_{net,ar}=Q_{net,d}\frac{100-M_{ar}}{100}-25.1M_{ar}\ (kJ/kg)$$

$$Q_{net,ar}=Q_{net,daf}\frac{100-M_{ar}-A_{ar}}{100}-25.1M_{ar}\ (kJ/kg)$$

$$Q_{net,daf}=(Q_{net,ar}+25.1M_{ar})\frac{100}{100-M_{ar}-A_{ar}}\ (kJ/kg)$$

$$Q_{net,daf}=(Q_{net,ad}+25.1M_{ad})\frac{100}{100-M_{ad}-A_{ad}}\ (kJ/kg)$$

$$Q_{net,daf}=Q_{net,d}\frac{100}{100-A_d}\ (kJ/kg)$$

对于重油 $Q_{ar}=Q_{ad}$，$Q_d=\frac{Q_{ad}}{100-M_{ad}}\times100\%$

对于轻油由于含水量极少，所以有

$$Q_{ar}=Q_{ad}=Q_d$$

【例 9-5】 某重油空气干燥基弹筒发热量为 44 000kJ/kg，空气干燥基弹筒硫含量 1%，收到基水分 M_{ar} 为 0.01%，求其高位发热量和低位发热量。

解 $Q_{gr,ad}=Q_{b,ad}-(95S_{b,ad}+N)=44\ 000-(95\times1+42)=43\ 863\ (kJ/kg)$

$$H_{ad}=0.001\ 124Q_{b,d}-37.6=0.001\ 124\times44\ 000-37.6=11.856\ (\%)$$

$$Q_{net,ad}=Q_{gr,ad}-225.8H_{ad}-25.1M_{ad}$$
$$=43\ 863-225.8\times11.856-25.1\times0.01=41\ 185.7\ (kJ/kg)$$

第四篇

节水管理

《中华人民共和国水法》明确规定："国家实行计划用水、厉行节约用水。各级人民政府应当加强对节约用水的管理。"作为发电系统主要工质的蒸汽，是由水蒸发而来的；完成蒸汽的一个循环，水是必不可少的冷却介质。本篇主要介绍我国水资源的概况、提高节水意识的必要性，同时介绍各种用水技术、控制指标和节约用水技术措施及其计算等。

第十章 节约用水刻不容缓

第一节 我国水资源现状

我们常说的水资源，一般是指淡水资源。水资源是指一切可以用于生产和生活的地表水和地下水。地表水和地下水是自然资源的重要组成部分，因而叫做水资源。广义水资源是地球总水量的概念，它包括海洋水、地表水（江、河、湖、水库、塘等）、地下水（土壤水、浅层水、深层水等）、冰川水、大气水和植物水等，总水量约 $1.386\times10^{18}m^3$。狭义水资源是指陆地上能够得到且能够恢复更新的淡水总量，全世界约有 $3.5\times10^{16}m^3$，占地球总水量的 2.5%。我们通常所说的水资源是指可利用水资源，是指在一定的地区环境和技术经济条件下，可以为人类利用的淡水量，这部分水在全球范围内约为 $4.10\times10^{13}m^3$，占地球总淡水量的 0.12%。水法上所称的水资源就是指可利用水资源。水资源的特性是：水是一种可以再生和重复利用的资源，即水资源的再生性和重复利用性；水是一种不可替代的资源。

水资源量是评价区内当地降水形成的地表水和地下水总量，它不包括区外来水量。水资源量也称水资源总量。我国水资源量是指在我国降水形成的地表水和地下水的总量。水的自然循环在水文中概括为三种现象，即降水、蒸发和径流。其中径流分为地表径流（地面径流）和地下径流，这两种径流可相互转化，最后流入大海。水资源量是把地表水资源量与地下水资源量相加，扣除两者之间相互转化的重复计算部分而得到的。2011 年全国水资源总量为 23 256.7 亿 m^3，比常年值偏少 16.1%，其中地表水资源量 22 213.6 亿 m^3，地下水资源量为 7214.5 亿 m^3，地下水与地表水资源重复计算部分为 6171.4 亿 m^3。我国淡水资源的现状如下。

1. 人均水资源贫乏

我国多年平均河川径流量为 27 115 亿 m^3，地下水资源量 8288 亿 m^3，扣除二者之间的重复水量后，水资源总量 28 124 亿 m^3。我国的水资源总量不少，接近于全球总量的 7%，居世界第四位，次于巴西、俄罗斯和加拿大，略多于美国和印度。但是中国人均水资源占有量仅 $2170m^3$，只相当于世界人均水平的 1/4，居世界第 110 位，被列为世界上贫水国之一。世界主要国家的水资源量和人均水资源量见表 10-1。

表 10-1　世界主要国家年水资源总量和人均水资源量

序号	国家	年水资源总量（$\times10^8m^3$）	人均水资源量（m^3）	序号	国家	年水资源总量（$\times10^8m^3$）	人均水资源量（m^3）
0	全世界	410 220	6918	7	日本	5470	4344
1	中国	28 124	2254	8	以色列	17	289
2	巴西	51 900	31 424	9	法国	1800	3065
3	俄罗斯	43 127	29 115	10	埃及	28	43
4	加拿大	28 495	94 373	11	澳大利亚	3430	18 596
5	印度	18 500	1896	12	德国	960	1165
6	美国	24 591	8983	13	英国	710	1219

续表

序号	国家	年水资源总量（×10^8m^3）	人均水资源量（m^3）	序号	国家	年水资源总量（×10^8m^3）	人均水资源量（m^3）
14	巴基斯坦	2480	1678	23	菲律宾	3230	4779
15	印尼	25 300	12 251	24	乌克兰	2098	4164.3
16	巴拿马	1440	54 732	25	泰国	1790	3045
17	缅甸	10 520	23 255	26	意大利	1670	2920
18	瑞士	500	6943	27	朝鲜	670	2801
19	瑞典	1800	20 501	28	韩国	661	1469
20	奥地利	903	11 333	29	叙利亚	537	3662
21	蒙古	246	10 207	30	新加坡	6	211
22	越南	3760	5044	31	波兰	562	1464

注 表中0～15号资料来源《世界资源报告1998—1999》，水资源总量不包括客水，各国人口采用1998年数值，中国人口1998年为12.476亿；16～31号资料来源《水信息报》1997年10月20日第20期。

我国目前有15个省（自治区、直辖市）人均水资源量低于联合国可持续发展委员会审议的人均占有水资源量1750m^3用水紧张线，天津、北京、上海、山东等九个地区的人均水资源量低于500m^3的水资源极度缺乏线。各省级行政区人均水资源量见表10-2。我国是一个水资源短缺的国家，又是一个人口众多的国家，水资源的供需矛盾尤为突出。

表10-2 省级行政区人均水资源状况

省级行政区	水资源总量（×10^8m^3）	人口（万人）	GDP总量（亿元）	人均水资源计算值（m^3/a）	人均水资源（m^3/a）
北京	40.8	1755	11 115.0	232	325
天津	14.6	1228	6719.01	119	152
上海	26.9	1921	14 069.86	140	182
宁夏	9.9	625	1203.92	158	182
河北	236.9	7034	16 011.97	337	358
山西	143.5	3427	7315.40	419	448
内蒙古	506.7	2422	8496.20	2092	2145
辽宁	363.2	4319	13 668.58	841	871
吉林	390.0	2740	6426.10	1423	1467
黑龙江	775.8	3826	8314.37	2028	2046
江苏	325.4	7725	30 981.98	421	451
浙江	897.1	5180	21 462.69	1732	2005
安徽	676.8	6131	8851.66	1104	1085
福建	1168.7	3627	10 823.01	3222	3524
江西	1422.4	4432	6971.05	3209	3362
山东	335.0	9470	30 933.28	353	377

续表

省级行政区	水资源总量（$\times10^8m^3$）	人口（万人）	GDP总量（亿元）	人均水资源计算值（m^3/a）	人均水资源（m^3/a）
河南	407.7	9487	18 018.53	430	434
湖北	981.2	5720	11 328.89	1715	1652
湖南	1626.6	6406	11 555.0	2539	2490
广东	1817.7	9638	36 796.71	1886	2935
广西	1880.0	4856	7021.0	3871	3989
海南	316.4	864	1503.06	3662	4147
重庆	567.0	2859	5793.66	1983	1473
四川	2566.8	8185	12 601.23	3136	3135
贵州	1035.0	3798	3561.56	2725	2790
云南	2221.0	4571	5692.12	4859	5298
西藏	4482	290	394.85	154 552	175 078
陕西	441.9	3772	7314.58	1172	1221
甘肃	274.3	2635	3166.82	1041	1079
青海	626.2	557	1018.62	11 242	12 278
新疆	882.8	2159	4183.21	4089	4976
台湾	664.1	2300			4758
全国	28 124	133 474	340 506.9	2107	2170

注 全国合计包括台湾数值，水资源总量根据全国第一次水资源评价成果，不计过境客水，人口采用2008年数据，GDP采用2008年统计年鉴数据，最后第2列计算值为第2列与第3列的商，最后第1列数据来自2002年2月第一次印刷的《2002中国可持续发展战略报告》。

2. 分布不合理

由于降雨的时空分布和年内季节性分配的差异，我国水资源在各地区上的分布极不均匀，北方水资源贫乏，南方水资源较丰富，南北相差悬殊。北方人口占全国总人口的46.5%，陆地面积占全国的65.2%，国内生产总值占全国的45.2%，但水资源只占全国的19%。其中处于中国西北部的干旱和半干旱地带面积占全国的47%（包括内蒙古、宁夏、甘肃北部、青海的柴达木盆地、新疆的塔里木盆地、准噶尔盆地及藏北高原大部），但水资源仅占全国的7%；南方人口占全国总人口的53.5%，陆地面积占全国的34.8%，国内生产总值占全国的54.8%，而水资源量占全国的81%。北方人均水资源占有量为1127m^3，仅为南方人均量的1/3。全国有1/3的国土年降雨量不到200mm。

3. 开采无序

近几十年来，随着我国经济社会的快速发展，地下水资源开发利用量呈迅速增长态势，由20世纪70年代的570亿m^3/年，增长到80年代的750亿m^3/年。到2009年，地下水开采总量已达1098亿m^3，占全国总供水量的18%，30年间增长了近一倍。地下水无序开采，加剧了水资源的短缺程度。为维持日常供水，多数城市都被迫超量开发地下水，造成地下水位持续下降，地下水降落漏斗不断扩大。2009 年共监测全国地下水降落漏斗 240 个，其中浅层地下水降落漏斗 115 个，深层地下水降落漏斗 125 个。华北平原东部深层承压地下水水位降落漏斗面积达 7 万 km^2，部分城市地下水水位累计下降达 30～50m，局部地区累计水位下降超过 100m。仅唐山市地下水位漏斗面积就高达 3470.5km^2；河北平原的巨大漏斗已经与北京、天津的水位漏斗连为一体，成为一个 2.3 万 km^2 的超级大漏斗。

我国沿海地下水开发利用程度较高的地区存在不同程度的海水入侵现象，全国累计海水入侵面积超过 4000km^2。其中，辽宁省大连市 2003 年海水入侵面积达 28.5km^2，山东省青岛、烟台、威海、日照等地区海水入侵面积累计为 650km^2。

4. 污染超标

水资源的大量污染，使本来就短缺的水资源日趋紧张。根据国家环保部的统计，2010 年全国废水排放总量为 617.3 亿 t（不包括火电厂直流冷却水），比上年增加 4.77%。其中工业废水排放量 237.5 亿 t，占废水排放总量的 38.47%，生活污水 379.8 亿 t，占废水排放总量的 61.53%。2010 年全国城市生活污水处理率虽然比 2005 年提高了 23.3 个百分点，达到 75.3%，但是有五分之一的处理设施开开停停。2010 年，长江、黄河、珠江、松花江、淮河、海河和辽河七大水系总体为轻度污染。204 条河流 409 个地表水国控监测断面中，Ⅰ～Ⅲ类、Ⅳ～Ⅴ类和劣Ⅴ类水质的断面比例分别为 59.9%、23.7%和 16.4%。主要污染指标为高锰酸盐指数、五日生化需氧量和氨氮。

海洋是人类的起源地，人类在凭借海洋获得生息的同时却不计后果地污染海洋。我国仅沿海工厂和城市直接排入海洋的污水每年达 100 亿 t，海洋成了巨大的垃圾场。2009 年近岸海域四类、劣四类海水水质占 20%，超标污染物主要是氮和磷。以渤海为例，每年向渤海排入的各种污废水高达 30 亿 t，严重污染的海域面积占渤海总面积的 12.5%。

5. 浪费无度

我国一方面水资源非常短缺，一方面用水浪费又十分惊人。目前，生活用水方面，由于用水器具设计、质量存在问题，造成用水不合理和漏水。据不完全统计，我国装有便器水箱 4000 万套，每年马桶漏失水量上亿 t；工业用水方面，2010 年万元工业增加值取水量 191m^3（2005 年可比价），比上年减少 8.8%为美国、日本的 9 倍；工业用水重复率 80%，低于发达国家工业用水重复率 86%的水平。我国火力发电厂先进的工业用水重复利用率 95%，处于国际 20 世纪 90 年代初期水平；但是最差的发电企业的重复利用率仅 50%，处于国际 60 年代初期水平。

6. 网损严重

供水工程老化失修，工程性缺水日趋严重。我国的供水工程中有很大一部分是在 20 世纪五六十年代修建的，已经逐步进入老化阶段，由于长期以来水价偏低，导致了工程维修费用不足，相当数量的供水工程达不到原有的设计能力；有的城网水损失率高达 20%以上，严重影响了工程供水效益的发挥，工程性缺水相当严重。

7. 水资源短缺

水资源短缺，使我国工农业用水、城乡用水越来越紧张，旱灾危害年年发生。从农业来看，农业灌溉区内每年缺水 300 亿 m^3，约少收粮食 250 亿 kg。华北平原每年有 1/4 的耕地受干旱威胁，1/6 的耕地严重沙化。全国每年新增沙化土地 2460km^2，相当于一个中等县城的土地面积。全国农村有 6000 多万人口常年饮水困难，长期忍受着缺水对生存的威胁。据统计，到 2008 年底，全国 663 个大中城市中，有 400 个不同程度的缺水，严重缺水城市 114 个，城市日缺水 1600 万 m^3，城市年缺水量 60 亿 m^3，全国年缺水量为 450 亿 m^3，平均每年因缺水影响工业产值 2300 多亿元。

随着我国人口的增加和社会、经济的发展，用水量将大幅度增加，工农业用水矛盾更加突出。据统计，近几年我国工业用水量每年增加约 140 亿 m^3，年增长 7%。2011 年全国总取水量 6107.2 亿 m^3。工业取水 1461.8 亿 m^3，占总用水量的 23.9%。预计到 2020 年，中国人口将增加到 14.5 亿，取水总量达到 7000 亿 m^3，即使采取了节水措施，城市缺水量仍将达到 2.5 亿 m^3。面对如此迅猛增长的用水需求和排污量，多数城市尤其是北方大城市和特大城市，都可能面临“水荒”的危机和污染的进一步威胁。

1991 年国际水资源协会（IWRA）在摩洛哥召开的第七届世界水资源大会上警告：“在干旱或半干旱地区，国际河流和其他水源地的使用权可能成为两国间战争的导火线”。1997 年 6 月 18 日，联合国发表了《综合评价世界淡水资源报告》，报告指出：由于淡水资源分布不均、水源污染和浪费用水，全世界已有 1/3 的人口面临供水紧张问题。报告还预测到 2025 年世界人口将增至 83 亿，如果按目前的趋势发展下去，2025 年全世界将有 2/3 的人口遭受中高度到高度缺水的压力。大自然赐给我们的资源是有限的，水作为不可替代的资源，并非取之不尽，用之不竭。因此节约用水，刻不容缓。

第二节　我国发电企业用水现状

一、发电企业用水基本概况

据统计，工业取水量约占全国总供水量的 21%，发电企业取水量约占工业取水量 50%。可见发电企业是工业用水大户。到 2005 年底全国发电总装机容量为 517.2GW，全国年发电量 24 975 亿 kWh，其中火电装机容量 391.38GW，火电年发电量 20 437 亿 kWh；在 2005 年全国火力发电厂年发电淡水用水量 2200 亿 m^3，其中火电厂各种方式取水总量为 660 亿 m^3（不包括海水在内），火电厂重复利用量为 1540 亿 m^3，工业用水重复利用率为 76%。其中直流冷却系统淡水取水量为 596.7 亿 m^3（包括江、河入海口微咸水），用于直流冷却系统的海水取水量 410 亿 m^3，直流冷却电厂不包括直流冷却水的工业用水重复利用率为 34%；循环冷却电厂重复利用率为 96%。

2005 年，火电厂单位发电量取水量为 3.1kg/kWh(扣除直流冷却水量后)，比 2000 年下降 24.4%。2011 年全国火电厂取水总量(不包括直流冷却水)达到峰值 91.3 亿 t，2017 年降至 56.9 亿 t，比峰值减少 34.4 亿 t。2017 年火力发电量 45 558 亿 kWh，火电厂单位发电量取水量为 1.25kg/kWh，与 2005 年相比，降幅达到 59.7%。与 2005 年相比，火电发电量增长 1.2 倍，火电总取水量反而降低，可见火电企业节约用水成效显著。近几年我国火电用排水情况见表 10-3。

表 10-3　　近几年我国火电厂用排水情况

项目		2001	2002	2003	2004	2005	2006	2007	2008	2009	2010	2011	2017
全国	水资源总量（亿 m^3）*	26 868	28 255	27 460	24 130	28 053	25 330	25 255	27 434	24 180	30 906	23 256	28 761
	总取水量（亿 m^3）*	5567	5497	5320	5547.8	5633	5795	5818.7	5909.9	5965	6022	6107	6043
	消耗水量（亿 m^3）*	3052	2985	2901	3001	2960	3042	3022	3110	3255	3182	3201	3206.8
	废水排放总量（亿 m^3）*	626	631	680	693	717	731	750	758	768	792	807	756
	工业取水量（亿 m^3）*	1142	1143	1177	1228.9	1285.2	1343.8	1404.1	1397.1	1390	1447	1461	1277
	废水排放总量（亿 m^3）**	433.0	439.5	460.0	482.4	524.5	536.8	556.8	571.7	589	617	659	777.4
	工业废水排放量（亿 m^3）**	202.7	207.2	212.4	221.1	243.1	240.2	246.2	241.7	234	237	230	182.9
	工业水重复利用率(%)**	69.6	71.5	72.5	74.2	75.1	79.6	82.0	83.8	85.0	85.7	86.0	87.0

续表

项目		2001	2002	2003	2004	2005	2006	2007	2008	2009	2010	2011	2017
火电厂	发电量（亿 kWh）	12 045	13 522	15 790	18 073	20 437	23 573	27 207	28 030	29 922	34 166	39 003	45 558
	总取水量（亿 m^3）*	470	509	521	597	660	656 (85.5)	675 (78.9)	658 (78.5)	630 (81.3)	570 (83.7)	437 (91.3)	478.3
	水重复利用率（%）	69.1	69.4	69.5	75	76	77.9	78	79	79	79.5	80	82
	循环冷却水取水量（亿 m^3）	47.4	47.8	53.1	58.2	63.35	85.5	78.9	78.5	81.3	83.7	91.3	56.9
	废水排放量（亿 m^3）	13.5	15.82	16.26	17.96	20.27	20.14	19.06	16.68	13.46	10.93	8.97	2.7
	单位发电量取水量（kg/kWh）	3.9	3.5	3.4	3.2	3.1	3.0	2.9	2.8	2.6	2.45	2.34	1.25
	单位发电量废水排放量（kg/kWh）	1.31	1.17	1.03	1.0	0.99	0.85	0.7	0.6	0.45	0.32	0.23	0.06

注 1. 工业消耗水量＝工业取水量－工业废水排放量，火电厂循环冷却水量＝总取水量－直流冷却水量。

2. 火电厂总取水量包括直流冷却水量和循环冷却水取水量，但不包括海水取水量，单位发电量取水量中不包括直流冷却水量。

3. 括号内数据不含直流冷却水。

* 数据取自水利部的中国水资源公报。全国总取水量习惯上称为供水量。

** 数据取自环保部的中国环境统计公报。

二、节水工作中存在的主要问题

（1）水资源短缺问题严重。火电厂是主要的用水大户，做好节水工作不但是电力行业的一个经济问题，而更重要的是关系到电力工业持续发展，保证经济和社会快速健康发展的重大社会问题。尤其在北方地区和水资源特别短缺地区，这一问题更为突出。部分地区由于缺水，已危及到现有电厂的正常运行；而且部分严重缺水地区工业用水和人民生活用水的矛盾不断加剧。目前我国火电厂用水浪费比较严重，综合耗水指标还比较高，因此火电厂如果不采取有效的节水措施，切实提高水的利用率，不但现有火电厂的运行会变得越来越困难，而且新的火电项目建设将会越来越受到限制。

（2）水价偏低，抑制了企业节水的积极性。根据对 378 个城市的统计，2000 年城市供水中每立方米工业用水价格为 0.15～3.80 元，平均为 1.26 元，水资源费 0.04～1.50 元/t，平均为 0.4 元/t；污水处理费（或排污费）平均为 0.5 元/t。多数企业用水成本占生产成本的比重不超过 2%。我国的水价同国外水价比明显地偏低，欧美工业水价一般相当于8 元/t，香港地区 20 元/t，东京 22.8 元/t。事实证明，水价过低是实施节水、推广节水措施的主要障碍。水价低廉，也是造成浪费用水的原因之一。根据以色列和美国的研究表明，当水价提高 10%，生活取水量可能下降 3%～5%。因此要实行定额内用水低价、超定额用水高价的水价机制。2003 年以来许多大城市生活用水已从 0.5 元/t 左右提高到 2 元/t 以上。

（3）对节水工作的重要性认识不足，管理工作急需加强。有些单位对我国水资源缺乏的现状了解不多，在节水方面的宣传力度不够，部分单位领导和职工缺乏对节水工作的紧迫感和责任感。尽管在节水方面制定了不少管理规定和措施，但是执行不够严格；规划和计划不现实、要求不严，往往实施落空；目标和任务不够明确，管理不到位。相当一部分火电厂没有按 DL/T 606—1996《火力发电厂能量平衡导则》要求做水平衡测试，甚至用水设施没有按规定装设计量装置或没有按表收费，水务管理薄弱。

(4) 火电厂主要耗水指标仍然很高。由于设计、安装、调试、运行、管理等方面诸多因素，致使多数电厂主要耗水指标达不到设计要求。目前循环冷却电厂循环水浓缩倍率平均只有2.2左右，许多电厂的浓缩倍率只有1.5左右，距浓缩倍率达到3.0的设计要求差距较大。

采用水冲灰的电厂灰水比大部分高达1∶20以上，平均1∶13；全国平均冲灰渣水回收率41%。全国有不到30%的火电厂采用干式除灰系统，由于有的干除灰系统不合理或设备不过关、备品配件补充不及时及系统维护检修不够，使得干除灰系统约有一半运行不正常。

工业废水回收率低，重复利用次数少。新建大型电厂的工业废水回收率达到了较高的水平，一般可达到93%以上；但是有的电厂，特别是老电厂工业水的回收率不足50%，个别电厂甚至没有回收，直接对外排放。

节水较差的循环冷却火力发电厂的单位发电取水量居然高达12.0kg/kWh以上；节水较差的直流冷却火力发电厂的单位发电取水量高达5.0kg/kWh以上。

(5) 法规规章制度不健全。目前我国用水方面的法规只有《中华人民共和国水法》《中华人民共和国水污染防治法》和《中华人民共和国环境保护法》等，而这些法规中涉及节水方面的条文很少。法规法制不健全，就无法很好利用法规对用水、节水进行有效的监督和管理，解决用水节水中发生的问题无法可依，更谈不上利用法规对水资源进行科学、合理配置。

(6) 管理粗放，要求不严。无论在生产技术管理还是在运行管理上都存在重视不够、管理粗放的问题。在火电机组投产达标、电厂安全文明生产达标、电厂创一流标准中，只有污水达标排放和锅炉补水率等要求，对节水、污水处理装置是否安装、运行是否正常、效果如何，没有提出具体要求，也无检查考核内容。

许多企业未制定本企业的用水计划和节水目标，无取水定额。多数电厂在生活用水、输煤系统降尘冲洗用水、采暖系统用水、绿化用水等方面管理不严，跑、冒、滴、漏、溢水和随意排放现象比较严重，造成水的大量浪费。很少在运行中根据机组负荷及冷却水温度及时调整冷却水量。

水费收取随意性较大，没有形成规范、有效的水价机制，存在乱收费现象，有的地区用水按年收取水资源费，不用或用多用少都要按事先商定的水量交费，致使企业无节水积极性和创造性。

(7) 节水治污资金不足，节水装置技术落后。由于无资金来源，当前许多新建或改扩建工程无节水治污项目；以往建设的节水治污设施大多数技术陈旧落后、配置不全，有的只能处理部分污水，运行效率低，可靠性差；有的电厂对现有的节水治污设施维护不到位，坏了也得不到及时修复；节水技术改造和技术研究水平不高，先进的节水技术推广不够广泛，资金投入不足。

(8) 设计、安装调试不到位。以往的节水工程设计考虑不周，工艺落后，例如许多采用活性污泥法生活污水处理设施，投运不到一年由于种种原因不得不停运。有的设计生搬硬套，如将城市污水处理方法基本原样搬进电厂，结果运行效果不理想，造成损失。为了节省建设资金，许多电厂无节水设施，或者节水系统配套性不够、监测表计不全，不能满足按机组统计考核取水量的要求。

基建安装调试阶段，无论安装单位或者生产单位对节水装置、废水处理设施的安装调试不够重视，有的仓促调试后不经试运行就交给生产单位；有的甚至留有尾巴，机组投产后，废水处理设施特别是输煤系统污水处理设施不能正常运行。

第三节 发电企业应采取的主要节水措施

1. 遵纪守法

1984年5月11日中华人民共和国第六届全国人民代表大会常务委员会第五次会议通过了《中华人民共和国水污染防治法》，1996年5月15日第八次全国人民代表大会常务委员会第十九次会议通过了水污染防治法修正案。该法规定对造成水污染的企业进行整顿和技术改造，采取综合防治措施，提高水的重复利用率，合理利用资源，减少废水和污染物排放量；企业应当采用原材料利用率高、污染物排放量少的清洁生产工艺，并加强管理，减少水污染物的产生。

2002年6月29日中华人民共和国第九届全国人民代表大会常务委员会第二十八次会议通过了《中华人民共和国清洁生产促进法》，该法自2003年1月1日起施行。清洁生产法要求企业不断采取改进设计、使用清洁的能源和原料、采用先进的工艺技术与设备、改善管理、综合利用等措施，从源头削减污染，提高资源利用效率，减少或者避免生产、服务和产品使用过程中污染物的产生和排放，以减轻或者消除对人类健康和环境的危害。

火力发电厂应当做遵纪守法的表率，积极采用节水技术、完善节水工艺、推广节水器具；对节水成效显著的部门和个人给予表扬和奖励，对用水浪费的部门和个人给予批评和通报。

2. 优化产业结构

目前工业布局不合理，火力发电厂、纺织、造纸、钢铁、石油石化等5个高用水行业过度集中在北方缺水地区，使该地区水资源供需矛盾日益突出，水环境恶化的状况加剧；工业结构性矛盾也比较突出，绝大多数企业规模小，生产集中度低，高消耗、粗加工、低附加值、缺乏市场竞争力的产品比重高，造成万元增加值取水量居高不下。

因此政府和企业应按照以水定供、以供定需的原则，调整产业结构和工业布局。缺水地区严格限制新上高取水工业项目，禁止引进高取水、高污染的工业项目，鼓励发展用水效率高的高新技术产业。优化企业的产品结构和原料结构，增加优质、低耗、高附加值的产品种类和数量。

3. 健全管理机构并完善节水制度和体系

电厂应设立厂部、车间、班组三级节水管理网。厂长或生产厂长定期检查全厂的节水工作，审批节水管理办法及措施，定期召集有关人员召开节水管理会议，研究制定全厂的节水工作规划；生产部节水或节能工程师随时掌握全厂节水工作现状，监督、检查和推动节水工作，促进全厂节水管理水平的提高；车间、部室和各分公司应配备节水管理兼职人员，在节水工程师或节能工程师的指导下，进行电厂节水管理的具体工作，保证所辖节水设施的健康运行。

4. 加强节水宣传并提高水患意识

1988年1月21日中华人民共和国第六届全国人民代表大会常务委员会第24次会议通过了《中华人民共和国水法》（2002年8月29日第九届全国人民代表大会常务委员会第29次会议通过了水法修正案），自1988年7月1日起执行。《中华人民共和国水法》颁布后，水利部确定每年的7月1—7日为“中国水周”。1993年1月18日联合国第47届大会根据1992年的联合国环境与发展大会在《21世纪议程》第十八章《保护淡水资源质量和供应：水资源开发、管理和利用的综合性办法》中所提出的建议，作出了确立“世界水日”的决议，决定从1993年开始，每年的3月22日为“世界水日”。我国政府考虑到“世界水日”和“中国水周”的宗旨和内容基本相同，从1994年开始，把“中国水周”的时间改为每年的3月22—28日。

企业应在“世界水日”和“中国水周”等节日中，充分利用黑板报、报纸报栏、专题讲座、广播、电子屏幕、闭路电视等媒体，宣传科学节水、促进水资源可持续利用等知识，在全社会范围内提高人们对节水重要性、紧迫性和长期性的认识，在全社会形成节约用水、合理用水、防止水污染、保护水资源的良好社会氛围。

企业应采取各种有效形式，开展广泛、深入、持久的宣传教育，使人们树立正确的用水观念，在认识上要由过去把水作为一般性资源认识向战略性资源认识的转变，由过去粗放型经营方式向集约型经营方式转变，由过去主要依靠增量解决资源短缺方式向更加重视节约和替代方式的转变，使节水成为广大职工的自觉行动，在发电企业内部营造出“节约用水光荣、浪费用水可耻”的舆论氛围。

5. 提高设计水平

(1) 逐步降低取水量。

在1999年，国家电力公司电力规划总院提出了燃煤电厂取水推荐指标，见表10-4。采用循环冷却系统的电厂20世纪80年代平均装机取水量为1.42～1.56m³/(s·GW)，90年代新建的300MW和600MW大型循环冷却火电机组平均装机取水量已达到0.9m³/(s·GW)左右，海滨电厂小于0.25m³/(s·GW)，见表10-5。2002年12月国家质量监督检验检疫总局发布了GB/T 18916.1—2002《取水定额第一部分：火力发电厂》，取水定额进一步降低。实际上GB/T 18916.1—2002与DL/T 5000—2000《火力发电厂设计技术规程》是一致的：对采用循环供水系统、单机容量300MW机组及以上的发电厂，每1000MW机组容量的设计耗水指标（规程中使用了耗水指标，正确说法应为装机取水量）不宜超过0.8m³/s,对于投产后初期机组允许增加10%（即0.88m³/s)；对于采用循环供水系统、单机容量小于300MW机组的发电厂，每1000MW机组容量的设计耗水指标不宜超过1.0m³/s，对于投产后初期机组允许增加10%；对于采用直流供水系统、单机容量300MW机组及以上的发电厂，每1000MW机组容量的设计耗水指标不宜超过0.12m³/s，对于投产后初期机组允许增加10%；对于采用直流供水系统、单机容量小于300MW机组的发电厂，每1000MW机组容量的设计耗水指标不宜超过0.20m³/s,对于投产后初期机组允许增加10%。

2012年5月，国家质量监督检验检疫总局重新修订了火力发电取水定额，GB/T 18916.1—2012《取水定额　第1部分　火力发电》，增加了空冷机组取水定额，而且将2012年版的单位发电量取水定额压缩35%左右，将单位装机取水定额压缩5%左右，见表10-6。

表10-4　燃煤电厂装机取水定额指标

机组类别	循环水浓缩倍率	除灰方式	取水定额[m³/(s·GW)]	
			设计值	规划值
湿冷机组	3	中低浆浓度水力	0.84	0.93
湿冷机组	4.5	高浆浓度水力	0.74	0.82
空冷机组	—	干除灰	0.18	0.20

表10-5　90年代火电厂设计装机取水量

序号	电厂名称	装机容量(MW)	设计取水量[m³/(s·GW)]	备注
1	王曲	2×600	0.76	循环冷却的火力发电厂
2	德州	2×600	0.85	
3	阜阳	2×600	0.88	
4	蒲城	2×330	0.92	
5	宝鸡	4×300	0.73	
6	七台河	4×300	0.73	
7	鹤岗	2×300	0.84	
8	姚孟	2×300	0.88	
9	广安	2×300	0.90	

续表

序　号	电厂名称	装机容量（MW）	设计取水量 [m³/（s·GW）]	备　注
10	后石	6×600	0.14	直流冷却的火力发电厂
11	嘉兴	4×600	0.25	
12	珠江	4×600	0.11	
13	南蒲	2×350	0.17	
14	营口	2×300	0.18	
15	北海	4×300	0.20	
16	台洲	2×330	0.26	

表 10-6　　火电厂取水量定额指标

定额类型 / 冷却形式	单机容量<300MW		单机 300MW		单机容量≥600MW	
	单位发电量取水量 [m³/(MW·h)]	装机取水量 [m³/(s·GW)]	单位发电量取水量 [m³/(MW·h)]	装机取水量 [m³/(s·GW)]	单位发电量取水量 [m³/(MW·h)]	装机取水量 [m³/(s·GW)]
循环冷却供水系统	≤3.20	≤0.88	≤2.75	≤0.77	≤2.40	≤0.77
直流冷却供水系统	≤0.79	≤0.19	≤0.54	≤0.13	≤0.46	≤0.11
空气冷却系统	≤0.95	≤0.23	≤0.63	≤0.15	≤0.53	≤0.13

（2）逐步提高浓缩倍率。

20 世纪 90 年代新建火电厂的循环水浓缩倍率普遍达到 2.5～3，并且一般采用浓浆除灰系统和干除灰系统。1999 年 5 月 28 日国家电力公司以国电办（1998）178 号下发了《火力发电厂节约用水的若干意见》的通知。通知指出：循环冷却水的浓缩倍率，根据不同水质、凝汽器管材，通过试验并经技术分析比较后确定。各种水处理方案一般应达到以下效果：加防垢防腐药剂及加酸处理，浓缩倍率应在 3.0 左右；采用石灰处理，浓缩倍率应在 4.0 左右；采用弱酸树脂处理方式，浓缩倍率应在 4.0 以上。

（3）实现“三同时”。

搞好新建、改扩建火电厂节水项目的设计是新建火电厂节水工作的开端。在新建、改扩建火电厂的可行性研究报告中要有多种节水方案的对比；节水项目与主机要实现“三同时”，基建投产达标验收要同时考察节水治污项目的安装、调试质量和运行效果；计量、监测表计的设置应基本上满足按机组实行用水定量管理和电厂水平衡测试的要求。

6. 加强水务管理与水平衡测试工作

各企业要做好节水统计工作，定期进行水平衡测试，制定本企业的取水定额。要求用水户做到取水计划到位、节水目标到位、节水措施到位、管水制度到位（即“四到位”）。要在科学制定用水定额的基础上下达用水计划，实行计划取水，对超计划取水的用水户实行考核。

水平衡测试是做好企业节水工作，实现合理、科学用水管理的基础。通过水平衡测试，可以掌握企业用水现状和各生产工序用水水量之间的定量关系；可以明确节水方向，挖掘节水潜力，制定切实可行的用水、节水规划；通过水平衡测试，可评价企业用水合理程度，为创建节水型企业做准备。

水务管理的一个薄弱环节是非生产用水的管理，非生产用水包括生活卫生用水、消防用水、绿化用水等，占火力发电厂总用水量的 5%。许多电厂忽视了对非生产用水的管理，存在大企业大手笔的管理模式。因此企业必须认识到非生产用水管理的重要性，加强非生产用水的管理和考核。

7. 工业冷却水应一水多用或采用闭式循环冷却系统

火力发电厂工业冷却水是指除凝汽器以外的主机和辅机所有表面冷却器的冷却水，如引风机、送风机、排粉机、磨煤机等转动机械轴承冷却水以及空调用水。这部分水质较好，一般采用闭式循环方式或一水多用方式回收利用。比如：新鲜水先用于轴承冷却，其排水作为循环冷却水，循环冷却水排水再作为冲灰水，三次使用，提高了水的重复利用率，达到节水目的。电厂消防水池溢水、部分取样水、射水池溢水等也可以实行循环使用，减少电厂新鲜水取用量。

8. 采用新技术、新工艺、新设备、新材料以尽量减少废水外排

污废水未经处理而排放，既浪费了资源又污染了环境。如果处理回用，达到或接近中水标准或污水灌溉标准，使污水资源化，不仅可以增加可用水源，而且起到治理污染的作用。工业企业要积极推行清洁生产，实现废水减量化；促进废水循环利用和综合利用，实现污废水资源化；加大投入，加快废水资源化和处理设施建设；加强运行监督，充分发挥已建成设施的作用，确保工业废水达标排放和回收利用，逐步改善水环境，防止出现水质性缺水。

逐步采取各种有效节水措施，努力减少火电厂的废水排放量，力争废水回收率在2010年达到50%～60%；对工业水系统、生活污水处理系统等进行综合改造；结合火电厂达标排放工程和冲灰水零排放工程，推广应用正压浓相气力干除灰技术、高浓度灰浆输送技术和粉煤灰综合利用技术。新建火电厂的除灰系统，原则上优先考虑干灰输送方案。

9. 开发推广高效的循环冷却水处理技术

采用效果较好的防垢防腐药剂及加酸处理或利用石灰加酸处理技术以及弱酸树脂处理技术，将发电厂的循环水浓缩倍率提高到3以上；推广循环水排污梯级使用技术，根据需要更换凝汽器铜管材质。

采用良好的设计和技术，如通过加装高效收水器等措施减少冷却塔的风吹损失。同时保证节水设施和设备的正常运行，确保节水效果。

10. 减少化学制水耗水率并努力降低机组补水率

新鲜水经过沉淀过滤和阴阳离子交换床或反渗透装置制成除盐水或软化水，作为补充水进入生产主系统。生产系统的汽水损失率按现行的规定为3%左右，由于机组调峰，设备启停频繁，管道阀门泄漏严重，许多电厂的疏水没有全部回收等，使汽水损失率相当一部分大于规定标准。因此电厂必须加强汽水管理，尽快完善水汽系统的计量装置，及时更换不准或不灵敏的表计；将热力系统、废水处理及回收利用系统、循环水系统、冷却水系统、非生产用水系统、自备水系统等设施纳入节水管理范畴。努力做好发电机组热力系统的运行维护工作，减少不必要的热力系统泄漏量，使锅炉补水率控制在锅炉实际蒸发量的2%以下。

11. 加强运行调整以减少生产用水量

许多电厂无论辅机是否运行，其用水管道阀门均处于敞开状态，大量工业水被白白流失掉；不能根据实际情况，及时调整冷却水的运行方式。因此企业根据机组开停及负荷的变化，及时调整循环冷却水量、冲灰水量及工业冷却水量，达到安全经济运行，尽量降低热力系统补水量，已成为节水工作中的关键。

12. 推广节水器具

我国火电厂人员编制偏多，宿舍区又往往邻近电厂，洗澡和供暖条件较好，生活用水及非生产用水必然大于国内城市居民平均水平。目前我国城市生活用水综合指标为200L/(人·天)，而电厂家属区生活用水综合指标约为300L/(人·天)。另外电厂家庭由于用水器具设计、质量存在问题，造成许多用水不合理和漏水现象，所以在电厂生活区内推广节水器具有极其重要的意义。

传统的龙头流量大、水花飞溅，水的有效利用率低，使用稍久，常易漏水。据实测，一个DN15龙头，在0.2MPa压力时漏失量为：滴漏3.6L/h，线漏17L/h，大流670L/h。20世纪80年代中期开发的陶瓷片阀芯已得到普遍推广，经实测节水5%～10%，克服了漏水现象。电厂必须在节水方面起模范带头作用，积极推广节水型的卫生器具和阀门；家庭采用节水型水龙头，浴池采用脚踏开关。

13. 采用空冷技术

空冷汽轮发电机组和常规湿冷汽轮发电机组主要差别在于汽轮机排汽的冷却方式。常规湿冷汽轮机组的乏汽是通过凝汽器用水来冷却的；而空冷汽轮机组的乏汽是用空气来冷却的。从目前国际上空冷技术发展来看，南非在建设和运营大容量空冷汽轮发电机组方面处于世界领先地位。南非坎达尔电厂6×686MW空冷机组是世界上最大的带表面式凝汽器的间接空冷电站。该电站1982年7月开工，1993年6台机组全部投入运行。设计汽轮机高压缸入口压力16.1MPa，温度535℃，厂用电率7.6%，蒸汽流量560kg/s，高压缸排汽温度313℃，排汽压力4.07MPa，取水量0.2kg/kWh，背压为13.6kPa时，汽轮机功率686MW，设计发电煤耗316.7g/kWh，汽轮机热耗率8478kJ/kWh，汽轮机效率42%，锅炉效率92.35%。该厂发电装机取水量很低的原因，除了采用节水型空冷技术之外，还采用了干除灰技术和废水零排放技术。

我国已投运的空冷机组有大同二电厂（2×200MW空冷机组）、太原二电厂（2×200MW空冷机组）和内蒙古丰镇电厂（4×200MW空冷机组）等几台200MW级空冷机组。大同第二发电厂采用节水型空冷机组，使1台200MW机组的全厂取水量由719m^3/h减至252m^3/h，节水率65%，节水量为467m^3/h。2004年9月我国首台300MW空冷机组——漳山发电公司1号机组顺利完成168h试运行，正式投入运营，比湿冷机组节约用水80%以上。

14. 城市污水作循环冷却水

城市污水净化处理后用作火电厂循环冷却水在国外早有先例，美国西南部地区几个主要火电厂普遍使用城市污水作冷却水。

华能北京热电厂两台140～165MW、两台185～220MW俄罗斯进口热电机组，在我国率先引入城市污水处理厂的达标排放水，加以处理后用于机组的循环冷却，年利用量达1000万m^3；山西侯马电厂三期扩建2×50MW热电联产机组，该工程使用城市污水，经三级处理后作为工业用水和循环冷却水补充水，投产后可利用城市污水300t/h。

15. 海水的利用

（1）利用海水作火电厂的循环水或冲灰渣水。开发利用海水是缓解我国沿海城市淡水水资源紧缺的重要途径，目前大部分沿海电厂使用海水冷却汽轮机的凝汽器、水水交换器、冷油器等，并利用海水进行锅炉冲灰渣。

（2）应用海水淡化新技术。海水淡化不需要大量的化学药剂和酸、碱再生处理；无化学废液及废酸、碱排放，无环境污染；系统简单，操作方便，产品水质稳定，二级反渗透可获取高质量的纯水；适用于较大范围的原水水质，既适用于污水、苦咸水和海水，又适用于低含盐量的地表水和地下水的处理。随着我国水处理技术的发展，现在我国已经可以自行设计建设大型反渗透海水淡化工程，并成为沿海地区解决水资源紧缺问题的重要手段。威海电厂、大连电厂在2001年以后先后投产了2500t/d反渗透法海水淡化装置。

沿海电厂开始采用海水淡化工艺解决生产和生活淡水供应。海水淡化技术在国内有所突破，利用发电厂的低压蒸汽作为海水淡化的热源进行海水淡化，是解决电厂淡水的需求切实可行途径。1986年天津大港电厂从美国ESCO公司引进了两套3000t/d的多级闪蒸海水淡化装置，运行可靠，制水成本低。说明多级闪蒸技术也是当今世界海水淡化工程最有前途的技术之一。

第十一章　节水技术在火电厂中的应用

第一节　火力发电厂的冷却水系统

一、冷却水系统类型

用水来冷却工艺介质的系统称为冷却水系统，火力发电厂的冷却水系统主要用于冷却汽轮机排汽，通常又分为直流冷却水系统和循环冷却水系统。2007 年，火电装机容量为 556 070MW，其中循环冷却系统电厂装机容量为 298 000MW，直流冷却系统电厂装机容量为 220 970MW，空冷系统电厂装机容量为 37 100MW。

1. 直流冷却水系统

在直流冷却水系统中，冷却水仅仅通过换热设备一次，用过后水就被排放掉，如图11-1所示。

直流冷却水系统的用水量很大，而排出水的温升却很小，水中各种矿物质和离子含量基本保持不变。这种冷却水系统投资少，操作简便，但是与当前节约使用水资源的要求相矛盾，因此在国外除了海水的直流冷却水系统外，使用淡水的直流冷却水系统已被淘汰。

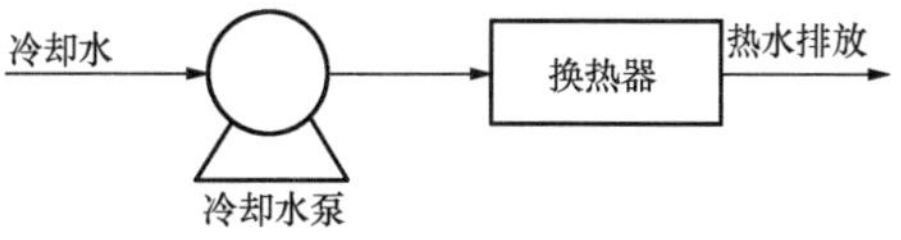

图 11-1　直流冷却水系统

2. 循环冷却水系统

循环冷却水系统，其冷却水用过后不马上排放掉，而是回收再利用，根据回收冷却方式不同，循环冷却水系统又分为封闭式和敞开式两种。

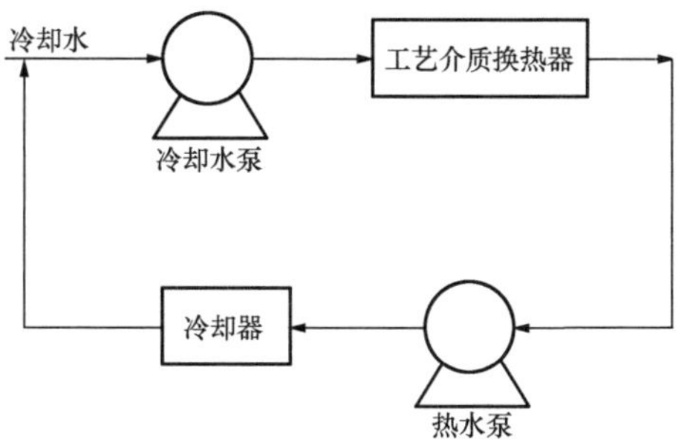

图 11-2　封闭式循环冷却水系统

（1）封闭式循环冷却水系统。封闭式循环冷却水系统又叫密闭式循环冷却水系统，冷却水用过后，不暴露在空气中，而是在另一台密闭的冷却器中用其他介质来进行冷却的，如图 11-2 所示，这种系统一般用于发电机、内燃机或有特殊要求的单台换热设备。这种系统水量损失很小，水中各种矿物质和离子含量也基本保持不变。

（2）敞开式循环冷却水系统。在敞开式循环冷却水系统中，冷却水用过后是通过水冷塔或冷却水池进行冷却后再循环利用的。因此冷却水在循环过程中要与空气接触，部分水在通过冷却塔时被蒸发损失掉，因而水中各种矿物质和离子含量不断地被浓缩增加，需要对系统补充一定量的冷却水。其优点是冷却水循环利用，与直流冷却水系统相比节省大量新水量。

敞开式循环冷却水系统中主要的设备是冷却塔，又叫水冷塔。冷却塔用来冷却换热器中排出的热水。在冷却塔中，热水从塔顶向下喷淋成水滴或水膜状，空气则由下向上与水滴或水膜逆向流动，或水平方向交流流动。在气水接触中进行热交换，使冷却水温度降低。

冷却塔的型式很多，根据空气进入塔内的情况分为自然通风和机械通风两大类。自然通风冷却塔在电厂中最常见的是风筒式冷却塔，空气靠冷却塔筒体的高度，像烟囱一样自然拔风，将空气吸入塔内与水滴逆向接触；而机械通风冷却塔的空气依靠塔顶的抽风机吸进塔内，空气流动速度一般在 90～210m/min 范围内。

二、冷却水系统概况

在火力发电厂中，采用的冷却水系统类型主要有直流式、敞开循环式两种形式。直流式冷却水系统是指冷却水经过水泵送入汽轮机凝汽器，冷却汽轮机的排汽，回水排到原水源地，不作循环。一般适用于沿海、沿河、沿江地区。采用直流冷却方式的机组约占火电总装机容量的 42.6%。直流冷却方式可分为淡水直流冷却方式和海水直流冷却方式。直流冷却水经过机组凝汽器后排回原来的水体，只是温度略有升高，其水质未发生变化，不影响地方水系统的平衡，基本上不产生耗水。海水直流冷却电厂均位于海滨地区，主要采用海水作为机组冷却水。由于直流冷却系统在电厂内无蒸发、风吹和排污等损失，所以其耗水量较同容量的循环冷却电厂少得多，但是必须具备充足的冷却水源。

循环式冷却水系统中，冷却水由热交换器中获得热量，直接在冷却塔或其他冷却设备中散发至大气，水在经过空气冷却后再回到热交换器重复其传递热量的过程。缺水地区的火力发电厂一般采用循环冷却方式，采用循环冷却方式的机组约占全国火电总装机容量的 55%。循环水的冷却方式可分为冷却塔冷却和冷却池冷却。一般情况下循环冷却塔的水损失约占全厂生产耗水量的 70%，主要为蒸发损失、风吹损失、排污损失。蒸发损失约为循环水总量的 1.2%～1.6%，风吹损失 0.5%（有收水器的风吹损失 0.1%～0.2%），排污损失 1%。

采用循环冷却系统的火力发电厂多采用自然通风湿式冷却塔，仅个别电厂采用机械通风湿式冷却塔。循环水浓缩倍率高，则排污率降低，而过大的浓缩倍率如果处理不好会给安全生产带来一系列问题，同时也需要投入大量的加药资金，所以应根据电厂水源、水质、凝汽器管材以及循环水处理系统等情况，因地制宜地选择适当的处理方式和药剂，在保证机组安全运行的同时，适度提高循环水的浓缩倍率。一般说，加稳定剂可以使循环水的浓缩倍率达到 2～2.5，加酸加稳定剂可以使循环水的浓缩倍率达到 3，石灰石处理可以使循环水的浓缩倍率达到 4 以上，弱酸处理可以使循环水的浓缩倍率达到 5 以上。

根据国家电力公司调查情况，2000 年循环冷却水的浓缩倍率平均 2.2 左右，其中浓缩倍率低于 1.5 的火力发电厂占循环冷却机组容量的 30%以上，循环水浓缩倍率为 1.5～2 的火力发电厂占循环冷却机组容量的 20%，循环水浓缩倍率为 2～3 的火力发电厂占循环冷却机组容量的 30%，循环水浓缩倍率大于 3 的火力发电厂占循环冷却机组容量的 20%以下。根据 GB 50050《工业循环冷却水处理设计规范》规定：敞开式循环冷却水系统设计浓缩倍率不宜低于 3。所以现阶段我国火力发电厂的循环冷却水浓缩倍率有一定的节水潜力。通过采取相应的技术措施和管理措施，提高循环冷却水浓缩倍率是目前火电厂节水的一个主要方向。

如果循环水浓缩倍率由 2.5 提高到 3，则每百万千瓦装机容量可以减少排污水 290m^3/h；如果再提高到 5，则可以进一步减少排污水 455m^3/h。

第二节 控制循环冷却水的浓缩倍数

在循环冷却水系统运行过程中，循环水通过冷却塔时水分不断蒸发，因蒸发掉的水中不含盐分，所以循环水中的溶解盐类不断浓缩，其含盐量也随之增加，为了不使循环水的含盐量无限制地增加，防止由此而产生的种种危害，必须适当排放一部分循环水（即排污），同时补充一部分新水。由于循环水的含盐量大于新水的含盐量，因此循环水的含盐量与新水的含盐量之比（其比值 N 称为浓缩倍数或浓缩倍率）大于1。浓缩倍数越大，节水程度越高，可以减少取水量。

循环水的冷却是通过冷却塔使水与空气接触，由水的蒸发散热、热传导和热辐射三种方式共同作用而实现的。在冷却塔内，热水与空气之间发生两种传热作用，一是蒸发传热，二是接触传热，每蒸发1kg水，要带走约2545kJ的热量。蒸发传热带走的热量约占冷却塔中传热量的75%，接触传热带走的热量约占冷却塔中传热量的25%。由于冷却塔中水的蒸发而散发出的热量因大气温度的不同，而有很大的差别。在冬季，蒸发散热量约占冷却塔中全部发散出热量的50%，在夏季约为100%，在春秋约为75%。

蒸发损失水量为

$$E_R = \frac{R \times c \times \Delta t \times A}{\alpha - t_p \lambda} = 0.0015 R \Delta t$$

风吹损失水量为

$$E_D = (0.1\% \sim 0.5\%) R$$

排污损失水量为

$$E_B = \frac{E_R + E_D - NE_D}{N - 1}$$

补充水量为

$$E_M = E_R + E_D + E_B$$

以上各式中 R——循环水水量，m^3/h；

c——水的比热容，常温下，1kg水每升高1℃需要4.1868kJ，kJ/(kg·℃)；

Δt——冷却塔出口与进口温度之差，℃；

α——水在 t_p 温度下的蒸发潜热，25℃时水的蒸发潜热为2545kJ/kg，kJ/kg；

t_p——循环水平均温度，℃；

A——蒸发散热量占冷却塔中全部发散出热量的比值，一般取90%。

上式中 R 可按凝汽器的冷却倍率和凝汽量取值，见表11-1，由于表11-1中数值为设计院采用的设计计算数据，实际运行中，R 值约为表11-1中数据的90%左右；对于风吹损失水量系数，一般可取0.5%，当冷却塔装有捕水器（即收水器）时，可取0.1%。

表11-1　循环水（冷却水）水量

机组容量（MW）			50	100	125	200	300	600
凝汽量（m^3/h）			176	260	290	435	622	1298
辅机取水量（m^3/h）			600	800	1000	1800	6500	7300
直流取水量（m^3/h）	冷却倍率	55	10 280	15 100	16 950	25 725	40 710	78 690
	冷却倍率	60	11 160	16 400	18 400	27 900	43 820	85 180
	冷却倍率	65	12 040	17 700	19 850	30 075	46 930	91 670
	冷却倍率	70	12 920	19 000	21 300	32 250	50 040	98 160
	冷却倍率	75	13 800	20 300	22 750	34 425	53 150	104 650
淡水循环供水	单机取水（m^3/h）		388	570	639	968	1501	2945
	装机取水量[$m^3/(s \cdot GW)$]		2.15	1.58	1.42	1.34	1.39	1.36
海水循环电厂淡水取水量（m^3/h）			78	114	128	194	300	389

注　表中数据为纯凝汽式机组的取水量，其中包括厂区生活和其他工业取水量；不同地区夏季直流供水采用冷却倍率范围是：北方（东北、华北、西北）50～60倍、中部60～70倍、南部65～75倍；300、600MW机组取水量包括给水泵小汽轮机凝汽量的冷却水量；海水冷却电厂除灰用海水。

从以上各式可以看出：循环水浓缩倍率越大，排污损失越小，补充水量就越小。所以冷却水循环冷却的关键，是控制冷却水循环的浓缩倍数。浓缩倍数是循环冷却水系统运行管理的一项重要控制参数，浓缩倍数越大，节水程度越高，既可减少新水量又可减少系统中阻垢、缓蚀剂的补充消耗量；但是另一方面又对新水与循环水的处理提出了更高的要求，因为系统中离子浓度增加，加重了腐蚀、结垢的危害，从而增加了水处理的费用。因此循环冷却水系统的最佳浓缩倍数应根据节水要求、水处理技术等方面进行综合分析确定。一般情况下浓缩倍数最佳数值是4～5倍。

【例 11-1】 某厂循环冷却水系统的循环量 R 为 10 000m^3/h，冷却塔进、出口的水温分别为35℃和25℃，试求浓缩倍率 N 分别为1、2、3、4、5、6、7时的补充水量 E_M、排污水量 E_B 以及补充水量占循环水量的百分比 E_M/R。

解 现以 $N=2$ 为例进行计算。

蒸发损失水量 $E_R=0.0015R\Delta t=0.0015\times 10000\times(35-25)=150(m^3/h)$

风吹损失水量 $E_D=0.2\%R=20m^3/h$

排污损失水量 $E_B=\dfrac{E_R+E_D-NE_D}{N-1}=\dfrac{150+20-2\times 20}{2-1}=130(m^3/h)$

补充水量 $E_M=E_R+E_D+E_B=150+20+130=300(m^3/h)$

$$E_M/R=\frac{300}{10000}\times 100\%=3.0\%$$

将 $N=1.0$～7.0时的计算结果列于表11-2中。

表 11-2 不同浓缩倍率下循环冷却水系统计算结果

浓缩倍率 N	1.0 直流水	2.0	3.0	4.0	5.0	6.0	7.0
循环水量（m^3/h）	10 000	10 000	10 000	10 000	10 000	10 000	10 000
进出口水温差（℃）	10	10	10	10	10	10	10
蒸发损失水量（m^3/h）	0	150	150	150	150	150	150
风吹损失水量（m^3/h）	0	20	20	20	20	20	20
排污损失水量（m^3/h）	10 000	130	55	30	17.5	10	5
补充水量（m^3/h）	10 000	300	225	200	187.5	180	175
E_M/R（%）	100	3.0	2.25	2.0	1.86	1.8	1.75

可见，随着循环冷却水浓缩倍率 N 的增加，冷却水系统的补充水量和排污水量都不断减少，因此提高浓缩倍率可以节约水资源；与直流冷却水相比，即使循环水的浓缩倍率较低，例如2倍，但此时补充水也可节约97%的水量，因此从节约水资源的角度看，把直流冷却水改造为浓缩倍率并不大的冷却水，可以节约大量的淡水资源。

第三节 控制循环水的水质

控制循环水水质是保证循环冷却水系统正常或高效运行、提高水的浓缩倍数、节约用水的必要措施。控制循环水水质主要目标是阻抑污垢、控制腐蚀、杀灭微生物或抑制其生长。

一、阻抑污垢

循环冷却系统的污垢包括水垢和污泥。水垢包括碳酸钙、硫酸钙、磷酸钙、二氧化硅、氢氧化镁、氧化铁等，主要是碳酸钙水垢。污泥包括灰尘或泥沙、腐蚀产物、天然有机物、微生物菌落、氧化铝等。污垢的危害主要是降低了热交换器的传热效果，进而降低生产效率；导致局部腐蚀穿孔；堵塞管道增加水流阻力。

1. 阻抑水垢

随着浓缩倍数、pH 值、温度的升高，循环水中的难溶性盐类渐呈饱和与过饱和状态，并在粗糙金属表面结晶析出形成水垢。水垢主要在温度较高的热交换器表面形成，且以冷却水出口处为甚。通常采用钠型阳离子交换树脂法，除去水中的钙、镁离子，使水软化；投加化学药剂影响结晶过程也是抑制水垢的常用方法。向水中投加石灰 $Ca(OH)_2$ 以除去水中的碳酸盐与非碳酸盐硬度，防止生成水垢。其反应式为

$$Ca(OH)_2 + CO_2 = CaCO_3 + H_2O$$

$$Ca(OH)_2 + Ca(HCO_3)_2 = 2CaCO_3 + 2H_2O$$

$$Mg(HCO_3)_2 + 2Ca(OH)_2 = Mg(OH)_2 + 2CaCO_3 + 2H_2O$$

形成的 $CaCO_3$、$Mg(OH)_2$ 都是难溶化合物，可从水中沉淀析出。但是由于我国石灰的质量较差，由此产生的渣、石，设备沉结，管道污堵及水质处理中排渣的处理，都使人感到束手无策。

(1) 循环水石灰处理及其排渣再利用。西北电力设计院开发的“循环水石灰处理及其排渣再利用”技术，克服了石灰处理法的不足，而且由于使循环水除去暂硬，部分脱盐，浓缩倍率可提高到 5 以上。不但从根本上解决了冷却设备的结垢问题，而且运行费用低。其原理为：水中的重碳酸钙经快速反应器转化为碳酸钙颗粒，析出长大的碳酸钙颗粒经回转炉煅烧成氧化钙，煅烧好的氧化钙经消化后去处理循环水补充水，使水中的重碳酸钙进行转化，成为碳酸钙颗粒，周而复始，循环利用，即为“循环水石灰处理及其排渣再利用”。反应式为

$$CaO + H_2O = Ca(OH)_2$$

$$Ca(OH)_2 + Ca(HCO_3)_2 = 2CaCO_3 + 2H_2O$$

$$CaCO_3 \xrightarrow{\text{锻烧}} CaO + CO_2$$

山东石横发电厂两台 300MW 机组，冷却循环水量 31 800t/h，在浓缩倍率为 3.5 时，其补充水量为 1580t/h。采用西北电力设计院的“循环水石灰处理及排渣再利用”法，不但解决了设备结垢问题，而且将浓缩倍率提高到 5 左右。

(2) 投加硫酸。投加硫酸（加盐酸会带入 Cl^-，增加水的腐蚀性；加硝酸会带入硝酸根，有利于硝化细菌的繁殖，因此一般不加硝酸或盐酸）后，重碳酸盐在水中与硫酸发生下列反应，即

$$Ca(HCO_3)_2 + H_2SO_4 = CaSO_4 + 2CO_2 + 2H_2O$$

加酸的量并不需要使循环水中的碳酸氢根全部中和，只要使留下的碳酸氢钙在运行中不结垢就可以了。加酸过多，SO_4^{2-} 会腐蚀混凝土管道。

山西神头第二发电厂采用石灰加酸及旁滤加药处理循环冷却水时，浓缩倍率可达到 4.5 左右。

(3) 投加阻垢剂。阻抑水中污垢的一个重要方法是投加阻垢剂。目前用于循环冷却水系统的阻垢剂主要是阴离子型聚磷酸盐（如六偏磷酸钠、三聚磷酸钠）、有机磷酸（如氨基三甲叉磷酸 ATMP、乙二胺四甲叉磷酸 EDTMP）、聚羧酸（如聚丙烯酸）等。阴离子型聚磷酸盐阻垢剂的阻垢原理是其负离子与水中的 $CaCO_3$、$CaSO_4$、$Ca_3(PO_4)_2$ 等形成水垢的小晶体碰撞吸附，在微

晶体表面形成一个双电层，从而阻碍了它们之间的碰撞形成更大的晶体，也阻碍了它们同金属传热面之间的碰撞和结垢。

山东某发电厂两台 600MW 机组循环水处理方式原来为：加缓蚀剂 MBT0.6mg/L，阻垢剂 HEDP1.0mg/L，浓缩倍率为 3.5。为了进一步提高浓缩倍率，2000 年该厂开展了“弱酸处理条件下高浓缩倍率循环水试验研究”，以确定最佳的阻垢剂、缓蚀剂配方。试验后确定的最佳加药方案为：加缓蚀剂 TTA（甲基苯三唑）0.5mg/L，复合阻垢剂 1 号 1.0mg/L，其中复合阻垢剂主要由有机磷酸盐、磺酸盐共聚物、羧酸盐、丙烯酸系等药品组成，并针对水质特点进行配方调整。该厂两台 600MW 机组循环水自采用最佳加药处理方案以来，一直安全稳定运行，经机组大修检查，未发生凝汽器管的结垢和腐蚀现象，每台 600MW 机组循环水系统补水每年减少 110 万 t。运行数据见表 11-3。

表 11-3　　　　一台 600MW 机组运行数据

项　目	单　位	原 方 式	现 方 式
循环水量	t/h	60 000	60 000
浓缩倍率	—	3.5	5.0
补水量	t/h	1176	1050
排污量	t/h	336	210
年补水量	万 t/年	1030.2	919.8
水费	万元/年	370.87	331.13（0.36 元/t）
年排污量	万 t/年	294.34	183.96
排污费	万元/年	11.77	7.36
年加阻垢剂量	t/年	20.60（50%）	30.66（30%）
阻垢剂费用	万元/年	16.48（8000 元/t）	36.79（12 000 元/t）
年加缓蚀剂量	t/年	20.603（25%）	9.198（50%）
缓蚀剂费用	万元/年	19.78（9600 元/t）	22.995（25 000 元/t）
总运行费用	万元/年	418.9	398.28
经济效益	万元/年	—	节约 20.62

（4）采用电处理器。抑制水中污垢的物理方法是采用高压静电水处理器或电子处理器等。电子处理器是一种低压静电场效应水处理装置，在低压静电场作用下，水分子中的电子被激励，导致水分子的电位下降和“活化”，从而使水中盐类离子因静电引力减弱而趋于分散，抑制离子聚集在器壁生成水垢；并使已形成的水垢剥蚀、溶解。高压静电水处理器阻抑水中污垢的原理是在高压静电场的作用下，水分子按正负极相接定向有序地排列，从而使水中盐类离子被水分子挟持包围而不能自由运动，破坏水垢分子之间的结合力，因而不能接近器壁形成水垢。此外高压静电使水中释放出少量的氧，它可在器壁形成氧化膜防止金属腐蚀。

山东某电厂 125MW 机组循环水处理原采用阻垢剂（ATMP）＋硫酸复合处理，循环水的浓缩倍率控制量较低，不足 2.0。2001 年循环水采用电子处理器和化学加药结合处理，停止加以前的阻垢剂，仍然投加价格较便宜的硫酸，浓缩倍率提高到 2.5，年约节水 66.14 万 t。不仅能防垢灭藻，提高循环水浓缩倍率，减少排污，还能减轻凝汽器铜管点蚀概率，又能节约水处理费和水费，具体数据见表 11-4。

表 11-4 2001 年与 2000 年同期补水情况

项目 \ 年份	2000 年（改前）	2001 年（改后）
浓缩倍率	1.64	2.56
蒸发损失（m^3/h）	76.5	76.5
风吹损失（m^3/h）	27	27
排污损失（m^3/h）	92.53	22.04
补水量（m^3/h）	196.03	125.54
节水量（m^3/h）	—	70.49
年平均节水（万 t）	—	66.14
年节约水费（万元）	—	23.15

注 风吹损失以 0.2%的循环水量，循环水量 $R=9000t/h$，冷却塔进出口温差以 10℃，每吨水以 0.35 元，每年补水按 6000h 计算。

2. 阻抑污泥

循环水中的污泥来自新水中的浊度、空气中的尘埃、微生物繁殖、金属锈蚀产物、工艺介质渗漏等，污泥形成沉积的部位往往遍及冷却构筑物中同水接触的各部分，并以集水池底和死水区最为严重。循环水中的污泥具有较强的内聚力和黏着力，从而使污泥成片牢固地同金属面相结合，降低热交换器的传热效果；导致局部腐蚀、穿孔；堵塞管道增加水流阻力；增加药剂及设备消耗。减少污泥主要是通过在循环水中投加混凝剂，使水中悬浮物絮凝沉积于集水池底，然后通过排污定期排除，也可以在大小修期间采用机械清扫的方法除去污泥。

二、控制腐蚀

控制循环冷却水系统金属腐蚀的主要方法是投加缓蚀剂。缓蚀剂可分为无机缓蚀剂和有机缓蚀剂。无机缓蚀剂主要有铬酸盐、硫酸亚铁、磷酸盐、亚硝酸盐、钼酸盐、六偏磷酸钠等，铬酸盐、钼酸盐、亚硝酸盐可直接氧化金属，形成金属氧化膜抑制阳极反应，从而抑制整个金属腐蚀过程。但是铬酸盐、亚硝酸盐对环境有不良影响；钼酸盐毒性低，缓蚀效果好，但是价格高；六偏磷酸钠具有磷氧键的基本结构，可以同水中溶液的金属离子螯合而成带正电荷的络合离子，这种以溶胶状态存在于水中的络合离子又可与金属表面阳极反应的产物 Fe^{2+} 相络合，生成以聚磷酸钙铁为主要成分的络合离子，并由腐蚀电流作用沉积于阴极表面，形成密致的沉淀膜，从而阻止水中溶解氧向阴极扩散，抑制整个腐蚀过程。六偏磷酸钠含磷，对环境有影响。

有机缓蚀剂又分为有机磷酸酯和有机磷酸盐，如 ATMP、EDTMP、BTA（苯并三氮唑）、TTA（甲基苯并三氮唑）、MBT（巯基苯并噻唑）等。有机磷酸酯不会被酸碱破坏，不易水解和降解，能耐较高温度，无毒或毒性小。其缓蚀机理是其所带的烷基能覆盖在金属表面形成化学吸附膜，从而阻止水中溶解氧向金属表面扩散，使金属面得以保护。所以控制循环水系统腐蚀的主要方法是投加有机磷酸酯缓蚀剂。有机磷酸盐是一种阴极型缓蚀剂，当与其他水处理剂复合使用时，有理想的协同效应。有机磷酸盐对许多金属离子如钙、镁、铜、锌等具有优异的螯合能力，因此也大量的应用于水处理。

三、抑制微生物

抑制微生物主要依靠投加杀生剂抑制或杀灭微生物。氧化型杀生剂包括氯、次氯酸钠、二氧化氯等。其作用原理是它们能氧化微生物体内一些同代谢有关的酶而杀灭微生物。氯能穿透细胞壁，与细胞质反应形成稳定的氯—氮键，因此它对所有活的机体都有毒性。非氧化型杀生剂常有氯酚类、季铵盐类。氯酚类杀生剂能破坏微生物生物酶，从而影响其能量代谢，杀灭微生物。季铵盐杀生剂中带正电荷的氨原子被带负电荷的微生物选择性吸附并聚集在它的表面，损伤微生物表面脂肪壁，一部分化合物渗入微生物细胞体内，侵害细胞质膜中的磷脂类物质引起细胞自溶，致使微生物死亡。

第四节　冷却塔的维护与改造

一、冷却塔存在的问题

受水资源限制，目前火电机组中循环水采用冷却塔冷却方式的机组占全国火电机组总装机容量的一半以上。然而，由于冷却塔的维护比较繁重，加上缺乏对冷却塔节能潜力的认识，长期以来，人们对循环水系统中的冷却塔缺乏足够的重视，许多电厂忽视了对冷却塔的维护和监督，配水槽内淤泥厚达数十厘米也不清理，喷嘴堵塞无人疏通，导致冷却塔的冷却能力降低。运行中，冷却塔经常处于偏离设计条件的环境下工作，出塔水温高于设计值，引起汽轮机真空下降，机组经济性降低。个别机组过夏困难，不得不降低出力运行，给夏季日益紧张的用电负荷带来不利影响。有相当一部分冷却塔设备老化和损坏情况严重，填料结垢破损，喷头脱落，除水器脱落到填料上，使冷却塔长期处于低效运行状态，导致冷却塔的冷却能力降低，回水温度升高，机组真空降低，煤耗增加。

二、影响冷却塔热力性能的因素

冷却塔的工作原理是循环水从凝汽器中吸收排汽热量，形成热水，以温度 t_1 送入冷却塔，经由压力管道分流至配水槽，热水通过喷溅装置散成细小均匀的水珠洒落到淋水填料上，沿填料层高度和深度与冷空气以蒸发、传导和对流等方式完成热交换；空气吸收热量和水分，其温度和湿度逐渐增加接近饱和状态由塔顶逸出，冷却后的循环水以温度 t_2 返回凝汽器。由此可见，冷却塔出塔水温 t_2 直接影响汽轮机的排汽压力和循环热效率。也就是说出塔水温升是影响冷却塔热力性能的主要因素。根据汽轮机热力特性，经过计算对于不同型号的机组因为塔的冷却能力降低造成出塔水温升高 1℃对机组经济性影响见表 11-5。

表 11-5　出塔水温升高 1℃对机组经济性影响

机组容量（MW）	25	50	125	200	300	350
机组负荷（MW）	25	50	125	200	300	350
效率降低（%）	0.454	0.381	0.31	0.328	0.23	0.242
煤耗增加(g/kWh)	1.94	1.52	1.033	1.107	0.798	0.738
热耗增加(kJ/kWh)	56.86	44.84	30.28	32.44	23.39	21.63

目前大多数电厂冷却塔性能缺少监测，因热负荷增加或检修维护不当致使冷却塔出力不足，出口温度偏高是普遍的现象。例如某 200MW 机组循环水淤泥混浊，淋水填料严重结垢，出塔水温比相同条件下设计温度升高 4℃，机组每年因此损失的标准煤达 6000t 左右。

（1）淋水填料对出塔水温的影响。在冷却塔中，常用的淋水填料有水泥网格板填料、陶瓷填料、PVC 塑料填料等。由于水泥网格板填料自重大、安装和运输过程中易破损，填料的热力特性差，阻力特性高，再加上其他一些原因，造成冷却塔的出水温度比设计值平均高出 2～3℃。如某电厂 7000m^3冷却塔实测阻力特性比设计值高出 70%，热力特性降低 15%，出塔水温比设计值高出 2.5℃。水泥网格板填料目前已被淘汰，对于早期使用的水泥网格板填料的冷却塔应尽快进行更换改造。陶瓷填料是近几年应用在电力行业的填料，它具有使用寿命长、耐热抗旱耐腐蚀等优点，但冷却效率不高，而且存在质量大、运输安装破损率高等缺陷。PVC 塑料填料具有质量轻、单位体积比面积大、热力特性高、通风阻力小、气流通风孔面积大、冷却效果好、产品品质易于按标准控制、品质稳定、整体刚度较好、组装方便等优点，是新塔应用和老塔改造的首选填料。

淋水填料是进行水、汽、气热交换的最主要部分，冷却塔中约 70%的热量由淋水填料散发。淋水填料因其热力性能和阻力特性的差异，会带来不同的冷却能力。根据西安热工研究院塑料填料产品质量检测中心提供的资料显示，在相同的试验条件下，结构不同的淋水填料对出塔水温有一定程度的影响，其影响程度见表 11-6。根据表 11-6 可知：①填料形状对出塔水温的影响高达 1.14℃；②其中塑料复合波性能优于梯形波，而梯形波优于斜折波；③塑料填料性能优于水泥网格板；④几何形状相同的填料在厚度和间距不同时，水温相差 0.42～0.70℃。根据有关资料介绍，无论是顺流还是逆流的冷却塔改换成高性能的塑料复合型填料（复合型填料是吸收比利时哈蒙公司冷却塔淋水填料的特点而改进的）能导致冷却水温度降低 5～8℃。可见，将淋水填料更换成高性能填料、减少填料损坏是提高冷却塔热力性能的重要手段。

表 11-6　　各种填料对出塔水温的影响（循环水温 31.4℃）

序号	填料材料	型号及规格（mm）	出塔水温（℃）
1	塑料斜折波	XZB-33-60，L=1600	32.19
		XZB-33-60，L=960	32.81
2	塑料斜梯波	S=30，L=1500	32.18
		S=30，L=1000	33.56
3	塑料梯形波	T25-60，L=1550	32.18
		S25-60，L=1000	33.29
4	塑料斜波	50×20-60，L=1500	32.89
		50×20-60，L=1000	33.66
5	塑料复合波	L=1500	32.09
		L=1000	33.32
6	水泥网格板	G16×50-50，L=1500	33.29

（2）淋水密度对出塔水温的影响。淋水密度是指单位面积淋水填料所通过的冷却水循环水量，它是影响冷却塔出力的主要原因之一。由于运行方式不当、检修维修不及时，造成喷嘴堵塞、填料破损、结垢及藻类生长，致使换热面积减少、淋水密度增加，从而引起出塔水温升高。淋水面积减少 0.05%时，出塔水温升高 0.23℃；淋水面积减少 0.1%时，出塔水温升高 0.5℃；淋水面积减少 0.25%时，出塔水温升高 1.55℃。

（3）设备陈旧老化引起出塔水温升高。部分冷却塔已接近或超过使用期限，设备陈旧老化，淋水填料破损脱落，藻类生长、垃圾堆积或结垢情况相当严重，有点填料孔眼几乎全部被堵死，使得换热面积减小，淋水密度增大，冷却塔处于低效率运行状态，造成出塔水温升高。

（4）配水不均引起出塔水温升高。配水系统的作用是将热水均匀地溅散到整个填料上，延长气水换热的接触时间，增大气水换热的接触面积。配水不均会降低塔的冷却效果。目前，运行的冷却塔大多采用槽式配水。配水槽分辐射状、环形、枝形及方格形等多种形式。由于一些塔的配水系统设计考虑不周，施工工艺差，使各处水槽标高偏差较大，部分主水槽和分水槽进口部位呈方角，配水槽阻塞程度不一，使各处产生较大的水位差，特别是一台循环水泵运行时个别水槽水位很浅甚至无水，造成了喷嘴喷溅不良。尤其对于反射型喷溅装置在低水位时喷溅性能急剧下降，使冷却效果变差。同时喷嘴堵塞脱落，喷嘴和溅水盘不对中也是引起配水不均的一个重要原因。

（5）冷却塔的实际有效淋水面积不足引起出塔水温升高。早期投产的冷却塔的淋水面积是指淋水填料中部标高处、塔壳体中心线所包围的横截面积（名义淋水面积），而1987年后修订的国家标准规定：冷却塔的淋水面积是指淋水填料顶部标高处、塔壳体内部所包围的横截面积，减去塔内配水竖井和淋水装置支柱所占面积。由此可见1987年以前建的冷却塔，由于计算方法落后，通常塔的有效淋水面积往往比原设计名义淋水面积低10%～12%，淋水面积的减小导致冷却水温升高0.8～1.1℃。

（6）循环水排污加药处理不正常使循环水浓缩倍率偏高，使含有碳酸氢钙、碳酸氢镁、碳酸钙的沉淀物凝聚在换热设备的内表面，有时沉淀在淋水板上，这些污垢阻塞换热设备的管道，降低塔的冷却效率。

（7）位于寒冷地区工作的冷却塔，冬季运行方式不当，防冻设施有缺陷投运不上，或者没采取有效的防冻措施，致使进风口和淋水填料结冰，直接影响塔的热力性能。

三、冷却塔改进措施

（1）将水泥填料更换为塑料填料。例如某厂7000m^{2}冷却塔在改造时拆除原1.55m高的水泥网格板填料，更换为新型高效PVC双斜波淋水填料。将原来使用的水泥网格板全部拆除更换成铸铁托架，使冷却塔的通风面积增大了10%，提高了冷却塔的热力特性。拆除了原使用的反射型喷溅装置，采用TP-Ⅱ犬齿型喷溅装置，使溅散水滴颗粒更小。拆除原玻璃钢收水器，采用新型PVC收水器，不仅造价低，而且可回收二次使用。改造后的热力性能测试表明，其出塔水温降低了2.4℃，进出水温差达12～13℃。

（2）加强维护，定期对冷却塔进行清理，修复损坏设备，更换已损坏的填料和喷淋装置。

（3）改造老式喷溅装置。老水塔一般采用瓷嘴—瓷碟型喷溅装置，由于瓷嘴、瓷碟在塔内分离放置，水流冲击一段时间后，瓷嘴、瓷碟会出现对不中现象，影响喷溅效果。目前，在冷却塔改造中常选用的喷溅装置有：反射型、TP-Ⅱ型、RC型及多层流型等，这些喷溅装置材质均为工程塑料（ABS）。改造工程应首选TP-Ⅱ型和多层流型喷溅装置。

反射型喷溅装置是由上、下两个齿盘组成的，上齿盘和喷溅装置为一体，挑水齿向下，下齿盘由4个塑料扁柱粘接固定在上齿盘上。该型喷溅装置溅散效果好，流量系数大，但由于喷溅装置上、下齿盘间距较小（20～56mm），杂物堵塞难以清除，而加大上、下齿盘间距，将影响溅散效果；TP-Ⅱ型喷溅装置的喷嘴和溅水碟用框架连接，自然对中，在长期使用中具有良好的溅水效果。TP-Ⅱ型喷溅碟采用半球形底盘，加大了水流撞击挑水齿的速度，与挑水齿间形成合理角度，使水流充分溅散成小水滴，呈抛物线型洒向空中；RC型喷溅装置是从比利时哈蒙公司引进的，其管嘴和溅水碟为整体结构，溅水碟为平滑表面，碟边有一圈矩形齿，水流溅散后从齿槽中射出，形成细小水滴洒落，该型喷溅装置结构简单，溅散效果良好，不易堵塞，清理杂物方便。但在小水压工况下易出现不同程度的水幕，影响通风阻力；多层流型喷溅装置的嘴、碟连成一体，一次注塑成型，在溅水碟上开了网状方孔，防止喷溅时溅水碟（盘）下部出现无水的中空状态，该型喷溅装置结构简单，溅散效果较好。

某热电厂2000m^{2}冷却塔改造前，冷却塔内装G16×50-50型水泥网格板淋水填料，组装高度1.6m；喷溅装置采用瓷嘴—瓷碟型，槽式配水结构，无除水器。改造后采用斜梯波淋水填料，组装高度1.5m，分3层交错布置于塔内铸铁网格板上；喷溅装置采用反射Ⅱ型。冷却水量

13 500t/h，出塔水温从33.0℃降低到30.1℃，冷却能力从70.0%提高到110.8%，机组真空提高了0.755kPa，年节约标准煤1060t。

(4) 改造老水塔，对运行10年以上，设备陈旧的老水塔进行改造。水塔改造中，应力求改正设计上存在的问题，如解决淋水面积小、塔内水流和汽流分配不均、塔内空气短路等问题。

(5) 建立定期巡回检查制度，及时发现和消除设备缺陷。若发现出水温度异常增高，则应根据影响水塔性能各种因素进行检查和分析，尽量调整到最佳冷却运行工况。

(6) 加装或改造除水器。循环冷却电厂应首选PVC的BO160-45型卷边型除水器改造老水塔。

20世纪80年代，火电厂的冷却塔大多采用聚丙烯（PP）材料的除水器，受当时生产条件的限制，除水器弧片的上、下边均无卷边，在塔内高温（相对于环境温度而言）、高湿条件下，长期运行后弧片产生严重变形，不但影响了除水效果，而且增加了冷却塔的通风阻力。其后，除水器采用玻璃钢（ERP）材质，易于手工制作，但其质量难以保证。近几年，开始采用聚氯乙烯（PVC）除水器，一次挤塑成型，提高了除水器的组装刚度，保证了除水器弧片长期使用不变形，除水效果好，通风阻力小，提高了冷却塔热力性能的稳定性。一般采用的PVC除水器型号有BO160-45型、BO145-42型和BO160-50型。

某电厂总装机容量1225MW，其中，5台125MW机组和2台300MW机组全部使用循环冷却系统，7座冷却塔。冷却塔的水耗占全厂总耗水量的70%左右，5座3500m^{2}的冷却水塔，耗水量为5×260t/h左右，2台5500m^{2}的冷却水塔耗水量为2×395t/h左右，其中水塔蒸发损失占68.75%，风吹损失占22.32%，渗漏损失占8.99%。通过试验，该厂先在所有水塔内加装塑料除水器，后改为BO-45/160玻璃钢除水器，做好冷却塔配水工作，并经常对损坏的除水器进行更换，在不降低冷却效果的基础上，冷却水回收达860t/h。

某发电厂5000m^{2}的冷却塔改造前，冷却塔内装G16×50-50型水泥网格板淋水填料，二分之一错孔，组装高度1.6m；除水器为HU210-50型，材质为PP。喷溅装置为RC型，喷头间距1m。全塔采用四点式槽式配水结构。改造后采用PVCS型波淋水填料，组装高度1.0m，分2层交错布置于塔内铸铁网格板上；喷溅装置采用TP-Ⅱ型；除水器为BO1690-45型，材质为PVC。冷却水量27 650t/h，出塔水温从35.98℃降低到31.95℃，冷却能力从53.3%提高到103.8%，机组真空提高了2.10kPa，年节约标准煤7330t。

第五节　电站机组采用空冷技术

一、空冷技术简介

发电厂空冷技术也称干冷技术，它是相对于常规发电厂湿冷系统而言的。常规发电厂湿冷系统是把冷却塔内的循环水以“淋雨”方式与空气直接接触进行热交换的。而空冷系统中循环水与空气是通过空冷塔间接进行热交换的。空冷系统分为直接空冷系统、海勒式间接空冷系统和表面式凝汽器间接空冷系统三种形式。

早在20世纪30年代末，德国首先在鲁尔矿区的1.5MW汽轮机组上应用了直接空冷系统，进入60年代后，英国拉格莱电厂于1962年在一台120MW机组上投运了间接空冷系统，采用喷射式凝汽器及自然通风型冷却塔，也叫海勒式空冷系统。1968年，西班牙的乌特里拉斯坑口电厂投运了机械通风型直接空冷系统，1971年苏联拉兹丹电厂的200MW机组应用了海勒式间接空冷系统，至此形成了直接与间接两种空冷系统并存的局面。80年代以来，空冷技术进一步发展，投运机组容量最大的电厂有南非马延巴Matimba电厂（665MW机组，1987年采用机械通风型直接空冷系统）和南非肯达尔Kendal电厂（686MW机组，1988年采用表面式凝汽器的自然通风空冷塔间接空冷系统）。

我国电厂空冷技术起步较晚，1966 年在哈尔滨工业大学试验电站的 50kW 机组上首次进行了直接空冷系统的试验，1967 年在山西侯马电厂 1.5MW 机组上又进行了工业性直接空冷系统试验。1987 年和 1988 年，山西大同第二发电厂的两台 200MW 机组首次引进了匈牙利的海勒式间接空冷系统，引导我国火电厂空冷技术的研究和开发进入一个新的阶段。

直接空冷系统是指汽轮机的排汽直接用空气来冷凝，空气与蒸汽间进行热交换。汽轮机排汽通过粗大的排汽管道送到室外的空冷凝汽器内，轴流式冷却风机使空气流过空冷凝汽器外表面，将排汽冷凝成水，凝结水再经过凝结水泵送回汽轮机的热力系统中，见图 11-3。直接空冷系统的优点是设备少，系统简单，基建投资较少，占地少，空气量调节灵活。缺点是运行时粗大的排汽管道密封困难，维持排汽管内真空困难，启动时间长，多采用电动给水泵，厂用电率高；冬季运行时背压略高于间接空冷，煤耗高于间接空冷。

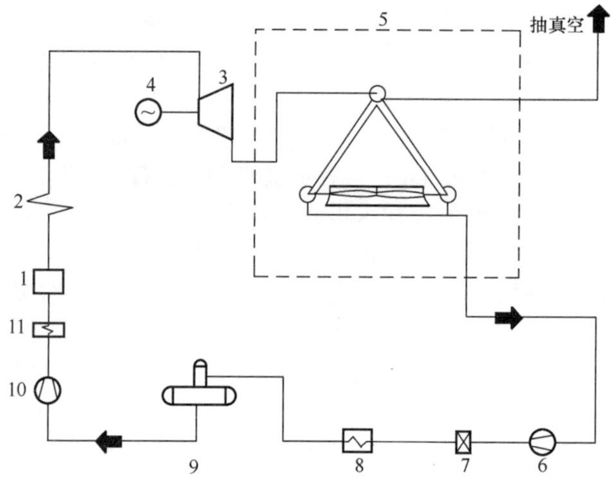

图 11-3　直接空冷系统

1—锅炉；2—过热器；3—汽轮机；4—发电机；5—直接空冷系统；
6—凝结水泵；7—凝结水精处理；8—低压加热器；9—除氧器；
10—给水泵；11—高压加热器

海勒式间接空冷系统主要由喷射式凝汽器和装有散热器的自然通风空冷塔构成，见图 11-4。

海勒式间接空冷系统中的冷却水是高纯度的中性水，中性冷却水进入喷射式凝汽器直接与汽轮机排汽混合并将其冷凝。受热后的冷却水绝大部分（98%）由冷却循环水泵送至空冷塔散热器，经与空气对流换热冷却后通过调压水轮机将冷却水再送至喷射式凝汽器进入下一循环。受热后的循环冷却水的极少部分经凝结水水泵送入凝结水精处理装置，处理后送至汽轮机热力系统。海勒式间接空冷系统优点是以微正压的低压水系统运行，较易掌握，机组煤耗率较直接空冷系统低；缺点是设备多，系统复杂，空冷塔散热器防冻性能差。

表面式凝汽器间接空冷系统，又称哈蒙式间接空冷系统，主要由表面式凝汽器和装有散热器的自然通风空冷塔组成，见图 11-5。汽轮机排汽进入表面式凝汽器，经空冷散热器冷却后的低温冷却水在表面式凝汽器中，通过金属管壁与汽轮机排汽进行对流换热，水蒸气在金属管壁凝结后，凝结水汇于凝汽器底部热井，由凝结水泵送回汽轮机回热系统。温度高的冷却水经循环水泵送入自然通风空冷塔，在空冷散热器中与空气对流换热，冷却后的循环水再用输送泵送回表面式凝汽器中冷凝汽轮机排汽，完成一个闭路循环。表面式凝汽器间接空冷系统与常规的湿冷系统基

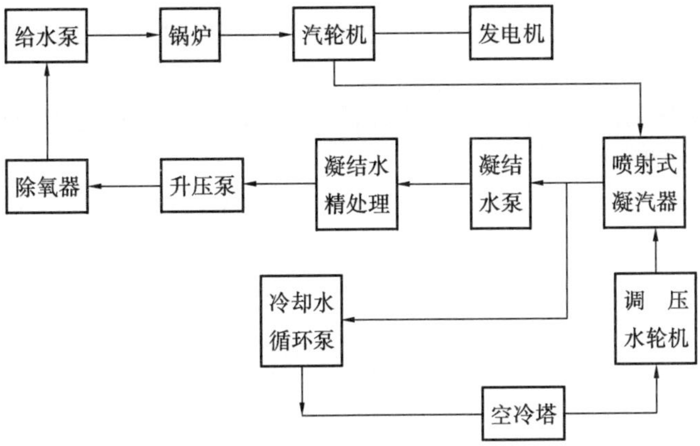

图 11-4　海勒式间接空冷系统

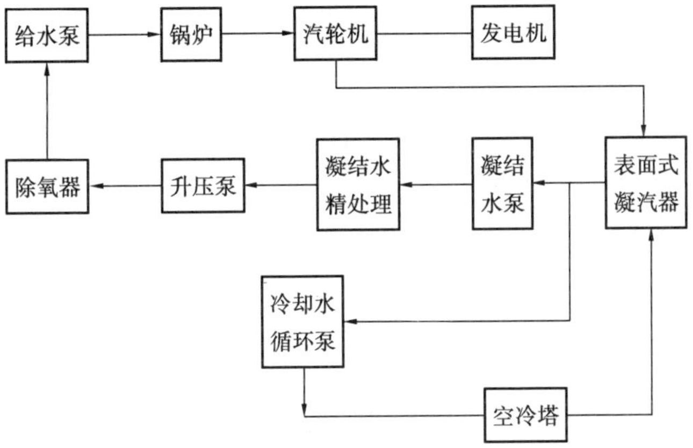

图 11-5　哈蒙式间接空冷系统

本一样，不同之处是用空冷塔代替了湿冷塔，用除盐水代替了循环水，用闭式循环代替了开式循环。其优点是节约厂用电，设备少，冷却水系统与汽水系统分开，两者水质可按各自要求分别控制，在寒冷地区可以充以防冻液防冻；缺点是空冷塔占地面积大，基建投资多，系统中需要进行两次换热，且属于表面式换热，使全厂热效率有所降低。

发电厂空冷技术应用的前提是当地缺水且煤价较低，气候比较寒冷。配有空冷系统的机组初投资较高，发电煤耗较大，夏季短暂时间还要限制机组出力，因此不适应大范围推广；配有湿冷系统的机组虽然不存在上述问题，但是需要连续补充大量的新鲜水，因此在水资源短缺地区也受到限制。而采用空冷和湿冷结合在一起的干湿联合冷却是一种解决上述问题的较佳方案。干湿联合冷却系统既能发挥空冷机组节水的优越性，又能保持湿冷机组节约投资和燃煤的优点。干湿联合冷却系统主要分为两种形式：分建式联合冷却系统和合建式联合冷却系统。

分建式联合冷却系统，就是干冷塔和湿冷塔分开建设，各自独立形成系统，干冷塔和湿冷塔里的冷却介质分别在两个完全隔开的回路中进行循环。干冷塔常年运行，在环境气温低时充分发挥其散热能力大的作用；湿冷塔在环境气温高时投运，充分发挥其夏季满发的功能。合建式联合冷却系统是将干、湿冷却部件合建在一个机械通风式的联合塔体中，干、湿冷却部件交替地布置在塔的周围。可见这种合建式干湿联合冷却系统投资较少，性能较好，是空冷技术发展的方向。

二、采用空冷系统的效果

直接空冷系统：使用该系统的国外机组单机容量已达665MW，目前我国尚无此类大型空冷机组。

海勒式间接空冷系统：使用该系统的国内外机组单机容量最大200MW，我国大同二厂200MW机组已有多年的运行经验。

哈蒙式间接空冷系统：使用该系统的国外机组单机容量已达686MW，我国太原第二热电厂200MW机组就是此类。

根据国内外经验，2×200MW机组采用三种空冷系统经济指标汇总于表11-7。

表 11-7 2×200MW空冷机组经济技术指标

项　目	海　勒　式	哈　蒙　式	直　接　式
空冷散热器造价（万元）	5853	6955	5100
室内凝汽器造价（万元）	904	880	
附属设备及管道造价（万元）	546	640	1473
空冷塔结构与基础造价（万元）	1043	1055	1000
循环水泵房土建造价（万元）	152	30	0
空冷水处理价格（万元）	325	132	132
总造价（万元）	11 594	13 109	10 440
单位造价（元/kW）	290	328	261
年平均发电标准煤耗(g/kWh)	340，比湿冷增加4%	345	360
全厂厂用电率（%）	7，比湿冷减少10%	6	6.75
全厂热效率（%）	34	33	32
全厂节水（与同容量湿冷机组比）(%)	65	65	65
设计装机取水量[m^3/(s·GW)]	0.308	0.308	0.308

为了比较空冷机组的技术性能，以大同二电厂200MW空冷机组运行数据为例。大同二厂200MW空冷机组主要设计指标：额定功率200MW，主蒸汽压力12.748MPa，主蒸汽温度535℃，再热蒸汽压力2.156MPa，再热蒸汽温度535℃，给水温度240℃；在额定主蒸汽参数和环境温度7.5℃下，相应排汽压力为5.2kPa，热耗率保证值8374.9kJ/kWh。试验表明该类机组真空变化1%，对应的煤耗约变化3.6g/kWh。根据运行报表数据，该厂200MW空冷机组比同类型湿冷机组的年平均煤耗约高10～12.5g/kWh(见表11-8)，取水量比较见表11-9。

表 11-8 各环境温度区间内200MW空冷机组煤耗增加值

温度区间	环境温度（℃）	运行时间（h）	占年运行时间比(%)	湿冷机组背压(kPa)	湿冷机组真空(%)	空冷机组背压(kPa)	空冷机组真空(%)	空湿冷机真空差(%)	空冷煤耗增加值(g/kWh)
5及以下		3870	44.1	4.9	95.0	5.5	94.4	0.6	2.16
5～10	5	860	9.8	4.9	95.0	5.5	94.4	0.6	2.16
	10			5.5	94.4	7.1	92.7	1.7	6.12
10～15	10	1074	12.2	5.5	94.4	7.1	92.7	1.7	6.12
	15			6.6	93.2	10.0	89.8	3.4	12.24
15～20	15	1437	16.4	6.6	93.2	10.0	89.8	3.4	12.24
	20			7.8	92.0	13.0	86.7	5.3	19.08

续表

温度区间	环境温度（℃）	运行时间（h）	占年运行时间比（%）	湿冷机组背压（kPa）	湿冷机组真空（%）	空冷机组背压（kPa）	空冷机组真空（%）	空湿冷机真空差（%）	空冷煤耗增加值（g/kWh）
20～27	20	1329	15.1	7.8	92.0	13.0	86.7	5.3	19.08
	27			10.2	89.6	19.9	79.7	9.9	35.64
27～30	27	171	1.9	10.2	89.6	19.9	79.7	9.9	35.64
	30			11.3	88.5	24.5	75.0	13.5	48.60
30～33	30	43	0.5	11.3	88.5	24.5	75.0	13.5	48.60
	33			12.5	87.3	28.4	71.0	16.3	58.68

表 11-9　200MW 空湿冷机组取水量比较　(m^3/h)

机组类型 \ 不同季节取水量	夏季（3个月）	冬季（5个月）	年平均
200MW 湿冷机组	782	660	719
200MW 空冷机组	259	245	252

根据表 11-9，200MW 湿冷机组日取水量 17 256m^3/d，空冷机组日取水量 6048m^3/d，单位发电量取水量分别为 4.43kg/kWh 和 1.64kg/kWh，空冷机组取水量为湿冷机组的 35%，因此空冷机组比湿冷机组节水约 65%，每台空冷机组比湿冷机组每小时节水 467m^3。

大同二电厂二期扩建工程 1×640MW 空冷汽轮发电机组的空冷系统工程总投资为 3.563 亿元/台；同类型常规湿冷机组冷却系统总投资为 1.1 亿元/台。每台 640MW 空冷机组平均取水量约（每百万千瓦取水量 0.214m^3/s）0.137m^3/s，每台 640MW 湿冷机组平均取水量为（每百万千瓦取水量 1.0m^3/s）0.64m^3/s，空冷机组平均煤耗比常规湿冷机组约高 14g/kWh。有资料介绍在坑口建设一台 640MW 的空冷机组运营两年的综合效益足可以抵消一次性高出的投资和贷款利息。

第六节　城市再生水在火力发电厂的应用

随着城市规模的不断扩大，大量城市污水外排，既污染了环境，又浪费了资源。城市污水作为新开发的再生水源，具有水量大而稳定的特点，是一种比较可靠的水资源，而且水价便宜。对于布置在城市周围的电厂，使用城市污水不需要长距离引水，可以节省大量的引水工程费用。因此，城市再生水再利用具有很好的环境效益、社会效益和经济效益。

一、城市污水

城市污水主要包含生活污水和工业废水。生活污水性质基本稳定，而工业废水随企业类型和排污时间的影响而变化，工业废水的特征见表 11-10。

表 11-10　工业废水的特征

企业类型	废水特征
化肥厂	氨氮含量较高（124.2mg/L）；含盐量中等；碱度和硬度较高
造纸	色度很大，大多为褐色；悬浮物含量以及 BOD_5、COD 值和含盐量都很高，有浓烈的刺激性气味。例如：BOD_5 和 COD 分别为 687mg/L 和 2520mg/L，色度高达 10 000 倍

续表

企业类型	废　水　特　征
硫酸厂	废水中一般含有较高的悬浮物，同时还会含有砷和各种重金属；另外，废水的含盐量很高
炼油	炼油废水中的主要污染物是油、硫、酚等。炼油废水重点要控制油＜10mg/L，硫＜1mg/L，酚＜0.5mg/L
化纤	主要的污染物是聚对苯二甲酸（PTA）、对苯二甲酸（TA）、苯甲酸、甲基苯甲酸等带苯环的有机分子，难以降解。化纤废水的COD在600～1200mg/L之间，BOD在200～1000mg/L之间
棉纺、印染	印染厂排出的废水水质与印染类型有关。通常的污染物主要是色度、COD和BOD超标
制药	废水中污染物浓度高，含有大量有毒、有害物质和多种生物抑制剂，所以处理难度很大

工业废水的影响主要包括三个方面：

（1）增加水中的盐分。工业废水中通常含有大量的无机物，混入城市污水后会明显地增大水中无机离子的含量，最终影响水的回用。Ca^{2+}、HCO_3^- 等会加大结垢倾向，Cl^-、SO_4^{2-} 离子会对系统某些材料产生腐蚀。

（2）影响污水水质。不同类型的工业废水成分差异大，排污没规律，导致污水处理厂的进水水量和水质波动很大，影响了二级处理水的水质。

（3）影响二级处理。有些工业污染物的生物降解性很差，在二级处理中不能有效地除去。尤其是某些工业废水含有导致细菌死亡的毒素（如制药废水、印染废水等），如果这些工业废水直接进入污水处理厂，会杀死水中已形成的微生物，破坏污水处理厂的稳定运行。

二、相关水质标准

自2000年以来，为解决日益严重的城市水资源紧缺问题，国家和地方政府开始重视城市污水的再生利用工作。建设部、国家环境保护总局、科技部联合发布的《城市污水处理及污染防治技术政策》（建城〔2000〕124号）中，提倡各类规模的污水处理设施按照经济合理和卫生安全的原则，实行污水再生利用。2006年4月25日，建设部、科技部联合颁布了《城市污水再生利用技术政策》，明确了城市污水再生利用技术发展方向和技术原则，对各地开展污水再生利用规划、建设、运营管理、技术研究开发和推广应用起到了指导作用，促进了城市水资源可持续利用与保护。

根据不同的用途，对再生水水质有不同的要求，对于火电厂而言，主要用途是工业冷却水。表11-11列出的是《城镇污水处理厂污染物排放标准》（GB 18918—2002）、《城市污水再生利用工业用水水质》（GB/T 19923—2005）、《污水再生利用工程设计规范》（GB 50335—2002）的水质指标和《工业循环冷却水处理设计规范》（GB 50050—2007）的冷却水水质指标。

表11-11　火电厂冷却水补充水水质指标上限值

项　目	城镇污水处理厂污染物排放标准			城市污水再生利用工业用水水质		污水再生利用工程设计规范		工业循环冷却水处理设计规范
	一级A	一级B	二级	直流冷却水	循环冷却补充水	直流冷却水	循环冷却补充水	循环冷却补充水
pH值	6～9			6.5～9.5	6.5～8.5	6.0～9.0	6.5～9.0	6.8～9.5
SS（mg/L）	10	20	30	30	—	30	—	≤30
BOD_5（mg/L）	10	20	30	30	10	30	10	—

续表

项目	城镇污水处理厂污染物排放标准			城市污水再生利用工业用水水质		污水再生利用工程设计规范		工业循环冷却水处理设计规范
	一级 A	一级 B	二级	直流冷却水	循环冷却补充水	直流冷却水	循环冷却补充水	循环冷却补充水
COD_{cr}（mg/L）	50	60	100	—	60	—	60	100
铁（mg/L）	—	—	—	—	0.3	—	0.3	1
锰（mg/L）	—	—	—	—	0.1	—	0.2	—
氯离子（mg/L）	—	—	—	250	250	300	250	700
总硬度（mg/L）	—	—	—	450	450	850	450	200
总碱度（mg/L）	—	—	—	350	350	500	350	—
氨氮（mg/L）	5（8）	8（15）	25（30）	—	10［1］	—	10	1
总磷（mg/L）	0.5	1	3	—	1	—	1	1
TDS（mg/L）	—	—	—	1000	1000	1000	1000	1000
游离余氯（mg/L）	—	—	—	0.05	0.05	末端 0.1～0.2	末端 0.1～0.2	末端 0.2～1.0
大肠菌群（个/L）	10 000	100 000	100 000	2000	2000	2000	2000	—

注 1. 氨氮控制指标小括号内的为水温≤12℃的数据，括号外的为水温>12℃的数据；中括号内的为凝汽器为铜质。
2. 总磷以 P 计，总碱度和总硬度以 $CaCO_3$ 计。
3. 当循环冷却系统为铜材换热器时，循环冷却系统水中的氨氮指标应小于 1mg/L。

从表 11-11 可以看出，《城镇污水处理厂污染物排放标准》（GB 18918—2002）的出水水质指标主要考虑有机物和氮磷的去除，对含盐量、硬度等指标没有要求，而且有机物和氨氮的指标与火电厂循环水补充水的要求差距较大；而《污水再生利用工程设计规范》（GB 50335—2002）中有些水质指标的规定有可商榷之处，主要表现在有机物含量高，这些有机物质在循环水系统经生物、化学反应形成大量黏泥和酸性物质，降低换热管材的传热效率，造成循环水系统腐蚀和氨氮含量太高。由于电厂杀菌采用冲击性加氯，如果氨氮过高的话，在加氯的瞬间，由于氯和氨氮反应消耗大量的碱度，容易造成水中的 pH 值大幅度下降，对混凝土结构造成腐蚀。因此新修订的《工业循环冷却水处理设计规范》（GB 50050—2007）对部分水质指标进行了修改。城市污水再生水同自然水相比具有含盐量高、有机物含量高、氨氮含量高、腐蚀性强、结垢倾向大等特点。如果用城市污水再生水作为冷却水，循环水系统防腐防垢的工作将直接影响到电厂机组的安全运行。

三、城市污水再生水深度处理方法

在火力发电厂，大多数将城市污水处理厂的二级出水（再生水）进行深度处理（三级处理）后，再补入循环水系统。深度处理的目的是：

（1）进一步除去二级出水中促进循环水系统致垢的成分，如水中硬度离子、硅酸盐等。

（2）进一步除去二级出水中促进细菌、微生物滋生的杂质，如水中 S^{2-}、氨氮、有机物、磷酸盐等。

再生水深度处理主要有三种工艺流程。

1. 石灰混凝澄清工艺

再生水深度处理工艺最常用的工艺流程为：二级出水→曝气生物处理→石灰混凝澄清→过滤处理。京能热电股份有限责任公司和美国派拉沃德（Paloverde）核电站等都采用了石灰处理工艺。派拉沃德核电站3台机组的装机总容量为3810MW，采用城市污水作为循环水冷却水。对二级出水的深度处理工艺为：二级出水→曝气生物池→一级澄清池（石灰处理）→二级澄清池（苏打处理）→砂滤池→加氯杀菌→加硫酸调节pH值→循环冷却系统。

曝气生物处理+石灰混凝过滤处理是一种成熟工艺。曝气生物处理的目的是除去城市污水再生水中的氨氮。该工艺是一种成熟的生物处理工艺，其重点是选择合适的生物繁殖载体和合理的曝气量、曝气方式及污泥排放方式。石灰混凝过滤处理目前在城市污水再生水电厂回用中已经成功应用多年，如在河北省邯郸热电厂已经成功运行近9年。石灰混凝过滤处理不但可以有效地除去水中的悬浮物，同时还具有良好的除去硬度的效果。利用石灰混凝过滤处理除去水中的悬浮物和硬度，其化学反应机理如下：

$$Ca(OH)_2+CO_2 \longrightarrow CaCO_3\downarrow+H_2O$$

$$Ca(OH)_2+Ca(HCO_3)_2 \longrightarrow 2CaCO_3\downarrow+2H_2O$$

$$Ca(OH)_2+Mg(HCO_3)_2 \longrightarrow CaCO_3\downarrow+MgCO_3\downarrow+2H_2O$$

$$Ca(OH)_2+MgCO_3 \longrightarrow CaCO_3\downarrow+Mg(OH)_2\downarrow$$

$$Ca(OH)_2+MgSO_4 \longrightarrow CaSO_4\downarrow+Mg(OH)_2\downarrow$$

石灰混凝过滤处理在除浊除硬的同时还具有良好的杀菌作用，此外，它对进水的水质波动具有良好的适应性。

因为经石灰处理后水的pH值较高，超出了聚合铝适用的pH值范围，所以混凝剂一般不使用聚合铝，而是使用聚合硫酸铁（PFS）。

2. 膜处理工艺

再生水深度处理工艺最新的工艺流程为：二级出水→杀菌→超滤（或微滤）处理→弱酸树脂处理；或二级出水→杀菌→超滤处理→反渗透处理。

该工艺处理的原理是利用超滤（或微滤）膜的过滤作用除去水中的浊度和非溶解性有机物，同时利用膜上的生化膜除去水中的氨氮和有机物，然后利用弱酸树脂交换（或反渗透）处理除去水中的暂硬。

弱酸树脂处理是一种成熟工艺，但其缺点是运行成本较高，需要消耗大量的酸、碱。弱酸树脂处理设计时应考虑再生水的硬度、碱度指标，以及微生物、有机物对树脂的污染问题。

也可以采用微滤作为反渗透的前处理设备，其深度处理工艺为：二级出水→预过滤→微滤（0.2μm）→反渗透→紫外杀菌→产水池。

超滤（或微滤）装置二级出水时，必须进行杀菌处理，否则膜表面会迅速滋生细菌，使超滤（或微滤）的透水量迅速衰减。

在用超滤处理二级出水时，预过滤可以使SDI稳定在4以内，延长超滤膜的运行周期。预过滤设备一般采用双滤料过滤器。在过滤器的进水加NaOCl杀菌，控制超滤产水余氯0.3～0.5mg/L；同时在过滤器的进水投加混凝剂（如PAC，3～5mg/L）、助凝剂（如PAM，0.2～0.3mg/L），以除去有机物和胶体硅等杂质。

3. 脱氮工艺

在中性或微碱性条件下，氨氮主要以NH^+的形式存在；因此，可以采用阳离子交换的方法除去。

在曝气生物滤池中，大多使用硝化、反硝化来除氮。

四、工程案例简介

（一）北京京能热电股份有限责任公司

以北京京能热电股份有限责任公司（4×220MW）循环水排污回用处理工程为例进行分析。电厂循环水补充水源为高碑店污水处理厂的污水，日处理能力为17万t。一级处理采用传统的活性污泥法，二级处理采用空气曝气活性污泥法。二级污水处理工艺流程为：二级污水→沉沙池→初次澄清沉淀池（石灰处理）→曝气活性污泥池→二次澄清沉淀池→再生水。

再生水的主要水质指标：pH值为6.5～8.5，COD_{cr}为24～38mg/L、悬浮物含量为10mg/L、总硬度280mg/L，氨氮1～2mg/L；循环水浓缩倍率为2.2。再生水输送到电厂后经过预沉淀池→机械加速澄清池石灰→过滤水池→循环水补充水泵（5×1500t/h）。

循环水排污回用处理工艺：循环水排污→机械加速澄清池→多介质过滤器→叠片过滤器→压力式超滤→超滤产水箱→升压泵→保安过滤器→高压泵→反渗透→淡水箱。超滤设备：4套，单套出力128m^3/h，回收率90%；反渗透设备：2套，单套出力132m^3/h，回收率70%～75%；其中超滤膜选用美国KOCH公司的V1072-35-PMC超滤膜，膜通量为60L/（m^2·h）；反渗透选用美国DOW公司的BW30-365FR抗污染膜，膜通量为18L/(m^2·h)。反渗透产水的去向：首先满足锅炉补给水处理系统用水需求，多余部分直接补入循环冷却水系统。

电厂再生水回用系统投产后，循环水一直稳定在浓缩倍率为2.0～2.5下运行，循环水系统未发现结垢、腐蚀现象。其循环水排污的回用处理系统自2007年2月投入运营以来，通过1年的运行跟踪得出，澄清过滤系统运行稳定，对有机物的去除率能达到20%～35%，循环水排污进入超滤的有机物COD_{cr}为17.4～19.8mg/L，悬浮物含量为1.5～20NTU，含盐量为1560mg/L（平均值）；超滤产水SDI值总体在0.5～1.25波动。超滤出口水COD_{cr}为16.1～18.0mg/L，平均为16.35mg/L，超滤去除COD不足10%，说明超滤对COD的去除率较低，COD的去除需要依靠前面的混凝过滤过程。

由于反渗透进水的SDI约为1，且反渗透膜为抗污染膜，因此反渗透装置运行稳定，脱盐率保持在97.5%以上，产水量基本维持在115～132t/h，段间压差平均3个月上升0.15MPa，1年总共进行4次化学清洗。

（二）大唐国际张家口热电有限公司

大唐国际张家口热电有限公司一期建设2×300MW机组，利用张家口市主城区污水再生水作为循环水补充水。2009年底两台机组相继建成投产并开始利用再生水，循环冷却系统的设计补充水水量为3万m^3/d。张家口市主城区污水再生水水质见表11-12。

表11-12　张家口市主城区污水再生水水质

序号	项目	2002年平均指标
1	浊度（NTU）	5
2	溶解固体（mg/L）	1000
3	磷酸盐（mg/L）	1
4	碱度（mmol/L）	3
5	硬度（mmol/L）	6
6	Cl^-（mg/L）	300
7	SO_4^{2-}（mg/L）	211.5

续表

序　号	项　　目	2002年平均指标
8	BOD_5（mg/L）	0.50
9	COD_{Mn}（mg/L）	40
10	BOD_5（mg/L）	5
11	悬浮物SS（mg/L）	10
12	全铁（mg/L）	0.3
13	氨氮（mg/L）	5
14	pH	7～8.5

张家口市主城区污水处理厂采用两级曝气生物滤池→石灰软化→过滤→消毒的工艺对污水进行深度处理后输送至热电厂。在热电厂进行简单处理，依次为再生水提升泵房→曝气生物滤池→中间加压泵→机械搅拌澄清池→活性砂滤池→清水池→输水泵房。

再生水提升泵设计流量750m^3/h，扬程15m，功率45kW，采用变频调节，一期处理流量3万m^3/d，共安装3台（2用1备）。

曝气生物滤池由反硝化生物滤池（DN池）和硝化生物滤池（N池）串接组成，进水经提升后，进入反硝化生物滤池，滤料中附着异养菌，利用水中残留有机物，降解硝酸盐氮，释放氮气。反硝化生物滤池的出水靠重力流入硝化生物滤池，滤池中进行曝气，通过滤料中附着的微生物氧化水中的氨氮及残留的易降解有机物。

2座机械搅拌澄清池利用池中聚集的泥浆与原水中的杂质颗粒相互接触、吸附，以达到清水较快分离的效果。在进入机械搅拌澄清池处投加石灰乳作为混凝剂，pH值控制在10～11，同时投加$FeSO_4$溶液作为助凝剂。

1座活性砂过滤器是基于逆流原理。原水通过进水管进入过滤器内部，经布水器均匀分配后向上逆流通过滤料层完成过滤，滤液在过滤器上部聚集后溢流外排。在此过程中，原水被过滤，水中的污染物含量降低，同时石英砂中污染物的含量增加，并且下层滤料层的污染物含量高于上层滤料层。位于过滤器中央的空气提升泵在空气压缩机的作用下，将底层截留有污染物的石英砂提至过滤器顶部的洗砂器中清洗，清洗后返回滤床，同时将清洗所产生的污染物外排。

清水池主要用于协调生产水量与供水量，保证供水。项目为电厂提供循环冷却水的补给水，要求运行比较平稳，保证率高。清水池有效容积为7500m^3，约为电厂日供水量的25%。输水泵房采用半地下式，内设置3台电厂输水泵，为厂区生产提供生产用水。单台输水泵流量680m^3/h，设置3台（2用1备），扬程74m，功率200kW。

（三）大同第二发电厂二期工程

大同第二发电厂二期工程为2×600MW国产亚临界燃煤直接空冷机组[设计热耗率8040kJ/kWh，设计发电煤耗325g/kWh，设计厂用电率9.06%（含脱硫），设计发电综合水耗0.695kg/kWh]。二期7号机组于2005年4月21日顺利通过机组连续满负荷运行168h试验。为节约新鲜水资源，二期工程工业用水全部采用西郊污水处理厂的二级污水，过渡和紧急备用水源为水库水。本期工程总的取水量895m^3/h，其中140m^3/h二级污水直接用于冲灰制浆系统，其余的755m^3/h中水需进行深度处理。该工程采用超滤＋反渗透工艺处理城市再生水，超滤出水861m^3/h，超滤出水在有机物和氨氮指标上可以达到地表水Ⅱ类或Ⅲ类标准，满足电厂工业用水的水质要求。其中566m^3/h直接作为辅机冷却水的补充水，剩余的115m^3/h经过反渗透处理后进入锅炉补充水。大同第二发电厂采用空冷机组比同容量的湿冷机组年节水1342万t，城市中水年利用量308万t，年合计节水 1650 万 t，采用城市中水制水运行成本约 0.6 元/t。

五、存在的问题与对策

1. 氨氮对于再生水回用电厂的危害

城市污水再生水的 COD、BOD 和 SS 一般均能达到设计要求，但是磷、氨氮含量常常超标。氨氮含量远远高于自然水（污水处理厂二级排放水标准的氨氮含量≤25mg/L）。氨氮在循环水系统内发生硝化反应生成硝酸和亚硝酸，导致循环水系统 pH 值下降，使系统循环水管道的碳钢部件和冷却塔水泥构件发生酸性腐蚀。以邯郸热电厂为例，在再生水氨氮含量在 12～13mg/L 时，经过石灰深度处理的再生水在循环水系统中浓缩 2.5 倍时，氨氮硝化反应会导致循环水 pH 值在 5～6 范围内波动。目前采取投加 NaOH 方法以调整 pH 值在 7.0～7.5 范围内。

城市污水再生水回用电厂循环水氨氮硝化反应的有利条件是：①再生水氨氮含量高；②电厂循环水系统适宜的温度和冷却塔曝气的富氧环境是硝酸盐好氧菌的生存环境，冷却塔配水设施又为其附着繁殖提供了理想场所，电厂循环水系统相当于氨氮硝化反应池。氨氮在电厂循环水系统的反应机理如下：

亚硝酸菌： $2NH_3+3O_2 \longrightarrow 2H_2O+2HNO_2+$能量

硝酸菌： $2NHO_2+O_2 \longrightarrow 2HNO_3+$能量

由于硝化反应，使 NH_3 氧化成为 NO_2^-、HNO_3^-，产生酸性环境，可能导致循环水系统大面积腐蚀。另外氮是微生物繁殖重要的营养源之一，高浓度的氨氮会加快循环水系统微生物、藻类的繁殖。

实际上，氨氮在污水处理厂内很容易去除，但是由于污水厂运行管理的问题，地方环保部门没有对污水厂的排水水质进行有效的监督，因此氨氮含量常常超标。由于石灰凝聚澄清处理工艺对氨氮（污水处理厂二级排放水标准的氨氮含量≤25mg/L）的去除能力有限，因此对氨氮含量高的污水，需采取去除氨氮的措施，一般新建机组采用曝气生物滤池（BAF）的方法在深度处理过程中除去氨氮。

2. 再生水回用电厂凝汽器的选材

运行实践证明，城市污水再生水与自然水相比，在含盐量基本相同的条件下，其水质的腐蚀性更强。目前国家颁布的《火力发电厂凝汽器选材导则》（DL/T 712—2000）不适用于城市污水再生水回用电厂的选材设计。以河北省邯郸热电厂为例，污水处理厂二级排放水的含盐量为 657～884mg/L，滏阳河水含盐量为 720～822mg/L，两种水源的 Cl^- 含量基本相同，在 80～100mg/L 之间。试验研究表明，凝汽器选材导则适用于滏阳河水，而不适用于污水再生水，因为污水处理厂的二级排放水对 HSn70-1A、HSn70-1B、HSn70-1AB、B30、B10 皆有强烈的腐蚀性，即所有铜合金管材皆不适用于邯郸热电厂凝汽器。在经过电化学试验研究后，邯郸热电厂凝汽器最终选用了进口 TP-317L 不锈钢管材。不锈钢管材具有良好的耐蚀性，邯郸热电厂十几年的生产实践证明了不锈钢管材是城市污水再生水回用电厂凝汽器的合理选材。

3. 再生水杀菌灭藻的重要性

城市污水再生水具有高有机物含量和高细菌含量的特点，这种水质对于电厂循环水系统黏泥的形成和藻类物质的爆发性繁殖提供了条件。当黏泥在凝汽器管内沉淀时，不但会导致局部结垢问题，而且黏泥下的细菌繁殖将会导致点蚀事故的发生。下面以硫酸盐厌氧菌为例分析其危害。硫酸盐厌氧菌的生化反应过程如下：

$H_2SO_4+8H^++8e \longrightarrow 4H_2O+H_2S+$能量

$CaSO_4+8H^++8e \longrightarrow Ca(OH)_2+4H_2O+H_2S+$能量

生化反应生成的 H_2S 不但直接腐蚀不锈钢管材或铜管，而且 S^{2-} 还是不锈钢发生点蚀的诱发离子。

藻类物质的危害是导致循环水系统发生堵塞。试验表明，氧化性杀菌剂和非氧化性杀菌剂的联合杀菌工艺，可以有效地抑制再生水回用电厂循环水系统的细菌繁殖和藻类生长。采用该杀菌工艺，一方面解决了单一使用一种杀菌剂使细菌产生抗药性的危险，另一方面，价格低廉的氧化性杀菌剂（如 ClO_2）的连续投加与价格昂贵的非氧化性杀菌剂间歇投加可有效降低电厂的杀菌加药成本。另外还要根据生物黏泥生产的实际情况，适时添加生物黏泥剥离剂。

4. 再生水的阻垢与防腐

以城市污水再生水做循环水补充水的电厂，循环水的阻垢工艺比较容易实现，这是因为经过石灰混凝过滤（或弱酸树脂处理）的再生水碳酸盐硬度大幅度下降，水质的结垢倾向降低。经过深度处理的再生水加入复合有机阻垢剂，可有效地防止发生凝汽器结垢问题。

因为城市污水再生水具有较强的腐蚀性，而且含盐量介于淡水和苦咸水之间。当再生水做循环水补充水时，循环水的防腐便成为深度处理的关键工艺。循环水系统腐蚀的危害不仅表现在对凝汽器管材、循环水碳钢管道的直接破坏上，同时凝汽器腐蚀泄漏后，高含盐量和高有机物含量的循环水进入锅炉后还可能导致锅炉水的 pH 值在短时间内急剧下降，导致发生锅炉大面积腐蚀爆管的恶性事故。因此，以城市污水再生水做循环水补充水的电厂应重点考虑防腐问题，一般采用牺牲阳极电化学保护和其他保护联合的复合防腐处理工艺。

第七节　火电厂用水指标及其计算

对于电厂用水指标的理解和计算，许多业内人员理解不深，常常混淆，因此有必要在此重点讲解一下。

一、取水指标

1. 取水量

指企业从各种水源提取的水量，包括取自地表水（如江河）、地下水（如井水）、城镇供水工程（如自来水），企业从市场购得的其他水或水的产品（如蒸汽、热水、地热水等）等的常规水资源的水量，以及取自城市再生水、煤矿疏干水（矿井水）等非常规水资源的水量。以 V_{f} 来表示。取水量包括企业自产的海水淡化水量和从市场购得的海水淡化水量，但采用海水淡化方式的以进入电厂工业水池的淡水量为准；取水量不包括企业自产的再生水，但包括取自城市再生水（即中水），考虑到中水是非常规水资源，而且进厂后需要进行深度处理（如膜处理），因此可以将中水水量或煤矿疏干水按 83%折算计入取水量。

实际上常规水资源是指陆地上能够得到的且能自然循环而不断地得到更新的淡水，包括地下水和地表水。而非常规水资源则是除常规水资源以外的其他水资源，包括海水、苦咸水、淡化水和再生水。取水量包括了所有常规水资源，但不是包括所有非常规水资源，如海水和企业再生水。

采用淡水直流冷却系统的企业取水量不包括从江、河、湖等水体取水用于凝汽器及其他换热器开式冷却并排回原水体的水量；采用海水直流冷却系统的企业取水量不包括海水；企业从直流冷却系统中取水用作其他用途，则该部分（不包括海水）应计入企业取水范围。

在计算取水量时，许多人把企业再生水（废水回收再利用）与中水混为一谈。实际上中水起名源于日本，主要是指城市内一个小区或确定的大型建筑物系统内的生活污水经过处理后达到一定的水质标准，可在一定范围内重复使用的非饮用水。中水以水质作为区分标志，其水质介于生活自来水（城市地下市政隧道上水）与排入管道内污水（下水）之间，因此起名“中水”。有人把工业企业生产废水的处理回用也称为中水显然是不妥的，因为中水主要是指生活污水处理后再回收利用，而企业再生水是指工业或生活污水废水处理后再回收利用，二者是有区别的，企业再生水可以叫作回用水。

注意：取水量过去叫新水量，随着对污水和废水资源化的认识加深，企业从城镇供水系统提取的水可能有一部分是经过城镇污水处理系统处理后的污水再生水，如果仍沿用“新水量”容易产生误解。

2. 用水量

指在确定的系统内，生产过程中用水量为主要取水量与重复利用水量之和，以 V_t 表示。注意：用水量与取水量不同，因为用水量包括了重复利用水量，用水量远远大于取水量，只有在重复利用率等于零时，用水量才与取水量在数值上相等，我们经常误将取水量称作用水量，应注意区别。

3. 耗水量

指在确定的系统内，生产过程中进入产品带走的水量或以蒸发、飞溅、携带以及生活饮用等形式所消耗的水量，以 V_{co} 表示，也叫做损耗水量或消耗水量。耗水量等于取水量减去排水量和漏溢水量（有时也将漏溢水量划到排水量的范畴）。

注意：耗水量不等于用水量，原来所说的“高耗水工业”从理论上讲概念就有错误。耗水量与耗电、耗煤的意义不同，因为电、煤等能源是不可再生的，设备用了多少就消耗了多少；而水是可以再生的，取了多少，并不能全部消耗，真正消耗的水只是很少的一部分，因此“高耗水工业”应确切的称为“高用水工业”。由于企业水费是依据取水量而不是消耗水量，因此考核指标应为万元产值取水量和单位产品取水量，也不应叫做“万元产值耗水量”和“发电水耗”。

当然，发电企业也存在发电水耗的概念，但发电水耗是指火力发电厂生产每千瓦时电量时的耗水量。

4. 漏溢水量

指在确定的系统内，设备、管网、阀门、水箱、水池等用水与储水设施漏失或溢出的水量，也叫漏水量或漏失水量，以 V_l 表示。

5. 排水量

指在确定的系统内，排出系统外的水量，即在完成生产过程或生活使用后最终排出生产系统或生活系统之外的水量，也叫外排水量或外排废水量，以 V_d 表示。在水平衡图中，排水量不包含家属区生活排水量，但包含厂区生活（附属生产用水）排水量。

从上面的定义可以看出，各种水量存在如下关系式：

$$V_f = V_l + V_{co} + V_d + V_2$$

式中　V_2——外供水量。

对于电厂来说，企业排水口一般都有计量装置，应按照计量装置的计量数据的合计来计算排水量；如果排水口没有计量装置，则应按照物料平衡进行计算，即

$$V_d = V_f - V_2 - V_l - V_{co}$$

6. 单位发电量取水量

火力发电厂生产每千瓦时电量需要从各种常规水资源提取的水量，以 V_{Ui} 表示。单位发电量取水量计算公式为

$$V_{Ui} = \frac{V_f}{Q_U}$$

式中　Q_U——在一定的计量时间内的发电量，MWh；

V_f——在一定的计量时间内从各种常规水源提取的水量，m^3；

V_{Ui}——单位发电量取水量，m^3/MWh 或 kg/kWh。

(1) 单位发电量取水量计算公式仅适用于运行中的火力发电厂。

(2) “各种水资源”不包括海水、雨水、企业再生水。

(3) 取水量的计量应该以水进入电厂生产水系统前的计量表计为准，不应以水源表计或净水场出水表计计量为准，否则应扣除水源漏失率和供水管网漏失率引起的水损失。

(4) 取水量只考虑生产厂区内的取水量，不包括家属生活区的取水量。

(5) 采用直流冷却系统的企业取水量不包括从江、河、湖等水体取水用于凝汽器及其他换热器开式冷却并排回原水体的水量：企业从直流冷却水（不包括海水）系统中取水用做其他用途，则该部分应计入企业取水范围。

(6) 单位发电量取水量与全厂发电水耗率是完全不同的两个内容，单位发电量取水量远大于全厂发电水耗率，二者不能混为一谈。

(7) 循环冷却不包含海水循环冷却，海水循环冷却按直流玲却对待。

(8) 供热机组取水量不包括对外供热、供汽不能回收的对应的取水量。

(9) 空冷机组的闭式循环冷却水需要一定量的补充水量，补充水一般还要经过除盐处理，因此必然会需要一部分自用水，为了鼓励在极度缺水地区建设空冷电厂，空冷机组的取水量可稍高于直流冷却水系统定额指标，一般允许比直流冷却水系统定额高 15%。

(10) 当利用城市污水由城镇供水工程供给的再生水作为火电厂水源时，一般需要经过深度处理，比处理自来水多产生的废水量增加 10%，为鼓励使用再生水作为电厂水源，其循环冷却机组取水量定额指标应按《取水定额第一部分：火力发电》同类燃煤机组定额的 1.2 倍增进行调整；空气冷却机组取水量定额指标应按《取水定额第一部分：火力发电》同类燃煤机组定额的 1.1 倍增进行调整；直流机组不予调整。

(11) 对于燃气-蒸汽联合循环凝汽式机组，循环冷却时，其取水定额指标是按照同类型火电机组定额的 63%进行调整；直流与空气冷却时，其取水定额指标是按 0.40kg/kWh 进行取值。

7. 单位发电量耗水量

火力发电厂生产每千瓦时电量需要消耗的各种常规水量，以 V_c表示，也叫（全厂）发电水耗率。单位发电量耗水量计算公式为

$$V_{uc}=\frac{V_{co}}{Q_U}$$

式中 Q_U——在一定的计量时间内的发电量，MWh；

V_{co}——在一定的计量时间内从各种常规水源提取的水量，m^3；

V_{uc}——单位发电量耗水量，m^3/MWh 或 kg/kWh。

8. 装机取水量

按火力发电厂单位装机容量核定的取水量，叫做装机取水量，以 V_J表示，也叫单位装机容量取水量。装机取水量计算公式为

$$V_J=\frac{V_h}{N}$$

式中 V_J——装机取水量，$m^3/(s\cdot GW)$；

V_h——机组夏季满负荷时的单位取水量，m^3/s；

N——装机容量，GW。

不同型号、不同冷却方式的机组组成的电厂，应分别计算装机取水量，分别考核。装机取水

量计算公式仅适用于考核火力发电厂规划、设计过程中的机组取水量，不适合考核运营机组取水量。

对于新建或扩建设备投产初期，运行不稳定，因此在向水利部门申请用水指标时，允许在定额值的基础上加大10%。

单位发电量取水量公式适用于计算发电企业取水指标，装机取水量公式只是规划、设计单位计算的指标。由于传统习惯，我们经常遇到主管部门考核电厂装机取水量指标（过去误称为装机耗水量），为了方便理解，我们进行以下公式推导。

电厂装机取水量为

$$V_J=\frac{V_h}{N}=\frac{1.2Q}{N\times10^{-3}n\times3600}=\frac{Q}{3.0N\times n}\ [m^3/(s\cdot GW)]$$

单位发电量取水量为

$$V_{Ui}=\frac{V_f}{Q_U}=\frac{Q}{N\times n}\ m^3/(MWh)\ =3.0V_J\ [m^3/(s\cdot GW)]$$

$$V_h=\frac{1.2Q}{n\times3600}\ (m^3/s)$$

式中 V_h——机组夏季满负荷时的单位取水量，m^3/s，一般情况下 V_h 是年平均取水量 Q 的 1.2 倍；

Q——年取水量，m^3/年；

V_J——装机取水量指标，$m^3/(s\cdot GW)$；

N——装机容量，MW；

Q_U——年发电量，MWh，$Q_U=Nn$；

n——年利用小时数，h。

上式表明单位发电量取水量（m^3/MWh）在数值上是装机取水量指标［$m^3/(s\cdot GW)$］的3倍。但是考虑到现在已运行的火力发电厂有一部分机组设备老化泄漏失水，还有一部分承担调峰任务等需要加大取水量的情况，所以GB/T 18916.1—2012将单位发电取水量倍数从3扩大到3.6。单位发电量取水量和装机取水量这两种指标必须满足《取水定额　第一部分：火力发电》，否则应采取适当措施改进用水工艺和设施，减少单位发电量取水量或装机取水量。

【例 11-2】 某电厂装机容量为5×300MW，其中两台为空冷机组，三台为循环冷却机组。年取水量为2900万t，发电量为90.0亿kWh，试计算该厂当年单位发电量取水量是否符合标准规定。

解 查表10-6，空冷机组和湿冷机组允许单位发电量取水量为

$$V_{Ui}=\frac{V_f}{Q_U}=\frac{2\times300m^3}{5\times300MWh}\times0.63+\frac{3\times300m^3}{5\times300MWh}\times2.75=1.902m^3/MWh$$

当年实际单位发电量取水量为

$$V_{Ui}=\frac{V_f}{Q_U}=\frac{2900\times10^4m^3}{900\times10^4MWh}=3.2m^3/MWh>2.3m^3/MWh$$

因此该厂取水量不符合GB/T 18916.1—2012《取水定额　第一部分：火力发电》标准规定。

【例 11-3】 某电厂欲建设两台600MW循环冷却方式的机组，试求其申请取水能力。

解 查表10-6，单机600MW机组，装机取水量定额值为$0.77m^3/(s\cdot GW)$

由于电厂装机取水量 $V_J=\frac{V_h}{N}$，则机组满负荷取水量为

$$V_h=NV_J=2\times0.6GW\times0.77m^3/(s\cdot GW)=0.924m^3/s$$

申请取水许可证时的最大取水量$=1.1\times 0.924m^3/s$

$=1.016\ 4m^3/s=87\ 817t/d$

二、重复用水指标

1. 重复利用水量

指在确定的系统内，循环利用的水量和直接或经处理后回收再利用的水量之和，叫做重复利用水量，也叫复用水量或重复用水量，包括循环用水量、回用水量和串联用水量之和，以V_r表示，重复利用水量计算公式为

$$V_r=V_s+V_w+V_{cy}$$

2. 循环用水量

指在确定的生产系统内，生产过程中已用过的水，无须处理或经过简单处理（如降温）重复地再用于原系统同一过程的水量，循环用水量简称循环水量。以V_{cy}表示。它包括循环间接冷却水（冷却水不与被冷却工质直接接触叫间接，如电厂的循环冷却水）和锅炉的汽水循环水。由于火力发电厂的特殊性，对于循环冷却电厂来说，锅炉的汽水循环水量远远小于冷却水循环量，考虑锅炉的汽水循环水量对计算重复利用率影响不大，可以不计入，而且无论循环多少次也只能计入一次；而对于直流冷却电厂来说，锅炉汽水循环水量又占电厂总循环水量绝大部分，致使如果考虑汽水循环水量的重复利用率无法真正反映企业节水力度，因此重复用量只包括循环间接冷却水，而不考虑锅炉汽水循环水量。

对于循环间接冷却水，由于水量很大，可能无法按表计量，其水量可以根据循环水泵的流量乘以利用小时计算求得。

3. 回用水量

指在确定的生产系统内，将某一生产过程使用过的水，经适当处理后，用于系统外部的其他生产过程中的水量，以V_w表示回用水量。企业内部通过自建污水处理设施，对污废水进行资源化处理回收再利用的水量，仍属于工业企业的回用水量；从企业外部（如城市中水厂）取得的再生水，不属于回用水，而是非传统水资源利用的范围。回用水量的计算分情况不同，处理方法不同，有的只能计入重复利用水量一次，有的利用几次就计入几次。如锅炉定排水池内的外排水回收至脱硫系统，计入一次，如果脱硫系统排水再用于冲灰，则这部分需要再次计入；湿法除尘器用汽疏水回收利用于炉底密封，然后再回收用于冲渣，这就需要计入两次；如果生活污水回收到污水站进行处理后，再用于冲厕所，冲完厕所又被回收至污水站处理再用于冲厕所，这只能计入一次。

4. 串联用水量

指在确定的生产系统内，生产过程中的排水，不经过处理，被另一系统利用的水量，以V_s表示，又叫循序用水量。回用水系统与串联用水系统的差别在于两个方面：一是回用水系统中使用过的水必须经适当处理再利用，而串联用水系统中的使用过的水不需要对使用过的水重新处理，而是根据对用水水质的不同要求，将水依次地梯级再利用；二是回用水系统中的水被重复使用后，不是被主动地排放；而串联用水系统中的水，无论使用多少次，最终被大量主动排放掉了。例如循环冷却水进入凝汽器冷却排汽后没有直接排掉，而是排水再用于炉底密封；石灰石石膏法烟气脱硫产生的废水再用于冲渣。串联用水利用了几次就计入几次。

5. 废水排放总量

指电厂各个外排口排放到外环境的全部废水总量，包括外排的工业废水、冲灰水、冲渣水以及厂区生活污水等，不包括直流冷却水。

6. 工业废水排放量

指厂区内化学废水（含酸洗废水）、油污水、脱硫除尘废水、循环冷却水和煤泥沉淀池排水、非经常性排水等排入外环境的生产废水量之和。工业废水不含冲灰水和冲渣水。

7. 全厂废水回用率

在统计期内，企业外排废水处理后的回用水量占全厂废水产生量（外排废水处理后的回用水量与企业向外排放的废水量之和）的百分率。全厂废水回用率应不低于85%，计算公式为

$$K_w = \frac{V_w}{V_w + V_d} \times 100\%$$

式中 K_w——全厂废水回用率，%；

V_w——在统计期内，企业外排废水处理后的回用水量，m^3；

V_d——在统计期内，外排废水量，m^3。

8. 工业废水回用率

在统计期内，工业废水回用量与工业废水产生量（工业废水处理后的回用水量与企业向外排放的工业废水量之和）之比。工业废水实行闭式循环，工业废水利用率应达到85%，计算公式为

$$K_{wi} = \frac{V_{wi}}{V_{wi} + V_{di}} \times 100\%$$

式中 K_{wi}——工业废水回用率，%；

V_{wi}——在统计期内，企业外排工业废水处理后的回用水量，m^3；

V_{di}——在统计期内，企业外排工业废水量，m^3。

注意：工业废水不包括锅炉工质重复利用水量和凝汽器冷却水量的重复利用水量。

9. 循环冷却水排污水回用率

在统计期内，企业对循环冷却水排污水自行处理后的回用水量占循环冷却水排污水产生量（循环冷却水排污水自行处理后的回用水量与循环冷却水排污水排放量之和）的百分率。循环冷却水排污水应尽量回收再利用，循环冷却水排污水回用率应达到90%，计算公式为

$$K_p = \frac{V_{ph}}{V_p + V_{ph}} \times 100\%$$

式中 K_p——循环冷却水排污水回用率，%；

V_{ph}——在统计期内，企业对循环冷却水排污水自行处理后的回用水量，m^3；

V_p——在统计期内，企业生产过程中的循环冷却水排污水排放量总和，m^3。

10. 重复利用率

在一定的计量时间内，生产过程中的重复利用水量占总用水量的百分比，叫做重复利用率或水的重复利用率或重复利用水率，以 Φ 表示。重复利用率计算公式为

$$\Phi = \frac{V_r}{V_f + V_r} \times 100\%$$

式中 Φ——水的重复利用率，%；

V_f——在一定的计量时间内，在确定的系统内生产过程中的取水量，m^3；

V_r——在一定的计量时间内，在确定的系统内，生产过程中的重复利用水量，m^3。

单机容量为125MW及以上新建或扩建的循环供水凝汽式电厂全厂重复利用率不宜低于95%，严重缺水地区单机容量为125MW及以上新建或扩建的循环供水凝汽式电厂全厂重复利用率不宜低于98%。采用直流冷却的电厂重复利用率，不考虑直流冷却水量至少应达到35%。

1998 年 6 月国家电力公司环境保护办公室下发了《火电厂环境统计指标及其解释（试行）》，该文件明确指出重复利用水量包括锅炉工作介质重复利用水量等。并规定：

（1）冷却塔（池）重复利用水量：可通过计算期内凝汽器冷却水总量减去循环冷却系统补充水量求得。

（2）锅炉工作介质循环用水量：可通过计算期内锅炉给水总量扣除化学补给水量求得。

（3）凝汽器冷却水作为冲灰水的串级使用部分，凝汽器冷却水作为尾水发电或养鱼，冷油器、辅机冷却水等用作冲灰水的串级使用部分以及其他各种串级使用水。

【例 11-4】 某循环冷却机组的用水系统见图 11-6，求系统的重复利用率。

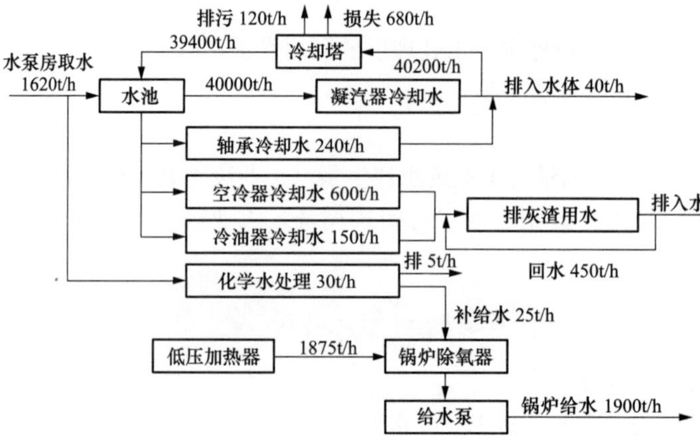

图 11-6 循环供水系统

解 此系统中重复利用水量包括：

（1）凝汽器冷却水的循环使用部分 39 400t/h；

（2）空冷器、冷油器冷却水的冲灰渣部分 150t/h+600t/h；

（3）冲灰渣水回收部分 450t/h；

（4）锅炉工质循环用水量 1875t/h（不应考虑）。

则重复利用水量为

$$V_r = 1875 + 450 + 750 + 39\,400 = 42\,475(\text{t/h})$$

重复利用率为

$$\Phi = \frac{V_r}{V_f + V_r} \times 100\% = \frac{42\,475}{1620 + 42\,475} \times 100\% = 96.33\%$$

不考虑工质循环用水量时，重复利用率为

$$\Phi = \frac{V_r}{V_f + V_r} \times 100\% = \frac{42\,475 - 1875}{1620 + 42\,475 - 1875} \times 100\% = 96.16\%$$

可见考虑不考虑锅炉工质循环用水量，对机组的重复利用率影响不大。但是对于前者考虑工质循环用水量的重复利用率计算，是不正确的，至少是过时的规定；后者的计算方法才是正确的。

【例 11-5】 某直流冷却机组的用水系统见图 11-7，求系统的重复利用率和工业废水回用率。

解 此系统中重复利用水量包括：

（1）冷油器冷却水、空冷器冷却水作为脱硫用水的部分 150t/h+600t/h；

（2）凝汽器冷却水作为脱硫用水的部分 50t/h；

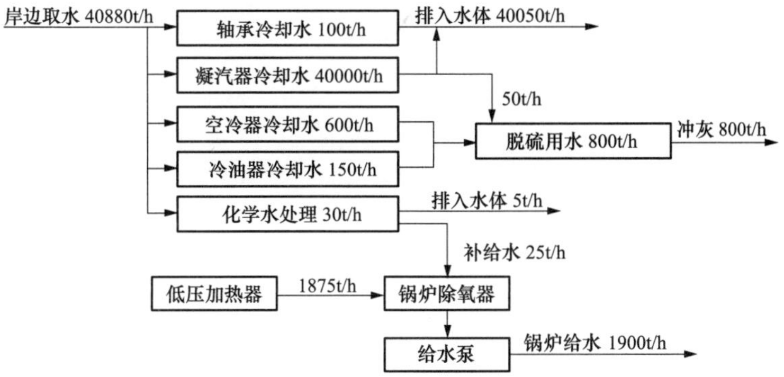

图 11-7 直流式供水系统

(3) 脱硫废水作为冲灰渣水的部分 800t/h；

(4) 工质循环用水量：给水流量 1900t/h－补给水量 25t/h＝1875t/h（不应考虑）。

因此系统的重复利用量为

$$V_r = 600 + 150 + 50 + 800 = 1600\ (t/h)$$

工业废水回用量为

$$V_{wi} = 600 + 150 + 50 = 800\ (t/h)$$

不考虑凝汽器冷却水量的重复利用率为

$$\Phi = \frac{V_r}{V_f + V_r} \times 100\% = \frac{1600}{1600 + 40\,880 - 40\,000} \times 100\% = 64.52\%$$

工业废水回用率为

$$K_{wi} = \frac{V_{wi}}{V_{wi} + V_{di}} \times 100\% = \frac{600 + 150 + 50}{800 + 40\,880 - 40\,000} \times 100\% = 47.62\%。$$

《能源统计报表制度（2013 年统计年报和 2014 年定期统计报表）》（中华人民共和国统计局制定河北省统计局印制 2013 年 11 月）中 91 页规定“重复用水量不包括北方地区城镇热力网内循环的热水、火力发电设备内进行汽水循环的除盐水”。在环境统计报表制度指标解释中，国家统计局又再次明确，重复用水量计算遵循三个原则：

(1) 开放原则：即水的循环在开放系统进行的，循环一次计算一次；但锅炉工质、循环冷却水、热网循环水等封闭系统内的循环水不得计入重复用水量。

(2) 源头原则：对循环水来说，使用后的水又回到本系统的取水源头，明确地流经源头一次计算一次。循环系统中的中间环节用水不得计入重复用水量。

(3) 异地原则：对于非循环系统，根据不同工艺对不同水质的要求，在一个地方（工艺）使用过的水，在另外一个地方（工艺）中又进行使用，使用一次计算一次。在同一地方（容器，如换热器）多次使用的水，不得计入重复用水量。

(4) 自立原则。经过企业内部净化处理后的水的重复利用，在任何情况下都按照重复用水量计算。但从城市中水厂取得的再生水不得计入重复用水量。

第五篇

性能测试

掌握并熟悉火电厂机组的热力特性是运行管理人员的主要责任，也是检修人员进行设备改造的基础，只有了解热力特性，才能进行经济调度，发挥机组最佳功能，才能有效地消除故障，保证机组安全、经济运行。本篇主要介绍机组的热力特性测试技术，讲解测试所依据的法规标准、测试要求、测点布置、仪器仪表、数据处理、结果分析评价等知识。

第十二章 火电厂热力试验方法

第一节 热力试验基本知识

一、试验目的

1. 新机试验

主要针对进口机组、国产新品牌机组的保证值进行考核试验或鉴定试验。通过试验取得热力系统数据与制造厂设计数据进行比较，以验证设计和制造是否达到保证的经济指标，为制造厂改进设计和改进加工工艺提供有效的资料，为用户索赔提供依据。

新机试验要求准确度高，大多按 ASME PTC6 标准进行，试验测点与运行测点分开。对于进口机组，一般在设计阶段加入考核试验测点；对于国产机组，为了减少蒸汽管道开孔，部分借用运行测点。

2. 达标试验

按 DL 5277—2012《火电工程达标投产验收规程》的要求，新机移交生产必须有达标试验报告。

3. 专题试验

为了摸清机组运行真实水平，充分发挥现有机组的潜力，摸清机组的最佳运行方式，借以对发电厂的负荷进行经济分配，并为制定生产指标和经济运行提供依据，许多电厂进行专题试验。或者有针对性测试各种不同负荷（包括额定工况）下的热耗和煤耗、缸效率和锅炉效率值等，分析经济性差的原因，以便制定改进方案。

4. 大修前后试验

机组大修前后或机组本体改造前后，必须进行性能试验。通过试验分析，为制订大修计划、改造方案或对大修、改造后的效果做出评价。

二、试验规程

目前我国汽轮机方面的热力试验常采用的规程有 ASME PTC6—2004（美国机械工程师学会，汽轮机性能验收试验规程）、GB/T 8117.1—2008（汽轮机热力性能验收试验规程　第 1 部分：方法 A—大型凝汽式汽轮机高准确度试验）、GB/T 8117.2—2008（汽轮机热力性能验收试验规程　第 2 部分：方法 B—各种类型和容量汽轮机宽准确度试验）、IEC60953—1：1990（国际电工委员会，汽轮机热力性能验收试验规程 A）、IEC60953—2：1990（国际电工委员会，汽轮机热力性能验收试验规程 B）等。其中美国 ASME PTC6—2004 标准准确度最高，要求石化燃料机组的全面试验热耗的不确定度小于 0.25%，核电机组的全面试验热耗的不确定度小于 0.37%；简单试验分别为小于 0.34%和小于 0.50%。而国际 IEC60953 标准准确度稍低一些，要求石化燃料机组的全面试验热耗的不确定度小于 0.30%，简单试验小于 0.9%～1.2%。我国原 GB 8117—1987《电站汽轮机热力性能验收试验规程》标准已不适应实际应用，现用国标 GB/T 8117—2008 代替，基本上是国际 IEC60953 标准的翻版，准确度为 1%。

锅炉试验标准包括 ASME PTC4.1—2008《锅炉机组性能试验规程》、GB 10184—2015《电站锅炉性能试验规程》，其他辅助标准有 ASME PTC4.3—2008《空气预热器试验规程》、ASME

PTC4.2《磨煤机试验规程》、DL 467—2004《电站磨煤机及制粉系统性能试验》、GB 13223—2011《火电厂大气污染物排放标准》等。

各种标准在效率计算方面都是以能量平衡理论（反平衡法）为核心的，我国标准与美国标准在锅炉效率计算方面的主要差别有以下几点：

（1）基准温度。基准温度是在锅炉能量平衡中，计算各项输入和损失热量时规定的一个能量起算点。对于基准温度的选取，GB 10184—2015 确定为送风机进口空气温度，即环境温度；ASME PTC4.1 确定为空气预热器进口空气温度。在合同技术附件中一般要有基准温度的确定值，当试验的基准温度偏离基准温度保证条件时，试验结果要对此进行修正。

（2）燃料发热量。GB 10184—2015 标准采用低位发热量计算锅炉效率（一般为 90%～93%），ASME PTC4.1 标准采用高位发热量计算锅炉效率（一般为 87%～89%）。目前我国绝大多数合同中规定锅炉效率的计算采用 ASME PTC4.1 标准，但发热量采用低位发热量。对于这种情况可以根据高位发热量计算出的锅炉效率乘以燃煤的高位发热量值，再除以燃煤的低位发热量值来实现。

三、试验项目

1. 考核性试验项目

锅炉考核性试验项目按照《火力发电机组性能试验导则》（DL/T 1616—2016）进行，主要包括：锅炉最大连续蒸发量、锅炉效率、空气预热器漏风率、无油助燃最低稳燃负荷等。

汽轮机考核性试验项目主要包括：汽轮机热耗率、汽轮机最大出力、汽轮机缸效率、回热系统性能、机组振动等。

2. 达标试验项目

锅炉达标试验项目主要包括：锅炉最大连续蒸发量、锅炉效率、空气预热器漏风率、无油助燃最低稳燃负荷、机组散热、发电厂污染物排放、磨煤机出力和单耗（循环流化床无此项）等。

汽轮机达标试验项目主要包括：汽轮机热耗率、汽轮机最大出力、汽轮机额定出力、汽轮机缸效率、发供电煤耗、厂用电率等。

3. 大修前后试验项目

锅炉大修前后试验项目主要包括：100%、75%、50%额定负荷锅炉效率、空气预热器漏风率等。

汽轮机大修前后试验项目主要包括：汽轮机热耗率、汽轮机最大出力、汽轮机缸效率、发供电煤耗、厂用电率等。

我们最常见的是达标试验和大修前后试验等常规性试验。常规性试验的主要特点是：

（1）常规性试验重视测量的相对精确度，它要求试验结果有较高的再现性。

（2）试验中测量参数分为主要和次要的读数。对试验结果影响大的主要参数用精确的测试仪器测量，其余的采用运行指示或记录仪表。

（3）试验系统按原则性热力系统隔离成单元，机组运行方式和蒸汽参数接近机组运行情况，使试验结果的修正量减至最小。

（4）利用修正曲线将试验结果修正到待定状态。

4. 定期试验项目

定期试验项目主要包括每月一次真空严密性试验，以及每季一次空气预热器漏风率试验。

5. 优化试验项目

优化试验项目包括锅炉燃烧调整试验、制粉系统优化调整试验、汽轮机优化运行（滑压运行）试验、冷端优化试验、脱硫系统优化调整试验、脱硝系统优化调整试验，等等。

6. 专题试验项目

专题试验项目主要包括：

（1）供电煤耗测试试验，厂用电率测试试验。

（2）汽轮机内效率试验，以求得高、中、低压缸效率试验。

（3）凝汽器热力特性试验，以求得某一定冷却水流量下，对应不同冷却水温度时，单位凝汽负荷与排汽压力的关系曲线；凝汽器端差与进入凝汽器蒸汽流量的关系曲线。

（4）抽真空设备性能试验，以求得该装置的特性和抽吸能力。

（5）加热器热力特性试验，以求得加热器运行端差、传热系数等。

（6）水泵效率和出力试验，根据需要求得给水泵、凝结水泵、循环水泵的运行效率或出力。

（7）风机效率和出力试验，根据需要求得引风机、送风机、排粉风机、一次风机、增压风机的运行效率或出力。

（8）最有利真空试验，以求得循环水泵最佳投运方式和最佳循环水流量。

（9）凝汽器查漏试验，以寻找漏点。

四、编写试验大纲

1. 试验大纲内容

根据合同，针对以下内容，达成一致协议，具体包括：

（1）试验依据，包括合同、引用标准等。

（2）试验背景和目的、试验工况和项目。

（3）主辅设备的运行方式以及测试期间锅炉参数和汽轮机参数允许波动的范围。

（4）蒸汽流量测量方法。

（5）锅炉效率计算中热损失项目、未测量热损失取值（一般取0.5%或0.35%）和修正项目。

（6）预热器漏风计算方法和修正项目（一般不进行修正）。

（7）重复性试验的次数及其试验结果的允许偏差。

（8）各个灰、渣收集点之间灰渣量的分配比例。

（9）对于考核性试验，试验燃料特性必须满足设计值；对于大修前后试验，试验燃料特性必须前后一致。

（10）指定煤、灰、渣、烟气、汽、水等取样方法及进行有关分析的实验室。

（11）试验用仪器及其技术特性，指定检定单位，准备经校验合格的测量仪表，主要包括电功率表、流量装置、压力表、温湿度表、水位计等。

（12）试验时的设备隔离清单。

（13）试验人员组织和日程。

2. 试验人员的职责

（1）运行人员的职责。

试验时，运行值班人员负责对机组运行方式进行必要的切换和调整，保证运行工况尽可能稳定，使试验顺利进行。对运行设备异常情况应及时处理。

（2）试验记录人员的职责。

试验前检查仪表的运行是否正常，熟悉每个仪表的量程和读数方法，并抄录自己所记录的仪表编号，对某些仪表还要记录仪表的初读数（底码）。

试验期间，根据统一信号进行读取仪表指示，并准确记录在观测记录本上。当发现仪表的指示不正常或仪表损坏时，应立即报告试验负责人。

试验结束后，应对观测记录进行检查并签名，将它交给试验负责人。

3. 试验期间的安全措施

如在试验过程中发生事故，应由运行人员按照事故处理规程进行处理，试验人员要听从统一指挥，并不得妨碍运行人员处理事故。在制订试验计划时，应预先考虑设备可能发生的问题及处理措施，并提醒有关人员注意。

（1）人身安全。

参加试验人员必须经《电业安全工作规程》考试合格，并严格遵守有关规定。进入现场必须头戴安全帽，衣着符合安规，高空作业应佩戴安全带。运行人员必须监督到位。

（2）试验仪器安全。

试验人员应正确使用仪器，并注意维护保管，防止损坏和丢失。仪器通电前应检查电源是否符合要求，防止断路等电源事故。

（3）电厂设备安全。

由于试验期间许多温度、压力测点解除，运行没有显示，需提前做好安全组织措施。

试验期间各热工保护装置应投入，事故按钮动作可靠，试验时电厂运行人员及设备监护人员应严密监视，若发现设备异常，应及时按运行规程处理，并暂停试验，向领导汇报。

4. 试验技术措施

（1）在制定试验大纲时，应预先考虑设备可能发生的问题及处理措施，并提醒有关人员注意。

（2）试验前由运行人员、电力研究院工作人员按照隔离清单逐项进行检查。

（3）试验时运行人员尽力调整机组参数满足试验措施的要求并力求保持机组稳定运行。

（4）进行试验时，一旦工况稳定并达到试验要求后，运行人员不得对系统和设备进行任何操作，发生危急情况除外。

（5）为保证机组运行稳定，试验时尽可能保证煤质稳定，避免出现煤质影响负荷的现象。

（6）锅炉运行实验中不允许吹灰。

（7）试验人员要听从试验组织者统一指挥，工况变动时应服从统一安排，必要时可中断试验。

（8）如在试验过程中发生事故，应由运行人员按照事故处理规程进行处理，处理完毕及时通知试验人员。试验人员不得妨碍运行人员处理事故。

（9）试验中若发现数据有误，应及时汇报，必要时可重复试验。

（10）进行锅炉最大连续出力试验或无油助燃最低稳燃负荷试验时，有可能导致机组跳机，甚至损坏设备，务必高度重视。因此必须严密监视如下内容：过热器出口压力、再热器出口压力、汽包压力；第一级速度级压力；凝汽器真空、凝汽器水位；除氧器压力、除氧器水位；发电机定子电流、转子电流；发电机温升；炉膛负压、表盘氧量；燃烧器火检信号；确认发电机过负荷保护值在整定范围；确认励磁机过负荷保护值在整定范围。

五、试验准备

1. 安装测点

测点安装的位置、数量、选材应遵循 GB 10184—2015《电站锅炉性能试验规程》或 ASME PTC4.1《锅炉机组性能试验规程》和 PTC4.3《空气预热器试验规程》等有关规定。

所有测点附近管道内不应有挡板、弯头、涡流区，管道外应有足够的空间，便于操作。

2. 锅炉试验前的检查

（1）确认锅炉各主辅机能正常运行，能适应正常的负荷变化要求。

（2）蒸汽温度、压力均能满足设计技术范围和试验要求。

（3）过热器、再热器减温水投运正常。

（4）送风机、引风机、一次风机调节门，一、二次风调节挡板，磨煤机、分离器挡板操作灵活、指示正确。

（5）消除风烟系统、制粉系统、汽水系统不应有的泄漏。

（6）锅炉给水、风量调节系统投入运行。

（7）锅炉吹灰器投运正常，所有受热面能保持正常运行的清洁度。

（8）确认已具有足够的、符合试验规定的燃料。

（9）经有关方认可，机组运行状态已达到试验所要求的状态。

3. 汽轮机试验前的检查

（1）电厂运行人员按照隔离清单进行系统隔离操作，无法隔离的泄漏流量在现场进行人工测量。

（2）汽轮机及辅助设备运行正常、稳定、无异常泄漏。

（3）回热系统正常投入。轴封系统运行良好。真空系统严密性符合要求。

（4）高压主汽调节阀门能够调整在试验规定负荷的阀位上，油动机升程及阀门转角刻度指示正常。

（5）凝汽器热井和锅炉汽包水位维持恒定，除氧器水箱水位稳定，无较大波动。各加热器水位正常、稳定。

（6）发电机氢冷系统的氢压及氢纯度调整在额定值。

4. 仪表条件

（1）所有试验仪表校验合格，工作正常。

（2）测试系统安装及接线正确。

（3）数据采集系统设置正确，数据采集正常。

5. 系统隔离

试验结果的准确度取决于系统的隔离。如有可能应将系统内外部的泄漏流量尽量隔离，以消除测量误差。

试验时应隔离的阀门分三组。第一组为机组正常运行时可以长期隔离的阀门，如汽轮机本体和各加热器疏放水的管道、阀门疏水，主、再热蒸汽的高、低压旁路及旁路减温水等；第二组为试验期间可以暂时隔离的阀门，如加热器危急疏水、给水旁路、水和蒸汽取样等；第三组为试验前必须隔离，试验后立即恢复的阀门，如锅炉连排、锅炉定排、锅炉放汽和疏水门、除氧器排氧门和放水门、凝结水补水门、汽轮机辅助抽汽（厂用汽）等。

第一、二组需要隔离的阀门很多，隔离操作和检查工作量很大，应在试验前几天就开始进行。试验前，电厂运行人员进行阀门隔离操作，试验人员在现场进行检查并确认隔离，已经隔离的阀门应挂有明显的标牌或签字确认。

六、试验时间的确定

1. 试验时间

国际电工委员会 IEC 标准或者美国 ASME 都要求验收试验应在机组首次带负荷运行后的 8 周内进行，以确保机组没有结垢和损坏等。

根据 DL/T 838—2017《发电企业设备检修导则》规定：检修机组复役后 20 天内做效率试验，提交试验报告，作出效率评价。并要求在检修开工前一个月，发电企业应全面完成各项工作的准备工作。结合各电力试验所惯例，对于大修前热力试验，要求在检修开工前 1～2 个月内完成；对于大修后热力试验，要求在检修竣工后 20 天～1 个月内完成。

2. 观测频率

对于机组试验，从指示仪表观测读数取的功率值和主流量的差压值，其读数间隔不得大于 1min。其他重要读数间隔不得大于 5min。累计式表计和水位的读数间隔不大于 10min。

3. 试验持续时间

在每一负荷点至少应做持续 2h 的稳定工况试验。尽管采用高速采集系统后，较短的稳定时间也可满足试验要求，但为了验证系统隔离情况，规程推荐试验至少 2h。

七、试验结果与评价

1. 试验结果的比较

（1）阀点基准法：若保证值是以阀点为基准的，则需通过各阀点分别给出设计和试验出力与热耗曲线，将两条曲线进行比较，在额定负荷处读取两条曲线的差值，作为比较的结果。

（2）节流阀基准：对于单阀或多阀一致动作的机组，每一试验热耗与设计热耗的比较都在负荷为阀门全开点负荷相同的百分数时进行。

（3）规定负荷基准：经修正后的负荷偏离规定负荷不超过 5%，在此范围内，将试验结果与规定负荷下的保证值加以比较。

（4）对于 A 修前热力试验，对于锅炉效率和机组热耗率，必须说明哪个方面超出设计值或超出常规，问题有可能出在哪里，机组检修中应关注的问题、应检查的地方，应处理的问题；机组运行中应注意的问题等。

2. A 修后经济性评价

一般机组 A 修后都要进行热力试验，通过试验结果的比较评价 A 修效果。机组 A 修后煤耗率降低值在 5g/kWh 左右。但有时试验结果则是 A 修后热耗比 A 修前高，缸效率比 A 修前低。造成这种现象的原因可能如下：①大修本身确实没有效果；②A 修前后试验系统隔离情况有差别；③试验误差所致；④A 修前后背压差别较大，而背压修正曲线有一定的误差所致；⑤修前、修后试验采用现场流量测量数据，而在 A 修中变送器进行了重新校验，零位进行了相应的调整（因此采用现场差压变送器时，修前提出校验零位，大修期间不要再校）；⑥修后与修前比，在相同负荷下由于主蒸汽流量、压力、调门开度不同等原因，可能会使修后高压缸效率比修前低。

对于机组热力特性试验，应给出不同负荷下的热耗率、锅炉效率、厂用电率，以及不同负荷下的发电煤耗率、供电煤耗率等。以方便比较机组 A 修前后经济性。

八、试验报告的编写

（1）试验报告中必须对测试工作作出评价，即试验是否有效。如果试验没有达到规定的煤质要求或没有满足试验工况参数要求，则试验结果无效；如果重复性工况之间测试结果超出预先确定的值，则试验结果无效，需要再进行试验。

（2）试验报告内容基本上与试验大纲相同，应包括如下内容：试验背景、设备主要参数、机组投运以来运行概况、试验目的、试验项目、试验日期、试验标准与基准、试验测点与测量方法、试验结果的计算、试验结果的修正、原始试验参数数据表、用于修正出力或热耗的全部曲线、结论、存在的问题和建议等。

（3）对于外委项目，试验单位在试验结束一周内给出试验的初步结果，以便及时指导生产，在 2 个月以内提供试验报告，经热力试验人员或有关部门验收后，将试验报告等相关资料送交资料室存档备案。

（4）本厂自主完成的试验项目，由试验负责人对试验数据进行整理、计算，在一周内提交试验报告，并经有关部门审批。

目前，大修前后的试验报告比较空洞，对大修的指导意义和效果评价欠缺，主要问题是缺少对试验机组存在问题的分析和改进建议。但有些试验研究院做得比较好，例如某试验院对合肥某电厂 4 号机大修前的热力试验报告，最后就包含了存在的问题和改进建议，对电厂具有针对性。存在问题和改进建议如下：

安徽某电厂 4 号机系上海汽轮机厂生产的 N125-13.24/535/535 型 125MW 中间再热冷凝式汽轮机。为了测得机组大修前热力特性，为大修提供技术支持。于 2003 年 9 月 9 日进行大修前的热力试验，本试验参照 GB 8117 标准。试验结果分析如下：

（1）在滑压 120.878MW 负荷时试验热耗率为 9037.2kJ/kWh，经运行参数修正后的热耗率为 8785.1kJ/kWh，比设计值额定工况制造厂保证值 8583kJ/kWh 高 202.1kJ/kWh。本次试验，高压缸内效率为 76.46%、中压缸内效率为 84.45%，比设计值额定工况高压缸效率 79.2%、中压缸效率 88.8%有所降低，上述说明机组经多年运行后，经济性有所降低。

（2）本次试验由于高压缸排汽管乙侧有裂纹，同时锅炉燃烧煤质不好，机组带 125MW 负荷，主蒸汽温度超温，因此本次试验负荷定在滑压 120MW 左右。

（3）本次试验高压加热器疏水温度 186.9℃，比额定工况设计值 169.6 ℃偏高 17.3℃。5 号高压加热器带疏水冷却段，疏水温度偏高会使疏水产生汽水两相流，其后果一方面使疏水管冲刷、振动，对安全不利，同时对经济性也有一定的影响。事实上疏水温度与高压加热器水位高低有关，本次试验前 110MW 左右负荷时，高压加热器水位显示 350mm，疏水温度为 181℃左右，当高压加热器水位升至 450mm，疏水温度为 175℃，可见高压加热器水位提高能使疏水温度明显降低。建议电厂 5 号高压加热器疏水水位长期在 450mm 以上运行。

（4）本次试验中发现 4 号机滑压运行高压调门后的压力第一调节阀 11.79MPa、第二调节阀 11.77MPa、第三调节阀 11.99MPa、第四调节阀 10.29MPa，当时主汽门后压力为 11.92MPa，调节级压力 9.41MPa，可见高压调门第一、二、三调节阀全开，第四调节阀部分开启。据不少资料介绍，采用“部分调节阀全开”滑压调节方式时，调节级理想焓降较大，而采用“所有调节阀全开”滑压方式时，调节级的相对内效率可能较高，但对于亚临界以下的一般机组来说，调节级焓降的影响更大些。因此建议电厂 4 号机滑压运行时可采用全开第一、二、三调节阀，关闭第四调节阀的运行方式。目前已有不少发电厂 125MW 机组已采用“部分调节阀全开”（三阀全开）滑压运行方式，这样机组的经济性相对要好些。

（5）本次试验就地装的 0.4 级精密真空表，显示排气压力为 7.05kPa（绝对压力），控制室 DCS 上显示排气压力为 8.25kPa（绝对压力），初看相差不大，但相对差值约 15%，较大。建议电厂在大修中对该两块表进行校验。本次试验计算采用就地精密真空表的数据。

第二节 主要参数的测量与计算

一、温度测量

常用的测温元件和测量方法主要有以下几种。

1. 玻璃水银温度计

玻璃水银温度计是一种接触测温仪表，当感受件与被测介质达到热平衡时，水银温度计所测知的温度就是被测介质的温度。玻璃水银温度计浸入被测工质的深度应符合浸没长度的要求，应尽可能使用全浸式玻璃水银温度计；测量室温时，温度计应避免阳光或周围物体辐射的影响。刻度玻璃水银温度计在汽轮机热力试验中常用于测量 300℃以下的温度，它通常用作就地测量和监督仪表。普通玻璃水银温度计用于测量小于60℃的室温。

2. 热电偶温度计

在汽轮机热力试验中，热电偶温度计常用于测量主蒸汽、再热蒸汽和抽汽等温度较高而又不便于就地记录和监视的工质温度。根据测量温度的范围，可选择不同的铠装热电偶，准确度等级宜采用Ⅰ级。不同等级热电偶在规定温度范围内，其允许误差应符合表12-1规定。为了保证热电偶工作正常和测温准确，热电偶元件工作端应接触牢固，无裂纹，避免松动；热电偶丝除工作端外，必须有可靠的绝缘，防止短路而影响测量准确性；热电偶丝与补偿导线相连接的过渡接点应牢固，保证接触良好，并注意相连接的线极性一致。

表12-1　　不同等级热电偶测温范围和允许误差

热电偶名称	分度号	等级	使用温度（℃）	允许误差（℃）
镍铬-镍硅 镍铬-镍铝	K	Ⅰ	0～+400	±1.6
			>400～+1300	±0.4%t
		Ⅱ	0～+400	±3
			>400～+1300	±0.75%t
铂铑10-铂	S	Ⅰ	0～1100	±1
			1100～1600	±[1+(t−1100)×0.003]
		Ⅱ	0～600	±1.5
			600～1600	±0.25%t
铂铑13-铂	FDB -2	—	0～600	±1.8
			600～1600	±0.3%t
铂铑30-铂铑6	B	Ⅱ	600～1700	±0.25%t
		Ⅲ	600～800	±4%t
		Ⅲ	800～1700	±0.5%t
镍铬-康铜	E	Ⅰ	−40～+800	±1.5或±0.4%t
		Ⅱ	−40～+90	±2.5或±0.75%t
		Ⅲ	−200～+400	±2.5或±1.5%t
铜-康铜	T	Ⅰ	−40～+350	±0.5或±0.4%t
		Ⅱ	−40～+350	±1或±0.75%t
		Ⅲ	−200～+40	±1或±1.5%t

注　t为测量端温度。

3. 热电阻温度计

热电阻温度计具有测量精度高，适宜测量低温的优点。在工业上常用于测量−200～+500℃之间的温度。一些不便于使用玻璃水银温度计进行直接测量的低温测点，可以使用热电阻温度计。工业上定型生产的热电阻主要是铜电阻和铂电阻，铜电阻用于被测温度t≤100℃的测量范围；铂电阻用于被测温度t≤500℃的测量范围。表12-2列出我国生产的几种工业热电阻有关参数。其中 Pt100 和 Pt10 是按国际标准生产的，Cu50 和 Cu100 是按我国专业标准生产的。

表 12-2　　国产热电阻型号及技术特性

热电阻名称		分度号	R（0℃）标称值（Ω）	允许偏差（℃）
铂热电阻	A级	Pt10	10	±（0.15+0.002 | t |）
		Pt100	100	
	B级	Pt10	10	±（0.30+0.005 | t |）
		Pt100	100	
铜热电阻		Cu50	50	±（0.30+0.006 | t |）
		Cu100	100	

以下测点试验前将现场温度测量元件拆除换装高精度Ⅰ级 E 型铠装热电偶进行测量：主蒸汽温度、高排温度、再热蒸汽（中联门前）温度、中压缸排汽温度、一级抽汽温度、二级抽汽温度、给水温度、1 号高压加热器进水温度、1 号高压加热器出水温度、2 号高压加热器进水温度、1 号高压加热器疏水温度、2 号高压加热器疏水温度等。其他温度测点从 DCS 中自动采集打印。其他温度采用现场仪表测量。

二、压力测量

按测压原理分，压力表分为五大类：液柱式压力计、弹性式压力表、电动式压力表、数字式压力计和活塞式压力计。其主要技术性能见表 12-3。在选择表计的量程时，为了保护压力计，一般不允许压力计的指针经常指在最大刻度附近。如果被测压力相当稳定，则被测压力的正常值应在压力表量程的 2/3 附近处；在进行热耗率试验时，某些压力（如抽汽压力）随负荷变动，在这种情况下，压力表量程的选择应使被测压力的变动范围在表计量程的 1/2～2/3 处。压力测点的安装位置布置在距阻流元件（如阀门等）一定的距离，一般大于 $2D$（D 为管道内径），并布置在温度测点之前。

表 12-3　　压力仪表性能和特点

名　称	类　别	准确等级	测量范围，MPa	特点与用途
液柱式压力计	U 型管式	1.5、1、0.5	－0.1～＋0.15	结构简单，使用方便，价格低廉；只能测量烟风系统 0.133MPa 以下的低压或微压及负压；体积大，读数不便，玻璃易碎
	单管式	0.2、0.5、1	－0.2～＋0.2	
活塞式压力计		0.02～0.2	－0.1～＋0.25 5～250	既能测低压，又能测负压，准确度很高，可检验标准压力表和做一般工业压力表；结构复杂，价格较贵
弹性式压力表	精密型弹簧管式	0.4、0.25、0.16、0.1	－0.1～2.5 0～＋250 0～＋0.1	弹簧管式用于测量对铜及其合金不起腐蚀作用的液体、气体或蒸汽的压力（低压、中压、高压）或真空；膜片式用于测量对铜和钢及其合金有腐蚀作用或黏度较大的介质压力和真空；多为就地显示，也可远传。结构简单，使用方便，精密型弹簧管式可做标准表使用
	一般型弹簧管式	2.5、1.5、1		
	膜片/膜盒式	2.5、1.5、1.0	0～＋0.04 －0.16～0	

续表

名称	类别	准确等级	测量范围，MPa	特点与用途
电动式压力表	电位器式	0.2～1.5	0～+500 0～+0.1	输出信号需要通过测量线路或信号处理装置配套使用，多用于压力信号的远传、发送或集中自动控制，使用压力范围广，精确度较高
	电感式			
	霍尔式			
	压力变送器	0.2～1.5		
数字式压力表	整体型 分离型	1～0.005	−0.1～+40	量程宽精度高，可做压力计量标准或现场使用

注 准确等级0.05表示允许误差为±0.05%（以量程的百分数表示），依此类推。

1. 液柱式压力计

液柱式压力计是以一定高度的液柱所产生的静压来平衡被测压力为原理的简单压力计，由于它的结构简单，价格低廉，使用方便，而且在±0.1MPa范围内测量准确度比较高，所以常用来测量低压、负压和差压，例如烟道、风道各段的压力及热力试验中节流式流量计所产生的差压等。其缺点是体积大，读数不方便，玻璃管容易损坏。

2. 活塞式压力计

活塞式压力计是基于传压介质的静力平衡原理而工作的，压力使活塞在活塞筒之中活动，使作用于活塞上的力与活塞、承重盘和砝码的总重力平衡。当使用药用蓖麻油做工作介质时，活塞式压力计最高测量极限为250MPa。

活塞式压力计是一种精度很高、测量范围很广的标准压力计量仪器，常用来校验、标定标准弹簧压力表和校验一般工业用压力表。使用之前应调整，使之处于水平位置；压力计应使用专用砝码，各台压力计的砝码不得混用。

3. 弹性式压力表

弹性式压力表是基于弹性固体在弹性极限内受外力作用后，发生变形，弹性变形的固体试图恢复原形的原理制成。弹性管式压力表测量范围广，体积小，可以测量高压；膜盒式或膜片式用来测量不大的正压和负压，在火电厂中经常被用来测量送风和制粉系统的空气压力、炉膛负压以及空气预热器进出口风压。若采用膜片式可测易结晶或腐蚀介质的压力。

4. 电动式压力表

电动式压力表能把压力信号转换成供远传的电信号输出或实现远方显示。它可以直接与工业控制计算机联用，可组成自动控制系统，因此具有很高的使用价值。常用的电动式压力表分为电阻式、电感式、霍尔式、电接点压力表以及电动单元组合仪表中的压力变送器等。输出信号根据不同的形式，可以是电阻、电流、电压或频率等。

5. 数字式压力表

随着压力传感器制造技术的发展，高精度的数字式压力表以其良好的性能、较高的准确度与稳定性，在压力测量要求较高的领域逐步取代其他压力仪表。数字式压力表分为整体型和分离型两种，整体型将压力传感器与数字显示器制成一个整体，分离型将压力传感器与数字显示器分成两体，并用专门电缆连接起来。

以下压力用0.075级高精度的ROSEMOUNT 3051型压力变送器测量：自动主汽门前压力、高排压力、中压主汽门前压力、中排压力、一级抽汽压力、凝汽器真空。测量值经大气压力、仪表校验值和仪表位差修正。大气压力用0.1级大气压力变送器测量。其他压力从DCS中自动采集打印。

由于背压对功率和热耗修正量较大，所以真空和大气压力的测量非常重要。按照规程要求，真空测量的传压管应倾斜向上，不能有积水的地方，但个别电厂为了美观或便于布置传压管，真空变送器安置在取压口下方，人为制造了测量误差，如有这种情况，建议改进或加装热力试验专用接口。

三、功率测量

对发电机输出的电功率，应以图 12-1 所示的三功率表法测量，若中线通过阻抗接地时，可按图 12-2 所示的两功率表法测量，但最好还是用三功率表法测量。在上述两种情况下，均可用电能表代表功率表。

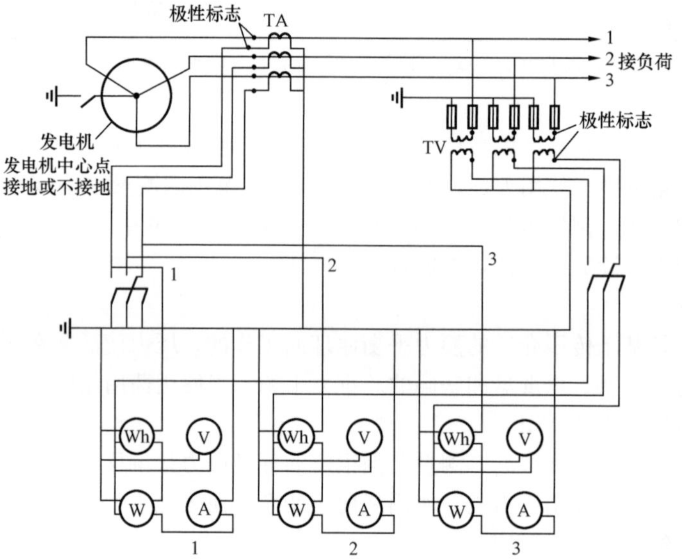

图 12-1 在三相电路中用三功率表法测量电功率的仪表布置和接线图

V—电压表；A—电流表；W—功率表；Wh—电能表；TA—电流互感器；TV—电压互感器

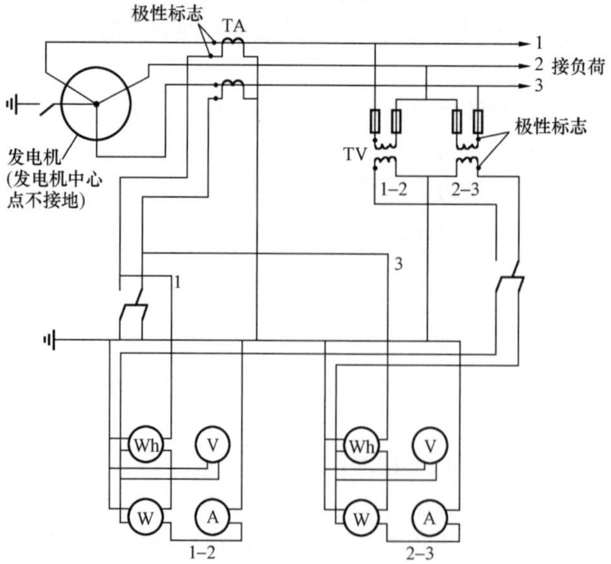

图 12-2 在三相电路中用两功率表法测量电功率的仪表布置和接线图

V—电压表；A—电流表；W—功率表；Wh—电能表；TA—电流互感器；TV—电压互感器

为了使电功率测量准确，电压和电流测量仪器应接在升压变压器发电机侧并尽可能靠近发电机的出线端子。试验应该用标定正确的0.1～0.3级的电流互感器和电压互感器，测量所用的功率表或功率变送器的准确度应为0.1～0.2级，电能表使用0.1～0.3级的电能表，电流表和电压表使用0.1～0.2级表。使用两功率表法时实际的电功率为

$$P = K_u K_i (W_1 + W_2) C_w (1 - \varepsilon_p)$$

式中 K_u——电压互感器的变压比；

K_i——电流互感器的变流比；

P——发电机实际的电功率，kW；

$W_1 + W_2$——两块单相功率表的读数和，kW；

C_w——功率表常数；

ε_p——互感器修正系数，包括比差、方差及二次回路电压降的综合修正值（%），该值需要专门的试验来确定，一般试验不做修正，即 $\varepsilon_p = 0$。

此时发电机的功率因数为

$$\cos\varphi = \cos\left[\arctan\left(\sqrt{3}\,\frac{W_1 - W_2}{W_1 + W_2}\right)\right]$$

四、流量测量

1. 流量测量仪表

流量测量仪表种类很多，见表12-4。其中差压式流量计比较成熟，已有相当完整的试验资料和试验经验，适于测量稳定流动的流体流量，也是目前火电厂中在高温高压下测量流量的几乎惟一的方法。

2. 流量测量的一般要求

流量测点的安装位置要有一定的直管段，一般应在前10D后5D位置处，如现场条件所限，可适当考虑减少上述比例。

流量测量仪表目前多数采用差压变送器，流量差压的测量宜采用双重测点，同时要求差压变送器精度在0.1级以上。

表12-4　　流量测量仪表

类型		主要技术参数			特点
		公称直径（mm）	可测流体	准确度（%）	
差压流量计	标准孔板	50～1000	液体	±1～±1.5	结构简单，使用寿命长，但压力损失大，节流装置安装需要足够的直管段
	标准喷嘴	50～600	液、蒸汽	±1～±2	
	文丘里管	100～1200	蒸汽	±1～±2	
转子流量计	玻璃锥管	4～100	液体	±1～±4	适合中小管径中流体和雷诺数较低的流体的流量测量，具有较宽的测量范围，压力损失小，前后要有长度不小于5倍管道直径的直管段，流量计的锥管需要垂直安装。安装在环境温度不低于0℃、不高于60℃，无震动影响的地方
	金属锥管	15～150	气体	±2	
容积式流量计	椭圆齿轮	10～250	液体	±0.2～±0.5	精度高，流体黏度变化对示值影响小，对直管段要求不高，安装方便，含有固体颗粒或纤维杂质的流体会影响装置的正常运转，仪表前需安装过滤器，结构复杂
	腰轮式	15～400	液体		

续表

<table>
<tr><th colspan="2" rowspan="2">类　型</th><th colspan="3">主要技术参数</th><th rowspan="2">特　点</th></tr>
<tr><th>公称直径（mm）</th><th>可测流体</th><th>准确度（%）</th></tr>
<tr><td rowspan="2">动压式流量计</td><td>皮托管</td><td rowspan="2">100～1600</td><td rowspan="2">液、气</td><td rowspan="2">±1～±4</td><td rowspan="2">精度低，仪表前不需要过滤，对直管段要求不高，结构简单</td></tr>
<tr><td>均速管</td></tr>
<tr><td colspan="2" rowspan="2">涡轮流量计</td><td>4～500</td><td>液体</td><td rowspan="2">±0.2、±0.5、±1</td><td rowspan="2">精度高，可测气水油酸碱，耐高温高压，但对直管段要求较严格，变送器上游侧的直管段长度不小于 15D，下游直管段长度不小于 4D</td></tr>
<tr><td>1～50</td><td>气体</td></tr>
<tr><td colspan="2">电磁流量计</td><td>6～1200</td><td>导电液体</td><td>±1～±1.5</td><td>无压力损失，可测腐蚀性液体，适合对含悬浮固体粒子的污水、矿浆的测量，能耐较高的压力和有较宽的使用温度，可以测量正、反方向的流量，检测级无延迟，响应速度快，可测脉动流，上游直管段要求长度不小于 5D，但价高，笨重</td></tr>
<tr><td colspan="2">涡街流量计</td><td>50～1000</td><td>液、气、蒸汽</td><td>±1</td><td>仪表无活动部件，压力损失小，宜与计算机配套使用，上游侧的直管段长度不小于 15D，要求液体流速不大于 6m/s，气体流速不大于 30m/s，雷诺数大于 10^4</td></tr>
<tr><td colspan="2">超声波流量计</td><td>20～5000</td><td>液体</td><td>±1～±2</td><td>适测大管径大流量，检测元件安装于管外，无压力损失，但需足够的直管段</td></tr>
</table>

在采用节流装置测量流量时，必须满足下列要求：

（1）流体充满管道，并作连续稳定流动。在到达节流件前，流体的流线与管道轴线平行，没有旋转流。

（2）被测流体流过的管道应具有圆截面，直径不小于 50mm。

（3）应采用标准节流件，标准节流件应安装在两段等内径的直管段之间，在节流件前后一定距离内不得有其他局部阻力件。

3. 流量计算公式

（1）由节流装置及配套的差压计组成的流量计。

采用标准节流件测量流量（汽、水均可适用）时，其流量计算公式如下。

通用计算公式为

$$G = a\varepsilon \frac{\pi}{4} d_t^2 \sqrt{2\rho \cdot \Delta p} = CE\varepsilon \frac{\pi}{4} d_t^2 \sqrt{2\rho \cdot \Delta p}$$

$$d_t = k_{td} d_{20}$$

$$E = \frac{1}{\sqrt{1-\beta^4}}$$

$$\beta = \frac{d}{D}$$

式中 G——流体的质量流量，kg/s；

Δp——流体经节流件时产生的差压，Pa；

ρ——流体密度，kg/m³；

ε——流束膨胀系数；

d_t——工作温度 t℃时的节流件开孔直径，m；

k_{td}——节流件材料的热膨胀校正系数；

d_{20}——节流件在20℃下的开孔直径，m；

a——流量系数；

E——渐近速度系数，无量纲；

β——节流件开孔直径与管道内径之比，无量纲；

C——流出系数，无量纲；

d——节流件开孔直径，m；

D——节流件上游侧管道内径，m。

节流装置是根据额定工况下的介质参数设计计算的，只有在额定工况下，流量G和差压Δp才有确定的关系。在实际生产过程中，蒸汽的压力、温度不可能经常保持在额定参数下，所以蒸汽密度随时变化。将蒸汽密度作为常数设计的节流装置，在测量中就会产生误差。蒸汽参数与额定值偏差越大，误差就越大。对于蒸汽一般采用下列经验公式计算出蒸汽的实际密度，即

$$\rho' = \frac{178p}{10t + 1660 - 0.539p} \quad (\text{kg/m}^3)$$

式中 t——蒸汽的实际温度，℃；

p——蒸汽的实际压力，MPa。

在测量可压缩流体的流量时，流体流经节流装置时静压降低，由于体积膨胀必须考虑其密度的变化，因而在计算公式中引入了流束膨胀系数ε。对于一定型式的节流装置和一定的取压方式，ε与节流装置前后的压差、流体的性质以及开孔截面积比及静压有关，是一个纯数。对于水而言$\varepsilon=1$。如果角接取压标准孔板测量可压缩性流体（如蒸汽、空气等），其流束膨胀系数ε可用下列经验公式计算，即

$$\varepsilon = 1 - (0.3707 + 0.3184\beta^4)\left[1 - \left(\frac{p_2}{p_1}\right)^{1/k}\right]^{0.935}$$

式中 p_1、p_2——孔板上、下游侧取压孔处流体的绝对静压力，Pa；

k——可压缩性流体的等熵指数，纯数。

根据上式计算出的角接取压标准孔板流束膨胀系数ε值见表12-5。使用法兰取压标准孔板时的流束膨胀系数ε值见表12-6。使用ISA1932喷嘴的流束膨胀系数ε值见表12-7。

表12-5 角接取压标准孔板流束膨胀系数ε值

	p_2/p_1 \ β^4	1.00	0.98	0.96	0.94	0.92	0.90	0.85	0.80	0.75
$k=1.20$	0.00	1.0000	0.9919	0.9845	0.9774	0.9703	0.9634	0.9463	0.9294	0.9126
	0.10	1.0000	0.9912	0.9832	0.9754	0.9678	0.9603	0.9417	0.9233	0.9051
	0.20	1.0000	0.9905	0.9819	0.9735	0.9652	0.9571	0.9371	0.9173	0.8976
	0.30	1.0000	0.9898	0.9809	0.9715	0.9627	0.9540	0.9325	0.9112	0.8901
	0.40	1.0000	0.9892	0.9792	0.9696	0.9602	0.9508	0.9278	0.9052	0.8826
	0.41	1.0000	0.9891	0.9791	0.9694	0.9599	0.9505	0.9274	0.9046	0.8819
$k=1.40$	0.00	1.0000	0.9930	0.9866	0.9803	0.9742	0.9681	0.9531	0.9381	0.9232
	0.10	1.0000	0.9924	0.9854	0.9787	0.9720	0.9654	0.9491	0.9328	0.9166
	0.20	1.0000	0.9918	0.9848	0.9770	0.9698	0.9627	0.9450	0.9275	0.9100
	0.30	1.0000	0.9912	0.9831	0.9753	0.9676	0.9599	0.9410	0.9222	0.9034
	0.40	1.0000	0.9906	0.9820	0.9736	0.9653	0.9572	0.9370	0.9169	0.8968
	0.41	1.0000	0.9905	0.9819	0.9734	0.9651	0.9569	0.9366	0.9164	0.8961

表 12-6　　使用法兰取压标准孔板时的流束膨胀系数 ε 值

	β^4 \ p_2/p_1	1.00	0.98	0.96	0.94	0.92	0.90	0.85	0.80	0.75
$k=1.20$	0.00	1.000 0	0.993 2	0.986 3	0.979 5	0.972 7	0.965 8	0.948 8	0.931 7	0.914 5
	0.10	1.000 0	0.992 6	0.985 2	0.977 8	0.970 3	0.962 9	0.944 4	0.925 8	0.907 3
	0.20	1.000 0	0.992 0	0.984 0	0.976 0	0.968 0	0.960 0	0.940 0	0.920 0	0.900 0
	0.30	1.000 0	0.991 4	0.982 8	0.974 3	0.965 7	0.957 1	0.935 6	0.914 2	0.892 7
	0.32	1.000 0	0.991 3	0.982 0	0.973 9	0.965 2	0.956 5	0.934 9	0.913 0	0.891 3
$k=1.40$	0.00	1.000 0	0.994 2	0.988 3	0.982 4	0.976 6	0.970 7	0.956 1	0.941 4	0.926 8
	0.10	1.000 0	0.993 6	0.987 3	0.980 9	0.974 6	0.968 2	0.952 3	0.936 4	0.920 5
	0.20	1.000 0	0.993 1	0.986 3	0.979 4	0.972 6	0.965 7	0.948 6	0.931 4	0.914 3
	0.30	1.000 0	0.992 6	0.985 3	0.977 9	0.970 6	0.963 2	0.944 3	0.926 4	0.908 0
	0.32	1.000 0	0.992 5	0.985 1	0.977 6	0.970 2	0.962 7	0.944 1	0.925 4	0.906 3

表 12-7　　ISA1932 喷嘴的流束膨胀系数 ε 值

	β^4 \ p_2/p_1	1.00	0.98	0.96	0.94	0.92	0.90	0.85	0.80	0.75
$k=1.20$	0.00	1.000 0	0.987 4	0.974 8	0.962 0	0.949 1	0.936 1	0.902 9	0.868 9	0.834 0
	0.10	1.000 0	0.985 6	0.971 2	0.956 8	0.942 3	0.927 8	0.891 3	0.854 3	0.816 9
	0.20	1.000 0	0.983 4	0.966 9	0.950 4	0.934 1	0.917 8	0.877 3	0.837 1	0.797 0
	0.30	1.000 0	0.980 5	0.961 3	0.942 4	0.923 8	0.905 3	0.860 2	0.816 3	0.773 3
	0.40	1.000 0	0.976 7	0.954 1	0.932 0	0.910 5	0.889 5	0.839 0	0.790 9	0.744 8
	0.41	1.000 0	0.976 3	0.953 2	0.930 8	0.909 0	0.887 7	0.836 6	0.788 1	0.741 6
$k=1.40$	0.00	1.000 0	0.989 2	0.978 3	0.967 3	0.956 2	0.944 9	0.916 2	0.886 5	0.855 8
	0.10	1.000 0	0.987 7	0.975 3	0.962 8	0.950 3	0.937 7	0.905 8	0.873 3	0.840 2
	0.20	1.000 0	0.985 7	0.971 5	0.957 3	0.943 0	0.928 8	0.893 3	0.857 7	0.821 9
	0.30	1.000 0	0.983 3	0.966 7	0.950 3	0.934 0	0.917 8	0.878 0	0.838 8	0.800 0
	0.40	1.000 0	0.980 0	0.960 4	0.941 2	0.922 3	0.903 8	0.858 8	0.815 4	0.773 3
	0.41	1.000 0	0.979 6	0.959 6	0.940 1	0.920 9	0.902 1	0.856 6	0.812 7	0.770 4

由于在工作温度下节流件的开孔直径（或喉部直径）d_t 在运行条件下无法测量，所以一般采用 20℃时的实测值通过公式换算到工作温度 t℃时的数值。

流量系数与节流装置、取压方式、雷诺数 Re、开孔截面积比有关，它是一个无量纲数。在光滑管道中流体在管道内稳定流动时，a 只与 Re 和开孔截面积比值有关，此时的流量系数称为光管流量系数 a_0。由于工业上的实际管道不可能是光滑的，所以在计算时要引入管道粗糙度修正系数 γ_{Re}，$a=CE=\gamma_{Re}a_0$。

（2）对于由传感器及配套的差压计组成的差压式流量计，则

$$G=a\varepsilon\frac{\pi}{4}D^2\sqrt{2\rho\cdot\Delta p}$$

式中　D——工作条件下，上游管道（或传感器）内径，m。

(3) 两种变形流量计算公式。

变形公式1：

$$G=1.11072\alpha\varepsilon d_t^2\sqrt{\rho\cdot\Delta p}$$

式中 1.110 72——$\frac{\pi}{4}\times\sqrt{2}$；

G——流体的质量流量，kg/s；

Δp——流体经节流件时产生的差压，Pa；

ρ——流体密度，kg/m^3；

d_t——工作温度t℃时的节流件开孔直径，m。

变形公式2：

$$G=0.012524\alpha\varepsilon d_t^2\sqrt{\rho\cdot\Delta p}$$

式中 0.012 524——$\frac{\pi}{4}\times\sqrt{2g}\times3600\times10^{-6}$；

G——流体的质量流量，kg/h；

Δp——流体经节流件时产生的差压，kgf/m^2（$1kgf/m^2=9.80665Pa$，$g=9.80665m/s^2$）；

ρ——工作状态下被测流体密度，kg/m^3；

d_t——工作温度t℃时的节流件开孔直径，mm。

4. 辅助流量

过热器和再热器减温水量及其他辅助流量从DCS中自动采集打印，如果减温水总管上有流量孔板，换接高精度差压变送器进行测量。轴封漏汽量取对应主蒸汽流量下的设计值（从热力计算书上查看）。

无法隔离的出入热力系统的明漏量，由试验人员用容积法测量。

电厂减温水流量一般在支管上测量，由于支管较细，加之长期冲刷，造成减温水量测量误差大，建议电厂在总管上加装孔板并预留热力试验专用接口。

凝汽器热井水位和除氧器水位采用现场液位变送器测量（计算不明漏率，当用凝水计算时，需要除氧器、热井尺寸），标尺最小刻度为毫米，由DCS系统记录数据，人工读取。水位测量有时会被忽略，但只有测量除氧器、凝汽器热井、汽包（一般汽包投自动，水位变化不大，且尺寸较小，可以忽略）水位，才能计算出机组在试验过程中的泄漏量、泄漏率，了解机组在高负荷、低负荷及各种运行工况下的泄漏情况，了解机组的隔离情况，为分析试验结果提供依据。

第三节 锅炉热效率试验与修正

一、试验目的

在锅炉基建、技改工程竣工后检测锅炉热效率是否达到设计值或规定值；在运行中，测试额定负荷下的锅炉热效率，分析影响锅炉热效率的因素；比较大修前后锅炉性能；进口机组考核性试验。

二、引用标准

DL/T 964—2005 循环流化床锅炉性能试验规程

GB/T 10184—2015 电站锅炉性能试验规程

ASME PTC4.1 锅炉机组性能试验规程

DL/T 567.1 火力发电厂燃料试验方法一般规定

DL/T 567.2 入炉煤和入炉煤粉样品的采取方法

DL/T 567.3　飞灰和炉渣样品的采集

DL/T 567.4　入炉煤、入炉煤粉、飞灰和炉渣样品的制备

DL/T 567.6　飞灰和炉渣可燃物测定方法

GB 474　煤样的制备方法

GB 13223　火电厂大气污染物排放标准

GB 5468　火电厂环境监测技术规范

GB 8978　污水综合排放标准

三、试验方法

（1）试验工况要求。

试验前 2h 进行运行调整，确保锅炉蒸发量、汽温汽压在试验允许的范围内，氧盘氧量、风量配比、磨煤机和燃烧器投运方式设定合理。试验时锅炉参数稳定范围如下。

锅炉负荷：额定蒸汽流量，±3%（>220t/h），±6%（65～220t/h）；

主蒸汽压力：额定蒸汽压力，±2%（≥9.8MPa），±4%（<9.8MPa）；

主蒸汽温度：额定蒸汽温度，+5/−10℃（540℃），+5/−15℃（450℃）；

再热汽温：额定蒸汽温度，+5/−10℃（540℃），+5/−15℃（450℃）。

锅炉机组各主、辅机能正常运转。当锅炉设有暖风器和热风再热循环装置时，试验前应将其解列。

试验期间不允许进行可能干扰试验工况的任何操作，如排污、吹灰、打渣、投油助燃等。试验前 1h，锅炉炉底除渣、省煤器灰斗和预热器灰斗除灰；连排和定排关闭。

试验开始后直至结束时，锅炉燃烧工况、燃料量、主蒸汽流量、再热蒸汽流量、给水流量、中间点温度（对直流炉）、过量空气系数、配风情况、制粉系统投运方式以及试验需要控制的温度、压力等参数，尽可能地保持一致和稳定。

（2）试验持续时间。试验前锅炉持续运行时间应大于 72h。其中正式试验前的 12h 中，前 9h 的锅炉负荷不低于试验负荷的 75%，后 3h 锅炉应维持预定的试验负荷。每个工况的试验持续时间需要大于 4h。锅炉效率试验的持续时间见表 12-8。

表 12-8　锅炉效率试验的持续时间

燃烧方式		工况稳定时间（h）	试验持续时间（h）	备　注
固态排渣		≥0.5	≥4	工况延长时间由试验各方确定
液态排渣包括旋风炉		≥1	≥4	
火床炉	正平衡法	大于 1 个炉排行走时间	≥6	
	反平衡法		≥4	

（3）测量时间间隔。测量时间间隔见表 12-9。

表 12-9　测量时间间隔

测　量　对　象	测量或取样时间间隔
蒸汽参数、压力、流量、排烟温度、送风温度等	5～15min
其他次要参数	一般 30min
烟气分析	15～20min
煤粉取样	每个试验工况不少于 2 次
其他灰渣、燃料等取样	试验各方协商确定

(4) 主蒸汽温度、再热蒸汽温度、给水温度等可用现场的表计测量，或使用现场的一次元件并接在试验用仪表上进行测量。试验前一次元件完好，设计安装符合国家有关标准，二次仪表要进行标定校验到达规定要求。

(5) 排烟温度采用多点测量。排烟温度测点应尽可能靠近末级受热面出口处（如空气预热器出口）。

(6) 对于锅炉热效率试验，规定锅炉送风机入口处空气温度或空气预热器进口空气温度为基准温度。基准温度的测量应避免其他热源对测温元件的辐射影响。

(7) 给水温度的测量应尽可能在靠近省煤器进口处且在减温器回水管前测量。

(8) 试验前可用灰、渣平衡法确定各处灰、渣的百分比，或按协议规定的灰、渣的比例进行计算。对于煤粉炉一般炉渣 $a_{lz}=10\%$、飞灰 $a_{fh}=85\%$、沉降灰 $a_{chj}=5\%$或者炉渣 $a_{lz}=10\%$、飞灰 $a_{fh}=90\%$。

(9) 预备性试验。在锅炉正式试验前，按照正式试验要求，进行一次预备性试验，目的确认所有检测仪器仪表的可靠性和准确性，检查试验配合人员的测试操作水平。

经参加试验各方认可，对试验结果无异议的情况下，预备性试验也可作为正式试验的一部分。

(10) 锅炉基建、技改工程竣工后，锅炉热效率试验应做两次，当每次热效率试验值偏差不大于1%时，取其平均值作为最终试验结果。否则需要进行第三次测量。对于运行生产中的热效率试验可只进行一次，试验得到的结果即为锅炉在该负荷下的热效率。

(11) 在进行锅炉热效率试验过程中也可以同时进行空气预热器漏风率的测试。

(12) 一般在100%、75%、50%负荷点做3个工况。

四、测点安装及布置

锅炉性能试验的测点安装及布置见图12-3。

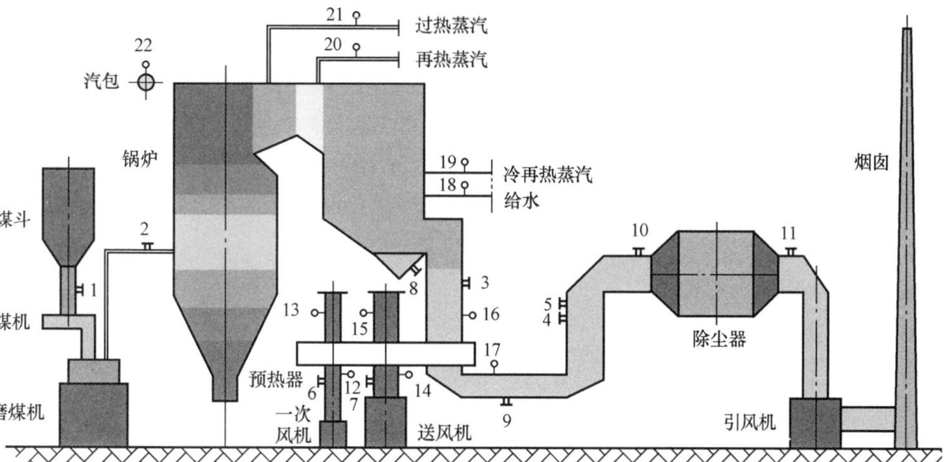

图12-3 测点安装位置

1—原煤取样；2—煤粉取样；3、4—烟气取样；5、10、11—飞灰取样；6——次风温；7—二次风温；8—沉降灰取样；9—撞击灰取样；12、13——次风压；14、15—二次风压；16、17—烟气静压；18—给水压力；19、20—再热器进出口压力；21—过热蒸汽压力；22—汽包压力

五、测量项目和测试方法

1. 原煤取样

燃煤采样按 DL/T 567.4 进行，原煤取样点位置一般布置在给煤机进口的落煤管上，如果给煤机落煤管上安装不方便也可在输煤皮带上取煤。对于取样点布置在给煤机落煤管上，原煤取样每台磨煤机每 30min 取样一次；在给煤皮带上取样时，上煤时间每 10min 取样一次。每次取样约 2kg，原煤取样时间与锅炉试验工况有效时间相对应，采样开始和结束的时间应视燃料从采样点到送入炉膛所需的时间而适当提前，以保证样品能代表试验期间所用的燃料。

取样结束后，将所有样品根据试验性质，按“四分法”混合缩分为 2～4 份，每份约 10kg，并贴好标签。

2. 飞灰取样

飞灰采样应在空气预热器出口、除尘器前烟道（入口）上开孔采样，尽可能在烟道气流稳定且取样截面前后有适当直段处。采用等速飞灰采样枪（如 PND-32 型烟道飞灰取样枪）采集飞灰样，按网络法逐点取样，每点采样 5min，取样有效时间与锅炉试验工况时间相等。等速飞灰样的缩制也采用“四分法”混合缩分为 2～4 份。

对于一般性试验可在除尘器下部灰斗内按比例取样。每点采样次数不少于四次，每次 250g。对于大修前后热力试验，可采用撞击式飞灰取样装置或自抽式飞灰取样装置取样。试验前取下取样瓶，清掉瓶内存灰，试验开始时装上取样瓶，试验过程连续取样，试验结束取出灰样。

对于沉降灰取样可在省煤器下部集灰斗或落灰管中连续收集沉降灰。

3. 大渣取样

对煤粉炉，炉渣的原始试样数量应不少于炉渣总量的千分之一，但至少 4kg。采样应在整个试验期间等时间间隔进行，采样次数不少于四次。采炉渣样应在冷灰斗水封以后，以防漏风，例如从渣槽（池、斗）内掏取，保证样品有代表性。对于定期排渣锅炉，在试验结束后，在渣池旁从排渣管口采样，要尽量注意取样的代表性；对连续排渣锅炉，试验期间在捞渣机出口用铲采样，大渣取样每 15min 取样一次。

4. 烟气成分取样

烟气取样测点分布在空气预热器进、出口烟道上，测孔总数确定原则与飞灰取样测孔相同，烟气取样点采用多代表点布置，每个测孔布置一个取样点。如果烟道深度超过 4m，可在 1 个烟道相对两侧对称布置取样测孔，烟气取样管的长度应与烟道深度相同，烟气取样管的取样端固定在取样点处，用橡皮胶管将每个烟道取得的烟气样经烟气混合器混合，送入烟气分析仪分析，每 10～15min 测量一次。

5. 烟气温度测量

烟气温度测点在预热器进出口烟道上，与烟气成分取样点共用。试验期间每 10min 测量一次。

6. 环境温度和湿度测量

在送风机入口附近，用干、湿球温度计和膜盒式大气压力计测量干湿球温度和大气压力，每 15min 测量一次。

7. 煤粉取样

对钢球磨煤机中储式制粉系统，可在细粉分离器下粉管锁气器处采样。对于直吹式制粉系统，煤粉取样测孔应安装在一次风粉管（如磨煤机出口的煤粉管）上，测点应尽量装在垂直管段上，采用等速取样。将采样管插入采样孔内 1～2min，确保采样槽正面朝上。

六、锅炉试验数据处理与计算

（1）GB 10184 标准的热损失项目包括：排烟热损失(q_2)、化学不完全燃烧热损失(q_3)、机械不完全燃烧热损失（q_4）、散热热损失（q_5）、灰渣的物理热损失（q_6）等。锅炉效率修正项目包括进风温度偏差的修正、给水温度偏差的修正。

（2）ASME PTC4.1 标准的热损失项目包括：干烟气带走的热损失、煤中水分带走的热损失、煤中氢燃烧生成水带走的热损失、空气中水分带走的热损失、灰渣未完全燃烧热损失、散热热损失、不可测量热损失等。锅炉效率修正项目包括进风温度偏差的修正、空气中水分偏差的修正。

（3）如果试验的过热蒸汽压力、过热蒸汽温度及给水压力、给水温度与设计值不同，过热蒸汽流量试验结果应按照下式进行修正，即

$$D=\frac{\Delta i_{实测}}{\Delta i_{保证}}\times D_{实测}$$

式中 D、$D_{实测}$——修正后的过热蒸汽流量和实测的过热蒸汽流量；

$\Delta i_{实测}$、$\Delta i_{保证}$——试验的和设计的过热蒸汽焓和给水焓之差。

（4）给水温度偏差带来的热损失修正。给水温度与设计值的偏差所引起排烟温度的变化偏差小于 10℃时，可以不进行修正；当偏差值大于 10℃时，排烟温度换算公式为

$$t_{py}^{b}=t_{py}+\frac{(t_{py}-t_{k})(t_{smj}-t_{smc})}{(t_{ky}-t_{k})(t_{smj}-t_{gs})}\times(t_{gs}^{b}-t_{gs})$$

式中 t_{py}^{b}——换算到设计给水温度时的排烟温度,℃；

t_{py}——实测排烟温度,℃；

t_{gs}——实测给水温度,℃；

t_{gs}^{b}——设计给水温度,℃；

t_{smj}——省煤器进口实测烟气温度,℃；

t_{smc}——省煤器出口实测烟气温度,℃；

t_{k}——空气预热器进口实测空气温度,℃；

t_{ky}——空气预热器进口实测烟气温度,℃。

将所得的 t_{py}^{b} 代替热损失计算公式中的 t_{py}，即可得到修正后的热损失为

$$q_2=(V_{gy}c_{py}+V_{H_2O}c_{pH_2O})(t_{py}-t_0)/Q_r$$

七、安全措施

（1）试验期间，各测试人员统一听从试验负责人的安排，电厂方面需派人进行现场配合和协调，保证试验顺利进行。

（2）试验期间，若遇到意外情况发生，影响到锅炉稳定、安全运行，应立即采取措施或终止试验，并及时通知试验负责人。

（3）试验期间，各测试人员应严格按照《电业安全工作工程》的有关规定进行测试，进行现场测试时必须戴安全帽，注意安全，防止碰伤、摔伤、烫伤等事故的发生。

（4）观察锅炉燃烧情况时，必须戴防护眼镜或用有色玻璃遮着眼睛。

（5）在锅炉升火期间或燃烧不稳时，不可站在看火门、检查门或燃烧器检查孔的正对面。

（6）锅炉达到额定负荷时，在继续升负荷的过程中，要注意锅炉承压部件的运行状况，防止超压，发现泄漏马上采取措施并及时处理。

（7）开启锅炉的看火孔、检查门、灰渣门时，需缓慢小心，并看好向两旁躲避的退路。

（8）时刻注意受热面金属壁温不超过规定值。

（9）防止受热面结焦。

八、试验结果的修正

根据测试数据计算得出的锅炉热效率值与设计值或大修前的热效率进行对比，评价锅炉热效率是否达到要求。对于运行生产中的热效率试验，应根据测试得出的热效率及其各项热损失，分析影响效率的因素，为进一步挖掘节能潜力指明方向。

对于考核试验，应考虑如下修正：

1. 国家标准规定的修正方法

GB 10184 标准中锅炉效率修正项目包括：

（1）进风温度偏差的修正：进风温度与保证温度的偏差，主要影响排烟热损失和灰渣物理显热损失，因此应进行如下修正，在排烟热损失及灰渣物理热损失的计算中，除了以保证的进风温度替代试验基准温度外，还应对排烟温度进行换算。

（2）给水温度偏差的修正：给水温度与设计值的偏差主要引起排烟温度的变化，修正方法是：将实测给水温度条件下的排烟温度换算到设计给水温度时的排烟温度，然后进行排烟热损失计算。

（3）燃料偏离设计值的修正：将燃料中各组分及低位发热量的设计值替代排烟热损失计算有关公式中的试验值，即可求得修正后的该项热损失值。也可以按照制造厂提供的燃料偏离设计值的修正曲线进行修正。

（4）锅炉热效率的修正：用经修正后的输入热量及热损失，计算所得的锅炉热效率，就是换算到保证条件下的热效率，可以和热效率的保证值（或设计值）相比较。锅炉效率实测值为实际的锅炉效率，它可以用于煤耗率计算，与实际煤耗接近。修正后的锅炉效率是一个虚拟值，它用来比较大修前后锅炉效率的变化，并与性能保证值进行比较。

2. 美国标准规定的修正方法

ASME PTC4.1 标准中给出了某些损失项的修正计算公式，包括：

（1）进风温度偏离的修正：由于试验时的进口空气温度偏离标准或保证工况，则将标准或保证温度代替对应的外来热量计算式中的试验温度，以完成对外来热量的修正。

（2）排烟温度偏离的修正：当完成了排烟温度的修正时，则将修正的排烟温度代替对应的损失计算式中的试验温度，以完成对有关损失的修正。其修正方法与我国性能试验标准基本一致，只不过我国性能试验标准的入口温度是风机进口温度，而 ASME 标准的入口温度是空气预热器进口空气温度。

（3）燃料偏离设计值的修正：ASME 只规定在什么情况下可以进行煤质修正，但是没有给出修正方法。一般按照锅炉制造厂提供的煤质修正曲线进行效率修正。如果试验用煤较明显地偏离设计用煤（煤中水分含量偏差 2 或 3 个百分点以上），则应按设计煤种要求的磨煤机进口风温，对磨煤机调温风流量和空气预热器性能进行修正。高水分煤一般不需要磨煤机调温风，因此，也就不需要对煤的水分进行修正。

（4）过量空气系数：由于试验工况的变化而导致的试验与标准或合同规定的过量空气率的微小偏差可修正到标准值、合同值或其他约定值。将目标值代入有关的计算式中，即可完成因过量空气系数变化而需对损失与外来热量的修正计算。

如果机组必须在与标准或合同值不同的过量空气系数下运行，以满足其他性能参数，例如，未燃尽碳、污染物排放、蒸汽温度等，则不需要对试验的过量空气率进行修正。

(5) 脱硫剂：煤的实际硫含量只有在试验结束之后才能得到。因此，试验中的Ca/S摩尔比很可能与试验规定的目标值有所不同。该比值的偏差会影响脱硫效果。另外，试验燃料含硫量与标准或合同规定的燃料含硫量以及脱硫剂成分分析数据的差别不仅会影响到脱硫率，而且影响到所需脱硫剂的质量流量（Ca/S摩尔比）。同时，这些差别也影响到效率和空气、烟气的质量流量。修正方法是：采用协商达成的Ca/S摩尔比和脱硫率的数值来进行修正的燃烧和效率计算。采用该Ca/S摩尔比连同标准或合同规定的燃料分析数据，计算修正的脱硫剂质量。修正的脱硫剂质量、协商确定的脱硫率、标准或合同脱硫剂分析数据，以及由试验确定的煅烧份额均用来代替试验数据，为效率修正计算提供所需要的输入数据。

九、试验实例

某HG-2001/26.15-YM3锅炉热效率试验数据与计算结果见表12-10。

表12-10　某HG-2001/26.15-YM3锅炉热效率试验数据汇总表

名　称	工况1（100%）	工况2（75%）	工况3（50%）
机组电负荷（MW）	669.60	510.30	345.10
锅炉实际蒸发量（t/h）	1947.67	1438.87	958.33
锅炉设计参数			
锅炉额定蒸发量（t/h）	1906.07	1906.07	1906.07
保证的送风机进风温度（℃）	20.00	20.00	20.00
收到基氢（%）	3.49	3.49	3.49
收到基水分（%）	16.4	16.4	16.4
收到基灰分（%）	6.79	6.79	6.79
收到基低位发热量（kJ/kg）	23 570	23 570	23 570
入炉煤煤质			
收到基碳（%）	48.56	48.56	48.56
收到基氢（%）	1.37	1.37	1.37
收到基硫（%）	0.55	0.55	0.55
收到基氧（%）	10.93	10.93	10.93
收到基氮（%）	0.63	0.63	0.63
收到基灰分（%）	10.16	10.16	10.16
收到基水分（%）	27.80	27.80	27.80
干燥无灰基挥发分（%）	45.64	45.64	45.64
收到基低位发热量（kJ/kg）	16 970	16 970	16 970
灰渣			
飞灰含碳量（%）	1.44	3.20	2.63
大渣含碳量（%）	0.37	2.80	3.36
飞灰份额（%）	90.0	90.0	90.0
大渣份额（%）	10.0	10.0	10.0
炉渣温度（℃）	800.0	800.0	800.0
燃料温度（℃）	23.00	25.00	22.00

续表

名　　称	工况 1（100%）	工况 2（75%）	工况 3（50%）
烟气			
排烟 O_2 含量（%）	3.35	4.80	7.39
排烟 CO_2 含量（%）	16.06	14.69	12.33
排烟 CO 含量（%）	0.06	0.00	0.00
实测排烟温度（℃）	139.97	132.68	121.85
空气预热器入口烟温（℃）	359.09	353.39	334.63
环境条件			
送风机入口风温（℃）	23.00	25.00	22.00
空气相对湿度（%）	40.00	50.00	57.00
大气压力（Pa）	100 890	100 790	100 900
实测锅炉热效率计算			
排烟热损失（%）	5.43	5.39	5.83
气体未完全燃烧热损失（%）	0.23	0.00	0.00
固体未完全燃烧热损失（%）	0.27	0.66	0.56
散热损失（%）	0.32	0.44	0.66
灰渣物理热损失（%）	0.10	0.09	0.09
热损失总和（%）	6.35	6.58	7.13
实测锅炉热效率（%）	93.65	93.42	92.87
GB 10184 标准下进风温度修正后锅炉热效率计算			
对送风温度修正后的排烟温度（℃）	138.01	129.32	120.49
排烟热损失（%）	5.48	5.47	5.86
可燃气体未完全燃烧热损失（%）	0.23	0.00	0.00
固体未完全燃烧热损失（%）	0.27	0.66	0.56
散热损失（%）	0.32	0.44	0.66
灰渣物理热损失（%）	0.10	0.10	0.09
热损失总和（%）	6.40	6.66	7.17
修正后的锅炉热效率（%）	93.60	93.34	92.83
ASME　PTC4.1 标准下燃料成分修正后锅炉热效率计算			
送风温度修正后的锅炉热效率（%）	93.60	93.34	92.83
燃料水分偏离设计值（%）	11.4	11.4	11.4
燃料水分偏离炉效修正（%）	0.342	0.342	0.342
燃料灰分偏离设计值（%）	3.37	3.37	3.37
燃料灰分偏离炉效修正（%）	0.020	0.020	0.020
燃料性质偏离炉效修正总和（%）	0.362	2.01	2.01
修正后的锅炉热效率（%）	93.96	93.70	93.19
修正后高位热值锅炉热效率（%）	89.12	88.87	88.39

对于表 12-10 有三点需要说明：

（1）在 100%负荷下测得的 CO 浓度为 0.06%，实际上 CO 浓度单位很多，它们之间的换算关系是：

$$0.06\% = 0.06\% \times 10^6 \mu L/L = 600 \mu L/L$$

$$0.06\% = 600\ (\text{ppm})$$

$$0.06\% = 600 \times 1.2499\,\text{mg/m}^3 = 749.94\,\text{mg/m}^3$$

（2）进风温度偏差对排烟温度的修正。这里必须注意，GB 10184—1988 标准规定锅炉系统的边界是送风机入口，也就是说进风温度就是指送风机的进风温度，而 GB 10184—2015 标准和 ASME PTC4.1 标准则规定锅炉系统的边界是空气预热器入口，也就是说进风温度就是指空气预热器入口的进风温度，但是，由于测试计算习惯问题，我们在锅炉效率测试中仍然采用送风机入口作为锅炉系统的边界。

排烟温度修正值为

$$t_{py}^{b} = \frac{t_0^b(t_{ky} - t_{py}) + t_{ky}(t_{py} - t_0)}{t_{ky} - t_0}$$

式中 t_0^b——保证的送风机进风温度，℃；

t_0——实测送风机入口温度，℃；

t_{py}^b——换算到保证送风机进风温度时的空气预热器出口排烟温度，℃；

t_{py}——实测的空气预热器出口排烟温度，℃；

t_{ky}——实测的空气预热器进口烟气温度，℃。

针对表 12-10 数据，则因送风机入口温度偏差对排烟温度修正值为

$$t_{py}^{b} = \frac{t_0^b(t_{ky} - t_{py}) + t_{ky}(t_{py} - t_0)}{t_{ky} - t_0} = \frac{20 \times (359.09 - 139.97) + 359.09 \times (139.97 - 23)}{359.09 - 23}$$

$$= 138.01\ (℃)$$

（3）ASME PTC4.1 标准的锅炉效率修正项目包括进风温度偏差的修正、空气中水分偏差的修正，以及入炉燃料水分和灰分对热效率修正。某 HG-2001/26.15-YM3 锅炉制造厂给出了入炉燃料水分和灰分对热效率修正曲线，见图 12-4 和图 12-5。燃料收到基水分对锅炉热效率的修正曲线可以写成模拟方程为 $\Delta\eta_M = 0.03\Delta M$（%），燃料收到基灰分对锅炉热效率的修正曲线可以写成模拟方程为 $\Delta\eta_A = 0.006\Delta A$（%）。

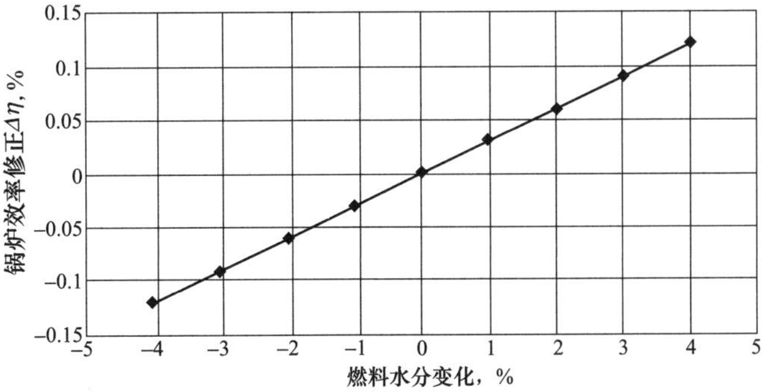

图 12-4 燃料收到基水分对锅炉热效率的修正曲线

针对表 12-10，收到基高位发热量为

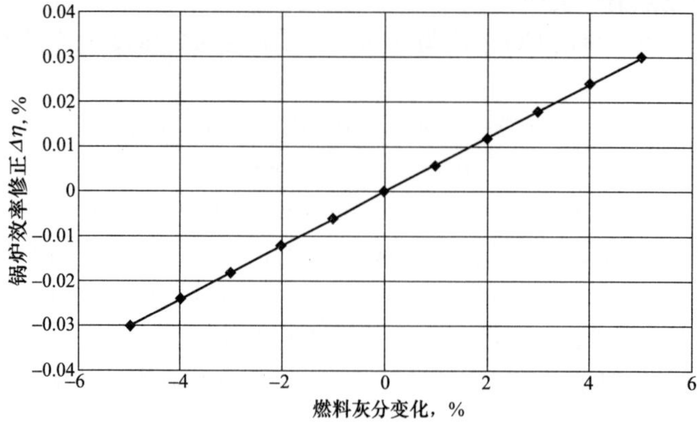

图 12-5　燃料收到基灰分对锅炉热效率的修正曲线

$$Q_{gr,ar}=Q_{net,ar}+206H_{ar}+23M_{a}=Q_{net,ar}+206H_{ar}+23M_{ar}$$
$$=16\ 970+206\times1.37+23\times27.8=17\ 891.6\ \text{(kJ/kg)}$$

高位热值锅炉热效率为

$$\eta_{gr}=\eta_{net}\frac{Q_{net,ar}}{Q_{gr,ar}\cdots}=93.96\%\times\frac{16\ 970}{17\ 891.6\cdots}=89.12\%$$

第四节　汽轮机热耗率试验与修正

一、试验目的

测试基建试生产期内或达标投产时、技改工程、大修后的热耗率是否达到设计值，或达到某一要求，以评价由于大修、改进措施所获得的经济效果。

通过试验求得汽轮机组在电厂实际运行条件下的热力特性，为发电厂机组间的负荷经济调度提供依据。

通过定期的性能测试，确定汽轮机性能的变化趋势，监视和判断通流部分的工作状况，分析引起性能变化的原因，从而确定改进措施。

二、引用标准

GB/T 2624 流量测量节流装置用孔板、喷嘴和文丘里管测量充满圆管的流体测量

ASME PTC6 汽轮机性能验收试验规程

GB/T 8117.1 汽轮机热力性能验收试验规程 第 1 部分：方法 A—大型凝汽式汽轮机高准确度试验

GB/T 8117.2 汽轮机热力性能验收试验规程 第 2 部分：方法 B—各种类型和容量汽轮机宽准确度试验

IEC 60953-1 汽轮机热力性能验收试验规程 A

IEC 60953-2 汽轮机热力性能验收试验规程 B

DL/T 244—2012 直接空冷系统性能试验规程

三、试验前对设备的要求

1. 调速系统和配汽机构

试验前将机组负荷由小变化到大，注意调速系统的工作情况，检查调速系统的速度变动率和

迟缓率是否符合要求。调速系统和配汽机构应满足以下要求：

(1) 机组在任何一种工况下运行，调速系统都能保持稳定运行；

(2) 调速汽门的开启重叠度正常；

(3) 调速系统内各部分动作灵活，没有卡涩现象，并能均匀地升降负荷；

(4) 自动保护装置动作正常。

2. 汽轮机通流部分

(1) 汽轮机通流部分完整；

(2) 主汽门、调速汽门、滤网、叶片、隔板清洁无异常；

(3) 高低压轴封与隔板汽封状态正常。

3. 凝汽设备

(1) 凝汽器铜管（或钛管）没有结垢，管板上无杂物堵塞；

(2) 凝汽器铜管（或钛管）严密，没有泄漏；

(3) 真空系统严密性良好。

4. 回热系统

(1) 加热器的管束清洁，管束本身或管板涨口处应没有泄漏；

(2) 除氧器工作正常，除氧效果合格；

(3) 给水泵工作正常，轴封泄流量不大；

(4) 关闭加热器的旁路门，加热器的旁路门严密；

(5) 疏水器动作正常，疏水器关闭时没有泄漏。

5. 测点的布置

试验主要测点布置见图 12-6。热耗率试验应具备以下测点：

(1) 发电机功率；

(2) 主汽门前蒸汽压力和温度；

(3) 调节级后压力和温度、各调速汽门后压力；

(4) 主蒸汽流量、凝结水流量和给水流量、给水压力和温度；

(5) 冷段再热蒸汽压力和温度、热段再热蒸汽压力和温度；

(6) 除氧器进出水温度、进出凝汽器循环水温度；

(7) 轴封漏汽、供汽压力和温度；

(8) 各加热器的进汽压力和温度、各加热器的疏水温度；

(9) 各段抽汽压力和温度、各加热器的进口和出口水温度；

(10) 再热器减温水流量、过热器减温水流量、轴封漏汽流量、门杆漏汽流量；

(11) 凝汽器水位、除氧器水箱及汽包水位；

(12) 凝结水压力、温度；

(13) 大气压力、排汽压力。

6. 其他要求

(1) 试验系统原则上要求热力系统单元制运行，与试验无关的系统应切断；不能隔离外系统时，应进行计量。

(2) 流量孔板或喷嘴的安装应符合要求，整个测量系统中没有泄漏现象，各压力、温度和电功率等测量系统要符合要求。

(3) 对于原有的测点要做一次全面检查，凡是不符合要求的仪表或测点都要更换或改装。

(4) 被测介质是沿着两根或几根并列运行的管道流动时，每根管路中的参数都应测量。被测

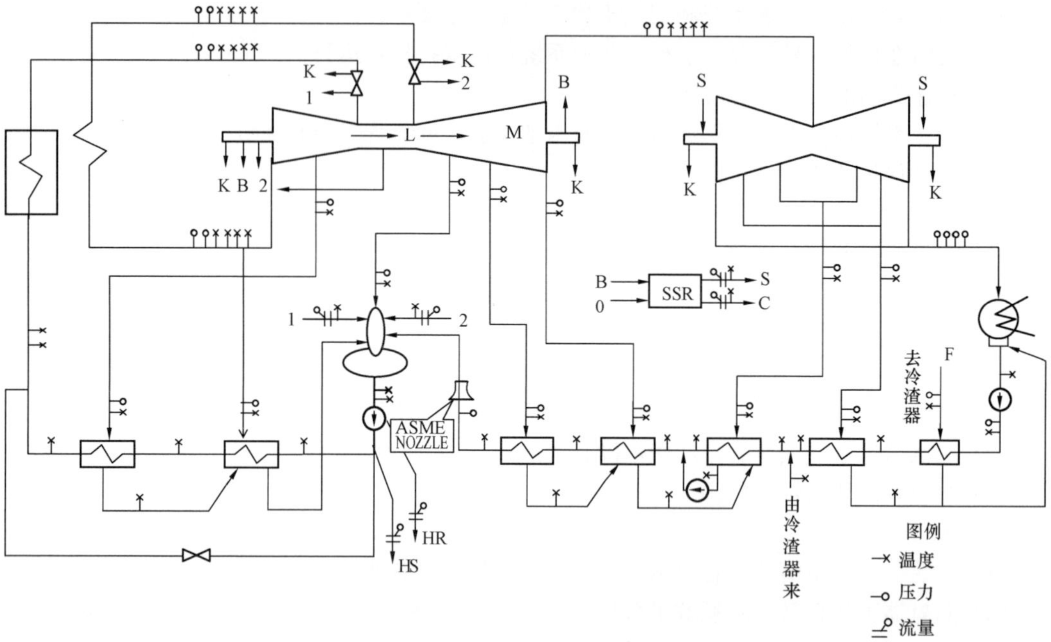

图 12-6　汽轮机性能考试试验测点布置

介质的流通截面较大时，应在同一截面里的对称位置上安装两个测点。

(5) 在整个试验结束时，为了修正仪表的读数，需要知道压力计或压力变送器的安装标高，这些数值都应在试验前测量好。

四、试验系统的要求与隔离

(一) 试验系统的要求

(1) 根据试验工况要求，调整高压调节阀阀位，使阀位和负荷满足试验要求，在试验过程中保持阀位不变并记录阀位。

(2) 机组运行参数调整到额定值或试验规定值，偏差及波动范围符合试验要求。测试期间要求机组运行稳定，机组一经调整到满足试验条件的运行工况，试验负责人宣布试验开始后，运行人员在试验期间不得进行随意操作，如有必要操作，需征得试验负责人同意后方可进行；但机组出现异常，危急设备运行和人身安全，运行人员有权进行紧急处理，无须顾及试验。

(3) 试验的热力系统要力求简单，所有与试验无关的设备或管道应当按隔离清单严密隔离。阀门不严密时，可加堵板暂时隔离。保持机组单元制运行。

(4) 试验期间，应使给水流量保持稳定，每一工况先稳定运行 1h 后，再连续测试 1h。

(5) 试验时系统内贮水容器中水位应平稳变化，无大幅度波动，保证精确测量。

(二) 试验系统的隔离

试验系统为独立的热力系统，与试验无关的其他系统必须与试验系统隔离。对不能严密隔离的电动门或气动门，要求关闭其手动隔离门。对不能长时间隔离的系统，应在每个工况试验开始前进行隔离，结束后恢复。由于系统隔离会造成部分辅助热力系统不能正常投入或保持备用，要求运行人员加强监视，谨慎操作。

试验时具体应隔离的流量及管路如下：

(1) 主、再热蒸汽系统：高压旁路，主蒸汽母管及左、右主蒸汽管疏水，高排通风阀前疏水，高排止回门前疏水，高压旁路减温水放水，左右再热蒸汽疏水，低压旁路门，低压旁路减温器前疏水，低压旁路减温器后疏水，三级减温水放水。

(2) 抽汽系统：一抽电动门前疏水，一抽止回门后疏水，一抽电动门后疏水，二抽电动门前疏水，二抽电动门后疏水，二抽止回门后疏水，三抽电动门前疏水，三抽止回门后疏水，三抽电动门后疏水，四抽电动门后疏水，四抽二道止回门后疏水，四抽一道止回门后疏水，四抽至辅汽进汽管道放水，给水泵汽轮机进汽电动门前疏水，给水泵汽轮机进汽电动门后疏水，五抽电动门前疏水，五抽止回门后疏水，五抽电动门后疏水，六抽电动门前疏水，六抽止回门后疏水。

(3) 凝结水系统：除盐水补水主路、旁路，凝汽器喷水，凝结水泵再循环，辅加出口至除盐水箱，轴封加热器出口凝结水再循环，7、8 号低压加热器旁路，6 号低压加热器旁路，5 号低压加热器旁路，5 号低压加热器出口放水，暖通减温水，凝汽器喷水，高压加热器疏水扩容器喷水，水幕喷水，给水泵汽轮机排汽喷水，凝结水系统管道各放水、放汽。

(4) 给水系统：前置泵进口门前放水门，前置泵进口滤网放水门，给水泵滤网放水门，A、B 给水泵再循环，高压旁路减温水，给水大旁路，给水管道其他放水、放汽门。

(5) 辅助蒸汽系统：辅汽供轴封（仅高负荷下轴封自密封时），凝结水至辅汽母管减温，辅汽供给水泵汽轮机，辅汽供除氧器，各辅汽疏水。

(6) 轴封系统：主汽供轴封，冷段再热器供轴封，辅汽供轴封，辅汽供轴封站前后疏水，轴封溢流站管道疏水，轴封母管系统各路疏水，给水泵汽轮机轴封进汽总管疏水，给水泵汽轮机前轴封进汽疏水，给水泵汽轮机后轴封进汽疏水。

注：高负荷工况下轴封系统自密封运行，低负荷工况下打开辅汽供轴封。

(7) 加热器疏水放汽系统：1、2、3、5、6、7、8 号高压加热器危急疏水，1、2、3 号高压加热器连续排气，除氧器连续排气，除氧器至定排，5、6、7、8 号低压加热器连续排气。

(8) 汽轮机本体汽封疏水放汽系统：高压缸第一级疏水，高压导汽管疏水，高压通风阀疏水，高压外缸疏水，左、右再热进汽管疏水，中压外缸疏水，平衡管疏水，中压缸排汽区疏水，给水泵汽轮机蒸汽室疏水、给水泵汽轮机前汽缸疏水、给水泵汽轮机后汽缸下部疏水、给水泵汽轮机排汽蝶阀疏水。

(9) 锅炉疏水放汽系统：连排至连排、定排扩容器，连排扩容器至定排，连排至除氧器，除氧器循环泵，高压疏水集管至定排扩容器，炉侧各定排门。

五、测量方法及仪表

(1) 数据采集。采用 IMP 分布式数据采集系统，自动记录压力、压差、温度、电功率等值，每 5s 记录一次。部分运行参数采用现场仪表测量，由电厂数据记录系统每 2min 记录一次；人工记录的数据，每 5min 记录一次。

(2) 流量测量。主凝结水流量测量采用现场凝结水流量孔板，安装试验用差压变送器，根据流量测量装置设计参数计算凝结水流量。主给水流量、过热减温水与再热减温水流量采用系统中现有流量装置及差压变送器测量。

(3) 功率测量。发电机功率由 TV/TA 端子引出信号，采用 0.1 级精度功率变送器测量，接入试验数据采集系统。

(4) 压力测量。重要压力采用 0.075 级高精度的 ROSEMOUNT 3051 型相对压力变送器和绝对压力变送器测量，接入试验数据采集系统。测量值经大气压力、仪表校验值和仪表位差修正。大气压力试验前后各记录一次。

(5) 温度测量。重要温度采用高精度Ⅰ级 E 型铠装热电偶测量，采用精密级补偿导线，测量值经热电偶校验值修正，其他温度采用现场仪表测量。环境温度试验前后各记录一次。

(6) 水位测量。凝汽器热井水位和除氧器水位采用现场液位变送器测量，标尺最小刻度为毫米，由DAS系统记录数据，人工读取。

（7）系统明漏量的测量。漏出试验热力系统的无法隔离的明漏量，如凝结水泵和给水泵泄漏等，采用秒表和量筒人工测量。

六、试验方法

（1）试验负荷点一般不少于三个，包括额定负荷点、75%和50%额定负荷点。

（2）第一次试验又称预备性试验，预备性试验与流量平衡试验同时进行，流量平衡试验是保证试验结果正确的重要环节。在进行正式试验之前，应当做一次流量平衡试验，检查试验机组汽、水流量是否平衡。如果发现汽、水流量不平衡，而且相差较大，应当从测点布置、测试设备和运行系统等方面寻找原因，予以解决。要求试验时机组不明泄漏量总和不得大于满负荷时主蒸汽流量的0.5%。

（3）为了与保证条件下机组热耗率进行比较，对于因为运行条件偏离保证条件而导致的试验结果的偏差需要进行修正：即系统修正和参数的修正。

（4）汽轮机热耗试验应进行两次重复性试验。当两次在同一工况点，其修正后的热耗率相差不大于0.5%（ASME PTC6标准规定小于0.25%），并取其算术平均值作为最终试验结果。如果相差大于0.5%，应再进行一次测试。

（5）在预备性试验已经证实所有条件已满足正式试验要求后进行正式试验。正式试验应尽可能的采取停止外来补水方式，补水率为0%。在预备性试验已经证实所有条件已满足正式试验要求后进行正式试验。

（6）试验时每个运行参数的观测平均值与规定值间的最大允许偏差以及单个观测值偏离观测平均值的最大允许偏差不得超过表12-11所列的范围。

表12-11　运行中参数的稳定范围

序号	参　数	观测平均值与规定值间的最大允许偏差	单个观测值偏离观测平均值的最大允许偏差
1	主蒸汽压力	±3%绝对压力	±0.25%绝对压力
2	主、再热蒸汽温度	±16℃	±4℃
3	抽汽压力	±5%	—
4	抽汽流量	±5%	—
5	给水温度	±6%	—
6	排汽压力	±2.5%绝对压力	±1.0%绝对压力
7	电功率	±0.5%	±0.25%
8	电压	±5%	±2%
9	功率因数	（规定值−0.05）$\leqslant \cos\varphi \leqslant 1$	±0.05
10	转速	±5%	±0.25%
11	冷却水入口温度	±5℃	±1℃
12	冷却水流量	±10%	—

七、试验的计算方法

在计算试验结果之前，试验数据均应进行仪表校验误差、零位、高差和大气压的修正。

1. 主凝结水流量

为使大修前、后试验计算具有可比性，本报告中大修前、后性能试验均以实测除氧器入口凝结水流量为依据，通过对高压加热器和除氧器的热平衡和流量平衡计算给水流量，再计入减温水流量和不明泄漏量等，求得主蒸汽流量，进一步求得再热蒸汽流量。

2. 给水流量

1号高压加热器热平衡

$$G_{fw}(h_{cs1}-h_{js1})=G_{1c}(h_{1c}-h_{sh1})$$

2号高压加热器热平衡

$$G_{fw}(h_{cs2}-h_{js2})=G_{2c}(h_{2c}-h_{sh2})+G_{1c}(h_{sh1}-h_{sh2})$$

3号高压加热器热平衡

$$G_{fw}(h_{cs3}-h_{js3})=G_{3c}(h_{3c}-h_{sh3})+(G_{1c}+G_{2c})(h_{sh2}-h_{sh3})$$

除氧器热平衡

$$G_{cs4}h_{cs4}=G_{4c}h_{4c}+G_{c}h_{js4}+(G_{1c}+G_{2c}+G_{3c})h_{sh3}+G_{cydl}h_{cs4}-G_{cypq}h_{cypq}$$

除氧器流量平衡

$$G_{cs4}=G_{1c}+G_{2c}+G_{3c}+G_{4c}+G_{c}+G_{cydl}-G_{cypq}$$

给水流量

$$G_{fw}=G_{cs4}-G_{ss}-G_{rs}+G_{bms}$$

式中 G_{fw}——通过高压加热器的给水流量，t/h；
G_{ic}——汽轮机第 i 级抽汽流量，t/h；
G_{js}，G_{cs}——加热器进、出口水流量，t/h；
h_{js}，h_{cs}——加热器进、出口水焓，kJ/kg；
h_{ic}，h_{sh}——汽轮机第 i 级抽汽、疏水焓，kJ/kg；
G_{cydl}——除氧器水位变化当量流量，水位下降为正，t/h；
G_{cypq}，h_{cypq}——除氧器放汽量及其焓值，t/h，kJ/kg；
G_{ss}，G_{rs}——过热减温水及再热减温水流量，t/h；
G_{bms}——给水泵密封水流量，t/h；
G_{cy4}——除氧器出水流量，t/h；
G_{c}——凝结水流量，t/h。

下标1、2、3、4分别代表1～3号高压加热器及除氧器。

以上6个方程有 G_{fw}，G_{1c}，G_{2c}，G_{3c}，G_{4c}，G_{cs4} 共6个未知数，可联立求解得到给水流量与各加热器进汽流量。

3. 主蒸汽流量

$$G_{ms}=G_{fw}+G_{ss}+G_{qb}-G_{lm}-G_{lb}$$

式中 G_{ms}——主蒸汽流量，t/h；
G_{qb}——汽包水位变化当量流量，水位下降为正，t/h；
G_{lm}——锅炉侧明漏量，t/h；
G_{lb}——系统不明漏量计入锅炉的部分，t/h。

4. 冷段再热器流量

$$G_{rh1}=G_{ms}-G_{1c}-G_{2c}-G_{B}-G_{E}-G_{N}-G_{M}-G_{L}-G_{A}$$

式中 G_{rhl}——高压缸排汽流量，t/h；

G_A——高压门杆一挡漏汽至高排管道流量，t/h；

G_B——高压门杆二挡漏汽流量，t/h；

G_E——高压缸轴封漏入中压缸流量，t/h；

G_N，G_M，G_L——高压缸后轴封及平衡盘漏汽量，t/h。

5. 再热蒸汽流量

$$G_{rhr}=G_{rhl}+G_{rs}$$

式中 G_{rhr}——热段再热蒸汽流量，t/h。

6. 汽耗率的计算

$$d_r=\frac{G_{ms}}{P_N}$$

式中 d_r——汽耗率，kg/kWh；

G_{ms}——汽轮机进汽量，kg/h；

P_N——发电机输出功率，kW。

7. 机组热耗率的计算

(1) 毛热耗率的计算。

机组热耗率包括毛热耗率或净热耗率，对于采用电动给水泵供水时，中间再热凝汽式机组的毛热耗率 q_M 为

$$q_M=\frac{G_{fw}(h_{ms}-h_{fw})+G_{rhl}(h_{rhr}-h_{rhl})+G_{rs}(h_{rhr}-h_{rs})+G_{ss}(h_{ms}-h_{ss})}{P_N}$$

对于无再热机组毛热耗率 q_M 为

$$q_M=\frac{G_{ms}h_{ms}-G_{fw}h_{fw}}{P_N}$$

式中 G_{ms}、h_{ms}——主蒸汽流量（kg/h）和焓值（kJ/kg）；

h_{rhr}——热段再热蒸汽焓值（kJ/kg）；

G_{rhl}、h_{rhl}——冷段再热蒸汽流量（即高压缸排汽流量 kg/h）和焓值（kJ/kg）；

G_{fw}、h_{fw}——给水流量（kg/h）和焓值（kJ/kg）；

G_{ss}、h_{ss}——过热器减温水量（kg/h）和减温水焓值（kJ/kg）；

G_{rs}、h_{rs}——再热器减温水量（kg/h）和减温水焓值（kJ/kg）。

对于采用汽轮机驱动给水泵供水时，进行机组毛热耗率计算还需考虑汽动给水泵的轴功率，上式应写成：

$$q_M=\frac{G_{fw}(h_{ms}-h_{fw})+G_{rhl}(h_{rhr}-h_{rhl})+G_{rs}(h_{rhr}-h_{rs})+G_{ss}(h_{ms}-h_{ss})}{P_N+P_b}$$

或

$$q_M=\frac{G_{ms}h_{ms}-G_{fw}h_{fw}}{P_N+P_b}$$

式中 P_b——汽动给水泵轴功率。

(2) 净热耗率的计算。

在相同功率下的毛热耗率不能说明由于泵功率的变化所引起性能值的差异。由于蒸汽流量的差异将影响泵的功率，因此汽轮机的性能值最好采用净热耗率来表示，对于电动给水泵，其计算

公式为

$$q_r = \frac{G_{fw}(h_{ms}-h_{fw})+G_{rhl}(h_{rhr}-h_{rhl})+G_{rs}(h_{rhr}-h_{rs})+G_{ss}(h_{ms}-h_{ss})}{P_N-P_b}$$

或

$$q_r = \frac{G_{ms}h_{ms}-G_{fw}h_{fw}}{P_N-P_a}$$

对于汽动给水泵，其计算公式为

$$q_r = \frac{G_{fw}(h_{ms}-h_{fw})+G_{rhl}(h_{rhr}-h_{rhl})+G_{rs}(h_{rhr}-h_{rs})+G_{ss}(h_{ms}-h_{ss})}{P_N}$$

或

$$q_r = \frac{G_{ms}h_{ms}-G_{fw}h_{fw}}{P_N}$$

如果不特殊说明，试验热耗率计算公式为

$$HR_{试验} = [G_{ms}h_{主汽}+G_{再热}h_{再热}-G_{冷再}h_{冷再}-G_{A2}(h_{再热}-h_{主汽}) \\ -G_{给水}h_{给水}-G_{过减}h_{过减}-G_{再减}h_{再减}]/P$$

式中 $HR_{试验}$——试验热耗率，kJ/kWh；

h_x——对应各流量的焓值，kJ/kg；

P——发电机功率，MW。

八、额定条件下的性能指标的修正计算

试验时机组的全部运行条件不可能与保证条件完全一致，为了对保证值做出客观的评价，必须针对由于运行条件偏离保证条件而导致试验结果的偏差进行修正。

1. 第一类修正

第一类修正就是系统修正，对因试验的热力系统与设计热力系统的差异（如各给水加热器端差、抽汽管道压损、凝结水的过冷度、补充水量、给水温度、过热器减温水量、再热器减温水量等）对汽轮机本体性能产生的影响，而进行的修正叫做系统修正。

修正的原则是：令试验时实测的主蒸汽流量和通流部分的效率保持不变，求出当系统部件和设备的运行条件转化为保证条件时的输出电功率和热耗率。修正可采用热平衡计算或等效焓降法进行。

2. 第二类修正

第二类修正就是参数修正：参数修正是指对汽轮机性能有主要影响的参数，如主汽压力和温度、再热蒸汽温度、再热器压损、凝汽器冷却水进口温度、汽轮机排汽压力、凝汽器冷却水进口温度等的修正。

修正可采用修正曲线进行，所用的修正曲线一般采用制造商提供的，并经各方认可方能使用。

3. 老化修正

老化是汽轮机运行状态和状况对汽轮机本体损耗的积累，是纯粹由于时间的推移而导致的汽轮机性能的下降。损耗的形式主要有：蠕变、疲劳、侵蚀和结垢。这四种形式产生和发展的机理都与时间有关。根据美国能源部的统计表明，机组热耗率平均每 10 年上升 3%，机组启停越频繁，机组性能老化就越严重。根据西安热工研究院多年试验结果，ASME 方法计算出的老化修正系数偏小，国际电工委员会 IEC 标准比较符合我国机组实际情况，超过两年的机组其性能老化程度几乎不再增加。

（1）国际电工委员会 IEC 标准。

1）对于机组容量 P 小于150MW的机组，2～12个月的老化修正系数计算公式为

$$K_f=0.1t(\%)$$

13～24个月的老化修正系数计算公式为

$$K_f=0.06t\ (\%)$$

2）对于机组容量 P 大于150MW的机组，2～12个月的老化修正系数计算公式为

$$K_f=0.1t\sqrt{\frac{150}{P}}\ (\%)$$

13～24个月的老化修正系数计算公式为

$$K_f=1.2\sqrt{\frac{150}{P}}+0.06\ (t-12)\ \sqrt{\frac{150}{P}}\ (\%)$$

式中 K_f——老化修正系数，%；

t——机组老化的月份数，月；

P——机组额定容量，MW。

【例12-1】 某三菱公司350MW机组，14个月实测热耗上升0.810%，用IEC标准求老化修正系数。

解 用上式计算得 $K_f=1.2\sqrt{\frac{150}{350}}+0.06\times(14-12)\times\sqrt{\frac{150}{350}}$

$=0.7856+0.07856=0.864\ (\%)$

（2）ASME标准。ASME标准的老化修正系数计算公式为

$$K_f=\frac{BF}{\lg P}\sqrt{\frac{p_0}{2400}}$$

式中 K_f——老化修正系数，%；

F——老化基本系数，%，见图12-7；

p_0——主蒸汽压力，psig（1psig=0.006 894 8MPa）；

B——机组类型系数，对于化石燃料取1.0，对核电机组取0.7；

P——机组额定容量，MW。

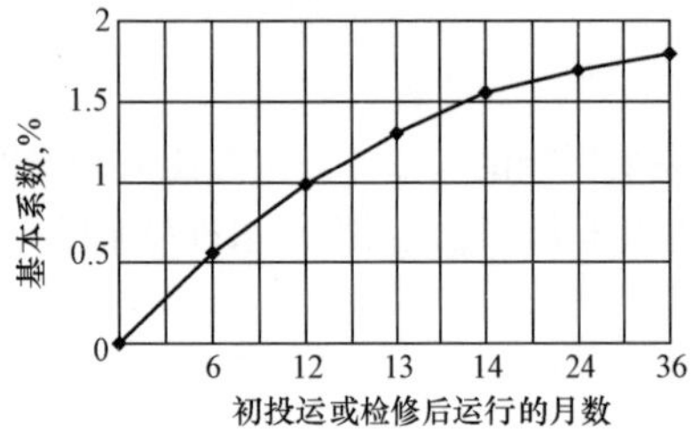

图12-7 老化基本系数 F 取值曲线

【例12-2】 某三菱公司350MW机组，主蒸汽压力 $p_0=2418$psig（16.67MW）14个月实测热耗上升0.810%，用ASME标准求老化修正系数。

解 查ASME标准，由图12-7知：老化基本系数 $F=1.55\%$

老化修正系数 $K_f=\frac{1\times0.0155}{\lg350}\times\sqrt{\frac{2418}{2400}}=0.61\%$

或者老化修正系数 $K_f=\frac{1\times0.0155}{\lg350}\times\sqrt{\frac{16.67}{16.55}}=0.61\%$

（3）西安热工研究院提供的计算公式。

西安热工研究院自1991年起对华能福州电厂两台日本三菱公司生产的350MW机组进行了两年定时严格试验，并在统计分析这两台机组试验结果的基础上，综合国外研究成果和我国机组的实际运行情况，提出了适合我国实际运行情况的老化修正公式。所有试验均在开启3个调节汽门的情况下进行，出力为320～330MW。因为在这种情况下进行试验，可以使调节汽门的节流损失降至最小，使试验结果能正确地反映机组的实际性能水平。

以两台机组大修后第一次试验时的高压缸效率为基准，计算出各次试验的相对差值，再根据这两台机组高压缸效率变化对机组热耗影响系数，可计算出各次试验时由于高压缸效率变化而导致的热耗率的升高幅度。中、低压缸性能老化程度也应加以考虑。在正常运行情况下，中、低压缸的老化程度要低于高压缸。根据西安热工研究院和美国GE公司共同进行的华能南通电厂和华能上安电厂的350MW机组性能考核的经验，高、中、低三个缸的老化程度大约为1∶0.5∶0.25。因此，整机的性能老化程度为高压缸的1.75倍。

表12-12给出了各次试验时高压缸效率相对于第一次试验时的变化$\Delta\eta_h$，由此而导致的机组热耗率（q）升高程度及整机的热耗率变化量（Δq）。高压缸效率每变化1%，机组热耗率变化为0.193%。根据高压缸效率变化量，采用1.75倍经验数值，可以推算出高、中、低压缸对整台机组热耗率的影响量。

表12-12　华能福州电厂350MW汽轮机老化试验结果

机组	试验时间（年．月．日）	高压缸效率（%）	中压缸效率（%）	时间间隔（月）	高压缸 $\Delta\eta_h$（%）	$\Delta q/q$（%）
1号	1990.9.7（大修刚结束）	83.23	93.57	—	—	—
1号	1991.1.26	81.15	92.95	4.63	2.08	0.702
1号	1991.3.21	81.44	92.64	6.47	1.79	0.604
1号	1991.6.11	81.14	92.10	9.13	2.09	0.705
1号	1991.10.25	80.03	92.86	13.63	2.40	0.810
1号	1992.4.14	81.10	93.87	19.23	2.13	0.719
1号	1992.10.30	80.58	92.12	25.77	2.65	0.894
2号	1991.7.23	82.80	93.90	—	—	—
2号	1991.10.25	80.92	90.92	3.07	1.88	0.635
2号	1992.2.27	80.98	93.54	7.13	1.82	0.614
2号	1992.7.22	80.80	93.02	11.97	2.00	0.676
2号	1992.11.3	80.61	93.19	15.3	2.19	0.740

分析以上两台机组的焓降试验结果发现，中压缸效率波动较大。原因是这两台机组都是高中压合缸，主蒸汽进入调节级后有部分蒸汽经高压缸的内、外夹层直接进入高压缸的排汽口，另有部分蒸汽经中压缸轴封漏入中压缸，“冷却”中压缸进汽，造成中压缸效率有一个较大的虚假的升高。尽管焓降试验考虑的是各次试验之间的相对值，但由于各次试验时轴封磨损的情况各不相同，造成轴封漏汽量不同，以致引起高中压缸试验效率，特别是中压缸效率的波动。鉴于以上情况，认为中压缸效率不适宜参与机组性能分析。

由表12-12可见，机组热耗的升高即性能老化主要发生在机组大修后首次启动的半年内，这段时期热耗率约升高0.7%。随后热耗率的升高幅度逐渐减缓。在此后的两年时间内，热耗率只升高了0.19%。这符合机组的实际运行情况。根据以上机组的性能老化情况，利用最小二乘法，可拟合出这两台机组热耗率相对升高和运行时间的经验公式，即

$$\Delta q/q\ (\%) = 0.029 + 0.094t - 0.002\,4t^2$$

式中$0 \leqslant t \leqslant 24$个月，$t$最大取24个月，因为超过24个月后，机组的性能老化程度几乎不再增加。对于一台初次启动的机组，如超过两年还未做性能考核试验，则其老化修正系数可按24个月来考虑。

分别用ASME方法和IEC方法计算1号机组在各试验时间内的老化修正系数，并给出实际的试验结果。为便于比较，表12-13中时间都取整数，不足1个月的按1个月计算，结果见表12-13。

表12-13　　实际热耗升高和用计算方法计算的热耗升高的比较

时间（月）	实际测量的热耗升高（%）	用ASME方法计算出的热耗升高（%）	用IEC方法计算出的热耗升高（%）
7	0.604	0.262	0.455
10	0.705	0.328	0.585
14	0.810	0.426	0.859
26	0.894	0.636	0.133

由表12-13可见，在1年之内，实际热耗率升高值大于用两种通用公式计算出的热耗（原因为试验没有扣除汽封间隙增加导致汽封漏汽量增大，热耗增加的影响），而超过1年的介于两公式计算值之间。鉴于以上情况，推荐提出适用于我国电厂实际运行状况的老化修正系数计算方法如下：

对于1～6月，老化修正系数为$0.14t\sqrt{\frac{150}{P}}$；

对于7～12月，老化修正系数为$0.04t\sqrt{\frac{150}{P}}$；

对于13～24月，老化修正系数为$0.02t\sqrt{\frac{150}{P}}$。

上述第一、二类修正的目的是排除热力系统与运行参数偏离设计值的影响，以确定汽轮机本身的性能水平，与机组实际运行有较大差距。如果试验的目的是评价大修前、后包括热力系统在内的整个汽轮机组的经济性，试验结果可不进行第一类修正，仅按照制造厂提供的数据进行第二类修正。将大修前、后相同工况下的试验结果，均修正到同一初、终参数下，以便相互比较。一般不进行老化修正。

九、试验结果与评价

1. 试验结果

（1）汇总试验工况下的测量数据。

（2）计算、修正试验数据和结果。

（3）绘制热耗率与发电机功率的关系曲线。

2. 评价

（1）根据两次正式试验数据计算所得的热耗率的平均值并与保证值（或大修前的热耗率）进行比较，给予评价。

（2）对机组出力和其他经济指标（如回热系统运行情况等）进行评价。

（3）根据修正后的主蒸汽流量和电功率对两次正式试验的重复性和一致性作出评价。

（4）国产机组的实际热耗率一般大于设计值，对于国产机组在凝汽工况下$q_{试验}$应不高于$1.03q_{设计}$，否则不合格；对于进口机组凝汽工况下$q_{试验}$应不高于$1.01q_{设计}$，否则不合格。

（5）根据各抽汽段与调节级后压力测量值，确定机组最大出力，根据试验结果确定机组最佳运行工况。

十、试验举例

为了简化，本例只按一次正式试验进行。

华能某电厂 4 号汽轮机组为上海汽轮机厂生产的亚临界、中间再热、高中压缸合缸、双缸双排汽、单轴、凝汽式汽轮机，产品编号 F156。为了节能降耗，提高企业经济效益，在机组大修期间，实施了汽轮机组设备及系统优化完善改进技术方案，大修前后试验计算结果见表 12-14。

表 12-14　　改进前后 300MW 、240MW 和 180MW 工况试验结果

工况	额定工况	改进前			改进后		
		300MW	240MW	180MW	300MW	240MW	180MW
电功率（MW）	300.0	298.1	238.9	177.9	300.3	240.4	181.0
主蒸汽压力（MPa）	16.700	17.004	17.090	15.036	16.918	16.931	14.309
主蒸汽温度（℃）	538.0	539.5	541.2	532.9	542.6	543.7	541.4
再热蒸汽压力（MPa）	3.210	3.452	2.705	2.026	3.348	2.644	1.980
再热蒸汽温度（℃）	538.0	536.3	530.7	514.5	541.3	535.2	511.3
低压缸排汽压力（kPa）	4.900	9.273 2	7.526 1	6.357 7	5.809 6	5.363 7	4.662 2
凝结水流量（t/h）	689.5	761.2	601.6	457.2	718.8	571.6	441.9
试验热耗率（kJ/kWh）	7920.7	8590.8	8601.1	8844.3	8182.8	8232.0	8482.2
试验发电煤耗率（g/kWh）	298.24	323.47	323.85	333.01	308.66	309.96	319.38
修正后电功率（MW）	300.0	301.8	240.6	202.3	296.4	238.3	211.3
修正后热耗率（kJ/kWh）	7920.7	8321.0	8396.0	8514.3	8164.8	8220.4	8341.8
修正后发电煤耗率（g/kWh）	298.24	313.31	316.13	320.58	307.97	309.52	314.09

注　发电煤耗按锅炉效率 92%、管道效率 98.5%计算。

改进前 300MW 工况，修正后热耗率为 8321.0kJ/kWh，发电煤耗率为 313.31g/kWh；改进后 300MW 工况，修正后热耗率为 8179.3kJ/kWh，发电煤耗率为 307.97g/kWh。改进前、后相比，热耗率降低了 141.7kJ/kWh，发电煤耗率降低了 5.34g/kWh，相对降低了 1.70%。

【例 12-3】 为了说明计算过程，这里用完善改进后试验的数据进行计算，完善改进后试验的数据见表 12-15。回热系统能量平衡图见图 12-8。求完善改进后机组的试验热耗率、总修正系数和修正后热耗率。

表 12-15　　4 号机组改进后试验计算结果汇总表

工况	单位	设计值	300MW	240MW	180MW
负荷	MW	300.03	300.27	240.37	180.99
凝汽器压力	kPa	4.900 0	5.809 6	5.363 7	4.662 2
主蒸汽压力	MPa	16.700	16.918	16.931	14.309
主蒸汽温度	℃	538.0	542.6	543.7	541.4
主蒸汽焓	kJ/kWh	3396.9	3407.4	3410.2	3432.7
主蒸汽流量	t/h	907.3	954.4	742.0	561.2
调节级压力	MPa	11.600	11.975	9.324	6.968
高压缸排汽压力	MPa	3.570	3.654	2.885	2.161

续表

工　况	单位	设计值	300MW	240MW	180MW
高压缸排汽温度	℃	317.6	330.1	312.1	303.3
高压缸排汽焓	kJ/kWh	3023.6	3053.3	3029.1	3028.3
高压缸排汽流量	t/h	744.7	774.4	609.1	465.6
高压缸轴封漏入中压缸流量	t/h	10.378	16.50	14.80	14.85
再热蒸汽压力	MPa	3.210	3.348	2.644	1.980
再热蒸汽温度	℃	538.0	541.3	535.2	511.3
再热蒸汽焓	kJ/kWh	3539.1	3545.1	3538.4	3492.4
再热蒸汽流量	t/h	744.7	774.6	609.3	465.8
再热压损	%	10.08	8.38	8.35	8.41
中压缸排汽压力	MPa	0.790	0.826	0.657	0.499
中压缸排汽温度	℃	335.1	337.4	334.1	316.5
中压缸排汽焓	kJ/kWh	3131.3	3135.5	3131.9	3098.9
高压缸效率	%	86.18	81.60	77.80	76.98
中压缸效率	%	92.24	92.45	92.48	92.87
1 段抽汽压力	MPa	5.690	6.118	4.802	3.609
1 段抽汽温度	℃	382.340 1	399.217 5	378.540 2	367.752 1
2 段抽汽压力	MPa	3.570	3.552	2.816	2.117
2 段抽汽温度	℃	317.6	329.240 1	311.625 7	302.854 6
3 段抽汽压力	MPa	1.620	1.687	1.333	0.999
3 段抽汽温度	℃	435.5	445.3	440.9	421.1
4 段抽汽压力	MPa	0.790	0.826	0.657	0.499
4 段抽汽温度	℃	335.1	337.4	334.1	316.5
1 号高压加热器进水压力	MPa	19.000	19.321	18.533	15.498
1 号高压加热器进水温度	℃	241.9	244.4	232.2	217.7
1 号高压加热器进水焓	kJ/kWh	1048.8	1060.6	1004.3	937.4
1 号高压加热器出水压力	MPa	18.500	19.321	18.533	15.498
1 号高压加热器出水温度	℃	273.8	280.4	266.2	249.7
1 号高压加热器出水焓	kJ/kWh	1201.0	1233.7	1163.7	1084.9
1 号高压加热器进汽压力	MPa	5.690	6.118	4.802	3.609
1 号高压加热器进汽温度	℃	382.3	399.2	378.5	367.8
1 号高压加热器进汽焓	kJ/kWh	3140.8	3175.9	3149.1	3146.8
1 号高压加热器进汽流量	t/h	66.8	77.5	55.4	37.5
1 号高压加热器疏水压力	MPa	5.690	6.118	4.802	3.609
1 号高压加热器疏水温度	℃	247.4	246.4	235.3	220.0
1 号高压加热器疏水焓	kJ/kWh	1073.4	1068.3	1015.4	943.9
1 号高压加热器温升	℃	31.9	36.0	34.0	32.0

续表

工况	单位	设计值	300MW	240MW	180MW
1 号高压加热器上端差	℃	−1.7	−3.6	−4.8	−5.4
1 号高压加热器下端差	℃	5.5	1.9	3.0	2.3
2 号高压加热器进水压力	MPa	19.500	19.321	18.533	15.498
2 号高压加热器进水温度	℃	199.6	203.9	194.5	182.1
2 号高压加热器进水焓	kJ/kWh	858.4	877.3	835.6	779.8
2 号高压加热器出水压力	MPa	19.000	19.321	18.533	15.498
2 号高压加热器出水温度	℃	241.9	244.4	232.2	217.7
2 号高压加热器出水焓	kJ/kWh	1048.8	1060.6	1004.3	937.4
2 号高压加热器进汽压力	MPa	3.460	3.552	2.816	2.117
2 号高压加热器进汽温度	℃	317.6	329.2	311.6	302.9
2 号高压加热器进汽焓	kJ/kWh	3026.7	3053.9	3029.8	3028.4
2 号高压加热器进汽流量	t/h	74.2	75.1	53.6	37.1
2 号高压加热器疏水压力	MPa	3.460	3.552	2.816	2.117
2 号高压加热器疏水温度	℃	205.0	212.8	201.5	187.9
2 号高压加热器疏水焓	kJ/kWh	875.8	911.0	859.5	798.8
2 号高压加热器温升	℃	42.3	40.5	37.7	35.6
2 号高压加热器上端差	℃	0.0	−1.0	−1.9	−2.4
2 号高压加热器下端差	℃	5.4	8.9	7.0	5.8
3 号高压加热器进水压力	MPa	20.000	19.321	18.533	15.498
3 号高压加热器进水温度	℃	170.9	173.9	164.9	154.1
3 号高压加热器进水焓	kJ/kWh	733.8	746.6	707.0	659.1
3 号高压加热器出水压力	MPa	19.500	19.321	18.533	15.498
3 号高压加热器出水温度	℃	199.6	203.9	194.5	182.1
3 号高压加热器出水焓	kJ/kWh	858.4	877.3	835.6	779.8
3 号高压加热器进汽压力	MPa	1.540	1.687	1.333	0.999
3 号高压加热器进汽温度	℃	435.5	445.3	440.9	421.1
3 号高压加热器进汽焓	kJ/kWh	3332.5	3351.8	3346.9	3309.2
3 号高压加热器进汽流量	t/h	36.7	39.3	30.6	22.0
3 号高压加热器疏水压力	MPa	1.540	1.687	1.333	0.999
3 号高压加热器疏水温度	℃	176.3	181.0	170.8	158.8
3 号高压加热器疏水焓	kJ/kWh	747.3	767.7	723.0	670.7
3 号高压加热器温升	℃	28.7	30.0	29.6	28.0
3 号高压加热器上端差	℃	−0.1	0.0	−1.7	−2.3
3 号高压加热器下端差	℃	5.4	7.0	6.0	4.7
除氧器进水压力	MPa	2.000	1.980	1.610	1.189
除氧器进水温度	℃	132.8	134.2	127.6	119.6

续表

工　况	单位	设计值	300MW	240MW	180MW
除氧器进水焓	kJ/kWh	559.4	565.2	537.1	502.5
除氧器出水压力	MPa	0.751	0.800	0.638	0.485
除氧器出水温度	℃	171.4	171.4	162.3	151.8
除氧器出水焓	kJ/kWh	725.1	725.4	685.7	640.1
主凝结水流量	t/h	820.8	718.8	571.6	441.9
除氧器进汽压力	MPa	0.751	0.800	0.638	0.485
除氧器进汽温度	℃	335.1	337.4	334.2	315.9
除氧器进汽焓	kJ/kWh	3132.1	3136.0	3132.6	3098.0
除氧器进汽流量	t/h	37.7	44.7	32.1	23.5
除氧器温升	℃	38.6	37.3	34.7	32.3
除氧器出水流量	t/h	1022.0	955.4	743.3	562.1
主凝结水压力	MPa	2.000	1.500	1.200	1.100
主凝结水温度	℃	132.8	134.2	127.6	119.6
主凝结水焓	kJ/kWh	559.4	564.8	536.8	502.5
主给水压力	MPa	18.500	19.321	18.533	15.498
主给水温度	℃	273.8	280.4	266.2	249.7
主给水焓	kJ/kWh	1201.0	1233.7	1163.7	1084.9
主给水流量	t/h	907.3	944.2	741.1	560.2
过热减温水压力	MPa	20.000	19.321	18.533	15.498
过热减温水温度	℃	171.4	171.4	162.3	151.8
过热减温水焓	kJ/kWh	735.9	735.8	696.2	649.5
过热减温水流量	t/h	0.0	10.9	2.0	1.7
再热减温水压力	MPa	8.844	10.400	9.900	2.407
再热减温水温度	℃	171.4	171.4	162.3	151.8
再热减温水焓	kJ/kWh	729.6	730.7	691.1	641.3
再热减温水流量	t/h	0.0	0.3	0.2	0.3
容器总当量外漏流量	t/h	0.000	1.521	0.623	0.609
凝汽器当量流量	t/h	0.000	1.003	0.532	0.594
除氧器水箱当量流量	t/h	0.000	−0.245	0.500	0.038
汽包当量流量	t/h	0.000	0.763	−0.410	−0.024
试验热耗率	kJ/kWh	7918.0	8182.8	8232.0	8482.2
循环热效率	%	45.45	43.92	43.73	42.44
主蒸汽压力修正热耗系数	%	1.000	0.999 0	0.998 7	1.015 1
主蒸汽温度修正热耗系数	%	1.000	0.998 6	0.998 3	0.999 0
再热温度修正热耗系数	%	1.000	0.999 2	1.000 7	1.006 7
再热压损修正热耗系数	%	1.000	0.998 6	0.998 5	0.998 6

续表

工 况	单位	设计值	300MW	240MW	180MW
排汽压力修正热耗系数	%	1.000	1.006 9	1.005 2	0.997 5
总修正热耗系数	%	1.000	1.002 2	1.001 4	1.016 8
主蒸汽压力修正功率系数	%	1.000	1.013 4	1.012 9	0.870 2
主蒸汽温度修正功率系数	%	1.000	0.999 5	0.998 9	0.999 2
再热温度修正功率系数	%	1.000	1.002 6	0.997 7	0.978 6
再热压损修正功率系数	%	1.000	1.004 7	1.004 1	1.003 8
排汽压力修正功率系数	%	1.000	0.993 1	0.995 1	1.003 0
总修正功率系数	%	1.000	1.013 2	1.008 6	0.856 7
额定参数下电功率	MW	300.03	296.36	238.32	211.27
额定参数下热耗率	kJ/kWh	7918.0	8164.8	8220.5	8342.1
额定参数下主蒸汽流量	t/h	907.3	945.5	735.2	663.3

注 表中压力均为绝对压力（表压+大气压力），表中计算数据是计算机程序得到的，因此可能与下面举例计算的结果稍有误差。

根据表 12-15 中数据，在 300MW 时 1 号高压加热器进水压力 19.321MPa、进水温度 244.4℃，查水蒸气表得到 1 号高压加热器进水焓为 1060.6kJ/kg；1 号高压加热器出水压力 19.321MPa，出水温度 280.4℃，查水蒸气表得到 1 号高压加热器出水焓为 1233.7kJ/kg。

同理，2 号、3 号高压加热器进水焓分别为 877.3kJ/kg 和 746.6kJ/kg；出水焓分别为 1060.6kJ/kg 和 877.3kJ/kg。

根据表 12-15 中数据，在 300MW 时 1 号高压加热器进汽压力 6.118MPa，进汽温度 399.2℃，查水蒸气表得到 1 号高压加热器进汽焓为 3175.9kJ/kg；1 号高压加热器疏水压力 6.118MPa，疏水温度 246.4℃，查水蒸气表得到 1 号高压加热器疏水焓为 1068.3kJ/kg。

同理，2 号、3 号高压加热器进汽焓分别为 3053.9kJ/kg 和 3351.8kJ/kg；疏水焓分别为 911.0kJ/kg 和 767.7kJ/kg。

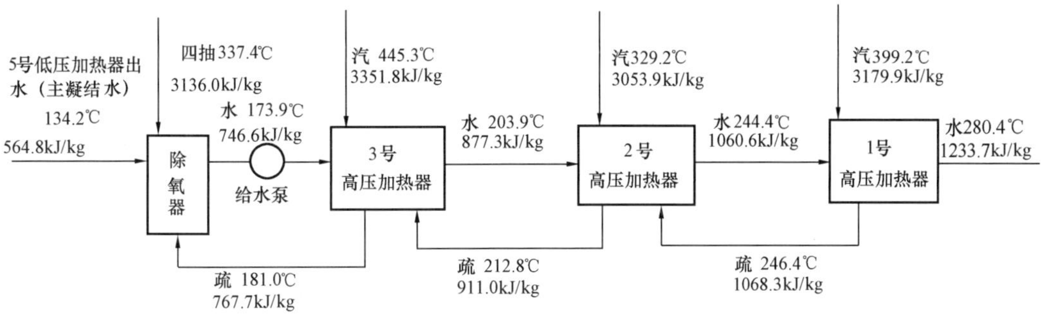

图 12-8 回热系统的能量平衡图

根据回热系统的能量平衡图 12-8，可以列出下列 4 个方程：

$$(1233.7-1060.6)G_{fw}=(3179.9-1068.3)G_{1c}$$

$$(1060.6-877.3)G_{fw}=(3053.9-911.0)G_{2c}+(1068.3-911.0)G_{1c}$$

$$(877.3-746.6)G_{fw}=(3351.8-767.7)G_{3c}+(911.0-767.7)\times(G_{1c}+G_{2c})$$

$$G_{cy4} \times 725.4 = G_{4c} \times 3136.0 + 718.8 \times 564.8 + (G_{1c} + G_{2c} + G_{3c}) \times 767.7 - 0.245 \times 725.4$$

式中 G_{fw}——锅炉给水流量，t/h；

G_{ic}——汽轮机第 i（i=1、2、3、4）级抽汽流量，t/h；

G_{cy4}——除氧器出水流量，t/h。

联立上述 4 个方程得到：

$$G_{1c} = 0.082 G_{fw}$$
$$G_{2c} = 0.079 G_{fw}$$
$$G_{3c} = 0.042 G_{fw}$$
$$G_{4c} = 0.182 G_{fw} - 126.81$$

根据质量平衡：

$$G_{cy4} = G_{1c} + G_{2c} + G_{3c} + G_{4c} + 718.8 - 0.245$$
$$G_{fw} = G_{cy4} - 10.9 - 0.3 + 0$$

整理得：

$$G_{cy4} = G_{fw} + 11.2$$
$$G_{cy4} = 0.203 G_{fw} + 0.182 G_{fw} + 591.75$$

联立上述 2 个方程，得到 G_{fw}= 944.0（t/h）

从而 1 号高压加热器进汽流量 G_{1c}=0.082×944.0=77.4（t/h）

$$G_{2c} = 0.079 \times 944.0 = 74.6(t/h)$$
$$G_{3c} = 0.042 \times 944.0 = 39.6(t/h)$$
$$G_{4c} = 0.1817 \times 944.0 - 126.81 = 44.7(t/h)$$

主蒸汽流量 G_{ms}= 944+10.9−0.245=954.7（t/h）

根据制造厂提供热力平衡图：高压门杆二挡漏汽流量 G_B=0.119t/h，高压缸后轴封及平衡盘漏汽量 G_N+ G_M+G_L= 10.941t/h，高压门杆一挡漏汽至高排管道流量 G_A=0.416t/h。试验测得高压缸轴封漏入中压缸流量 G_E=16.5t/h（在实际测试中，如果测量高压缸轴封漏入中压缸流量较麻烦，一般100%负荷时漏汽量取3%再热蒸汽流量，75%负荷时漏汽量取4%再热蒸汽流量），因此：

高压缸排汽流量 G_{rhl}= 954.7− 77.4− 74.6−0.12−16.5−10.94−0.42=774.7（t/h）

再热蒸汽流量 G_{rhr}=774.7+ 0.3=775.0（t/h）

试验热耗率

HR = [954.7×3407.4+ 775×3538.4− 774.7×3053.3− 0.416×（3545.1− 3407.4）− 944×1233.7− 10.9×735.8−0.3×730.7]/300.27=8182.8（kJ/kWh）

总修正系数 K_c=0.999×0.9986×0.9992×0.9986×1.0069=1.0022

修正后热耗率 $HR_C = \frac{HR}{K_c} = \frac{8182.8}{1.0022} = 8164.8$(kJ/kWh)

第十三章　锅炉侧有关项目的测试

第一节　空气预热器漏风率试验

一、试验目的

测定锅炉满负荷时的空气预热器漏风率或漏风系数，考核空气预热器漏风性能，了解空气预热器的漏风状况。

二、引用标准

GB/T 10184—2015 电站锅炉性能试验规程

ASME PTC4.3 空气预热器试验规程

三、试验方法

1. 测量参数

测量参数包括：锅炉汽包压力、主蒸汽压力、主蒸汽温度、主蒸汽流量、空气预热器出入口风温风压、排烟温度、送风机和引风机电流、烟道进出口烟气的三原子气体（RO_2）体积含量、氧量。

2. 空气预热器漏风率

空气预热器漏风率是指漏入空气预热器烟气侧的空气质量与进入该烟道的烟气质量之比，计算公式为

$$A_L = \frac{m_{y出} - m_{y进}}{m_{y进}} \times 100\%$$

式中　A_L——空气预热器漏风率，%；

$m_{y进}$——烟道进口处烟气质量，mg/kg（mg/m^3）；

$m_{y出}$——烟道出口处烟气质量，mg/kg（mg/m^3）。

空气预热器漏风率是按经验公式计算的，即

$$A_L = \frac{RO_2' - RO_2''}{RO_2''} \times 90\%$$

式中　RO_2'——空气预热器进口烟道中三原子气体（RO_2）体积含量百分率，%；

RO_2''——空气预热器出口烟道中三原子气体（RO_2）体积含量百分率，%。

3. 空气预热器漏风系数计算公式

$$\Delta\alpha = \alpha'' - \alpha'$$

其中

$$\alpha' = \frac{21}{21 - O_2'}$$

$$\alpha'' = \frac{21}{21 - O_2''}$$

式中　$\Delta\alpha$——空气预热器漏风系数，为空气预热器出、进口烟气的过量空气系数之差；

α''——空气预热器出口烟气的过量空气系数；

α'——空气预热器进口烟气的过量空气系数；

O_2'、O_2''——空气预热器进口、空气预热器出口烟气的氧量，%。

4. 空气预热器漏风系数与漏风率的关系

$$A_L = \frac{\alpha''-\alpha'}{\alpha'} \times \frac{100-q_4}{100}$$

由于 q_4 试验与计算复杂，而空气预热器进口、出口烟气的氧量 O_2'、O_2''很容易测得，因此空气预热器漏风率又可以采用下列经验公式计算，即

$$A_L = \frac{\alpha''-\alpha'}{\alpha'} \times 90\% = \frac{\Delta\alpha}{\alpha'} \times 90\%$$

那么，空气预热器漏风率半经验公式中 90%这个数值是如何来的呢？下面进行推导。按锅炉热力计算方法中的有关公式，可以写出对 1kg 燃料所产生烟气质量的计算公式为

$$m = 1 - 0.01A_{ar} + 1.306\alpha V_0$$

$$V_0 = 0.0889C_{ar} + 0.265H_{ar} + 0.0333S_{ar} - 0.0333O_{ar}$$

式中 m——1kg 燃料所产生的烟气质量，kg/kg；

A_{ar}、C_{ar}、H_{ar}、S_{ar}、O_{ar}——燃料的收到基灰分、碳、氢、硫和氧的质量百分数含量，%；

V_0——1kg 燃料完全燃烧所需要的理论空气量，m^3/kg；

α——烟气中的过量空气系数。

代入准确计算公式

$$A_L = \frac{m''-m'}{m'} = \frac{1.306V_0(\alpha''-\alpha')}{1-0.01A_{ar}+1.306\alpha' V_0}$$

$$= \frac{\alpha''-\alpha'}{\alpha'} \times \frac{1.306V_0\alpha'}{1-0.01A_{ar}+1.306\alpha' V_0} = \frac{\alpha''-\alpha'}{\alpha'} \times R$$

式中 $R = \dfrac{1.306V_0\alpha'}{1-0.01A_{ar}+1.306\alpha' V_0} \approx 0.9$；

1.306——考虑空气湿度 10%的湿空气质量 1.01×1.293kg/m^3。

【例 13-1】 某电厂设计烟煤为 A_{ar}=17.5%、C_{ar}=63.0%、S_{ar}=1.0%、O_{ar}=8.0%、H_{ar}=3.0%、N_{ar}=1.1%，烟气中的过量空气系数 α=1.2，求 R 是多少。

解 1kg 燃料完全燃烧所需要的理论空气量为

$$V_0 = 0.0889C_{ar} + 0.265H_{ar} + 0.0333S_{ar} - 0.0333O_{ar}$$

$$= 0.0889\times63 + 0.265\times3 + 0.0333\times1 - 0.0333\times8 = 6.16\ (m^3/kg)$$

$$R = \frac{1.306\times6.16\times1.2}{1-0.01\times17.5+1.306\times1.2\times6.16} = 0.92$$

将我国典型煤质带入上述公式，可以求得 R≈0.87～0.93，取平均值 0.9。

5. 过量空气系数 α 的简单计算

$$\alpha \approx \frac{21}{21-O_2}$$

6. 锅炉运行工况要求

（1）测试空气预热器的漏风率，一般要求锅炉在额定负荷或接近额定工况下运行。试验期间锅炉主要参数的允许波动幅度不得超过表 13-1 的规定。

表 13-1 锅炉主要参数允许波动幅度

测量项目	规定值	观察值相对规定值的允许偏差	测量项目	规定值	观察值相对规定值的允许偏差
蒸发量 D (t/h)	>220	±3%	主蒸汽温度、再热蒸汽温度(℃)	540	+5 −10
	65～220	±6%		450	+5 −15
	<65	±10%		400	+10 −20
蒸汽压力(MPa)	≥9.5	±2%	蒸汽压力(MPa)	<9.5	±4%

(2)锅炉机组各主、辅机能正常运转。当锅炉设有暖风器和热风再热循环装置时,试验前应将其解列。

(3)试验期间不允许进行可能干扰试验工况的任何操作,如排污、吹灰、打渣、投油助燃等。

(4)试验前 9h 的运行负荷应不低于试验负荷的 75%。试验中尽可能燃烧设计煤种,并保持空气量不变。

(5)试验过程中,不进行制粉系统的切换和启停等影响锅炉稳定的调整。

(6)一旦调整到试验工况,不再进行风压、风量的调整。

(7)空气预热器漏风率试验可与锅炉热效率试验同时进行。

(8)空气预热器进口、出口介质的质量测量和烟气取样点均采用网络法多点取样。抽取烟气样品应保持连续性,有效分析次数不小于五次。

(9)应同时用同种类型的分析仪测量相应区段烟道的进、出口烟气成分。烟气分析成分可用奥式分析仪或引进英国技术生产的 DH-9003 型燃烧效率测定仪、美国 EES 能源工程公司的 942-XP 和 M-2000 型燃烧分析仪等。

(10)每 10min 测量记录一次,试验时测量和记录的数据填写表 13-2。

表 13-2 空气预热器漏风率测试数据

序号	项 目	单位	测量值	序号	项 目	单位	测量值
1	机组功率	MW		17	锅炉排烟温度	%	
2	蒸汽流量	t/h		18	收到基碳	%	
3	给水温度	℃		19	收到基氢	%	
4	主蒸汽压力	MPa		20	收到基氧	%	
5	主蒸汽温度	℃		21	收到基硫	%	
6	再热蒸汽压力	MPa		22	收到基水分	%	
7	再热蒸汽温度	℃		23	收到基灰分	%	
8	炉膛氧量	%(表)		24	干燥无灰基挥发分	%	
9	大气压力	Pa		25	收到基低位发热量	kJ/kg	
10	空气温度	℃		26	送风机电流	A	
11	空气湿度	%		27	引风机电流	A	
12	空气预热器出口风温	℃		28	空气预热器进口压力	Pa	
13	空气预热器进口烟气氧量	%		29	空气预热器出口压力	Pa	
14	空气预热器出口烟气氧量	%		30	空气预热器烟侧压降	Pa	
15	空气预热器进口烟气 RO_2	%		31	空气预热器进口温度	℃	
16	空气预热器出口烟气 RO_2	%		32	空气预热器风侧温升	℃	

四、测试结果

将所测得空气预热器的漏风率或漏风系数与设计值(或规定值)对比,做出评价。如果空气预热器的漏风率或漏风系数超过设计值（或规定值），则应分析原因，提出改进措施。

一台机组的两台空气预热器漏风率不要进行平均，应分台进行评价。

五、测试举例

1. 主要设计参数

某发电厂125MW锅炉为上海锅炉厂设计制造的SG420/13.7-M418A型超高压中间再热自然循环单汽包燃煤锅炉，尾部烟道设有两台容克式空气预热器及两台静电除尘器，配两台MTZ350/600型钢球磨煤机。锅炉主要设计参数见表13-3，设计燃煤特性见表13-4。

表13-3　锅炉主要设计参数

序号	项目	单位	数值
1	额定蒸发量	t/h	420
2	过热蒸汽压力	MPa	13.7
3	过热蒸汽温度	℃	540
4	再热蒸汽温度	℃	540
5	再热蒸汽流量	t/h	350
6	再热蒸汽压力（进/出）	MPa	2.62/2.44
7	给水温度	℃	240
8	冷风温度	℃	20
9	热风温度	℃	320
10	排烟温度	℃	149
11	锅炉热效率	%	90.7
12	设计燃料消耗量	t/h	57.25

表13-4　设计燃煤特性

序号	项目	符号	单位	数值
1	收到基碳	C_{ar}	%	55.84
2	收到基氢	H_{ar}	%	3.21
3	收到基氧	O_{ar}	%	8.31
4	收到基氮	N_{ar}	%	0.67
5	收到基灰分	A_{ar}	%	23.71
6	收到基水分	M_{ar}	%	7.6
7	收到基硫	S_{ar}	%	0.66
8	低位发热量	$Q_{net,ar}$	kJ/kg	20 938
9	干燥无灰基挥发分	V_{daf}	%	30.39
10	灰的软化温度	ST	℃	1220
11	灰的熔化温度	FT	℃	1290

2. 试验目的

该厂空气预热器由于种种原因，其漏风率高达18%左右，严重影响到锅炉燃烧经济性。因此该厂应用英国豪顿技术对空气预热器密封系统进行了改造，要求改造后空气预热器漏风率降到11%以下。

3. 试验参数

试验时机组负荷125MW，试验过程中，不进行制粉系统的切换和启停等影响锅炉稳定燃烧的调整。用烟气分析仪测量烟气成分，试验数据见表13-5。

表13-5　空气预热器的漏风率测试结果汇总

序号	项目名称	符号	单位	数据来源	结果
1	机组电负荷	P_N	MW	表盘记录	125
2	主蒸汽流量	G_{ms}	t/h	表盘记录	396
3	主蒸汽压力	p_{ms}	MPa	表盘记录	13.27
4	主蒸汽温度	t_{ms}	℃	表盘记录	539
5	给水压力	p_{fw}	MPa	表盘记录	15.3
6	给水温度	t_{fw}	℃	表盘记录	243
7	汽包压力	p_{bl}	MPa	表盘记录	14.5
8	空气预热器入口温度	t_{ky}	℃	表盘记录	31.5
9	送风温度	t_0	℃	测量值	27
10	空气相对湿度	Φ	%	测量值	60
11	大气压力	p_{am}	Pa	测量值	100 900

续表

序号	项目名称	符号	单位	数据来源	结果
12	甲送风机电流		A	表盘记录	37
13	乙送风机电流		A	表盘记录	38
14	甲引风机电流		A	表盘记录	60
15	乙引风机电流		A	表盘记录	67
16	运行的磨煤机				甲乙
17	A空气预热器入口氧量	O'_{2a}	%	测量值	5.77
18	B空气预热器入口氧量	O'_{2b}	%	测量值	5.51
19	A空气预热器出口氧量	O''_{2a}	%	测量值	7.53
20	B空气预热器出口氧量	O''_{2b}	%	测量值	6.89
21	A空气预热器入口RO_2量	RO'_{2a}	%	测量值	13.27
22	B空气预热器入口RO_2量	RO'_{2b}	%	测量值	13.5
23	A空气预热器出口RO_2量	RO''_{2a}	%	测量值	11.72
24	B空气预热器出口RO_2量	RO''_{2b}	%	测量值	12.31
25	A空气预热器风侧出口压力	p''_{2a}	Pa	表盘记录	2000
26	B空气预热器风侧出口压力	p''_{2b}	Pa	表盘记录	2000
27	A空气预热器风侧入口温度	t'_a	℃	表盘记录	32
28	B空气预热器风侧入口温度	t'_b	℃	表盘记录	32
29	A空气预热器风侧出口温度	t''_a	℃	表盘记录	343
30	B空气预热器风侧出口温度	t''_b	℃	表盘记录	349
31	A空气预热器烟侧入口压力	p'_A	Pa	表盘记录	−500
32	B空气预热器烟侧入口压力	p'_B	Pa	表盘记录	−500
33	A空气预热器烟侧出口压力	p''_A	Pa	表盘记录	−2000
34	B空气预热器烟侧出口压力	p''_B	Pa	表盘记录	−1500
35	A空气预热器烟侧入口温度	t'_A	℃	表盘记录	386
36	B空气预热器烟侧入口温度	t'_B	℃	表盘记录	393
37	A空气预热器烟侧出口温度	t''_A	℃	表盘记录	170
38	B空气预热器烟侧出口温度	t''_B	℃	表盘记录	170
39	A空气预热器烟侧压降	Δp_A	Pa	计算值	1500
40	B空气预热器烟侧压降	Δp_B	Pa	计算值	1000
41	A空气预热器风侧温升	Δt_a	℃	计算值	311
42	B空气预热器风侧温升	Δt_b	℃	计算值	317

4. 试验数据计算

【例 13-2】 某125MW机组空气预热器漏风率测试结果见表13-5，求 *A*、*B* 侧空气预热器漏风率。

解 (1) A空气预热器漏风率为

$$A_L=\frac{RO_2'-RO_2''}{RO_2''}\times 90\%=\frac{13.27-11.72}{11.72}\times 90\%=11.90\%$$

或者

$$\alpha''=\frac{21}{21-7.53}=1.5590$$

$$\alpha'=\frac{21}{21-5.7}=1.3789$$

A 空气预热器漏风系数为

$$\Delta\alpha=\alpha''-\alpha'=1.5590-1.3789=0.1801$$

A 空气预热器漏风率为

$$A_L=\frac{\Delta\alpha}{\alpha'}\times 90\%=\frac{0.1801}{1.3789}\times 90\%=11.76\%$$

（2）B 空气预热器漏风率为

$$A_L=\frac{RO_2'-RO_2''}{RO_2''}\times 90\%=\frac{13.5-12.31}{12.31}\times 90\%=8.70\%$$

或者 B 空气预热器漏风率为

$$A_L=\frac{\Delta\alpha}{\alpha}\times 90\%=\frac{0.1326}{1.3557}\times 90\%=8.80\%$$

5. 结论与评价

A 空气预热器漏风率 11.76%略微大于 11%，B 空气预热器漏风率 8.80%小于 11%，基本满足要求。

第二节　热力管道效率的测试

一、测试目的

测试主蒸汽管道、给水管道、再热蒸汽管道等热力管道的效率，为挖掘管道节能潜力提供依据。

二、引用标准

DL/T 606 火力发电厂能量平衡导则

GB/T 8117.1 汽轮机热力性能验收试验规程　第 1 部分：方法 A—大型凝汽式汽轮机高准确度试验

GB/T 8117.2 汽轮机热力性能验收试验规程　第 2 部分：方法 B—各种类型和容量汽轮机宽准确度试验

三、试验条件

（1）管道保温完整。

（2）机组汽水系统运行稳定，无介质泄漏。

（3）机组在额定负荷下运行。

（4）利用经校验合格的仪表。

四、试验方法

（1）对主蒸汽管道，要求测量锅炉过热器出口主蒸汽压力和温度、汽轮机自动主蒸汽门前主蒸汽压力和温度。

（2）对再热蒸汽管道，要求测量高压缸排汽的压力和温度、锅炉再热器进口压力和温度、再热器出口压力和温度、汽轮机中压主汽门前压力和温度、低压缸排汽的压力和温度。

（3）对给水管道，要求测量汽轮机最后一个加热器出口压力和温度、锅炉省煤器进口压力和温度、凝结水泵进水压力和温度。

（4）每一参数连续测试时间不少于30min，每一被测试参数的测量次数不少于三次，每10min记录一次测试数据。

（5）以读数的算术平均值作为计算值。

（6）管道的首末端同时测量，同时记录。

（7）温度测量使用热电偶或热电阻，压力测量使用精密压力表或数字压力表。

（8）试验前后各记录一次大气压力和环境温度。

五、计算方法

焓值由测得的压力和温度从《水和蒸汽性质参数手册》（国际公式化委员会 1967年）或其他热力参数手册中查得。

1. 管道效率定义

管道效率是指管道出口工质焓占入口工质焓的百分比。在火力发电厂中，汽、水在管道中流动总会有摩擦、节流、压降、漏流等能量损失，同时管道不能真正做到绝热，还会有散热损失等，因此管道效率总是小于100%，管道效率计算公式为

$$\eta_{gd}=\frac{\Delta h_2}{\Delta h_1}\times 100\%$$

式中 Δh_2——管道终点流体焓值（即出口焓值），kJ/kg；

Δh_1——管道起点流体焓值（即入口焓值），kJ/kg；

η_{gd}——管道效率，%。

2. 无再热系统机组的管道效率

无再热系统机组的热力系统见图13-1。

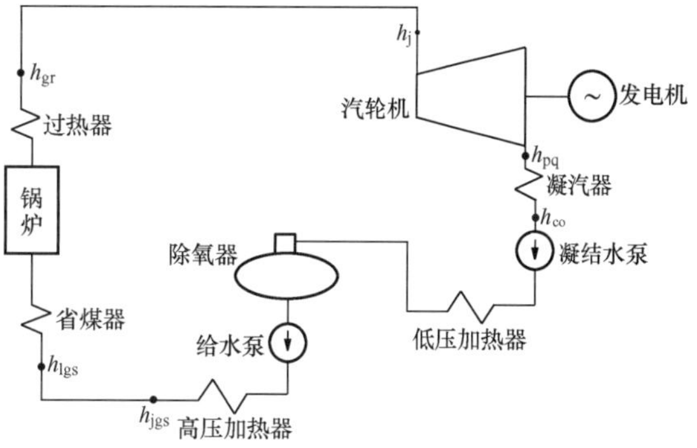

图13-1 无再热系统机组的热力系统

管道效率计算公式为

$$\eta_{gd}=\frac{h_j-h_{pq}}{h_{gr}-h_{pq}}\frac{h_{lgs}-h_{co}}{h_{jgs}-h_{co}}\times 100\%$$

式中 h_j——汽轮机进汽焓，kJ/kg；

h_{pq}——汽轮机排汽焓，kJ/kg；

h_{gr}——过热蒸汽焓，kJ/kg；

h_{jgs}——汽轮机侧给水焓，kJ/kg；

h_{lgs}——锅炉侧给水焓，kJ/kg；

h_{co}——凝汽器出口凝结水焓，kJ/kg。

3. 有再热系统机组的管道效率

有再热系统机组的热力系统见图13-2。

管道效率计算公式为

$$\eta_{gd}=\frac{h_j-h_{gp}}{h_{gr}-h_{zrl}}\frac{h_{zj}-h_{pq}}{h_{zrr}-h_{pq}}\frac{h_{lgs}-h_{co}}{h_{jgs}-h_{co}}\times 100\%$$

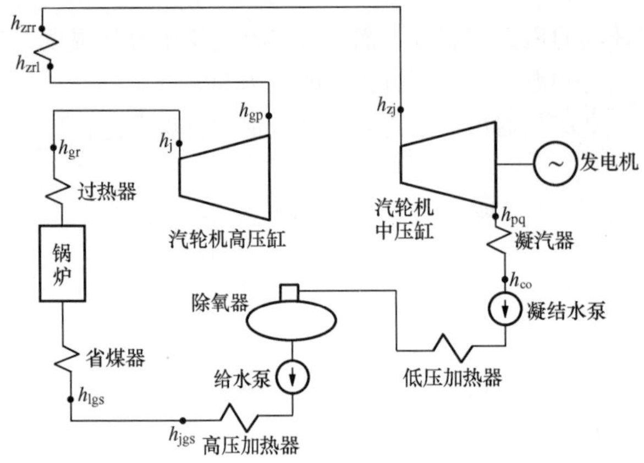

图 13-2　有再热系统机组的热力系统

式中　h_j——汽轮机进汽焓，kJ/kg；
h_{pq}——汽轮机排汽焓，kJ/kg；
h_{gr}——过热蒸汽焓，kJ/kg；
h_{zrl}——再热器进汽焓，kJ/kg；
h_{zrr}——再热器出口焓，kJ/kg；
h_{gp}——高压缸排汽焓，kJ/kg；
h_{zj}——中压缸进汽焓，kJ/kg；
h_{jgs}——汽轮机侧给水焓，kJ/kg；
h_{lgs}——锅炉侧给水焓，kJ/kg；
h_{co}——凝汽器出口凝结水焓，kJ/kg。

六、结论

一般管道效率应达到设计值，总的管道效率不小于98%。单机机组容量越大，管道效率越高。当管道效率小于98%时，应采取措施（如提高保温质量，减少管路阻力等），提高管道效率。

第三节　锅炉排烟温度的测试

一、测试目的

锅炉排烟温度可以直接表示烟气带走热量的多少，在送风温度不变的前提下，排烟温度高于设计值意味着排烟热损失增加。准确测试排烟温度，以确定锅炉及有关设备的运行状况，为锅炉经济运行和设备改造提供依据。

二、引用标准

GB/T 10184—2015 电站锅炉性能试验规程

DL/T 964—2005 循环流化床锅炉性能试验规程

三、试验方法

1. 锅炉运行工况要求

（1）锅炉机组应在额定负荷下稳定运行，主蒸汽压力、温度、再热蒸汽压力、再热蒸汽温度、给水温度、给水压力等波动值要在试验规程允许范围内。

（2）锅炉辅机正常运转并满足要求，运行稳定，试验过程中不改变运行方式。

（3）热风再循环解列。

（4）测试期间不允许进行干扰试验的任何操作。

2. 测试排烟温度的测点位置

测试排烟温度以测点位置应尽可能在某级受热面出口处，如空气预热器出口。如果为了其他目的而测量烟气温度，也可按要求选择测点位置。

（1）根据烟道断面积的大小确定测孔和测点的数量，具体规定见 GB/T 10184《电站锅炉性能试验规程》附录 H（网络法等截面积的划分原则及代表点的确定）。

（2）测试排烟温度时，一次元件一般使用热电偶和对应的补偿导线（见表 13-6），二次仪表使用温度数字自动巡测仪。

表 13-6　补偿导线的线芯材料及绝缘层着色

补偿导线	配用热电偶	补偿导线合金丝		绝缘层着色	
		正　极	负　极	正　极	负　极
SC	铂铑 10-铂	SPC（铜）	SNC（铜镍）	红	绿
KC	镍铬-镍硅	KPC（铜）	KNC（康铜）	红	蓝
KX	镍铬-镍硅	KPX（镍铜）	KNX（镍硅）	红	黑
EX	镍铬-康铜	EPX（镍铬）	ENX（铜镍）	红	棕
JX	铁-康铜	JPX（铁）	JNX（铜镍）	红	紫
TX	铜-康铜	TPX（铜）	TNX（铜镍）	红	白

（3）锅炉稳定运行后 1h 后，开始测量记录，每 10～15min 记录一次。试验时间不少于 1h。

3. 试验记录项目

某 DG 1025/18.2 锅炉排烟温度试验记录项目见表 13-7。

表 13-7　试验记录项目

序　号	测　试　参　数	单　　位	数据来源	测试结果
1	机组电负荷	MW	表盘读取	302
2	燃料收到基低位发热量	kJ/kg	取样分析	24 190
3	燃料工业分析	%	取样分析	
4	灰/渣可燃物含量	%	取样分析	3.23/9.64
5	排烟温度	℃	现场测量	150.35
6	送风机入口空气温度	℃	现场测量	27.30
7	空气预热器后的烟气成分 RO_2 和 O_2	%	现场测量	14.63/0
8	一次风入口流量	t/h	表盘读取	
9	二次风入口流量	t/h	表盘读取	
10	主蒸汽和再热蒸汽的压力	MPa	表盘读取	17.07/3.47
11	主蒸汽和再热蒸汽的温度	℃	表盘读取	544.2/540.6
12	大气压力	Pa	表盘读取	101 550
13	空气预热器入口烟气温度	℃	表盘读取	379.0
14	给水压力	MPa	表盘读取	18.58
15	给水温度	℃	表盘读取	278.91
16	保证送风机进口温度	℃	表盘读取	20
17	修正后的排烟温度	℃	表盘读取	145.6

四、试验结果及其评价

1. 排烟温度计算

用网络法测量排烟温度时，一般可取各点烟温读数的算术平均值。必要时取烟气速度加权平均值，即在每一点还要测试烟气流速，然后用下列公式计算烟气温度的速度加权平均值。

$$t_{py}=\frac{\sum_{i=1}^{n}(t_i v_i)}{\sum_{i=1}^{n} v_i}$$

式中 v_i——从1点到 n 点的烟气速度，m/s；

t_i——从1点到 n 点的烟气温度,℃；

t_{py}——所测得的烟气加权平均温度,℃。

2. 排烟温度的修正

当实测基准温度 t_0 与保证的进风温度不一致时，应对排烟温度进行修正，即

$$t_{py}^{b}=\frac{t_0^{b}(t_{ky}-t_{py})+t_{ky}(t_{py}-t_0)}{t_{ky}-t_0}$$

式中 t_0^b——保证的进风温度,℃；

t_0——实测基准温度,℃；

t_{py}^b——换算到保证进风温度时的排烟温度,℃；

t_{py}——实测排烟温度,℃；

t_{ky}——空气预热器进口实测烟气温度,℃。

这个公式是怎么来的，首先进行进风温度偏差修正公式的推导：

单位质量燃料产生的烟气在空气预热器入口所具有的总焓为

$$H_{ky}=c_{pi}(t_{ky}-t_0)V_{ky}$$

式中 t_0——空气预热器入口空气温度,℃；

c_{pi}——空气预热器入口烟气的比热容，kJ/(m³·℃)；

H_{ky}——单位质量燃料产生的烟气在空气预热器入口所具有的总焓，kJ；

V_{ky}——单位质量燃料产生的烟气通过空气预热器的体积，m³；

t_{ky}——空气预热器进口烟气温度,℃。

空气的热交换量为空气预热器入口烟气焓与排烟焓的差值，即

$$Q_{ky}=c_{pi}(t_{ky}-t_{py})V_{ky}$$

式中 t_{py}——空气预热器出口烟气温度,℃；

Q_{ky}——空气在空气预热器内的热交换量，kJ。

则空气预热器换热效率为

$$\eta_{air}=\frac{Q_{ky}}{H_{ky}}=\frac{t_{ky}-t_{py}}{t_{ky}-t_0}$$

试验时空气预热器换热效率为

$$\eta_{airtest}=\frac{t_{ky}-t_{py}}{t_{ky}-t_0}$$

设计时空气预热器换热效率为

$$\eta_{airdesign}=\frac{t_{ky}^{b}-t_{py}^{b}}{t_{ky}^{b}-t_0^{b}}$$

式中 t_0^b——保证的送风机进风温度,℃；

t_0——实测送风机入口温度,℃；

t_{py}^b——换算到保证送风机进风温度时的空气预热器出口排烟温度,℃；

t_{py}——实测的空气预热器出口排烟温度,℃；

t_{ky}^{b}——保证送风机进风温度时的空气预热器进口烟气温度，℃；

t_{ky}——实测的空气预热器进口烟气温度，℃。

假定当空气预热器进口烟气温度稍微变化时不影响预热器的换热效率，则当空气预热器进口空气温度发生变化，遵循如下规律：

$$\frac{t_{ky}^{b}-t_{py}^{b}}{t_{ky}^{b}-t_{0}^{b}}=\frac{t_{ky}-t_{py}}{t_{ky}-t_{0}}$$

由于

$$t_{ky}^{b}\approx t_{ky}$$

则

$$\frac{t_{ky}-t_{py}^{b}}{t_{ky}-t_{0}^{b}}=\frac{t_{ky}-t_{py}}{t_{ky}-t_{0}}$$

$$t_{py}^{b}=\frac{t_{0}^{b}(t_{ky}-t_{py})+t_{ky}(t_{py}-t_{0})}{t_{ky}-t_{0}}$$

对于三分仓空气预热器，t_0是进入空气预热器的一次风、二次风质量流量的加权平均值。

对于没有安装低温省煤器与暖风器联合运行系统，假定空气预热器进口空气温度 t_0与送风机进风温度相差不大，则当实测基准温度 t_0与保证的进风温度不一致时，应对排烟温度进行修正，其修正公式为

$$t_{py}^{b}=\frac{t_{0}^{b}(t_{ky}-t_{py})+t_{ky}(t_{py}-t_{0})}{t_{ky}-t_{0}}$$

式中 t_0^b——保证的送风机进风温度，℃；

t_0——实测送风机入口温度，℃；

t_{py}^{b}——换算到保证送风机进风温度时的空气预热器出口排烟温度，℃；

t_{py}——实测的空气预热器出口排烟温度，℃；

t_{ky}——实测的空气预热器进口烟气温度，℃。

针对表 13-7 数据，则因送风机入口温度偏差对排烟温度修正值为

$$t_{py}^{b}=\frac{t_{0}^{b}(t_{ky}-t_{py})+t_{ky}(t_{py}-t_{0})}{t_{ky}-t_{0}}=\frac{20\times(379.0-150.35)+379.0\times(150.35-27.3)}{379.0-27.3}$$

$$=145.60\ (℃)$$

【例 13-3】 某 660MW 机组，安装了低温省煤器与暖风器联合运行系统，空气预热器型号为 33-VI（T）-2200-QMR，其设计参数见表 13-8。分别按空气预热器进口空气温度和送风机进口空气温度计算修正后的排烟温度。

表 13-8　　33-VI（T）-2200-QMR 空气预热器设计参数（BRL）

项目	数据	项目	数据
环境温度（℃）	20	二次风出口流量（kg/h）	900 000
烟气侧换热效率（%）	0.696 3	烟气入口温度（℃）	366.9
烟气入口流量（kg/h）	1 350 000	烟气出口温度（℃）	155
烟气出口流量（kg/h）	1 424 411	一次风入口温度（℃）	56
一次风入口流量（kg/h）	296 514	一次风出口温度（℃）	340
一次风出口流量（kg/h）	220 990	磨煤机入口温度（℃）	258
磨煤机入口流量（kg/h）	325 000	二次风入口温度（℃）	70.4
二次风入口流量（kg/h）	888 887	二次风出口温度（℃）	328

解

（1）按送风机进口空气温度计算修正后的排烟温度：

$$t_0=20℃$$

则
$$t_{py}^{b}=\frac{20\times(366.9-155)+366.9\times(155-20)}{366.9-20}=155\ (℃)$$

（2）空气预热器进口空气温度计算修正后的排烟温度：

$$t_0=\frac{56\times 296\ 514+70.4\times 88\ 887}{296\ 514+88\ 887}=66.8\ (℃)$$

则
$$t_{py}^{b}=\frac{20\times(366.9-155)+366.9\times(155-66.8)}{366.9-66.8}=121.9\ (℃)$$

可见，对于安装了低温省煤器与暖风器联合运行系统，基准温度选择不同，修正后的排烟温度相差很大，此时进口风温必须采用空气预热器进口空气温度。

3. 评价

目前实际排烟温度低于设计值20℃之内，一般不会引起低温腐蚀；而高于设计值，必然会增加排烟热损失。因此应将所测得的排烟温度值与设计值比较，分析高于设计值的原因并及时进行改进。

第四节 锅炉烟气成分的测定

一、试验目的

燃料燃烧时实际空气供应量的多少，直接影响着烟气的成分；反之，可以根据烟气成分推算出燃料燃烧时的实际空气供应量；另一方面，在锅炉尾部受热面进、出口测量烟气成分，可以评价该受热面的漏风是否在合理范围内。

二、引用标准

GB/T 10184 电站锅炉性能试验规程

DL/T 964 循环流化床锅炉性能试验规程

三、试验方法

（1）锅炉运行工况要求。锅炉机组应在额定负荷下稳定运行，主蒸汽压力、温度、再热蒸汽压力、再热蒸汽温度、给水温度、给水压力等波动值要在试验规程允许范围内；锅炉辅机正常运转并满足要求，运行稳定，试验过程中不改变运行方式；热风再循环解列；测试期间不允许进行干扰试验的任何操作。

（2）选择测量位置。为了反映锅炉用风的合理性，可在过热器出口烟道抽取烟气样，分析烟气氧量；测定锅炉的排烟热损失，可在末级空气预热器后抽取烟气样；测试空气预热器的漏风率，可在空气预热器的进、出口各设一组烟气采样点。

（3）正式测试前预先测定各点烟气中氧量及烟气速度，若氧量和烟气速度分布中有一项较均匀时，可采用多代表点取样，否则应采用网格法取样。烟道横截面大小不同，测孔数量和采样点数也不同，网格法等截面划分的原则及代表点的确定见表13-9和表13-10。

（4）锅炉按要求调整好有关参数，稳定运行1h后开始测量，每10～15min记录一次。试验时间不少于1h。

（5）当烟温小于400℃时，可用碳钢管采样；当烟温为400～650℃时，必须使用水冷取样管，或使用不加冷却的紫铜管。

表 13-9　圆形烟道截面直径与测孔数量和采样点数量的关系

管道直径 D（mm）	≤300	300＜D≤400	400＜D≤600	＞600 时，每加 200mm
等面积圆环数 N	3	4	5	5＋N 增加 1
测点总数	6	8	20	20＋测点数增加 4

表 13-10　矩形烟道截面直径与测点排数的关系

矩形截面边长 L（mm）	≤500	500～1000	＞1000～1500	＞1500
测点排数 N	3	4	5	L 每增长 500 测点排数增 1

（6）连续取样管和分析仪的橡皮管应尽量缩短，以减少延时，取样的管路系统必须严密。

（7）试验记录项目见表 13-11。

表 13-11　试验记录项目

序号	测试参数	单位	数据来源	测试结果
1	机组电负荷	MW	表盘读取	
2	燃料收到基低位发热量	kJ/kg	取样分析	
3	燃料工业分析	%	取样分析	
4	灰、渣可燃物含量	%	取样分析	
5	排烟温度	℃	现场测量	
6	送风机入口空气温度	℃	现场测量	
7	选定处的烟气成分 RO_2 和 O_2	%	现场测量	
8	主蒸汽流量	t/h	表盘读取	
9	主蒸汽和再热蒸汽的减温水流量	t/h	表盘读取	
10	主蒸汽和再热蒸汽的压力	MPa	表盘读取	
11	主蒸汽和再热蒸汽的温度	℃	表盘读取	
12	再热蒸汽减温水压力	MPa	表盘读取	
13	再热蒸汽减温水温度	℃	表盘读取	
14	给水压力	MPa	表盘读取	
15	给水温度	℃	表盘读取	
16	再热蒸汽进口压力	MPa	表盘读取	
17	再热蒸汽进口温度	℃	表盘读取	
18	总风压	MPa	表盘读取	
19	一次风压和二次风压	MPa	表盘读取	
20	送风机、引风机、一次风机挡板开度	%	表盘读取	
21	送风机、引风机、一次风机电流	A	表盘读取	

（8）烟气成分测量一般使用奥式分析仪进行分析或其他烟气成分分析仪（如 MRU-95/3CD 烟气分析仪）。分析仪的准确度为±2%～±5%。

（9）进入烟气分析仪的烟气必须是从连续流动的烟气中取得的，取样系统见图 13-3。奥式分析仪是利用化学吸收法测定气体成分的仪器。分析前，在 CO 吸收瓶 1 中装入氯化亚铜氨溶液，用以测定 CO；在 O_2 吸收瓶 2 中装入焦性没食子酸的碱溶液，用以测定 O_2；在 RO_2 吸收瓶 3 中装入氢氧化钾水溶液，用以测定 RO_2（$RO_2=CO_2+SO_2$）。

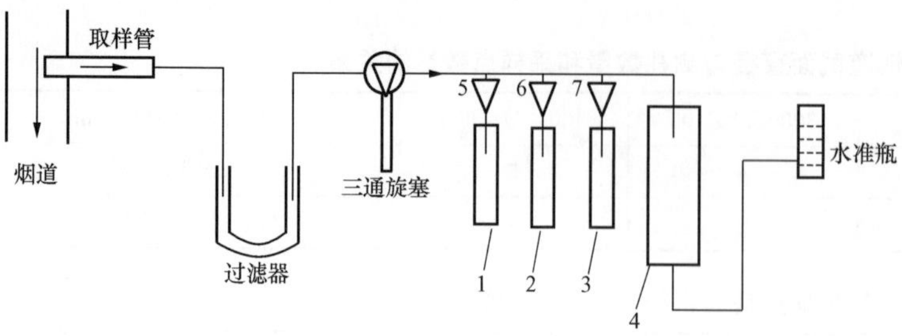

图 13-3 奥式分析仪

1—CO 吸收瓶；2—O_2 吸收瓶；3—RO_2 吸收瓶；4—量管；5、6、7—旋塞

（10）测试时，先将水准瓶提高使水充满量管 4，然后放低水准瓶，将经过过滤器的烟气试样吸入量管至 100mL 处；关闭三通旋塞，打开旋塞 7，提高水准瓶，将试样驱入 RO_2 吸收瓶 3 中使烟气中的 CO_2 和 SO_2 被吸收，往复驱入几次后，再将试样吸回到量管中测量其失去的体积（毫升）数，其失去的数值即为 RO_2 之数值。用同样的方法将试样驱入 O_2 吸收瓶 2 中测定 O_2，用 CO 吸收瓶 1 测定 CO，最后剩余在量管中的气体则是 N_2 和其他微量气体。在近代锅炉的烟气中，H_2、CH_4 等气体含量甚微，一般可忽略不计，因此可以列出下列关系式，即

$$RO_2 + O_2 + N_2 + CO = 100\%$$

四、烟气成分测定结果与评价

1. 烟气成分计算

一般可取各点烟气成分测量的算术平均值，必要时采用速度加权平均计算方法。

例如氧量（或其他烟气成分、可燃物浓度等）的加权平均值计算方法为

$$X_{pj} = \frac{\sum_{i=1}^{n}(X_i v_i)}{\sum_{i=1}^{n} v_i}$$

式中 v_i——从 1 点到 n 点的实测烟气速度，m/s；

X_i——从 1 点到 n 点的烟气氧量（或其他烟气成分、可燃物浓度等），%；

X_{pj}——所测得的烟气加权平均氧量（或其他参数），%。

当烟气成分含量单位不是%时，可以根据表 13-12 进行换算。

表 13-12 气体浓度单位 μL/L（ppm）与 mg/m^3 之间的换算乘子

序号	成分	分子量	1μL/L 换算成 mg/m^3	1mg/m^3 换算成 μL/L
1	甲烷（CH_4）	16.043	0.715 9	1.396 9
2	一氧化碳（CO）	28.010	1.249 9	0.800 1
3	二氧化碳（CO_2）	44.009	1.963 8	0.509 2
4	氢（H_2）	2.016	0.090 0	11.116 1
5	硫化氢（H_2S）	34.082	1.520 8	0.657 5
6	氮气（N_2）	28.014	1.250 1	0.800 0
7	一氧化氮（NO）	30.006	1.339 0	0.746 9
8	二氧化氮（NO_2）	46.005	2.052 9	0.487 1
9	氧气（O_2）	31.998	1.427 8	0.700 4
10	二氧化碳（SO_2）	64.064	2.858 7	0.349 8
11	三氧化硫（SO_3）	80.063	3.572 6	0.279 9

注 1ppm=1μL/L=0.000 1%，1%=10 000ppm。

2. 评价

根据测试数据结果，分析该炉烟气含氧量是否最佳，否则运行人员应重新优化运行参数。

如果空气预热器的漏风率或漏风系数超过设计值（或规定值），则应分析原因，提出改进措施。

第五节　锅炉制粉系统的性能试验

一、测试目的

通过测试，确定制粉系统最大出力，评定制粉系统特性；或测定锅炉机组热效率；或将制粉系统调整到最佳工作状态。

二、引用标准

DL/T 467 电站磨煤机及制粉系统性能试验

GB/T 10184 电站锅炉性能试验规程

DL/T 567.5 煤粉细度的测定

GB/T 19093 煤粉筛分试验方法

三、测试参数

对于不同的制粉系统，测试参数有所不同，钢球磨煤机中间储仓式制粉系统测试参数见表 13-13。

表 13-13　钢球磨煤机中间储仓式制粉系统测试参数

项　目	符号	单位	数值	项　目	符号	单位	数值
钢球装载量	G	t		粗粉分离器出口风压	p''_{cf}	Pa	
粗粉分离器挡板开度	Y	%		粗粉分离器压差	Δp_{cf}	Pa	
给煤机转速	n	r/min		细粉分离器出口风压	p''_{xf}	Pa	
给煤机闸门提升高度	h	mm		细粉分离器压差	Δp_{xf}	Pa	
磨煤机出力	B_{mm}	t/h		排粉机入口风压	p'_{pf}	Pa	
排粉机入口风量	Q'_{pf}	m^3/h		排粉机出口风压	p''_{pf}	Pa	
磨煤机入口风量	Q'_{mm}	m^3/h		排粉机提升压头	Δp_{pf}	Pa	
再循环风量	Q_{xh}	m^3/h		粗分离器入口煤粉细度	R'_{90}	%	
热风门开度	Y_1	%		粗分离器入口煤粉细度	R'_{200}	%	
冷风门开度	Y_2	%		粗分离器出口煤粉细度	R''_{90}	%	
排粉机入口风门开度	Y_3	%		粗分离器出口煤粉细度	R''_{200}	%	
再循环风门开度	Y_4	%		回粉细度	R_{90hf}	%	
磨煤机电流	I_{mm}	A		回粉细度	R_{200hf}	%	
排粉机电流	I_{pf}	A		细粉分离器下成粉细度	R_{90}	%	
磨煤机入口热风温度	t'_{mmrf}	℃		细粉分离器下成粉细度	R_{200}	%	
磨煤机入口混合温度	t'_{mm}	℃		乏气煤粉细度	R_{90fq}	%	
磨煤机出口温度	t''_{mm}	℃		粗粉分离器综合效率	η_{cf}	%	
排粉机入口风温	t'_{pf}	℃		细粉分离器效率	η_{xf}	%	
磨煤机进口风压	p'_{mm}	Pa		原煤 VTI 法可磨性指数	K_{VTI}	—	
磨煤机出口风压	p''_{mm}	Pa		哈氏可磨性指数	HGI	—	
磨煤机压差	Δp_{mm}	Pa		原煤全水分	M_t	%	
粗粉分离器入口风压	p'_{cf}	Pa		原煤收到基灰分	A_{ar}	%	
磨煤机耗电量	P_{mm}	kW		原煤干燥无灰基挥发分	V_{daf}	%	
排粉机耗电量	P_{pf}	kW		原煤收到基低位发热量	$Q_{net,ar}$	kJ/kg	

四、测试条件和要求

（1）锅炉燃用设计煤种，或根据测试目的燃烧事先商定的试验煤种。

（2）测试应在锅炉负荷稳定的条件下进行，锅炉运行持续时间大于 36h。机组负荷应大于 70%额定负荷。

（3）在进行制粉系统试验时，钢球装载量和钢球大小比例均符合设计要求。煤粉细度、一次风温度、一次风量和煤粉浓度在设计范围之内。

（4）磨煤机在额定出力稳定运行 1～2h，然后进行磨煤机额定出力（单位时间内进入磨煤机的煤量叫磨煤机出力）测试试验，测试时间持续至少 2h。在制粉系统出力试验持续时间内，每个工况至少在稳定运行后连续记录 2h。在整理记录时如发现运行工况变化大，可将对应的记录删掉一部分，但是取用部分连续记录时间至少有 1.5h；如发现不够 1.5h，这个试验应重做。

（5）磨煤机在额定出力稳定运行 1～2h，在保持机组负荷稳定的情况下，逐步增加试验磨煤机的负荷至设计最大出力。

在增大出力的过程中，观察磨煤机通风量（进入磨煤机用于干燥原煤和输送煤粉的风量叫磨煤机通风量）和中速磨石子煤排放量。若发现磨煤机有堵煤倾向或石子煤排放量大于磨煤机额定出力的 0.05%，则磨煤机出力不能再增加。在磨煤机不堵煤或石子煤排放正常时，磨煤机达到的最大出力情况下进行测试试验。

（6）第一试验工况，叫预备性试验。试验作完后，如果运行工况正常，记录、资料、取样完备，方可转为正式试验。反之如果设备运行不正常，应消除不正常因素，再重复预备性试验。

（7）各测点的温度、风压、风量、电压、电流、电功率、挡板开度等数值，每隔 5～10min 记录一次；原煤可连续取样或 10～15min 取样一次；煤粉量及石子煤量每半小时取样一次，如果工作量较大也可每个试验工况取样一次。

（8）每个测量点的数据记录在专用表格上，应写明试验名称、编号、磨煤机出力、锅炉负荷、试验日期、试验起讫时间、记录及测量人员姓名、试验组长和校验人员姓名。

（9）记录人员应把每段时间的数据予以加权平均，并说明所记录数据是否具有代表性的意见。煤、煤粉和石子煤的取样经过缩分，按要求重量及试验目的进行取样，并送化验室进行化验和分析。

（10）测速管直径应按 $d \leqslant 0.035D$ 选用，其中 D 为被测管道的当量内径，d 为测速管直径。

五、钢球装载量试验

1. 试验目的

本试验的目的是通过调整试验，确定钢球磨煤机的最佳钢球装载量。实际运行中的最佳钢球装载量与煤种、磨煤机的规格、通风量、制粉系统的运行状态等多种因素有关，需要通过调整试验确定。

加煤前，测量不同钢球装载量下的磨煤机电流或功率，作为求得钢球补加量的依据。

在不同钢球装载量下（钢球大小比例要符合设计要求），进行磨煤机最大出力、电流、功率、煤粉细度、通风量及煤粉均匀性系数等测定，以求得在该煤种下，磨煤机电耗率最小、出力接近最大时的最佳钢球装载量。

2. 试验方法

钢球装载量试验是从理论最佳钢球装载量的 80%开始，每增加 5%设计钢球装载量作一次试验，到 110%设计钢球装载量为止。其中必须包括理论钢球最佳装载量这一工况点。

（1）确定最佳钢球装载量经验值。

试验前，首先确定一个初选的最佳钢球装载量经验值 G_{zj}，然后在这个经验值 G_{zj} 的上下，选取几个装球量等级进行试验。

最佳钢球装载量经验值计算公式为

$$G_{zj}=\rho_{gq}\Psi_{zj}V$$

$$\Psi_{zj}=\frac{0.12}{\left(\frac{n}{n_{lj}}\right)^{1.75}}=\frac{0.12}{\left(\frac{n\sqrt{D}}{42.3}\right)^{1.75}}$$

$$n_{lj}=\frac{42.3}{\sqrt{D}}$$

式中 Ψ_{zj}——钢球最佳填充系数；

V——磨煤机体积，m^3；

G_{zj}——最佳钢球装载量，t；

n_{lj}——磨煤机筒体临界转速，r/min；

n——磨煤机筒体转速，r/min；

ρ_{gq}——钢球的堆积密度（一般情况下，取 $\rho_{gq}=4.9t/m^3$），t/m^3。

（2）按理论最佳钢球装载量的80%开始装好钢球，加煤前空转磨煤机，记录此时磨煤机的空载（加煤之前的载荷）电流、功率和钢球装载量。

（3）将排粉机入口挡板开至80%开度左右。调整磨煤机入口风门，保持磨煤机出口风温为60～70℃，尽量开大再循环风门，保持制粉系统通风量为最大值。

（4）在粗粉分离器出口或细粉分离器落粉管上安装测孔，取煤粉样分析。进行煤粉采样和细度分析，调整粗粉分离器折向门开度，使 R_{90} 在规定的范围内。

（5）调整给煤量，尽量提高磨煤机差压。

（6）待上述调整完成，系统处于稳定运行状态后，开始测量项目参数。测量磨煤机和排粉机的功率、磨煤机出力、排粉机入口风量，并进行煤粉及原煤的采样。

（7）每个工况记录2h，记录结束后，停止给煤，将磨煤机中的煤磨空，观察磨煤机的电流，当其值不再下降时，即可认为煤已磨空。此时的电流与加煤前的值比较，若无下降，则可继续进行下一步骤；若有明显的下降，则应补加钢球，使电流恢复至原始值后再进行下步试验。

（8）将钢球装载量逐步增至 $0.85G_{zj}$、$0.90G_{zj}$、$0.95G_{zj}$、$1.0G_{zj}$、$1.05G_{zj}$、$1.10G_{zj}$，然后按上述步骤进行其他工况的试验。

（9）测量计算各钢球装载量下，磨煤机的最大出力。

（10）测量计算在磨煤机最大出力时的磨煤机电耗和排粉机电耗。

（11）将试验数据进行整理计算，绘制制粉单耗与磨煤机出力的关系曲线，制粉单耗最小时对应的钢球装载量就是最佳钢球装载量。试验表明，磨煤机出力随钢球量增加而增加，到达最大出力后，又随钢球量增加而降低。

六、磨煤机通风量试验

对直吹式系统，一般在磨煤机前测量磨煤机通风量；对于中间煤粉仓系统，在粗粉分离器后的管道上测量磨煤机通风量，同时还需测取再循环风量。在磨煤机后测量时，总风量中包括系统漏风（对负压系统）或密封风量（对正压系统）。

测孔前后应有一定长度的直管段，测孔上游直段不少于5倍管道内径，测孔下游直段不少于3倍管道内径。

风量测量时间间隔：对于固定式测量装置每10～15min测量一次；对于移动式动压测定管

（包括皮托管）每个工况测定一次；静压、介质温度、大气压力每10～15min测量一次，且注意与动压测定同时进行。

1. 中速磨

该试验目的是寻求中速磨的性能指标与磨煤机的关系，为风煤比的合理调整提供参考。试验时，固定给煤量不变，分离器挡板开度也不变。对煤粉细度、不均匀性指数、磨煤机电耗、磨煤机差压、通风电耗、石子煤量等进行测量计算。

随着通风量的增加，煤粉细度、不均匀性指数、磨煤机电耗变化不明显；但是分离器的阻力、磨碗压差、一次风机电耗明显上升，石子煤量显著下降。过大的通风量虽然可使石子煤量减少，但会使制粉系统的经济性降低，且对燃烧不利。

2. 钢球磨

（1）试验目的。该试验的目的是寻求钢球磨在最佳钢球装载量下的最大出力与通风量的关系，同时确定制粉系统单耗受通风量影响的规律。试验时，将通风量分五个水平，而且这五个水平中必须包括最大通风量和最佳通风量经验值。最佳通风量表现为磨煤机出力最大、磨煤机出口风粉温度和煤粉细度符合设计要求、制粉系统单耗最小。

（2）试验方法。进行最大通风量试验时，热风门和再循环风门全开，同时增加给煤量，保持磨煤机的最大允许压差和磨煤机出口风温度。磨煤机出口风温度可调节冷风门开度或给煤量。调整粗粉分离器挡板开度以保持煤粉细度。然后逐次减少风量，相应地调整给煤量。记录相应的磨煤机出力和其他参数，得到钢球磨的通风特性。如此进行不同风量试验五次。最后得到煤粉细度、磨煤机出口风温度符合设计要求时，磨煤机出力最大、制粉系统单耗最小情况下的最佳通风量。

磨煤机最佳通风量经验计算公式为

$$Q_{zjv}=\frac{38V}{n\sqrt{D}}(1000\sqrt[3]{K_{VTI}}+3600R_{90}\sqrt{K_{VTI}}\sqrt[3]{\Psi_{zj}})$$

式中 K_{VTI}——燃煤的可磨性系数；

Q_{zjv}——磨煤机最佳通风量，m^3/h；

n——磨煤机筒体转速，r/min；

R_{90}——煤粉经济细度，%；

V——磨煤机筒体容积，m^3。

（3）气流密度计算。

气流密度计算公式为

$$\rho=\rho_0\frac{(p_{am}\pm p_j)\times 273}{101\ 325(273+t)}$$

式中 ρ_0——标准状态下的气流密度，kg/m^3；

ρ——实际工作状态下的气流密度，kg/m^3；

p_{am}——环境压力，Pa；

p_j——管道内气流静压，Pa；

t——管道内气体温度，℃。

其中在标准状态下，其空气密度 $\rho_0=1.293kg/m^3$；对于制粉系统乏气，标准状态下气流密度为

$$\rho_0=1.293-600\times\frac{B_{zf}\times\Delta M}{Q_{pf}}$$

$$\Delta M=\frac{M_{t}-M_{mf}}{100-M_{mf}}$$

式中 B_{zf}——制粉系统出力，t/h；

Q_{pf}——标准状态下排粉机风量，m^3/h；

ΔM——每千克原煤蒸发掉的水分，%；

ρ_0——乏气密度（在原煤水分 $M_t<10\%$ 的情况下，可以认为 $\rho_0=1.293kg/m^3$），kg/m^3；

M_t——原煤水分，%；

M_{mf}——煤粉水分，%。

标准状态下，烟气密度 ρ_0 需要根据其成分进行计算，计算公式如下，即

$$\rho_0=0.0143O_2+0.0198CO_2+0.0080H_2O+0.0293SO_2+0.0125N_2\ (kg/m^3)$$

式中 O_2、CO_2、H_2O、SO_2、N_2——烟气中相应的各气体成分的体积百分率（其中 $O_2+CO_2+H_2O+SO_2+N_2=100\%$），%。

（4）气流速度计算。

风量可用测速管逐点测得动压，得到每点的动压值 Δp_{di}，然后计算得动压方根的平均值 $\sqrt{\Delta p_d}$ 和气流速度 v_{ql}，即

$$\sqrt{\Delta p_d}=\frac{\sum_{i=1}^{m}\sqrt{\Delta p_{di}}}{m}$$

$$v_{ql}=K_d\sqrt{\frac{2\Delta p_d}{\rho}}$$

式中 v_{ql}——气流的平均速度，m/s；

Δp_d——动压测速管实测压差，Pa；

m——测点数目；

K_d——测速管的速度系数，一般情况下 $K_d\approx1$；

ρ——实际工作状态下的气流密度，kg/m^3。

当用微压计指示测速管的动压时，气流平均动压可由下式求得

$$\Delta p_d=K(\sqrt{9.8Z})_{pj}^2$$

式中 K——微压计乘数（标在微压计上）；

Z——微压计读数，mm；

$(\sqrt{9.8Z})_{pj}$——表示微压计读数开方后的平均值，Pa。

（5）风量计算。

气体流量（风量）计算公式为

$$Q=3600\times v_{ql}\times A$$

$$Q_0=3600\times v_{ql}\times A\times\frac{\rho}{\rho_0}$$

式中 Q——气体实测的流量，m^3/h；

A——被测流通截面积，m^2；

Q_0——气体换算至标准状态下的流量，m^3/h；

ρ_0——气体在标准状态下的密度，kg/m^3。

七、磨煤机出力试验

1. 试验目的

本试验是在最佳钢球装载量，保持合适的风煤比，保持合适的煤粉细度的前提下，在不同的给煤量下，测出相应的风量、制粉系统的风门开度、风压、风温、电流等运行参数，绘制出出力曲线，为合理的运行方式提供依据。

2. 测量项目与步骤

（1）对BS-Ⅰ型测速管进行冷态标定，算出速度系数 K_d。

（2）称量进入磨煤机的给煤量，对于中速磨煤机，还应同时称量石子煤量。如果磨煤机系统中有独立的自动磅秤，可直接使用称量，每次卸空后应对自动磅秤进行校验和检查零位。如果磨煤机系统中没有独立的自动磅秤，应对给煤机的出力进行冷态标定。

（3）对给煤机的出力进行冷态标定，确定给煤机转速（或煤流速度）与出力之间的关系曲线，同时测量煤的堆积密度。

（4）调好给煤机煤流厚度闸板的开度。将给煤量调至20%，调整磨煤机入口风门、排粉机入口风门和再循环风门，将磨煤机出口风温调至70℃左右，调好相应的风量，然后采集煤粉样进行细度分析。

（5）调整粗粉分离器的折向门，将 R_{90} 调整至规定值。

（6）保持磨煤机稳定运行后，测量记录磨煤机出力、制粉单位电耗、风量。

（7）测量时间间隔：对装有自动磅秤且在运行中有直接重量指示时，应每10～15min测读、记录一次；对于利用给煤机特性法称重，应每10～15min测量一次给煤机转速。整个试验记录2h。

（8）上述记录结束后，依次将给煤量加至40%、60%、80%、100%、105%，按上述步骤进行其他工况的试验。各种试验工况，都要求保持磨煤机压差不变，出口风温和煤粉细度符合设计要求。

（9）在不同的给煤量下，进行煤粉采样，分析细度，并将其调整至规定值。

（10）测量磨煤机出力，直至找出最大值。

（11）测量磨煤机不同出力下的制粉单位电耗，绘制磨煤机出力与电耗的关系曲线。

（12）测量磨煤机不同出力所对应的风量，绘制磨煤机出力与风量的关系曲线。

3. 出力的测量方法

（1）煤的堆积密度的测量方法。

事先制作一个直径为0.4m，高度为0.5m的圆桶型容器。试验时，将煤从容器的上方1.0m高处自然落入容器中。待容器盛满后，将上部刮平，勿敲打容器或搞实。对容器称重，减去容器自重后，所得到的原煤质量除以容器的体积，即可得到原煤的堆积密度。

（2）应用煤流速度法计算给煤机出力。

给煤机的出力标定试验方法有两种，其中之一是通过测量给煤机中煤流的速度（可通过测量驱动轮的转速获得）、煤流的断面积和堆积密度的方法来求得给煤机出力。

采用测煤流速度法时，给煤机出力 B_{gm} 的计算公式为

$$B_{gm}=\frac{3600\times A\times v\times \rho_{md}}{1000}$$

$$v=n_{gm}\times\pi\times D/60$$

式中　B_{gm}——给煤机出力，t/h；

A——煤流的横断面积，由实际测量得到，m^2；

v——煤流的速度，m/s；

n_{gm}——给煤机驱动轮的转速，r/min；

D——给煤机驱动轮的直径，由实际测量得到，m；

ρ_{md}——煤的堆积密度，由实际测量得到，kg/m^3。

对于皮带式给煤机，煤流的横断面积有时难以测量，可采用在皮带上截取一段长度（$L=0.5\sim1.0m$）的煤，称其质量 ΔG(kg)，反复进行 3 次，取其平均值作为试验参数。此时，给煤机出力为

$$B_{gm}=\frac{\Delta G}{L/v}\frac{3600}{1000}=3.6\frac{\Delta G}{L/v} \qquad (t/h)$$

（3）应用直接称重法计算给煤机出力。

给煤机的出力标定试验的另一种方法是直接称重法，即事先根据给煤机落煤口的尺寸及其下部空间的尺寸，做好一个簸箕型带滚轮的取煤车或是一个容器（容量可装 150kg 煤），试验时在一定的时间间隔内（Δt），收取由给煤机落煤口落下的煤，称其质量（ΔG），然后计算出给煤量。对于皮带或刮板式给煤机，可采用前一种方法，而后一种方法则适用于各种给煤机。

对于其他型式的给煤机（如刮板式、圆盘式、振动式等）可用直接称重法求得给煤机特性曲线。有条件的可在落煤管上开设旁路或插板，定时放出原煤，同时记录起始终了时间，称量收集到煤的质量，反复进行三次，得到煤质量流量的平均值。采用直接称重法时应注意：给煤机启动升速时的煤量应剔除；每次放出的煤量不宜太少，以 50～100kg 为宜；试验曲线应有五个以上数据组成，且必须校核给煤机速度自低到高及自高到低时煤量的重现性。直接称重法的给煤机出力计算公式为

$$B_{gm}=\frac{\Delta G}{\Delta t}\frac{3600}{1000}=3.6\frac{\Delta G}{\Delta t} \qquad (t/h)$$

式中 ΔG——在 Δt 时间内收集到的煤的质量，kg；

Δt——收集煤样的计量时间，s。

（4）磨煤机出力的计算，即

$$B_{mm}=B_{gm}=B'_{gm}\times\frac{\rho_{md}}{\rho'_{md}}$$

式中 B_{mm}——磨煤机出力，t/h；

B_{gm}——试验时的给煤量，t/h；

B'_{gm}——由试验时的给煤机转速，在冷态标定曲线上查得的给煤量，t/h；

ρ'_{md}——冷态标定时，煤的堆积密度，kg/m^3；

ρ_{md}——试验时，煤的堆积密度，kg/m^3。

4. 制粉系统耗电量的测量

制粉系统耗电量的测量一般是测量电动机的输入功率，然后乘以运行时间，即得到耗电量。

排粉机、磨煤机等电动机的功率可以用 0.2～0.5 级便携式单相或三相功率表测定；或者用经过校核的 0.5～1.0 级电能表测定，测量功率的允许偏差为±2.0%～±2.5%，从电流互感器到仪表的导线电阻不应超过 0.2Ω。

制粉系统单耗试验应燃用设计煤种或事先商定的试验煤种，而且要求磨煤机带额定负荷时进行。试验前应对给煤机进行标定，配置电子皮带秤的给煤机称重准确度应达到 0.5%，其他型式的给煤机按容量法校验。

磨煤机在额定出力稳定运行2h后进行试验，每台磨煤机的单耗试验持续时间不少于2h。

（1）电能表法测功率。

用电能表进行功率测量时，应按电能表电枢在一定时间内的转数来测定所需功率，且计算电枢数的总持续时间应不少于30s。

已知电能表圆盘转数 n 和时间 t 以后，电动机输入功率可由下式求出，即

$$P_d = \frac{3600nK_iK_u}{tA}$$

式中 P_d——电动机输入功率，kW；

A——电能表常数，为1kWh圆盘的回转数，通常标示在电能表盘面上，r/kWh；

n——在时间 t 内电能表电枢的回转数，r；

t——对应于 n，用于计时表所测量的时间，s；

K_i——电流互感器系数；

K_u——电压互感器系数。

（2）功率表法测功率。

使用两台功率表测量电动机输入功率，可用下式计算，即

$$P_d = K_uK_i(W_1 + W_2)C_w$$

式中 K_u——电压互感器的变压比；

K_i——电流互感器的变流比；

P_d——电动机的输入功率，kW；

W_1+W_2——两块单相功率表的读数之和，kW；

C_w——功率表常数，即功率表的刻度分度值。

（3）制粉系统电耗。

制粉系统耗电量 P_{zf} 就是排粉机、磨煤机耗电量总和。这些设备的耗电量测量都是与磨煤机通风量、磨煤机出力同时进行测量的。

排粉机单位电耗为

$$E_{pf} = \frac{P_{pf}}{B_{mm}}$$

式中 P_{pf}——实测排粉机电动机功率，kW；

B_{mm}——实测磨煤机出力，t/h；

E_{pf}——排粉机单位电耗，kWh/t。

磨煤机单位电耗为

$$E_{mm} = \frac{P_{mm}}{B_{mm}}$$

式中 P_{mm}——实测磨煤机电动机功率，kW；

B_{mm}——实测磨煤机出力，t/h；

E_{mm}——磨煤机单位电耗，kWh/t。

制粉系统单位电耗为

$$E_{zf} = E_{pf} + E_{mm} = \frac{P_{pf}}{B_{mm}} + \frac{P_{mm}}{B_{mm}} = \frac{P_{zf}}{B_{mm}}$$

$$P_{zf} = P_{pf} + P_{mm}$$

式中 E_{zf}——制粉系统单位电耗，kWh/t；

P_{zf}——实测制粉系统的电动机总功率，kW。

八、分离器性能试验

1. 试验目的

为使煤粉能在锅炉炉膛内完成燃烧过程，煤粉颗粒尺寸大小是有一定要求的，尺寸过大会导致煤粉不完全燃烧程度加剧。粗粉分离器是制粉系统中为生产合格的煤粉而设置的一个重要设备。其作用是将磨煤机磨制出的煤粉以颗粒的大小进行分选。把颗粒度小于某颗粒级的细粉（即合格的煤粉）作为产品送去燃烧；而将颗粒度大于此颗粒级的粗粉从煤粉气流中分离出来，送回磨煤机进行再次磨制。粗粉分离器对煤粉的粗细具有一定的调节能力，以适应磨煤机出力及通风量的变化。对于一般的煤种，粗粉分离器通常采用离心式分离器。

细粉分离器也称旋风分离器，其作用是将粗粉分离器分离出来的煤粉气流中的煤粉捕集下来送到粉仓中。粗、细粉分离器的性能直接影响到制粉的质量，因此需要通过试验，了解分离器的性能，分析分离器的效率，找出最佳工作点。该试验既是判断分离器工作点正常与否的依据，也为运行中煤粉细度的调节提供了依据。

2. 试验方法

保持磨煤机出力和通风量不变（80%的最大出力及相应的通风量），在分离器折向挡板（折向门）不同开度下测定煤粉细度、分离器阻力、分离器效率、循环倍率、煤粉细度调节系数、煤粉均匀性系数、磨煤机电耗等。

（1）粗粉分离器进、出口煤粉采样。

对于粗粉分离器进、出口煤粉采样应采用等速取样装置。等速取样装置由采样头、煤粉收集器、抽气器、压缩空气气源、抽气量调节门、密封短节等组成。

等速取样装置的原理为“零静压差”原理，即在采样时，调节抽气量，使采样管内、外静压测孔所感受的静压之差接近于零。根据流体伯努利方程可得

$$\frac{\rho_1 v_1^2}{2}+p_1=\frac{\rho_2 v_2^2}{2}+p_2$$

式中 ρ_1、ρ_2——来流和取样头内的气流密度，kg/m³；

p_1、p_2——来流和取样头内的静压，Pa；

v_1、v_2——来流和取样头内的速度，m/s。

煤粉取样时，探头内外的气流密度相等，即 $\rho_1=\rho_2$，当取样探头内外的气流静压相等时，由上式可知 $v_1=v_2$，此时可保证采样管内气流流速与煤粉管道中采样点处的气流流速相等。因此“零静压差”是保证等速和正确取样的基础。等速取样的目的在于保证采样品能够真实地代表煤粉在测量截面上的分配。

试验时，将采样系统连接好。对于正压式制粉系统，最好在磨煤机通风之前将密封短节安装在测孔上，然后打开密封气源来气门，调整好压力，打开密封短节上的堵头将取样管插入测孔。注意在插入时，采样口应背对气流方向。开始测量时，再转向正对气流方向。按照事先准备好的标尺，在同一截面的各采样点上，调节抽气量的大小，调节静压差，逐点进行采样。采样时，取样管入口流速与取样点主气流速偏差不应超过±10%。按此要求，当气流速度为 20～30m/s 时，取样管内外静压差的波动不应大于 100Pa。采得的样品应立即装入事先经过干燥的磨口瓶内密封，送去筛分和工业分析。

若采用等速采样时，同一工况应间隔取样两次以上；若用活动取样管采样时，应取三次，然后进行算术平均值以求得煤粉细度。

（2）回粉管及旋风分离器落粉管内的煤粉采样。

对于回粉管及旋风分离器落粉管内的煤粉，应采用煤粉活动取样管取样。试验时，取样管的内、外管开口对齐，开口方向朝向煤粉下落的方向，插入测孔，经过一段时间后，待管内有了一定的粉量，将内管旋转，使其开口与外管的开口错开并盖住，将取样管从测孔中取出，将煤粉样品装入磨口瓶。

（3）煤粉样的筛分。

筛分无烟煤、烟煤和油页岩煤粉时，采用规格为 200μm 和 90μm 的筛子。筛分褐煤时，采用规格为 500μm 和 90μm 的筛子。当使用圆孔筛时，筛分出的煤粉颗粒尺寸应换算成使用方孔筛时的颗粒尺寸，即应将圆孔直径乘以系数 0.9。

3. 分离器效率的计算

（1）粗粉分离器效率的计算。粗粉分离器效率的计算公式为

$$\eta_{cf}=\frac{(100-R''_{90})A}{(100-R'_{90})B}\times100\%-\frac{R''_{90}A}{R'_{90}B}\times100\%$$

式中 η_{cf}——粗粉分离器效率，%；

A——粗粉分离器出口粉量，t/h；

B——粗粉分离器入口粉量，t/h；

R'_{90}——粗粉分离器入口煤粉的细度值，%；

R''_{90}——粗粉分离器出口煤粉的细度值，%。

（2）粗粉分离器循环倍率的计算。粗粉分离器循环倍率的计算公式为

$$K_{cf}=\frac{B}{A}=\frac{R_{90hf}-R''_{90}}{R_{90hf}-R'_{90}}$$

式中 K_{cf}——粗粉分离器循环倍率；

R_{90hf}——回粉细度，%。

（3）粗粉分离器细度调节系数的计算。粗粉分离器细度调节系数的计算公式为

$$\varepsilon_{cf}=\frac{R'_{90}}{R''_{90}}$$

式中 ε_{cf}——粗粉分离器细度调节系数。

（4）细粉分离器效率的计算。细粉分离器效率的计算公式为

$$\eta_{xf}=\frac{B''}{B'}=\frac{R''_{90}-R_{90fq}}{R_{90}-R_{90fq}}\times100\%=\frac{R''_{90}}{R_{90}}\times100\%$$

式中 η_{xf}——细粉分离器效率，%；

R_{90fq}——乏气中的煤粉细度（其值很小，可以忽略不计），%；

B''——细粉分离器出口粉量，t/h；

B'——细粉分离器入口粉量，t/h；

R''_{90}——粗粉分离器出口煤粉的细度值，即细粉分离器入口煤粉细度，%；

R_{90}——细粉分离器出口煤粉细度，%。

（5）煤粉颗粒均匀性系数。煤粉颗粒均匀性系数计算公式为

$$n=\frac{\lg\ln\frac{100}{R_{200}}-\lg\ln\frac{100}{R_{90}}}{\lg200-\lg90}$$

式中 R_{90}、R_{200}——旋风分离器落粉管内所取粉样的细度值，%。

当 $n>1$ 时，煤粉中不会存在大量的最细和最粗的颗粒，即颗粒分布比较均匀。一般球磨机、

中速磨等制粉系统，n 多在0.8～1.2之间。

九、其他类型制粉系统的性能试验

（一）中速磨煤机直吹式制粉系统

中速磨煤机直吹式制粉系统测试项目包括冷态风量调平试验、分离器性能试验、加载压力试验、磨煤机出力特性试验及煤粉分配性能试验。

1. 冷态一次风量调平试验

由于同层燃烧器及各层间的一次风管的长度及弯头数量不同，造成各一次风管的阻力特性不同，引起运行中各一次风管内的一次风速不同，导致炉内燃烧气流流场发生偏斜。因此需要在冷态进行一次风的调平工作，即在冷态下通过调节各一次风管上的节流元件或挡板，使冷态下各一次风管内的风量分配达到均匀的状态，即各一次风管间的风量相对偏差值不大于±5%。

对各一次风管通风，冷态按40%、70%、80%风量对测速管进行标定。冷态调好通过磨煤机的一次风量，测量各个一次风管中的风速，使各一次风管中风速接近于计算值。记录好调平后各管的动压值和各阻力件的调节量。冷态调好的风速，需在热态下进行验证，进行进一步调整。

2. 加载压力试验

中速磨的碾磨元件磨辊或钢球上都有加载装置，改变加载力的大小可以调节碾磨元件与磨盘磨碗之间的压紧程度。压紧力的大小对磨出力的大小及煤粉的粗细都有影响。压紧力太小，会使出力不足，煤粉变粗；压紧力太大，会增加电耗，并使碾磨元件的磨损程度加剧，而且在低负荷下有可能引起磨煤机振动过剧。加载压力一般有厂家的推荐值，在实际运行中，应根据所使用的煤种进行加载压力试验，以确定最佳的加载压力，试验方法如下：

（1）参照厂家给出的加载压力值，在其上、下各取几点进行加载。首先按厂家提供的额定加载压力的80%加载，记录液压缸的油压（或气压缸的气压）、弹簧压力，计算加载力。

（2）保持磨煤机出力和通风量不变（约为80%额定出力和相应的通风量），在磨煤机出口抽取煤粉样筛出细度值，调整好粗粉分离器折向门开度，将煤粉细度调至规定值，维持磨煤机出口风温为规定值。

（3）待磨煤机运行状态稳定后，测量记录磨煤机出力、磨煤机入口风量、磨煤机电流、一次风机功率、磨煤机入口压力、温度和石子煤量等。

（4）取煤粉样进行细度分析和工业分析；取原煤样进行工业分析。

（5）依次调整加载力为90%、95%、100%、105%、110%额定加载值，按上述步骤进行其他各工况的试验。

（6）在不同加载压力下，测定系统的运行各参数，以求得满足磨煤机出力所需要的较适合的加载压力。

（7）整理试验结果，制成综合数据表，绘制磨煤机出力、磨煤机单耗与加载力之间的关系曲线图，确定最佳的加载力（不同加载压力下制粉系统单耗的比较条件是煤粉细度相同，煤粉细度不同时需要换算至同一煤粉细度下再进行比较）。

3. 分离器性能试验

保持磨煤机出力和通风量不变（约为额定出力的80%及相应的风量），在分离器折向门挡板不同开度下测定系统运行各参数，求得分离器效率。

试验方法如下：

（1）将分离器折向门挡板开度调整到30%。

（2）调整磨煤机的给煤量，使磨煤机出力达到80%的额定出力。

（3）调整磨煤机入口冷热风门开度及磨煤机入口一次风压，使磨煤机内通风量与磨煤机出力相适应，并保持磨煤机出口风温为规程规定值。

（4）测量记录磨煤机出力、磨煤机功率、磨煤机入口风量及密封风量、石子煤量、分离器的阻力及其他表盘参数。试验时间最少2h。

（5）取煤粉样进行细度分析和工业分析；取原煤样进行工业分析。

（6）上述步骤完成后，分离器折向门挡板开度依次调整到40%、50%、60%、70%、80%，按照（2）～（5）的步骤进行其他工况的试验。

（7）整理试验结果，制成综合数据表，绘制煤粉细度、磨煤机电耗与折向门挡板开度的关系曲线图，作出对结果的分析。

4. 磨煤机出力特性试验

试验目的：根据运行的实际煤种，在最佳加载力下，风煤比值按给定的值变化，在不同磨煤机出力（直至磨煤机最大出力）下测定系统运行各参数，为运行提供依据。

试验方法如下：

（1）按风煤比曲线中给煤机最大给煤量调整好磨煤机的通风量，调整磨煤机入口冷热风的比例，控制磨煤机出口风温为规程规定值。

（2）测量记录磨煤机出力、磨煤机功率、磨煤机入口风量、石子煤量。

（3）取煤粉样进行细度分析和工业分析；取原煤样进行工业分析。

（4）上述步骤完成后，分离器折向门挡板开度依次调整到40%、50%、60%、70%、80%，按照（1）～（3）的步骤进行其他工况的试验。

（5）整理试验结果，制成综合数据表（见表13-14），绘制磨煤机电耗、磨煤机通风量与磨煤机出力的关系曲线图，作出对结果的分析。

表13-14　　B磨煤机出力特性试验结果

项　　目		单位	工况1	工况2	工况3
磨煤机入口热风门开度		%	41.1	51.1	83.2
磨煤机入口冷风门开度		%	46.1	41.6	43.7
磨煤机入口风温		℃	241.7	258.4	268.9
磨煤机入口风压		kPa	6.90	7.87	9.04
表盘磨煤机入口风量		t/h	84.1	87.1	90.9
密封风与一次风差压1/2		kPa	8.24/8.19	7.35/7.37	5.92/5.86
密封风压力		kPa	14.8	15.0	14.7
磨煤机电流		A	43.6	47.2	50.4
炉膛与磨煤机出口差压		kPa	3.46	4.00	4.70
分离器密封风与一次风差压		kPa	4.07	3.36	2.26
分离器出口风温		℃	69.8	68.2	64.7
分离器转速		r/min	70.0	70.0	70.0
分离器电流		A	16.7	16.6	16.7
分离器频率		Hz	23.4	23.3	23.3
一次风进出口压差		kPa	3.49	4.03	4.48
给煤机电流		A	3.6	3.6	3.6
磨煤机出力		t/h	36.4	43.5	50.5
加载油压		MPa	7.09	7.96	8.45
反作用力加载油压		MPa	2.02	1.84	1.66
表盘一次风速	1/2号角	m/s	29.1/27.4	29.1/29.5	31.6/30.4
	3/4号角		26.2/21.4	27.6/22.6	30.0/23.6

续表

项目		单位	工况 1	工况 2	工况 3
煤粉细度	R_{200}	%	0.80	1.25	1.75
	R_{90}	%	18.85	21.86	24.65
煤粉均匀性 n			1.330 6	1.325 6	1.328 6
实测磨煤机入口风量		t/h	95.3	99.1	103.1
实测一次风速	1/2 号角	m/s	23.9/23.8	24.5/26.6	23.6/27.0
	3/4 号角		21.3/23.3	21.9/22.3	23.2/23.9
磨煤单耗		kWh/t	9.58	8.68	7.99
通风单耗		kWh/t	12.88	11.08	10.47
制粉单耗		kWh/t	22.46	19.76	18.46

(6) 石子煤量的测量方法是：在试验期间，定时收集出料斗内的石子煤量进行称重，记录所用的时间，计算出产量，并进行发热量的测定。中速磨煤机在最大出力时，如石子煤量大于额定出力的 0.5‰，或石子发热量大于 6.27MJ/kg 时，磨煤机已属非正常运行工况。

例如，A 电厂 660MW 锅炉配有 6 台由长春发电设备总厂生产的 MPS190 HP-Ⅱ磨煤机（保证出力 52.4t/h，BMCR 计算出力 47.6t/h，磨煤机转速 32.59r/min，分离器转速调节范围 62.8～125.7r/min），选取 B 磨煤机进行出力特性试验，试验时磨煤机出力分别为 36、43、50t/h，磨煤机分离器转速维持在 70r/min，磨煤机风量按照风煤比曲线设置，磨煤机出力特性试验结果见表 13-13 和图 13-4、图 13-5 所示。

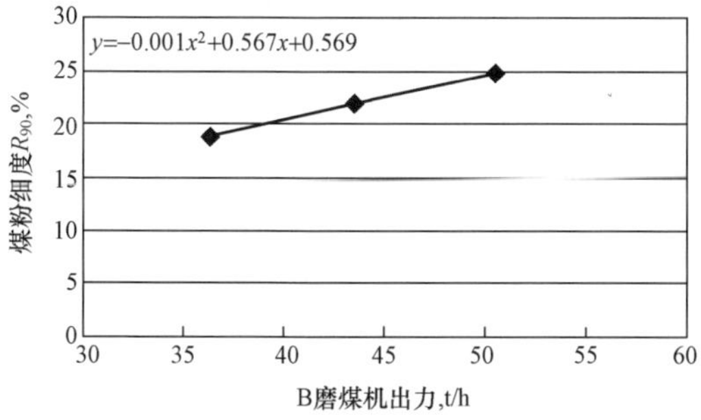

图 13-4 B 磨煤机出力与煤粉细度关系曲线

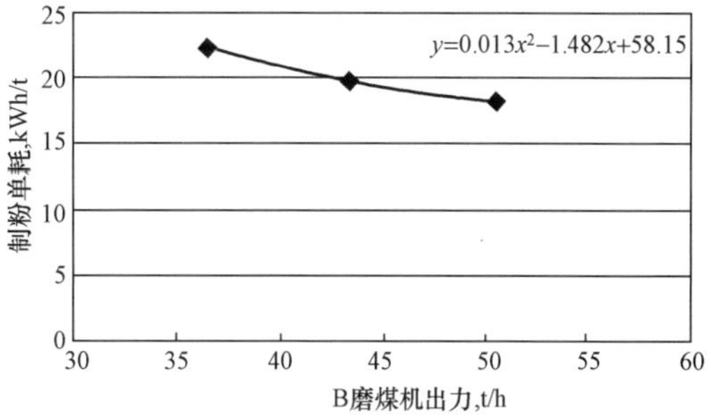

图 13-5 B 磨煤机出力与制粉单耗关系曲线

从试验结果来看：随着 B 磨煤机出力的增大，煤粉细度逐渐增大，磨煤单耗、通风单耗、制粉单耗逐渐降低。B 磨煤机出力分别为 36.4、43.5、50.5t/h 时，煤粉细度 R_{90} 分别为 18.85%、21.86%、24.65%；磨煤单耗分别为 9.58、8.68、7.99kWh/t；通风单耗分别为 12.88、11.08、10.47kWh/t；制粉单耗分别为 22.46、19.76、18.46kWh/t。可见，随着磨煤机出力的增大，制粉单耗降低较多，B 磨煤机出力由 36.4t/h 增大到 50.5t/h，制粉单耗降低了 4.00kWh/t，因而从降低制粉单耗的角度出发，磨煤机不宜在小出力状态运行。

5. 磨煤机分离器转速特性试验

试验目的：根据运行的实际煤种，在一定出力状态、不同的分离器转速下，测定煤粉细度，确定转速与煤粉细度的关系，为运行提供依据。试验方法如下：

(1) 在磨煤机习惯工况下，对磨煤机煤粉细度进行摸底测试。试验期间维持磨煤机各参数稳定。通过摸底测试，测定的分离器转速作为基准转速。

(2) 磨煤机维持 100%额定出力状态，风量按风煤比曲线设置。

(3) 在 3～4 个不同的分离器转速（包括基准转速）下，测定煤粉细度、磨煤机出力、通风量、磨煤机电流、磨煤机入口压力、温度等参数。

(4) 上述步骤完成后，将磨煤机出力依次调整到 85%、65%，按照（1）～（3）的步骤进行其他工况的试验。

(5) 整理试验结果，计算磨煤机单耗、通风单耗等试验数据，制成综合数据表（见表 13-14），绘制磨煤机单耗、制粉单耗与分离器转速的关系曲线图，作出对结果的分析。

仍以上述 A 电厂 B 磨煤机为例，B 磨煤机分离器转速特性试验结果见表 13-15 和图 13-6。

表 13-15　　B 磨煤机分离器转速特性试验结果（100%出力）

项　目		单位	T-05	T-06	T-07	T-08
磨煤机入口热风门开度		%	76.7	76.2	83.1	81.4
磨煤机入口冷风门开度		%	0	8.1	23.2	35.9
磨煤机入口风温		℃	309.3	303.9	294.8	278.6
磨煤机入口风压		kPa	8.76	9.17	9.41	9.48
表盘磨煤机入口风量		t/h	90.8	91.1	91.0	90.7
密封风与一次风差压 1/2		kPa	6.58/6.64	6.56/6.57	6.30/6.35	6.31/6.33
密封风压力		kPa	15.1	15.4	15.5	15.6
磨煤机电流		A	51.7	52.5	53.1	54.0
炉膛与磨煤机出口差压		kPa	4.49	4.80	4.58	4.68
分离器密封风与一次风差压		kPa	2.75	2.67	2.44	2.40
分离器出口风温		℃	68.4	68.7	68.5	68.0
分离器转速		r/min	65.0	70.0	75.0	80.0
分离器电流		A	16.4	16.6	17.4	17.5
分离器频率		Hz	21.8	23.5	25.2	26.9
一次风进出口压差		kPa	4.34	4.54	4.96	4.92
给煤机电流		A	3.6	3.6	3.6	3.6
磨煤机出力		t/h	50.3	50.3	50.3	50.3
加载油压		MPa	8.51	8.50	8.49	8.49
反作用力加载油压		MPa	1.69	1.68	1.69	1.68
表盘一次风速	1/2 号角	m/s	30.0/29.5	31.2/30.2	30.7/30.6	30.9/30.9
	3/4 号角		28.6/21.9	28.3/23.6	28.8/22.4	30.2/24.1
煤粉细度	R_{200}	%	2.45	1.58	1.05	0.65
	R_{90}	%	28.46	24.35	21.25	17.35
煤粉均匀性 n			1.355 4	1.348 9	1.351 3	1.322 6
实测磨煤机入口风量		t/h	101.1	99.7	100.8	101.6
实测一次风速	1/2 号角	m/s	22.8/25.8	23.5/26.3	24.5/26.9	23.4/28.9
	3/4 号角		24.4/23.8	22.0/23.6	21.5/23.7	20.7/24.0
磨煤单耗		kWh/t	8.22	8.35	8.45	8.59
通风单耗		kWh/t	9.64	9.98	9.98	10.07
制粉单耗		kWh/t	17.86	18.33	18.42	18.66

从试验结果来看：随着B磨煤机分离器转速的提高，煤粉细度逐渐降低，磨煤单耗和制粉单耗逐步增大。B磨煤机分离器转速分别为65、70、75、80r/min时，煤粉细度R_{90}分别为28.46%、24.35%、21.25%、17.35%；磨煤单耗分别为8.22、8.35、8.45、8.59kWh/t；制粉单耗分别为17.86、18.33、18.42、18.66kWh/t。

根据调整试验结果，并结合电厂燃煤情况，推荐磨煤机运行参数按表13-16控制。

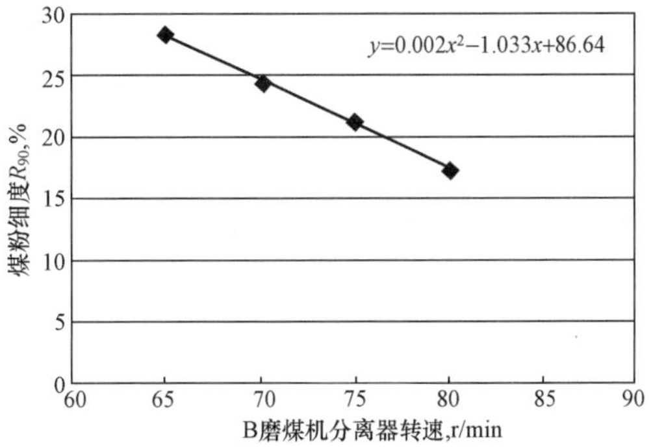

图13-6 B磨煤机分离器转速与煤粉细度关系曲线

表13-16 磨煤机运行控制卡

项 目	单 位	数 值		
磨煤机出力	t/h	52	45	35
动态分离器转速	r/min	72～75	68～72	68～72
加载力	MPa	8.50	8.17	6.95
反加载力	MPa	1.68	2.10	2.25
进口风量	t/h	89～91	83～86	80～82
分离器出口风温	℃	68～75	68～75	68～75

6. 煤粉分配性能试验

在不同风量工况下，测定各一次风管的风速、粉量，为改善燃烧器的风粉均匀及锅炉燃烧调整提供依据。试验方法如下：

（1）调整磨煤机给煤量到40%的最大出力。

（2）调整磨煤机入口冷热风的比例，控制磨煤机出口风温为规程规定值。

（3）待运行状态稳定后，对各一次风管进行煤粉采样，对煤粉样进行称重及细度分析。

（4）测量记录磨煤机出力、磨煤机功率、磨煤机入口风量，以及各管一次风速、风温及静压。

（5）上述步骤完成后，将给煤量依次调整到60%、80%、100%最大出力，按照（1）～（4）的步骤进行其他工况的试验。

（6）整理试验结果，计算出各管一次风含煤粉的浓度，绘制成综合表。

（二）风扇磨制粉系统

对于风扇磨需做纯空气通风特性试验。在不同通风量下，测定磨煤机的入口压力、出口压力以及分离器出口压力、磨煤机功率，由此计算在不同通风量下的磨煤机提升压头、通风效率和分离器阻力，以便为进行新旧碾磨件通风特性对比及设备改进提供依据。在进行纯空气通风特性试验的同时进行冷态一次风量调平试验。

第六节 锅炉燃烧调整试验

一、试验目的

锅炉的燃烧工况在很大程度上影响着锅炉设备和整个发电厂运行的经济性和安全性。锅炉燃烧完全、炉膛温度场和热负荷分布均匀，是保证锅炉达到额定参数、避免结焦和烧损的必要条件，所谓的锅炉燃烧调整试验就是对新投产或大修后的锅炉，以及燃料品种、燃烧设备、炉膛结构有较大变动时，为了了解和掌握设备性能、锅炉运行的技术经济特性，有计划地改变某些可调参数及控制方式（燃料供给方式和配风方式），对燃烧工况做全面的测试，然后对结果进行科学分析比较，最终确定锅炉系统的最佳运行方式和参数，从而保证机组的安全经济运行。

二、燃烧调整试验的对象和内容

1. 燃烧调整试验的对象

（1）燃烧设备：炉膛和煤粉燃烧器。

（2）燃料供给设备：给粉机、给煤机等。对于直吹式制粉系统，还包括制粉系统；而对于中储式制粉系统，制粉系统不在燃烧调整设备范围之列，只要求制粉系统供应合格的煤粉。

（3）空气供给系统：风道、空气预热器、风机等。

（4）锅炉烟道系统及受热部件。

2. 燃烧调整试验的内容

在锅炉70%额定负荷点，进行不同一、二次风配比、不同过剩空气系数、不同煤粉细度、不同燃烧器投运方式的试验，根据试验结果确定最佳的一、二次风配比、不同过剩空气系数、不同煤粉细度。

在锅炉50%负荷、70%负荷、100%负荷下，分别按定压、滑压两种方式进行试验，取得不同运行方式下锅炉运行的推荐控制参数。

三、试验标准

（1）GB/T 10184 电站锅炉性能试验规程。

（2）DL/T 567.6 飞灰和炉渣可燃物测定方法。

（3）DL/T 567 火电厂燃料试验方法。

（4）DL/T 467 电站磨煤机及制粉系统性能试验。

四、试验条件

（1）试验前，锅炉运行持续时间大于72h，即在锅炉自冷态点火带负荷运行72h后进行各类试验。

（2）试验前，锅炉保持试验负荷稳定时间大于3h。即将锅炉负荷调整到试验所规定的数值并稳定3h后进行。

（3）试验时，锅炉参数稳定范围如下。

锅炉负荷：额定蒸汽流量±3%；

主蒸汽压力：额定蒸汽压力±6%；

主蒸汽温度：额定蒸汽温度+5～−10℃；

再热蒸汽温度：额定蒸汽温度+5～−10℃。

（4）试验期间所用煤种必须是试验大纲规定的煤种。在进行同一项目的试验时，每次测试中燃煤的各项工业分析值与全组测试项目中的平均值之间的允许偏差为：收到基水分差$\Delta M_{ar}\leqslant\pm2\%$，但当收到基水分$M_{ar}>15\%$，允许偏差$\Delta M_{ar}$可以适当放宽；对于收到基灰分，当$A_{ar}>30\%$，允许偏差$\Delta A_{ar}\leqslant\pm3\%$。当$A_{ar}<15\%$，允许偏差$\Delta A_{ar}\leqslant\pm1\%$。当$A_{ar}=15\%\sim30\%$，允许偏差$\Delta A_{ar}\leqslant\pm2\%$。

（5）受热面吹灰，炉膛除灰及定期排污等工作在试验前的负荷稳定阶段内进行。在试验过程中，凡此类可能扰乱工况的操作都应避免。

五、试验测试项目

1. 试验时需要记录的数据

试验时需要记录的数据见表 13-17。

表 13-17　　锅炉燃烧调整试验数据

序号	项　　目	单位	测量值	序号	项　　目	单位	测量值
1	机组功率	kW		24	锅炉燃料量	t/h	
2	主蒸汽流量	t/h		25	飞灰可燃物含量	%	
3	给水流量	t/h		26	灰渣可燃物含量	%	
4	主蒸汽压力	MPa		27	收到基碳	%	
5	主蒸汽温度	℃		28	收到基氢	%	
6	再热蒸汽压力	MPa		29	收到基氧	%	
7	再热蒸汽温度	℃		30	收到基氮	%	
8	给水温度	℃		31	收到基硫	%	
9	锅炉减温水量	t/h		32	收到基水分	%	
10	炉膛氧量	%		33	收到基灰分	%	
11	炉膛压力	Pa		34	收到基挥发分	%	
12	大气压力	Pa		35	收到基低位发热量	kJ/kg	
13	空气温度	℃		36	干燥无灰基挥发分	%	
14	空气湿度	%		37	排烟热损失	%	
15	二次风量	t/h		38	机械未完全燃烧热损失	%	
16	空气预热器出口二次风温	℃		39	散热损失	%	
17	空气预热器出口一次风温	℃		40	锅炉效率	%	
18	空气预热器进口烟气氧量	%		41	一次风母管压力	Pa	
19	空气预热器出口烟气氧量	%		42	二次风箱压力	Pa	
20	空气预热器进口烟气 RO_2	%		43	燃烧器风量挡板开度	%	
21	空气预热器出口烟气 RO_2	%		44	燃烧器辅助风量挡板开度	%	
22	锅炉排烟温度	℃		45	省煤器入口压力	MPa	
23	煤粉细度 R_{90}	%		46	汽包压力	MPa	

2. 锅炉负荷特性试验

(1) 锅炉最大负荷试验。锅炉最大负荷（BMCR）试验是为了检验锅炉机组可能达到的最大负荷，并预计在事故情况下锅炉的适应能力。试验时，锅炉以不大于规定的加负荷速率逐渐将负荷升至试验所需的最高值（如 105%额定负荷）或机组能够到达的最大值，并保持连续稳定运行 3h 以上，记录各运行参数及性能数据。试验期间，运行人员应注意锅炉各辅机、热力系统、各调温装置及自控装置的适应能力，并使汽包水位不要有大的波动，升负荷过程中应控制减温水量，使再热器不超温，严密监视再热器壁温不越限。在带最大负荷运行时，要保证运行参数基本正常，汽水品质合格。

(2) 锅炉最低稳燃负荷试验。进行该试验前，应先进行制粉系统调整试验，将燃烧工况调至最佳。锅炉经过燃烧调整，带满负荷运行并燃烧稳定，煤粉细度合格，高压加热器投入运行且工作正常。试验前对燃油系统进行全面检查，确认系统工作良好，每角试投一次油枪，至少有70%的油枪雾化良好，且能进退自如。

试验时，按5%～10%的负荷段逐级降低锅炉负荷，并在每级负荷下保持15～30min（如300MW机组应控制负荷变化率为1.5MW/min），直至保持锅炉燃烧的最低限，并保持3h以上。降负荷过程中应密切监视炉内的着火情况、炉膛负压及氧量变化情况，在每级负荷下均应对各主要运行参数进行测量记录。

锅炉不投油最低稳燃负荷试验应按燃烧器的不同编组投入方式分别进行，每种燃烧器组合方式下的稳燃试验持续时间应大于3h。试验时燃烧器至少应保持相邻两层投入运行。锅炉负荷降低至接近制造厂设计的不投油最低出力时，每降低3%的负荷，观察10～20min，直至设计值或更低值（如40%额定负荷）。

（3）锅炉经济负荷试验。锅炉经济负荷试验一般与锅炉最大负荷试验同时进行。通过对各级负荷参数的测量、记录和计算，求出其中锅炉效率最高时的锅炉负荷，即为该锅炉的经济负荷。一般情况下，额定负荷就是经济负荷，或者经济负荷稍微低于额定负荷，在90%～100%额定负荷范围内。

3. 一次风粉均匀性调整

锅炉各一次风管在现场布置时由于长度、弯头数量、爬坡高度等的不同造成了各管道阻力的原始差异，所以它们在相同的压差之下工作时，就会造成各一次风管内的风量和煤粉量的分配不均匀，给锅炉的正常燃烧和安全运行带来不良影响。因此必须通过试验调整，将锅炉各一次风管的阻力调平。

为了保证锅炉的正常运行，一次风管阻力的调整试验通常在冷态下进行。冷态调平利用阻力平衡元件（缩孔或小风门）进行。在不投粉的情况下，用节流件阻力补足各管道原始阻力的差别。调平试验时，提升一次风压，使各一次风速达到设计值附近，将各管可调缩孔开满，确定出其中动压最小的管子（即阻力最大的管子）作为基准管。然后保持基准管的缩孔全部开足，逐步关小其他一次风管的可调缩孔，使其动压向基准动压逐渐接近，直至所有一次风管动压基本相等为止。在阻力调平后，无论一次风压如何变化，各管一次风速均匀性不受影响。

冷态调平后，如果通粉，又会发生新的阻力不平衡。其原因是煤粉的混入改变了各管路的阻力特性。因此需要再在热态下复测和重新调整，从而达到各一次风管阻力在投粉状态下也基本相等。热态调平试验在额定负荷下进行，试验前调节各一次风量大致在额定值，维持各给粉机的转速（给粉量）均匀，仍保持基准管的缩孔全开，其余各管则依次继续关小缩孔（因为它们的阻力增加均小于基准管），直至风量彼此相等。调节过程中如果出现某一根管子的缩孔不是关小，而是不动甚至开大，则说明该管的煤粉流量偏大，应对相应的给粉机进行检查和纠正。

一旦调平各管阻力（相应固定各缩孔开度），则各管给粉量相等即成为一次风量相等的必然前提。当某管风量较大时，说明给粉量偏小，反之则说明煤粉流量偏大。一般来说，随着锅炉负荷的降低，一次风管中的煤粉浓度要减小，从而导致风粉平衡破坏，管子原始阻力大的，风量大些，煤粉浓度相对低些；管子原始阻力小的，风量小些，煤粉浓度相对高些。但经过计算，这种偏差一般不会太大，在燃烧工况分析时可以加以考虑，运行中则不必调节。

对于直吹式制粉系统，由于同一台磨煤机各支管的煤粉流量在离开分离器后即无调节手段。所以，即使是热态调平也只能达到风量调平。风量调平对煤粉量的均匀有一定的改善作用，但后者主要是由装设性能良好的煤粉分配器来消除。根据我国一些大机组的实测数据，各燃烧器间的一次风量偏差都能控制较好，但煤粉浓度偏差则普遍较大（达5%～10%）。

4. 燃烧器出口风速和风率调整

(1) 旋流燃烧器。其调整方法是：对于带中心锥的结构，可以调节中心锥的位置；对于双蜗壳燃烧器，则只能依靠改变一次风率来调节。二次风速的调整方法也必须借二次风率的变化来实现，其出口切向速度则可利用风速挡板进行适当的调节，以改变燃烧器出口气流的状态，但其调节幅度一般是有限的。

(2) 直流燃烧器。由于四角布置直流燃烧器的结构布置特性差异很大，风速的设计和调整范围也因之较旋流燃烧器更广些，这类燃烧器的一、二次风出口速度可以用下述方法进行调整：①改变一、二次风率百分比；②改变各层喷嘴的风量分配，或停掉部分喷嘴；③有的燃烧器具有可调的二次风喷嘴出口风速挡板，可以用来调节出口风速而保持风量不变。

为了寻求适宜的燃烧器出口风速及风率，调整试验可在经济负荷下进行，其他负荷可以根据一般规律推导。判断风速风率是否适宜的标准，首先是燃烧的稳定性、炉膛温度分布的合理性及对过热汽温的影响，其次是比较经济指标，主要是要求排烟热损失和灰渣未完全燃烧热损失最小。

直流燃烧器关键的调试项目之一是煤粉分布均匀性试验。煤粉分布不均匀主要是指：①分配到各个喷嘴的粉量不等，引起各燃烧器的风煤比失调；②同一喷嘴的横截面上煤粉浓度和颗粒度分布不等。

调整煤粉分布均匀的措施是：①尽量减少煤粉管道的弯头和长度；②输粉管进燃烧器前，最好有足够长的直管段；③尽量消除煤粉管道内气流的旋转，比如装设十字型整流装置；④对于因弯头而引起煤粉惯性分离所产生的分布不均匀现象，可加装导流板予以减轻。

(3) 液态排渣炉。由于液态排渣炉膛内熔渣的保温作用，改善了煤粉气流的着火条件，所以其结构受煤种的影响不像固态炉那样明显。

在液态排渣炉中，为了建立相对集中的高温火焰中心，通常选择较低的一次风率，以保证煤粉气流的提前着火；并采用较高的二次风喷口来强化混合，以至加速煤粉燃尽。由于火焰自下而上运动的缘故，上排二次风喷口的风量常常稍高于下排，中间二次风喷口的风速及风量一般维持较低的水平。

5. 燃烧器负荷分配及投停方式

(1) 负荷分配。燃烧器负荷分配调整的目的是改变炉内的温度分布，以解决火焰偏斜、炉内结渣、烟气侧热偏差过大、汽温偏高或偏低，过再热器金属超温以及热经济性差的问题。负荷分配调整的原则是：

1) 对冲布置的旋流燃烧器和W型火焰燃烧的锅炉，为了改变火焰偏斜现象，避免结焦，可以对单台燃烧器进行调整，一般应保持中间负荷大，两边负荷较小，以获得更好的燃烧效果。

2) 四角布置的直流燃烧器，为了减少火焰偏斜现象，避免结焦，当风道及喷口布置以致所流射程不对称时，一般应对角两台同时调整或单层四角燃烧器同时调整，将一侧或相对两侧的风粉量适当降低运行，会收到良好效果。

3) 负荷分配改变时，各只燃烧器的风煤比可根据燃烧需要加以调整，但总的过量空气系数一般维持不变。

4) 改变四角布置燃烧器的上下排喷嘴给粉量或二次风量也是调整燃烧中心，改善气粉混合及增加燃烧效果的常用措施。例如采用所谓的“正塔形”送风（即上二次风小，下二次风大）或“反塔形”送风（即上二次风大，下二次风小）等配风方式。

当进行这类调整时，判断调整措施的好坏，除了燃烧的稳定性，炉膛出口烟温、炉内的温度分布和燃烧经济性外，还应注意炉膛两侧的燃烧产物（RO_2、飞灰可燃物、炉渣沉积量）是否均衡。

(2) 燃烧器合理投停方式。为了保持燃烧器一、二次风的出口风速，有的要停一部分燃烧器，在低负荷运行时尤为必要。制粉系统为直吹系统时，与备用磨煤机或检修磨煤机相连的燃烧器也必然停掉。除了被迫停用的情况外，在正常工况下或在低负荷运行时，停哪几个燃烧器为好，需要通过试验分析对比来确定。燃烧器的投停对锅炉运行的影响更甚于燃烧器的负荷分配。

该项试验的目的是为了找出燃烧器出力的调节范围，以确定锅炉在不同负荷下运行燃烧器的合理数量（制粉系统的投运台数）和运行燃烧器的合理组合方式。

试验时应分阶段调整锅炉负荷，对预定的各种组合方式进行逐项试验。当燃烧器超过出力范围而使燃烧工况变差时，应增加或减少燃烧器的投运数量。在增减燃烧器数量的过程时，测试各种组合方式对锅炉安全经济的影响。

由于燃烧器的结构种类不同，布置方式的多样化，很难做出具体规定，下述原则仅供试验参考。

1）停用燃烧器的主要目的是保证锅炉参数和稳定燃烧，经济性方面（如炉膛出口烟温等）的考虑是次要的。

2）停上投下，可降低火焰中心，以利于燃尽。

3）四角燃烧方式中，宜对角停用，定时切换，以利于水冷壁受热均匀。

6. 最佳过量空气系数调整

最佳过量空气系数的调整试验应在额定负荷下进行。试验时应保持一次风量不变，只是依靠改变总风量或二次风量来调整锅炉的过量空气系数值。在炉膛出口的最佳过量空气系数值（例如1.2）附近选取4个值（1.1～1.4）进行。在每一个预定的试验工况下，按锅炉反平衡效率试验要求对有关项目进行测量、记录和计算，确定出最佳过量空气系数。

同一台锅炉，当运行煤种有较大变化时，应重新进行上述试验，以确定最佳过量空气系数与煤质的对应关系；在不同负荷下，最佳过量空气系数的值也是不同的。因此应在最大负荷到最低稳燃负荷之间选定几个负荷代表点（必须包括经济负荷），进行最佳过量空气系数的调整试验，以便为锅炉在不同负荷下的氧量控制提供合理的依据。随着锅炉负荷的降低，最佳过量空气系数有所增加；低挥发分的煤种常常需要较大的过量空气系数；液态排渣炉则较固态排渣炉的过量空气系数小些。

上述过量空气系数值都是指炉膛出口，但在实际试验中，因该截面上烟温过高，测量困难，且浓度场均匀性较差，故常在过热器后甚至在高低省煤器之间取烟气样分析 RO_2 和 O_2，以确定过量空气系数，此时需计入各段烟道的漏风系数。

过量空气系数的变化主要影响锅炉燃烧的经济性，同时还常影响到炉膛的温度分布和局部烟流的还原性气氛浓度，从而影响到受热面的玷污和结焦情况。

7. 煤粉细度的调整

煤粉细度调整的目的是确定经济煤粉细度。经济煤粉细度是指锅炉的机械不完全燃烧热损失与制粉系统电耗之和为最小值时的煤粉细度。

(1) 固态排渣炉。煤粉细度的调整试验一般在额定负荷的80%～100%下进行。试验前先调整锅炉各运行参数稳定，然后分别将煤粉细度调至各个预定的水平。在每一稳定工况下，测量与机械不完全燃烧热损失及制粉系统电耗有关的各种数据，并将制粉系统单位电耗 E_{zf} 折算成与 q_4 损失相当的热量损失，折算公式如下，即

$$q_{zf}=\frac{29.308b_f P_{zf}}{B_{mm}Q_{net,ar}}$$

式中 $\frac{P_{zf}}{B_{mm}}$——制粉系统单位电耗，kWh/t；

$Q_{net,ar}$——收到基低位发热量，kJ/kg；

P_{zf}——实测制粉系统的电动机总功率，kW；

B_{mm}——实测磨煤机出力，kg/h；

b_f——试验期间发电标准煤耗，g/kWh；

q_{zf}——制粉系统单位电耗 E_{zf} 折算后的热量损失，%。

煤粉细度试验预定值可根据经验公式求得经济煤粉细度值，在其附近取三个点进行。低负荷运行往往要求更小的煤粉细度，某厂经济细度调整试验结果见图 13-7。

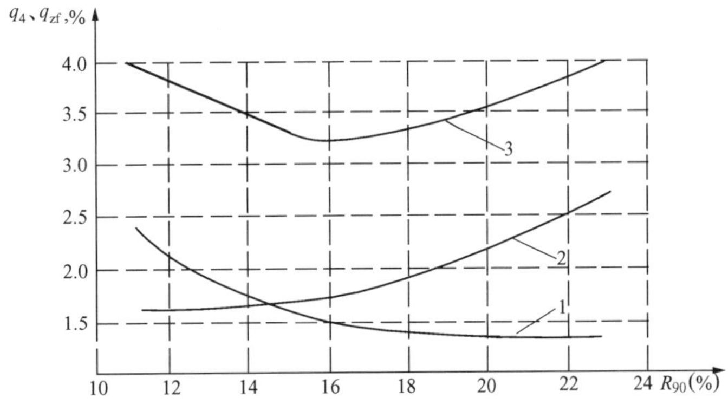

图 13-7 经济煤粉细度试验结果

曲线 1—制粉系统电耗折算热量损失%；曲线 2—机械不完全燃烧热量损失%；曲线 3—q_4+q_{zf}

（2）液态排渣炉。液态排渣炉煤粉细度调整的原则与固态炉相同。此外应当注意，未燃尽的粗粒煤粉容易从气流中分离出来，落入渣池而造成析铁；或由于离心作用冲至炉壁附近产生还原性气氛，为高温腐蚀提供了条件。因此，必须比固态炉更严格地控制煤粉细度，不允许过粗。液态排渣炉推荐煤粉细度，对于贫煤 $R_{90}=8\%\sim10\%$。

六、试验数据的整理

每次试验结束后，要进行数据的整理工作。对测试中重复多次取样的测量参数，一般取其算术平均值作为其直接测量值，在计算平均值时，需先审查观测记录，遇有与正常读数相差较大的记录值，应加以分析，根据误差范围的要求决定取舍。

在测试过程中，如发现规定的工况受到短期破坏，参数的变化超过允许范围时，则在观测记录上取消受到影响的那些测量数值。重复多次测取的测量参数，如果被取消的读数个数超过测试期内应该测取的总数的 1/3 时，则该测量项无效；如果一次测量中有几个项目无效，而且影响到测试结果时，则整个试验结果无效。

各测量参数的观测值，通常仅保留一位估读数字，各测量参数的平均值要比估读数字多一位有效数字。对于一般试验，各项热损失的计算值取到小数点后两位。

七、试验举例

山东某火电厂 300MW 锅炉是由东方锅炉厂设计制造的 DG1025/18.2-Ⅱ4 型亚临界、中间再热、自然循环汽包炉。锅炉采用中储式制粉系统，配 4 台 DTM350/700 型钢球磨煤机。设计燃用蒙西烟煤，乏气送粉、四角切圆燃烧。通过燃烧调整试验，结果如下。

1. 煤粉细度调整试验

本组试验对比煤粉细度调整之前和调整之后锅炉热效率的变化。共两个工况，分别是工况 1 和工况 2，工况 1 是粗粉分离器挡板调整之前的基础工况，ABD 磨煤机运行，3 台磨煤机煤粉细度 R_{90} 分别为 48.63%、42.52%、40.43%；工况 2 为煤粉细度调整之后的工况，ABD 磨煤机运行，3 台磨煤机煤粉细度 R_{90} 分别为 28.25%、23.88%、24.47%。试验结果见表 13-18。

表 13-18 煤粉细度调整

项　　目	单位	数据来源	工况 1 数值	工况 2 数值
燃煤 V_{daf}	%	试样分析	33.86	35.62
燃煤 $Q_{net,ar}$	kJ/kg	试样分析	22 230	20 170
排烟温度	℃	网格测量	129.55	126.30
炉渣可燃物含量	%	试样分析	14.57	11.55
飞灰可燃物含量	%	试样分析	12.37	7.92
排烟热损失	%	计算	6.57	6.19
化学未完全燃烧热损失	%	计算	0.00	0.00
固体未完全燃烧热损失	%	计算	3.32	3.06
散热损失	%	计算	0.45	0.46
灰渣物理热损失	%	计算	0.13	0.18
热损失总和	%	计算	10.46	9.90
锅炉热效率	%	计算	89.54	90.10
修正后排烟温度	℃	计算	141.87	139.41
修正后锅炉热效率	%	计算	89.86	90.41

随着煤粉细度的降低，飞灰可燃物含量大幅降低，由 12.37%降低至 7.92%，排烟温度也有所降低，由 141.87℃降低至 139.41℃，锅炉热效率大幅升高，由 89.86%升高至 90.41%，升高了 0.55 个百分点。试验结果表明，在通过逐一停磨煤机检查，对各台磨煤机分离器挡板进行检修调整后，各台磨煤机煤粉细度降低明显，飞灰可燃物含量大幅降低，锅炉热效率大幅升高。

2. 变氧量试验

300MW 负荷变氧量试验共有 3 个工况，分别为工况 3～工况 5，工况 3 表盘氧量平均值为 3.7%，工况 4 表盘氧量平均值为 3.2%，工况 5 表盘氧量平均值为 4.2%，试验结果见表 13-19。

表 13-19 300MW 变氧量试验结果

项　　目	单位	数据来源	工况 3 数值	工况 4 数值	工况 5 数值
燃煤 V_{daf}	%	试样分析	37.62	37.62	37.62
燃煤 $Q_{net,ar}$	kJ/kg	试样分析	21 780	21 780	21 780
给水温度	℃	表盘记录	277.0	277.0	277.0
表盘氧量	%	表盘记录	3.7	3.2	4.2
排烟氧含量	%	网格测量	5.77	5.65	6.71
排烟温度	℃	网格测量	131.40	132.10	130.65
炉渣可燃物含量	%	试样分析	11.42	11.42	11.42
飞灰可燃物含量	%	试样分析	7.465	9.985	7.965
排烟热损失	%	计算	6.49	6.39	6.82
化学未完全燃烧热损失	%	计算	0.00	0.00	0.00
固体未完全燃烧热损失	%	计算	2.07	2.73	2.20
散热损失	%	计算	0.45	0.44	0.45
灰渣物理热损失	%	计算	0.13	0.13	0.13
热损失总和	%	计算	9.13	9.69	9.60
锅炉热效率	%	计算	90.87	90.31	90.40
修正后锅炉热效率	%	计算	91.13	90.55	90.68

试验结果表明：表盘氧量分别为3.7%、3.2%和4.2%，对应的锅炉热效率分别为91.13%、90.55%和90.68%。氧量变化对锅炉热效率的影响非常大，表盘氧量设定值为3.7%时，锅炉热效率最高。从锅炉运行氧量对锅炉经济性与安全性方面影响综合考虑，在300MW负荷下，建议表盘运行氧量控制在3.7%左右。

通过240MW负荷变氧量试验，最后确定表盘运行氧量控制在4.0%左右为宜。通过180MW负荷变氧量试验，建议表盘运行氧量控制在4.2%左右。

3. 锅炉系统最佳运行方式

试验期间，对300MW锅炉燃烧系统进行了精心的调整和测试，通过大量试验数据的采集和分析，获得锅炉系统最佳运行方式（见表13-20）。采用推荐参数优化运行后，锅炉热效率提高了0.29个百分点，机组运行经济性有明显的提高。

表13-20　锅炉燃烧优化运行推荐控制参数

项　目	锅炉负荷（MW）		
	300	240	180
表盘运行氧量（%）	3.7	4.0	4.2
实际运行氧量（%）	4.5	4.8	5.0
配风方式	正塔或者束腰		
排粉机出口风压（kPa）	2.6～3.1		
风箱炉膛差压（kPa）	1.1～1.3		
OFA控制方式	ABD磨煤机运行开度大于50%，ABC磨煤机运行全关		
燃烧器摆角（%）	25%～35%		
燃烧器功率控制	集中燃烧，避免均等		
投磨煤机方式	汽温允许时优先采用ABC磨煤机运行		

第七节　煤粉细度试验

一、试验目的

通过试验，确定煤粉细度是否达到经济细度的要求。

二、试验标准

DL/T 567.5 煤粉细度的测定

三、测定方法

称取一定质量的煤粉置于规定的试验筛中，在振筛机上筛分完全，根据筛上残留煤粉质量计算出煤粉细度。

1. 试验主要仪器

（1）试验筛：筛子直径约为200mm，筛网孔径为200μm与90μm的筛子各一个，并配有底盘和筛盖。

（2）振筛机：垂直振击次数149次/min，水平回转次数220次/min。

2. 试验要求和条件

（1）试样必须到达空气干燥状态，由于称样重多达25g，称样前应将试样充分混合均匀，或将其放置于浅盘中，按九点法取样称重。试样应称准到0.01g，因此必须采用感量为0.01g的工业天平。一般药物天平不能满足试样称重精度的要求。

（2）无论新筛还是在用的试验筛，均应定期由国家计量机关检定，检定周期为一年，合格者方可使用。

(3) 在测定中按规定在振筛一定时间后刷筛底一次，以防煤粉堵塞筛网而导致测定结果产生较大误差。在试验结束时，由于是根据试验筛上的残留量来计算煤粉细度的，因此在刷筛底时，应用软毛刷轻刷试验筛的外底而不是内底，并注意不要使筛底受损，并防止筛缝处积存煤粉。

3. 煤粉取样

煤粉取样应尽量在垂直管道上进行。对直吹式制粉系统，在煤粉分离器（或竖井）出口管道上采用经标定的等速取样器采样，每个工况取样1～2次。对中间储仓式制粉系统，一般可在细粉分离器下粉管道上用活动取样管采样，每个工况取样2～3次；当新机组考核试验时，应尽量在粗粉分离器出口管道上用内外静压平衡等速取样法采样。

4. 试验步骤

(1) 将底盘、孔径90μm与200μm的筛子自下而上依次重叠在一起。

(2) 称取煤粉样25g，置于孔径200μm筛子内，盖好筛盖。

(3) 将上述已重叠好的筛子装入振筛机的支架上。

(4) 振筛10min，取下筛子，刷孔径为90μm筛子的筛底一次，装上筛子再振筛5min称重，继续振筛2min，如果筛下煤粉量不超过0.1g，则认为筛分完全。

(5) 取下筛子，分别称重孔径为200μm和90μm筛上残留的煤粉量，称准到0.01g。

四、结果计算

煤粉细度按下式计算，即

$$R_{90}=\frac{A_{200}+A_{90}}{G}\times 100\%$$

$$R_{200}=\frac{A_{200}}{G}\times 100\%$$

式中 R_{90}——未通过90μm筛上的煤粉质量占试样质量的百分数，%；

R_{200}——未通过200μm筛上的煤粉质量占试样质量的百分数，%；

G——煤粉试样质量，g；

A_{200}——200μm筛上的煤粉质量，g；

A_{90}——90μm筛上的煤粉质量，g。

煤粉细度测定重复性规定为小于0.5%。

煤粉细度测定结果R值越大，则表明通过该孔径筛的细粉量越少，粗粉（即筛上粉）越多。如果对两个煤粉样进行细度测定，用孔径为90μm试验筛筛分时，其筛余量完全相同，即R_{90}相等；但是应用孔径为200μm试验筛筛分时，其筛余量却不一定相同，筛上残留量大的，也就是R_{200}值较大，表明粗粉在煤样中所占比例较大。这样采用两种不同孔径的筛子筛分，就可反映煤粉的粗细情况，所以在煤粉细度测定中，规定采用孔径为200μm和90μm的两种试验筛。

第八节 煤的可磨性指数测定

一、试验目的

可磨性是表征燃煤磨制成粉难易程度的特性指标。所谓可磨性指数是指在空气干燥状态下，把试样与标准煤样磨制成规定粒度，并破碎到相同细度时所消耗的能量比值叫做可磨性指数。在电厂，提供可靠的可磨性指数，对于选择磨煤机容量，预测磨煤机所需动力，了解磨煤机运行工况是不可缺少的数据。煤越软，哈氏可磨性指数越大，在消耗一定能量条件下，磨煤机出力越大；换句话说，煤越软，哈氏可磨性指数越大，在磨制相同煤量相同细度时磨煤机所消耗的能量越少。如果哈氏可磨性指数相差10个指数，磨制相同细度情况下，磨煤机出力相差约25%。

二、试验标准

GB/T 2565 煤的可磨性指数测定方法

三、测定原理

除东欧某些国家外，世界上普遍采用哈德格罗夫（Hardgrove）法（简称哈氏法）作为可磨性的标准测定方法。哈氏可磨性指数是哈德格罗夫在 1930 年根据雷廷吉尔（Rittenger）定律提出来的。该定律指出：燃煤磨碎时所做的功与其产生的新表面积成正比，这是哈氏可磨性指数计算公式的理论基础。ASTM（美国试验与材料协会）标准规定以宾夕法尼亚州的 Somerset cuntry jerome 矿的低挥发分沥青煤的可磨性指数等于 100 为准，并规定 50g 试样研磨后的面积增量为 205A。同时规定取粒度为 0.59～1.19mm（16～30 号制样筛）的试样 50g，研制后用 0.074mm（200 号筛分筛）来判断可磨性指数。下面推导哈氏可磨性指数计算公式，在推导中，凡是在两个不同筛号之间的粒径，均以此两种筛号的筛径的平均值计算；凡是通过一筛号的煤样，均以刚刚通过该筛号的筛径表示。

设 1g 煤样刚通过 16 号筛之面积总和为 A，而在 16～30 号制样筛之间的煤样面积总和为 X，则

$$1190 : \frac{1190+590}{2} = X : A$$

$$X = 1.34A$$

同样，通过 200 号筛的面积总和为

$$\frac{1190A}{74} = 16.08A$$

在 16～200 号筛之间的煤样面积总和为

$$\frac{1190A}{1190+\frac{74}{2}} = 1.88A$$

故测定前 50g 煤样的总面积为

$$50 \times 1.34A = 67.0A$$

设研磨后通过 200 号筛的煤样质量为 W（g），筛上残留量则为（50－W）（g），故研磨后未通过 200 号筛的煤样总面积为 1.88A（50－W）。

研磨后，其面积增加量为 ΔA 为

$$\Delta A = 16.08AW + 1.88A(50-W) - 67.0A = (14.2W+27)A$$

根据雷廷吉尔定律，假设破碎时所需能量均用于新面积的产生，所需能量与新增面积成正比，则

$$E = \frac{K}{\mathrm{HGI}}\Delta A$$

式中 E——破碎时所需能量；

K——比例常数；

ΔA——研磨后新增面积；

HGI——哈氏可磨性指数。

则 $\mathrm{HGI} = \frac{K}{E}$（14.2$W$+27）$A$

根据美国哈氏可磨性指数为 100 的标准煤，其研磨后的面积增量为 205A，以此代入上式得

$$100 = \frac{K}{E} \times 205A$$

因此 $$HGI=\frac{100}{205A}\times(14.2W+27)A=6.93W+13$$

式中 W——50g 煤样研磨后通过 200 号筛的煤样质量，g。

四、主要试验仪器

（1）哈氏可磨性测定仪（简称哈氏仪）：电动机通过蜗轮、蜗杆和一对齿轮减速后，带动主轴和研磨环以（20±1）r/min 的速度运转。研磨环驱动研磨碗内的 8 个钢球转动，进行煤样研磨，见图 13-8。

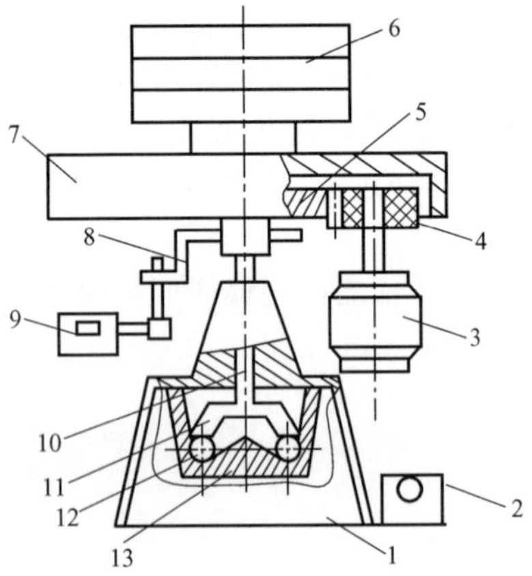

图 13-8 哈氏可磨性测定仪

1—机座；2—电气控制盒；3—电动机；4—小齿轮；5—大齿轮；6—重块；7—护罩；8—拔杆；9—计数器；10—主轴；11—研磨环；12—钢球；13—研磨碗

（2）试验筛：孔径 0.071、0.63、1.25mm，直径为 200mm，并配有筛盖和筛底盘。

（3）振筛机：垂直振击频率为 149 次/min，水平回转频率 221 次/min，回转半径为 12.5mm。

（4）破碎机：辊式破碎机，辊的间距可调，能将粒度 6mm 的煤样破碎到 1.25mm，并有少量小于 0.63mm 的煤粉。

（5）保护筛：能套在试验筛上，孔径 13～19mm。

五、试验条件和要求

（1）原煤样中的大块煤先用颚式破碎机破碎至约 6mm 的粒径，把全部煤样分批摊平，使其达到自然干燥状态。然后经过掺合→混匀→缩分→再掺匀，留取不少于 1kg 的煤样。

（2）将孔径为 1.25mm 和 0.63mm 的制样筛以及筛子底盘相重叠，把上述试样分批在振筛机上筛分，未通过 1.25mm 筛的粗粒煤样应用破碎机再次破碎，并按上述操作再进行筛分，直到全部试样通过 1.25mm 的筛子为止。切不可将最后未通过 1.25mm 筛的粗粒煤样任意舍弃，否则将导致所测定的哈氏可磨性指数偏大。

（3）每年至少用可磨性标准煤样检验一次哈氏仪。试验前，试运哈氏仪，检查是否正常，然后将计数器的拔杆调到合适的启动位置，使仪器能在运转（60±0.25）r 时自动停止。

（4）试验前，彻底清扫研磨碗、研磨环和钢球，并将钢球尽可能均匀地分布在研磨碗的凹槽内。

六、试验步骤

（1）将 0.63～1.25mm 的煤样混合均匀，用二分器分出 120g，用 0.63mm 筛子在振筛机上筛 5min，以除去小于 0.63mm 的煤粉；再用二分器缩分为每份不少于 50g 的两份煤样。

（2）称取（50±0.01）g 已除去煤粉的煤样质量记作 m（g）。将煤样均匀倒入研磨碗内，平整其表面，并将落在钢球上和研磨碗凸起部分的煤样清扫到钢球周围，使研磨环的十字槽与主轴下端十字头方向基本一致时，将研磨环放在研磨碗内。

（3）把研磨碗移入机座内，使研磨环的十字槽对准主轴下端的十字头，同时将研磨碗挂在机座两侧的螺栓上，拧紧固定，以确保总垂直力均匀施加在 8 个钢球上。

（4）将计数器调整到零位，启动电机，仪器运转（60±0.25）r 后自动停止。

（5）将保护筛和 0.071mm 筛子及筛底盘套叠好，卸下研磨碗，把粘在研磨环上的煤粉刷到保护筛上，然后把粘在保护筛上的煤样刷到 0.071mm 筛子内。取下保护筛并把钢球放回研磨碗内。

（6）将筛盖盖在 0.071mm 筛子上，连筛底盘一起放在振筛机上振筛 10min，取下筛子，将粘在 0.071mm 筛面底下的煤粉刷到筛底盘内，重新放到振筛机上振筛 5min，再刷再振筛 5min，刷筛面底下一次。

（7）称重 0.071mm 筛子上的煤样，记作 m_1（g）。

（8）称重 0.071mm 筛下的煤样。筛下和筛上的煤样质量之和与研磨前煤样质量 m（50g）相差不得大于 0.5g，否则测定结果无效，应重做试验。

七、结果处理与计算

（1）按下式计算出 0.071mm 筛下煤样的质量 m_2（g）。

$$m_2 = m - m_1$$

式中 m——煤样质量，g；

m_1——0.071mm 筛上煤样质量，g；

m_2——0.071mm 筛下煤样质量，g。

（2）根据筛下煤样质量 m_2（g），查校准图，得出可磨性指数 HGI。

（3）取两次重复测定的算术平均值，修正到整数报出。

（4）可磨性指数测定的精密度重复性不大于 2，再现性不大于 4。

（5）校准图的绘制。

绘制校准图要使用具有可磨性指数标准值约为 40、60、80、110 四个为一组的国家可磨性标准煤样。每个标准煤样用本单位的哈氏仪，由同一人操作，按上述步骤重复进行四次测定，计算出 0.071mm 筛下煤样的质量，取其算术平均值。以标准煤样 0.071mm 筛下煤样的质量平均值 m_2 为纵坐标，以哈氏可磨性指数为横坐标，绘制校准曲线。某电厂按上述要求，对一组可磨性标准煤样测得数据如表 13-21 所示。由表数据绘制校准曲线见图 13-9。

表 13-21　　某电厂哈氏仪校准数据

哈氏可磨性指数（标准值）HGI	四次测定计算 0.071mm 筛下煤样质量的平均值（g）
40	4.00
60	5.90
90	9.00
110	11.10

值得注意的是：

（1）哈氏可磨性指数测量方法只适用于烟煤和无烟煤，对于褐煤和油母页岩，按此法测定的可磨性指数偏低，这是因为哈氏可磨性指数随煤的水分含量不同而不同，另一方面是由褐煤和油母页岩自身结构不同造成的。

（2）我国标准中所用的配套筛系与美国标准不一样，美国 ASTM 标准中已将制样筛规定为 0.60～1.18mm，筛分筛规定为 0.075mm，与原标准略有差别。我国制样筛规

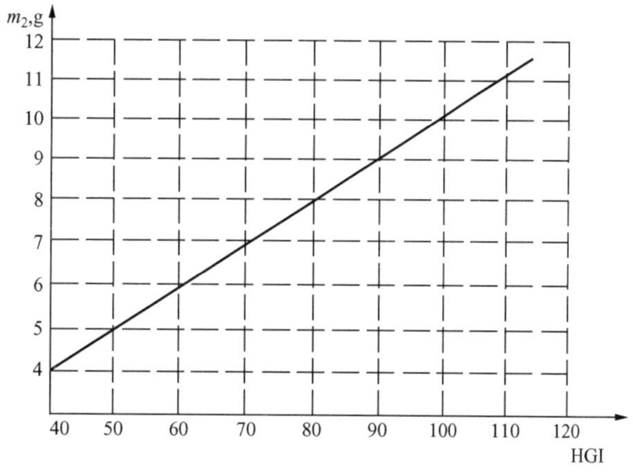

图 13-9　哈氏可磨性指数校准曲线

定为 0.63～1.25mm，筛分筛规定为 0.071mm。可见我国标准中所采用的制样筛筛径较大，而筛分筛筛径较小，也就是说，较粗的试样在研磨后却要通过较细的筛子，这二者对哈氏指数的影响具有同样的方向性，它们都将导致筛余量的增大，从而使哈氏指数偏低。所以在哈氏可磨性指数测量中，采用不同的孔径筛系，就应采用不同的计算公式，但是我国采用的可磨性指数计算公式与美国 ASTM 标准相同，导致测试结果偏低约 2.6 个指数，因此建议采用如下经验公式计算哈氏可磨性指数，即

$$HGI = 6.93W + 15.6$$

式中 W——研磨后通过 0.071mm 筛分筛的粉量，g。

（3）电厂用煤的 HGI 通常在 40～90 范围内，混煤的可磨性指数宜实测，也可按加权平均的办法计算确定。例如某一混煤由哈氏指数 70 和 120 两种煤组成，前者占 65%，后者占 35%，则此煤的可磨性指数为 0.65×70+0.35×120=87.5。实测混煤的可磨性指数通常比计算值略高，所以工业上磨制混煤比磨制单一煤种的出力要大一些。

（4）煤的可磨性分级见表 13-22。电厂希望应用 HGI 值较大的煤以减少磨煤机能耗，从而提高运行的经济性。

表 13-22　　煤的可磨性分级

序　号	哈氏可磨性指数 HGI	可磨性系数 K_{VTI}	可磨性
1	35～60	0.9～1.2	难磨煤
2	60～80	1.21～1.5	中等可磨煤
3	>80	>1.51	易磨煤

（5）哈氏可磨性指数与煤的水分含量有关，考虑到水分含量的影响，国内外有些单位在提供哈氏可磨性指数时注明了煤的水分含量。

（6）用苏联全苏热工研究院（BTИ）的测定方法，测得的燃煤可磨性指数 K_{VTI} 与哈氏可磨性指数 HGI 的关系可通过下式进行换算，即

$$K_{VTI} = 0.0149HGI + 0.32$$

有时我们还会看到如下折算公式，即

$$K_{VTI} = 0.0034(HGI)^{1.25} + 0.61$$

第九节　电站风机现场试验

一、试验目的

通过测试与计算，求得风机在给定转速下的流量、压力、功耗、效率等是否达到设计值；在不同负荷下，检测风机的耗电率，确定送、引风机的耗电量及经济运行方式；绘制出风机在实际使用条件下的性能曲线，以便向用户提供经济运行或合理选择的可靠参数；对已有的风机或改造后的风机，求取风机本身的工作性能曲线，判断风机与其所在的管网系统是否匹配；为风机改造提供原始依据以及为风机改造效果进行分析评价。

二、引用标准

DL/T 469 电站锅炉风机现场性能试验

GB/T 15913 风机机组与管网系统节能监测方法

GB/T 1236 工业通风机用标准化风道进行性能试验

三、试验数据

进口介质为标准空气，全压小于 15.0kPa 的风机称为通风机，标准状态是指压力为

101.3kPa、温度为20℃、相对湿度为50%的空气状态，标准空气的密度为ρ_0=1.20kg/m³。电站风机是特指火力发电厂锅炉配套的通风机，主要有送风机、引风机、一次风机、排粉风机、烟气再循环风机、烟气脱硫装置的增压风机和磨煤机用的密封风机。送风机是供给锅炉燃料燃烧所需要空气的风机，布置在锅炉空气预热器之前，将从大气中吸入的空气送入空气预热器，加热到设计温度后，一部分作为锅炉的二次风，直接经燃烧器送入锅炉炉膛；另一部分进入煤粉制备系统作为干燥剂，然后作为一次风输送煤粉经燃烧器送入炉膛（乏气送粉系统，乏气是指从细粉分离器出来的煤粉和空气或烟气的混合物），或者作为三次风经燃烧器送入炉膛（热风送粉系统）。大型锅炉采用中速磨煤机或双进双出钢球磨煤机正压直吹系统时，若制粉系统配备专门从大气吸入空气的一次风机，则送风机只供给锅炉的二次风，也称为二次风机。引风机是将锅炉燃烧产物（烟气）从锅炉尾部吸出，并经烟囱排入大气的风机，安装在锅炉电除尘器之后。一次风机是供给锅炉燃烧所需一次空气的风机，按其在系统中的安装位置，有冷一次风机和热一次风机之分。冷一次风机是安装在锅炉空气预热器之前，将从大气或从送风机出口冷风道抽吸的空气经空气预热器输送到制粉系统的一次风机。热一次风机是安装在锅炉空气预热器之后，输送经过锅炉空气预热器加热后的热空气至直吹式制粉系统或仅输送煤粉入锅炉的一次风机。排粉风机是煤粉制备系统中用以输送干燥剂和煤粉的风机，主要用于中间储仓式制粉系统中，安装在细粉分离器之后，也称煤粉风机。密封风机是供给中速磨煤机、双进双出钢球磨煤机和给煤机等装置密封用空气的风机，密封风机可直接从大气吸入空气，也可从送风机出口管道吸取空气。风机现场性能试验需要测试的参数见表13-23。

表13-23　　风机试验测试的参数和数据

序　号	名　　称	符　号	单　位	结　果	计算公式
1	机组电负荷	P	MW		记录平均值
2	锅炉蒸发量	G_b	t/h		记录平均值
3	主蒸汽温度	t_{ms}	℃		记录平均值
4	主蒸汽压力	p_{ms}	MPa		记录平均值
5	给水温度	t_{fw}	℃		记录平均值
6	给水压力	p_{fw}	MPa		记录平均值
7	大气压力	p_{am}	MPa		测量平均值
8	再热蒸汽流量	G_{rh}	t/h		记录平均值
9	锅筒蒸汽压力	p_{bl}	MPa		记录平均值
10	省煤器进口水温	t_{1SM}	℃		记录平均值
11	省煤器出口水温	t_{2SM}	℃		记录平均值
12	排烟温度	t_{py}	℃		记录平均值
13	空气预热器后O_2	$(O_2)_{ky}$	%		测量平均值
14	省煤器后O_2	$(O_2)_{SM}$	%		测量平均值
15	流量测量面静压	p_{s3}	Pa		测量平均值
16	流量测量面温度	t_3	℃		测量平均值
17	流量测量面密度	ρ_3	kg/m³		$\rho_3=0.00269\rho_0\times\frac{p_{am}+p_{s3}}{273+t_3}$
18	流量测量面动压	p_{d3}	Pa		测量均方根值

续表

序号	名称	符号	单位	结果	计算公式
19	流量测量面风速	v_3	m/s		$v_3=1.414\sqrt{p_{d3}/\rho_3}$
20	流量测量面面积	A_3	m^2		测量平均值
21	流量测量面流量	q_{v3}	m^3/s		$q_{v3}=A_3\omega_3$
22	风机进口静压	p_{s1}	Pa		测量平均值
23	风机进口温度	t_1	℃		测量平均值
24	风机进口介质密度	ρ_1	kg/m^3		$\rho_1=0.002\,69\rho_0\times\dfrac{p_{am}+p_{s1}}{273+t_1}$
25	风机进口面积	A_1	m^2		测量平均值
26	风机进口动压	p_{d1}	Pa		$p_{d1}=p_{d3}\times\dfrac{\rho_3}{\rho_1}\left(\dfrac{A_3}{A_1}\right)^2$
27	风机进口全压	p_{t1}	Pa		$p_{t1}=p_{d1}+p_{s1}$
28	风机出口静压	p_{s2}	Pa		测量平均值
29	风机出口温度	t_2	℃		测量平均值
30	风机出口介质密度	ρ_2	kg/m^3		$\rho_2=0.002\,69\rho_0\times\dfrac{p_{am}+p_{s2}}{273+t_2}$
31	风机出口面积	A_2	m^2		测量平均值
32	风机出口动压	p_{d2}	Pa		$p_{d2}=p_{d3}\times\dfrac{\rho_3}{\rho_2}\left(\dfrac{A_3}{A_2}\right)^2$
33	风机出口全压	p_{t2}	Pa		$p_{t2}=p_{d2}+p_{s2}$
34	风机全压	p_{tf}	Pa		$p_{tf}=p_{t2}-p_{t1}$
35	风机进口流量	q_V	m^3/s		$q_V=q_{V3}\times\dfrac{\rho_3}{\rho_1}$
36	风机质量流量	q_m	kg/s		$q_m=q_V\rho_3$
37	电动机输入功率	P_1	kW		测量平均值
38	电动机效率	η_d	%		计算或查曲线
39	电动机输出功率	P_2	kW		$P_2=\eta_d P_1$
40	风机轴功率	P_{sh}	kW		$P_{sh}=\eta_{tr}\eta_d P_1$，直联时 $\eta_{tr}=1$
41	风机有效输出功率	P_e	kW		$P_e=\dfrac{q_v p_{tf}}{1000}$
42	风机机组电能利用率	η_e	%		$\eta_e=\dfrac{P_e}{P_1}\times100$
43	风机全压效率	η_{tf}	%		$\eta_{tf}=\dfrac{P_e}{P_{sh}}\times100$
44	风机单位电耗	E_f	kWh/t		$E_f=\dfrac{P_1}{D}$
45	电动机额定功率	P_N	kW		

注 表中参数符号的下脚标 1 代表出口处，2 代表出口处，3 代表流量测量截面；ρ_0 为标准状态下介质平均密度，kg/m^3。

四、试验条件

试验时机组在额定出力下运行，工况稳定；保持管道阻力、风机转速、系统内介质温度和压力不变。

现场试验之前，应检查风机的机械运行是否正常，风机进、出口平面至流量、静压测量面之间的烟、风道是否有明显的内外漏气现象。

五、试验方法与计算

1. 测试时间

风机试验中，试验连续测试时间不少于 30min，每一被测参数的测量次数不少于 3 次，每 10min 记录一次读数，以各组读数的平均值作为计算值。进行风机性能测试时，为使绘制曲线精确，一般情况下，一条曲线应测试 5 个以上的工况点。

2. 流量测量

采用速度场法测量流量时，流量在整个测量过程中应保持恒定，为此应采取措施保证管道阻力、风机转速、系统内流体的压力和温度等物理量尽可能稳定。

流量测量截面应选择在不存在涡流、流线接近平行且垂直于该截面的直管段上，应排除由弯头、急剧扩张或收缩段、障碍物或风机自身所引起的流动干扰。

为使测量截面与风机之间管路泄漏最少，测量截面的位置应尽可能靠近风机，但必须满足下列条件：①测量截面位于风机进口侧时，其距风机进口的距离不得小于管道当量直径的一半；②当测量截面不得不选择在进气箱上时，其距调节门叶片的距离至少为 300mm，距风机集流器法兰边不得小于 $1/2D$；③如流量测量截面选在风机出口侧时，其距风机出口的距离不得小于 $3D$。

当选用动压管（皮托管）测量风速时，动压管管头直径 d 与管道当量直径之比 d/D 不得超过 0.02；动压管轴线与管道壁的距离应大于动压管管头直径 d。

对于边长为 a 和 b 的矩形管道，其当量直径为

$$D=\sqrt{\frac{4ab}{\pi}}$$

3. 风速计算

应用皮托管可以测量流体的压强（动压）。若气体的密度已知，便可求出气流的流速，通过该截面的流量就等于流速和截面积的乘积。可见关键是流速的测定，为了提高测量精度，先用皮托管测得各选定点的流速，然后再求得该截面上的平均流速。

用皮托管时，流量测量面平均速度计算公式为

$$v_3=k\sqrt{2p_{d3}/\rho_3}$$

$$p_{d3}=\left[\frac{\sum_{i=1}^{n}\sqrt{(p_{d3})_i}}{n}\right]^2$$

式中 k——测速管速度系数，对于标准测速管，$k\approx1.0$；

v_3——流量截测量面平均速度，m/s；

ρ_3——测量截面处气流密度，kg/m^3；

$(p_{d3})_i$——测量截面内任一测点动压两次读数的算术平均值，Pa；

p_{d3}——流量测量截面平均动压，Pa。

采用微压计测量流量截面处的流量计算公式为

$$q_v = A\sqrt{\frac{2p_{d3}}{\rho_3}}$$

$$\rho_3 = \rho_0 \times \frac{273}{273+t} \times \frac{p_{am} + p_s}{101\ 325}$$

式中 ρ_3——测量截面处气流密度，kg/m^3；

ρ_0——标准状态下气流密度，kg/m^3；

p_{am}——用盒式大气压力计现场测量的当地大气压力，Pa；

p_s——测量断面内烟气静压，Pa；

t——测量断面内烟气平均温度，℃；

q_v——流量测量截面处流量，m^3/s；

A——流量测量截面处面积，m^2。

对于负压直吹式制粉系统，排粉风机热态试验含尘气流的平均动压 p_{d3} 按下式计算（此时，气流密度仍按纯空气密度计算），即

$$p_{d3} = \left[\frac{\sum_{i=1}^{n}\sqrt{(p_{d3})_i}}{n}\right]^2 \times \frac{1}{1+0.75\mu}$$

式中 μ——含尘气流浓度，kg/kg。

4. 动、静压测量

(1) 动、静压测量注意事项。

风机静压值应在靠近风机进口和出口位置进行测量，测量面与风机进、出口平面之间最好是截面积不变的直管道。

如果位于测量面与风机进、出口平面之间的系统部件无法避免，则部件的压力损失必须予以计算，并归入风机静压中。

风机进口侧静压测量面的位置离风机进口不得小于 $1/2D$。风机出口侧静压测量面的位置应距离风机出口有足够的距离，以便使气流扩散成为较均匀的速度分布并让动压转换成静压。所需直管段的长度 L 取决于管内气流速度，表 13-24 给出了气流速度与所需直管段长度 L 的对应数值。

表 13-24　气流速度 v 与所需直管段长度 L 的对应数值

气流速度（m/s）	≤15	≤20	≤25	≤30	≤35
直管段长度（m）	3D	4D	5D	6D	7D

(2) 动、静压测量计算。

静压测量面处的平均静压 p_s 值按下式计算，即

$$p_s = \frac{\sum_{i=1}^{n} p_{si}}{n}$$

式中 p_s——静压测量面处的平均静压，Pa；

p_{si}——静压测量面上各点的静压测定值，Pa；

n——测量点数。

不同平面处的动压可根据流量测量面处的动压 p_{d3} 按下式计算，即

$$p_{dx}=p_{d3}\times\frac{\rho_3}{\rho_x}\left(\frac{A_3}{A_x}\right)^2$$

式中 p_{dx}——x 平面处的动压，Pa；

ρ_x——x 平面处的介质密度，kg/m^3；

A_x——测量截面面积，m^2。

5. 功率测量与计算

(1) 功率测量。火电厂风机现场测试无法直接测量通风机的轴功率，只能测出电动机的输入功率，再推算出风机的轴功率。考核性试验的仪表精确度不得低于 0.5 级，其他热力试验仪表精确度不得低于 1.5 级。

如果采用功率表法（两只单相功率表测量）或电能表法，可分别按下式计算电动机输入功率 P_1

$$P_1=K_iK_uC_w(W_1+W_2)\times10^{-3}(\text{kW})$$

$$P_1=\frac{nK_iK_u}{tA}\times3600\quad(\text{kW})$$

式中 K_i——电流互感器变比值；

K_u——电压互感器变比值；

C_w——功率表系数；

W_1、W_2——两只单相功率表的读数，W；

A——电能表常数，即 1kWh 电能表转盘的转数；

n——在 t 时间内电能表转盘的转数，建议以电能表转盘 10r 对应时间 t 来计算电动机输入功率，即 $n=10$；

t——测试时间，s。

用电流、电压、功率因数表的测量值（电流表法）也可计算出电动机输入功率 P_1，即

$$P_1=\sqrt{3}IU\cos\varphi\times10^{-3}(\text{kW})$$

式中 I——电动机线电流，对于三相电动机，线电流为三相的算术平均值，A；

U——电动机线电压，对于三相电动机，线电压为三相的算术平均值，V；

$\cos\varphi$——功率因数。

(2) 电动机输出功率计算。如果已知电动机效率曲线，则电动机输出功率计算公式为

$$P_2=\eta_dP_1$$

式中 η_d——电动机效率，由制造厂提供的电动机效率曲线查得。

如果已知电动机负载率，则电动机输出功率计算公式为

$$P_2=KP_N$$

式中 K——电动机负载率；

P_N——电动机额定功率，kW。

(3) 通风机轴功率计算。在通风机直联驱动的情况下，其轴功率 P_{sh} 等于电动机输出功率 P_2，若连接或传动装置具有损失（如齿式联轴器）时，则

$$P_{sh}=\eta_{tm}P_2$$

式中 η_{tm}——连接或传动装置的效率。

6．转速的测量

在通风机试验中，常采用机械转速表、数字转速仪或闪频式转速仪测量转速。

7．温度测量

在通风机试验中，常采用液柱式水银（或酒精）温度计来测量气流的温度。其方法是：把几只温度计同时插入同一截面的不同位置，取其平均值，即为所测定气流的温度。若几只温度计的读数相差很大，则应分析原因后再进行测量。由于空气的温度经常变化，因此在试验中要经常检查记录温度，以便正确计算当时的空气密度。

如果只是做粗略试验，或空气温度变化不大时，则在通风机试验的开始和终了测定两次空气温度，取其平均值即可。

8．密度测量

确定测量面处介质的密度 ρ，必须首先测出该处介质的压力和温度，然后按下式计算，即

$$\rho=\rho_0\frac{273}{273+t}\times\frac{p_{am}+p_s}{101\ 325}=0.\ 002\ 69\rho_0\times\frac{p_{am}+p_s}{273+t}$$

式中 p_{am}——大气压力，Pa；

p_s——测量面处静压，Pa；

t——被测介质的平均温度，℃；

ρ_0——标准大气压下介质的平均密度（对于空气 $\rho_0=1.293\text{kg/m}^3$），$\text{kg/m}^3$。

对于烟气 $\rho_0=\{1.428O_2+1.964CO_2+0.804H_2O+2.858SO_2+1.251N_2\}/100$

$$O_2+CO_2+H_2O+SO_2+N_2=100\%$$

式中 ρ_0——标准大气压下烟气的平均密度，kg/m^3；

O_2、CO_2、H_2O、SO_2、N_2——烟气中相应各气体成分的体积分数，%。

对于非考核性试验，可根据表13-25中燃料种类序号及过剩空气系数在图13-10近似地查出烟气密度，对于固体燃料其烟气密度可近似为 $\rho_0=1.30\text{kg/m}^3$。

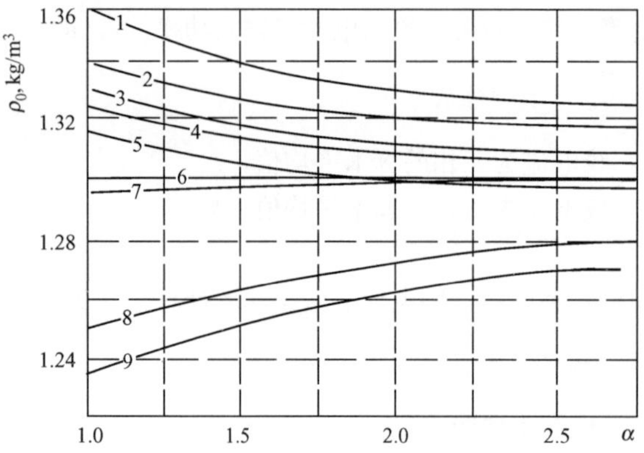

图13-10 燃煤及燃油锅炉的烟气密度 ρ_0 与过量空气系数 α 的关系曲线

表13-25 燃料种类

序号	燃料	V_{ar}（%）
1	无烟煤	5～10
2	贫煤	10～20
3	焦肥煤	20～30
4	焦肥煤	30～37
5	气煤	>37
6	长焰煤	>37
7	褐煤	>37
8	燃料油、机械雾化	
9	燃料油、蒸汽雾化	

9．风机能耗指标计算

风机机组电能利用率计算公式为

$$\eta_e=\frac{P_e}{P_1}\times100$$

$$P_e=\frac{q_Vp_{tf}}{1000}$$

式中 q_V——风机进口流量，m^3/s；

p_{tf}——风机全压，Pa；

P_1——电动机输入功率，kW；

P_e——风机有效输出功率，kW。

风机单位电耗计算公式为

$$E_f = \frac{P_1}{G_b}$$

式中 G_b——锅炉蒸发量，t/h。

六、风机特性试验

1. 锅炉停运试验

锅炉停运时，全特性试验方法为：风机导向器在全开状态，利用风道内节流挡板（如挡板的开度分别为20%、40%、60%、80%和100%），在每个工况下对风机测试、计算，最后得到特性曲线 $p_{tf1}=f(q_V)$、$P_1=f(q_V)$ 和 $\eta_e=f(q_V)$。

2. 锅炉运行试验

锅炉运行时，锅炉运行特性试验方法为：用风机导向器开度调节风量，使锅炉出力达到试验所需要求。锅炉负荷至少在不同的五个工况下（40%～100%额定负荷）进行试验。在每个工况下，对风机测试、计算，最后得到特性曲线 $p_{tf}=f(q_V)$、$P_1=f(q_V)$ 和 $\eta_e=f(q_V)$。

调节稳定后开始试验，在试验期间保证运行方式不变，并记录下锅炉负荷、蒸汽参数、给水温度、电动机转速电流、导向器开度、烟道上的流量、温度、烟气分析值、风机进口导向器前静压及出口静压、电动机效率等；然后改变导向器开度，重新记录上述参数。

当每台锅炉配有两台风机时，需在两台并列运行和单独运行时各进行一次试验。

七、试验结果

根据实测参数进行资料整理，然后绘制锅炉不同负荷下，风机调节电耗性能曲线，以确定风机的运行方式。

风机机组电能利用率应不低于下列数值：电动机容量在11～45kW的为50%；电动机容量在45kW及以上的为60%。对试验不合格项目作出评价报告并提出改进意见。根据风机特性曲线，分析存在的问题，提出解决方案。

八、试验举例

某电厂660MW机组配备2台ANN-2520/1400N动叶调节轴流式送风机，在100%BMCR、75% BMCR、50% BMCR三个工况进行考核试验，试验结果见表13-26。

表 13-26　　风机试验测试的参数和数据

序号	名　称	符号	单位	工况1（660MW）	工况2（495MW）	工况3（330MW）
1	机组电负荷	N	MW	671.7	510.8	351.5
2	锅炉蒸发量	G_b	t/h	1963.23	1440.03	997.23
3	主蒸汽温度	t_{ms}	℃	598.88	594.47	580.50
4	主蒸汽压力	p_{ms}	MPa	24.98	21.20	15.63
5	给水温度	t_{fw}	℃	296.93	279.10	257.47
6	给水压力	p_{fw}	MPa	29.80	24.34	17.91
7	大气压力	p_{am}	Pa	100 800	100 750	100 850
8	再热器出口温度		℃	590.45	592.97	560.03

续表

序号	名　称	符号	单位	工况1（660MW）	工况2（495MW）	工况3（330MW）
9	再热器出口压力		MPa	5.30	4.00	2.70
10	排烟温度	t_{py}	℃	147.56	144.52	132.27
11	空气预热器后 O_2	$(O_2)_{ky}$	%	3.57/3.44	2.68/3.66	2.22/3.16
12	省煤器后 O_2	$(O_2)_{SM}$	%	2.88	4.54	5.97
13	制粉系统投磨情况			ACDEF	ACDEF	CDEF
14	总给煤量		t/h	252.57	213.16	153.86
15	送风机动叶开度		%	67.1/66.5	55.93/55.26	41.10/40.30
16	送风机电流		A	80.87/75.96	65.40/62.25	52.22/50.87
17	送风机进口温度	t_1	℃	18.6/18.7	12.20/12.50	15.67/15.70
18	风机出口静压	p_{s2}	Pa	1967.5/1860.0	1660.0/1656.67	1250.0/1280.0
19	风机进口介质密度	ρ_1	kg/m³	1.194/1.194	1.219/1.219	1.207/1.207
20	流量测量处流量	q_{v3}	m³/s	184.54/170.37	149.46/138.76	112.30/101.68
21	风机质量流量	q_m	kg/s	220.2/203.4	182.2/169.1	135.5/122.8
22	风机全压	p_{tf}	Pa	2493.4/2495.5	2018.9/1969.1	1514.8/1410.6
23	电动机输入功率	P_1	kW	667.4/622.5	472.0/423.4	271.9/242.4
24	风机轴功率	P_{sh}	kW	594.5/541.0	429.0/381.5	233.4/204.7
25	电动机转速	n	r/min	993/993	993/993	993/993
26	电动机效率	η_d	%	92.83/92.34	90.88/90.10	85.86/84.42
27	风机有效输出功率	P_e	kW	460.13/425.16	301.74/273.23	170.11/143.43
28	风机机组电能利用率	η_e	%	68.94/68.30	63.93/64.53	62.56/59.17
29	风机全压效率	η_{tf}	%	74.26/73.96	70.34/71.62	72.87/70.09
折算到设计状态：BMCR工况 $n=990$r/min，$\rho_1=1.197$kg/m³						
30	风机全压效率（折算值）	η_{tf}	%	78.95/80.15	73.16/74.43	74.81/71.95
31	风机全压效率（设计值）	η_{tf}	%	79.75/81.0		

从表13-26中可以看出，在660MW工况时，送风机实测运行效率A侧为78.95%，比设计值低0.8个百分点；实测B侧为80.15%，比设计值低0.85个百分点。如果考虑现场测试误差5%的限值外，表明送风机实测运行效率达到了设计要求。

第十节　电除尘器性能试验

一、试验目的

测试机组在额定负荷、燃用设计煤种或校核煤种条件下，电除尘器效率是否达到原设计值；电除尘器漏风率是否达到原设计值或国家有关标准要求；为研制新型电除尘器，进一步提高电除尘器技术水平积累数据；查明现有电除尘器存在的问题，为消除缺陷、改进电除尘器提供科学依据。测试烟尘排放浓度是否达到GB 13223—2011《火电厂大气污染物排放标准》要求；对新机组提出运行指导，对现役机组提出大修期间的完善工作或改造意见。

二、试验标准

GB/T 13931 电除尘器性能测试方法

GB 13223 火电厂大气污染物排放标准

DL/T 461 燃煤电厂电除尘器运行维护导则
DL/T 414 火电厂环境监测技术规范
DL/T 514 燃煤电厂电除尘器
GB 10880 电除尘器漏风率测试方法
GB/T 16157 固定污染源排气中颗粒测定与气态污染物采样方法

三、试验内容

(1) 在额定负荷下测量电除尘器的效率。

(2) 在额定负荷下测量电除尘器的烟尘排放浓度。

(3) 在额定负荷下测量电除尘器的漏风率。

(4) 烟尘排放浓度。

(5) 各电场的伏安特性。

四、试验工况要求

(1) 试验期间燃烧煤种稳定，尽量燃用设计煤种或校核煤种。

(2) 试验期间要求机组负荷为额定负荷，且机组运行保持稳定，锅炉负荷不低于90%额定值。

(3) 试验期间不进行吹灰、打焦等操作。

(4) 试验期间电除尘器运行正常。主要包括：各高压供电设备投运正常，控制参数可调，运行参数良好，各电场振打设备均能投运，振打时间可调，各加热器投运正常。

(5) 试验期间电除尘器灰斗无堵灰现象，卸灰和输灰系统投运正常。

(6) 有完善的测点，并具有测试平台，平台周围有安全护栏，平台在烟道顶部的要有安全爬梯。

(7) 测试前做好原始资料收集、仪器校验和安全措施等各项准备工作。

五、采样方法与要求

(1) 烟尘采样位置应选在气流平稳的直管段中，距弯头、变径管等其他干扰源下游方向大于6倍的当量直径，上游方向大于3倍的当量直径。

(2) 采样测点尽可能布置在电除尘器进、出口的烟道上，见图13-11。可选择在距电除尘器进、出口一倍当量直径的平直管段上，测孔内径一般要求不小于90mm。

(3) 不能满足(2)的要求时，应在烟道弯头和变截面处加装导流板，并适当增加采样点数。

(4) 烟道采样点布置原则按DL/T 414的有关要求进行。

(5) 在选定的测试圆形烟道断面上，设置相互垂直的两个采样孔，再把烟道断面分成一定数

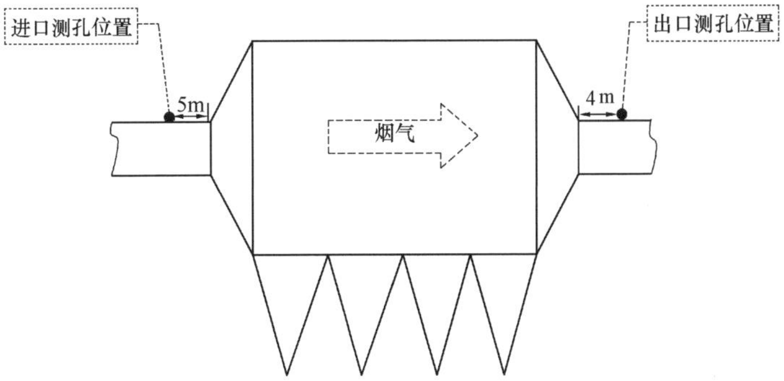

图13-11 电除尘器进出口测孔位置图

量的同心等面积圆环，通过采样孔沿该断面的直径方向，在每个等面积圆环上各取四个点作为采样点。采样点数量见表13-27。

表13-27　　圆形烟道采样点数量

烟道直径（m）	圆环数量	采样点数量（两孔共计）	烟道直径（m）	圆环数量	采样点数量（两孔共计）
≤1	1～2	4～8	>2～3	3～4	12～16
>1～2	2～3	8～12	>3～5	4～5	16～20

（6）对于矩形烟道，将其分成若干个等面积小矩形，使小矩形相邻两边之比接近于1，每个小矩形的中心即为采样点。采样点数量见表13-28。

表13-28　　矩形烟道采样点数量

烟道断面积（m^2）	等面积小矩形数量	采样点数量	烟道断面积（m^2）	等面积小矩形数量	采样点数量
≤1	2×2	4	>9～16	4×4	16
>1～4	3×3	9	>16～20	4×5	20
>4～9	3×4	12			

（7）采样方法。

1）如果使用预测流速法等速采样，要选用普通型烟尘测试仪、普通型采样管。预先测出烟道内各采样点的烟气流速，然后根据这一流速和选用的采样嘴直径计算出在等速情况下各点所需要的采样流量，然后按该流量在各点采样。

2）如果使用动压平衡法等速采样，要选用动压平衡型烟尘测试仪、动压平衡型采样管。通过调节采样流量，使孔板的差压读数等于皮托管的气体动压读数，达到等速采样要求。

3）如果使用静压平衡法等速采样，要选用静压平衡型烟尘测试仪、静压平衡型采样管。通过调节采样流量，使采样管内外静压保持平衡，达到等速采样要求。

4）除尘效率、烟气量、本体压力降、漏风率在电除尘器进、出口测量断面的网格点上同时逐点取样并测量。除尘效率试验，每点取样时间不少于30s，每个工况取样三次，取样后将样品烘干并称重，样品保留。

（8）测试方法。

1）用TH-880Ⅳ型烟尘采样仪或其他烟尘采样仪在除尘器进、出口烟道测点同时测烟气量、烟尘量。采得样品按重量法在万分之一天平上称量得出采集烟尘净重，计算烟尘排放量和排放浓度。

2）用TH-880Ⅳ型烟尘采样仪或其他烟尘采样仪在除尘器进、出口烟道测点同时测烟气压力，并由此计算除尘器阻力。

3）用KM940烟气分析仪或其他烟气分析仪在除尘器进、出口烟道测点同时测烟气含氧量，并由此计算除尘器漏风率。

4）用TH-880Ⅳ型烟尘采样仪或其他烟尘采样仪在除尘器进、出口烟道测点测烟气湿度、烟气温度。

5）测试期间记录除尘器运行参数和机组运行参数。

6）测试期间每20min取一次入炉煤煤粉样，测试结束后做混样煤质工业分析。

六、除尘效率试验

电除尘器测试参数见表13-29。

表13-29 电除尘器主要测试参数

序号	测试参数	单位	数值	序号	测试参数	单位	数值
1	锅炉负荷	t/h		11	燃煤量	t/h	
2	入口、出口烟道断面积	m^2		12	入炉煤工业分析	%	
3	入口、出口平均烟气温度	℃		13	大气压力	Pa	
4	入口、出口平均烟气静压	Pa		14	入口烟尘采样量	g	
5	入口、出口平均烟气动压	Pa		15	出口烟尘采样量	g	
6	入口、出口平均烟气全压	Pa		16	各电场一次电压	kV	
7	入口、出口平均烟气流速	m/s		17	各电场二次电压	kV	
8	烟气中水蒸气百分体积	%		18	各电场一次电流	A	
9	入口、出口 RO_2 含量	%		19	各电场二次电流	A	
10	入口、出口 O_2 含量	%		20	阴阳极振打周期	min	

（1）除尘效率是指除尘器进口、出口粉尘质量流量之差与除尘器进口粉尘质量流量之比，浓度法计算公式为

$$\eta=\frac{\rho_1-\rho_2(1+\Delta\alpha)}{\rho_1}\times 100\%$$

式中 ρ_1——电除尘器进口标准状态下烟气含尘浓度，g/m^3；

ρ_2——电除尘器出口标准状态下烟气含尘浓度，g/m^3；

$\Delta\alpha$——电除尘器漏风率，%。

根据多依奇—安德森电除尘器设计效率计算公式：

$$\eta=(1-e^{-\frac{A\omega}{V}})\times 100\%$$

式中 η——除尘效率，%；

V——处理的烟气量，m^3/s；

A——收尘极板面积，m^2；

ω——电场中尘粒的驱进速度，m/s。

（2）重量法试验方法。

在电除尘器进口侧采用等速采样仪（如德国生产的奥克玛自动控制仪配TPRI-PND32型等速采样仪），在测量断面测点处的网格点上逐点取样，取样后将样品烘干并称重，样品保留。

在电除尘器出口侧采用粉尘浓度测试仪（如德国生产的SHC-502全自动粉尘浓度测试仪），在测量断面测点处的网格点上逐点取样，取样后将样品烘干并称重。最后采用重量法计算出电除尘器的效率，重量法计算公式为

$$\eta=\frac{q_{m1}-q_{m2}}{q_{m1}}\times 100\%$$

式中 q_{m1}——电除尘器进口粉尘质量流量，kg/h；

q_{m2}——电除尘器出口粉尘质量流量，kg/h；

η——除尘效率，%。

七、烟尘排放浓度试验

（1）烟尘排放浓度是指除尘器出口烟尘质量与除尘器烟气质量流量之比，其计算公式为

$$\rho=\frac{\alpha}{1.4}\frac{q_m}{q_V}\times 10^3$$

式中 $\frac{q_m}{q_V}\times 10^3$——实际测量的除尘器出口烟尘浓度，mg/m³；

ρ——换算到除尘器出口过量空气系数等于1.4时，标准状态下烟气排放浓度，mg/m³；

α——实际测量的除尘器出口过量空气系数；

q_m——电除尘器出口烟尘质量流量，kg/h；

q_V——电除尘器出口烟气流量，m³/h。

（2）烟气中的水分含量体积百分数，可采用干湿球法或冷凝法测定，烟气成分采用奥氏气体分析仪或等效仪器测定，测定方法和步骤见GB/T 16157和GB/T 13931。

（3）除尘器入口、出口烟道内气体压力的测定。测量仪器可采用校正后的标准皮托管和其他经过校正的非标准型皮托管配U型压力计测定，测定方法和步骤见GB/T 16157和GB/T 13931。

烟道内平均动压按下式计算，即

$$p_{\mathrm{d}}=\left(\frac{1}{n}\right)^2\left(\sum_{i=1}^{n}\sqrt{p_{\mathrm{d}i}}\right)^2$$

式中 n——测点数；

$p_{\mathrm{d}i}$——各测点动压，Pa；

p_{d}——烟道测定断面平均动压，Pa。

烟道内平均静压按下式计算，即

$$p_{\mathrm{s}}=p_{\mathrm{s}1}=\cdots=p_{\mathrm{s}n}$$

烟道内全压 p 为测定断面静压 p_{s} 和平均动压 p_{d} 之代数和，即

$$p=p_{\mathrm{s}}+p_{\mathrm{d}}$$

（4）烟气密度计算。测试工况下湿烟气密度按下式计算，即

$$\rho_{\mathrm{s}}=\rho_0\frac{273}{273+t}\frac{p_{\mathrm{am}}+p_{\mathrm{s}}}{101\ 325}$$

式中 ρ_{s}——测试工况下湿烟气密度，kg/m³；

ρ_0——标准状态下湿烟气密度（一般情况下 $\rho_0\approx 1.3\mathrm{kg/m^3}$），kg/m³；

p_{am}——大气压力，Pa；

p_{s}——测量断面内烟气静压，Pa；

t——测量断面内烟气平均温度，℃。

（5）测试断面处平均烟气流速。除尘器入口、出口烟道内烟气流速按下式计算，即

$$v=K_{\mathrm{p}}\sqrt{\frac{2p_{\mathrm{d}}}{\rho_{\mathrm{s}}}}$$

式中 K_{p}——皮托管修正系数，对于标准型皮托管取1，靠背型皮托管取0.84；

v——测定断面处平均烟气流速，m/s；

ρ_{s}——测试工况下湿烟气密度，kg/m³；

p_d——烟道测定断面平均动压，Pa。

对于一般电除尘器，烟气流速可以按以下简单公式计算：

$$v = 0.0766 K_p \sqrt{273+t} \times \sqrt{p_d}$$

（6）实际烟气流量。测试工况下烟气流量按下式计算，即

$$q_s = 3600 S v$$

式中 q_s——实际烟气流量，m^3/h；

S——烟道截面积，m^2。

标准状态下，干烟气流量按下式计算，即

$$q_a = q_s \frac{273}{273+t} \times \frac{p_{am} + p_s}{101\,325}(1 - X_{sw})$$

式中 q_a——干烟气流量，m^3/h；

X_{sw}——烟气湿度，即烟气中的水分含量体积百分数，%。

（7）烟气湿度。

理论干空气量为

$$V_{gk}^0 = 0.089(C_{ar} + 0.375 S_{ar}) + 0.265 H_{ar} - 0.0333 O_{ar} \quad (m^3/kg)$$

理论干烟气量为

$$V_{gy}^0 = 1.866 \frac{C_{ar} + 0.375 S_{ar}}{100} + 0.79 V_{gk}^0 + 0.8 \frac{N_{ar}}{100} \quad (m^3/kg)$$

实际干烟气量为

$$V_{gy} = V_{gy}^0 + (\alpha_{py} - 1) V_{gk}^0$$

$$= 1.866 \frac{C_{ar} + 0.375 S_{ar}}{100} + 0.79 V_{gk}^0 + 0.8 \frac{N_{ar}}{100} + (\alpha_{py} - 1) V_{gk}^0 \quad (m^3/kg)$$

烟气中实际水蒸气容积为

$$V_{H_2O} = 1.244 \left(\frac{9 H_{ar} + M_{ar}}{100} + 1.293 \alpha_{py} V_{gk}^0 d_k \right)$$

$$= 0.0161 \alpha_{py} V_{gk}^0 + 0.0124 M_{ar} + 0.111 H_{ar} \quad (m^3/kg)$$

$$\alpha_{py} = \frac{20.6}{20.6 - O_2} \approx \frac{21}{21 - O_2}$$

式中 α_{py}——烟气过量空气系数；

O_2——电除尘器出口氧量，%。

烟气中的水分含量体积百分数（烟气含湿量）为

$$X_{sw} = \frac{V_{H_2O}}{V_{gy}}$$

（8）电除尘器压降。

电除尘器压降（运行阻力）计算公式为

$$\Delta p = p_{in} - p_{out}$$

式中 Δp——运行阻力，Pa；

p_{in}——进口断面全压平均值，Pa；

p_{out}——出口断面全压平均值，Pa。

八、漏风率试验

（1）漏风率是指电除尘器出口标准状态下的烟气量与进口标准状态下的烟气量之差与进口标准状态下的烟气量之比，其计算公式为

$$A_e=\frac{q_2-q_1}{Q_1}\times100\%$$

或者

$$A_e=\frac{RO_2'-RO_2''}{RO_2'}\times100\%$$

或者

$$A_e=\frac{O_2''-O_2'}{K-O_2'}\times100\%$$

式中 q_1——电除尘器进口标准状态下的烟气量，m^3/h；

q_2——电除尘器出口标准状态下的烟气量，m^3/h；

A_e——电除尘器漏风率，%；

RO_2'——电除尘器进口烟气中 RO_2 成分，%；

RO_2''——电除尘器出口烟气中 RO_2 成分，%；

O_2'——电除尘器进口烟气含氧量，%；

O_2''——电除尘器出口烟气含氧量，%；

K——当地大气中含氧量（可根据海拔高度查得，一般情况下，大气中的含氧量按体积比约为 20.6%），%。

（2）试验方法。用烟气分析仪测量电除尘器进、出口烟气中三原子气体成分的变化，根据进、出口烟气中的 RO_2 的变化，然后用公式 $A_e=\frac{RO_2'-RO_2''}{RO_2'}\times100\%$ 计算除尘器漏风率。

或者使用氧量计测量除尘器进、出口断面烟气氧量，用公式 $A_e=\frac{O_2''-O_2'}{20.6-O_2'}\times100\%$ 计算除尘器漏风率。

九、供电特性优化调整

通过供电特性优化调整，可提高电除尘器高压电器的运行水平，达到增效节能的双重功效。

电除尘器高压电源供电方式包括最佳火花率、少火花率、恒定火花率、普通火花率、间隙供电、简易脉冲等。

而在具体的电除尘器运行中应根据具体运行工况对其进行调整，以达到最佳供电方式，提高除尘效率。特别是间隙供电方式不仅能使在高比电阻粉尘烟气条件下运行的电除尘器提高除尘效率，而且可以大大节约电除尘器的能耗；目前国内、外的资料显示间隙供电一般可节电 30%～50%。

十、安全事项

所有设备均由运行人员进行操作。

试验中如发生意外、设备故障或事故应由运行人员按规定处理，并及时通知试验负责人。

各测试点处脚手架应合理、牢固、可靠，必要时应架设围栏，以保证试验人员的人身安全。

各测试点处应有足够的照明。

其他安全事项，执行电力安全规程。

十一、评价

（1）电除尘器本体漏风率要求为：机组容量小于 300MW 的电除尘器，$A_e<5\%$；机组容量

大于 300MW 的电除尘器，$A_e<3\%$。

（2）锅炉烟囱最高允许排放浓度见表 13-30。

表 13-30 火力发电厂锅炉烟囱最高允许排放浓度

烟尘最高允许排放浓度（mg/m^3）			
时 段	2012 年前	2012 年后新建机组	2014 年后所有机组
适用条件	现有机组	新建机组	现有机组
燃煤锅炉	50	30	30
燃油锅炉	50	30	30

（3）除尘效率应满足设计要求，一般情况下电除尘器的除尘效率应大于 98.6%。

【例 13-4】 某电厂 300MW 燃煤机组，配 2 台电除尘器，单台电除尘器设计数据如下：处理烟气量 $263.43m^3/s$，粉尘驱进速度 0.082m/s，烟气温度 137℃，比集尘面积 $57.4m^2/(m^3/s)$，问该电除尘器效率是否满足设计效率≥99%要求。

解 收尘面积为 $57.4m^2/(m^3/s)\times263.43m^3/s=15\ 120.88m^2$

电除尘器设计效率计算公式 $\eta=(1-e^{\frac{A\omega}{V}})\times100\%=(1-e^{\frac{15\ 120.88\times0.082}{263.43}})\times100\%=99.10\%>99\%$，满足设计要求。

【例 13-5】 该电厂对电除尘器进行测试，大气压力为 100 600Pa，环境温度 20℃，其他测试结果见表 13-31。求该电除尘器 A 侧除尘效率、总体平均除尘效率。

表 13-31 某电厂 300MW 燃煤机组电除尘器检测结果

测试部位		电除尘器 A		电除尘器 B	
		A1 侧	A2 侧	B1 侧	B2 侧
电除尘器入口	烟道截面（m^2）	12.09	12.09	12.09	12.09
	温度均值（℃）	154	153	154	155
	动压（Pa）	83	84	84	86
	静压（Pa）	−2750	−2770	−2707	−2736
	全压均值 p_{in}(Pa)	−2692	−2711	−2648	−2797
	氧量均值（%）	5.2	5.3	5.1	5.2
	烟气湿度 X_{sw}(%)	6.3	6.3	6.3	6.3
	烟气流速 v_1(m/s)	12.11	12.17	12.17	12.34
	工况烟气量 q_s(m^3/h)	5.27×10^5	5.30×10^5	5.31×10^5	5.40×10^5
	标况干烟气量 q_1(m^3/h)	3.05×10^5	3.08×10^5	3.07×10^5	3.11×10^5
	烟尘量 q_m(kg/h)	6658	6969	7278	6893
	标况烟尘浓度均值 ρ_1(mg/m^3 干)	21 835	22 632	23 698	22 184
电除尘器出口	烟道截面积（m^2）	12.09	12.09	12.09	12.09
	温度均值（℃）	150	150	150	150
	动压（Pa）	86	85	83	84
	静压（Pa）	−2907	−2912	−2862	−2999
	全压均值 p_{out}(Pa)	−2846	−2852	−2803	−2940
	氧量均值（%）	5.7	5.8	5.6	5.7

续表

测试部位		电除尘器 A		电除尘器 B	
		A1 侧	A2 侧	B1 侧	B2 侧
电除尘器出口	烟气湿度 X_{sw}(%)	6.3	6.3	6.3	6.3
	烟气流速 v_2(m/s)	12.27	12.20	12.06	12.13
	工况烟气量 q_s(m^3/h)	5.34×10^5	5.31×10^5	5.25×10^5	5.28×10^5
	标况干烟气量 q_2(m^3/h)	3.15×10^5	3.10×10^5	3.06×10^5	3.08×10^5
	烟尘量 q_m(kg/h)	42	40	81	85
	烟尘浓度 ρ_2(mg/m^3 干)	134.9	129	264.7	275.9
	过量空气系数 α	1.38	1.39	1.37	1.38
	标况烟尘浓度（mg/m^3 干，按 $\alpha=1.4$ 换算）	133.0	128.1	259.0	272.0
漏风率（%）		3.25	3.25	3.23	3.25
运行阻力（Pa）		154	141	155	143
单侧除尘效率（%）		99.37	99.41	98.85	98.72
标况烟尘排放浓度均值（mg/m^3 干，按 $\alpha=1.4$ 换算）		198.0			
入口烟尘量（kg/h）		27 798			
出口排尘量（kg/h）		248.0			
平均除尘效率（%）		99.09			

1. 电除尘器 A1 侧入口结果计算

入口烟气流速 $v=0.0766\times0.84\sqrt{273+154}\times\sqrt{83}=12.11(m/s)$

烟气密度 $\rho_s=1.3\times\dfrac{273}{273+154}\times\dfrac{100\ 600-2750}{101\ 325}=0.803(kg/m^3)$

因此入口烟气流速也可以计算为 $v=K_p\sqrt{\dfrac{2p_d}{\rho_s}}=0.84\sqrt{\dfrac{2\times83}{0.803}}=12.08(m/s)$

工况烟气量 $q_s=3600\times12.09\times12.11m^3/h=527\ 076m^3/h$

$$标态下干烟气流量\ q_1=q_s\times\frac{273}{273+t}\times\frac{P_{am}+P_s}{101\ 325}(1-X_{sw})$$

$$=527\ 076\times\frac{273}{273+154}\times\frac{100\ 600-2750}{101\ 325}(1-0.063)$$

$$=304\ 924(m^3/h)$$

烟尘浓度 $\rho_1=\dfrac{q_m}{q}=\dfrac{6658}{304\ 924}=0.021\ 835kg/m^3=21\ 835mg/m^3$

2. 电除尘器 A1 侧出口结果计算

出口烟气流速 $v=0.0766\times0.84\sqrt{273+150}\times\sqrt{86}=12.27(m/s)$

工况烟气量 $q_s=3600\times12.09\times12.27m^3/h=534\ 039m^3/h$

标态下干烟气流量 $q_2=534\ 039\times\dfrac{273}{273+150}\times\dfrac{100\ 600-2907}{101\ 325}(1-0.063)$

$=311\ 373(m^3/h)$

烟尘浓度 $\rho_2=\frac{q_m}{q_2}=\frac{42}{311\ 373}=0.000\ 134\ 886kg/m^3=134.9mg/m^3$

除尘器出口过量空气系数 $\alpha=\frac{20.6}{20.6-5.7}=1.38$

标态下烟尘浓度(mg/m^3 干，按 $\alpha=1.4$ 换算)

$$C=\frac{1.38}{1.4}\times 134.9=133.0(mg/m^3)$$

除尘器漏风率 $\Delta\alpha=\frac{O_2''-O_2'}{20.6-O_2'}\times 100\%=\frac{5.7-5.2}{20.6-5.2}\times 100\%=3.25\%$

运行阻力 $\Delta p=p_{in}-p_{out}=-2692+2846=154(Pa)$

A 侧除尘效率 $\eta=\frac{21\ 842-133\times(1+0.032\ 5)}{21\ 842}\times 100\%=99.37\%$

入口烟尘量 $M_{入}=6658+6969+7278+6893=27\ 798(kg/h)$

出口排尘量 $M_{出}=42+40+81+85=248(kg/h)$

电除尘器总体平均除尘效率 $\eta_{均}=\frac{27\ 798-248}{27\ 798}\times 100\%=99.11\%$

第十一节　循环流化床锅炉性能试验

一、试验内容

性能试验包括锅炉最大连续蒸发量试验（BMCR）、额定蒸发量（BRL）下的锅炉热效率试验和烟气污染物排放特性试验等。其中，烟气污染物排放特性试验需要和热效率试验同时进行。

二、引用标准

GB/T 218 煤中碳酸盐二氧化碳含量的测定方法

DL/T 964—2005 循环流化床锅炉性能试验规程

GB/T 8174 设备及管道保温效果的测试与评价

GB/T 10184—2015 电站锅炉性能试验规程

GB 13223 火电厂大气污染物排放标准

DL/T 414 火电厂环境监测技术规范

三、试验要求

(1) 试验物料特性指标波动的范围。试验物料特性应符合原设计值。其中入炉燃料特性指标的允许波动（相对于设计值）范围为：收到基低位热值，$Q_{net,ar}\pm 10\%$（相对值）；全水分，$M_t\pm 2\%$（绝对值）；收到基灰分，$A_{ar}\pm 5\%$（绝对值）；收到基全硫分，$S_{t,ar}\pm 0.5\%$（绝对值）；干燥无灰基挥发分，$V_{daf}\pm 2\%$（绝对值）。入炉燃料超过设计最大粒径颗粒的质量百分率不超过5%（绝对值）。

入炉石灰石特性指标的允许波动（相对于设计值）范围为：全水分，不超过±0.5%（绝对值），收到基碳酸钙含量，不超过±3%（绝对值）。入炉石灰石超过设计最大粒径颗粒的质量百分率不超过 5%（绝对值）。

(2) CFB 锅炉运行要求。在性能试验前 CFB 锅炉需要连续正常运行 3 天以上。正式试验前的 12h 中，前 9h 机组运行负荷应不低于试验负荷的 75%，后 3h 机组应维持预定的试验负荷。

试验期间 CFB 锅炉主要运行参数允许波动范围为：220t/h 以上锅炉蒸发量偏离规定值的允

许偏差±3%，蒸汽压力±2%，蒸汽温度$^{+5}_{-15}$℃。排烟氧量±0.5%（相对值），入炉石灰石量±2%（相对值），密相区平均床温±20℃，密相区床压±300Pa。

（3）CFB锅炉性能试验基准温度t_0为送风机入口温度。试验持续时间不得少于4h。

四、测试方法

CFB锅炉与常规锅炉性能试验的测试方法相同。

入炉燃料应尽可能靠近炉膛进口采样。入炉石灰石应从连续输送的入炉石灰石主流中采样，采样点应尽可能靠近炉膛石灰石进料口。

灰渣样品中可燃物含量一般通过测定（按GB/T 218）剔除灰、渣中碳酸盐、二氧化碳等非可燃质成分影响后的可燃质烧失量的方法确定。

烟气排放特性按照GB/T 10184和DL/T 414中的相关规定执行。

入炉石灰石量可通过标定石灰石给料机等方法测定。

五、计算方法

CFB锅炉与常规锅炉性能试验的计算方法基本相同，但与常规电站锅炉相比有其特殊性。例如：锅炉燃烧方式和原理不同、底渣排放份额相对高且变化较大、炉内加入石灰石脱硫、设置冷渣系统等，使CFB锅炉性能测试和计算方法较常规电站锅炉复杂。除个别情况外，CFB锅炉锅内过程的性能试验及计算与GB 10184—1988相同。

由于DL/T 964规程在初次编写中涉及的和需要解决的问题较多，一时难以全面解决。因而编写中在基本准确的前提下，对某些问题采取了合理简化的处理方式。如：CFB锅炉散热损失暂采用GB 10184—1988中的锅炉本体散热曲线并加以面积修正；石灰石$CaCO_3$的分解率暂取定值；根据国内脱硫剂（绝大多数采用石灰石）资源情况和有关研究，石灰石脱硫的有效成分暂不考虑MgO的影响等。

CFB锅炉热效率一般采用热损失法（反平衡法）按下式进行计算，即

$$\eta = 100 - \frac{Q_2 + Q_3 + Q_4 + Q_5 + Q_6 + Q_7}{Q_r} \times 100$$
$$= 100 - (q_2 + q_3 + q_4 + q_5 + q_6 + q_7)$$

式中 η——锅炉热效率，%；

Q_2——每千克（每标准立方米）燃料的排烟热损失热量，kJ/kg、kJ/m^3；

Q_3——每千克（每标准立方米）燃料的可燃气体未完全燃烧热损失热量，kJ/kg、kJ/m^3；

Q_4——每千克（每标准立方米）燃料的固体未完全燃烧热损失热量，kJ/kg、kJ/m^3；

Q_5——每千克（每标准立方米）燃料的锅炉散热损失热量，kJ/kg、kJ/m^3；

Q_6——每千克（每标准立方米）燃料的灰渣物理显热损失热量，kJ/kg、kJ/m^3；

Q_7——每千克（每标准立方米）燃料的脱硫热损失热量，kJ/kg、kJ/m^3；

Q_r——每千克（每标准立方米）燃料的输入热量，kJ/kg、kJ/m^3；

q_2——排烟热损失百分率，%；

q_3——可燃气体未完全燃烧热损失百分率，%；

q_4——固体未完全燃烧热损失百分率，%；

q_5——锅炉散热损失百分率，%；

q_6——灰渣物理显热损失百分率，%；

q_7——石灰石脱硫热损失百分率，%。

六、一些特殊的问题处理

1. 关于热量平衡及冷渣器吸热的考虑

CFB锅炉热量平衡系统如图13-12所示。同时，规定以送风机入口温度作为CFB锅炉能量平衡基准温度 t_0（试验基准温度）。主要辅机的电耗热被计入输入热。

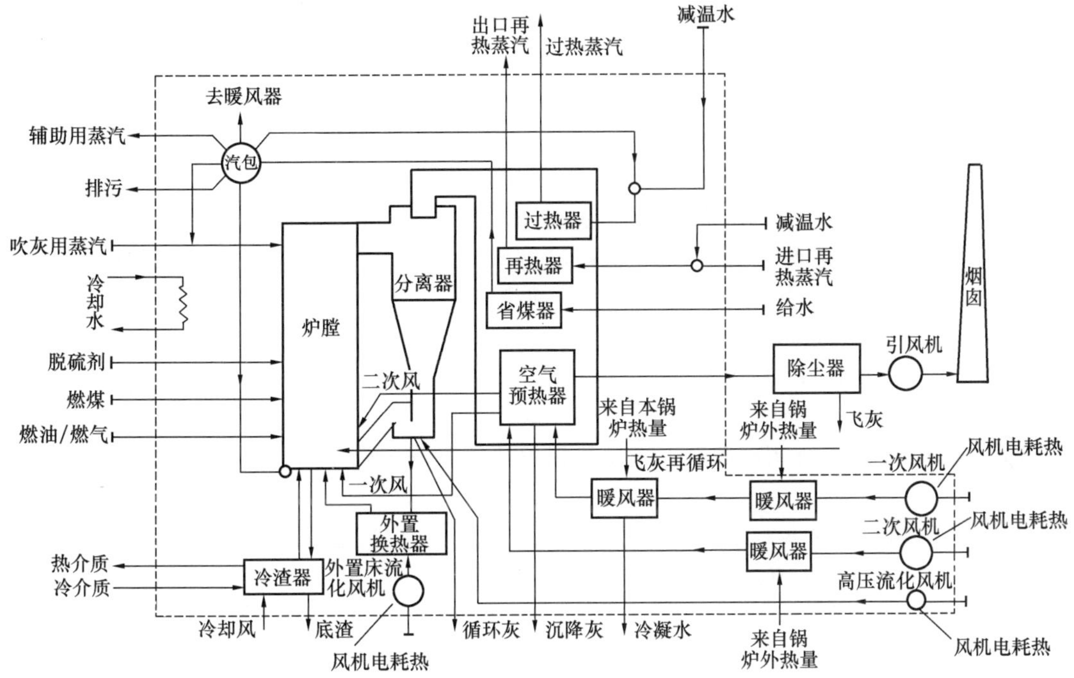

图13-12 CFB锅炉机组热平衡系统

冷渣器工质的有效吸热计入输出热，并做如下规定：采用热损失法测定和计算CFB锅炉热效率时，底渣物理显热损失按表13-32方法进行计算。

表13-32 底渣物理显热损失计算参数的选取原则

冷渣器类型	冷却介质	冷却介质流向	底渣的物理显热损失
风水联合冷却（流化床型）	冷空气	锅炉烟风系统内	以冷渣器实测排渣温度计算
	水	机组汽水系统内	
	冷空气	锅炉风烟系统内	以冷渣器实测排渣温度计算，但另加冷却水吸热损失
	水	机组汽水系统内	
	冷空气	锅炉风烟系统内	以炉膛实测排底渣温度计算
	水	机组汽水系统内	
水冷滚筒（蛟龙型）	水	机组汽水系统内	以冷渣器实测排渣温度计算
	水	机组汽水系统内	以炉膛实测排底渣温度计算
不冷却	—	—	以炉膛实测排底渣温度计算

2. 灰渣份额的确定

CFB锅炉灰渣份额因不同锅炉、不同燃料和不同运行方式有较大的变化，而灰渣份额又会对锅炉效率值产生很大的影响。因此，对灰渣份额的测量做了如下规定：

（1）灰渣份额应通过实际测量和计算获得。计量试验期间排放底渣的全部重量，并计算出底渣排渣流量，其与热效率计算中按正平衡迭代计算求得的锅炉总排灰流量（由于入炉燃料量及石灰石量难以准确计量，一般通过计量汽水侧吸热量迭代计算出锅炉总排灰流量）之比，即为底渣份额 α_{dz}（排底渣流量占锅炉总排灰流量的质量含量百分率），余者为飞灰份额 α_{fh}。

如果锅炉运行中排放部分循环灰和锅炉尾部烟道沉降灰（少部分 CFB 锅炉排放这两部分灰），还需计量试验期间这两部分灰的排放重量，并计算出相应的循环灰排灰流量 G_{xhh} 和沉降灰排灰流量 G_{cjh}，再分别按规程中的相关公式计算出各部分灰的份额。

（2）当确因现场条件对某部分灰渣量无法实际测定时，应由试验各方在试验前约定各部位灰渣份额，但约定值与设计值之间偏差的绝对值不应超过 10%。

（3）为了保证灰渣计量的准确性，在灰渣计量期间，试验起始和结束时须保证一致的参数范围（尤其是床压值），排渣的间隔时间不能超过 30min，且对床压波动的影响不得超过标准规定的范围。如锅炉容量大、排渣（灰）量过多，而现场无法实现称量整个试验期间的全部排渣（灰）量时，在运行参数符合标准规定的条件下，可以采用缩短排渣（灰）计量时间的方法来测量灰渣份额，但计量时间不应少于 1h。

3. 石灰石脱硫对效率计算的影响

CFB 锅炉由于投入石灰石脱硫，采用热损失法计算锅炉效率时，应考虑以下几个方面的影响：

（1）石灰石煅烧分解反应和 SO_2 固化反应对烟气成分和烟气量的影响，包括：理论燃烧所需干空气量 V_{gy}^0（m^3/kg）因 SO_2 固化反应对 O_2 的消耗而受影响；理论燃烧干烟气量 V_{gy}^0（m^3/kg）因煅烧反应石灰石释放出 CO_2（增加烟气量）和 SO_2 固化反应（减少烟气量）而受影响；石灰石带入的水分对烟气中所含水蒸气的量产生影响。

（2）加入石灰石脱硫对灰渣量进而对固体未完全燃烧热损失的影响，引入了计算灰分含量 A_{js}，替代 GB 10184 中锅炉热效率计算中燃料灰分含量 A_{ar}，即

$$A_{js} = A_{ar} + (A_{CaSO_4} + A_{CaO} + A_{wfj} + A_{zz})$$

式中 A_{ar}——单位燃料收到基灰分质量含量百分率，%；

A_{CaSO_4}——单位燃料脱硫后硫酸钙生成量百分率，%；

A_{CaO}——单位燃料脱硫石灰石分解后未反应氧化钙含量百分率，%；

A_{wfj}——单位燃料脱硫石灰石未分解碳酸钙量百分率，%；

A_{zz}——单位燃料脱硫用石灰石带入杂质百分率，%。

为简化计算，脱硫石灰石中碳酸钙分解率取定值 98%。

（3）CFB 锅炉脱硫用石灰石（主要成分为 $CaCO_3$）投入炉膛后进行煅烧分解反应时，要从炉内吸取一定热量，而燃煤产生的 SO_2 气体与分解产生的 CaO 固体粒子进行气固硫化反应时又要释放出一定热量。因此增加 q_7，即石灰石脱硫热损失项，其定义为：CFB 锅炉投石灰石脱硫时，石灰石煅烧反应吸收热量与脱硫硫化反应放出热量的代数和占锅炉输入热量的百分率。

$$q_7 = \frac{S_{t,ar}(57.19K_{glb}\beta_{fj} - 152\eta_{tl})}{Q_r}$$

式中 η_{tl}——脱硫效率，%；

K_{glb}——对应于单位质量燃料的入炉石灰石中钙的摩尔数与燃料收到基全硫摩尔数之比；

β_{fj}——脱硫石灰石中碳酸钙分解率，取值为 98%；

$S_{t,ar}$——燃料收到基全硫含量百分率，%。

4. 散热损失 q_5 的确定

CFB 锅炉由于有高温循环灰分离（绝大多数采用旋风分离器）回送系统，其锅炉本体散热损失高于常规电站锅炉；另一方面，CFB 锅炉无煤粉干燥制备系统，因而也就不存在这部分散热损失。如何测定 CFB 锅炉散热损失是一个复杂而一时难以解决的问题。根据现阶段实际情况，推荐采用以下两种方法：

（1）从 GB 10184 附录 F（补充件）散热曲线图中查值，并加以修正。

（2）参照 GB 8174《设备及管道保温效果的测试与评价》的规定测试。

第十四章　汽轮机侧有关项目的测试

第一节　汽轮机真空严密性测试

一、测试目的

汽轮机凝汽器严密性的好坏直接关系到凝汽器真空和凝结水品质，因而凝汽器严密性的检查和维护是凝汽器运行管理的一个重要方面。运行中对凝汽器严密性的检测方法是进行真空严密性测试。

真空严密性测试的目的是检测凝汽设备真空系统内的管路、附件以及凝汽器本身的各个结合面的严密程度。

二、引用标准和规定

DL/T 892—2004 电站汽轮机技术条件

火力发电厂节约能源规定（1991 年）

DL/T 932—2005 凝汽器与真空系统运行维护导则

三、试验方法

（1）锅炉运行工况要求。

1）试验时机组负荷稳定在 80%～100%额定负荷。

2）试验时，主蒸汽压力、温度，给水压力、温度，再热蒸汽压力、温度，机组负荷等参数保持稳定。

（2）检测仪表采用 0.25 级及以上标准真空表（或利用现场经校验合格的真空表），或相同等级的压力变送器、大气压力表和秒表。

（3）关闭连接抽气器的空气门，停运抽气设备。0.5min 后开始每 0.5min 记录机组真空一次，然后记录凝汽器真空下降数值。

（4）记录 8min，8.5min 后恢复系统。取其中后 5min 的真空下降数值考核机组真空严密性。

（5）在试验时，当真空低于 87kPa，排汽温度高于 60℃时，应立即停止试验，恢复原运行工况。

（6）机组真空严密性是由真空下降速度来衡量的，其计算公式为

$$\text{真空下降速度}=\frac{\text{第三分钟时真空（Pa）}-\text{第八分钟时真空（Pa）}}{5\text{min}}\quad(\text{Pa/min})$$

四、试验结果

（1）真空下降速度计算结果应符合表 14-1 中的合格值。

表 14-1　真空系统严密性要求

单机容量（MW）	＜100	≥100
真空下降速度（Pa/min）	≤667 者，合格	≤400 者，合格
	≤400 者，优	≤270 者，优

（2）当真空严密性试验计算结果大于表中数值时，应检查泄漏原因并消除缺陷，提高机组真空。

五、凝汽器压力变化与真空下降速度的关系

凝汽器压力变化与真空下降速度的关系见图 14-1。

通过对某国产引进型 300MW 机组进行严密性影响试验，其结果表明，真空下降速率从 400Pa/min 上升到 1000Pa/min 过程中，真空下降速率每增加 100Pa/min，凝汽器真空降低约 0.12kPa。

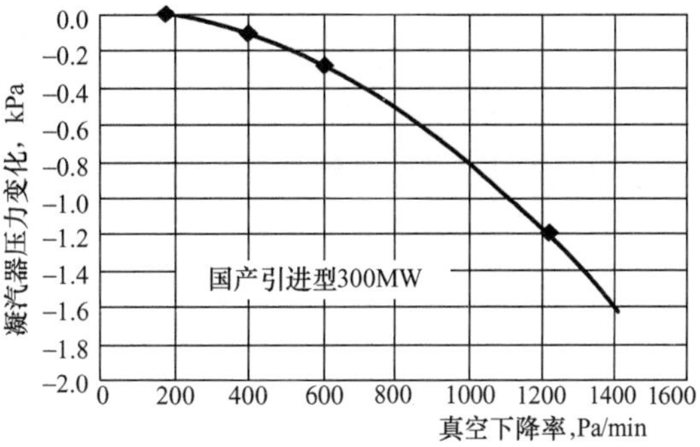

图 14-1 凝汽器压力变化与真空下降率的关系

【例 14-1】 以山东某电厂 1 号 350MW 机组真空严密性试验为例。机组在 80%负荷以上时稳定运行，关闭真空泵的空气门。根据真空下降程度，记录空气门关闭后 5min 内真空变化情况。试验结果见表 14-2。求该机的真空严密性，并评价真空严密性能。

解 某年某月 11 日 13：30 开始做 1 号机真空严密性试验，当时负荷为 345MW，真空为 101.32−5.21＝96.11(kPa)；试验开始 1min，真空下降到 95.89kPa；2min 后，真空下降到 95.7kPa；3min 后，真空 95.51kPa；4min 后，真空下降到 95.26kPa；8min 后，真空下降到 94.67kPa。8min 真空下降总值为 1.44kPa，平均每分钟真空下降 0.18kPa；后 5min 平均每分钟真空下降速度为 $\dfrac{(101.32-5.81)(\text{kPa})-(101.32-6.65)(\text{kPa})}{5\text{min}}$ ＝168Pa/min。

表 14-2　　机组真空系统严密性试验记录表

时间	负荷(MW)	凝汽器压力(kPa)	循环水进水温度（℃）	循环水出口温度（℃）	凝结水温度(℃)	排汽温度(℃)	大气压力(kPa)	大气温度(℃)
抽气设备停运前(11：30)	345	5.21	20.9	30.5	35.7	33.6	101.32	19
抽气设备停运30s	345	5.33	20.9	30.5	35.7	34.0	101.32	19
1min	345	5.43	20.9	30.5	35.7	34.3	101.32	19
1min30s	345	5.51	20.9	30.5	35.7	34.6	101.32	19
2min	345	5.62	20.9	30.5	35.7	36.9	101.32	19
2min30s	345	5.76	20.9	30.6	35.7	35.3	101.32	19
3min	345	5.81	20.9	30.7	35.7	35.6	101.32	19
3min30s	345	5.93	20.9	30.7	35.8	35.9	101.3	19
4min	345	6.06	20.9	30.7	35.9	36.2	101.32	19
4min30s	345	6.12	20.9	30.7	36.0	36.5	101.32	19
5min	345	6.21	20.9	30.7	36.3	36.7	101.32	19

续表

时间	负荷（MW）	凝汽器压力（kPa）	循环水进水温度（℃）	循环水出口温度（℃）	凝结水温度（℃）	排汽温度（℃）	大气压力（kPa）	大气温度（℃）
5min30s	345	6.25	20.9	30.7	36.6	37.0	101.32	1
6min	345	6.33	20.9	30.7	36.7	37.2	101.32	19
6min30s	345	6.42	20.9	30.7	37.1	37.5	101.32	19
7min	345	6.53	20.9	30.6	37.2	37.7	101.32	19
7min30s	344	6.61	20.9	30.5	37.5	37.9	101.32	19
8min	344	6.65	20.9	30.5	37.6	38.1	101.32	19

试验结论：该厂 1 号机真空严密性第一次测试合格，真空严密性试验为 168Pa/min＜270Pa/min，评价真空严密性为优。

六、试验周期

（1）停机时间超过 15 天时，机组投运后 3 天内应进行严密性试验。

（2）机组正常运行时，每一个月应进行一次严密性试验。

第二节 凝汽式汽轮机组供电煤耗率测试

一、测试目的

测试机组标准发电煤耗率和供电煤耗率，评价机组煤耗水平。

二、引用标准

ASME PTC6 汽轮机性能验收试验规程

ASME PTC4.1 锅炉机组性能规程

GB 21258—2017 常规燃煤发电机组单位产品能源消耗限额

GB 35574—2017 热电联产单位产品能源消耗限额

GB/T 10184—2015 电站锅炉性能试验规程

GB/T 3485 评价企业合理用电技术通则

DL/T 606.4 火力发电厂电能平衡导则

GB/T 8117 汽轮机热力性能验收试验规程

IEC 60953 汽轮机热力性能验收试验规程

三、运行工况要求

（1）试验时锅炉参数稳定范围如下。

锅炉额定蒸汽流量：±3%；

额定主蒸汽压力：±2%；

额定主蒸汽温度：−10℃～+5℃；

额定再热蒸汽温度：−10℃～+5℃。

（2）试验前锅炉持续运行时间应大于 72h。其中正式试验前的 12h 中，前 9h 的锅炉负荷不低于试验负荷的 75%，后 3h 锅炉应维持预定的试验负荷。每个工况的试验持续时间需要大于 4h。

（3）锅炉机组各主、辅机能正常运转。当锅炉设有暖风器和热风再热循环装置时，试验前应将其解列。

（4）试验期间不允许进行可能干扰试验工况的任何操作。

（5）试验开始后直至结束时，锅炉燃烧工况、燃料量、主蒸汽流量、再热蒸汽流量、给水流量、中间点温度（对直流炉）、过量空气系数、配风情况、制粉系统投运方式以及试验需要控制的温度、压力等参数，尽可能地保持一致和稳定。

四、测试方法

1. 锅炉热效率及汽轮机热耗率的测试

发、供电煤耗的测试工况必须包括额定负荷（ECR）和 50%额定负荷。火力发电厂发、供电煤耗的测试需要在四个及以上的运行工况下进行，每一个工况应保持测试的同时性，即对一个工况应同时测试锅炉热效率、汽轮机热耗率及机组厂用电率。

锅炉热效率、汽轮机热耗率的测试方法前面已经讲过，本节不再重复。

2. 厂用电率的测试

机组供电煤耗测试前，应进行机组厂用电率的测试试验，机组厂用电率的测试方法如下。

（1）厂用电率的测试应安排在机组和厂用电正常运行情况下进行。针对变化负荷，测试时应选择不少于四个典型工况。

（2）用经校验的精度 0.5 级以上的电能表计量测试期间的厂用电量 W_{cy}。

（3）用经校验的精度 0.5 级以上的电能表计量测试期间的机组发电量 W_f；或用功率表测量出机组出力后换算成发电量 W_f。

（4）按规定八项不计入厂用电量内，用 W_{kc}表示。

（5）发电厂总用电量的测试。当计量点在发电厂出线时：测试期内，测量发电机出口电能值（W_f），发电厂出线处或升压变压器高压侧关口电能值（W_{ch}），两数相减后得出全厂总用电量（W_h）。计算公式为

$$W_h = W_f - W_{ch}$$

式中 W_h——全厂总用电量，kWh；

W_f——发电机发电量，kWh；

W_{ch}——发电厂输出电量，kWh。

当电厂有从电网系统输入的电量时，应按下式计算，即

$$W_h = W_f - W_{ch} + W_r$$

式中 W_r——由电网系统向电厂输入的电量，kWh。

（6）厂用电率的计算。对于凝汽式发电厂，厂用电率为

$$e = \frac{W_{cy}}{W_f} \times 100\%$$

$$W_{cy} = W_h - W_{kc}$$

式中 W_{cy}——测试期内发电厂厂用电量，kWh；

W_f——测试期内发电厂总发电量，kWh；

W_{kc}——测试期内发电厂按规定不应计入厂用电，而应扣除的电量，kWh。

对于热电厂，应分别计算供热厂用电率和发电厂用电率。

供热厂用电率为

$$e_{gr} = \frac{W_{gr}}{Q_{gr}} \times 100\%$$

式中 W_{gr}——测试期内供热耗用的厂用电量，kWh；

Q_{gr}——测试期内的总供热量，10^9J（百万千焦）。

发电厂用电率为

$$e=\frac{W_{cf}}{W_f}\times 100\%$$

$$W_{cf}=W_h-W_{kc}-W_{gr}$$

式中 W_{cf}——测试期内发电所耗用的厂用电量，kWh；

W_h——测试期内全厂发电、供热总用电量，kWh。

五、煤耗率的计算

1. 正平衡法

正平衡法测试发、供电煤耗率的工作属于审计性质，一般要求机组单元运行，且有入炉燃料计量装置。它主要依据电厂的能源消耗原始记录、统计台账和生产统计报表数据进行。具体做法是：统计测试期内机组的发电耗用燃料量、发电量、发电厂用电量，耗用燃料量折算成标准煤用量后，按下式分别计算发电煤耗率和供电煤耗率，即

$$b_f=\frac{B_b}{W_f}$$

$$b_g=\frac{B_b}{W_f-W_{cy}}$$

式中 b_f——发电煤耗率，g/kWh；

b_g——供电煤耗率，g/kWh；

W_f——试验期内机组总发电量，kWh；

W_{cy}——试验期内机组用于发电的厂用电量，kWh；

B_b——试验期内机组发电所用的标准煤总量，g。

对于供热机组，机组的供电煤耗的计算式为

$$b_g=\frac{B_d}{W_f-W_{cf}}$$

式中 B_d——试验期内机组用于发电的标准煤总量，g。

2. 反平衡法

反平衡法计算发电煤耗率和供电煤耗率公式分别为

$$b_f=\frac{1000q}{29\ 308\eta_{bl}\eta_{gd}}$$

$$b_g=\frac{1000q}{29\ 308\eta_{bl}\eta_{gd}(1-e)}$$

式中 b_f——火力发电机组发电煤耗率，g/kWh；

b_g——火力发电机组供电煤耗率，g/kWh；

η_{bl}——锅炉热效率，%；

η_{gd}——系统管道效率，%；

29 308——标准煤发热量，kJ/kg；

q——汽轮机热耗率，kJ/kWh；

e——机组厂用电率，%。

新设备或计划检修后设备的烘炉、煮炉、暖机、空载试运行的燃料和电力消耗等八项规定的燃料消耗量不计入所耗用的标准煤总量之中。

六、评价

（1）根据试验结果绘制不同工况下的机组厂用电率与负荷率的关系曲线。

（2）根据试验结果绘制不同工况下的机组供电煤耗率与负荷率的关系曲线。

（3）根据试验结果绘制不同工况下的机组发电煤耗率与负荷率的关系曲线。

（4）将测试的供电煤耗率与同类型机组平均水平、先进水平对比，评价机组煤耗水平。如果供电煤耗率大于 GB 35574 和 GB 21258 限额要求（见表 14-3），则要分析原因，并提出改进建议。

表 14-3　　不同类型机组供电煤耗率合格值

机组类型	参数	容量（MW）	供电煤耗率合格值（g/kWh）
常规湿冷	纯凝超超临界	1000	285
		600	293
	纯凝超临界	600～900	300
	纯凝亚临界	600	314
		300	323
	超高压	125～250	352
	高压	100	370
常规空冷			对应湿冷合格值基础上增加 12g/kWh
热电联产	超临界及以上		299
	亚临界		307
	超高压	≥200MW	316
	超高压、高压	<200MW	305

（5）确定机组最经济负荷点。

七、试验举例

山东某电厂三号机组（300MW）是由东方汽轮机厂制造的亚临界机组。为摸清机组在运行状态下的真实煤耗，2002 年 11 月进行 3 号机组性能试验工作。

1. 机组主要技术参数

额定功率	300MW
主汽门前蒸汽额定压力	16.7MPa
主汽门前蒸汽额定温度	537℃
再热汽门蒸汽额定温度	537℃
工作转速	3000r/min
旋转方向	从机头向发电机端看为顺时针
额定冷却水温	20℃
额定背压	4.9kPa
额定工况给水温度	268.8℃
回热级数	三高、四低、一除氧
额定工况蒸汽流量	935t/h
额定工况下净热耗	7962kJ/kWh(1901.7kcal/kWh)

2. 试验项目

300MW 工况、280MW 工况、260MW 工况、240MW 工况、220MW 工况、200MW 工况、180MW 工况、滑压 200MW 工况、滑压 180MW 工况、滑压 165MW 工况。

3. 测试条件与方法

（1）仪器仪表。电功率测量仪表使用 0.2 级三相功率变送器，压力与差压参数的测量使用

0.2级与0.1级的压力变送器，温度参数的测量使用精密级E分度热电偶测量。主蒸汽温度、给水温度等重要测点采用双重测点布置。流量测量使用标准孔板。汽轮机的排汽压力使用深入凝汽器喉部的网笼探头测量，配用0.1级真空变送器测量排汽压力。

（2）主、辅机设备运行正常、稳定，无异常泄漏，不明泄漏率不超过0.5%。

（3）汽轮机运行参数尽可能调整到设计值并保持稳定，其波动及偏差不超出规程的允许范围。

（4）热井水位及除氧器水箱水位稳定变化，无大的波动。各加热器水位正常、稳定。

（5）不投或尽量少投再热器减温水，如果必须投再热器减温水，则应保持减温水流量在试验持续时间内稳定。

（6）试验前对系统进行补水，除氧器水箱和热井水位补水至高水位，试验期间将补水门严格关闭。

（7）停止向系统外排污、排水、排汽及化学取样。除影响机组安全的因素外，不得对机组设备及热力系统进行与试验无关的操作。

4. 供电煤耗率计算

供电煤耗的计算公式为

$$b_{g}=\frac{q}{29.308\eta_{bl}\eta_{gd}(1-e)}$$

其中为了简化计算，管道效率一律取99%。厂用电率的计算公式为

$$e=\frac{没有修正的厂用电量(kW)}{没有修正的实测功率(kW)}\times 100\%$$

各工况的供电煤耗率见表14-4。

表14-4　　各工况的供电煤耗率

名　称	汽轮机热耗率(kJ/kWh)	实测功率(kW)	锅炉效率(%)	管道效率(%)	厂用电率(%)	供电煤耗率(g/kWh)
300MW	8672.87	299 168.20	88.936	0.995	4.109	349.18
280MW	8814.03	280 522.39	88.994	0.995	4.244	355.13
260MW	8981.01	259 411.85	89.356	0.995	4.488	361.31
240MW	9000.36	239 110.06	90.362	0.995	4.116	356.67
200MW	8970.25	199 042.31	90.192	0.995	4.214	356.51
180MW	9270.587	179 627.45	89.909	0.995	3.801	368.02
滑压180MW	9253.719	179 293.16	89.723	0.995	4.563	371.05
滑压165MW	9358.43	165 100.62	89.162	0.995	4.084	375.73

5. 试验数据

试验数据见表14-5。

表14-5　　煤耗率试验主要数据

名　称	单位	300MW	280MW	260MW	240MW	200MW	滑压180MW	滑压165MW
实测功率	kW	299 168.2	280 522.4	259 411.85	239 110.06	199 042.31	179 293.16	165 100.62
主蒸汽温度	℃	525.770 7	538.150 5	539.157 6	540.132 4	539.906 6	539.3	539.869 5
主蒸汽压力	MPa	16.197 8	15.702 3	16.113 5	16.12	16.126	14.621	14.23
主蒸汽焓	kJ/kg	3368.482	3408.593	3406.751 6	3409.367 9	3408.678 2	3423.733 4	3429.550 7
再热蒸汽温度	℃	533.342 6	538.404	537.627	536.486	526.113	520.32	521.52

续表

名称	单位	300MW	280MW	260MW	240MW	200MW	滑压 180MW	滑压 165MW
再热蒸汽压力	MPa	3.686 6	3.409 2	3.127 8	2.87	2.385 2	2.157	1.997
再热蒸汽焓	kJ/kg	3523.859	3538.060	3539.095	3539.091	3520.848 4	3510.367 4	3514.673 4
一级抽汽温度	℃	389.136	396.384 2	386.302 2	379.995 7	361.983 1	363.563 4	363.539 3
一级抽汽压力	MPa	5.916 80	5.474 523	5.00	4.574 4	3.771	3.424	3.164 5
一级抽汽焓	kJ/kg	3153.838	3180.720	3164.530 4	3157.216 5	3129.614 8	3140.612 6	3145.835 3
三级抽汽温度	℃	466.793	471.968 3	471.458 2	470.617 4	462.672 7	458.056 2	460.479 7
三级抽汽压力	MPa	1.682 7	1.557	1.428 557	1.313 7	1.093	0.988 8	0.917
三级抽汽焓	kJ/kg	3398.416	3411.183	3411.625 1	3411.192 9	3396.781 8	3388.182 2	3394.265
四级抽汽温度	℃	329.547	334.925 2	334.674 8	333.886	325.732 4	321.979 3	323.485 1
四级抽汽压力	MPa	0.847 07	0.786 81	0.721 38	0.663 3	0.549 3	0.497 3	0.46
四级抽汽焓	kJ/kg	3118.456	3131.028	3131.856 4	3131.409 3	3116.860 8	3110.219 6	3114.135 8
过热减温水焓	kJ/kg	751.304 7	736.935 1	721.517 19	707.260 95	676.152 42	658.738 9	648.522 2
再热减温水焓	kJ/kg	738.146 3	724.264 9	708.820 25	694.475 12	663.262 64	646.447 94	636.209 78
给水温度	℃	273.211 6	268.947 4	263.563	258.375 3	246.942 9	241.568 3	237.097
给水压力	MPa	19.552 54	18.7	18.673	18.343 3	17.827	16.2	15.66
给水焓	kJ/kg	1197.890	1177.131	1151.036 6	1126.161 8	1072.106 9	1046.763 7	1025.914 8
1 号高压加热器出水焓	kJ/kg	1197.890	1177.131	1151.036 6	1126.161 8	1072.106 9	1046.763 7	1025.914 8
1 号高压加热器疏水焓	kJ/kg	1095.359	1078.817	1057.229 4	1036.742 5	993.125 5	973.214 17	958.782 55
2 号高压加热器出水焓	kJ/kg	1074.068	1059.002	1039.246 1	1019.801 5	976.899 7	955.369 26	937.837 46
2 号高压加热器疏水焓	kJ/kg	897.000 5	879.924 9	860.883 93	842.805 85	803.877 69	783.688 8	769.188 32
3 号高压加热器出水焓	kJ/kg	872.298 0	858.534 8	843.036 93	827.769 5	794.125 76	775.282 01	761.765 68
3 号高压加热器疏水焓	kJ/kg	763.915 2	747.979 8	731.006 49	715.225 21	681.680 89	664.246 55	653.182 81
3 号高压加热器进水焓	kJ/kg	755.329 26	740.854 3	725.517 06	711.263 42	680.195 52	662.472 86	652.167 88
除氧器进水焓	kJ/kg	592.760 64	581.940 8	569.352 5	557.384 55	531.707 17	517.211 1	507.282 65
背压	kPa	8.17	6.94	6.53	6.37	6.88	6.46	6.18
一级抽汽流量	kg/h	60 891.595	52 017.49	45 211.951	39 183.82	28 743.557	24 190.133	21 030.888
二级抽汽流量	kg/h	88 837.404	79 384.34	71 589.131	64 032.312	50 218.721	43 490.877	38 411.232
三级抽汽流量	kg/h	37 380.783	34 388.34	31 704.738	28 874.89	23 512.225	20 789.965	18 364.443
四级抽汽流量	kg/h	34 277.818	30 024.38	26 190.377	23 741.455	19 095.163	15 909.836	14 473.683
过热减温水流量	kg/h	21 908.628	20 885.76	20 522.304	20 287.404	18 791.208	20 845.944	24 113.412
再热减温水流量	kg/h	6814.450 8	11 795.04	7404.667 2	7194.898 8	7523.470 8	7402.118 4	7439.292
凝结水流量	kg/h	794 674.8	749 394	701 366.4	639 975.6	523 990.8	493 174.8	460 303.2
给水流量	kg/h	1 012 291.4	925 564.9	852 265.59	781 196.59	645 017.55	573 663.59	522 219.03
主蒸汽流量	kg/h	1 025 230.4	941 491.36	873 102.92	797 297.51	651 393.35	593 801.3	545 657.45
高压缸排汽流量	kg/h	851 339.69	786 487.0	733 297.02	671 551.83	550 763.23	505 105.45	466 013.3
再热蒸汽流量	kg/h	858 154.14	798 282.1	740 701.69	678 746.73	558 286.7	512 507.57	473 452.59
高压缸效率	%	79.729 972	78.626 59	76.634 034	74.933 113	73.166 243	73.215 237	71.389 523

续表

名　　称	单位	300MW	280MW	260MW	240MW	200MW	滑压 180MW	滑压 165MW
中压缸效率	%	88.913 967	88.695 71	88.635 303	88.820 173	88.791 249	88.560 885	88.352 326
系统泄漏率	%	0.874 888 22	0.526 747	−0.036 081	0.525 083 41	1.905 976 6	0.119 271 21	0.123 702 93
试验热耗率	kJ/kWh	8818.188 8	8884.411	9026.495 6	9040.724 1	9047.128 2	9318.026 8	9410.369 3
主蒸汽温度修正系数	kJ/kWh	26.954 3	−2.241 02	−4.616 07	−6.914 94	−6.382 43	−4.951 89	−6.294 94
主蒸汽压力修正系数	kJ/kWh	10.978 7	22.499	12.938 6	12.787 5	12.648	—	—
再热蒸汽温度修正系数	kJ/kWh	7.314 88	−2.808	−1.254	1.028	21.774	33.36	30.96
再热蒸汽压损修正系数	kJ/kWh	−3.695 6	−3.316 12	−4.269 02	−4.229 74	−5.356 11	−4.578 86	−4.732 2
背压修正系数	kJ/kWh	103.766	56.248 9	42.683 5	37.698 2	54.192 7	40.481 1	32.002 9
修正热耗率	kJ/kWh	8672.87	8814.03	8981.01	9000.36	8970.25	9253.72	9358.43
主蒸汽温度修正系数	kW	436.007	−49.147 8	−92.856 2	−135.763	−125.77	−99.083 7	−124.131
主蒸汽压力修正系数	kW	−8018.81	−16 753	−9481.65	−9368.52	9264.14	—	—
再热蒸汽温度修正系数	kW	−998.084	382.308	170.399	−140.783	−2969.78	−4549.69	−4222.41
再热蒸汽压损修正系数	kW	1692.31	1654.48	1749.57	1745.64	1858.38	1780.54	1795.88
背压修正系数	kW	−3904.17	−2112.52	−1601.89	−1414.36	−2035.09	−1519.04	−1200.24
修正功率	kW	309 961	297 400	268 668	248 424	211 579	183 680.4	168 851.4
厂用电量	kW	12 293.72	11 906.18	11 643.09	9841.33	8388.56	8181.03	6741.9
锅炉效率	%	88.936	88.994	89.356	90.362	90.192	89.723	89.162
供电煤耗率	g/kWh	349.99	355.57	362.08	357.44	356.91	372.02	376.78

第三节　电站水泵性能的测试

一、测试目的

水泵是火力发电厂耗能较大的设备之一，通过测试，可全面了解泵装置和管路系统的实际性能，确定水泵的扬程、轴功率、效率与流量的关系，为制定经济运行方案提供依据；用试验得到的性能曲线来校核设计参数，检验是否达到了设计所要求的技术指标，为厂家设计改进泵或电厂进行技改提供科学依据；鉴定技改后的水泵性能效果；根据出力的变化情况，来估计水泵内部的磨损程度或因汽化等因素造成的内部损坏程度，从而确定合理的检修周期。

二、引用标准

GB/T 3216 离心泵、混流泵、轴流泵和旋涡泵试验方法

DL/T 839 大型锅炉给水泵性能现场试验方法

GB 1032 三相异步电动机试验方法

三、试验要求

（1）在确定试验方案时，必须考虑现场的具体情况，在保证测量准确度的前提下，尽量利用现有测点，必要时加装另外的测点。

（2）测试前，应根据试验方案的要求，对系统进行隔离，以保证测量的准确性。

（3）测试前，应充分了解与测试有关的汽、水系统和正常运行中允许的调整方法以及水泵出力的调节范围，以便合理地选择调节方法和确定测试工况点。

(4) 试验中，每一工况都应稳定。每一工况测试记录时间一般为 30min，每次读数间隔为 2.5min。

四、水泵主要参数的测试方法

1. 流量

流量测量一般采用超声波法和标准孔板法。超声波流量计没有伸进流体的测量部件，不破坏流场，没有压力损失，不影响管道的正常工作。对于大管径水管道一般采用超声波流量计。

流量孔板测流装置一般用于小管径、高温状态下测量。将孔板测流装置安装在需测流量的管路上，当流体通过孔板时，由于节流作用，在孔板前、后造成压强差。该压强差可用液柱式差压计来测量，利用流量与压强差的这一关系即可计算出流量。孔板流量计算公式为

$$G = 1.110\,72 a\varepsilon d_t^2 \sqrt{\rho \cdot \Delta p}$$

式中 ρ——流体密度，kg/m^3；

ε——流束膨胀系数；

a——流量系数，取设计值；

G——流体流量，kg/s；

d_t——工作温度下，节流件开孔直径，m；

Δp——流体经节流件时产生的差压，Pa。

对于节流件前后的压差可采用 0.25 级差压变送器和 0.2 级毫安表进行测量。

2. 压力测量与计算

水泵进、出口压力的测点应选在越靠近泵本体进、出口的管道上越好。测量仪表采用 0.4 级或以上等级的标准压力表或 0.25 级压力变送器。

通常压力的测量都是表压，而热力计算用的都是绝对压力，因此测量得到的表压值还要进行大气压的修正，而且还要进行水柱高度的修正。压力修正公式为

$$p = p_g + p_{am} \pm \rho g \Delta H$$

式中 p——修正后压力值，Pa；

p_g——压力测量值，Pa；

p_{am}——大气压力（如果测量值是绝对压力，则不需要加大气压力），Pa；

ρ——取压管中水的密度，kg/m^3；

g——当地重力加速度，m/s^2，一般取 9.806 65；

ΔH——取压口与压力仪表间的高度差（压力仪表位于取压口上方取正值，压力仪表位于取压口下方取负值），m。

3. 扬程

泵的扬程又称能头，是指单位重力液体从泵进口截面经叶轮到泵出口截面所获得机械能，即泵出口法兰处的总能头与进口法兰处的总能头之差，用 H 表示，单位是 m，其数学表达式为

$$H = E_2 - E_1$$

$$E_2 = \frac{p_2}{\rho g} + \frac{v_2^2}{2g} + Z_2$$

$$E_1 = \frac{p_1}{\rho g} + \frac{v_1^2}{2g} + Z_1$$

式中 E_2——泵出口截面处单位重力液体的机械能，m；

E_1——泵进口截面处单位重力液体的机械能，m；

p_2、p_1——泵出口、进口截面处液体的压力（泵出口、进口法兰处测压计指示值），Pa；

v_2、v_1——泵出口、进口截面处液体的平均速度，m/s；

Z_2、Z_1——泵出口、进口截面中心到基准面的距离，m；

g——重力加速度，m/s^2；

ρ——液体的密度，kg/m^3。

因此泵的扬程表达式可写为

$$H=\frac{p_2-p_1}{\rho g}+\frac{v_2^2-v_1^2}{2g}+(Z_2-Z_1)$$

4. 转速的测量

转速测量可用直接显示的频闪测速仪或手持机械转速表。频闪测速仪是利用光源的闪光频率和轴转动频率间的关系来进行测量转速的；若没有频闪测速仪，可用日光灯来代替，日光灯与电动机必须使用同一电源，用来照射电动机的轴端，具体方法参照国标 GB 1032—1985。仪表允许的系统误差为±1.0%。如果实测转速和额定转速不符，那么实测转速下的性能参数都必须按下列公式换算成额定转速下的性能参数。

$$\frac{Q_2}{Q_1}=\left(\frac{n_2}{n_1}\right)$$

$$\frac{H_2}{H_1}=\left(\frac{n_2}{n_1}\right)^2$$

$$\frac{P_2}{P_1}=\left(\frac{n_2}{n_1}\right)^3$$

5. 轴功率的测量与计算

轴功率是原动机传给泵轴上的功率，即泵的输入功率。泵的轴功率通常采用以下方法求得。

首先测量电动机输入功率，一般有两种方法：第一种方法是采用高精度的三相电能表测量电量值，并同时测量时间值，以电量值除以时间而求得有功功率。在功率波动较大的情况下，这种方法测量精度较高。第二种方法是采用两只单相功率表接入三相交流电路中的任意两相上，来测取交流电路的有功功率。

当已知电动机效率为 η_d 时，泵的轴功率 P_{sh} 为

$$P_{sh}=\eta_d P_1$$

式中 P_1——电动机输入功率，kW；

η_d——电动机效率（如果无法得知电动机实际效率，可取设计值），%。

6. 泵输出功率

泵输出功率 P_e 又称泵的有功功率，其表达式为

$$P_e=\frac{\rho gQH}{1000}\quad(\text{kW})$$

式中 H——泵的扬程，m；

Q——体积流量，m^3/s；

g——$g=9.81$m/s^2；

P_e——泵的有功功率，kW；

ρ——实际状态下的流体密度，kg/m^3。

7. 泵的效率

泵的效率等于有功功率与轴功率之比，即

$$\eta_i = \frac{P_e}{P_{sh}} = \frac{\rho gQH}{1000\eta_d P_1}$$

8. 有效汽蚀余量

有效汽蚀余量是指按照泵的吸入装置条件决定的汽蚀余量，计算公式为

$$\Delta h_a = \frac{p_1}{\rho g} + \frac{v_1^2}{2g} - \frac{p_v}{\rho g}$$

式中 Δh_a——泵的有效汽蚀余量，m；

p_1——泵进口断面处水的表压，Pa；

v_1——泵进口断面处水的绝对速度，m/s；

p_v——泵的汽化压头（表压），Pa。

9. 必需汽蚀余量

必需汽蚀余量是指与泵的吸入装置无关，由泵本身的汽蚀性能决定的汽蚀余量，计算公式为

$$\Delta h_r = \lambda_1 \frac{v_0^2}{2g} + \lambda_2 \frac{v_1^2}{2g}$$

式中 Δh_r——泵的必需汽蚀余量，m；

v_0——泵叶片进口边前水的绝对速度，m/s；

v_1——泵叶片进口边前水的相对速度，m/s；

λ_1——压降系数，一般取1～1.2，低比转数的泵取大值；

λ_2——压降系数，一般取0.2～0.3，低比转数的泵取小值。

五、测试结果与评价

根据测试计算结果，绘制出 Q-H、Q-P、Q-η_i 曲线，并同时将设计曲线绘于同一张图上，使得泵的实际特性和设计特性一目了然，便于比较。

对于低效泵可以通过技术改造变成高效泵，主要方法是改造泵的叶片型线，提高叶片的光洁度，或通过计算减少泵轮的直径，将富裕的流量减少，使泵的流量与系统所需要的流量相匹配，以便节省泵的耗电量，减少不必要的能量损失，使泵的效率相应提高。

提高泵的运行效率的方法是：

（1）减少管道系统的阻力部件（如阀门等）。

（2）定速泵改为变速泵（如液力耦合器或变频等），以达到降压运行的目的。

六、试验举例

某电厂一台N300-16.7/538/538型亚临界凝汽式汽轮机，配2台沈阳水泵股份有限公司生产的1600HⅡVCX循环水泵和2台9LDTNA-4凝结水泵。该电厂进行循环水泵和凝结水泵性能试验。凝结水泵电动机功率和循环水泵电动机功率采用电厂6kV室电能表测量，循环水泵进口前池水位采用运行表计和米尺测量。部分参数采用电厂现场安装的运行监视表计测量。

1. 循环水泵性能试验数据和计算结果

1号、2号循环水泵的试验数据和计算结果见表14-6，试验时，1号、2号循环水泵出口流量在循环水母管上测量。

表 14-6　　1 号、2 号循环水泵性能试验数据和计算结果

试验工况	单位	单泵运行	两泵并联运行	
循环水泵运行方式	—	单泵运行	两泵并联	两泵并联
试验泵编号	—	2 号	2 号	1 号
出口管内径	mm	1788	1788	1788
出口压力标高	mm	1080	1080	1080
前池水位	mm	−5380	−5200	−5200
循环水温度	℃	15.45	15.43	15.43
大气压力	kPa	102.8	102.7	102.7
流体密度	kg/m^3	1000	1000	1000
出口压力（表压）	MPa	0.064	0.127	0.127
出口流量	m^3/h	25 184	35 994	
出口流速	m/s	2.786	1.991	1.991
出口压力（绝对压力、标高修正）	MPa	0.177	0.240	0.240
扬程	m	13.4	19.4	19.4
有效功率	kW	919.59	合计 1902.82	
电动机输入功率	kW	1209.5	1311.1	1234.3
电动机效率	%	93.00	93.00	93.00
轴功率	kW	1124.8	1219.3	1147.9
实测效率	%	81.76	80.38	
设计效率	%	86		

由表 14-6 看出：2 号循环水泵单独运行时，有效功率 $P_e=\frac{1000\times 9.81\times 25\ 184\times 13.4}{1000\times 3600}=$ 919.59(kW)，运行效率 $\eta_i=\frac{P_e}{P_{sh}}=\frac{919.59}{1124.8}\times 100\%=81.76\%$，此时电动机耗功为 1209.5kW。

1 号、2 号循环水泵并联运行时，并联运行效率 80.38%，此时 1 号循环水泵耗功 1311.1kW，2 号循环水泵耗功 1234.3kW。

2. 凝结水泵性能试验数据和计算结果

对 3 号机组 A 凝结水泵进行了变频改造，A 凝结水泵性能试验数据和计算结果见表 14-7。

表 14-7　　A 凝结水泵性能试验数据和结果

试验工况	单位	300MW（工况 1）	300MW（工况 2）	260MW	240MW	180MW
机组负荷	MW	300.8	300.6	262.0	240.9	181.4
除氧器水位主调门开度	%	40.10	—	35.20	32.20	0
除氧器水位辅助调门开度	%	100.0	100.0	100.0	100.0	100.0
主蒸汽压力	MPa	17.20	17.27	17.10	17.07	15.33
主蒸汽温度	℃	538.3	538.8	539.6	537.3	537.5
主蒸汽流量	t/h	943.5	946.1	802.9	808.4	561.4

续表

试验工况	单位	300MW（工况1）	300MW（工况2）	260MW	240MW	180MW
出口管内径	mm	350	350	350	350	350
热井水位计标高	mm	−850.0	−850.0	−850.0	−850.0	−850.0
出口压力标高	mm	780.0	780.0	780.0	780.0	780.0
除氧器压力标高	mm	21 890	21 890	21 890	21 890	21 890
凝汽器压力	kPa	5.658	4.225	4.991	4.713	3.955
大气压力	kPa	102.8	102.8	102.9	103.0	102.9
热井凝结水水位	mm	817.2	801.7	894.8	740.4	753.1
出口压力（表压）	MPa	1.878	1.870	1.583	1.439	1.131
出口压力（绝压）	MPa	1.988	1.981	1.694	1.549	1.242
进口凝结水温度	℃	36.65	36.47	34.00	32.76	29.17
出口流量	m^3/h	917.1	805.4	801.7	747.2	581.8
流体密度	kg/m^3	993.89	994.04	994.76	995.05	996.22
出口流量	t/h	911.5	800.6	797.5	743.5	579.6
出口流速	m/s	2.648	2.325	2.315	2.157	1.680
主凝结水流量	t/h	742.2	741.5	637.2	590.8	458.4
出口流量－主凝结水流量	t/h	169.3	59.1	160.3	152.8	121.2
变频器输入功率	kW	715.0	637.1	542.7	467.0	304.3
变频器输出频率	Hz	37.55	39.28	43.23	42.09	45.68
变频器输出功率	kW	653.6	561.3	493.6	420.5	275.0
电动机转速	r/min	1344	1296	1224	1163	1021
电动机效率	%	95.30	95.30	95.30	95.30	95.30
轴功率	kW	622.9	534.9	470.4	400.7	262.1
扬程	m	193.2	192.4	162.8	148.1	116.5
有效功率	kW	480.0	419.7	353.9	300.0	183.9
实测效率	%	77.06	78.47	75.22	74.87	70.18
设计效率	%	81	81			
除氧器压力（表压）	MPa	0.744	0.744	0.637	0.586	0.450
凝结水系统阻力及调门节流损失	MPa	0.927	0.920	0.739	0.646	0.474

从表14-7看出：在机组300（工况1）、300（工况2）、260、240和180MW工况下，效率分别为77.06%、78.47%、75.22%、74.87%和70.18%。额定工况的效率比较接近设计效率（81%），说明凝结水泵的运行性能良好。A凝结水泵电动机功率分别为715.0、637.1、542.7、467.0kW和304.3kW，对应的耗电率分别为0.238%、0.212%、0. 207%、0.194%和0.168%，说明凝结水泵电动机采用变频调速技术后，凝结水泵的耗功大幅度下降（特别是机组低负荷时收

益明显），取得了明显的节能效果。

第四节　电站湿式冷却塔试验

一、检测目的

冷却塔考核试验的目的是验证新建或改建的冷却塔的冷却能力是否达到设计或改造要求。

冷却塔性能试验的目的是获得冷却塔在各种变化的运行条件下（包括气象条件、冷却水量、热负荷等）完整的热力及阻力特性，为电厂的经济运行提供可靠的资料和依据；也为冷却塔的节能改造工作提供依据和评价。

二、依据标准

DL/T 1027—2006 工业冷却塔测试规程

DL/T 552 火力发电厂空冷塔及空冷凝器试验方法

GB/T 50050 工业循环冷却水处理设计规范

三、适用范围

（1）在火力发电厂中用于冷却循环水的设施有冷却池、喷水池、空冷塔、湿式机械通风冷却塔和自然通风冷却塔。本方法只适用于湿式机械通风冷却塔和自然通风冷却塔。对于空冷塔试验请参照 DL/T 552 执行。

（2）冷却塔考核试验和冷却塔性能试验工作一般均应在冷却塔投入正常运行后的一年之内进行，以便及早发现问题，及早补救，使冷却塔能发挥最大效益。

四、试验前的准备工作

（1）根据试验任务，编写试验大纲。收集好设计单位提供的冷却塔设计性能曲线和工作性能曲线等资料。

（2）对冷却塔进行全面检查消缺，确保冷却塔的配水系统清洁、通畅，无杂物堵塞，无漏水和溢水现象，喷嘴应完整无损，喷溅正常。淋水填料无缺损、无变形、无污染。冷却塔的进水闸门、冷却塔之间的联络管闸门应开启灵活，便于调节。冷却塔的集水池水位应处于正常运行水位或试验要求的水位。

（3）对试验所用仪表进行检查校验，以保证仪表达到试验要求的精度。

（4）确定并布置测点，并准备好各种试验所用记录表格。

1）在冷却塔的考核性试验中，必须测量下列各项参数：大气风速和风向，大气干、湿球温度和大气压力，进塔空气的干、湿球温度（自然通风冷却塔可以和大气干、湿球温度合并测量），进塔水温和出塔水温，冷却水量，机械通风冷却塔的电动机功率、风机转速和全压。

2）在冷却塔性能试验中，必须测量下列各项参数：大气风速和风向，大气干、湿球温度和大气压力，湿球温度（自然通风冷却塔可以和大气干、湿球温度合并测量），进塔水温和出塔水温，冷却水量，进塔空气量，出塔空气的干、湿球温度，机械通风冷却塔的电动机功率、风机转速和全压。

3）有条件的，还可进行下列各项测试工作：淋水密度分布，冷却后水温分布，塔内风速分布及填料以上的空气干、湿球温度分布，管式配水系统溅水喷嘴前的水压，配水槽或配水池中的水深，塔内各部分阻力和全塔总阻力。

4）当冷却塔的集水池有补充水注入和排污水排出，冷却塔的出水温度在集水池出口测量时，还必须同时测量补充水和排污水的流量和温度，并据此对冷却塔的出水温度进行修正。

（5）进行预备性试验。

五、试验条件和要求

（1）冷却塔的考核性试验和性能试验均应在夏季符合或接近设计的气象条件下进行。试验过程中的气象条件应稳定，雨天和环境风速大于4.0m/s时，不应进行测试。

（2）在冷却塔的考核性试验中，各项主要参数条件符合或接近设计条件。各项主要参数条件与设计条件的允许偏差范围应符合下列规定：

进塔空气的湿球温度 τ_1 不超过±8.5℃；

进塔水温 t_1 不超过±2℃；

冷却水量 Q_w 不超过±10%；

冷却水温差 Δt 不超过±20%。

进入冷却塔的循环水水质应符合 GB/T 50050 的规定。

冷却塔的考核性试验在设计工况下进行。

（3）测试工作应在冷却塔的各项参数调整稳定后进行。自然通风塔每一工况的持续时间不应少于1h；机械通风塔每一工况的持续时间不应少于0.5h。

（4）每一工况的测试过程中，各项主要参数的每次测量值相对于该工况的平均值的允许变化范围应符合下列规定：

进塔空气的湿球温度 τ_1 不超过±0.5℃；

进塔水温 t_1 不超过±0.5℃；

冷却水量 Q_w 不超过±5%；

冷却水温差 Δt 不超过±5%。

（5）各工况内相同参数的测量次数和每次测量的时间间隔应相同。各工况内大气风速和风向，大气干、湿球温度和大气压力，进塔空气的干、湿球温度，进塔水温和出塔水温等参数的测量次数不得少于6次；冷却水量，进塔空气量，出塔空气的干、湿球温度，补充水量和补充水温，排污水量和排污水温，风机驱动电机功率，塔内各部分阻力等参数的测量次数不得少于2次。

（6）为了获得冷却塔的性能曲线，试验工况点宜在20个以上，且安排的工况应使气水比有一定的变化范围。因此要求各工况有关参数相对其设计值的变化为：冷却水量60%至最大，热负荷60%～100%；机械通风冷却塔的风量60%至最大。

六、试验方法

（1）大气风速和风向的测量应符合下列规定：测量仪表宜采用带风向标的旋杯式风速风向计，测点应位于距冷却塔边缘30～50m处的开阔地带。沿冷却塔周围不宜少于两处测点。风速风向计的安装高度应在地面以上2.0m。

（2）大气干、湿球温度的测量应符合下列规定：温度表的最小分度不应大于0.2℃，精度不应低于0.5级。仪表距地面的高度应为1.5～2.0m。自然通风塔沿塔周围宜设两处测点，测点距塔的边缘应为15～30m；机械通风塔沿塔周围可设一处测点，测点距塔的边缘应为30～50m。

（3）大气压力的测量宜采用福廷式或盒式大气压力表，大气压力表上最好附有温度计。

（4）进塔空气的干、湿球温度的测量应符合下列规定：自然通风塔应符合第2条的规定；机械通风塔测量时温度表的最小分度不应大于0.2℃，精度不应低于0.5级，仪表距地面的高度应为1.5～2.0m，测点应布置在冷却塔的进风口前2～5m处。

（5）冷却水量的测量应符合下列规定：冷却水量宜在冷却塔的压力进水管道测量。当无条件在压力进水管道测量时，也可在冷却塔的出水沟道测量。在压力进水管道测量时，宜采用皮托管、孔板或超声波流量计；在出水沟道测量时，宜采用水堰或流速仪。

由于近几年冷却塔容量越来越大，进水管道直径相应增大，最大达到1.8～2.0m，对于这种大直径管道采用超声波或电磁流量计测量较为方便。采用超声波流量计时，管路的上游直管段长度要求10倍管道直径以上，下游直管段长度要求5倍管道直径以上；且管路内必须充满流体，不应存在气泡。

当采用皮托管、孔板测量水量时，测点前后需分别保持大于10倍和5倍管道直径的直管段，且在此直管段范围内无阀门。

（6）进塔水温的测量应符合下列规定：测量仪表宜采用精密水银温度计或电阻温度计，仪表的精密度不应低于0.2级。测点宜设在冷却塔的压力进水管或配水竖井内，横流式冷却塔也可将测点设在配水池内。

（7）出塔水温的测量应符合下列规定：测量仪表宜采用精密水银温度计或电阻温度计，仪表的精密度不应低于0.2级。测点宜布置在靠近冷却塔的每条出水管或沟内。在不影响电厂正常运行的条件下，测试期间尽量降低冷却塔集水池的水深。

（8）进塔空气量的测量应符合下列规定。

1）对于自然通风塔，由于通过自然通风冷却塔内（淋水填料横断面处）的风速较小，仅1m/s左右，因此测量仪表宜采用旋桨式风速仪或其他适用于测低风速的测量仪表。测点布置在塔筒的喉部断面或接近风筒的出口不受外界风影响的断面。逆流式冷却塔的测点也可布置在塔内配水系统以上4.0m处。视塔内风速分布情况和测试条件，应选择有代表性的两个相互垂直的直径布置测点。

2）对于机械自然通风塔，测量仪表宜采用皮托管及微压计。测点布置在风机吸入侧的风筒喉部断面的两个相互垂直的直径上。当无条件在风筒喉部测量时，也可采用旋桨式风速计在冷却塔进风口或风机出口断面处测量，将进风口断面划分为若干等面积方格，在每个方格的中心测量。此外还可以利用测定风机功率的方法推算进塔空气量。

（9）出塔空气的干、湿球温度的测量应符合下列规定：测量仪表宜采用多点电阻温度计或通风干湿球温度计，仪表的精密度不应低于0.5级。由于出塔空气含有水滴，测量出塔空气的干球温度有一定困难，可只测出塔空气的湿球温度，此时的出塔空气可视为接近饱和，其相对湿度可取为0.98（湿球温度和干球温度基本相等）。自然通风塔的测点宜布置在风筒的喉部或接近风筒的出口不受外界风影响的断面。逆流式冷却塔的测点也可布置在除水器以上适当高度处。机械通风冷却塔的测点宜布置在风机吸入侧的风筒喉部。

（10）补充水量和补充水温。补充水量和补充水温的测量应在进入冷却塔的补充水管上进行。补充水量的测定可采用孔板、皮托管及其他流量仪表；补充水温的测量可采用最小分度值为0.1℃的玻璃棒水银温度计或电阻温度计。

（11）排污水量和排污水温。排污水量和排污水温应在冷却塔的排污管上进行，测量仪表采用补充水的测量仪表。

（12）冷却水温的分布和淋水密度分布。通常冷却水温分布的测量同测量淋水密度分布一起进行。测量仪表宜采用最小分度值不大于0.2℃电阻温度计。

淋水密度分布采用集水桶或自动计数翻转式雨量计在集水池水面以上进行测量。自然通风冷却塔和圆形机械通风冷却塔测量半径一般为4～8个，沿每个半径均匀分布8～10个测点。矩形的机械通风冷却塔的进风口宽度上均匀分布4～8条测线，沿每条测线均匀分布8～10个测点。

七、测试数据的整理

（1）对各项参数，均应取其在同一工况下的多次测量值的算术平均值作为它们在该工况下的代表值。

（2）进塔空气相对湿度 Φ_1 的计算公式为

$$\Phi_1=\frac{p_{\tau1}-A\times p(\theta_1-\tau_1)}{p_{\theta1}}\times100\%$$

式中 Φ_1——进塔空气相对湿度，%；

$p_{\theta1}$——进塔空气在干球温度 θ_1 时的饱和水蒸气压力，Pa；

$p_{\tau1}$——进塔空气在湿球温度 τ_1 时的饱和水蒸气压力，Pa；

p——大气压力，Pa；

θ_1——进塔空气干球温度，℃；

τ_1——进塔空气湿球温度，℃；

A——干湿表系数，可取 0.000 662℃$^{-1}$，见表 14-8。

表 14-8　　干湿表类型与干湿表系数

序号	干湿表类型	通风方式	通过感温元件的风速（m/s）	系数 A（℃$^{-1}$）
1	标准百叶箱通风干湿表	机械通风	3.5	0.000 667
2	阿斯曼通风干湿表	机械通风	2.5	0.000 662
3	百叶箱球状干湿表	自然通风	0.4	0.000 857
4	百叶箱柱状干湿表	自然通风	0.4	0.000 815
5	阿费古斯特湿度表	自然通风	0.8	0.000 795

（3）湿空气焓。

进塔湿空气焓为

$$h_1=1.005\theta_1+(2500+1.842\theta_1)\frac{0.622\Phi_1p_{\theta1}}{p-\Phi_1p_{\theta1}}$$

出塔湿空气焓为

$$h_2=1.005\theta_2+(2500+1.842\theta_2)\frac{0.622\Phi_2p_{\theta2}}{p-\Phi_2p_{\theta2}}$$

当没有实测出塔空气温度 θ_2 时，则

$$h_2=h_1+\frac{c_w\times\Delta t}{K\lambda}$$

式中 h_1——进塔湿空气焓，kJ/kg；

h_2——出塔湿空气焓，kJ/kg；

λ——气水比；

c_w——水的比热容，取 4.186 8kJ/(kg·℃)；

Δt——冷却塔进出水温差，℃；

K——蒸发水量带走的散热系数；

p——大气压力，Pa；

Φ_1——进塔空气相对湿度，%；

Φ_2——出塔空气相对湿度，取 98%或取 1；

$p_{\theta1}$——进塔空气在干球温度 θ_1 时的饱和水蒸气压力，Pa；

$p_{\theta2}$——出塔空气在干球温度 θ_2 时的饱和水蒸气压力，Pa；

θ_1——进塔空气干球温度，℃；

θ_2——出塔空气干球温度,℃；

1.005——干空气的比热容，可取1.005kJ/(kg·℃)；

2500——水在0℃时的汽化热，近似地取2500kJ/kg；

1.842——水蒸气的比热容，可取1.842kJ/(kg·℃)。

（4）空气密度ρ。

对于湿空气 $$\rho_{sh}=0.003\,483\times\frac{p}{273.16+\theta}-0.001\,316\times\frac{p_\theta}{273.16+\theta}$$

对于干空气 $$\rho_g=\frac{p-\Phi p_\theta}{287.1\times(273.16+\theta)}$$

式中 ρ_{sh}——进（出）塔湿空气密度，kg/m³；

ρ_g——进（出）塔干空气密度，kg/m³；

θ——进（出）塔空气干球温度,℃；

p——大气压力，Pa；

Φ——进（出）塔空气相对湿度，%；

p_θ——进（出）塔空气在干球温度θ时的饱和蒸汽压力，Pa。

（5）气水比的表达式为

$$\lambda_t=\frac{G_g}{Q_w}$$

式中 λ_t——实测的气水比；

G_g——实测进塔干空气量，kg/s；

Q_w——实测进塔冷却水量，kg/s。

（6）蒸发水量带走的散热系数K为

$$K=1-\frac{c_w t_2}{\gamma_m}\approx1-\frac{t_2}{597.2-0.56t_2}$$

式中 t_2——出塔水温,℃；

γ_m——塔内平均汽化潜热（一般采用t_2时的汽化潜热），kJ/kg。

在0～50℃范围内汽化潜热γ和水温t的关系近似认为是直线关系，其方程为

$$\gamma=[586-0.56(t-20)]\times4.186\,8(\text{kJ/kg})$$

（7）饱和水蒸气压力。饱和水蒸气压力p可以根据空气干球温度，通过饱和水热力参数表查得。

在空气干球温度0～100℃的范围内，饱和水蒸气压力p也可以通过纪利公式计算，即

$$\lg p=5.005\,717-3.142\,305\left(\frac{1000}{T}-\frac{1000}{373.116}\right)+8.2\lg\frac{373.16}{T}-0.002\,480\,4(373.16-T)$$

$$T=\theta+273.16$$

式中 p——饱和水蒸气压力，Pa；

T——空气干球温度，K；

θ——空气干球温度,℃。

（8）热平衡误差计算公式为

$$\Delta Q_H=\left[1-\frac{G_g(h_2-h_1)}{Q_w c_w(t_1-t_2)}\right]\times100\%$$

式中 ΔQ_H——热平衡误差，%；

G_g——进塔干空气量，kg/s；

Q_w——进塔冷却水量，kg/s；

t_1——进塔水温，℃。

各工况下的测试数据，按上式进行热平衡计算，并选取热平衡误差不超过±7%的工况点作为有效工况点。冷却塔的考核性试验的有效工况点不宜少于3个，冷却塔的性能试验的有效工况点不宜少于15个。

（9）冷却数 Ω。当水温差 $\Delta t<15$℃时，实用的冷却数计算公式为

$$\Omega_t=\frac{c_w\Delta t}{6}\left(\frac{1}{h''_1-h_2}+\frac{4}{h''_m-h_m}+\frac{1}{h''_2-h_1}\right)$$

$$h''_1=1.005t_1+(2500+1.842t_1)\frac{0.622p_{t1}}{p-p_{t1}}$$

$$h''_2=1.005t_2+(2500+1.842t_2)\frac{0.622p_{t2}}{p-p_{t2}}$$

$$h''_m\approx\frac{h''_1+h''_2}{2}$$

$$h_m=\frac{h_1+h_2}{2}$$

式中 Ω_t——实测冷却数；

h''_1——空气温度相当于进塔水温 t_1 时的饱和空气焓，kJ/kg；

h''_2——空气温度相当于出塔水温 t_2 时的饱和空气焓，kJ/kg；

p_{t1}——进塔空气在 t_1 时的饱和水蒸气压力，Pa；

p_{t2}——进塔空气在 t_2 时的饱和水蒸气压力，Pa；

Δt——水温差，$\Delta t=t_1-t_2$，℃；

h''_m——空气温度相当于平均水温 $t_m=\dfrac{t_1+t_2}{2}$ 时的饱和空气焓，kJ/kg；

h_m——塔内空气平均焓，kJ/kg。

（10）进塔空气量。

1）冷却塔试验中测定进塔空气量，可采用实测值，即

$$G_g=Q_w\lambda_t$$

式中 λ_t——实测得到的气水比；

G_g——实测进塔干空气量，kg/s；

Q_w——实测进塔冷却水量，kg/s。

2）试验中如果不测进塔空气量，采用机械通风冷却塔的可根据实测风机功率按下式计算，即

$$G_g=G_d\left(\frac{P_g}{P_d}\right)^{1/3}$$

式中 G_g、G_d——分别为计算和设计的进塔空气量，kg/s；

P_g、P_d——分别为实测和设计的风机功率，kW。

自然通风冷却塔的进塔空气量，可按塔的抽力和阻力平衡的方法试算求出。

(11) 冷却塔的总阻力系数和阻力。

1）冷却塔的总阻力系数。自然通风冷却塔的总阻力系数可按下式计算，即

$$\xi=\frac{4L_c}{(\rho_1+\rho_2)v_0^2}$$

$$L_c=gH_0(\rho_1-\rho_2)$$

式中 ξ——自然通风冷却塔的总阻力系数；

H_0——塔的有效抽风高度，采用淋水填料中部至塔顶的距离，m；

L_c——冷却塔的抽力，Pa；

ρ_1——进塔湿空气密度，kg/m^3；

ρ_2——出塔湿空气密度，kg/m^3；

g——重力加速度，m/s^2；

v_0——淋水填料断面的计算风速（设计风速），m/s。

2）冷却塔的阻力为

$$L_z=\frac{1}{2}\xi\left(\frac{\rho_1+\rho_2}{2}\right)v_0^2$$

式中 L_z——冷却塔的阻力，Pa；

ξ——自然通风冷却塔的设计总阻力系数。

八、冷却能力评价

冷却塔性能试验和考核性试验通常采用冷却水量对比法进行结果评价。首先将试验性能曲线与设计性能曲线直接比较，如图 14-2 所示。在冷却塔的设计性能曲线图上，根据 Ω_t 和 λ_t 求得 b 点，过 b 点作曲线Ⅲ，曲线Ⅲ要平行于设计性能曲线Ⅰ。曲线Ⅲ与塔的工作性能曲线Ⅱ交于 c 点，得出相应的气水比 λ_c（修正到设计工况条件下）。

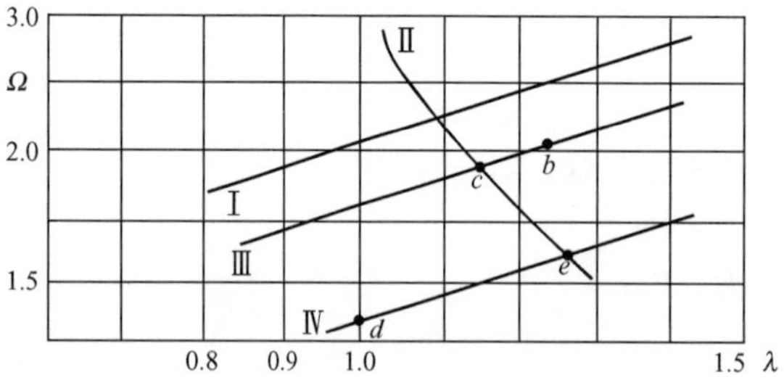

图 14-2 冷却塔热力特性曲线

Ⅰ—设计性能曲线；Ⅱ—工作性能曲线；Ⅲ—试验性能曲线

其中在作设计时，根据选定的塔型和淋水填料，可获得该冷却塔的热力特性 $\Omega=A\lambda^m$（A 为常数，一般情况下 $m=0.51\sim0.76$，m 可近似取 0.6），在双对数坐标纸上便可获得一条 $\Omega=f(\lambda)$ 的设计特性曲线，即曲线Ⅰ。根据给定的冷却任务（θ_1、τ_1、Q、t_1、t_2），假设不同的气水比，根据冷却数公式可获得不同的冷却数 Ω，将其描绘在图上，便可得冷却塔的工作特性曲线，即曲线Ⅱ。

然后根据各工况下的实测参数，求出修正到设计工况条件下的气水比和冷却水量，再与设计冷却水量加以对比，并按下式计算冷却塔的实测冷却能力，即

$$\eta_{sq}=\frac{Q_0}{Q_d}=\frac{G_g}{Q_d\lambda_c}\times100\%$$

式中 η_{sq}——按修正的冷却水量计算的实测冷却能力，%；

Q_0——修正到设计工况条件下的冷却水量，kg/s；

Q_d——设计冷却水量，kg/s；

G_g——实测进塔空气量，kg/s；

λ_c——修正到设计工况条件下的气水比。

表 14-9 设计工况和实测工况参数

项 目	设计工况	实测工况
θ_1 进塔空气干球温度（℃）	20.5	21.1
τ_1 进塔空气湿球温度（℃）	15.6	17.8
τ_2 出塔空气湿球温度（℃）		
p 大气压力（Pa）	98 000	98 000
Q_w 冷却水量（t/h）	45 342.0	43 981.0
t_1 进塔水温（℃）	38.9	39.2
t_2 出塔水温（℃）	25.6	27.0
λ 气水比	0.851	
G_g 进塔空气量（t/h）	38 585.0	
填料处风速（m/s）	1.1	0.965

试验塔的实测冷却能力大于 95%视为达到设计要求；实测冷却能力大于 100%视为超过设计要求。当冷却塔实测冷却能力达不到 95%时，视为不满足设计要求，应会同施工、运行及试验单位对冷却塔的有关部分进行调整、改进，消除缺陷后再进行测试试验；对性能试验应提出主要影响因素和改造措施。

【例 14-2】 已知某自然通风冷却塔的有效抽风高度 $H_0=100\text{m}$，淋水面积 $A_0=8144\text{m}^2$，其设计工况和实测工况参数见表 14-9，已知冷却塔的设计性能曲线、工作性能曲线见图 14-1。试对该塔进行评价。

解 （1）首先通过设计条件下各参数求得冷却塔的总阻力系数：在 20.5℃温度时的饱和水蒸气压力 $p_{\theta 1}=2411\text{Pa}$，在 15.6℃温度时的饱和水蒸气压力 $p_{\tau 1}=1771.6\text{Pa}$，所以进塔空气相对湿度为

$$\Phi_1=\frac{p_{\tau 1}-A\times p(\theta_1-\tau_1)}{p_{\theta 1}}\times 100\%$$

$$=\frac{1771.6-0.000\ 662\times 98\ 000(20.5-15.6)}{2411}\times 100\%=60.3\%$$

进塔空气焓为

$$h_1=1.005\theta_1+(2500+1.842\theta_1)\frac{0.622\Phi_1 p_{\theta 1}}{p-\Phi_1 p_{\theta 1}}$$

$$=1.005\times 20.5+(2500+1.842\times 20.5)\frac{0.622\times 0.603\times 2411}{98\ 000-0.603\times 2411}=44.37(\text{kJ/kg})$$

在 38.9℃温度时的饱和水蒸气压力 $p_{t1}=6954.1\text{Pa}$，在 25.6℃温度时的饱和水蒸气压力 $p_{t2}=3282.2\text{Pa}$，在 $t_m=32.25$℃温度时的饱和水蒸气压力 $p_{tm}=4822.25\text{Pa}$，则

$$h''_1=1.005\times 38.9+(2500+1.842\times 38.9)\frac{0.622\times 6954.1}{98\ 000-6954.1}$$

$$=161.27\quad(\text{kJ/kg})$$

$$h''_2=1.005\times 25.6+(2500+1.842\times 25.6)\frac{0.622\times 3282.2}{98\ 000-3282.2}$$

$$=80.63\quad(\text{kJ/kg})$$

$$h''_m=1.005\times 32.25+(2500+1.842\times 32.25)\frac{0.622\times 4822.25}{98\ 000-4822.25}$$

$$=114.80\quad(\text{kJ/kg})$$

气水比为

$$\lambda_t=\frac{G_1}{Q_w}=\frac{38\ 585}{45\ 342}=0.851$$

散热系数为

$$K=1-\frac{t_2}{597.2-0.56t_2}=1-\frac{25.6}{597.2-0.56\times 25.6}=0.956\ 1$$

出塔空气焓为

$$h_2 = h_1 + \frac{c_w \times \Delta t}{K\lambda} = 44.37 + \frac{4.187 \times (38.9 - 25.6)}{0.9561 \times 0.851} = 112.81 \quad (\text{kJ/kg})$$

出塔空气干球温度为

$$\theta_2 = \theta_1 + (t_m - \theta_1)\frac{h_2 - h_1}{h''_m - h_1}$$

$$= 20.5 + (32.25 - 20.5)\frac{112.81 - 44.37}{114.80 - 44.37} = 31.92 \quad (℃)$$

查水汽热力性质表得　$p_{\theta 2} = 4732.42\text{Pa}$

进塔空气密度为

$$\rho_1 = 0.003\,483 \times \frac{p}{273.16 + \theta_1} - 0.001\,316 \times \frac{p_{\theta 1}}{273.16 + \theta_1}$$

$$= 0.003\,483 \times \frac{98\,000}{273.16 + 20.5} - 0.001\,316 \times \frac{2411}{273.16 + 20.5} = 1.151\,5 \quad (\text{kg/m}^3)$$

出塔空气密度为

$$\rho_2 = 0.003\,483 \times \frac{98\,000}{273.16 + 31.92} - 0.001\,316 \times \frac{4732.42}{273.16 + 31.92} = 1.098\,4 \quad (\text{kg/m}^3)$$

冷却塔的抽力为

$$L_c = gH_0(\rho_1 - \rho_2) = 9.81 \times 100 \times (1.151\,5 - 1.098\,4) = 52.09 \quad (\text{Pa})$$

自然通风冷却塔的总阻力系数为

$$\xi = \frac{4L_c}{(\rho_1 + \rho_2)v_0^2} = \frac{4 \times 52.09}{(1.151\,5 + 1.098\,4) \times 1.1^2} = 76.54$$

（2）试验条件下各参数的计算。

在 21.1℃温度时的饱和水蒸气压力 $p_{\theta 1} = 2501\text{Pa}$，在 17.8℃温度时的饱和水蒸气压力 $p_{\tau 1} = 2037.2\text{Pa}$，所以进塔空气相对湿度为

$$\Phi_1 = \frac{2037.2 - 0.000\,662 \times 98\,000(21.1 - 17.8)}{2501} \times 100\% = 72.9\%$$

进塔空气焓为

$$h_1 = 1.005\theta_1 + (2500 + 1.842\theta_1)\frac{0.622\Phi_1 p_{\theta 1}}{p - \Phi_1 p_{\theta 1}}$$

$$= 1.005 \times 21.1 + (2500 + 1.842 \times 21.1)\frac{0.622 \times 0.729 \times 2501}{98\,000 - 0.729 \times 2501} = 51.14 \quad (\text{kJ/kg})$$

在 39.2℃温度时的饱和水蒸气压力 $p_{t1} = 7067.64\text{Pa}$，在 27℃温度时的饱和水蒸气压力 $p_{t2} = 3563.6\text{Pa}$，在 $t_m = 33.1$℃温度时的饱和水蒸气压力 $p_{tm} = 5057.72\text{Pa}$，则

$$h''_1 = 163.75\text{kJ/kg}, \quad h''_2 = 86.98\text{kJ/kg}$$

$$h''_m = 1.005 \times 33.1 + (2500 + 1.842 \times 33.1)\frac{0.622 \times 5057.72}{98\,000 - 5057.72}$$

$$= 119.95 \quad (\text{kJ/kg})$$

首先假定进塔空气量 $G_1 = 33\,748\text{t/h}$（小于额定值），得气水比为

$$\lambda_t = \frac{G_1}{Q_w} = \frac{33\,748}{43\,981} = 0.767$$

散热系数为

$$K=0.9536$$

出塔空气焓为

$$h_2=51.14+\frac{4.187\times(39.2-27)}{0.9536\times0.767}=120.98\quad(\text{kJ/kg})$$

出塔空气温度为

$$\theta_2=\theta_1+(t_m-\theta_1)\frac{h_2-h_1}{h''_m-h_1}=21.1+(33.1-21.1)\frac{120.98-51.14}{119.95-51.14}=33.28(℃)$$

查水汽热力性质表得　$p_{\theta 2}=5109.78\text{Pa}$

进塔空气密度为

$$\rho_1=0.003483\times\frac{p}{273.16+\theta_1}-0.001316\times\frac{p_{\theta 1}}{273.16+\theta_1}$$

$$=0.003483\times\frac{98000}{273.16+21.1}-0.001316\times\frac{2501}{273.16+21.1}=1.1488(\text{kg/m}^3)$$

出塔空气密度为

$$\rho_2=0.003483\times\frac{98000}{273.16+33.28}-0.001316\times\frac{5109.78}{273.16+33.28}=1.0919(\text{kg/m}^3)$$

冷却塔的抽力为

$$L_c=gH_0(\rho_1-\rho_2)=9.81\times100(1.1488-1.0919)=55.82(\text{Pa})$$

设 $v_0=0.965\text{m/s}$，则冷却塔的阻力为

$$L_z=\frac{1}{2}\xi\left(\frac{\rho_1+\rho_2}{2}\right)v_0^2$$

$$=\frac{1}{2}\times76.54\left(\frac{2.2407}{2}\right)\times0.965^2=39.93(\text{Pa})$$

(3) 再假定进塔空气量为 40 280t/h（大于额定值），并分别按上述步骤计算冷却塔的阻力和抽力，计算结果如下。

$\lambda_t=0.916$，　$K=0.9536$，　$h_1=51.14\text{kJ/kg}$

$h_2=109.62\text{kJ/kg}$，　$h''_m=119.95\text{kJ/kg}$

$\theta_2=21.1+(33.1-21.1)\dfrac{109.62-51.14}{119.95-51.14}=31.30℃$，查水汽热力性质表得

$p_{\theta 2}=4569.79\text{Pa}$

进塔空气密度 $\rho_1=1.1488\text{kg/m}^3$

出塔空气密度为

$$\rho_2=0.003483\times\frac{98000}{273.16+31.3}-0.001316\times\frac{4569.79}{273.16+31.3}=1.1014(\text{kg/m}^3)$$

冷却塔的抽力为

$$L_c=gH_0(\rho_1-\rho_2)=9.81\times100(1.1488-1.1014)=46.50(\text{Pa})$$

冷却塔的阻力为

$$L_z=\frac{1}{2}\times76.54\left(\frac{1.1488+1.1014}{2}\right)\times0.965^2=40.10(\text{Pa})$$

(4) 继续假定进塔空气量为 37 428t/h（在气水比额定值下），并分别按上述步骤，计算出对应的冷却塔的抽力和阻力分别为

$$L_c=50.23\text{Pa},\quad L_z=40.03\text{Pa}$$

在坐标纸上绘制 $G=f(L_c)$ 和 $G=f(L_z)$，两条曲线的交点所对应的进塔空气量 $G=$

44 000t/h，即为实测工况下的进塔空气量。

实测气水比为

$$\lambda_t=\frac{G}{Q_w}=\frac{44\ 000}{43\ 981}=1.00$$

（5）然后根据实际进塔空气量 $G_g=44\ 000t/h$、气水比 $\lambda_t=1.00$，计算实测冷却数。

散热系数　　$K=0.953\ 6$，$h_1=51.14kJ/kg$

出塔空气焓　　$h_2=51.14+\frac{4.187\times(39.2-27)}{0.953\ 6\times1.0}=104.71(kJ/kg)$

$$h''_1=163.75kJ/kg,\ h''_2=86.98kJ/kg$$

$$h''_m=119.95kJ/kg,\ h_m=77.9kJ/kg$$

冷却数　　$\Omega_t=\frac{c_w\Delta t}{6}\left(\frac{1}{h''_1-h_2}+\frac{4}{h''_m-h_m}+\frac{1}{h''_2-h_1}\right)=1.19$

（6）假定设计性能曲线Ⅰ和工作性能曲线Ⅱ同图14-2，在图上过点 d（1.0，1.19）做平行于Ⅰ曲线并与Ⅱ曲线相交的Ⅳ曲线，其交点 e 对应的气水比为 $\lambda=1.27$，则冷却塔的冷却能力为

$$\eta_{sq}=\frac{G_g}{Q_d\lambda}\times100\%=\frac{44\ 000}{45\ 342\times1.27}\times100\%=76.4\%<95\%$$

很明显，冷却塔的冷却能力没有达到设计要求。

第五节　凝汽器性能试验

一、试验目的

（1）凝汽器在设计工况下（排汽量、冷却水量、冷却水进口温度、总体清洁系数均为设计值）的热力特性。

（2）检验凝汽器的设计特性和实际运行特性之间的一致程度，并以此作为制定运行规程的基础，这通常可作为验收试验。

（3）凝汽器在变工况下的热力特性。

（4）在凝汽器的正常运行过程中，定期进行一些性能测定并与正常指标进行比较，一旦发现凝汽器效率下降，立即采取相应措施，如清洗、提高真空严密性等。

（5）在进行凝汽器某项改造措施之后需要进行一些性能试验，以检验所采取措施的效果。

（6）测试凝汽器的水阻特性。

（7）测试凝汽器凝结水的含氧量和过冷度。

（8）机组大修前、后均应进行凝汽器传热特性试验。

二、试验标准

GB 2624　流量测量节流装置用孔板、喷嘴和文丘里管测量充满圆管的流体测量

JB/T 3344　凝汽器性能试验规程

ASME PTC 12.2　表面式凝汽器性能试验规程

DL/T 904—2004　火力发电厂技术经济指标计算方法

DL/T 932—2005　凝汽器与真空系统运行维护导则

三、试验条件

（1）试验前对保证影响试验结果的各项参数稳定至少 0.5h，如主蒸汽、再热蒸汽温度，主

蒸汽压力，汽轮机功率，冷却水流量等。参数要求见表 14-10，但无论如何不能超过制造厂对压力和温度规定的允许变化范围。

表 14-10 主要参数允许变化范围

参数名称	试验平均值与规定值间的最大允许偏差	在任何一个试验过程中参数偏离平均值的最大允许幅度
主蒸汽压力（绝对压力）	±3%	±2%
主蒸汽温度	±15℃	±4℃
再热蒸汽温度	±15℃	±4℃
电功率	±5%	±3%
电压	±5%	—
冷却水入口温度	±5℃	±1℃
冷却水流量	±10%	—

（2）试验前除了汽轮机排汽外，其余各种进入凝汽器的疏水、补充水和水封回水（或蒸汽）等应予以切除。对个别不能切除的，则在整理试验结果时就应考虑额外进入凝汽器的各种水量（或蒸汽量），并对其流量的测量和计算方法，事先做出规定。

（3）在试验期间的主机回热系统和凝汽器的运行工况应保持稳定，并保持在正常运行状态[除了仅仅为了试验的要求做一些如（2）中的调整外]。

（4）为了得到稳定的凝汽器负荷，可通过调整功率限制器来固定调节阀门的开度，并将同步器向增负荷方向摇数圈。在调整后，必须保证该阀能正常关闭，以防事故发生。

（5）试验时所使用的仪器和精度应根据 JB/T 3344 标准和试验要求确定，各种仪器仪表需进行校验检查，经有关方面确认合格方可使用，必要时在试验后立即复校。对测量方法的选择，可根据试验条件和要求来确定。

（6）对漏入机组真空系统的空气量应有严格的限制，对允许漏入系统的最大的空气量应按制造厂提出的要求确定，如果制造厂没有明确规定时，可参考表 14-11 的要求来确定。

表 14-11 真空下降速率限制

机组容量（MW）	真空下降率（Pa/min）	机组容量（MW）	真空下降率（Pa/min）
<100	<400	≥100	<270

注 此真空下降率，应是机组负荷大于额定负荷的 80%时所测定的值。

（7）试验前应清除堆积在冷却水进水管路和凝汽器水室管板上的各种垃圾和微生物，应充分清洗凝汽器管子，以达到机组运行初期的清洁程度。

（8）试验过程应维持稳定的工况，机组达到稳定工况后，在这个工况的正式读数之前的短暂时间内，要观察和记录全部读数，在确认已达到稳定的试验工况后方可进行预备性试验。

（9）预备性试验的目的是：检查各种仪器；培训试验人员；检查整个试验装置的适应性；根据试验情况可做一些微小的调整；设备隔离检查。在预备性试验工况完成后，如果试验符合条件，结果达到要求，经过试验各方同意，也可作为正式试验。

四、试验方法

1. 数据读取

（1）试验每一工况的时间应连续足够长，以保障试验结果的精确性和一致性，对每一工况来说通常为 1h。

（2）试验一个工况为 1h 时，冷却水温每 2.5min 读一次，其他读数每 5min 读一次。试验各工况中的各种数据应同时读取。对试验计算中不涉及但与工况有关的数据，只需记录每个工况始末两个读数。

2. 压力测量

(1) 凝汽器进口压力、凝汽器压力应测量截面上平均静压值。测量时，一般是一个压力感受孔与一台压力计相接。

(2) 靠近凝汽器第一排管束300mm处的凝汽器进汽截面即为凝汽器压力测量截面；凝汽器入口截面即为凝汽器进口压力的测量截面，对横向布置悬挂的凝汽器，可选在汽轮机排汽口与凝汽器连接处附近的任何一侧；对于其他形式的凝汽器（如侧向排汽、全周排汽等）很难确定凝汽器入口截面的位置，原则上可取尽可能靠近凝汽器第一排管束的进汽截面作为凝汽器进口压力的测量截面。当不计蒸汽从凝汽器入口截面到第一排管束处的压降 Δp_s 时，那么 $p_k = p_k'$；若凝汽器入口截面到第一排管束之间布置有抽气管道或低压加热器时，应计入压降 Δp_s，此时 $p_k = p_k' - \Delta p_s$。

凝汽器压力的测量截面的测点总数不得少于2个，压力测量通常用水银压力计或精密的真空表与气压计配合测量。

(3) 抽气器的工作蒸汽压力（射汽抽气器）或工作水压力（射水抽气器）可用0.4级标准压力表测量，测点应尽可能地靠近设备，在使用时，压力表应有水环管保护，以免表计直接受到热的蒸汽作用。

(4) 测量水阻时，每一流道循环水管至少有一个差压计，一般用水银压力计。接到压差计的进、出水管传压管的内径不得小于12mm。从进口水管到出口水管的传压管均是连续向上的。两个传压管之间平衡管阀门敞开，以便保证传压管充满水并排出空气。测量时关闭此阀门，阻止水流流动，此时差压计上的水银柱差即为水阻。

3. 温度测量

(1) 凝汽器水室的进出口水温用二级标准0.1℃刻度玻璃水银温度计测量，温度计应插入充有油的温度计套管内。温度计深入到水管的深度约为水管管径的五分之一。当用水银温度计有困难时，可用电阻温度计，配以精密电桥进行测量。

(2) 每一个冷却水进口水管应有一个二级标准水银温度计测量温度（冷却水进口温度沿管道截面基本稳定且较均匀）。由于冷却水出口水管水温是分层分布的（由于各管束的热负荷分布不均造成的），为了获得待测截面上的平均温度，一般在每根出水管，至少两个直径方向上布置水温取样器（如抽取试样水的笛形管）或组合式热电偶感温元件。测点尽可能布置在距凝汽器冷却水出口3m左右的管道上。

(3) 凝结水温度和蒸汽空气混合物出口温度应用0.1℃刻度二级标准水银温度计或电阻温度计进行测量。测量凝结水温度的温度计套管应充有油，测量蒸汽空气混合物出口温度的温度计可通过楔型橡胶塞直接插入混合气体中。

(4) 抽气器的疏水温度、抽气器的工作水温度应用0.1℃刻度二级标准水银温度计进行测量。抽气器的工作蒸汽温度应用水银温度计、热电偶或电阻温度计进行测量。

(5) 测量温度时，当管道内径小于75mm时，要在弯头或三通处将套管沿轴线方向插入管道，在没有弯头或三通可用的地方，必须对管道布置做适当的改动。当管道内径大于75mm时，原则上感温元件的中心要位于管道的中心线上，套管在水中的插入深度不小于80mm，在蒸汽中的插入深度不小于150mm。在测定流动介质时，温度套管要迎着流动的方向插入，至少也应垂直于流动方向。

4. 流量和含氧量的测量

(1) 凝结水流量的测量可用重量量箱法（误差在±0.25%之内）、体积量箱法（误差在±0.5%之内)，文丘里管、喷嘴、孔板等标准节流件。要根据热水井的水位对凝结水流量做修正。

(2) 冷却水流量的测量可用热平衡计算法、皮托管测定法、超声波流量计法或涡轮流量计法。

(3) 凝结水含氧量的测量，必须保证真空系统的严密性，在此条件下采用溶氧表、化学分析法等测量。

5. 清洁系数测量

(1) 清洁系数是用来表征管子脏污程度的一个量，它是在相同的冷却水速和温度，相同的蒸汽温度和流量下，旧管子与新管子传热系数的比值。整个凝汽器的清洁系数是所有管子清洁系数的平均值。通常选用一定数量的有代表性的管子进行试验，以确定整个凝汽器的传热系数。对于一个已污脏的凝汽器，其传热系数等于清洁系数与凝汽器的管子全部为新管时的传热系数。

(2) 为了测定清洁系数，每根管需要的数据有管子的外表面积，周围的蒸汽温度（取凝汽器蒸汽温度)，冷却水的进口、出口温度和流量。为了消除误差，这些读数应与总体的试验工况同时读取，由每一工况记录计算整理出相应的清洁系数。

(3) 每四根管子为一组，称为试验管组。每一试验管组应能代表这一区域内的平均状态。试验管组的选择和组数的确定由参加试验各方共同讨论决定。

(4) 试验管组各管之间的间隔不得超过一根管子。每2000根管子至少选一组，整台凝汽器不得少于4组。每一试验管组的中心位置上的管子应抽掉，换上一根新管，新管应符合出厂技术条件，其材料和尺寸均和旧管一样，见图14-3。

(5) 整个试验的读数应该是同时进行的，读数的时间间隔为2.5min。

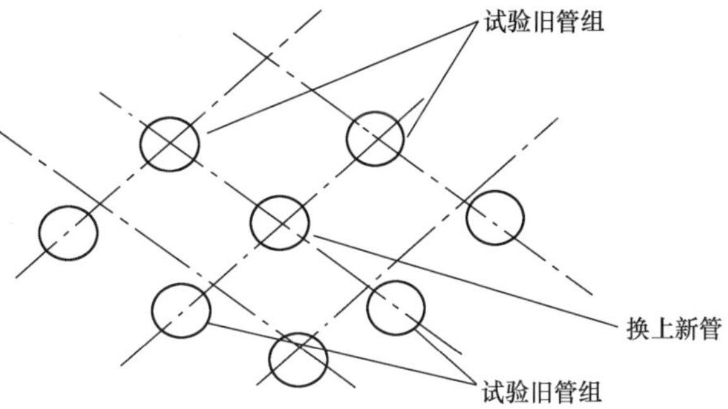

图14-3 试验管组各管布置

6. 凝汽器漏气量的测量

凝汽器及其真空系统的严密性是由漏气量的大小来评定的，因此，凝汽器漏气量的测定是凝汽器运行监督的一个重要项目。凝汽器漏气量的测量一般采用直接测量法，即在抽气设备的出口处装设流量孔板和转子流量计，同时测量空气和蒸汽的流量。

五、试验数据的计算

(1) 凝汽器的热负荷 Q 可根据下列方程式计算，即

$$Q=D_{zq}(h_s-h_{co})$$

式中 Q——单位时间内传给冷却水的总热量，即凝汽器热负荷，W；

D_{zq}——汽轮机排汽进入凝汽器的蒸汽量，即凝汽器蒸汽负荷，kg/s；

h_s——汽轮机排汽的比焓，kJ/kg；

h_{co}——凝结水的比焓，kJ/kg。

上述方程式中没有考虑额外的疏水或蒸汽进入凝汽器，在试验期间，当有些疏水和蒸汽不得不进入凝汽器时，则在上述方程式中必须计入这部分放热量，即

$$Q=D_{zq}(h_s-h_{co})+Q_e$$

式中 Q_e——进入凝汽器的附加热负荷，W。

如果知道了冷却水流量，则凝汽器热负荷可以采用如下计算公式：

$$Q=D_wc_w(t_2-t_1)$$

式中 Q——凝汽器热负荷，W；

D_w——冷却水流量，kg/s；

c_w——冷却水比热容，kJ/（kg·℃）；

t_2——冷却水出口温度,℃；

t_1——冷却水进口温度,℃。

（2）冷却水温升。冷却水温升按下式计算，即

$$\Delta t = t_2 - t_1$$

式中 t_2——冷却水出口温度,℃；

t_1——冷却水进口温度,℃；

Δt——冷却水温升,℃。

（3）冷却水量 D_w。冷却水量 D_w 可用热平衡的方法计算，即蒸汽在凝汽器中放热量等于冷却水所吸收的热量，即

$$Q = D_{zq}(h_s - h_{co}) = D_w(t_2 - t_1)c_w$$

$$D_w = \frac{D_{zq}(h_s - h_{co})}{c_w(t_2 - t_1)}$$

式中 Q——凝汽器热负荷，W；

D_{zq}——凝汽器蒸汽负荷，kg/s；

D_w——进入凝汽器的冷却水量，kg/s；

c_w——冷却水比热容，kJ/(kg·℃)。

如果冷却水中含有盐分，上述方程中 c_w 值可根据含盐量与冷却水的比热容关系（表 14-12）查得。对于海水即使含有除 NaCl 以外的少量的其他盐类，使用总含盐量从表 14-12 查出的值时，也没有明显的误差。

表 14-12　　冷却水的比热容和密度

NaCl 浓度质量百分比（%）		温度（℃）							
		0	5	10	15	20	25	30	35
0	比热容 kJ/(kg·℃)	4.216 1	4.206 6	4.195 2	4.187 4	4.183 5	4.179 2	4.177 9	4.180 0
	密度 kg/m³	999.9	1000.0	999.7	999.1	998.2	997.4	995.9	993.6
0.5	比热容 kJ/(kg·℃)	4.186 8	4.177 3	4.165 9	4.158 1	4.154 1	4.149 5	4.150 6	4.158 5
	密度 kg/m³	1004.0	1003.9	1003.0	1003.3	1002.3	1000.6	998.8	997.0
1.0	比热容 kJ/(kg·℃)	4.157 5	4.148 2	4.140 7	4.133 0	4.129 0	4.124 8	4.123 5	4.125 6
	密度 kg/m³	1008.0	1006.9	1007.0	1006.1	1005.2	1004.4	1002.9	1000.6
1.5	比热容 kJ/(kg·℃)	4.128 2	4.118 9	4.111 4	4.103 5	4.103 4	4.099 7	4.098 4	4.100 4
	密度 kg/m³	1011.0	1011.0	1011.0	1010.1	1009.3	1007.6	1005.8	1004.0
2.0	比热容 kJ/(kg·℃)	4.098 9	4.093 8	4.082 1	4.078 4	4.074 3	4.073 3	4.075 8	4.081 6
	密度 kg/m³	1015.0	1014.9	1014.0	1013.1	1012.2	1011.4	1009.9	1007.6
2.5	比热容 kJ/(kg·℃)	4.073 8	4.064 4	4.057 0	4.053 2	4.049 1	4.048 6	4.048 6	4.048 6
	密度 kg/m³	1019.0	1018.9	1018.0	1017.1	1016.3	1014.6	1012.8	1011.0
3.0	比热容 kJ/(kg·℃)	4.048 6	4.039 3	4.031 9	4.028 9	4.026 2	4.023 9	4.025 0	4.032 9
	密度 kg/m³	1023.0	1022.0	1022.0	1021.1	1019.3	1018.4	1016.9	1014.6
3.5	比热容 kJ/(kg·℃)	4.019 3	4.014 5	4.006 8	4.002 8	4.002 6	4.002 1	4.004 6	4.010 4
	密度 kg/m³	1027.0	1026.0	1026.0	1024.2	1023.3	1021.6	1019.8	1018.0
4.0	比热容 kJ/(kg·℃)	3.994 2	3.989 3	3.981 6	3.977 7	3.977 1	3.980 4	3.984 2	3.987 9
	密度 kg/m³	1030.0	1029.0	1029.0	1028.1	1027.3	1025.6	1023.8	1022.0

将当前测量值与制造厂提供的凝汽器变工况特性进行比较，检验冷却水流量是否达到设计要求。

（4）凝汽器水侧阻力。凝汽器水侧阻力按下式计算，即

$$\Delta p_c = p_1 - p_2$$

式中 p_1——冷却水进口压力，kPa；

p_2——冷却水出口压力，kPa；

Δp_c——凝汽器水侧阻力，kPa。

（5）凝汽器汽侧阻力。凝汽器的汽阻 Δp_k按下式计算，即

$$\Delta p_k = p_k - p_q$$

式中 Δp_k——凝汽器汽侧阻力，kPa；

p_k——凝汽器压力，kPa；

p_q——凝汽器抽气口压力，kPa。

（6）过冷度。凝结水过冷度按下式计算，即

$$\Delta t_c = t_s - t_c$$

式中 Δt_c——凝结水过冷度,℃；

t_s——凝汽器压力下的饱和蒸汽温度,℃；

t_c——热井出口凝结水温度,℃。

（7）凝结水比焓和排汽比焓。离开热井的凝结水比焓 h_c，可根据凝结水温度 t_c查得。排入凝汽器的蒸汽比焓即排汽比焓 h_s，可根据该机组热力性能试验数据确定，如果没有试验数据可供利用，也可根据设计数据计算来确定进入凝汽器的蒸汽比焓。

根据该机组热力性能试验数据确定排汽比焓的公式为

$$h_s = \frac{G_0 h_0 + G_{rh}(h_{rhr} - h_{rhl}) - P - \sum q_b h_b - \Delta P_Q}{D_{zq}}$$

式中 G_0、G_{rh}——汽轮机的主蒸汽流量和再热蒸汽流量，kg/s；

h_0、h_{rhl}、h_{rhr}——主蒸汽比焓、再热蒸汽冷端焓、再热蒸汽热端焓，kJ/kg；

q_b、h_b——各段抽汽量 kg/s 和各段抽汽比焓，kJ/kg；

P——发电机输出功率，kW；

ΔP_Q——汽轮机组的热量损失，包括机械损失、辐射损失、电机损失等，kW。

（8）冷却水通过管子时的平均流速。冷却水通过管子时的平均流速 v_w可为冷却水流量除以凝汽器每一流程的有效管数，再除以每一根管子的通流截面积。有效管子的总数应包括参加试验的样管数。

（9）总体传热系数。表面式凝汽器的总体传热系数可根据下列方程计算，即

$$K \Delta t_m A = D_w (t_2 - t_1) c_w = Q$$

$$K = \frac{Q}{A \Delta t_m}$$

$$\Delta t_m = \frac{t_2 - t_1}{\ln\left(\frac{t_s - t_1}{t_s - t_2}\right)}$$

式中 Q——凝汽器热负荷，W；

D_w——进入凝汽器的冷却水量，kg/s；

K——总传热系数，W/(m^2·℃)；

A——传热面积，m^2；

Δt_m——对数平均温差，℃；
t_1——冷却水在凝汽器（或样管）进口处的温度，℃；
t_2——冷却水在凝汽器（或样管）出口处的温度，℃；
t_s——排汽温度，℃；
t_2-t_1——冷却水温升 Δt，℃；
t_s-t_1——初始温差，℃；
t_s-t_2——传热端差 δt，也叫终端温差，℃。

通常，在试验中将会发现冷却水量、进口水温和清洁系数是变化的，因而对于某一已定的水速、进口水温和清洁系数时的传热系数 K 要进行修正。传热系数 K 可近似地认为随着冷却水速的大约零点几次方的关系而变化。因此试验若在不少于两种水速进行，速度的指数可以通过在对数纸上做 K 值与冷却水速的关系曲线来决定。按此法确定的关系式就可用来作为因水速的变化以对 K 值进行修正的根据。同样还应商定进口水温度对传热系数 K 值的修正方法。

根据美国传热学会（HEI）标准，试验测定的冷却水流量、冷却水进口温度对试验总体传热系数 K_T 的修正计算公式

$$K_C=K_TF_VF_t$$

$$F_V=\sqrt{\frac{V_D}{V_T}}$$

$$F_t=\frac{\beta_{tD}}{\beta_{tT}}$$

式中 K_C——修正后的总体传热系数；
V_T——测试条件下的冷却水流量，kg/s；
V_D——需要修正到的冷却水流量，kg/s；
F_V——流量修正系数；
β_{tT}——测试条件下的水温修正系数，根据水温从表 14-13 查取修正系数 β_t；
β_{tD}——需要修正到的水温修正系数，根据水温从表 14-13 查取修正系数 β_t；
F_t——冷却水进口温度修正系数。

表 14-13　总体传热系数 K 的修正系数

冷却管外径系数 c_1									
d_2（mm）	16～19	22～25	28～32	35～38	41～45	48～51			
c_1	2.747	2.705	2.664	2.623	2.582	2.541			
水温修正系数 β_t									
t_1（℃）	12.0	13.0	14.0	15.0	16.0	17.0	18.0	19.0	20.0
β_t	0.866	0.883	0.899	0.914	0.930	0.946	0.963	0.976	0.989
管材修正系数 β_m									
冷却管壁厚（mm）	0.5	0.6	0.7	0.8	0.9	1.0	1.1	1.5	2.0
HSn70-1	1.030	1.025	1.020	1.015	1.009	1.007	1.001	0.987	0.965
TP304	0.912	0.899	0.863	0.840	0.818	0.798	0.759	0.712	0.637
TA1、TA2	0.952	0.929	0.911	0.895	0.878	0.861	0.828	0.789	0.724

（10）修正后的凝汽器压力。对于某一已定的水速、水温和清洁系数，当对传热系数修正到所要求的以后，凝汽器压力可按排汽温度 t_s 的饱和压力从蒸汽表中查得，排汽温度的计算公式为

$$t_s=t_{1c}+\Delta t_c+\delta t_c$$

$$\Delta t_c = \Delta t \frac{D_w}{D_{wc}}$$

$$\delta t_c = \frac{\Delta t}{e^{\frac{KA}{c_w D_{wc}}} - 1}$$

式中 t_{1c}——设计冷却水进口温度，℃；

Δt_c——修正至设计冷却水进口温度和流量时的温升，℃；

D_w——试验测定流量，kg/s；

D_{wc}——修正到的流量，kg/s；

δt_c——修正至设计冷却水进口温度和流量时的传热端差，℃；

K——修正后总体传热系数，kW/（m^2·K）；

c_w——修正后冷却水密度，kg/m^3。

（11）清洁系数。制造厂的性能保证书中，对凝汽器的清洁系数给出了定值或合理范围。当凝汽器投运时间短，凝汽器管子足够新，冷却水的水质又很洁净，此时对管子的污脏可以忽略，凝汽器的清洁系数可以认为等于 0.85。

因为一般凝汽器均有设计清洁系数 ξ_{c1} 和总体传热系数 K_1，因此当总体传热系数变为 K_2 时的清洁系数 ξ_{c2} 可由下式求得，即

$$\xi_{c2} = \frac{K_2}{K_1} \xi_{c1}$$

K_1、K_2 所对应的试验工况应该相同（仅清洁系数不同），如不同应设法修正。

如果在运行样管中的水速，与整台凝汽器的平均值是不一致的，则试验所确定的清洁系数应按下列方程进行修正，即

$$\frac{\xi_{c1}}{\xi_{c2}} = \left(\frac{v_{w2}}{v_{w1}}\right)^m$$

上述方程是假定单管或整台凝汽器的清洁系数与通过管子的水速的 m 次方成反比的条件下建立的。当试验是在两种或更多的水速下进行，指数 m 即可根据上述方程确定，如果试验仅在一种水速下进行，则 m 值就不能用计算方法确定，此时建议 $m=0.13$。

对于清洁系数，我们一般可以从美国传热学会（HEI）标准中的总体传热系数 K 的计算公式中推导得到：

$$K = K_0 \beta_t \beta_m \beta_C$$

$$K_0 = c_1 \sqrt{v}$$

式中 K_0——基本传热系数，W/（m^2·K）；

β_t——冷却水进口温度修正系数，根据冷却水进口温度查表 14-13；

β_m——冷却管管材和壁厚修正系数，根据管材和壁厚查表 14-13；

β_C——凝汽器清洁系数；

c_1——冷却管外径系数，根据冷却管外径查表 14-13；

v——冷却管管内平均流速，m/s。

（12）凝汽器的漏气量。如果同时测出汽气混合物的温度，并将蒸汽视为干饱和蒸汽，则可按下式计算出漏入的空气量 G_a：

$$\frac{G_a}{G_h} = \frac{p - p_h}{p - 0.378 p_h}$$

式中 G_a——凝汽器的漏气量，kg/s；

G_h——测得的汽气混合物总流量，kg/s；

p——汽气混合物在测量温度处的压力，如果温度的测量是在抽气器出口处的自由射流中，则 $p=p_0$（p_0为大气压力），Pa；

p_h——汽气混合物出口温度相对应的水蒸气饱和压力，Pa。

根据美国传热学会推荐公式由真空下降速度可近似求出漏入的空气量，即

$$G_a=1.657V\left(\frac{\Delta p}{\Delta t}\right)$$

式中 G_a——凝汽器的漏气量，kg/h；

V——处于真空状态下的设备容积，m^3；

$\frac{\Delta p}{\Delta t}$——真空下降速度，kPa/min。

(13) 真空下降速度计算结果应符合规定值。当真空严密性试验计算结果大于规定值时，应检查泄漏原因并消除缺陷，提高机组真空。

六、测试结果

(1) 试验数据与结果。主蒸汽流量(kg/s)，主蒸汽比焓值(kJ/kg)，各段抽汽量(kg/s)，各段抽汽比焓值(kJ/kg)，发电机输出功率(kW)，汽轮机内效率(%)，发电机效率(%)，凝汽器负荷(kW)，排汽流量(kg/s)，从其他汽源进入凝汽器的蒸汽量(kg/s)，凝汽器压力和凝汽器进口压力(Pa)，凝汽器压力相对应的饱和蒸汽温度(℃)，进入凝汽器的蒸汽比焓值(kJ/kg)，大气压力(Pa)，凝汽器的汽阻(Pa)，从凝汽器抽出空气量(kg/s)，凝结水温度(℃)，凝结水流量(kg/s)，凝结水中的含氧量(μg/L)，冷却水流量(kg/s)，冷却水进口温度(℃)，冷却水出口温度(℃)，冷却水进口压力(Pa)，冷却水出口压力(Pa)，凝汽器的水阻(Pa)，凝结水的泄漏量(%)，总体传热系数[kW/(m^2·℃)]，样管的传热系数[kW/(m^2·℃)]，总清洁系数。

(2) 经修正后的试验值和保证值的比较。总清洁系数经水温、负荷、流速的修正后试验值，总体传热系数保证值和试验值[kW/(m^2·℃)]，凝结水温度和凝结水过冷度的保证值和试验值(℃)，凝结水的含氧量保证值和试验值(μg/L)，抽出的空气量保证值和试验值(kg/s)，水阻保证值和试验值(Pa)，辅助设备耗功(或耗汽量)保证值和试验值[kW(kg/s)]。

(3) 做出凝汽器特性曲线。

(4) 某电厂进行 300MW 汽轮机冷端系统性能诊断试验测点及仪表见表 14-14。

表 14-14　　汽轮机冷端系统性能诊断试验测点及仪表

序 号	测 点 名 称	数 量	仪 器 仪 表
1	机组负荷	—	运行表计
2	主蒸汽压力	—	运行表计
3	主蒸汽温度	—	运行表计
4	再热蒸汽压力	—	运行表计
5	再热蒸汽温度	—	运行表计
6	大气压力	1	0.075 级绝对压力变送器
7	凝汽器压力	2	0.075 级绝对压力变送器
8	凝汽器 A 侧冷却水入口温度	1	A 级铂电阻
9	凝汽器 B 侧冷却水入口温度	1	A 级铂电阻
10	凝汽器 A 侧冷却水出口温度	1	A 级铂电阻

续表

序号	测点名称	数量	仪器仪表
11	凝汽器 B 侧冷却水出口温度	1	A 级铂电阻
12	凝汽器 A 侧冷却水入口压力	1	运行表计
13	凝汽器 B 侧冷却水入口压力	1	运行表计
14	凝汽器 A 侧冷却水出口压力	1	运行表计
15	凝汽器 B 侧冷却水出口压力	1	运行表计
16	凝汽器热井凝结水温度	1	A 级铂电阻
17	凝汽器热井凝结水水位	1	运行表计
18	凝结水溶解氧浓度	1	运行表计
19	凝汽式器冷却水流量	2	1.0 级超声波流量计
20	水环式真空泵进口压力	2	0.075 级绝对压力变送器
21	水环式真空泵工作液进口温度	2	A 级铂电阻
22	水环式真空泵工作液出口温度	2	A 级铂电阻
23	水环式真空泵工作液冷却水流量	2	1.0 级超声波流量计
24	水环式真空泵电动机输入功率	2	380V 室功率表
25	循环水泵出口流量	2	1.0 级超声波流量计
26	循环水泵入口水位	2	运行表计
27	循环水泵出口压力	2	运行表计
28	循环水泵出口蝶阀开度	2	运行表计
29	凝汽器冷却水进口蝶阀开度	2	运行表计
30	凝汽器冷却水出口蝶阀开度	2	运行表计
31	循环水泵电动机输入功率	1	6kV 室功率表
32	凝结水泵进口压力	1	运行表计
33	凝结水泵出口压力	1	运行表计
34	凝结水泵出口流量	1	超声波流量计
35	主凝结水流量	1	流量喷嘴
36	杂用凝结水流量	—	超声波流量计
37	凝结水泵电动机输入功率	1	6kV 室功率表
38	除氧器压力	1	运行表计
39	凝结水主调整门开度	1	运行表计
40	凝结水辅助调整门开度	1	运行表计

【例 14-3】 某电厂一台 N300-16.7/538/538 型亚临界凝汽式汽轮机，其凝汽器采用上海电站辅机厂制造的单背压、双流程、单壳体、表面式凝汽器，凝汽器采用直流冷却方式，冷却介质为海水。凝汽器冷却管材料为钛管，规格 $\phi25\times0.5$mm，排汽压力 4.9kPa，冷却面积(所有冷却管有效外表面积)16 800m^2，循环冷却水量 37 000m^3/h，热负荷 386 298kW。凝汽器冷却水流量及水阻试验数据和计算结果见表 14-15。凝汽器传热性能试验数据和计算结果见表 14-16。凝汽器清洁系数试验数据和计算结果见表 14-17。凝结水过冷度试验数据和计算结果见表 14-18。求该汽轮机的总体传热系数、传热端差和清洁系数。

表 14-15　凝汽器冷却水流量及水阻试验数据和计算结果

试验工况	单位	300MW（工况 1）	300MW（工况 2）	340MW	180MW
循环水泵运行方式	—	2 号	1 号、2 号	2 号	2 号
循环水联络门开度	—	全关	全关	全关	全关
A 侧冷却水进口压力	kPa	58.7	112.2	60.2	59.5
B 侧冷却水进口压力	kPa	51.5	112.4	53.8	53.3
A 侧冷却水出口压力	kPa	7.9	9.9	8.0	8.0
B 侧冷却水出口压力	kPa	9.3	11.2	9.1	8.8
冷却水流量	m^3/h	23 569.1	34 528.3	23 874.2	23 507.8
管内冷却水流速	m/s	1.471	2.155	1.490	1.467
凝汽器 A 侧水阻	kPa	50.80	102.35	52.26	51.53
凝汽器 B 侧水阻	kPa	42.21	101.26	44.74	44.51

解　由表 14-15 看出：在 1 号、2 号循环水泵并联运行条件下，凝汽器冷却水总流量为 34 528.3m^3/h，凝汽器 A 侧水阻为 102.35kPa，凝汽器 B 侧水阻为 101.26kPa。

在 2 号循环水泵运行条件下，凝汽器冷却水总流量为 23 507.8～23 874.2m^3/h，凝汽器 A 侧水阻为 50.80～52.26kPa，凝汽器 B 侧水阻为 42.21～44.74kPa。

表 14-16　凝汽器传热性能试验数据和计算结果

试验工况	单位	300MW（工况 1）	300MW（工况 2）	240MW	180MW
循环水泵运行方式	—	2 号	1 号、2 号	2 号	2 号
循环水联络门开度	%	全关	全关	全关	全关
真空泵运行方式	—	B 泵	B 泵	B 泵	B 泵
机组负荷	MW	300.8	300.7	240.9	181.4
主蒸汽压力	MPa	17.20	17.16	17.07	15.33
主蒸汽温度	℃	538.3	538.8	537.3	537.5
主蒸汽流量	t/h	943.463	995.672	808.373	561.377
管内冷却水流速	m/s	1.471	2.155	1.490	1.467
冷却水流量	m^3/h	23 569.1	34 528.3	23 874.2	23 507.8
冷却水进口温度	℃	15.43	15.43	15.64	15.40
冷却水出口温度	℃	31.18	25.78	28.13	25.35
凝汽器压力	kPa	5.658	4.225	4.713	3.955
大气压力	kPa	102.76	102.74	102.95	102.93
计算结果					
冷却水温升	℃	15.75	10.35	12.49	9.94
冷却水密度	kg/m^3	1013.0	1013.0	1013.0	1013.0
比定压热容	kJ/(kg·℃)	4.019	4.019	4.019	4.019
凝汽器压力下饱和温度	℃	35.12	29.93	31.85	28.79
凝汽器热负荷	MJ/h	1 511 171	1 455 056	1 213 806	951 889
凝汽器热负荷	MW	419.81	404.15	337.22	264.26
传热端差	℃	3.94	4.15	3.72	3.44
对数温差	℃	9.79	9.40	8.92	7.31
总体传热系数	$kW/(m^2 \cdot K)$	2.553	2.906	2.366	2.152
在设计冷却水进水温度 20℃条件下					
修正后总体传热系数	$kW/(m^2 \cdot K)$	2.762	3.144	2.560	2.328
在设计冷却水流量 37 000m^3/h 和进水温度 20℃条件下					
修正后总体传热系数	$kW/(m^2 \cdot K)$	3.461	3.939	3.208	2.917
修正后的端差	℃	3.50	2.64	4.67	4.26
修正后的凝汽器压力	kPa	5.145	4.939	5.533	5.408

由表14-16看出：机组在300MW工况下，在凝汽器冷却水温升15.75℃、冷却水流量23 569.1m³/h条件下，凝汽器热负荷$=\frac{23\ 569.1\times1013}{3600}\times4019\times15.75W=419.81$MW，凝汽器传热端差$=35.12-31.18=3.94$（℃），对数平均温差$\Delta t_{m}=\frac{t_2-t_1}{\ln\left(\frac{t_s-t_1}{t_s-t_2}\right)}=\frac{\Delta t}{\ln\left(\frac{\delta t+\Delta t}{\delta t}\right)}=\frac{15.75}{\ln\left(\frac{35.12-15.43}{35.12-31.18}\right)}=9.79$ ℃，凝汽器总体传热系数$K=\frac{41\ 9810\ 000}{16\ 800\times9.79}=2552.6$[W/(m² · K)]。

根据表14-13，当$t_1=15$℃，$\beta_t=0.914$；当$t_1=20$℃，$\beta_t=0.989$。因此在设计冷却水进水温度20℃条件下，修正后总体传热系数$=2552.6F_t=2552.6\times\frac{0.989}{0.914}=2762$W/(m² · K)。

试验结果修正到设计冷却水流量37 000m³/h(10 277.8kg/s)和进水温度20℃条件下，流量修正系数$F_v=\sqrt{\frac{37\ 000}{23\ 569.1}}=1.253$，修正后总体传热系数$K_C=2762\times1.253=3460.7$W/(m² · K)。

修正至设计冷却水进口温度和流量时的温升$\Delta t_c=15.75\times\frac{23\ 569.1}{37\ 000}=10.03$(℃)

传热端差$\delta t_c=\frac{\Delta t}{e^{\frac{KA}{c_W D_W}}-1}=\frac{10.03}{e^{\frac{3.460\ 7\times16\ 800}{4.183\ 5\times10\ 277.8}}-1}=3.50$(℃)

修正至设计冷却水进口温度和流量条件的凝汽器压力由下式确定：

$t_{sc}=t_{1c}+\Delta t_c+\delta t_c=20+10.03+3.50=33.53$(℃)，从水蒸气热力性质表中直接查得凝汽器修正压力为5.183kPa。

表14-17　凝汽器清洁系数试验数据和计算结果

试验工况	单　位	300MW
循环水泵运行方式	—	2号
真空泵运行方式	—	B泵
机组负荷	MW	300.8
冷却水流量	m³/h	23 569.1
管内冷却水流速	m/s	1.471
冷却水进口温度	℃	15.43
冷却水出口温度	℃	31.18
凝汽器压力	kPa	5.658
总体传热系数	kW/(m² · K)	2.553
管内冷却水流速	m/s	1.471
基本传热系数	kW/(m² · K)	3.281
冷却水进口温度修正系数	—	0.921
管材与壁厚修正系数	—	0.950
清洁系数	—	0.89

根据管径 25mm，查表 14-13 得到冷却管外径系数 $c_1=2.705$，基本传热系数 $K_0=c_1\sqrt{v}=2.705\times\sqrt{1.471}=3.281[W/(m^2\cdot K)]$。

根据冷却水进口温度 15.43℃查表 14-13，得到冷却水进口温度修正系数 $\beta_t=0.921$。

根据钛管材和壁厚查表 14-13，得到冷却管管材和壁厚修正系数 $\beta_m=0.950$。

因此，凝汽器清洁系数 $\beta_C=\dfrac{K}{K_0\beta_t\beta_m}=\dfrac{2.553}{3.281\times0.921\times0.950}=0.89$

凝汽器运行清洁系数为 0.89，接近设计清洁系数(0.90)，说明凝汽器冷却管洁净。

表 14-18　　凝结水过冷度试验数据和计算结果

试验工况	单位	300MW1	300MW2	260MW	240MW	180MW
机组负荷	MW	300.8	300.7	262.0	240.9	181.4
冷却水流量	m^3/h	23 569.1	34 528.3	23 874.2	23 874.2	23 507.8
热井凝结水温度	℃	36.65	31.68	34.00	32.76	29.17
凝汽器压力	kPa	5.658	4.225	4.991	4.713	3.955
凝汽器压力下饱和温度	℃	35.12	29.93	32.87	31.85	28.79
过冷度	℃	−1.529	−1.743	−1.133	−0.908	−0.382

由表 14-18 看出，机组不同负荷工况下，凝汽器凝结水过冷度为−1.743～−0.382℃，过冷度为负值，说明凝结水稍有过热。凝结水过热的主要原因是：①凝汽器两侧回热汽流(用于加热凝结水)正常，使得凝结水得到充分回热；②系统存在部分内漏，使得凝结水被再次加热。

第六节　机组定滑压试验

一、测试目的

确定机组在变工况时最佳的定、滑压运行曲线和机组经济运行参数。为了论述简单，本节以 300MW 机组为例进行阐述。

二、引用标准

ASME PTC6　汽轮机性能验收试验规程

ASME PTC4.1　锅炉机组性能规程

ASME PTC12.2　表面式凝汽器性能试验规程

GB/T 8117　汽轮机热力性能验收试验规程

IEC 60953　汽轮机热力性能验收试验规程

水和水蒸气性质(按照国际公式化委员会 IFC—1967 公式)

三、运行工况要求

试验时要求锅炉参数稳定范围。运行参数调整：

汽轮机主蒸汽温度、再热蒸汽温度运行平均值为 537℃，波动值在±5℃以内。

定压工况下，汽轮机主蒸汽压力运行平均值为 16.67MPa，波动值在±0.25MPa 以内。

电功率、无功维持稳定(功率因数稳定)，发电机氢压维持稳定，波动值在±750kW以内。为保证主凝结水流量稳定，水位调整切到手动位置。

(1)定压运行试验参数见表14-19。

表 14-19　　定压运行试验参数

运行参数和调整工况	1	2	3	4	5
机组负荷(MW)	310	300	300	270	240
主蒸汽压力(MPa)	16.67	16.67	16.67	16.67	16.67
主蒸汽温度(℃)	537	537	537	537	537
再热蒸汽温度(℃)	537	537	537	537	537
汽动给水泵A出力	50%	50%	50%	45%	40%
汽动给水泵B出力	50%	50%	50%	45%	40%
循环水泵	一机二泵	一机二泵	一机二泵	一机二泵	一机二泵

(2)滑压运行试验参数见表14-20。

表 14-20　　滑压运行试验参数

运行参数和调整工况	1	2	3	4	5	6	7
机组负荷(MW)	270	270	240	240	210	210	210
主蒸汽压力(MPa)	15.5	15.1	15.8	15.1	14.6	14.1	13.5
主蒸汽温度(℃)	537	537	537	537	537	537	537
再热蒸汽温度(℃)	537	537	537	537	537	537	537
汽动给水泵A出力	45%	45%	40%	40%	35%	35%	35%
汽动给水泵B出力	50%	50%	50%	45%	35%	35%	35%
运行参数和调整工况	8	9	10	11	12	13	
机组负荷(MW)	180	180	180	150	150	150	
主蒸汽压力(MPa)	14.6	13.7	12.7	13.1	12.0	10.5	
主蒸汽温度(℃)	537	537	537	537	537	537	
再热蒸汽温度(℃)	537	537	537	537	537	537	
汽动给水泵A出力	30%	30%	30%	25%	25%	50%	
汽动给水泵B出力	30%	30%	30%	25%	25%	0	

四、试验内容

由于机组参与调峰频繁，负荷变化较大，机组按照原有的定压方式运行，存在一定的弊端，不能发挥机组的潜能，因此需要对机组运行方式和参数进行相应的调整，以使机组在工况变化运行时，煤耗始终保持最小。并确定机组最佳运行曲线。

五、试验用仪表

在保证试验精度的前提下，尽量采用电厂现场仪表；对于某些精度要求高的参数，在不影响机组安全运行的前提下，更换为试验方仪表。

主机电功率的测量采用高精度HC3002型功率转换器测量，接线方式为两表法。各种辅机的电耗采用现场的运行功率表予以测量。

流量的测量以现场安装的孔板和差压变送器，通过DAS系统记录的监视信号进行，主要包括凝结水流量、最终给水流量、主蒸汽流量、过热减温水流量、再热减温水流量、给水泵汽轮机进汽总管流量等。

压力的测量以现场安装的压力变送器测量为主。对于重要测点，如主蒸汽压力、再热蒸汽压力、高压缸排汽压力、中压缸排汽压力等采用试验方高精度的压力变送器。

温度测点一般采用现场安装的热电偶测量，对于某些重要的测点，如再热蒸汽温度、高压缸排汽温度、低压缸排汽温度和最终给水温度等更换为试验方高精度的测量仪表。

水位的监视和记录通过DAS系统的数据记录来实施，主要包括汽包水位、除氧器水位、凝汽器热井水位和各加热器水位。

六、试验步骤

(1)按系统隔离清单要求，进行系统隔离和检查确认，使系统符合试验要求。

(2)向系统补水，使除氧器水箱和凝汽器热井至较高水位，各加热器水位正常，以维持试验进行中不向系统补水。试验期间，水位稳定变化，避免水位出现剧烈波动。

(3)不投或少投减温水。如果必须投减温水，则应保持减温水流量在试验持续时间内稳定。

(4)调整锅炉燃烧，使机组负荷和运行参数尽可能达到试验要求的数值，并于试验持续时间内保持稳定。

(5)在上述参数调整完成后，退出机、炉协调控制，以保证阀门的开度在每个试验工况下不随参数的波动而变化。

(6)机组设备及系统工作正常，稳定运行足够长时间后，开始记录。

(7)在试验进行中，停止向系统外排污、排水、排汽。除影响机组的安全因素外，不得对机组设备及热力系统进行与试验无关的操作。

(8)分别在300MW、6VWO(6阀全开)、5VP(5阀全开)、270MW、240MW负荷下，保持负荷稳定，定压、滑压运行，每个负荷点调整稳定2h左右，测试90min。

(9)分别在210、180、150MW负荷下滑压运行，保持负荷稳定，调整稳定2h左右，测试90min。

七、试验数据处理

1. 发电机功率

采用DCS系统的三个数据的平均值。

2. 主凝结水流量计算

通过用0.1级差压变送器测得差压，大修中实测孔板结构尺寸，根据GB/T 2624—1993《节流装置流量计算方法编制标准程序》计算。

3. 储水容器水位变化当量流量计算

通过测量凝汽器、除氧器、汽包水位，根据凝汽器、除氧器、汽包结构尺寸计算试验期间凝汽器、除氧器、汽包当量水量。

4. 高压加热器进汽量、除氧器用汽量、主蒸汽流量计算

主蒸汽流量计算按标准规定以主凝结水流量为基础通过三个高压加热器和除氧器热平衡计算确定，同时确定高压加热器进汽量、除氧器用汽量等。

(1)主给水流量计算公式

$$W_{fw}=W_c-W_{rs}-W_{ss}+W_{1c}+W_{2c}+W_{3c}+W_{4c}+W_k+W_{l2}-W_{cypq}-W_{cydl}$$

式中 W_c——主凝结水流量，kg/h；

W_{ss}——过热减温水流量，kg/h；

W_{rs}——再热减温水流量，kg/h；

W_{1c}——1 号高压加热器进汽流量，kg/h；

W_{2c}——2 号高压加热器进汽流量，kg/h；

W_{3c}——3 号抽汽流量，kg/h；

W_{4c}——4 号段抽汽到除氧器流量，kg/h；

W_{k}——高压门杆漏汽去三抽流量，kg/h ；

W_{l2}——中压门杆漏汽去除氧器，kg/h；

W_{cypq}——除氧器对空排汽量，kg/h；

W_{cydl}——除氧器水位变化当量流量，kg/h。

(2)主蒸汽流量计算公式为

$$D_{ms}=W_{fw}+W_{ss}-W_{pw}-W_{qb}$$

式中 D_{ms}——主蒸汽流量，kg/h；

W_{fw}——主给水流量，kg/h；

W_{ss}——过热减温水流量，kg/h；

W_{pw}——连排流量，kg/h；

W_{qb}——汽包水位当量流量，kg/h。

(3)冷再热蒸汽流量计算公式为

$$D_{z}=D_{o}-(W_{1}-W_{j})-W_{2}-W_{gzqf}-W_{gyhqf}-W_{gymglq}$$

式中 W_{j}——高中压合缸轴封漏汽至一段抽汽量，kg/h；

W_{gzqf}——高中压合缸轴封漏汽，kg/h；

W_{gyhqf}——高压后汽封总漏汽，kg/h；

W_{gymglq}——高压门杆漏汽，kg/h。

5. 轴封与门杆漏汽流量的确定

轴封与门杆漏汽量通过实测确定。

6. 热力系统不明泄漏量确定

按标准对机组不明泄漏率进行测试：200m^3 水箱水位下降当量水流量为 7.758t/h，化学连续采样管 8 根总泄漏量为 0.45t/h，除氧器对空排汽量为 1.255t/h，锅炉定排总流量为 1.17t/h，不明泄漏量为 4.88t/h，不明泄漏率小于 0.5%，符合试验要求。

八、试验结果及分析

1. 额定负荷机组经济性分析

对各种工况下定滑压试验的数据进行处理计算后，得到主要结果见表 14-21～表 14-25。

表 14-21 机组 300MW 负荷工况下定压及 6VWO、5VP 试验结果

项 目	单 位	300MW	6VWO	5VP
高压调门开度 (Ⅰ/Ⅱ/Ⅲ/Ⅳ/Ⅴ/Ⅵ)	%	100/100/15 /100/100/100	100/100/100 /100/100/100	100/51/0 /100/100/100
试验发电机功率	MW	299.101	299.304	295.00
主蒸汽压力	MPa	16.51	15.423	16.519
主蒸汽温度	℃	536.0	539.9	538.4
调节级压力	MPa	11.745	11.789	11.485

续表

项　目	单　位	300MW	6VWO	5VP
调节级温度	℃	487.0	499.8	486.6
高压缸排汽压力	MPa	3.863	3.893	3.793
高压缸排汽温度	℃	329.6	341.4	329.9
再热蒸汽压力	MPa	3.444	3.474	3.382
再热蒸汽温度	℃	532.6	534.5	533.0
中压缸排汽压力	MPa	0.873	0.877	0.860
中压缸排汽温度	℃	336.1	337.2	336.7
机组背压	kPa	5.63	5.45	5.55
给水温度	℃	271.4	272.1	270.4
高压缸效率	%	84.41	85.39	84.10
中压缸效率	%	91.32	91.27	91.42
试验主蒸汽流量	t/h	953.733	949.351	931.426
修正后主蒸汽流量	t/h	962.643	1034.077	941.828
试验热耗率	kJ/(kW·h)	8460.0	8534.4	8436.8
修正后热耗率	kJ/(kW·h)	8415.8	8457.7	8397.4
修正后电功率	MW	294.161	311.091	290.005

从表14-21中的数据可以看出，在300MW条件下，机组的热耗率为8415.8kJ/kWh，较设计值高418.8kJ/kWh。机组高压缸效率为84.41%，中压缸效率为91.32%，分别比设计值低3.54%和1.79%。

为了防止机组过负荷，6VWO工况的试验是在主蒸汽压力较低的情况下进行的，修正到额定参数时，机组的最大通流能力为1034.077t/h，最大电功率311.091MW。此时机组热耗率为8457.7kJ/kWh。

2. 机组定滑压经济性分析

从热力循环理论进行分析，机组在低负荷下滑压运行时，由于进汽节流损失小，漏汽损失也小，使得机组循环的相对内效率比定压运行有较大的提高，但因为此时的主蒸汽压力低，循环热效率也降低，当相对内效率的增加幅度补偿了循环热效率的下降幅度，此时的滑压参数才是比较经济的。因此，需要通过一系列试验来确定相对内效率和循环热效率的变化对机组经济性的影响，寻求最佳的滑压运行参数。

270MW负荷工况下定压、滑压试验的主要结果见表14-22。在定、滑压运行的过程中，机组高压缸效率由定压16.4MPa运行时的81.44%变化到滑压15.47MPa运行的82.79%，机组热耗率由定压运行时的8459.7kJ/kWh变化到滑压15.47MPa的8513.1kJ/kWh。由此可以看出，机组在270MW负荷时，滑压15.47MPa运行的高压缸效率较之定压运行时的高压缸效率高，一方面，滑压运行由于高压缸效率提高而导致热耗率减小，另一方面，滑压运行引起的循环热效率降低导致热耗率增大，但是后者大于前者的幅度，因此机组在270MW时从降低热耗率的角度看不宜滑压运行。即270MW负荷工况下应当选择额定压力16.67MPa运行。参数的调整通过5个顺序阀的控制来实现，相应的2号高压调门应当保持在19%左右的开度位置上。机组负荷从300MW变化至270MW，保持额定压力的情况下，顺序阀的控制从6个阀向5个阀控制转变。

表 14-22　　机组 270MW 负荷工况下定压、滑压试验结果

项　目	单 位	270MW 定压	270MW 滑压 1	270MW 滑压 2
高压调门开度（Ⅰ/Ⅱ/Ⅲ/Ⅳ/Ⅴ/Ⅵ）	%	100/19/0/100/100/100	100/23/0/100/100/100	100/29/0/100/100/100
试验发电机功率	MW	269.693	270.581	270.755
主蒸汽压力	MPa	16.444	16.013	15.472
主蒸汽温度	℃	535.8	540.2	539.8
调节级压力	MPa	10.415	10.475	10.474
调节级温度	℃	480.5	488.8	489.7
高压缸排汽压力	MPa	3.446	3.469	3.482
高压缸排汽温度	℃	321.8	329.2	331.9
再热蒸汽压力	MPa	3.073	3.095	3.105
再热蒸汽温度	℃	533.5	531.6	532.6
中压缸排汽压力	MPa	0.782	0.788	0.793
中压缸排汽温度	℃	337.9	336.6	337.9
机组背压	kPa	5.11	5.20	5.15
给水温度	℃	264.6	265.3	265.6
高压缸效率	%	81.44	81.66	82.79
中压缸效率	%	91.21	91.17	91.12
试验主蒸汽流量	t/h	853.369	849.822	849.252
修正后主蒸汽流量	t/h	864.887	889.749	921.882
试验热耗率	kJ/kWh	8469.5	8485.0	8519.9
修正后热耗率	kJ/kWh	8459.7	8474.97	8513.1
修正后电功率	MW	267.481	263.127	262.720

240MW 负荷工况下定压、滑压试验的主要结果见表 14-23。在定压、滑压运行的过程中，机组高压缸效率由定压 16.56MPa 运行时的 79.09%变化到滑压 15.12MPa 运行的 81.11%，机组热耗率由定压运行时的 8538.4kJ/kWh 变化到滑压 15.778MPa 的 8521.5kJ/kWh，随着主蒸汽压力的进一步降低，热耗率又增加到滑压 15.12MPa 的 8545.7kJ/kWh。可见热耗率的变化是一个随主蒸汽压力降低先降低再增大的过程。这是因为随着主蒸汽压力的降低，机组循环热效率逐渐降低而汽轮机内效率逐渐增高，当这两个影响热耗率的因素所占的主导地位发生变化时，就会出现热耗率先降后增的现象。因此，选择适当的主蒸汽参数，机组在 240MW 负荷时，滑压运行是可以降低热耗率的。综合分析在 240MW 负荷工况下应当选择主蒸汽压力 15.8MPa 滑压运行。参数的调整通过 4 个顺序阀的控制来实现，相应的 5 号高压调门应当保持在 37%左右的开度位置上。机组负荷从 270MW 变化至 240MW，保持额定压力的情况下，顺序阀的控制从 5 个阀向 4 个阀控制转变。

表 14-23　　机组 240MW 负荷工况下定压、滑压试验结果

项　目	单位	240MW 定压	240MW 滑压 1	240MW 滑压 2
高压调门开度（Ⅰ/Ⅱ/Ⅲ/Ⅳ/Ⅴ/Ⅵ）	%	100/0/0 /100/17/100	100/0/0 /100/37/100	100/14/0 /100/80/100
试验发电机功率	MW	241.312	240.161	240.327
主蒸汽压力	MPa	16.561	15.778	15.121
主蒸汽温度	℃	539.6	536.2	539.7
调节级压力	MPa	9.240	9.250	9.254
调节级温度	℃	468.7	468.2	478.7
高压缸排汽压力	MPa	3.054	3.042	3.049
高压缸排汽温度	℃	315.0	315.1	322.8
再热蒸汽压力	MPa	2.720	2.707	2.718
再热蒸汽温度	℃	535.5	529.5	534.3
中压缸排汽压力	MPa	0.689	0.688	0.687
中压缸排汽温度	℃	338.8	334.3	338.3
机组背压	kPa	4.72	4.55	4.54
给水温度	℃	257.8	257.6	258.0
高压缸效率	%	79.09	80.61	81.11
中压缸效率	%	91.47	91.47	91.12
试验主蒸汽流量	t/h	759.40	757.721	753.502
修正后主蒸汽流量	t/h	766.636	802.864	838.029
试验热耗率	kJ/kWh	8483.4	8466.6	8470.6
修正后热耗率	kJ/kWh	8538.4	8521.5	8545.7
修正后电功率	MW	239.756	235.292	236.028

210MW 负荷工况下定压、滑压试验的主要结果见表 14-24。在滑压运行的过程中，机组高压缸效率由滑压 14.57MPa 运行时的 78.15%变化到滑压 13.496MPa 的 80.34%，而主蒸汽压力为 14.57MPa 运行时机组热耗率相对其他两个滑压工况最小，说明随着主蒸汽压力的进一步降低，虽然汽轮机高压缸效率有所提高，但机组运行的循环热效率降低，并且后者的程度大于前者。综合分析在 210MW 负荷工况下应当选择主蒸汽压力 14.6MPa 滑压运行。参数的调整通过 4 个顺序阀的控制来实现，相应的 5 号高压调门应当保持在 26%左右的开度位置上。

表 14-24　　机组 210MW 负荷工况下定压、滑压试验结果

项　目	单位	210MW 定压	210MW 滑压 1	210MW 滑压 2
高压调门开度（Ⅰ/Ⅱ/Ⅲ/Ⅳ/Ⅴ/Ⅵ）	%	100/0/0 /100/26/100	100/0/0 /100/29/100	100/0/0 /100/42/100
试验发电机功率	MW	211.093	211.576	210.631
主蒸汽压力	MPa	14.572	14.078	13.496

续表

项　目	单位	210MW 定压	210MW 滑压 1	210MW 滑压 2
主蒸汽温度	℃	540.1	540.0	539.7
调节级压力	MPa	7.989	8.010	8.004
调节级温度	℃	470.7	473.0	474.8
高压缸排汽压力	MPa	2.692	2.696	2.679
高压缸排汽温度	℃	320.0	322.4	324.4
再热蒸汽压力	MPa	2.401	2.405	2.390
再热蒸汽温度	℃	534.6	534.6	533.1
中压缸排汽压力	MPa	0.614	0.615	0.612
中压缸排汽温度	℃	339.5	340.0	339.4
机组背压	kPa	4.51	4.41	4.38
给水温度	℃	250.5	250.7	250.6
高压缸效率	%	78.15	79.13	80.34
中压缸效率	%	91.45	91.28	91.07
试验主蒸汽流量	t/h	650.217	652.988	649.259
修正后主蒸汽流量	t/h	752.261	783.308	814.089
试验热耗率	kJ/kWh	8607.1	8626.6	8591.7
修正后热耗率	kJ/kWh	8692.9	8723.2	8698.5
修正后电功率	MW	205.127	205.265	204.149

180MW 负荷滑压试验过程中，机组高压缸效率由 76.39%提高到 78.03%。主蒸汽压力为 14.564MPa 时，机组热耗率为 8762.9kJ/kWh，随着主蒸汽压力滑压到 13.75MPa 时，机组热耗率为 8757.9kJ/kWh；再随着主蒸汽压力滑压到 12.72MPa 时，机组热耗率反而增大到 8832.8kJ/kWh。说明 180MW 负荷点应当选择主蒸汽压力 13.7MPa 滑压运行。参数的调整通过 4 个顺序阀的控制来实现，相应的 5 号高压调门应当保持在 20%左右的开度位置上。

150MW 负荷工况下定压、滑压试验的主要结果见表 14-25。在滑压试验过程中，机组高压缸效率在主蒸汽压力 13.099MPa 时最低，为 75.28%。随着主蒸汽压力进一步降低，高压缸效率逐渐增大，滑压到 10.482MPa 时，高压缸效率增大到 77.20%。但是机组热耗率反而随着主蒸汽压力的降低而增大，当主蒸汽压力为 13.099MPa 时，热耗率为 8903.6kJ/kWh；滑压到 10.482MPa 时，热耗率为 9042.1kJ/kWh。就是说随着主蒸汽压力进一步降低，由于机组运行循环热效率降低使得热耗率增大，并且对热耗率影响的幅度大于由于高压缸效率增大对热耗率影响的幅度，只能使热耗率增大。综合分析说明，150MW 负荷工况时主蒸汽压力应当选择主蒸汽压力 13.1MPa 左右。参数的调整通过 3 个顺序阀的控制来实现，相应的 4 号高压调门应当保持在 41%左右的开度位置上。

表 14-25　　机组 150MW 负荷工况下定压、滑压试验结果

项　目	单位	150MW 滑压 1	150MW 滑压 2	150MW 滑压 3
高压调门开度（Ⅰ/Ⅱ/Ⅲ/Ⅳ/Ⅴ/Ⅵ）	%	100/0/0/41/0/100	100/0/0/100/15/100	100/0/0/100/24/100
试验发电机功率	MW	156.272	250.719	149.228
主蒸汽压力	MPa	13.099	12.00	10.482
主蒸汽温度	℃	540.5	540.4	540.0
调节级压力	MPa	5.857	5.631	5.652
调节级温度	℃	452.7	459.3	475.0
高压缸排汽压力	MPa	1.984	1.915	1.910
高压缸排汽温度	℃	308.6	314.2	326.7
再热蒸汽压力	MPa	1.773	1.707	1.707
再热蒸汽温度	℃	531.8	532.1	534.1
中压缸排汽压力	MPa	0.457	0.444	0.445
中压缸排汽温度	℃	340.3	341.0	343.2
机组背压	kPa	4.48	3.90	3.91
给水温度	℃	233.3	231.6	231.8
高压缸效率	%	75.28	75.76	77.20
中压缸效率	%	90.76	91.20	91.08
试验主蒸汽流量	t/h	476.457	458.052	450.613
修正后主蒸汽流量	t/h	616.904	649.932	735.807
试验热耗率	kJ/kWh	8719.1	8760.4	8777.4
修正后热耗率	kJ/kWh	8903.6	9028.1	9042.1
修正后电功率	MW	151.540	144.593	142.496

3. 定压、滑压运行曲线

从上述各工况试验结果的分析可以看出，随着机组负荷的降低，滑压运行的经济性越来越明显，其分析结果汇总于表 14-26。通过在不同负荷下，选择不同的运行方式，结合高压调门开度的变化，就能够使得机组在变工况下保持较高的经济性。负荷在 270MW 以上时，机组应当按照额定压力运行，负荷在 240～150MW 之间，从降低热耗率的角度讲，机组应该滑压运行，相应的高压缸效率基本保持在 75%以上。

表 14-26　　各负荷下定压、滑压参数选择

项　目	单位	300MW	270MW	240MW	210MW	180MW	150MW
主蒸汽压力	MPa	16.67	16.67	15.78	14.57	13.75	13.10
机组试验负荷	MW	299.101	269.693	240.161	211.093	181.590	156.272
修正后负荷	MW	294.161	267.481	235.292	205.127	175.293	151.540
机组热耗率	kJ/kWh	8415.8	8459.7	8521.5	8692.9	8757.9	8903.6
调节级效率	%	69.29	52.05	59.40	52.37	49.79	52.05
高压缸效率	%	84.41	81.44	80.61	78.15	76.80	75.28
高压缸排汽温度	℃	329.6	321.8	315.1	320.0	311.4	308.6
运行方式		定压运行	定压运行	滑压运行	滑压运行	滑压运行	滑压运行
调门开度		100/100/15/100/10/100	100/19/0/100/100/100	100/0/0/100/37/100	100/0/0/100/26/100	100/0/0/100/20/100	100/0/0/41/0/100

根据表 14-19 的分析结果，绘制定压、滑压运行曲线见图 14-4，热力特性曲线见图14-5。

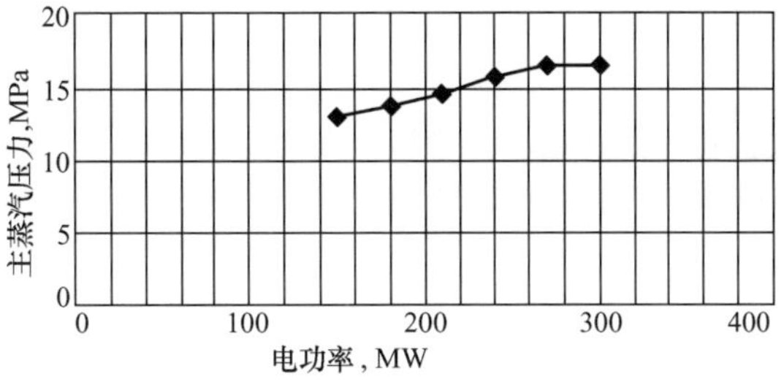

图 14-4　机组定压、滑压运行曲线

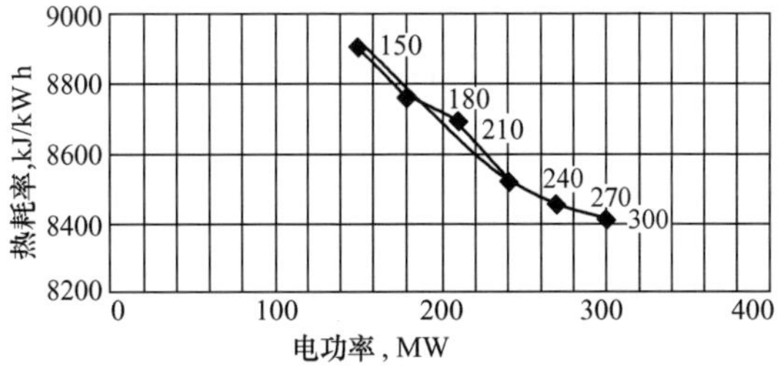

图 14-5　机组热力特性曲线

第七节　汽轮机缸效率试验

一、试验目的

测试汽轮机高压缸、中压缸、低压缸的三缸效率，检测汽轮机基建投产的缸效率是否达到设计值，或着检测机组通流部分改造后缸效率是否达到要求值。

二、引用标准

GB/T 2624　流量测量节流装置用孔板、喷嘴和文丘里管测量充满圆管的流体测量

GB/T 8117.1　汽轮机热力性能验收试验规程　第 1 部分：方法 A——大型凝汽式汽轮机高准确度试验

GB/T 8117.2　汽轮机热力性能验收试验规程　第 2 部分：方法 B——各种类型和容量汽轮机宽准确度试验

三、试验前对设备的要求

1. 调速系统和配汽机构

试验前将机组负荷由小变化到大，注意调速系统的工作情况，检查调速系统的速度变动率和迟缓率是否符合要求。调速系统和配汽机构应满足以下要求：

（1）机组在任何一种工况下运行，调速系统都能保持稳定运行；

（2）调速汽门的开启重叠度正常；

（3）调速系统内各部分动作灵活，没有卡涩现象，并能均匀地升降负荷；

（4）自动保护装置动作正常。

2. 汽轮机通流部分

（1）汽轮机通流部分完整；

（2）主汽门、调速汽门、滤网、叶片、隔板清洁无异常；
（3）高低压轴封与隔板汽封状态正常。
3. 凝汽设备
（1）凝汽器铜管（或钛管）没有结垢，管板上无杂物堵塞；
（2）凝汽器铜管（或钛管）严密，没有泄漏；
（3）真空系统严密性良好。
4. 回热系统
（1）加热器的管束清洁，管束本身或管板涨口处应没有泄漏；
（2）除氧器工作正常，除氧效果合格；
（3）给水泵工作正常，轴封泄流量不大；
（4）关闭加热器的旁路门，加热器的旁路门严密；
（5）疏水器动作正常，疏水器关闭时没有泄漏。
5. 测点的布置
热耗率试验应具备以下测点：
（1）发电机功率；
（2）主汽门前蒸汽压力和温度；
（3）调节级后压力和温度、各调速汽门后压力；
（4）主蒸汽流量、凝结水流量和给水流量、给水压力和温度；
（5）冷段再热蒸汽压力和温度、热段再热蒸汽压力和温度；
（6）除氧器进出水温度、进出凝汽器循环水温度；
（7）轴封漏汽、供汽压力和温度；
（8）各加热器的进汽压力和温度、各加热器的疏水温度；
（9）各段抽汽压力和温度、各加热器的进口和出口水温度；
（10）再热器减温水流量、过热器减温水流量、轴封漏汽流量、门杆漏汽流量；
（11）凝汽器水位、除氧器水箱及汽包水位；
（12）凝结水压力、温度；
（13）大气压力、排汽压力；
（14）各调门位置；
（15）油动机行程；
（16）低压缸进汽压力；
（17）低压缸进汽温度。
6. 其他要求
（1）试验系统原则上要求热力系统单元制运行，与试验无关的系统应切断；不能隔离外系统时，应进行计量。

（2）流量孔板或喷嘴的安装应符合要求，整个测量系统中没有泄漏现象，各压力、温度和电功率等测量系统要符合要求。

（3）对于原有的测点要做一次全面检查，凡是不符合要求的仪表或测点都要更换或改装。

（4）被测介质是沿着两根或几根并列运行的管道流动时，每根管路中的参数都应测量。被测介质的流通截面较大时，应在同一截面里的对称位置上安装两个测点。

（5）在整个试验结束时，为了修正仪表的读数，需要知道压力计或压力变送器的安装标高，这些数值都应在试验前测量好。

四、试验系统要求

(1) 根据试验工况要求，调整高压调节阀阀位，使阀位和负荷满足试验要求，在试验过程中保持阀位不变并记录阀位。

(2) 机组运行参数调整到额定值或试验规定值，偏差及波动范围符合试验要求。测试期间要求机组运行稳定，机组一经调整到满足试验条件的运行工况，试验负责人宣布试验开始后，运行人员在试验期间不得进行随意操作，如有必要操作，需征得试验负责人同意后方可进行；但机组出现异常，危急设备运行和人身安全，运行人员有权进行紧急处理，无须顾及试验。

(3) 试验的热力系统要力求简单，所有与试验无关的设备或管道应当按隔离清单严密隔离。阀门不严密时，可加堵板暂时隔离。保持机组单元制运行。

(4) 试验期间，应使给水流量保持稳定，并使之尽量与主蒸汽流量相等。

(5) 在试验期间停止锅炉排污、吹灰、放汽。在试验期间停止本机向暖风器供汽。

(6) 停止向本系统内补水，关闭一切应关闭的疏水；关闭凝结水再循环门；给水大旁路关闭严密，无泄漏；一、二级旁路门关闭严密，无泄漏。

(7) 试验时系统内贮水容器中水位应平稳变化，无大幅度波动，保证精确测量。

五、试验方法

(1) 试验应在固定调节阀的开度下进行，此时阀门开度应保持在“阀点”上（即 N 阀全开工况）。试验一般通过保证开启阀门完全开启，关闭阀门完全关闭，来消除阀门节流损失对缸效率影响的不确定性。

(2) 观测频率和试验持续时间。每一工况先稳定运行 1h 后，再连续测试 60min。压力、温度等参数每 2～5min 记录一次，流量和功率每 1～2min 记录一次，水位、大气压力和环境温度试验前后各记录一次。

机组运行稳定半小时以上，并确认试验仪表及数据采集工作正常后开始记录试验数据。每一工况试验持续 2h。

(3) 主流量测量。测量主流量的理想位置是在末级高压加热器与锅炉之间的给水管路中，但由于此处给水的压力和温度较高，使流量装置的安装、标定较为困难；推荐以凝结水流量为准，再通过热平衡计算出给水流量、主蒸汽流量、再热蒸汽流量。

(4) 试验负荷点一般不少于四个，包括额定负荷点和 50%额定负荷点。

(5) 第一次试验又叫做预备性试验，预备性试验与流量平衡试验同时进行，流量平衡试验是保证试验结果正确的重要环节。在进行正式试验之前，应当做一次流量平衡试验，检查试验机组汽、水流量是否平衡。如果发现汽、水流量不平衡，而且相差较大，应当从测点布置、测试设备和运行系统等方面寻找原因，予以解决。要求试验时机组不明泄漏量总和不得大于满负荷时主蒸汽流量的 0.5%。

(6) 为了与保证条件下机组热耗率进行比较，对于因为运行条件偏离保证条件而导致的试验结果的偏差需要进行修正：即系统修正和参数修正。

(7) 汽轮机缸效率试验应进行两次重复性试验。当两次在同一工况点，其修正后的缸效率相差不大于 0.5%，并取其算术平均值作为最终试验结果。如果相差大于 0.5%，应再进行一次测试。

(8) 在预备性试验已经证实所有条件已满足正式试验要求后进行正式试验。正式试验应尽可能的采取停止外来补水方式，补水率为 0%。在预备性试验已经证实所有条件已满足正式试验要求后进行正式试验。

(9) 试验时每个运行参数的观测平均值与规定值间的最大允许偏差以及单个观测值偏离观测

平均值的最大允许偏差不得超过表12-11所列的范围。

六、试验数据的处理与计算

（1）高、中压缸效率的计算。缸效率是机组在运行过程中通流部分的有效焓降与理想焓降之比。不考虑阀门节流损失的汽轮机缸效率计算公式为

$$\eta_{0i}=\frac{h_1-h_2}{h_1-h_{2t}}$$

式中 h_1——汽轮机高、中压缸进汽焓，kJ/kg；

h_2——汽轮机高、中压缸排汽焓，kJ/kg；

h_{2t}——汽轮机高、中压缸排汽等熵膨胀终点焓，kJ/kg。

汽轮机高压缸进汽焓（或排汽焓）根据主蒸汽（或排汽）压力和温度查蒸汽热力性质表确定，同时查得对应的熵值；中压缸进汽焓（或排汽焓）根据再热蒸汽（或排汽）压力和温度查蒸汽热力性质表确定，同时查得对应的熵值。根据高压缸（中压缸）排汽熵值和高压缸（中压缸）排汽压力查焓熵图得到对应的焓值 h_{2t}。

高、中压缸效率是根据实测的进出高、中压缸蒸汽的参数来确定的。

（2）低压缸效率的计算。汽轮机低压缸排汽处在湿蒸汽区，其排汽焓不能直接根据实测压力温度求得，低压缸效率是由低压缸的进汽参数、排汽压力及通过整个汽轮机的能量平衡得出的低压缸排汽焓来计算，计算方法及公式如下：

1）汽轮机输入热量：

$$Q_{in}=Q_{ms}+Q_{rh}$$

式中 Q_{ms}——进入汽轮机的主蒸汽热量，kJ/h；

Q_{in}——汽轮机输入热量，kJ/h；

Q_{rh}——进入汽轮机的再热蒸汽热量，kJ/h。

2）汽轮机输出热量：

$$Q_{out}=\Sigma Q_{exj}+Q_{ch}+Q_v+\Sigma Q_{1k}+Q_{ax}$$

式中 Q_{out}——汽轮机输出热量，kJ/h；

ΣQ_{exj}——汽轮机回热抽汽热量之和，kJ/h；

Q_{ch}——冷再热蒸汽热量，kJ/h；

Q_v、ΣQ_{1k}——汽轮机高中压门杆及轴封漏汽热量，kJ/h；

Q_{ax}——汽轮机辅助抽汽热量，kJ/h。

3）发电机出力及机械、电气损失的当量热量：

$$Q_{gen}=(P_g+\Delta P_m+\Delta P_e)\times 3600$$

式中 P_g——发电机功率，kW；

ΔP_m——机械损失，kW；

ΔP_e——电气损失，kW。

4）汽轮机排汽热量：

$$Q_{exh}=Q_{in}-Q_{out}-Q_{gen}$$

5）低压缸排汽有效终点焓：

$$h_{UEEP}=Q_{exh}/W_{exh}$$

式中 W_{exh}——汽轮机排汽流量，kg/h。

6）低压缸膨胀线终点焓：

$$h_{ELEP}=h_{UEEP}-(1-Y)\ h_{EL}$$

式中 Y——汽轮机膨胀线终点湿度；

h_{EL}——汽轮机排汽损失，kJ/kg。

7）低压缸效率

$$\eta_{UEEP}=(h_{LP}-h_{UEEP})/(h_{LP}-h_{exhs})$$

式中 h_{LP}——低压缸进汽焓，kJ/kg；

h_{exhs}——低压缸排汽等熵焓，kJ/kg。

8）低压缸膨胀线终点效率

$$\eta_{ELEP}=(h_{LP}-h_{ELEP})/(h_{LP}-h_{exhs})$$

（3）在求取高、中压缸通流效率时，其阀门压损取设计值。

（4）低压缸的排汽为湿蒸汽，其排汽焓值由汽轮机能量平衡和热平衡计算求取，计算方法见国家标准 GB/T 8117。

（5）计算求得的低压缸效率需经过排汽容积流量及低压缸进口温度（或焓值）修正，可按厂家提供的相关曲线进行修正。

七、试验结论

根据试验数据计算所得到的汽轮机缸效率与设计值（或与技改目标值）进行比较，考核汽轮机缸效率是否达到保证值和要求值，并对汽轮机缸性能作出评价。

八、试验举例

某电厂 300MW 机组大修前后，300MW 工况汽轮机热耗率及高中压缸效率见表 14-27。大修后，试验热耗率为 8238.96kJ/kWh，经过参数及过热器再热器减温水修正的热耗率为 8183.24kJ/kWh。

表 14-27　　某电厂 300MW 机组大修前试验计算结果

工　况	单位	额定负荷	5VWO1	5VWO2	平均
主蒸汽压力(表压)	MPa	16.70(绝对)	16.86	16.85	16.86
大气压力	MPa	0.101	0.101 3	0.101 3	0.10
主蒸汽温度	℃	538.00	543.04	541.77	542.41
再热蒸汽压力(表压)	MPa	3.21(绝对)	3.47	3.46	3.47
再热蒸汽温度	℃	538.00	545.04	544.01	544.53
凝汽器压力	kPa	4.90	7.62	7.61	
电功率	MW	300.00	309.74	308.89	309.32
再热器减温水流量	t/h	0.00	4.46	3.03	
过热器减温水流量	t/h	0.00	2.25	1.87	
轴封加热器入口凝结水流量	t/h	689.55	746.63	755.66	
主蒸汽流量	t/h	907.03	978.03	978.85	
主给水流量	t/h	907.03	975.78	976.99	
再热蒸汽流量	t/h				806.29

续表

工　　况	单位	额定负荷	5VWO1	5VWO2	平均
最终给水温度	℃	273.80	274.85	274.92	
试验热耗率	kJ/kWh	7921.00	8235.68	8242.24	8238.96
额定参数下热耗率	kJ/kWh	7921.00	8182.90	8183.57	8183.24
高压缸排汽压力(表压)	MPa	3.57(绝对)	3.80	3.79	3.80
高压缸排汽温度	℃	317.61	340.57	338.99	339.78
调节级效率	%	71.02	51.77	50.89	51.33
高压缸效率	%	86.17	80.30	80.47	80.39
再热蒸汽压力(表压)	MPa	3.21	3.47	3.46	
再热蒸汽温度	℃	538.00	545.04	544.01	
中压缸排汽压力(表压)	MPa	0.79(绝对)	0.79	0.79	
中压缸排汽温度	℃	335.09	343.42	342.30	
中压缸效率(名义)	%	92.24	91.83	92.14	91.98
调节级压力(表压)	MPa	11.60(绝对)	12.18	12.18	
调节级蒸汽温度	℃	484.90	503.31	502.45	
轴封漏汽量	t/h				25.48

关于缸效率计算过程如下(以五阀全开工况5VWO1为例)：根据主蒸汽压力(表压)16.86MPa和大气压力0.10MPa，得到主蒸汽绝对压力16.96MPa，根据主蒸汽压力16.96MPa、主蒸汽温度543.04℃，得到主蒸汽焓值h_1为3408.630kJ/kg；根据高压缸排汽压力(表压)3.80MPa和大气压力0.10MPa，得到高压缸排汽绝对压力3.90MPa，根据高压缸排汽压力3.90MPa、高压缸排汽温度340.57℃，得到高压缸排汽焓值h_2为3071.648kJ/kg；根据主蒸汽压力16.96MPa、主蒸汽温度543.04℃，得到主蒸汽熵值h_{1t}为6.421 7kJ/(kg·K)；根据熵值h_{1t}为6.421 7kJ/(kg·K)和高压缸排汽压力3.90MPa，得到高压缸排汽等熵焓值h_{2t}为2988.990kJ/kg。因此

$$\text{高压缸效率}\ \eta_{01}=\frac{h_1-h_2}{h_1-h_{2t}}=\frac{3408.630-3071.648}{3408.630-2988.990}\times100\%=80.30\%$$

根据中压缸进汽绝对压力(即再热蒸汽压力)和中压缸进汽温度(即再热蒸汽温度)、中压缸排汽绝对压力和中压缸排汽温度，同样可以得到

$$\text{中压缸效率}\ \eta_{01}=\frac{h_1-h_2}{h_1-h_{2t}}=\frac{3552.250-3146.206}{3552.250-3110.082}\times100\%=91.83\%$$

当然这里的中压缸平均效率是名义上的效率，如果考虑高中压合缸处实际的轴封漏汽流量(漏汽率为3.16%)，中压缸实际效率为90.23%。

根据调节级压力12.28MPa、调节级温度503.31℃，得到调节级蒸汽焓值h_2为3354.518kJ/kg；根据熵值h_{1t}为6.421 7kJ/(kg·K)和调节级压力12.28MPa，得到高压缸排汽等熵焓值h_{2t}为2988.990kJ/kg。因此

$$\text{调节级效率}\ \eta_{01}=\frac{h_1-h_2}{h_1-h_{2t}}=\frac{3408.630-3354.518}{3408.630-3304.102}\times100\%=51.77\%$$

5VWO工况平均调节级效率51.33%比设计值(71.02%)低约19.69个百分点，平均高压缸效率80.39%比设计值(86.17%)低约5.78个百分点，中压缸平均效率91.98%比设计值

(92.24%)低约0.26个百分点。

通过上述实验和计算结果来看：

(1) 机组调节级效率偏低，与设计值相比低约20个百分点，对高压缸效率影响很大，从试验结果可以看出，机组实际运行高压缸效率要比设计值低5个百分点以上。

(2) 机组轴封漏汽量偏大，使机组中压缸效率降低，大修时应对汽封间隙进行适当的调整，必要时更换汽封。

第六篇

经济调度

电力用户负荷是随着时间不断发生变化的，这就决定了各类发电厂的发电负荷也要随时间而发生改变。在电网内各发电厂之间的负荷分配也要随之变化，不同的调度方式会影响到全网的经济效益和发电厂的经济效益。例如某省级电网日负荷曲线如下图所示。从图中可以看出，电力系统的日负荷曲线有三个峰荷：上午 11 时左右达到高峰，然后有一个短暂的下降，下午13：45时又达到一个高峰，傍晚 19：00 时到达最高峰，夜里有一个较宽的低谷段，到凌晨4：30到达最低谷。因此电力调度首先必须依据负荷曲线来分配电厂负荷。在火电厂得到调度负荷后，就存在机组热力特性曲线的编制和电厂内机组间的经济负荷分配问题。

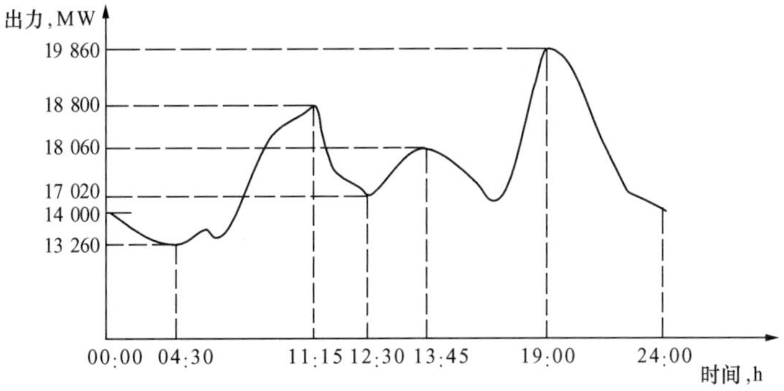

某省级电网 3 月份某日负荷曲线图

电力系统经济调度的任务是在满足安全和用户需要的条件下，合理地利用现有的发电设备和电网结构，在不同电厂之间分配负荷，以保证电网总的能源消耗量最小（或燃料成本最低），尽可能地提高运行的经济性。火力发电厂的经济调度就是在电厂内部不同机组间分配负荷，以最少量的燃料消耗量，保证输出可靠安全满意的电量。本篇主要阐述如何建立热力特性方程和如何进行经济调度两方面的内容。

第十五章 热力设备的热力特性

第一节 汽轮机的热力特性

火力发电厂常把汽轮机输入能量（如汽耗、热耗）与输出能量（如功率）之间的关系式，称为汽轮机的热力特性（或热力特性方程）。把锅炉输入能量（如汽耗、煤耗）与输出能量（如功率、效率）之间的关系式，称为锅炉的热力特性（或热力特性方程），即

汽轮机的汽耗特性 $G=f(P)$

汽轮机的热耗特性 $Q=f(P)$

锅炉的煤耗特性 $B=f(G)$

锅炉的效率特性 $\eta=f(P)$

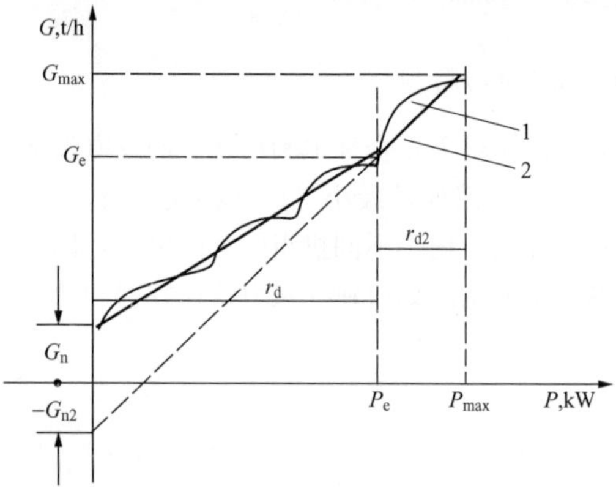

图 15-1 喷嘴调节凝汽式汽轮机汽耗特性曲线

反映汽轮机和锅炉这种关系的曲线，称为热力特性曲线。我们通常所说的热力特性曲线主要是指汽轮机的热耗特性曲线。

一、汽轮机的热力特性

1. 汽轮机的汽耗特性

凝汽式汽轮发电机组的汽耗特性，因其调节方式不同而有所不同，但基本上都是呈直线关系变化的。图 15-1 中的曲线 1 为四组喷嘴调节的凝汽式汽轮机的汽耗特性曲线，曲线 2 为线性化后的汽耗特性曲线。

当功率小于或等于经济功率时，汽耗特性方程为

$$G=G_n+r_dP \quad (kg/h)$$

当功率大于经济功率时，汽耗特性方程为

$$G=G_n+r_dP_e+r_{d2}(P-P_e)=G_n+(r_d-r_{d2})P_e+r_{d2}P$$
$$=-G_{n2}+r_{d2}P \quad (kg/h)$$

式中 G_n——功率小于或等于经济功率时汽轮机的空载汽耗，kg/h；

G_{n2}——功率大于经济功率时汽轮机的空载汽耗，kg/h；

r_d——功率小于或等于经济功率时汽轮机的微增汽耗率，g/kWh；

r_{d2}——功率大于经济功率时汽轮机的微增汽耗率，g/kWh；

P——机组负荷，MW；

P_e——机组经济负荷，MW。

微增汽耗率为每增加单位功率时汽耗量的变化率，也就是汽耗特性曲线的斜率，即

$$r_d=\lim\frac{\Delta G}{\Delta P}=\frac{dG}{dP}$$

实际上汽耗特性为一条曲线，为了便于分析，常常把它简化为直线。线性化后，在30%～100%额定负荷范围内其误差不超过1%，则

$$r_d=\lim\frac{\Delta G}{\Delta P}=\frac{dG}{dP}=\frac{\Delta G}{dP}=\frac{G_e-G_n}{P_e-0}=\frac{G_e-G_n}{P_e}$$

式中 G_e——经济负荷 P_e 时的汽耗量，kg/h。

可见微增汽耗率 r_d 为汽耗特性曲线的斜率，是一个固定值，它和参与做功的有效汽耗（G_e-G_n）有关；对于线性化后以两段直线表征的汽轮机汽耗特性，其微增汽耗率为 r_d、r_{d2}，是两条不连续的水平线（见图15-1）。

2. 汽轮机的热耗特性

非再热的凝汽式汽轮发电机组的热耗特性方程为

$$Q=G(h_{ms}-h_{fw})\quad(kJ/h)$$

当功率小于或等于经济功率时，热耗特性方程为

$$Q=Q_n+r_qP\quad(kJ/h)$$

当功率大于经济功率时，热耗特性方程为

$$\begin{aligned}Q&=Q_n+r_qP_e+r_{q2}(P-P_e)=Q_n+(r_q-r_{q2})P_e+r_{q2}P\\&=-Q_{n2}+r_{q2}P\quad(kJ/h)\end{aligned}$$

式中 Q_n——功率小于或等于经济功率时的空载热耗，kJ/h；

Q_{n2}——功率大于经济功率时的空载热耗，kJ/h；

r_q——功率小于或等于经济功率时的微增热耗率，对于非再热式机组 $r_q=r_d(h_{ms}-h_{fw})$，kJ/kWh；

r_{q2}——功率大于经济功率时的微增热耗率，对于非再热式机组 $r_{q2}=r_{d2}(h_{ms}-h_{fw})$，kJ/kWh。

微增热耗率为每增加单位功率时热耗量的变化率，也就是热耗特性曲线的斜率，即

$$r_q=\lim\frac{\Delta Q}{\Delta P}=\frac{dQ}{dP}$$

汽耗特性方程和热耗特性方程可通过变工况计算求得。

二、锅炉的煤耗特性

锅炉的煤耗特性方程可以写为

$$B=\frac{Q_b+\Delta Q_b}{29\ 308}$$

$$B=B_n+r_bG$$

式中 B——锅炉燃料消耗量，kg/h；

B_n——锅炉空载时燃料消耗量，kg/h；

Q_b——锅炉的热负荷，kJ/h；

G——锅炉产汽量，kg/h；

r_b——锅炉微增燃料消耗率，kg/kg。

锅炉微增燃料消耗率也叫锅炉燃料消耗量微增率，其意义是增加单位蒸汽负荷时需要增加的燃料消耗量，$r_b=\frac{dB}{dG}$，是一个固定值。

锅炉的煤耗特性曲线随燃料品种和设备状况而变化，一般检修后都要做热效率试验，这时也应根据试验结果更新煤耗特性曲线，以保证资料能准确反映设备现状。锅炉的煤耗特性曲线见图

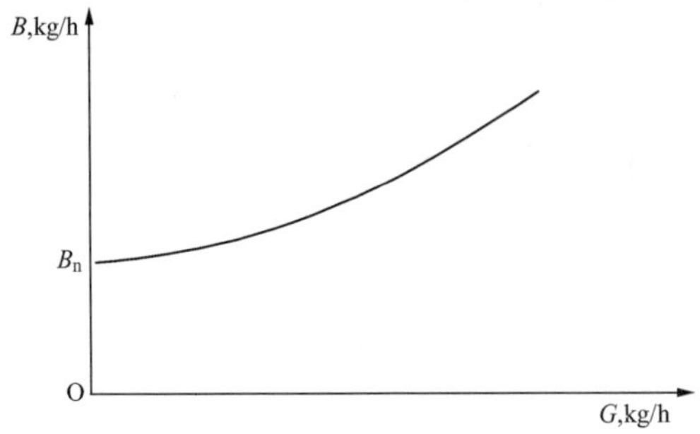

图 15-2　锅炉煤耗特性曲线

15-2，根据图 15-2 可知，煤耗特性曲线是一条向上凹的连续曲线。

三、试验求得汽轮机的热耗特性

汽耗特性方程和热耗特性方程可以通过汽轮机发电机组热力试验求得。根据各个试验点的修正计算结果，就能画出热耗量与发电机功率的关系曲线 $Q=f(P)$，即热耗特性曲线。在实际应用中，热力特性曲线可近似地表示为一直线；如果额定负荷不等于经济负荷，此特性是一条转折线，转折点就是经济负荷点，经济负荷 P_e 通常发生在某一汽门接近全开，下一汽门将开未开的时候，热力特性方程为

$$Q=a+bP_e+c(P-P_e)$$

方程可以根据图解法求得，只有当 $P>P_e$ 时，才计入方程的后一项数值。如果有经济负荷点，先求出两条直线的方程，再求出两条直线的交点得到经济负荷点。

上述的热力特性是在排汽压力为一定值时得到的，实际上由于凝汽器的工况变化，汽轮机的排汽压力是随着机组负荷、冷却水温、循环水流量、铜管的清洁程度、真空严密性等因素而变化的。当排汽压力改变时，同样的热耗量下的发电机功率就发生变化，结果是热力特性方程中的系数 a、b 改变，因此先要利用凝汽器的特性曲线和排汽压力对功率的修正曲线，换算到某一冷却水温和循环水流量下的热力特性，才能用于经济调度。

【例 15-1】 某厂 N125-13.24/535/535 超高压、一次中间再热、双缸双排汽、凝汽式火电机组，其额定参数见表 15-1，试验测量结果和计算结果见表 15-2，求额定条件下的热耗特性方程和热耗率。

解　试验条件下热耗量与功率的关系可根据表 15-2 列出表 15-3。

表 15-1　　125MW 机组额定参数

额定功率	125MW	给水温度	242.66℃
最大功率	131MW	排汽压力（额定背压）	4.9kPa
主蒸汽压力	13.24MPa	高压缸排汽压力	2.55MPa
主蒸汽温度	535℃	主蒸汽流量	382.6（最大 420）t/h
再热蒸汽压力	2.295MPa	汽耗率	3.091kg/kWh
再热蒸汽温度	535℃	热耗率	8499kJ/kWh

表 15-2　　125MW 机组热耗试验数据

项　目	符　号	单　位	试验结果			
发电机功率	P	kW	122 743	104 196	85 939	71 290
功率因数	$\cos\phi$	—	0.948 1	0.924 1	0.899 9	0.876 7
主蒸汽压力	p_{ms}	MPa	13.387	13.472	13.575	13.65
主蒸汽温度	t_{ms}	℃	536.4	536.0	533.2	531.0
主蒸汽焓	h_{ms}	kJ/kg	3429.6	3427.6	3419.1	3411.8
主蒸汽流量	G_{ms}	kg/h	371 425	314 831	261 074	218 320
再热蒸汽压力	p_{rh}	MPa	2.292	1.938	1.583	1.23
再热蒸汽温度	t_{rh}	℃	536.1	535.0	534.58	534.4
再热蒸汽流量	G_{rh}	kg/h	318 545	267 435	220 670	183 541
再热蒸汽焓	h_{rh}	kJ/kg	3530.6	3545.0	3548.1	3551.0

续表

项　目	符　号	单　位	试 验 结 果			
门杆漏汽量	G_{mg}	kg/h	1700	1700	1700	1700
高压前轴封漏汽量	G_{zf1}	kg/h	4828.5	4092.8	3394.0	2838.2
高压后轴封漏汽量	G_{zf2}	kg/h	3402.2	2883.9	2391.4	1999.8
高压缸排汽压力	p_{zrc}	MPa	2.619	2.619	1.819	1.45
高压缸排汽温度	t_{zrc}	℃	322.0	315.25	302.5	298.0
高压缸排汽焓	h_{zrc}	kJ/kg	3060.3	3044.1	3035.9	3036.8
高压缸排汽流量	G_{zrc}	kg/h	311 496	264 187	219 815	183 541
1 号高加用汽量	G_{cq1}	kg/h	16 217	13 080	9760.2	8161.5
2 号高加用汽量	G_{cq2}	kg/h	33 781	28 888	24 013	20 080
主给水压力	p_{fw}	MPa	15.102	15.002	14.492	14.0
给水温度	t_{fw}	℃	245.8	237.6	227.2	218.5
给水焓	h_{fw}	kJ/kg	1066.4	1028.1	980.1	942.2
给水流量	G_{fw}	kg/h	354 791	305 862	257 614	218 757
过热器减温水流量	G_{ss}	kg/h	10 328	6351	3127	0
再热器减温水流量	G_{rs}	kg/h	7049	3248	855	0
不明泄漏量	G_{loss}	kg/h	742.9	629.7	522.1	436.6
再热器减温水焓	h_{rs}	kJ/kg	709.14	678.13	642.5	—
排汽压力	p_K	kPa	2.95	2.55	2.55	2.45
大气压力	p_{am}	MPa	0.102 3	0.102 3	0.102 3	0.102 3
冷却水进水温度	t_1	℃	3.65	3.73	4.3	4.3
冷却水出水温度	t_2	℃	19.30	16.19	14.37	12.35
冷却水温升	Δt	℃	15.65	12.46	10.07	8.05
凝汽器端差	δt	℃	13.71	15.81	17.64	18.65
试验条件下汽耗率	d_r	kg/kWh	3.026	3.022	3.038	3.056
试验条件下热耗率	q_r	kJ/kWh	8651.2	8698.0	8787.9	8880.9
试验条件下汽耗量	$Q_{ms}\times10^6$	kJ/h	1061.9	906.30	755.22	633.12
主蒸汽压力修正系数	C_{po}	—	1.000 9	1.001 5	1.002 1	1.002 6
主蒸汽温度修正系数	C_{to}	—	1.000 4	1.000 3	0.999 5	0.998 9
再热汽温修正系数	C_{tr}	—	1.000 3	1.000	0.999 9	0.999 8
事故喷水修正系数	C_{rs}	—	0.996 8	0.998 5	0.999 6	1.00
排汽压力修正系数	C_{pk}	—	1.018 5	1.026 3	1.026 3	1.029 5
总修正系数	C	—	1.016 9	1.026 6	1.027 5	1.030 9
额定条件下热耗率	q_{rc}	kJ/kWh	8797.7	8929.1	9029.3	9155.0
主蒸汽压力对功率修正系数	K_{po}	—	0.989 1	0.983 0	0.975 7	0.970 4
主蒸汽温度对功率修正系数	K_{to}	—	0.999 7	0.999 8	1.000 4	1.000 8

续表

项　目	符　号	单　位	试 验 结 果			
再热汽温对功率修正系数	K_{tr}	—	0.997 8	1.000	1.000 8	1.001 2
事故喷水对功率修正系数	K_{rs}	—	0.983 9	0.992 6	0.998 0	1.00
排汽压力对功率修正系数	K_{pk}	—	0.981 5	0.973 7	0.968 2	0.971 3
对功率总修正系数	K	—	0.952 8	0.949 9	0.943 9	0.944 4
额定条件下电功率	P_e	kW	116 950	98 976	81 118	67 326
额定条件下主汽量	G_{msr}	kg/h	367 665	309 601	254 347	211 238
额定条件下汽耗率	S_{re}	kg/kWh	3.143 8	3.128 0	3.135 5	3.137 5
额定条件下汽耗量	$Q_{msr}\times10^6$	kJ/h	1028.9	883.77	732.44	616.37
机组热效率	η	%	40.92	40.32	39.87	39.31

表 15-3　　试验条件下热耗量与功率的关系

序号	P(MW)	$Q_{ms}\times10^6$(kJ/h)	$Q_{ms}P\times10^6$	P^2	公式计算 $Q_{ms}\times10^6$(kJ/h)
1	122.743	1061.87	130 337.11	15 065.84	1061.47
2	104.196	906.30	94 432.83	10 856.81	907.03
3	85.939	755.22	64 902.85	7385.51	755.00
4	71.290	633.12	45 135.12	5082.26	633.02
Σ	384.168	3356.51	334 807.91	38 390.42	3356.52

设试验条件下热耗量 $Q_{ms}=a+bP$，利用最小平方法可以得到下列方程组，即

$$\begin{cases}4a+384.168b=3356.51\\384.168a+38\,390.42b=334\,807.91\end{cases}$$

解方程组得　$a=39.386$，$b=8.327$

则试验条件下热耗特性方程为

$$Q_{ms}=39.386+8.327P$$

式中　P——机组负荷，MW；

Q_{ms}——汽轮机热耗，$\times10^6$kJ/h。

额定条件下热耗量与功率的关系可根据表 15-2 列出表 15-4。

表 15-4　　额定条件下热耗量与功率的关系

序　号	P(MW)	$Q_{msr}\times10^6$(kJ/h)	$Q_{msr}P\times10^6$	P^2
1	116.950	1028.9	120 329.855	13 677.303
2	98.976	883.77	87 472.020	9796.249
3	81.118	732.44	59 414.068	6580.130
4	67.326	616.37	41 497.727	4532.790
Σ	364.37	3261.48	308 713.67	34 586.472

设额定条件下热耗量 $Q_{msr}=a+bP$，利用最小平方法可以得到额定条件下热耗特性方程为

$$Q_{msr}=56.825+8.327P$$

在125MW负荷时，在额定的进汽压力、进汽温度、再热蒸汽温度和额定的排汽压力下，其热耗量为 $Q_{msr}=1097.70\times10^{6}$(kJ/h)，热耗率为 $1097.70\times10^{6}/125\ 000=8781.60$ (kJ/kWh)，比设计值8499kJ/kWh高3.33%。

为了便于读者了解国外机组热耗情况，现将苏联部分机组热力特性列表15-5。

表15-5　　苏联机组热耗热力特性

汽轮机型号	新蒸汽压力	新蒸汽温度	再热蒸汽温度	冷却水温度	热力特性毛值			
	kgf/cm^2	℃	℃	℃	a(GJ/h)	b(GJ/MWh)	c(GJ/MWh)	经济点(MW)
BK-100-6	90	535	—	—	91.3	8.04	8.67	75
K-200-130	130	565	565	10	117.2	7.54	8.21	175
K-300-240	240	540	540	12	134.0	7.54	—	—
K-500-240	240	540	540	12	368.4	7.33	8.37	450
K-800-240	240	560	560	12	376.8	7.33	—	—

根据表15-5，苏联K-200-130和K-300-240汽轮机的热耗特性方程分别为

200MW机组　$Q=117.2+7.54P+8.21(P-175)$　(GJ/h)

300MW机组　$Q=134.0+7.54P$　(GJ/h)

第二节　单元机组的微增煤耗率

一、单元机组的微增煤耗率

通常我们所说的汽轮发电机组是将汽轮机和发电机两者看作一个整体，我们所说的机组是将锅炉、汽轮机和发电机三者看作一个整体。

单元机组的煤耗特性为 $B=f(P)$，锅炉热效率 $\eta_{bl}=\dfrac{Q_b}{Q_b+\Delta Q_b}$，管道效率 $\eta_{gd}=\dfrac{Q_0}{Q_b}$，所以煤耗量 $B=\dfrac{Q_0}{29\ 308\eta_{bl}\eta_{gd}}$，煤耗率 $b=\dfrac{B}{P}$。设汽轮机组的热耗特性方程为 $Q=Q_n+r_qP$(kJ/h)，则单元机组的煤耗方程为

$$B=\frac{Q_n+r_qP}{29\ 308\eta_{bl}\eta_{gd}}=\frac{Q_n}{29\ 308\eta_{bl}\eta_{gd}}+\frac{r_qP}{29\ 308\eta_{bl}\eta_{gd}}=B_n+r_uP\quad(\times10^{6}\text{kg/h})$$

$$r_u=\frac{dB}{dP}=\frac{dB}{dG}\frac{dG}{dP}=r_br_d\quad(\text{kg/MWh})$$

式中　r_u——单元机组的微增煤耗率（也叫做煤耗微增率），g/kWh；

r_b——锅炉微增燃料消耗率，kg/kg；

r_d——汽轮机的微增汽耗率，g/kWh；

r_q——微增热耗率 kJ/kWh；

P——机组电负荷，MW；

Q_0——汽轮机热负荷，kJ/h；

Q_b——锅炉热负荷，kJ/h。

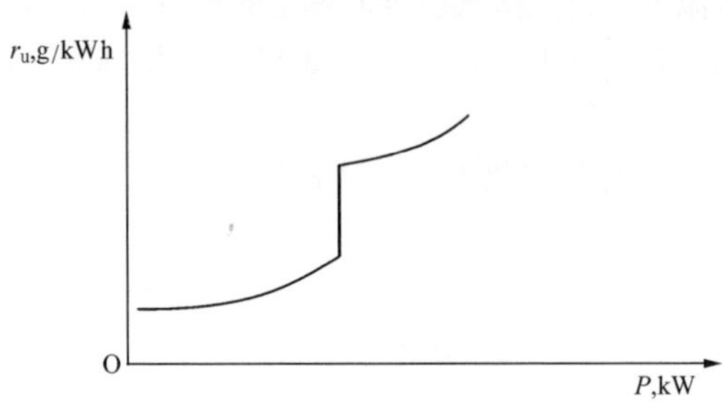

图 15-3 单元机组的微增煤耗率曲线

可见如果已知锅炉微增燃料消耗率 r_b、汽轮机的微增汽耗率 r_d，即可求得单元机组的微增煤耗率 r_u。根据图 15-1 和图 15-2，可以求得单元机组的微增煤耗率曲线，见图 15-3。由图 15-3 可知，单元机组的微增煤耗率特性是一条向上凹的曲线，有阶梯状是因为汽轮机特性曲线线性化后为两段折线的原因。

由于煤耗量表达式不但是负荷 P 的函数，还是锅炉效率的函数，因此根据定义求微增煤耗率是比较困难的。在工程上微增煤耗率通常采用下列公式计算，即

$$r_u=\frac{B_e-B}{P_e-P} \text{ 或 } r_u=\frac{B_{max}-B}{P_{max}-P}$$

式中 P_e、P_{max}——经济负荷和最大负荷，MW；

B_e、B_{max}——对应经济负荷和最大负荷时的耗煤量，kg/h；

r_u——微增煤耗率，g/kWh。

【例 15-2】 设某厂一台 100MW 的汽轮发电机组，汽机特性为 $Q=55.3+8.97P$，式中 Q 为汽轮机热耗量（$\times10^6$kJ/h），P 为机组负荷（MW），管道效率为 99%，锅炉效率和热耗试验数据见表15-6,其他各项热耗综合修正系数 K 为 1.032 2，标煤单价 250 元/t，试求机组的微增煤耗率及成本微增率。

表 15-6　　某厂 100MW 的汽轮发电机组特性

负荷 P（MW）	70	75	80	85	90	95	100
机热耗 Q（$\times10^6$kJ/h）	683.1	728.2	774.0	818.4	863.8	908.0	952.5
锅炉效率（%）	93.35	93.90	94.3	94.6	94.8	94.8	95.7
管道效率（%）	99	99	99	99	99	99	99
修正系数 K	1.032 2	1.032 2	1.032 2	1.032 2	1.032 2	1.032 2	1.032 2
炉热耗 Q_b（$\times10^6$kJ/h）	763.2	808.6	854.7	901.5	948.9	998.5	1048.7
锅炉耗用标煤量 B(kg/h)	26 032.3	27 589.7	29 179.7	30 776.3	32 415.1	34 073.8	35 782.0
微增煤耗率(g/kWh)	325.0	327.7	330.1	333.7	336.7	341.6	347.5
成本微增率(元/kWh)	0.081 3	0.081 9	0.082 5	0.083 4	0.084 2	0.085 4	0.086 2
机组标准煤耗(g/kWh)	371.89	367.77	364.75	361.79	360.17	358.67	354.01

解 根据试验数据 Q，由 $Q_b=\frac{KQ}{\eta_{bl}\eta_{gd}}$ 求得锅炉热耗量，根据 Q_b 求得标煤耗量 $B=K\frac{Q}{29\ 308\eta_{bl}\eta_{gd}}(\times10^6\text{kg/h})$，根据 B 计算标准发电煤耗率 $b(\text{g/kWh})=\frac{B(\text{kg/h})}{P(\text{MW})}$

算法举例：70MW 负荷时，有

消耗标准煤量 $B=763.2\times10^6/29\ 038=26\ 032.3$（kg/h）

微增煤耗率 $$r_u=\frac{35\ 782.0-26\ 032.3}{100-70}=325.0(\text{g/kWh})$$

对于 100MW 时的微增煤耗率可用插值法计算，即

$$r_u = 341.6 + \frac{341.6 - 336.7}{95 - 90} \times (100 - 95) = 347.5 (\text{g/kWh})$$

根据试验数据和计算结果，画出锅炉效率曲线、煤耗微增率曲线如图15-4。从图15-4中可以看出，锅炉效率曲线呈抛物线型的下凹曲线，而煤耗微增率则是随负荷P逐步增大的上凹曲线。在负荷为70MW时，效率最低，但煤耗微增率却最小。机组发电煤耗率b则与煤耗微增率随负荷呈相反的方向变化，当负荷为70MW时，煤耗率最大，煤耗微增率最小；当负荷为100MW时，煤耗率最小，煤耗微增率最大。

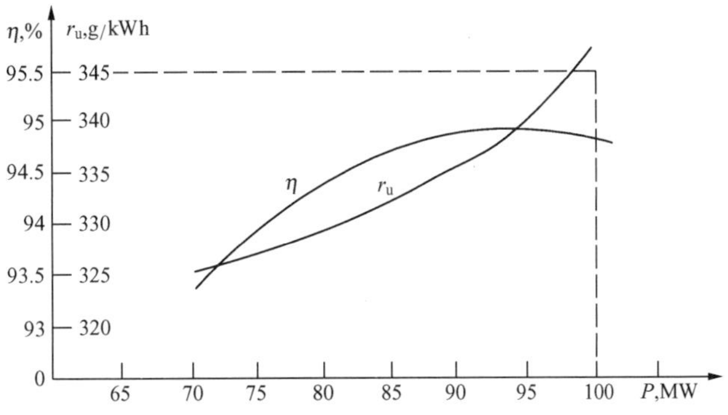

图15-4 锅炉经济特性曲线

二、经济分配机组负荷

如果电网内都是燃煤电厂，且假定煤价实行单一制，按等微增率调度，可以取得电网总的能源消耗量最小和总的燃料成本最低的一致效果。如果电网内有大量的燃油机组，它的微增煤耗率低，但由于油折标煤单价高于煤折标煤单价，使燃油机组成本微增率高，这样按微增煤耗率调度将得到相反的效果。如果电网内都是燃煤电厂，而且煤价不等，差价很大（实际在同一电网内标煤单价差价最高可达1/3），按等微增煤耗率调度，有时也会得到相反的效果。西方发达国家一般实行成本等微增率调度，从提高电网运行的经济性出发，电网应该实行成本等微增率调度，但在燃料供应不足的情况下，则应从实际出发，首先要考虑安全可靠供电，在保证宏观经济效益的前提下，去考虑电网的微观经济效益。

由于各电厂离负荷中心的距离远近不一，因此对各厂的微增率必须用线损微增率进行修正，即将电厂的微增率除以线损率修正系数$(1-\sigma)$，σ为线损微增率。

对于某一电厂本身而言，一般燃料是单一的，按微增煤耗率调度实际上就是实行成本等微增率调度。根据国内外经济调度的实践和经验，机组间的经济调度可以节约0.5%～1.5%的燃料量。

【例15-3】 设一个火力发电厂有两台汽轮发电机组，其总负荷为P，总煤耗量为B。按等微增率分配负荷，1号机组负荷为P_1，煤耗量为B_1；2号机组负荷为P_2，煤耗量为B_2，试证明按等微增率分配负荷最经济。

证明：$P = P_1 + P_2$，$B = B_1 + B_2$，令$B_1 = f(P_1)$，$B_2 = f(P_2)$。

只要在负荷为P时，B为最小值，则其分配负荷的方式最为经济。因为煤耗特性曲线是一条向上弯曲的一条曲线，故有最小值。

令 $\frac{\partial B}{\partial P_1} = 0$，$\frac{\partial B}{\partial P_2} = 0$

则
$$\frac{\partial B}{\partial P_1} = \frac{\partial (B_1 + B_2)}{\partial P_1} = \frac{\partial B_1}{\partial P_1} + \frac{\partial B_2}{\partial P_1} = \frac{\partial B_1}{\partial P_1} + \frac{\partial B_2}{\partial (P - P_2)} = \frac{\partial B_1}{\partial P_1} - \frac{\partial B_2}{\partial P_2} = 0$$

所以 $$\frac{\partial B_1}{\partial P_1} = \frac{\partial B_2}{\partial P_2}$$

可见按微增率$\frac{\partial B_1}{\partial P_1} = \frac{\partial B_2}{\partial P_2}$分配负荷时，发电厂内部的燃料消耗量最低，将$\frac{\partial B}{\partial P}\times$标煤单价即

为成本微增率。由于各机组的煤耗特性曲线不同，应根据微增煤耗率相等的原则来分配负荷。

例如某厂有两台容量各为100MW汽轮发电机组，而且在同一负荷下，1号机组的热耗量Q_1较2号机组的小（见图15-5，空载热耗间的关系为$Q_{n2} > Q_{n1}$），1号、2号汽轮发电机组的热耗特性方程为

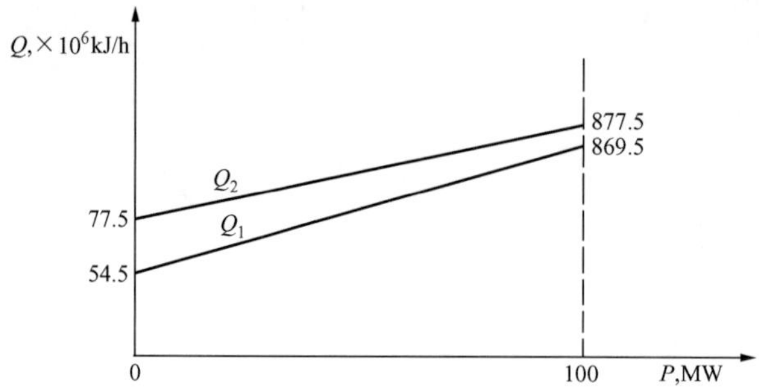

图15-5 两台100MW汽轮发电机组热耗特性曲线

$$\begin{cases} Q_1 = 54.5 + 8.15P \\ Q_2 = 77.5 + 8.0P \end{cases}$$

式中 Q_1、Q_2——汽轮机的热耗量，$\times 10^6$kJ/h；

P——机组负荷，MW。

如果电力系统分配给该电厂负荷小于100MW，电厂只需要开一台热经济性较好的1号机组，但是如果系统分配该电厂的负荷介于100～200MW之间，则如何在两台机组间分配负荷才是最经济的呢？假定系统分配给该厂的负荷为130MW，甲方案是先让1号机组带满100MW，余下30MW负荷由2号机组承担；乙方案是先让2号机组带满100MW，余下30MW负荷由1号机组承担。

则甲方案消耗的总热量为

$$Q_{甲} = 54.5 + 8.15 \times 100 + 77.5 + 8.0 \times 30 = 1187(\text{GJ/h})$$

乙方案消耗的总热量为

$$Q_{乙} = 54.5 + 8.15 \times 30 + 77.5 + 8.0 \times 100 = 1176.5(\text{GJ/h})$$

两者热耗量相差10.5GJ/h，可见按热经济性（如煤耗率）分配负荷是不经济的。

但必须注意，按微增率分配负荷存在约束条件，其约束条件是

$$\begin{cases} P_1 + P_2 + \cdots + P_i + \cdots + P_m = P \\ P_{i\min} \leqslant P_i \leqslant P_{i\max} \end{cases}$$

式中 P——m台机组总负荷；

P_i——第i台机组负荷；

$P_{i\min}$——第i台机组最低不投油稳燃负荷；

$P_{i\max}$——第i台机组考虑安全因素所能带的最大负荷。

第十六章 单元机组的经济调度

第一节 等微增率调度负荷的原则

一、电网经济调度的基本原则

(1) 服从电网调度命令，是保证电网的安全稳定运行和保证电网的电能质量的前提。

(2) 把中小型火电机组安排带尖峰负荷。

(3) 让燃油机组最小出力安排带基荷。

(4) 在丰水期，安排水电带基荷或腰荷，其他时间带尖峰负荷。

(5) 在燃料供应不足时，安排坑口电厂多发电。

(6) 按等微增率原则，分配大型火电机组负荷。

二、火电厂经济调度的具体原则

1. 机组启停的原则

全厂负荷变动时，可采取增加、减少正在运行机组负荷的方式，也可采取启动、停止机组运行的方式来适应负荷变动，具体采用何种方式需要通过经济比较来确定。

机组的煤耗包括两部分，即与机组负荷无关的空载煤耗量 B_n 和与机组负荷有关的煤耗量，其数学表达式为

$$B = B_n + \int_0^{P_j} r_j \mathrm{d}P_j$$

式中 B_n——空载煤耗量；

$\int_0^{P_j} r_j \mathrm{d}P_j$ ——随负荷而变的负载煤耗量。

根据积分中值定理，只要 $r_j = f(P_j)$ 是连续函数，即可求得 r_j 的平均值 R_{av}，则

$$\int_0^{P_j} r_j \mathrm{d}P_j = R_{av} P_j$$

若全厂有 m 台机组投运，其总煤耗量 B 为

$$B = \sum_{j=1}^{m} B_{nj} + \sum_{j=1}^{m} \int_0^{P_j} r_j \mathrm{d}P_j$$

则

$$\sum_{j=1}^{m} \int_0^{P_j} r_j \mathrm{d}P_j = R_{av} P$$

$$P = \sum_{j=1}^{m} P_j$$

于是全厂总煤耗为

$$B = \sum_{j=1}^{m} B_{nj} + R_{av} P$$

停用机组可减少该机组的空载煤耗量，但停用机组的负荷转移至其他运行机组，使全厂平均微增煤耗率有所增加，增至 R'_{av}，则全厂总煤耗量变为 B'，即

$$B' = \sum_{j=1}^{m-1} B_{nj} + R'_{av} P$$

由于$R'_{av} > R_{av}$，只有空载煤耗量的减少大于负载煤耗量的增加，即$\sum_{j=1}^{m} B_{nj} - \sum_{j=1}^{m-1} B_{nj} > (R'_{av} - R_{av})P$，使$B' < B$，停用这台机组才是经济的。

周期性地启动或停用机组，还应考虑机组启停损失所附加的煤耗量，该附加煤耗量要通过试验确定或通过多次启停煤耗量统计得到。锅炉点火用煤量与锅炉冷、热状态有关，也与点火时间长短有关。煤粉炉在启动时，不仅要用煤，还要用轻油点火。例如某厂 410t/h 锅炉启动一次用标煤 15t，点火用轻油 0.75t。如果暂时缺少上述资料，也可以从机组热耗特性曲线的空载热耗量乘以机组双倍的启动小时数来求得汽轮机的启动热耗量，然后除以29 308即可。

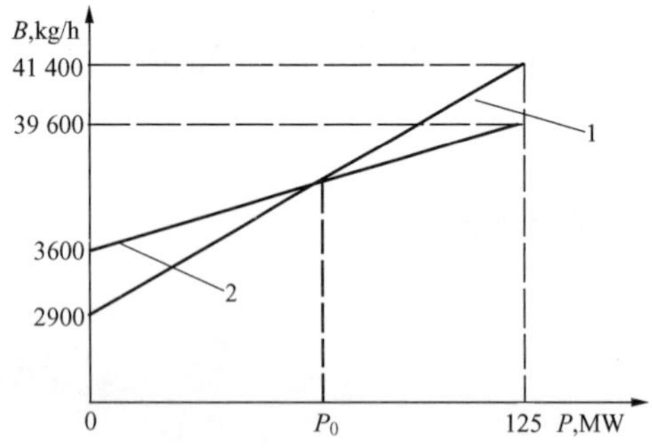

图 16-1　1 号、2 号汽轮发电机组的煤耗特性曲线

【例 16-1】 某厂两台 125MW 汽轮发电机组，其煤耗特性曲线（见图 16-1，为了分析方便，锅炉效率近似为恒定值，式中P_1、P_2单位为 MW）分别为

1 号机组　$B_1 = 2800 + 300.0P_1$　(kg/h)

2 号机组　$B_2 = 3800 + 285.0P_2$　(kg/h)

假定负荷从 250MW 降到 125MW，设计成四种负荷分配方案，甲方案为 1 号机组维持 125MW 负荷，2 号机组停止运行；乙方案为 2 号机维持 125MW 负荷，1 号机组停止运行；丙方案为 1 号机组从 125MW 降到 65MW，2 号机组带 60MW 负荷；丁方案为 1 号机组从 125MW 降到 60MW，2 号机组带 65MW 负荷。并不考虑启停附加煤耗，试分析这四种方案的经济性。

解　四种方案的总煤耗量分别为

甲方案　$B = B_1 = 2800 + 300.0P_1 = 2800 + 300.0 \times 125 = 40\ 300$　(kg/h)

乙方案　$B = B_2 = 3800 + 285.0P_2 = 3800 + 285.0 \times 125 = 39\ 425$　(kg/h)

丙方案　$B = 2800 + 300.0 \times 65 + 3800 + 285.0 \times 60 = 43\ 200$　(kg/h)

丁方案　$B = 2800 + 300.0 \times 60 + 3800 + 285.0 \times 65 = 43\ 125$　(kg/h)

可见负荷降低到单台额定负荷以下时，停止一台运行比较经济；而且停止运行微增煤耗率大的 1 号机组最为经济。

2. 增减运行机组负荷的原则

为了说明负荷变化时增减负荷的原则，仍以上例中两台机组为例。两台 125MW 汽轮发电机组，其煤耗特性曲线分别为

1 号机组　$B_1 = 2800 + 300.0P_1$　(kg/h)

2 号机组　$B_2 = 3800 + 285.0P_2$　(kg/h)

令$3800 + 285P = 2800 + 300P$，则$P = 66.67$MW，即等煤耗量点$P_0 = 66.67$MW。

如果电力系统分配给电厂负荷小于 66.67MW，电厂只需开一台低负荷时热经济性较好的 1 号机组；当分配给电厂负荷大于 66.67MW 小于 125MW 时，电厂只需开 2 号机组。

【例 16-2】（接上例）如果电力系统分配给电厂负荷 210MW（大于 125MW），则两台机组要并联运行，有甲、乙两种不同的负荷分配方案，甲方案先让 2 号机组带满 125MW 负荷，余下的 85MW 负荷由 1 号机组承担；乙方案先让 1 号机组带满 125MW 负荷，余下的 85MW 负荷由 2 号机组承担，求哪种方案最经济。

解　甲方案电厂总煤耗为

$$B = 6600 + 300 \times 85 + 285 \times 125 = 67\ 725 (\text{kg/h})$$

乙方案电厂总煤耗为

$$B = 6600 + 300 \times 125 + 285 \times 85 = 68\ 325 (\text{kg/h})$$

可见增加负荷时，应先让微增煤耗率小的 2 号机组带满负荷，然后再让微增煤耗率大的 1 号机组带余下负荷，即甲方案比较经济。

如果负荷降低，又该如何分配负荷呢？仍以前面的两台机组为例说明。

【例 16-3】 （接上例）假定负荷从 250MW 降到 200MW，有两种方案，即丙方案为 1 号机组从 125MW 降至 75MW，由 2 号机组承担满负荷 125MW；丁方案为 1 号机组维持 125MW，2 号机组承担 75MW 负荷，求两方案中的最经济方案。

解 丙方案电厂总煤耗为

$$B = 6600 + 300 \times 75 + 285 \times 125 = 64\ 725 (\text{kg/h})$$

丁方案电厂总煤耗为

$$B = 6600 + 300 \times 125 + 285 \times 75 = 65\ 475 (\text{kg/h})$$

可见减少负荷时，应先让微增煤耗率大的 1 号机组减少负荷，即丙方案比较经济。上述所有分配负荷和启停机组的调度结论均适用于各种容量的火电机组。

第二节 按等微增率调度负荷

经济调度的原则是使并联运行的几台单元制机组，燃用相同质量的燃料，在一定负荷下，其燃料消耗量最小。如果汽轮发电机组的热耗特性曲线是连续的，且随着负荷的增大而单调地增大，应采用等微增煤耗率分配各台机组的负荷。若机组的微增煤耗率特性曲线是相同的，则总的负荷应平均分配到每台机组。例如某厂两台汽轮发电机组并联运行，电厂总负荷 P_0 一定时，根据等微增煤耗率分配负荷的原则，相应两台机组对应的负荷分别为 P_1、P_2。如果电厂总负荷降低到 P'，则两台机组负荷分别降低到 P'_1、P'_2，见图 16-2。但必须注意，各台机组的最小负荷应大于锅炉的最低无油稳燃负荷。

如果汽轮机的热耗特性曲线是不连续的，经线性化后为两段折线，其微增率特性曲线为两段水平线，即呈阶梯状，也应用等微增率分配负荷，使汽轮机发电组的总热耗量为最小。图 16-3 所示为两台并列运行的凝汽式汽轮发电机组的热耗特性，图 16-4 为其对应的微增热耗率特性曲线，由于微增热耗率实际上就是热耗特性曲线的斜率，曲线 1′最陡，因此 r'_{q1} 最大；曲线 1 坡度最小，因此 r_{q1} 最小。所有其微增热耗率特性有如下关系，即

$$r_{q1} < r_{q2} < r'_{q1}$$

因此当电厂分配到的负荷小于经济负荷时，应先让 1 号机组承担负荷，直至它的经济负荷点；当超过经济负荷点 P_e 时，再让 2 号机组承担负荷。

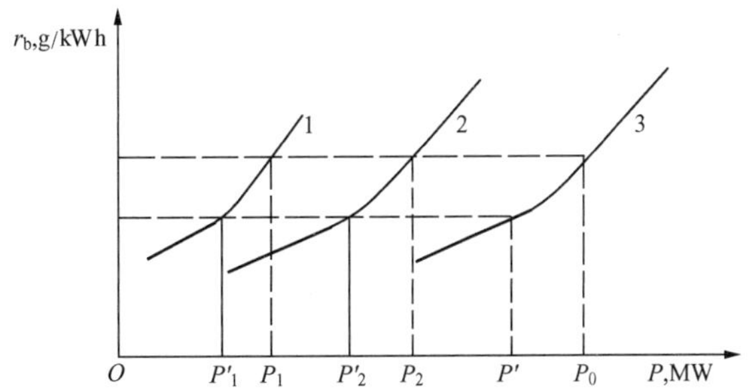

图 16-2 两台并联运行的机组间等微增率分配负荷

在根据等微增率来分配负荷时，应首先建立标准煤耗量一元二次方程。

【例 16-4】 已知某电厂装有三台中间再热凝汽式机组，1 号机组容量为 125MW，2 号机组容量为 125MW，3 号机组容量为 300MW，均为单元制系统，并入电网运行。125MW 机组的最低稳燃负荷均为 70MW，

300MW 机组的最低稳燃负荷均为 150MW。各台机组的试验热力数据见表 16-1，试按等微增率分配负荷。

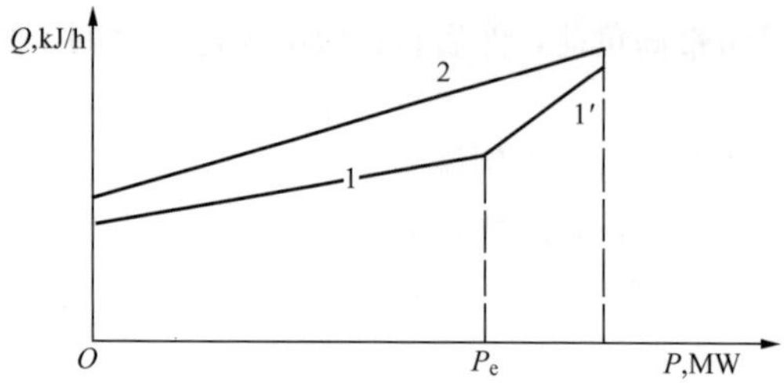

图 16-3 两台并列运行的汽轮发电机组的热耗特性曲线

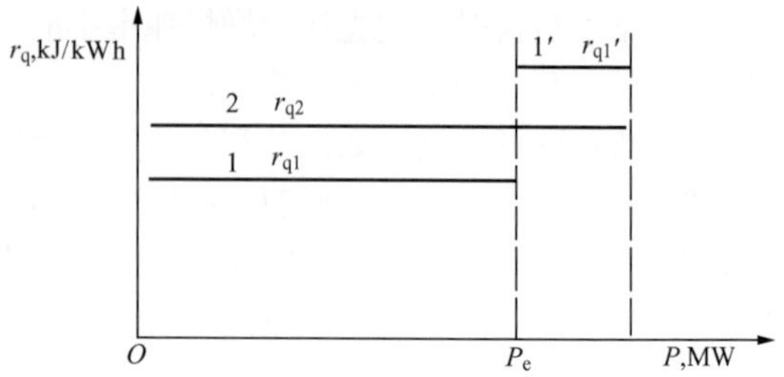

图 16-4 两台并列运行的汽轮发电机组的微增热耗率特性曲线

表 16-1　　某电厂三台机组的试验热力数据

机组	负荷 P (MW)	试验热耗率 (kJ/kWh)	额定热耗率 (kJ/kWh)	额定热耗量 (×10⁶kJ/h)	锅炉效率 (%)	管道效率 (%)	标煤量 (kg/h)
1号	121.645	8480.5	8514.3	1035.72	90.11	99	39 614.5
	101.136	8578.7	8666.8	876.53	89.55	99	33 735.4
	80.048	8707.4	8933.1	715.07	88.15	99	27 958.3
2号	119.345	8536.99	8693.07	1037.48	89.41	99	39 992.5
	99.286	8630.91	8873.19	880.98	89.19	99	34 043.5
	80.670	8760.51	9053.61	730.35	88.10	99	28 571.9
3号	297.565	8833.90	8769.0	2541.34	91.18	99.5	95 578.4
	248.812	8601.7	8479.9	2109.90	90.80	99.5	79 684.3
	182.218	8684.4	8540.5	1597.87	90.63	99.5	60 459.7

解 设 1 号机组标准煤耗方程为 $B_1=aP^2+bP+c$

将 1 号机组试验数据代入上述方程为

$$\begin{cases}39\,614.5=121.645^2a+121.645b+c\\33\,735.4=101.136^2a+101.136b+c\\27\,958.3=80.048^2a+80.048b+c\end{cases}$$

解上述方程组得 $a=0.305\,5$，$b=218.60$，$c=8502.26$

所以 1 号机组标煤耗量方程为

$$B_1=0.305\,5P^2+218.60P+8502.26(\text{kg/h})$$

同理 2 号机组标准煤耗方程为

$$B_2=0.068\,7P^2+281.56P+5411.38(\text{kg/h})$$

3 号机组标准煤耗方程为

$$B_3=0.323\,6P^2+149.205P+22\,527.2(\text{kg/h})$$

则 1 号机组微增煤耗率 $r_{u1}=\dfrac{dB_1}{dP}=0.611\,0P+218.60(\text{g/kWh})$

2 号机组微增煤耗率 $r_{u2}=\dfrac{dB_2}{dP}=0.137\,4P+281.56(\text{g/kWh})$

3 号机组微增煤耗率 $r_{u3}=\frac{\mathrm{d}B_3}{\mathrm{d}P}=0.647\,2P+149.205$(g/kWh)

根据上式求得不同负荷下单元机组微增煤耗率见表 16-2。

表 16-2　　机组微增煤耗率试验结果　　(g/kWh)

负荷（MW）		70	75	80	85	90	95	100	105	110	115	120	125
微增率	1 号	261.4	264.4	267.5	270.5	273.6	276.6	279.7	282.8	285.8	288.9	291.9	295.0
	2 号	291.2	291.9	292.6	293.2	293.9	294.6	295.3	296.2	296.7	297.4	298.0	298.7
	3 号												
负荷（MW）		150	160	170	175	180	185	190	195	200	205	210	220
微增率	3 号	246.3	252.8	259.2	262.5	265.7	268.9	272.2	275.4	278.6	281.9	285.1	291.6
负荷（MW）		230	240	250	260	265	270	275	280	285	290	295	300
微增率	3 号	298.1	304.5	311.0	317.5	320.7	323.9	327.2	330.4	333.7	336.9	340.1	343.4

根据表 16-2，首先让微增煤耗率最小的 3 号机组带负荷，直到其负荷对应的微增煤耗率接近较小的 1 号机组，然后再让微增煤耗率较小的 1 号机组带负荷。例如当全厂负荷为 290MW 时，则每台 125MW 机组带最低负荷 70MW，300MW 机组带最低负荷 150MW；当全厂负荷为 300MW 时，3 号机组首先增加负荷到 160MW，2 台 125MW 机组带最低负荷 70MW；310MW 负荷时，3 号机组带 170MW 负荷，2 台 125MW 机组带 70MW 负荷；当全厂负荷为 320MW 时，3 号机组首先增加负荷到 180MW，2 台 125MW 机组带最低负荷 70MW；当全厂负荷为 330MW 时，3 号机组负荷从 180MW 增加到 190MW，此时微增煤耗率大于 1 号机组带 80MW，因此要求 3 号机组带 180MW 负荷，1 号机组带 80MW 负荷，2 号机组带 70MW 负荷；当全厂负荷为 340MW 时，3 号机组带 190MW 负荷，1 号机组带 80MW 负荷，2 号机组带 70MW 负荷；当全厂负荷为 350MW 时，3 号机组带 190MW 负荷，1 号机组带 90MW 负荷，2 号机组带 70MW 负荷；当全厂负荷为 360MW 时，3 号机组带 200MW 负荷，1 号机组带 90MW 负荷，2 号机组带 70MW 负荷；……当全厂负荷为 420MW 时，3 号机组负荷如果从 220MW 增加到 230MW，微增煤耗率等于 298.1g/kWh，1 号机组负荷如果从 110MW 增加到 120MW，微增煤耗率等于 291.9g/kWh，2 号机组负荷如果从 80MW 增加到 90MW 微增煤耗率等于 293.9g/kWh，很明显应使 3 号机组继续带 220MW 负荷，1 号机组带 120MW 负荷，2 号机组带 80MW 负荷。

当全厂负荷为 430MW 时，3 号机组继续带 220MW 负荷，1 号机组带 120MW 负荷，2 号机组带 90MW 负荷；当全厂负荷为 440MW 时，3 号机组继续带 220MW 负荷，1 号机组带 120MW 负荷，2 号机组带 100MW 负荷；当全厂负荷为 450MW 时，3 号机组继续带 220MW 负荷，1 号机组带 125MW 负荷，2 号机组带 105MW 负荷；当全厂负荷为 460MW 时，3 号机组继续带 220MW 负荷，1 号机组带 125MW 负荷，2 号机组带 115MW 负荷；当全厂负荷为 470MW 时，3 号机组继续带 220MW 负荷，1 号机组带 125MW 负荷，2 号机组带 125MW 负荷；当全厂负荷为 480MW 时，3 号机组继续带 230MW 负荷，1 号机组带 125MW 负荷等。依次类推，该厂按等微增煤耗率分配负荷结果见表 16-3 中前 8 行数据。当然，为了更准确，可以根据每 5MW 变化一次进行等微增煤耗率分配负荷（见表 16-3 中 9～12 行数据）。

表 16-3 　　某发电厂等微增煤耗率分配负荷结果　　(MW)

厂负荷	290	300	310	320	330	340	350	360	370	380	390	400	410	420
1号	70	70	70	70	70	80	80	80	100	100	110	110	110	120
2号	70	70	70	70	80	70	70	70	70	70	70	70	80	80
3号	150	160	170	180	180	190	190	200	200	210	210	220	220	220
厂负荷	430	440	450	460	470	480	490	500	510	520	530	540	550	
1号	120	120	125	125	125	125	125	125	125	125	125	125	125	
2号	90	100	105	115	125	125	125	125	125	125	125	125	125	
3	220	220	220	220	220	230	240	250	160	270	280	290	300	
厂负荷	490	495	500	505	510	515	520	525	530	535	540	545	550	
1号	120	125	125	125	125	125	125	125	125	125	125	125	125	
2号	70	70	75	80	85	90	95	100	105	110	115	120	125	
3号	300	300	300	300	300	300	300	300	300	300	300	300	300	

东南大学根据上述等微增原理研制的“机组优化调度软件”在江苏徐州电厂投入运行，机组平均发电煤耗率降低 3g/kWh，获得了较好的经济效益，因而能弥补电厂参与调峰造成的经济损失。

第七篇

节能诊断与节能评价

第十七章 节 能 诊 断

第一节 节能诊断的主要内容

一、节能诊断的定义

火电厂热力系统各设备，安装、调试后投入正常运行；经过长期连续运行后，各设备会慢慢出现一些缺陷，使运行工况逐渐偏离设计工况，运行参数逐渐偏离设计值，使电厂效率下降，煤耗率增大。为了对火电厂热力系统的现状有一个全面的了解，就需要对其进行节能诊断。

火电机组节能诊断工作是指专家组通过对机组主要运行经济指标现状的分析，以及现场设备和系统运行状况的实地调研，发现设备运行中经济性方面存在的问题，提出影响机组运行经济性的主要因素，在此基础上定量计算这些因素对机组经济性指标的影响量，并有针对性地提出机组节能降耗的技术途径与实施方案，从而为运行优化调整、设备治理和节能改造提供依据和方向的一种节能管理方法。

节能诊断按照电厂需求不定期开展，节能诊断时间至少需要两个工作日。

1. 节能诊断与标杆管理的联系与区别

从上述定义可以看出，节能诊断是采用内部标杆管理手段，进行分析。同时，节能措施及建议一般又推荐标杆企业的节能最佳实践措施。

标杆管理中又经常结合实际情况，采用节能诊断方法，找出问题所在，然后再进行对标分析。因此节能诊断与标杆管理是我中有他，他中有我，互相掺插。

2. 节能诊断与能耗指标分析的联系与区别

能耗指标分析是指通过对能耗指标的实际值与设计值或目标值的对比，分析能耗指标偏差，发现设备运行中经济性方面存在的问题的过程。

节能诊断是在能耗指标分析的基础上，根据机组实际情况，提出改进建议和措施。也就是说，能耗指标分析是机组节能诊断的基础工作，是节能诊断的主要部分。

3. 节能诊断与节能评价的联系与区别

节能评价是全面分析评价电厂节能管理、指标管理和节能潜力，并提出整改建议。节能评价企业可以自主评价，也可请专家组进行节能评价。

节能诊断是节能评价的专项评价分析的一种工具或手段。节能诊断是在针对节能潜力的分析的基础上，根据机组实际情况，提出改进建议和措施。由于能力所限，节能诊断只能是由专家组进行。

4. 节能诊断与能源审计的联系与区别

能源审计是全面分析评价电厂能源管理和使用过程，利用能量平衡作为分析手段，提出全面、大众性的整改建议。审计围绕原辅料和能源、技术工艺、设备、过程控制、产品、废弃物、管理、员工等八方面开展工作。

节能诊断采用耗差分析和现场核查的手段。节能诊断围绕技术工艺、设备、过程控制、废弃物四方面进行分析，提出深层次的改进建议和措施。

二、节能诊断的目的

通过节能诊断工作，全面、系统地核定设备和系统的能耗水平，对机组供电煤耗率、厂用电率、油耗、水耗实际水平进行诊断和评估，便于区域公司掌握所属电厂真实能耗水平；定量分析影响机组能耗水平的因素和潜力，确定机组应达能耗水平；提出节能措施及建议，使电厂通过有针对性的运行优化调整和设备改造等措施使机组供电煤耗率等指标达到或优于设计值，推动电厂节能降耗目标的实现。

对机组改造后的能耗指标进行了科学预测，为发电企业能耗管理提供决策依据和工作方向。

三、评价周期和工作时间

节能诊断每五年1次。

工作时间一般需要3个工作日。

四、节能诊断范围和依据

1. 节能诊断范围

节能诊断范围包括四个方面：汽轮机设备及系统、锅炉设备及系统、燃料系统、主要用电设备。

2. 节能诊断内容

节能诊断内容包括：机组主要运行参数、汽轮机热耗、汽轮机缸效率、汽轮机抽汽回热系统、冷端系统、锅炉效率、三大风机运行状况、磨煤机、烟风系统、烟尘排放、燃煤品质、主要辅机电耗、主要设备与主、再热蒸汽管道保温状况等。

3. 节能诊断依据

节能诊断的主要法律依据是国家或行业的节能法律法规、标准和制度。

节能诊断的主要信息依据是：机组运行数据或试验数据、现场运行报表、机组性能考核试验报告、机组大修前后试验报告、机组定期或专项节能分析报告；相关技术改造的可研及试验报告；现场辅助试验项目。

五、节能诊断的主要工作内容

节能诊断的主要工作内容至少应包括以下四个方面。

1. 设备运行现状与能耗水平

(1) 概述电厂基本情况，包括：主设备、投产、检修、最长运行时间、机组主要设计性能指标、近几年技改等信息。

(2) 摸清设备运行现状，包括：运行经济性指标（之前半年或者一年的发电量、运行小时、利用小时、负荷系数、发电煤耗率、供电煤耗率、发电厂用电率、综合厂用电率、生产供电煤耗率、综合供电煤耗率、供热量、供热比、供热煤耗率等）、辅机电耗情况（如循环水泵、空冷风机、凝结水泵、给水泵、磨煤机、送风机、一次风机、排粉机、引风机、增压风机、脱硫系统、脱硝系统、除尘系统、除灰系统、输煤系统、闭式冷却水泵、开式冷却水泵等）、水耗情况、主要运行参数（如主蒸汽温度、再热蒸汽温度、凝汽器真空、排烟温度、氧量、飞灰炉渣含碳量、空气预热器漏风率、大气压力、环境温度、空气预热器进口一次风温度、空气预热器进口二次风温度、减温水量、给水温度、排汽温度、补水率）等数据。

(3) 入炉煤量与煤质（如发电煤量、供热煤量、非生产煤量、收到基水分、灰分、硫分、挥发分、低位发热量、煤粉细度、盘煤报告等）。

(4) 可靠性指标（机组冷态、温态、热态启停次数，以及主要辅机存在的缺陷）。

(5) 锅炉及辅机主要考核（或者试验）结果、汽轮机及辅机主要考核试验或者检修前后试验结果、供电煤耗率考核（或者试验）结果。

（6）现场抄录或实测典型工况下各主要辅机和系统功率，主要蒸汽参数等。

（7）摸清能耗水平，机组当前运行经济性与最佳水平的差距，即机组标杆值。

2. 构建能效指标体系

能效指标主要包括：发电煤耗率、供电煤耗率、厂用电率等。而影响发电煤耗率、供电煤耗率指标的主要因素是锅炉效率、汽轮机热耗和机组热效率，因此构建能效指标体系，实际上就是构建锅炉效率、汽轮机热耗、机组热效率和厂用电率的能效指标体系。

3. 开展能效指标分析

依据电厂生产运行数据报表、机组现场运行参数、性能考核试验报告、大修前后性能试验报告、专项节能诊断报告、相关技术改造项目的试验报告等，深入了解机组的运行状况，分设备或系统，对机组的主要能效指标与设计值或基准值的偏差及其影响因素，开展定量耗差分析。开展能效指标分析的依据包括：

（1）设备、系统、机组经济性能设计值，锅炉和汽轮机热力性能汇总和说明书等。

（2）运行规程、热力系统图。

（3）机组运行参数设计值，统计报表，必要的有针对性的简单测试。

（4）机组设计煤耗率、统计煤耗率、实际煤耗率、行业标杆煤耗率。

（5）主要设备、系统设计规范及说明书，以及耗电率统计值。

（6）以往修前修后试验报告，优化报告。

（7）以往有关设备、系统、机组经济性能分析和诊断报告。

（8）已经实施的节能改造项目，以及节能规划。

（9）与技术人员的深入沟通。

4. 节能潜力分析

根据定量偏差分析结果，指出影响机组经济指标的主要因素，分析节能潜力。首先根据火电厂热力系统的热力试验，得到实际运行工况下热力系统各参数，然后进行平衡计算，所得结果作为比较基础。再将系统中某一参数作为研究对象，将其提高（或降低）到设计值在系统中其他参数均保持不变的情况下对热力系统进行平衡计算；由此计算所得的结果与实际工况的计算结果进行比较，可以得出由于此参数未达设计值而引起的经济性下降、煤耗率增加。也就是说如果此参数经设备维修改造后达到设计值，可带来的节能效果即节能潜力。用相同的方法，对系统中偏离设备工况的各设备、部件进行逐一分析，定量给出各设备、系统的节能潜力，就可以得到火电厂热力系统的总节能潜力。

分析时，一般把设备和系统分成如下三大部分：

（1）汽轮机部分。

1）本体性能（汽轮机缸效率或通流效率、轴封漏汽、缸内蒸汽短路等）。

2）主要辅机性能。

3）运行参数（主再热蒸汽参数、排汽压力等）。

4）热力系统（回热系统、减温水、汽水系统内外漏等）。

5）冷端系统。

6）运行方式。

（2）锅炉部分。

1）飞灰含碳量。

2）排烟温度。

3）运行方式。

(3) 主要辅机及厂用电率。

1) 风机及烟风系统。

2) 循环水系统。

3) 凝结水泵。

4) 辅机冷却水系统。

5) 制粉系统。

6) 除灰系统。

7) 浆液循环泵

在进行分析时，应注意以下三点：

(1) 具体详细分析可控、部分可控因素通过哪些措施，可以降低煤耗率多少。

(2) 列出不可控因素（如负荷率、地理位置、启停机次数、蒸汽吹灰等），并分析其具体原因。

(3) 与节能潜力比较，差距多少、说明如何能够达到标准要求。

5. 节能措施及建议

根据节能潜力分析结果，提出改善机组运行经济性的节能管理、运行优化调整和检修等工作重点，以及可行的节能技术改造措施和建议。

(1) 通过对影响机组经济性的因素全面分析，找出与先进机组之间的差距，分析差距的主要原因，提出进一步节能降耗措施。

(2) 重点项目必须详细分析其影响产生的原因、解决的方法或者途径、处理后的效果，或者可借鉴的案例等。

(3) 重点分析项目至少应有 2 项重大的节能改造项目。

6. 持续改进

针对节能诊断中提出的技术改造措施和建议，电厂应给予认真分析讨论，并一一形成整改意见上报上级主管部门和节能诊断的实施单位，实施节能诊断的单位应对电厂实施过程予以跟踪。

第二节　构建能效指标体系

节能诊断应首先构建能效指标体系，然后才能进行比较分析。

火电机组能效指标体系主要由锅炉、汽轮机以及附属设备及其系统的各类能耗指标等组成。

一、锅炉能耗指标体系

锅炉能耗指标主要是指锅炉效率，影响锅炉效率的有排烟热损失（q_2）、化学不完全燃烧热损失（q_3）、机械不完全燃烧热损失（q_4）、散热损失（q_5）、灰渣物理热损失（q_6）。其主要影响指标有排烟温度、飞灰含碳量、漏风率、氧量等，见图 17-1。

二、汽轮机能耗指标体系

汽轮机能耗指标主要指汽轮机效率，影响汽轮机效率的主要是热端效率、冷端效率、通流效率、回热效率等。主要影响指标有主蒸汽参数、再热蒸汽参数、缸效率、真空度、回热加热系统参数等，见图 17-2。

三、机组厂用电指标体系

机组厂用电指标主要是指厂用电率。影响厂用电率的主要辅机指标有吸风机、送风机、一次风机、排粉机、磨煤机、脱硫增压风机、脱硫循环泵、脱硫磨机、电除尘器、二次风机、流化风机、冷渣风机、循环水泵、（空冷机组）冷却风机、给水泵、凝结水泵、凝结水升压泵等的耗电率，见图 17-3。

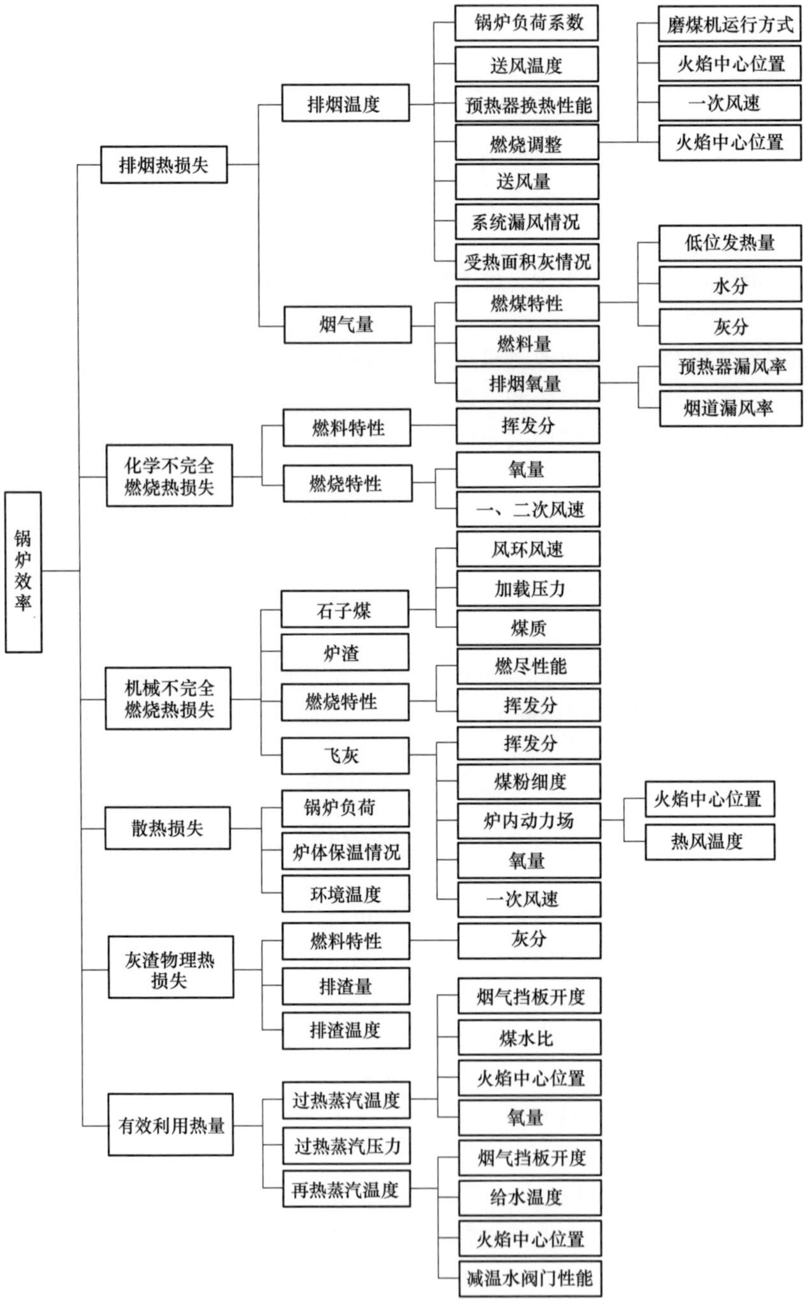

图 17-1　锅炉能耗指标体系

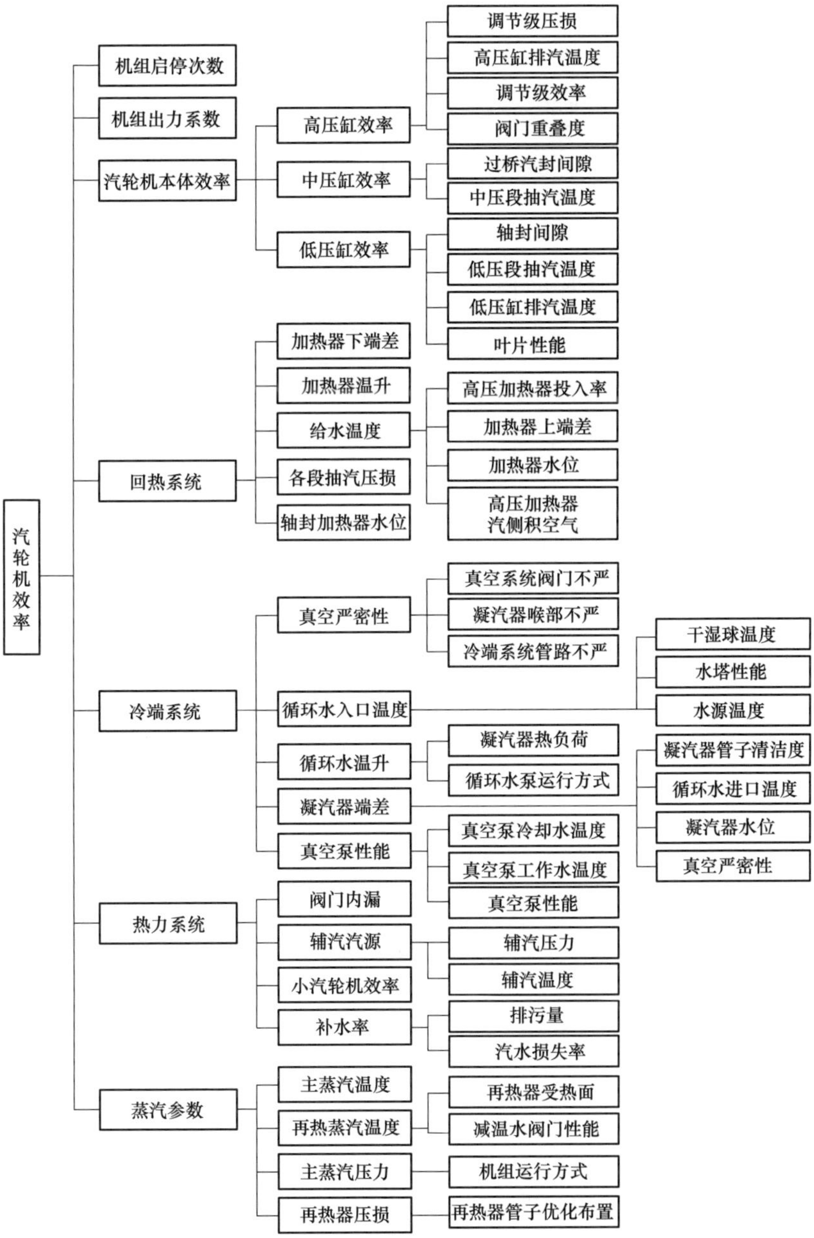

图 17-2　汽机能耗指标体系

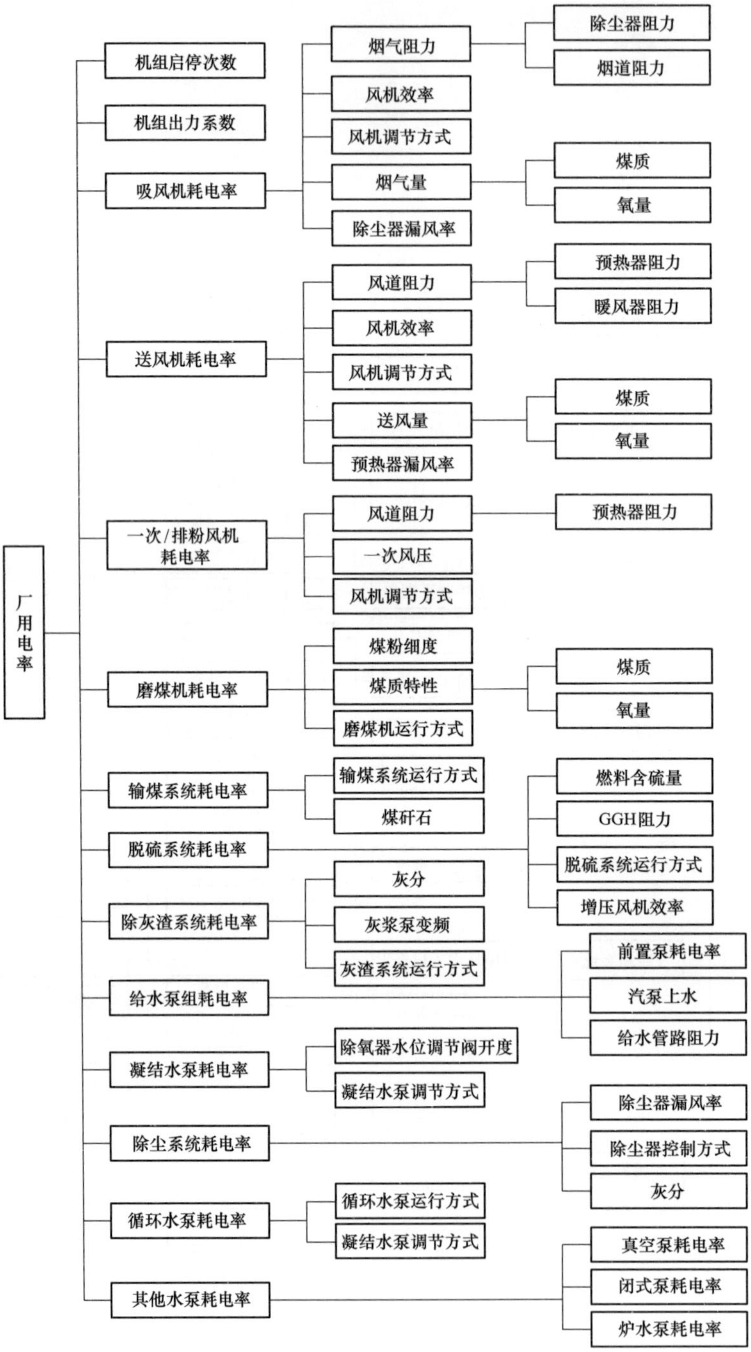

图 17-3 厂用电指标体系

第三节 节能诊断的步骤

节能诊断人员进厂后，应召开首次节能诊断工作交流会，并与相关人员（节能、运行、检修、测试、计量）进行充分交流和沟通；掌握近期被诊断机组主要能耗指标，机组存在的问题、下一步节能改造计划。现场节能诊断工作完成后应召开末次节能诊断工作交流会，专家组成员介绍其节能诊断情况，并提出节能改造措施，并预测节能潜力。节能诊断的流程见图 17-4。

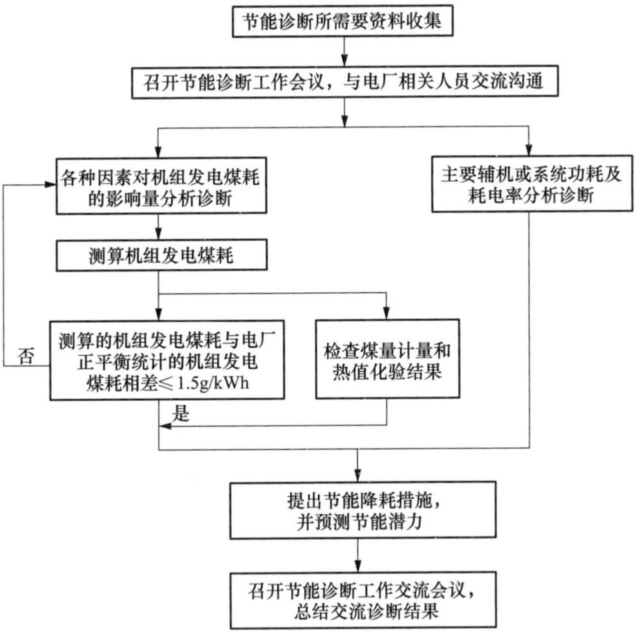

图 17-4 节能诊断工作流程

一、编写节能诊断实施方案

节能诊断实施方案或称现场节能诊断实施计划，由节能诊断实施单位（以下简称节能公司）负责编写，明确组织机构（专家小组成员、专业）、节能诊断依据、工作职责、诊断工作时间、诊断范围、安全与技术措施等内容。

二、现场收集生产数据

(1) 收集热力特性说明书、主辅机运行规程、主设备说明书、主要辅机设计规范；THA、TMCR、VWO、TRL、75％、50％工况流量、功率、热耗率和各工况热平衡图；主蒸汽温度、主蒸汽压力、再热器压损、再热器温度、凝汽器真空、减温水量对热耗率的影响关系。

(2) 机组制造厂家的原始设计数据、性能考核试验及大修前、后试验报告。

(3) 全厂节能工作概况：近两年来机组主要经济指标完成情况；机组存在的设计和运行方面的问题；近两年大小修记录（锅炉、汽轮机和电气专业总结），相关技改项目方案或实施报告；近两年节能改造项目和节能管理措施；下一步节能减排工作计划。

(4) 近两年来机组的主要运行指标（发电量、运行小时、出力系数、发电煤耗率、发电厂用电率、综合厂用电率、生产供电煤耗率、综合供电煤耗率、补水率）和主要运行参数（主蒸汽压力、主蒸汽温度、再热蒸汽压力、再热蒸汽温度、凝汽器真空、凝汽器端差、给水温度、排烟温度、运行氧量、飞灰含碳量、入厂煤、入炉煤质、机组启停次数等）统计数据（月报）；不同季节、典型负荷工况下机组运行参数。

专家组通过现场，采取查阅相关技术资料、与电厂专业技术人员交流和设备状态现场巡查相结合的方式进行，重点对生产过程中存在影响机组运行经济性的主要问题进行交流分析，得到第一手资料。

三、初步定性分析影响因素

通过收集整理的生产数据与设计值及同类型机组先进值进行对标分析，初步定性分析出影响经济性的主要因素。影响因素主要包括：汽轮机各缸效率、凝汽器真空、热力系统泄漏、给水温度、加热器端差、凝结水过冷度、凝结水泵焓升、给水泵焓升、减温水量、飞灰含碳量、排烟温度、主蒸汽和再热蒸汽参数、空气预热器漏风、循环水泵、凝结水泵、风机、制粉系统裕量、保温、环境温度、机组启停次数、出力系数等。

四、根据初步分析结果做相关试验

按照国家试验标准，对机组做相关的热力试验，掌握更加准确的指标数据。

主要测试内容包括（可以参考考核试验报告、大修前后试验报告、优化试验报告，如果全没有可针对性选取几项进行）：机组热耗、煤耗率实际运行值试验；汽轮机高、中、低压缸效率试验；高、低压加热器性能试验；凝汽器性能试验；水塔换热性能试验；锅炉效率试验；空气预热器性能试验；引风机、送风机、一次风机单耗试验；全厂用电平衡试验；供热系统经济性试验等。

五、定量分析得出诊断结论

根据已经掌握的生产数据，应用耗差分析法定量分析计算得出运行指标对机组的热耗率、机组效率、煤耗率、厂用电率的影响程度，汇总每个影响因素对指标的影响量后，得出全厂诊断结论。

发电煤耗率影响量与设计发电煤耗率之和，与机组实际运行的发电煤耗率应基本一致，一般误差不超过 2g/kWh。

如果误差超过 2g/kWh 则应重点关注：煤量计量不准、燃煤热值测量误差，厂用蒸汽（蒸汽吹灰、暖风器、冬季采暖）、除氧器排汽、锅炉排污和机组启停等因素的影响。

应通过节能诊断，给出各种因素对机组发电煤耗率的影响值，判断主要辅机系统耗电率的合理性，预测各种节能措施的节能潜力（厂用电率和发电煤耗率的降低值）。

六、提出节能措施及分析节能潜力

通过对影响机组经济性的因素全面分析，找出与先进机组之间的差距，分析差距的主要原因，提出进一步节能降耗措施。详细分析可控、部分可控因素通过哪些措施，可以降低煤耗率多少；列出不可控因素，并分析其具体原因，量化节能潜力，为设备节能改造提供参考依据。

七、与电厂技术人员沟通

专家组初步提出节能措施，并分析其节能潜力后，应与电厂技术人员进行详细的沟通和交流，从而确定所提出的节能措施的可行性，进一步完善节能措施。

八、编写诊断报告

现场节能诊断工作结束后，专家组应在 1 天内提出初步分析报告，在与电厂专业技术人员沟通确认后，最终报告应在确认后的半个月内，向电厂提交正式节能诊断报告，并抄送电厂上级主管单位。

节能诊断报告内容应包括：主要设备设计技术规范、机组运行及设备节能改造情况，能耗指标现状，主要能耗指标、主要辅机耗电率、各主要辅机系统性能分析过程及结果，节能潜力预测和诊断结论。

九、持续改进阶段

持续改进阶段的内容虽然不是节能诊断报告中的内容，但是节能诊断方法闭环管理的有效组成部分。电厂在收到正式节能诊断报告后一周内，必须针对报告中提到的问题和建议，逐条一一列出整改意见上报上级主管单位和节能公司。整改意见应写明整改完成时间、责任人、整改方案、投资额。

得到上级主管单位批准前，电厂应先行对不需要投资、简单的、或见效快的措施尽快实施。对于需要一定投资的技术改进措施，待上级主管单位批准后，电厂尽快实施，并将实施效果定期上报上级主管单位和节能公司。

第四节　节能诊断的方法

节能诊断的方法如下：

（1）以设计值、机组考核试验值为基础、对照运行或者试验数据，采用美国标准 ASME PTC6 的相关规定以及等效热降方法，分析机组的主要运行经济指标、煤耗率、厂用电率、以及各种影响因素、与基准值的偏差，开展定量偏差原因分析。

（2）根据耗差分析，挖掘节能潜力，为实现机组主要经济指标煤耗率、厂用电率等达到基准值或者目标值，提出电厂节能管理、运行、检修等工作重点，以及该厂机组节能降耗技术改造可行的措施和建议。

（3）以电厂运行维护的实际为基础，现场辅助试验配合，理论分析与专家经验相结合，能耗计算和节能潜力分析为主体，技术改进措施为重点。

节能诊断主要是对影响锅炉效率、机组热效率和厂用电率的各项主要因素剖解，开展定量的能效分析。

一、锅炉诊断

（1）检查锅炉本体、空气预热器、燃烧器、制粉系统等设备运行状况。

（2）应根据统计的运行氧量、煤质资料和负荷系数，评估锅炉运行氧量的合理性。

（3）应根据统计的运行氧量、煤质资料、飞灰炉渣含碳量等参数，评估煤粉细度的合理性。

（4）现场核算空气预热器漏风率。空气预热器漏风率大的主要原因包括：一次风压力高，空气预热器设计、安装存在问题，密封间隙大。

（5）根据现场 THA 工况运行参数，计算修正后的锅炉排烟温度，并与设计值比较，确定排烟温度的合理性，判断空气预热器存在的玷污程度。

（6）根据统计的煤质资料（燃煤热值）、运行氧量、排烟温度、飞灰和大渣含碳量，及送风温度，参考 GB/T 10184 计算锅炉效率，重点分析影响锅炉效率的各项热损失。

1）排烟热损失是影响锅炉效率的各项热损失中最大的一项热损失，排烟温度是决定锅炉排烟热损失大小的重要指标之一。

影响锅炉排烟温度的主要因素包括：煤质差，受热面设计不合理（过热器、再热器、省煤器、空气预热器），燃烧调整不当（风粉配比、风量、煤粉细度、燃烧器摆角等），受热面脏污（空气预热器、省煤器等），空气预热器入口风温度高，锅炉本体及尾部烟道漏风量大，磨煤机出口温度设定不合理，制粉系统冷风漏入量大等。

2）锅炉实际运行氧量的大小，对锅炉运行的经济性和安全性均有影响。运行氧量主要影响锅炉排烟热损失 q_2、机械未完全燃烧热损失 q_4，和锅炉送、引风机电耗等。运行氧量高的主要原因包括：空气预热器漏风，炉本体漏风，负压制粉系统漏，锅炉送风量大。

3）灰渣可燃物含量的主要因素是燃煤挥发分、煤粉细度和配风等。灰渣可燃物含量大的主要原因包括：燃煤挥发分降低、发热量下降，煤粉细度提高（变粗），炉膛出口过剩空气系数下降或炉膛内局部缺风等。

（7）现场查看锅炉运行控制方式，查看主要运行参数、主蒸汽压力和温度、再热蒸汽温度。

（8）根据统计的蒸汽温度、再热器减温水量、过热器减温水量、现场额定负荷运行参数，对锅炉运行情况作出评价，包括一、二次风配比方式等。

（9）提出锅炉及辅助设备节能降耗措施，并预测节能潜力。

二、汽轮机诊断

1. 汽轮机热耗率

汽轮机热耗率是火力发电厂生产过程中对机组效率影响最大的一项指标。影响汽轮机热耗率的主要是高、中、低压缸效率。若为供热机组，应考虑供热对汽轮机热耗率的影响。国产引进型300MW机组汽轮机高压缸、中压缸和低压缸设计效率分别为86%～88%、92%～94%、88%～91%，汽轮机设计热耗率约为7930kJ/kWh；国产超临界600MW机组汽轮机高压缸、中压缸和低压缸设计效率分别为87%～88%、92%～94%、89%～92%，汽轮机热耗率约为7530kJ/kWh；国产超超临界1000MW机组汽轮机高压缸、中压缸和低压缸设计效率分别为88%～91%、92%～94%、90%～93%，汽轮机热耗率约为7340kJ/kWh。

在实际运行中，各类火电机组，特别是国产机组的汽轮机缸效率以及热耗率普遍与设计水平差距较大，严重影响了机组的运行经济性，因此，提高汽轮机通流性能是电厂节能降耗工作的关键。

（1）根据试验热耗率和运行参数，修正计算THA工况下汽轮机实际的热耗率。修正包括：主蒸汽压力和温度、再热蒸汽温度、再热减温水流量、凝汽器压力。

（2）根据汽轮机热耗率及高、中、低压缸效率试验结果，利用汽轮机厂提供的缸效率与热耗率修正计算方法，进行各缸效率对热耗率的修正计算，判断汽轮机热耗率与各缸效率之间关系的合理性，核算设计热耗率与实际热耗率的差别。

（3）分析汽轮机热耗率随运行时间的变化特点。如果没有因汽缸上下缸温差大，引起汽缸变形，或轴系振动大引起汽封磨损，汽封间隙明显增大，一般认为汽轮机热耗率与试验值相同。

（4）应分析判断各级段抽汽温度，若抽汽温度明显偏高，应提出偏高的原因及处理措施。

（5）对于高、中压缸合缸汽轮机，应根据高中压平衡盘漏量试验结果，判断漏汽量，若漏汽应提出偏大的可能原因及处理措施。

（6）对于喷嘴调节机组，应根据机组在不同工况下的负荷、调门开度、主蒸汽压力，分析判断机组运行方式的合理性。若运行方式不合理，应提出机组运行方式优化方向。

2. 回热系统

回热系统对提高热力循环效率有较大影响，各加热器相关参数的变化都直接影响循环效率。要重点分析以下内容：

（1）现场检查高、低压加热器运行状况及参数（进汽压力和温度、进出水温度、疏水温度、水位），计算传热端差、疏水端差、加热器给水温升等。判断高、低压加热器及轴封加热器的水位控制合理性；判断各加热器上端差和下端差的合理性；判断各加热器的温升、给水温度的合理性；判断除氧器的运行温度、压力以及抽汽管路的压降合理性；判断汽轮机各级抽汽压力、温度的合理性等。

（2）应统计加热器端差、给水温升的变化规律，判断加热器水室隔板及冷却管是否泄漏。

（3）采用热平衡方法或等效焓降法进行估算加热器端差及给水温度对机组经济性的影响。

（4）根据上述（1）～（3）的分析和加热器运行状况，分析加热器的运行性能，提出加热器节能措施，并预测节能潜力。

3. 热力及疏水系统

全面检查热力及疏水系统，并提出相应的改进措施。根据阀门泄漏情况，进行横向对比，估算泄漏对机组发电煤耗率的影响量。重点内容是：

（1）通过红外线测温仪，检查热力系统及疏水系统阀门泄漏情况，列出泄漏阀门清单。

（2）主要应检查的阀门包括：主蒸汽管道、导汽管、高压缸排汽管道、再热蒸汽管道、抽汽管道、高中压缸的疏水阀门，高压缸危急疏水阀门、高压旁路门、低压旁路门、通风阀、给水泵再循环阀、轴封溢流等。

（3）根据经验确定泄漏阀门对发电煤耗率的影响。

（4）现场检查热力及疏水系统运行状况，主要查看以下问题：

1）热力系统设计不合理，冗余系统多（主蒸汽疏水、高排通风阀、高压加热器危急疏水、低压旁路前疏水）。

2）自动疏水器质量差。

3）阀门质量较差，或使用不当引起阀门泄漏。采用红外温度计及热成像仪检查阀门泄漏情况，列出阀门泄漏清单。重点检查主蒸汽疏水、再热蒸汽疏水、导汽管疏水、高压缸排汽疏水、再热蒸汽疏水、通风阀、361 阀、旁路门、给水泵再循环门等。

4）辅助蒸汽偏多，等级高。要加强对辅助蒸汽使用情况的分析，要全面了解和分析各辅汽用户的参数需求，在满足要求的前提下应尽量采用低品质的汽源（如炉膛吹灰汽源采用冷再蒸汽），减少辅助用汽对汽机效率的影响。

4. 冷端系统

汽轮机冷端状态是对汽轮机运行效率影响较大的一个因素。运行中，要定期对凝汽器的端差、循环水温升、凝结水的过冷度、真空严密性、排汽压力、真空泵性能、水塔的冷却性能等进行分析。重点做好以下工作：

（1）通过现场核查汽轮机排汽温度或自带绝压表测量凝汽器压力，以及凝汽器压力传压管的走向等，确定凝汽器压力测量结果的准确性。

（2）根据对负荷、循环水入口温度、温升、真空等指标的分析，进行循环水泵经济运行调度。

（3）根据真空泵的各项参数值，分析真空泵的工作性能，选择合适的冷却水温度（尤其是夏季），提高真空泵的出力。

（4）现场核查循环水泵、冷却塔、凝汽器、真空泵、闭式冷却水泵等相关参数，查看真空严密性试验结果。

（5）应根据真空系统严密性试验结果、抽真空系统抽吸和连接方式、真空泵工作状态，判断真空系统运行状况。

（6）分析循环水质指标，掌握循环水是否有结垢或腐蚀倾向。

（7）通过分析水塔出口水温与湿球温度的差值，及时掌握水塔的冷却性能（冷却幅高、冷却能力和效率）。

（8）按照 DL/T 1078 的规定，选择不同工况计算凝汽器热负荷，进而计算凝汽器性能（端差、过冷度）和清洁系数。

（9）统计分析计算循环水进、出水温度、凝汽器压力等，并计算对机组发电煤耗率的影响量，核查冷端系统运行方式。

（10）检查胶球清洗装置的运行状况，胶球清洗装置是否定期投入，分析收球率是否正常。

（11）根据上述（1）～（10）的分析数据及设备运行状况，提出冷端系统节能措施，并预测节能潜力。

5. 给水泵组

给水泵组对给水系统的经济运行影响很大。运行中要重点分析给水泵组的出入口温度、压力以及中间抽头的参数，给水泵的入口滤网的压差，汽动给水泵的投入率，给水泵再循环系统的内漏等。重点做好以下工作：

（1）现场检查给水泵运行方式及参数，运行参数包括：给水泵进出口压力及温度、给水流量。

（2）应检查汽轮机运行方式、主蒸汽压力、给水调节方式、机组一次调频情况。

（3）应检查给水泵最小流量阀启、闭流量设定值，以及再循环流量阀的严密性。

（4）应根据给水泵运行方式、运行参数，设计参数、泵组性能，分析给水泵耗汽量是否偏大，若偏大应分析原因，一般可能原因是：

1）给水流量大。

2）给水泵汽轮机排汽压力高。

3）给水泵汽轮机效率低。某电厂 2×300MW 亚临界供热机组，设计为汽动给水泵。由于选择国内某工业汽轮机厂生产的给水泵汽轮机，在 THA 工况下给水泵汽轮机的效率仅有 70%，通常给水泵汽轮机进汽量为 33t/h，实际为 39.5t/h，导致发电煤耗率升高 1g/kWh。

4）给水泵再循环漏量大。

600MW 超临界机组给水泵汽轮机进汽量的计算公式为

$$G_{小机进汽量}=2.03\times\frac{G_{给水流量}}{G_{设计给水流量}}\times G_{设计小机进汽量}+2.928\times(p_{小机排汽压力}-p_{小机设计排汽压力})$$

（5）根据上述（1）～（4）的分析数据及设备运行状况，结合耗电率统计值，判断给水泵运行状况，提出给水系统节能措施，并预测节能潜力。

6. 环境温度及其他因素

环境温度及其他因素对发电煤耗率的附加影响量如下：

（1）海水直流冷却环境温度影响 0.7～0.8g/kWh。

（2）南方直流冷却和北方闭式循环冷却影响 1.0～1.2g/kWh。

（3）南方闭式循环冷却影响 1.2～1.4g/kWh。

（4）空冷机组影响－3.0～1.0g/kWh（当地环境温度、冬夏季带负荷特性、空冷凝汽器面积、运行控制方式）。

7. 补水率

补水率是反映机组汽水损失大小的主要指标。影响补水率的主要有发电汽水损失率、锅炉排污率、发电自用蒸汽消耗量、对外供热（水）量、吹灰用汽量等。发电汽水损失主要是由于阀门、管道泄漏以及疏水不回收等造成的。锅炉排污率主要受汽水品质影响。

8. 现场检查

现场检查机组优化运行情况，对锅炉主（再）热蒸汽温度、压力等参数的实时分析，如偏离目标值，应及时进行调整，保证机组经济运行。不允许机组额定负荷下长期降压运行；滑压运行的机组，应按优化后的滑压曲线进行调整和控制，不能长期偏离滑压曲线运行。

三、厂用电指标分析

厂用电指标要重点分析主要辅机的耗电率，分析内容包括引起主要辅机电耗升高的各类因素；电动机设计功率与设备出力是否匹配，是否存在较大裕度；辅机运行方式是否最优化；主要辅机是否选用高效能设备或进行了高效能改造；全厂厂用电量平衡计算是否相符等。

1. 烟风系统统计分析

（1）现场检查送风机、引风机运行状况。

（2）现场查看或测试引风机耗功，分析引风机耗电率。

1）现场抄录或实测引风机电动机运行功率，并计算引风机耗电率。

2）根据引风机运行参数，分析判定系统内各主要可能堵塞的设备，分析烟气系统的阻力、系统漏风的合理性。

3）根据引风机运行参数（流量、密度、进出口压力）、电动机运行功率，以及风机厂提供的性能曲线和现场性能试验数据，参照 DL/T 469 的要求估算引风机轴功率和效率。

4）分析影响引风机耗电率的主要因素。影响引风机耗电率的主要因素是烟道阻力、空气预热器及烟道漏风、引风机系统效率。要重点对烟道挡板运行情况，空气预热器漏风率和前后差压的变化，炉本体、烟道、电除尘器漏风情况，脱硫系统烟气阻力以及与脱硫增压风机出力是否匹配等进行检查分析。部分引风机采用静叶可调轴流式风机或者风机设计效率较低导致耗电率偏高。脱硫增压风机和引风机应合二为一，最好进行变频改造。

5）根据烟气系统运行参数和引风机实际运行效率。并结合引风机耗电率统计值及节能诊断期间耗电率的实测值，判断引风机的节电潜力，提出引风机节能措施，并预测节电潜力。

（3）现场查看或测试送风机耗功，分析送风机耗电率。

1）现场抄录或实测送风机电动机运行功率，并计算送风机耗电率。

2）根据送风机运行参数（流量、密度、进出口压力）、电动机运行功率，以及风机厂提供的性能曲线和现场性能试验数据，参照 DL/T 469 的要求估算送风机轴功率和效率。

3）根据送风系统各部位的压力值，对送风机沿程阻力进行分析，判定暖风器、空气预热器的阻力合理性。

4）分析影响送风机耗电率的主要因素。影响送风机耗电率的主要因素是氧量、漏风，以及送风机系统效率。运行中要分析氧量、空气预热器漏风率和前后差压是否在合格范围内，二次风系统如风箱等是否存在漏风，风箱差压是否在规程规定范围内等。风机选型参数与系统不匹配，或者风机（双速、降速）调节手段不够丰富也会导致送风机耗电率偏高。

5）根据送风机运行参数和送风机实际运行效率。并结合送风机耗电率统计值及节能诊断期间耗电率的实测值，判断送风机的节电潜力，提出送风机节能措施，并预测节电潜力。

2. 制粉耗电率统计分析

（1）现场检查一次风机、磨煤机、排粉机运行状况。

（2）现场查看或测试一次风机耗功，分析一次风机耗电率。

1）现场抄录或实测一次风机电动机运行功率、并计算一次风机耗电率。

2）根据一次风机运行参数（流量、密度、进出口压力）、电动机运行功率，以及风机厂提供的性能曲线和现场性能试验数据，参照 DL/T 469 的要求估算一次风机轴功率和效率。

3）根据一次风系统各部位的压力值，对一次风机沿程阻力进行分析，判定暖风器、空气预热器阻力的合理性，以及冷、热风道系统阻力的合理性（包括各风门开度及节流损失）。

4）分析影响一次风机耗电率的主要因素。影响一次风机（排粉机）耗电率的主要因素是煤质、漏风，以及一次风机（排粉机）系统效率。运行中要分析煤质变化情况，检查一次风系统（制粉系统）是否存在漏风。部分一次风机采用离心式风机，而且没有变速。或者一次风压力高、一次风量大，导致一次风机耗电率偏高。

5）根据一次风机运行参数和一次风机实际运行效率。并结合一次风机耗电率统计值及节能诊断期间耗电率的实测值，判断一次风机的节电潜力，提出一次风机节能措施，并预测节电潜力。

（3）现场查看或测试排粉机耗功，分析排粉机耗电率。

1）现场抄录或实测排粉机电动机运行功率，并计算排粉机耗电率。

2）根据排粉机运行参数（流量、密度、进出口压力）、电动机运行功率，以及风机厂提供的性能曲线和现场性能试验数据，参照 DL/T 469 的要求估算排粉机轴功率和效率。

3）根据制粉系统各部位的压力值，判定磨煤机、粗粉分离器、细粉分离器阻力的合理性，以及排粉机入口风门阻力的合理性。

4）分析影响排粉机耗电率的主要因素。

5）根据排粉机运行参数和排粉机实际运行效率。并结合排粉机耗电率统计值及节能诊断期间耗电率的实测值，判断排粉机的节电潜力，提出排粉机节能措施，并预测节电潜力。

（4）现场查看或测试排粉机耗功，分析排粉机耗电率。

1）现场抄录或实测磨煤机电动机运行功率，并计算磨煤机耗电率。

2）对于中速磨煤机，应检查现场制粉系统运行参数，判断机组铭牌出力工况及磨煤机出力。应检查部分负荷时磨煤机宜运行的台数。当磨煤机出力不能满足机组负荷要求时，应结合实际燃烧用煤和设计煤种偏差等，查找原因，并提出改进建议。

检查旋转分离器运行情况，分离器应具有良好的煤粉细度调节特性，结合磨煤机出力，检查煤粉细度是否满足燃用煤种的要求；如果煤粉细度不能满足燃用煤种的要求，应提出改进措施。

应检查磨煤机加载压力、磨煤机出口温度、风煤比、一次风压和冷热风门开度，并提出合理化建议。

现场抄录或实测磨煤机电动机运行功率，并计算磨煤机耗电率。

根据磨煤机运行参数，并结合磨煤机耗电率统计值及节能诊断期间耗电率的实测值，判断磨煤机的节电潜力，提出磨煤机节能措施，并预测节电潜力。

3）对于钢球磨煤机，应了解核算磨煤机钢球最佳装载量和最佳通风量。

检查磨煤机入口负压、磨煤机压差、磨煤机出口温度、制粉系统各段压力，并提出合理化建议。

检查粗粉分离器的煤粉调节特性。应结合制粉系统出力，核查煤粉细度的合理性；如果煤粉细度不能满足燃用煤种的要求，应提出改进措施。

现场抄录或实测磨煤机电动机运行功率，并计算磨煤机耗电率。

根据磨煤机运行参数，并结合磨煤机耗电率统计值及节能诊断期间耗电率的实测值，判断磨煤机的节电潜力，提出磨煤机节能措施，并预测节电潜力。

4）制粉耗电率对厂用电率的影响较大，其影响因素也较多。主要从以下几个方面分析：

a）入炉煤质（低位发热量、哈氏可磨系数、挥发分、全水分含量等）的变化情况。

b）中储式制粉系统是否保持额定出力运行；钢球磨的电流与出力的变化是否正常；钢球磨的装球量是否合适；粗粉分离器的分离效果是否良好；回粉管是否畅通。

c）直吹式制粉系统，相同负荷下磨煤机运行台数是否合理；旋转分离器的转速是否合适。

d）煤粉细度是否结合煤质变化维持在最佳范围内。

e）磨煤机通风量是否太大等。

3. 环保设施耗电率统计分析

（1）现场检查增压风机、浆液循环泵、GGH、脱硝系统、除尘器运行状况。

（2）针对除尘器，应检查除尘器进出口和烟囱入口烟尘排放浓度，并检查烟尘排放浓度是否满足 GB 13223 的要求。

现场检查除尘器运行状况和参数，对于电除尘器运行状况和参数包括：电场投运情况、振打周期、除尘效率、燃煤特性、烟气量、烟气温度等；对于电袋除尘器运行状况和参数包括：电场投运情况、振打周期、阻力、清灰方式、清灰压力、除尘效率、燃煤特性、烟气量、烟气温度等；对于袋式除尘器运行状况和参数包括：阻力、清灰方式、清灰压力、清灰周期、除尘效率、燃煤特性、烟气量、烟气温度等。

现场抄录或实测除尘器运行功率，并计算除尘器耗电率。

分析除尘器耗电率的影响因素，影响电除尘耗电率的主要因素是机组负荷、烟尘浓度和粒度、燃煤特性以及电除尘自身节电性能等。要重点分析电除尘各电场硅整流变压器的运行电压和电流是否正常；电除尘电场灰量及出口粉尘浓度的变化情况；是否已经采用电除尘节能控制系统进行改造；是否优化除尘器出入口挡板走向，安装导流板，使各除尘器入口烟气量均匀、气流分布均匀。

根据除尘器运行参数，并结合除尘器耗电率统计值及节能诊断期间耗电率的实测值，判断除尘器运行方式的合理性，以及节电潜力，提出除尘器节能措施，并预测节电潜力。

(3) 针对脱硫系统，应检查脱硫系统进出口和烟囱入口二氧化硫排放浓度，并检查二氧化硫排放浓度是否满足 GB 13223 的要求。

现场检查脱硫系统运行状况和参数，对于石灰石—石膏法脱硫系统，运行状况和参数包括：脱硫效率，吸收塔浆液 pH 值、密度、液位，系统阻力，增压风机、浆液循环泵、氧化风机出口压力和电流等；对于循环流化床半干法脱硫系统，运行状况和参数包括：脱硫效率，吸收塔 Ca/S 摩尔比、床层阻力、出口烟温，系统阻力，增压风机出口压力和电流等。

现场抄录或实测脱硫系统运行功率，并计算脱硫系统耗电率。

分析脱硫系统耗电率的影响因素，脱硫厂用电率受入炉煤中含硫量的影响较大，应加强入炉煤含硫量的控制。入炉煤硫分应控制在设计范围，不能过高。在保证脱硫效率前提下，要分析制定浆液循环泵优化的运行措施。机组低负荷时或煤中含硫量低时，可以适当减少氧化风机运行时间。要定期进行 GGH 差压的分析，及时清洗，降低系统烟气阻力。取消单独的增压风机，将增压风机与引风机合二为一，改成动叶可调引风机，改造后厂用电率将下降 0.16 个百分点。

对于海水脱硫系统，应根据脱硫效率及 pH 值及时调整海水升压泵、浆液泵、氧化风机、曝气风机运行方式。对于石灰石脱硫系统，脱硫吸收系统运行优化的内容应在不同负荷、不同入口 SO_2 浓度时，确定最佳的浆液循环泵组合方式、最佳 pH 设定值、氧化风机的投运台数、吸收塔液位和石灰石粒径等，建立吸收系统最佳运行卡片，指导运行人员合理操作。使得脱硫装置在满足环保排放要求的情况下，脱硫运行成本最小。

根据脱硫系统运行参数，并结合脱硫系统耗电率统计值及节能诊断期间耗电率的实测值，判断脱硫系统运行方式的合理性，以及节电潜力，提出脱硫系统节能措施，并预测节电潜力。

(4) 针对脱硝系统，应检查脱硝系统进出口和烟囱入口氮氧化物排放浓度，并检查氮氧化物排放浓度是否满足 GB 13223 的要求。

现场检查脱硝系统运行状况和参数，运行状况和参数包括：脱硝效率，锅炉烟气参数、系统阻力、催化剂压力和层间压力、稀释风机运行参数等。分析判断脱硝系统进出口烟气在线监测仪表显示值的准确性，判定脱硝系统阻力合理性（脱硝系统阻力小于 1400Pa）。

根据脱硝系统运行参数，并结合脱硝系统耗电率统计值及节能诊断期间耗电率的实测值，判断脱硝系统运行方式的合理性，以及节电潜力，提出脱硝系统节能措施，并预测节电潜力。

4. 机侧主要辅机耗电率统计分析

(1) 现场应抄录或实测循环水泵电动机功率，计算循环水泵耗电率。根据循环水泵进口压力、出口压力、出口流速、流量，按照 GB/T 3216 的规定估算循环水泵轴功率和泵效率，结合循环水泵耗电率统计值，判断循环水泵运行方式的合理性。

循环水泵耗电率与水泵效率、循环水入口拦污栅是否堵有杂物、凝汽器铜管是否脏污、循环水出口收球网是否堵有杂物，以及运行方式有关。循环水泵的优化运行对降低循泵耗电率影响最大。要根据季节特点和环境温度变化情况，合理调整循泵的运行方式；运行中，实时分析循环水压力变化情况，确定循环水系统管道、阀门和凝汽器阻力是否正常。

(2) 根据循环水泵扬程、开式冷却水泵扬程及用水设备的标高、电动机功率和效率，以及开式冷却水泵耗电率统计值，判断开式冷却水泵运行方式的合理性。

(3) 现场或实测空冷风机功率，并计算空冷风机耗电率。结合冷风机耗电率统计值，判断空冷风机运行方式的合理性。

(4) 凝结水泵耗电率受系统阀门内漏（如凝结水再循环阀）、凝结水系统阻力和水泵效率的影响较大，要加强对出口流量、压力的监视，检查系统阀门是否存在内漏情况。凝结水泵最好变频运行，并把上水门全部打开。

1）现场检查凝结水泵再循环门及低压旁路的严密性，应检查其他需要凝结水进行喷水减温系统的运行状况，判断凝结水量的合理性。

2）现场查看凝结水泵运行方式、凝结水泵调门开度、凝结水母管压力、凝结水泵备用泵开启连锁压力设定值，判断凝结水泵运行方式及控制参数的合理性。

3）现场抄录或实测凝结水泵电动机功率，并计算凝结水泵耗电率。

4）根据凝结水泵流量、进出口压力、温度，电动机功率和系统效率，按照 GB/T 3216 估算凝结水泵轴功率和效率。

5）提出凝结水泵降耗措施，并预测节能潜力。

(5) 给水泵耗电率受系统阀门内漏（如给水再循环阀）、给水系统阻力和水泵效率的影响较大，要加强对出口流量、压力的监视，检查系统阀门是否存在内漏情况。汽动给水泵组要保证运行稳定，减少电动给水泵运行时间。给水系统最好采用液力耦合器变速运行。

1）现场抄录或实测给水泵和前置泵电动机功率，并计算给水泵和前置泵耗电率。

2）根据给水泵和前置泵流量、进出口压力、温度，电动机功率和效率，按照 GB/T 3216 估算给水泵和前置泵轴功率和效率。

3）提出给水泵降耗措施，并预测节能潜力。

(6) 机力冷却塔耗电率主要与水塔风机设备的效率、水塔清洁程度、冷却通风系统阻力变化，以及水塔的淋水密度、均匀性等有关。

空冷塔耗电率主要与空冷系统的清洁程度、系统阻力，以及空冷塔风机出力和效率等有关。

四、核查各项因素对发电煤耗率的影响量

(1) 统计主蒸汽温度、再热蒸汽温度、再热减温水量，并计算对发电煤耗率的影响量。

(2) 核查吹灰频次及吹灰汽源，统计补水率，估算吹灰、除氧器排汽、排污对发电煤耗率的影响量。

(3) 分析计算出力系数对发电煤耗率和发电厂用电率的影响量。

五、预测节能潜力，提出节能措施

(1) 分析计算各种改造或运行调整方案节电率及投资情况，提出合理的改造或运行调整方案。

(2) 预测各种措施的节电潜力。

(3) 提出相应的节能降耗措施，并预测节能潜力。

第五节 各种因素对发电煤耗率的影响量

1. 机组启停

机组启停对发电煤耗率的影响与机组启停方式、启停特性、年利用小时数有关。

启动是将一台设备从停止转为运行状态的过程，即锅炉自点火开始直到汽轮发电机组并网的过程，叫启动。停运是将一台设备从运行转为停止状态的过程，即锅炉自降低负荷开始直到发电机与电网解列的过程，叫停运。启停是机组停机和启动的全过程计为启停一次。

不同状态下启动，对发电煤耗率的影响量见表 17-1；单次停机对发电煤耗率的影响量见表 17-1。一般情况，年利用小时在 5500h 以上机组启停 1 次年平均发电煤耗率影响 0.04～0.2g/kWh。如果机组年利用小时小于 5500h，则按下式进行折算：

启停 1 次对发电煤耗率的影响量＝5500h 以上启停 1 次对发电煤耗率的影响量（如 0.084～0.2g/kWh）×5500/实际利用小时（h）

表 17-1　300MW 机组单次启动、停机对发电煤耗率的影响量

项目	耗煤	耗油	耗汽	总计
单次停机影响发电煤耗率（g/kWh）	0.388	0.04	0.02	0.448（0.037）
热态启动影响发电煤耗率（g/kWh）	0.388	0.04	0.02	0.448（0.037）
冷态启动影响发电煤耗率（g/kWh）	1.899	0.277	0.3	2.476（0.206）
温态启动影响发电煤耗率（g/kWh）	0.863	0.1	0.12	1.083（0.090）

注　表中数据为折算至当月，折算至全年时应除以 12，年利用小时 5500h。

2. 机组出力系数

机组出力系数对机组的经济性影响较大（见表 17-2），提高机组出力系数是降低机组能耗的关键因素。出力系数对发电煤耗率的影响量通常根据设计数据、试验结果、运行统计数据确定。

表 17-2　机组出力系数对能效指标的附加量

项目	发电煤耗率（g/kWh）		发电厂用电率（%）	
出力系数	75%	50%	75%	50%
300MW 亚临界机组	4.0～4.2	16.0～16.5	0.5～0.55	1.7～1.8
600MW 超临界机组	4.2～4.8	15.0～16.5	0.45～0.5	1.55～1.65
600MW 超临界空冷机组	5.0～5.5	17.0～17.5	0.45～0.50	1.55～1.65
1000MW 超超临界机组	4.5～5.0	14.5～15.0	0.4～0.45	1.50～1.6

注　相对于额定负荷下能效指标绝对增加值。

3. 循环水温度

循环水温度对发电煤耗率的影响是由凝汽器排汽压力决定的，因此要先知道对凝汽器压力的影响量，然后根据耗差分析再求对发电煤耗率的影响量。

以某亚临界 300MW 机组为例，设计循环水温度 20℃，背压 5.5kPa。对于不同的循环水温度进行凝汽器压力计算，按月平均水温分别计算凝汽器压力后再平均，其凝汽器年平均压力 6.15kPa，循环水温度对凝汽器压力的影响量见表 17-3，凝汽器压力升高 1kPa 对热耗率的影响量见表 17-4。

表 17-3　　循环水温度与凝汽器压力年平均值与分月计算的差别

月份	1	2	3	4	5	6	7	8	9	10	11	12	平均
循环水温度（℃）	6	9	15	19	23	28	30	32	27	23	20	8	20.0
凝汽器压力（kPa）	3.00	3.40	4.40	5.40	6.50	8.30	9.35	10.20	7.95	6.50	5.60	3.20	6.15

表 17-4　　凝汽器压力升高 1kPa 对热耗率的影响量

机组型号	N200	N300-16.7/538/538	N600-16.7/538/538	N600-24.2/566/566
热耗率增加（kJ/kWh）	34.2	66	62	61

4. 缸效率

典型机组汽轮机缸效率降低对机组热耗率的影响量见表 17-5。

表 17-5　　典型机组汽轮机缸效率降低对机组热耗率的影响量　　kJ/kWh

项目	引进型 300MW	哈汽亚临界 600MW	哈汽超临界 600MW	上汽超超临界 1000MW 机组
高压缸效率	15.2	14.7	14.9	12.6
中压缸效率	12.4	12.9	10.9	18.5
低压缸效率	40.9	38.4	38.2	30.1

注　表中数据是汽轮机缸效率降低一个百分点对机组热耗率的影响量。

各种因素对常见机组设计发电煤耗率的影响范围见表 17-6。

表 17-6　　各种因素对常见机组设计发电煤耗率的影响量

名称	300MW 亚临界机组	600MW 超临界机组	1000MW 超超临界机组
汽轮机热耗率	7	3	0
环境温度	1.5～2.0	1.5～1.8	1.2～1.5
出力系数（75%）	4	4.5	5.0
蒸汽参数	0.0～0.5	0.0～0.5	0.0～0.5
启停机	0.04～1	0.04～1	0.04～1
减温水量	0.25～0.5	0.25～0.5	0.25～0.5
蒸汽吹灰	0.25～0.5	0.25～0.5	0.25～0.5
冬季采暖和暖风器	(1.0～2.5)	(1.0～2.5)	(1.0)
除氧器排汽和锅炉排污	0.5～1.0	0.5～1.0	0.5～1.0
系统泄漏	0.5～1.0	0.5～1.0	0.5～1.0
合计	14.5～17.3	11.0～13.8	8.0～10.8

注　要核查其他辅助蒸汽使用情况，如暖风器、厂区采暖供热等。

第六节　火电机组节能诊断案例

一、基本概况

1. 设备概况

某电厂锅炉是哈尔滨锅炉厂引进日本三菱技术设计和制造的 HG-2001/26.15-YM3 型超超临界、一次中间再热、变压运行单炉膛燃煤直流炉，该锅炉采用 MPS 中速磨煤机，直吹式制粉系统。锅炉配置海水脱硫装置、50%脱硝装置。锅炉设计燃用大同混煤，实际燃用秦皇岛海运煤。

锅炉主要热力参数及煤质特性见表 17-7。

表 17-7　　　锅炉主要热力参数

项　目	设计煤种		
	BMCR	TRL	75%THA
	定压	定压	滑压
主蒸汽流量（t/h）	2001.38	1906.07	1297.73
主蒸汽出口压力（MPa）	26.15	26.04	19.09
主蒸汽出口温度（℃）	605	605	605
给水温度（℃）	297.8	294	270.6
给水压力（MPa）	29.75	29.39	21.25
再热蒸汽流量（t/h）	1686.94	1601.77	1125.24
再热蒸汽出口压力（MPa）	5.867	5.562	3.91
再热蒸汽出口温度（℃）	603	603	603
再热蒸汽进口压力（MPa）	6.067	5.751	4.044
再热蒸汽进口温度（℃）	380.9	371.8	366.9
过热器喷水压力（MPa）	30.57	30.06	22.19
过热器喷水温度（℃）	323	319	300
过热器一级减温水（t/h）	60	57.2	38.9
过热器二级减温水（t/h）	20	19.1	13
过热器三级减温水（t/h）	60	57.2	38.9
再热器减温水（t/h）	0	0	0
效率（%，按低位发热值）	94.25	94.27	94.05
保证效率（%，按低位发热值）		93.9	
收到基低位发热值 $Q_{net.ar}$（kJ/kg）		23 570	
收到基全水分 M_t（%）		16.40	
干燥无灰基挥发分 V_{daf}（%）		32.46	
空气干燥基水分 M_{ad}（%）		3.28	
收到基灰分 A_{ar}（%）		6.79	

汽轮机是上海汽轮机厂采用西门子技术生产制造的 N660-25/600/600 型超超临界、一次中间再热、单轴、四缸四排汽、双背压、纯凝汽式汽轮机。汽轮机设计参数及主要技术规范见表 17-8。

表 17-8　　　汽轮机设计参数及主要技术规范

制造厂	上海电气电站设备有限公司汽轮机厂
机组型式	超超临界、一次中间再热、单轴、四缸四排汽、双背压、纯凝汽式
机组型号	N660-25/600/600
额定功率（MW）	660
最大连续出力（T-MCR）（MW）	686.613
阀全开出力（T-VWO）（MW）	709.514

续表

制造厂	上海电气电站设备有限公司汽轮机厂
热耗率（THA）（kJ/kWh）	7342.0
额定主蒸汽流量（THA）（t/h）	1793.1
额定主蒸汽压力（MPa）	25.0
额定主蒸汽温度（℃）	600
额定热再热温度（℃）	600
额定排汽压力（MPa）	4.6
给水温度（THA）（℃）	290.0
低压缸末级叶片长度（mm）	914.4
高压缸效率（THA）（%）	90.22
中压缸效率（THA）（%）	93.42
低压缸效率（THA）（%）	88.38
给水泵型式	2×50%汽泵+1×30%电泵
回热级数	8级（三高、四低、一除氧）

2. 主要经济性指标现状

2011年主要经济性指标见表17-9。A机组实际完成发电煤耗率286.24g/kWh，发电厂用电率3.90%，负荷系数0.793 2，生产供电煤耗率297.86g/kWh；B机组实际完成发电煤耗率287.70g/kWh，发电厂用电率4.34%，负荷系数0.775 7，生产供电煤耗率300.82g/kWh。

表17-9　　某电厂A、B机组2011年实际能耗指标统计值

项目	A机组累计	B机组累计	平均
发电量（万kWh）			
发电煤耗率（g/kWh）	286.24	287.70	286.86
发电厂用电率（%）	3.90	4.34	4.14
运行小时（h）			
利用小时（h）			
负荷系数（%）	79.32	77.57	78.44
生产供电煤耗率（g/kWh）	297.86	300.82	299.25

3. 机组性能试验结果

机组投产后，2011年由西安热工研究院严格按照ASME标准对A、B机组进行了性能考核试验，A号机组汽轮机THA工况下试验热耗率7421.3kJ/kWh，经二类修正和老化修正后热耗率为7364.3kJ/kWh。B号机组汽轮机THA工况下试验热耗率7438.5kJ/kWh，经二类修正和老化修正后热耗率为7365.8kJ/kWh，试验结果见表17-10，A、B号汽轮机热耗率均没有达到THA工况下7342kJ/kWh设计值。

表17-10　　A、B号汽轮机性能考核试验结果

机组编号	A号		B号	
试验工况	THA（1）	THA（2）	THA（1）	THA（2）
1/2号调门开度（%）	100	100	100	100

续表

机组编号	A号		B号	
试验工况	THA (1)	THA (2)	THA (1)	THA (2)
补汽阀开度(%)	0	0	0	0
主蒸汽压力(MPa)	24.12	24.11	24.16	24.13
主蒸汽温度(℃)	598.8	598.0	598.1	596.0
高排蒸汽压力(MPa)	5.58	5.57	5.53	5.52
高排蒸汽温度(℃)	367.2	366.6	365.9	364.3
热再热蒸汽压力(MPa)	5.19	5.19	5.14	5.14
热再热蒸汽温度(℃)	598.1	597.5	587.0	586.3
中压缸排汽压力(MPa)	0.56	0.56	0.56	0.56
中压缸排汽温度(℃)	278.5	277.9	271.2	270.5
低压缸排汽压力(kPa)	4.81	4.80	5.21	5.11
再热减温水流量(t/h)	0.00	0.00	0.00	0.00
主蒸汽流量(t/h)	1807.75	1808.61	1821.14	1823.87
修正后主蒸汽流量(t/h)	1876.43	1876.28	1885.56	1887.37
高压缸效率(%)	89.6	89.5	89.1	89.2
中压缸效率(%)	93.1	93.2	93.3	93.3
低压缸效率(%)	87.2	87.2	88.0	87.3
电功率(kW)	652 865.4	652 675.6	652 103.9	651 127.8
试验热耗率(kJ/kWh)	7421.7	7420.9	7430.7	7446.2
一类修正后电功率(kW)	652 771.7	652 593.7	650 839.4	649 689.2
一类修正后热耗率(kJ/kWh)	7429.9	7429.8	7450.7	7465.8
二类修正后电功率(kW)	673 967.6	674 549.4	679 089.2	679 761.4
二类修正后热耗率(kJ/kWh)	7409.7	7407.2	7397.3	7409.7
老化修正后电功率(kW)	676 901.8	677 486.2	680 835.3	681 509.2
老化修正后热耗率(kJ/kWh)	7385.0	7382.5	7382.8	7395.1
修正后热耗率平均值(kJ/kWh)	7364.3		7365.8	

A、B锅炉TRL工况设计锅炉效率为94.27%,TRL工况保证的锅炉效率为93.90%。两台机组均由西安热工研究院在2011年实施了锅炉性能考核试验。试验结果表明:A锅炉两个TRL工况实测锅炉效率分别为92.90%和93.12%,修正后的锅炉效率分别为93.55%和93.45%;B锅炉两个TRL工况实测锅炉效率分别为93.29%和93.31%,修正后的锅炉效率分别为93.80%和93.60%。试验结果见表17-11,A、B锅炉效率均未达到设计值和保证值。

表17-11　　A、B锅炉性能考核试验结果

项目	设计值	3号锅炉		4号锅炉	
工况	TRL	TRL (1)	TRL (2)	TRL (1)	TRL (2)
电负荷(MW)	670	670.7	676.0	671.1	668.5
主汽门前蒸汽温度(℃)	605	598.5	599.3	602.2	598.9

续表

项目	设计值	3号锅炉		4号锅炉	
工况	TRL	TRL（1）	TRL（2）	TRL（1）	TRL（2）
再热主汽门前温度（℃）	603	596.5	596.6	598.7	601.8
1级过热器喷水流量（t/h）	57.2	0.3	0	2.9	21.5
2级过热器喷水流量（t/h）	18.2	3.3	3.3	6.1	6
3级过热器喷水流量（t/h）	57.2	0	0	0	0
再热器减温器喷水流量（t/h）	0	10.43	10.49	10.91	0.01
省煤器入口给水流量（t/h）	1906	1950.3	1952.5	1944.5	1954.5
总风量（t/h）	2138	1872.8	1948.4	1824.6	1859.8
实际总煤量（t/h）	228.3	253.3	257.8	241.4	244.4
飞灰可燃物（%）		2.76	2.42	1.45	1.05
炉渣可燃物（%）		0.79	1.02	0.10	0.01
空气预热器进口温度（℃）	369	364.1	361.9	358.6	367.9
空气预热器出口温度（℃）	126	140.9	142.3	135.2	135.3
空气预热器进口氧量（%）	2.74	3.25	3.60	3.57	3.87
空气预热器出口氧量（%）		4.25	4.59	4.55	4.81
未燃碳热损失（%）		0.750	0.588	0.335	0.184
干烟气热损失（%）		5.365	5.355	5.401	5.553
燃料水分热损失（%）		0.163	0.131	0.134	0.133
氢生成水的热损失（%）		0.287	0.273	0.282	0.276
空气中水分热损失（%）		0.050	0.046	0.064	0.053
辐射和对流热损失（%）		0.18	0.18	0.18	0.18
CO热损失（%）		0.01	0.01	0.01	0.01
不可测量热损失（%）		0.30	0.30	0.3	0.3
热损失之和（%）		7.103	6.878	6.707	6.688
锅炉热效率（%）	94.27	92.90	93.12	93.29	93.31
修正后排烟温度（℃）	121	141.4	140.7	137.9	139.8
修正后锅炉热效率（%）		93.55	93.45	93.80	93.60

二、影响机组经济性因素分析

1. 锅炉方面

（1）锅炉本体。

1）锅炉效率。

A、B锅炉TRL工况和75%THA工况设计锅炉效率为94.27%和94.05%，TRL工况保证的锅炉效率为93.90%。锅炉性能考核试验结果表明：A锅炉两个BRL工况修正后的锅炉效率分别为93.55%和93.45%；B机组BRL负荷两个工况修正后的锅炉效率平均值为93.70%。两台机组锅炉效率均未达到保证值。

根据日常运行入炉煤煤质数据（实际燃用煤质较设计煤种差）、运行氧量、排烟温度及飞灰可燃物等资料，2011年A、B锅炉效率计算得到锅炉实际运行的效率分别为92.96%和92.94%，较设计值偏低较多。分析原因是飞灰可燃物偏大、排烟温度偏高。

2）飞灰可燃物。

2011年A、B锅炉入炉煤煤质平均为干燥无灰基挥发分 V_{daf}=39.68%，收到基低位发热量

$Q_{net.ar}$=18.76MJ/kg。A、B锅炉飞灰可燃物统计结果分别为1.31%和1.60%，大渣可燃物分别为1.92%和2.80%。

根据目前燃烧煤种，两台锅炉飞灰可燃物含量略显偏大，飞灰可燃物含量应不大于1.0%。

3）排烟温度。

A、B锅炉2011年进风温度分别为26.0℃和26.1℃，排烟温度分别为140.4℃和131.2℃，两台锅炉排烟温度均偏高。

2011年10月在A、B机组分别带679.2MW和681.2MW负荷时，表盘排烟温度记录结果见表17-12。

表17-12　2011年10月A、B机组表盘排烟温度记录结果

项目	设计值	A炉		B炉	
		A侧	B侧	A侧	B侧
空气预热器进口烟气温度（℃）	369.0	358.9	366.2	361.1	361.6
空气预热器出口烟气温度（℃）	—	136.7	144.0	134.8	133.0
排烟温度（修正后）（℃）	121.0	140.4	147.2	137.4	135.4
空气预热器一次风进口温度（℃）	26.0	25.2	25.8	27.7	28.2
空气预热器二次风进口温度（℃）	23.0	16.4	16.9	17.9	18.2

从表17-12可以看出，A锅炉A侧排烟温度比设计值高19.4℃，B侧排烟温度比设计值高26.2℃；B锅炉A侧排烟温度比设计值高16.4℃，B侧排烟温度比设计值高14.4℃。B锅炉空气预热器由于更换了换热元件，排烟温度比A锅炉有所改善。

从表17-12可以看出，A、B锅炉空气预热器进口烟气温度均比设计值低，但排烟温度比设计值高，因此可以说，A、B锅炉排烟温度高的原因在空气预热器换热面积不足。

4）运行氧量。

2011年A、B锅炉负荷系数为79.2%和77.3%，表盘氧量分别为3.78%和5.0%。A锅炉运行氧量控制值基本合适，B锅炉运行氧量偏大。

5）空气预热器漏风率（略）。

6）吹灰器汽源。

电厂所有水冷壁吹灰器和长伸缩式吹灰器的汽源抽自分隔屏过热器的出口管道，共有一个蒸汽减压站。吹灰器推荐蒸汽工作压力1.5MPa，推荐蒸汽工作温度400℃。当前锅炉运行中吹灰器汽源来自分隔屏过热器出口蒸汽，汽源压力高，BMCR、75%THA、50%THA工况吹灰汽源压力（分隔屏过热器出口压力）分别为29.75、21.25、14.69MPa，吹灰汽源温度（分隔屏过热器出口温度）分别为504、480、460℃。吹灰时，投入的吹灰器多，消耗的蒸汽量多，从B机组周统计吹灰器蒸汽用量投入情况（见表17-13）可知，每周总吹灰消耗蒸汽量约为804.3t，折合到每小时消耗蒸汽量为4.8t。

表17-13　B机组吹灰器每周运行情况统计表

吹灰器类型	数量（台）	吹扫时间（s/台）	总吹扫时间（h）	耗汽量（kg/min）	总耗汽量（t）
炉膛	266	150	11.1	65	43.2
过热器再热器	132	780	28.6	137	235.0
省煤器	42	545	6.4	137	52.3
空气预热器	168	900	42.0	188	473.8
总计					804.3

考虑吹灰器对汽源的要求，选低温再热器出口蒸汽参数即可满足机组50%THA工况以上吹灰需要。

选择低温再热器出口蒸汽为吹灰汽源，B-MCR工况时，蒸汽压力只有6.07MPa，不到分隔屏汽源的25%，吹灰差压只有4.07MPa，不到分隔屏汽源的15%。汽源优化后，发电煤耗率降低0.1kJ/kWh。

7）机组保温。

锅炉炉顶大包、再热热段管道、再热冷段管道、主蒸汽管道等保温结构外表面温度与环境温度的温差应均不大于25℃。根据对比估算，机组由于保温不良导致煤耗率升高约0.5g/kWh。

（2）制粉系统。

制粉系统为冷一次风正压直吹式，配置6台MPS磨煤机，运行方式为5运1备，每台磨煤机对应一层燃烧器。磨煤机型号MPS190HP-Ⅱ，保证出力52.4t/h，实际运行中，煤质较差时锅炉燃煤量接近300t/h，故需要6台磨煤机运行，若1台磨煤机检修或煤质差则存在无法带满出力问题。而且由于磨煤机选型小，造成磨煤机磨辊、磨瓦磨损严重，加载架导向板、辊支架护板磨损严重，需要对更换下的磨辊、磨盘瓦进行焊补修复备用。在同类型机组中，磨煤机型号为MPS200HP-Ⅱ，保证出力54.8t/h。

（3）脱硫系统。

2×660MW燃煤机组采用海水烟气脱硫技术，采用一炉一塔的布置方式。曝气风机为2+1台卧式离心风机，2台大容量曝气风机额定流量为Q=140 000m^3/h，电动机功率为1800kW；1台小容量曝气风机额定流量为Q=90 000m^3/h，电动机功率为1250kW。实际运行期间，为了保证排放海水pH达到6以上，至少要保证一台曝气风机运行，导致海水脱硫系统高达1%以上。因此需要对其中一台曝气风机进行变频改造。

2. 汽轮机方面

（1）汽轮机本体。

修正后热耗率均没有达到THA工况下7342kJ/kWh设计值（其他略）。

（2）冷端性能。

1）机组的凝汽器为上海电气电站设备有限公司电站辅机厂生产的双背压、双壳体、单流程、表面冷却式、N-36000型凝汽器，凝汽器冷却管束采用并列横向布置。凝汽器采用海水直流冷却方式。3号机组680MW工况下的试验结果修正到设计冷却水进口温度18℃条件下，凝汽器平均压力为4.608kPa；修正到设计冷却水进口温度18℃、冷却水流量74 266m^3/h条件下，凝汽器平均压力为4.288kPa（4号机组差别不大），优于设计值（4.60kPa）。3、4号机组不同负荷工况下，凝结水过冷度为−0.510～0.099℃，均在小于0.5℃的范围内。

综上所述，660MW机组配套的N-36000型凝汽器冷却面积、冷却能力充足，完全可以满足机组任何工况下的需求。

2）A、B机组在不同循泵运行方式下的循环水泵流量、开式冷却水量和凝汽器冷却水流量见表17-14。单台机组两台循环水泵高速并联时凝汽器冷却水流量（约为77 394m^3/h）高于凝汽器设计冷却水流量74 266m^3/h，表明循环水泵的出力完全能满足机组各工况下的冷却需求。

3）每台机组配3台真空泵。真空泵型号为2BW4 353-0EL4，配套Y355L-12型电动机（132kW）。机组正常运行时两台真空泵并联运行，另一台真空泵备用。抽空气系统真空泵抽吸方式为串联方式。由于真空泵冷却水源为闭式水，闭式水的冷却水为海水，使得真空泵工作液温度较凝汽器冷却水进口温度高约8℃，已经超过低压凝汽器冷却水出口温度（冷却水温升约为

4.5℃)。使得低压凝汽器压力受真空泵抽吸压力的限制。建议对真空泵冷却水系统进行改造，更换低温的冷却水水源。

表 17-14　　A、B 机组循环水流量

项目名称	方式 1	方式 2	方式 3	方式 4	方式 5
循环水泵运行方式	两泵高速	一高一低	两机三高	两机，两高一低	单泵高速
3 号凝汽器冷却水流量（m^3/h）	77 394	72 350	66 323	66 739	48 652
4 号凝汽器冷却水流量（m^3/h）	—	—	67 464	62 296	—
3 号机组循环水泵耗功（kW）	5732	4800	3716	3583	2203
3A 循环水泵耗功（kW）	2819	2056	2506	1946	2203
3B 循环水泵耗功（kW）	2913	2744	—	—	—
4A 循环水泵耗功（kW）	—	—	2471	2570	—
4B 循环水泵耗功（kW）	—	—	2520	2413	—
3 号机开式水流量（m^3/h）	1046	977	896	902	657
4 号机开式水流量（m^3/h）	—	—	858	792	—
3 号机循泵总流量（m^3/h）	78 439	73 327	67 219	67 641	49 309
4 号机循泵总流量（m^3/h）	—	—	68 322	63 088	—
两台机循泵总耗功（kW）	5732	4800	7497	6928	2203

(3) 热力系统和疏水阀门泄漏。

机组目前的热力系统存在一些安全隐患，如高压加热器连续排气至除氧器未设置止回门，当机组启动之初，由辅助蒸汽对除氧器水箱进行加热时，易造成蒸汽进入高压加热器，甚至进入汽缸的可能性。此外，轴封系统存在不易调整和低压轴封超温的问题。

在现场节能诊断期间，对 A、B 机组热力及疏水系统阀门泄漏情况进行了察看，机组热力及疏水系统存在一定程度的内漏，具体阀门泄漏清单见表 17-15，估算 A、B 机组阀门泄漏分别影响发电煤耗率约为 2g/kWh、1.5g/kWh。

表 17-15　　A、B 机组热力及疏水系统阀门泄漏清单

序号	A 机组	B 机组
1	乙侧主调门前疏水 236℃	乙侧主蒸汽管道疏水 236℃
2	乙侧主蒸汽管道疏水 246℃	冷再热器母管疏水 118℃
3	甲侧主蒸汽管道疏水 210℃	高压缸排汽通风阀 162℃
4	低压旁路前疏水 60℃	1 段抽汽电动门后疏水 97℃
5	冷再热器母管疏水 220℃	1 段抽汽止回门前疏水 191℃
6	高压缸排汽通风阀 200℃	4 段抽汽止回门前疏水 98℃
7	1 段抽汽电动门后疏水 72℃	5 段抽汽止回门前疏水 88℃
8	1 段抽汽止回门前疏水 134℃	B 小汽轮机低压主汽门前疏水 70
9	3 段抽汽止回门前疏水 125℃	辅汽至小汽轮机供汽疏水 73℃
10	5 段抽汽止回门前疏水 97℃	辅汽联箱疏水 86℃
11	小汽轮机高压调门后疏水 137℃	4 抽至辅汽疏水 66

续表

序号	A机组	B机组
12	辅汽至小汽轮机供汽疏水 68℃	辅汽至除氧器疏水 81℃
13	辅汽联箱疏水 67℃	轴封进汽管道疏水 113
14	辅汽至 6 号机疏水 71℃	辅汽至 5 号机疏水 79℃
15	轴封至 5 号低压加热器暖管 180℃	辅汽供轴封（开）
16	辅汽供轴封 140℃（开）	辅汽供汽总门（开）
17	辅汽供汽总门 107℃（开）	轴封溢流至凝汽器（开）
18	轴封溢流至凝汽器 154℃（开）	高压旁路阀内漏

（4）汽动给水泵组。

A、B机组 75%THA 工况以上范围内，两台汽动给水泵组并联运行，汽动给水泵效率为 81.4%～81.56%、小汽轮机效率为 68.46%～73.32%、汽动给水泵组效率为 55.8%～59.8%。

汽动给水泵运行效率基本达到其设计效率；小汽轮机的运行效率相对其设计效率偏低约 10 个百分点；汽动给水泵组效率相对正常水平（68%）偏低约 8 个百分点。

由于小汽轮机的运行效率偏低，导致 A、B机组汽动给水泵组运行效率偏低。相同机组负荷下，小汽轮机效率偏低直接导致小汽轮机耗汽量增加。在机组 680MW、510MW 负荷下，A 机组小汽轮机耗汽量增加约 12.26t/h、7.67t/h，增加汽轮机热耗约 24.51kJ/kWh、22.62kJ/kWh；B机组小汽轮机耗汽量增加约 10.53t/h、6.54t/h，增加汽轮机热耗率约 21.06kJ/kWh、19.28kJ/kWh。

（5）加热器。

2×660MW 机组回热系统设三台高压加热器、一台除氧器、四台低压加热器，三台高压加热器给水侧采用大旁路系统。根据 A 机组性能考核试验报告的数据，对加热器性能进行评估，加热器性能评估结果见表 17-16。

表 17-16　　A 机组加热器性能评估结果

项目名称	B机组 660MW 负荷				
试验日期					
加热器编号	1 号高压加热器	2 号高压加热器	3 号高压加热器	5 号低压加热器	6 号低压加热器
加热器进汽压力（MPa）	7.87	5.74	2.80	0.58	0.25
加热器进汽温度（℃）	404.6	357.5	480.7	267.1	177.3
加热器进水温度（℃）	272.1	230.3	196.3	124.1	73.5
加热器出水温度（℃）	295.0	272.1	230.3	155.9	124.1
加热器疏水温度（℃）	277.5	236.8	203.9	129.9	125.1
给水温升（℃）	22.9	41.8	34.0	31.8	50.6
给水端差（℃）	−1.1	0.6	−0.2	1.6	3.1
疏水端差（℃）	5.4	6.5	7.6	5.8	0.0
设计给水端差（℃）	−1.7	0	0	2.8	2.8
设计疏水端差（℃）	5.6	5.6	5.6	5.6	0

从表 17-16 看出，A 机组高压加热器、低压加热器给水端差基本达到了设计值，疏水端差也

达到了设计水平。疏水端差与设计值的微小差异对机组运行经济性的影响几乎为零。

B机组加热器及回热系统运行状态良好，其性能基本达到了设计水平（B机组可参考）。

（6）凝结水系统。

A机组汽轮机及冷端系统优化试验报告的内容见表17-17（B机组可参考）。由表17-17看出：在机组680MW负荷工况，除氧器水位主调门开度为29%，除氧器水位辅调门全开，凝结水泵出口到6号低压加热器凝结水进口总阻力（包含除氧器水位调门节流损失）为0.87MPa。随着负荷的降低，除氧器水位调门的开度越来越小，在机组340MW负荷工况，除氧器水位主调门关闭，除氧器水位辅调门开度为73%，此时凝结水泵出口到6号低压加热器凝结水进口总阻力为1.12MPa。

表17-17　　A机组凝结水系统性能试验结果

项目名称	680MW	610MW	540MW	480MW	410MW	340MW
机组负荷（MW）	676.1	609.7	539.7	479.6	410.6	344.3
除氧器水位主调门开度（%）	29	23	3	0	0	0
除氧器水位辅调门开度（%）	100	100	100	99	83	73
凝结水泵出口流量（t/h）	1254.1	1138.6	1008.5	885.6	772.9	658.0
凝结水泵出口压力（MPa）	2.64	2.44	2.23	2.11	2.12	2.11
6号低压加热器进口凝结水压力（MPa）	1.77	1.61	1.45	1.30	1.14	0.99
除氧器压力（MPa）	1.29	1.18	1.06	0.95	0.83	0.71
凝结水泵出口到6号低压加热器进口总阻力（MPa）	0.87	0.83	0.78	0.81	0.97	1.12
凝结水泵效率（%）	83.10	82.32	80.57	76.94	74.69	69.98

在现有变频运行方式下，A机组除氧器水位主调整门存在较大的节流损失。在保证凝结水泵出口母管压力不小于1.8MPa的条件下，通过开大除氧器水位调整门开度，预计可以降低凝结水泵厂用电率约0.02个百分点。

（7）汽轮机调节运行方式。

上海引进西门子公司汽轮机设计制造技术生产制造的660MW或1000MW超超临界汽轮机，均采用节流调节方式，正常运行时调节阀全开，采用滑压运行方式。当电网负载增加，要求机组快速升负荷时，打开补汽阀，向高压缸5级后通入一定量的新蒸汽，机组负荷快速增加，以满足电网一次调频的需要。由于采用补汽阀方式，新蒸汽在高压缸前5级未做功，使机组热耗率升高，提高了机组能耗指标。此外，采用西门子公司技术由上海汽轮机厂生产的超超临界机组，当补汽阀开启后轴系振动增大，影响机组安全运行，各厂普遍采用强行关闭补汽阀，采用调节阀进行一次调频。此时，调节阀未全开，当电网负载增加，要求机组快速升负荷时，采用开大调节阀，以满足快速升负荷响应。这种运行方式导致调节阀节流损失大，给水泵汽轮机耗汽量大，能耗指标高。目前，上海外三电厂和漕泾电厂1000MW超超临界机组通过调整凝结水，以满足快速升负荷响应，但升负荷响应速度将受影响。

2011年10月21日，A机组622.1MW，主蒸汽压力24.7MPa，调节阀开度36.6%；B机组623.0MW，主蒸汽压力24.7MPa，调节阀开度36.8%。由于调节阀开度小，对机组能耗指标有一定影响。初步估算，在现有的负荷系数条件下，调节阀节流损失大，导致给水泵耗汽量增大影响发电煤耗率约0.93g/kWh。

建议根据负荷大小控制调节阀的开度。在100%负荷调节阀开度45%～50%，75%负荷调节阀开度40%～45%，50%负荷调节阀开度35%～40%，发电煤耗率可降低0.5g/kWh。

(8) 机组运行参数。

1) 主、再热蒸汽温度。

2011年A机组负荷系数为79.32%，B机组负荷系数为77.57%，A、B机组的运行蒸汽参数见表17-18。由于再热蒸汽低于额定值，使机组的热耗率平均升高约9.93kJ/kWh，折合发电煤耗率0.37g/kWh。

表17-18　A、B机组2011年主、再热蒸汽参数

参数	主蒸汽压力（MPa）	主蒸汽温度（℃）	再热蒸汽压力（MPa）	再热蒸汽温度（℃）
设计值	25	600	5.13	600
A机组	21.94	599.78	4.30	595.51
B机组	21.45	598.76	4.12	591.36

2011年10月在3、4号机组分别带679.2MW和681.2MW负荷时，再热蒸汽温度记录结果见表17-19。

表17-19　2011年10月A、B锅炉再热蒸汽温度记录结果

项目	单位	设计值	A炉		B炉	
			A侧	B侧	A侧	B侧
低温再热器进口蒸汽温度	℃	375.4*	365.7	366.3	365.0	365.2
低温再热器出口蒸汽温度	℃	515.0	510.2	509.6	512.7	493.5
高温再热器出口蒸汽温度	℃	603.0	600.5	599.4	597.6	594.0

* 高压缸排汽温度。

对比表17-18中再热蒸汽温度记录值和设计值可以看出：A、B机组设计的高压缸排汽温度为375.4℃，考虑高压缸至冷再热器进口温度差为2.0～3.0℃，锅炉再热器进口蒸汽温度应为372.0℃以上，但实际再热器进口蒸汽温度为365.0～366.0℃，比设计值低6.0～7.0℃，这是造成再热蒸汽温度偏低的主要原因。

2) 过热器和再热器减温水量。

电厂660MW机组过热器减温水由省煤器出口引出对机组热耗率无影响，再热器减温水量较少。表17-20为2010年9月—2011年9月3、4号机组再热器减温水量统计值以及对机组经济性的影响量。

表17-20　A、B机组减温水流量对机组经济性的影响量

项目	A机组	B机组
再热器减温水量（t/h）	1.983	0.771
对发电煤耗率的影响量（g/kWh）	0.055	0.021

3. 厂用电方面

2010年9月—2011年9月期间，A、B机组主要辅机耗电率统计见表17-21。

(1) 三大风机。

1) 三大风机规范。

每台炉配有2台AN30e6/KSE型静叶调节轴流式引风机、2台ANN-2520/1400N型动叶调

表 17-21　　电厂 A、B 机组 2011 年主要辅机耗电率（%）

名称	3 号机组累计	4 号机组累计
负荷系数	0.793 2	0.775 7
凝结水泵	0.18	0.18
循环水泵	0.40	0.47
给水泵前置泵	0.16	0.16
送风机	0.20	0.20
一次风机	0.40	0.41
引风机	0.95	0.97
三大风机总耗电率	1.55	1.58
磨煤机	0.38	0.40
电除尘器	0.11	0.12
除灰	0.07	0.07
脱硫系统	0.65	0.70

节轴流式送风机和 2 台 ANT-1960/1400F 型动叶调节轴流式一次风机，引风机、送风机设计有 10%裕量，即单台引风机、送风机运行时，可带 60%的锅炉最大连续负荷。引风机电动机技术规范 5700kW，送风机电动机规范 1400kW，一次风机电动机规范 2500kW。

2）耗电率统计。

风机性能考核试验所得两台锅炉各风机耗电率分别见表 17-22 和表 17-23。节能诊断实测各风机耗电率见表 17-24。

表 17-22　　A 锅炉 2011 年 5 月性能试验时各风机耗电率

项目		A 侧	B 侧	A 侧	B 侧	A 侧	B 侧
送风机	发电负荷（MW）	671.7		510.8		351.5	
	电动机输入功率（kW）	640.5	585.9	472.0	423.4	271.9	242.4
	送风机厂用电率（%）	0.183		0.175		0.146	
引风机	发电负荷（MW）	675.0		510.8		351.5	
	电动机输入功率（kW）	3613.2	3627.5	2627.5	2629.2	1818.5	1844.3
	引风机厂用电率	1.073		1.029		1.042	
一次风机	发电负荷（MW）	669.1		510.8		351.5	
	电动机输入功率（kW）	1111.5	1194.2	1055.22	1111.6	838.14	876.76
	一次风机厂用电率（%）	0.345		0.424		0.488	
三大风机总厂用电率（%）		1.601		1.628		1.676	

表 17-23　　B 锅炉 2011 年 5 月性能试验时各风机耗电率

项目		A 侧	B 侧	A 侧	B 侧	A 侧	B 侧
送风机	发电负荷（MW）	671.3		510.0		339.8	
	电动机输入功率（kW）	780.6	652.3	505.8	479.2	318.7	303.6
	送风机厂用电率（%）	0.213		0.193		0.183	

续表

项目		A侧	B侧	A侧	B侧	A侧	B侧
引风机	发电负荷（MW）	655.0		510.0		339.8	
	电动机输入功率（kW）	3907.5	3824.2	2742.5	2663.2	2083.3	2021.1
	引风机厂用电率	1.181		1.060		1.208	
一次风机	发电负荷（MW）	671.3		510.0		339.8	
	电动机输入功率（kW）	1270.6	1271.0	1210.8	1242.8	927.44	951.96
	一次风机厂用电率（%）	0.379		0.481		0.553	
三大风机总厂用电率（%）		1.773		1.734		1.994	

表 17-24　　2011 年 10 月实测 A、B 锅炉各风机耗电率

项目名称	5号锅炉		6号锅炉	
测量日期（M/D）	10/24	10/26	10/24	10/26
机组负荷（MW）	622.8	677.8	623.1	680.8
引风机（引、增压风机合一）（%）	0.992	1.006	1.055	1.085
送风机（%）	0.168	0.163	0.168	0.192
一次风机（%）	0.409	0.397	0.443	0.394
三大风机总耗电率（%）	1.570	1.567	1.666	1.671

由表 17-22～表 17-24 可得，A 机组引、送、一次风机总耗电率在 1.6%以下，B 机组引、送、一次风机总耗电率在 1.58%～1.77%。在有脱硝装置（目前投运一层催化剂）和无脱硫增压风机的条件下，A 机组三大风机耗电率正常，而 B 机组三大风机耗电率偏高，主要是引风机和一次风机耗电率偏高引起。

3）存在问题。

机组满负荷时，A 锅炉引风机耗电率约 1.04%，B 锅炉引风机耗电率约 1.14%。对于采用海水脱硫系统，SCR 脱硝装置的无脱硫增压风机的机组，此引风机耗电率偏高。通过考核性试验测试报告可知，引风机高负荷的最高效率仅 70%左右，低负荷时过低，不到 50%。电厂引风机有较大节能潜力，其方向是对风机进行改造，提高风机运行效率，特别是提高低负荷时的运行效率；对 B 炉，还应设法降低烟气系统阻力和流量。

两台炉送风机耗电率在 2.0%以下，处于同类机组正常水平。但通过考核性试验测试报告可知，A、B 炉送风机实际运行效率在机组满负荷时约 82%，但低负荷时运行效率偏低，约 75%。对于动叶调节轴流式风机，此运行效率偏低。

B 锅炉一次风机高负荷的耗电率分别在 0.41%和 0.443%以下，处于同类机组较好水平，但有降低空间。通过考核性试验测试报告可知，机组高负荷时，一次风机出口压力，A 锅炉约 12kPa，B 锅炉约 13kPa。对于采用 MPS 中速磨煤机正压直吹式制粉系统的冷一次风机，该压力运行控制偏高。这是本厂运行控制的热风门开度较小，造成热一次风母管压力偏高所致。据同类制粉系统运行经验，一般情况热一次风母管压力控制在 9kPa 左右为佳，目前本厂两台炉平均在 11kPa 左右。

（2）三大水泵。

1）三大水泵规范。

循环水系统采用扩大单元制海水直流供水冷却方式，每台机组循环水系统配套两台长沙水泵厂生产的92LKXA-17.6型立式斜流循环水泵（其中A泵为双速泵、B泵为定速泵）。两台机组的循环水母管之间设有联络管，可以根据季节温度的变化，灵活安排循环水泵的运行方式。在一般情况下，循环水泵的运行方式有：一机两泵（高速）、一机两泵（一高一低）、两机三泵（两高一低）、一机一泵（高速）、一机一泵（低速）等方式。

每台机组配置两台50%BMCR容量的汽动给水泵组。汽动给水泵的前置泵由电动机驱动，给水泵小汽轮机采用下排汽方式，排汽直接进入主凝汽器。给水泵型号为MDG366；汽动给水泵前置泵型号QG400/300C，前置泵电动机规范560kW。

每台机组配套两台100%容量的10LDTNB-5PJ型、立式筒袋凝结水泵，每台凝结水泵配套YSPKSL630-4型电动机。为了节约厂用电，装设了高压变频器。机组正常运行时，一台凝结水泵变频工作，另一台凝结水泵工频备用。凝结水泵电动机规范2000kW。

2）耗电率统计（略）。

3）存在问题（略）。

三、影响能耗指标分析汇总

电厂各种因素对机组能耗指标的影响量分析结果见表17-25，在实际运行条件下，与额定负荷设计值相比，2011年各种因素使2×660MW机组热耗率较保证值高393.98kJ/kWh，锅炉效率较设计值低0.95%，发电煤耗率升高17.38/kWh，测算应完成发电煤耗率286.86g/kWh，

表17-25　2011年各种因素对2×660MW机组能耗指标影响量分析汇总

参数名称	热耗率（kJ/kWh）	锅炉效率（百分点）	发电厂用电率（百分点）	发电煤耗率（g/kWh）	损失分类
设计值	7342	93.9		269.48	
汽轮机缸效率低	44.0			1.64	不可控
调节阀节流大	24.95			0.93	部分可控
凝汽器压力高	83.98			3.13	可控
再热蒸汽温度低	9.93			0.37	可控
抽真空系统电耗大			0.03		可控
热力及疏水系统内漏	47.22			1.75	部分可控
冷再热器蒸汽供一期	14.22			0.53	可控
汽轮机热耗高	12			0.56	部分可控
给水泵汽轮机效率低，汽耗量大	22.62			0.84	不可控
除氧器排汽和机组启停排污	18.78			0.70	不可控
蒸汽吹灰	8.4			0.30	部分可控
启停机	5.37			0.20	部分可控
排烟温度高及锅炉效率低		−0.95		2.72	部分可控
机组保温差	13.42			0.5	
调节阀控制方式	13.42			0.5	不可控
昼夜峰谷差	13.42			0.5	不可控
引风机耗电率大			0.19		可控
一次风机出口压力高			0.019		可控
负荷系数	95.25	核算到机侧		3.55	部分可控
影响量小计	393.98	−0.95	0.239	18.72	
累计	7735.98	92.95		288.20	

2011 年发电煤耗率统计值为 286.95g/kWh，测算值与统计值基本一致，反映煤量计量与热值化验结果比较合理。通过查看 2×660MW 机组 2011 年各月日报数据，发电煤耗率波动较小，煤质变化比较正常，发电煤耗率数据较真实。

四、主要节能降耗措施

1. 汽轮机进行运行优化并调整运行参数

电厂 2×660MW 机组设计为节流调节，由于机组经常在部分负荷下运行，采用滑压运行方式能够提高机组运行经济性。应对机组进行运行优化试验，提出了运行优化曲线。根据运行优化曲线指导机组的运行，调门开度应达到 40%以上，可降低发电煤耗率约 1.0g/kWh。

实施凝结水一次调频改造后，可降低发电煤耗率约 0.5g/kWh。

2. 热力及疏水系统改进与内漏治理

由于电网调度的需要，机组启停频繁，这样很难保证各阀门长期处于较好的工作状态，致使内漏量增大，且目前 660MW 机组的内漏量较大，系统不完善之处较多。建议对 A、B 机组热力系统和疏水系统进行优化改造，部分技术措施如下：

（1）优化主蒸汽疏水（需核算管径）。

（2）优化再热主汽门前疏水（需核算管径）。

（3）在低压轴封供汽管道上设置减温水，并设疏水点，以保证低压轴封的供汽温度能够灵活调整。

（4）1、2、3 号高压加热器连续排气至除氧器的管道上增设止回门。

（5）考虑增设一路轴封溢流至 8 号低压加热器，提高蒸汽的利用率。

（6）取消小汽轮机低压进汽门前的止回门，减少压降以降低小汽轮机用汽量。

（7）根据目前的运行方式，可考虑取消冷再热器供小汽轮机系统。

在机组大修期间应对 2-11 所列阀门进行检修更换，最好能采用进口阀门确保阀门的严密性，减少内漏，完成以上工作后预计 A、B 机组可降低发电煤耗率约 1.75g/kWh。

3. 保温改造

建议对 A、B 机组保温进行改造，尤其首先应对锅炉炉顶保温进行改造，减少散热损失，提高机组运行的经济性，并改善运行、检修人员的工作环境。

4. 排烟温度治理

（1）空气预热器。

B 锅炉空气预热器已更换换热面，但排烟温度仍然偏高，建议在大修时对两台锅炉空气预热器轴向密封情况进行检查，看是否存在烟气“短路”现象。为了从根本上降低排烟温度，建议由 32-VI（T）-2050-QMR 放大为 33-VI（T）-2200-QMR，转子直径由 ϕ13 552mm 增加到 ϕ15 000mm，直径增加 1448mm，增加换热面积，提高空气预热器的换热性能，降低排烟温度。

（2）低压省煤器。

由于锅炉排烟温度较设计值约高 20℃，目前无更合理经济手段降低锅炉排烟温度，可研究加装低压省煤器。加装低压省煤器，将全部或部分凝结水引入锅炉加热，是有效降低排烟温度（节能）的手段之一，在德国大量应用于褐煤锅炉，国内也逐步开始使用。该系统对机组主要有以下影响：

1）排挤汽轮机抽汽，汽轮机热耗率升高；

2）由于排挤抽汽导致凝汽器热负荷增加，真空降低；

3）凝结水泵和风机耗电率增加。初步核算，加装低压省煤器，若排烟温度降低 40℃，凝汽器真空降低约 0.1kPa，发电煤耗率降低约 2.6g/kWh，厂用电率将升高 0.15～0.2 个百分点，供电煤耗率约降低 1.8g/kWh。

采用低压省煤器与暖风器联合系统技术，供电煤耗率约降低 4.0g/kWh。

5. 锅炉燃烧调整优化

(1) 运行氧量监控。

部分表盘运行氧量指示不准，导致锅炉氧量自动控制方式无法投运。锅炉性能考核试验和燃烧调整试验两次氧量标定结果均说明，空气预热器进口可作为表盘氧量取样的合适位置，但表盘运行氧量指示存在问题，因此建议检查和校准表盘氧量测量装置。

(2) 热工控制系统优化调整。

进一步开展热工控制系统的运行优化调整，以解决升降负荷过程中汽温波动问题和再热器壁温超温问题。

6. 引风机改造

现引风机与本厂烟气系统不匹配，且实际运行性能未达设计性能，造成引风机运行效率低，建议对现引风机进行改造。经初步分析计算，有两个改造方案可供选择：一是将现静叶调节轴流式风机改为动叶调节轴流式风机，二是在原有风机上进行变频调速。

按现风机实测运行效率（低于设计曲线效率较多），经初步估算，现风机采用变频调速，风机运行效率（含变频器损失后）A 锅炉可望提高 15～40 个百分点，引风机耗电率可降低约 0.17 个百分点；B 锅炉可望提高 10～36 个百分点，引风机耗电率可降低约 0.14 个百分点。改成动叶调节轴流风机后，A 锅炉引风机运行效率可望提高 20～26 个百分点，引风机耗电率可降低约 0.20 个百分点；B 锅炉可望提高 15～20 个百分点，引风机耗电率可降低约 0.18 个百分点。

7. 送风系统改造

目前送风系统运行参数正常，但现送风机与本厂送风系统不匹配，运行效率偏低。可通过局部改造（超更换叶轮）提高风机运行效率，具体改造方案需进一步确定。经初步估算，送风机改造后，风机运行效率可提高 4～8 个百分点，但由于送风机总耗功较小，送风机耗电率仅可降低 0.01 个百分点，经济上不可行，故建议暂不对送风机进行改造。

8. 再热器受热面管材升级改造

再热器受热面管材等级差，为了防止氧化皮生成和脱落，电厂不得不降低主蒸汽和再热器蒸汽温度运行，锅炉进口再热蒸汽温度低是造成再热蒸汽温度偏低的主要原因。建议电厂末级再热器采用 SUPER304H 替代原来立式低温再热器受热面的 TP347H 材料。按平均提升再热器蒸汽温度 12℃计算，可以降低煤耗率 0.84g/kWh。

9. 安装罗茨真空泵组

在原抽真空系统中，并入了一台高效罗茨水环抽真空泵组，原有的 3 台水环真空泵仍然保留，用以建立真空或备用。高效罗茨水环真空泵组日常投入运行，用以维持真空。改造后真空泵耗电率减少 0.032 百分点。

10. 邻机蒸汽加热启动技术

经过长时间停炉后，锅炉再启动时，要经历冷态冲洗、热态冲洗等过程。在锅炉启动过程中，首先进行冷态冲洗，冷态冲洗完成后，锅炉点火加热冲洗水进行热态冲洗。超超临界参数变压运行直流锅炉邻机蒸汽启动技术，是以临机二段抽汽加热锅炉冲洗水，以达到锅炉不点火即实现热态冲洗的目的。在增设邻机蒸汽加热启动系统后，可以通过邻近机组的蒸汽将本机给水温度大幅提升，继而进行锅炉的热态冲洗，可以有效的延迟锅炉点火时间，减少锅炉氧化皮的产生，并且节省出风机及锅炉部分相关辅机的启动耗电，另外还能进一步缩短机组启动时间。改造后，机组启动过程中延迟锅炉点火引起的风机等辅机耗功减小 2950kW。机组冷态启动时，锅炉热态冲洗时间以 5h 计算，则每次启动节电 114 750kWh，降低厂用电率 0.02 个百分点。

11. 一次风系统节能措施

现一次风机与电厂一次风系统匹配较好，无节能改造必要。但目前运行时，磨煤机入口热风门开度较小，造成一次风机出口压力过高。因此，一次风系统的节能措施是通过对制粉系统精心调整，适当降低一次风机运行的出口压力，以减小一次风机耗电。

经初步估算，一次风机出口压力 3 号锅炉至少可降低 400Pa，B 锅炉至少可降低 600Pa，则 A 锅炉一次风机耗电率可降低约 0.015 个百分点，4 号锅炉一次风机耗电率可降低约 0.02 个百分点。

此外，目前由于掺烧褐煤，各磨煤机出口温度控制在 70℃以下，掺入冷风量较多。建议电厂考虑将炉前煤混改为炉内混烧，即根据褐煤掺烧比例，单独给 1～2 个煤仓上褐煤，其余煤仓上烟煤。以实现提升磨烟煤磨煤机的出口温度，少掺冷风，提高锅炉燃烧经济性。

五、节能潜力预测与结论

1. 能潜力预测

节能潜力预测汇总结果见表 17-26。通过全面实施以上技术改造与运行调整，可使 2×660MW 机组发电煤耗率降低 7.89g/kWh，厂用电率降低 0.28 个百分点。

表 17-26　　2×660MW 机组节能潜力预测分析汇总

名称	A 机组		B 机组		平均	
	发电煤耗率(g/kWh)	发电厂用电率(个百分点)	发电煤耗率(g/kWh)	发电厂用电率(个百分点)	发电煤耗率(g/kWh)	发电厂用电率(个百分点)
汽轮机运行方式优化	1.0		1.0		1.0	
凝结水一次调频	0.5		0.5		0.5	
热力系统及疏水系统内漏治理、轴封系统改进	2		1.5		1.75	
除氧器水位调整方式优化		0.02		0.02		0.02
锅炉空气预热器增容	0.70		0.70		0.7	
锅炉燃烧优化调整	0.2		0.2		0.2	
再热器受热面管材升级	0.84		0.84		0.84	
安装罗茨真空泵组		0.032		0.032		0.032
设置外置式蒸汽冷却器	0.5		0.5		0.5	
吹灰器汽源优化	0.1		0.1		0.1	
保温治理	0.5		0.5		0.5	
引风机变频改造		0.20		0.18		0.19
降低一次风压力		0.015		0.02		0.018
低压省煤器	1.8		1.8		1.8	
增设邻机蒸汽加热启动系统		0.02		0.02		0.02
降低合计	8.18	0.285	7.64	0.27	7.89	0.28

2. 结论

（1）通过现场调研工作，收集了大量设计资料和运行数据，结合电厂机组 2011 年实际运行及各项能耗指标完成情况，经诊断：2×660MW 机组在额定负荷下，与设计值相比，各种因素使机组热耗率升高 393.98kJ/kWh，发电煤耗率升高 17.38g/kWh。通过对各部分能损的定量分析表明，电厂 2×660MW 机组实际运行煤耗率和厂用电率高的主要原因是：汽轮机缸效率略低、调节阀运行方式不合理、热力及疏水系统内漏、给水泵汽轮机效率低、循环水泵效率低、再热蒸汽温度低、锅炉排烟温度高及锅炉效率低、引风机耗电率高、负荷系数低。

(2) 根据电厂机组实际运行情况，结合同类型机组设备及系统改造经验，针对 2×660MW 机组实施以下技术改造与运行调整：汽轮机调节方式运行优化、热力及疏水系统内漏治理、轴封系统改进、前置泵改造、除氧器水位调整方式优化、空气预热器换热面积增容、控制系统运行优化精细调整、提高再热蒸汽温度、保温治理、引风机改造。为有效降低锅炉排烟温度，可研究加装低压加热器的方案。

通过上述技术措施，可使 2×660MW 机组发电煤耗率降低 7.89g/kWh，厂用电率降低 0.28 个百分点。综合考虑机组启停、环境温度、负荷系数等，当所有措施落实到位后，在负荷系数 75%条件下，发电煤耗率可达到 278.97g/kWh，发电厂用电率为 3.86%，生产供电煤耗率可达到 290.17g/kWh。

第十八章 燃煤电厂主要节能措施数据库

第一节 燃煤电厂综合节能措施数据库

一、提高蒸汽参数

常规超临界机组汽轮机典型参数为 24.2MPa/566/566℃，常规超超临界机组典型参数为 25～26.25MPa/600/600℃。提高汽轮机进汽参数（如压力大于 27MPa，温度为 600℃/610℃）可直接提高机组效率。在真正意义的超超临界机组参数范围的条件下，即主蒸汽压力大于 27MPa，主蒸汽温度高于 600℃时，主蒸汽压力每提高 1MPa，机组热耗率可降低 0.13%～0.15%；主蒸汽温度每提高 10℃，机组热耗率降低 0.25%～0.3%；再热蒸汽温度升高 10℃，机组热耗率降低 0.15%～0.2%。

二、二次再热技术

二次再热技术可以有效的提高火力发电机组的热效率，在相同蒸汽压力、温度条件下，二次再热机组的热效率比一次再热机组提高 2%左右，CO_2 排放降低约 3.6%。且目前技术成熟的铁素体合金材料和奥氏体合金材料能够满足二次再热超超临界机组的安全要求。美国、德国、日本、丹麦等国家在部分 300MW 以上机组已有应用，可降低供电煤耗率 8～10g/kWh。国内有 1000MW 二次再热技术示范工程，技术较成熟。1000MW 工程项目证明：比一次再热机组热效率高出 2%～3%，可降低供电煤耗率 8～10g/kWh。一次再热机组的再热蒸汽温度从 600℃提高到 620℃，热耗约降低 28kJ/kWh；二次再热机组的一、二次再热蒸汽温度从 600℃提高到 610℃，热耗约降低 16kJ/kWh；二次再热机组的一、二次再热蒸汽温度从 600℃提高到 620℃，热耗约降低 32kJ/kWh。

三、管道系统优化

我国超超临界机组四大管道的早期设计基本上全部使用弯头设计，采用弯管设计的项目非常少。对于 1000MW 机组来说，采用弯头优化设计的热耗率为 7295kJ/kWh，发电煤耗率为 270.08g/kWh；而采用弯管优化设计的热耗率为 7291kJ/kWh，发电煤耗率为 269.95g/kWh，二者相差 0.13g/kWh。没有进行四大管道优化设计的热耗率为 7309.8kJ/kWh，发电煤耗率为 270.64g/kWh。因此，对于新建机组应通过适当增大管径、减少弯头、尽量采用弯管（弯管的造价远低于弯头，除个别点布置困难而采用 1.5*D* 的管件弯头外，其他所有弯头均采用大于或等于 3*D* 的弯管）和斜三通等低阻力连接件等措施，降低主蒸汽、再热、给水等管道阻力。机组热效率提高 0.1%～0.2%，可降低供电煤耗率 0.3～0.6g/kWh。该技术成熟，适用于各级容量机组。

四、亚临界机组改造

将亚临界机组改造为超（超）临界机组，并对汽轮机、锅炉和主辅机设备作相应改造，可大幅提升机组热力循环效率。适用于现役 300～600MW 亚临界机组。主要方法如下。

1. 亚临界机组改为高温亚临界机组

主蒸汽管道、再热蒸汽管道校核计算，根据计算结果确定设备更换范围。锅炉热力性能校核计算，确定过热器、再热器受热面材料局部更换等，温度提高到超临界机组的蒸汽温度（温度提升到 566℃，压力不提升）。改造后供电煤耗率约降低 20g/kWh。

2. 亚临界机组改为超临界机组

更换给水泵、给水管道、锅炉水冷壁、主蒸汽管道、再热蒸汽管道，过热器、再热器受热面改造（更换材料、增加受热面）、高压加热器改造。实际上，这种方法是不符合国家的电力政策的，这种方法是关停小火电，但又在旧址上新建燃煤锅炉，有政策空白。

2019 年 8 月 10 日，华润电力徐州电厂 3 号机组（320MW 亚临界燃煤纯凝机组）完成国内首台亚临界升级为超临界机组，原机侧主蒸汽设计压力 16.7MPa 保持不变，机侧主蒸汽温度和再热蒸汽温度均由 538℃提高到 600℃，极大程度地保留了原有锅炉、高压加热器、给水泵系统，设计供电煤耗率 287g/kWh，在夏季工况汽机单阀运行期间，机组供电煤耗率达到 302g/kWh，汽轮机热耗率 7760kJ/kWh。

五、700℃超超临界

蒸汽参数越高，给水温度越高，则机组热效率越高。因此，大幅度提高蒸汽参数是现在火电机组提高效率的主要途径之一，然而材料的性能成为制约蒸汽参数大幅提高的主要技术瓶颈。目前合金铁素体和合金奥氏体材料已经在 600℃等级的超超临界机组中得到规模化应用。然而为了将机组的热效率进一步提高到 50%以上，蒸汽温度参数需达到 700℃等级，但现役的合金铁素体和奥氏体材料将无法满足机组安全运行的要求，新型镍基合金材料就成为必要的选择。当机组蒸汽参数从 25MPa/540/540℃增加到 30MPa/700/720℃时，合金奥氏体材料占锅炉总材料的份额将增加到 24%，镍基合金材料要占到整个 700℃超超临界机组材料的 29%。目前美、欧、日和我国都在积极探索 700℃等级镍基合金材料，但对于镍基合金材料用于制造的大口径厚壁管在试验时发现了焊缝裂纹等问题。因此，在 700℃温度条件下使用的高温材料还没有得以解决。目前国内外均未有 700℃等级超超临界机组投运。推广 700℃级别的超超临界机组必须首先解决在 700℃温度条件下金属材料强度、抗高温腐蚀和使用寿命等问题。

传统超临界 540℃等级合金钢（TP347H），其单价约为 4 万元/t，目前已在超超临界 600℃机组中大量使用的铁素体、奥氏体合金钢（HR3C），单价已达到 12 万～15 万元/t，而 700℃等级的镍基合金钢（Inconel 617），其单价估计将高达 78 万元/t。目前 600℃一次再热 2×1000MW 超超临界机组总投资 70 亿～80 亿元人民币，其中从锅炉至汽轮机单根长度约为 160m 的主蒸汽管和再热蒸汽管道的造价约 3 亿元人民币，若将参数提高至 700℃等级，则该高温蒸汽管道的总价格可能上升至 25 亿元人民币以上，此外锅炉及汽轮机造价亦将相应上升，超常代价仅获取 2%左右热效率的提高，难以为市场所接受。在新的镍基耐高温材料研发成功后，蒸汽参数可提高至 700℃，大幅提高机组热效率，供电煤耗率预计可达到 246g/kWh。该技术处于研发阶段。

六、加强管道和阀门保温

管道及阀门保温技术直接影响电厂能效，降低保温外表面温度设计值有利于降低蒸汽损耗。但会对保温材料厚度、管道布置、支吊架结构产生影响。该技术成熟，适用于各级容量机组。

七、宽负荷高效技术

目前现役机组多依据 20 世纪 90 年代电力紧缺时制定的四大工况定义的火电行规设计制造的，当四阀全开工况下机组通流能力是夏季工况时的 1.03～1.05 倍，以 600MW 等级机组为例，受限于当时设计水平及加工制造能力，为弥补发电能力的欠缺，往往设计时将通流进一步放大，导致机组的实际进汽能力达到铭牌工况的 1.08～1.1 倍，在当前电力市场严重饱和的情况下，机组运行区间多集中在 75%负荷及以下，严重偏离当初的通流设计基准点，加之设计理念老旧，机组效率大幅下滑，直接影响机组在部分负荷下的运行经济性。

鉴于以上原因，在改造机组通流基准点设计时，尽量采用设计点下调的方式，减小机组通流面积，提高调节级后压力，减小夏季补水率、根据实际情况降低夏季背压、减小通流裕度设计或者配合采用夏季不满发的 IEC 标准工况定义设计，如某 600MW 亚临界机组改造时，就采用 IEC 标准定义设计：维持铭牌功率保持 600MW，THA 工况设计背压 4.9kPa，铭牌工况设计背压根据电厂实际运行能力由 11.8kPa 调整到 9.0kPa，补水率由 3%减小到 1%，VWO 工况的进汽裕度由 5%调整为 1%。按以上边界条件设计，汽轮机的最大进汽量约为 THA 工况进汽量的 1.13 倍下降至 1.08 倍，100%THA 热耗率从 7798kJ/kWh 降低到 7790kJ/kWh，75%THA 热耗率从 7903.4kJ/kWh 降低到 7890kJ/kWh，50%THA 热耗率从 8210.3kJ/kWh 降低到 8190kJ/kWh，可见 THA 工况点下移更有利于低负荷运行时机组经济性的保证。

传统汽轮机设计 THA 工况点与铭牌功率相同，高效宽负荷节能设计思想是 THA 工况点与铭牌功率不同，有两种设计方案：一是保持铭牌功率不变而将 THA 工况点下移；二是保持 THA 工况点不变而提高铭牌功率。临河电厂采用设计方案二，既保证机组在特定条件下可以发 330MW，同时在部分负荷下提高效率，相当于机组在低负荷下负荷系数提高近 10 个百分点，部分负荷节能效果显著。机组 330MW 功率设计条件：

（1）超压 5%；

（2）设计排汽压力由 11.8kPa 降到 9.6kPa；

（3）分流 40%高压加热器给水；

（4）锅炉 BMCR 工况 1025t/h 提高到 1050t/h；

（5）增加 1 台 0 号高压加热器（简称零号高加或 0 号高加）。

八、取较深海水作为电厂冷却水

直流供水系统取、排水口的位置和型式应考虑水源特点，有利于吸取冷水、减少温排水对环境的影响和工程施工等因素。有条件时，宜取较深处水温较低的水作为机组冷却水。但取水水深和取排水口布置受航道、码头等因素影响较大。采用直流供水系统时，循环水温每降低 1℃，供电煤耗率降低约 1g/kWh。该技术成熟，适用于沿海电厂。

九、一次调频技术

对于节流调节机组，设计中机组带部分负荷时调门全开，当电网下达调频指令时，通过开启补汽阀来提高机组负荷，但目前大部分机组在补汽阀开启时，机组振动明显增加，机组在部分负荷运行时保持调节汽门开度小，此时，节流损失大，能耗指标升高。通过优化调门运行方式可部分实现调频功能。在 100%负荷，调门开度 45%以上；75%负荷以上，调门开度 40%以上；50%负荷，调门开度在 35%以上。

十、照明节电改造

从光源、镇流器、灯具等方面综合考虑电厂照明，选用节能、安全、耐用的照明器具。可以一定程度减少电厂自用电量，对降低煤耗影响较小。该技术成熟，适用于各类电厂。

十一、变频总电源（辅机统调动力源）技术

以变频总电源（辅机统调动力源）的形式带动电厂全部辅机，实现难度较大。比较可行的做法是以辅机统调动力源带动运行频率一致的主要辅机设备，其他辅机仍然通过厂用电源带动。根据电厂运行的实际情况，可以考虑以辅机统调电力源拖动主要辅机，如引风机、送风机、一次风机、循环水泵和凝结水泵等。这样就不必要在各个主要辅机设置独立的变频装置，而且当变频发电机发生故障时，可以利用残压切换为工频运行。对于电厂实施变频总电源项目，也存在不同意见。

十二、厂级实时监控信息系统（SIS）

厂级实时监控信息系统为电厂生产过程实时监测、优化控制及生产过程管理的一体化信息系统，是目前大中型火力发电厂进行机组和厂级节能降耗、生产信息化管理的主要技术支撑平台。

主要功能：全厂生产过程监控、厂级及机组级性能计算、厂级经济指标分析及优化运行操作指导、过程信息统计和分析、机组在线性能试验、全厂机组之间负荷经济分配及调度、机组耗差分析等。通过SIS项目的实施和推广，可以为发电厂的安全运行、精细化管理和节能降耗提供辅助决策，预期节能潜力可达0.5～1.0g/kWh。适用于在役及新建机组的生产过程、性能指标的实时检测和分析，为机组的优化运行提供技术支持。

十三、邻机蒸汽加热启动技术

经过长时间停炉后，锅炉再启动时，要经历冷态冲洗、热态冲洗等过程。在锅炉启动过程中，首先进行冷态冲洗，冷态冲洗完成后，锅炉点火加热冲洗水进行热态冲洗。超超临界参数变压运行直流锅炉邻机蒸汽启动技术，是以临机二段抽汽加热锅炉冲洗水，以达到锅炉不点火即实现热态冲洗的目的。采用邻机蒸汽加热启动技术，可以降低机组启动电耗、能耗，缓解机组氧化皮生成，加快机组启动速度。

以660MW锅炉启动过程中引风机、送风机风量在30%～50%BMCR之间，锅炉热态冲洗时间以5h计算。节标煤量13t/h，节电量2950kW，节煤收益0.91万元/h（标煤单价按700元/t计），节电收益0.122万元/h（电价按0.412元/kWh计），单台机组一次启动收益5.16万元。

十四、尾水发电技术

为了充分利用火力发电厂循环水排水尾能，一些火力发电厂在循环水排水口安装小型水轮发电机，充分利用其水头及流量进行循环水排水尾能发电，最大限度地发挥节能减排、环境保护、循环经济等优势。近年来，采用直流供水系统的大型火力发电厂安装投运的尾水回收发电站有：江西省的丰城电厂一期装机4×630kW，年平均发电量1155万kWh；丰城电厂二期装机3 250kW，年平均发电量l490万kWh；湖北省的黄石火电厂装机2×500kW，年平均发电量598万kWh；阳逻电厂装机4×630kW，年平均发电量1420万kWh；襄樊火电厂装机3×500kW，年平均发电量670万kWh；鄂州火电厂装机4×2MW，年平均发电量4510万kWh。尾水回收发电取得了良好的经济效益。

第二节　燃煤电厂锅炉侧节能措施数据库

一、烟道低压省煤器

低压省煤器（简称低省）安装在电除尘进口处，低压省煤器内部流过的介质是凝结水泵供出的低压凝结水，凝结水在低压省煤器内吸收排烟热量，降低排烟温度，自身被加热、升高温度后再返回汽轮机低压加热器系统，代替部分低压加热器的作用，是汽轮机热系统的一个组成部分。国外类似的低压省煤器已经广泛应用，称为FGHRs（Flue gas heat recovery system）。改造后机组供电煤耗率可降低1.4～1.8g/kWh。适合于燃煤300～1000MW火电机组排烟温度高出设计值10℃以上的锅炉。

二、锅炉烟气余热深度回收技术

在除尘器之后、脱硫塔之前的烟道中布置烟气冷却器（或称低温省煤器），降低排烟温度。回收的烟气余热用于加热主凝结水、一二次风、热网循环水或脱硫塔后烟气，以提高低压给水温度或者加热冷空气以提高锅炉进风温度，回收部分热量。从而减少回热系统或者暖风器的抽汽量，提高机组发电出力，降低发电煤耗，提高机组运行的经济性，节约能源。主要有以下系统：常规低温省煤器系统、低温省煤器与暖风器联合系统、低温省煤器与凝结水供暖风器联合系统、两级低压省煤器与暖风器系统、两级低压省煤器与凝结水供暖风器联合系统。预计可降低供电煤耗率1.4～1.8g/kWh技术成熟。适用于300～1000MW各类型排烟温度比设计值偏高20℃以上的机组。

三、H型鳍片省煤器

H型鳍片管，亦称H型肋片管，是把两片中间有圆弧的钢片对称地与光管焊接在一起形成鳍片。采用扩展受热面对在用锅炉的代光管型省煤器进行改造，以便在现有的安装空间条件下，以降低锅炉排烟温度，保证传热效果不变，甚至有所提高。以300MW机组为例，采用H型鳍片管省煤器后排烟温度可降低2～3℃，对应发电煤耗率降低0.3～0.5g/kWh，适合于燃煤100～1000MW火电机组。

四、锅炉运行优化调整

电厂实际燃用煤种与设计煤种差异较大时，对锅炉燃烧造成很大影响。开展锅炉燃烧及制粉系统优化试验，确定合理的风量、风粉比、煤粉细度等，有利于电厂优化运行。主要的燃烧优化调整措施包括：运行氧量调整、过热度调整、燃烧器垂直摆角调整、燃烧器水平摆角调整、磨投运方式调整、一次风速调整、煤粉细度调整、配风方式调整、周界风调整、燃尽风调整等，通过采用单因素轮换法，分别研究各运行参数对锅炉热效率、蒸汽参数、受热面壁温、氮氧化物排放、厂用电率等的影响，从而获取各负荷下的优化运行参数，并将运行氧量优化曲线、风煤比优化曲线、风门挡板自动曲线、燃烧器摆角控制等接入控制系统，实现机组的自动、经济运行。预计可降低供电煤耗率0.5～1.5g/kWh。该技术成熟。现役各级容量机组可普遍采用。

五、锅炉空气预热器增容改造

空气预热器加高。部分空气预热器传热元件高度为2m左右，可加高至2.2～2.3m，少数电厂尝试把传热元件加高至2.4m，但要防止阻力上升。适合于燃煤100～1000MW火电机组。例如华能上都电厂2号机组为600MW国产亚临界空冷机组传热能力，为了降低锅炉排烟温度，投资170万元进行了回转式空气预热器增容改造，其方案是：空气预热器换热元件总高为1680mm，其中冷端层为300mm，中间层为1000mm，热端层为380mm。根据原空气预热器结构，热端换热元件上有150mm高预留空间，原热端换热元件高380mm装于高459mm的盒中，热端空间高度为631mm；更换所有的热端元件及盒，换热元件高度由原380mm增到560mm，板型由HE变为换热效率更高的新板型——HE4，HE4板型每对由两块形状相同的定位板组成，槽口相互交叉。HE4板型的主要优点是扰动及混合强烈，故传热效率高，相对阻力小，单位体积受热面大，综合经济性好。通过改造后性能试验，得出高负荷送风机功率由改前的314.7kW降低到改后300kW；中负荷送风机功率由改前的181.2kW降低到改后136.5kW；低负荷送风机功率由改前的102.3kW降低到改后35.5kW。通过改造，中、低负荷送风机功耗明显降低，效率都得到了较大提高，厂用电率下降0.026个百分点。

六、空气预热器柔性密封

回转式空气预热器通常存在密封不良、低温腐蚀、积灰堵塞等问题，造成漏风率与烟风阻力增大，风机耗电增加。可采用先进的密封技术进行改造，采用柔性金属密封组件，直接与空气预热器的密封板进行接触，从而降低运行电耗，提高除尘效率，使空气预热器漏风率控制在6%以内。预计可降低供电煤耗率0.2～0.5g/kWh（通常密封改造后空气预热器漏风率每下降1个百分点，厂用电率下降不超过0.03个百分点，降低供电煤耗率0.1g/kWh）。该技术成熟，适用于漏风率高于10%的锅炉空气预热器。

国华某电厂1000MW机组采用柔性刷式接触式密封技术，在BMCR工况下A侧空气预热器漏风率为3.05%，B侧空气预热器漏风率为3.15%；额定工况下两次正式结果的平均值：A侧空气预热器漏风率为3.14%，B侧空气预热器漏风率为3.23%，因此，采用柔性刷式接触式密封技术，可以将空气预热器漏风率降至4%以下。采用柔性刷式接触式密封技术后，按照空气预热器漏风率下降3～4个百分点，机组供电煤耗率下降0.35g/kWh。

七、空气预热器双密封改造

将扇形板和轴向密封装置内装2片密封片同时起到密封作用。采用双层密封技术，使空气预热器漏风率控制在6%以内。通常密封改造后空气预热器漏风率每下降1个百分点，厂用电率下降不超过0.03个百分点，降低供电煤耗率0.2～0.5g/kWh。适用于漏风率高于10%的锅炉空气预热器，新投产机组应采用的技术。

八、空气预热器反转

一些电厂设计煤种水分较高，需要较大的干燥出力，以保证磨煤机出口温度能达到合适值。在设计时，空气预热器除考虑增加其换热面积高度外，空气预热器转子通过烟道蓄热后，一般采用先经过一次风道与一次风换热，后经过二次风道与二次风换热，即先加热一次风，后加热二次风的旋转方向。如果实际运行中，日常燃烧煤种水分较设计值偏低较多，常会引起锅炉磨煤机出口温度偏高，为此，运行中采取的措施是增加调温风（冷风）量，同时关小热风门，减小热一次风量，这样会导致两个方面的问题出现：一是由于制粉系统冷风量的掺入，通过空气预热器的热一次风量减少，空气预热器换热效果变差，排烟温度升高；二是由于热风门的关小，一次风热风母管压力通常会升高，引起一次风机功耗增大及空气预热器漏风增加。如果遇到此种情况，可以改变空气预热器转子旋转方向，即采取先加热二次风，后加热一次风的措施，可获得较好的效果。

反之，如果设计煤种水分较低，在设计时，空气预热器转子为先加热二次风，后加热一次风的旋转方向，如果实际运行中，日常燃烧煤种水分较设计值偏高较多，由此会引起锅炉磨煤机出口温度偏低，影响磨煤机出力，在这种情况下，同样采取空气预热器转子反转的方法，会起到较好的作用。比如WLS电厂4、5号锅炉，设计煤种收到基水分为5.5%，校核煤种收到基水分为5.8%，实际燃烧煤种水分大于15.0%，导致磨煤机出口温度偏低，严重影响机组带负荷能力。WLS电厂4、5号锅炉空气预热器转子设计为先加热二次风，后加热一次风，考虑到燃烧煤种不可改变，电厂将其4、5号锅炉空气预热器转子进行反转，即先加热一次风，后加热二次风，磨煤机运行出力大幅提高，满足了机组带负荷的要求。

九、热一次风母管压力优化

一次风经空气预热器加热后进入磨煤机，作为干燥风和携带风，称为热一次风。风温影响粉煤的干燥度，一次风压影响煤粉的刚度和细度。当风压过低时，容易造成煤粉管的堵塞，引起火焰会损伤燃烧器；当一次风压过高时，煤粉颗粒变粗。煤粉管弯头的磨穿几率增大，同时煤粉刚度增大，在炉膛内燃烧不完全，使排烟温度升高。因此在磨煤机通风量一定的情况下，降低一次风压，开大热一次风调节门，减少热一次风调节门节流损失，以降低一次风机的耗电量。

内蒙古某电厂2×600MW上海制造的SG-2059/17.5-M920亚临界控制循环汽包炉，各配有2台100%容量上海鼓风机厂有限公司生产的型号为PAF19-14-2型动叶可调轴流式一次风机，风机最大风压15 500Pa，电机功率2500kW。原有控制逻辑中一次风压由一次风机动叶进行调整，根据锅炉主控指令经函数计算而来，一次风压相对较高（600MW时原逻辑一次风压给定值为8.84kPa），磨煤机热风调门开度较小（40%～60%），节流损失较大。为此电厂如下改造：修改一次风压控制逻辑，由锅炉主控改为跟踪运行磨煤机最大煤量；针对磨煤机热风调门的节流损失，进行在不同负荷下降低一次风母管风压，使磨煤机热风调节门尽可能全开的试验，以期得到不同煤量下对应一次风压最优化值，试验结果表示：一次风机电流降压前后分别为126A和116A。通过降低一次风压，全开磨煤机热风门后，各工况下一次风机电流下降值约为5～10A，而一次风机电机功率因数为0.916，所以2台一次风机每小时至少节约电量约为1.732×6×5×

0.916×2=95.19（kWh）。电厂自开始试行一次风机降压运行以来，磨煤机运行时热风调门开度多数维持在70%以上，从每天的机组生产指标日报上可以看出，一次风机耗电率从之前的0.39%～0.40%降至0.37%～0.38%。

十、离心或静叶可调风机变频改造

对于风机出力过大，调节门处于小开度运行的离心式风机和静叶调节轴流式风机，若将风机性能曲线改成转速调节的性能曲线后，系统阻力线落在其高效率区城内，运行效率可显著提高，在5年内可回收变频器改造费用时，可将风机电机改为变频调节。在变频改造时，变频器应设旁路，以便变频和工频之间可在控制室进行切换。某600MW锅炉两台静叶可调轴流式吸风机加装高压变频器调速后，年节电量为1200万kWh，节电率30%。该技术适用于静叶调节轴流式或离心引风机，新投产机组应采用此技术。

十一、送风机降速或双速改造

动叶调节轴流式风机与离心式和静叶调节轴流风机相比，其最大优点是调节性能好，其次，风机在较大流量变化范围内效率基本不变，只有在低负荷时效率才显著降低。若因送风机选型过大，送风机在小开度低效率区运行。为提高送风机运行效率，降低耗电率，可考虑降一级转速（增加电动机极对数）运行。若送风机电动机降一级转速后又不能完全保证机组满负荷运行的需要，则可将电动机改为双速电动机，风机在大部分负荷下处于低速挡运行。对已投运的送风机，只有在6极及以上极数（1000r/min以下）的电动机才可实施，因由4极（1500r/min）改6级（1000r/min）时，转速下降太多，改造难度和费用较大，且功率因数下降也较多，往往难以满足风机和电动机的总节能量要求。该技术适合于送风机运行效率低且与烟风系统不匹配机组。某电厂600MW超临界机组配套送风机由沈阳鼓风机厂生产，型号为ASN-2790/1800动叶调节轴流式风机，轴功率1655kW，转速990r/min，电动机功率1900kW，额定电流225.1A。机组投运后一直存在送风机运行效率低，耗电率高的问题。后来将电动机转速由990r/min降至747r/min，电动机功率由1900kW降至1100kW，电流由225.2A降至142A。改造后风机的运行开度增加了10%～20%，运行效率提高6%～10%，年节电量约154.7万kWh，耗电率降低0.048个百分点。

十二、动叶可调送风机变频改造

锅炉风机的风量与风压的富裕度以及机组的调峰运行导致风机的运行工况点与设计高效点相偏离，从而使风机的运行效率大幅度下降。一般在锅炉风机容量设计时，单侧风机运行时具备带75%负荷运行的能力，这主要是从机组运行的安全性出发的；所以当双侧风机运行、机组带满负荷时，送风机、引风机的设计余量在20%～30%这就为风机的变频调速节能改造造就了巨大的潜力。对动叶调节轴流式送风机进行变频改造，适合于动叶调节轴流式送风机。如HZ有限公司2×1000MW机组动叶可调轴流式送风机变频改造后，送风机耗电率由0.23%降为0.07%，节电率约70%。

十三、引风机、增压风机合并改造

在烟气脱硫系统中，为了克服烟气脱硫系统的阻力，一般可采用两种方案：①在脱硫系统进口原烟道上增设脱硫增压风机，利用增压风机克服脱硫系统阻力（包括烟道、设备的沿程阻力和局部阻力）；②脱硫系统不设置增压风机，将增压风机与锅炉引风机合并考虑，提高锅炉引风机的扬程，用以克服锅炉烟气系统和脱硫系统的阻力。合并设置方案占地面积省，维护工作量小。因此对于新建的火电机组，特别是不设置GGH的脱硫系统，采用不设置增压风机，利用提高锅炉引风机压头的方法克服烟气脱硫系统阻力的方案是比较经济可行的方案。

若对引风机与增压风机实施合并改造，取消增压风机，可提高引风机运行效率，降低厂用电率（降低0.20～0.30个百分点），增加上网电量。取消增压风机后，减少了故障点，有利于提高机组运行的可靠性。某1000MW机组实施引风机与增压风机二合一改造后，厂用电率下降0.25个百分点，年减少耗电约1500万kWh，节省电费约618万元。适用于燃煤机组脱硝、脱硫、除尘器等配套风机改造工程，新投产机组应采用的技术。

十四、采用汽动引风机

纯凝式汽轮机拖动引风机。它是一项新的节电技术，如：海门电厂3、4号机组设计时采用纯凝式汽轮机拖动引风机，汽源为中压缸排汽。此外，还要单独设立凝汽器、凝结水泵、循环水泵（直流冷却系统），系统复杂，经初步测算，小汽轮机进汽量约49t/h。采用汽动引风机，可降低厂用电1个百分点，供电煤耗率约升高0.15g/kWh。适合于600MW及以上大容量引风机，新投产机组应采用的技术。

十五、排粉机节能改造

排粉机的压力高，其比转速低，故均采用离心式风机。若排粉机裕量太大，调节门开度小，在运行中压损增大，排粉机耗电率更大。因而，排粉机的节能改造主要是合理确定设计裕量和选用高效的离心式风机。对于已有的裕量过大的高效排粉机，则可在对风机本体改造和采用变频调速改造两种方案通过比较确定。某电厂300MW机组制粉系统为中间储仓式、乏气送粉，配有4M5-29-11-22D型单吸离心排粉机。排粉风机正常运行情况下实际运行效率为70%～77%，较该型风机设计效率偏低9%～16%。将叶轮直径从原2.2m降低到1.92m，风机中心保持不变，风机和电动机基础不变，风机进风管道保持不动，风机实际工作效率提高82%以上，比改造前效率提高约12%，排粉机单耗下降约3kWh/t煤。适合于中间储仓式制粉系统。

十六、燃煤锅炉气化微油点火技术

利用压缩空气的高速射流将燃料油直接击碎，雾化成超细油滴进行燃烧，同时用燃烧产生的热量对燃料进行初期加热、扩容、后期加热，在极短的时间内完成油滴的蒸发汽化，使油枪在正常的燃烧过程中直接燃烧气体燃料，从而大大提高燃烧效率及火焰温度。汽化燃烧后的火焰刚性极强，其传播速度极快，超过声速，中心温度高达1500～2000℃，可作为高温火核在煤粉燃烧器内进行直接点燃煤粉燃烧。其设备投资约为等离子的1/2。同常规油枪点火方式相比，节油率80%以上。一台300MW机组按年平均启停2次和低负荷稳燃等年用油量300t计算，采用微油点火技术可节油200t以上。适用于干燥无灰基挥发分含量高于18%的燃煤锅炉。

十七、等离子煤粉点火技术

等离子发生器是利用空气做等离子的载体，用直流接触引弧放电的方法制造功率达150kW的等离子体，同时采用磁压缩及等离子体输送至需要进行点火的部位，完成持续长时间的点火和稳燃。600MW机组初投资600～700万元。采用等离子点火装置可以节约机组的燃料成本，特别是调峰机组节油效果也十分明显。2×600MW机组年节燃油1000t。适应于烟煤（$V_{daf}>25\%$）锅炉，新投产机组应采用的技术。

十八、可旋转式暖风器

该型暖风器在正常运行时，阻力≤290Pa；在可旋转式暖风器的停用时期内，通过工作面的90°旋转，阻力可降到30Pa以内，达到节能的目的。另外，暖风器还可采用稀疏管束并提高空气流速解决运行期间的堵灰、堵杂物的问题。其换热元件可以在运行中控制旋转，起到吹扫作用，不易发生堵塞。已在德州电厂、华电青岛发电厂等多家电厂应用，节能效果显著。适合于燃煤100～1000MW火电机组，新投产机组应采用的技术。

十九、二次携带型粗粉分离器

二次携带型粗粉分离器技术主要内容：在粗粉分离器入口管处加装整流元件。依靠整流元件的导向作用，将粗粉分离器入口管煤粉气流调节成具有一定角度的扩散气流，在粗粉分离器内部形成一股贴壁上升气流，该气流在进入粗粉分离器后的上升过程中将对沿粗粉分离器外壁滑落的回粉产生冲击，从而对回粉形成扰动，并将回粉中的部分细粉重新携带至折向挡板处进行二次分离。二次携带型粗粉分离器已在山东多家电厂制粉系统中推广使用。可将粗粉分离器效率提高20～30个百分点，回粉中的合格粉含量降低至20%以下。制粉电耗降幅为10个百分点。适用于各级容量的中储式制粉系统机组。

二十、旁路式细粉分离器

旁路式细粉分离器技术主要内容：制粉系统增加一套由下粉斗至细粉分离器出口乏气管道的小风量旁路，旨在防止下粉斗内的二次卷吸，并保证主细粉分离器内较好的流场和较高的分离效率。从下粉斗引出的气流，首先进入一直径为ϕ750mm的高效旋风分离器，将气流中携带的细粉捕集下来，通过两级Dg250的球型锁气器送入粉仓；该气流通过安装在主细粉分离器出口乏气管道的流量分配装置，重新汇集到乏气管道，通过调节流量分配装置的喉口面积，可改变汇流处的负压，调节从下粉斗处引出的乏气量，使改造后的细粉分离器系统具有最佳的分离效率。该技术应用于山东LY发电厂1、2号炉，改造后三次风中携带煤粉量明显碱少，细粉分离器效率提高了7个百分点，锅炉燃烧效率提高1个百分点。适用于各级容量的中储式制粉系统机组。

二十一、煤质成分在线检测系统

煤质成分在线检测分析装置采用中子发生器，利用中子感生瞬发γ射线分析技术，将热中子俘获反应和快中子非弹散射反应相结合，通过分析γ射线特征能量来识别核素种类，通过分析γ特征射线来确定煤中各种元素的含量，从而实现煤质全元素成分的在线分析。该产品已应用于山东多家电厂，该技术适用于各级容量的燃煤锅炉。

二十二、飞灰含碳量在线检测系统

系统采用无外加动力、自抽式动态取样器，自动等速地将烟道中的灰样收集到微波测试管中，并自动判别收集灰位的高低。当收集到足够的灰样时，系统对飞灰含碳量进行测量。该技术适用于各级容量的燃煤锅炉。

二十三、富集型燃烧器

富集型燃烧器是一种浓淡型煤粉燃烧器，由前喷口、上下挡块、方形风道及方圆接头组成。富集型燃烧器不仅具有很强的稳燃能力，还具有不易结焦和煤种适应性强的优点。安徽田家庵发电厂400t/h燃烧烟煤乏气送粉的锅炉上应用表明，多重富集型燃烧器具有很好的低氮排放能力和稳燃能力，低负荷稳燃能力达40%，氮氧化物排放量减少20%左右。这种燃烧器的尺寸较小，可以用在300MW、600MW机组的大型锅炉上。

二十四、风冷干式除渣系统（锅炉干除渣技术）

风冷干式除渣具有系统简单、年运行费用低、占地少、灰渣利用范围广、无废水排放、对环境污染小、节能提效节水等突出特点。但从运行情况看，对灰渣量较大或煤质变化大的机组，由于冷却风量变化，会影响锅炉燃烧效率。与刮板捞渣机相比，单台300MW机组年节水5万～6万t，年节电30万～40万kWh。机组容量覆盖各级容量，尤其适于煤质条件好的机组，新投产机组应采用的技术。

二十五、磨煤机改造

如制粉系统优化调整、在钢球磨煤机出口端安装钢球自动筛选装置、磨煤机更换为耐磨小钢球、磨煤机电动机变频改造等。

二十六、提升磨煤机出口温度

提高磨煤机出口温度至90℃以下，降低磨煤机的冷风率，提高热风利用率、低排烟温度，提高锅炉效率。

二十七、配煤掺烧

配煤掺烧是根据锅炉燃烧对煤质的要求，将若干不同种类不同性质的煤，按照一定比例掺配后使最终配出的入炉煤质在性能指标上达到或接近锅炉设计煤种的要求，以提高锅炉效率或提高环保性能或降低发电成本的过程。

二十八、声波吹灰器吹灰

声波吹灰器的工作原理是利用电动机带动一个旋转的阀门，反复开通和关断气流的喷口，使喷出的气流断续而成为声波。最高声压级 155dB，声波频率可调，即使气压变化，仍可保证最高声强，压缩空气压力要大于 0.25MPa，耗汽量为 2.0m^3/min。声波吹灰器不存在清灰死角问题，对受热面不产生机械损伤，能量较小。该技术适用于尾部烟道吹灰（如预热器、省煤器、脱硝反应器等）。

二十九、吹灰汽源改造

锅炉本体吹灰汽源一般取自分隔屏过热器出口高压蒸汽，压力大、温度高。可吹灰汽源选择为低压力低温度的低温再热器出口蒸汽。汽源优化改造后，阀门的工作条件得到显著改善，泄漏的可能性大为减少，运行可靠性将大幅度提高，同时在 75%THA 工况下，汽轮机热耗率降低 3.7kJ/kWh，发电煤耗率降低 0.14g/kWh。

三十、贫煤锅炉扩烧烟煤技术改造

我国火电机组锅炉中约有 30%燃用低挥发分无烟煤或贫煤，随着煤炭市场的变化，贫煤采购日益困难，且影响机组能耗指标。对于配备钢球磨煤机、中间储仓式热风送粉系统设计燃用贫煤的机组，从空气预热器前烟道抽取热炉烟气作为惰性介质和部分干燥介质，经炉烟风机升压后，与取自空气预热器出口的热风混合，进入磨煤机干燥和输送煤粉，降低了磨煤机出口风粉混合物的含氧量，能够满足磨制烟煤的防爆要求。

此外，将排粉机出口的部分低温、低氧乏气引入一次风箱，与热风混合，用于输送煤粉，有效降低了一次风粉混合物温度和氧浓度，满足了烟煤输送的防燃防爆要求。新增加的炉烟系统和乏气系统上均装设有隔绝门，可以与原系统彻底隔离。当隔绝门关闭时恢复为原有的热风送粉系统；当隔绝门开启，炉烟系统和乏气系统投入使用时，成为炉烟干燥乏气热风复合送粉系统。

该系统既能适用于贫煤又能适用于烟煤，且可在运行中通过简单的隔绝门开关操作实现灵活切换，拓宽了锅炉对煤种的适应范围。某电厂 300MW 亚临界机组，设计燃用贫煤，配置钢球磨煤机、中间储仓式热风送粉系统，实施扩烧烟煤改造，改造共投资 3200 万元，改造后锅炉效率提高了 1.5 个百分点，NO_x 排放由 500mg/m^3 降低到 280mg/m^3，全年节约燃料成本约 2600 万元，改造取得了成功。适合于燃贫煤锅炉配置钢球磨煤机、中间储仓式制粉系统。

三十一、锅炉智能吹灰优化系统技术

在锅炉各受热面污染在线监测的基础上，实现系统开环运行操作指导与闭环反馈监测控制相结合的智能吹灰运行模式，从而减少吹灰蒸汽用量，降低排烟温度，提高锅炉效率。目前该技术已应用于山东邹县发电厂 5 号炉等。单台 300MW 机组每年可节约吹灰蒸汽 800t 左右，节约燃煤 600t 左右，降低供电煤耗率 0.5～1.5g/kWh。该技术适合于 600MW 及以上机组。

三十二、脱硫系统运行优化

通过吸收系统运行优化、烟气系统运行优化、增压风机与引风机串联运行优化、公用系统（制浆、脱水等）运行优化试验，确定最佳的浆液循环泵运行组合方式、pH 值控制值、氧化风机运行台数、吸收塔液位高度、脱硫添加剂类型等，指导运行人员正确、科学运行操作，可提高脱硫效率、减少系统故障、降低系统能耗和运行成本、提高对煤种硫分的适应性。预计可降低供电煤耗率约 0.5g/kWh。技术成熟。该技术适用于各级容量机组。

三十三、脱硫岛烟气余热回收及风机运行优化技术

取消脱硫系统传统的GGH，通过在吸收塔前加装烟气冷却器，利用烟气热量加热机组给水；在两台并联的增压风机基础上增加一条增压风机旁路烟道，通过优化风机的运行方式，实现在低负荷工况下以单引风机运行代替双引风机＋双增压风机运行。2×1000MW机组石灰石－石膏湿法烟气脱硫系统项目节能量29 000tce/a。适合于石灰石—石膏湿法烟气脱硫系统。

三十四、电除尘器使用高频电源

将电除尘器工频电源改造为高频电源。由于高频电源在纯直流供电方式时，电压波动小，电晕电压高，电晕电流大，从而增加了电晕功率。同时，在烟尘带有足够电荷的前提下，大幅度减小了电除尘器电耗，达到提效节能的目的。可大幅度降低电除尘器能耗，通过对电除尘整流变进行高频改造，可降低电除尘耗电率约0.10%。外高桥三厂1000MW机组高频电源总功耗409kW，与改造前的887kW相比，节电53.8%。该技术适用于现役各级容量机组，新投产机组应采用的技术。

三十五、电除尘系统运行优化

根据典型煤种，选取不同负荷，结合吹灰情况等，在保证烟尘排放浓度达标的情况下，试验确定最佳的供电控制方式（除尘器耗电率最小）及相应的控制参数。通过电除尘系统运行优化调整，节电效果明显。1台300MW发电机组用大型电除尘器，电除尘器节电70%以上，降低供电煤耗率2g/kWh。技术成熟。该技术适用于现役各级容量机组。

三十六、夏季停用灰斗伴热

电除尘灰斗伴热有电加热和蒸汽伴热两种方式，部分电厂将灰斗伴热由电加热改造成低压蒸汽伴热，取得较好的节电效果。锅炉正常运行条件下，因为排烟温度一般在110～130℃，烟气和灰斗内部烟气之间具有烟气导热和对流换热作用，灰斗外部具有良好的保温层，所以，灰斗内部烟气和灰斗壁面有较高的温度，当环境温度达到一定的情况下，灰斗最下部温度仍然高于烟气露点温度，结灰、篷灰、堵灰的可能性很小，停用灰斗伴热是可行的，多家电厂经验证明，当环境温度高于20℃时，停运电除尘器灰斗蒸汽加热是可行的。为了保证灰斗畅通，每周应对灰斗尤其是末级电场灰斗进行定期反吹。该技术适合于天气较热的南方电厂。

第三节　燃煤电厂汽轮机侧节能措施数据库

一、调节级喷嘴优化

在保证机组出力能力的前提下，合理设计并适当缩小喷嘴组出口面积，达到减少阀门节流损失、提高调节级效率。采用高性能等级材质，改进喷嘴组汽道加工工艺。改造后可提高调节级喷嘴效率12个百分点以上，高压缸效率提高2个百分点，机组煤耗下降1g/kWh左右。该技术适用于早期制造的国产引进型300MW、600MW汽轮机，新投产机组应采用的技术。

二、汽轮机通流部分改造

采用全三维技术优化设计汽轮机通流部分，采用新型高效叶片和新型汽封技术改造早期汽轮机，节能提效效果明显。预计可降低供电煤耗率10～20g/kWh。技术成熟。主要技术包括：采用先进的汽轮机三维流场设计，结合四维精确设计汽轮机通流部分，采用新型高效叶片，一般压力级采用弯扭叶片、薄出汽边，优化设计调节级，并结合新型汽封技术改造。

通过改造使机组不仅效率提高，更适应深度调峰的要求，在机组变负荷运行时（50%～100%的负荷范围内），机组具有较高的经济性，改造后机组铭牌出力可增加5%～10%。改造后高压缸相对内效率实测值可达86%，中压缸相对内效率实测值可达91%，低压缸相对内效率实测值可达

89%。一般1990年前后投运的300MW机组，汽轮机通流改造后发电煤耗可降低15～20g/kWh，2000年前后投运的300MW机组，汽轮机通流改造后发电煤耗可降低10～15g/kWh。该技术成熟，适用于对于125、200MW汽轮机和2000年前投运的300MW和600MW亚临界汽轮机。

例如东方600MW亚临界空冷机组改造内容：

（1）调节级级段优化，包括：进汽段压损优化、调节级型线优化、调节级焓降优化，提高调节级效率5%～7%；

（2）优化动、静叶型线，级效率提高1%～2%；

（3）高压缸采用菌型叶根、泄压孔；

（4）高压缸、中压缸、低压缸进、排汽室优化；

（5）优化高压内缸结构，取消独立喷嘴室，与内缸铸为一体；

（6）优化高压进汽密封结构，减小漏汽；

（7）取消BDV阀，提高密封性能，减小漏汽；

（8）采用新型低压内缸，消除5、6抽温度偏高现象。

采用以上设计优化技术，设计汽轮机热耗率降低320kJ/kWh。如上都电厂2号600MW空冷机组在100%额定负荷工况下，高压缸效率为81.97%，中压缸效率为90.09%，试验热耗率为8767.3kJ/kWh，修正后的热耗率为8452.0kJ/kWh。电厂投资费用7200万元进行汽轮机通流改造后，高、中、低压缸效率设计值分别为88.02%、92.51%和91.66%，热耗率为8120kJ/kWh。试验结果：高、中、低压缸效率分别为86.98%、90.22%和90.57%，热耗率为8147.3kJ/kWh，发电煤耗率下降12.2g/kWh。

三、外置蒸汽冷却器

超（超）临界机组高压加热器抽汽由于抽汽温度高（大于400℃），往往具有较大过热度（大于230℃）。若将蒸冷设置在三段抽汽与3号高压加热器之间。三段抽汽（>400℃）首先进入蒸冷，蒸汽降低到300℃，然后再进入3号高压加热器壳侧，使其3号高压加热器的温差应力大为降低。通过设置独立外置蒸汽冷却器，充分利用抽汽过热焓，提高回热系统热效率。机组热效率可提高0.1%～0.15%，煤耗率降低0.5g/kWh。该技术较成熟，适用于660、1000MW超（超）临界机组。

四、0号高压加热器

在回热系统中，1号高压加热器出口再增设1个高压加热器用来加热给水，则该高压加热器称为0号高压加热器。增设在低负荷工况下投入运行的0号高压加热器，可提高机组在低负荷工况运行时的最终给水温度，从而改善汽轮机在低负荷工况的运行经济性，同时也可提高机组在低负荷时SCR装置的投用率。

五、汽封间隙调整及汽封改造

部分汽轮机普遍存在汽缸运行效率较低、高压缸效率随运行时间增加不断下降的问题，主要原因是汽轮机通流部分不完善、汽封间隙大、汽轮机内缸接合面漏汽严重、存在级间漏汽和蒸汽短路现象。通过汽轮机本体技术改造，提高运行缸效率，节能提效效果显著。预计可降低供电煤耗率2～4g/kWh。该技术成熟，适用于300～600MW各类型机组。

六、刷式汽封技术

近年来，美国TurboCare公司开发出一种刷式汽封，它是通过在弹性可调汽封的基础上增加一道或多道刷子，其刷子纤维材料采用高温合金材料（Haynes25），该材料具有良好的柔性，一旦与转子发生碰磨，刷子不易磨损，并且对轴无伤害。采用刷式汽封可将动叶叶顶汽封间隙由设计值0.75mm减小至0.45mm，隔板汽封可由设计值0.75mm缩小至0.051mm。汽封间隙的降低使得漏汽量减少，汽轮机缸效率提高。

刷式汽封的一个重要问题就是应用于汽轮机高、中压部分时由于刷子前后压差过大，导致刷子纤维倒伏，为此 TurboCare 公司设计出一种带压力平衡腔的刷式汽封，见图 18-1，很好地解决了该问题。

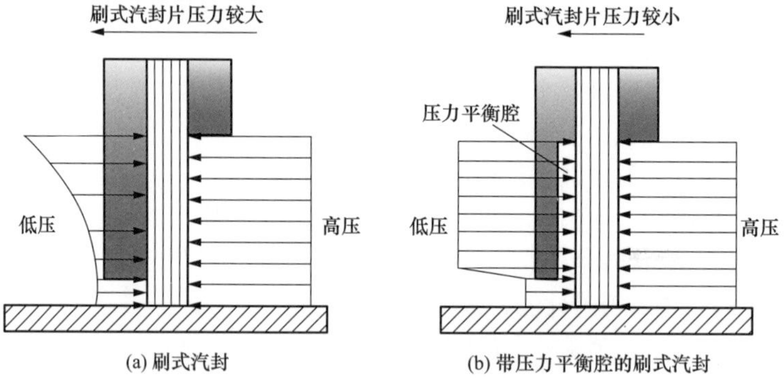

图 18-1　带压力平衡腔的刷式汽封

华能丹东电厂 2009 年 2 号汽轮机大修期间，采用弹性可调汽封和刷式汽封技术进行了汽封改造。改造范围为：高压第 2 级至第 10 级动叶片叶顶采用刷式汽封、中压第 1 级至第 4 级动叶片叶顶采用刷式汽封；中压第 2 级至第 8 级隔板采用弹性可调汽封；高压排汽平衡环处采用 4 道弹性可调汽封；更换了高压进汽平衡环处 6 道弹性可调汽封、中压进汽平衡环处 2 道弹性可调汽封的弹簧。本次汽封改造汽轮机热耗率下降了 78kJ/kWh，取得了明显的节能效果。

七、汽轮机可退让汽封

汽轮机可退让汽封（或称可调汽封），汽封改造包括叶顶汽封、隔板汽封、平衡盘汽封改造等。在机组并网带初始负荷，主蒸汽压力达到一定值时，克服汽封内的弹簧力，使汽封关闭，使运行中汽封漏汽量减少，提高汽轮机的缸效率。采用叶顶可退让汽封进行改造，可解决存在汽封问题机组的 60%以上。高压缸效率可提高 2%～3%，中压缸效率可提高 1%～2%。供电煤耗率下降 2g/kWh。适用于各级容量机组。

八、汽轮机蜂窝汽封

蜂窝汽封是根据蜂窝状阻汽原理设计，蜂窝式汽封组件包括汽封环、蜂窝带、调整块和调整垫片等部件。蜂窝带由厚度为 0.05～0.1mm 的海斯特镍基耐高温合金薄板加工成正六棱形孔状结构，工作温度可达 1000℃。汽封环材质为 15CrMoA，并具有较高的热强性和足够的抗氧化性。目前已有很多 300MW 及以上汽轮机采用蜂窝汽封进行改造，哈汽、上汽等制造厂已在部分新投产机组上配套使用蜂窝式汽封。供电煤耗率下降 2g/kWh。该技术适用于各级容量机组。

九、王常春汽封

接触式汽封在保留原梳齿式汽封结构不变基础上，在汽封体中心部分嵌入与轴（套）直接接触的汽封齿。接触汽封齿背部设有弹簧，汽封齿能够自动补偿适应转轴偏摆及晃动。主要用于低压缸轴端汽封、叶顶汽封、隔板汽封，已在国内数十台机组上成功应用。可有效降低漏空气量，提高真空系统的严密性。该技术适用于各级容量的汽轮机端部轴封。

十、热力及疏水系统改进

改进热力及疏水系统，可简化热力系统，减少阀门数量，治理阀门泄漏，取得良好节能提效效果。预计可降低供电煤耗率 2～3g/kWh。技术成熟。该技术适用于各级容量机组。

SD 电厂 2 号机组上进行了汽轮机热力系统优化，总投资 350 万元，主要内容包括：

（1）主再热蒸汽系统。

合并再热蒸汽疏水，低压旁路阀前管道新增疏水，主汽阀上部疏水合并，主汽阀下部疏水合并，中联门疏水合并，取消高压缸排汽止回门旁路，辅汽供高压缸预暖电动门后疏水接入高压缸排汽止回门前疏水，取消 BDV 阀系统，高压缸排汽通风阀更换为两台电动门，高压调节阀一挡漏汽改接至低压旁路阀前管道。

（2）抽汽系统。

取消二抽止回门后疏水；合并四抽电动门后疏水与四抽供辅汽止回门前疏水（增设一道电动门）；合并四抽供除氧器止回门后疏水与辅汽供除氧器止回门后疏水（增设一道电动门）；四抽止回门前疏水加装电动门；五抽止回门前疏水加装电动门；五抽采暖止回门前疏水加装电动门；取消五抽供采暖止回阀前疏水器旁路；五抽供采暖止回门前引一路伴热管，接至 5 号低压加热器汽侧进口；六抽止回前疏水移动疏水点至最低位（原疏水点加堵头）；六抽电动门前疏水加装电动门；六抽电动门后疏水加装电动门。

（3）轴封系统。

取消主汽供轴封，取消轴封母管安全阀，辅汽供轴封电动门后疏水接入辅汽联箱疏水，合并轴封供汽减温器前各疏水（3 处疏水合并），合并轴封供汽减温器后各疏水（2 处疏水合并），合并轴封回汽管道疏水（接入轴封加热器水封进口前），轴封溢流接入 7 号低压加热器，取消冗余管道排空气（5 处）。

（4）加热器疏水排气系统。

1、2、3、5、6 号加热器危急疏水阀前手动门更换为电动隔离阀，取消 1、2、3 号高压加热器启动排气、水室排气、水侧出口放气，水侧进口放水，取消 5、6、7 号低压加热器进口水侧放水、水室放水、启动排气；取消冗余管道排空气（7 处）。

（5）凝结水给水系统。

低压缸喷水调节阀前手动门更换为电动门，给水泵再循环手动门更换为电动门，取消凝结水至凝补水箱系统，更换 5 号低压加热器出口放水手动门，取消凝结水泵再循环放水放气（在最低点设置一路放水），疏扩减温水放水移动至调阀前，取消冗余放水放空气（5 处）。

（6）辅汽系统。

合并辅汽供高辅调节站前两路疏水，辅汽供高辅调节站后疏水接入高辅联箱疏水，四抽供辅汽调节站后疏水接入高辅联箱疏水，辅汽供除氧器调节站前疏水接入高辅联箱疏水，高辅供低辅减温器前疏水接入高辅联箱疏水，高辅供低辅减温器后疏水接入低辅联箱疏水，高辅联箱疏水管道引一路至 5 号低压加热器汽侧入口管道，低辅联箱疏水管道引一路至 6 号低压加热器汽侧入口管道，取消辅汽供暖风器旁路，取消辅汽蒸汽系统管路排空气（7 处）。

改造效果：通过热力系统优化，减少系统内漏，可降低煤耗约 1g/kWh，由于凝结水管路阻力减少，厂用电率约下降 0.05 个百分点。

十一、给水泵选型优化及除氧器选型优化

小汽轮机效率高，且目前 300、600MW 机组启动给水泵国产化设备已成熟，新设计机组应优先选用 100%容量汽动给水泵。机组没有启动汽源时，设一台启动电动给水泵。对于有启动汽源（如邻机汽源）的机组，通过汽动给水泵启机。

内置式除氧器具有出水含氧量低、排汽损失小、结构紧凑、体积小、质量轻、安装简单、优质高效、安全可靠等特点，是较好的节能提效设备。机组供电煤耗率降低 0.5～1.5g/kWh。新建 300MW 级、600MW 级纯凝发电机组宜优先选用 100%容量汽动给水泵。新机组设计时可优先选用内置式除氧器。

十二、低压缸排汽通道优化

在低压缸喉部内安装不锈钢导流装置，使其出口蒸汽速度分布合理，减少排汽涡流，改善了冷却管束热负荷分配，提高了传热系数。该技术最早于1999年在铁岭发电厂300MW机组上实施。安装后，凝汽器压力降低到6.53kPa，真空升高了0.52kPa。如果蒸汽负荷率为90%时，真空可升高0.37kPa；如果蒸汽负荷率为80%时，真空可升高0.27kPa。适合于早期制造的国产引进型300、600MW汽轮机。大唐某电厂在2号630MW超临界机组应用后，600MW负荷下凝汽器冷却水进口温度21.7℃、冷却水流量70 920m^3/h条件下，凝汽器平均压力较改造前降低约0.216kPa，机组的供电煤耗率下降约0.47g/kWh。

十三、凝汽器铜管改成不锈钢管

针对一些老机组，凝汽器铜管腐蚀严重、致使机组真空偏低等问题，采用薄壁不锈钢管代替传统铜管的凝汽器改造，考虑到不锈钢的导热率比铜管低，通过减少管壁厚度以减少本身热阻的办法提高换热系数。经通辽、清河电厂对200MW机组凝汽器改造，真空提高2kPa，煤耗降低3g/kWh。适合于各级容量机组。

十四、单背压改成双背压凝汽器

对于单流程表面式凝汽器可以改造成双背压凝汽器。改造后真空提高了3kPa。新投产600MW及以上机组应采用的技术。

十五、凝汽器采用洁能芯技术

北京化工大学研制了一种能使换热器管程流体实现高湍流强化传热与自清洁功能的新结构。它是在凝汽器冷却管中安装该转子，利用循环冷却水的流速驱动本装置的转子长期在铜管内不停地快速旋转，使得管内水由层流状态变为以旋转流动为主的复杂流动状态，达到在线自动清洗的目的，大大提高了传热效率。同时，循环水系统阻力增大，循环水泵耗电率增大，循环水流量减小。大唐佳木斯第二发电厂50MW机组凝汽器乙侧安装“洁能芯”后，凝汽器端差降低2.79℃，真空提高2.97kPa，机组发电煤耗降低5.049g/kWh。适合于各级容量机组。

十六、双背压凝汽器抽真空系统改造

将串联布置、并联布置抽真空系统改造成分列并联方式（单抽方式），可以提高高、低背压凝汽器背压差。抽空气系统改造后，机组的真空提高0.5～0.8kPa，降低发电煤耗1.3g/kWh以上。适合于各级容量机组。

十七、汽轮机阀门管理优化

顺序阀运行时，非对称进汽导致配汽剩余汽流力的产生，引起部分轴瓦瓦温增加、振动增加等问题。通过对汽轮机不同顺序开启规律下配汽不平衡汽流力的计算，以及机组轴承承载情况的综合分析，采用阀门开启顺序重组及优化技术，解决机组在投入顺序阀运行时的瓦温升高、振动异常问题，使机组能顺利投入顺序阀运行，从而提高机组的运行效率。对于600MW亚临界机组，单阀运行切换为顺序阀运行时，供电煤耗率降低2～3g/kWh。该技术成熟，适用于各级容量机组。

十八、汽轮机冷端系统运行优化

西安热工院成功开发了汽轮机冷端性能在线监测和诊断系统，该系统根据循环水温度、负荷、循环水流量、真空泵抽吸能力、空气聚集程度、冷却塔淋水密度等计算凝汽器空气量、凝汽器清洁系数和确定优化模型，给出循环水泵的最佳运行方式，指导运行人员进行操作，以达到降低机组供电煤耗的目的。

装置已经成功应用于华能平凉电厂2号300MW机组。硬件和软件系统运行稳定可靠，能够全面准确地分析机组冷端系统运行状态，发现了冷端系统存在的问题（诊断出凝汽器冷却管脏

污、凝结水泵电耗偏大、凝汽器热负荷偏大、凝汽器 A 侧循环水流通不畅、凝结水过冷度大、循环水泵运行方式不合理等问题），并提出了具体的解决方案，指导运行人员及时调整。优化后，机组的净热耗在不同工况下会有不同程度的降低，THA 工况下，经过优化的运行模式比一味的按照冷端设施最大出力，机组背压降到最低的运行模式预计可降低机组净热耗 0.3%～1%。该装置能有效降低机组供电煤耗率 0.5～1.0g/kWh，对于 300MW 机组年节约燃煤成本约 50 万元，装置初投资约 80 万元/台。该技术适用于各级容量机组。

十九、汽轮机运行方式优化

试验确定机组滑压运行方式下的起始负荷及结束负荷，保证机组在该运行方式下能耗指标最低；试验确定机组滑压运行方式下各负荷下主蒸汽压力及调门开度关系曲线，提出具有最佳经济性和良好调节品质的高压调门管理方案；试验确定不同负荷下最佳给水泵组运行方式，如：单台泵最大给水流量；两台泵并联运行方式；合理的给水泵再循环流量阀的开启流量等。经过验证试验，采用优化后的配汽方式和调门特性曲线，不同负荷下机组发电煤耗比优化前降低 1.0～2.0g/kWh。该技术适合于各级容量机组。

二十、电动液力调速给水泵变频调速改造

保留液力偶合器液力调速功能，不改变原有电动机型式，正常运行时将耦合器输出转速置于最大值（勺管置于 100%状态）；给水泵电动机增加一套高压变频器，进行调速；由电动机变速后经耦合器驱动给水泵，正常运行中变频调速，在变频器故障时切换到工频，由液力偶合器进行调速。该技术适合于 600MW 及以下电动给水泵机组。

二十一、电动给水泵改为汽动给水泵

电动给水泵（电泵）改为汽动给水泵（汽泵）后，降低厂用电率量。由于电动给水泵改为汽动给水泵，改汽动给水泵后虽然机组抽汽量增加，降低了机组的发电能力，但是可以利用机组的富裕容量，保持发电量不变，相当于在较短的时间内扩建一台约 10MW 机组或本机组增容了 10MW 的容量（300MW 机组）。由于厂用电的减少，从而形成供电量增加。改造后供电煤耗率降低 1～2g/kWh。引进国外如日本三菱机组前置泵、给水泵设计都是小汽轮机拖动方式（除法国阿尔斯通机组外）。新投产机组应采用的技术。

华能 SD 电厂 2 号 600MW 机组共配套三台电动给水泵，主给水泵为上海凯士比 KSB 泵有限责任公司制造的 CHTC6/5 型 50%容量给水泵，正常运行时两运一备。600MW 负荷工况下 2A 和 2B 电动给水泵组效率分别为 52.86%和 52.79%，给水泵组耗电率约 3.11%。电动给水泵组效率均偏低，给水泵组耗电率偏高。2 号机组电动给水泵组耗电率偏大的主要原因为液力偶合器运行效率偏低。投资 2830 万元进行了电动给水泵改汽动给水泵改造，改造方案：

（1）拆除一台电动给水泵，配置 1 台 100%容量的汽动给水泵，用于机组的正常运行。其余两台电动给水泵作为启动和备用泵。

（2）汽动给水泵配置 1 台独立的电动机驱动的前置泵，布置在 0m 层原拆除的电动给水泵位置。

（3）汽动给水泵与小汽轮机同轴布置在运转层主机与 A 列之间，给水泵汽轮机采用上排汽，排汽管道在汽机房 A 列外分别接入主机空冷凝汽器的两根排汽管道。

（4）给水泵驱动小汽轮机正常工作汽源采用四段抽汽，备用和调试/启动用汽源采用辅助蒸汽。

（5）给水泵汽轮机轴封供汽来自主汽轮机的轴封系统，轴封供汽压力、温度调节由主机轴封系统完成，轴封排汽排至主汽轮机轴封蒸汽冷却器中。

（6）给水泵汽轮机排汽直接排入主机排汽管道中，给水泵汽轮机的疏水排入主汽轮机排汽装

置上设置的疏水扩容器中。

(7) 给水泵汽轮机单独设置润滑油系统。

改造后，前置泵耗电率为 0.3%，600MW 负荷工况，与电动给水泵系统相比，机组额定参数下热耗升高 186.1kJ/kWh，厂用电率降低 2.68 个百分点，折合煤耗降低 1.94g/kWh。450MW 负荷工况，与电动给水泵系统相比，热耗升高 131.1kJ/kWh，厂用电率降低 2.40 个百分点，折合煤耗降低 2.34g/kWh。350MW 负荷工况，与电动给水泵系统相比，热耗升高 111.7kJ/kWh，厂用电率降低 1.58 个百分点，折合煤耗降低 0.60g/kWh。按照全年运行负荷分布，THA 工况运行 2500h，75%THA 工况运行 4000h，50%THA 工况运行 1000h，折算汽动给水泵系统全负荷段供电煤耗率降低 2.03g/kWh。

二十二、采用 100%汽动给水泵

传统的给水泵配置为 2×50%汽动给水泵和 1×40%电动给水泵，在机组的启动阶段，采用电动给水泵进行锅炉进水、冷态和热态水冲洗以及锅炉启动等，而在锅炉点火后所产的蒸汽，却通过旁路系统直接送入凝汽器而白白浪费。采用 100%汽动给水泵，自配独立凝汽器，可单独启动，不设电动给水泵。其启动汽源取自相临机组（或二期）的冷再热蒸汽。如此配置，可大大降低给水泵在机组启停阶段的能耗。采用 100%汽动给水泵后，机组启动阶段给水泵所耗能源为临近汽轮机已做过功的高压缸排汽而非高价值的电力。而一旦锅炉产汽后，给水泵汽轮机的汽源即可适时切回本机（冷再热蒸汽）。这将大大降低机组启动阶段的给水泵能耗，尤其是新机组的启动调试阶段，又可降低背压和端差，进一步提高了经济性。采用 100%高效小汽轮机，运行效率高达 86.7%，大幅度提高了给水泵组的效率，较常规半容量给水泵组的效率提高 5%～6%，仅此一项可使机组热耗降低约 21kJ/kWh（约合煤耗 0.8g/kWh），每年可节煤约 8800t。同时，单独设给水泵汽轮机的凝汽器，由于降低了进入主凝汽器的蒸汽流量及热负荷，可降低机组平均背压和端差等，提高机组整体热经济性。在中国首次采用 100%汽动给水泵，自配独立凝汽器。节能效果显而易见。在国外很多百万千瓦机组上采用的单台汽泵，为什么在国内如此稀少？

ZNB 电厂百万千瓦等级超超临界机组设计给水系统配置 2 台 50%容量的汽动给水泵作为经常运行的给水泵，不设电动调速给水泵作为机组启动和汽动给水泵故障时的备用泵。大大节省了投资。当某一台给水泵组发生故障，机组仅降低负荷，不必停运，机组运行的可靠性较高。适合于 660MW 及以上机组，新投产机组应采用的技术。

二十三、凝汽器抽空气管道冷却技术

通过加装冷却装置，替代汽轮机凝汽器传统的清洗方法，包括胶球清洗装置，彻底解决凝汽器污垢问题，长期保持凝汽器冷却管清洁，改善端差和真空度，降低汽轮机煤耗和冷却水泵能耗。通常要给出夏季期间真空提高量，节能量原则按 3～4 个月计算。发电煤耗率降低 0.3～0.6g/kWh。适合于各级容量湿冷发电机组。

二十四、射水抽气器改为水环式真空泵

真空系统采用真空泵，取代原来的射水泵，改后 1 台真空泵即可满足真空要求。对于配有射水抽气器汽轮机组，如 300MW 机组改为水环式真空泵，可节水 5t/h，节电 140kW，真空上升了 1kPa。该技术适合于各级容量湿冷发电机组。

二十五、真空泵加装工作水冷却装置

水环式真空泵的设计工作液体温度多为 15℃，而在夏季工况下，有的机组真空泵工作液体温度高达 40℃。不少电厂真空泵冷却水直接取自凝汽器循环水，随着循环水温度的上升，真空泵抽空气能力下降，机组真空即降低。在真空泵的系统上另外增加了一套制冷系统，使真空泵的工作水温度保持在 20℃以下。如华能德州电厂应用该技术，以 300MW 机组为例，本技术改造投资 90 万元。使用该设备后，真空泵的工作水温在夏季能从 40℃降到 20℃，将会使真空泵的极限真空提高 5kPa，而机组真空预计可提高 0.8～1.0kPa。该技术适合各级容量湿冷发电机组。

二十六、罗茨真空泵系统

保留原有的水环真空系统，增加 1 套小的水环式真空泵＋罗茨真空泵。该系统投运后，原水环真空泵停运，小的水环真空泵＋罗茨真空泵运行，真空无变化，节电效果明显。

二十七、循环水泵提效改造

循环水泵提效改造（采用高效叶轮）后，循环水泵效率提高。改造后，一般循环水泵耗电率降低不超过 0.1 个百分点，供电煤耗率降低不超过 0.35g/kWh。该技术适合于各级容量机组。

二十八、循环水泵电动机改双速

对循环水泵和循环水泵电动机进行改造，循环水泵电动机改为两速或三速变频调节。由于循环水泵的功率大致与其转速的三次方成正比，在冬季或循环水温度较低时使用低转速运行，节约厂用电。循环水泵电动机双速改造，循环水系统耗电率下降 0.1 个百分点。300MW 机组循环水泵低速双泵 1 年运行 2500h 年节电 150 万 kWh。新投产机组应采用的技术。适合于 100～600MW 循环冷却方式机组。

二十九、开式水泵、闭式水泵电动机改双速

开式（闭式）水泵电动机改为双速，在冬季时使用低转速运行，节约厂用电。300MW 机组开式水泵改为双速后，1 年节电 142 万 kWh，节电率 25％以上。该技术适合于各级容量机组。某电厂 2 号 630MW 机组原闭式水泵设计扬程偏高，实际运行时严重节流，为了降低扬程，提高水泵运行效率，将两台机组各选择一台闭式冷却水泵电动机进行双速改造（将原 6 极绕组改为 6/8 极双速绕组）。改造后闭式冷却水泵电动机功率由 330kW 降到 130kW，每小时节电约 200kWh，全年闭式泵低速运行约 9 个月，降低厂用电率约 0.036 个百分点，年节电约 260 万 kWh。

三十、循环水系统运行方式优化

对 2 台及以上的机组，考虑联通循环水系统，采用母管制供水，解决单台机组运行时，单泵运行循环水量略显不足而双泵运行时循环水量略显过剩的这一矛盾，使循环水系统的运行方式更加多样、更加灵活。

针对大容量 600MW 机组循环水泵夏季 2 机 4 泵的运行方式，提出了采用 2 机 3 泵的运行方式，在 2 台机组循环水管道之间增加了一个联络门。年可节约厂用电 1000 万 kWh，真空上升了 0.5kPa。该技术适合于各级容量机组。

三十一、凝结水泵或循环水泵变频

高压变频调速技术采用单元串联多电平技术或者 IGBT 元件直接串联高压变频器等技术，实现变频调速系统的高输出功率（功率因数＞0.95），同时消除对电网谐波的污染。凝结水泵、闭式冷水泵、循环水泵电动机采用变频装置，在机组调峰运行时可降低节流损失。平均节电率在 30％以上，如凝结水泵变频改造后供电煤耗率降低 0.5g/kWh，新投产机组应采用的技术。对于海水或江湖直流供水冷却方式机组循环水泵采用变频调节，已经在国电大连庄河电厂超临界 600MW 机组完成改造。某电厂 600MW 机组的闭式冷水泵 A 电动机实施变频改造，改造后该泵运行时电流由 65A 降至 30A，每小时节约厂用电 274kWh。

高压凝结水泵电动机采用变频装置，在机组调峰运行可降低节流损失，达到提效节能效果。预计可降低供电煤耗率约 0.5g/kWh。该技术成熟，适合于各级容量机组，新投产机组应采用的技术。

三十二、永磁调速装置

永磁调速装置是一种新型无级调速装置，它通过永磁转子和导体转子之间相对运动产生的磁场，从而改变负载轴的转速。永磁调速装置特点是维护工作量小，主要用于开式冷却水泵、闭式冷却水泵、凝结水泵等设备。

永磁调速装置由于产生涡流容易发热，通常，功率在600kW以下采用风冷，功率在600kW以上可采用水冷或油冷。风冷系统简单、运行维护量小、运行成本低；水冷系统复杂，并要求除盐水，运行维护工作量大、运行成本高。田集电厂630MW超临界机组2000kW凝结水泵采用该装置，功率2000kW，节电率33.8%。嘉兴电厂闭式冷却水泵改造，节电率29.4%。

三十三、冷却塔塔芯改造

冷却塔进行除水器、喷溅装置改造或新型填料应用。通常循环水温度可降低1℃，真空提高0.3～0.4kPa。适合于100～1000MW循环冷却方式机组。大唐某电厂2号630MW机组检修中，将原先填料更换为防冻型双斜波淋水填料，喷溅装置更换为TP-Ⅱ型喷溅装置，以及更换了全部的托架，保证了冷却塔配水均匀，提高了冷却塔换热效果，冷却塔改造后冷却能力由89.5%提高到103.0%，出塔水温改造后比改造前低0.97～1.23℃，机组平均供电煤耗率降低1.04g/kWh。

三十四、冷却塔进风优化

在冷却水塔外围安装空气动力涡流调节装置。安装涡流调节装置不改变冷却塔内部结构，可以在冷却塔运行工况下完成施工。改造后冷却塔冷却效率提高9.1个百分点，出入口水温差增加了1.3℃，单位发电煤耗率降低0.5～1g/kWh。该技术适合于100～1000MW循环冷却方式机组。

三十五、冷却塔加装可调节自然挡风板

在北方较寒冷区域采用自然冷却塔的机组，加装可自然调节“冰膜”挡风板。其结构及原理：在冷却塔进风口安装钢丝网，气温低（−20℃）时，通过向进口钢丝网喷水，使钢丝网表面结冰形成挡风膜，气温高（−5℃）时，挡风膜融化。特点是：减少常规挡风板调整的工作强度，同时可控制水塔出水温度。在冬季−30℃时水塔出水温度可控制在10～18℃。该技术适合于100～1000MW循环冷却方式机组。

三十六、冷却塔加装可调风向导向板

在北方较寒冷区域采用自然冷却塔上采用可调风向导向板，导向板可以沿冷却塔轴向旋转。特点：根据风向和环境温度调整导向板开度。发电煤耗率降低1g/kWh以上。该技术适合于100～1000MW循环冷却方式机组。

三十七、高压除氧器乏汽回收

将高压除氧器排氧阀排出的乏汽通过表面式换热器，提高化学除盐水温度，温度升高后的化学除盐水补入凝汽器，可以降低过冷度，一定程度提高热效率。预计可降低供电煤耗率0.5～1g/kWh技术成熟。该技术适用于100～300MW机组。

三十八、高压加热器疏水疏至除氧器

高压加热器事故或危急疏水均通过疏扩导至凝汽器，这不仅增加了凝汽器热负荷，同时使较高温介质热量被冷源带走，增加循环系统可逆损失，对凝汽器安全运行也产生一定影响。如将1、2号高压加热器事故疏水引至除氧器将会减少上述损失和不利因素。华能大连电厂1、2号机组（350MW）疏水系统就是采取这样布置的。该技术适用于各级容量机组。

三十九、给水泵与前置泵同轴布置

取消汽动给水系统中的前置泵电动机，1台1000MW机组厂用电将节约2000kW，扣除前置泵同轴后引起的汽轮机进汽量增加和凝结水泵轴功率的增加，厂用电率下降约0.18个百分点。

四十、凝汽式汽轮机供热改造

对纯凝汽式汽轮机组蒸汽系统适当环节进行改造（如从导汽管打孔抽汽，分流部分蒸汽），接出抽汽管道和阀门，分流部分蒸汽，使纯凝汽式汽轮机组具备纯凝发电和热电联产两用功能。改造后，一台 350MW 机组可供 400 万 m^2 采暖用户需求；一台 600MW 机组可供 600 万 m^2 采暖用户需求大幅度降低供电煤耗率，一般可达到 10g/kWh 以上。该技术成熟，适用于 100～600MW 纯凝汽式汽轮机组。

四十一、循环水供热

对于北方火电厂，容量为 135、150MW 机组通过对低压缸进行改造（转子取掉低压转子末级或末两级叶片），将排汽压力提高到 30～42kPa，凝汽器循环水出水温可达 64～77℃，实施循环水供热，采暖供水温度可达 65℃，可满足 400 万 m^2 用户需求。吉林某 50MW 机组上应用，供电煤耗率可降至 170g/kWh，电厂经济效益大幅度提高。该技术适用于 50～150MW 闭式循环冷却的机组。

四十二、高背压循环水供热

将原低压转子返厂进行改造，拆除末两级长叶片，保留原有叶片叶根部分，填充叶根槽，相应移除末两级隔板，保留隔板槽，低压转子、导流环的设计、改造由汽机厂负责。在采暖季前对纯凝机组原低压转子去除末两级叶片，提高排汽压力至 47kPa，加热循环水进行供热，结束供热后，再将低压转子恢复成纯凝转子，汽轮机排汽背压同时恢复至 4.9kPa，即完全恢复至纯凝机组原设计状态。由于低压缸需要双背压运行，高背压时排汽温度高，循环水压力升高，为此，凝结器需要进行加固改造。供暖季节采用高背压转子，高背压纯凝工况热耗率达到 3724kJ/kWh，抽汽工况热耗率达到 3756.7kJ/kWh；在非供暖季节采用低背压转子，低背压供热时纯凝工况热耗率达到 8289kJ/kWh，恢复到改造前的水平。该技术适用于 50～300MW 机组。

四十三、低压转子改光轴双转子互换

通过双转子互换实现低真空供热，即冬季、夏季各采用一根转子，其中冬季一根低压转子少 2 级，冬季运行时实际为背压机组，供热能力大，但冬季、夏季前需要停机更换低压转子。双转子互换，其中一根低压转子采用光轴，中压缸排汽几乎全部用于供热，供热能力强、系统简单、投资省，但对机组功率影响大。海拉尔电厂 200MW 机组实施了改造，取得了很好效果。

四十四、供热抽汽梯级利用技术

采用一台小汽轮机驱动一台工频异步发电机，异步发电机功率 6000kW，异步发电机并入高压厂用变压器并供辅机用电。小汽轮机采用高压缸排汽作为驱动汽源，小汽轮机采用背压式汽轮机，排汽接入热网加热器，见图 18-2。

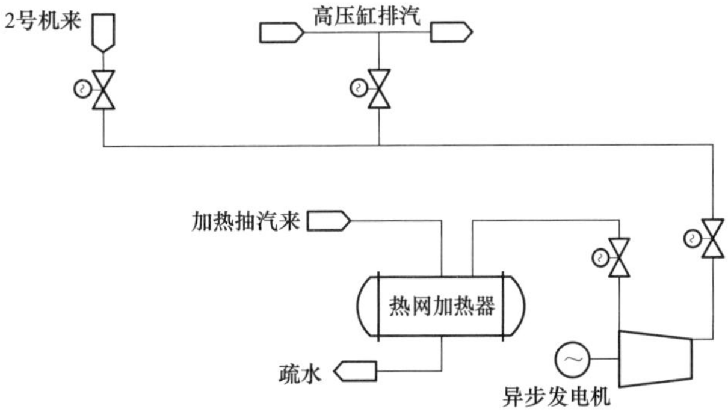

图 18-2 供热抽汽梯级利用技术

四十五、热泵供热技术

热泵供热技术是将汽轮机排入凝汽器的部分或全部低温热能通过热泵转变到合适温度后的热能，然后向用户供给热量。以此实现将低温热源的热能转变为高温热源的热能。某电厂 300MW 直接空冷机组热泵供热系统见图 18-3，某电厂 330MW 湿冷机组典型的热泵供热系统见图 18-4。

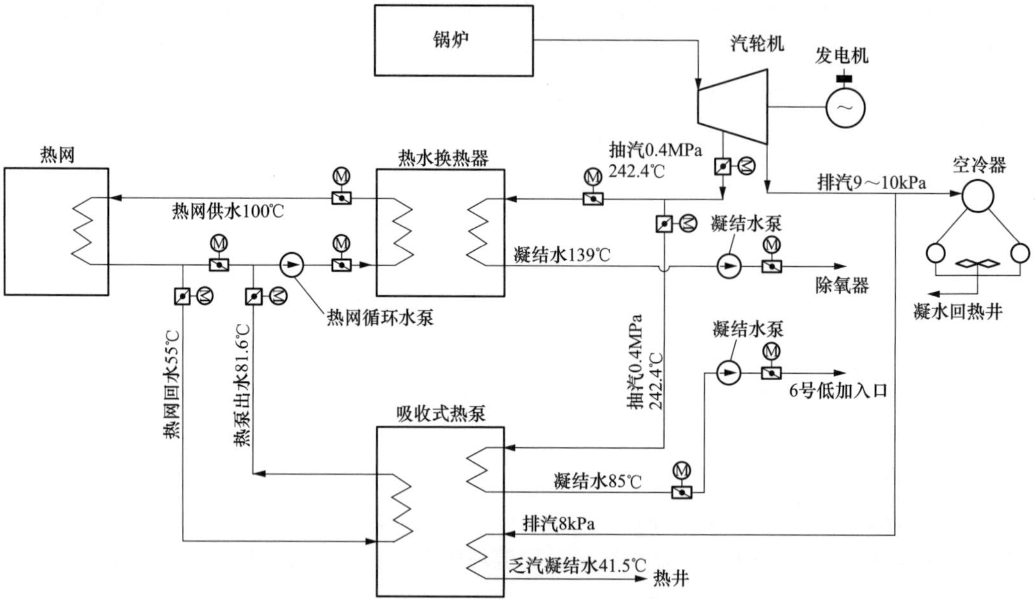

图 18-3　某电厂 300MW 直接空冷机组热泵供热系统

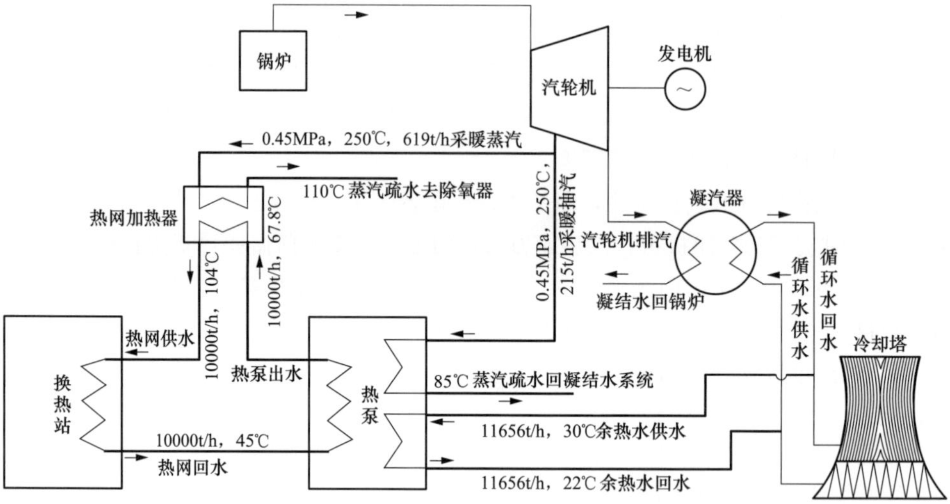

图 18-4　某 330MW 湿冷机组典型的热泵供热系统图

热泵供热系统由蒸发器、压缩机、冷凝器、膨胀阀、制冷剂组成。汽轮机低压缸部分排汽进入蒸发器，制冷剂吸收蒸汽热量后汽化，同时蒸汽凝结。制冷剂经压缩机后形成高温高压气体，并进入冷凝器，再经冷凝器凝结放出热量，经膨胀阀释放压力，回到低温低压的液化状态。通过制冷剂的不断循环，最后将低温热源的热量送入高温热源后经热网循环水带走。华电大同某电厂 2×135MW 空冷机组原设计为中低压联通管抽汽供热，后增加热泵供热系统，1 号机组热泵回收乏汽余热热功率为 69MW，2 号机组热泵回收乏汽余热热功率为 73.9MW，节能效果明显。热泵供热与中低压联通管抽汽供热相比，可增大供热能力，具有一定的节能效果；热泵供热系统复杂、投资大，且节能效果与机组防冻要求、供热量关系较大。该技术适合于100～600MW机组。

四十六、空冷机组改造技术

包括空冷岛增容改造、空冷风机变频技术改造、空冷凝汽器加装除盐水雾化喷嘴、高效复合型空冷凝汽系统等。

高效复合型空冷凝汽系统：针对空冷系统的问题，提出采用蒸发式凝汽器与直接空冷系统合理配置，形成复合型空冷凝汽系统。蒸发式凝汽器工作原理是：蒸发冷却用水由水泵送至冷却盘管上部喷淋装置中，经喷嘴均匀喷淋在盘管外壁面形成一层均匀水膜。盘管内高温工质与管外壁水膜进行热交换，使水膜吸热蒸发。宁夏YYH电厂2×660MW空冷机组改造采用该技术。蒸发式凝汽器循环水仅需保证换热管表面布水均匀即可，循环水量仅为水冷循环水量1/5。与水冷凝汽系统相比，可节水40%左右。可使机组夏季工况（TRL工况）运行真空提高10kPa。该技术适合于各级容量空冷机组。

第十九章　火力发电厂节能评价

第一节　节能评价的方法与意义

2014 年 9 月国家发展改革委员会、环境保护部联合发布了《煤电节能减排升级与改造行动计划（2014—2020 年）》（发改能源〔2104〕2093 号），2015 年 12 月环境保护部、国家发展改革委员会联合发布了《全面实施燃煤电厂超低排放和节能改造工作方案》（环发〔2105〕164 号），均提出“到 2020 年，现役燃煤发电机组改造后平均供电煤耗低于 310g/kWh”等要求。为了全面了解企业节能管理薄弱环节和节能潜力，完善节能管理措施，实施有效地节能技术改造，提高机组效率，完成上述目标，各发电企业应熟练掌握节能评价体系，积极开展节能评价工作。本章依据《燃煤电厂能耗状况评价技术规范》（DL/T255—2012），结合华能集团公司节能评价和技术监督动态检查工作，向读者介绍一套全新的评价燃煤电厂生产过程能耗状况和节能管理的基本方法和要求。

一、火力发电厂节能特点

火力发电厂节能存在以下特点：

（1）系统性。所谓系统性，是指火电厂节能是一个整体的系统，它存在于火电厂生产管理的各个环节。它包括了火力发电中的各种资源的节约，包括燃煤的节约，厂用电的节约，水资源的节约等。

（2）全面性。火电厂节能不仅仅局限在某一方面，还注重节能对火电厂整体的影响，比如通过管理政策和规章的制定可以提高员工的节能意识，进而影响整个电厂发电能耗。任何一个环节的改进都应该与其他环节相配合、相适应，否则反而会影响整体的节能效果。总之，火电厂节能不是单纯意义上的节约，而是包括了一系列相关配套的技术、措施、政策，是全面的、综合的节约能源。

（3）复杂性。复杂性是指火电厂节能包括火电厂内各种能源的节约，各种能源在各个环节的耗用情况不同，不仅在耗用量，耗用有效程度等方面不同，它们在节能指标的体现和选取上存在着很大的差异，电厂生产耗用能源的种类的多样性决定了火电厂节能的复杂性。

（4）广义性。节能可以区分为狭义的节能和广义的节能。狭义的节能就是在满足相同需要的前提下，减少能源消耗量，提高能源利用效率。在电厂生产中，除了直接消耗能源以外，还必须占用土地和消耗各种物资。而占用土地和节省物资也是节省能源。这是一种间接的节能。因此，节省任何一种人力、物力、财力和资源，都意味着节能。

二、节能评价的目的

1. 节能评价的定义

节能评价是指针对火力发电厂节能特点，电力企业内部或上级主管部门通过召集内部节能专家和技术人员，依据国家和行业已有的相关标准、现场规程和实践经验等，针对燃煤发电企业的能耗指标及其影响因素进行全面查评，客观、准确地评价企业的能耗指标状况和节能管理水平的评价考核过程。

通过节能评价工作，查清燃煤发电企业各主要生产环节能源消耗情况和节能潜力所在，为确定节能工作方向、实施节能技术改造、优化运行调整方式、提高能源利用效率、实现节能降耗科学管理提供依据。

2. 节能评价的目的

评价的目的是：

（1）通过对标考核，使电厂了解企业的节能状况和国内先进水平，便于不同电厂之间的节能工作比较和经验交流。

（2）查找节能工作中存在的问题，并提出整改建议和节能措施，有针对性的促进火电厂节能工作。

（3）促进企业重视运行调整工作，使机组和设备达到最佳的经济运行状态。

（4）促使企业重视节能改造工作，淘汰落后设备，采用高效节能设备和工艺，为节能工作奠定基础。

（5）促使企业从粗放型节能管理向科学化、规范化管理转变。

（6）检查和督促电厂学习和贯彻国家和行业的有关节能法规和标准。

三、节能评价方法和工作形式

1. 评价方法

评价方法包括全面评价和专项评价：

（1）全面评价：对全厂的能耗管理、所有的能耗指标及影响因素进行评价。

（2）专项评价：企业在生产过程中，部分指标出现了异常，对这些指标及相关要素进行有针对性的评价。专项评价一般选择节能诊断和能源审计。

2. 评价工作形式

节能评价的工作形式包括企业自评和专家查评。

（1）企业自评：各企业应参照 DL/T 255—2012 的要求，定期组织能耗状况自评工作。能耗指标出现异常后应及时开展相应的专项评价。

（2）外部评价：火力发电企业的上级单位或相关主管部门应根据各企业能耗指标情况以及企业自评情况，定期组织行业专家，按照 DL/T 255—2012 的要求对所属企业实施专家查评。全面评价一般选择企业自评和专家查评两种方法，当自我评价完成整改工作后，可以向上级主管部门提出外部评价申请。外部评价一般结合节能诊断手段，节能诊断一般选择专家查评的方法。

3. 评价周期和评价期

企业自评每年宜不少于 1 次，专家查评宜每 3 年不少于 1 次。评价期宜选择最近一个完整年度，若有特殊情况可以适当调整，但一般不应少于 6 个月。

节能评价一般需要 4 个工作日。需要召开首次启动会议和末次反馈会议。

4. 评价原则

（1）按照定量和定性相结合的原则对能耗指标和各要素进行评价，考虑到不同火力发电企业设备、系统等的区别，用相对得分率来衡量企业的能源管理工作和能耗状况。

（2）综合性指标应以企业为单位进行评价、计算分数；除综合性指标以外的设备指标应先以机组为单位分别进行评价、计算分数，最后根据各机组容量与发电量的乘积进行加权平均计算，得到全厂相应设备指标实得分。

（3）对被评价企业不适用的内容或条款或没有统计计算值不计分；评价项目中的扣分，无特别注明外最多扣完该项为止。

（4）指标及相关要素的确认应以真实性、合理性、时效性为原则，对不同指标可视具体情况采用累计值或平均值。评价所涉时间段若发电企业开展了大型技改工作，应采用项目完成后的设计指标。对于评价所涉时间段若发电企业开展了一般计划检修、运行优化等工作，应采用项目完成前的指标。

四、节能评价的程序

为了保证节能评价的顺利有效开展，各电厂要成立以厂长（总经理）为组长的节能评价活动领导小组，负责贯彻落实上级节能减排方针政策，负责制定节能评价活动方案，负责审定电厂节能规划和措施，定期听取节能评价活动工作小组的工作汇报，负责根据上级指示或工作需要确定评价对象。

电厂要成立以生产副厂长（总工程师）为组长的节能评价活动工作小组（即自我评价小组）。负责指导节能评价活动工作的具体实施，负责协调各部门在活动中的各种关系，解决各部门在活动中出现的本部门又无法解决的问题，定期听取各部门在活动中的工作进展情况，负责通报节能评价活动的检查情况，审核各部门提出的节能整改措施和节能计划。

电厂各部门（车间）成立部门工作小组，认真学习节能评价标准，掌握评价内容和标准，负责对本部门所管辖的主机、辅机设备进行全面的检查摸底，通过核对考察、座谈询问、现场试验、资料查阅等多种途径收集有关资料和数据，并将所收集的资料和数据进行分类整理和分析。对照节能评价标准对燃料指标和管理、锅炉指标和管理、汽轮机指标和管理、用水指标和管理、计量指标和管理、单耗指标和管理等内容进行详细的一条一条的查评，对所有查出的问题进行汇总，负责提出各部门整改计划。对第一次评价暴露出的进行有针对性的限期整改，对需要结合机组大小修才能整改的项目，要制定出切实可行的计划。对于单项评价应从节能评价体系中选取适用部分，形成开展评价工作的节能评价体系。

节能评价活动工作小组在限期整改期满后，对第一次评价的真实性和整改效果进行复查，对没有按时完成的节能改造项目按规定责任制考核办法进行考核，并限期在上级部门组织的外部节能评价之前完成。

火力发电厂开展节能评价工作应定期进行，评价方式可灵活采取多种方式和复合方式。火力发电厂节能评价包括以下三个要素：

（1）评价对象：评价对象就是我们常说的评价内容，包括节能管理要素、能耗指标以及影响各能耗指标的因素。

节能管理要素主要包括节能基础管理、能源计量管理、燃料管理等。能耗指标主要包括煤耗率、厂用电率、水耗等全厂综合能耗指标及锅炉效率、汽轮机热耗等小指标。影响能耗指标因素主要包括与各能耗指标关联紧密的优化试验、运行调整、检修维护、节能潜力分析及技术改造等方面。

（2）力发电厂节能评价体系：定性指标评价体系和定量指标评价体系。

（3）评价者：自我评价者或外部评价者。

火力发电厂节能评价三个要素的关系可用图 19-1 表示。

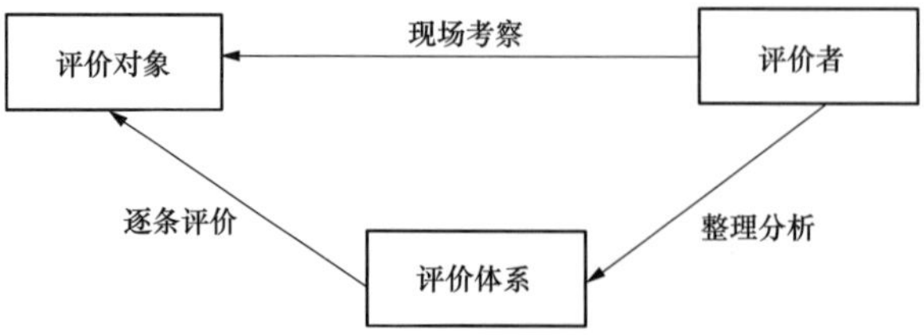

图 19-1　火力发电厂节能评价三个要素的关系

针对企业自我节能评价活动工作小组在第一次查出的问题，进行第一次整改。第一次整改结束条件具备后，电厂向上级外部评价组提出节能评价验收申请。外部评价的主要工作程序是：现场听取节能自我评价工作汇报，查阅申报材料及有关的原始资料，按照图 19-2 流程开展节能评价工作，最后评价组成员提出独立的评价意见和评价结果，评价组汇总意见和评价结果，经集体讨论形成评价意见。火力发电厂根据上级外部评价意见进行第二次整改，并将整改计划和整改结果汇报节能评价活动领导小组和外部评价组。

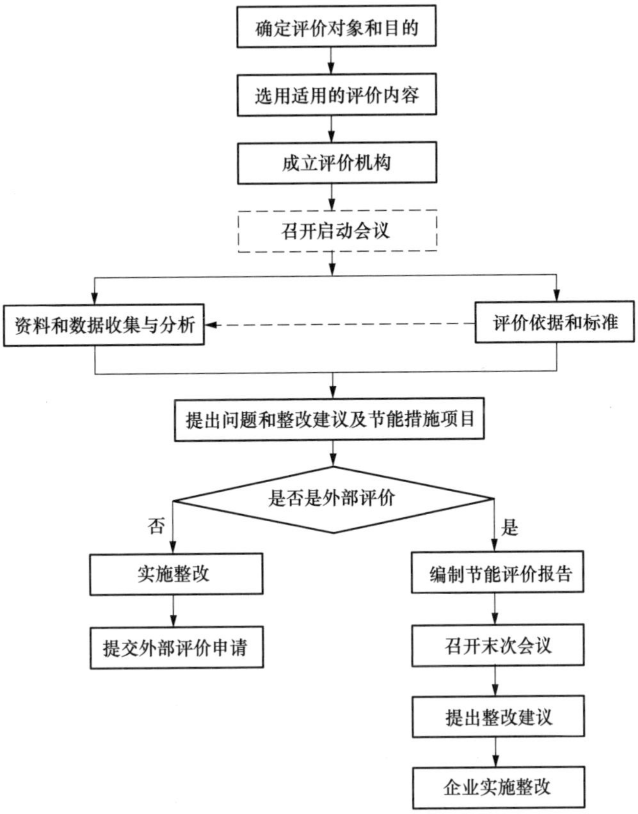

图 19-2 火力发电厂节能评价流程图

五、火力发电厂节能评价分值的评定

节能评价共分两部分，第一部分为节能定量评价指标 2600 分，第二部分为节能定性评价指标 2400 分。考虑到不同火力发电企业设备、系统等的区别，用相对得分率来衡量企业的能源管理工作和能耗状况。相对得分率应按下列原则计算：

（1）根据各企业实际设备及系统情况，确定该企业适用的评价项目及条款，相应确定应得的基础分 A 和 B。

（2）根据表 19-2 和表 19-4 扣分标准进行考核打分，统计节能定量评价得分 P_1 和节能定性评价 P_2。为了综合考核火力发电厂节能工作的总体水平，在对该企业进行定量和定性评价考核评分的基础上，将这两类指标的考核得分合计。考核得分 $P=P_1+P_2$。

（3）实得分合计值与基础分合计值之比为评价相对得分率。相对得分率为 $\delta_P=P/(A+B)\times 100\%$

（4）全厂性综合指标应以企业为单位进行评价、计算分数；除全厂性综合指标以外的设备指标应先以机组为单位分别进行评价、计算分数，最后根据各机组容量与发电量的乘积进行加权平均计算，得到全厂相应设备指标实得分。

（5）评价结论。火力发电厂节能评价相对得分率大于或等于90％为优秀，相对得分率大于或等于85％为良好，相对得分率大于或等于75％为合格，相对得分率低于75％为不合格。

（6）评价报告。

评价工作完成后应在1个月之内出具正式的节能评价报告，节能评价报告至少应包括以下内容：

1）企业基本情况：企业及设备概况，主要技术经济指标现有水平，以及上次评价中提出的整改措施落实情况；

2）评价情况概述：评价周期和评价期、评价方法、评价对象（评价内容），相对得分率，总体评价情况；

3）发现的主要问题：评价发现的主要问题，对问题的分析、阐述；

4）节能潜力分析：汇总、定性或定量分析企业主要节能潜力；

5）节能工作建议：提出整改措施及建议，以及企业今后应重点开展的节能工作方向。

评价中提出的整改措施及建议，应优先列入企业设备检修或技改计划，由企业负责实施，限期整改，并作为下一次评价的主要内容进行重点查评。

第二节　节能定量评价指标体系与考核评分

一、火电厂节能评价指标体系的构建原则

分析和评价一个火电厂的节能综合况如何，需要寻找或建立一个度量标尺，通过这一度量标尺去测量一个火电厂节能状况。针对火电厂节能的特点，确定火电厂节能评价指标体系的构建应遵循以下几个原则。

1. 全面性原则

全面性原则是指所选取的评价指标要足够全面，能够全面反映一个火电厂的节能水平。同时对火电厂的节能评价，应选取尽量少的指标，反映最主要和最全面的信息，每项指标应具有相对独立性、可量化和通用性。

2. 关键性原则

关键性原则是指所选指标要与评价目的相关联，即在全面性原则的基础上突出重点，选择能够在一定程度上反应存在问题的指标。在火电厂节能方面，发电煤耗率及供电煤耗率是电力工业的关键能耗指标，也是主要技术经济指标，是电能生产过程的一个综合指标。其次，厂用电率也是影响火电厂节能的关键因素，如何降低厂用电率已经成为火电厂节能的主要管理目标。

3. 科学性原则

科学性原则是指火电厂节能指标的选取应该遵循科学性。保证评价指标体系的客观公正，保证数据来源的可靠性、准确性和评估方法的科学性；指标的选择与指标权重的确定、数据的选取、计算与合成必须以公认的科学理论为依据。

4. 可行性原则

可行性原则是指指标的设置要尽可能利用现有统计资料，易于量化。由于有关火电厂节能评价没有统一的标准，并且电厂装机容量和其他客观的生产条件不同，为了便于资料的搜集，便于计算，评价指标体系不能设计得过于复杂。在实际调查和评价中，指标数据应易于通过统计资料整理、抽样调查或直接从有关部门获得。尽量选取通常统计指标或容易获得的指标，以便直观、

简便地说明问题。还要注意考虑到指标的可比性，即所构建的评价指标体系在指标的涵义、统计口径以及时间上和空间上要有可比性。

5. 规范性

评价指标应是其他规章制度和法律法规、标准规范中有所要求的指标，不能盲目的设置新的考核指标。规范性表现在火电厂对国家、行业相关节能政策的贯彻程度。

6. 实用性

评价不是仅仅分析出各方面工作指标的高低，而是针对指标找出表现出来的问题，并提出有针对性的改进措施。

二、节能定量评价指标体系的构成方法

火力发电厂节能工作主要内容是节约煤、电、水、油等，而这些内容又集中体现在供电煤耗率这个大指标上。节能指标评价体系是把影响供电煤耗率的各项因素，分解成锅炉小指标、汽轮机小指标、燃料小指标等，通过层层分解影响因素，找出煤耗率升高或降低的原因，以便采取相应的措施，然后根据最后节能效果，依据节能指标评价标准进行评价。

按照系统观点，火力发电厂节能评价指标体系是通过设定能够反应电厂节能水平的有关指标，构建一个由生产和管理方面的相关指标组成的综合评价体系，并运用该综合评价体系对火力发电厂节能降耗工作进行分析和判断，来反映火力发电厂节能降耗综合水平的一项活动。

根据火力发电厂的特点和指标的可度量性，节能评价指标体系分为定量评价指标和定性评价指标两大部分。定量评价指标选取了有代表性的、能反映“节能”“减排”等有关可以计算的最终目标的指标，建立评价模式。通过对各项指标的实际完成值、评价基准值和指标的权重值进行计算和评分，综合考评火力发电厂节能工作状况。

定性评价指标主要根据国家和行业有关节能减排的产业发展和技术进步政策、资源环境保护政策规定以及行业发展规划选取，用于定性考核火力发电厂对有关政策法规的符合性及其节能减排工作实施情况。

定量评价指标和定性评价指标分为一级指标、二级指标和三级指标三个层次。一级指标为综合性、概括性的指标，包括发电煤耗率（供电煤耗率）、厂用电率、燃料量（燃煤量、燃油量）和单位发电量取水量等；二级指标为直接影响一级指标，而且影响显著的指标，包括锅炉效率、汽轮机热耗率、发电量、燃料数量、燃料质量、水重复利用率、机组补水率等指标。三级指标直接影响二级指标的小指标。

火力发电厂节能定量评价指标共有 66 项，其中锅炉指标 11 项，汽轮机指标 16 项，燃料指标 7 项，用水耗指标 8 项、耗电率指标 15 项，综合性指标 9 项。火力发电厂定量评价指标体系结构见图 19-3～图 19-5。

1. 火力发电厂定量评价指标的评价基准值

在定量评价指标体系中，各指标的评价基准值是衡量该项指标是否符合节能减排基本要求的评价依据。定量评价基准值代表了火电行业节能减排的先进水平。指标的完成情况应以定额值、设计值、规定值、计划值、标杆值为参照进行对比评价，参照值按下述顺序规定依次采用。

（1）定额值：上级单位或相关主管部门下达的年度指标考核值。

（2）设计值：合同规定的设备或系统的性能指标。

（3）规定值：国家、行业颁布的现行法规、标准、规范等相关管理制度中规定的应达值。

（4）基础值：发电集团公司或企业颁布的指标要求。

（5）标杆值：行业或上级单位公布的标杆值。

节能评价指标和评价基准值是一个相对概念，它将随着经济的发展和技术的更新而不断完

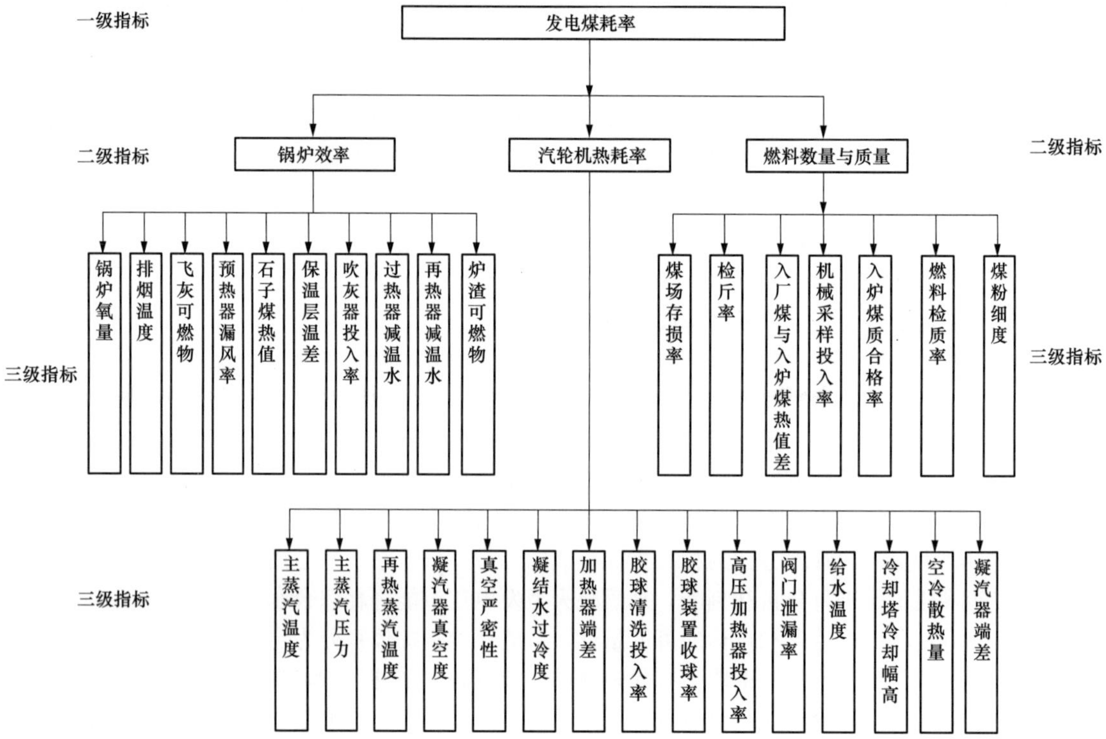

图 19-3　火力发电厂定量评价煤耗指标体系结构图

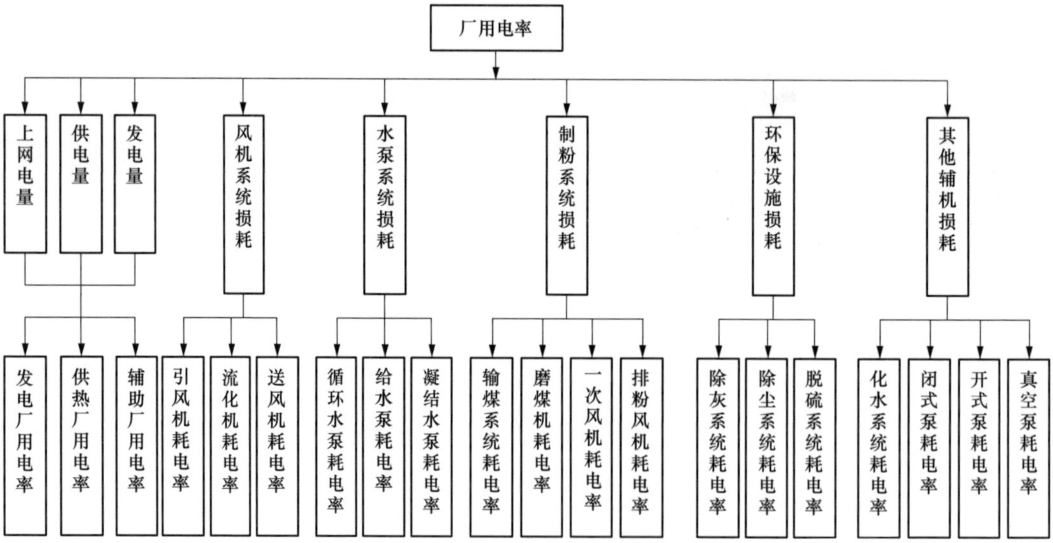

图 19-4　火力发电厂定量评价厂用电指标体系结构图

善，达到新的更高、更先进水平，因此，节能评价指标及评价基准值将根据行业技术进步趋势进行不断地调整。

2. 节能定量评价指标权重

节能定量指标评价标准总分 2600 分。各部分指标所占权重反映了该指标在整个节能减排定量评价指标体系中所占的比重，是综合了节能指标在发电成本中所占的比例确定的。燃料占发电成本65%左右，因此，凡与发电煤耗率有关的小指标（锅炉指标、汽轮机指标和燃料指标）分值为1700分。取水费用占发电成本4%～5%，因此凡与用水电量有关的指标分值为140分（其中单位发电量取水量50分）。由于厂用电量约占发电量的6%，但由于厂用电率直接牵涉供电量和节能量，因此凡与用厂用电有关的指标权重加倍，分值为290分。

综合性指标虽然少，但它们综合各个方面因素，直接反映了电厂经济效益，是大指标，而且是政府主管部门的主要考核指标，因此确定综合性指标分值为520分，占20%。定量评价各类指标的权重分配见表19-1。

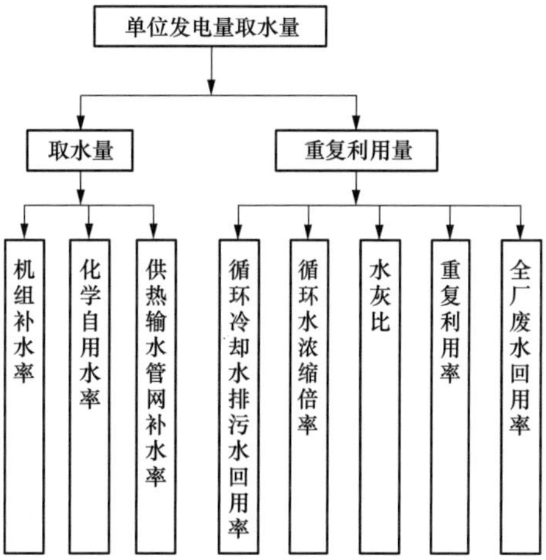

图19-5 火力发电厂定量评价用水指标体系结构图

表19-1 节能定量评价指标权重分配表（合计2600分）

序号	节能评价指标	权重	序号	节能评价指标	权重
一	锅炉指标	640	10	加热器端差	70
1	锅炉效率	220	11	胶球清洗装置投入率	5
2	排烟温度	90	12	胶球装置收球率	5
3	锅炉氧量	45	13	高压加热器投入率	25
4	飞灰可燃物	90	14	冷却塔冷却幅高	35
5	炉渣可燃物	20	15	空冷散热量	35
6	空气预热器漏风率	25	16	阀门泄漏率	25
7	石子煤热值	10	三	燃料指标	220
8	吹灰器投入率	20	1	入厂煤与入炉煤热值差	100
9	过热器减温水量	20	2	煤场存损率	45
10	再热器减温水量	80	3	煤粉细度	35
11	保温层温差	20	4	入炉煤煤质合格率	10
二	汽轮机指标	840	5	机械采样装置投入率	10
1	汽轮机热耗率	280	6	燃料检斤率	10
2	主蒸汽温度	60	7	燃料检质率	10
3	主蒸汽压力	40	四	单耗指标	290
4	再热蒸汽温度	60	1	引风机耗电率	30
5	凝汽器真空度	60	2	送风机耗电率	20
6	给水温度	50	3	循环水泵耗电率	30
7	凝汽器端差	50	4	给水泵耗电率（含前置泵）	30
8	真空严密性	30	5	凝结水泵耗电率	10
9	凝结水过冷度	10	6	输煤系统耗电率	10

续表

序号	节能评价指标	权重	序号	节能评价指标	权重
7	除灰系统耗电率	10	5	重复利用率	20
8	除尘系统耗电率	10	6	供热输水管网补水率	10
9	脱硫系统耗电率	35	7	全厂废水回用率	10
10	磨煤机耗电率	30	8	循环冷却水排污水回用率	10
11	排粉机（一次风机）耗电率	20	六	综合性指标	520
12	化水系统耗电率	10	1	供电煤耗率	300
13	流化风机耗电率	10	2	供热煤耗率	10
14	空冷风机耗电率	25	3	综合厂用电率	40
15	其他辅机耗电率（含闭式泵、开式泵、真空泵）	10	4	发电厂用电率	60
五	用水指标	90	5	辅助厂用电率	10
1	机组补水率（汽水损失率）	20	6	供热厂用电率	10
2	化学自用水率	5	7	单位发电量取水量	50
3	循环水浓缩倍率	10	8	燃油量	20
4	灰水比	5	9	企业节能量	20

3. 定量评价指标的考核评分计算

火力发电厂节能定量评价指标的考核评分，以火力发电厂在考核年度（一般以一个生产年度为一个考核周期）各项指标实际达到的数据为基础进行计算，得出该企业定量评价指标的考核得分。

定量评价指标考核得分按下式计算：

$$P_1 = A - \sum_{i=1}^{n} K_i$$

式中 P_1——定量评价考核得分；

n——参与考核的定量评价的指标项目总数，这里 $n=66$；

A——定量评价实际基础分（如 2600 分）；

K_i——定量评价指标体系中的第 i 项指标的扣分结果（见表 19-2）。

综合性指标以企业为单位进行评价、计算得分。其他设备指标分别以机组为单位进行评价、计算得分，最后根据各机组容量与发电量的乘积进行加权平均计算，得到全厂相应设备指标实得分。

进行节能定量指标评价时，根据节能指标扣分标准从基础分中扣分，各项基础分值扣完为止，不倒扣分。

定量评价指标相对得分率按下式计算：

$$\delta_{P1} = \frac{P_1}{A} \times 100\%$$

式中 δ_{P1}——定量评价指标相对得分率，%；

P_1——定量评价考核得分。

表 19-2 火力发电厂节能定量指标评价标准

序号	一级指标	定量指标	定量评价依据	评价方法	基础分	扣分标准
1	锅炉指标				640	
1.1		锅炉热效率	《节能技术监督导则》(DL/T 1052—2016）第 6.2.3.1 条（锅炉热效率按 GB/T 10184、DL/T 964 等标准进行测试和计算，若锅炉燃用煤质发生较大变化或锅炉受热面进行重大改造时，宜重新计算锅炉设计热效率。以最近一次试验报告的锅炉热效率作为监督依据。额定蒸发量时锅炉热效率应达到设计值）	检查锅炉大修后热效率试验报告和设计资料	220	锅炉热效率每低于设计值或基础值 0.1 个百分点扣 15 分
1.2		锅炉排烟温度	《节能技术监督导则》(DL/T 1052）第 6.2.3.3 条（用校核后的温度值作为排烟温度的规定值。锅炉排烟温度的监督以统计报表、现场检查或测试的数据作为依据。锅炉排烟温度（修正值）与规定值（或设计值）的偏差不大于规定值的 3%）	查阅生产日报、运行月报和设计资料	90	排烟温度每超过设计值或基础值 1℃扣 4 分
1.3		锅炉氧量	《节能技术监督导则》(DL/T 1052）第 6.2.3.6 条（运行氧量宜通过试验确定最佳氧量并形成规定值。运行氧量的监督以统计报表、现场检查或测试的数据作为监督依据。运行氧量不超过规定值的±0.3 个百分点）	查阅生产日报、运行月报和设计资料	45	锅炉氧量每超过设计值±0.1 个百分点扣 6 分
1.4		飞灰可燃物	《节能技术监督导则》(DL/T 1052）第 6.2.3.4 条（飞灰和炉渣可燃物宜采用离线化验值，并对统计期内的每日飞灰可燃物含量，按各班燃煤消耗量加权计算，飞灰在线数据可作参考。灰渣可燃物含量的监督以统计报表或现场测试的数据作为依据。灰可燃物含量限值：$V_{daf}\leqslant 10\%$时，$C_{fa}\leqslant 5\%$；$10\%<V_{daf}\leqslant 15\%$时，$C_{fa}\leqslant 4\%$；$15\%<V_{da}f\leqslant 20\%$时，$C_{fa}\leqslant 2.5\%$；$20\%<V_{daf}\leqslant 37\%$时，$C_{fa}\leqslant 2\%$；$37\leqslant V_{daf}$时，$C_{fa}\leqslant 1.2\%$），对于流化床锅炉，飞灰含量限值基本上是煤粉炉的 2 倍。《大容量煤粉燃烧锅炉炉膛选型导则》(DL/T 831—2002）10.4 条（无烟煤<8%，贫煤 6%，烟煤<3.5%；CFB 锅炉<8%）	查阅化验记录、运行月报和设计资料	90	飞灰可燃物每超过规定值或基础值 0.1 个百分点扣 5 分
1.5		炉渣可燃物	《节能技术监督导则》(DL/T 1052）第 6.2.3.4 条（飞灰和炉渣可燃物宜采用离线化验值，并对统计期内的每日飞灰可燃物含量，按各班燃煤消耗量加权计算，飞灰在线数据可作参考。灰渣可燃物含量的监督以统计报表或现场测试的数据作为依据。煤粉炉炉渣可燃物含量与飞灰基本相同；循环流化床锅炉炉渣可燃物含量不大于 2%	查阅生产日报、运行分析月报和设计资料	20	炉渣可燃物每超规定值或基础值 0.1 个百分点扣 1 分。

续表

序号	一级指标	定量指标	定量评价依据	评价方法	基础分	扣分标准
1.6		空气预热器漏风率	《节能技术监督导则》（DL/T 1052）第 6.2.3.7 条（空气预热器漏风率以测试报告的数据作为监督依据。管式预热器漏风率不大于 3%；回转式预热器漏风率不大于 6%）	查阅锅炉大修前后空气预热器漏风试验报告和设计资料	25	空气预热器漏风率比设计值或基础值每高 0.1 个百分点扣 1 分
1.7		吹灰器投入率	《节能技术监督导则》（DL/T 1052）第 6.2.3.9 条（吹灰器投入率的监督以统计报表、现场检查或测试的数据作为依据。吹灰器投入率不低于 98%）。 《300MW 级锅炉运行导则 》（DL/T 610—1996）6.8.1，6.8.2 条（为了清除锅炉受热面的积灰，防止结渣，保持受热面清洁，提高锅炉安全、经济运行水平，应根据实际情况定期对锅炉受热面进行吹灰。吹灰介质的运行参数应相据设备情况，在现场规程中规定。锅护受热面吹灰工作应在燃烧稳定的工况下进行，对故障吹灰器应及时修复投用）	检查每月吹灰器投运统计报表	20	吹灰器投入率低于 98%，每低 1 个百分点扣 4 分
1.8		石子煤热值	《节能技术监督导则》（DL/T 1052）第 6.2.3.5 条（石子煤量应不大于额定出力的 0.05%或热值不大于 6.27MJ/kg，热值根据需要定期化验。以统计报表或现场测试的数据作为监督依据）。 《塔式炉超临界机组运行导则第 1 部分：锅炉运行导则》（DL/T 332.1—2010）第 9.3.2 条（正常时石子煤量应小于本磨额定出力的 0.05%，或者其热值低于 6.27MJ/kg）	根据统计报表、化验报告计算考评期平均热值	10	石子煤热值比 6.27MJ/kg 每超 0.1MJ/kg 扣 2 分，无统计数据扣 10 分
1.9		保温层外表面温度	《火力发电厂保温工程热态考核测试与评价规程》（DL/T 934—2005）9.1.1 条（当环境温度不高于 25℃时，热力设备、管道及其附件的保温结构外表面温度不应超过 50℃；当环境温度高于 25℃，保温结构外表面温度与环境温度的温差应不大于 50℃）。 《节能技术监督导则》（DL/T 1052）第 6.3.4 条（设备、管道及其附件外表面温度超过 60℃时应采取保温措施。保温效果以测试报告的数据作为监督依据。当环境温度不高于 25℃时，热力设备、管道及其附件的保温结构外表面温度不应超过 50℃；当环境温度高于 25℃时，保温结构外表面温度与环境温度的温差应不大于 25℃）	查阅保温测试报告，使用红外线测温仪现场检查	20	保温外壁温度超过规定值每处扣 5 分；新机组投产、大小修前、后保温效果未检测各扣 10 分

续表

序号	一级指标	定量指标	定量评价依据	评价方法	基础分	扣分标准
1.10		过热器减温水量	《节能技术监督导则》（DL/T 1052）第 6.2.3.14 条（锅炉过热蒸汽的减温水量和再热蒸汽的减温水量不宜超过设计值或现场规定值）。 《塔式炉超临界机组运行导则第 1 部分：锅炉运行导则》（DL/T 332.1—2010）第 6.3.2 条（以减温水作为微调的辅助手段，其用量不宜超过总蒸发量的 3%～5%）	检查过热器减温水量统计数据	20	过热器减温水量超过 3%或基础值，每增加 0.3 个百分点扣 10 分或基础值
1.11		再热器减温水量	《节能技术监督导则》（DL/T 1052）第 6.2.3.14 条（锅炉过热蒸汽的减温水量和再热蒸汽的减温水量不宜超过设计值或现场规定值）	检查再热器减温水量统计数据	80	再热器减温水量比设计值每增加 1t/h 扣 8 分
2	汽轮机指标				840	
2.1		机组热耗率	《燃煤火力发电企业设备检修导则》（DL/T 838—2017）第 5.13.1 条（并网后试验包括汽轮机修后试验）。 《节能技术监督导则》（DL/T 1052—2016）第 6.2.4.1 条（热耗率以最近一次试验报告的数据作为监督依据。试验热耗率与设计热耗率的偏差应不高于设计热耗率的 1.5%）。 《节能技术监督导则》（DL/T 1052）第 6.5.4.2b 条［汽轮机（燃气轮机）经过 A 级检修前后或重大改造应按标准 GB/T 8117.1（或 GB/T 8117.2、GB/T 8117.3）、GB/T 14100、GB/T 18929、DL/T 851、DL/T 1223、DL/T 1224 进行热耗率（热效率）试验］	查阅大修前后汽轮机试验报告和设计资料	280	热耗率超过设计值或基础值 50kJ/kg 后，每高 10kJ/kg 扣 10 分
2.2		主蒸汽温度	《节能技术监督导则》（DL/T 1052）第 6.2.4.3 条（主蒸汽温度和再热蒸汽温度的监督以统计报表、现场检查或测试的数据作为依据。蒸汽温度平均值不低于规定值 3℃，对于两路以上的进汽管路，各管蒸汽温度偏差应小于 3℃）。 《300MW 级汽轮机运行导则》（DL/T 609—1996）6.2.6 条（运行中应控制蒸汽参数在允许范围内，当超限或者有超限趋势时，应进行调整并准确记录超限量、超限时间及累计时间，同时进行相应处理）	查阅生产日报、运行分析月报和设计资料	60	机侧主蒸汽温度比设计值每降低 1℃，扣 10 分

续表

序号	一级指标	定量指标	定量评价依据	评价方法	基础分	扣分标准
2.3		主蒸汽压力	《节能技术监督导则》（DL/T 1052）第 6.2.4.2 条［主蒸汽压力的监督以统计报表、现场检查或测试的数据作为依据。主蒸汽压力平均值不低于规定值 0.2MPa，滑压运行机组应按设计（或试验确定）的滑压运行曲线（或经济阀位）运行］。 《300MW 级汽轮机运行导则》（DL/T 609—1996）6.2.6 条	查阅生产日报、运行月报和设计资料	40	机侧主蒸汽压力与汽轮机滑压曲线规定值比较，每偏离 0.1MPa 扣 4 分
2.4		再热蒸汽温度	《节能技术监督导则》（DL/T 1052）第 6.2.4.3 条（主蒸汽温度和再热蒸汽温度的监督以统计报表、现场检查或测试的数据作为依据。蒸汽温度平均值不低于规定值 3℃，对于两路以上的进汽管路，各管蒸汽温度偏差应小于 3℃）。 《300MW 级汽轮机运行导则》（DL/T 609—1996）6.2.6 条（运行中应控制蒸汽参数在允许范围内，当超限或者有超限趋势时，应进行调整并准确记录超限量、超限时间及累计时间，同时进行相应处理）	查阅生产日报、运行月报和设计资料	60	机侧再热蒸汽温度比设计值或标准值每降低 1℃，扣 10 分
2.5		给水温度	《节能技术监督导则》（DL/T 1052）第 6.2.4.5 条（给水温度以统计报表、现场检查或测试的数据作为监督依据。给水温度的平均值不低于对应平均负荷设计的给水温度）	查阅生产日报、运行月报和设计资料	50	实际给水温度比相应设计值或标准值每降低 1℃，扣 10 分
2.6		凝汽器端差	《节能技术监督导则》（DL/T 1052）第 6.2.4.10 条（凝汽器端差以统计报表或测试的数据作为监督依据。凝汽器端差可以根据循环水温度制定不同的考核值：当循环水入口温度小于或等于 14℃时，端差不大于 9℃；当循环水入口温度大于 14℃并小于 30℃时，端差不大于 7℃；当循环水入口温度大于或等于 30℃时，端差不大于 5℃；背压机组不考核，循环水供热机组仅考核非供热期；间接空冷系统表面式凝汽器的端差不大于 2.8℃；间接空冷系统喷射式凝汽器的端差不大于 1.5℃）	查阅生产日报、运行月报和设计资料，现场测量计算	50	实际平均端差比设计端差每增加 1℃，扣 25 分
2.7		凝汽器真空度	《节能技术监督导则》（DL/T 1052）第 6.2.4.8 条（闭式循环水系统，凝汽器真空度的平均值不低于 92%；开式循环水系统，凝汽器真空度的平均值不低于 94%。循环水供热机组仅考核非供热期，背压机组不考核。空冷机组，凝汽器真空度的平均值不低于 85%。当负荷率低于 75%时，上述所有真空度再增加 1 个百分点）	查阅生产日报、运行月报和设计资料，现场测量计算	60	实际真空比规定值或基础值每降低 0.1kPa，扣 10 分

续表

序号	一级指标	定量指标	定量评价依据	评价方法	基础分	扣分标准
2.8		真空严密性	《凝汽器与真空系统运行维护导则》(DL/T 932—2005) 5.2.5条(容量<100MW机组，机组真空下降速度≤0.4kPa/min；容量>100MW机组，机组真空下降速度≤0.27kPa/min)。 《节能技术监督导则》(DL/T 1052) 第6.2.4.9条(100MW及以下机组的真空下降速度不高于400Pa/min，100MW以上机组的真空下降速度不高于270Pa/min。直接空冷机组真空系统严密性试验方法按DL/T 1290执行，真空严密性指标小于或等于200Pa/min时为合格，小于或等于100Pa/min时为优秀。真空系统严密性以测试报告和现场实际测试数据作为监督依据)	查阅生产日报、运行月报，现场进行机组真空严密性试验	30	试验中真空下降速度平均值比标准值每升高0.1kPa/min，扣5分
2.9		凝结水过冷度	《节能技术监督导则》(DL/T 1052) 第6.2.4.11条(凝结水过冷度以统计报表或测试的数据作为监督依据。湿冷机组和空冷机组凝结水过冷度平均值均不大于2℃)。 《凝汽器与真空系统运行维护导则》(DL/T 932—2005) 第4.1.5条(运行维护一般要求：凝结水过冷度合格)	查阅生产日报、运行月报和设计资料，现场测量计算	10	湿冷机组每超0.5℃扣5分；空冷机组每超1℃扣5分
2.10		胶球清洗装置投入率	《节能技术监督导则》(DL/T 1052) 第6.2.4.12条(胶球清洗装置投入率以统计报表或测试的数据作为监督依据。胶球清洗装置投入率不低于98%)。 《凝汽器与真空系统运行维护导则》(DL/T 932—2005) 第4.3.8条(胶球清洗装置能正常投入且工作有效，其胶球质量、投球量、清洗时间间隔和清洗持续时间应满足有关规定)	查阅运行记录、胶球清洗记录、设备台帐、现场检查	5	胶球装置投入率没达到98%，每降低1个百分点，扣1分
2.11		凝汽器胶球清洗收球率	《凝汽器胶球清洗装置和循环水二次滤网装置》(DL/T 581—95) 第5.6.5条a款(收球率超过90%为合格，达到94%为良好，达到97%为优秀；胶球清洗装置收球率应不小于90%)。 《节能技术监督导则》(DL/T 1052) 第6.2.4.13条(胶球清洗装置收球率以统计报表和现场实际测试数据作为监督依据。胶球清洗装置收球率超过90%为合格，达到94%为良好，达到97%为优秀)	查阅运行记录、凝汽器胶球清洗记录	5	收球率未达到94%，每降低1个百分点扣1分

续表

序号	一级指标	定量指标	定量评价依据	评价方法	基础分	扣分标准
2.12		加热器端差	《节能技术监督导则》（DL/T 1052）第 6.2.4.7 条（对加热器上端差（给水端差）和下端差（疏水端差）每月计算一次，加热器端差应不大于加热器设计端差）。 《高压加热器技术条件》（JB/T 8190—1999）第 4.2 条（给水端差：设有内置式蒸汽冷却段高压加热器的给水端差应不小于−2℃，无蒸汽冷却段的高压加热器的给水端差应不小于 1℃。当给水端差要求小于−2℃时，应采用外置式蒸汽冷却器。末级高压加热器的出口给水温度不得低于设计值 4℃）、第 4.3 条（疏水端差：设有内置式疏水冷却段高压加热器的疏水端差不小于 5.5℃。当疏水端差要求小于 5.5℃时，应采用外置式疏水冷却器）	查阅生产日报、运行月报和设计资料、现场测量计算	70	每个加热器上端差比设计值增加 1℃，扣 5 分；每个加热器下端差比设计值增加 1℃，扣 3 分
2.13		高压加热器投入率	《节能技术监督导则》（DL/T 1052）第 6.2.4.6 条（高压加热器随机组启停时投入率不低于 98%；高压加热器定负荷启停时投入率不低于 95%，不考核开停调峰机组）	查阅运行记录、设备缺陷记录	25	投入率低于 98%，每低 1 个百分点扣 5 分
2.14		冷却塔冷却幅高	《凝汽器与真空系统运行维护导则》（DL/T 932—2005）第 4.3.2 条（闭式冷却水系统冷却塔的冷却能力在设计工况下不低于 95%）。 《节能技术监督导则》（DL/T 1052）第 6.2.4.18 条（在冷却塔热负荷大于 90%额定负荷、气象条件正常时，夏季测试的冷却水塔出口水温不高于大气湿球温度 7℃。以测试报告和现场实际测试数据作为监督依据）	查阅运行记录、试验报告和设计资料	35	冷却幅高温度超 7℃，每高出 1℃，扣 7 分
2.15		空冷散热量	《火力发电厂空冷塔及空冷凝汽器试验方法》（DL/T 552—1995）第 5.2.1 条［根据测试结果，评价空冷塔散热量是否达到保证值。可用实测大气温度 t_{a1} 和按实测（或计算）凝汽器排汽压力 P_c 由蒸汽性质表中查得对应的凝汽器排汽温度 t_c，从空冷系统性能曲线图上查得空冷塔保证的散热量 Φ_g，与实测空冷塔散热量 Φ_w 相比较。如 $\Phi_g-\Phi_w\leqslant 0$，则说明实测的空冷塔散热量较保证值大，该空冷塔达到设计要求］。 《节能技术监督导则》（DL/T 1052）第 6.2.4.19 条（当以排汽质量流量评价时，修正到设计条件下的各试验工况排汽质量流量达到或超过保证的排汽质量流量；或以排汽压力评价时，修正后的的排汽压力低于保证的排汽压力时，则认为空冷系统及其设备运行性能指标达到规定值，否则未达到规定值。以测试报告数据作为监督依据）	检查试验报告	35	空冷塔性能达不到设计标准扣 35 分

续表

序号	一级指标	定量指标	定量评价依据	评价方法	基础分	扣分标准
2.16		阀门泄漏率	《节能技术监督导则》(DL/T 1052)第 6.2.4.14 条(以检查报告作为监督依据。阀门漏泄率不大于 3%)。 《火力发电厂节约能源规定(试行)》(能源节能〔1991〕98 号)第 35 条[通过检修消除七漏(漏汽、漏水、漏油、漏风、漏灰、漏煤、漏热),阀门及结合面的泄漏率应低于千分之三]	查阅运行记录和检查报告 查阅运行管理平台或缺陷登记系统	25	汽动给水泵再循环泄漏扣 10 分;存在漏点扣 5～15 分
3	燃料指标				220	
3.1		煤场存损率	《节能技术监督导则》(DL/T 1052—2016)第 6.2.7.4 条(煤煤场存损率不大于每月的日平均存煤量的 0.5%,也可根据具体情况实际测量煤场存损率,报上级主管单位批准后作为监督依据)	查看盘煤报告 查看燃料运行分析报告	45	煤场存损率不大于 0.5%,每超过标准值或基础值 0.1 个百分点扣 15 分
3.2		入厂煤与入炉煤热值差	《国家电力公司一流火力发电厂考核标准(试行)(国电发〔2000〕196 号)》附三第四项第 4.D 条(入炉煤、入厂煤热值差小于 502J/g) 《节能技术监督导则》(DL/T 1052)第 6.2.7.3 条(入厂煤与入炉煤热量差以统计报表数据作为监督依据。入厂煤与入炉煤的热量差宜不大于 418kJ/kg)	查阅入炉煤、入厂煤煤质分析报表,及燃料运行分析报告	100	热值差每高于规定或标准值 1kJ/kg 扣 1 分
3.3		入炉煤煤质合格率	《火电厂节约用油管理办法(试行)》(国电发〔2001〕477 号)第 12 条(应采取以下措施,进一步加强燃料管理工作:保证购进的燃煤煤质基本符合锅炉设计燃用煤种;燃用混合煤种时,配煤比例要恰当、均匀。要按锅炉对煤质的设计要求合理掺配,入炉煤合格率考核基准值 100%)。《国家电力公司一流火力发电厂考核标准(试行)(国电发〔2000〕196 号)》附三第 4 项第 4.D 条(入炉煤合格率低于 100%,每降低 1 个百分点扣 1 分)。 《化学监督导则》(DL/T 246—2015)第 5.3.6 条[入炉煤质量监督以每班(值)的上煤量为一个采样单元,全水分测定以每班(值)的上煤量为一个分析检验单元,工业分析、发热量测定以一天(24h)的上煤量混合样作为一个分析检验单元;每班(值)取样后,立即进行全水分检验,待每天各班(值)的样品收齐后,按比例混合成为当日样品;若煤质变化频繁时,每班(值)的样品收后应立即测定全水分、工业分析、发热量、全硫值,按加权平均值计算当日煤质]	查看配煤运行值班记录及煤质报表	20	入炉煤质原因造成锅炉灭火、限出力、严重结渣,机组经济性明显下降、投油助燃等每次扣 5 分;炉煤合格率低于 100%,每降低 1 个百分点扣 2 分

续表

序号	一级指标	定量指标	定量评价依据	评价方法	基础分	扣分标准
3.4		入厂煤检质率	《国家电力公司一流火力发电厂考核标准（试行）（国电发〔2000〕196号）》附三第四项第4.D条（检斤率、检质率低于100%时，每降低2个百分点扣1分）。 《节能技术监督导则》（DL/T 1052）第6.2.7.2条（燃料检质率以统计报表数据作为监督依据。燃料检质率应为100%）。 《化学监督导则》（DL/T 246—2015）第5.3.2条（入场煤质量验收应按批次、煤种、逐车逐船进行采样验收）。第5.3.3条（入厂煤的元素分析应按煤源每季进行一次。入炉煤的元素分析应每季度进行一次）	查阅入厂煤检质率统计报表和燃料统计台账	10	入厂煤检质率低于100%，每降低1个百分点扣5分
3.5		入厂煤检斤率	《国家电力公司一流火力发电厂考核标准（试行）（国电发〔2000〕196号）》附三第4项第4.D条（检斤率、检质率低于100%时，每降低2个百分点扣1分）。 《节能技术监督导则》（DL/T 1052）第6.2.7.1条（以统计报表数据作为监督依据。燃料检斤率应为100%）	查阅入厂煤检斤率统计报表和燃料统计台账	10	入厂煤检斤率低于100%，每降低1个百分点扣5分
3.6		机械采制样装置投入率	《煤炭机械化采样第1部分：采样方法》（GB/T 19494.1—2004）第6.5.1条（能在规定条件下保持工作能力。足够牢靠，能在可预期到的最坏的条件下工作）。 《化学监督导则》（DL/T 246—2015）第5.3.4条（**入厂、入炉煤采制样应使用机械化采制样。采制样设备**投入率不低于90%）。 《节能技术监督导则》（DL/T 1052）第6.3.2.8条（机械采样装置投入率在90%以上，机械采样装置宜每二年经具有检定能力的机构进行性能检定试验）	查阅运行记录和燃料台账	10	投运率不低于90%，每低1个百分点扣2分
3.7		煤粉细度	《节能技术监督导则》（DL/T 1052）第6.2.3.10条［对于燃用无烟煤、贫煤和烟煤时，煤粉细度 R_{90} 可按 $0.5nV_{daf}$（n 为煤粉均匀性指数）选取，煤粉细度 R_{90} 的最小值应控制不低于4%。当燃用褐煤时，对于中速磨，煤粉细度 R_{90} 可取30%～50%，对于风扇磨，煤粉细度 R_{90} 可取45%～55%；循环流化床锅炉入炉煤粒度应在设计范围内］	查阅煤粉细度化验报告和设计资料	35	煤粉细度合格率低于规定值（95%）每1个百分点扣2分

续表

序号	一级指标	定量指标	定量评价依据	评价方法	基础分	扣分标准
4	单耗指标				290	
4.1		引风机耗电率	《节能技术监督导则》(DL/T 1052)第6.2.5.3条[对主要辅助设备和系统(风机、水泵、空冷风机群、除尘器、脱硫系统、输煤系统、除灰系统等)应每月统计一次耗电率]	查阅试验报告、生产日报、单耗台账和辅机耗电率统计	30	比上年度中电联大机组竞赛前20名平均值每升高10%扣7分;或者比集团公司下达的基础值高0.1个百分点扣5分
4.2		送风机耗电率	《节能技术监督导则》(DL/T 1052)第6.2.5.3条[对主要辅助设备和系统(风机、水泵、空冷风机群、除尘器、脱硫系统、输煤系统、除灰系统等)应每月统计一次耗电率]	查阅试验报告、生产日报、单耗台账和辅机耗电率统计	20	比上年度中电联大机组竞赛前20名平均值每升高10%扣3分;或者比集团公司下达的基础值高0.1个百分点扣5分
4.3		排粉机(一次风机)耗电率	《节能技术监督导则》(DL/T 1052)第6.2.5.3条[对主要辅助设备和系统(风机、水泵、空冷风机群、除尘器、脱硫系统、输煤系统、除灰系统等)应每月统计一次耗电率]	查阅试验报告、生产日报、单耗台账和辅机耗电率统计	20	比上年度中电联大机组竞赛前20名平均值每升高10%扣5分;或者比集团公司下达的基础值高0.1个百分点扣5分
4.4		磨煤机耗电率	《电站磨煤机及制粉系统选型导则》(DL/T 466—2004)6.4条(筒式磨煤机烟煤15~20kWh/t,无烟煤20~25kWh/t;中速磨煤机RP、HP磨8~11kWh/t,MPS磨6~8kWh/t,E磨8~12kWh/t;风扇磨煤机2.16~2.56kWh/t)	查阅试验报告、生产日报、单耗台账和辅机耗电率统计	30	比上年度中电联大机组竞赛前20名平均值每升高10%,钢球磨扣10分,其他类型磨煤机扣6分;或者比集团公司下达的基础值高0.1个百分点扣5分
4.5		循环水泵耗电率	《节能技术监督导则》(DL/T 1052)第6.2.5.3条[对主要辅助设备和系统(风机、水泵、空冷风机群、除尘器、脱硫系统、输煤系统、除灰系统等)应每月统计一次耗电率]	查阅试验报告、生产日报、单耗台账和辅机耗电率统计	30	比上年度中电联大机组竞赛前20名平均值每升高10%扣10分;或者比集团公司下达的基础值高0.1个百分点扣5分

续表

序号	一级指标	定量指标	定量评价依据	评价方法	基础分	扣分标准
4.6		给水泵系统耗电率（包括前置泵）	《节能技术监督导则》（DL/T 1052）第6.2.5.3条［对主要辅助设备和系统（风机、水泵、空冷风机群、除尘器、脱硫系统、输煤系统、除灰系统等）应每月统计一次耗电率］	查阅试验报告、生产日报、单耗台账和辅机耗电率统计	30	比上年度中电联大机组竞赛前20名平均值每升高10%扣25分；或者比集团公司下达的基础值高0.1个百分点扣5分
4.7		凝结水泵耗电率	《节能技术监督导则》（DL/T 1052）第6.2.5.3条［对主要辅助设备和系统（风机、水泵、空冷风机群、除尘器、脱硫系统、输煤系统、除灰系统等）应每月统计一次耗电率］	查阅试验报告、生产日报、单耗台账和辅机耗电率统计	10	比上年度中电联大机组竞赛前20名平均值每升高10%扣3分；或者比集团公司下达的基础值高0.1个百分点扣5分
4.8		除灰系统耗电率	《节能技术监督导则》（DL/T 1052）第6.2.5.3条［对主要辅助设备和系统（风机、水泵、空冷风机群、除尘器、脱硫系统、输煤系统、除灰系统等）应每月统计一次耗电率］	查阅试验报告、生产日报、单耗台账和辅机耗电率统计	10	比上年度中电联大机组竞赛前20名平均值每升高10%扣5分；或者比集团公司下达的基础值高0.1个百分点扣5分
4.9		除尘系统耗电率	《节能技术监督导则》（DL/T 1052）第6.2.5.3条［对主要辅助设备和系统（风机、水泵、空冷风机群、除尘器、脱硫系统、输煤系统、除灰系统等）应每月统计一次耗电率］	查阅试验报告、生产日报、单耗台账和辅机耗电率统计	10	比上年度中电联大机组竞赛前20名平均值每升高10%扣5分；或者比集团公司下达的基础值高0.1个百分点扣5分
4.10		输煤系统耗电率	《节能技术监督导则》（DL/T 1052）第6.2.5.3条［对主要辅助设备和系统（风机、水泵、空冷风机群、除尘器、脱硫系统、输煤系统、除灰系统等）应每月统计一次耗电率］	查阅试验报告、生产日报、单耗台账和辅机耗电率统计	10	比上年度中电联大机组竞赛前20名平均值每升高10%扣2分；或者比集团公司下达的基础值高0.1个百分点扣5分
4.11		脱硫系统耗电率	《节能技术监督导则》（DL/T 1052）第6.2.5.3条［对主要辅助设备和系统（风机、水泵、空冷风机群、除尘器、脱硫系统、输煤系统、除灰系统等）应每月统计一次耗电率］	查阅试验报告、生产日报、单耗台账和辅机耗电率统计	35	比设计值（对应硫分）每升高10%扣10分；或者比集团公司下达的基础值高0.1个百分点扣5分

续表

序号	一级指标	定量指标	定量评价依据	评价方法	基础分	扣分标准
4.12		空冷风机耗电率	《节能技术监督导则》(DL/T 1052) 第 6.2.5.3 条［对主要辅助设备和系统（风机、水泵、空冷风机群、除尘器、脱硫系统、输煤系统、除灰系统等）应每月统计一次耗电率］	检查统计报表和辅机耗电率统计	25	比上一年中电联大机组竞赛前 20 名平均值每升高 10%扣 8 分；或者比集团公司下达的基础值高 0.1 个百分点扣 5 分
4.13		化水系统耗电率	《节能技术监督导则》(DL/T 1052) 第 6.2.5.3 条［对主要辅助设备和系统（风机、水泵、空冷风机群、除尘器、脱硫系统、输煤系统、除灰系统等）应每月统计一次耗电率］	检查统计报表和辅机耗电率统计	10	比上一年中电联大机组竞赛前 20 名平均值每升高 10%扣 8 分；或者比集团公司下达的基础值高 0.1 个百分点扣 5 分
4.14		流化风机耗电率	《节能技术监督导则》(DL/T 1052) 第 6.2.5.3 条［对主要辅助设备和系统（风机、水泵、空冷风机群、除尘器、脱硫系统、输煤系统、除灰系统等）应每月统计一次耗电率］。《火力发电厂技术经济指标计算方法》(DL/T 904—2015) 第 5.11 条（高压流化风机耗电率）	检查统计报表和辅机耗电率统计	10	比上一年中电联大机组竞赛前 20 名平均值每升高 10%扣 8 分；或者比集团公司下达的基础值高 0.1 个百分点扣 5 分
4.15		其他辅机耗电率（如闭式泵、开式泵、真空泵）	《节能技术监督导则》(DL/T 1052) 第 6.2.5.3 条［对主要辅助设备和系统（风机、水泵、空冷风机群、除尘器、脱硫系统、输煤系统、除灰系统等）应每月统计一次耗电率］	检查统计报表和辅机耗电率统计	10	比集团公司下达的基础值高 0.1 个百分点扣 5 分
5	用水指标				90	
5.1		机组补水率（汽水损失率）	《火电厂节约用水管理办法（试行）》（国电发〔2001〕476 号）第二十一条（锅炉补水率应控制在规定范围内。单机容量 300MW 及以上机组补水率应小于 1.5%，300MW 以下机组补水率应小于 2%）。 《节能技术监督导则》(DL/T 1052) 第 6.2.6.2 条（机组的汽水损失率应符合下列要求。汽水损失率以统计报表数据作为监督依据。a) 600MW 级及以上机组应不大于锅炉额定蒸发量的 1.0%；b) 200～300MW 级机组应不大于锅炉额定蒸发量的 1.5%；c) 100～200MW（不含）机组应不大于锅炉额定蒸发量的 2.0%；d) 100MW 以下机组应不大于锅炉额定蒸发量的 3.0%）	查阅生产日报、统计报表和用水台账	20	每大于标准值或基础值 0.1 个百分点扣 5 分

续表

序号	一级指标	定量指标	定量评价依据	评价方法	基础分	扣分标准
5.2		重复利用率	DL/T 783—2001《火力发电厂节水导则》第 6.2.5 条（单机容量为 125 及以上新建或扩建的循环供水凝汽式电厂全厂复用水率不宜低于 95%，严重缺水地区单机容量为 125MW 及以上新建或扩建的凝汽式电厂全厂复用水率不宜低于 98%）。 《节能技术监督导则》（DL/T 1052）第 6.2.2.9 条（单机容量为 125MW 及以上循环冷却水湿冷凝汽式电厂全厂复用水率不宜低于 95%，缺水和平水地区全厂复用水率不宜低于 98%）。 国家发改委公告《火电行业清洁生产评价指标体系（试行）》（2007 年 4 月第 24 号）（表 1 工业用水重复利用率：闭式循环 95%，开式循环 35%）	查阅水平衡测试报告和用水量统计报表	20	每低于标准值或基础值 1 个百分点扣 5 分
5.3		循环水浓缩倍率	《火电厂节约用水管理办法（试行）》（国电发〔2001〕476 号）第十一条（应根据不同水质、凝汽器管材、常年水的平衡性，通过试验研究，经技术经济分析比较后确定循环水的浓缩倍率。各种循环水处理方案一般应达到以下指标：加防垢防腐药剂及加酸处理时，浓缩倍率可控制在 3.0 左右；采用石灰处理时，浓缩倍率可控制在 5.0 左右。采用弱酸树脂等方式处理时，浓缩倍率可控制在 5.0 左右）。 《节能技术监督导则》（DL/T 1052）第 6.2.6.4 条（循环冷却水浓缩倍率应符合下列要求：a）采用地表水、地下水或海水淡化水作为补充水，浓缩倍率不小于 5.0；b）采用再生水作为补充水，浓缩倍率不小于 3.0）	查阅生产日报、运行记录和试验报告	10	循环水浓缩倍率每低于基准值或标准值 0.1（倍）扣 2 分
5.4		化学自用水率	《节能技术监督导则》（DL/T 1052）第 6.2.6.1 条（化学自用水率以统计报表数据作为监督依据。a）采用单纯离子交换除盐装置和超滤水处理装置的化学自用水率不高于 10%；b）采用反渗透水处理装置的化学自用水率不高于 25%）	查阅化学运行日报和化学运行分析报告	5	每高于标准值 1 个百分点扣 1 分
5.5		灰水比	《火电厂节约用水管理办法（试行）》（国电发〔2001〕476 号）第二十三条（采用水力除灰的火电厂要根据排灰量调整冲灰水量，在保证灰水流速的条件下，高浓度输灰系统灰水比维持在1∶3 左右，尽可能将稀将输灰系统改造为浓浆输灰系统）。 《节能技术监督导则》（DL/T 1052）第 6.2.6.3 条（水灰比以测量报告数据作为监督依据。高浓度灰浆的水灰比应为 2.5～3，中浓度灰浆应为 5～6，不宜采用低浓度水力除灰）	查阅灰水比测试记录或现场实测	5	灰水比每高出标准值 1 个单位扣 3 分

续表

序号	一级指标	定量指标	定量评价依据	评价方法	基础分	扣分标准
5.6		循环冷却水排污水回用率	《节水型企业 火力发电行业》（GB/T 26925—2011）表3（循环冷却水排污水回用率>90%）。 《节能技术监督导则》（DL/T 1052）第6.2.6.5条（排污的循环水可作为脱硫、冲灰除渣或经过简单处理后用于其他系统的供水水源。循环水排污回收率应大于90%）	查阅统计记录或现场实测	10	每高于标准值1个百分点扣2分
5.7		全厂废水回用率	《节水型企业 火力发电行业》（GB/T 26925—2011）表3（全厂废水回用率>85%）。 《节能技术监督导则》（DL/T 1052）第6.2.6.6条（辅机的密封水、冷却水等应循环使用或梯级使用。工业水回收率宜达到100%）	查阅统计记录或现场实测	10	全厂废水回用率每低于标准值1个百分点扣2分；业水回收率每低于标准值1个百分点扣4分
5.8		供热输水管网补水率	《节能技术监督导则》（DL/T 1052）第6.2.6.9条［当发电企业负责对供热管网（一环网）管理并补水时，输水管网补水率应小于0.5%］	查阅统计记录或现场实测	10	每高于标准值1个百分点扣2分
6	综合指标				520	
6.1		供电煤耗率	《常规燃煤发电机组单位产品能源消耗限额》（GB 21258—2017）第5条（技术要求）。 《节能技术监督导则》（DL/T 1052—2016）第6.2.2.3条（在役常规燃煤发电机组供电煤耗应不高于GB 21258规定的能耗限额或国家最新规定。企业应通过节能技术改造和加强节能管理，使供电煤耗达到能耗先进值）	查阅生产日报、运行月报和年度报表	300	修正后的煤耗率每高于定额值或基础值或限额值1g/kWh扣50分 综合供电煤耗率高于生产供电煤耗率超过5g/kWh时，再每高于1g/kWh扣20分
6.2		供热煤耗率	《热电联产单位产品能源消耗限额》（GB 35574—2017）［（该标准）表1］	查阅生产日报、运行月报和年度报表	10	修正后的供热煤耗率每高于定额值或基础值或限额值0.1kg/GJ扣10分
6.3		生产（发电）厂用电率	《中国节能技术政策大纲》（国家计委、经委1996年5月13日计交能〔1996〕905号）12.1.4条（新建大电厂必须选用高效辅机和配套设备，厂用电率不得超过6%，现有电厂的低效辅机和配套设施，要逐步改造、更新）。 《节能技术监督导则》（DL/T 1052）第6.2.2.6条（发电企业应对全厂和机组的综合厂用电率、生产厂用电率、发电厂用电率、供热厂用电率等指标进行统计、分析和考核，统计计算方法按DL/T 904执行）。第6.2.2.7条［综合厂用电率（全厂和机组）以月度和年度为统计期，以同比变化作为监督依据。当综合厂用电率同比变化下降时，满足监督要求；当综合厂用电率同比变化升高时，发电企业应编写全厂或机组综合厂用电率分析报告，说明升高的原因，分析各影响因素以及计划采取的降耗措施］	查阅生产日报、运行月报、年报	60	生产（发电）厂用电率每高于规定值或定额值0.1个百分点扣10分

续表

序号	一级指标	定量指标	定量评价依据	评价方法	基础分	扣分标准
6.4		综合厂用电率	《中国节能技术政策大纲》（国家计委、经委1996年5月13日计交能〔1996〕905号）12.1.4条（新建大电厂必须选用高效辅机和配套设备，厂用电率不得超过6%，现有电厂的低效辅机和配套设施，要逐步改造、更新）。 《节能技术监督导则》（DL/T 1052）第6.2.2.6条（发电企业应对全厂和机组的综合厂用电率、生产厂用电率、发电厂用电率、供热厂用电率等指标进行统计、分析和考核，统计计算方法按DL/T 904执行）第6.2.2.7条［综合厂用电率（全厂和机组）以月度和年度为统计期，以同比变化作为监督依据。当综合厂用电率同比变化下降时，满足监督要求；当综合厂用电率同比变化升高时，发电企业应编写全厂或机组综合厂用电率分析报告，说明升高的原因，分析各影响因素以及计划采取的降耗措施］	查阅生产日报、运行月报和年度报表	40	综合厂用电率每高于规定值或定额值0.1个百分点扣8分 综合厂用电率与生产厂用电率差值大于0.8个百分点时，每再高0.5个百分点扣5分
6.5		辅助厂用电率	《中国节能技术政策大纲》（国家计委、经委1996年5月13日计交能〔1996〕905号）12.1.4条（新建大电厂必须选用高效辅机和配套设备，厂用电率不得超过6%，现有电厂的低效辅机和配套设施，要逐步改造、更新）。 《节能技术监督导则》（DL/T 1052）第6.2.2.6条（发电企业应对全厂和机组的综合厂用电率、生产厂用电率、发电厂用电率、供热厂用电率等指标进行统计、分析和考核，统计计算方法按DL/T 904执行）。第6.2.2.7条［综合厂用电率（全厂和机组）以月度和年度为统计期，以同比变化作为监督依据。当综合厂用电率同比变化下降时，满足监督要求；当综合厂用电率同比变化升高时，发电企业应编写全厂或机组综合厂用电率分析报告，说明升高的原因，分析各影响因素以及计划采取的降耗措施］	查阅生产日报、运行月报和年度报表	10	辅助厂用电率每高于规定值或定额值0.1个百分点扣8分
6.6		供热厂用电率	《节能技术监督导则》（DL/T 1052）第6.2.2.6条（发电企业应对全厂和机组的综合厂用电率、生产厂用电率、发电厂用电率、供热厂用电率等指标进行统计、分析和考核，统计计算方法按DL/T 904执行）。第6.2.2.7条［综合厂用电率（全厂和机组）以月度和年度为统计期，以同比变化作为监督依据。当综合厂用电率同比变化下降时，满足监督要求；当综合厂用电率同比变化升高时，发电企业应编写全厂或机组综合厂用电率分析报告，说明升高的原因，分析各影响因素以及计划采取的降耗措施］	查阅生产日报、运行月报和年度报表	10	供热厂用电率每高于规定值或基础值10%扣3分 供热机组未按标准要求分摊厂用电量，扣5分

续表

序号	一级指标	定量指标	定量评价依据	评价方法	基础分	扣分标准
6.7		耗油量	《火力发电厂节约能源规定（试行）》（能源节能〔1991〕98号）第19条（改善操作技术，努力节约点火用油和助燃用油。燃油锅炉要注意保持燃油加热温度和雾化良好。各网、省局和火电厂应根据各种不同类型的锅炉和运行条件，制定耗油定额，并加强管理，认真考核）。 《火力发电厂节约能源规定（试行）》（能源节能〔1991〕98号）46条（锅炉加装预燃室和采用新型燃烧器。应根据燃煤品种、炉型结构和负荷变化幅度，选用合适的预燃室和燃烧器，以提高锅炉低负荷时的燃烧稳定性，增加调峰能力，降低助燃和点火用油的消耗）	查阅上级主管部门提出燃油定额，及助燃用油统计台账	20	锅炉燃油每超出定额值1%扣5分
6.8		单位发电量取水量（发电水耗）	《取水定额 第1部分 火力发电》（GB/T 18916.1—2012）第5部分（单机600MW及以上循环冷却2.4m³/MWh；直流冷却0.46m³/MWh；空气冷却0.53m³/MWh。单机300MW以下循环冷却3.2m³/MWh；直流冷却0.79m³/MWh；空气冷却0.95m³/MWh）。 《节水型企业 火力发电行业》（GB/T 26925—2011）表3（单机600MW及以上循环冷却1.68m³/MWh；直流冷却0.33m³/MWh；空气冷却0.37m³/MWh。单机300MW以下循环冷却1.85m³/MWh；直流冷却0.41m³/MWh；空气冷却0.45m³/MWh）	查阅生产日报、运行记录和试验报告	50	每高于标准值或限额值1%扣2分
6.9		企业节能量	《企业节能量计算方法》（GB/T 13234—2009）。 国家发改委《关于印发万家企业节能目标责任制考核实施方案的通知》（发改办环资〔2012〕1923号）附件2工业企业节能目标责任评价考核指标及评分标准	查看能源利用状况年度报表	20	完成任务目标加10分，完成任务目标的90%加5分，完成80%以下不加分，也不扣分
合计					2600	

第三节　节能定性评价指标体系与考核评分

一、节能定性评价指标体系的构成

火力发电厂节能工作涉及节能基础管理、煤耗率管理、汽轮机管理、锅炉管理、单耗管理、燃料管理、用水管理、能源计量管理和可靠性管理等诸多方面。这些方面构成节能定性评价指标体系的一级指标，定性评价指标体系把影响一级指标的各项因素，分解成诸多二级小指标，通过对二级指标考核与分析，找出节能管理的薄弱环节，以便采取相应的措施，进一步提高企业节能管理水平。

火力发电厂节能定性评价指标有 71 项，其中基础管理指标 9 个、计量管理指标 4 项、燃料管理指标 5 项、煤耗管理指标 4 项、锅炉管理指标 11 项、汽轮机管理指标 14 项、厂用电管理指标 17 项、用水管理指标 7 项。火力发电厂定性评价指标体系见图 19-6 和图 19-7。

定性评价指标主要根据国家和行业有关节能减排的产业发展和技术进步政策、资源环境保护政策规定以及行业标准选取，用于定性考核火力发电厂对有关政策法规的符合性及其节能减排工作实施情况。

二、节能定性评价指标权重

节能定性指标各部分所占权重反映了该指标在整个节能减排定性评价指标体系中所占的比重，是综合了定性评价指标对电厂节能水平的影响程度大小及其实施的难易程度来确定的。各类节能定性评价指标的权重分配见表 19-3。

三、定性评价指标的考核评分计算

节能定性评价指标总计 2400 分，其中节能基础管理 220 分，能源计量管理 60 分，煤耗率管理 80 分，燃料管理 270 分，锅炉管理 475 分，汽轮机管理 760 分，厂用电管理 425 分，用水管理 110 分。定性评价指标考核得分按下式计算：

$$P_2 = B - \sum_{i=1}^{m} F_i$$

式中　P_2——定性评价指标的考核得分；

F_i——定性评价指标体系中的第 i 项指标的扣分结果（见表 19-4）；

B——定性评价实际基础分（如 2400 分）；

m——参与考核的定性评价指标的项目总数，这里 $m=71$。

定性评价指标相对得分率按下式计算：

$$\delta_{P2} = \frac{P_2}{B} \times 100\%$$

式中　δ_{P2}——定性评价指标相对得分率，%；

P_2——定性评价考核得分。

进行节能管理评价时，根据节能管理扣分标准从标准分中扣分，各项分值扣完为止，不倒扣分。由于企业因自身统计原因所造成的缺项，该项考核分值为零。

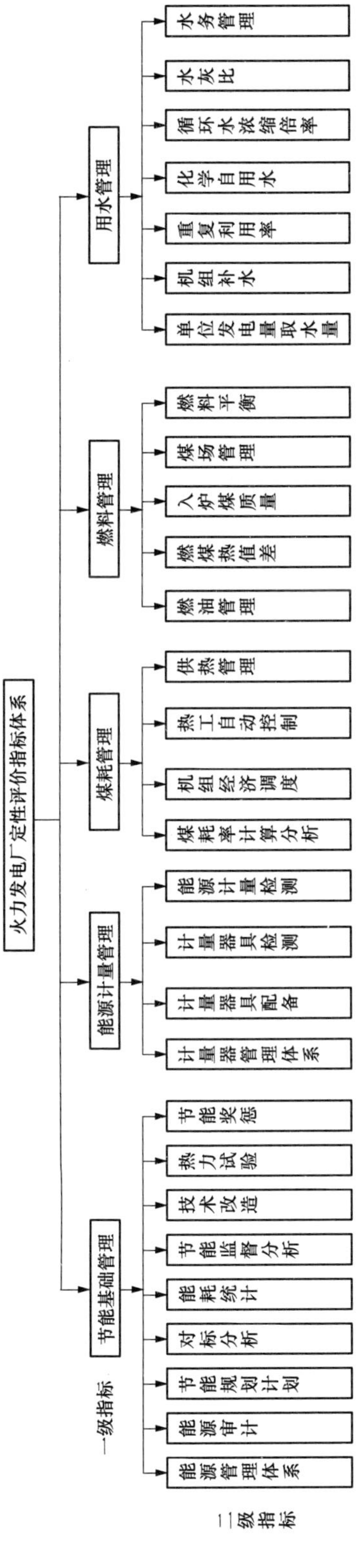

图 19-6 节能管理定性评价指标体系结构

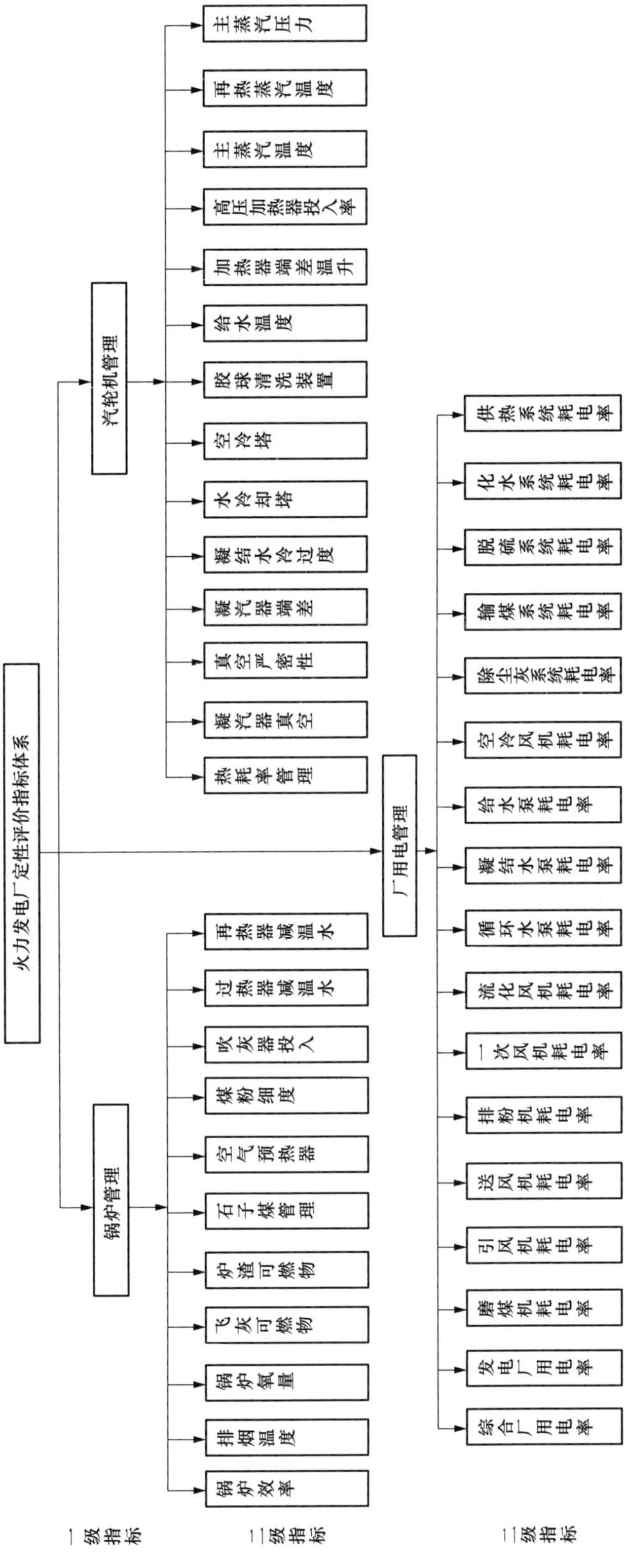

图 19-7 节能管理定性评价指标体系结构

表 19-3　　节能管理定性评价指标权重分配表（合计 2400 分）

序号	节能评价指标	权重	序号	节能评价指标	权重
一	节能基础管理	220	2	凝汽器真空	30
1	能源管理体系	35	3	真空严密性	30
2	能源审计	10	4	凝汽器端差	30
3	节能规划计划	15	5	凝结水过冷度	15
4	对标分析	15	6	冷却水塔	45
5	能耗统计	10	7	空冷塔	45
6	节能监督分析	50	8	胶球清洗装置	25
7	技术改造	50	9	给水温度	65
8	热力试验	25	10	加热器端差、温升	65
9	节能奖惩	10	11	高压加热器投入率	35
二	能源计量管理	60	12	主蒸汽温度	40
1	计量管理体系	10	13	再热蒸汽温度	40
2	计量器具配备	25	14	主蒸汽压力	25
3	计量器具检验	15	七	厂用电管理	425
4	能源计量检测	10	1	综合厂用电率	30
三	煤耗管理	80	2	发电厂用电率	30
1	供电煤耗率计算分析	30	3	磨煤机耗电率	45
2	机组经济调度	20	4	引风机耗电率	35
3	热工自动控制	10	5	送风机耗电率	35
4	供热管理	20	6	排粉机耗电率	25
四	燃料管理	270	7	一次风机耗电率	30
1	燃油管理	65	8	流化风机耗电率	10
2	燃煤热值差	85	9	循环水泵耗电率	30
3	入炉煤质量	60	10	凝结水泵耗电率	10
4	煤场管理	40	11	给水泵耗电率	30
5	燃料平衡	20	12	空冷风机耗电率	30
五	锅炉管理	475	13	除灰除尘系统耗电率	20
1	锅炉效率	150	14	输煤系统耗电率	10
2	排烟温度	70	15	脱硫系统耗电率	30
3	锅炉氧量	35	16	化水系统耗电率	10
4	飞灰可燃物	35	17	供热厂用电率	15
5	炉渣可燃物	20	八	用水管理	110
6	石子煤热值	20	1	单位发电量取水量	35
7	空气预热器	40	2	机组补水率（生产补水率）	15
8	煤粉细度	40	3	水重复利用率	15
9	吹灰器投入	20	4	化学自用水率	5
10	过热器减温水	15	5	循环水浓缩倍率	10
11	再热器减温水	30	6	水灰比	10
六	汽机管理	760	7	水务管理	20
1	机组热耗率管理	270			

表 19-4　　火力发电厂节能定性指标评价标准

序号	评价指标	评价内容	定性评价依据	评价方法	基础分	扣分标准	扣分
1	节能基础管理				220		
1.1	能源管理体系				35		
		（1）节能管理机构及节能责任制	《能源管理体系要求》（GB/T 23331—2012）第 4.2.1 条（最高管理者任命管理者代表和批准组建能源管理团队）。 《工业节能管理办法》（2016 年 4 月经信委第 33 号令）第 31 条（重点用能工业企业应当根据能源消费总量和生产场所集中程度、生产工艺复杂程度，设立能源统计、计量、技术和综合管理岗位，任用具有节能专业知识、实际工作经验及中级以上技术职称的企业高级管理人员担任能源管理负责人，形成有岗、有责、全员参与的能源管理组织体系）。 《节能技术监督导则》（DL/T 1052—2016）第 6.2.1.2 条（发电企业应建立节能监督领导小组，组长由主管生产领导担任，成员由各主管部门的负责人组成。应建立节能技术监督三级网络，成员由各部门有关人员组成。节能技术监督网络文件中应明确各部门和人员的职责，并根据需要及时更）	检查企业能源管理体系文件、程序，检查各级节能人员职责落实情况	4	未成立节能领导小组扣 2 分；总经理（厂长）未担任节能领导小组组长扣 1 分；领导小组责任不明确扣 1 分	
					4	未建立三级节能网扣 2 分	
					4	未设立节能管理责任人扣 4 分	
					4	职责不明确的扣 2 分，无职责规定的扣 4 分	
		（2）企业内部节能管理制度	《工业企业能源管理导则》（GB/T 15587）第 9.1.1 条（为使节能技术措施顺利实施，达到预期效果，应制定和执行管理文件，规范调节节能技术措施实施过程中的各项工作）。 《节能技术监督导则》（DL/T 1052）第 6.2.1.5 条（发电企业参照 DL/T 1333 制定本企业的节能管理制度和考核实施细则，每年应组织对管理制度和实施细则进行有效性、准确性评估，修订不符合项，经归口职能部门领导审核，主管生产领导审批后发布实施）。 《节能技术监督导则》（DL/T 1052）第 6.2.1.12 条（发电企业应建立全体员工参与的节能管理机制，建立相应的奖惩制度，开展小指标竞赛等活动。对节能效果显著的节能技术措施、改造项目、合理化建议或对节能技术有创新的单位和员工，根据节能效果给予奖励，对由于管理不善或工作失误，造成资源、能源浪费的行为应予以批评教育或经济处罚）	检查企业《节约能源管理制度》《节能技术监督实施细则》《非生产用能管理办法》《节能检测办法》《节能奖惩制度》等	15	每项制度不符合实际情况扣 2 分；可操作性差扣 2 分；缺一项管理制度扣 5 分：无奖惩制度的扣 5 分	
					4	制度没有五年内更新的，每项扣 2 分	

续表

序号	评价指标	评价内容	定性评价依据	评价方法	基础分	扣分标准	扣分
1.2	能源审计、评价				10		
		（1）能源审计	《企业能源审计实施办法》（国家发展和改革委员会2006年11月1日起施行）第7条（国家发改委或地方节能主管部门对重点用能企业用能情况进行监管，开展国家监管能源审计；国家发改委或地方节能主管部门，也可针对用能单位的某种能源或主要用能设备和工艺等进行专项能源审计）	检查企业能源审计报告	5	未进行三年一次的能源审计扣4分	
		（2）节能评价	《燃煤电厂能源状况评价技术规范》（DL/T 255—2012）第6.1条（能源状况评价宜每三年不少于一次）。 《节能技术监督导则》（DL/T 1052）第6.2.1.16条（发技术监督服务单位应组织对火电机组（发电企业）开展能耗状况评价，能耗状况评价宜每三年不少于一次，评价期宜选择近期一个完整年度，检查和评价方法参照DL/T 255。实际操作中可根据监督区域内的实际情况进行调整或修改）	检查企业节能评价报告、节能诊断报告	5	未进行三年一次的节能评价（或节能诊断）扣4分	
1.3	节能规划、计划				15		
		（1）节能中长期规划	《节能技术监督导则》（DL/T 1052）第6.2.1.4条（发电企业参照GB/T 25329制定年度节能计划和中长期节能规划，节能计划和规划应在结合企业现状、分析节能潜力、比选节能措施的基础上确定，将节能目标分解到各有关责任部门和责任人，并将完成情况作为对部门和责任人考核评价的内容）。 《国家电力公司一流火力发电厂考核标准（试行）（国电发〔2000〕196号）》附三第四项第2.B条（制定了本企业中长期节能规划和年度节能计划，节能目标明确，任务具体，年度节能技措项目完成率达到90%以上）	检查企业节能中长期规划	5	未制定企业节能中长期规划扣4分；制定节能规划前，未对企业能耗状况进行全面分析扣2分；未将能耗异常高的设备或系统列入节能规划扣2分；节能规划没有逐年滚动完善或编制不规范扣2分	
		（2）节能年度计划	《节能技术监督导则》（DL/T 1052）第6.2.1.4条（发电企业参照GB/T 25329制定年度节能计划和中长期节能规划，节能计划和规划应在结合企业现状、分析节能潜力、比选节能措施的基础上确定，将节能目标分解到各有关责任部门和责任人，并将完成情况作为对部门和责任人考核评价的内容）。 《国家电力公司一流火力发电厂考核标准（试行）（国电发〔2000〕196号）》附三第四项第2.B条（制定了本企业中长期节能规划和年度节能计划，节能目标明确，任务具体，年度节能技措项目完成率达到90%以上）	检查企业、部门节能年度计划	10	未制定节能年度计划扣5分；企业未按月度分解、下达小指标计划扣4分；计划内没有年月经济指标计划的扣2分	

续表

序号	评价指标	评价内容	定性评价依据	评价方法	基础分	扣分标准	扣分
1.4	对标分析				15		
		（1）对标分析	国家发展改革委《关于印发重点耗能企业能效水平对标活动实施方案的通知》（发改环资〔2007〕2429号）第（二）条（企业根据确定的能效水平对标活动内容，在行业协会的指导与帮助下，初步选取若干个潜在标杆企业；组织人员对潜在标杆企业进行研究分析，并结合企业自身实际，选定标杆企业，制定对标指标目标值。企业选择标杆要坚持国内外一流为导向，最终达到国内领先或国际先进水平）。 《节能技术监督导则》（DL/T 1052）第6.2.2.11条（发电企业将实际完成的供电煤耗、厂用电率、发电水耗及油耗指标同设计值、历史最好值以及国内外同类型机组先进值、优良值进行对标和分析，找出差距，提出改进措施。全国水平参照有关部门发布的各等级机组能效对标及竞赛资料，其中排序在前20%平均值作为同类机组的先进值，可参照取为标杆值；前40%为优良值，可参照取为当前目标值；全部的平均值则可作为企业同类机组应达到的基准值）	检查季度对标分析报告等	10	未进行季度对标分析，缺一次报告扣4分；没有与标杆企业进行对标分析扣5分；缺对标管理实施方案或措施的扣5分	
		（2）对标管理实施方案	《万家企业节能低碳行动实施方案》（发改环资〔2011〕2873号）第（八）条（要学习同行业能效水平先进单位的节能管理经验和做法，积极开展能效对标活动，制定详细的能效对标方案，认真组织实施，充分挖掘企业节能潜力，促进企业节能工作上水平、上台阶）。《用能单位能效对标指南》（GB/T 36714）第4.6.2（全面落实《能效改进实施方案》中提出的各项节能和能效改进措施）	检查对标管理实施方案等	5	对标管理实施方案中缺少目标体系扣2分。 对标分析中制定的改进措施未在规定时间内落定每项扣1分	
1.5	能耗统计				10		
		（1）台账档案	《节能监测技术通则》（GB 15316—2009）第5.4.4条（能源记录台账、统计报表必须真实、完整、规范）、第5.4.5条（应建立完善的能源技术档案）。 《节能技术监督导则》（DL/T 1052）第6.6.6条（发发电企业应建立与节能有关的设备档案，文件收集及档案整理可参照DL/T 241）	检查能耗统计的相关原始记录、技术档案等	5	未建立企业能耗指标统计台账扣3分；台账不全扣1分	

续表

序号	评价指标	评价内容	定性评价依据	评价方法	基础分	扣分标准	扣分
		（2）能耗统计上报	《节能技术监督导则》（DL/T 1052）第 6.2.1.14 条（发电企业应每年向管理节能工作的部门报送上年度的能源利用状况报告。能源利用状况包括能源消费情况、能源利用效率、节能目标完成情况、节能效益分析和节能措施等内容）。 《节能技术监督导则》（DL/T 1052）第 6.2.1.18 条（发电企业宜每年（或半年）向技术监督服务单位报送本企业的节能技术监督总结报告；宜参照附录 B 按月、季、年报送技术监督数据。技术监督服务单位根据报表，分析异常数据，查清参数或指标偏离规定值的原因，提出整改意见和建议，并将反馈意见及时发送给企业）	查阅企业统计管理制度和报表	5	企业能耗指标未按上级有关部门要求，规范统计、及时上报，每一项扣 1 分	
1.6	节能监督与分析				50		
		（1）节能月度例会制度	《节能技术监督导则》（DL/T 1052）第 6.2.1.6 条（节发电企业应完整、规范记录各项重要参数，并按规定统计、计算各项指标，形成月度（附录 B）、季度、年度报表。每月召开一次节能分析会，对指标完成情况、设备健康状况、运行方式合理性等进行分析，通过环比与同比分析各项参数和指标的变化情况，并与同类型设备先进水平对标，找出差距，提出改进措施和节能潜力，编制能耗分析报告，落实节能措施）	检查运行分析、节能分析等例会的纪要、报告等；检查半年节能总结和年度总结	5	企业未建立节能分析例会制度扣 5 分；分析内容不到位扣 1～3 分；每缺一项月度监督报表 2 分	
		（2）节能分析	《节能技术监督导则》（DL/T 1052）第 6.4.4.3 条（要建立健全能耗指标分析体系，完善能耗指标分析方法，建立能耗指标分析诊断的常态机制，及时发现问题、消除偏差，不断提高机组的经济性。建立单项指标对分项指标、分项指标对综合指标的分析表）		20	节能分析例会纪要不齐全，缺一次扣 5 分；分析不全面，不深入，缺乏指导性，每次扣 5 分	
		（3）节能技术监督会议	《节能技术监督导则》（DL/T 1052）第 6.6.5 条（节能技术监督会议应有完整的记录，每季度、半年和年度应有节能技术监督总结报告。每月统计一次节能技术监督数据报表，并做好经济指标分析记录）		15	每缺一项监督总结报告扣 5 分；年度会议没开扣 10 分	
		（4）节能技术监督现场检查	《节能技术监督导则》（DL/T 1052）第 6.2.1.15 条（节发电企业宜委托技术监督服务单位开展节能技术监督工作，技术监督服务单位每年应至少组织一次现场检查，检查人员根据企业提供的资料、技术数据以及现场检查设备的运行参数和状况，采取征询有关人员意见等方式，查找存在的问题并分析原因，定性、定量分析节能潜力，及时提出整改措施、建议及节能降耗的工作方向）	检查节能技术监督现场检查报告和整改计划、整改项目竣工报告	10	没进行节能技术监督现场检查扣 10 分，没有正式检查报告扣 5 分，企业针对报告中提出的建议第一年整改率不足 80%，每降低 5 个百分点扣 2 分	

续表

序号	评价指标	评价内容	定性评价依据	评价方法	基础分	扣分标准	扣分
1.7	节能技术改造				50		
		（1）设备检修	《节能技术监督导则》（DL/T 1052）第6.4.2.1条（科学、适时安排机组检修，避免机组欠修、失修，通过检修恢复机组性能。建立完整、有效的维护与检修质量监督体系，制定检修规程，明确检修工艺和质量要求，检修中加强检查、督促，把好质量关，检修后应有质量验收报告）。 《节能技术监督导则》（DL/T 1052）第6.4.2.15条（加强维护，保证热力系统各阀门处于正确阀位。通过检修，消除阀门和管道泄漏，治理漏汽、漏水、漏油、漏风、漏灰、漏煤、漏粉等问题）	查阅运行管理平台或缺陷登记系统中挂起缺陷。 检查设备检修情况、技改计划、可行性报告、改造方案、立项报告、效益分析、总结验收报告等	15	每有一处影响经济性的缺陷，扣5分	
		（2）技术改造	《节能技术监督导则》（DL/T 1052）第6.2.1.10条（发电企业宜优先安排节能技术改造所需资金，对于重要节能措施和改造项目，宜单独制定实施计划，在调研的基础上开展可行性技术研究及项目评审。改造实施前后应进行能耗状况测试，评价节能效果和经济效益。当生产运转正常后，应修订有关技术文件和能耗定额，保持节能效果）。 《节能技术监督导则》（DL/T 1052）第6.4.3.1条（在保证设备、系统安全可靠运行的前提下，采用先进的节能技术、工艺、设备和材料，依靠科技进步，降低设备和系统的能量消耗。鼓励对技术成熟、效益显著的项目进行宣传和推广）		20	未针对影响炉效、热耗、厂用电大的缺陷或具有较大节能潜力的设备、系统制定治理或改造方案，每缺一项扣5分	
			《节能技术监督导则》（DL/T 1052）第6.4.3.2条（对改造项目，改造前要进行节能技术可行性研究，认真制定设计方案，落实施工措施，改造后应有经济性验收报告，重大项目应进行项目后评价）		15	节能技术改造后未进行效益分析，每项扣5分；效益分析不准确每项扣3分；投资超过50万元的项目没有可行性分析的每项扣5分	
1.8	热力试验				25		
		（1）热力试验管理制度	《节能技术监督导则》（DL/T 1052）第6.5.1.1条（对主机和主要辅机应定期开展性能、效率方面的节能检测工作，节能检测应严格执行国家或行业等相关标准，没有标准的，应根据实际情况制定检测方法。常规定期节能检测项目应编制检测报告；专项节能检测项目应有检测方案和检测报告）	检查热力试验管理制度及标准，查阅试验报告、原始记录，仪器仪表校验记录等	5	企业未制定热力试验管理制度扣5分；制度不完善扣2～3分	

续表

序号	评价指标	评价内容	定性评价依据	评价方法	基础分	扣分标准	扣分
		（2）锅炉效率试验	《节能技术监督导则》（DL/T 1052）第 6.5.4.2a 条（锅炉在 A 级检修前后或重大改造应按标准 GB/T 10184 或 DL/T 964 进行锅炉热效率试验）。 《节能技术监督导则》（DL/T 1052）第 6.5.4.2 条（结合 B/C 级检修，宜开展锅炉热效率、汽轮机热耗率试验）	检查热力试验管理制度及标准，查阅试验报告、原始记录，仪器仪表校验记录等	20	新机组投产后、A 修前后或重大改造进行热耗率试验，未进行每次扣 10 分；试验方法不符合标准每项扣 5 分	
		（3）机组热耗率	《节能技术监督导则》（DL/T 1052）第 6.5.4.2b 条［汽轮机（燃气轮机）经过 A 级检修前后或重大改造应按标准 GB/T 8117.1（或 GB/T 8117.2、GB/T 8117.3）、GB/T 14100、GB/T 18929、DL/T 851、DL/T 1223、DL/T 1224 进行热耗率（热效率）试验］。 《节能技术监督导则》（DL/T 1052）第 6.5.4.2c 条（结合 B/C 级检修，宜开展锅炉热效率、汽轮机热耗率试验）				
1.9	节能奖惩				10		
		（1）节能奖惩制度	《中华人民共和国节约能源法》第 23 条（用能单位应当建立节能工作责任制，对节能工作取得成绩的集体、个人给予奖励）。 《节能技术监督导则》（DL/T 1052）第 6.2.1.12 条（发电企业应建立全体员工参与的节能管理机制，建立相应的奖惩制度，开展小指标竞赛等活动。对节能效果显著的节能技术措施、改造项目、合理化建议或对节能技术有创新的单位和员工，根据节能效果给予奖励，对由于管理不善或工作失误，造成资源、能源浪费的行为应予以批评教育或经济处罚）	检查节能奖惩制度、奖惩记录，现场了解奖惩情况	6	奖惩制度不能充分调动员工积极性扣 2 分；每月未按制度实施奖惩每次扣 2 分	
		（2）小指标竞赛	《节能技术监督导则》（DL/T 1052）第 6.4.1.2 条（以机组运行监测管理系统为基础，统计及耗差分析数据为依据，在运行各值之间开展以机组各主要指标和小指标为对象的值际劳动竞赛，以充分调动运行人员的积极性，实现精细化操作）	检查小指标竞赛管理办法，现场查看统计记录，小指标竞赛奖金分配记录等	4	小指标竞赛未兑现奖惩的，每次扣 0.5 分。 未制定小指标竞赛管理办法扣 4 分；未按规定开展小指标竞赛扣 2 分	
2	能源计量管理				60		
2.1	计量管理体系				10		

续表

序号	评价指标	评价内容	定性评价依据	评价方法	基础分	扣分标准	扣分
		（1）能源计量管理制度	《用能单位能源计量器具配备和管理通则》（GB 17167—2006）第 5.1.1 条（企业应建立能源计量管理体系，形成文件，并保持和持续改进其有效性）、第 5.2.3 条（企业的能源计量管理人员应通过国家相关职能部门的能源计量管理培训考核，持证上岗。企业应建立和保存能源计量管理人员的技术档案）	查阅计量管理制度、文件等	3	未建立能源计量管理体系扣 1～3 分；计量人员无证上岗扣 1 分	
		（2）能源计量器具档案管理	《用能单位能源计量器具配备和管理通则》（GB 17167—2006）第 5.3.1 条（企业应备有完整的能源计量器具一览表。表中应列出计量器具的名称、型号规格、准确度等级、测量范围、生产厂家、出厂编号、企业管理编号、安装使用地点、状态（指合格、准用、停用等）。主要次级用能单位和主要用能设备应备有独立的能源计量器具一览表分表）、第 5.3.3 条（用能单位应建立能源计量器具档案）。 《节能技术监督导则》（DL/T 1052）第 6.3.1.4 条（应备有完整的能源计量台账。计量台账应列出计量器具的名称、型号规格、准确度等级、测量范围、生产厂家、出厂编号、企业管理编号、安装使用地点、有效期及使用状态等）	查阅计量器具档案	2	未建立能源计量器具档案扣 1 分；未建立计量器具一览表扣 2 分	
		（3）量值传递或溯源	《用能单位能源计量器具配备和管理通则》（GB 17167—2006）第 5.3.4 条（企业应备有明确的能源计量器具量值传递或溯源图，其中作为企业内部标准计量器具使用的，要明确规定其准确度等级、测量范围、可溯源的上级传递标准）。 《节能技术监督导则》（DL/T 1052）第 6.3.1.3 条（作为企业内部标准计量器具使用的，应备有能源计量器具量值传递或溯源图，应明确规定其准确度等级、测量范围以及可溯源的上级传递标）	查阅量值传递或溯源图、检定计划、报告、记录等	3	热工、电测计量标准装置未建标每项扣 1 分；无计量器具量值传递或溯源图扣 1 分；相关鉴定证书不完整扣 1 分	
		（4）计量器具维护、使用	《用能单位能源计量器具配备和管理通则》（GB 17167—2006）第 5.3.6 条（能源计量器具应实行定期检定（校准），并有确定的检定（校准）周期。凡经检定（校准）不合格和超过检定（校准）周期的计量器具一律不准使用。属强制检定的计量器具，其检定周期、检定方式应遵守有关计量法律法规的规定）	抽查维护使用情况，现场查看计量器具使用情况	2	计量器具使用过程中存在影响准确计量的缺陷，每项扣 2 分	

续表

序号	评价指标	评价内容	定性评价依据	评价方法	基础分	扣分标准	扣分
2.2	能源计量器具配备				25		
		（1）能源计量器具配备率	《火力发电企业能源计量器具配备和管理通则》（GB 21369—2008）第4.4.5条［能源计量器具配备率应不低于表3（进出用能单位煤、电、水、天燃气、油计量器具配备率100%）的要求］	查看用电、供热、用水、燃料计量点图。 检查计量器具表，现场抽查配备情况	20	进出用能单位能源计量器具配备率，每降低1个百分点扣5分	
			《火力发电企业能源计量器具配备和管理通则》（GB 21369—2008）第4.4.5条［能源计量器具配备率应不低于表3（进出主要次级用能单位煤、电、天燃气、油计量器具配备率100%，水计量器具配备率95%）的要求］			进出主要次级用能单位能源计量器具配备率，每降低1个百分点扣5分	
			《火力发电企业能源计量器具配备和管理通则》（GB 21369—2008）第4.4.5条［能源计量器具配备率应不低于表3（主要用能设备电计量器具配备率95%，煤、天燃气、油计量器具配备率90%，水计量器具配备率80%）的要求］			主要用能设备能源计量器具配备率，每降低1个百分点扣2分	
		（2）用能单位计量器具的选型	《用能单位能源计量器具配备和管理通则》（GB 17167—2006）第4.3.8条（进出用能单位燃料的静态计量准确度等级要求0.1，进出用能单位燃料的动态计量准确度等级要求0.5，进出用能单位有功交流电能计量Ⅰ类用户准确度等级要求0.5S） 《火力发电企业能源计量器具配备和管理通则》（GB 21369—2008）第4.4.10条［能源计量器具的性能和准确度等级应满足相应生产工艺和使用环境（如温度、温度变化率、湿度、照明、振动、噪声、粉尘、腐蚀、辐射、电磁干扰等）的要求］	检查计量器具表，现场检查安装及使用等情况	5	用能单位能源计量装置的选型、精确度等级、测量范围不符合要求，每个计量点扣2分	
2.3	能源计量器具检验				15		
		（1）计量器具受检率	《节能技术监督导则》（DL/T 1052）第6.3.1.2条（计量器具应定期检定（或校准）。凡经检定（或校准）不符合要求的或超过检定周期的计量器具不应使用。属强制检定的计量器具，检定周期、检定方法应执行相应的国家计量检定规程相关要求）。 《用能单位能源计量器具配备和管理通则》（GB 17167—2006）第5.3.6条［能源计量器具应实行定期检定（校准）。凡经检定（校准）不符合要求的或超过检定周期的计量器具一律不准使用。属强制检定的计量器具、其检定周期、检定方式应遵守有关计量法律法规的规定］	检查检定计划、抽检计划、证书、报告等相关资料	12	能源计量器具未按规定的检定周期进行强行检定，每项扣8分；属于自行校准的未校准，每项扣2分	

续表

序号	评价指标	评价内容	定性评价依据	评价方法	基础分	扣分标准	扣分
		（2）计量器具受检合格率	《用能单位能源计量器具配备和管理通则》（GB 17167—2006）第 5.3.6 条［能源计量器具应实行定期检定（校准）。凡经检定（校准）不符合要求的或超过检定周期的计量器具一律不准使用。属强制检定的计量器具、其检定周期、检定方式应遵守有关计量法律法规的规定］。 《电力工业发供电企业计量工作管理规范》（能源部 1992 年 10 月 4 日能源政法〔1992〕955 号）第六章第 2、4、5 条（计量标准器具周检合格率 100%。在用能源计量器具周检合格率不低于 98%。在用能源计量器具抽检合格率不低于 98%）	检查周检记录或报告，现场检查	3	计量装置或校验装置校验不合格未及时更换或主要在用计量标计显示不准确，每项扣 1 分	
2.4	能源计量检测				10		
		（1）综合能源计量检测率	《电力工业节能技术监督规定》电安生〔1997〕399 号第 3.3.4 项（综合能源计量器具配备率达到 100%，计量检测率 95%，在用计量器具周期受检率达到 100%）	查阅综合能源检测率统计资料、计量记录，现场抽查	5	以 100%为基准，每降低 1 个百分点扣 2 分	
		（2）进厂能源计量检测率	《电力工业节能技术监督规定》电安生〔1997〕399 号第 3.3.3 项（发电厂、供电、供热及厂内用电、用热必须 100%检测，并依此要求配备监测计量器具。发电厂的关口电能监测仪表，其不平衡率应符合部颁有关规定）	检查各种能源检测率统计资料、计量记录，现场抽查	5	煤、电、油、汽、热、水未计量，每批项扣 2 分	
3	煤耗管理				80		
3.1	供电煤耗率计算分析				30		
		（1）供电煤耗率正平衡计算	《节能技术监督导则》（DL/T 1052）第 6.2.2.2 条（发电企业应按照实际入炉煤量和入炉煤机械取样分析的收到基低位发热量采用正平衡法计算发、供电煤耗。当以入厂煤和煤场盘煤计算的煤耗（考虑热值差等因素）与以入炉煤计算的煤耗偏差达到±1.0%时，应及时查找原因。发电企业的煤耗应定期采用反平衡法（热力性能试验）校核）。 《火力发电厂按入炉煤量正平衡计算发供电煤耗的方法（试行）》（电安生〔1993〕457 号）1－2 条（火电厂发供电煤耗统一以入炉煤计量煤量和入炉煤机械取样分析的低位发热量按正平衡计算。并以此数据上报及考核）	检查相关统计报表、计算用原始煤量进厂、耗用统计表、台账	20	未按规定的正平衡方法进行计算扣 10 分。没有分机计量和计算机组煤耗率扣 10 分	

续表

序号	评价指标	评价内容	定性评价依据	评价方法	基础分	扣分标准	扣分
		（2）供电煤耗率反平衡校核	《节能技术监督导则》（DL/T 1052）第6.2.2.2条（发电企业应按照实际入炉煤量和入炉煤机械取样分析的收到基低位发热量采用正平衡法计算发、供电煤耗。当以入厂煤和煤场盘煤计算的煤耗（考虑热值差等因素）与以入炉煤计算的煤耗偏差达到±1.0%时，应及时查找原因。发电企业的煤耗应定期采用反平衡法（热力性能试验）校核）。 《火力发电厂按入炉煤量正平衡计算发供电煤耗的方法（试行）》（电安生〔1993〕457号）1-2条（火电厂发供电煤耗统一以入炉煤计量煤量和入炉煤机械取样分析的低位发热量按正平衡计算。并以此数据上报及考核）	查阅反平衡校核报告	5	未进行正反平衡煤耗率对照分析扣2分；偏差超±1%未分析扣2分	
		（3）供电煤耗率分析	《节能技术监督导则》（DL/T 1052）第6.2.2.14条［机组（厂）供电煤耗变化指标以月度和年度为统计期，以同比变化作为监督依据。当供电煤耗同比变化下降时，满足监督要求；当供电煤耗同比变化升高时，发电企业应编写全厂或机组供电煤耗分析报告，说明升高的原因，分析各影响因素以及计划采取的降耗措施］。 《节能技术监督导则》（DL/T 1052）第6.2.2.1条（6.2.2.1发电企业应对全厂和机组的发电量、发电煤耗、供电煤耗等综合经济技术指标进行统计、分析和考核，统计计算方法按DL/T 904执行）	查阅煤耗季度分析报告	5	至少每季度对煤耗率进行分析，每缺1次扣2分	
3.2	机组经济调度				20		
		（1）经济调度	《火力发电厂节约能源规定（试行）》（能源节能〔1991〕98号）第60条（各火电厂要按电网调度要求和等微增准则，确定本厂和机组运行方式，进行电、热负荷的合理分配，使全厂经济运行）。 《节能技术监督导则》（DL/T 1052）第6.4.1.13条（在满足电网调度要求的基础上，优化机组运行方式，进行电、热负荷的合理分配和主要辅机的优化组合，实现经济运行。当机组长期停止备用时，应制定备用机组辅助设备运行方式，节省厂用电）	检查机组经济调度资料和可靠性数据	10	未制定机组经济调度方案扣3分	
		（2）机组启停	《国家电力公司一流火力发电厂考核标准（试行）（国电发〔2000〕196号）》1.5.2.2条（机组大修后无非计划停运连续运行天数：单机容量300MW及以上机组应达到100天；单机容量300MW以下机组应达到120天，考核年没有大修机组，则考核上年度大修情况）		5	无停机热备用过程中的节能方案扣2分；无机组启停节能优化措施扣2分	
					5	年内每出现非计划停运一次扣2分	

续表

序号	评价指标	评价内容	定性评价依据	评价方法	基础分	扣分标准	扣分
3.3	热工自动控制				10		
		（1）自动调节装置	《发电厂热工仪表及控制系统技术监督导则》（DL/T 1056）第8.2条（热控系统应随主设备准确可靠地投入运行）、第11.5.4条［一个考核周期内热控技术监督指标的平均值应满足热控技术监督考核指标（附录A：热工保护投入率100%，控制系统投入率90%）的要求］	查阅热控技术监督月报、热工自动控制投入统计表、月度缺陷分析	5	机组自动调节装置未投入，每套扣5分	
		（2）热工仪表	《火力发电厂节约能源规定（试行）》（能源节能〔1991〕98号）第25条（对各种运行仪表必须加强管理，做到装设齐全，准确可靠。全厂热工自动调节装置的投入率要达到85%以上。对100MW及以上大机组的自动燃烧和汽温自动调节装置要考核利用率）。 《节能技术监督导则》（DL/T 1052）第6.4.2.21条（对各种运行仪表应加强管理，做到装设齐全、可靠。做好热控系统检测仪表的检修与维护，保证参数测试准确。做好各种计量器具的维护和检修工作，保证计量器具满足计量要求）		5	主要仪表未投入扣2～5分；显示不准确扣2～5分	
3.4	供热管理				20		
		（1）供热煤耗率计算	《火力发电厂按入炉煤量正平衡计算发供电煤耗的方法（试行）》（电安生〔1993〕457号）第5－1项（热电厂供热与发供电煤耗的计算时采用热量分摊法）。 《火力发电厂技术经济指标计算方法》（DL/T 904—2015）第9.2.2.4条（供热煤耗率定义与计算公式）	检查供热统计记录	5	供热与发电煤耗率未按标准规定进行分摊扣5分	
		（2）供热系统优化	《评价企业合理用热技术导则》（GB/T 3486—1993）第4.5.2条（多台热设备并列运行时，应根据单产热耗最低的原则，调整开动台数及各台负荷）。 《热电联产系统技术条件》（GB/T 6423—1995）第4.10条（热电厂还应根据热负荷的特性采取灵活、适当的负荷调节措施）。 《节能技术监督导则》（DL/T 1052）第6.4.1.26条（根据采暖热用户热负荷需求，确定热网加热器、热网循环水泵等设备的最佳运行方式）	查看热网运行调节方案。 检查运行记录、缺陷记录，现场检查	5	抽汽参数与供热参数不匹配扣5分	
					5	供热首站热交换器运行参数及设备未进行优化扣5分。 未根据实际情况制定调节方案，不得分	

续表

序号	评价指标	评价内容	定性评价依据	评价方法	基础分	扣分标准	扣分
		（2）供热系统优化	《评价企业合理用热技术导则》（GB/T 3486—1993）第 5.3.1 条（对热设备及其附件和保温、保冷结构定期进行检查与缝维修，避免由于设备和保温、保冷结构损坏而引起载热体流失及热损失的增加）、第 5.3.3 条（对蒸汽疏水阀热力管网进行检查与维修，保证蒸汽疏水阀及热力管网无明显的蒸汽泄漏现象）。 《热电联产系统技术条件》（GB/T 6423—1995）第 5.5 条（热网的保温应符合 GB 4272 的规定）	检查运行记录、缺陷记录，现场检查	5	供热管网存在保温损坏，未处理扣 2 分；供热管道有漏水、漏汽等热力损失现象未处理扣 1～3 分	
4	燃料管理				270		
4.1	燃油管理				65		
		（1）节油管理制度	《火电厂节约用油管理办法（试行）》（国电发〔2001〕477 号）第十四条（各单位应结合本地区实际情况，制定三年滚动节油规划及年度工作计划，提出具体节油目标和节油措施，并认真落实）、第十一条［有条件的机组启动时，应投入锅炉底部蒸汽加热，并利用邻炉输粉，以减少锅炉点火初期的用油；机组正常停止运行时，应尽量采用滑参数停机，以减少启、停用油；充分利用机组的最大连续出力（MCR）和最低稳燃能力，减少机组启、停调峰次数，节约点火用油］	检查燃油管理制度，节油措施、投油记录	10	没有节油管理制度、节月度用油计划，每项扣 5 分；制度、用油计划不完善不具体每项扣 5 分	
					5	未制定节油措施扣 5 分；措施不完善扣 2 分；运行管理不善，没有积极采用有利于节油的机组启、停方式等措施，每次扣 2 分	
		（2）机组低负荷稳燃用油情况	《火电厂节约用油管理办法（试行）》（国电发〔2001〕477 号）第六条（采用成熟、可靠的新型燃烧器及其他稳燃技术，对锅炉燃烧器等部件进行改造，提高锅炉在低负荷下的稳燃能力，减少助燃用油，力争使锅炉的稳燃性能达到要求）。 《节能技术监督导则》（DL/T 1052）第 6.4.2.18 条（采用成熟、可靠、先进的燃烧器及稳燃技术，提高锅炉在低负荷下的稳燃能力，减少助燃用油）	检查机组低负荷稳燃不投油试验报告，检查运行记录	10	机组实际最低不投油稳燃负荷未达标扣 10 分；最低不投油稳燃负荷不能达标，未分析原因制定措施扣 5 分	
					10	由于设备缺陷、燃烧调整、配煤不合理等造成投油助燃，每次扣 5 分	
					10	设备缺陷、水质差或运行操作不当造成燃油增加，每次扣 5 分	
		（3）设备检修维护	《节能技术监督导则》（DL/T 1052）第 6.4.1.8 条（制定各种启停炉方式的助燃油耗定额，采用先进工艺，减少锅炉启停用油量）。 《等离子体点火系统设计与运行导则》（DL/T 1127—2010）第 5.3 条（等离子点火应符合下列要求：相关设备应合理匹配，保证整个系统安全、可靠运行；应满足锅炉正常检修周期的要求）。 《节能技术监督导则》（DL/T 1052）第 6.4.3.4 条（少油和无油点火技术改造。为减少启动和低负荷稳燃用油，应采用锅炉少油点火、等离子点火等技术。锅炉少油点火系统设计与运行见 DL/T 1316，等离子体点火系统设计与运行见 DL/T 1127）	检查设备台账，缺陷记录，维修记录，现场检查	10	等离子或微油点火系统故障而未投入造成燃油增加，每次扣 5 分	
					10	存在影响油耗的缺陷未及时消除，每项扣 5 分；有条件进行节油技术改造而未进行的扣 5 分	

续表

序号	评价指标	评价内容	定性评价依据	评价方法	基础分	扣分标准	扣分
4.2	燃煤热值差				85		
		（1）燃煤管理制度	《节能技术监督导则》（DL/T 1052）第 6.2.7.3（计算入厂煤与入炉煤热量差应考虑燃料收到基外在水分变化的影响并修正到同一收到基外在水分的状态下进行计算。入厂煤与入炉煤热量差以统计报表数据作为监督依据。入厂煤与入炉煤的热量差宜不大于 418kJ/kg）	检查相关制度、煤质化验报告、统计资料	10	未制定燃煤精细化管理的相关制度扣 5 分；没有及时进行制度的修订每项扣 3 分；未严格按照管理制度进行管理工作的每项扣 3 分	
					10	未制定防止入厂煤与入炉煤热量差高的措施扣 10 分；执行措施不到位的扣 5 分	
		（2）入厂煤采样、制样和化验	《化学监督导则》（DL/T 246—2015）第 5.3.1 条（入厂煤、入炉煤应按 GB/T 211、GB/T 212、GB/T 213、GB/T 214、GB 474、GB 475、GB 477、DL/T 567、GB/T 19494.1-3 等标准进行质量验收）	检查制度及统计、仪器台账、化学工业分析、元素分析、质量验收记录	15	没有及时按照国家最新标准进行标修订的，采制化过程不符合国家最新标准的每项扣 5 分	
			《火力发电厂入厂煤检测试验室技术导则》（DL/T 520—2007）第 8.1.1 条（采样、制样、化验均有要求）、第 8.2 条（采样员、制样员、化验员均应专业培训，考核合格后持证上岗）	检查制度及统计、仪器台账、分析报告以及持证人员情况、机械采样装置鉴定报告，现场查看	15	采制化方法和设备不符合规范要求的每项扣 5 分；人员持证上岗不满足规范要求的扣 5 分	
			《节能技术监督导则》（DL/T 1052）第 6.3.2.3 条（入厂煤宜使用机械采制样装置，其技术要求和性能符合 GB/T 30730、GB/T 30731、DL/T 747 的要求，机械采样装置应每二年经具有检定能力的机构进行性能检定试验）。 《发电用煤机械采制样装置性能验收导则》（DL/T 747—2001）第 4.7.2 条（整机水分损失率不大于 1.5%；在全水分不大于 10%时，系统应无卡堵现象）。 《煤炭机械化采样第 1 部分：采样方法》（GB/T 19494.1—2004）第 5.2.3 条（采样精密度±0.1Ad，但≤1.6%）		10	入厂煤机械采样装置的精密度、系统偏差达不到规范要求的每项扣 2 分；无机械采样装置扣 5 分；整机水分损失率大于规定值，每台扣 2 分	
					10	采、制样过程未进行有效监督扣 5 分；电子监控未能发挥作用扣 5 分	
			《化学监督导则》（DL/T 246—2015）第 5.3.2 条［入厂煤的质量验收应当按批次、煤种，逐车（船）采样验收，内容包括全水分、工业分析、发热量及全硫值检验］		15	未对每日每批来煤进行工业分析、全硫含量测定，每缺一次扣 5 分	

续表

序号	评价指标	评价内容	定性评价依据	评价方法	基础分	扣分标准	扣分
4.3	入炉煤质量				60		
		(1) 入炉煤管理	《节能技术监督导则》(DL/T 1052) 第 6.4.1.6 条（尽可能燃烧设计煤种，当煤质变化较大或燃用新煤种时，应根据不同煤质及锅炉设备特性及环保排放要求，通过试验确定掺烧方式和掺配比比例）。 《电站煤粉锅炉燃煤掺烧技术导则》(DL/T 1445—2015) 第 4.6 条（掺烧过程中直进行燃烧试验）；第 7.3 条（应通过掺烧试验验证最佳掺烧比例的合理性，掺烧试验应在锅炉额定负荷或商定负荷下经过 168h 考核试验）。 《节能技术监督导则》(DL/T 1052) 第 6.4.1.4 条（严格执行燃煤采制化管理制度，入炉煤质的化验结果应及时提供给生产运行人员，以便根据煤质变化情况进行锅炉燃烧调整）	检查燃料制度、分析报告等	20	未制定合理的燃料掺烧办法扣 20 分；燃料掺配后未进行综合经济评价或试验（包括成本控制、设备寿命影响等）扣 10 分	
				检查燃料运行记录、检修记录、分析报告等	20	入炉煤质原因造成锅炉灭火、严重结渣、限出力、严重堵煤、锅炉运行经济性明显下降、投油助燃等，每次扣 5 分	
			《节能技术监督导则》(DL/T 1052) 第 6.4.1.6 条（尽可能燃烧设计煤种，当煤质变化较大或燃用新煤种时，应根据不同煤质及锅炉设备特性及环保排放要求，通过试验确定掺烧方式和掺配比比例）。 《节能技术监督导则》(DL/T 1052) 第 6.4.1.7 条（运行中根据煤质分析报告及实际燃烧状况进行燃烧调整，保持锅炉蒸汽参数在规定范围内）	检查燃料运行记录、化验资料、分析报告等	5	CFB 锅炉入炉煤粒度与设计偏差大扣 5 分	
		(2) 入炉煤采制化	《化学监督导则》(DL/T 246—2015) 第 5.3.5 条［入炉煤质量监督以每班（值）的上煤量为一个采样单元，全水分测定以每班（值）的上煤量为一个分析检验单元，工业分析、发热量测定以一天（24h）的上煤量混合样作为一个分析检验单元；每班（值）取样后，立即进行全水分检验，待每天各班（值）的样品收齐后，按比例混合成为当日样品；若煤质变化频繁时，每班（值）的样品收后应立即测定全水分、工业分析、发热量、全硫值，按加权平均值计算当日煤质］。 《火力发电厂按入炉煤量正平衡计算发供电煤耗的方法（试行）》（电安生〔1993〕457 号）第 7—14 条［入炉煤要按国标方法每班至少分析全水分（M_t）一次，每天至少做一次由三班混制而成综合样品的工业分析（M_{ad}、A_{ad}、V_{ad}、$S_{ad,t}$和发热量 $Q_{net.y,ar}$（由三班平均实测全水分计算而得），有条件的火电厂可分别采样、制样和化验。对燃油按照国际或部标的分析方法每品种每月做一次水分、硫分、闪点、凝固点、黏度、密度和发热量的分析］。	检查统计资料、化验资料、分析报告等	15	未按规定对入炉煤进行进行工业分析，每缺一次扣 5 分；统计记录不真实或不全的每项扣 1 分	

续表

序号	评价指标	评价内容	定性评价依据	评价方法	基础分	扣分标准	扣分
4.4	煤场管理				40		
		（1）煤场设施配备	《电力工业燃料管理办法》（原电力工业部1994年8月14日）第34条（电厂对储存的烟、褐煤要定期测温，避免自燃。南方储煤场应有干煤棚，北方寒冷地区的储煤场须设有解冻室。电厂储煤场均应配备消防和加水设备以及防汛、排水等设施）	煤场设施配备是否满足管理需要	10	未配置挡煤墙、排水、喷淋、消防、防扬尘设施扣2～10分；干煤棚起不到应有作用扣2分	
		（2）煤场储存	《节能技术监督导则》（DL/T 1052）第6.4.1.3条（加强贮煤场的日常管理。燃料接卸应按时卸完、卸净；存煤合理分类堆放，定期测温，做好喷淋工作，防止存煤自燃，做好防风损和雨损的措施。按“烧旧存新”的原则安排入炉煤，对于褐煤存放时间不宜超过15天，每月对煤场存煤进行盘点，正确测量体积和密度，做好煤场盈亏统计分析）	现场查看煤场储存情况、储煤记录	10	未进行分类堆放的扣10分	
					10	未制定煤场分堆存放制度、防存煤自燃制度扣2分。 未对储煤进行烧旧存新扣4分；贮存的烟煤、褐煤无煤场定期测温记录扣2分；煤场有自燃现象每次扣4分	
		（3）煤场盘点	《节能技术监督导则》（DL/T 1052）第6.4.1.3条（加强贮煤场的日常管理。燃料接卸应按时卸完、卸净；存煤合理分类堆放，定期测温，做好喷淋工作，防止存煤自燃，做好防风损和雨损的措施。按“烧旧存新”的原则安排入炉煤，对于褐煤存放时间不宜超过15天，每月对煤场存煤进行盘点，正确测量体积和密度，做好煤场盈亏统计分析）。 《火力发电厂燃料平衡导则》（DL/T 606.2—2014）第6.5条（入炉煤量修正，需要根据水分变化修正到入厂入厂燃料基准：修正后入炉煤量（t）＝实测入炉煤量（t）×$\frac{100-入炉煤收到基水分}{1000-入厂煤收到基水分}$	查看煤场盘点报告、盘点分析、记录	6	未每月进行煤场盘点扣6分；没每月进行煤炭密度测定扣3分；没有进行煤场盈亏分析扣3分	
					4	水分差调整不符合标准规定，每次扣2分	
4.5	燃料平衡				20		
		（1）燃料不平衡率	《火力发电厂能量平衡导则总则》（DL/T 606.1—1996）第9.2条（燃料平衡的不平衡率不超过±1%）		5	燃料不平衡率超过±1%，每超0.1个百分点扣2分	
		（2）燃料平衡报告	《火力发电厂能量平衡导则总则》（DL/T 606.2—2014）第4.3条（燃料平衡的周期宜为1年）		10	1年内未进行燃料平衡测试扣5分，5年内未进行燃料平衡测试扣10分	
			《火力发电厂燃料平衡导则》（DL/T 606.2—2014）第7h条（根据燃料平衡测试结果，对本厂燃料管理工作和燃料利用水平进行评价；针对问题提出改进建议）		5	没有燃料平衡报告扣3分；平衡总结报告没有提出改进燃料管理工作建议扣2分	

续表

序号	评价指标	评价内容	定性评价依据	评价方法	基础分	扣分标准	扣分
5	锅炉管理				475		
5.1	锅炉效率				150		
		（1）效率试验	《电力工业节能技术监督规定》（电安生〔1997〕399号）第3.2.6条（主要系统和设备试生产、大修以及进行重大技术改造前后，都应进行性能试验，为节能技术监督提供依据）。 《节能技术监督导则》（DL/T 1052）第6.5.4.2a条（锅炉在A级检修前后或重大改造应按标准GB/T 10184或DL/T 964进行锅炉热效率试验）。 《节能技术监督导则》（DL/T 1052）第6.5.4.2c条（结合B/C级检修，宜开展锅炉热效率、汽轮机热耗率试验）	检查效率试验报告	15	新机组投产后、大修前后或重大改造至少进行一次效率试验，未按规定每缺一项扣5分	
		（2）优化燃烧调整试验	《节能技术监督导则》（DL/T 1052）第6.4.1.10条（运行氧量的调整应在保证锅炉效率的前提下，调整过热蒸汽、再热蒸汽温度在正常范围内，锅炉受热面无超温，且炉内无严重结渣现象，运行氧量应根据锅炉燃烧优化调整试验结果确定的最佳运行氧量曲线进行控制。当煤种发生变化时，应对最佳氧量控制曲线进行相应调整。表盘氧量应定期进行标定）	检查优化试验报告	40	新机组投产、煤种长期变化大、相关设备重大改造后未及时进行优化燃烧调整试验，每次扣20分，试验不规范，结果指导性差扣20分	
		（3）运行调整	《300MW级锅炉运行导则》（DL/T 611—1996）第6.3.3.3条（在锅炉正常运行中，对配中间储仓式制粉系统的锅炉，煤粉燃烧器应逐只对称投入或停用，四角布置，切圆燃烧的锅炉严禁煤粉燃烧器缺角运行；对配直吹式制粉系统的锅炉，各煤粉燃烧器的煤粉气流应均匀；高负荷运行时，应将最大数量的煤粉燃烧器投入运行，并合理分配各煤粉燃烧器的供粉量，以均衡炉膛热负荷，减小热偏差；低负荷运行时，尽量少投煤粉燃烧器，保持较高的煤粉浓度，且煤粉燃烧器尽量避免脱层运行；煤粉燃烧器投用后，及时进行风量调整，确保煤粉燃烧完全）。 《节能技术监督导则》（DL/T 1052）第6.4.1.7条（运行中根据煤质分析报告及实际燃烧状况进行燃烧调整，保持锅炉蒸汽参数在规定范围内）	检查运行调整方案、运行记录，现场检查	30	未根据优化燃烧调整试验结果制定运行调整方案，每台炉扣10分；方案不全面、不具体扣5分；未执行扣10分	

续表

序号	评价指标	评价内容	定性评价依据	评价方法	基础分	扣分标准	扣分
		（4）检修维护	《节能技术监督导则》（DL/T 1052）第 6.4.1.1 条（运行部门应建立健全能耗小指标记录、统计制度，完善统计台账，为能耗指标分析提供可靠依据。运行人员应加强巡检和对参数的监视，及时进行分析、判断和调整；发现缺陷并按规定填写缺陷单或做好记录，及时联系检修处理，确保机组安全经济运行）。	检查检修和缺陷记录，现场检查	15	没有月度缺陷统计分析，每月次扣 5 分；对影响经济性的缺陷未分析原因，制定有效改进措施，每项扣 5 分	
			《节能技术监督导则》（DL/T 1052）第 6.4.2.2 条（应每年编制三年检修工程滚动规划和下年度检修工程计划。在机组等级检修临检前，安排机组检修缺陷处理项目。日常发现缺陷应及时处理，做好缺陷统计记录，未能及时处理的应制定处理计划）。		5	燃烧器摆角不能正常操作扣 3 分；火检监视角未优化扣 3 分	
			《锅炉节能技术监督管理规程》（TSG G0002—2010）第 35 条（锅炉使用单位应当对锅炉及其系统所包括的设备、仪表、装置、管道和阀门等定期进行维护保养，发现异常情况时，应当及时处理并且记录）。		5	未按生产需要进行空气动力场试验扣 5 分	
			《节能技术监督导则》（DL/T 1052）第 6.4.2.5 条（大小修期间加强对燃烧器的检查，燃烧器中心标高、安装角度等应符合要求，及时发现和消除燃烧器存在的缺陷，确保燃烧器状态良好。根据需要开展锅炉空气动力场试验。对于循环流化床锅炉，重点检查水冷壁磨损和风帽磨损）。		5	燃烧器中心标高、安装角度等不符合要求，扣 6 分	
					5	CFB 锅炉存在影响流化风均匀性的异常未及时处理扣 5 分	
			《火力发电厂锅炉机组检修导则第 2 部分：锅炉本体检修》（DL/T 478.2—2001）第 10.1.1 条（更换时喷口偏转角度符合设计要求；更新后喷口的高度和宽度的允许偏差为±6mm）、第 10.2.1 条（喷口外形完整，无开裂，无严重变形和严重磨损。喷口位置合乎设计要求）		10	一、二、三次风门挡板或执行机构故障等未及时处理，每处扣 4 分；燃烧器异常未及时消除扣 4 分	
		（5）化学监督	《火力发电厂锅炉化学清洗导则》（DL/T 794—2001）第 3.5.2 条［在大修前的最后一个小修期割水冷壁管，测垢量，当水冷壁管内的垢量达到规定的范围时（汽包锅炉 300～400g/m²，直/流炉 200～300g/m²），应安排化学清洗。当运行水质和锅炉内的检查出现异常情况时，经过技术分析可安排提前清洗］。	检查大修记录、预防措施、监督计划、监督报告	5	未制定“四管”防蚀、垢、氧化皮生成及脱落措施，缺一项扣 2 分	
			《化学监督导则》（DL/T 246）第 5.2.5 条（对热力设备的腐蚀、结垢、积盐及沉积物情况的检验分析，应按 DL/T 1115 的规定执行。对查出的问题应提出整改措施或改进方案，并将内容录入机组检修化学监督检查报告）		5	受热面结垢速率超标每处扣 3 分	
			《节能技术监督导则》（DL/T 1052）第 6.5.4.1 条（常规定期试验项目 k：机组 A 级检修前后宜按 GB/T 8174 进行保温效果测试）		10	机组 A/B 检修前后应进行保温效果测试，每缺一次扣 5 分	

续表

序号	评价指标	评价内容	定性评价依据	评价方法	基础分	扣分标准	扣分
5.2	排烟温度				70		
		（1）标定试验	《节能技术监督导则》（DL/T 1052）第 6.2.3.3 条（排烟温度测点应尽可能靠近最后一个受热面出口，应采用网格法测量平均排烟温度对运行表计进行标定。若锅炉受热面改动，则根据改动后受热面的变化对锅炉进行热力校核计算，用校核后的温度值作为排烟温度的规定值。锅炉排烟温度的监督以统计报表）	检查标定试验报告、运行记录	10	A、B、C 级检修后排烟温度未标定扣 10 分；排烟温度指示不准或代表性差扣 5 分	
		（2）运行调整	《300MW 级锅炉运行导则》（DL/T 611—1996）第 6.3.1 条（锅炉正常燃烧时，燃料的着火距离适中，火焰稳定。且均匀地充满燃烧室，不应直接冲刷水冷壁。各段两侧烟温偏差不超过设计值，尽量减少不完全燃烧损失）	检查运行记录、分析报告、措施	30	两侧排烟温度偏差大未进行专题分析扣 5 分；排烟温度偏差大未制定措施扣 30 分；不执行扣 10 分	
		（3）检修维护	《节能技术监督导则》（DL/T 1052）第 6.4.1.9 条（实时分析尾部烟道各段的进出口静压差、烟温、风温等（包括送风机、一次风机、引风机、暖风器）数据，掌握尾部烟道的积灰情况和空气预热器的换热效果；根据吹灰前后排烟温度和主、再热汽温度的变化情况，评价吹灰效果，优化吹灰方）。 《火力发电厂锅炉机组检修导则 第 8 部分：空气预热器检修》（DL/T 748.8—2001）第 3.3.1 条（当传热元件的积灰情况轻微时，可在空气预热器停运后用具有一定压力要求的压缩空气对传热面、转子表面及风、烟道进行吹扫，吹扫工作由上而下进行。吹扫期间应全开所有送、引风机风门挡板，保持空气预热器具有良好的通风）。《回转式空气预热器运行维护规程》（DL/T 750—2001）第 8.1 条（在锅炉带负荷期间，如果发现综合冷端温度低于推荐的最低值，应投入暖风器运行或开启热风再循环）	检查检修和缺陷记录，现场检查	10	空气预热器换热性能达不到设计要求扣 8 分；A、B、C 级检修未进行空气预热器受热面清灰每次扣 6 分	
					5	负压制粉系统漏风、磨煤机冷热风门内漏，每处扣 2 分	
					5	烟气调温挡板或喷燃器摆角不能正常调整扣 5 分	
					5	热风再循环或暖风器供汽门内漏每处扣 1 分	
			《节能技术监督导则》（DL/T 1052）第 6.4.1.11 条（定期检查锅炉本体、空气预热器及尾部烟道的漏风情况，结合漏风率测试结果，分析评价漏风率变化趋势。重点检查吹灰器、炉底水封、烟道各部位的伸缩节、人孔、检查孔、穿墙管等部位。对于干排渣系统应根据排渣温度控制冷却风门开度）		5	炉底、炉膛、烟道、CFB 锅炉膨胀节漏风，每处扣 2 分	

续表

序号	评价指标	评价内容	定性评价依据	评价方法	基础分	扣分标准	扣分
5.3	锅炉氧量				35		
		（1）氧量标定	《节能技术监督导则》（DL/T 1052）第6.5.4.1e条（每月标定一次锅炉表盘氧量）	检查校验记录	10	未按规定进行标定扣10分	
		（2）运行调整	《节能技术监督导则》（DL/T 1052）第6.4.1.10条（运行氧量的调整应在保证锅炉效率的前提下，调整过热蒸汽、再热蒸汽温度在正常范围内，锅炉受热面无超温，且炉内无严重结渣现象，运行氧量应根据锅炉燃烧优化调整试验结果确定的最佳运行氧量曲线进行控制。当煤种发生变化时，应对最佳氧量控制曲线进行相应调整。表盘氧量应定期进行标定）。 《135MW级循环流化床锅炉运行导则》（DL/T 1034—2006）第5.2.2.3条（一般运行情况下，一次风率占40%～60%，二次风率占55%～40%；对于不同煤种一、二次风合理的比例，可通过试验确定）	检查燃烧调整报告、运行记录、统计报表，现场检查	10	未按优化调整结果配风扣10分	
		（3）检修维护	《节能技术监督导则》（DL/T 1052）第6.4.1.10条（定期检查锅炉本体、空气预热器及尾部烟道的漏风情况，结合漏风率测试结果，分析评价漏风率变化趋势。重点检查吹灰器、炉底水封、烟道各部位的伸缩节、人孔、检查孔、穿墙管等部位。对于干排渣系统应根据排渣温度控制冷却风门开度）	检查试验记录	8	锅炉A级修后未进行漏风检查试验，每次扣4分	
				检查运行和缺陷记录、设备台账	7	吹灰器、炉底水封、烟道各部位的伸缩节、人孔、检查孔、穿墙管等部位有漏风，每处扣2分	
5.4	飞灰可燃物				35		
		（1）取样化验	《化学监督导则》（DL/T 246）第5.3.6条［每班（值）对飞灰可燃物进行测定；根据需要定期进行煤粉细度测定］	检查统计报表、化验单、现场检查	10	每天至少一次取样化验，缺一次扣5分	
					5	飞灰取样不规范扣5分	
		（2）运行调整	《节能技术监督导则》（DL/T 1052）第6.2.3.4条（飞灰和炉渣可燃物宜采用离线化验值，并对统计期内的每日飞灰可燃物含量，按各班燃煤消耗量加权计算，飞灰在线数据可作参考。灰渣可燃物含量的监督以统计报表或现场测试的数据作为依据。灰渣可燃物含量不大于设计值）	检查统计报表、运行记录、措施，现场检查	20	飞灰可燃物偏高未及时分析原因扣10分，分析不到位扣5分，未制定措施处理扣5分	

续表

序号	评价指标	评价内容	定性评价依据	评价方法	基础分	扣分标准	扣分
		（3）检修维护	《节能技术监督导则》（DL/T 1052）第 6.2.3.4 条（飞灰和炉渣可燃物宜采用离线化验值，并对统计期内的每日飞灰可燃物含量，按各班燃煤消耗量加权计算，飞灰在线数据可作参考。灰渣可燃物含量的监督以统计报表或现场测试的数据作为依据。灰渣可燃物含量不大于设计值）	检查修前修后试验报告、改进措施、检修运行记录	10	A、B、C 级检修未进行修前修后可燃物对比评价扣 3 分；修后飞灰可燃物比修前升高扣 4 分；未分析原因，制定改进措施扣 2 分	
5.5	炉渣可燃物				20		
		（1）取样化验	《节能技术监督导则》（DL/T 1052）第 6.5.4.1a 条（按 DL/T 567.3 和 DL/T 567.6 每日进行飞灰可燃物含量、每周进行炉渣可燃物含量测定）。 《化学监督导则》（DL/T 246）第 5.3.6 条［每班（值）对飞灰可燃物进行测定；根据需要定期进行煤粉细度测定］	检查化验记录、化验分析报告	6	炉渣可燃物每天取样化一次，未执行每次扣 3 分	
		（2）运行调整	《节能技术监督导则》（DL/T 1052）第 6.2.3.4 条（飞灰和炉渣可燃物宜采用离线化验值，并对统计期内的每日飞灰可燃物含量，按各班燃煤消耗量加权计算，飞灰在线数据可作参考。灰渣可燃物含量的监督以统计报表或现场测试的数据作为依据。灰渣可燃物含量不大于设计值）	检查统计报表、运行及检修记录、措施，现场检查	6	未制定控制炉渣可燃物措施扣 6 分；措施不全扣 2 分；未执行扣 4 分	
		（3）检修维护	《节能技术监督导则》（DL/T 1052）第 6.2.3.4 条（飞灰和炉渣可燃物宜采用离线化验值，并对统计期内的每日飞灰可燃物含量，按各班燃煤消耗量加权计算，飞灰在线数据可作参考。灰渣可燃物含量的监督以统计报表或现场测试的数据作为依据。灰渣可燃物含量不大于设计值）	检查修前修后试验报告、改进措施、检修运行记录	6	未进行 A、B、C 级检修前后可燃物对比评价扣 2 分；修后比修前可燃物升高扣 3 分；未分析原因，制定改进措施扣 1 分	
					2	配风、燃烧、制粉系统影响炉渣可燃物的设备缺陷未及时消除，每处扣 1 分	
5.6	石子煤热值				20		
		（1）取样化验	《塔式炉超临界机组运行导则第 1 部分：锅炉运行导则》（DL/T 332.1—2010）第 9.3.2 条（正常时石子煤量应小于本磨额定出力的 0.05%，或者其热值低于 6.27MJ/kg；若超过上述数值，应为不正常，应从调整一次风量、提高加载压力或更新碾磨件等方面来改善）。 《节能技术监督导则》（DL/T 1052）第 6.5.4.1b 条（每季度或排放异常时进行一次石子煤发热量测试）	查统计报表、化验报表	4	石子煤热值至少每季度取样化验一次，未执行扣 3 分	

续表

序号	评价指标	评价内容	定性评价依据	评价方法	基础分	扣分标准	扣分
		（2）运行调整	《塔式炉超临界机组运行导则第1部分：锅炉运行导则》（DL/T 332.1—2010）第9.3.2条（正常时石子煤量应小于本磨额定出力的0.05%，或者其热值低于6.27MJ/kg；若超过上述数值，应为不正常，应从调整一次风量、提高加载压力或更新碾磨件等方面来改善）	检查统计报表，运行记录，石子煤管理措施，现场检查	6	未制定控制石子煤热值措施扣6分；措施不全扣3分；未执行扣4分	
		（3）检修维护	《节能技术监督导则》（DL/T 1052）第6.4.1.12条（应综合考虑煤的燃烧特性、燃烧方式、炉膛热负荷、煤粉的均匀性及制粉系统电耗，通过试验确定最佳煤粉细度。磨煤机检修后应进行煤粉细度的核查，对于中速磨煤机，在磨辊运行中、后期，应根据煤粉细度的变化定期调整磨辊的间隙和加载力；对于双进双出磨煤机宜定期检查分离器，避免分离器回粉堵塞引起煤粉变粗）	检查修前后试验报告、改进措施、检修总结报告	4	未进行A、B、C级检修前后石子煤热值对比评价扣1分；修后石子煤热值上升扣1分；未分析原因，采取有效措施扣1分	
					6	一次风量、磨碗差压、液压加载力控制不合理等造成石子煤热量增加，每项每次扣1分；动静环间隙、喷嘴面积不合理，碾磨件未及时补焊每项每次扣2分	
5.7	空气预热器				40		
		（1）漏风试验	《节能技术监督导则》（DL/T 1052）第6.5.4.1c条（每季度按照GB/T 10184进行一次锅炉空气预热器漏风率测试）	检查漏风试验报告、试验措施	15	A、B、C级检修前后和每季度各一次漏风试验，缺一次扣5分；试验方法不规范扣3分	
		（2）运行调整	《回转式空气预热器运行维护规程》（DL/T 750—2001）第8.6条（检查回转式空气预热器润滑油系统，每班至少一次）	检查运行记录，现场检查	7	未制定控制漏风措施扣6分；措施不全扣3分；未执行扣4分	
					8	A、B、C级检修前后未进行空气预热器漏风率对比评价扣2分；修后漏风率比修前升高扣4分；未分析原因，采取有效措施扣2分	

续表

序号	评价指标	评价内容	定性评价依据	评价方法	基础分	扣分标准	扣分
		（3）检修维护	《火力发电厂节约能源规定（试行）》（能源节能〔1991〕98号）47条（减少回转式空气预热器的漏风。结合检修，对现有风罩式回转空气预热器各部间隙进行调整和消缺，并加强维护和运行管理。对结构不合理、通过检修仍不能解决严重漏风问题的，要有计划地结合大修进行改造或更换）。 《火力发电厂锅炉机组检修导则；第8部分：空气预器器检修》（DL/T 748.8—2001）第3.5.3，3.5.4条（对于安装有漏风控制系统的空气预热器，应进行如下检查和检修：清除传感器及执行机构周围环境的积灰和杂物，保持传感器及执行机构周围清洁；检查扇形板无变形、无裂纹，扇形板升降应灵活、无卡涩，能达到高低限位；对探头和传感器进行检查修复；对执行机构进行检查修复）。 《回转式空气预热器运行维护规程》（DL/T 750—2001）第5.9条（确认回转式空气预热器密封间隙符合设计值，有漏风控制装置的，漏风控制装置应完好）	检查修前修后试验报告、改进措施、检修运行记录	5	空气预热器密封调整装置故障未修复扣5分	
					5	未进行密封间隙调整和堵漏扣5分	
5.8	煤粉细度				40		
		（1）取样化验	《化学监督导则》（DL/T 246）第5.3.6条［每班（值）对飞灰可燃物进行测定；根据需要定期进行煤粉细度测定］	检查煤粉取样化验方法、化验报告	6	煤粉取样装置不能正常使用扣4分，取样代表性不符合要求扣2分	
					6	每套制粉系统每周至少取样化验一次，缺一次扣2分	
		（2）调整试验	《节能技术监督导则》（DL/T 1052）第6.4.1.12条（应综合考虑煤的燃烧特性、燃烧方式、炉膛热负荷、煤粉的均匀性及制粉系统电耗，通过试验确定最佳煤粉细度。磨煤机检修后应进行煤粉细度的核查，对于中速磨煤机，在磨辊运行中、后期，应根据煤粉细度的变化定期调整磨辊的间隙和加载力；对于双进双出磨煤机宜定期检查分离器，避免分离器回粉堵塞引起煤粉变粗）。 《300MW级锅炉运行导则》（DL/T 610—1996）第8.2.2.2 e条（定期对煤粉细度进行取样分析，最佳煤粉细度应经试验确定，并严格控制）	检查制粉系统试验报告、运行记录	9	投产后，设备重大改变或煤种变化大时未进行经济煤粉细度试验扣9分	

续表

序号	评价指标	评价内容	定性评价依据	评价方法	基础分	扣分标准	扣分
		（3）运行调整	《300MW 级锅炉运行导则》（DL/T 611—1996）6.3.2 条（锅炉良好燃烧应具备的条件：合理的一、二、三次风配比及良好的炉内空气动力工况；合格的煤粉细度）。 《300MW 级锅炉运行导则》（DL/T 610—1996）第 8.2.2.3 条［制粉系统的运行调整：a）中间储仓式制粉系统出力的调整。为提高经济性和降低制粉电耗，在保证合格煤粉细度的条件下，应尽量使制粉系统保持在额定出力下运行；b）直吹式制粉系统出力的调整。对中速磨煤机在碾磨件磨损中后期，应及时调整加载压力，以保证制粉系统出力；c）煤粉细度的调整：中间储仓式制粉系统可采用调整粗粉分离器折向挡板的方法来调整煤粉细度。直吹式制粉系统可采用改变分离器的折向挡板或旋转分离器转速的方法来调整煤粉细度］	检查运行记录、控制煤粉细度措施，现场检查	10	未制定控制煤粉细度措施扣 10 分；措施不全扣 2 分；未执行扣 4 分	
		（4）检修维护	《火力发电厂锅炉机组检修导则 第 4 部分：制粉系统检修》（DL/T 478.4—2001）第 17.1.2 条（锁气器必须灵活，法兰不漏粉）。	检查检修总结和缺陷分析、记录，现场检查	4	回粉锁气器异常造成煤粉细度不合格，每次扣 2 分	
			《火力发电厂锅炉机组检修导则 第 4 部分：制粉系统检修》（DL/T 478.4—2001）第 14.1.2 条（粗粉分离器筒壁厚度磨损 2/3 时，应挖补处理。防磨衬板磨损超过原厚度 2/3 时，应更换）、第 14.2.1 条（细粉分离器筒壁磨损厚度超过 2/3 时需要采取贴补处理。防磨衬板厚度磨损超过 2/3 时应更换）		5	分离器挡板未检修、校正扣 1 分；粗、细粉分离器磨损严重未及时处理扣 2 分	
5.9	吹灰器投入				20		
		（1）运行调整	《节能技术监督导则》（DL/T 1052）第 6.4.1.19 条（实时分析尾部烟道各段的进出口静压差、烟温、风温等（包括送风机、一次风机、引风机、暖风器）数据，掌握尾部烟道的积灰情况和空气预热器的换热效果；根据吹灰前后排烟温度和主、再热汽温度的变化情况，评价吹灰效果，优化吹灰方式）。 《300MW 级锅炉运行导则》（DL/T 611—1996）第 6.3.3.4 条（锅炉受热面结渣的主要原因取决于燃煤的结渣特性及燃烧工况。因此，除按上述调整原则组织良好的炉内燃烧工况，注意监视各段工质温度的变化外，还应加强燃料的管理工作，电厂用煤应长期固定；若煤种多变，应加强混、配煤，使其尽量接近设计煤种；运行中加强锅炉吹灰工作，防止受热面积灰、结渣；发现结渣，及时采取措施。对于有严重结渣倾向的锅炉，现场应制订防止结渣的具体措施）	检查运行记录、吹灰方案，现场检查	16	未制定吹灰器定期投运制度扣 10 分，吹灰参数、方式未根据传热、结焦、积灰情况进行优化扣 4 分；未执行吹灰制度一次扣 2 分	

续表

序号	评价指标	评价内容	定性评价依据	评价方法	基础分	扣分标准	扣分
		（2）检修维护	《300MW 级锅炉运行导则 》（DL/T 610—1996）第 6.8.2 条（锅炉受热面吹灰工作应在燃烧稳定的工况下进行。对故障吹灰器应及时修复投用）。 《火力发电厂锅炉机组检修导则第 2 部分：锅炉本体检修》（DL/T 478.2—2001）第 18.1.7 条（喷管伸缩灵活，无卡煞现象。确认手操动作正常后才能送电试转。喷嘴与水冷壁的距离及喷管与水冷壁的垂直度应符合设计要求。电动试转时无异声，进退旋转正常，限位动作正常，进汽阀启闭灵活，密封良好，内外喷管动作一致）	检查缺陷和运行记录，现场检查	4	吹灰器故障未及时消除每台次扣 1 分	
5.10	过热减温水量（给水泵出口引出）				15		
		（1）运行调整	《300MW 级锅炉运行导则》（DL/T 610—1996）第 6.5.2 条（蒸汽温度的调整应以烟气侧为主，蒸汽侧为辅。烟气侧的调整主要是改变火焰中心的位置和流经过热器及再热器的烟气量，以达到调整蒸汽温度的目的。蒸汽侧的调整是利用减温器来实现的，根据蒸汽温度的变化情况，适当变更相应减温器的减温水量，即可达到调整蒸汽温度的目的。直流锅炉过热蒸汽温度的调整，通过合理的燃料与给水比例控制包覆过热器出口温度作为基本调节，喷水减温作为辅助调节。在运行中应控制中间点温度小于 385℃，尽量减少一、二级减温水的投用量。当用减温水调节过热蒸汽温度时，以一级喷水减温为主，二级喷水减温为辅）	检查运行记录，现场检查	10	未对减温水量超标原因进行分析扣 3 分；未制定控制减温水措施扣 10 分；配煤、配风和煤水比不合理，导致减温水增加、CFB 锅炉床压控制不合理导致使用减温水每项次扣 2 分；喷燃器摆角、烟气挡板调节不及时、不合理导致减温水增加每次扣 2 分；	
					3	煤质变化未及时采取措施导致减温水增加每次扣 3 分	
		（2）检修维护	《节能技术监督导则》（DL/T 1052）第 6.2.3.14 条（锅炉过热蒸汽的减温水量和再热蒸汽的减温水量不宜超过设计值或现场规定值	检查检修总结或交代和缺陷记录，现场检查	2	造成减温水来年感增加的设备缺陷未及时消除（如调节阀存在明显泄漏或调节不灵活等）每处扣 2 分；CFB 锅炉灰控阀调节不正常扣 2 分	

续表

序号	评价指标	评价内容	定性评价依据	评价方法	基础分	扣分标准	扣分
5.11	再热减温水量				30		
		(1) 运行调整	《节能技术监督导则》(DL/T 1052) 第 6.2.3.14 条 (锅炉过热蒸汽的减温水量和再热蒸汽的减温水量不宜超过设计值或现场规定值)	检查运行记录，现场检查	12	减温水量长期偏大未分析原因扣 3 分，未采取控制减温水量措施扣 12 分，配煤、配风和煤水比不合理，导致减温水增加、CFB 锅炉床压控制不合理导致使用减温水每项次扣 2 分；喷燃器摆角、烟气挡板调节不及时导致减温水增加扣 3 分	
					6	不利用烟气侧调节手段而使用减温水调节每次扣 6 分	
					6	煤质变化未及时采取措施导致减温水增加每次扣 6 分	
		(2) 检修维护	《节能技术监督导则》(DL/T 1052) 第 6.2.3.14 条 (锅炉过热蒸汽的减温水量和再热蒸汽的减温水量不宜超过设计值或现场规定值	检查检修总结或交代和缺陷记录	6	减温水调节阀存在明显泄漏或减温水调节阀动作不灵活每处扣 3 分；CFB 锅炉灰控阀调节不正常扣 6 分	
6	汽机管理				760		
6.1	热耗管理				270		
		(1) 热耗试验	《节能技术监督导则》(DL/T 1052) 第 6.5.4.2b 条 [汽轮机 (燃气轮机) 经过 A 级检修前后或重大改造应按标准 GB/T 8117.1 (或 GB/T 8117.2、GB/T 8117.3)、GB/T 14100、GB/T 18929、DL/T 851、DL/T 1223、DL/T 1224 进行热耗率 (热效率) 试验]。 《节能技术监督导则》(DL/T 1052) 第 6.5.4.2c 条 (结合 B/C 级检修，宜开展锅炉热效率、汽轮机热耗率试验)。 《火力发电机组性能试验导则》(DL/T 1616—2016) 第 3.1.1 条 (机组性能试验宜在供货合同约定的期限内完成)。 《节能技术监督导则》(DL/T 1052) 第 6.5.4.2c 条 (结合 B/C 级检修，宜开展锅炉热效率、汽轮机热耗率试验)	检查试验报告、计算方法、热力计算书	20	A、B 修后或新机投产后未做热耗率试验扣 20 分；试验计算方法不符合标准扣 10 分；无制造厂参数修正曲线扣 5 分	

续表

序号	评价指标	评价内容	定性评价依据	评价方法	基础分	扣分标准	扣分
		（2）热耗率评价		检查试验报告、机组大修总结报告、节能分析报告	20	A修后未对修后、修前热耗率进行对比和评价扣6分；修后比修前相比热耗率升高或修后未达到规定值扣10分；修后超标未对影响热耗率原因进行分析、提出降低热耗率的技术措施扣4分	
		（3）运行优化调整	《火力发电厂节约能源规定（试行）》（能源节能〔1991〕98号）第26条（凡200MW及以上机组必须配备计算机进行运行监测。积极开发计算机应用程序，参照机组的设计值或热力试验后获得的最佳运行曲线，在运行中使用偏差法和等效热降法，监视分析机组的主要经济指标，及时进行调整，不断降低机组热耗）。 《塔式炉超临界机组运行导则第2部分：汽轮机运行导则》（DL/T 332.2—2010）第5.1e）条（负荷调整要求如下：应采取滑压运行方式或厂家建议的其他运行方式）。 《节能技术监督导则》（DL/T 1052）第6.4.1.17条［保持汽轮机在最佳的排汽压力下运行，应定期对凝汽器的端差，循环水温升，凝结水过冷度，真空严密性，真空泵性能、冷却水塔（空冷系统）的冷却性能等进行分析］。 《节能技术监督导则》（DL/T 1052）第6.4.1.14条（对于喷嘴调节的汽轮机应采用顺序阀运行方式；采用定滑压运行的汽轮机应根据制造厂给定滑压运行曲线或经过滑压运行优化试验确定的曲线运行）。 《节能技术监督导则》（DL/T 1052）第6.5.4.2m条（对具有滑压运行功能的机组应开展高压调门重叠度优化试验、汽轮机滑压运行优化试验，根据主蒸汽流量、主蒸汽压力、循环水温度等参数变化确定最佳滑压运行曲线，并在机组控制系统中应用）。 《节能技术监督导则》（DL/T 1052）第6.5.4.2n条（汽轮机冷端系统应进行运行方式的优化试验。根据不同负荷、不同循环水温度、凝汽器真空变化，选择循环水泵、真空泵的最佳经济运行方式。对于直接空冷机组，根据环境温度、风向变化及负荷情况调整风机转速，使机组真空达到最佳值）	检查试验报告、运行优化方案、运行记录，现场检查、规章制度、主机说明书、技改说明	30	未进行低负荷滑压运行试验扣20分；未制定、执行最佳的滑压运行曲线扣10分	
					5	未按照设计要求使用中压缸启动方式扣5分	
					25	未按照设计要求投入顺序阀运行方式扣25分	

续表

序号	评价指标	评价内容	定性评价依据	评价方法	基础分	扣分标准	扣分
		（4）检修维护	《燃煤火力发电企业设备检修导则》（DL/T 838—2017）第5.1.1条、5.1.2条（规定了汽轮机标准检修项目和特殊检修项目）。 《节能技术监督导则》（DL/T 1052）第6.4.2.9条（汽轮机揭缸检修时，对通流部分轴封、隔板汽封、叶顶汽封、径向汽封的间隙按检修规程的要求进行调整，严格验收。对各级汽封宜采用技术先进成熟的汽封装置）。 《节能技术监督导则》（DL/T 1052）第6.4.3.7条（对于135MW、200MW及早期投运300MW和600MW亚临界汽轮机，经验证通流效率低的，宜采用先进、成熟的技术实施汽轮机通流部分技术改造）	检查汽轮机检修项目、技改计划、技术监督计划、检修总结	50	A、B、C级标准项目、非标准项目未进行检修，每项扣10分	
					20	检修后高、中压缸效率低于修前值每项扣10分	
					10	汽轮机、给水泵汽轮机轴封处向外漏汽扣2分；轴封漏汽严重，造成油中进水扣5分	
					5	轴封加热器温升比设计值每高2℃扣5分	
					15	未进行汽动给水泵组效率试验扣10分；给水泵汽轮机进汽量超设计值10%扣5分	
					10	给水泵再循环泄漏扣5分	
			《300MW级汽轮机运行导则》（DL/T 609－1996）第A2f）条（汽轮机的主要监测参数：调节级及各段抽汽蒸汽压力、温度、金属温度）	检查运行记录、现场	15	监视段压力比设计值每升高3%每处扣3分；偏离设计值3%，未分析原因、制定调整措施扣5分	
					15	监视段温度超设计值5℃，每段扣2分	
					15	低压缸排汽温度比凝汽器压力下的饱和温度每高1℃扣5分；未分析原因扣5分	

续表

序号	评价指标	评价内容	定性评价依据	评价方法	基础分	扣分标准	扣分
		（5）化学监督	《火力发电厂节约能源规定（试行）》（能源节能〔1991〕98号）第23条（加强化学监督，搞好水处理工作，严格执行锅炉定期排污制度，防止锅炉和凝汽器、加热器等受热面以及汽轮机通流部分发生腐蚀、结垢和积盐）。 《火力发电厂机组大修化学检查导则》（DL/T 1115—2009）第8.1条［腐蚀评价标准用腐蚀速率或腐蚀深度表示，具体评价标准见（该标准）表1］。 《火力发电厂机组大修化学检查导则》（DL/T 1115—2009）第8.2条［结垢、积盐评价标准用沉积速率或总沉积量或垢层厚度表示，具体评价标准见（该标准）表2］。 《节能技术监督导则》（DL/T 1052）第6.4.1.19条（机组运行时水汽监督项目与指标应按GB/T 28553、GB/T 12145、DL/T 561、DL/T 912、DL/T 805.1、DL/T 805.2、DL/T 805.3、DL/T 805.4执行，防止锅炉、汽轮机及热力设备腐蚀、结垢、积盐）	检查化学分析报表、化学监督报告、检修记录	15	汽轮机通流部分积盐率超过10mg/（cm^2·a）扣10分；汽轮机通流部分积盐率1～10mg/（cm^2·a）扣10分；凝汽器铜管（不锈钢、钛管）结垢＞0.2mm扣5分；凝汽器管束的腐蚀0.005～0.02mm/a扣5分；加热器等换热面积盐、腐蚀、结垢超标每项扣5分	
6.2	凝汽器真空				30		
		（1）优化调整	《凝汽器与真空系统运行维护导则》（DL/T 932—2005）第6.5条（最佳运行方式确定：根据计算得出的最佳背压及相应的冷却水温度和冷却水量，确定在不同工况下抽气器和循环水泵等设备的最佳运行方式。运行人员应根据不同工况下确定的最佳运行方式，及时调整运行参数和系统设备，保证机组运行始终维持在最佳状态）。 《节能技术监督导则》（DL/T 1052）第6.4.1.17条［保持汽轮机在最佳的排汽压力下运行，应定期对凝汽器的端差，循环水温升，凝结水过冷度，真空严密性，真空泵性能、冷却水塔（空冷系统）的冷却性能等进行分析。d）根据真空泵运行台数与排汽压力的关系，确定合理的真空泵运行台数；分析真空泵的工作性能，选择合适的冷却水温度（尤其是夏季），提高真空泵的出力］	检查运行优化方案、运行记录，现场检查	10	未进行真空系统运行优化试验扣10分	
					15	无真空系统运行优化调整方案扣10分；未执行真空系统运行优化方案扣5分	
		（2）检修维护	《节能技术监督导则》（DL/T 1052）第6.4.2.5条（保持汽轮机在最有利的排汽压力下运行，当真空系统严密性不合格时，应检查泄漏原因，及时消除。在凝汽器管束清洁状态和凝汽器真空严密性良好的状况下，绘制不同循环水进口温度与机组出力、端差的关系曲线，作为经济运行的依据）	检查检修记录，现场检查	5	真空不合格没有制定措施扣1分；不合格没进行技术改造扣2分	

续表

序号	评价指标	评价内容	定性评价依据	评价方法	基础分	扣分标准	扣分
6.3	真空严密性				30		
		（1）真空严密性试验	《凝汽器与真空系统运行维护导则》（DL/T 932—2005）第 5.2 条（停机时间超过 15 天时，机组投运后 3 天内应进行严密性试验。机组正常运行时，每一个月应进行一次严密性试验）。 《节能技术监督导则》（DL/T 1052）第 6.5.4.1g 条（每月按 DL/T 932 或 DL/T 1290 标准进行一次汽轮机真空严密性测试）	检查运行记录、试验报告、现场检查	10	未按规定进行试验每次扣 8 分；试验方法不符合要求扣 2 分	
		（2）运行调整	《凝汽器与真空系统运行维护导则》（DL/T 932—2005）第 4.5.3 条（根据运行工况及时调整轴封供汽参数，维持轴封系统微正压运行）	检查运行记录，现场检查，化学化验记录	5	真空泵工作水冷却器出口端差大于 4℃扣 4 分；无处理措施扣 5 分	
					5	未及时调整轴封供汽压力，造成真空下降一次扣 2 分	
		（3）检修维护	《凝汽器与真空系统运行维护导则》（DL/T 932－2005）第 5.1 条（真空真空严密性指标不合格时，应及时进行运行中检漏，或者利用停机机会灌水检漏）。 《凝汽器与真空系统运行维护导则》（DL/T 932－2005）第 4.2.1，8.1.2 条（机组检修完成后，应对凝汽器及真空系统进行灌水检漏。灌水水位应达到汽轮机低压缸汽封洼窝下 100mm 处，水位至少应能维持 8h 不变后认为查漏结束）。 《节能技术监督导则》（DL/T 1052）第 6.4.2.11 条（当真空系统严密性不合格时，检修期间可采用真空系统灌水法，运行期间采用氦质谱检漏法、超声波检漏法等进行真空系统查漏，并采取有效措施进行堵漏。对空冷系统也可采用微正压查漏技术进行查漏）	检查运行记录、查漏报告、缺陷记录、检修记录、大修总结报告	5	A、B、C 级修前严密性不合格，未找出真空系统泄漏的部位扣 4 分	
					5	灌水检漏不符要求扣 2 分	
6.4	凝汽器端差				30		
		（1）二次滤网	《凝汽器胶球清洗装置和循环水二次滤网装置》（DL/T 581—2010）第 5.2.5.10 条（二次滤网应符合下列规定：两端设计有法兰，网芯进、出口侧设有压力测点）、第 5.6.3 条（设计循环水量下，网芯清洁时，直通式水阻小于 4.9kPa，弯管式水阻小于 6.9kPa；自动清洗后，二次滤网水阻小于网芯清洁时水阻的 1.05 倍）	检查运行记录、缺陷记录，现场检查	3	二次滤网网芯进、出水侧无压力测量装置扣 3 分	
					4	二次滤网水阻超过规程，未及时冲洗扣 4 分	

续表

序号	评价指标	评价内容	定性评价依据	评价方法	基础分	扣分标准	扣分
		（2）检修维护	《凝汽器与真空系统运行维护导则》（DL/T 932—2005）第4.1.2条（凝汽器清洁状态良好）、第4.2.6条（冷却管无穿孔泄漏）。 《节能技术监督导则》（DL/T 1052）第6.4.2.12条（做好凝汽器及胶球清洗装置的检修维护工作，保证循环水一次滤网、二次滤网和反冲洗装置处于良好状态。检修期间应彻底清理凝汽器水室及冷却水系统，凝汽器管束宜采用高压水射流冲洗等方法。凝汽器管束漏泄造成堵管率超过0.1%时应及时更换）	检查检修记录、检修总结或交代、缺陷记录，化学监督报告	18	未根据凝汽器结垢情况，未进行处理扣18分	
					5	凝汽器管束因泄漏堵管，每0.1%扣1分	
6.5	凝结水过冷度				15		
		（1）运行调整	《凝汽器与真空系统运行维护导则》（DL/T 932—2005）第4.1.5条（运行维护一般要求：凝结水过冷度合格）	检查运行记录、缺陷记录，现场检查	8	凝结水水位过高未及时调整造成过冷度超2℃扣2分扣8分	
		（2）检修维护	《凝汽器与真空系统运行维护导则》（DL/T 932—2005）第7.9.2条（凝汽器过冷度大主要原因：凝汽器水位高；冷却水流量大；传热管束布置不合理）	检查运行记录、检修总结或交代、化学分析报表	7	凝汽器冷却管泄漏一次扣2分；凝汽器冷却管泄漏未采取措施彻底消除扣3分	
6.6	冷却水塔				45		
		（1）性能试验	《工业冷却塔测试规程》（DL/T 1027—2006）第1条（本标准规定了工业循环水湿式冷却塔的热力性能、噪声和飘滴损失水量测试的统一程序，及各项参数的测量方法、测试数据的处理方法和对测试结果的评价方法）。 《节能技术监督导则》（DL/T 1052第6.5.4.2i条（冷却水塔经过改造或当出水温度大于环境湿球温度7℃以上时，宜进行冷却水塔的冷却能力试验，有条件时宜开展冷却水塔的性能试验。冷却水塔的试验标准采用DL/T 1027）	检查试验报告	5	未进行水塔性能试验扣8分	

续表

序号	评价指标	评价内容	定性评价依据	评价方法	基础分	扣分标准	扣分
		（2）检修维护	《节能技术监督导则》（DL/T 105）第6.4.2.13条［冷水塔应按规定做好检查和维护工作，结合检修进行彻底清污和整修；当冷却能力达不到设计要求或冷却幅高超标时，及时查找原因；若循环水流量发生变化，应及时调整塔内配水方式；出现淋水密度不均时，及时更换喷溅装置和淋水填料；冬季采取防冻措施，减少水塔结冰程度；宜采用高效淋水填料和新型喷溅装置（更换新型淋水填料、除水器、喷溅装置时应有性能试验报告），提高水塔冷却效率］。 《冷却塔塑料部件技术条件》（DL/T 742—2001）第9.7条（应加强对循环水水质的监测和控制，防止在冷却塔塑料部件上结垢和滋生藻类）、第9.8条（运行监护人员应定期检查冷却塔的运行情况，对各种不同损坏情况的发生部位、数量及危害性做详尽的记载，以便根据实际情况作出检修安排和检修准备）。 《冷却塔塑料部件技术条件》（DL/T 742—2001）附录S1条（淋水填料因堕落而空缺的部位应补齐；因搁置不良或填料片间脱胶引起的悬空倒垂、行将堕落的松散块体应换新搁好，损坏的悬吊支撑构件应及时修复；因配水故障受水柱冲刷损坏的填料应更换；填料顶部变形、倒伏严重，影响水、气流道畅通的应更换；填料内部结构严重，影响热交换通道应更换；填料层面上的杂物应清除）	检查运行记录、检修总结或交代、检修记录、缺陷记录，现场检查	5	冷水塔未定期进行彻底清理和整修扣5分	
					10	冷水塔部件上结垢和滋生藻类，水泥部件腐蚀扣10分	
					15	冷水塔淋水不均，有水柱或无水区、配水槽有溢流，每处扣5分	
					5	有虹吸装置的冷水塔虹吸不能正常建立扣4分	
		（3）冷水塔出水温度分析	《节能技术监督导则》（DL/T 1052）第6.4.1.17条［保持汽轮机在最佳的排汽压力下运行，应定期对凝汽器的端差，循环水温升，凝结水过冷度，真空严密性，真空泵性能、冷却水塔（空冷系统）的冷却性能等进行分析。c）通过分析水塔出口水温与大气湿球温度的差值，及时掌握水塔的冷却性能］	检查运行记录，节能分析总结报告	5	冷却塔冷却幅超过标准未分析原因扣5分；无处理措施扣2分	
6.7	空冷塔				45		
		（1）性能试验	《节能技术监督导则》（DL/T 1052）第6.5.4.1h条（当直接空冷系统性能与设计有较大偏差时，宜进行直接空冷系统性能试验。直接空冷系统性能试验标准采用DL/T 244）	检查运行优化方	5	没有按要求开展空冷系统性能试验扣5分	

续表

序号	评价指标	评价内容	定性评价依据	评价方法	基础分	扣分标准	扣分
		（2）运行调整	《冷却塔塑料部件技术条件》（DL/T 742—2001）第 9.6 条（冷却塔在冬季运行时必须加强监护，应根据气温变化趋势及冷却水温度，及时采取防冻措施，确保冷却塔安全过冬）。 《节能技术监督导则》（DL/T 1052）第 6.4.2.14 条（空冷系统应有防风、防冻措施，根据空冷散热器的脏污程度，结合当地的环境因素，合理制定空冷散热器冲洗方法和冲洗周期，保证空冷系统换热效率）	案、运行记录，现场检查	10	无冬季运行防冻措施扣 4 分；冬季运行空冷塔出现冻结情况扣 8 分	
					10	无防大风措施扣 6 分；由于大风跳机扣 10 分；由于大风减负荷 30%以上扣 5 分	
		（3）检修维护	《火力发电厂空冷塔及空冷凝汽器试验方法》（DL/T 552—1995）第 2.2 条（为了保证空冷塔、空冷凝汽器在良好的运行工况下进行试验，各部件、设备及被测试的空冷散热器应满足下述各项要求：a）冷却水的水质满足设计要求；b）空冷系统的输送汽、水管道及旁路无阻塞、泄漏；闸阀严密、灵活、可靠；c）空冷散热器无破损变形，表面干净，无粉尘严重污染及杂物粘堵）。 《节能技术监督导则》（DL/T 1052）第 6.4.1.17 条［保持汽轮机在最佳的排汽压力下运行，应定期对凝汽器的端差，循环水温升，凝结水过冷度，真空严密性，真空泵性能、冷却水塔（空冷系统）的冷却性能等进行分析。c）通过分析水塔出口水温与大气湿球温度的差值，及时掌握水塔的冷却性能］ 《节能技术监督导则》（DL/T 1052）第 6.4.2.14 条（空冷系统应有防风、防冻措施，根据空冷散热器的脏污程度，结合当地的环境因素，合理制定空冷散热器冲洗方法和冲洗周期，保证空冷系统换热效率）	检查运行记录、检修记录、检修总结或交代、缺陷记录，现场检查	5	空冷塔翅片管严重变形一处扣 2 分	
					5	检查空冷塔漏风一处扣 2 分	
					5	未制定或优化空冷塔冲洗方案扣 5 分；未按规定进行空冷塔冲洗扣 2 分	
					5	夏季背压达不到设计值扣 3 分；无处理措施扣 5 分	
6.8	胶球清洗装置				25		
		（1）运行调整	《凝汽器胶球清洗装置和循环水二次滤网装置》（DL/T 581—2010）第 3.6 条（投入运行的胶球数量是凝汽器单侧单流程冷却管根数的 7%～13%）、第 3.4 条（合格胶球应在使用条件下，湿态胶球球径比凝汽器冷却管内径大 1～2mm）、第 A3.3.1 条（胶球清洗系统调试及正常时，均应采用合格胶球。在使用中胶球直径磨损到等于或小于冷却管内径时，应即更换） 《凝汽器胶球清洗装置》（JB/T 9633—1999）第 5.1.7 条（投运胶球数取单侧凝汽器单流程管子数的 8%～14%）、第 5.1.6 条（运行中胶球球径应比凝汽器管子内径大 1～2mm）	检查运行记录、胶球清洗记录、缺陷记录、现场查看	5	胶球正常投球数量未达到单侧凝汽器单流程管数的 8%～14%，每次扣 2 分	
					5	胶球质量不合格扣 2 分；胶球直径小于冷却管内径时未更换扣 4 分	

续表

序号	评价指标	评价内容	定性评价依据	评价方法	基础分	扣分标准	扣分
		（2）检修维护	《火力发电厂节约能源规定（试行）》（能源节能〔1991〕98号）第21条（保持凝汽器胶球清洗装置，包括二次滤网，经常处于良好状态，根据循环水水质情况确定运行方式、每天通球清洗的次数和时间）	检查运行记录、检修记录	10	胶球清洗装置设备存在缺陷，影响胶球清洗装置的投入扣9分	
		（3）运行分析	《节能技术监督导则》（DL/T 1052）第6.4.1.17条［保持汽轮机在最佳的排汽压力下运行，应定期对凝汽器的端差、循环水温升、凝结水过冷度、真空严密性、真空泵性能、冷却水塔（空冷系统）的冷却性能等进行分析。e）通过对循环水系统和凝汽器各项参数的分析，及时掌握凝汽器的换热性能，确定胶球清洗装置投入频率；分析循环水质指标，掌握凝汽器结垢或腐蚀倾向，判断凝汽器是否应进行半侧清洗］	检查运行记录、检修记录、节能分析总结报告	5	投入率或收球率未达到规定值或标准值，而未分析原因扣3分；处理措施不切实际扣2分	
6.9	给水温度				65		
		（1）运行调整	《节能技术监督导则》（DL/T 1052）第6.4.1.16条（高压加热器启停时应按规定控制温度变化速率，防止温度急剧变化对加热器的损伤；运行中根据给水温度与负荷的关系曲线来监测给水温度是否达到要求；通过监测加热器进出口温度来判断加热器旁路门的严密性；加热器运行时应保持正常水位，疏水方式与设计方式相同；加热器汽侧空气门开度合理；监视和分析加热器的端差和温升，使回热系统保持最经济的运行方式）。 《节能技术监督导则》（DL/T 1052）第6.2.4.5条（应对汽轮机高压给水加热系统大旁路后的温度值进行统计。给水温度以统计报表、现场检查或测试的数据作为监督依据。给水温度的平均值不低于对应平均负荷设计的给水温度）	检查运行记录、化验记录、现场数据	5	给水含氧量超标连续12h扣5分	
					10	给水泵密封水差压高于设计值每次/每台扣5分	
		（2）检修维护	《节能技术监督导则》（DL/T 1052）第6.4.2.10条（对漏泄的加热器旁路门、水室隔板，在检修中应及时消除。检修时宜清扫加热器换热管，保持加热器清洁。当单台高压加热器堵管率超过1.5%时应考虑更换管系）。 《高压加热器技术条件》（JB/T 8190—1999）第4.10条（机组的容量≥300MW时单台高压加热器传热管管子和管口的泄漏数量：不大于总管数1.2%，且不多于28根；300MW>机组的容量>100MW时管子和管口的泄漏数量：不大于总管数1.5%，且不多于15根；机组的容量≤100时管子和管口的泄漏数量：不大于总管数2%；且不多于8根。蒸汽冷却器和疏水冷却器的管子和管口的泄漏根数不多于8根）	检查检修记录、缺陷记录、现场检查、试验报告	20	加热器旁路阀门、加热器水室隔板泄漏，每次扣10分	
					10	抽汽管道压损比设计值每升高1%，每次/每台扣5分	
					10	加热器堵管数目达到总数的1%，每台扣5分	

续表

序号	评价指标	评价内容	定性评价依据	评价方法	基础分	扣分标准	扣分
		（3）给水温度分析	《节能技术监督导则》（DL/T 1052）第 6.4.1.16 条（高压加热器启停时应按规定控制温度变化速率，防止温度急剧变化对加热器的损伤；运行中根据给水温度与负荷的关系曲线来监测给水温度是否达到要求；通过监测加热器进出口温度来判断加热器旁路门的严密性；加热器运行时应保持正常水位，疏水方式与设计方式相同；加热器汽侧空气门开度合理；监视和分析加热器的端差和温升，使回热系统保持最经济的运行方式）。 《火力发电厂高压加热器运行维护导则》（1983 年水电电生字第 47 号）第 30 条（应注意监视处于关闭状态的给水旁路阀的是否泄漏，对于不同的给水系统，可根据旁路阀的温度测点或对照高压加热器出口水温与下一级高压加热器入口水温之间的差异来检查，判断加热器旁路阀门的严密性。当发现由于给水旁路阀不严而使高压加热器出口水温下降时，应及时消除给水旁路阀的泄漏）	检查运行记录、节能分析总结报告	10	温度异常未进行分析出原因扣 4 分，无处理措施扣 4 分	
6.10	加热器端差、温升				65		
		（1）加热器温升	《节能技术监督导则》（DL/T 1052）第 6.4.1.16 条（高压加热器启停时应按规定控制温度变化速率，防止温度急剧变化对加热器的损伤；运行中根据给水温度与负荷的关系曲线来监测给水温度是否达到要求；通过监测加热器进出口温度来判断加热器旁路门的严密性；加热器运行时应保持正常水位，疏水方式与设计方式相同；加热器汽侧空气门开度合理；监视和分析加热器的端差和温升，使回热系统保持最经济的运行方式）	检查试验报告、运行记录、现场检查	15	各台加热器叠加温升达不到设计值，每 1℃扣 5 分	
		（2）运行调整	《火力发电厂高压加热器运行维护导则》（1983 年水电电生字第 47 号）附录第 15 条（空气积聚在汽侧传热面上，不仅影响高压加热器的传热结果，还会引起管束的腐蚀，所以一般都设有放空气管。各发电厂在安装和改造时，不要将此管道堵死或取消，而且应在运行中定期排放高压加热器里面的空气）。 《塔式炉超临界机组运行导则第 2 部分：汽轮机运行导则》（DL/T 332.2—2010）第 8.4d）条（定期对高/低压加热器端差及疏水调节门开度变化进行分析，避免其低水位运行）。 《火力发电厂高压加热器运行维护导则》（1983 年水电电生字第 47 号）第 28 条（应经常注意高压加热器水位的变化，防止无水或高水位运行）	检查运行记录、统计报表，现场检查	5	汽侧空气门未按规定开启扣 5 分	
					10	加热器水位超过正常范围，每台扣 5 分	
					15	加热器、除氧器危急疏水动作，每次扣 5 分	

续表

序号	评价指标	评价内容	定性评价依据	评价方法	基础分	扣分标准	扣分
		（3）端差分析	《汽轮机低压给水加热器技术条件》（JB/T 8184—1999）第4.2.1条（对于无过热蒸汽冷却段的低压给水加热器，其上端差可按2.8～5℃设计，下端差一般取5.6～10℃）。 《节能技术监督导则》（DL/T 1052）第6.4.1.16条（高压加热器启停时应按规定控制温度变化速率，防止温度急剧变化对加热器的损伤；运行中根据给水温度与负荷的关系曲线来监测给水温度是否达到要求；通过监测加热器进出口温度来判断加热器旁路门的严密性；加热器运行时应保持正常水位，疏水方式与设计方式相同；加热器汽侧空气门开度合理；监视和分析加热器的端差和温升，使回热系统保持最经济的运行方式）	检查运行记录、统计报表、节能分析、检修总结报告	20	端差达不到设计要求未分析，每台扣5分	
6.11	高压加热器投入率				35		
		（1）运行调整	《火力发电厂高压加热器运行维护导则》（1983年水电电生字第47号）第10条（每台高压加热器应设置疏水自动调节装置，保证在正常运行工况下高压加热器筒 体内凝结的疏水连续不断地排出，并保持一定的水位。该疏水阀，特别是通往除氧器的疏水阀，应尽量靠近下一级加热器的入口）。 《节能技术监督导则》（DL/T 1052）第6.4.1.16条（高压加热器启停时应按规定控制温度变化速率，防止温度急剧变化对加热器的损伤；运行中根据给水温度与负荷的关系曲线来监测给水温度是否达到要求；通过监测加热器进出口温度来判断加热器旁路门的严密性；加热器运行时应保持正常水位，疏水方式与设计方式相同；加热器汽侧空气门开度合理；监视和分析加热器的端差和温升，使回热系统保持最经济的运行方式）	检查运行记录、统计报表、专业分析	10	加热器水位波动造成加热器解列，每次扣10分	
		（2）检修维护	《火力发电厂高压加热器运行维护导则》（1983年水电电生字第47号）第33条（定期检查并试验疏水调节阀、给水自动旁路装置、危急疏水阀和抽汽止回阀、进汽阀的连锁装置）《火力发电厂高压加热器运行维护导则》（1983年水电电生字第47号）第39条（高压加热器在运行中发生下述任一情况时应紧急停用：汽水管道及阀门等爆破；加热器水位升高，处理无效；水位计失灵，无法监视水位时；水位计爆破又无法切断时）。 《火力发电厂节约能源规定（试行）》（能源节能〔1991〕98号）第22条（保持高压加热器的投入率在95%以上。要规定和控制高压加热器启停中的温度变化速率，防止温度急剧变化。维持正常运行水位，保持高压加热器旁路阀门的严密性，使给水温度达到相应值。要注意各级加热器的端差和相应抽汽的充分利用，使回热系统处于最经济的运行方式）	检查运行记录、检修记录、统计报表、缺陷记录	15	因管子泄漏造成加热器解列，扣10分；因其他缺陷造成加热器解列，扣5分	

续表

序号	评价指标	评价内容	定性评价依据	评价方法	基础分	扣分标准	扣分
		（2）检修维护	《火力发电厂高压加热器运行维护导则》（1983 年水电电生字第 47 号）第 25 条（投入高压加热器先通蒸汽时的操作步骤为：逐步开启抽汽管上的进汽阀。为了防止高压加热器各部件加热过快，应控制给水温度的变化率不大于 5℃/min，以免产生热冲击而引起很大的温度应力，导致管口泄漏、筒体法兰结合面张口等。进汽阀最终应处于全开位置）。 《火力发电厂高压加热器运行维护导则》（1983 年水电电生字第 47 号）第 36 条（机组正常行运行情况下，当高压加热器水位计、疏水管或连接法兰等发生故障，需停用高压加热器而又可以在短时间内恢复运行时，可以单停汽侧而不停水侧，此时应逐渐关闭进汽阀，控制给水温度的变化率不大于 2℃/min）。 《塔式炉超临界机组运行导则第 2 部分：汽轮机运行导则》（DL/T 332.2—2010）第 8.4f）条（正常情况下高/低压加热器应随机启动。机组运行中投入高/低压加热器应先通给水，投入蒸汽时应按抽汽压力由低至高逐个投入）		10	没有按规定启动高压加热器扣 5 分；没有按规定停止高压加热器扣 5 分	
6.12	主蒸汽温度				40		
		（1）运行调整	《节能技术监督导则》（DL/T 1052）第 6.4.1.7 条（运行中根据煤质分析报告及实际燃烧状况进行燃烧调整，保持锅炉蒸汽参数在规定范围内）。 《300MW 级汽轮机运行导则》（DL/T 609—1996）第 6.2.1 条（按照正常控制参数限额规定，监视汽轮机主要参数及其变化值应符合规定）、第 6.2.6（运行中应控制蒸汽参数在允许范围内，当超限或有超限趋势时，应进行调整并准确记录超限量、超限时间及累计时间，同时进行相应处理）。 《300MW 级锅炉运行导则》（DL/T 610—1996）第 6.5.2.1 条（正常运行时，应维持蒸汽温度在正常值+5～10℃，两侧蒸汽温度偏差及过热蒸汽与再热蒸汽温度之差最大不超过允许值）。 《塔式炉超临界机组运行导则第 2 部分：汽轮机运行导则》（DL/T 332.2—2010）第 5.1f）条（运行中应控制蒸汽参数在允许范围内，当超限或有超限趋势时，应进行调整并准确记录超限量、超限时间及累计时间，同时进行相应处理）	检查运行规定、运行记录、自动投入记录，现场检查	10	无压红线运行规定扣 5 分；未执行压红线运行规定，造成主汽温超低限每次扣 5 分	
					5	两侧蒸汽温度偏差超过允许值或±5℃，每次扣 2 分	
					10	没有制定燃烧调整卡每次扣 10 分，没有执行燃烧调整卡每发现一次扣 2 分	

续表

序号	评价指标	评价内容	定性评价依据	评价方法	基础分	扣分标准	扣分
		（2）检修维护	《火力发电厂节约能源规定（试行）》（能源节能〔1991〕98号）第25条（对各种运行仪表必须加强管理，做到装设齐全，准确可靠。全厂热工自动调节装置的投入率要达到85%以上。对100MW及以上大机组的自动燃烧和汽温自动调节装置要考核利用率）。 《300MW级汽轮机运行导则》（DL/T 609—1996）第8.1.3条（主要仪表、自动调节系统、热控保护装置应随主机设备一并投入，未经有关技术主管批准不得停运）	检查检修总结或交代、缺陷及运行记录，现场检查	5	主汽温调节系统不能自动扣6分，调节品质差造成汽温波动大影响汽温每次扣1分	
					10	因汽机设备缺陷影响汽温，每一缺陷扣5分	
6.13	再热蒸汽温度				40		
		（1）运行调整	《节能技术监督导则》（DL/T 1052）第6.4.1.7条（运行中根据煤质分析报告及实际燃烧状况进行燃烧调整，保持锅炉蒸汽参数在规定范围内）。 《300MW级汽轮机运行导则》（DL/T 609—1996）第6.2.1条（按照正常控制参数限额规定，监视汽轮机主要参数及其变化值应符合规定）、第6.2.6（运行中应控制蒸汽参数在允许范围内，当超限或有超限趋势时，应进行调整并准确记录超限量、超限时间及累计时间，同时进行相应处理）。 《300MW级锅炉运行导则》（DL/T 610—1996）第6.5.2.1条（正常运行时，应维持蒸汽温度在正常值+5～10℃，两侧蒸汽温度偏差及过热蒸汽与再热蒸汽温度之差最大不超过允许值）。 《节能技术监督导则》（DL/T 1052）第6.4.1.14条（对于喷嘴调节的汽轮机应采用顺序阀运行方式；采用定滑压运行的汽轮机应根据制造厂给定滑压运行曲线或经过滑压运行优化试验确定的曲线运行）	检查运行规定、运行和自动投入记录，现场检查	15	无压红线运行规定扣10分；未执行压红线运行规定，造成汽温超低限每次扣5分	
					5	没有根据试验制定优化运行措施扣5分，没有编制滑压运行曲线扣3分	
					5	两侧蒸汽温度偏差超过允许值或±5℃，每次扣2分	
		（2）检修维护	《火力发电厂节约能源规定（试行）》（能源节能〔1991〕98号）第44条（对于再热汽温偏低的锅炉，应结合常用煤种的化学及物理性能，对照锅炉设计加以校核，进行有针对性的技术改造或进行全面的燃烧调整试验加以解决）。 《塔式炉超临界机组运行导则第2部分：汽轮机运行导则》（DL/T 332.2—2010）第5.1f）条（运行中应控制蒸汽参数在允许范围内，当超限或有超限趋势时，应进行调整并准确记录超限量、超限时间及累计时间，同时进行相应处理）	检查检修总结或交代、缺陷及运行记录，现场检查	5	再热汽温长期偏低未分析原因，未采取有效措施扣6分	

续表

序号	评价指标	评价内容	定性评价依据	评价方法	基础分	扣分标准	扣分
		（2）检修维护	《300MW级汽轮机运行导则》（DL/T 609—1996）第6.2.2条（按规定内容进行设备定期巡检及维护）、第8.1.3条（主要仪表、自动调节系统、热控保护装置应随主机设备一并投入，未经有关技术主管批准不得停运）	检查检修总结或交代、缺陷及运行记录，现场检查	5	再热汽温调节系统自动不能投入扣6分；调节品质差造成汽温波动大扣1分	
					5	因汽机设备缺陷影响再热汽温，每一缺陷扣2分	
6.14	主蒸汽压力				25		
		（1）运行调整	《节能技术监督导则》（DL/T 1052）第6.4.1.7条（运行中根据煤质分析报告及实际燃烧状况进行燃烧调整，保持锅炉蒸汽参数在规定范围内）。 《塔式炉超临界机组运行导则第2部分：汽轮机运行导则》（DL/T 332.2—2010）第5.1f）条（运行中应控制蒸汽参数在允许范围内，当超限或有超限趋势时，应进行调整并准确记录超限量、超限时间及累计时间，同时进行相应处理） 《300MW级汽轮机运行导则》（DL/T 609—1996）第6.2.1条（按照正常控制参数限额规定，监视汽轮机主要参数及其变化值应符合规定）。 《300MW级锅炉运行导则》（DL/T 610—1996）6.4.1.1条（汽包锅炉采用定压运行时，应保持蒸汽压力在正常值，并在允许范围内波动。蒸汽压力的调整可通过适当增减燃料量、风量、风煤的配比以及微调同步器的方式进行）、第6.4.2.1条（直流锅炉采用定压运行时，应根据机组负荷的需要相应调整锅炉蒸发量，维持汽轮机在额定蒸汽压力运行，力求做到汽压稳定）	检查运行规定、运行记录、统计报表，现场检查	10	无压红线运行规定扣5分；未执行压红线运行规定，造成汽压超限每次扣5分	
		（2）检修维护	《300MW级汽轮机运行导则》（DL/T 609—1996）第6.2.2条（按规定内容进行设备定期巡检及维护）、第8.1.3条（主要仪表、自动调节系统、热控保护装置应随主机设备一并投入，未经有关技术主管批准不得停运）	检查检修总结或交代，检查运行、自动投入及缺陷记录，现场检查	5	自动控制系统故障退出每次扣3分；压力自动调节品质差扣3分	
					10	因汽机设备缺陷影响再热汽温，每一处缺陷扣5分	
7	厂用电率管理				425		
7.1	综合厂用电率				30		

续表

序号	评价指标	评价内容	定性评价依据	评价方法	基础分	扣分标准	扣分
		（1）综合厂用电率统计计算	《火力发电厂技术经济指标计算方法》（DL/T 904—2015）第9.2.3条（综合厂用电率定义和计算公式）。 《节能技术监督导则》（DL/T 1052）第6.2.2.6条（发电企业应对全厂和机组的综合厂用电率、生产厂用电率、发电厂用电率、供热厂用电率等指标进行统计、分析和考核，统计计算方法按DL/T 904执行）。	检查统计台账、分析报告、统计报表、指标计算说明、试验报告	10	综合厂用电率统计计算不符合要求扣10分	
			《节能技术监督导则》（DL/T 1052）第6.2.2.7条［综合厂用电率（全厂和机组）以月度和年度为统计期，以同比变化作为监督依据。当综合厂用电率同比变化下降时，满足监督要求；当综合厂用电率同比变化升高时，发电企业应编写全厂或机组综合厂用电率分析报告，说明升高的原因，分析各影响因素以及计划采取的降耗措施］	检查统计台账、分析报告、统计报表、指标计算说明、试验报告	5	超过标准要求未分析原因扣3分，未制定措施扣2分	
		（2）辅助厂用电率统计计算	《供电营业规则》（原电力工业部1996年10月颁布）第七十四条（用电计量装置原则上应装在供电设施的产权分界处。如产权分界处不适宜装表的，对专线供电的高压用户，可在供电变压器出口装表计量；对公用线路供电的高压用户，可在用户受电装置的低压侧计量。当用电计量装置不安装在产权分界处时，线路与变压器损耗的有功与无功电量均须由产权所有者负担）。	检查统计台账、分析报告、统计报表、指标计算说明、试验报告、非生产用能台账	5	主变损超过设计值扣5分	
			《南方电网关口电能计量装置运行管理办法》（试行）第2.4条（互联电网与统调发电厂的关口计量点原则上设置在其产权分界点，并应在并网协议中明确。如在产权分界点处不能准确计量上网电量，则关口计量点原则上设置在发电机升压变变高侧，对三圈变增加变中侧和启备变变高侧。但线路与变压器损耗的有功与无功电量均须由产权单位负担）。 《油浸式电力变压器技术参数和要求》（GB/T 6451—2008）第9—11条（规定了220kV以上电力变压器的空载损耗和负载损耗限值，例如370MVA空载损耗221kW，负载损耗790kW）。 《节能技术监督导则》（DL/T 1052）第6.3.3.4条（非生产用电应配齐计量表计，电能表精度等级不低于2.0级，检验合格率不低于95%）。 《节能技术监督导则》（DL/T 1052）第6.4.3.16条（对能效指标超过GB 20052规定的能效限定值的三相变压器应实施技术改造）。 《节能技术监督导则》（DL/T 1052）第6.3.1.11条（生产用能和非生产用能应严格分开，加强管理，节约使用，对非生产用能按规定收费。对外委维护单位的用能应列入委托单位管理）	检查统计台账、分析报告、统计报表、指标计算说明、试验报告、非生产用能台账	10	非生产用电没有单独统计扣5分；辅助厂用电率超过1%扣5分	

续表

序号	评价指标	评价内容	定性评价依据	评价方法	基础分	扣分标准	扣分
7.2	发电厂用电率				30		
		（1）发电厂用电率统计分析	《火力发电厂技术经济指标计算方法》（DL/T 904）第 9.2.1 条和 9.2.2.2 条（发电厂用电率定义与计算公式）。 《节能技术监督导则》（DL/T 1052）第 6.2.2.6 条（发电企业应对全厂和机组的综合厂用电率、生产厂用电率、发电厂用电率、供热厂用电率等指标进行统计、分析和考核，统计计算方法按 DL/T 904 执行）	检查相关制度、统计资料	10	发电厂用电率统计、计算不符合要求扣 10 分	
				检查相关制度、统计资料	5	供热机组未进行发电、供热的合理分配扣 5 分	
			《节能技术监督导则》（DL/T 1052）第 6.2.2.6 条（发电企业应对全厂和机组的综合厂用电率、生产厂用电率、发电厂用电率、供热厂用电率等指标进行统计、分析和考核，统计计算方法按 DL/T 904 执行）。 《节能技术监督导则》（DL/T 1052）第 6.4.4 条（能耗指标分析）	检查相统计台账、分析报告、统计报表、指标计算说明	10	每季度应进行一次厂用电率分析，缺一次扣 5 分，没有提出改进措施缺一次扣 2 分	
		（2）电平衡	《节能技术监督导则》（DL/T 1052）第 6.5.4.2j 条（新机组投入运行一年内、在役机组每 5 年宜开展一次全厂水平衡、电平衡、热平衡和燃料平衡的测试，若有扩建、大型改造项目，在正常运行后要补做一次，测试标准采用 DL/T 606）。 《节约用电管理办法》（国经贸资源〔2000〕1256 号）第九条[用电负荷在 500kW 及以上或年用电量在 300 万 kWh 及以上的用户应当按照《企业能量平衡通则》（GB/T 3484）规定，委托具有检验测试技术条件的单位每 2～4 年进行一次电平衡测试，并据此制定切实可行的节约用电措施]	检查电平衡报告、节电措施	5	未定期开展全厂电量平衡，扣 5 分；电量不平衡率超标准未分析原因、制定措施扣 3 分	
7.3	磨煤机耗电率				45		
		（1）优化调整试验	《火力发电厂节约能源规定（试行）》（能源节能〔1991〕98 号）第 40 条（锅炉应进行优化燃烧调整试验，对煤粉细度及其分配均匀性，一次、二次风配比及总风量，炉膛火焰中心位置，磨煤机运行方式等进行调整试验，制订针对常用炉前煤种在各种负荷下的优化运行方案）。 《节能技术监督导则》（DL/T 1052）第 6.4.1.12 条（应综合考虑煤的燃烧特性、燃烧方式、炉膛热负荷、煤粉的均匀性及制粉系统电耗，通过试验确定最佳煤粉细度。磨煤机检修后应进行煤粉细度的核查，对于中速磨煤机，在磨辊运行中、后期，应根据煤粉细度的变化定期调整磨辊的间隙和加载力；对于双进双出磨煤机宜定期检查分离器，避免分离器回粉堵塞引起煤粉变粗）。 《燃煤机组节能诊断导则》（DL/T 1464—2015）第 7.11.1 条和第 7.12.1 条	检查统计台账、分析报告、统计报表；检查磨煤机（或制粉系统）试验报告	10	未开展优化调整试验扣 10 分；试验项目不全缺一项扣 2 分	

续表

序号	评价指标	评价内容	定性评价依据	评价方法	基础分	扣分标准	扣分
		（2）运行调整	《火力发电厂制粉系统设计计算技术规定》（DL/T 5145—2002）第 5.2.2、5.3.3、5.4.3、5.5.3、5.6.3、5.7.3 条（中间储仓式钢球磨煤机热风送粉制粉系统应能满足下列要求：球磨煤机出力在最佳钢球装载量下应能满足设计值；煤粉细度及煤粉均匀性应能满足设计及锅炉燃烧的要求；三次风量不应超过设计值并满足锅炉燃烧的要求；磨煤机应在最佳通风量下运行；一次风量及风温应能满足设计及锅炉燃烧的要求；各一次风量及煤粉分配应能满足设计及锅炉燃烧的要求。双进双出钢球磨煤机直吹式制粉系统应能满足下述性能要求：双进双出钢球磨煤机出力在设计钢球装载量下应能满足设计要求，并应进行在运行煤质条件下磨煤机的计算出力的校核；煤粉细度及煤粉均匀性应能满足设计及锅炉燃烧的要求；一次风量及风温应能满足设计及锅炉燃烧的要求；各一次风管风量及煤粉分配应能满足设计及锅炉燃烧的要求）	检查制粉系统优化运行措施、运行记录、试验报告，现场检查	15	未按优化调整试验结果编制经济运行方案扣 15 分；方案不全缺一项扣 3 分；未执行制粉系统经济运行方案扣 5～10 分	
		（3）检修维护	《节能技术监督导则》（DL/T 1052）第 6.4.2.6 条（做好制粉系统的维护工作，根据煤质变化情况确定钢球磨煤机的最佳钢球装载量、补加钢球的周期和每次补加钢球的数量。中速磨和风扇磨的耐磨部件应及时修复或更换）。 《火力发电厂锅炉机组检修导则 第 4 部分：制粉系统》（DL/T 478.4—2001）第 4.2.1 条（检查钢球破损、磨损等情况；选配钢球。钢球磨损后直径为 15～20mm 的不超过 20%，，直径在 15mm 以下必须更换为合格的钢球；根据煤质情况选择钢球直径配比；钢球最大直径不超过 60mm；钢球与衬板的硬度要匹配）。 《火力发电厂钢球式磨煤机制粉系统运行规程》（电力工业部〔1979〕电生字 53 号）第 42 条（每天必须向磨煤机补充钢球一次，钢球的补充量，应等于其磨损量。磨煤机在运行中，可通过专用孔进行加钢球工作。所补充钢球的直径，应根据煤的硬度、粒度及钢球磨损率决定，一般应为 30～40mm。如煤的硬度大、粒度大，以及钢球质量不好，磨损率大，可选用 50～60mm 的钢球。根据电流表的指示，监视磨煤机钢球装载量是否正确）。	检查检修、缺陷记录，现场检查	8	钢球磨衬板未检查更换、中速磨碾磨件、风扇机打击件磨损未及时更换或补焊扣 8 分	
					3	未制定磨煤机钢球筛选制度扣 2 分；执行不力扣 1 分	
					3	中速磨煤机变加载系统不能投用每台磨煤机扣 1 分	

续表

序号	评价指标	评价内容	定性评价依据	评价方法	基础分	扣分标准	扣分
		（3）检修维护	《火力发电厂节约能源规定（试行）》（能源节能〔1991〕98号）第37条（做好制粉系统的维护工作。通过测试得出钢球磨煤机的最佳钢球装载量以及按制粉量的补球数量，定期补加和定期筛选钢球。中速磨和风扇磨的耐磨部件应推广应用特殊耐磨合金钢铸造，以延长其使用寿命）。 《300MW级锅炉运行导则》（DL/T 610—1996）第8.2.2.3条[b）对中速磨煤机在碾磨件磨损中后期，应及时调整加载压力，以保证制粉系统出力]。 《火力发电厂电能平衡导则》（DL/T 606.4—1996）第12.7条（分析主要用电设备的电耗和电能利用率；分析全厂设备电能利用率和综合电能利用率情况，找出节电潜力，为制定节电规划提供依据）				
			《火力发电厂锅炉机组检修导则 第4部分：制粉系统》（DL/T 478.4—2001）第14.1.2条（折向挡板灵活，开度一致，严密不漏粉）、第14.2.3条（孔门密封后不得漏粉，不漏风）。 《火力发电厂锅炉机组检修导则 第4部分：制粉系统》（DL/T 478.4—2001）第13.1条（安装完毕后对吊瓦油杯注油，减速器内注入润滑油；最后复查螺旋轮轴的水平，各部间隙合适，盘转轻便灵活，密封良好，可准备试转）		3	粗、细粉分离器未按要求检查维护，存在影响出力缺陷未及时消除扣1～3分	
					3	输粉绞龙不能正常使用扣3分	
7.4	引风机耗电率				35		
		（1）运行调整	《火力发电厂节约能源规定（试行）》（能源节能〔1991〕98号）第61条（通过试验编制主要辅机运行特性曲线，在运行中特别是低负荷运行时，对辅机进行经济调度）。 《燃煤机组节能诊断导则》（DL/T 1464—2015）第7.15.4条和第7.15.6条	检查运行规定、试验报告，现场检查	10	未进行变速调节风机动、静叶高效开度试验扣10分	
					6	未进行引风机与增压风机经济运行匹配试验扣6分	
					2	未通过试验确定启、停炉或低负荷单风机运行方式扣2分	
					2	炉膛负压未优化扣2分	

续表

序号	评价指标	评价内容	定性评价依据	评价方法	基础分	扣分标准	扣分
		(2) 检修维护	《节能技术监督导则》(DL/T 1052) 第 6.4.3.12 条（对风机能效低或脱硫、脱硝和除尘改造后风机性能参数不满足要求的，宜实施风机改造或增引合一改造；循环水泵宜进行双速电动机改造)。 《节能技术监督导则》(DL/T 1052) 第 6.4.3.13 条（当泵与风机长期在低负载下运行，特别是机组调峰时，运行工况点偏离高效区、流量和压力变化较大时宜采用调速装置改造。对动叶可调轴流式风机一般不推荐采用调速装置改造)。 《火力发电厂锅炉机组检修导则 第 5 部分：烟风系统检修》(DL/T 478.5—2001) 第 7.1.2 条（叶片、防磨头、防磨板及叶轮盘磨损超过原厚度的 1/2 时，应进行更换，局部磨损可采取挖补或焊补措施。集流器磨损不得超过原厚度 2/3；局部磨损严重的可进行挖补，集流器与叶轮盘的配合应符合图样要求)。 《电站锅炉风机选型与使用导则》(DL/T 468—2004) 第 7.5 条（定期对风机进行维护检查，及时排除运行中出现的故障和异常。主要检查项目有：轴承、磨损和腐蚀程度、焊缝和铆接质量、动叶调节轴流式风机的动叶螺栓连接、油系统、积灰情况和调节机构，包括行程范围、灵活性、各调节叶片动作的一致性，以及实际开度与指示仪表的一致性等)。 《火力发电厂锅炉机组检修导则 第 5 部分：烟风系统检修》(DL/T 478.5—2001) 第 7.1.2 条（检查叶片、防磨头、防磨板及叶轮盘有无严重变形或裂纹；叶轮及叶轮盘焊缝局部有裂纹时，须进行焊补，焊补前应将裂纹清除干净。检查叶片、防磨头、防磨板及叶轮盘的磨损情况，可采取焊补措施修复)	检查检修总结或交代、缺陷记录	2	叶轮、集流器、机壳与挡板磨损积灰严重未修复扣 2 分	
					2	离心风机叶轮与集流器间隙超标扣 2 分	
					3	变速调节装置故障不能投用扣 3 分	
					2	没有采用变速调整手段的扣 2 分	
			《节能技术监督导则》(DL/T 1052) 第 6.4.2.7 条［当回转式空气预热器的烟风压降明显偏高且吹灰效果不佳时，应利用检修机会清除受热面积灰（宜进行水洗或碱洗)。空气预热器漏风率高于 8%时宜进行密封间隙调整或密封系统改造］。	检查运行和检修记录，现场检查	4	空预器烟气侧出入口差压超设计值未及时消除，每超 10% 扣 1 分	

续表

序号	评价指标	评价内容	定性评价依据	评价方法	基础分	扣分标准	扣分
		（2）检修维护	《火力发电厂锅炉机组检修导则 第 8 部分：空气预热器检修》（DL/T 478.8—2001）第 3.3.1 条（当传热元件的积灰情况轻微（可根据空气预热器运行中的风、烟阻力判断）时，可在空气预热器停运后用具有一定压力要求的压缩空气对传热面、转子表面及风、烟道进行吹扫，吹扫工作由上而下进行。吹扫期间应全开所有送、引风机风门挡板，保持空气预热器具有良好的通风）、第 3.3.2.2 条（根据传热元件积灰的程度选择水清洗的方法。当积灰比较松软，具有高的可溶性时，可选用固定式水清洗设备进行清洗；当积灰较硬、具有较低的可溶性时，可选用压力较高的专用清洗设备进行清洗；当积灰坚硬甚至是烧结型的，已很难用水清洗干净时，可将传热元件盒解体进行清理）。 《燃煤电厂电除尘器运行维护导则》（DL/T 461—2004）第 6.3.3 条（电除尘器的大修大修除上述小修项目外还有：检查放电极、收尘极积灰情况，清除积灰）		2	除尘器前后差压超设计值未及时消除，每超 10%扣 1 分	
7.5	送风机耗电率				35		
		（1）运行调整	《火力发电厂节约能源规定（试行）》（能源节能〔1991〕98 号）第 61 条（通过试验编制主要辅机运行特性曲线，在运行中特别是低负荷运行时，对辅机进行经济调度）。 《燃煤机组节能诊断导则》（DL/T 1464—2015）第 7.13.5 条和第 7.13.6 条	检查运行规定、试验报告、现场检查	6	未进行变速调节风机进行动、静叶高效开度试验扣 6 分	
					6	送风系统存在风门代替风机调节现象扣 6 分	
					3	未通过试验确定启、停炉或低负荷单风机运行方式扣 3 分	
		（2）检修维护	《节能技术监督导则》（DL/T 1052）第 6.4.3.12 条（对风机能效低或脱硫、脱硝和除尘改造后风机性能参数不满足要求的，宜实施风机改造或增引合一改造；循环水泵宜进行双速电动机改造）。 《节能技术监督导则》（DL/T 1052）第 6.4.3.13 条（当泵与风机长期在低负载下运行，特别是机组调峰时，运行工况点偏离高效区、流量和压力变化较大时宜采用调速装置改造。对动叶可调轴流式风机一般不推荐采用调速装置改造）。 《火力发电厂锅炉机组检修导则 第 5 部分：烟风系统检修》（DL/T 478.5—2001）第 4.1.2 条（叶轮及叶轮盘焊缝局部有裂纹及磨损时，必须进行补焊，补焊前应将裂纹清除干净。集流器和叶轮的配合间隙应符合装配要求）。 《电站锅炉离心式通风机》（JB/T 4358—2008）第 3.9 条（通风机进风口与叶轮进口圈的间隙应符合图样的规定，调节门应转动灵活）	检查检修总结或交代、缺陷记录，现场检查	2	叶轮、集流器间隙不符合规定扣 1 分	
					2	变速及其他调节装置故障无法投运扣 2 分	

续表

序号	评价指标	评价内容	定性评价依据	评价方法	基础分	扣分标准	扣分
		（2）检修维护	《火力发电厂锅炉机组检修导则 第5部分：烟风系统检修》（DL/T 478.5—2001）第6.1.1条（进炉检查暖风器的磨损情况，发现磨损严重部位应进行更换；检查暖风器散热片间的积灰情况，应及时清除积灰；暖风器无堵灰现象；流通面积不得低于设计面积的90%）		10	暖风器差压无监视手段扣5分；暖风器、空气预热器进出口差压超设计值未及时消除，每超5%扣2分	
			《火力发电厂锅炉机组检修导则 第5部分：烟风系统检修》（DL/T 478.5—2001）第5.1.2条（风道检修结束后，应将风道内的杂物清除干净，拆除临时固定物）。 《火力发电厂锅炉机组检修导则 第5部分：烟风系统检修》（DL/T 478.5—2001）第8.1.1条（整个烟道应密封严密，无泄漏现象）		3	风道漏风每处扣1分	
					3	ABC修未彻底清理风道、吸入口、暖风器积灰、杂物扣3分	
7.6	排粉机耗电率				25		
		（1）运行调整	《电站磨煤机及制粉系统性能试验》（DL/T 467—2004）第5.1-5.9条（中间储仓式钢球磨煤机热风送粉制粉系统应能满足下述性能要求：a）钢球磨煤机出力（在最佳钢球装载量下）应能满足设计值，并应进行在运行煤质条件下磨煤机的计算出力的校核。钢球磨煤机的出力计算按DL/T 5145进行。b）煤粉细度及煤粉均匀性应能满足设计及锅炉燃烧的要求。c）三次风量不应超过设计值并满足锅炉燃烧的要求。d）磨煤机应在最佳通风量下运行。e）一次风量及风温应能满足设计及锅炉燃烧的要求。f）各一次风管风量及煤粉分配应能满足设计及锅炉燃烧的要求）。 《燃煤机组节能诊断导则》（DL/T 1464—2015）第7.16.4条和第7.16.5条	检查运行记录、优化调整报告，现场检查	10	未按制粉系统优化运行方案进行调整扣10分	
		（2）检修维护	《节能技术监督导则》（DL/T 1052）第6.4.3.12条（对风机能效低或脱硫、脱硝和除尘改造后风机性能参数不满足要求的，宜实施风机改造或增引合一改造；循环水泵宜进行双速电动机改造）。 《节能技术监督导则》（DL/T 1052）第6.4.3.13条（当泵与风机长期在低负载下运行，特别是机组调峰时，运行工况点偏离高效区、流量和压力变化较大时宜采用调速装置改造。对动叶可调轴流式风机一般不推荐采用调速装置改造）。	检查检修总结或交代、缺陷记录，现场检查	8	叶轮、挡板磨损严重未修复每台风机扣2分	
					7	离心风机叶轮、集流器间隙超标每台风机扣2分	

续表

序号	评价指标	评价内容	定性评价依据	评价方法	基础分	扣分标准	扣分
		（2）检修维护	《火力发电厂锅炉机组检修导则 第4部分：制粉系统》（DL/T 478.4—2001）第10.1.2条（叶轮焊补及更换防磨板）。 《电站锅炉离心式通风机》（JB/T 4358—2008）第3.9条（通风机进风口与叶轮进口圈的间隙应符合图样的规定，调节门应转动灵活）				
7.7	一次风机耗电率				30		
		（1）运行调整	《火力发电厂节约能源规定（试行）》（能源节能〔1991〕98号）第61条（通过试验编制主要辅机运行特性曲线，在运行中特别是低负荷运行时，对辅机进行经济调度）。 《燃煤机组节能诊断导则》（DL/T 1464—2015）第7.14.5条和第7.14.6条	检查运行规定、试验报告，现场检查	5	未根据燃烧和制粉系统调整试验结果合理调整扣5分；CFB锅炉未进行床压优化扣5分	
					5	磨煤机进口风门开度偏小，CFB锅炉热一次风挡板未优化，存在较大节流扣5分	
					5	变速调节风机进行动、静叶高效开度试验，未进行扣5分	
					2	未通过试验确定启、停炉或低负荷单风机运行方式扣2分	
		（2）检修维护	《节能技术监督导则》（DL/T 1052）第6.4.3.12条（对风机能效低或脱硫、脱硝和除尘改造后风机性能参数不满足要求的，宜实施风机改造或增引合一改造；循环水泵宜进行双速电动机改造）。 《节能技术监督导则》（DL/T 1052）第6.4.3.13条（当泵与风机长期在低负载下运行，特别是机组调峰时，运行工况点偏离高效区、流量和压力变化较大时宜采用调速装置改造。对动叶可调轴流式风机一般不推荐采用调速装置改造）。 《电站锅炉离心式通风机》（JB/T 4358—2008）第3.9条（通风机进风口与叶轮进口圈的间隙应符合图样的规定，调节门应转动灵活）	检查检修总结或交代、缺陷记录，现场检查	2	离心风机叶轮、集流器间隙超标扣2分	
					2	变速或其他调节机构有故障未消除扣2分	
					6	暖风器前后差压无监视手段扣3分；暖风器、空气预热器进出口差压超设计值未及时消除，每超10%扣1分	
					3	一次风道漏风每处扣1分；吸入口异物未及时清理扣1分	

续表

序号	评价指标	评价内容	定性评价依据	评价方法	基础分	扣分标准	扣分
7.8	流化风机耗电率				10		
		运行维护	《节能技术监督导则》（DL/T 1052）第 6.4.3.12 条（对风机能效低或脱硫、脱硝和除尘改造后风机性能参数不满足要求的，宜实施风机改造或增引合一改造；循环水泵宜进行双速电动机改造）。 《节能技术监督导则》（DL/T 1052）第 6.4.3.13 条（当泵与风机长期在低负载下运行，特别是机组调峰时，运行工况点偏离高效区、流量和压力变化较大时宜采用调速装置改造。对动叶可调轴流式风机一般不推荐采用调速装置改造）。 《火力发电厂锅炉机组检修导则 第 5 部分：烟风系统检修》（DL/T 478.5—2001）第 4.1.2 条（叶轮及叶轮盘焊缝局部有裂纹及磨损时，必须进行补焊，补焊前应将裂纹清除干净。集流器和叶轮的配合间隙应符合装配要求）。 《电站锅炉离心式通风机》（JB/T 4358—2008）第 3.9 条（通风机进风口与叶轮进口圈的间隙应符合图样的规定，调节门应转动灵活）	检查检修总结或交代、缺陷记录、试验报告，现场检查	5	未根据燃烧和制粉系统调整试验结果合理调整扣 5 分	
					5	变速或其他调节机构有故障未消除扣 5 分	
7.9	循环水泵耗电率				30		
		（1）运行调整	《节能技术监督导则》（DL/T 1052）第 6.4.1.17 b 条（循环水系统宜采用扩大单元制供水方式和循环水泵高低速配置，实现不同季节、不同负荷下循环水泵优化运行）。 《火力发电厂节水导则》（DL/T 783—2001）第 4.1.4 条（火力发电厂在运行中应根据水源水温和气象条件的季节变化及机组负荷的增减因素，对冷却水系统进行水量调节。调节手段可根据具体条件进行选择，通常有：循环水泵动叶调节、改变循环水泵转速、选择循环水泵运行台数、调节用水管路阀门开度等）。 《燃煤机组节能诊断导则》（DL/T 1464—2015）第 7.4.9 条	检查运行规程、运行记录、报表、试验报告，现场检查	12	无优化运行方案扣 12 分；未执行方案扣 5 分	
					2	循环水管道未定期放气或未建立虹吸扣 2 分	
			《节能技术监督导则》（DL/T 1052）第 6.4.2.8 条（冷水塔应按规定做好检查和维护工作，结合检修进行彻底清污和整修；若循环水流量发生变化，应及时调整塔内配水方式，充分利用水塔冷却面积；采用高效淋水填料和新型喷溅装置，提高水塔冷却效率）		3	水塔水位低于规定值扣 3 分	

续表

序号	评价指标	评价内容	定性评价依据	评价方法	基础分	扣分标准	扣分
		（2）检修维护	《节能技术监督导则》（DL/T 1052）第 6.4.3.12 条（对风机能效低或脱硫、脱硝和除尘改造后风机性能参数不满足要求的，宜实施风机改造或增引合一改造；循环水泵宜进行双速电动机改造）。 《节能技术监督导则》（DL/T 1052）第 6.4.3.13 条（当泵与风机长期在低负载下运行，特别是机组调峰时，运行工况点偏离高效区、流量和压力变化较大时宜采用调速装置改造。对动叶可调轴流式风机一般不推荐采用调速装置改造）	检查检修总结或交代、缺陷记录，现场检查	4	A 修未对水泵内部表面研磨打光或根据实际情况更换叶轮等扣 4 分	
					3	A 修未按标准对水泵内间隙进行检查、调整扣 3 分	
					3	水塔出口拦污栅、循环水泵入口滤网前后水位差大于 200mm 扣 3 分	
					3	备用循环水泵出口门泄漏扣 2 分	
7.10	凝结水泵耗电率				10		
		（1）运行调整	《火力发电厂节约能源规定（试行）》（能源节能〔1991〕98 号）第 61 条（通过试验编制主要辅机运行特性曲线，在运行中特别是低负荷运行时，对辅机进行经济调度）。 《燃煤机组节能诊断导则》（DL/T 1464—2015）第 7.5.2 条	检查统计报表，现场检查	4	变速凝结水泵使用调节门调节扣 4 分	
		（2）检修维护	《节能技术监督导则》（DL/T 1052）第 6.4.3.13 条（当泵与风机长期在低负载下运行，特别是机组调峰时，运行工况点偏离高效区、流量和压力变化较大时宜采用调速装置改造。对动叶可调轴流式风机一般不推荐采用调速装置改造）	检查检修总结或交代、缺陷记录，现场检查	3	大修未对水泵内部表面研磨打光或根据实际情况更换叶轮等扣 1 分；大修未按标准对水泵内间隙进行检查、调整扣 2 分	
					3	变频调节装置故障无法投运，每次扣 3 分	
7.11	给水泵耗电率（含前置泵）				30		
		（1）泵组试验	《评价企业合理用电技术导则》（GB 3485—1998）第 2.3 条（为提高电能利用率，应选用高效的机械设备，以测定通风机、鼓风机效率低于 70%；离心泵、轴流泵的效率低于 60%必须改造或更换）。 《大型锅炉给水泵性能现场试验方法》（DL/T 839—2003）第 5.1 条（在规定的条件和转速下，下列参数中的一个或多个可由制造厂予以保证：在规定流量 q_{sp} 下泵的总扬程或规定总扬程 H_{sp} 下泵的流量；在保证点（q_{sp}，H_{sp}）泵或泵一原动机组的输入功率或效率）。 《燃煤机组节能诊断导则》（DL/T 1464—2015）第 7.6.6 条和第 7.7.6 条	检查试验报告	5	机组投产前未做大型泵组效率试验扣 5 分 对于给水泵、凝结水泵、循环水泵的耗电率超过规定值，未做相应的泵组试验每台套扣 2 分	

续表

序号	评价指标	评价内容	定性评价依据	评价方法	基础分	扣分标准	扣分
		（2）运行调整	《火力发电厂节约能源规定（试行）》（能源节能〔1991〕98号）第61条（通过试验编制主要辅机运行特性曲线，在运行中特别是低负荷运行时，对辅机进行经济调度）	检查运行优化调整方案或措施、试验报告、运行记录	10	给水无优化方案扣10分；未按规程或优化方案运行扣5分	
		（3）检修维护	《火力发电厂节约能源规定（试行）》（能源节能〔1991〕98号）第51条（针对大机组在电网中变动负荷的需要，将定速给水泵改为变速给水泵，或在原有定速给水泵上加装变速装置）。 《火力发电厂节约能源规定（试行）》（能源节能〔1991〕98号）第50条（对国产200MW机组，经过研究核算，有足够的汽源供应时，可将电动给水泵改为汽动给水泵）。 《节能技术监督导则》（DL/T 1052）第6.4.3.13条（当泵与风机长期在低负载下运行，特别是机组调峰时，运行工况点偏离高效区、流量和压力变化较大时宜采用调速装置改造。对动叶可调轴流式风机一般不推荐采用调速装置改造）	检查检修总结或交代、缺陷记录，现场检查	5	再循环阀门内漏扣5分	
					5	变速调节装置故障无法投运扣5分	
					5	给水泵端盖密封效果存在问题扣5分	
7.12	空冷风机耗电率				30		
		（1）运行调整	《节能技术监督导则》（DL/T 1052）第6.4.1.17f条（空冷机组在环境温度及机组负荷变化时及时调整空冷风机运行方式）	检查运行优化方案、运行记录、试验报告，现场检查	20	无运行优化方案扣10分；未执行运行优化方案扣5分	
		（2）检修维护	（对风机能效低或脱硫、脱硝和除尘改造后风机性能参数不满足要求的，宜实施风机改造或增引合一改造；循环水泵宜进行双速电动机改造）。 《节能技术监督导则》（DL/T 1052）第6.4.3.13条（当泵与风机长期在低负载下运行，特别是机组调峰时，运行工况点偏离高效区、流量和压力变化较大时宜采用调速装置改造。对动叶可调轴流式风机一般不推荐采用调速装置改造）	检查检修总结或交代、缺陷记录，现场检查	5	大修未对空冷风机叶片角度进行检查及调整扣5分	
					5	叶片顶隙不符合规定扣3分	
7.13	除灰除尘耗电率				20		

续表

序号	评价指标	评价内容	定性评价依据	评价方法	基础分	扣分标准	扣分
		（1）运行调整	《节能技术监督导则》（DL/T 1052）第 6.4.2.8 条（加强电除尘器节电智能控制系统的维护，保证其稳定工作在高效、节能状态，使其根据运行条件的变化，结合电除尘器运行优化试验结果，自动调节其高压和低压电器运行方式和参数）。 《燃煤电厂电除尘器运行维护导则》（DL/T 461—2004）第 5.2 条（热态性能调整试验内容：收尘极振打周期调整试验，以确定最佳的收尘极振打周期，并按试验结果重新设定收尘极振打周期；供电参数优化调整试脸，以确定最佳供电方式和参数，并按试验结果重新设定供电方式和参数；机组负荷与除尘效率的关系，以确定不同负荷下的除尘效率；投运不同电场时的除尘效率；电除尘器各室烟气量分配偏差应小于 3%）	检查运行优化方案、运行记录、现场检查	10	无除尘、除灰渣系统经济运行方案扣 5 分；未执行运行优化方案扣 5 分	
		（2）检修维护	《节能技术监督导则》（DL/T 1052）第 6.4.3.14 条（电除尘器改造。将电除尘器工频电源改造为高频高压电源或其他形式的节能电源，减小电除尘器电场供电能耗）。 《火力发电厂锅炉机组检修导则 第 7 部分：除灰渣系统检修》（DL/T 478.7—2001）第 7.4.3 条（灰渣泵试转泵体无泄漏）、第 8.1 条（管道畅通无堵塞，严密无泄漏）。 《燃煤电厂电除尘器运行维护导则》（DL/T 461—2004）第 6.3.2g）条（检查烟箱、壳体、灰斗及人孔门处漏风，必要时进行焊补或更换密封垫）。 《火力发电厂锅炉机组检修导则 第 6 部分：除尘器检修》（DL/T 478.6—2001）第 5.1.1 条（清理灰斗内的积灰。积灰不宜从灰斗人孔门放灰，避免污染环境。灰斗内无存灰、积灰）。 《除灰除渣系统运行导则》（DL/T 895—2004）第 6.5.1 条（气力除灰系统的空气压缩机、风机设备完好，无故障或缺陷）、第 6.3.2.1 条（现场应检查无漏灰现象）、第 6.5.4 条（正常运行期间的检查：检查并记录空气压缩机、输送风机的运行参数，包括电流、轴承温度、出口压力、出口风温、冷却水压力等。注意各灰斗、输灰容器、灰库的灰位情况。注意输灰过程中输灰管道的压力变化，及时发现堵管、漏灰等故障现象）。 《燃煤电厂电除尘器运行维护导则》（DL/T 461—2004）第 6.1 条（检修人员每班应按岗位责任制对所管辖设备系统地进行全面检查，发现缺陷及时消除）	检查检修记录、缺陷记录，现场检查	6	相关设备（如灰斗、灰管道、压缩空气管道等）存在结垢、堵灰、泄漏严重，未及时进行处理每处扣 3 分	
					4	存在影响设备效率的缺陷扣 4 分	

续表

序号	评价指标	评价内容	定性评价依据	评价方法	基础分	扣分标准	扣分
7.14	输煤耗电率				10		
		（1）运行调整	《节能技术监督导则》（DL/T 1052）第 6.4.1.5 条（合理调整输煤系统运行方式，杜绝设备出力严重受阻现象。加强系统运行监视和缺陷管理，减少系统撒煤、堵煤，减少系统空载运行时间）	查看运行优化方案、运行记录	5	输煤系统没结合配煤方案制定运行方式优化扣 6 分；未执行扣 4 分	
		（2）检修维护	《节能技术监督导则》（DL/T 1052）第 6.4.1.5 条（合理调整输煤系统运行方式，杜绝设备出力严重受阻现象。加强系统运行监视和缺陷管理，减少系统撒煤、堵煤，减少系统空载运行时间）	检查检修总结或交代、缺陷记录，现场检查	5	存在影响出力的缺陷未及时消除，每处扣 3 分	
7.15	化水系统耗电率				10		
		（1）运行调整	《节能技术监督导则》（DL/T 1052）第 6.4.1.22 条（离子交换除盐系统通过试验确定化学制水系统最佳的制水周期、再生用酸碱量和再生反洗时间，根据试验结果，优化运行操作方法、设备投入顺序，提高周期制水量，降低自用水量和酸碱耗用量）	查看运行优化方案、运行记录	4	无运行优化方案扣 4 分；未执行扣 2 分	
					2	变频调节装置故障、无法投运扣 2 分	
		（2）检修维护		查看检修记录、缺陷记录	4	设备存在泄漏、阻力大等影响耗电的缺陷未及时消除扣 4 分	
7.16	脱硫耗电率				30		
		（1）运行调整	《节能技术监督导则》（DL/T 1052）第 6.4.1.24 条（根据机组负荷，燃料硫分变化，选择合理的浆液循环泵和氧化风机台数及组合，优化脱硫系统运行方式）。 《节能技术监督导则》（DL/T 1052）第 6.5.4.2 k 条（在进行烟气脱硫、脱硝、除尘装置性能试验时，宜对电能消耗量和水消耗量及蒸汽消耗量进行检测，必要时进行脱硫、脱硝系统优化试验）。 《火电厂石灰石—石膏湿法烟气脱硫系统运行导则》（DL/T 1149—2010）第 4.1.2-4.1.4 条（运行主要调整内容：烟气系统调整、二氧化硫吸收系统调整、制浆系统调整、石膏脱水系统调整）	检查运行优化方案、运行记录，现场检查	10	未根据 FGD 入口二氧化硫浓度调整浆液循环泵、氧化风机运行方式、pH 值、浆液密度、液位高度优化调整运行方式每项扣 4 分	
					5	未优化调整增压风机的运行方式扣 5 分	
					5	未根据 GGH 差压和除雾器的堵塞情况优化冲洗参数和方式扣 5 分	
					2	未优化调整石灰石湿磨的运行方式扣 2 分	
					2	石灰石品质不合格扣 2 分	

续表

序号	评价指标	评价内容	定性评价依据	评价方法	基础分	扣分标准	扣分
		（2）检修维护	《火电厂石灰石-石膏湿法烟气脱硫系统运行导则》（DL/T 1149—2010）第 3.1.2.2 条（吸收塔人孔门、检查孔关闭严密）、第 3.1.2.3 条（烟气挡板门、增压风机、GGH 设备完好、GGG 无泄漏、堵塞）。 《火电厂石灰石-石膏湿法烟气脱硫装置检修导则》（DL/T 341—2010）第 7 条（吸收塔泄漏部位应及时进行补焊及防腐处理，喷嘴完整，无堵塞、磨损；除雾器表面清洁，无结垢、堵塞）、第 7 条（GGH 及其辅助设备：蓄热片表面无石膏、石灰石、无积灰，否则应进行冲洗或洗涤；搪瓷损坏严重应进行更换）	查看检修记录、缺陷记录	4	系统存在明显漏风每处扣 2 分	
					2	存在结垢等原因造成系统阻力增大的缺陷未及时处理扣 2 分	
7.17	供热厂用电率				15		
		（1）运行调整	《节能技术监督导则》（DL/T 1052）第 6.4.1.13 条（在满足电网调度要求的基础上，优化机组运行方式，进行电、热负荷的合理分配和主要辅机的优化组合，实现经济运行。当机组长期停止备用时，应制定备用机组辅助设备运行方式，节省厂用电）	检查优化运行方案、运行记录	10	无优化运行方案扣 10 分；未开展供热系统的节能分析扣 2 分；未执行扣 8 分	
		（2）检修维护		检查检修记录、缺陷记录	5	存在影响经济性的设备缺陷未及时消除每处扣 2 分	
8	用水管理				110		
8.1	单位发电量取量				35		
		（1）单位发电量取量计算	《取水定额　第 1 部分：火力发电》（GB/T 18916.1—2012）第 4.2 条（单位发电量取量计算公式）	检查水耗率计算方法、水量记录、报表	5	统计方法不正确扣 5 分	
		（2）运行调整	《火力发电厂节水导则》（DL/T 783—2018）第 4.3 条（火力发电厂节水工作应遵循雨污分流、梯级利用、分类处理、充分回用的原则，因地制宜、因厂制宜地选择成熟可靠、经济合理、设施便于维护的节水技术）。 《火力发电厂水务管理导则》（DL/T 1337—2014）第 4.4 条（应落实节约用水的技术措施。应对用水设备的运行状况进行合理的调整和维护，消除不合理的用水现象）	检查运行记录、规章制度	15	未制订节约用水措施扣 15 分；未执行该措施扣 5 分	

续表

序号	评价指标	评价内容	定性评价依据	评价方法	基础分	扣分标准	扣分
		（3）疏放水回收	《火力发电厂节水导则》（DL/T 783—2018）第 5.5.1 条（热力设备和管道应设置疏水、放水和锅炉排污水回收利用系统）。 《火力发电厂节水导则》（DL/T 783—2018）第 5.5.3 条（水质合格的凝结水应全部回收，对不能回收的凝结水，应充分利用其热能和水资源）	现场检查	10	机组疏放水回收未按设计要求回收扣 5 分； 机组凝结水回收未按设计要求回收扣 5 分	
		（4）检修维护	《火力发电厂节水导则》（DL/T 783—2018）第 5.5.5 条（机组投入运行后应加强汽水品质监测，根据汽水品质情况优化排污方式）。 《火力发电厂节水导则》（DL/T 783—2018）第 5.5.6 条（提高检修质量，降低阀门和管道泄漏，疏水按品质分级回收）。 《火力发电厂水务管理导则》（DL/T 1337—2014）第 4.4 条（应加强供水管网的检修和维护，防止管道腐蚀、泄漏损失）	检查运行记录、检修记录、缺陷记录	5	发生缺陷，造成用水系统集中放水或漏水扣 2～5 分	
8.2	机组补水率（生产补水率）				15		
		（1）运行调整	《节能技术监督导则》（DL/T 1052）第 6.4.1.20 条（应监测机组补水量的变化，根据锅炉水质化验结果控制除氧器排汽和锅炉排污，合理控制厂用蒸汽，降低水汽损失）。 《火电厂节约用水管理办法（试行）》（国电发〔2001〕476 号）第二十条（根据季节变化和机组启停与负荷的变化情况，及时调整循环冷却水量和工业冷却水量，达到安全经济运行）	检查运行记录、现场检查	5	因水汽指标不合格引起的排污扣 2 分；精处理系统投用不正常扣 1 分；闭冷水系统补水超设计值扣 1 分；水汽取样站取样阀门开度大扣 1 分	
		（2）补水率统计分析	《火力发电厂技术经济指标计算方法》（DL/T 904—2015）第 10.1.2 条（生产补水率定义和计算公式）	检查统计报表、运行记录	5	统计、计算方法不正确扣 5 分	
				检查统计报表、运行记录、用水分析、水平衡报告，现场检查	5	补水率异常后无分析及处理措施扣 5 分	
8.3	重复利用率				15		

续表

序号	评价指标	评价内容	定性评价依据	评价方法	基础分	扣分标准	扣分
		（1）水回用率	《火电厂节约用水管理办法（试行）》（国电发〔2001〕476 号）第二十四条（尽可能回收冲灰渣水、灰场澄清水，实现灰水闭式循环。工业废水回收利用率要大于 80%，并力求达到 100%）。 《火电厂节约用水管理办法（试行）》（国电发〔2001〕476 号）第十四条（工业冷却水应回收再利用或采用循环冷却系统）。 《节水型企业火力发电行业》（GB/T 26925—2011）第 6.2.6.7 条［（该标准）表 3 节水型企业技术考核指标及要求（重复利用）］	检查有关记录、水平衡报告，现场检查	6	工业冷却水、密封水、循环排污水、工业废水回用率未达到 100%，每项扣 2 分	
		（2）梯级利用、重复利用	《节能技术监督导则》（DL/T 105）第 6.2.6.6 条（辅机的密封水、冷却水等应循环使用或梯级使用。工业水回收率宜达到 100%）。 《循环冷却水节水技术规范》（GB/T 31329—2014）第 5.3.3.3 条（循环水排污水的利用应当建立分级用水制度，并建立不同水种的管网；在水平衡许可的条件下，清循环水的排污水宜作为下一级污循环、浊循环、冲灰水等的补充水使用） 《节能技术监督导则》（DL/T 105）第 6.4.6.13 条（根据脱硫系统、除灰渣系统、输煤栈桥冲洗、灰场喷淋等部位用水量和水质的要求，优化合理利用循环水排污水、化学车间反渗透排污水、处理合格的厂区生产和生活废水以及城市再生水）。 《火力发电厂海水淡化工程设计规范》（GB/T 50619—2010）第 3.0.9 条（海水淡化系统的浓海水排放方式应根据工程的具体情况确定，有条件时宜综合利用）。 《火力发电厂化学设计规程》（DL/T 5068—2006）第 6.2.14 条（反渗透浓水宜回收重复利用）。 《 火力发电厂废水治理设计技术规程》（DL/T 5046—1995）第 2.2.2—2.2.6 条（输煤系统（输煤栈桥、卸煤沟、转运站、混煤仓及主厂房输煤皮带层等）的冲洗水，可送至煤泥沉淀池，经处理合格后回收利用。输煤系统冲洗水的补充水宜采用循环冷却水的排污水或废水处理站处理合格后的排水。工业冷却水宜回收利用。单机容量为 300MW 及以上机组的工业冷却水可采用闭式循环冷却系统。空调冷却用水应通过冷却装置后回收利用。热力系统的疏水、锅炉排污水应根据具体情况，经降温后可用作锅炉补给水处理的原水或热网、循环冷却水等系统的补充水。锅炉补给水处理再生系统的排水及化学试验室排水经处理后宜回收利用。对过滤器（池）的排水，可经重新处理后回收利用。锅炉化学清洗过程中的冲洗水可送往水力除灰系统重复利用。生活污水经处理合格后，宜回收用于水力除灰或杂用水系统。经深度处理合格后，也可作循环冷却水的补充水）	现场检查、水平衡报告、设计资料，用水设施改造资料	9	有条件未实现等级梯次利用扣 6 分；超滤冲洗水、反渗透浓水没回收利用扣 2 分；现场发现一处该回收而没有回收利用的排放水扣 5 分	

续表

序号	评价指标	评价内容	定性评价依据	评价方法	基础分	扣分标准	扣分
8.4	化学自用水率				5		
		(1) 运行调整	《火力发电厂化学设计技术规程》(DL/T 5068—2006) 第6.1.6条(单级反渗透装置的水回收率应根据进水水质、节水要求等条件确定，一般天然水取75%，海水取30%～45%)。 《节能技术监督导则》(DL/T 105) 第6.4.1.22条(离子交换除盐系统通过试验确定化学制水系统最佳的制水周期、再生用酸碱量和再生反洗时间，根据试验结果，优化运行操作方法、设备投入顺序，提高周期制水量，降低自用水量和酸碱耗用量)。 《火力发电厂水务管理导则》(DL/T 1337—2014) 第5.2条(应优化锅炉补给水处理系统预处理工艺和膜处理工艺参数，降低系统自用水率)	检查化学自用水率统计资料、运行记录	1	冲洗和再生次数、时间掌握不当，加药不合理、设备未定期切换，扣1分	
					2	超滤自用水率高于设计值扣1分；反渗透回收率低于设计值扣1分	
		(2) 检修维护	《火力发电厂水务管理导则》(DL/T 1337—2014) 第4.4条(应落实节约用水的技术措施。应对用水设备的运行状况进行合理的调整和维护，消除不合理的用水现象)。 《火力发电厂水务管理导则》(DL/T 1337—2014) 第4.4条(应加强供水管网的检修和维护，防止管道腐蚀、泄漏损失)	检查运行记录，缺陷记录，现场检查	1	设备可用率低或故障故障造成制水能力达不到设计值扣1分	
					1	水处理系统有泄漏扣1分	
8.5	循环水浓缩倍率				10		
		(1) 模拟试验	《火力发电厂化学设计技术规程》(DL/T 5068—2006) 第9.0.7条(加药种类和加药量应根据模拟试验确定，药品种类满足冷却水排放及后续水处理系统水质要求)。 《火力发电厂循环水节水技术规范》(DL/T 2076) 第5.1.1条(火力发电厂循环冷却水系统浓缩倍数的选择应综合考虑水源条件、水量和水质平衡、环保要求、循环冷却水系统材质等因素，并经过阻垢缓蚀试验及技术经济比较确定，必要时进行动态模拟试验确定。在满足阻垢缓蚀要求下，应尽量提高循环冷却水浓缩倍数)	检查试验记录、试验报告	5	未进行动态模拟试验扣5分；未按试验结果保持高循环水浓缩倍率运行扣2分	
		(2) 运行调整	《火力发电厂循环水节水技术规范》(DL/T 2076) 第5.7.5条(循环冷却水量应根据水源水温、气候条件的季节性变化及机组负荷进行优化调节)	查分析统计记录、试验报告、现场检查	5	无循环水浓缩倍率优化措施扣3～5分	

续表

序号	评价指标	评价内容	定性评价依据	评价方法	基础分	扣分标准	扣分
8.6	水灰比				10		
		（1）运行调整	《火电厂节约用水管理办法（试行）》（国电发〔2001〕476 号）第二十三条（采用水力除灰的火电厂要根据排灰量调整冲灰水量，在保证灰水流速的条件下，高浓度输灰系统灰水比维持在 1∶3 左右，尽可能将稀将输灰系统改造为浓浆输灰系统）	检查灰水系统相关记录；检查除灰系统有关记录	4	未进行水灰比调整试验扣 3 分；未按试验结果控制水灰比扣 2 分	
		（2）灰水系统补水	《火力发电厂水务管理导则》（DL/T 1337—2014）第 5.6 条（除灰系统应优先采用配有干除灰储存设施的干除灰系统）。 《火力发电厂废水治理设计技术规程》（DL/T 5046—1995）第 2.2.1 条（水力除灰用水可采用经处理合格后的废水或循环冷却水系统的排污水。当水力除灰系统采用循环冷却水排污时，宜与循环冷却水的浓缩倍率相匹配。采用水力除灰且贮灰场有水可回收时，灰水宜重复利用。锅炉冲渣水根据除渣和除灰系统情况宜回收利用）。 《节能技术监督导则》（DL/T 105）第 6.2.6.7 条（贮灰场的澄清水一般不宜外排，应根据澄清水的水质、水量、灰场与电厂之间的距离、电厂的水源条件和环保要求等，经综合技术经济比较后确定回收利用方式）。 《节能技术监督导则》（DL/T 105）第 6.4.1.23（根据脱硫系统、除灰渣系统、输煤栈桥冲洗、灰场喷淋等部位用水量和水质的要求，优化合理利用循环水排污水、化学车间反渗透排污水、处理合格的厂区生产和生活废水以及城市再生水）	检查水平衡报告、灰水测试报告、运行记录，现场检查	4	未执行优先使用劣质水的原则扣 2 分；仍使用水力除灰系统并没有改造计划的扣 4 分；冲灰水没回收利用扣 2 分	
		（3）粉煤灰综合利用	《火力发电厂设计技术规程》（DL 5000—2000）第 9.1.2 条（对于有粉煤灰综合利用条件的发电厂，应按照干湿分排、粗细分排和灰渣分排的原则，设计粉煤灰的集中系统）。 《火电厂节约用水管理办法（试行）》（国电发〔2001〕476 号）第十二条二十五条（扩大干灰的收集量和综合利用量。火力发电厂应积极推广干灰调湿堆贮工艺，减少冲灰用水量。有综合利用条件的电厂，应通过技术改造，尽快达到干灰收集及运输的条件，提高干灰利用量）	检查设计资料，现场检查	2	新投产电厂未落实粉煤灰、渣综合利用项目，老厂无改造论证扣 2 分	

续表

序号	评价指标	评价内容	定性评价依据	评价方法	基础分	扣分标准	扣分
8.7	水务管理				20		
		（1）节水管理制度	《火电厂节约用水管理办法（试行）》（国电发〔2001〕476号）第三十三条（各分公司、集团公司、电力公司应结合本地区实际情况，制订节约用水实施细则和考核奖惩办法，落实各级责任，并认真执行）。 《企业水平衡与测试通则》（GB/T 12452—2008）第5.1条（企业应建立用水技术档案，其中包括：用水节水的相关规章、制度）。 《火力发电厂水务管理导则》（DL/T 1337—2014）第4.3条（火力发电厂应设立水务管理体系。a应根据国家和地方的相关政策要求，制定适合本厂的用水管理和考核制度）	查阅用水管理制度	2	未制订节约用水实施细则和考核奖惩办法各扣1分	
		（2）用水统计分析	《火电厂节约用水管理办法（试行）》（国电发〔2001〕476号）第三十二条（各电力公司对所辖火电厂要加强管理、严格考核，建立健全各级节水统计报表体系，每年年底进行一次节水工作书面总结）。 《节能技术监督导则》（DL/T 105）第6.4.4条（能耗指标分析）	查阅统计资料、节能指标分析及总结	3	没有年底总结扣2分；月度出现水量异常没有分析扣1分；水系统存在泄漏现象扣2分	
		（3）非生产用水	《火电厂节约用水管理办法（试行）》（国电发〔2001〕476号）第二十六条（加强对生产用水和非生产用水的计量与管理，合理控制用水范围和供水区域）	查阅非生产用水管理制度、记录和统计资料	5	没有非生产用水管理制度扣3分；没有非生产用水原始记录和统计扣2分	
		（4）水平衡	《火电厂节约用水管理办法（试行）》（国电发〔2001〕476号）第十九条（每3～5年进行一次全厂水平衡测试及各水系统水质分析测试，并建立测试档案。根据测试结果，确定节水目标，制定相应的节水改造方案）。 《节能技术监督导则》（DL/T 105）第6.5.4.2j条（新机组投入运行一年内、在役机组每5年宜开展一次全厂水平衡、电平衡、热平衡和燃料平衡的测试，若有扩建、大型改造项目，在正常运行后要补做一次，测试标准采用DL/T 606）。 《火力发电厂能量平衡导则第5部分：水平衡试验》（DL/T 606.5—2009）第8.2条（报告还应提出可行的节水措施和预计节水效果，并绘制全厂水平衡图）	查阅水平衡测试报告	10	没有5年内进行全厂水平衡测试扣10分	
				查阅水平衡测试报告	10	水平衡报告没有可行的节水措施和预计节水效果扣5分；没有绘制全厂水平衡图扣5分	
合计					2400		

附录 火力发电厂按入炉煤量正平衡计算发供电煤耗的方法

电安字〔1993〕457号

1 总则

1-1 为了加强火力发电厂（以下简称火电厂）发供电煤耗的科学管理，不断提高火电厂经济效益。根据部颁《火力发电厂节约能源规定（试行）》制定本方法。

1-2 火电厂发供电煤耗统一以入炉煤计量煤量和入炉煤机械取样分析的低位发热量按正平衡计算。并以此数据上报及考核。

1-3 对125MW及以上纯凝汽式与供热式大型火电机组在计算发供电煤耗时，应逐步实现单台机组进行。同时按其配置的制粉系统及燃煤计量方式作如下分类。

制粉系统型式	分类	燃煤计量方式	
		单台的给煤机 装有燃煤计量装置	由总的燃煤计量装置 分别给各机组计量
直吹式	ZC	ZC_1	ZC_2
储仓式	CC	CC_1	CC_2
燃煤计量点位置		原煤仓后	原煤仓前

1-4 发供电煤耗仍按燃煤收到基低位发热量折合为2 9271kJ/kg发热量的标准煤进行计算。

1-5 本“方法”适用于50MW及以上容量的火电厂。

2 纯凝汽式机组按入炉煤量正平衡计算发供电煤耗的方法

2-1 单台纯凝汽式机组日发供电煤耗的计算

2-1-1 日标准煤耗用量

$$B_{rb}=B_{rj}-B_{rk}$$

式中 B_{rj}——日计量入炉标准燃煤量（即日生产用能，包括燃煤、燃油与燃用其他燃料之和），t。

$$B_{rj}=\frac{B_{rm}Q_{rm}+B_{ro}Q_{ro}+B_{rq}Q_{rq}}{29\ 271}$$

式中 B_{rm}、B_{ro}、B_{rq}——日入炉煤计量装置的燃煤耗用量、日入炉的燃油耗用量与日入炉的其他燃料耗用量，t；

Q_{rm}、Q_{ro}、Q_{rq}——燃煤、燃油与其他燃料当日的收到基低位发热量，kJ/kg；

B_{rk}——当日应当扣除的非生产用燃料量，即符合6-1条规定并通过入炉燃料计量点后取用的燃料量，同时应按上述公式换算至标准热值的非生产用燃料量，t。

2-1-2 日发电煤耗

$$b_{rf}=\frac{B_{rb}}{N_{rF}}\times 10^6 \quad (g/kWh)$$

$$N_{rF}=N'_{rF}-N_{rk}$$

式中 N_{rF}——日发电量，kWh；

N'_{rF}——日计量的发电量，kWh；

N_{rk}——当日应扣除的非生产用电量，即符合6-1条规定，并通过厂用电计量点后取用的用电量，kWh。

2-1-3 日供电煤耗

$$b_{rG}=\frac{B_{rb}}{N_{rG}}\times 10^6 \quad (g/kWh)$$

$$N_{rG}=N_{rF}-N_{rC}$$

式中 N_{rG}——日供电量，kWh；

N_{rC}——日厂用电量，kWh。

2-1-4 对于不同燃煤计量方式下，日计量入炉标准煤量的计算公式。

计量方式	日入炉标准煤量的计算公式
ZC_1	$B_{rb}=B_{rj}-B_{rk}$
ZC_2	$B_{rb}=B_{rj}\pm\sum B_{rX}-B_{rk}$
CC_1	$B_{rb}=B_{rj}\pm\sum B_{rF}-B_{rk}$
CC_2	$B_{rb}=B_{rj}\pm\sum B_{rX}\pm\sum B_{rF}-B_{rk}$

注 若锅炉各原煤仓当日做到满仓或煤仓定煤位交接班，则公式中可不计入$\pm\sum B_{rX}$；若锅炉各煤粉仓当日做到定粉位交接班，则公式中可不计入$\pm\sum B_{rF}$。

式中 $\sum B_{rX}$——锅炉各原煤仓当日因煤位高度变化所修正的标准燃煤量总和，t；

$\sum B_{rF}$——锅炉各煤粉仓当日因粉位高度变化所修正的标准燃煤量总和，且考虑日水分及发热量的修正，t。

$$\sum B_{rF}=\sum B'_{rF}\times\frac{100-M_{rF}}{100-M_{rm}}\times\frac{Q_{rF}}{Q_{rm}}$$

式中 $\sum B'_{rF}$——锅炉各煤粉仓当日因粉位高度变化所修正的标准燃煤量总和（未考虑水分修正），t；

M_{rF}——日煤粉的收到基全水分，%；

M_{rm}——日入炉煤的收到基全水分，%；

Q_{rF}——日煤粉的收到基低位发热量，kJ/kg；

Q_{rm}——日入炉煤的收到基低位发热量，kJ/kg。

2-1-5 对于锅炉各原煤仓与煤粉仓因料位的变化所作的修正计算，建议采用原煤仓与煤粉仓的容积量测算法，其步骤如下：

（1）查阅原煤仓与煤粉仓的安装施工图，参照附件1推荐的计算公式确定原煤仓与煤粉仓的容积。

（2）正确测定煤位、粉位指示装置的安装高度及指示尺寸。以分别计算不同料位指示下的仓内容量。

（3）推荐按计算公式或曲线确定原煤与煤粉的堆积密度，也可用直接测量法（见附件2）。

（4）按下式计算原煤仓与煤粉仓的容积燃煤量。

原煤仓的容积燃煤量： $B_{ym}=V_{ym}\gamma_{ym}K_{ye}$

式中 V_{ym}——原煤仓的容积，m^3；

γ_{ym}——原煤的堆积密度，t/m^3；

K_{ye}——原煤仓的充满系数，按原煤的安息角及进煤口位置等确定，一般取0.7～0.8。

煤粉仓的容积燃煤量： $B_{mF}=V_{mF}\gamma_{mD}K_{mc}$

式中 V_{mF}——煤粉仓的容积，m^3；

γ_{mD}——煤粉的堆积密度，t/m^3；

K_{mc}——煤粉仓的充满系数，按原煤的安息角及进煤口位置等确定，一般取0.7～0.8。

（5）分别计算不同料位下，原煤仓和煤粉仓的容积燃煤量。

（6）列出表格或绘制成曲线图，以备查阅其燃煤量。

2-2 单台纯凝汽式机组月平均发供电煤耗的计算

2-2-1 月标准煤耗用量

$$B_{yb}=B_{yj}-B_{yk}$$

$$B_{yj}=\frac{B_{ym}Q_{ym}+B_{yo}Q_{yo}+B_{yq}Q_{yq}}{29\ 271}$$

式中 B_{yj}——月计量入炉标准燃煤量（即月生产用能，包括燃煤、燃油与燃用其他燃料之和），t；

B_{ym}、B_{yo}、B_{yq}——月入炉煤计量装置的燃煤耗用量、月入炉的燃油耗用量与月入炉的其他燃料耗用量，t；

Q_{ym}、Q_{yo}、Q_{yq}——燃煤、燃油与其他燃料当月加权平均的收到基低位发热量，kJ/kg；

B_{yk}——当日应当扣除的非生产用燃料量，即符合 6-1 条规定并通过入炉燃料计量点后取用的燃料量，同时应按上述公式换算至标准热值的非生产用燃料量，t。

2-2-2 月平均发电煤耗

$$b_{yf}=\frac{B_{yb}}{N_{yF}}\times 10^6\quad (g/kWh)$$

$$N_{yF}=N'_{yF}-N_{yk}$$

式中 N_{yF}——月发电量，kWh；

N'_{yF}——月计量的发电量，kWh；

N_{yk}——当月应扣除的非生产用电量，即符合 6-1 条规定，并通过厂用电计量点后取用的用电量，kWh。

2-2-3 月平均供电煤耗

$$b_{yG}=\frac{B_{yb}}{N_{yG}}\times 10^6\quad (g/kWh)$$

$$N_{yG}=N_{yF}-N_{yC}$$

式中 N_{yG}——月供电量，kWh；

N_{yC}——月厂用电量，kWh。

2-2-4 对于不同燃煤计量方式下，月计量入炉标准煤量的计算公式。

计量方式	日入炉标准煤量的计算公式
ZC_1	$B_{yb}=B_{yj}-B_{yk}$
ZC_2	$B_{yb}=B_{yj}\pm\Sigma B_{yX}-B_{yk}$
CC_1	$B_{yb}=B_{yj}\pm\Sigma B_{yF}-B_{yk}$
CC_2	$B_{yb}=B_{yj}\pm\Sigma B_{yX}\pm\Sigma B_{yF}-B_{yk}$

注 1 若锅炉各原煤仓当月始日与终日做到满仓或煤仓定煤位交接班，则公式中可不计入$\pm\Sigma B_{yX}$。

2 若锅炉各煤粉仓当月始日与终日做到定粉位交接班，则公式中可不计入$\pm\Sigma B_{yk}$。

3 ΣB_{yX}——锅炉各原煤仓当月始日至终日的煤位高度变化所修正的标准燃煤量总和，t；

ΣB_{yF}——锅炉各煤粉仓当月始日至终日的粉位高度变化所修正的标准燃煤量总和，且考虑月始日至终日平均水分及平均发热量的修正，t。

$$\Sigma B_{yF}=\Sigma B'_{yF}\times\frac{100-M_{yF}}{100-M_{ym}}\times\frac{Q_{yF}}{Q_{ym}}\quad (t)$$

式中 $\Sigma B'_{yF}$——锅炉各煤粉仓当月始日至终日的粉位高度变化所修正的标准燃煤量总和（未考虑水分修正），t；

M_{yF}——始日至终日平均的煤粉收到基全水分，%；

M_{ym}——始日至终日平均的入炉煤收到基全水分，%；

Q_{yF}——始日至终日平均的煤粉收到基低位发热量，kJ/kg；

Q_{ym}——始日至终日平均的入炉煤收到基低位发热量，kJ/kg。

2-2-5　对于锅炉各原煤仓与煤粉仓因料位的变化所作修正计算同2-1-5条所述。

2-3　对于燃油机组无需像1-3条那样分类，无需像2-1条和2-2条对燃油机组的入炉燃料进行有关修正，可直接按日、月计量燃油量折算成标准煤量后进行发供电煤耗的有关计算，但对于原水电部规定八项不计入的燃料量与用电量仍应在计算中扣除。

3　发电厂按入炉煤量正平衡计算发供电煤耗的方法

3-1　发电厂日发供电煤耗的计算

3-1-1　日标准煤总耗用量

$$\Sigma B_{rb}=\Sigma B_{rj}-\Sigma B_{rk}\quad (t)$$

$$\Sigma B_{rj}=\frac{\Sigma B_{rm}Q_{rm}+\Sigma B_{ro}Q_{ro}+\Sigma B_{rq}Q_{rq}}{29\ 271}\quad (t)$$

式中　ΣB_{rj}——日计量入炉标准燃煤量，应为各机组日耗用量总和（即日生产用能总量，包括燃煤、燃油与燃用其他燃料之和），t；

ΣB_{rm}、ΣB_{ro}、ΣB_{rq}——分别为日入炉煤计量装置的燃煤总耗用量、日入炉的燃油总耗用量与日入炉的其他燃料总耗用量，t；

ΣB_{rk}——当日应当扣除的非生产用燃料总量，即符合6-1条规定并通过入炉燃料计量点后取用的燃料总量，同时应按上述公式换算至标准热值的非生产用燃料总量，t。

3-1-2　日发电煤耗

$$b_{rf}=\frac{\Sigma B_{rb}}{\Sigma N_{rF}}\times 10^{6}\quad (g/kWh)$$

$$\Sigma N_{rF}=\Sigma N'_{rF}-\Sigma N_{rk}$$

式中　ΣN_{rF}——日发电总量（应为各机组日发电量总和），kWh；

$\Sigma N'_{rF}$——日计量发电总量（应为各机组日计量发电量总和），kWh；

ΣN_{rk}——当日应扣除的非生产用电总量，即符合6-1条规定，并通过厂用电计量点后取用的用电总量，kWh。

3-1-3　日供电煤耗

$$b_{rG}=\frac{\Sigma B_{rb}}{\Sigma N_{rG}}\times 10^{6}$$

$$\Sigma N_{rG}=\Sigma N_{rF}-\Sigma N_{rC}$$

式中　ΣN_{rG}——日供电总量（应为各机组日供电量总和），kWh；

ΣN_{rC}——日厂用电总量（应为各机组日厂用电量总和），kWh。

3-2　发电厂月发供电煤耗的计算

3-2-1　月标准煤耗用量

$$\Sigma B_{yb}=\Sigma B_{yj}-\Sigma B_{yk}\quad (t)$$

式中 ΣB_{yj}——月计量入炉标准燃煤总量，应为各机组月耗用量总和（即月生产用能总量，包括燃煤、燃油与燃用其他燃料之和），t；

ΣB_{yk}——当日应当扣除的非生产用燃料总量，即符合6-1条规定并通过入炉燃料计量点后取用的燃料总量，同时亦应按上述公式换算至标准热值的非生产用燃料总量，t。

$$\Sigma B_{yj}=\frac{\Sigma B_{ym}Q_{ym}+\Sigma B_{yo}Q_{yo}+\Sigma B_{yq}Q_{yq}}{29\ 271}\quad (t)$$

式中 ΣB_{ym}、ΣB_{yo}、ΣB_{yq}——分别为月入炉煤计量装置的燃煤总耗用量、月入炉的燃油总耗用量与月入炉的其他燃料总耗用量，t。

3-2-2 月发电煤耗

$$b_{yf}=\frac{\Sigma B_{yb}}{\Sigma N_{yF}}\times 10^6\quad (g/kWh)$$

式中 ΣN_{yF}——月发电总量（应为各机组月发电量总和），kWh。

$$\Sigma N_{yF}=\Sigma N'_{yF}-\Sigma N_{yk}$$

式中 $\Sigma N'_{yF}$——月计量的发电总量，kWh；

ΣN_{yk}——当月应扣除的非生产用电总量，即符合6-1条规定，并通过厂用电计量点后取用的用电总量，kWh。

3-2-3 月供电煤耗

$$b_{yG}=\frac{B_{yb}}{N_{yG}}\times 10^6\quad (g/kWh)$$

式中 ΣN_{yG}——月供电总量（应为各机组月供电量总和），kWh。

$$\Sigma N_{yG}=\Sigma N_{yF}-\Sigma N_{yC}$$

式中 ΣN_{yC}——月厂用电总量（应为各机组月厂用电量总和），kWh。

3-2-4 对于燃油的发电厂，在计算发供电煤耗时可按2-3条所述的原则进行。

4 供热式机组按入炉煤量正平衡计算供热与发供电煤耗的方法

4-1 进行供热式机组的供热与发供电煤耗计算时采用热量分摊法。供热比的计算步骤如下：

4-1-1 发电用热量与供热用热量的份额

$$a_d=\frac{Q_d}{Q_h}$$

$$a_r=\frac{Q_r}{Q_h}$$

式中 a_d——发电用热量占总耗热量的份额；

a_r——供热用热量占总耗热量的份额；

Q_h——发电、供热总的耗热量，GJ；

Q_d——发电用的耗热量，GJ；

Q_r——供热用的耗热量，GJ。

4-1-2 发电供热总的耗热量计算

$$Q_h=(\Sigma D_{i0}-\Sigma W_g i_g)+\Sigma D_{01}(i_{02}-i_{01})+\Sigma W_{oj}(i_{02}-i_{0j})\times 10^{-3}+\Sigma Q_{zh}\quad (GJ)$$

式中 D——汽轮机主蒸汽流量，t；

i_0——汽轮机主蒸汽焓，kJ/kg；

W_g——锅炉给水总流量，t；

i_g——锅炉给水热焓，kJ/kg；

D_{01}——进入锅炉再热器的蒸汽流量，t；

i_{02}——经锅炉再热器后送入汽轮机中压缸的蒸汽焓，kJ/kg；

i_{01}——蒸汽从汽轮机高压缸排出的蒸汽焓，kJ/kg；

W_{oj}——锅炉再热器喷水用的减温水量，t；

i_{0j}——进入锅炉再热器的减温水焓，kJ/kg；

Q_{zh}——自减温减压器及锅炉直接供出的热量，GJ。

4-1-3 供热用的热量计算

$$Q_r=[\sum D_r i_r+\sum W_r i_s-\sum W_h h_h-4.187(\sum D_r+\sum W_r-\sum W_h)t_b]\times 10^{-3}\quad (GJ)$$

式中 D_r——供热蒸汽量，t；

i_r——供热蒸汽热焓，kJ/kg；

W_r——供热水量，t；

i_s——供热水热焓，kJ/kg；

W_h——供热的回水量，t；

h_h——供热的回水热焓，kJ/kg；

t_b——补充水的平均天然温度（$4.187t_b$ 可近似代替补充水热焓)，℃。

4-1-4 发电用的热量计算

$$Q_d=Q_h-Q_r\quad (GJ)$$

4-1-5 供热比

因为 $a_d+a_r=1$，故习惯上将常用的 a_r 称为供热比。

4-2 单台供热式机组日供热与发电煤耗的计算

4-2-1 日供热标准煤耗用量

$$B_{rr}=(B_{rj}-B_{rk})a_r\quad (t)$$

4-2-2 日供热煤耗

$$b_{rr}=\frac{B_{rr}}{Q_{rr}}\times 10^3\quad (kg/GJ)$$

式中 Q_{rr}——日机组供热总耗热量，GJ。

4-2-3 日发电标准煤耗用量

$$B_{rF}=(B_{rj}-B_{rk})(1-a_r)\quad (t)$$

4-2-4 日发电煤耗

$$b_{rF}=\frac{B_{rF}}{N_{rF}}\times 10^6\quad (g/kWh)$$

4-2-5 日供电煤耗

$$b_{rG}=\frac{B_{rF}}{N_{rG}}\times 10^6\quad (g/kWh)$$

4-2-6 对于不同燃煤计量方式下，日计量入炉标准煤量的计算公式同 2-1-4。

注 1. 本条所有符号及有关修正的计算公式均同 2-1 条和 4-1 条所述；

注 2. 供热煤耗的单位换算：$1kg/MJ=1\times 10^3$ kg/GJ。

4-3 单台供热式机组月平均供热与发电煤耗的计算

4-3-1 月供热标准煤耗用量

$$B_{yr}=(B_{yj}-B_{yk})a_r\quad (t)$$

4-3-2 月平均供热煤耗

$$b_{yr}=\frac{B_{yr}}{Q_{yr}}\times 10^3\quad (kg/GJ)$$

式中 Q_{yr}——月机组供热总耗热量，GJ。

4-3-3 月发电标准煤耗用量

$$B_{yF}=(B_{yj}-B_{yk})(1-a_r)\quad (t)$$

4-3-4 月平均发电煤耗

$$b_{yF}=\frac{B_{yF}}{N_{yF}}\times 10^6\quad (g/kWh)$$

4-3-5 月平均供电煤耗

$$b_{yG}=\frac{B_{yF}}{N_{yG}}\times 10^6 (g/kWh)$$

4-3-6 对于不同燃煤计量方式下，月计量入炉标准煤量的计算公式同 2-2-4。

注 1：本条所有符号及有关修正的计算公式均同 2-1、2-2 条和 4-1 条所述；

注 2：供热煤耗的单位换算：1kg/MJ=1×10^3 kg/GJ。

5 热电厂按入炉煤量正平衡计算供热与发供电煤耗的方法

5-1 热电厂供热与发供电煤耗的计算时采用热量分摊法，其供热比的计算步骤同 4-1 条。

5-2 热电厂日供热与发供电煤耗的计算

5-2-1 日供热标准煤总耗用量

$$\Sigma B_{rr}=(\Sigma B_{rj}-\Sigma B_{rk})a_r\quad (t)$$

5-2-2 日供热煤耗

$$b_{rr}=\frac{\Sigma B_{rr}}{\Sigma Q_{rr}}\times 10^3\quad (kg/GJ)$$

式中 ΣQ_{rr}——日全厂机组供热总耗热量（应为各机组日耗热量总和），GJ。

5-2-3 日发电标准煤总耗用量

$$\Sigma B_{rF}=(\Sigma B_{rj}-\Sigma B_{rk})(1-a_r)\quad (t)$$

5-2-4 日发电煤耗

$$b_{rF}=\frac{\Sigma B_{rF}}{\Sigma N_{rF}}\times 10^6\quad (g/kWh)$$

5-2-5 日供电煤耗

$$b_{rG}=\frac{\Sigma B_{rF}}{\Sigma N_{rG}}\times 10^6\quad (g/kWh)$$

注：本条所有符号及有关修正的计算公式均同 2-1 条、3-1 条和 4-1 条所述。

5-3 热电厂月供热与发供电煤耗的计算

5-3-1 月供热标准煤总耗用量

$$\Sigma B_{yr}=(\Sigma B_{yj}-\Sigma B_{yk})a_r\quad (t)$$

5-3-2 月供热煤耗

$$b_{yr}=\frac{\Sigma B_{yr}}{\Sigma Q_{yr}}\times 10^3\quad (kg/GJ)$$

式中 ΣQ_{yr}——月全厂机组供热总耗热量（应为各机组月耗热量总和），GJ。

5-3-3 月发电标准煤总耗用量

$$\Sigma B_{yF}=(\Sigma B_{yj}-\Sigma B_{yk})(1-a_r)\quad (t)$$

5-3-4 月发电煤耗

$$b_{yF}=\frac{\sum B_{yF}}{\sum N_{yF}}\times 10^6\quad (g/kWh)$$

5-3-5 月供电煤耗

$$b_{yG}=\frac{\sum B_{yF}}{\sum N_{yG}}\times 10^6\quad (g/kWh)$$

6 按入炉煤量正平衡计算煤耗中的若干说明

6-1 根据部规定，要严格分开发电（供热）用能与非生产用能。下列用电量及燃料消耗量（或用汽折算的燃料量）不计入煤耗：

6-1-1 新设备或大修后设备的烘炉、煮炉、暖机、空载运行的电力和燃料的消耗量。

6-1-2 新设备在未移交生产前的带负荷试运行期间，耗用的电量和 6-1-3 计划大修以及基建、更改工程施工用的电力和燃料。

6-1-3 计划大修以及基建、更改工程施工用的电力和燃料。

6-1-4 做热效率和其他试验的机组，在试验期间由于经常变化调整操作而多耗的电力和燃料（可以该机组前五天的平均热效率和耗电率计算）。

6-1-5 发电机作调相运行时耗用的电力和燃料。

6-1-6 厂外运输用自备机车、船舶等耗用的电力和燃料。

6-1-7 输配电用的升、降变压器（不包括厂用变压器）、变波机、调相机、励磁机等消耗的电力。

6-1-8 修配车间、副业、综合利用及非生产用（食堂、宿舍、幼儿园、学校、医院、服务公司和办公室等）的电力和燃料。

6-2 凡按单台、按全厂计算入炉煤标准煤量或者是按日、按月计算入炉煤标准煤量时，若单台与全厂或者日均与月计划的结果误差在±0.5%以内可不再修正其误差，并以全厂或月计算的入炉煤标准煤量为依据；若超过±0.5%时，则应查明原因。

6-3 本计算公式，涉及电力工业的燃料消耗统计与技术经济指标统计时，还可参照部《电力工业生产统计指标解释》资料的有关规定计算。

6-4 按本计算方法得到的单台与月的发供电煤耗均反映机组的日常运行状态，其中包括了机组因启停、调峰时所多耗用的燃煤量与厂用电量，这就真实地反映出机组的综合技术状况。对于全厂的发供电与供热的煤耗计算同样应包括各台运行机组的启停、调峰因素在内。

6-5 对于配置中间贮仓式制粉系统的机组来讲，如果在运行中出现邻炉之间通过公用的螺旋输粉机（即输粉绞龙）输送煤粉时，则计算单台机组的煤耗则应考虑修正。凡接受邻炉供粉的机组应将其煤粉量加至本身煤粉仓的容积煤粉量中，其煤粉量多少为螺旋输粉机出力乘以所供粉的时间；凡向其他炉供粉的机组应扣除供粉量与相应的耗电量，扣除的厂用电量应加至接受送粉的机组上。螺旋输粉机的出力也可通过试验来确定。

6-6 凡在锅炉机组上装有蒸汽推动装置或采用中压缸启动等措施时，由于启动过程中采用邻炉蒸汽加热，在计算单台机组的发供电与供热煤耗时，应考虑加入的蒸汽折成标准煤量进行修正。反向它炉供汽的机组应扣除所送的蒸汽量折成的标准煤量。对于接受启动锅炉供汽的机组，其蒸汽量折算成标准煤量不计入单台机组的煤耗计算中，可统归至全厂的发供电与供热煤耗内。

6-7 关于火电厂若干机组的厂用电消耗中公用系统的厂用电量计算。由于各火电厂在机组的设计与安装中对诸如运煤、冲灰、燃油、化学水处理等公用系统的厂用电，其接线方法不一或运行方式相异，故造成各单台机组的厂用电量有时偏差较大，对此建议按以下原则计算：

6-7-1 在正常情况下，对于输煤系统、冲灰排渣系统、化学水处理系统的厂用电量可根据各机组发电量的大小按比例进行分配计算。

6-7-2 对于燃油系统的厂用电量，在一般正常运行情况下按各运行机组平均分配。遇到不正常工况，例如燃烧不稳、锅炉长时间助燃用油、锅炉长时间断煤烧油等，可根据各机组烧油量大小进行分配计算。

6-7-3 对于供热机组或热电厂的厂用电量，还应考虑由于供热所造成发电的锅炉补给水增大，因而使化学水处理系统的厂用电量增大的原因。对该项增大的厂用电量应根据各机组供热量大小按比例加至各自的厂用电量上计算。

7 按入炉煤量正平衡计算煤耗的技术要求

7-1 125MW及以上火电机组的入炉煤计量原则上按单台机组进行。已运行的125MW与200MW机组，有条件者应尽快加装燃煤计量及校验装置，已运行的300MW机组与新设计或新建的300MW及以上火电机组，必须配备按入炉煤正平衡计算煤耗所需的全部装置，包括燃煤计量装置、机械制样装置、煤位计和实物校验装置等。入炉煤计量装置在运行中的误差应保证±5%。

7-2 火电厂入炉煤计量有两种方式，一是通过总皮带上的电子皮带秤及其监测系统，分别计算各机组的燃煤量；二是利用给煤机自身附有的计量装置直接计量。前者改造工作量较少，但需配置专门的计算机人才。后者改造工作量与配置设备及投资相对较多，但一般工作人员即可维护。各电厂可因厂制宜做出选择。

7-3 各火电厂在配置燃煤计量装置时要充分考虑以下因素：

7-3-1 称重范围和数量要满足燃料管理的需要。

7-3-2 在运行的称重范围内，其称重的使用精度应在±0.5%内。

7-3-3 应加实煤校验装置或计量标准规定的校验器具。

7-4 电子皮带秤的安装地点在总皮带时，经犁煤器与分炉计量微机监测系统将燃煤分别送入各炉的原煤仓中，要注意防止由于犁煤器犁不净煤而把剩余燃煤带入其他炉的原煤仓。对电子皮带秤安装段前后的皮带托辊等运转设备应加强维护检修。

7-5 为准确计量燃煤量，计量装置须定期进行实煤校验。用实煤校验时校验的煤量不小于输煤皮带运行时最大小时累计量的2%；实煤校验所用标准称量器具的最大允许误差应不超过±0.1%，校验后的弃煤处理应方便。

7-6 要使用计量部门认可的并发有检验合格证的燃煤计量装置。燃煤计量装置每月用实煤校验装置校验2～4次。

7-7 实煤校验装置使用前应经标准砝码校验，实煤校验装置的标准砝码每两年应送往计量部门校验一次。

7-8 要使用符合标准要求的机械采制样装置。125MW及以上火电机组实施单台机组的入炉煤量计算煤耗时，若有条件的火电厂可按单台机组分别采样、制样和化验。

7-9 机械采制样装置是目前唯一能够采到具有代表性样品的手段。入炉煤机械采制样装置的安装位置最好选在输煤皮带端部的下落煤流处；若条件限制也可在输煤皮带上。机械采制样装置应符合下列要求：

7-9-1 机械采制样装置需有采样头、破碎机及缩分器。此外还应有余煤返回的输送系统。采样的精度按灰分（A_d）计要求在±1%以内。

7-9-2 依据燃煤不均匀性所确定的采样周期（或一定煤量）截取整个煤流截面。

7-9-3 适应湿煤能力强，当燃煤外在水分 M_f<12%时能正常连续地运行。

7-10 对新装的机械采制样装置要按部颁 SD 324—1989 标准进行产品的验收，使其装置（包括采样头、碎煤机、缩分器、余煤处理设备及其他附属设备）达到技术标准的要求。

7-11 机械采制样装置的安装地点应尽量与燃煤计量装置相近，以确保煤量与煤质相一致。

7-12 机械采制样装置与输煤皮带系统应设有电气连锁装置。其检修周期要与输煤皮带系统大致相同。

7-13 输煤皮带系统中的破碎机与磁铁分离器应确保其正常运行，这样才能为机械采制样装置的正常工作创造好的外部条件，并保证采样质量。

7-14 入炉煤要按国标方法每班至少分析全水分（M_t）一次，每天至少做一次由三班混制而成的混合样品的工业分析（M_{ad}、A_{ad}、V_{ad}、S_{ad}）和发热量（$Q_{net,ar}$）（由三班平均实测全水分计算而得）。有条件的火电厂可分别采样、制样和化验。对燃油按照国标或部标的分析方法每品种每月做一次水分、硫分、闪点、凝固点、黏度、比重和发热量的分析。

7-15 正平衡计算煤耗时一律采用入炉原煤测得的发热量作为依据，不得以制粉系统中的煤粉测得的发热量代替。

8 技术管理

8-1 为实现正平衡计算煤耗，对现有 125MW 及以上火电机组应优先进行改造和完善工作。

8-2 实施单台机组正平衡计算煤耗，各大、中型火电厂应选用技术成熟、水平先进的燃煤计量、采样、校验等装置。各火电厂除实行一般的微机统计煤耗外，应逐步实行煤耗的偏差分析，有条件的大、中型火电厂还应积极实行煤耗统计工作的自动化。

8-3 抓好入炉煤的计量、采制样和实煤校验工作是搞好正平衡计算煤耗的关键。各火电厂领导要倍加重视，并切实抓紧落实工作。各网（省）局与各电力试验研究所，在实现正平衡计算煤耗工作中，对条件较差的电厂应加强指导和帮助。

8-4 各大、中型火电厂在实施单台机组正平衡计算煤耗后，在煤耗管理中应按月分析全厂和单台机组煤耗加权平均值之间的偏差部分，以便寻找经营管理中的漏洞。

8-5 加强对生产用能和非生产用能的管理，并建立各自的台账。

8-6 加强运行交接班制度，坚持做到原煤仓满仓或按煤位交接班及煤粉仓定粉位交接班，以减少实施单台机组计算煤耗的系统误差。

8-7 要以当日的三班综合煤样的实测发热量和三班平均的全水分所换算的收到基低位发热量作为依据，计算日发供电煤耗。

8-8 在火电厂节能领导小组的统一领导下，对燃料计量装置、机械采制样装置和电度表要明确职能部门的专职管理。并坚持电度表的第三方强制监检工作。建立健全燃料计量与机械采制样装置的使用、检验、维修等制度。

8-9 要建立各机组的煤质资料档案，其中包括工业分析、硫分、发热量以及元素分析等，同时也要建立燃油与其他燃料的品质档案。有条件的网（省）局也可建立必要的数据库。

9 附则

9-1 本“方法”由电力工业部负责解释。

9-2 本“方法”自 1994 年 1 月 1 日起施行。

附件1　推荐几种煤仓的容积计算公式

一、平壁煤仓的容积计算公式（附图1）

$$V=\frac{H}{3}[(2a_1+a_2)b_1+(2a_2+a_1)b_2]\text{ 或 }=\frac{H}{3}(F+f+\sqrt{F\cdot f})$$

式中　a_1、b_1——上口边长，m；

a_2、b_2——下口边长，m；

H——高度，m；

F、f——上、下口面积，m^2。

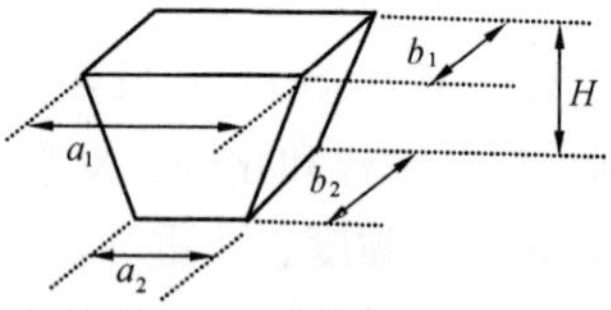

附图1　平壁煤仓

二、正方角锥形煤仓的容积计算公式（附图2）

$$V=\frac{H}{3}(a^2+b^2+ab)$$

式中　a——上口边长，m；

b——下口边长，m；

H——高度，m。

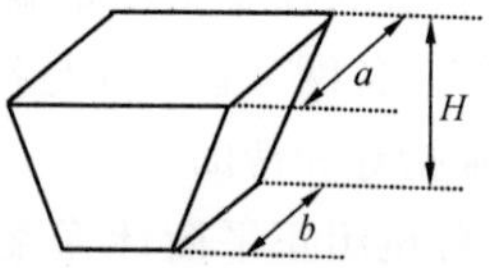

附图2　正方角锥形煤仓

附件2　推荐确定原煤与煤粉堆积密度的方法

一、原煤与煤粉堆积密度的计算方法

1. 视密度计算

（1）视密度 γ_{ard} 可按下式计算：

$$\gamma_{ard}=\frac{100\gamma_{trd}}{100+(\gamma_{trd}-1)M_{max}}\times\frac{100-M_{max}}{100-M_{ars}}$$

$$\gamma_{trd}=\frac{100\gamma_{dmmf}}{100-A_d\left(1-\frac{\gamma_{dmmf}}{2.9}\right)}$$

式中　M_{max}——燃煤饱和时的极限水分，其数值可采用经验数据，或假定采用为燃煤的最大收到基水分 M_{ZD}，即 $M_{max}=M_{ZD}$，%；

M_{ars}——燃煤设计的收到基水分,%;

γ_{trd}——燃煤紧密时（即假定没有孔隙时）的真密度，t/m^3；

A_d——煤的干燥基灰分,%;

γ_{dmmf}——按干燥无矿物质基的密度，t/m^3。

按干燥无矿物质基的瘦煤和无烟煤密度：

$$\gamma_{dmmf}=\frac{100}{0.53C_{daf}+5H_{daf}}$$

式中　C_{daf}——燃煤的干燥无灰基碳含量,%;

H_{daf}——燃煤的干燥无灰基氢含量,%。

除瘦煤和无烟煤以外的固体燃料密度：

$$\gamma_{dmmf}=\frac{100}{0.334C_{daf}+2.25H_{daf}+23}$$

（当计算时，可采用 $\gamma_{dmmf}=1.44t/m^3$）

（2）当燃煤的实际水分与设计水分不同时，其视密度可按下式计算：

$$\gamma=\gamma_{ard}\times\frac{100-M_{ars}}{100-M_{ar}}$$

式中　M_{ar}——实际燃煤的收到基水分,%。

2. 原煤的堆积密度计算

当原煤的尺寸 R_5=20%～45%的范围时，其堆积密度可用下式表示：

$$\gamma_{yd}=0.63\gamma_{ard}$$

3. 煤粉的堆积密度计算

对于中等结实程度的煤粉，其自由堆积密度可按下式计算：

$$\gamma_{md}=0.5\gamma'_{ard}+0.004R_{90}$$

式中　R_{90}——残留在筛孔为 90μm 筛子上的百分率,%。

$$\gamma'_{ard}=\frac{100-M_{ar}}{100-M_{mf}}\gamma_{ard}$$

式中　M_{mf}——煤粉水分,%。

注：集聚起来的煤粉堆积密度按上式算出的大 15%～20%，而疏松的煤粉（例如在给煤机中）则比上式算出的小 20%～30%。

二、确定原煤与煤粉堆积密度的关系曲线（见附图 3）

举例：已知煤的最大收到基水分 M_{ZD}=24%（一般为平均收到基水分的 1.4 倍，也可以按校核煤种收到基水分选取），煤的平均收到基水分 M_{ar}=17%，煤粉的全水分 M_{mf}=7%，煤的干燥基灰分 A_d=32%。

解：首先根据干燥基灰分 A_d=32%在下图横坐标上找到 32%，向上做垂直线，与收到基水分 M_{ar}=17%相交（*A* 点），再向左做水平线，与最大收到基水分 M_{ZD}=24%交于 *B* 点，*B* 点对应的横坐标数据是 1.52，则煤的视密度为 $1.52t/m^3$。与煤粉全水分 M_{ZD}=7%交于 *D* 点，*D* 点对应的横坐标数据是 1.25，则煤粉的视密度为 $1.25t/m^3$。

然后由 *B* 点向下做垂直线，交于左下图煤堆线 *C* 点，*C* 点对应的纵坐标数据是 0.95，则煤的堆积密度为 $0.95t/m^3$。然后由 *D* 点向下做垂直线，交于左下图煤堆线 *E* 点，*E* 点对应的纵坐标数据是 0.74，则煤粉的堆积密度为 $0.74t/m^3$。

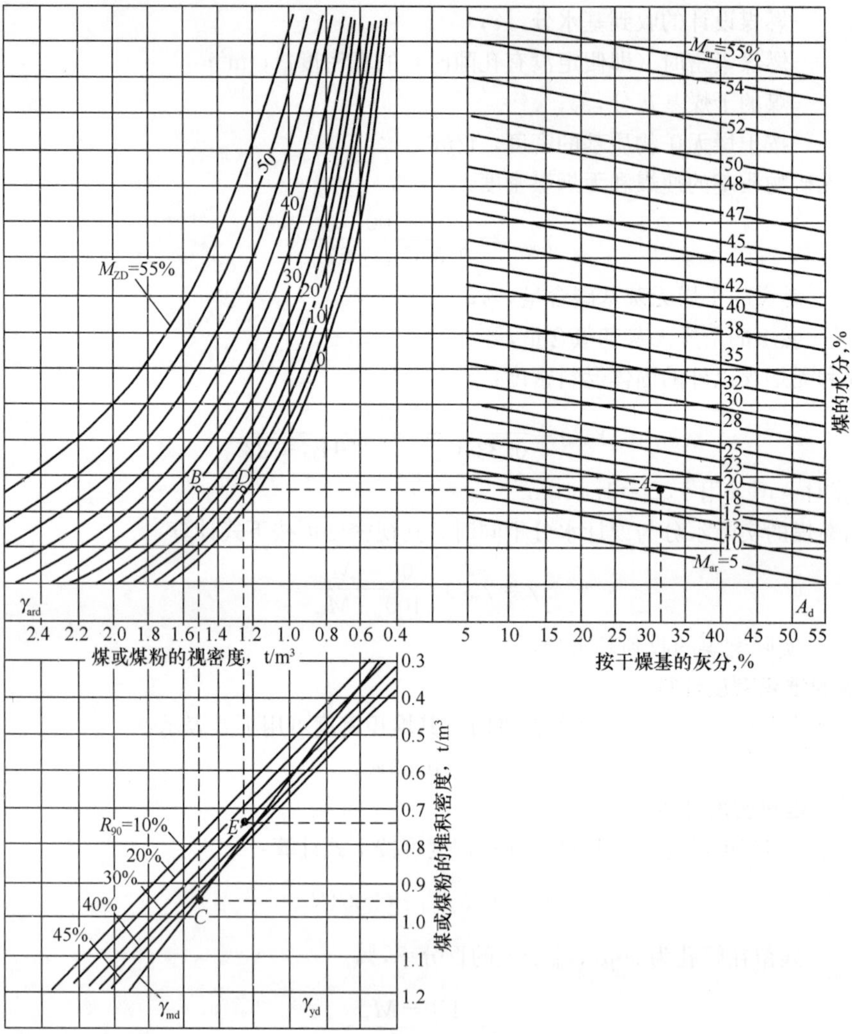

附图 3　原煤与煤粉堆积密度的关系曲线

三、直接测量原煤与煤粉堆积密度的方法

将原煤（或煤粉）从 1m 高空自由落入一容器中（直径约 0.4m，高约 0.5m），勿敲打容器与捣实，然后称其重量，再计算出单位体积下原煤（或煤粉）的重量，即求得其堆积密度。

四、选取经验数值

在现行的设计及计算中，对原煤的堆积密度一般取经验数值 0.9t/m³。而煤粉的堆积密度由于煤粉本身细度大小与结聚、疏松程度不一，必须经计算或测量求得。

参考文献

[1] 李青，赵继武等. 循环水泵高压变频自动控制系统. 山东电力技术，2001，5：47-48.
[2] 李青，刘冬梅. 异步电动机自激发电与节电补偿. 山东电力技术，1992，4：58-62.
[3] 李青，邢春. 供电煤耗率的实时计算及管理节能. 山东电力技术，2000，5：43-46.
[4] 李青，邢春. 泵与风机的调速节能. 山东电力技术，2000(12月增刊)：51-54.
[5] 李青，郑成芳. 火力发电厂节约用水的途径. 山东电力技术. 2003，2：60-65.
[6] 李青，胡竹玲. 发电企业的工业污水与生活废水回收技术. 山东电力高等专科学校学报，2002，2：40-42.
[7] 谷庆生，李青. 发电企业照明的节电管理与措施. 山东电力高等专科学校学报，2005，1：51-54.
[8] 李青，胡竹玲. 火力发电厂高压变频调速系统的选择. 华北电力技术，2002，5：31-34.
[9] 李青，潘焰平. 燃煤电厂二氧化硫污染与治理. 山东电力技术，2002，1：29-32.
[10] 姚洪猛，李青. 电解海水防污原理、应用及改进. 山东电力技术，1999，5：41-43.
[11] 潘焰平，李青. 海水淡化技术及其应用. 华北电力技术，2003(10)：49-52.
[12] 方超. 发电厂节能技术监督工作探讨. 中国电力，1997(9)：6-7、14.
[13] 方超. 浅谈电站机组经济运行中的"点、线、面". 华东电力，1988，16(11)：30-33.
[14] 方超. 高精度的过热水蒸气焓函数简单实用数学模型的探索. 中国电机工程学报，1989，9(1)：37-47.
[15] 张葆宗. 反渗透水处理应用技术. 北京：中国电力出版社，2004 .
[16] 李恩辰. 火力发电厂锅炉计算知识. 北京：水利电力出版社，1990.
[17] 林家豪. 能源与电力. 天津：天津大学出版社，1991.
[18] 姚强，岑可法等. 多煤种配煤特性的试验研究. 动力工程，1997(4)：16-20.
[19] 华东电业管理局. 汽轮机运行技术问答. 北京：中国电力出版社，2003 .
[20] 刘玉铭. 锅炉技术问答. 北京：水利电力出版社，1994 .
[21] 方文沭，杜惠民. 燃料分析技术问答. 北京：中国电力出版社，2002.
[22] 曹长武. 电力用煤采制化技术及其应用. 北京：中国电力出版社，1999 .
[23] 国家电力调度通信中心. 燃料管理工程. 北京：冶金工业出版社，1995.
[24] 《中国能源发展报告》编辑委员会. 中国能源发展报告. 北京：中国水利水电出版社，2007.
[25] 十五国家高新技术发展计划能源技术领域专家委员会. 能源发展战略研究. 北京：化学工业出版社，2004.
[26] 郑体宽. 热力发电厂. 北京：水利电力出版社，1997 .
[27] 曾毅，王效良. 调速控制系统的设计与维护. 济南：山东科学技术出版社，2003 .
[28] 黄保海，白玉. 汽轮机原理与构造. 北京：中国电力出版社，2002 .
[29] 安连锁. 泵与风机. 北京：中国电力出版社，2003.
[30] 樊泉桂，阎维平. 锅炉原理. 北京：中国电力出版社，2004 .
[31] 杨旭中，梁玉兰. 火电厂综合设计技术. 北京：中国电力出版社，1999 .
[32] 邴凤山. 关于我国水电建设发展的几点看法. 中国电力，2003(9)：21-26.
[33] 刘长欣. 国内外核电发展状况及相关问题. 中国电力，2003(9)：27-33.
[34] 王振铭，郁刚. 我国热电联产的现状、前景与建议. 中国电力，2003，9：43-49.
[35] 北京水环境技术与设备研究中心等. 三废处理工程技术手册(废水卷). 北京：化学工业出版社，2002.

[36] 刘天齐等. 三废处理工程技术手册(废气卷). 北京：化学工业出版社，2000.

[37] 杨顺虎. 燃气—蒸汽联合循环发电设备及运行. 北京：中国电力出版社，2003.

[38] 华东电管局. 电力工业词典. 北京：水利电力出版社，1989.

[39] 黄其励. 21 世纪发电新技术[A]. 黑龙江省电机工程学会. 火力发电厂可持续发展与环境保护技术论文集[C]. 哈尔滨：黑龙江省电机工程学会，2001. 12：1-24.

[40] 梁冬，赵欣华等. 黑龙江省火电厂的除尘器改造[A]. 黑龙江省电机工程学会. 火力发电厂可持续发展与环境保护技术论文集[C]. 哈尔滨：黑龙江省电机工程学会，2001(12)：93-97.

[41] 罗洪新，范昌. 200MW 机组文丘里水膜除尘器改造为静电除尘器的分析[A]. 黑龙江省电机工程学会. 火力发电厂可持续发展与环境保护技术论文集[C]. 哈尔滨：黑龙江省电机工程学会，2001，12：104-107.

[42] 李名远，郭建林等. 论提高国产 300 万千瓦汽轮机的经济性. 动力工程，1986，3：17-23.

[43] 齐义禄. 节能降损技术手册. 北京：中国电力出版社，2002.

[44] 山西省地方电力公司. 电力生产技术经济指标. 北京：中国电力出版社，2001.

[45] 朱尔明，赵广和. 中国水利发展战略研究. 北京：中国水利水电出版社，2002.

[46] 成家琦，王浩等. 水资源学. 北京：科学出版社，2003 .

[47] 翟培强. 锅炉漏风变化对其热效率的影响. 中国电厂设备，2003，11(22)：23-25、28.

[48] 何金万，刘华. 电除尘器效率低若干问题可行性分析. 电厂电站设备，2004，2：39-46.

[49] 黄瓯，阳虹等. 我国超超临界汽轮机的发展方向. 热力透平，2004，1：1-7、45.

[50] 刘鸿，周克毅. 锅炉飞灰测碳仪的技术现状及发展趋势. 锅炉技术，2004，3(2)：65-67.

[51] 车刚，王林. 循环流化床锅炉与环境保护. 山东电力技术，2003，5：20-21、39.

[52] 庄婷. 耗差分析方法在机组运行优化管理中的应用. 浙江电力，2004，2：5-7、50.

[53] 胥传普. 火电机组热力系统主要小指标耗差分析计算模型及图表. 华东电力，1993，3：21-24.

[54] 林万超. 火电厂热系统节能理论. 西安：西安交通大学出版社，1994.

[55] 国家电力公司战略规划部. 电力统计工作指南. 北京：中国统计出版社，2002.

[56] 华北电力节能检测中心，山西电力节能检测中心等. 电力节能检测实施细则. 北京：中国标准出版社，2000.

[57] 丁尔谋. 发电厂空冷技术. 北京：水利电力出版社，1992.

[58] 冯逸仙，杨世纯. 反渗透水处理. 北京：中国电力出版社，1997.

[59] 王承煦，张源. 风力发电. 北京：中国电力出版社，2003.

[60] 谭金. 氦质谱检测技术在 700MW 机组真空系统泄漏检测上的应用. 广东电力，2007，7：40-43.

[61] 李德林. 火力发电厂冷却塔节能技术分析及改造. 安徽电力，2004，12：36-39.

[62] 张敏，肖平等. 循环流化床锅炉性能试验规程的编制及其特点. 热力发电，2006. 6：13-16.

[63] 李青，张兴营，徐光照. 火力发电厂生产指标管理手册. 北京：中国电力出版社，2007.

[64] 李青，高山，薛彦廷. 火电厂节能减排手册　节能技术部分. 北京：中国电力出版社，2013.

[65] 李青，张兴营，刘学冰. 火力发电厂节能评价与能源审计手册. 北京：中国电力出版社，2008.